Creo 8.0 工程应用精解丛书

Creo 曲面设计教程

（Creo 8.0 中文版）

北京兆迪科技有限公司　编著

机 械 工 业 出 版 社

本书全面、系统地介绍了 Creo 8.0 曲面设计的方法和技巧，包括曲面设计的发展概况、曲面造型的数学概念、曲面基准的创建、简单曲面的创建、复杂曲面的创建、曲面的修改与编辑、曲面中的倒圆角、曲线和曲面的信息与分析、ISDX 曲面设计、自由式曲面设计及产品的逆向设计等。

在内容安排上，为了使读者更快地掌握 Creo 软件的曲面设计功能，书中结合大量的范例对 Creo 曲面设计中一些抽象的概念、命令和功能进行讲解。另外，书中以范例的形式讲述了多款生产一线实际曲面产品的设计过程，这种安排能使读者较快地进入曲面设计实战状态。在写作方式上，本书紧贴软件的实际操作界面，采用软件中真实的对话框、操控板和按钮等进行讲解，使初学者能够直观、准确地操作软件进行学习，提高学习效率。

书中所选用的范例、实例或应用案例覆盖了不同行业，具有很强的实用性和广泛的适用性。本书附赠学习资源，包括大量曲面设计技巧和具有针对性的实例教学视频，并进行了详细的语音讲解。学习资源中还包含本书所有的教案文件、范例文件、练习素材文件以及 Creo 软件的配置文件。

本书可作为工程技术人员自学 Creo 曲面设计的教程和参考书籍，也可作为大中专院校学生和各类培训学校学员的 Creo 课程上课或上机的练习教材。

图书在版编目（CIP）数据

Creo曲面设计教程：Creo 8.0中文版/北京兆迪科技有限公司编著. —北京：机械工业出版社，2024. 2
（Creo 8.0工程应用精解丛书）
ISBN 978-7-111-75052-9

Ⅰ. ①C…　Ⅱ. ①北…　Ⅲ. ①计算机辅助设计-应用软件-教材
Ⅳ. ①TP391.72

中国国家版本馆 CIP 数据核字（2024）第 043445 号

机械工业出版社（北京市百万庄大街22号　邮政编码100037）
策划编辑：丁　锋　　　　责任编辑：丁　锋
责任校对：龚思文　李　婷　　封面设计：张　静
责任印制：张　博
北京雁林吉兆印刷有限公司印刷
2024年4月第1版第1次印刷
184mm×260mm・29印张・665千字
标准书号：ISBN 978-7-111-75052-9
定价：99.90 元

电话服务	网络服务
客服电话：010-88361066	机　工　官　网：www.cmpbook.com
010-88379833	机　工　官　博：weibo.com/cmp1952
010-68326294	金　书　网：www.golden-book.com
封底无防伪标均为盗版	机工教育服务网：www.cmpedu.com

前　言

Creo是由美国PTC公司推出的一套实用的机械三维CAD/CAM/CAE参数化软件系统，整合了PTC公司的三个软件Pro/ENGINEER的参数化技术、CoCreate的直接建模技术和ProductView的三维可视化技术。Creo内容涵盖了从概念设计、工业造型设计、三维模型设计、分析计算、动态模拟与仿真、工程图输出，到生产加工成产品的全过程，应用范围涉及航空航天、汽车、机械、数控（NC）加工以及电子等诸多领域。Creo 8.0构建于Pro/ENGINEER野火版的成熟技术之上，又新增了许多功能，使其技术水准又上了一个新的台阶。

本书全面、系统地介绍了Creo 8.0的曲面设计方法和技巧，其特色如下：

- 内容全面，与其他同类书籍相比，包括更多的Creo曲面设计内容。
- 范例丰富，对软件中的主要命令和功能，先结合简单的范例进行讲解，然后安排一些较复杂的综合范例帮助读者深入理解、灵活运用。
- 讲解详细，条理清晰，保证自学的读者能独立学习和实际运用书中介绍的Creo曲面设计功能。
- 写法独特，采用Creo 8.0软件中真实的对话框、操控板和按钮等进行讲解，使初学者能够直观、准确地操作软件，从而大大提高学习效率。
- 附加值高，本书附赠学习资源，包括大量曲面设计技巧和具有针对性实例的教学视频并进行了详细的语音讲解，可以帮助读者轻松、高效地学习。

本书由北京兆迪科技有限公司编著，参加编写的人员有詹友刚、刘静。本书经过多次审校，但仍难免有疏漏之处，恳请广大读者予以指正。

本书随书学习资源中含有本书“读者意见反馈卡”的电子文档，请认真填写本反馈卡，并发送E-mail给我们。

电子邮箱：zhanygjames@163.com。咨询电话：010-82176248，010-82176249。

编　者

读者回馈活动：

为了感谢广大读者对兆迪科技图书的信任与支持，兆迪科技针对读者推出“免费送课”活动，即日起读者凭有效购书证明，即可领取价值100元的在线课程代金券1张、此券可在兆迪网校（http://www.zalldy.com/）免费换购在线课程1门。活动详情可以登录兆迪网校或者关注兆迪公众号查看。

兆迪网校

兆迪公众号

本 书 导 读

为了能更好地学习本书的知识，请您仔细阅读下面的内容。

写作环境

本书使用的操作系统为 64 位的 Windows 10，系统主题采用 Windows 经典主题。本书采用的写作蓝本是 Creo 8.0 中文版。

学习资源使用

为方便读者练习，特将本书所有的素材文件、已完成的实例文件、配置文件和视频语音讲解文件等放入随书附赠的学习资源中，读者在学习过程中可以打开相应素材文件进行操作和练习。在学习资源的 Creo8.8 目录下共有 3 个子目录。

（1）Creo 8.0_system_file 子目录：包含系统配置文件。

（2）work 子目录：包含本书全部已完成的实例文件。

（3）video 子目录：包含本书讲解中的视频文件（含语音讲解）。读者学习时，可在该子目录中按顺序查找所需的视频文件。

学习资源中带有“ok”扩展名的文件或文件夹表示已完成的范例。

相比于老版本的软件，Creo 8.0 在功能、界面和操作上变化极小，经过简单的设置后，几乎与老版本完全一样。因此，对于软件新老版本操作完全相同的内容部分，学习资源中仍然使用老版本进行视频讲解，对于绝大部分读者而言，并不影响软件的学习。

本书约定

- 本书中有关鼠标操作的简略表述说明如下。
  - ☑ 单击：将鼠标指针移至某位置处，然后按一下鼠标的左键。
  - ☑ 双击：将鼠标指针移至某位置处，然后连续快速地按两次鼠标的左键。
  - ☑ 右击：将鼠标指针移至某位置处，然后按一下鼠标的右键。
  - ☑ 单击中键：将鼠标指针移至某位置处，然后按一下鼠标的中键。
  - ☑ 滚动中键：只是滚动鼠标的中键，而不能按中键。
  - ☑ 选择（选取）某对象：将鼠标指针移至某对象上，单击以选取该对象。
  - ☑ 拖移某对象：将鼠标指针移至某对象上，然后按下鼠标的左键不放，同时移动鼠标，将该对象移动到指定的位置后再松开鼠标的左键。
- 本书中的操作步骤分为 Task、Stage 和 Step 三个级别，说明如下：
  - ☑ 对于一般的软件操作，每个操作步骤以 Step 字符开始。每个 Step 操作视其复杂程

度，其下面可含有多级子操作。例如 Step1 下可能包含（1）（2）（3）等子操作，（1）子操作下可能包含①②③等子操作，①子操作下可能包含 a）、b）、c）等子操作。

☑ 如果操作较复杂，需要几个大的操作步骤才能完成，则每个大的操作冠以 Stage1、Stage2、Stage3 等，Stage 级别的操作下再分 Step1、Step2、Step3 等操作。

☑ 对于多个任务的操作，则每个任务冠以 Task1、Task2、Task3 等，每个 Task 操作下则可包含 Stage 和 Step 级别的操作。

- 由于已建议读者将随书学习资源中的所有文件复制到计算机硬盘的 D 盘中，所以书中在要求设置工作目录或打开学习资源文件时，所述的路径均以"D："开始。

软件设置

- 从本书的随书学习资源中复制文件夹 D：\creo8.8\Creo8.0_system_file 到计算机 C 盘的根目录下，注意只能复制到 C 盘根目录，不要放置到其他磁盘或文件夹中。
- 设置 Creo 系统配置文件 config.pro：将 D：\creo8.8\Creo8.0_system_file\ 下的 config.pro 复制至 Creo 安装目录的 \text 目录下。假设 Creo 8.0 的安装目录为 C：\Program Files\PTC\Creo 8.0.0.0，则应将上述文件复制到 C：\Program Files\PTC\ Creo 8.0.0.0\Common Files\text 目录下。退出 Creo，然后再重新启动 Creo，config.pro 文件中的设置将生效。

技术支持

本书主要参编人员均来自北京兆迪科技有限公司，该公司专门从事 CAD/CAM/CAE 技术的研究、开发、咨询及产品设计与制造服务，并提供 Creo、Ansys、Adams 等软件的专业培训及技术咨询。读者在学习本书的过程中如果遇到问题，可通过访问该公司的网站 http：//www.zalldy.com 来获得技术支持。

为了感谢广大读者对兆迪科技图书的信任与厚爱，兆迪科技面向读者推出免费送课、最新图书信息咨询、与主编在线直播互动交流等服务。

- 免费送课。读者凭有效购书证明，可领取价值 100 元的在线课程代金券 1 张，此券可在兆迪科技网校（http：//www.zalldy.com/）免费换购在线课程 1 门，活动详情可以登录兆迪科技网校查看。

  咨询电话：010-82176248，010-82176249。

目　录

第二篇 普通曲面设计

第三篇 ISDX 曲面设计

第四篇　自由式曲面设计及产品的逆向设计

第一篇
曲面设计基础

本篇包含如下内容。

- 第 1 章　曲面设计概要
- 第 2 章　曲面基准的创建

第 1 章　曲面设计概要

本章提要

随着时代的进步，人们的生活水平和生活质量都在不断地提高，追求完美日益成为时尚。对消费产品来说，人们在要求其具有完备的功能外，越来越追求外形的美观。因此，产品设计者在很多时候需要用复杂的曲面来表现产品外观。本章将针对曲面设计进行概要性讲解，主要内容包括曲面设计的发展概况、曲面设计的基本方法和应用技巧。与一般实体零件的创建相比，曲面的设计是较难掌握的部分，其技巧性比较强，需要读者用心体会，多加练习。

1.1　曲面设计的发展概况

曲面造型（Surface Modeling）是随着计算机技术和数学方法的不断发展而逐步产生和完善起来的。它是计算机辅助几何设计（Computer Aided Geometric Design，CAGD）和计算机图形学（Computer Graphics）的一项重要内容，主要研究在计算机图像系统的环境下，对曲面的表达、创建、显示以及分析等。

早在 1963 年，美国波音飞机公司的 Ferguson 首先提出将曲线曲面表示为参数的矢量函数方法，并引入参数三次曲线。从此曲线曲面的参数化形式成为形状数学描述的标准形式。

到了 1971 年，法国雷诺汽车公司的 Bezier 又提出一种控制多边形设计曲线的新方法，这种方法很好地解决了整体形状控制问题，从而将曲线曲面的设计向前推进了一大步。然而 Bezier 的方法仍存在连接问题和局部修改问题。

直到 1975 年，美国 Syracuse 大学的 Versprille 首次提出了具有划时代意义的有理 B 样条（NURBS）方法。NURBS 方法可以精确地表示二次规则曲线曲面，从而能用统一的数学形式表示规则曲面与自由曲面。这一方法的提出，终于使非均匀有理 B 样条方法成为现代曲面造型中广泛流行的技术。

随着计算机图形技术以及工业制造技术的不断发展，曲面造型在近几年又得到了长足的发展，这主要表现在以下几个方面。

（1）从研究领域来看，曲面造型技术已从传统的研究曲面表示、曲面求交和曲面拼接，扩充到曲面变形、曲面重建、曲面简化、曲面转换和曲面等距性等。

（2）从表示方法来看，以网格细分为特征的离散造型方法得到了广泛的运用。这种曲面造型方法在生动逼真的特征动画和雕塑曲面的设计加工中更是独具优势。

（3）从曲面造型方法来看，出现了一些新的方法，如基于物理模型的曲面造型方法、基于偏微分方程的曲面造型方法、流曲线曲面造型方法等。

当今在CAD/CAM系统的曲面造型领域，有一些功能强大的软件系统。如美国PTC公司的Creo、美国SDRC公司的I-DEASMasterSeries、美国Unigraphics Solutions公司的UG以及法国达索公司的CATIA等，它们各具特色和优势，在曲面造型领域都发挥着举足轻重的作用。

美国PTC公司的Creo，以其参数化、基于特征、全相关等新概念闻名于CAD领域。它在曲面的创建生成、编辑修改、计算分析等方面功能强大。另外，它还可以将特殊的曲面造型实例作为一个特征加入特征库中，使其功能得到不断扩充。

1.2　曲面造型的数学概念

曲面造型技术随着数学相关研究领域的不断深入而得到长足的进步，多种曲线、曲面被广泛应用。我们在此主要介绍其中最基本的一些曲线、曲面的理论及构造方法，使读者在原理、概念上有一个大致的了解。

1. 贝塞尔（Bezier）曲线与曲面

Bezier曲线与曲面是法国雷诺公司的Bezier在1962年提出的一种构造曲线曲面的方法，是三次曲线的形成原理，这是由四个位置矢量Q0、Q1、Q2、Q3定义的曲线。通常将Q0，Q1，…，*Qn*组成的多边形折线称为Bezier控制多边形，多边形的第一条折线和最后一条折线代表曲线起点和终点的切线方向，其他曲线用于定义曲线的阶次与形状。

2. B样条曲线与曲面

B样条曲线继承了Bezier曲线的优点，仍采用特征多边形及权函数定义曲线，所不同的是权函数不采用伯恩斯坦基函数，而采用B样条基函数。

B样条曲线与特征多边形十分接近，同时便于局部修改。与Bezier曲面生成过程相似，由B样条曲线可很容易地推广到B样条曲面。

3. 非均匀有理B样条（NURBS）曲线与曲面

NURBS是Non-Uniform Rational B-Splines的缩写，是非均匀有理B样条的意思。具体解释如下。

- Non-Uniform（非均匀）：指一个控制顶点的影响力的范围能够改变。当创建一个不规则曲面的时候，这一点非常有用。同样，统一的曲线和曲面在透视投影下也不是无变化的，对于交互的3D建模来说，这是一个严重的缺陷。
- Rational（有理）：指每个NURBS物体都可以用数学表达式来定义。

- B-Splines（B 样条）：指用路线来构建一条曲线，在一个或更多的点之间以内插值替换。

NURBS 技术提供了对标准解析几何和自由曲线、曲面的统一数学描述方法，它可通过调整控制顶点和因子，方便地改变曲面的形状，同时也可方便地转换对应的 Bezier 曲面，因此 NURBS 方法已成为曲线、曲面建模中最为流行的技术。STEP 产品数据交换标准也将非均匀有理 B 样条（NURBS）作为曲面几何描述的唯一方法。

4. NURBS 曲面的特性及曲面连续性定义

（1）NURBS 曲面的特性。

NURBS 是用数学方法来描述形体，采用解析几何图形，曲线或曲面上任何一点都有其对应的坐标（x，y，z），所以具有高度的精确性。NURBS 曲面可以由任何曲线生成。

对于 NURBS 曲面而言，剪切是不会对曲面的 UV 方向产生影响的，也就是说不会对网格产生影响，如图 1.2.1a 和图 1.2.1b 所示，剪切前后网格（U 方向和 V 方向）并不会发生实质的改变。这也是通过剪切四边面来构成三边面和五边面等多边面的理论基础。

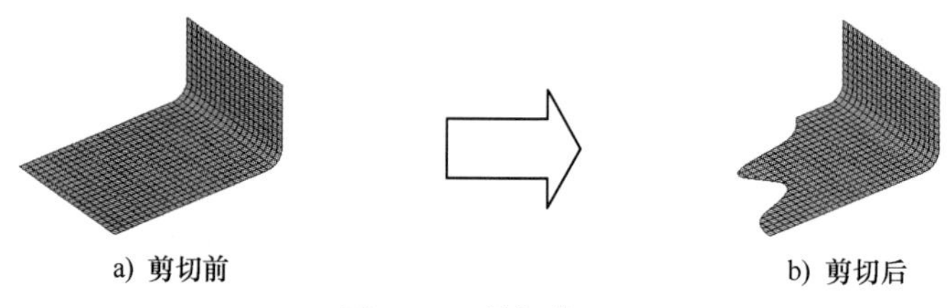

a) 剪切前　　b) 剪切后

图 1.2.1　剪切曲面

（2）曲面 G1 与 G2 连续性定义。

Gn 表示两个几何对象间的实际连续程度。例如：

- G0 意味着两个对象相连或两个对象的位置是连续的。
- G1 意味着两个对象光滑连接，一阶微分连续，或者是相切连续的。
- G2 意味着两个对象光滑连接，二阶微分连续，或者两个对象的曲率是连续的。
- G3 意味着两个对象光滑连接，三阶微分连续。
- Gn 的连续性是独立于表示（参数化）的。

1.3　曲面造型方法

曲面造型的方法有多种，下面介绍最常见的几种方法。

1. 拉伸面

将一条截面曲线沿一定的方向滑动所形成的曲面，称为拉伸面，如图 1.3.1 所示。

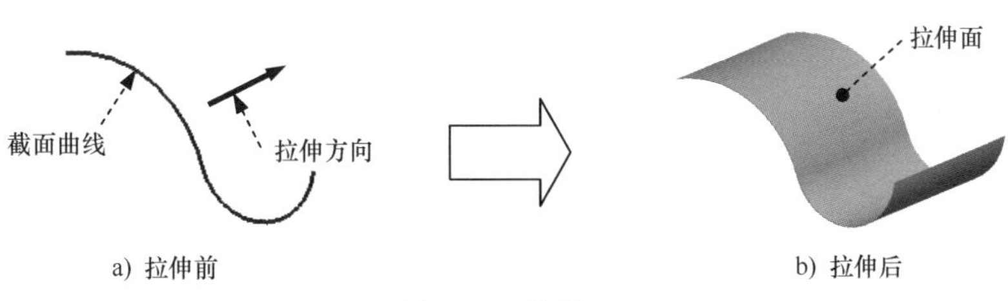

图 1.3.1　拉伸面

2. 直纹面

将两条形状相似且具有相同阶数和相同节点矢量的曲线上的对应点用直线段相连，便构成直纹面，如图 1.3.2 所示。圆柱面、圆锥面其实都是直纹面。

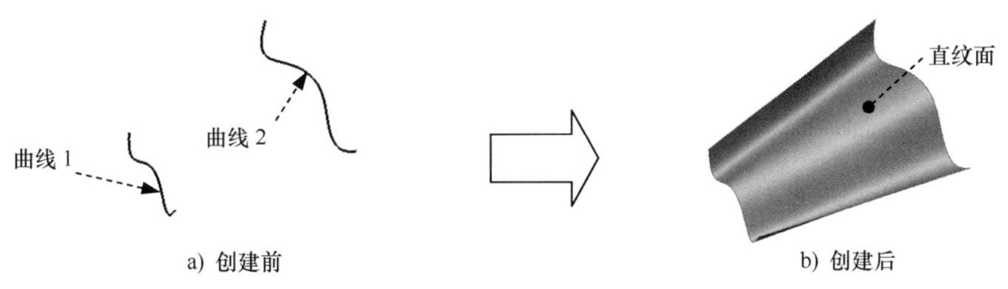

图 1.3.2　直纹面

当构成直纹面的两条边界曲线具有不同的阶数和不同的节点时，需要首先将阶数或节点数较低的一条曲线通过升阶、插入节点等方法，提高到与另一条曲线相同的阶数或节点数，再创建直纹面。另外，构成直纹面的两条曲线的走向必须相同，否则曲面将会出现扭曲。

3. 旋转面

将一条截面曲线沿着某一旋转轴旋转一定的角度，就形成了一个旋转面，如图 1.3.3 所示。

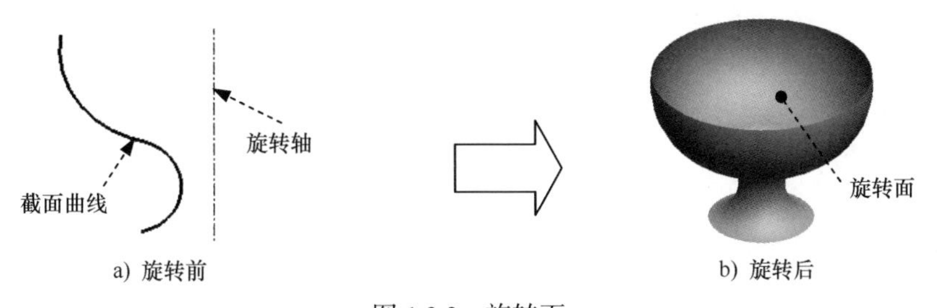

图 1.3.3　旋转面

4. 扫描面

将截面曲线沿着轨迹曲线扫描而形成的曲面称为扫描面，如图 1.3.4 所示。

截面曲线和轨迹线可以有多条，截面曲线形状可以不同，可以封闭也可以不封闭，生成扫描面时，软件会自动过渡，生成光滑连续的曲面。

图 1.3.4　扫描面

5. 混合面

混合面是以一系列曲线为骨架进行形状控制，且通过这些曲线自然过渡生成的曲面，如图 1.3.5 所示。

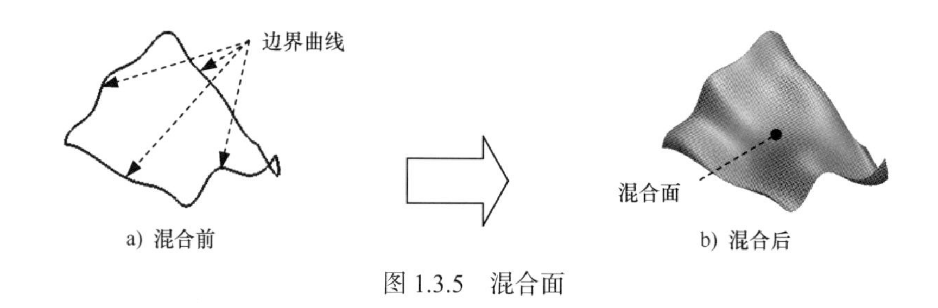

图 1.3.5　混合面

6. 网格曲面

网格曲面是在两组相互交叉、形成一张网格骨架的截面曲线上生成的曲面。网格曲面生成的思想是首先构造出曲面的特征网格线（U 线和 V 线），比如，曲面的边界线和曲面的截面线来确定曲面的初始骨架形状，然后用自由曲面插值特征网格生成曲面，如图 1.3.6 所示。

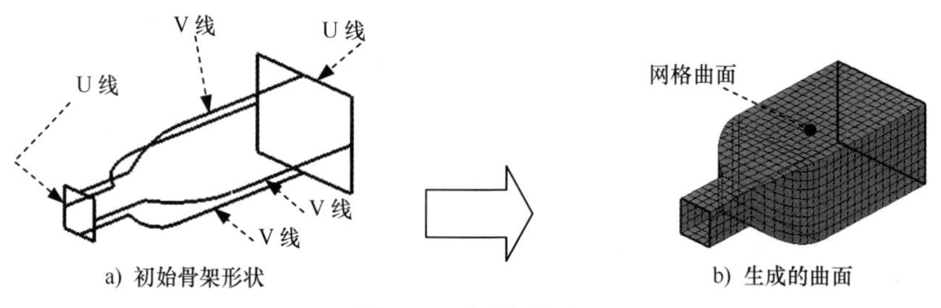

图 1.3.6　网格曲面

由于骨架曲线采用不同方向上的两组截面线形成一个网格骨架，控制两个方向的变化趋势，使特征网格线能基本上反映出设计者想要的曲面形状，在此基础上，插值网格骨架生成的曲面必然可以满足设计者的要求。

7. 偏移曲面

偏移曲面就是把曲面特征沿某方向偏移一定的距离来创建的曲面，如图 1.3.7 所示。机

械加工或钣金零件在装配时为了得到光滑的外表面，往往需要确定一个曲面的偏移曲面。

现在常用的偏移曲面的生成方法一般是先将原始曲面离散细分，然后求取原始曲面离散点上的等距点，最后将这些等距点拟合成等距面。

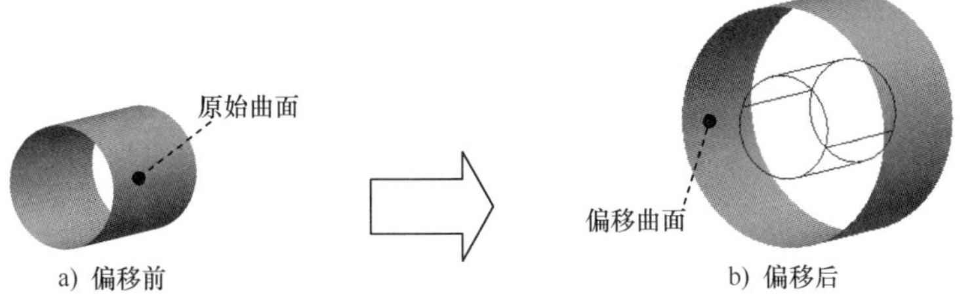

图 1.3.7 偏移曲面

1.4 光滑曲面造型技巧

一个美观的产品外形往往是光滑而圆顺的。光滑的曲面，从外表看流线顺畅，不会引起视觉上的凸凹感，从理论上是指具有二阶几何连续、不存在奇点与多余拐点、曲率变化较小，以及应变较小等特点的曲面。

要保证构造出来的曲面既光滑又能满足一定的精度要求，就必须掌握一定的曲面造型技巧，下面我们就一些常用的技巧进行介绍。

1. 区域划分，先局部再整体

一个产品的外形，往往用一张曲面去描述是不切实际和不可行的，这时就要应用软件曲面造型方法，结合产品的外形特点，将其划分为多个区域来构造几张曲面，然后再将它们合并在一起，或用过渡面进行连接。当今的三维 CAD 系统中的曲面几乎都是定义在四边形域上。因此，在划分区域时，应尽量将各个子域定义在四边形域内，即每个子面片都具有四条边。

2. 创建光滑的控制曲线是关键

控制曲线的光滑程度往往决定着曲面的品质。要创建一条高质量的控制曲线，主要应从以下几点着手：①要达到精度的要求；②曲率主方向要尽可能一致；③曲线曲率要大于将作圆角过渡的半径值。

在创建步骤上，首先利用投影、插补、光滑等手段生成样条曲线，然后根据其曲率图的显示来调整曲线段，从而实现交互式的曲线修改，达到光滑的效果。有时也可通过调整空间曲线的参数一致性，或生成足够数量的曲线上的点，再通过这些点重新拟合曲线，以达到使曲面光滑的目的。

3. 光滑连接曲面片

曲面片的光滑连接，应具备以下两个条件：①要保证各连接面片间具有公共边；②要保证各曲面片的控制线连接光滑。其中第二条是保证曲面片连接光滑的必要条件，可通过修改控制线的起点、终点的约束条件，使其曲率或切线在接点处保证一致。

4. 还原曲面，再塑轮廓

一个产品的曲面轮廓往往是已经修剪过的，如果我们直接利用这些轮廓线来构造曲面，常常难以保证曲面的光滑性，所以造型时要充分考察零件的几何特点，利用延伸、投影等方法将三维空间轮廓线还原为二维轮廓线，并去掉细节部分，然后还原出“原始”的曲面，最后再利用面的修剪方法获得理想的曲面外轮廓。

5. 注重实际，从模具的角度考察曲面质量

再漂亮的曲面造型，如果不注重实际的生产制造，也毫无用处。产品三维造型的最终目的是制造模具。产品零件大多要通过模具生产出来，因此，在三维造型时，要从模具的角度去考虑，在确定产品出模方向后，应检查曲面能否出模，是否有倒扣现象（即拔模斜度为负值），如发现问题，应对曲面进行修改或重构曲面。

6. 随时检查，及时修改

在进行曲面造型时，要随时检查所建曲面的状况，注意检查曲面是否光滑、有无扭曲、曲率变化等情况，以便及时修改。

检查曲面光滑的方法主要有以下两种：第一，对构造的曲面进行渲染处理，可通过透视、透明度和多重光源等处理手段产生高清晰度的逼真的彩色图像，再根据处理后的图像光亮度的分布规律来判断出曲面的光滑度。图像明暗度变化比较均匀，则说明曲面光滑性好。第二，可对曲面进行高斯曲率分析，进而显示高斯曲率的彩色光栅图像，这样可以直观地了解曲面的光滑性情况。

第 2 章　曲面基准的创建

本章提要

本章先介绍基准特征和系统设置的几种方法，然后分别详细介绍基准平面、基准轴、基准曲线、基准点和坐标系的创建方法，最后介绍图形特征。

2.1　基准特征和系统设置

1. 概述

Creo 中的基准包括基准平面、基准轴、基准曲线、基准点和坐标系。基准特征在构建零件模型中主要起参考作用，它是没有任何质量和体积的几何体，这种特征不构成模型表面形状。这些基准在创建零件一般特征、曲面、零件的剖切面、装配中都十分有用。

选取操作命令的方法如下。

单击 模型 功能选项卡 基准 ▾ 区域中的命令，如图 2.1.1 所示。

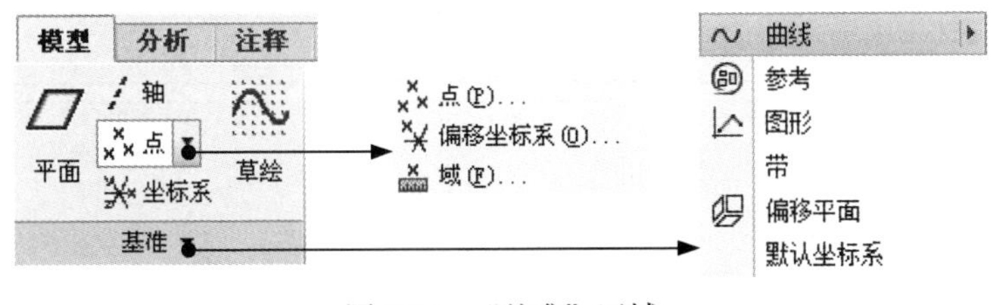

图 2.1.1　“基准”区域

2. 设置显示状态

设置基准特征显示的状态有两种方法。

方法一：单击 视图 功能选项卡 显示 ▾ 区域中的命令，如图 2.1.2 所示。

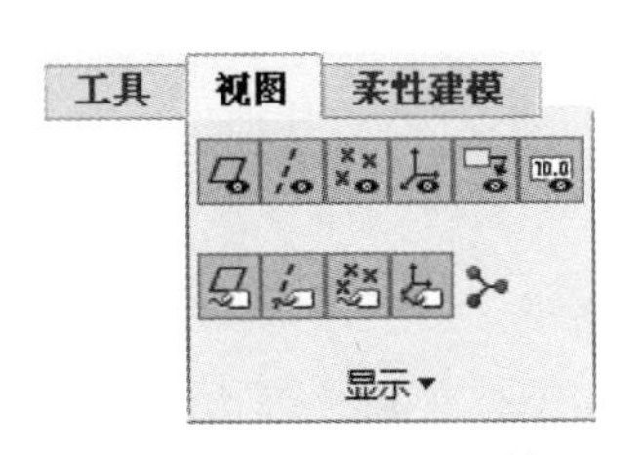

图 2.1.2　“显示”区域

图 2.1.2 所示的“显示”区域中各按钮的说明如下。

- 平面显示：显示或者隐藏基准平面。
- 轴显示：显示或者隐藏基准轴。

- 点显示：显示或者隐藏基准点。
- 坐标系显示：显示或者隐藏坐标系。
- 注释显示：打开或者关闭 3D 注释或注释元素。
- 旋转中心：显示或者隐藏旋转中心。
- 平面标记显示：显示或者隐藏基准平面标记。
- 轴标记显示：显示或者隐藏基准轴标记。
- 点标记显示：显示或者隐藏基准点标记。
- 坐标系标记显示：显示或者隐藏坐标系标记。

方法二：设置配置文件 config.pro 中的相关选项的值。选择下拉菜单 文件 → 选项 命令，在系统弹出的“Creo Parametric 选项”对话框中选择 图元显示 选项，在该界面中进行图 2.1.3 所示的设置。

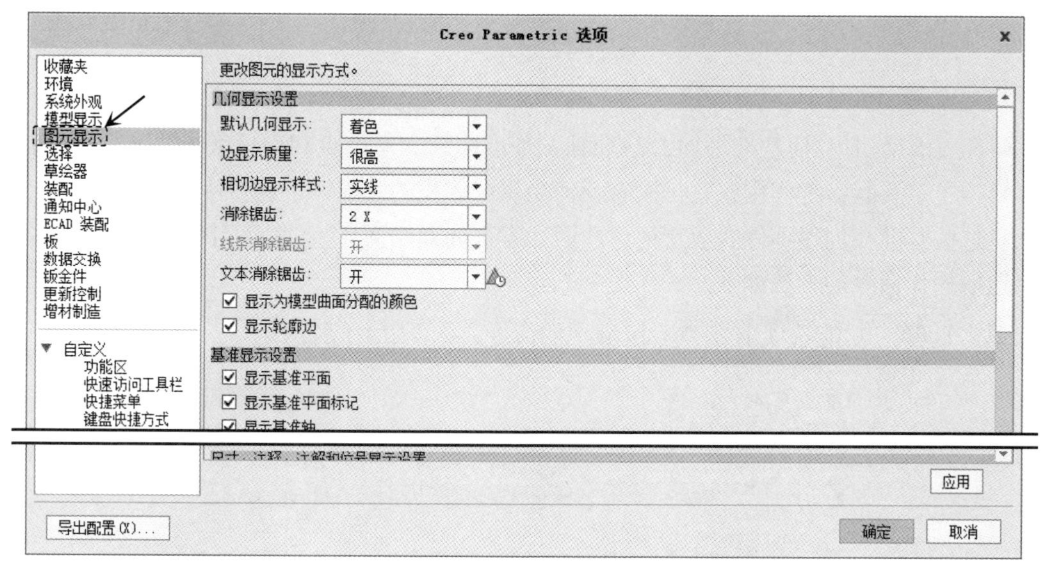

图 2.1.3 “Creo Parametric 选项”对话框

3. 设置名称

Creo 会自动给每个基准特征命名。但有时在非常复杂的模型中，如果能适当根据实际作用及意义将某些基准特征进行重新命名，将会帮助我们提高工作效率。

下面以图 2.1.4 所示的模型为例，说明修改基准特征名称的一般过程。

Step1. 将工作目录设置至 D:\creo8.8\work\ch02.01，打开文件 rename.prt。

Step2. 在模型树中选择 RIGHT，然后右击，在系统弹出的快捷菜单中选择 属性 命令。

Step3. 在系统弹出的“基准”对话框中输入 CENTER，然后单击该对话框中的 确定 按钮，完成名称的设置。

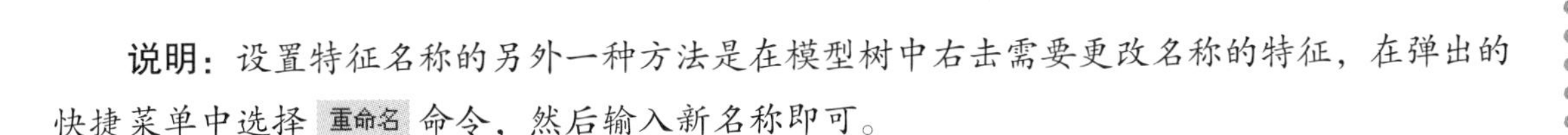
说明：设置特征名称的另外一种方法是在模型树中右击需要更改名称的特征，在弹出的快捷菜单中选择 重命名 命令，然后输入新名称即可。

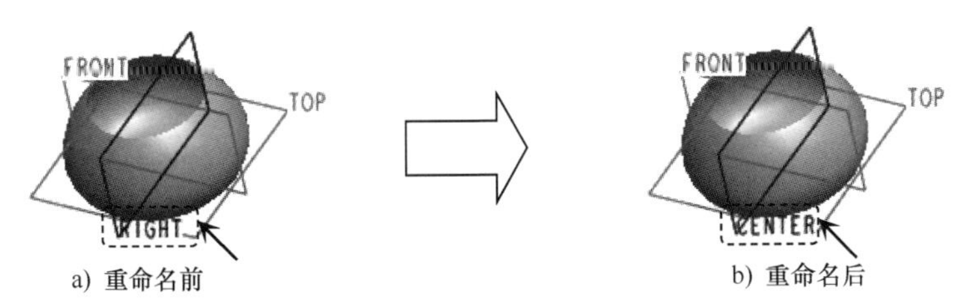

a) 重命名前　　b) 重命名后

图 2.1.4　范例模型

4. 设置颜色显示状态

单击 主页 功能选项卡 设置▼ 区域中的“系统外观”按钮，系统弹出“Creo Parametric 选项”对话框，单击标签，可以对基准平面、基准轴、基准点和坐标系的各项元素进行颜色的设置。

2.2　基准平面的创建

基准平面也称基准面。在创建一般特征时，如果模型中没有合适的草绘平面，可以创建新的基准平面作为特征截面的草绘平面。基准平面也可以作为参考平面，在标注截面尺寸时，可以根据一个基准平面来进行标注。

基准平面的显示大小可以调整，使其看起来更适合零件、特征、曲面、边、基准轴或半径的大小。

基准平面有两侧：橘黄色侧和灰色侧。法向方向箭头指向橘黄色侧。基准平面在屏幕中显示为橘黄色或灰色取决于模型的方向。当装配元件、定向视图和选择草绘参考时，应注意基准平面的颜色。

要选择一个基准平面，可以选择其名称，或选择它的一条边界。

1. 创建基准平面的一般过程

下面以一个范例来说明创建基准平面的一般过程。如图 2.2.1 所示，现在要创建一个基准平面 DTM1，使其穿过图 2.2.1a 所示模型的一条边线，并与模型上的一个表面成 30° 的夹角。

Step1. 将工作目录设置至 D:\creo8.8\work\ch02.02，打开文件 connecting_rod_plane.prt。

Step2. 选择命令。单击 模型 功能选项卡 基准▼ 区域中的“平面”按钮，系统弹出图 2.2.2 所示的“基准平面”对话框（一）。

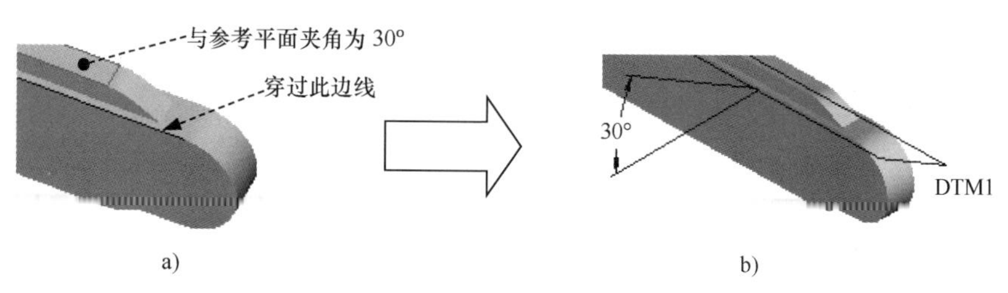

图 2.2.1　基准平面的创建

Step3. 定义平面参考。

（1）穿过约束。选取图 2.2.1 所示的边线，此时该对话框的显示如图 2.2.2 所示。

（2）角度约束。按住 Ctrl 键，选取图 2.2.1 所示的参考平面。

（3）给出夹角。在图 2.2.3 所示的“基准平面”对话框（二）的 旋转 文本框中输入夹角值 30.0，并按 Enter 键。

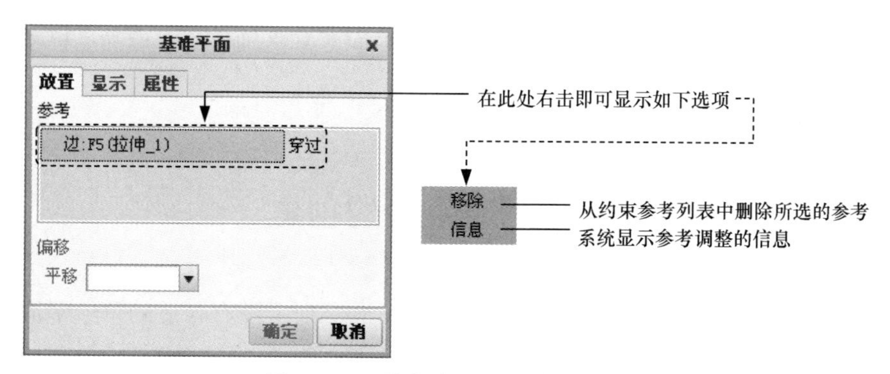

图 2.2.2　“基准平面”对话框（一）

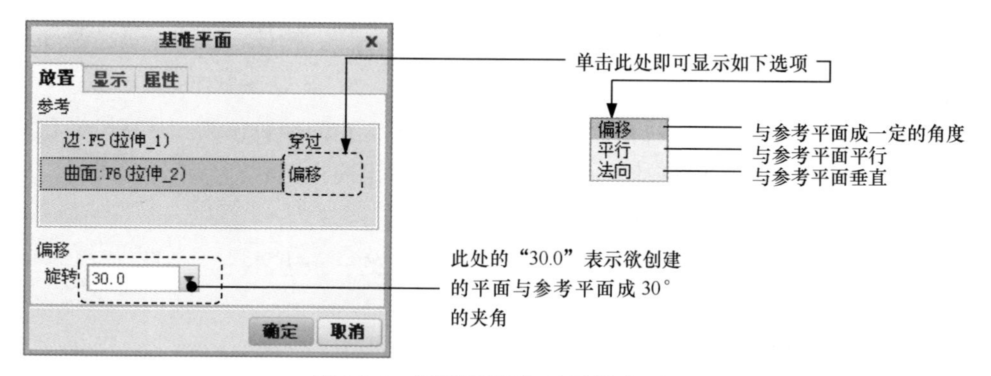

图 2.2.3　“基准平面”对话框（二）

说明：基准平面可使用如下一些约束。

- 通过基准轴 / 边线 / 基准曲线：要创建的基准平面通过一个基准轴、模型上的某条边线或基准曲线。
- 垂直基准轴 / 边线 / 基准曲线：要创建的基准平面垂直于一个基准轴、模型上的某条边线或基准曲线。
- 垂直平面：要创建的基准平面垂直于另一个平面。

- 平行平面：要创建的基准平面平行于另一个平面。
- 与圆柱面相切：要创建的基准平面相切于一个圆柱面。
- 通过基准点 / 顶点：要创建的基准平面通过一个基准点或模型上的某顶点。
- 角度平面：要创建的基准平面与另一个平面成一定角度。

Step4. 修改基准平面的名称。如图 2.2.4 所示，在 属性 选项卡的 名称 文本框中输入新的名称。

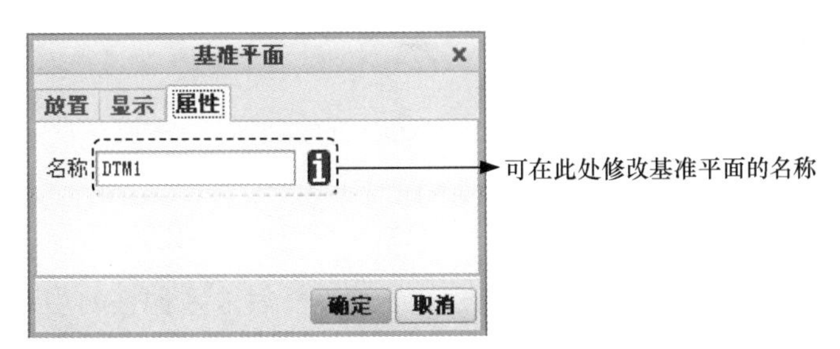

图 2.2.4 “基准平面”对话框（三）

2. 基准平面的其他约束方法：通过平面

要创建的基准平面通过另一个平面，即与这个平面完全一致，该约束方法能单独确定一个平面。

Step1. 单击 模型 功能选项卡 基准 ▾ 区域中的“平面”按钮 ▱。

Step2. 选取某一参考平面，再在“基准平面”对话框中选择 穿过 选项，如图 2.2.5 和图 2.2.6 所示。

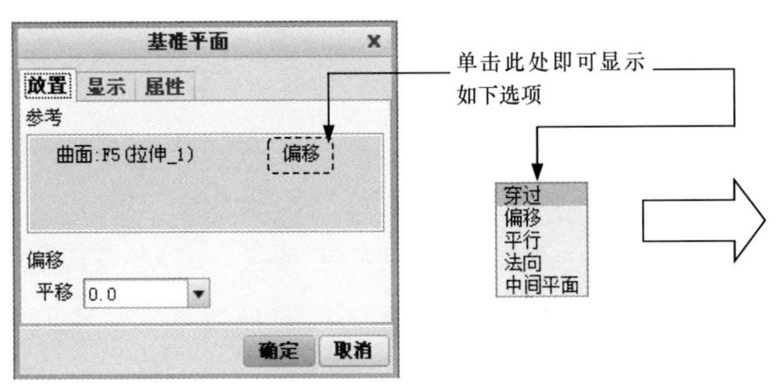

图 2.2.5 “基准平面”对话框（四）

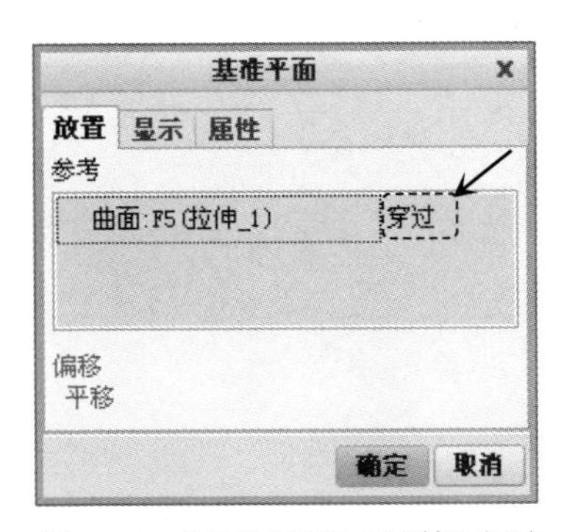

图 2.2.6 “基准平面”对话框（五）

3. 基准平面的其他约束方法：偏移平面

如果要创建的基准平面平行于另一个平面，并且与该平面有一个垂直距离，这种情况下可以使用偏移基准平面方法。

Step1. 单击 模型 功能选项卡 基准 ▾ 区域中的“平面”按钮 ▱，系统弹出“基准平

面”对话框。

Step2. 选取某一平面为参考平面，在“基准平面”对话框的 参考 区域的下拉列表中选择 偏移 选项，然后在 平移 文本框中输入偏移值 20.0。

4. 基准平面的其他约束方法：偏距坐标系

当要创建一个基准平面，使其垂直于一个坐标基准轴并偏离坐标原点时，可以使用此约束方法。使用该约束方法时，需要选择与该平面垂直的坐标基准轴，以及给出沿该基准轴线方向的偏距。

Step1. 单击 模型 功能选项卡 基准 ▾ 区域中的“平面”按钮 ，系统弹出“基准平面”对话框。

Step2. 选取某一坐标系。

Step3. 如图 2.2.7 所示，选取所需的坐标基准轴，然后输入偏移的距离值 20.0。

5. 控制基准平面的法向方向和显示大小

尽管基准平面实际上是一个无穷大的平面，但在默认情况下，系统是根据模型的大小进行显示的，显示的基准平面的大小随模型尺寸的大小而改变。除了那些即时生成的平面以外，其他所有基准平面的大小都可以加以调整，以适应零件、特征、曲面、边、基准轴或半径。操作步骤如下。

Step1. 在模型树上单击一基准平面，然后右击，在系统弹出的快捷菜单中选择 命令。

Step2. 在图 2.2.8 所示的“基准平面”对话框（七）中，打开 显示 选项卡。

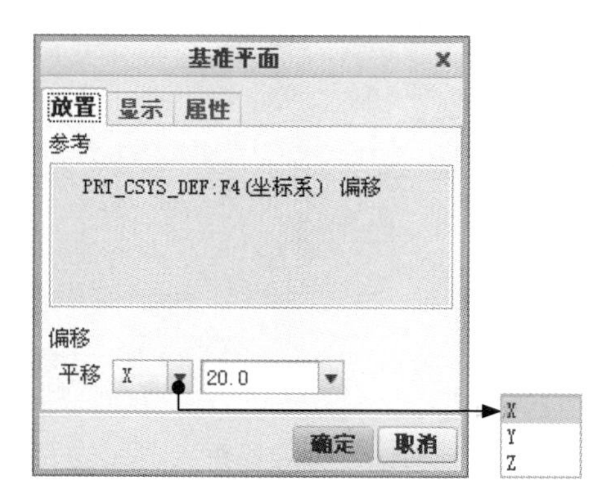

图 2.2.7 “基准平面”对话框（六）

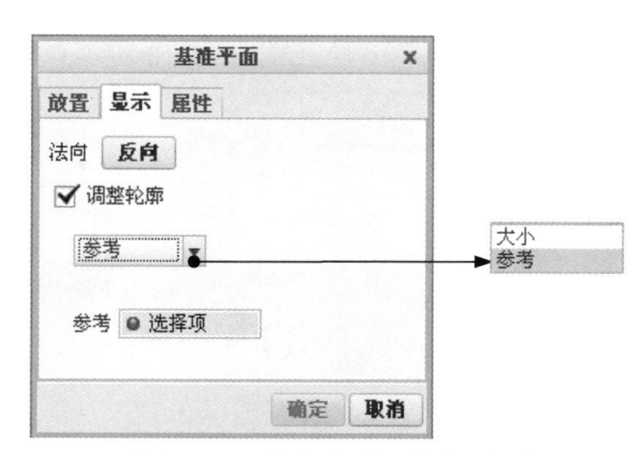

图 2.2.8 “基准平面”对话框（七）

Step3. 在图 2.2.8 所示的“基准平面”对话框（七）中单击 反向 按钮，可改变基准平面的法线方向。

Step4. 要确定基准平面的显示大小，有如下两种方法。

方法一： 采用默认大小，根据模型（零件或组件）自动调整基准平面的大小。

方法二： 拟合参考大小。在图2.2.8所示的“基准平面”对话框（七）中，选中 ☑调整轮廓 复选框，在下拉列表中选择 参考 选项，再通过选取特征 / 曲面 / 边 / 基准轴线等参考元素，使基准平面的显示大小拟合所选参考元素的大小。

- 拟合特征：根据零件或组件特征调整基准平面大小。
- 拟合曲面：根据任意曲面调整基准平面大小。
- 拟合边：调整基准平面大小，使其适合一条所选的边。
- 拟合基准轴线：根据一基准轴调整基准平面的大小。

2.3 基准轴的创建

如同基准平面一样，基准轴也可以用于建模的参考。基准轴对创建基准平面、同轴放置项目和径向阵列特别有用。

基准轴的产生分为两种情况：一是基准轴作为一个单独的特征来创建；二是在创建带有圆弧的特征期间，系统会自动产生一个基准轴，但此时必须将配置文件选项 show_axes_for_extr_arcs 设置为 yes。

创建基准轴后，系统用 A_1、A_2 等依次自动分配其名称。要选取一个基准轴，可选择基准轴线自身或其名称。

1. 创建基准轴的一般过程

下面以一个范例来说明创建基准轴的一般过程。在图 2.3.1 所示的 body.prt 零件模型中，创建与内部基准轴线 Center_axis 相距值为 8.0，并且位于 CENTER 基准平面内的基准轴特征。

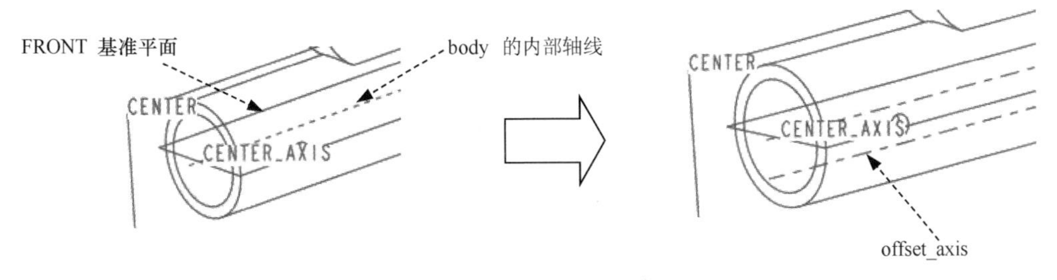

图 2.3.1 基准轴的创建

Step1. 将工作目录设置至 D:\creo8.8\work\ch02.03，然后打开文件 body_axis.prt。

Step2. 在 FRONT 下部，创建一个“偏距”基准平面 DTM_REF，偏距尺寸值为 8.0。

Step3. 单击 模型 功能选项卡 基准 ▾ 区域中的 / 轴 按钮，系统弹出“基准轴”对话框。

Step4. 由于所要创建的基准轴通过基准平面 DTM_REF 和 CENTER 的相交线，所以应

该选取这两个基准平面为约束参考。

（1）选取第一约束平面。选取图 2.3.1 所示的模型的 CENTER 基准平面，系统弹出图 2.3.2 所示的“基准轴”对话框（一），将约束类型改为 穿过，如图 2.3.3 所示。

注意： 由于 Creo 所具有的智能性，这里也可不必将约束类型改为 穿过，因为当用户再选取一个约束平面时，系统会自动将第一个平面的约束改为 穿过。

（2）选取第二约束平面。按住 Ctrl 键，选取 Step2 中所创建的“偏距”基准平面 DTM_REF。

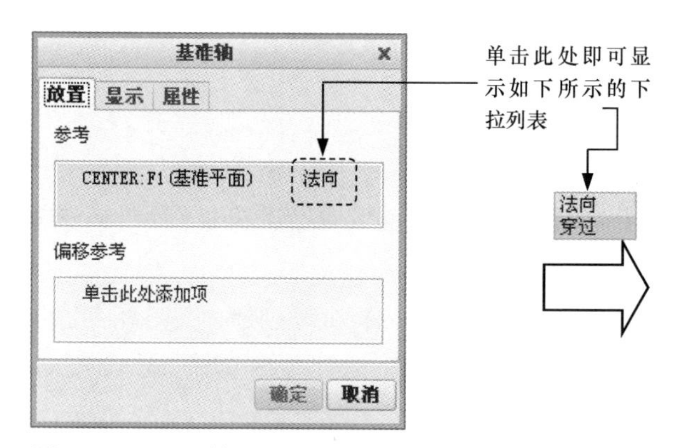

图 2.3.2 “基准轴”对话框（一）

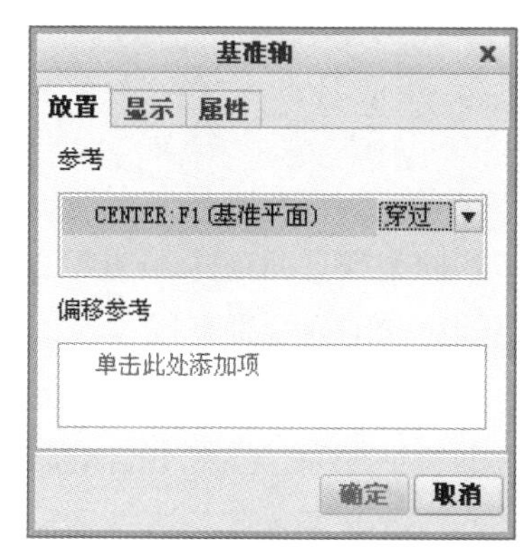

图 2.3.3 “基准轴”对话框（二）

说明： 创建基准轴有如下一些约束方法。

- 过边界：要创建的基准轴通过模型上的一条直边。
- 垂直平面：要创建的基准轴垂直于某个“平面”。使用此方法时，应先选取基准轴要与其垂直的平面，然后分别选取两条定位的参考边，并定义到参考边的距离。
- 过点且垂直于平面：要创建的基准轴通过一个基准点并与一个“平面”垂直，“平面”可以是一个现成的基准平面或模型上的表面，也可以创建一个新的基准平面作为“平面”。
- 过圆柱：要创建的基准轴通过模型上的一个旋转曲面的中心基准轴。使用此方法时，选择一个圆柱面或圆锥面即可。
- 两平面：在两个指定平面（基准平面或模型上的平面表面）的相交处创建基准轴。两平面不能平行，但在屏幕上不必显示相交。
- 两个点 / 顶点：要创建的基准轴通过两个点，这两个点既可以是基准点，也可以是模型上的顶点。

Step5. 修改基准轴的名称。在“基准轴”对话框 属性 选项卡的“名称”文本框中输入“offset_axis”，然后单击 确定 按钮，即完成基准轴的创建。

2. 练习

练习要求：对图 2.3.4 所示的 body_plane.prt 零件模型，在中部的切削特征上创建一个基

准平面 ZERO_REF。

Step1. 将工作目录设置至 D:\creo8.8\work\ch02.03，打开文件 body_plane.prt。

Step2. 创建一个基准轴 A_10。单击 模型 功能选项卡 基准 ▾ 区域中的 / 轴 按钮，选取图 2.3.4 所示的圆柱面（见放大图）。

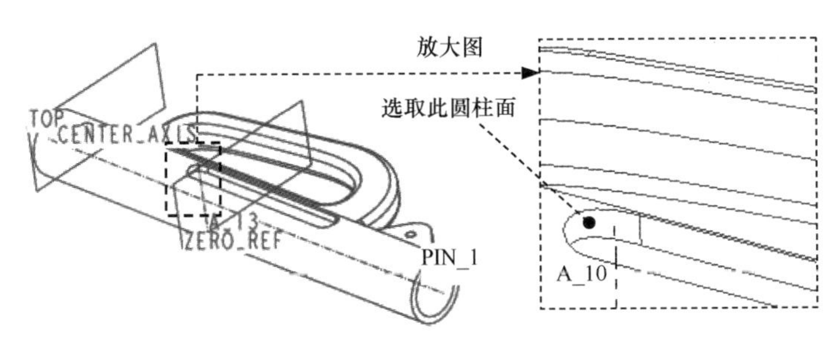

图 2.3.4 body_plane.prt 零件模型

Step3. 创建一个基准平面 ZERO_REF。单击 模型 功能选项卡 基准 ▾ 区域中的“平面”按钮 ▱；选取 A_10 基准轴，约束设置为 穿过；按住 Ctrl 键不放，选取 TOP 基准平面，约束设置为 平行，将此基准平面重命名为 ZERO_REF。

2.4 基准点的创建方法

基准点可以用来连接基准目标和注释、创建坐标系及管道特征轨迹，也可以在基准点处放置基准轴、基准平面和孔特征。

在默认情况下，Creo 将一个基准点显示为叉号“×”，其名称显示为 PNT*n*，其中 *n* 是基准点的编号。要选取一个基准点，可选择基准点自身或其名称。

可以使用配置文件选项 datum_point_symbol 来改变基准点的显示样式。基准点的显示样式可使用下列任意一个：CROSS、CIRCLE、TRIANGLE 或 SQUARE。

2.4.1 在曲线 / 边线上创建基准点

用位置的参数值在曲线或边上创建基准点，该位置参数值确定从一个顶点开始沿曲线放置点的长度。

如图 2.4.1 所示，现需要在模型边线上创建基准点 PNT0，操作步骤如下。

Step1. 先将工作目录设置至 D:\creo8.8\work\ch02.04，然后打开文件 point1.prt。

Step2. 单击 模型 功能选项卡 基准 ▾ 区域中的 ×× 点 ▾ 按钮。

说明： 单击 ×× 点 ▾ 按钮后的 ▾，会出现图 2.4.2 所示的工具按钮。

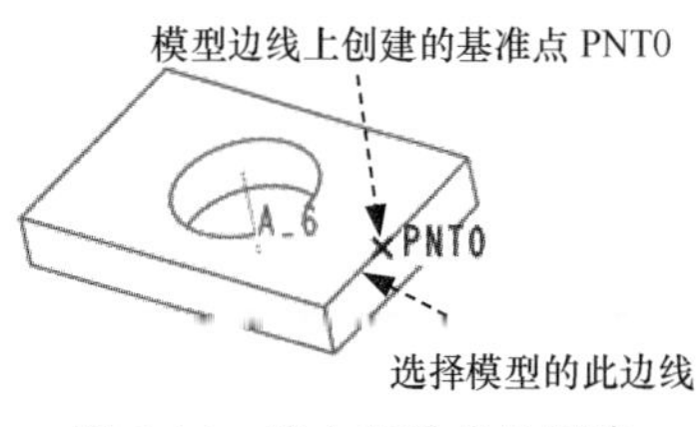

图 2.4.1　线上基准点的创建

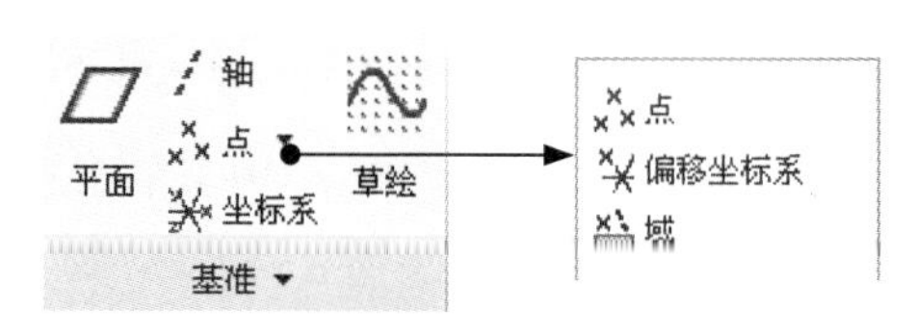

图 2.4.2　工具按钮

Step3. 选取图 2.4.3 所示的模型边线，系统立即创建一个基准点 PNT0，如图 2.4.4 所示。

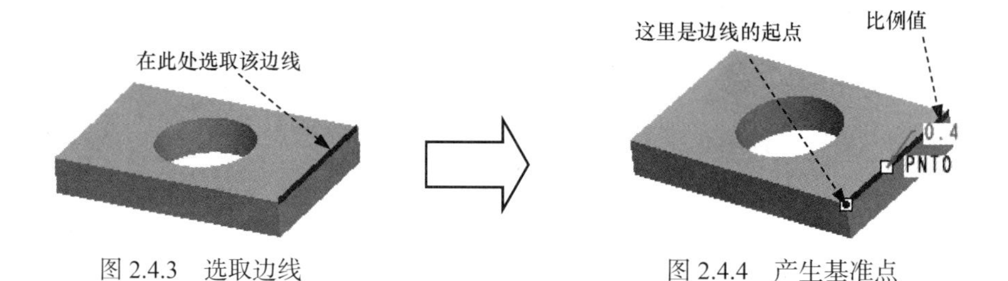

图 2.4.3　选取边线　　　　图 2.4.4　产生基准点

Step4. 在图 2.4.5 所示的“基准点”对话框（一）中，先选择基准点的定位方式（比率或 实际值），再键入基准点的定位数值（比率系数或实际长度值）。

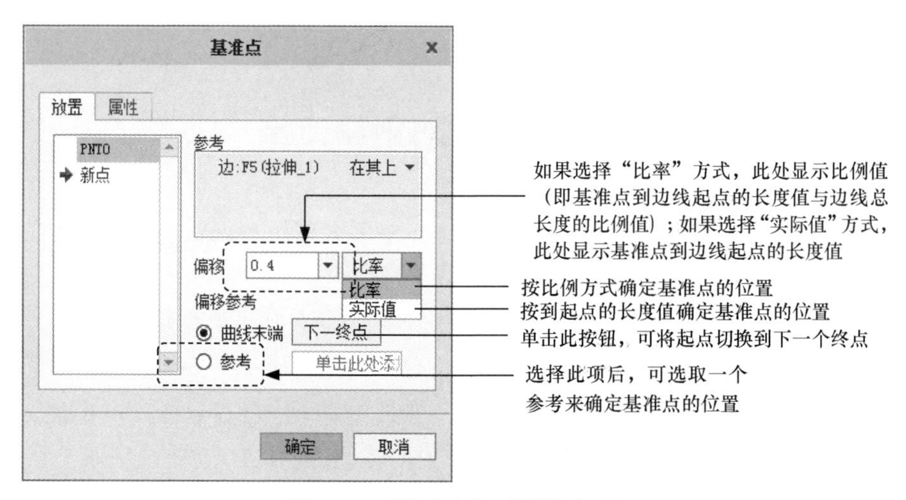

图 2.4.5　“基准点”对话框（一）

2.4.2　在顶点上创建基准点

在顶点上创建基准点就是指在零件边、曲面特征边、基准曲线或输入框架的顶点上创建基准点。

如图 2.4.6 所示，现需要在模型的顶点处创建一个基准点 PNT0，操作步骤如下。

Step1. 单击 模型 功能选项卡 基准 ▼ 区域中的 点 ▼ 按钮。

Step2. 如图 2.4.6 所示，选取模型的顶点，系统立即在此顶点处创建一个基准点 PNT0。

此时“基准点”对话框（二）如图 2.4.7 所示。

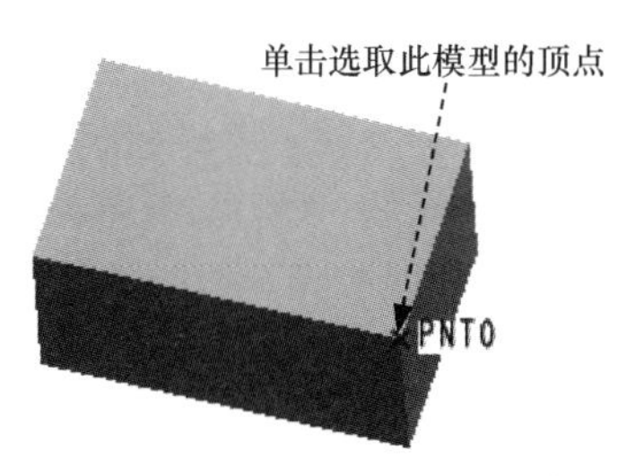

图 2.4.6 顶点基准点的创建

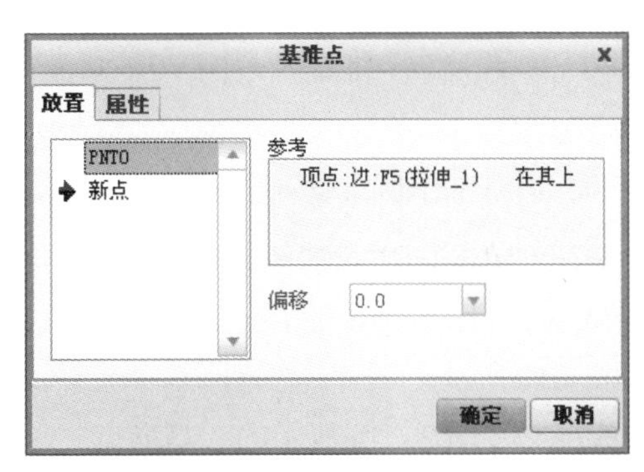

图 2.4.7 “基准点”对话框（一）

2.4.3 过中心点创建基准点

当要在一条弧、一个圆或一个椭圆图元的中心处创建基准点时，可以使用过中心创建基准点的方法。

如图 2.4.8 所示，现需要在模型上表面的孔的圆心处创建一个基准点 PNT1，操作步骤如下。

Step1. 将工作目录设置至 D:\creo8.8\work\ch02.04，打开文件 point_center.prt。

Step2. 单击 模型 功能选项卡 基准 ▾ 区域中的 点 ▾ 按钮。

Step3. 如图 2.4.8 所示，选取模型上表面的孔边线。

Step4. 在图 2.4.9 所示的“基准点”对话框的下拉列表中选择 居中 选项。

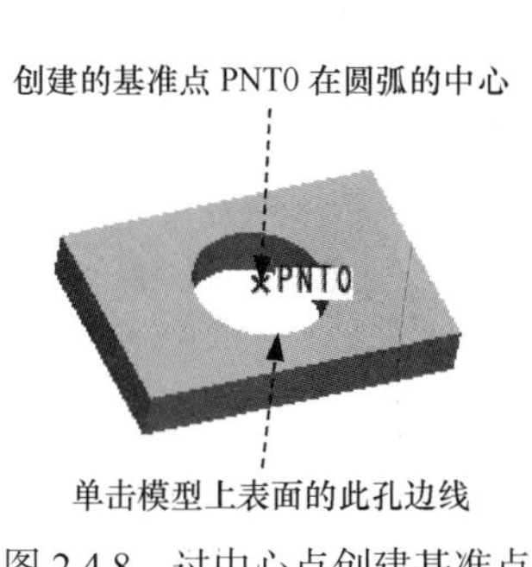

图 2.4.8 过中心点创建基准点

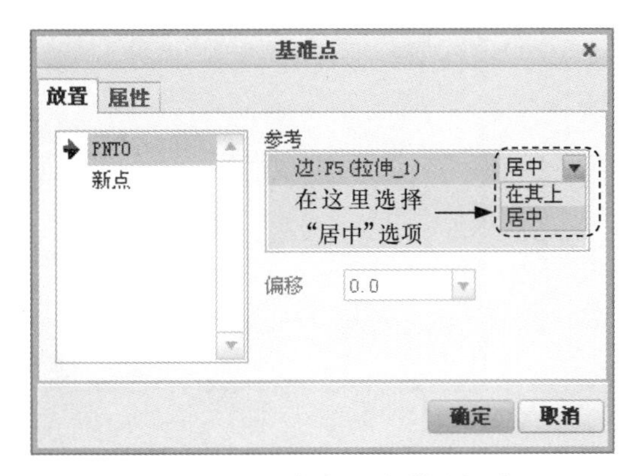

图 2.4.9 “基准点”对话框（三）

2.4.4 在曲面上创建基准点

在曲面上创建一个基准点，可以用两个平面或两条边来定位该基准点。当要对这种类型

的基准点进行阵列时，可以选择定位尺寸作为阵列的引导尺寸。如果在属于面组的曲面上创建基准点，则该点参考整个面组，而不是参考创建该点的特定曲面。

下面在模型圆柱曲面上创建一个基准点 PNT0，模型上的表面分别为定位参考平面 1 和定位参考平面 2，操作步骤如下。

Step1. 将工作目录设置至 D:\creo8.8\work\ch02.04，打开文件 point_on_suf.prt。

Step2. 单击 模型 功能选项卡 基准 ▾ 区域中的 点 ▾ 按钮。

Step3. 在图 2.4.10 所示的圆柱曲面上单击，系统立即创建一个缺少定位的基准点 PNT0，如图 2.4.11 所示。

Step4. 在图 2.4.12 所示的“基准点”对话框（四）中进行如下操作。

（1）在 **偏移参考** 下面的空白区单击，激活“偏移参考”。

（2）按住 Ctrl 键不放，在图 2.4.10 所示的模型上单击定位参考平面 1 和定位参考平面 2，然后修改定位尺寸。

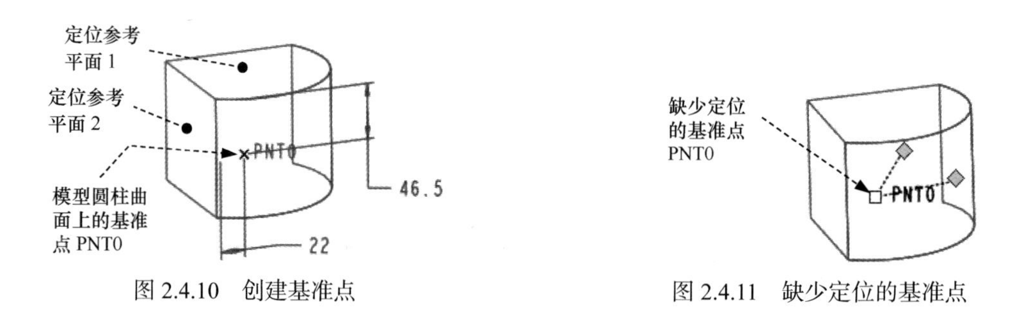

图 2.4.10　创建基准点　　　　图 2.4.11　缺少定位的基准点

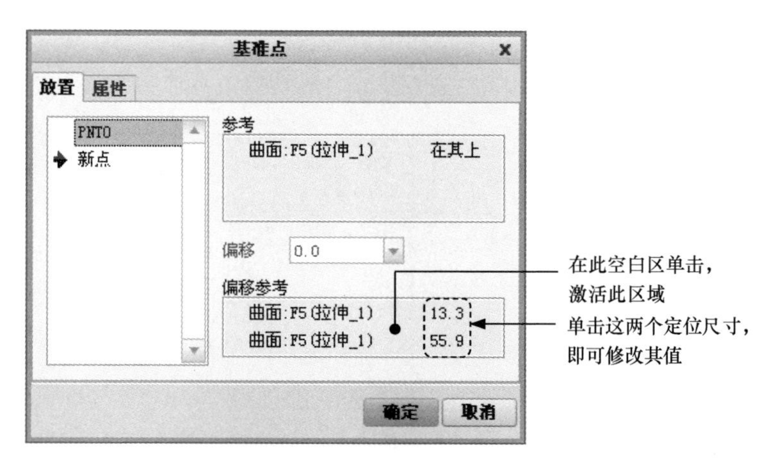

图 2.4.12　“基准点”对话框（四）

2.4.5　偏移曲面创建基准点

偏移曲面创建基准点，就是在指定的方向上，由曲面定义基准点的偏移距离。该偏移距离为该基准点与参考位置曲面之间的距离。

如图 2.4.13 所示，现在需要在模型圆柱曲面的外部创建一个基准点 PNT0，模型上的表面分别为定位参考平面 1 和定位参考平面 2，操作步骤如下。

Step1. 将工作目录设置至 D：\creo8.8\work\ch02.04，打开文件 point_off_suf.prt。

Step2. 单击 模型 功能选项卡 基准 ▼ 区域中的 ×ˣ× 点 ▼ 按钮。

Step3. 在图 2.4.13 所示的圆柱曲面上单击，系统立即创建一个缺少定位的基准点 PNT0。

Step4. 在系统弹出的“基准点”对话框中进行如下操作。

（1）在下拉列表中选择 偏移 选项，并在 偏移 文本框中输入或修改偏移值。

（2）在 偏移参考 下面的空白区单击，激活“偏移参考”。

（3）按住 Ctrl 键，在图 2.4.13 所示的模型上选择定位参考平面 1 和定位参考平面 2，然后修改定位尺寸。

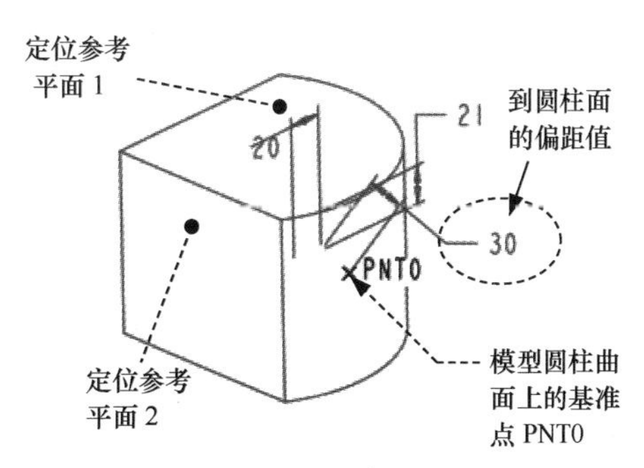

图 2.4.13　创建基准点

2.4.6　利用曲线与曲面相交创建基准点

创建基准点时，可以以一条曲线和一个曲面的交点为参考。曲线可以是零件边、曲面特征边、基准曲线、基准轴或输入的基准曲线。曲面可以是零件曲面、曲面特征或基准平面。

如图 2.4.14 所示，现需要在曲面与模型边线的相交处创建一个基准点 PNT0，操作步骤如下。

Step1. 将工作目录设置至 D：\creo8.8\work\ch02.04，打开文件 point_int_suf.prt。

Step2. 单击 模型 功能选项卡 基准 ▼ 区域中的 ×ˣ× 点 ▼ 按钮。

Step3. 选取图 2.4.14 所示的曲面 A；按住 Ctrl 键，选取模型的边线，系统立即在此顶点处创建一个基准点 PNT0。

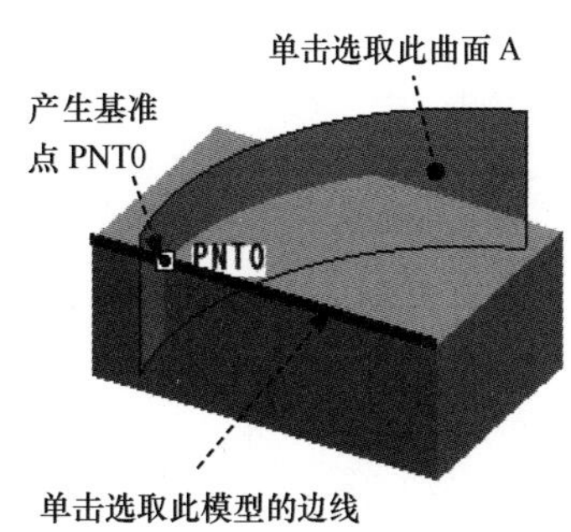

图 2.4.14　创建基准点

2.4.7　利用坐标系原点创建基准点

可以在一个坐标系的原点处创建基准点。

Step1. 单击 模型 功能选项卡 基准 ▼ 区域中的 ×ˣ× 点 ▼ 按钮。

Step2. 单击左键选取一个坐标系，系统立即在该坐标系的原点处创建一个基准点 PNT0。

2.4.8 通过给定坐标值创建基准点

当要创建一个给定坐标值的基准点时，可以选择一个坐标系作为参考来创建基准点或基准点阵列。

如图 2.4.15 所示，CSYS1 是一个坐标系，现需要创建偏移该坐标系的三个基准点 PNT0、PNT1 和 PNT2，它们相对该坐标系的坐标值为（10.0，5.0，0.0）、（20.0，5.0，0.0）和（30.0，0.0，0.0），操作步骤如下。

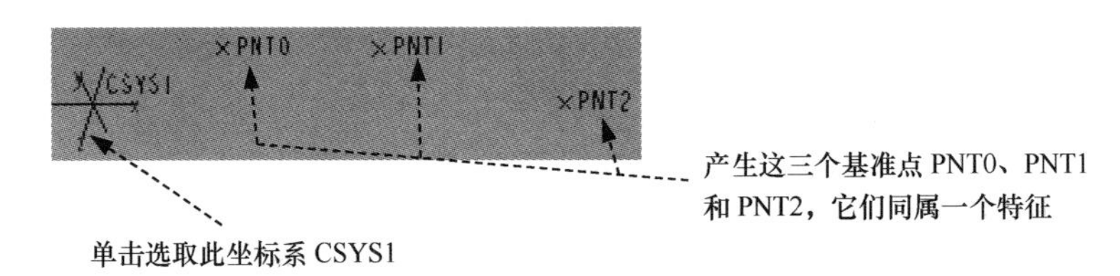

图 2.4.15　创建基准点

Step1. 将工作目录设置至 D：\creo8.8\work\ch02.04，打开文件 point_csys1.prt。

Step2. 单击 模型 功能选项卡 基准 ▾ 区域中 点 ▾ 后的 ▾，再单击 偏移坐标系 按钮。

Step3. 单击选取坐标系 CSYS1。

Step4. 在图 2.4.16 所示的“基准点”对话框中，单击 名称 下面的方格，则该方格中显示出 PNT0；分别在 X 轴、Y 轴 和 Z 轴 下面的方格中输入坐标值 10.0、5.0 和 0.0。以同样的方法创建点 PNT1 和 PNT2。

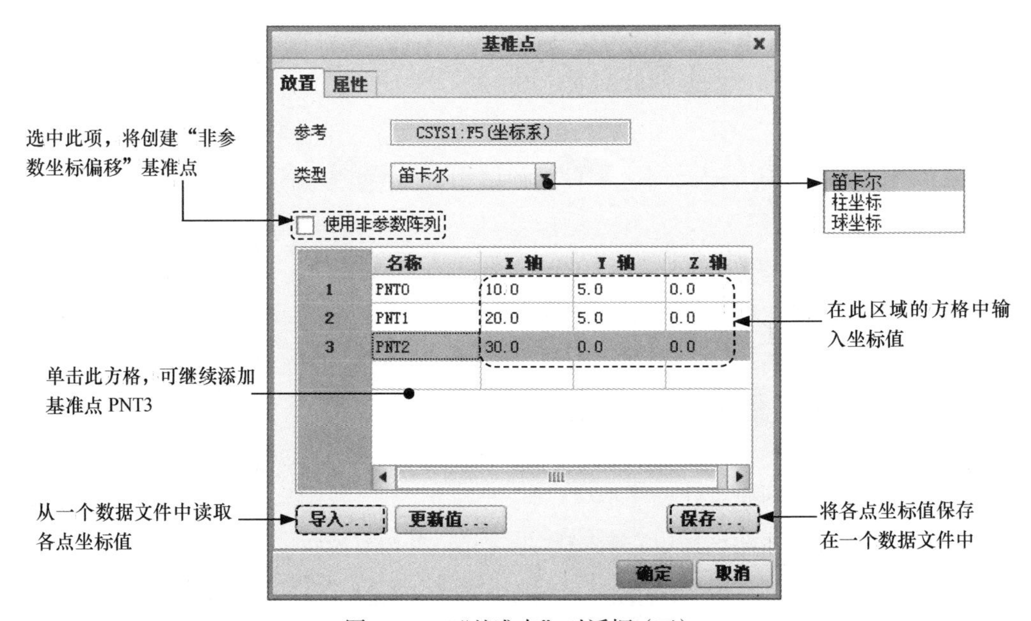

图 2.4.16　“基准点”对话框（五）

说明：在图 2.4.16 所示的“基准点”对话框中，用户在给出各点坐标值后，如果在对话框中选中 ☑使用非参数阵列 复选框，系统将弹出警告对话框；单击该对话框中的 确定 按钮，系统将这些基准点转化为非参数坐标偏移基准点，即用户在以后的编辑中将不能修改各点的坐标值。

2.4.9 在三个曲面相交处创建基准点

当三个曲面相交时可以在其交点处创建基准点，这三个曲面可以是零件曲面、曲面特征或基准平面。

如图 2.4.17 所示，现需要在曲面 A、模型圆柱曲面和 RIGHT 基准平面相交处创建一个基准点 PNT0，操作步骤如下。

Step1. 将工作目录设置至 D:\creo8.8\work\ch02.04，打开文件 point_3suf_a.prt。

Step2. 单击 模型 功能选项卡 基准 ▾ 区域中的 ××点 ▾ 按钮。

Step3. 如图 2.4.17 所示，选取曲面 A；按住 Ctrl 键，选取模型的圆柱面，选取 RIGHT 基准平面，系统立即在交点处创建一个基准点 PNT0，此时“基准点”对话框（六）如图 2.4.18 所示。

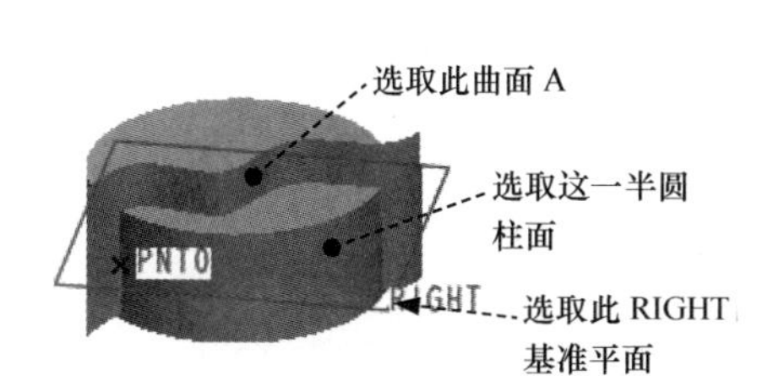

图 2.4.17 创建基准点

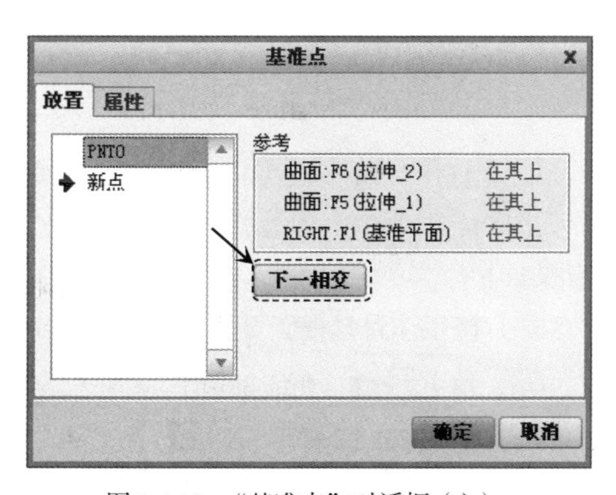

图 2.4.18 “基准点”对话框（六）

注意：

- 在图 2.4.17 所示的模型中，如果曲面 A、模型圆柱面和 RIGHT 基准平面交点有两个或两个以上的交点，图 2.4.18 所示的“基准点”对话框中的 下一相交 按钮将变亮；单击该按钮，系统创建的基准点将位于另外一个交点，如图 2.4.19 所示。
- 在 Creo 软件中，一个完整的圆柱曲面由两个半圆柱面组成，如图 2.4.20 所示。所以在计算曲面与曲面、曲面与曲线的交点个数时，要注意这一点。

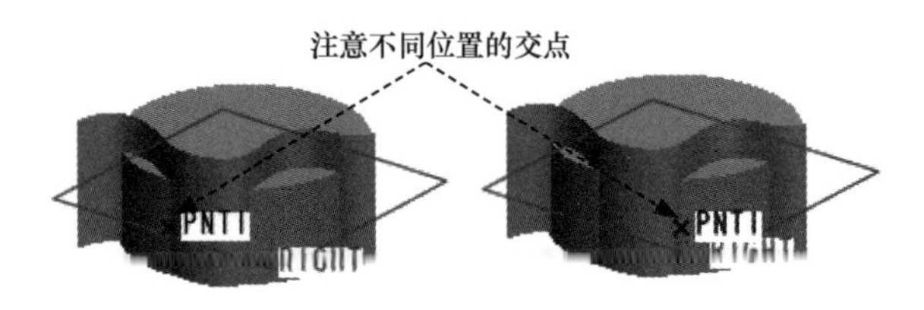

图 2.4.19 创建的交点

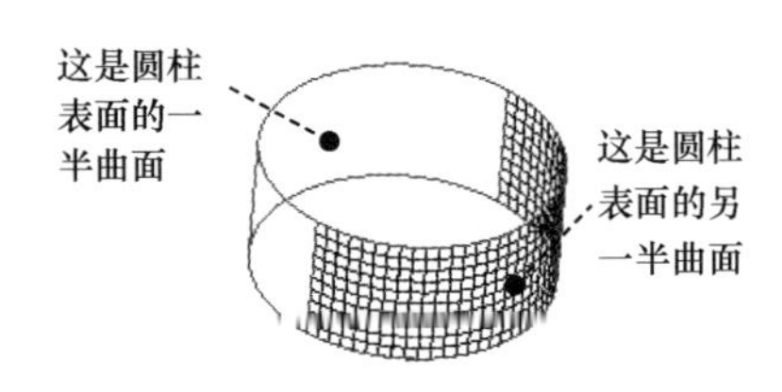

图 2.4.20 圆柱曲面的组成元素

2.4.10 利用两条曲线相交创建基准点

用户可以在两条曲线的交点处创建基准点，曲线可以是零件边、曲面特征边、基准曲线、基准轴或输入的基准曲线。

如图 2.4.21 所示，现需要在模型上部表面上的曲线 A 和模型边线的相交处创建一个基准点 PNT0，操作步骤如下。

Step1. 将工作目录设置至 D:\creo8.8\work\ch02.04，打开文件 point_int_2suf.prt。

Step2. 单击 模型 功能选项卡 基准 ▾ 区域中的 点 ▾ 按钮。

Step3. 如图 2.4.21 所示，选取曲线 A；按住 Ctrl 键，选取模型边线；系统立即在它们的相交处创建一个基准点 PNT0。

2.4.11 偏移一点创建基准点

系统允许用户以一个点（或顶点）为参考，偏移一定距离来创建一个或多个基准点。

如图 2.4.22 所示，现需要创建模型顶点 A 的偏距点，该偏距点沿边线 B 偏移 60.0，操作步骤如下。

Step1. 将工作目录设置至 D:\creo8.8\work\ch02.04，打开文件 point_off_p.prt。

Step2. 单击 模型 功能选项卡 基准 ▾ 区域中的 点 ▾ 按钮。

Step3. 如图 2.4.22 所示，选取模型顶点 A；按住 Ctrl 键，选取模型的边线 B。

Step4. 在“基准点”对话框中输入偏移值 60.0，并按 Enter 键，系统立即创建一个符合要求的基准点 PNT0。

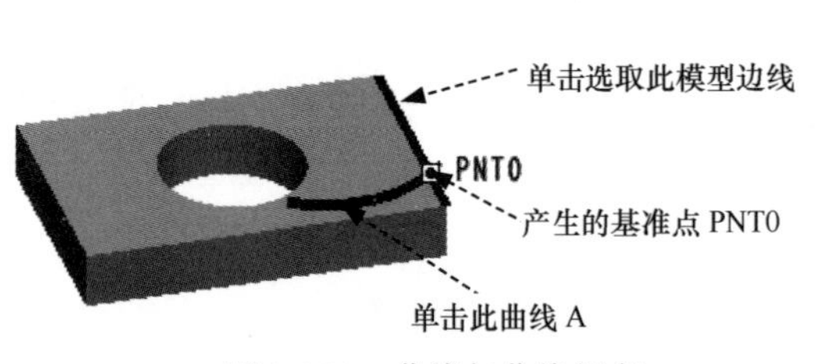

图 2.4.21 曲线与曲线相交

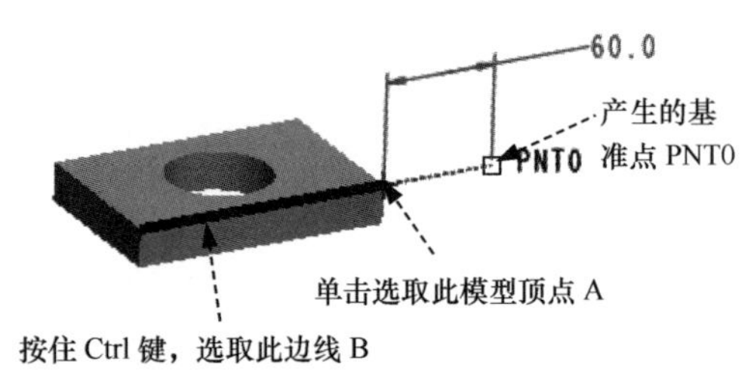

图 2.4.22 偏距点

2.4.12 创建域点

在一个曲面、曲线、模型边线上的任意处创建一个基准点，可以使用创建域点命令，该基准点无需进行尺寸定位。

1. 创建域点的一般过程

如图 2.4.23 所示，现需要在模型的圆锥面上创建一个域点 FPNT0，操作步骤如下。

Step1. 将工作目录设置至 D：\creo8.8\work\ch02.04，打开文件 point_fie.prt。

Step2. 单击 模型 功能选项卡 基准 ▼ 区域中 点 ▼ 后的 ▼，再单击 域 按钮。

Step3. 如图 2.4.23 所示，选取圆锥面 A，系统立即在圆锥面上的单击处创建一个基准点 FPNT0，这就是域点。此时“基准点”对话框（七）如图 2.4.24 所示。用户可用鼠标拖动该点，以改变点的位置。

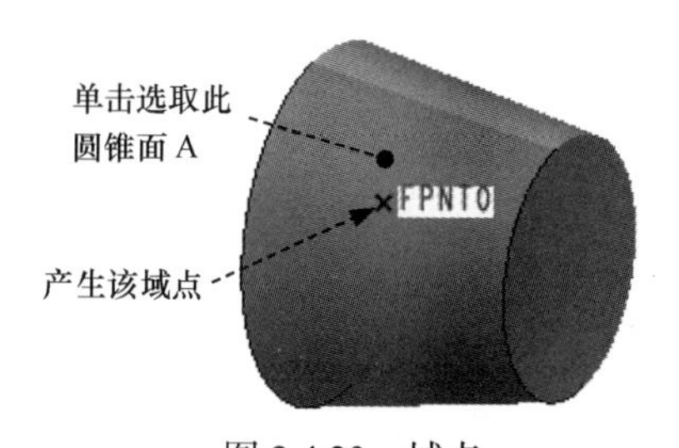

图 2.4.23 域点

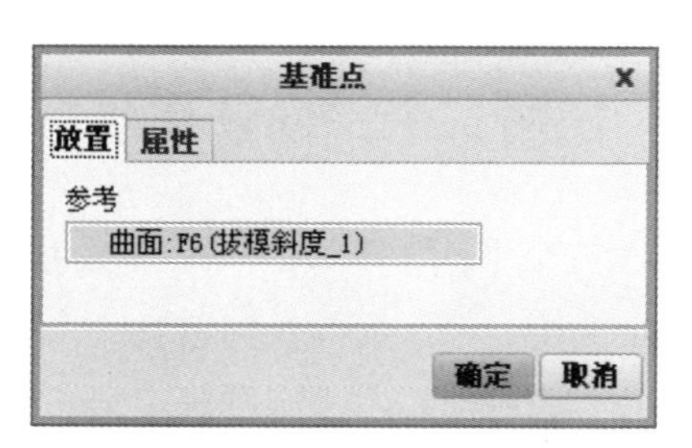

图 2.4.24 “基准点”对话框（七）

2. 域点的应用

练习要求：打开图 2.4.25 所示的 reverse_block.prt 零件模型，在螺旋特征的某一位置创建一个基准点。操作过程如下。

Step1. 将工作目录设置至 D：\creo8.8\work\ch02.04，打开文件 reverse_block.prt。

Step2. 单击 模型 功能选项卡 基准 ▼ 区域中 点 ▼ 后的 ▼，再单击 域 按钮。

Step3. 在图 2.4.25 所示的螺旋特征的边线上任意选取一点，系统立即创建一个基准点。

说明： 在螺旋特征的边线上任意选取一点时，建议在视图工具栏中按下 按钮，将模型的显示状态切换到虚线线框显示方式，以方便选取。

Step4. 将此基准点的名称改为 SOLT_POINT。

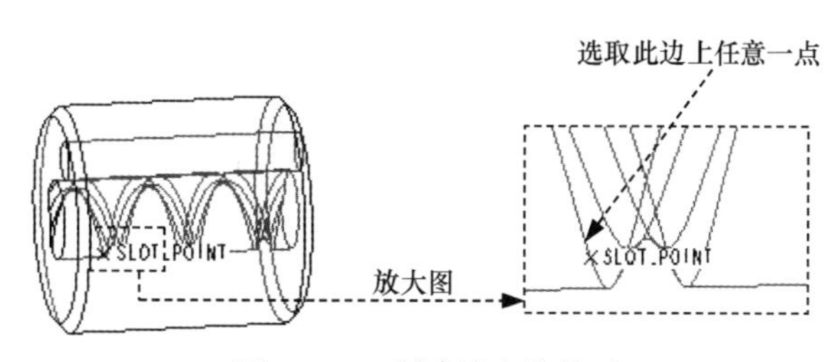

图 2.4.25 创建域点的练习

2.5　坐标系的创建方法

坐标系可以用来作为零件和装配体中的参考特征，它可用于：

- 计算质量属性。
- 装配元件。
- 为“有限元分析（FEA）”放置约束。
- 为刀具轨迹提供制造操作参考。
- 用于定位其他特征的参考（坐标系、基准点、平面和基准轴线、输入的几何等）。

在 Creo 系统中，可以使用下列三种形式的坐标系：

- 笛卡儿坐标系。系统用 X、Y 和 Z 表示坐标值。
- 柱坐标系。系统用半径、theta（θ）和 Z 表示坐标值。
- 球坐标系。系统用半径、theta（θ）和 phi（ψ）表示坐标值。

2.5.1　使用三个平面创建坐标系

选择三个平面（模型的表平面或基准平面）可以创建一个坐标系，其交点作为坐标原点，选定的第一个平面的法向定义一个基准轴的方向，第二个平面的法向定义另一基准轴的大致方向，系统使用右手定则确定第三基准轴。注意，所选的三个平面不必正交。

如图 2.5.1 所示，现在需要在三个垂直平面（平面 1、平面 2 和平面 3）的交点上创建一个坐标系 CSO，操作步骤如下。

Step1. 将工作目录设置至 D:\creo8.8\work\ch02.05，打开文件 csys_create.prt。

Step2. 单击 模型 功能选项卡 基准 ▾ 区域中的 坐标系 按钮。

Step3. 选取三个垂直平面。如图 2.5.1 所示，选取平面 1；按住 Ctrl 键，选取平面 2；按住 Ctrl 键，选取平面 3。此时系统就创建了图 2.5.2 所示的坐标系，注意字符 X、Y、Z 所在的方向正是相应坐标基准轴的正方向。

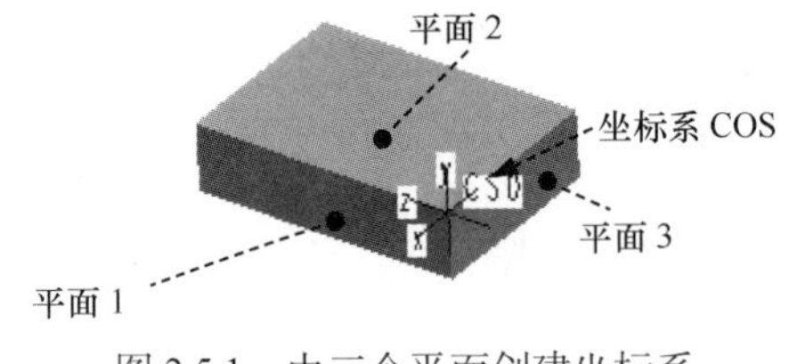

图 2.5.1　由三个平面创建坐标系

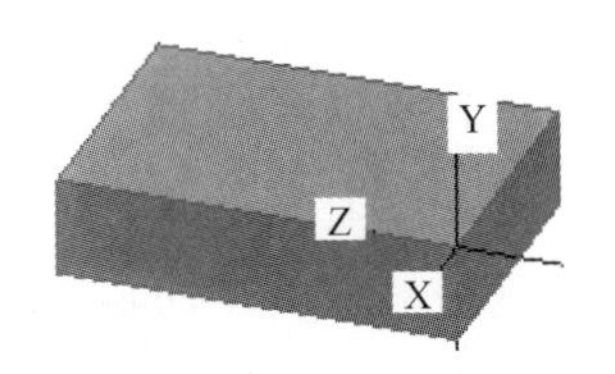

图 2.5.2　创建坐标系

Step4. 修改坐标基准轴的位置和方向。在图 2.5.3 所示的“坐标系”对话框中打开 方向 选项卡，在该选项卡的界面中可以修改坐标基准轴的位置和方向，操作方法参见图 2.5.3 所示的说明。

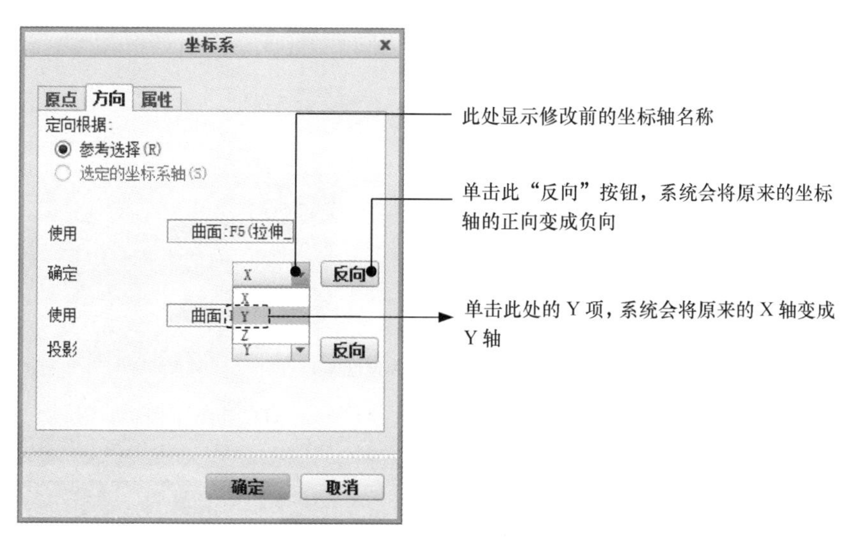

图 2.5.3 “坐标系”对话框

2.5.2 使用两个相交的基准轴（边）创建坐标系

选取两个相交基准轴（边）创建坐标系时，系统会在它们的交点处放置原点，其坐标基准轴则可由所选的基准轴（边）确定。

如图 2.5.4 所示，现需要通过模型的两条边线创建一个坐标系 CSO，操作步骤如下。

Step1. 单击 模型 功能选项卡 基准 ▼ 区域中的 坐标系 按钮。

Step2. 如图 2.5.4 所示，选取模型边线 1；按住 Ctrl 键，选取模型边线 2。此时系统在所选的两条边线的交点处创建坐标系 CSO，单击 确定 按钮，即可完成坐标系的创建。

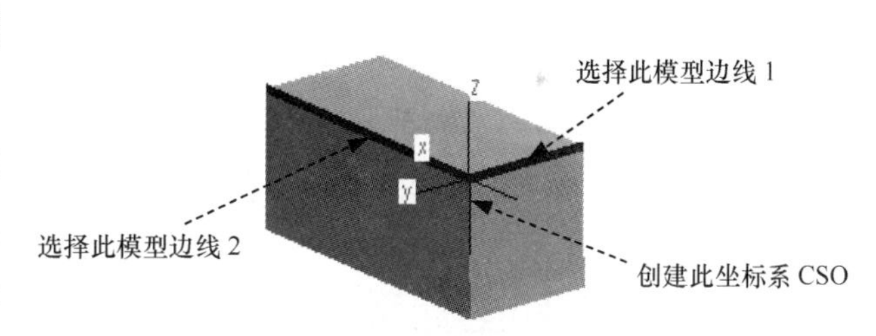

图 2.5.4 由两相交轴创建坐标系

2.5.3 使用一个点和两个不相交的基准轴（边）创建坐标系

选择某一点作为坐标系的原点，然后定义其他两个坐标基准轴，即可以完成坐标系的创建。点可以是基准点、模型的顶点、曲线的端点，基准轴可以是模型的边线、曲面边线、基准轴和特征中心基准轴线。

如图 2.5.5 所示，现需要通过模型的一个顶点和模型的两条边线创建一个坐标系 CSO，操作步骤如下。

Step1. 单击 模型 功能选项卡 基准 ▼ 区域中的 坐标系 按钮。

Step2. 如图 2.5.5 所示，单击选取模型顶点，此时“坐标系”对话框如图 2.5.6 所示。

Step3. 选择模型中的两个不相交的“基准轴”。

（1）在图 2.5.6 所示的“坐标系”对话框（一）中单击 方向 选项卡，此时系统弹出图 2.5.7 所示的界面。

（2）在该选项卡中，单击 使用 后面的空白区，然后单击图 2.5.5 所示的模型边线 1 和边线 2，系统即在所选的顶点创建坐标系 CSO。

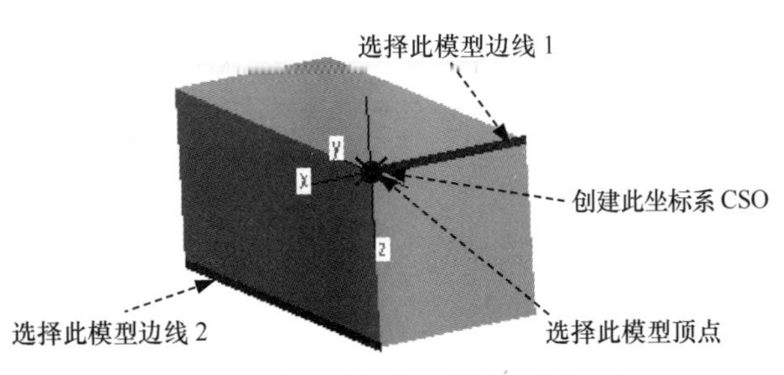

图 2.5.5　由点和两不相交的轴创建坐标系

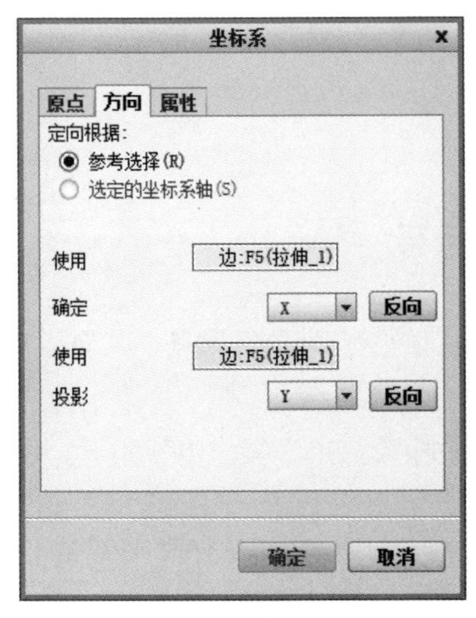

图 2.5.6　“坐标系”对话框（一）

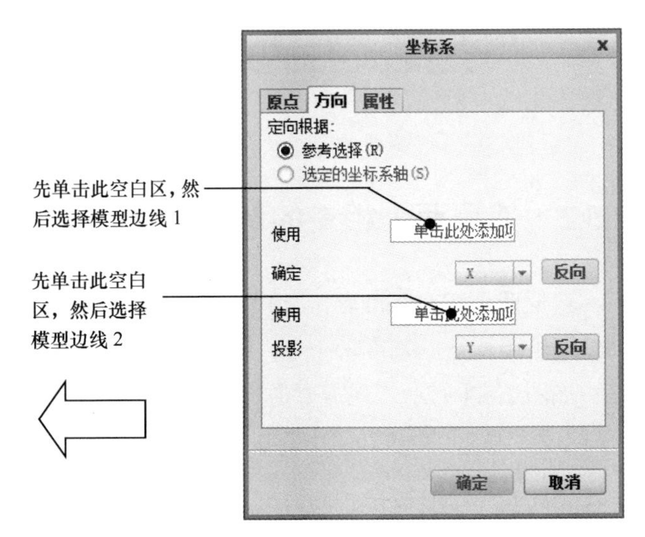

图 2.5.7　“坐标系”对话框（二）

2.5.4　创建偏距坐标系

通过由参考坐标系的偏移和旋转来创建坐标系。

如图 2.5.8 所示，现需要通过参考坐标系 PRT_CSYS_DEF 创建偏移坐标系 CSO，操作步骤如下。

Step1. 将工作目录设置至 D:\creo8.8\work\ch02.05，打开文件 offset_csys.prt。

Step2. 单击 模型 功能选项卡 基准 ▾ 区域中的 坐标系 按钮。

Step3. 如图 2.5.8 所示，选取参考坐标系 PRT_CSYS_DEF。

Step4. 在“坐标系”对话框中单击 原点 选项卡，选择偏移类型为 笛卡尔 选项，然后输入偏移坐标系 CSO 与参考坐标系在三个方向上的偏距值 X=30、Y=5、Z=12。

Step5. 单击 方向 选项卡，选中 ◉ 选定的坐标系轴(S) 单选项，然后输入偏移坐标系 CSO 与参考坐标系在三个方向上的旋转角度值 X=10、Y=20、Z=30。单击 确定 按钮，即可完成坐标系的创建。

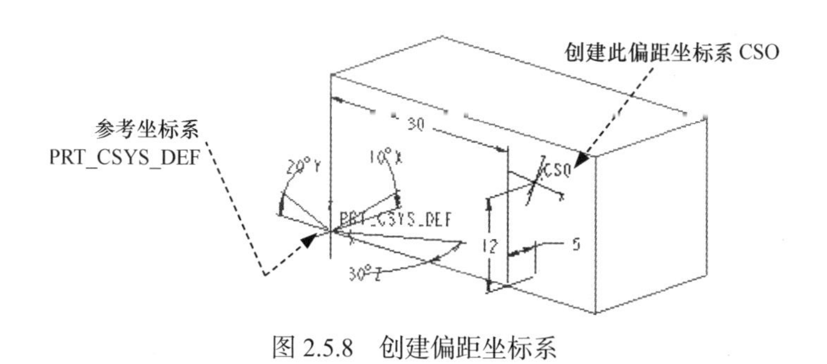

图 2.5.8 创建偏距坐标系

2.5.5 创建与屏幕正交的坐标系

可以通过将参考坐标系偏移来创建与屏幕正交的坐标系（Z 基准轴垂直于屏幕并指向屏幕外)。系统要求选择参考坐标系，然后提示指定 Z 基准轴与屏幕垂直，在图 2.5.9 所示的“坐标系”对话框（三）中单击 设置 Z 垂直于屏幕 按钮，系统将自动确定偏距坐标系与参考坐标系间的旋转角，如图 2.5.10 所示。

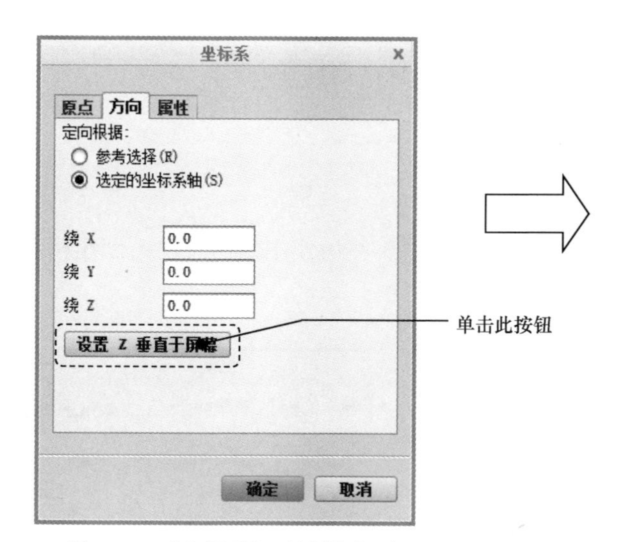

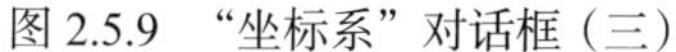

图 2.5.9 “坐标系”对话框（三）

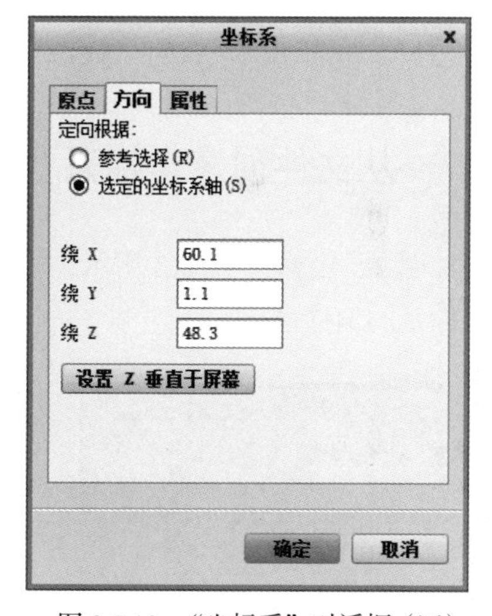

图 2.5.10 “坐标系”对话框（四）

2.5.6 使用一个平面和两个基准轴（边）创建坐标系

用户可以指定一个平面和两个基准轴（边）来创建坐标系，坐标系的原点为平面与第一个选定基准轴（边）的交点，所选两个基准轴（边）则成为该坐标系的两个坐标基准轴。

Step1. 将工作目录设置至 D:\creo8.8\work\ch02.05，打开文件 csys_pln_2axis.prt。

Step2. 单击 模型 功能选项卡 基准 ▼ 区域中的 坐标系 按钮。

Step3. 如图 2.5.11a 所示，选取模型表面 1；按住 Ctrl 键，选取边线 1。此时系统在所选的模型表面和边线的交点处创建坐标系 CSO。

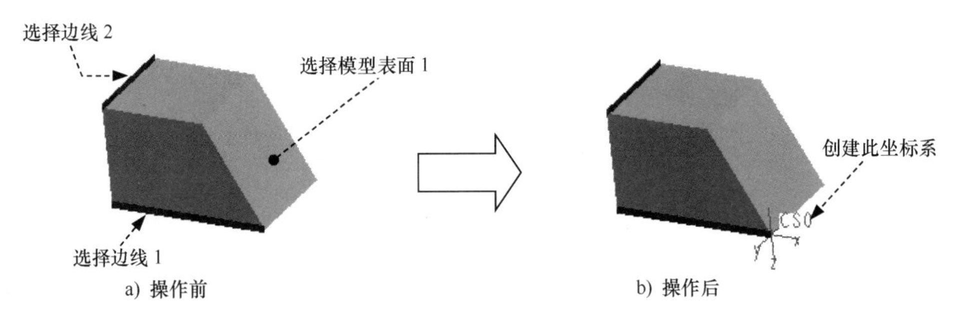

图 2.5.11　一个平面与两个轴创建坐标系

Step4. 选择模型中的另一个基准轴。

（1）在“坐标系”对话框中单击 方向 选项卡。

（2）在系统弹出的界面中单击 使用 文本框区域，然后在图 2.5.11a 所示的模型中选取模型边线 1，单击另一个 使用 文本框区域，选取图 2.5.11a 所示的模型边线 2，系统立即创建图 2.5.11b 所示的坐标系 CSO。

（3）单击“坐标系”对话框中 确定 按钮，完成坐标系的创建。

2.5.7　从文件创建坐标系

如图 2.5.12 和图 2.5.13 所示，先指定一个参考坐标系，然后使用数据文件，创建相对参考坐标系的偏移坐标系。

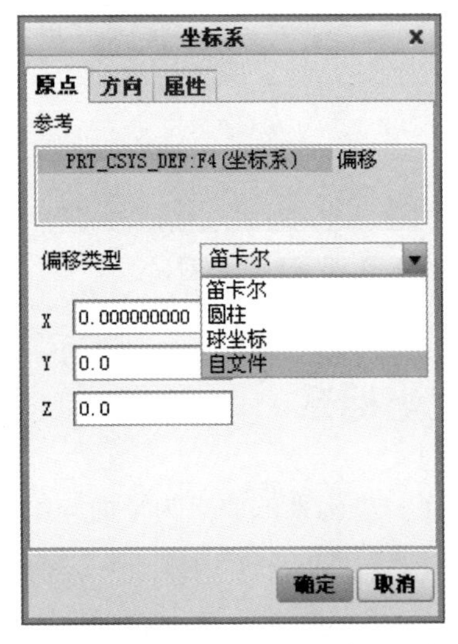

图 2.5.12　“坐标系”对话框（五）

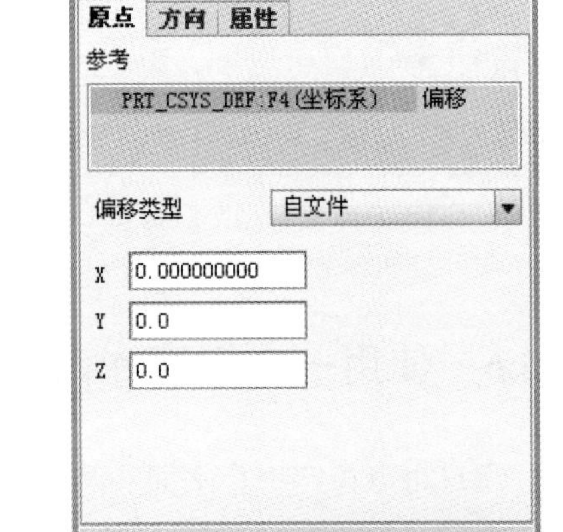

图 2.5.13　“坐标系”对话框（六）

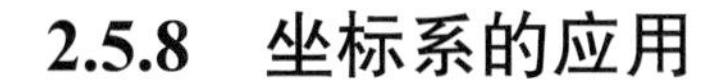

2.5.8 坐标系的应用

图 2.5.14 所示为零件模型，要在模型的端部外创建一个定位坐标系（使用三个平面创建坐标系）。

Step1. 将工作目录设置至 D：\creo8.8\work\ch02.05，打开文件 claw_csys.prt。

Step2. 创建图 2.5.14 所示的 DTM1 平面。

Step3. 分别选取图 2.5.14 所示的三个平面为参考平面，创建坐标系 CSO。

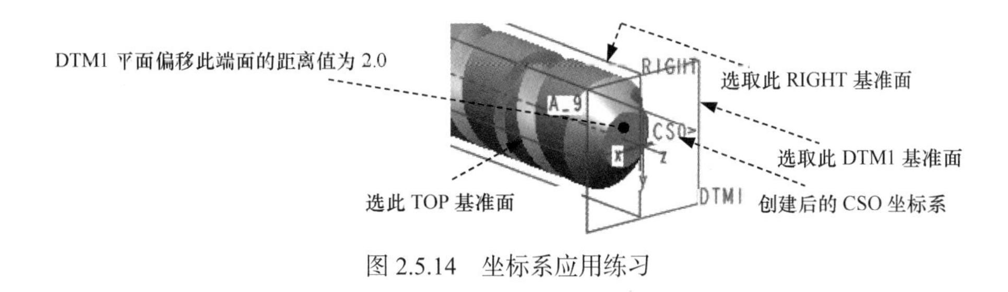

图 2.5.14 坐标系应用练习

2.6 基准曲线的创建方法

基准曲线可用于创建曲面和其他特征的参考，也可作为扫描轨迹来使用。创建曲线有很多方法，下面将分别进行介绍。

2.6.1 草绘曲线

草绘基准曲线的方法与草绘其他特征相同。草绘曲线可以由一个或多个草绘段以及一个或多个开放或封闭的环组成。但是如果将基准曲线用于其他特征，通常限定在开放或封闭环的单个曲线（它可以由许多段组成）。

草绘基准曲线时，Creo 在离散的草绘基准曲线上创建一个单一复合基准曲线。对于该类型的复合曲线，不能重定义起点。

由草绘曲线创建的复合曲线可以作为轨迹，例如作为扫描轨迹。使用“查询选取”可以选择底层草绘曲线图元。

如图 2.6.1 所示，现需要在模型的表面上创建一个草绘基准曲线，操作步骤如下。

Step1. 将工作目录设置至 D：\creo8.8\work\ch02.06，打开文件 curve_sketch.prt。

Step2. 在操控板中单击“草绘”按钮（图 2.6.2）。

Step3. 选取图 2.6.1 中的草绘平面及参考平面，单击 草绘 按钮进入草绘环境。

Step4. 进入草绘环境后，接受默认的平面为草绘环境的参考，单击 ∿样条 按钮，绘制一条样条曲线。

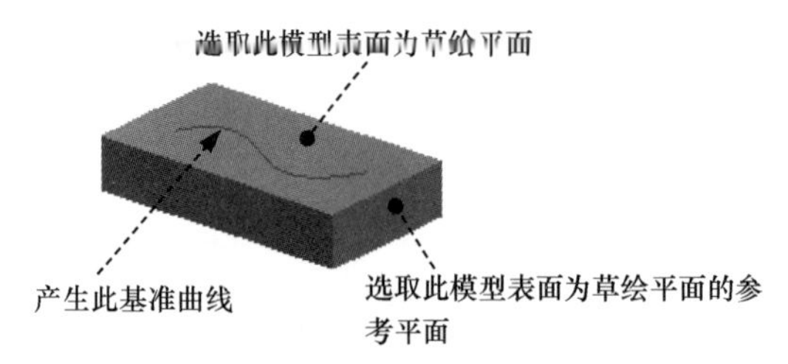

图 2.6.1 创建草绘基准曲线

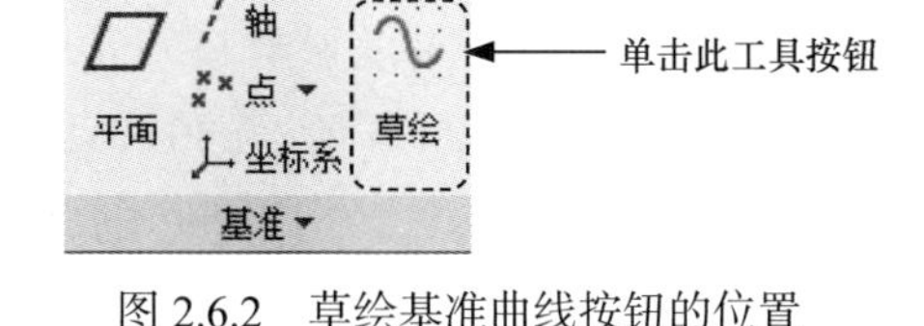

图 2.6.2 草绘基准曲线按钮的位置

Step5. 单击 ✔ 按钮，退出草绘环境。

2.6.2 过基准点的曲线

可以通过空间中的一系列点创建基准曲线，经过的点可以是基准点、模型的顶点、曲线的端点。如图 2.6.3 所示，现需要经过基准点 PNT0、PNT1、PNT2 和 PNT3 创建一条基准曲线，操作步骤如下。

Step1. 将工作目录设置至 D:\creo8.8\work\ch02.06，打开文件 curve_point.prt。

Step2. 单击 模型 功能选项卡中的 基准 ▾ 按钮，在系统弹出的菜单中单击 ∼ 曲线 ▸ 选项后面的 ▾，选择 ∼通过点的曲线 命令，如图 2.6.4 所示。

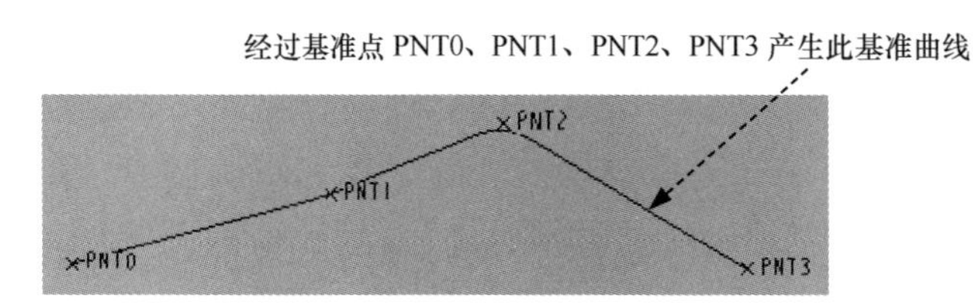

图 2.6.3 经过点创建基准曲线

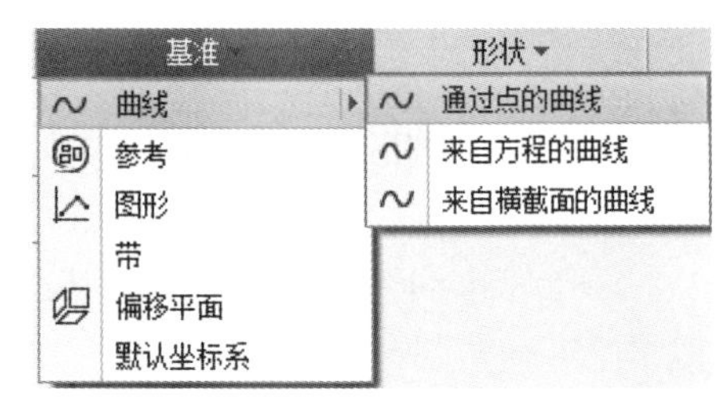

图 2.6.4 创建基准命令的位置

Step3. 完成上步操作后，系统弹出图 2.6.5 所示的“曲线：通过点”操控板，在图形区中依次选取图 2.6.3 中的基准点 PNT0、PNT1、PNT2 和 PNT3 为曲线的经过点，然后在操控板中单击 ⌃ 按钮。

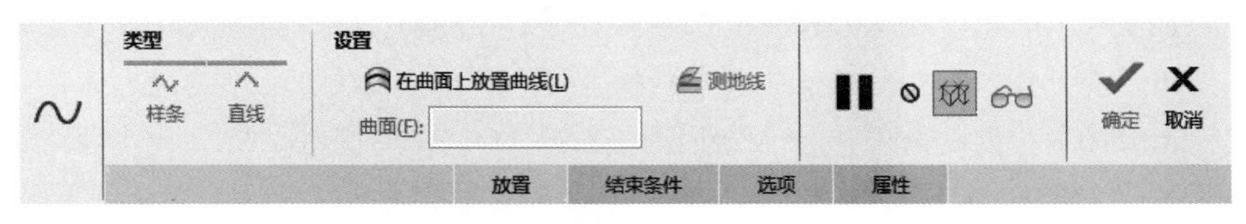

图 2.6.5 “曲线：通过点”操控板

Step4. 单击该操控板中的 按钮，在其后的文本框中输入折弯半径值 3.0，并按 Enter 键。

Step5. 单击“曲线：通过点”操控板中的 按钮，完成曲线的创建。

2.6.3 复制曲线

用户可以通过已经存在的曲线或曲面的边界，用复制粘贴的方法来创建曲线。

下面以图 2.6.6 所示的模型为例，说明创建复制曲线的一般过程。

Step1. 将工作目录设置至 D：\creo8.8\work\ch02.06，打开文件 curve_copy.prt。

Step2. 在屏幕下方的“智能选取”栏中选择 几何 选项，然后在模型中选取图 2.6.6 所示的边线。

Step3. 单击 模型 功能选项卡 操作 区域中的“复制”按钮 。

Step4. 单击 模型 功能选项卡 操作 区域中的“粘贴”按钮 ，系统弹出图 2.6.7 所示的“曲线：复合”操控板。

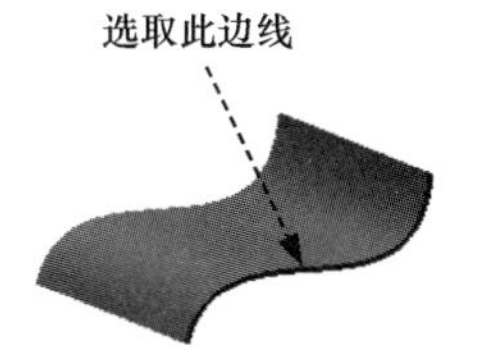

图 2.6.6 选取边线

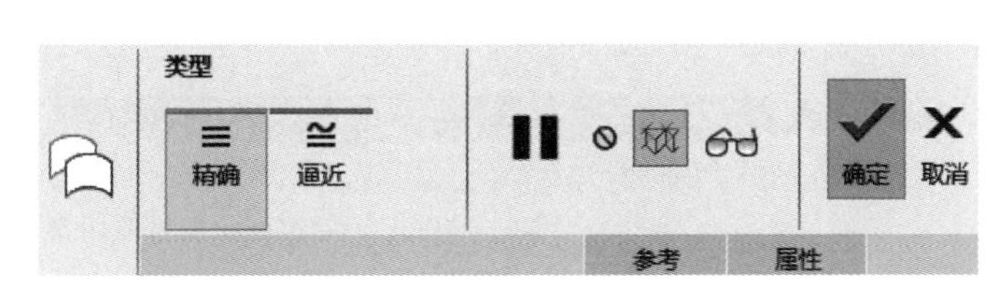

图 2.6.7 “曲线：复合”操控板

Step5. 单击“曲线：复合”操控板中的 按钮，完成复制曲线创建。

注意：复制曲线不能在大于 5° 的接头角上创建。

Step6. 隐藏曲面。

（1）选择导航选项卡中的 → 层树(L) 命令。

（2）在模型树中选取模型曲面层 QUILT，右击，在系统弹出的快捷菜单中选择 隐藏 命令；单击“重画”按钮 ，这样模型的曲面将不显示。

2.6.4 使用剖截面创建基准曲线

使用剖截面创建基准曲线就是创建剖截面与零件轮廓的相交线。下面以图 2.6.8 所示的模型为例，说明创建这种曲线的方法。

Step1. 将工作目录设置至 D：\creo8.8\work\ch02.06，然后打开文件 section.prt。

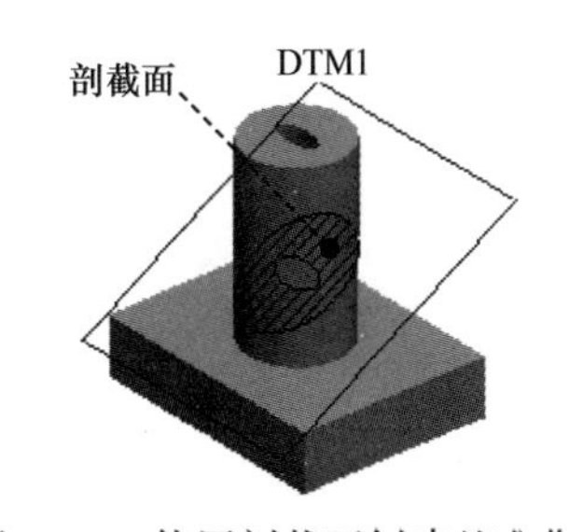

图 2.6.8 使用剖截面创建基准曲线

Step2. 选择 模型 ➡ 基准▾ ➡ 曲线 ➡ 来自横截面的曲线 命令，系统弹出图 2.6.9 所示的“曲线”操控板。

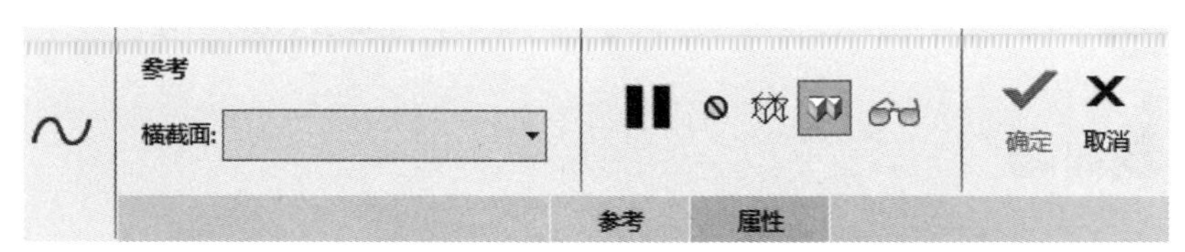

图 2.6.9 “曲线”操控板

Step3. 在系统 选择横截面 的提示下，选取 横截面 菜单中的 XSEC0001 截面。此时即在模型上创建图 2.6.10 所示的基准曲线。

注意： 不能使用偏距截面中的边界创建基准曲线。

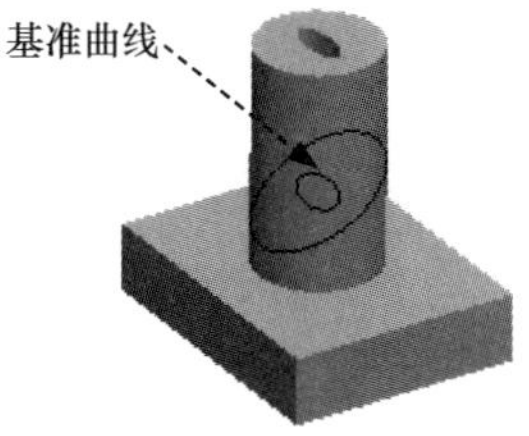

图 2.6.10 基准曲线

2.6.5 通过方程创建基准曲线

该方法是使用一组方程来创建基准曲线。下面以图 2.6.11 为例，说明用方程创建螺旋基准曲线的操作过程。

图 2.6.11 从方程创建螺旋基准曲线

Step1. 将工作目录设置至 D:\creo8.8\work\ch02.06，然后打开文件 claw_curve.prt。

Step2. 选择 模型 功能选项卡中的 基准▾ ➡ 曲线 ➡ 来自方程的曲线 命令，系统弹出图 2.6.12 所示的“曲线：从方程”操控板。

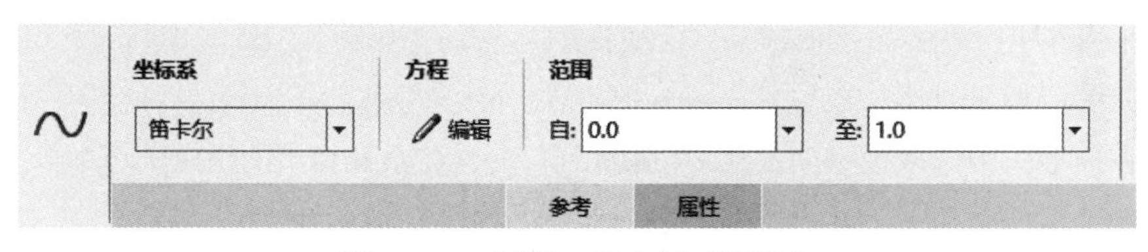

图 2.6.12 “曲线：从方程“操控板

Step3. 选取图 2.6.13 所示的坐标系 CSO，在操控板的坐标系类型下拉列表中选择 柱坐标 选项。

Step4. 输入螺旋曲线方程。在该操控板中单击 编辑 按钮，系统弹出“方程”对话框。在该对话框的编辑区域输入曲线方程，结果如图 2.6.14 所示。

Step5. 单击该对话框中的 确定 按钮，完成螺旋基准曲线的创建。

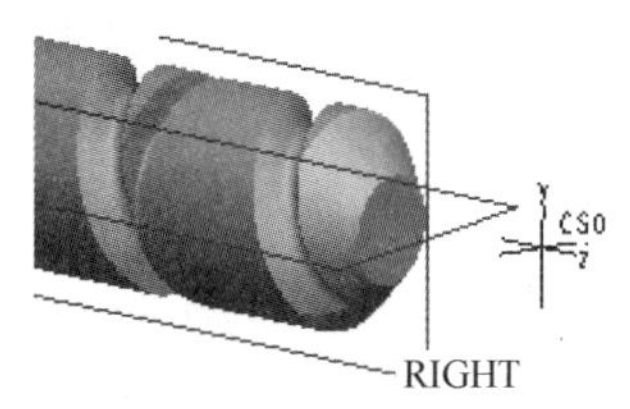

图 2.6.13 选取坐标系

图 2.6.14　“方程”对话框

2.6.6　在两个曲面相交处创建基准曲线

这种方法可在零件模型的表面、基准平面与曲面特征的交截处及任意两个曲面特征的交截处创建基准曲线。

每对交截曲面产生一个独立的曲线段，Creo 将每个相连的曲线段合并为一条复合曲线。

如图 2.6.15 所示，现需要在曲面 1 和模型表面 2 的相交处创建一条曲线，操作步骤如下。

Step1. 将工作目录设置至 D:\creo8.8\work\ch02.06，打开文件 curve_int.prt。

Step2. 在模型中选取曲面 1，如图 2.6.15 所示。

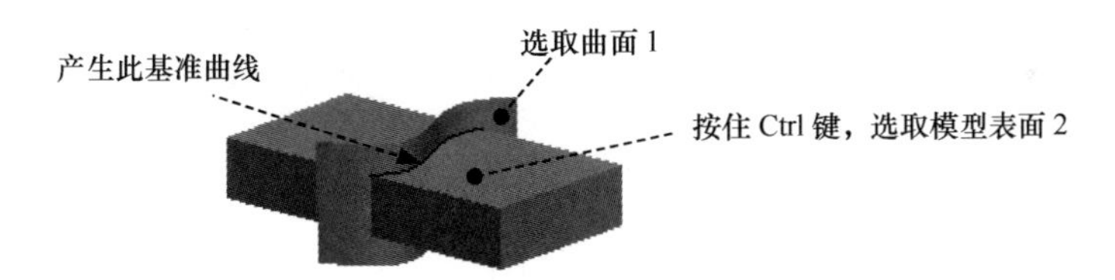

图 2.6.15　用曲面求交的方法创建曲线

Step3. 单击 模型 功能选项卡 编辑 ▾ 区域中的“相交”按钮 相交，此时系统弹出图 2.6.16 所示的“相交”操控板。

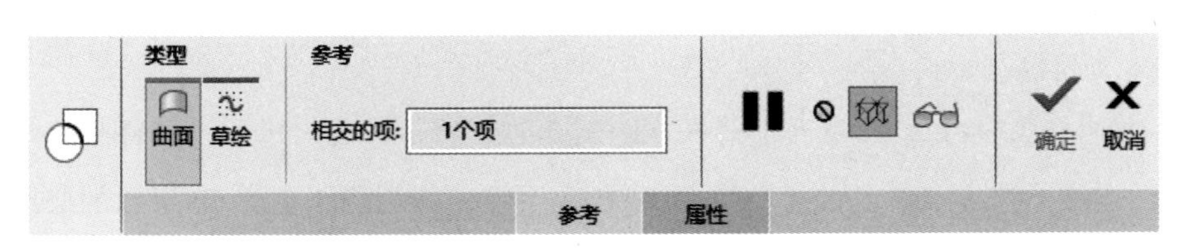

图 2.6.16　“相交”操控板

Step4. 按住 Ctrl 键，选取图 2.6.15 中的模型表面 2，系统立即创建图 2.6.15 所示的基准曲线，单击“相交”操控板中的“确定”按钮 ✔。

注意：不能在两基准平面的交截处创建基准曲线。

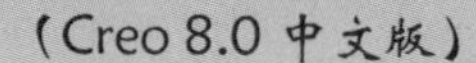

2.6.7　用修剪创建基准曲线

用修剪创建基准曲线是将原始曲线的一部分截去，变成一条新的曲线，创建修剪曲线后，原始曲线将不可见。

如图 2.6.17a 所示，曲线 1 是实体表面上的一条草绘曲线，FPNT0 是曲线 1 上的一基准点，现需要在曲线 1 上的 FPNT0 处创建修剪曲线，操作步骤如下。

Step1. 将工作目录设置至 D：\creo8.8\work\ch02.06，打开文件 curve_trim.prt。

Step2. 在图 2.6.17a 所示的模型中选择草绘曲线 1。

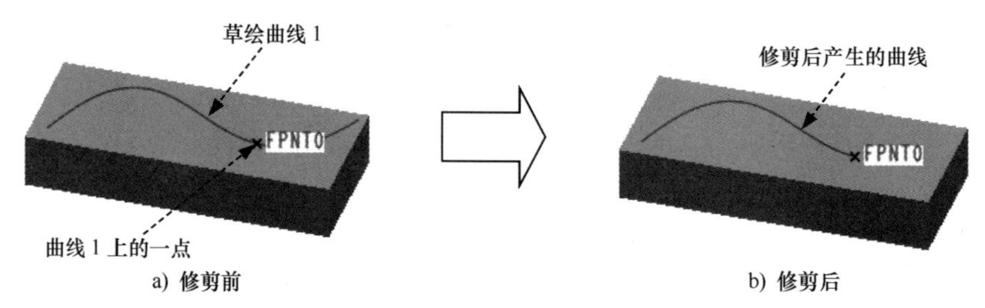

a) 修剪前　　b) 修剪后

图 2.6.17　用修剪创建基准曲线

Step3. 单击 模型 功能选项卡 编辑 ▾ 区域中的“修剪”按钮 修剪，系统弹出图 2.6.18 所示的“曲线修剪”操控板。

图 2.6.18　“曲线修剪”操控板

Step4. 选择基准点 FPNT0。此时基准点 FPNT0 处出现一方向箭头，如图 2.6.19 所示，该箭头指向的一侧为修剪后的保留侧。

说明：

- 单击“曲线修剪”操控板中的 按钮，可切换箭头的方向，如图 2.6.20 所示，这也是本例所要的方向。
- 再次单击 按钮，出现两个箭头，如图 2.6.21 所示，这意味着将保留整条曲线。

Step5. 在该操控板中单击“确定”按钮 ✔，系统立即创建图 2.6.17b 所示的修剪曲线。

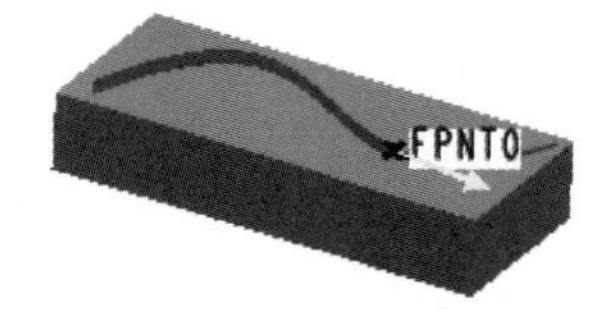

图 2.6.19　切换方向 1

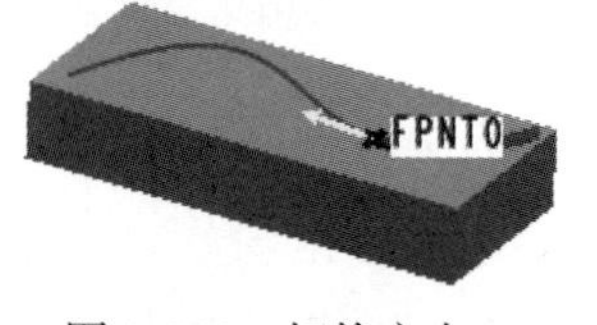

图 2.6.20　切换方向 2

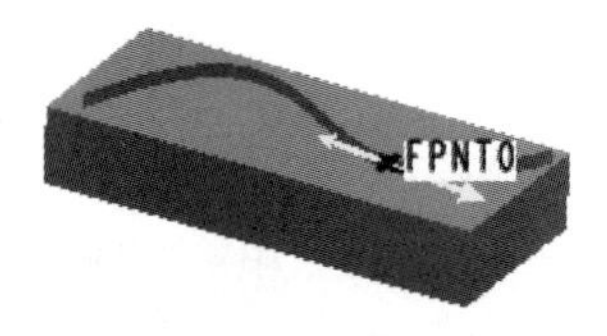

图 2.6.21　切换方向 3

2.6.8　沿曲面创建偏移基准曲线

沿曲面创建偏移基准曲线就是将已有的曲线沿曲面进行偏移而得到新的曲线，新曲线的方向（位置）可以通过输入正、负尺寸值来实现。如图 2.6.22a 所示，曲线 1 是实体表面上的一条草绘曲线，现需要创建图 2.6.22b 所示的偏移曲线，操作步骤如下。

Step1. 将工作目录设置至 D：\creo8.8\work\ch02.06，打开文件 curve_along_surface.prt。

Step2. 在图 2.6.22a 所示的模型中，选取曲线 1。

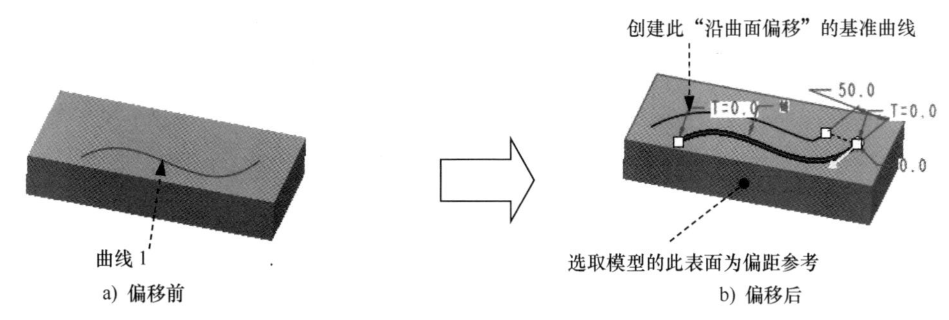

图 2.6.22　沿曲面创建偏移基准曲线

Step3. 单击 模型 功能选项卡 编辑 ▾ 区域中的“偏移”按钮 偏移，系统弹出图 2.6.23 所示的“偏移”操控板（一）。

图 2.6.23　“偏移”操控板（一）

Step4. 在系统提示下，选取图 2.6.22b 所示的模型表面，并在“偏移”文本框中输入数值 50.0，即创建图 2.6.22b 所示的曲线；单击“确定”按钮 ✔。

2.6.9　垂直于曲面创建偏移基准曲线

可以将曲线以某一个偏距同时垂直于某一个曲面为参考来创建基准曲线。

如图 2.6.24a 所示，曲线 1 是实体表面上的一条草绘曲线，现需要垂直于模型的上表面偏移产生一条偏距曲线，其偏移值由一图形特征来控制，如图 2.6.25 所示。操作步骤如下。

Step1. 将工作目录设置至 D：\creo8.8\work\ch02.06，然后打开文件 curve_offset_surface.prt。在打开的模型中，已经创建了一个图 2.6.25 所示的图形特征。

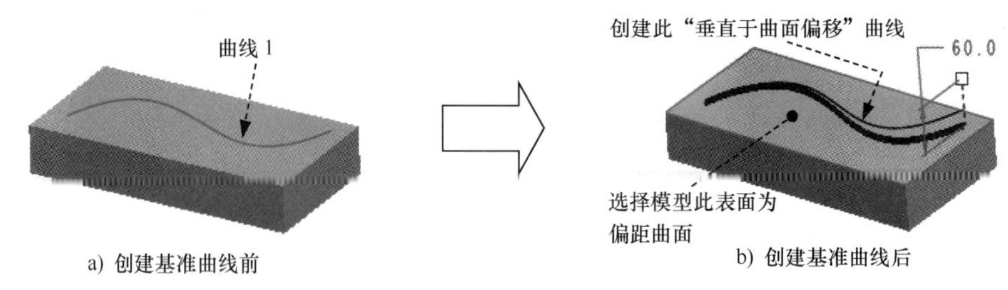

图 2.6.24　垂直于曲面创建偏移基准曲线

Step2. 在图 2.6.24a 所示的模型中，选取曲线 1。

Step3. 单击 模型 功能选项卡 编辑 ▾ 区域中的“偏移”按钮 偏移。

Step4. 在图 2.6.26 所示的“偏移”操控板（二）的 偏移方式 列表中选择 垂直于曲面，然后单击 选项 按钮，在系统弹出的“选项”对话框中，单击“图形”文本框中的 单位图形 字符，然后在模型树中选择 图形1 特征，并在“偏移”操控板的 ⟷ 文本框中输入偏距值 60.0，系统立即创建图 2.6.24b 所示的偏移曲线；单击该操控板中的“确定”按钮 ✔。

注意：

- 用于创建偏移基准曲线的图形特征，其 X 基准轴的取值范围应该从 0 到 1。范围超出 1 时，只使用从 0 到 1 的部分。
- 图形特征中的曲线只能是单个图元。

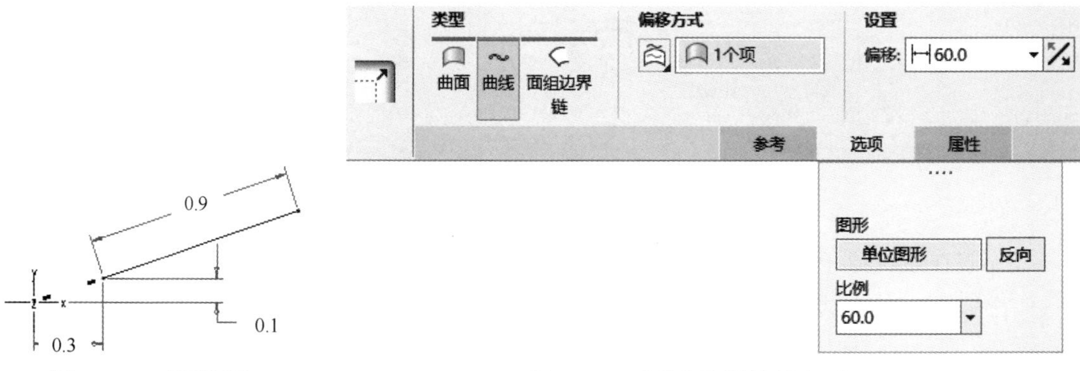

图 2.6.25　截面图形

图 2.6.26　“偏移”操控板（二）

2.6.10　从曲面边界创建基准曲线

用户可以以曲面的边界为参考来创建偏移基准曲线。

如图 2.6.27 所示，现需要利用一个曲面特征的边界，创建图 2.6.27 所示的曲线。操作步骤如下。

Step1. 将工作目录设置至 D:\creo8.8\work\ch02.06，打开文件 curve_from_boundary.prt。

Step2. 在图 2.6.28 所示的模型中选取曲面的一条边线，如图 2.6.28 所示。

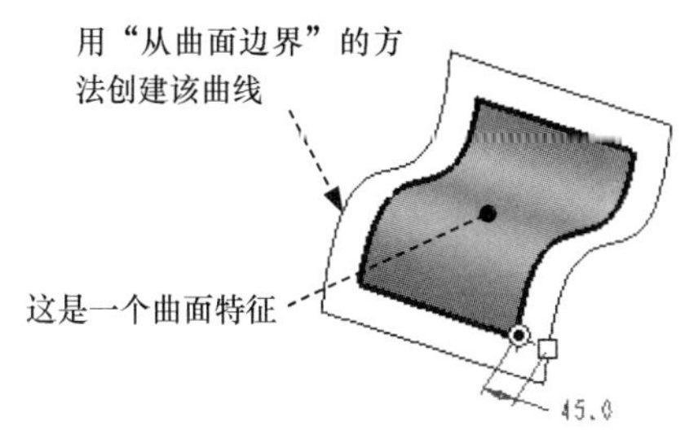

图 2.6.27　从曲面边界创建基准曲线

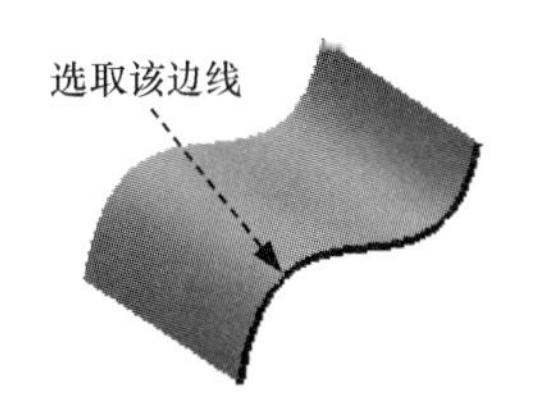

图 2.6.28　选中曲面的一条边线

Step3. 单击 模型 功能选项卡 编辑 ▾ 区域中的“偏移”按钮 偏移，系统弹出“偏移”操控板（三），如图 2.6.29 所示。

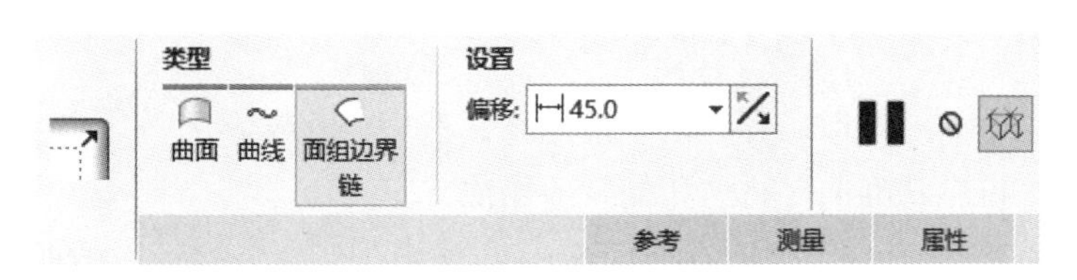

图 2.6.29　“偏移”操控板（三）

Step4. 按住 Shift 键，再选取图 2.6.27 中曲面特征的另外三条边线。在“偏移”操控板的 ⊢⊣ 文本框中输入偏距值 45.0，并单击“反向”按钮 ；系统立即创建图 2.6.27 所示的基准曲线。

注意：当选取的曲面边界为单条时，“偏移”操控板的“测量”选项卡中的“距离类型”通常有下列选项，如图 2.6.30 所示。

点	距离	距离类型	边	参考	位置
1	45.0	垂直于边 ▾	边:F5(拉伸_1)	顶点:边:F5(拉...	终点1
		垂直于边 沿边 至顶点			

图 2.6.30　“测量”选项卡

- 垂直于边：垂直于边界边测量偏移距离。
- 沿边：沿测量边测量偏移距离。
- 至顶点：偏移曲线经过曲面上的某个顶点。

Step5. 在该操控板的“测量”选项卡中的空白处右击，选择 添加 命令，可增加新的偏距条目。编辑新条目中的“距离”“距离类型”“边”“参考”“位置”等参数可改变

曲线的形状，如图 2.6.31 所示。

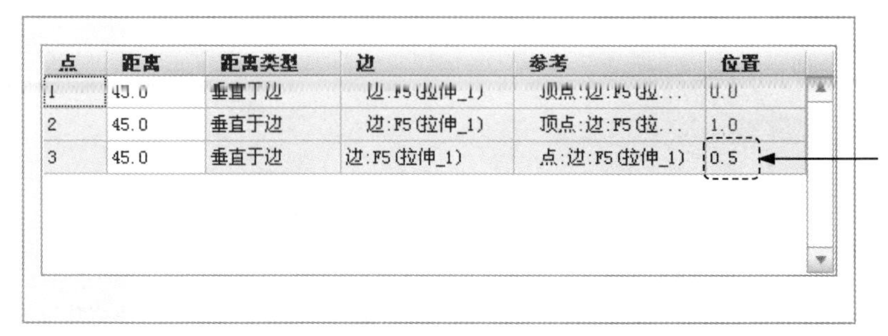

点	距离	距离类型	边	参考	位置
1	45.0	垂直于边	边:F5(拉伸_1)	顶点:边:F5(拉...	0.0
2	45.0	垂直于边	边:F5(拉伸_1)	顶点:边:F5(拉...	1.0
3	45.0	垂直于边	边:F5(拉伸_1)	点:边:F5(拉伸_1)	0.5

图 2.6.31　增加新的偏距条目

2.6.11　通过投影创建基准曲线

通过草绘一个截面或选取已存在的基准曲线，然后将其投影到一个或多个曲面上，可创建投影基准曲线，投影基准曲线将“扭曲”原始曲线。

可把基准曲线投影到实体表面、曲面、面组或基准平面上。投影的曲面或面组不必是平面。

如果曲线是通过在平面上草绘来创建的，那么可对其阵列。

投影曲线不能是剖面线。如果选择剖面线基准曲线来投影，那么系统将忽略该剖面线。

如图 2.6.32 所示，现需要将 DTM1 基准平面上的草绘曲线 1 投影到曲面特征 2 上，创建投影曲线，操作步骤如下。

Step1. 将工作目录设置至 D:\creo8.8\work\ch02.06，打开文件 curve_project.prt。

Step2. 在图 2.6.32 所示的模型中，选取草绘曲线 1。

Step3. 单击 模型 功能选项卡 编辑 ▾ 区域中的“投影”按钮 投影，此时系统显示图 2.6.33 所示的“投影曲线”操控板。

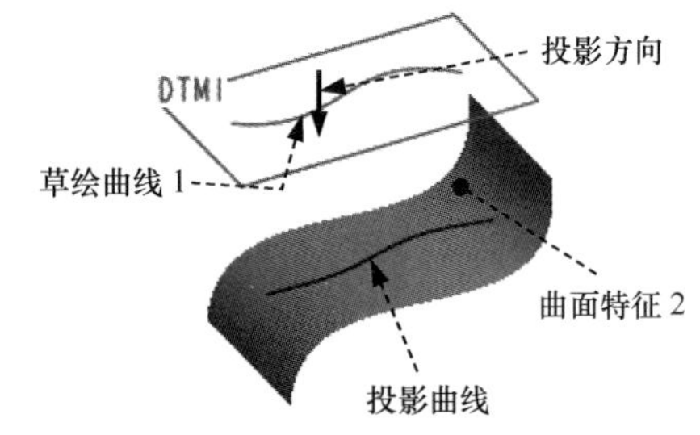

图 2.6.32　通过投影创建基准曲线

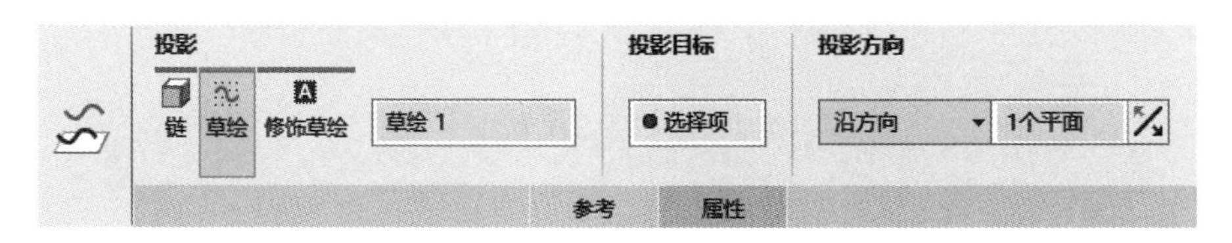

图 2.6.33　“投影曲线”操控板

Step4. 选取曲面特征 2，系统立即创建图 2.6.32 所示的投影曲线。

Step5. 在“投影曲线”操控板中单击“确定”按钮 ✔。

2.6.12　创建包络曲线

可使用“包络（Wrap）”工具在曲面上创建成形的基准曲线，就像将曲线粘贴到曲面上一样。该包络（印贴）曲线保留原曲线的长度。基准曲线只能在可展开的曲面上印贴，比如圆锥面、平面和圆柱面。

如图 2.6.34 所示，现需要将 DTM1 基准平面上的草绘曲线 1 印贴到圆柱面 2 上，产生图中所示的包络曲线，操作步骤如下。

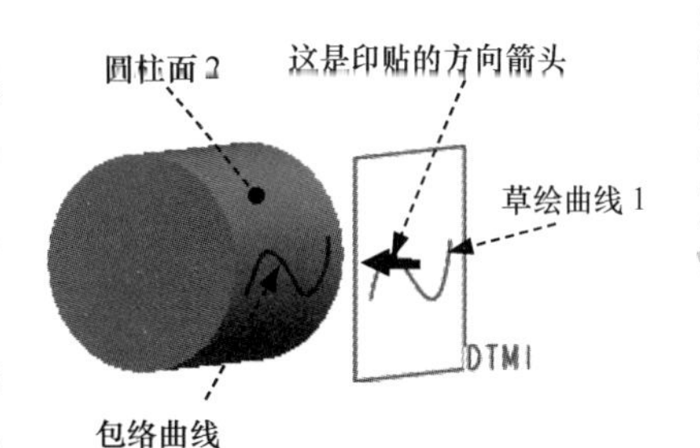

图 2.6.34　创建包络曲线

Step1. 将工作目录设置至 D:\creo8.8\work\ch02.06，打开文件 curve_wrap.prt。

Step2. 在图 2.6.34 所示的模型中，选取草绘曲线 1。

Step3. 选择 模型 功能选项卡 编辑 ▾ 区域中的“包络”命令 包络。

Step4. 此时出现图 2.6.35 所示的“包络”操控板，系统自动选取圆柱面 2 作为包络曲面，并创建图 2.6.34 所示的包络曲线。

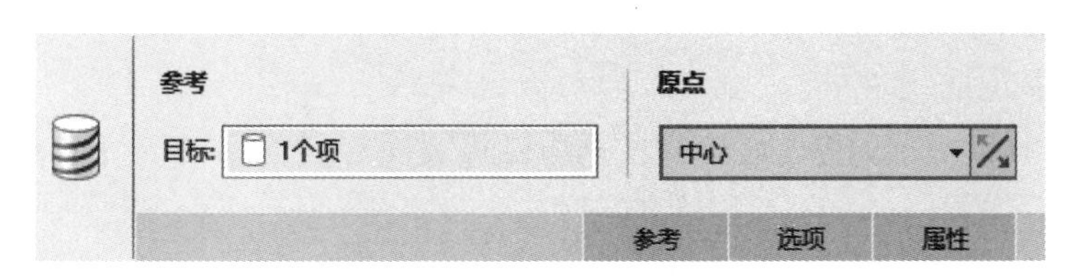

图 2.6.35　“包络”操控板

说明：系统通常在与原始曲线最近的一侧实体曲面产生包络曲线。

Step5. 在该操控板中单击“确定”按钮 ✔。

2.6.13　用二次投影创建基准曲线

Creo 可以使用不平行的草绘平面上的两条草绘曲线来创建一条基准曲线。系统沿各自的草绘平面投影两个草绘曲线直到它们相交，并在交截处创建基准曲线，完成的曲线称为二次投影曲线。或者说，系统用两条草绘曲线在各自的草绘平面上创建拉伸曲面，两个拉伸曲面在空间的交线就是二次投影曲线。

如图 2.6.36 所示，草绘曲线 1 是基准平面 DTM1 上的一条草绘曲线，草绘曲线 2 是基准平面 DTM2 上的一条草绘曲线，现需要创建这两条曲线的二次投影曲线（图 2.6.36），操作步骤如下。

Step1. 将工作目录设置至 D:\creo8.8\work\ch02.06，打开文件 curve_2_project.prt。

Step2. 在图 2.6.36a 所示的模型中，选取草绘曲线 1；按住 Ctrl 键，选取草绘曲线 2。

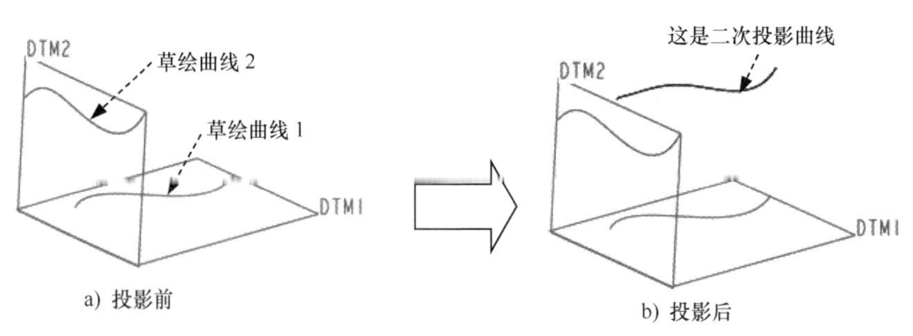

图 2.6.36　用二次投影创建基准曲线

Step3. 单击 模型 功能选项卡 编辑 ▾ 区域中的 相交 按钮，即创建图 2.6.36b 所示的二次投影曲线。

2.6.14　基准曲线应用范例——在特殊位置创建筋特征

在下面的练习中，先创建基准曲线，然后借助于该基准曲线创建图 2.6.37 所示的筋（Rib）特征，操作步骤如下。

Step1. 将工作目录设置至 D:\creo8.8\work\ch02.06，打开文件 curve_ex1.prt。

Step2. 创建基准曲线。

（1）按住 Ctrl 键，选取图 2.6.38 中的两个圆柱表面。

（2）单击 模型 功能选项卡 编辑 ▾ 区域中的“相交”按钮 相交。

（3）按住 Ctrl 键，选取图 2.6.37 所示的 TOP 基准平面。

（4）单击 按钮，预览所创建的基准曲线，然后单击“确定”按钮 ✔。

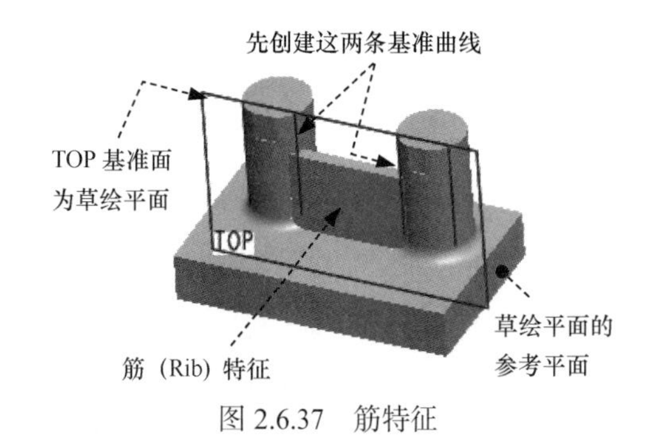

图 2.6.37　筋特征

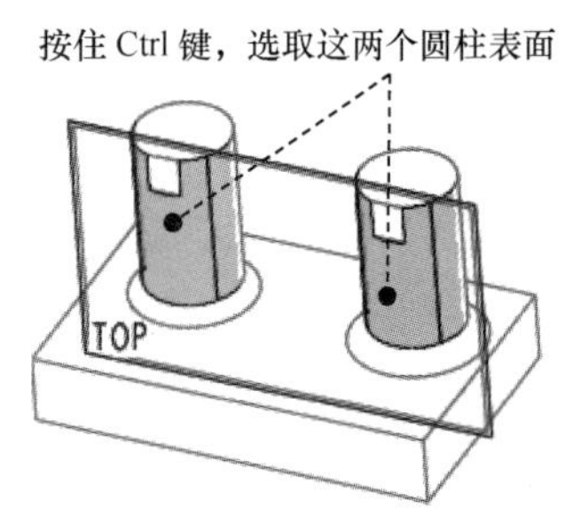

图 2.6.38　操作过程

Step3. 创建筋特征。单击 模型 功能选项卡 工程 ▾ 区域中 筋 ▾ 节点下的 轮廓筋 命令；在图形区右击，从系统弹出的快捷菜单中选择 定义内部草绘... 命令；选取 TOP 基准平面为草绘平面，选取图 2.6.37 所示的模型表面为参考平面，方向为 右；单击 草绘 按钮，绘制图 2.6.39 所示的截面草图；加材料的方向如图 2.6.40 所示；筋的厚度值为 2。

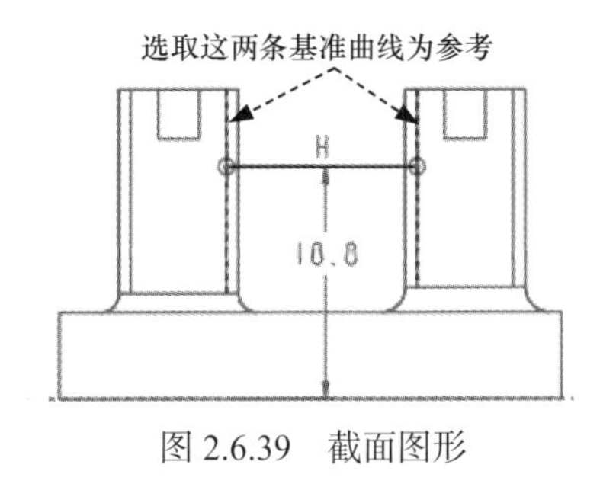

图 2.6.39 截面图形

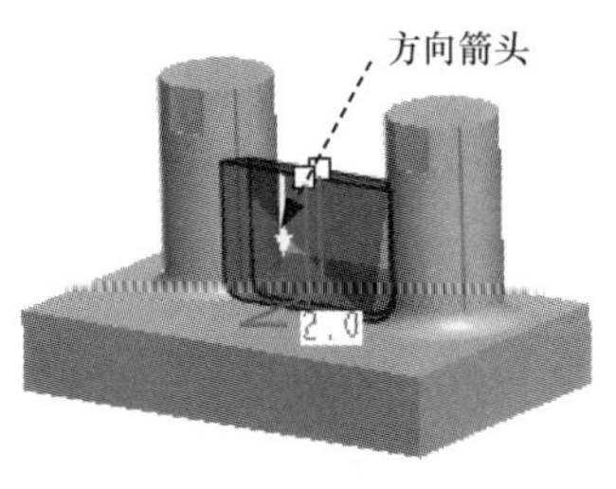

图 2.6.40 定义加材料的方向

2.7 图形特征

2.7.1 图形特征基础

1. 图形特征概述

图形特征允许将功能与零件相关联。图形用于关系中，特别是多轨迹扫描中。

Creo 通常按其定义的 X 基准轴值计算图形特征。当图形计算超出定义范围时，Creo 外推计算 Y 基准轴值。

对于小于初始值的 X 值，系统通过从初始点延长切线的方法计算外推值。同样，对于大于终点值的 X 值，系统通过将切线从终点往外延伸计算外推值。

图形特征不会在零件上的任何位置显示——它不是零件几何，它的存在反映在零件信息中。使用“按菜单选择”选取图形特征的名称。

2. 创建图形特征

Step1. 新建一个零件模型，然后选择 模型 功能选项卡 基准 ▾ 区域中的 图形 命令。

Step2. 输入图形名称，系统进入草绘环境。

Step3. 单击 草绘 功能选项卡 草绘 区域中的“坐标系”按钮 坐标系，创建一个坐标系。

Step4. 创建草绘截面。注意：截面中应含有一个坐标系，截面必须为开放式，并且只能包含一个轮廓（链）；该轮廓可以由直线、弧、样条等组成，沿 X 基准轴的每一点都只能对应一个 Y 值。

Step5. 单击“确定”按钮 ✔，退出草绘环境，系统即创建一个图形特征，如图 2.7.1 所示。

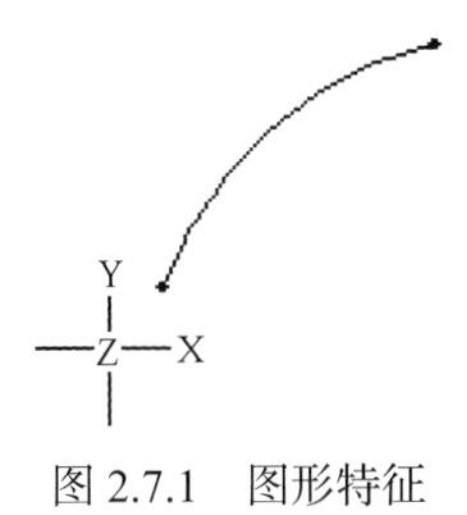

图 2.7.1 图形特征

2.7.2 图形特征应用范例

本范例运用了一些很新颖、技巧性很强的创建实体的方法。首先利用从动件的位移数据表创建图形特征，然后利用该图形特征及关系式创建可变截面扫描曲面，这样便得到凸轮的外轮廓线，再由该轮廓线创建拉伸实体得到凸轮模型。零件模型如图 2.7.2 所示。

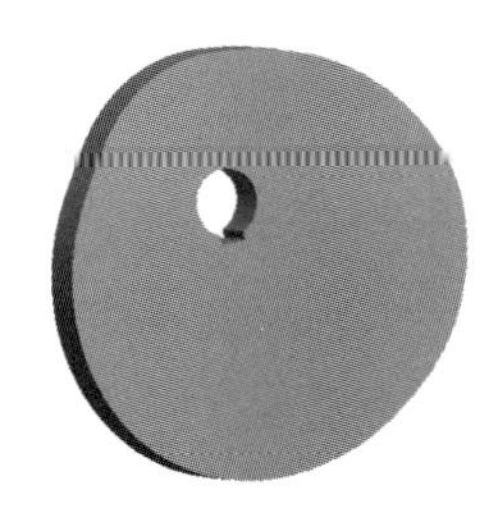

图 2.7.2 零件模型

Step1. 先将工作目录设置至 D：\creo8.8\work\ch02.07，然后新建一个零件模型，命名为 instance_cam。

Step2. 利用从动件的位移数据表创建图 2.7.3 所示的图形特征。

（1）选择 模型 功能选项卡 基准▾ 区域中的 图形 命令。

（2）输入图形名称 cam1 并按 Enter 键。

（3）单击 草绘 功能选项卡 草绘 区域中的“坐标系”按钮 坐标系，创建一个坐标系。

（4）通过坐标原点分别绘制水平、垂直中心线。

（5）绘制图 2.7.4 所示的样条曲线（绘制此样条曲线时，首尾点的坐标要正确，其他点的位置及个数可任意绘制，下面将由数据文件控制）。

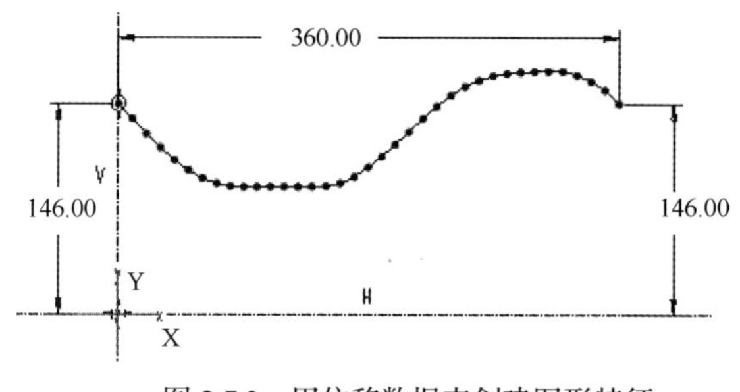

图 2.7.3 用位移数据表创建图形特征

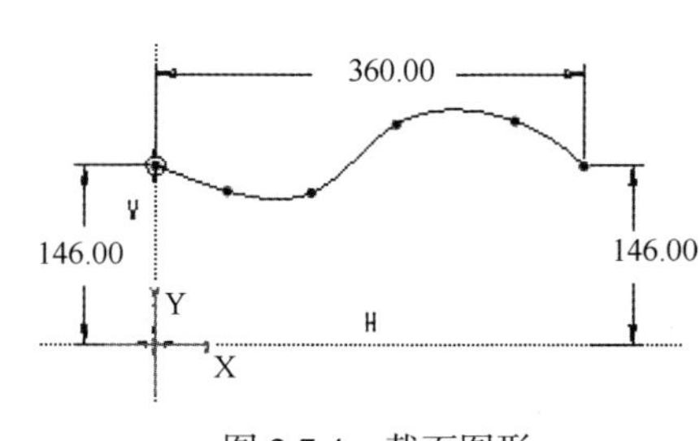

图 2.7.4 截面图形

（6）生成数据文件。

① 双击样条曲线，系统弹出图 2.7.5 所示的“样条”操控板。

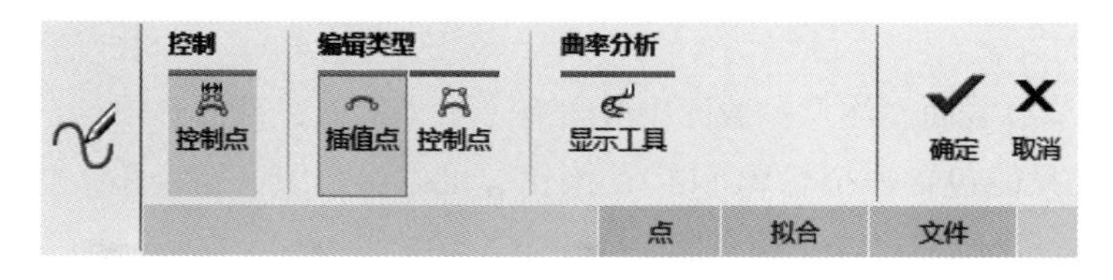

图 2.7.5 “样条”操控板

② 单击该操控板中的 文件 按钮，在系统弹出的界面中选中 ◉ 笛卡尔 单选项，并选取图中的草绘坐标系；单击 按钮，打开数据文件 cam1.pts。

说明：cam1.pts 为从动件的位移数据文件，用记事本打开后如图 2.7.6 所示。

cam1.pts - 记事本

文件(F) 编辑(E) 格式(O) 帮助(H)

```
Coordinates of spline points.
(they may be edited using available editor; changes in X and Y
 coordinates of the first and the last points will be ignored)

CARTESIAN COORDINATES:

X              Y            Z
0              146.00       0
10             135.50       0
20             125.13       0
30             115.53       0
40             107.03       0
50             99.93        0
60             94.37        0
70             90.80        0
80             88.83        0
90             88.37        0
100            88.47        0
110            88.53        0
120            88.57        0
130            88.43        0
140            88.57        0
150            88.90        0
160            90.97        0
170            95.40        0
180            101.97       0
190            109.37       0
200            117.70       0
210            126.53       0
220            135.57       0
230            144.07       0
240            151.53       0
250            157.80       0
260            162.10       0
270            165.20       0
280            166.83       0
290            167.77       0
300            168.23       0
310            168.50       0
320            168.37       0
330            165.77       0
340            161.37       0
350            155.30       0
360            146.00       0
```

图 2.7.6 位移数据文件

③ 在系统弹出的“确认”对话框中单击 是(I) 按钮，然后单击该操控板中的 ✔ 按钮。

（7）完成后单击 ✔ 按钮。

Step3. 创建图 2.7.7 所示的基准曲线。在操控板中单击“草绘”按钮；选取 FRONT 基准平面为草绘平面，选择 RIGHT 基准平面为参考平面，方向为 右；单击 草绘 按钮，绘制图 2.7.8 所示的截面草图。

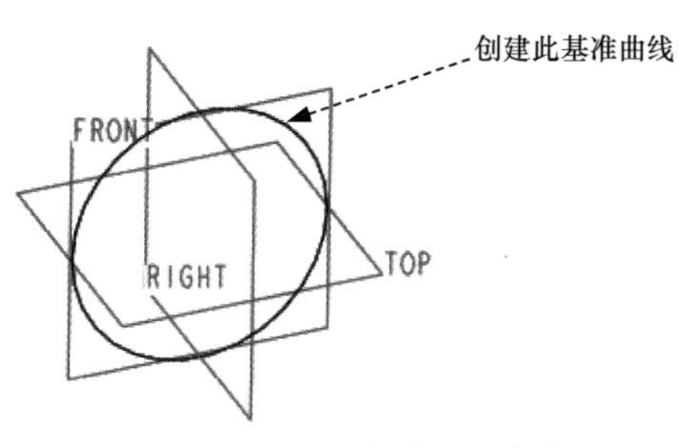

图 2.7.7 创建基准曲线

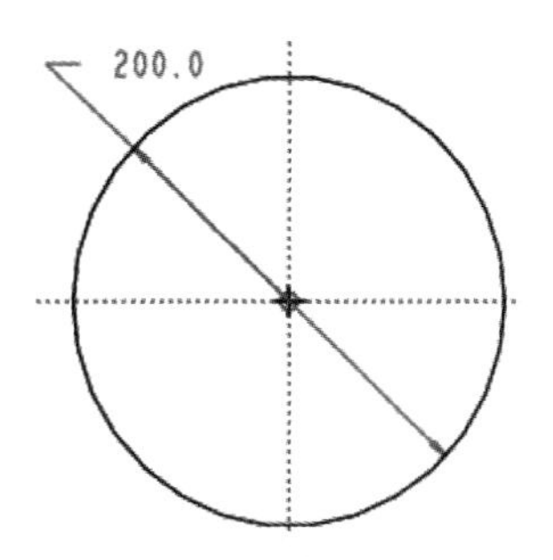

图 2.7.8 截面草图

Step4. 创建图 2.7.9 所示的基准点 PNT0。

（1）在操控板中单击“点”按钮 ××点，系统弹出图 2.7.10 所示的“基准点”对话框。

（2）选择基准曲线——圆，设置为“居中”；单击该对话框中的 确定 按钮。

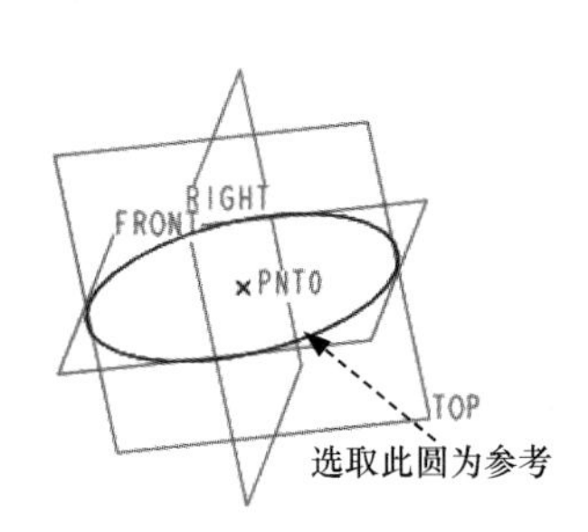

图 2.7.9 创建基准点

图 2.7.10 “基准点”对话框

Step5. 创建图 2.7.11 所示的可变截面扫描曲面。

（1）单击 模型 功能选项卡 形状 区域中的 扫描 按钮，此时系统弹出图 2.7.12 所示的“扫描”操控板。

（2）定义可变截面扫描结果类型。在该操控板中按下“曲面类型”按钮 和 按钮。

（3）定义可变截面扫描的轨迹。单击该操控板中的 参考 按钮，在出现的操作界面中，选取 Step3 创建的基准曲线——圆作为扫描轨迹。

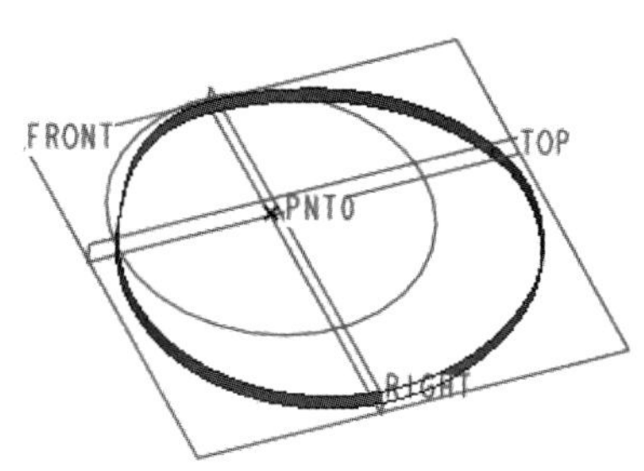

图 2.7.11 创建可变截面扫描曲面

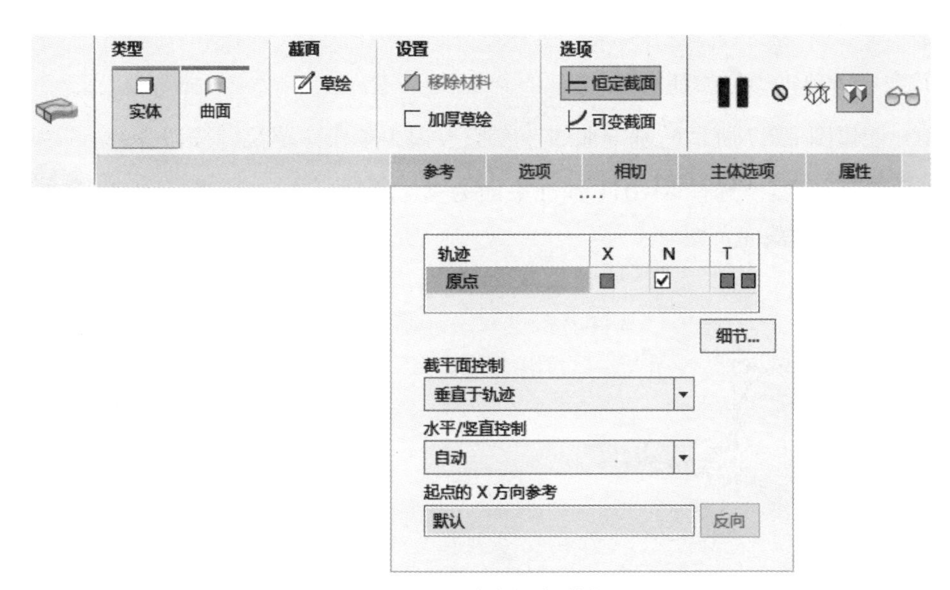

图 2.7.12 “扫描”操控板

（4）定义可变截面扫描控制类型。在 参考 界面的 截平面控制 下拉列表中选择 垂直于轨迹 选项。

（5）创建可变截面扫描特征的截面。

① 在“扫描”操控板中单击“创建或编辑扫描截面”按钮，进入草绘环境后，在绘图区右击，在系统弹出的快捷菜单中选择 参考(R)... 命令；选取基准点 PNT0 为参考，绘制图 2.7.13 所示的扫描截面草图（直线段到基准点 PNT0 的距离值由关系式定义）。

② 定义关系。单击 工具 功能选项卡 模型意图 区域中的 d= 关系 按钮，在系统弹出的“关系”对话框中的编辑区输入关系 sd5=evalgraph（"cam1"，trajpar*360），如图 2.7.14 和图 2.7.15 所示。

③ 单击草绘工具栏中的 按钮。

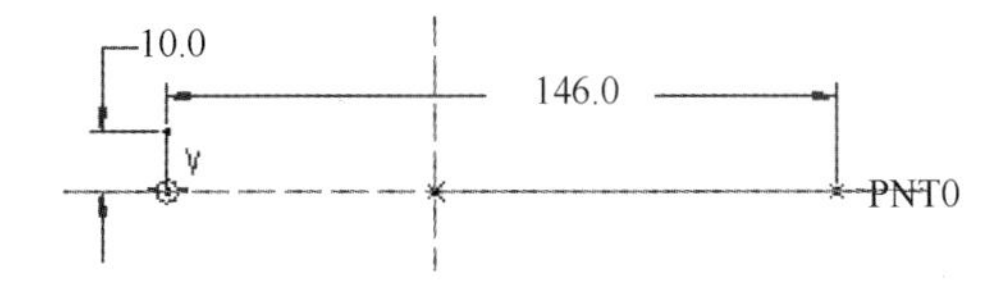

图 2.7.13　截面草图

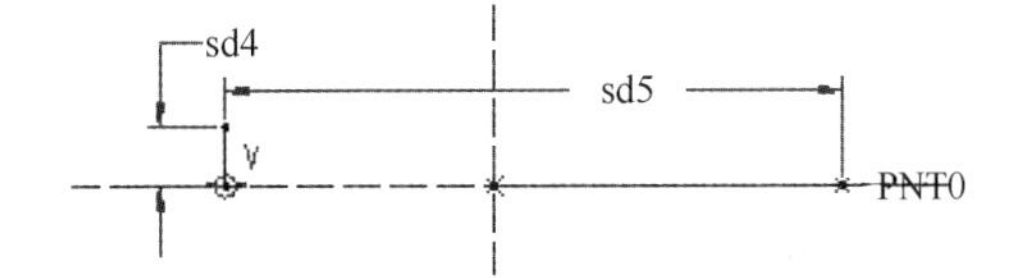

图 2.7.14　切换至符号状态

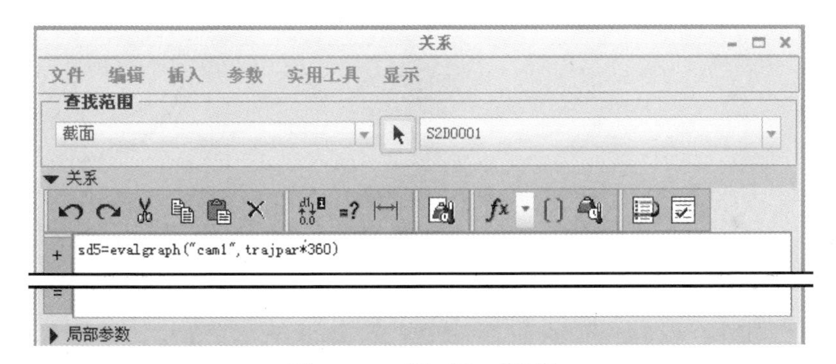

图 2.7.15　“关系”对话框

（6）单击“扫描”操控板中的 按钮，完成可变截面扫描曲面的创建。

Step6. 创建图 2.7.16 所示的实体拉伸特征。在操控板中单击“拉伸”按钮 拉伸；选取 FRONT 基准平面为草绘平面，选取 RIGHT 基准平面为参考平面，方向为 右；单击 草绘 按钮，利用“使用边”命令绘制图 2.7.17 所示的截面草图；选取深度类型为 ，深度值为 30.0。

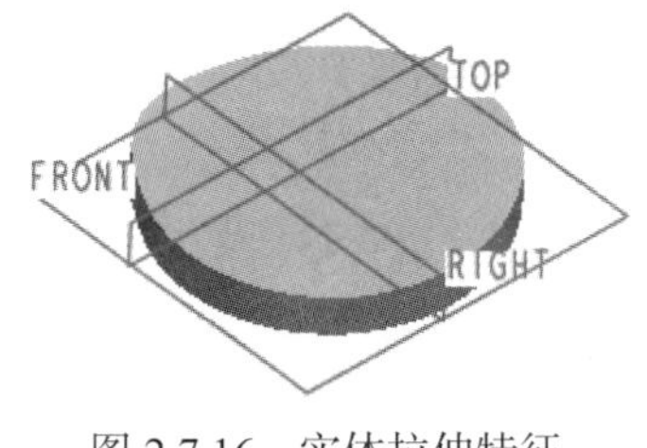

图 2.7.16　实体拉伸特征

图 2.7.17　截面草图

Step7. 创建图 2.7.18 所示的零件特征——拉伸特征。在操控板中单击“拉伸”按钮 拉伸，按下“移除材料”按钮；选取 FRONT 基准平面为草绘平面，选取 RIGHT 基准平面为参考平面，方向为 右；单击 草绘 按钮，绘制图 2.7.19 所示的截面草图；深度类型为。

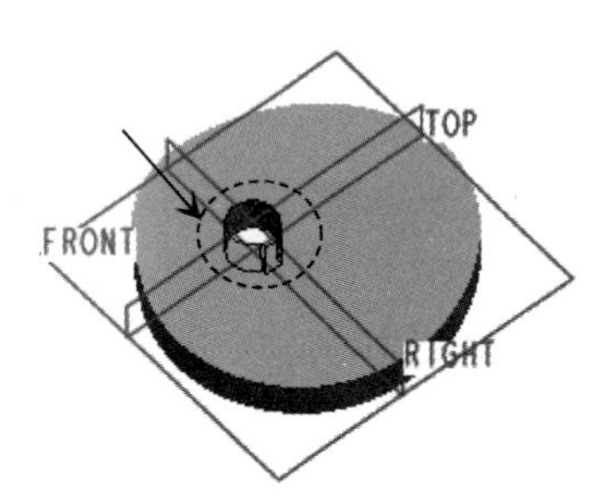

图 2.7.18　拉伸特征

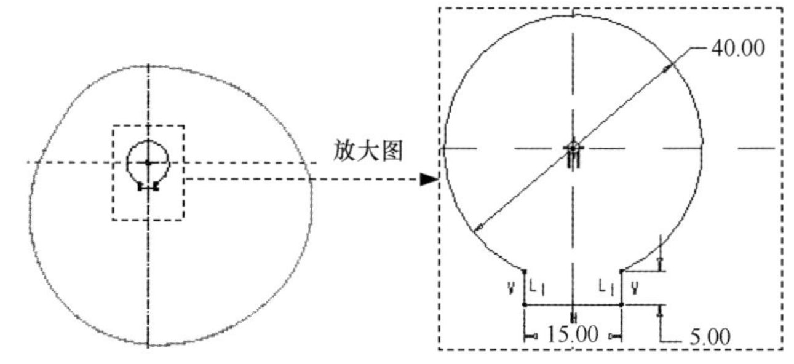

图 2.7.19　截面图形

Step8. 保存零件模型文件。

第二篇

普通曲面设计

本篇包含如下内容。

- 第 3 章　简单曲面的创建
- 第 4 章　复杂曲面的创建
- 第 5 章　曲面的修改与编辑
- 第 6 章　曲面中的倒圆角
- 第 7 章　曲线和曲面的信息与分析
- 第 8 章　普通曲面设计综合范例

第3章 简单曲面的创建

本章提要

本章将介绍如何创建简单的曲面。主要内容包括创建平整曲面、创建拉伸和旋转曲面、创建偏移曲面和复制曲面。

3.1 曲面创建的概述

Creo 8.0 的曲面（Surface）设计模块主要用于设计形状复杂的零件。在 Creo 8.0 中，曲面是一种没有厚度的几何特征。不要将曲面与实体里的薄壁特征相混淆，薄壁特征有一个壁的厚度值，本质上是实体，只不过它的厚度很薄。

在 Creo 8.0 中，通常将一个曲面和几个曲面的组合称为面组（Quilt）。

用曲面创建形状复杂的零件的主要过程如下：

（1）创建数个单独的曲面。

（2）对曲面进行修剪（Trim）和偏移（Offset）等操作。

（3）将单独的各个曲面合并（Merge）为一个整体的面组。

（4）将曲面（面组）转化为实体零件。

3.2 创建拉伸和旋转曲面

拉伸、旋转、扫描、混合等曲面的创建与实体基本相同。下面仅举例说明拉伸曲面和旋转曲面的创建过程。

1. 创建拉伸曲面

图 3.2.1 所示的曲面特征为拉伸曲面，创建过程如下。

Step1. 单击 模型 功能选项卡 形状 ▾ 区域中的 拉伸 按钮，此时系统弹出“拉伸”操控板。

Step2. 按下该操控板中的“曲面”类型按钮 。

Step3. 定义草绘截面放置属性。在图形区右击，从系统弹出的快捷菜单中选择 定义内部草绘... 命令；指定 FRONT 基准平面为草绘平面，采用模型中默认的黄色箭头的方向为草绘视图方向；指定 RIGHT 基准平面为参考平面，方向为 右。

Step4. 创建特征截面。进入草绘环境后，首先接受默认参考，然后绘制图 3.2.2 所示的截面草图，完成后单击 ✔ 按钮。

Step5. 定义曲面特征的“开放”或“闭合”。单击“拉伸”操控板中的 选项 按钮，在其界面中：

- 选中 ☑封闭端 复选框，使曲面特征的两端部封闭。注意：对于封闭的截面草图才可选择该项，如图 3.2.3 所示。

图 3.2.1 拉伸曲面

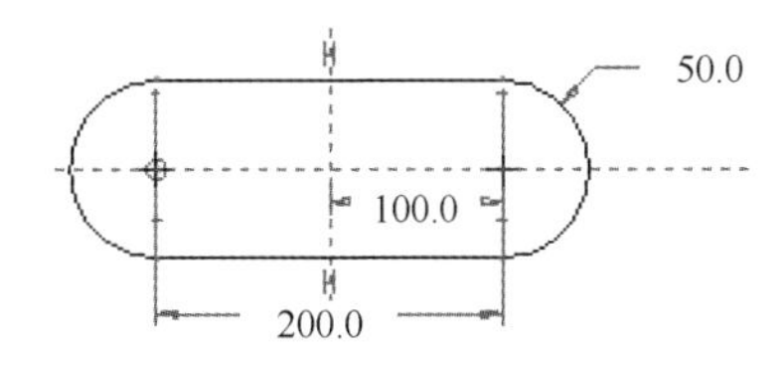

图 3.2.2 截面草图

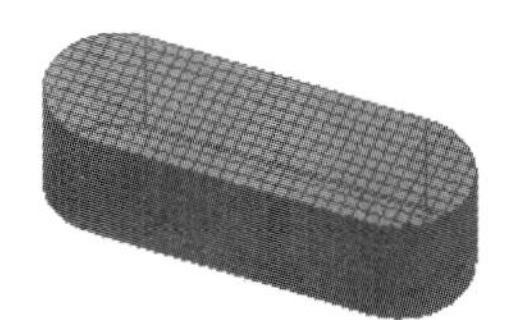

图 3.2.3 封闭曲面

- 取消选中 ☐封闭端 复选框，可以使曲面特征的两端部开放（即不封闭），参见图 3.2.1。

Step6. 选取深度类型及其深度。选取深度类型为 ，深度值为 80.0。

Step7. 在该操控板中单击“确定”按钮 ✔，完成拉伸曲面的创建。

2. 创建旋转曲面

图 3.2.4 所示的曲面特征为旋转曲面，创建的操作步骤如下。

Step1. 单击 模型 功能选项卡 形状 ▾ 区域中的 旋转 按钮，按下“旋转”操控板中的“曲面”按钮 。

Step2. 定义草绘截面放置属性。指定 FRONT 基准平面为草绘平面；选取 RIGHT 基准平面为参考平面，方向为 右。

Step3. 创建特征截面。接受默认参考；绘制图 3.2.5 所示的截面草图（截面可以不封闭），注意必须有一条中心线作为旋转轴，完成后单击 ✔ 按钮。

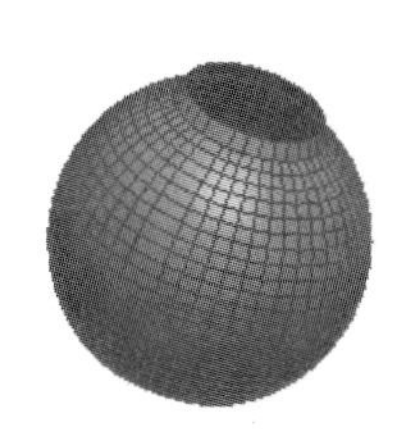

图 3.2.4 旋转曲面

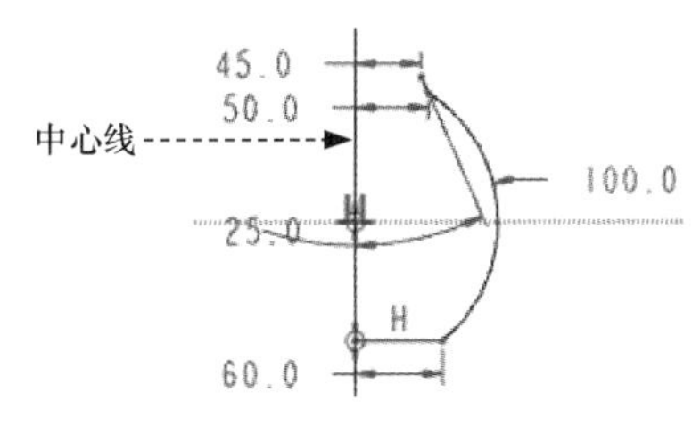

图 3.2.5 截面图形

Step4. 定义旋转类型及角度。选取旋转类型为 （即草绘平面以指定角度值旋转），角

度值为 360.0。

Step5. 在“旋转”操控板中单击“确定”按钮 ✔，完成旋转曲面的创建。

3.3 创建平整曲面——填充特征

模型 功能选项卡 曲面 ▾ 区域中的 填充 命令用于创建平整曲面——填充特征，它创建的是一个二维平面特征。填充 命令与 拉伸 命令相似，但 拉伸 命令有深度参数而 填充 命令无深度参数，如图 3.3.1 所示。

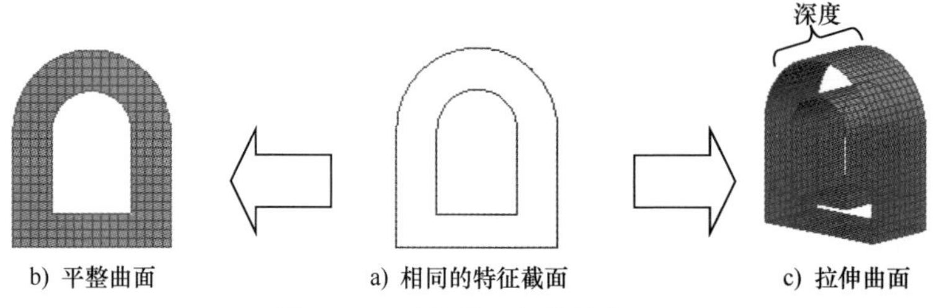

图 3.3.1 平整曲面与拉伸曲面

注意：填充特征的截面草图必须是封闭的。

创建平整曲面的一般操作步骤如下。

Step1. 单击 模型 功能选项卡 曲面 ▾ 区域中的 填充 按钮，此时系统弹出“填充”操控板。

Step2. 在绘图区中右击，从系统弹出的快捷菜单中选择 定义内部草绘... 命令；进入草绘环境，创建一个封闭的草绘截面，然后单击 ✔ 按钮。

Step3. 在该操控板中单击“确定”按钮 ✔，完成平整曲面的创建。

3.4 偏 移 曲 面

偏移曲面是通过将一个曲面或一条曲线偏移恒定的距离或可变的距离来创建一个新的特征。

模型 功能选项卡 编辑 ▾ 区域中的 偏移 命令用于创建偏移曲面。注意要激活 偏移 命令，首先必须选取一个曲面。偏移操作由图 3.4.1 所示的“偏移”操控板（一）完成。

图 3.4.1 所示的“偏移”操控板的说明如下。

● 参考：用于指定要偏移的曲面。

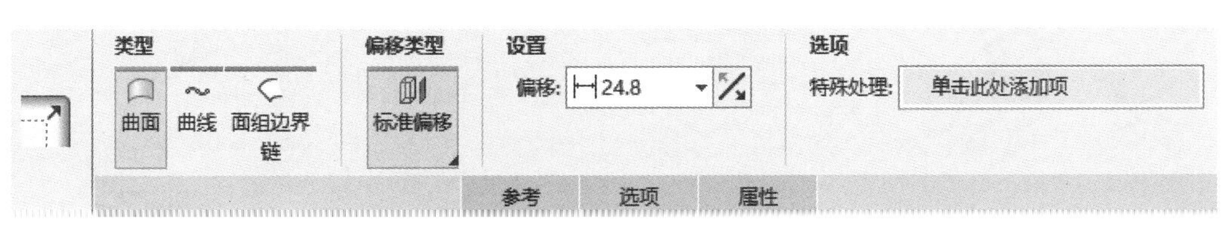

图 3.4.1 “偏移”操控板（一）

● 选项：用于指定要排除的曲面等，“选项”界面如图 3.4.2 所示。

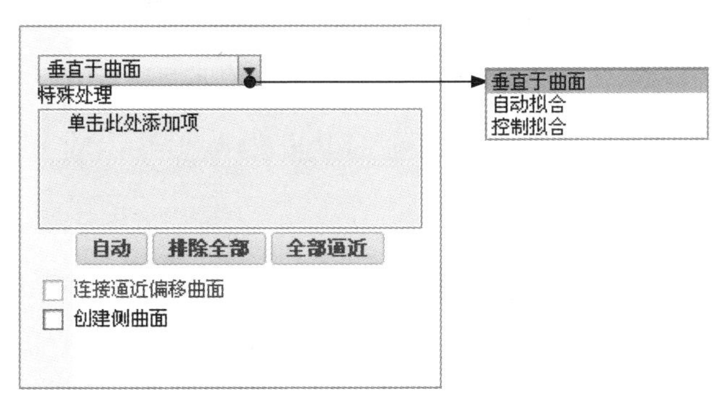

图 3.4.2 “选项”界面

☑ 垂直于曲面：偏距方向将垂直于原始曲面（默认项）。

☑ 自动拟合：系统自动将原始曲面进行缩放，并在需要时平移它们。不需要用户其他的输入。

☑ 控制拟合：在指定坐标系下将原始曲面进行缩放并沿指定轴移动，以创建“最佳拟合”偏距。要定义该元素，选择一个坐标系，并通过在“X 轴”“Y 轴”“Z 轴”选项之前放置检查标记，选择缩放的允许方向，如图 3.4.3 所示。

● 偏移类型：如图 3.4.4 所示。

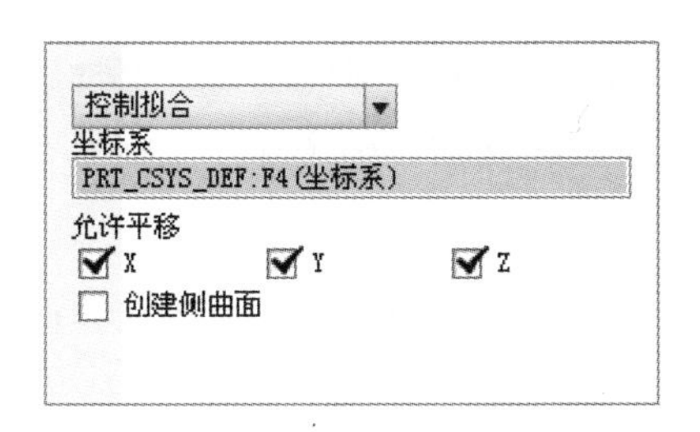

图 3.4.3 选择“控制拟合”

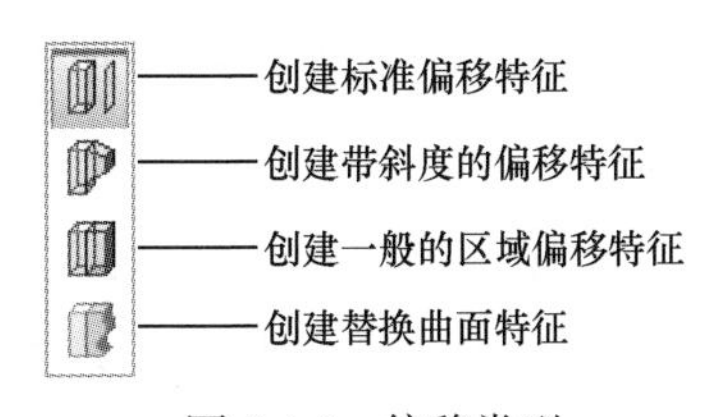

图 3.4.4 偏移类型

1. 标准偏移

标准偏移是从一个实体的表面创建偏移的曲面，如图 3.4.5 所示；或者从一个曲面创建偏移的曲面，如图 3.4.6 所示。操作步骤如下。

Step1. 将工作目录设置至 D:\creo8.8\work\ch03.04，打开文件 surface_offset.prt。

Step2. 选取要偏移的曲面。

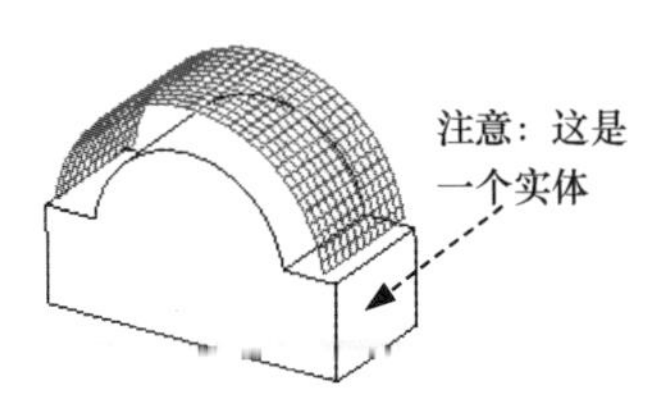

图 3.4.5　实体表面偏移

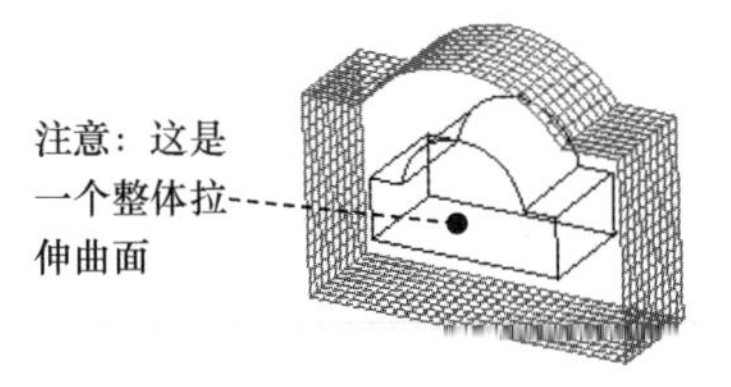

图 3.4.6　曲面面组偏移

Step3. 单击 模型 功能选项卡 编辑 ▾ 区域中的“偏移”按钮 偏移。

Step4. 定义偏移类型。在“偏移”操控板的偏移类型下拉列表中选择 （标准）选项。

Step5. 定义偏移值。在该操控板的偏移下拉列表中输入偏移距离。

Step6. 在该操控板中单击 按钮，预览所创建的偏移曲面，单击 ✓ 按钮，完成操作。

2. 拔模偏移

曲面的拔模偏移就是在曲面上创建带斜度侧面的区域偏移。拔模偏移特征可用于实体表面或面组。下面介绍在图 3.4.7 所示的面组上创建拔模偏移的操作过程。

Step1. 将工作目录设置至 D:\creo8.8\work\ch03.04，打开文件 surface_draft_offset.prt。

Step2. 选取图 3.4.7 所示的面为要拔模的面组。

Step3. 单击 模型 功能选项卡 编辑 ▾ 区域中的“偏移”按钮 偏移。

Step4. 定义偏移类型。在“偏移”操控板的偏移类型下拉列表中选择 （即带有斜度的偏移）选项。

Step5. 定义偏移控制属性。单击“偏移”操控板中的 选项 按钮，选取 垂直于曲面 选项。

Step6. 定义偏移选项属性。在“偏移”操控板中选取 侧曲面垂直于 为 ◉ 曲面，选取 侧面轮廓 为 ◉ 直 。

Step7. 草绘拔模区域。在绘图区右击，从系统弹出的快捷菜单中选择 定义内部草绘... 命令；选取 FRONT 基准平面为草绘平面，创建图 3.4.8 所示的截面草图（可以绘制多个封闭草绘几何）。

Step8. 输入偏移值 6.0；输入侧面的拔模角度值 10.0，系统使用该角度相对于它们的默认位置对所有侧面进行拔模，拔模方向如图 3.4.9 所示；此时的“偏移”操控板（二）界面如图 3.4.10 所示。

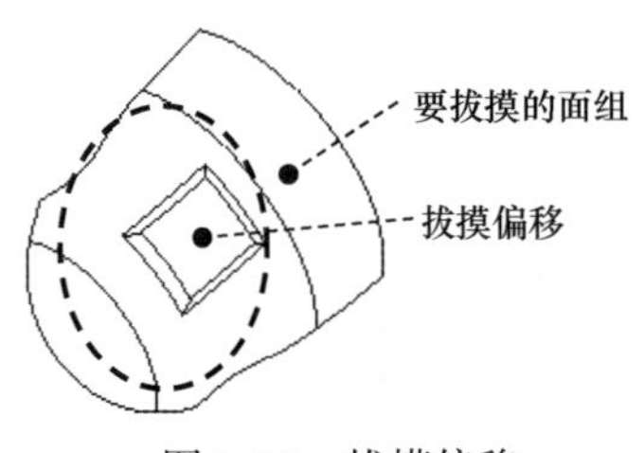

图 3.4.7　拔模偏移

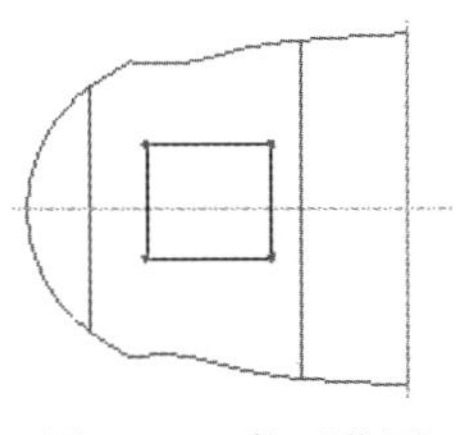
图 3.4.8　截面草图

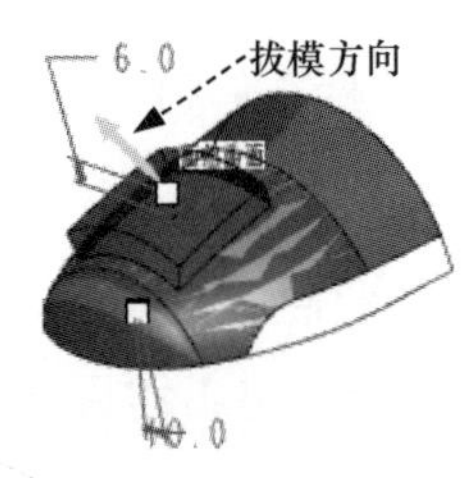

图 3.4.9　拔模方向

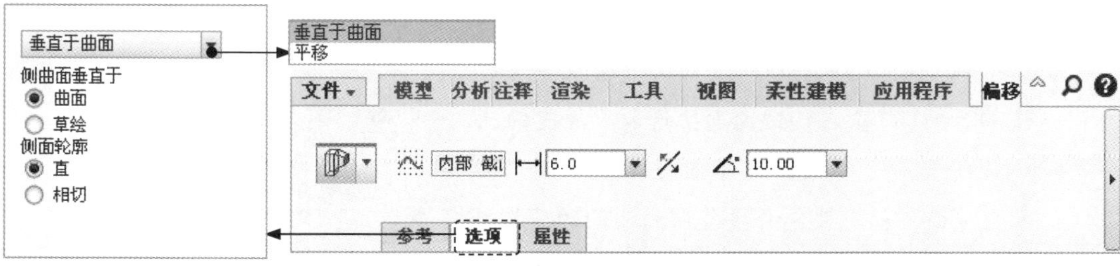

图 3.4.10 “偏移”操控板（二）

Step9. 在该操控板中单击 ✓ 按钮，完成操作。

3.5 复制曲面

模型 功能选项卡 操作 ▾ 区域中的“复制”按钮 和“粘贴”按钮 可以用于曲面的复制，复制的曲面与源曲面形状和大小相同。曲面的复制功能在模具设计中定义分型面时特别有用。注意：要激活 工具，首先必须选取一个曲面。

1. 曲面复制的一般过程

在 Creo 中，曲面复制的操作过程如下。

Step1. 在屏幕下方的“智能选取”栏中选择“几何”或“面组”选项，然后在模型中选取某个要复制的曲面。

Step2. 单击 模型 功能选项卡 操作 ▾ 区域中的“复制”按钮 。

Step3. 单击 模型 功能选项卡 操作 ▾ 区域中的“粘贴”按钮 ，系统弹出图 3.5.1 所示的“曲面：复制”操控板，在该操控板中选择合适的选项（按住 Ctrl 键，可选取其他要复制的曲面）。

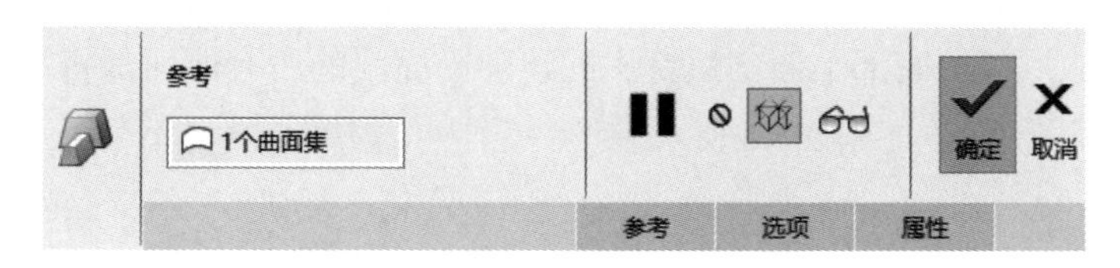

图 3.5.1 “曲面：复制”操控板

Step4. 在该操控板中单击“确定”按钮 ✓，则完成曲面的复制操作。

图 3.5.1 所示的“曲面：复制”操控板的说明如下。

参考 按钮：指定要复制的曲面。

选项 按钮：指定复制方式，“选项”界面如图 3.5.2 所示。

- ◉ 按原样复制所有曲面：按照原来的样子复制所有曲面。

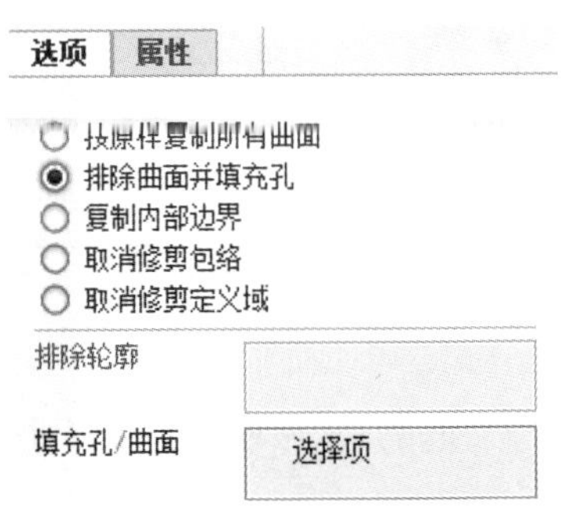

图 3.5.2 “选项”操作界面

- 排除曲面并填充孔：复制某些曲面，可以选择填充曲面内的孔。
  ☑ 排除轮廓：选取要从所选曲面中排除的曲面。
  ☑ 填充孔/曲面：在选定曲面上选取要填充的孔。
- 复制内部边界：仅复制边界内的曲面。
  ☑ 边界曲线：定义包含要复制的曲面的边界。
- 取消修剪包络 单选项：复制曲面、移除所有内轮廓，并用当前轮廓的包络替换外轮廓。
- 取消修剪定义域 单选项：复制曲面、移除所有内轮廓，并用与曲面定义域相对应的轮廓替换外轮廓。

2. 曲面选取的方法介绍

读者可打开文件 D:\creo8.8\work\ch03.05\surface_copy01.prt 进行练习。

- 选取独立曲面。在曲面复制状态下，选取图 3.5.3 所示的“智能选取”栏中的 面组 选项，再选取要复制的曲面。选取多个独立曲面时须按住 Ctrl 键；要去除已选的曲面，只需再次单击此面即可，如图 3.5.4 所示。

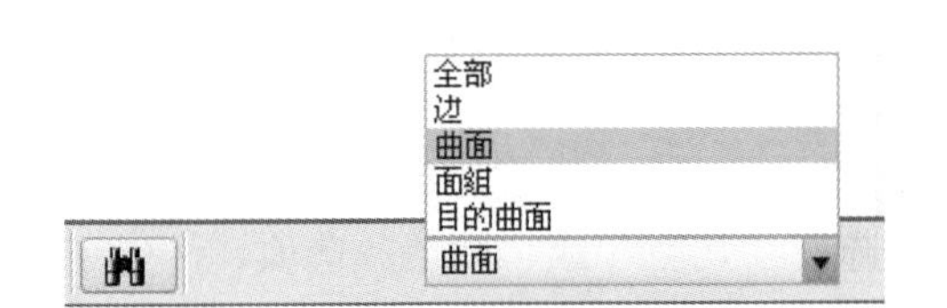

图 3.5.3 “智能选取”栏

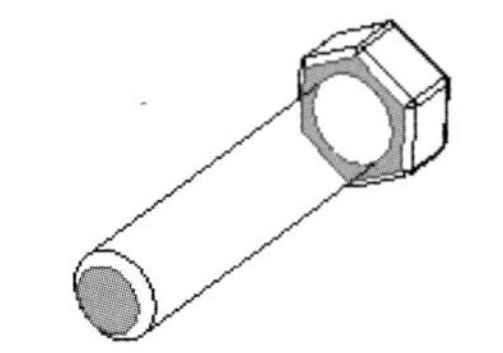
图 3.5.4 选取要复制的曲面

- 通过定义种子曲面和边界曲面来选择曲面。这种方法将选取从种子曲面开始向四周延伸，直到边界曲面的所有曲面（其中包括种子曲面，但不包括边界曲面）。如图 3.5.5 所示，左键单击选取螺钉的底部平面，使该曲面成为种子曲面，然后按住 Shift 键，同时左键单击螺钉头的顶部平面，使该曲面成为边界曲面；完成这两个操作后，则从螺钉的底部平面到螺钉头的顶部平面间的所有曲面都将被选取（不包括螺钉头的顶部平面），如图 3.5.6 所示。

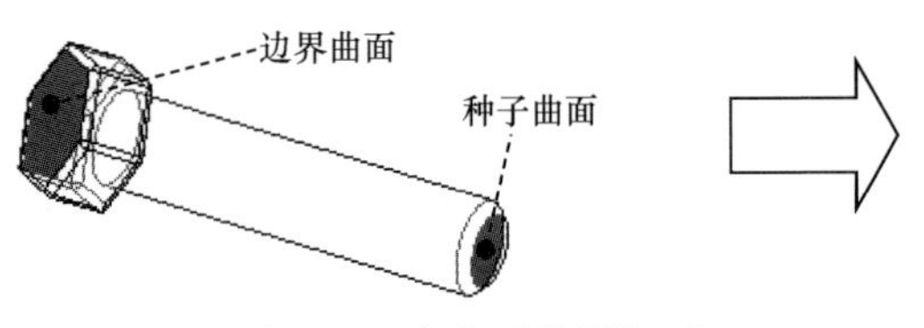

图 3.5.5 定义“种子”面

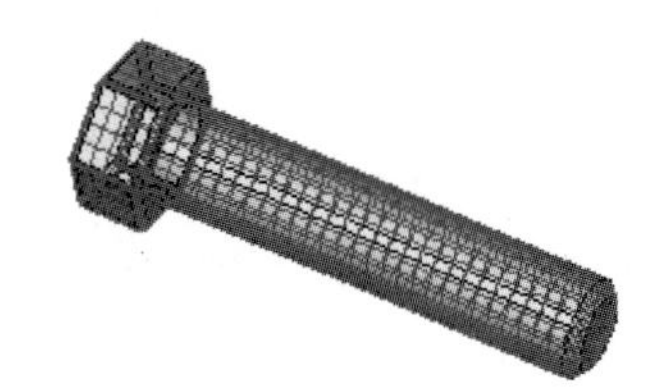
图 3.5.6 完成曲面的复制

- 选取面组曲面。在图 3.5.3 所示的“智能选取”栏中选择“面组”选项，再在模型上选择一个面组，面组中的所有曲面都将被选取。

● 选取实体曲面。在图形区右击，系统弹出图 3.5.7 所示的快捷菜单，选择 实体曲面 命令，实体中的所有曲面都将被选取。

● 选取目的曲面。在模型中多个相关联的曲面组成目的曲面。

首先选取图 3.5.3 所示的“智能选取”栏中的“目的曲面”，然后再选取某一曲面：如选取图 3.5.8 所示的曲面，可形成图 3.5.9 所示的目的曲面；如选取图 3.5.10 所示的曲面，可形成图 3.5.11 所示的目的曲面。

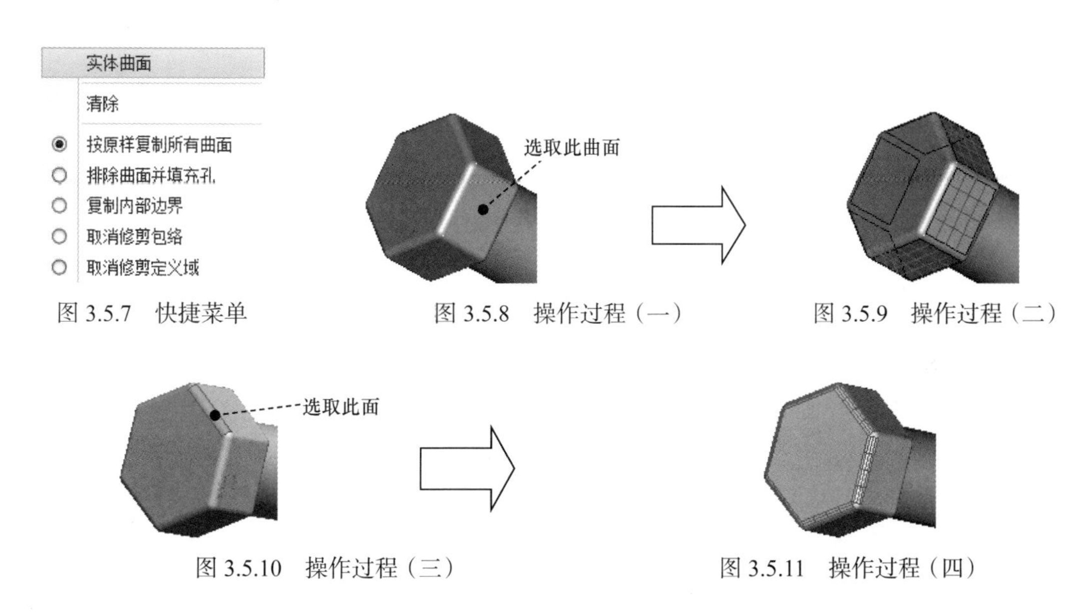

图 3.5.7　快捷菜单　　图 3.5.8　操作过程（一）　　图 3.5.9　操作过程（二）

图 3.5.10　操作过程（三）　　图 3.5.11　操作过程（四）

3. 填充孔

“填充孔”选项用于在要复制的曲面中填充内部环，这个选项操作在模具设计中填补分型面的破孔时经常用到。

下面以复制图 3.5.12 所示的整个外表面为例，说明“填充孔”的操作过程。

Step1. 将工作目录设置至 D:\creo8.8\work\ch03.05，打开文件 surface_copy02.prt。

Step2. 选取模型的整个外表面。

Step3. 单击 模型 功能选项卡 操作 ▾ 区域中的“复制”按钮 。

Step4. 单击 模型 功能选项卡 操作 ▾ 区域中的“粘贴”按钮 ▾，系统弹出“曲面：复制”操控板，在该操控板中单击 选项 按钮，在系统弹出的操作界面中选中 ◉ 排除曲面并填充孔 单选项，如图 3.5.13 所示。

Step5. 选取图 3.5.12 所示的曲面。

Step6. 在该操控板中单击“预览”按钮 ，可看到图 3.5.14 所示的孔 1 和孔 2 没有被填充，而其他孔则已被填充。孔 1 和孔 2 没有被填充的原因是这两个孔不完全在 Step4 所选取的曲面中，而是在整个曲面之间。

Step7. 按住 Ctrl 键，选取图 3.5.14 所示的孔 1、孔 2 中任意一条边线。

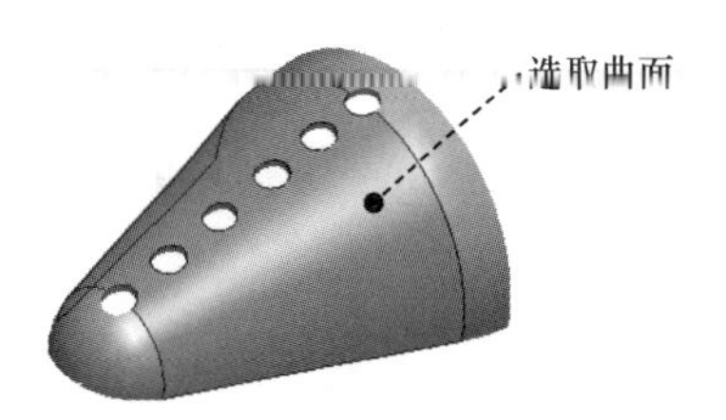

图 3.5.12　填充孔

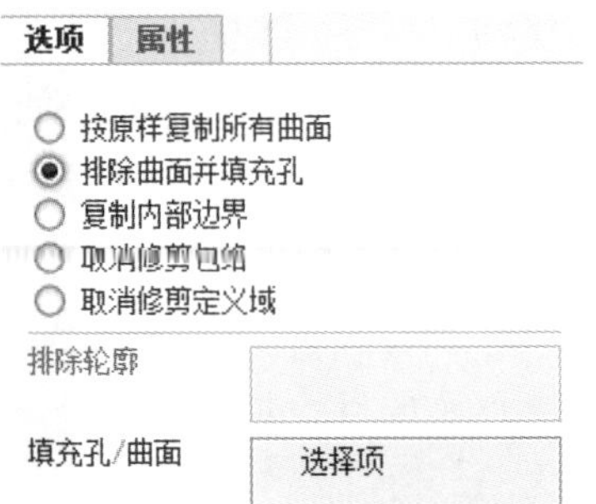

图 3.5.13　排除曲面并填充孔

Step8. 单击该操控板中的“预览”按钮 ，可看到图 3.5.15 所示的所有的孔都已被填充；单击“确定”按钮 ，完成填充孔的操作。

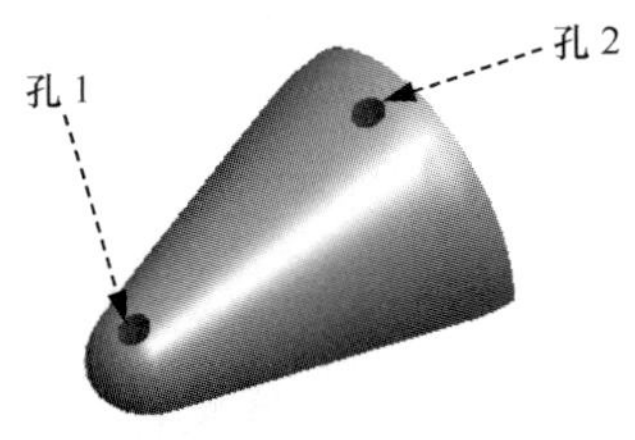

图 3.5.14　预览填充

图 3.5.15　填充完成

第 4 章 复杂曲面的创建

本章提要

本章主要介绍各种复杂曲面的创建方法，包括创建边界混合曲面、创建混曲面、扫描曲面、将切面混合到曲面、曲面的环形折弯、展平面组、“带”曲面、曲面的扭曲、数据共享和曲面的参数化设计。

4.1 创建边界混合曲面

边界混合曲面就是在选定的参考图元（它们在一个或两个方向上定义曲面）之间创建的混合曲面，系统以在每个方向上选定的第一个和最后一个图元来定义曲面的边界。当然，一个方向上可以有超过两条的曲线（或者更多的其他参考图元），以对曲面进行控制。因此，只要添加更多的参考图元（如控制点和边界），就能更完整地定义曲面形状。

选取参考图元的规则如下：

- 曲线、模型边、基准点、曲线或边的端点可作为参考图元使用。
- 在每个方向上，都必须按连续的顺序选择参考图元。
- 对于在两个方向上定义的混合曲面来说，其外部边界必须形成一个封闭的环，这意味着外部边界必须相交。

4.1.1 创建一般边界混合曲面

下面以图 4.1.1 为例说明创建边界混合曲面的一般过程。

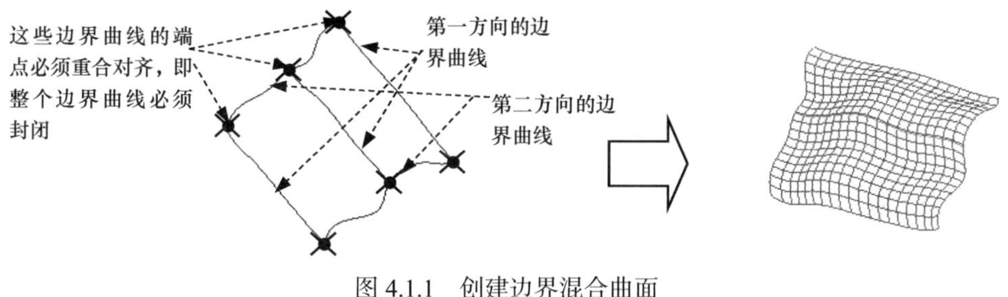

图 4.1.1 创建边界混合曲面

Step1. 选择下拉菜单 文件 ➡ 管理会话(M) ➡ 选择工作目录(W) 命令，将工

作目录设置至 D:\creo8.8\work\ch04.01。

Step2. 选择下拉菜单 文件 → 打开(O) 命令，打开文件 surface_boundary_blended.prt。

Step3. 单击 模型 功能选项卡 曲面▼ 区域中的“边界混合”按钮，系统弹出图 4.1.2 所示的“边界混合”操控板。

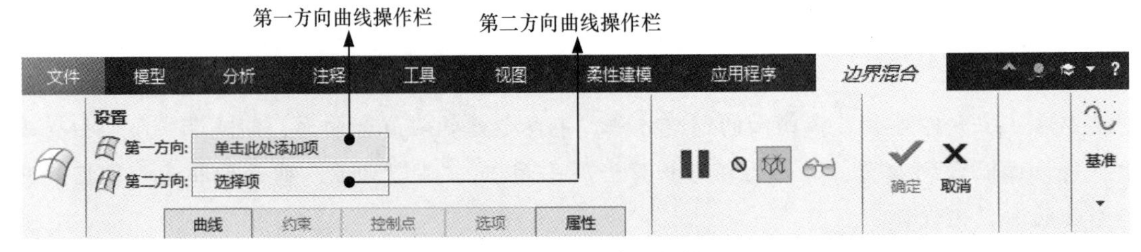

图 4.1.2 “边界混合”操控板

Step4. 定义第一方向的边界曲线。按住 Ctrl 键不放，分别选取图 4.1.1 所示的第一方向的三条边界曲线。

Step5. 定义第二方向的边界曲线。在该操控板中单击图标后面的 单击此处添加项 字符，按住 Ctrl 键不放，分别选取第二方向的两条边界曲线。

Step6. 在该操控板中单击“确定”按钮✔，完成边界混合曲面的创建。

图 4.1.2 所示的“边界混合”操控板中各选项和按钮的功能说明如下。

- 曲线：用于定义第一方向和第二方向选取的曲线，“曲线”界面如图 4.1.3 所示。
  - ☑ ☑闭合混合：通过将最后一条曲线与第一条曲线混合来形成封闭环曲面。但注意 ☑闭合混合 只适用于单一方向的三条及三条以上的曲线形成的混合曲面。
  - ☑ 细节...：单击此按钮，系统弹出“链”对话框，以便能修改链和曲面集属性。
- 约束：用于定义边界的条件，包括边对齐的相切条件，“约束”界面如图 4.1.4 所示。

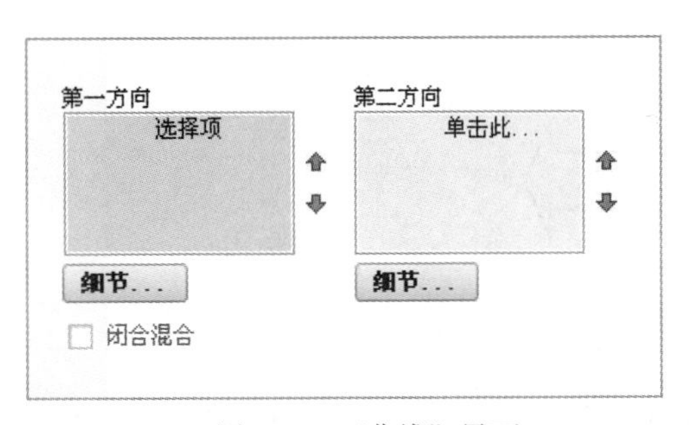

图 4.1.3 “曲线”界面

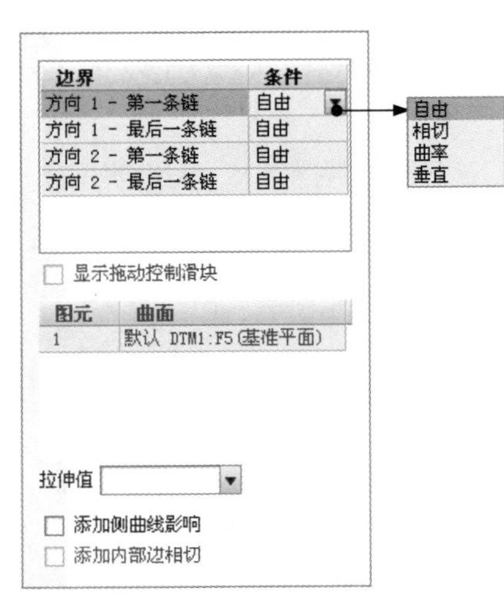

图 4.1.4 “约束”界面

☑ 条件：设置边界的条件。也可以在绘图区右击每个外部边界的敏感区域，系统弹出图 4.1.5 所示的“控制边界条件”快捷菜单，并在图形中显示图 4.1.6 所示的边界条件显示图样。

a) 自由

b) 相切

c) 垂直

d) 曲率

图 4.1.5 “控制边界条件”快捷菜单

图 4.1.6 边界条件显示图样

☑ 显示拖动控制滑块：只有当条件选项为非自由状态时，此复选框才可用。用于显示控制边界拉伸系数的拖动控制滑块。

☑ 添加侧曲线影响：启用侧曲线影响。在单向混合曲面中，对于指定的“相切”“曲率”的边界条件，是混合曲面的侧边相切于参考的侧边。

☑ 添加内部边相切：为混合曲面的一个或两个方向设置相切内部边界条件。注意：此条件只适用于具有多段边界的曲面。可创建带有曲面片的混合曲面。

- 控制点：通过在输入曲线上映射位置来添加控制点并形成曲面，在“控制点”界面中单击图 4.1.7 所示的区域，该链上的控制点以红色加亮显示，如图 4.1.8 所示。控制点的控制选项包括自然、弧长、段至段。

☑ 自然：使用一般混合例程，并使用相同例程来重置输入曲线的参数，可获得最逼近的曲面。

☑ 弧长：对原始曲线进行的最小调整。使用一般混合例程来混合曲线，被分成相等的曲线段并逐段混合的曲线除外。

☑ 段至段：段至段的混合，曲线链或复合曲线被连接，此选项只可用于具有相同段数的曲线。

- 选项：选择曲线链来影响用户界面中混合曲面的形状或逼近方向，操作界面如图 4.1.9 所示。

☑ 细节...：打开“链”对话框以修改链组属性。

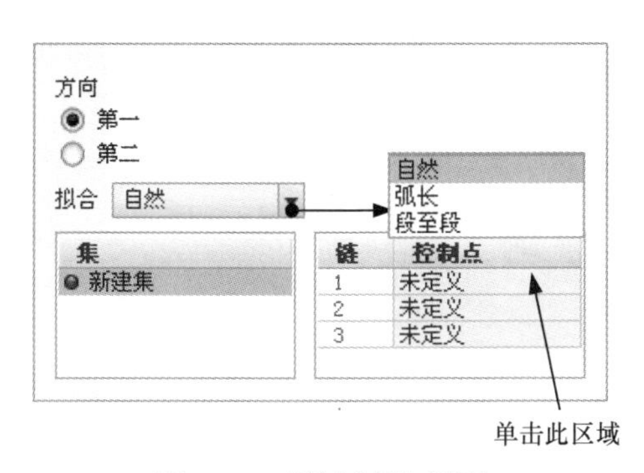

图 4.1.7 “控制点”界面

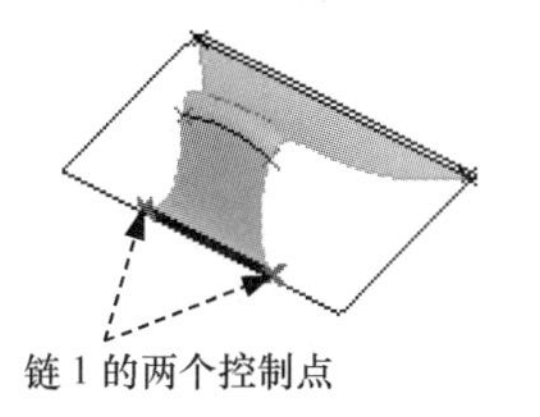

图 4.1.8 显示控制点

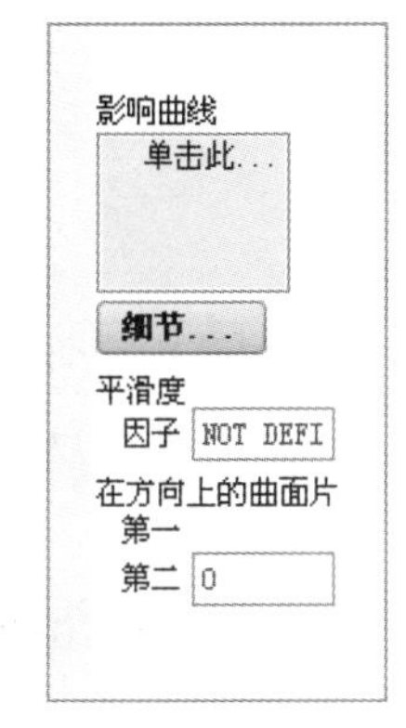

图 4.1.9 “选项”界面

☑ 平滑度：控制曲面的表面粗糙度、不规则性或投影。
☑ 在方向上的曲面片（第一和第二方向）：控制用于形成结果曲面的沿 U 和 V 方向的曲面片数。

● 属性：重命名混合特征。

4.1.2 创建边界闭合混合曲面

闭合混合曲面通过将最后一条曲线与第一条曲线混合来形成封闭环曲面。下面以图 4.1.10 所示的例子来说明创建闭合混合曲面的一般过程。

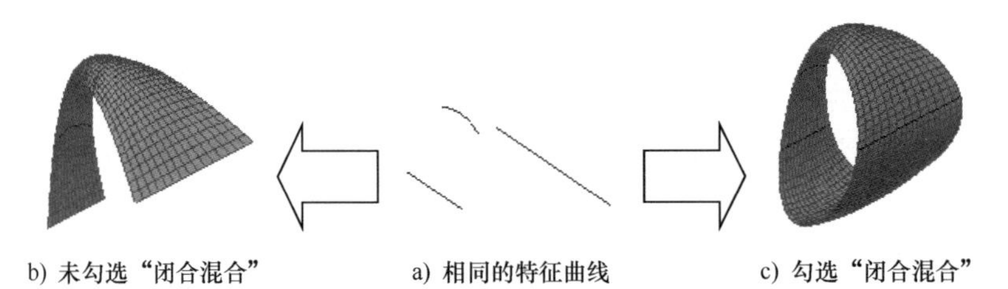

图 4.1.10 闭合混合与非闭合混合

Step1. 设置工作目录和打开文件。

（1）选择下拉菜单 文件 → 管理会话(M) → 选择工作目录(W) 命令，将工作目录设置至 D:\creo8.8\work\ch04.01。

（2）选择下拉菜单 文件 → 打开(O) 命令，打开文件 surf_bou_closebl.prt。

Step2. 单击 模型 功能选项卡 曲面 ▾ 区域中的“边界混合”按钮，系统弹出“边界混合”操控板。

Step3. 按住 Ctrl 键，依次选取图 4.1.11 所示的曲线 1、曲线 2 和曲线 3 为第一方向的三条边界曲线。

图 4.1.11 创建“闭合混合”边界曲面

Step4. 在“曲线”界面中选中 ☑ 闭合混合 复选框。

Step5. 在该操控板中单击“确定”按钮 ✔，完成边界闭合混合曲面的创建。

4.1.3 边界混合曲面的练习

本练习将介绍用“边界混合曲面”的方法创建图 4.1.12 所示的鼠标盖曲面的详细操作流程。

Stage1. 创建基准曲线

Step1. 新建一个零件的三维模型，将其命名为 mouse_cover。

Step2. 创建图 4.1.13 所示的基准曲线 1，相关提示如下。

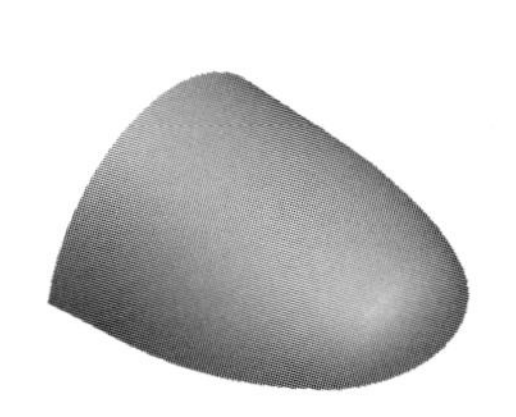

图 4.1.12 鼠标盖曲面

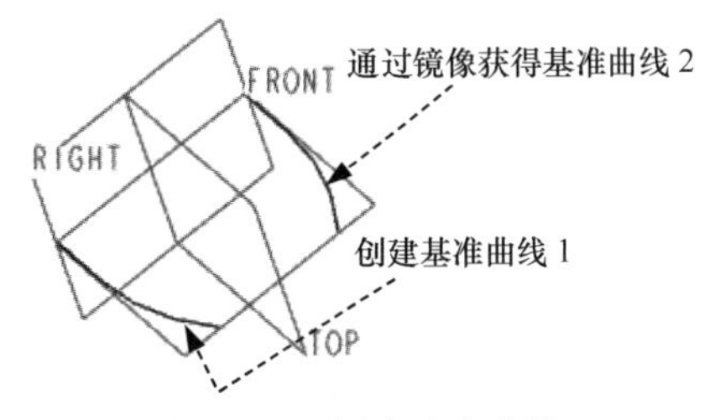

图 4.1.13 创建基准曲线

（1）在操控板中单击“草绘”按钮。

（2）选取 FRONT 基准平面为草绘平面，选取 RIGHT 基准平面为参考平面，方向为 右；单击 草绘 按钮，绘制图 4.1.14 所示的截面草图。

Step3. 将图 4.1.13 所示的基准曲线 1 进行镜像，获得基准曲线 2。相关提示如下。

（1）选取镜像特征。选择要镜像复制的源特征基准曲线 1，如图 4.1.13 所示。

（2）选择镜像命令。单击 模型 功能选项卡 编辑 ▾ 区域中的“镜像”按钮。

（3）选择镜像平面。选取 TOP 基准平面为镜像中心平面。

（4）在该操控板中单击 ✔ 按钮，完成镜像特征 1 的创建。

Step4. 创建图 4.1.15 所示的基准曲线 3。相关提示如下。

（1）创建基准平面 DTM1，使其平行于 RIGHT 基准平面并且过基准曲线 1 的顶点。

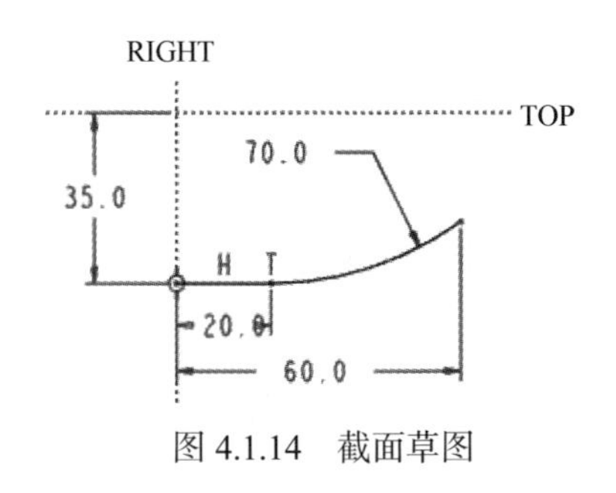

图 4.1.14 截面草图

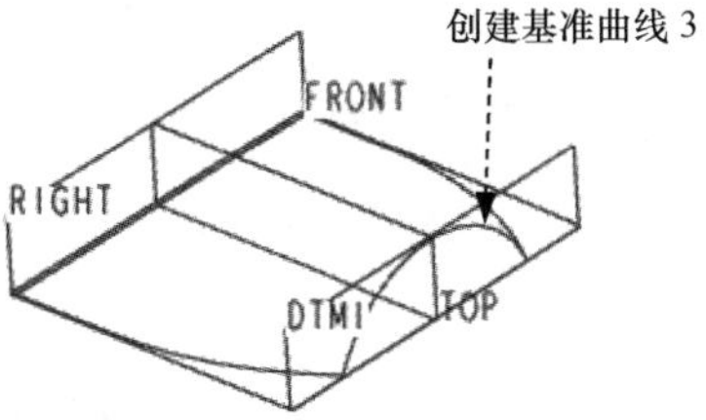

图 4.1.15 创建基准曲线 3

（2）在该操控板中单击“草绘”按钮。选取 DTM1 基准平面为草绘平面，选取 TOP 基准平面为参考平面，方向为 右；单击 草绘 按钮，绘制图 4.1.16 所示的截面草图。

注意：草绘时，为了绘制方便，将草绘平面旋转，调整到图 4.1.16 所示的空间状态。另外要将基准曲线 3 的顶点与基准曲线 1、基准曲线 2 的顶点对齐。为了确保对齐，应该创建基准点 PNT1 和 PNT0，它们分别过基准曲线 1、基准曲线 2 的顶点，如图 4.1.16 所示。然后选取这两个基准点作为草绘参考，创建这两个基准点的操作提示如下。

① 创建基准点时，无需退出草绘环境，直接单击“创建基准点”按钮 ˣₓₓ点 ▾。

② 选择基准曲线 1 或基准曲线 2 的顶点；单击“基准点”对话框中的 **确定** 按钮。

Step5. 创建图 4.1.17 所示的基准曲线 4。相关提示如下：单击“草绘”按钮 ；选取 FRONT 基准平面为草绘平面，选取 RIGHT 基准平面为参考平面，方向为 右；单击 **草绘** 按钮，绘制图4.1.18所示的截面草图（为了便于将基准曲线4的顶点与基准曲线1、基准曲线 2 的顶点对齐并且相切，有必要选取基准曲线 1、基准曲线 2 为草绘参考）。

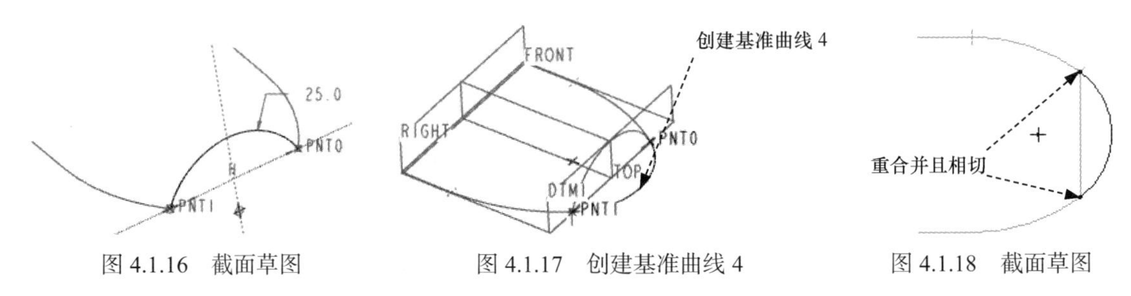

图 4.1.16　截面草图　　图 4.1.17　创建基准曲线 4　　图 4.1.18　截面草图

Step6. 创建图 4.1.19 所示的基准曲线 5。相关提示：草绘平面为 RIGHT 基准平面，截面草图如图 4.1.20 所示。

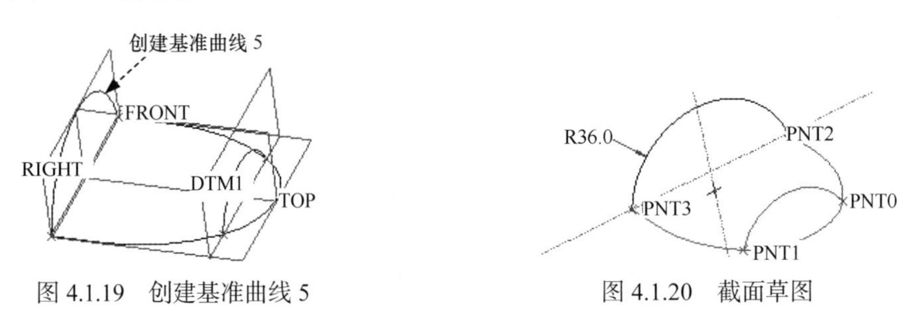

图 4.1.19　创建基准曲线 5　　图 4.1.20　截面草图

Stage2. 创建图 4.1.21 所示的边界曲面 1

该鼠标盖零件模型包括两个边界曲面，下面是创建边界曲面 1 的操作步骤。

Step1. 单击 **模型** 功能选项卡 曲面 ▾ 区域中的“边界混合”按钮 ，此时系统弹出“边界混合”操控板。

Step2. 选取边界曲线。在该操控板中单击 **曲线** 按钮，系统弹出“曲线”界面，按住 Ctrl 键，选择第一方向的两条曲线，如图 4.1.22 所示；单击“第二方向”区域中的“单击此处…”字符，然后按住 Ctrl 键，选择第二方向的两条曲线，如图 4.1.22 所示。

Step3. 在该操控板中单击 按钮，预览所创建的曲面，确认无误后，再单击“确定”按钮 ✔。

Stage3. 创建图 4.1.23 所示的边界曲面 2

Step1. 创建图 4.1.24 所示的基准曲线 6，相关提示如下：单击“草绘”命令按钮 ；

设置 TOP 基准平面为草绘平面，RIGHT 基准平面为参考平面，方向为 右，草绘视图方向为反向；特征的截面草图如图 4.1.25 所示（基准曲线 6 与边界曲面 1 和草绘平面产生的交线是相切关系，基准曲线 6 的下端点与基准曲线 4 和草绘平面产生的交点是重合关系）。

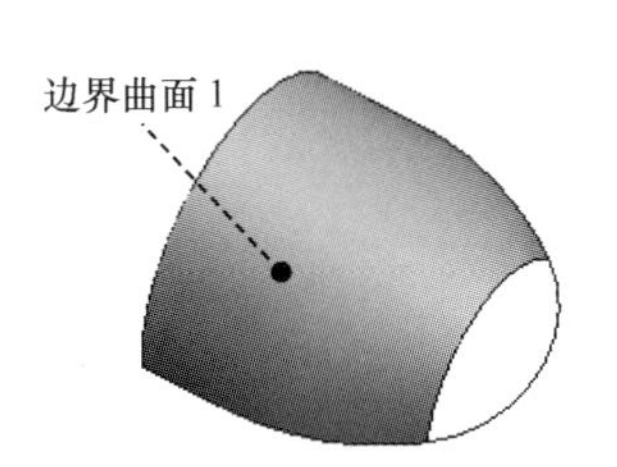

图 4.1.21 创建边界曲面 1

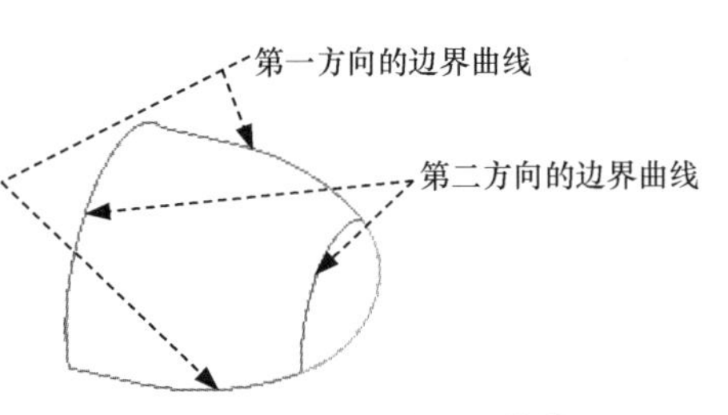

图 4.1.22 选取边界曲线

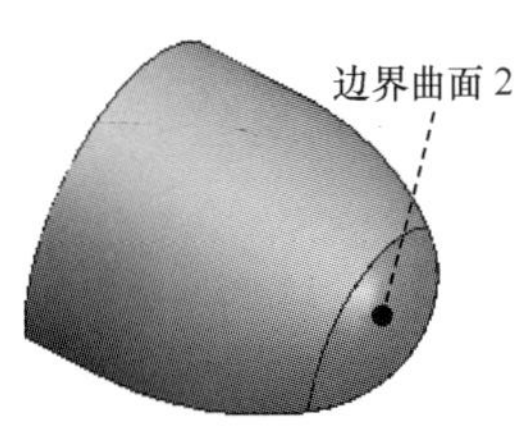

图 4.1.23 创建边界曲面 2

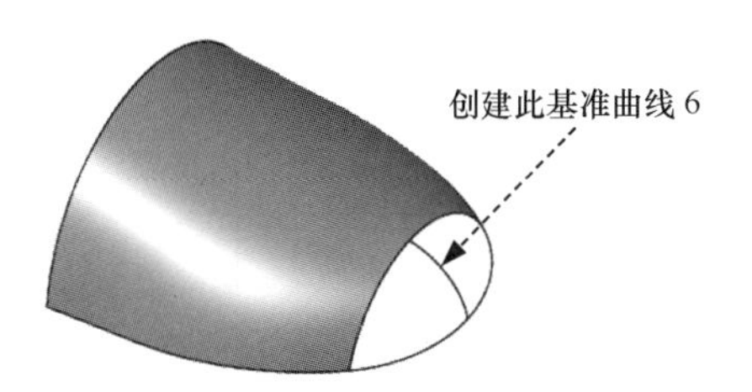

图 4.1.24 创建基准曲线 6

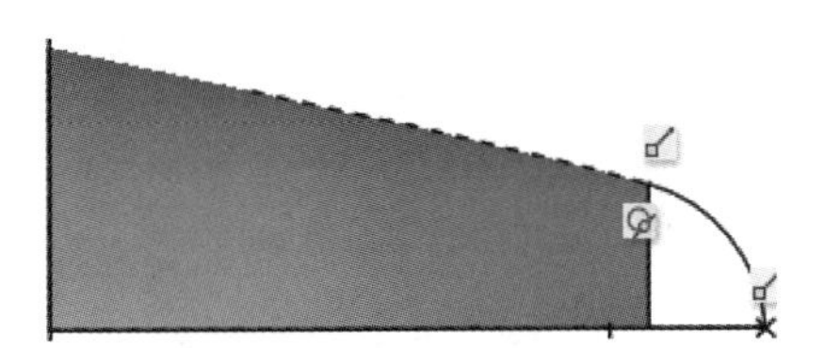

图 4.1.25 截面草图

Step2. 单击“边界混合”按钮 ；按住 Ctrl 键，依次选择图 4.1.26 所示的基准曲线 4 和基准曲线 3 为方向 1 的边界曲线；单击“第二方向”区域中的“单击此…”字符，选择图 4.1.26 所示的基准曲线 6 为方向 2 的边界曲线；在操控板中单击 约束 按钮，在图 4.1.27 所示的“约束”界面中将“方向 1”的“最后一条链”的“条件”设置为 相切，然后单击图 4.1.27 所示的区域，在系统 ➪选择位于加亮边界元件上的曲面。 的提示下，选取图 4.1.26 所示的边界曲面 1；单击操控板中的“确定”按钮 ✔。

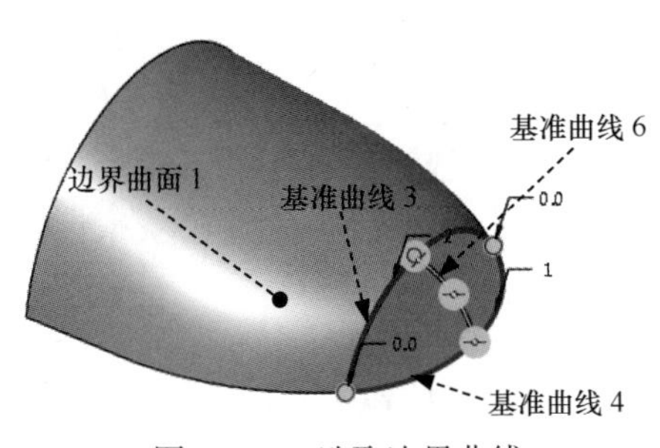

图 4.1.26 选取边界曲线

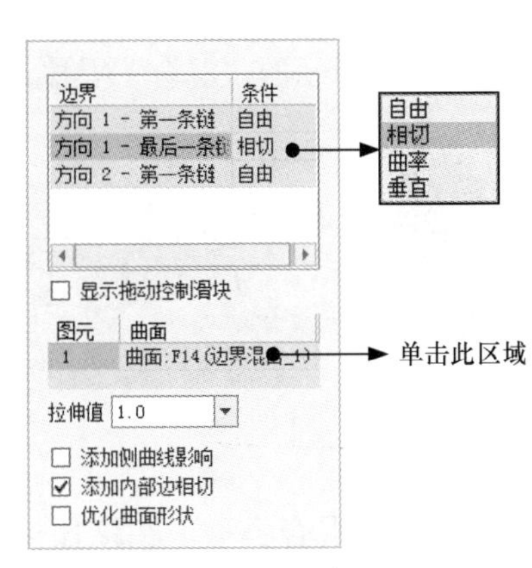

图 4.1.27 “约束”界面

4.2 创建混合曲面

4.2.1 混合特征简述

混合（Blend）特征就是将一组截面在其边线处用过渡曲面连接而形成的一个连续的特征，混合特征至少需要两个截面。图 4.2.1 所示的混合特征是由三个截面混合而成的。

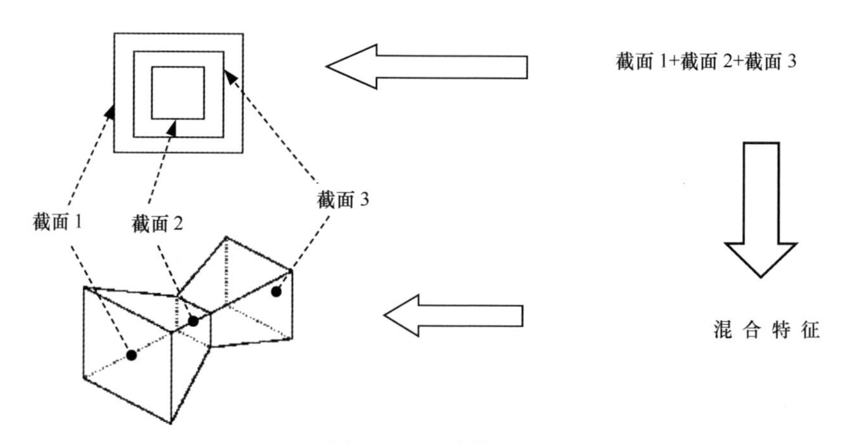

图 4.2.1 混合特征

4.2.2 创建混合曲面的一般过程

下面以图 4.2.2 所示的混合曲面为例，说明创建混合特征的一般过程。

Step1. 新建一个零件的三维模型，将其命名为 surface_blend。

Step2. 选择混合命令。在 模型 功能选项卡的 形状 ▾ 下拉菜单中选择 混合 命令，系统弹出图 4.2.3 所示的“混合”操控板。

图 4.2.2 混合曲面

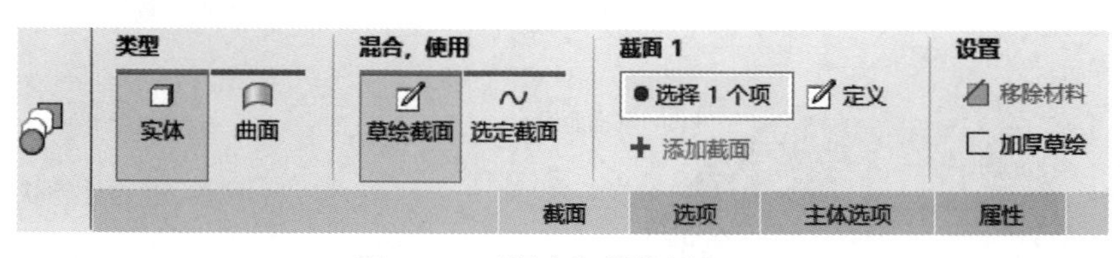

图 4.2.3 “混合”操控板

Step3. 定义混合类型。在该操控板中确认“混合为曲面”按钮 和“与草绘截面混合”按钮 被按下。

Step4. 创建混合特征的第一个截面。

（1）单击图4.2.3所示的“混合”操控板中的 截面 按钮，系统弹出图4.2.4所示的“截面”界面（一）。

（2）在图4.2.4所示的界面中选中 ◉ 草绘截面 单选项，单击 定义... 按钮。

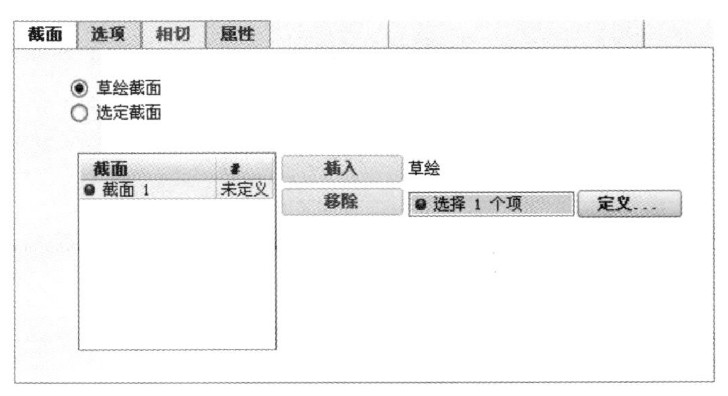

图 4.2.4 “截面”界面（一）

（3）选取FRONT基准平面为草绘平面，选取RIGHT基准平面为参考平面，方向为 右；单击 草绘 按钮，系统进入草绘环境。

（4）进入草绘环境后，接受系统的默认参考，绘制图4.2.5所示的截面草图。

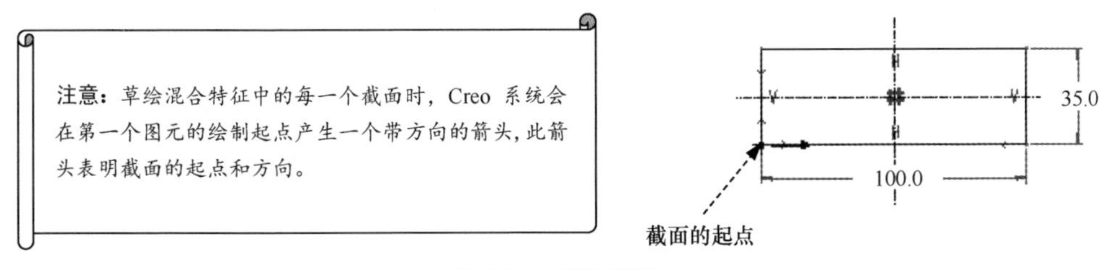

图 4.2.5 截面草图

（5）单击 ✔ 按钮，退出草绘环境。

Step5. 创建混合特征的第二个截面。

（1）单击“混合”操控板中的 截面 按钮，系统弹出图4.2.6所示的“截面”界面（二）。

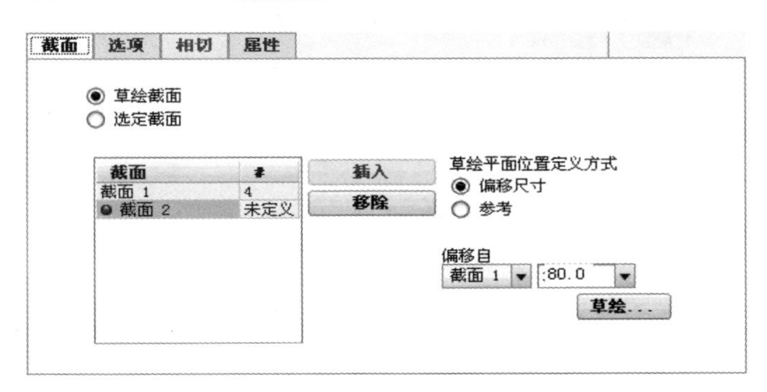

图 4.2.6 “截面”界面（二）

（2）在“截面”界面（二）中选中 截面 2 选项，定义“草绘平面位置定义方式”类型为 偏移尺寸，偏移自“截面 1”的偏移距离值为 80，单击 草绘... 按钮。

（3）绘制图 4.2.7 所示的截面草图。

注意：由于第二个截面与第一个截面实际上是两个相互独立的截面，所以在进行对称约束时，必须重新绘制中心线。

（4）定义截面混合起点及方向。选中图 4.2.7 所示的点并右击，在系统弹出的快捷菜单中选择 起点(S) 命令，使其方向如图 4.2.7 所示；单击 ✔ 按钮，退出草绘环境。

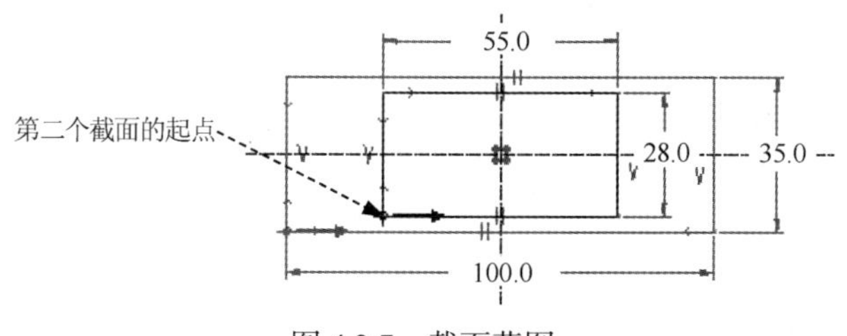

图 4.2.7　截面草图

Step6. 创建混合特征的第三个截面。

（1）单击“混合”操控板中的 截面 按钮，系统弹出图 4.2.9 所示的“截面”界面（三）。

注意：混合特征中的各个截面的起点应该靠近图 4.2.7 所示，且方向相同（同为顺时针或逆时针方向），否则会生成图4.2.8所示的扭曲形状。

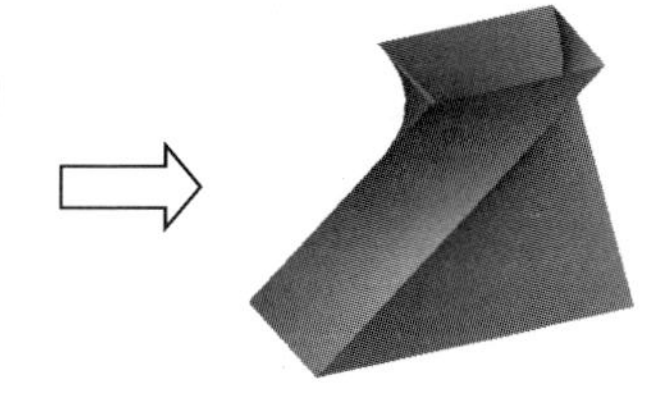

图 4.2.8　扭曲的混合特征

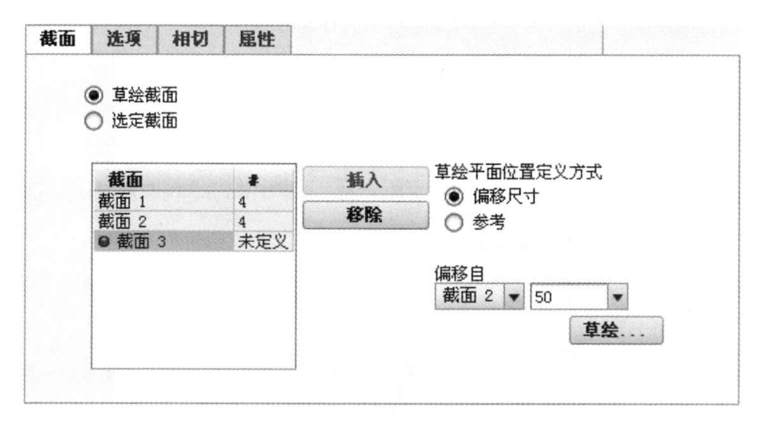

图 4.2.9　“截面”界面（三）

（2）单击该界面中的 插入 按钮，定义“草绘平面位置定义方式”类型为 偏移尺寸，偏移自“截面 2”的偏移距离值为 50，单击 草绘... 按钮。

（3）绘制图 4.2.10 所示的截面草图。

Step7. 将第三个截面（圆）切分成四个图元。

注意： 在创建混合特征的多个截面时，Creo 要求各个截面的图元数（或顶点数）相同（当第一个截面或最后一个截面为一个单独的点时，不受此限制）。在本例中，前面两个截面都是长方形，它们都有四条直线（即四个图元），而第三个截面为一个圆，只是一个图元，没有顶点。所以这一步要做的是将第三个截面（圆）变成四个图元。

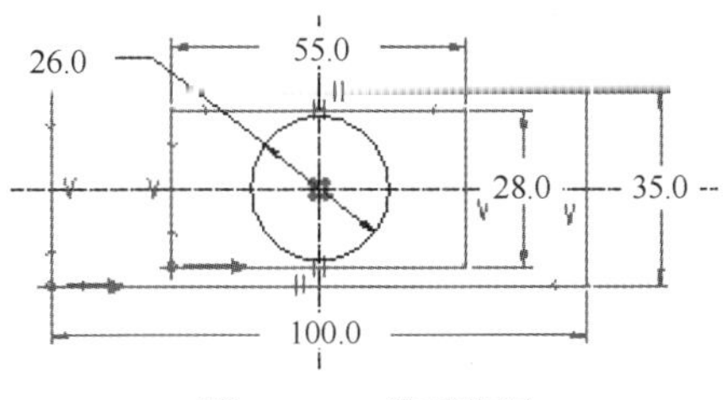

图 4.2.10　截面草图

（1）单击 模型 功能选项卡 编辑 区域中的“分割”按钮 。

（2）分别在图 4.2.11 所示的四个位置选择四个点。

（3）绘制两条中心线，对四个点进行对称约束，修改、调整第一个点的尺寸。

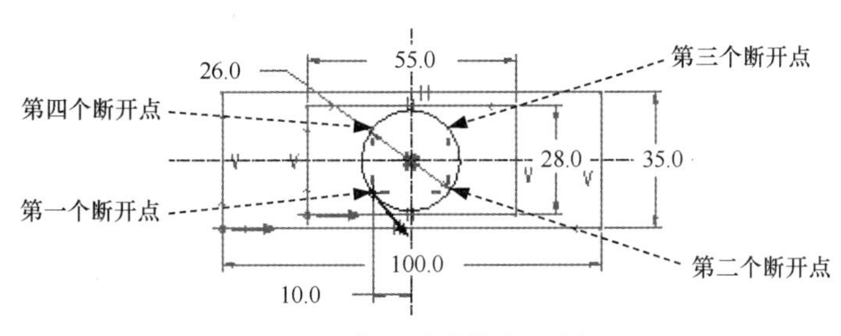

图 4.2.11　截面图形分成四个图元

（4）定义截面混合起点及方向。采用系统默认的起点及方向，如图 4.2.8 所示；单击 ✔ 按钮，退出草绘环境。

Step8. 单击 ✔ 按钮，完成混合特征的创建。

4.3　扫 描 曲 面

4.3.1　普通扫描

如图 4.3.1 所示，扫描（Sweep）特征是将一个截面沿着给定的轨迹“掠过”而生成的，所以又称为“扫掠”特征。要创建或重新定义一个扫描特征，必须给定两大特征要素，即扫描轨迹和扫描截面。

下面以图 4.3.1 为例，说明创建扫描特征的一般过程。

Step1. 新建一个零件的三维模型，将其命名为 sweep。

Step2. 绘制扫描轨迹曲线。

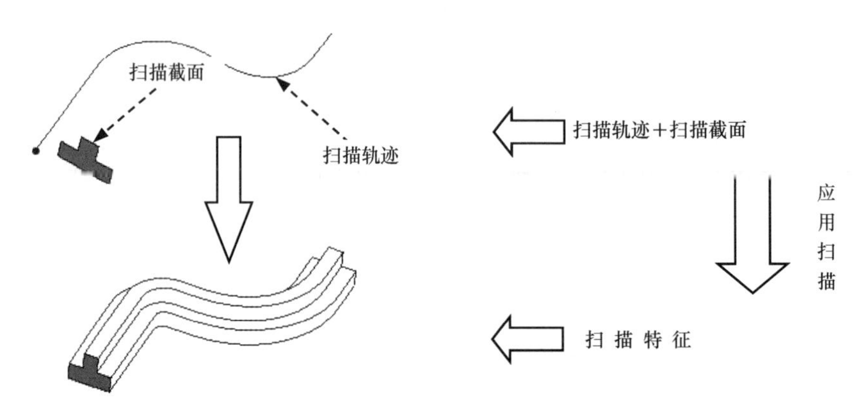

图 4.3.1　扫描特征

（1）单击 模型 功能选项卡 基准 ▾ 区域中的“草绘”按钮 。

（2）选取 TOP 基准平面作为草绘面，选取 RIGHT 基准平面作为参考面，方向向右，单击 草绘 按钮，系统进入草绘环境；绘制并标注扫描轨迹，如图 4.3.2 所示；单击 ✔ 按钮，退出草绘环境，完成后的草图如图 4.3.3 所示。

创建扫描轨迹时应注意下面几点，否则扫描可能失败。

- 相对于扫描截面的大小，扫描轨迹中的弧或样条半径不能太小，否则扫描特征在经过该弧时会由于自身相交而出现特征生成失败。例如，图 4.3.2 中的圆角半径 *R*12.0 和 *R*6.0，相对于后面将要创建的扫描截面不能太小。
- 对于“切口”（切削材料）类的扫描特征，其扫描轨迹不能自身相交。

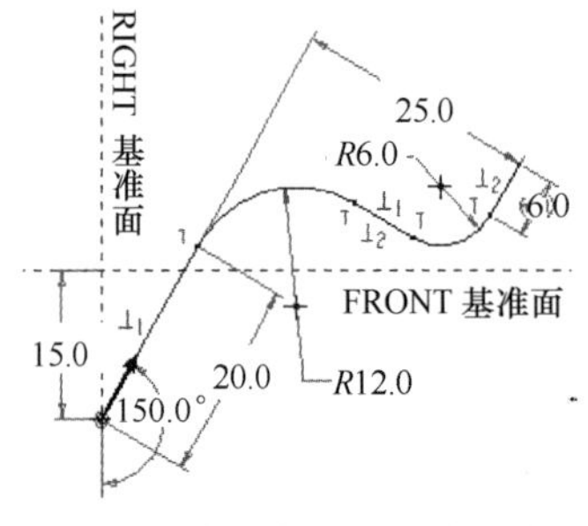

图 4.3.2　扫描轨迹（草绘环境）

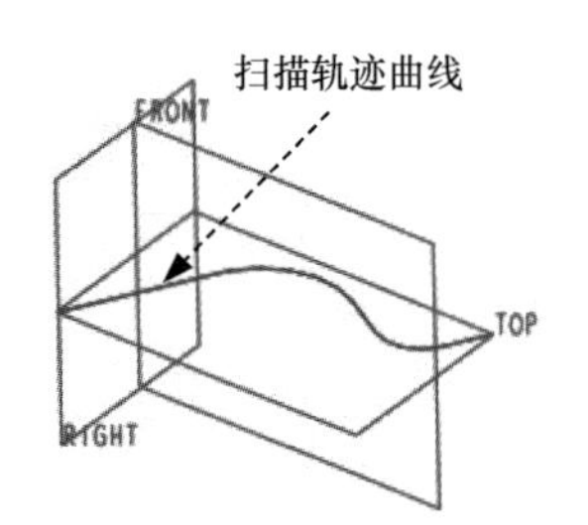

图 4.3.3　扫描轨迹（建模环境）

Step3. 选择扫描命令。单击 模型 功能选项卡 形状 ▾ 区域中的 扫描 ▾ 按钮（图 4.3.4），系统弹出图 4.3.5 所示的“扫描”操控板（一）。

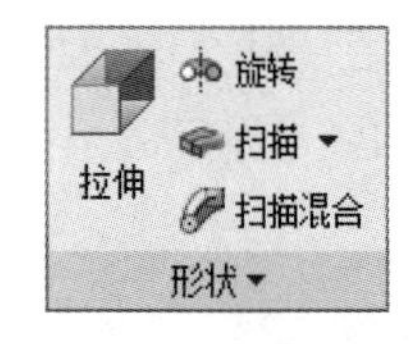

图 4.3.4　“扫描”命令

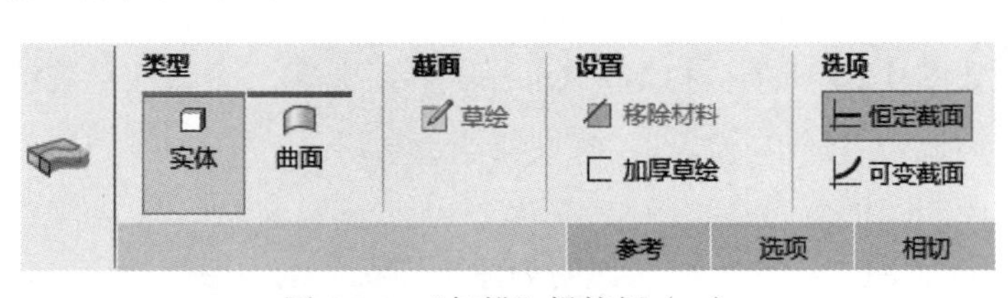

图 4.3.5　“扫描”操控板（一）

Step4. 定义扫描轨迹。

（1）在该操控板中确认“曲面类型”按钮 和“恒定截面”按钮 被按下。

（2）在图形区中选取图 4.3.3 所示的扫描轨迹曲线。

（3）单击图 4.3.6 所示的箭头，切换扫描的起始点，切换后的扫描轨迹曲线如图 4.3.7 所示。

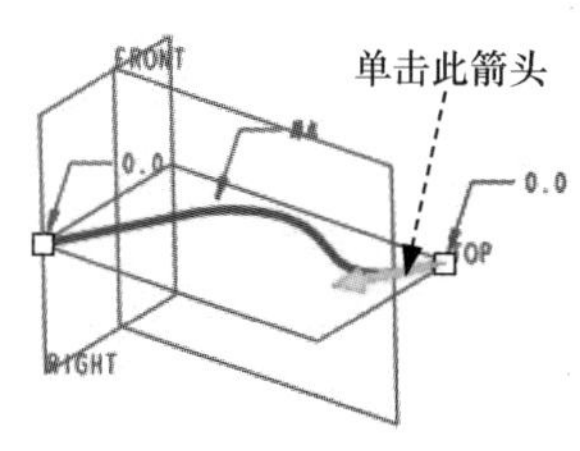

图 4.3.6 切换起点之前

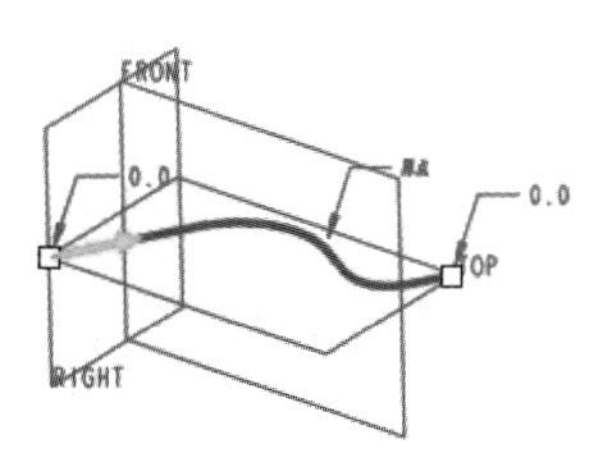

图 4.3.7 切换起点之后

Step5. 创建扫描特征的截面。

（1）在“扫描”操控板中单击“创建或编辑扫描截面”按钮 ，系统自动进入草绘环境。

（2）定义截面的参考。此时系统自动以 L1 和 L2 为参考，使截面完全放置。

注： L1 和 L2 虽然不在对话框中的“参考”列表区显示，但它们实际上是截面的参考。

说明： 现在系统已经进入扫描截面的草绘环境。一般情况下，草绘区显示的情况如图 4.3.8 左边部分所示，此时草绘平面与屏幕平行。前面在讲述拉伸（Extrude）特征和旋转（Revolve）特征时，都是建议在进入截面的草绘环境之前要定义截面的草绘平面，因此有的读者可能要问：“现在创建扫描特征怎么没有定义截面的草绘平面呢？”。其实，系统已自动为我们生成了一个草绘平面。现在请读者按住鼠标中键移动鼠标，把图形调整到图 4.3.8 右边部分所示的方位，此时草绘平面与屏幕不平行。请仔细阅读图 4.3.8 中的注释，便可明白系统是如何生成草绘平面的。如果想返回到草绘平面与屏幕平行的状态，请单击“视图控制”工具栏中的按钮 。

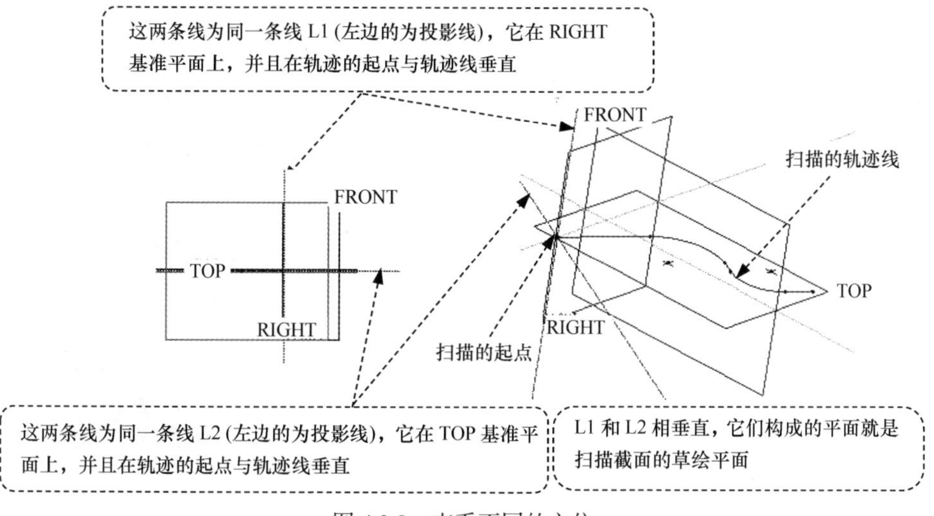

图 4.3.8 查看不同的方位

（3）绘制并标注扫描截面的草图。

说明： 在草绘平面与屏幕平行和不平行这两种视角状态下，都可创建截面草图，但各有利弊。在图 4.3.9 所示的草绘平面与屏幕平行的状态下创建草图，符合用户在平面上进行绘图的习惯；在图 4.3.10 所示的草绘平面与屏幕不平行的状态下创建草图，一些用户虽不习惯，但可清楚地看到截面草图与轨迹间的相对位置关系。建议读者在创建扫描特征（也包括其他特征）的二维截面草图时，交替使用这两种视角显示状态。在非平行状态下进行草图的定位；在平行的状态下进行草图形状的绘制和大部分标注。但在绘制三维草图时，草图的定位、形状的绘制和相当一部分标注需在非平行状态下进行。

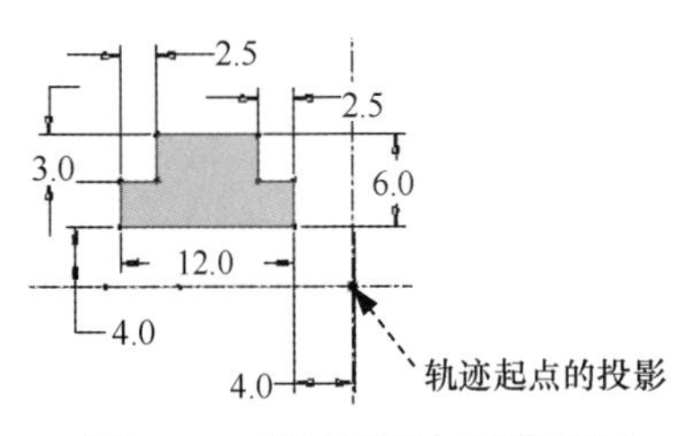

图 4.3.9 草绘平面与屏幕平行

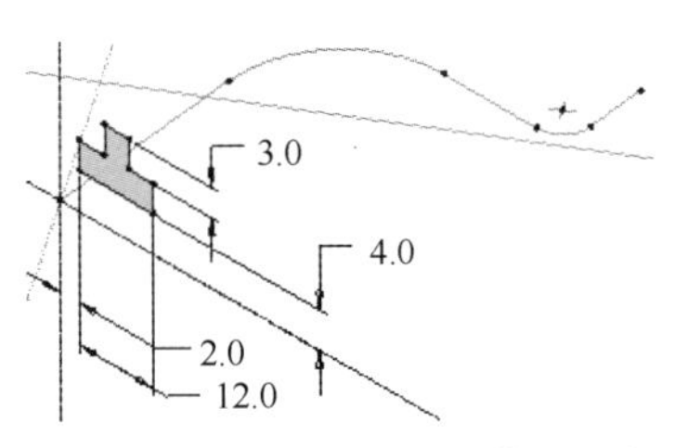

图 4.3.10 草绘平面与屏幕不平行

（4）完成截面的绘制和标注后，单击“确定”按钮 ✔。

Step6. 单击“扫描”操控板中的 ✔ 按钮，此时系统弹出图 4.3.11 所示的“重新生成失败”对话框。单击 确定 按钮，特征失败的原因可从所定义的轨迹和截面两个方面来查找。

（1）查找轨迹方面的原因：检查是不是图 4.3.2 所示的尺寸 *R*6.0 太小，将它改成 *R*9.0 试试看。操作步骤如下。

① 在模型树中右击 草绘 1，在系统弹出的快捷菜单中选择 命令，进入草绘环境。

② 在草绘环境中，将图 4.3.2 中的圆角半径尺寸 *R*6.0 改成 *R*9.0，然后单击“确定”按钮 ✔。

③ 若系统仍然出现错误信息，则说明不是轨迹中的圆角半径太小的原因。

（2）查找特征截面方面的原因：检查是不是截面距轨迹起点太远，或截面尺寸太大（相对于轨迹尺寸）。操作步骤如下。

① 在模型树中右击出错的特征 扫描 1，在系统弹出的快捷菜单中选择 命令，系统返回至“扫描”操控板。在该操控板中单击 按钮，系统进入草绘环境。

② 在草绘环境中，按图 4.3.12 所示修改截面尺寸。将所有尺寸修改完毕后，单击“确定”按钮 ✔。

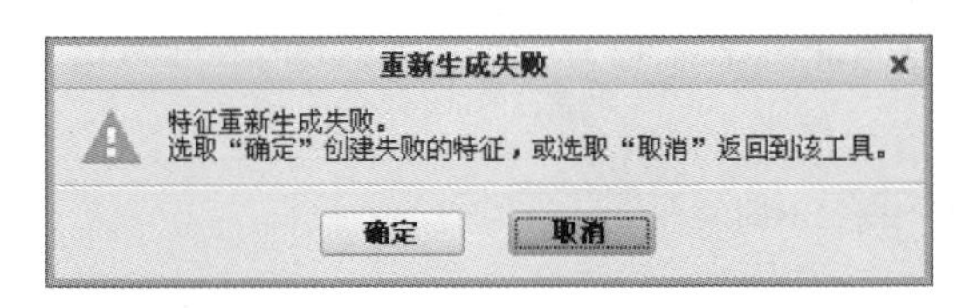

图 4.3.11 “重新生成失败”对话框

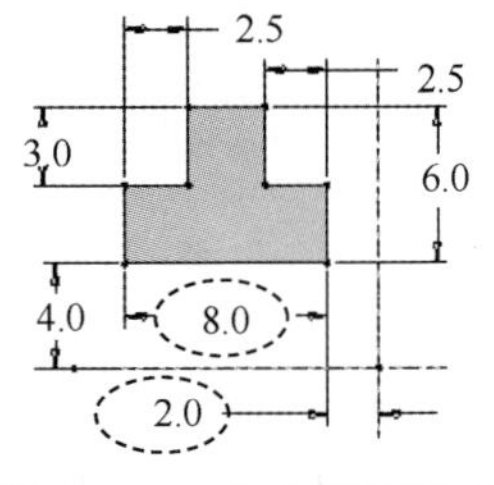

图 4.3.12 修改截面尺寸

Step7. 单击“扫描”操控板中的 ✔ 按钮，完成扫描特征的创建。

4.3.2 扫描（高级）

在创建扫描特征的过程中还可以将一个截面与多个扫描轨迹结合起来，并可以使截面随着扫描轨迹的变化而变化。如图 4.3.13 所示，这种扫描特征的创建一般要定义一条原始轨迹线、一条 X 轨迹线、多条一般轨迹线和一个截面，其中原始轨迹线是截面掠过的路线，即截面开始于原始轨迹线的起点，终止于原始轨迹线的终点；X 轨迹线决定截面上坐标系的 X 轴方向，X 轨迹线可以用于控制截面的方向；多条一般轨迹线用于控制截面的形状；另外，还需要定义一条法向轨迹线以控制每个截面的法向，法向轨迹线可以是原始轨迹线、X 轨迹线或某个一般轨迹线。

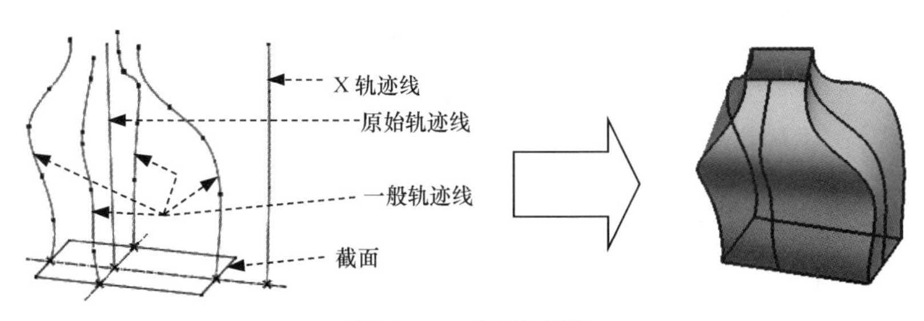

图 4.3.13 扫描特征

1. 选项说明

单击 模型 功能选项卡 形状 区域中的“扫描”按钮 扫描，系统弹出图 4.3.14 所示的“扫描”操控板（二）。

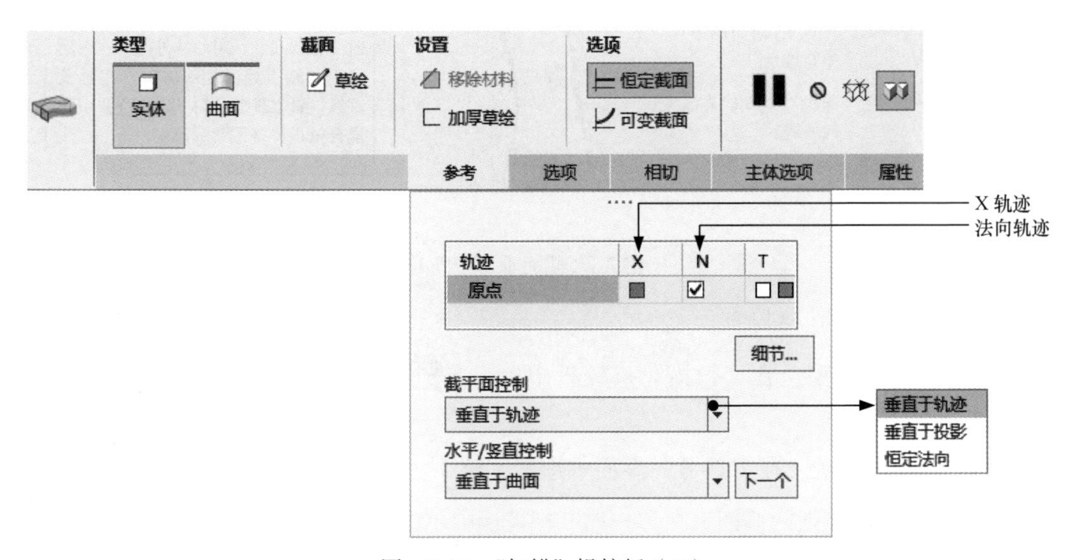

图 4.3.14 “扫描”操控板（二）

截面方向控制

在“扫描”操控板中单击“允许截面根据参数化参考或沿扫描的关系进行变化”按钮 ，再单击 参考 选项卡，在系统弹出的“参考”界面中单击 截平面控制 下拉列表中的 按钮，有如下选项。

- 垂直于轨迹：扫描特征的每个截面垂直于某个轨迹，该轨迹可以是原始轨迹线、X 轨迹线或某个一般轨迹线。
- 垂直于投影：扫描特征的每个截面垂直于一个假想的曲线，该曲线是某个轨迹在指定平面上的投影曲线。
- 恒定法向：扫描特征的每个截面法线方向保持与指定的参考方向平行。
- ：草绘截面在扫描过程中不变。
- ：草绘截面在扫描过程中可变。

2. 用“垂直于轨迹”确定截面的法向

图 4.3.15a 所示特征的各个截面与曲线 2 垂直，操作过程如下。

Step1. 设置工作目录和打开文件。将工作目录设置至 D:\creo8.8\work\ch04.03，然后打开文件 varsecsweep_normtraj.prt。

Step2. 单击 模型 功能选项卡 形状 ▾ 区域中的“扫描”按钮 扫描 ▾。

Step3. 在“扫描”操控板中按下“曲面类型”按钮 。

Step4. 选择轨迹曲线。第一个选取的轨迹必须是原始轨迹，先选取基准曲线 1，然后按住 Ctrl 键，选取基准曲线 2，此时模型如图 4.3.15b 所示。

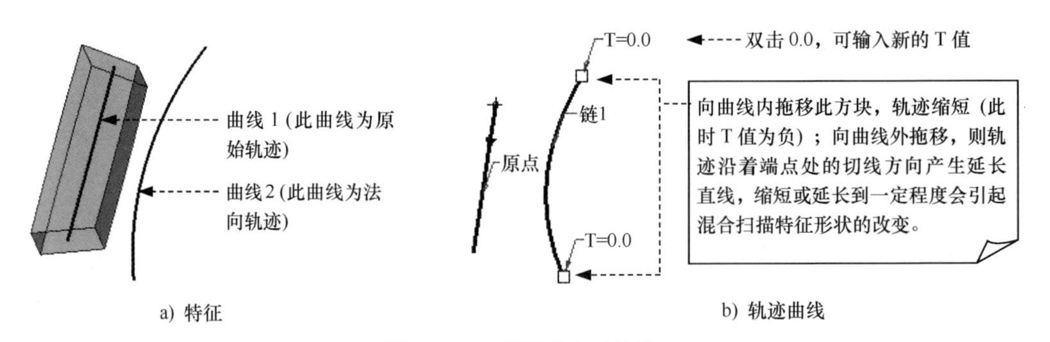

a) 特征　　b) 轨迹曲线

图 4.3.15　截面垂直于轨迹

Step5. 定义截面的控制。

（1）选择控制类型。在“扫描”操控板中单击 参考 选项卡，在 截平面控制 下拉列表中选择 垂直于轨迹 选项。

（2）选择控制轨迹。在“参考”界面中选中“链 1”中的 N 栏，如图 4.3.16 所示。

Step6. 创建扫描特征的截面。在“扫描”操控板中单击“创建或编辑扫描截面”按钮 ，进入草绘环境后，绘制图 4.3.17 所示的扫描特征的截面草图，然后单击“确定”按钮 。

Step7. 单击“确定”按钮 ✓，完成扫描特征的创建。

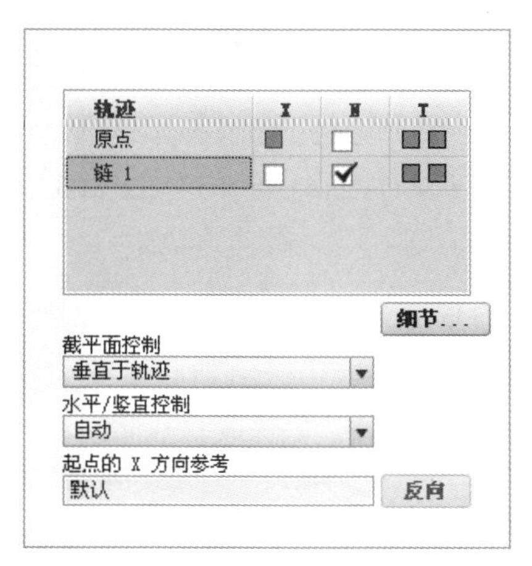

图 4.3.16 “参考”界面

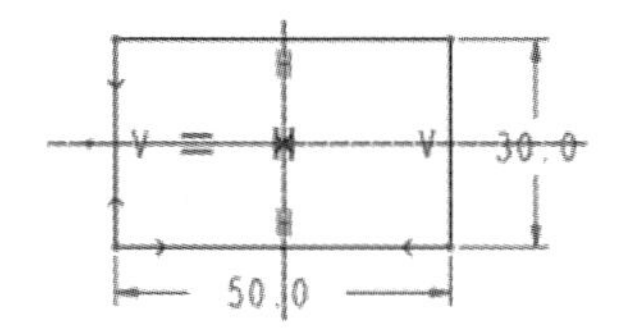

图 4.3.17 截面草图

3. 用“垂直于投影”确定截面的法向

图 4.3.18 所示特征的各个截面垂直于投影曲线 2 的投影，该特征的创建过程如下。

Step1. 设置工作目录和打开文件。将工作目录设置至 D:\creo8.8\work\ch04.03，然后打开文件 varsecsweep_normproject.prt。

Step2. 单击 模型 功能选项卡 形状 ▾ 区域中的“扫描”按钮 扫描 ▾。

Step3. 在“扫描”操控板中按下“曲面类型”按钮。

Step4. 选择轨迹曲线。第一个选取的轨迹必须是原始轨迹，先选取基准曲线 1，然后按住 Ctrl 键，选取基准曲线 2。

Step5. 定义截面的控制。

（1）选择控制类型。在“扫描”操控板中单击 参考 选项卡，在 截平面控制 下拉列表中选择 垂直于投影 选项。

（2）选择方向参考。在图 4.3.18 所示的模型中选取基准平面 DTM1。

Step6. 创建扫描特征的截面。在“扫描”操控板中单击“创建或编辑扫描截面”按钮，进入草绘环境后，绘制图 4.3.19 所示的扫描特征的截面草图，然后单击“确定”按钮 ✓。

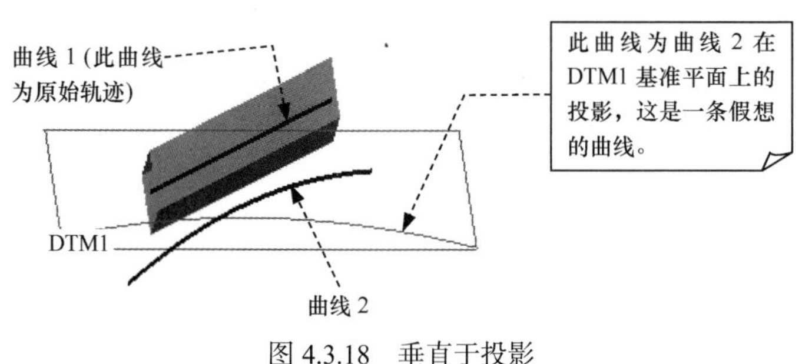

图 4.3.18 垂直于投影

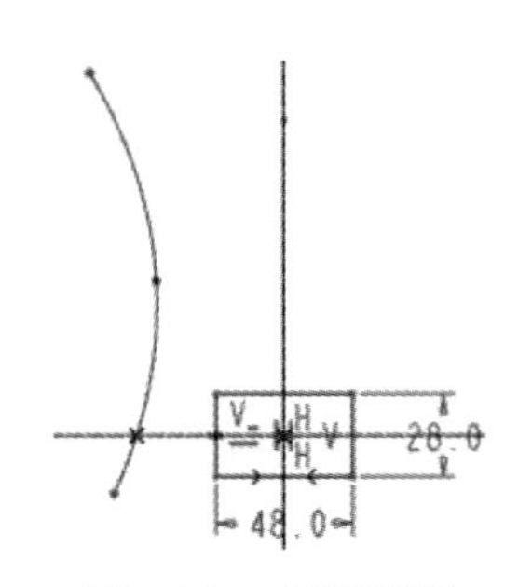

图 4.3.19 截面草图

Step7. 单击“扫描”操控板中的 ✔ 按钮，完成扫描特征的创建。

4. 用“恒定法向”确定截面的法向

图 4.3.20 所示的特征的截面的法向是恒定的。该特征的创建过程如下。

Step1. 设置工作目录和打开文件。将工作目录设置至 D:\creo8.8\work\ch04.03，然后打开文件 varsecsweep_const.prt。

Step2. 单击 模型 功能选项卡 形状▾ 区域中的“扫描”按钮 扫描▾。

Step3. 在“扫描”操控板中按下“曲面”类型按钮。

Step4. 选择轨迹曲线。第一个选择的轨迹必须是原始轨迹，先选取基准曲线 1，然后按住 Ctrl 键，选取基准曲线 2。

Step5. 定义截面的控制。

（1）选择控制类型。在“扫描”操控板中单击 参考 选项卡，在 截平面控制 下拉列表中选择 恒定法向 选项。

（2）选择方向参考。在图 4.3.20 所示的模型中选择 DTM2 基准平面。

Step6. 创建扫描特征的截面。在“扫描”操控板中单击“创建或编辑扫描截面”按钮，进入草绘环境后，绘制图 4.3.21 所示的扫描特征的截面，然后单击“确定”按钮 ✔。

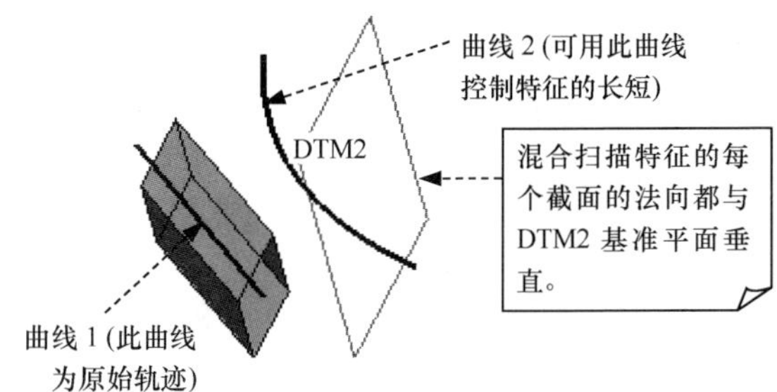

图 4.3.20 恒定法向

Step7. 改变特征长度。单击曲线 2，使其两端显示 T=0.0，将其左端的 T 值改为 50.0，如图 4.3.22 所示。

Step8. 单击“扫描”操控板中的 ✔ 按钮，完成扫描特征的创建。

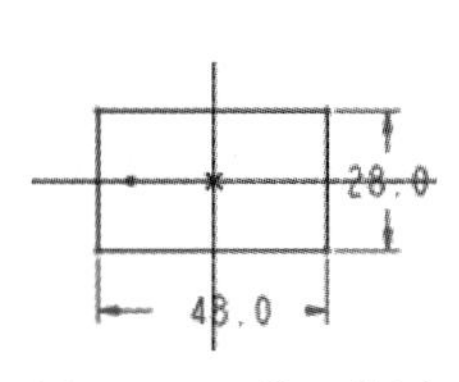

图 4.3.21 截面草图

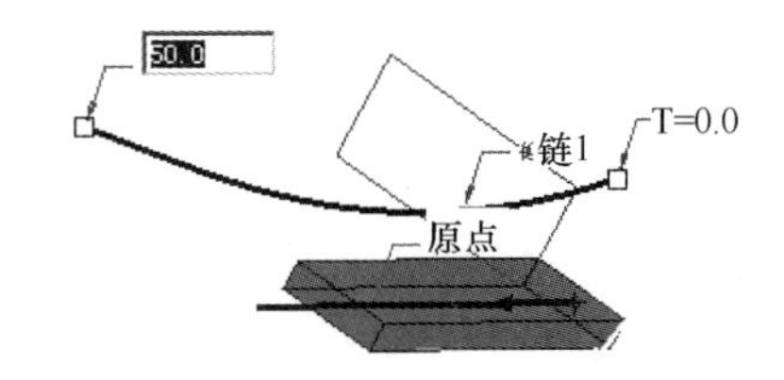

图 4.3.22 改变特征长度

5. 使用 X 轨迹线

图 4.3.23 所示特征的截面坐标系的 X 轨迹由曲线 2 控制，该特征的创建过程如下。

Step1. 设置工作目录和打开文件。将工作目录设置至 D:\creo8.8\work\ch04.03，然后打开文件 varsecsweep_xvector.prt。

Step2. 单击 模型 功能选项卡 形状 区域中的“扫描”按钮 扫描。

Step3. 在“扫描”操控板中按下“曲面类型”按钮。

Step4. 选择轨迹曲线。第一个选取的轨迹必须是原始轨迹，先选择基准曲线 1，然后按住 Ctrl 键，选择基准曲线 2。

Step5. 定义截面的控制。在操控板中单击 参考 选项卡，选中“链 1”中的 X 栏。

Step6. 创建扫描特征的截面。在“扫描”操控板中单击“创建或编辑扫描截面”按钮，进入草绘环境后，绘制图 4.3.24 所示的扫描特征的截面草图，然后单击“确定”按钮。

Step7. 单击“扫描”操控板中的 按钮，完成特征的创建。从完成后的模型中可以看到前后两个截面成 90°，如图 4.3.25 所示。

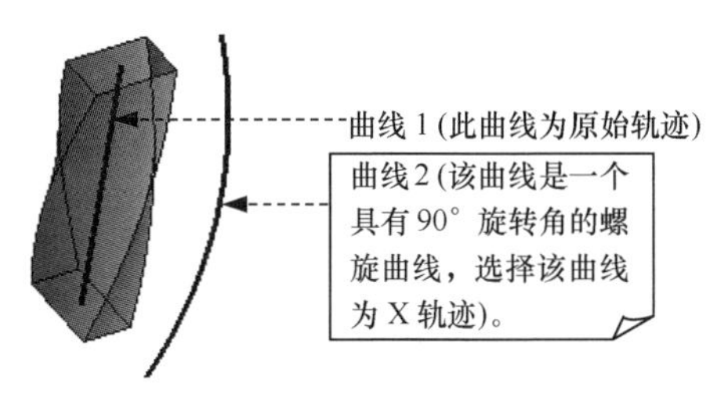

图 4.3.23 使用 X 轨迹线

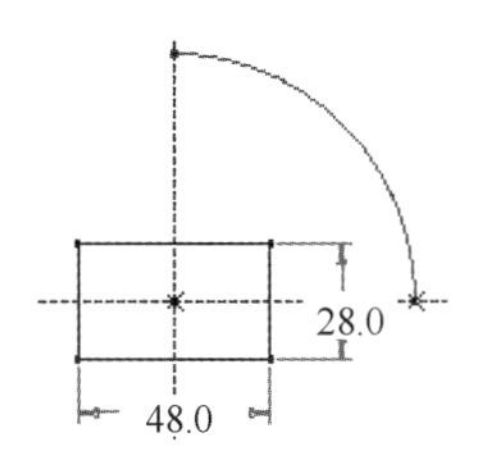

图 4.3.24 截面草图

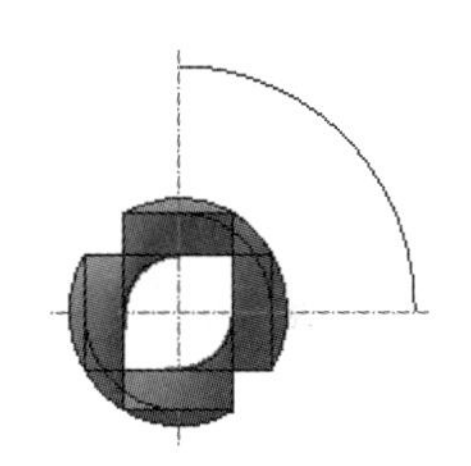

图 4.3.25 完成后的模型结果

6. 使用轨迹线控制特征的形状

图 4.3.26 所示特征的形状由曲线 2 和曲线 3 控制，该特征的创建过程如下。

Step1. 设置工作目录和打开文件。将工作目录设置至 D:\creo8.8\work\ch04.03，打开文件 varsecsweep_traj.prt。

Step2. 单击 模型 功能选项卡 形状 区域中的“扫描”按钮 扫描。

Step3. 在“扫描”操控板中按下“曲面类型”按钮。

Step4. 选择轨迹曲线。第一个选取的轨迹必须是原始轨迹，先选取基准曲线 1，然后按住 Ctrl 键，选取基准曲线 2 和曲线 3。

Step5. 创建扫描特征的截面。在“扫描”操控板中单击“创建或编辑扫描截面”按钮，进入草绘环境后，绘制图 4.3.27 所示的截面草图。

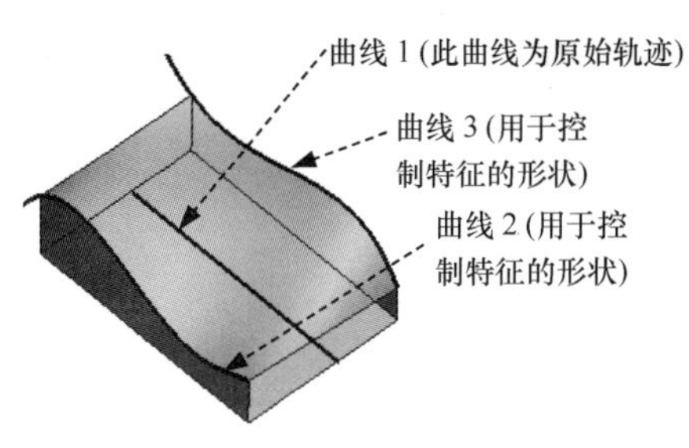

图 4.3.26 用轨迹线控制特征的形状

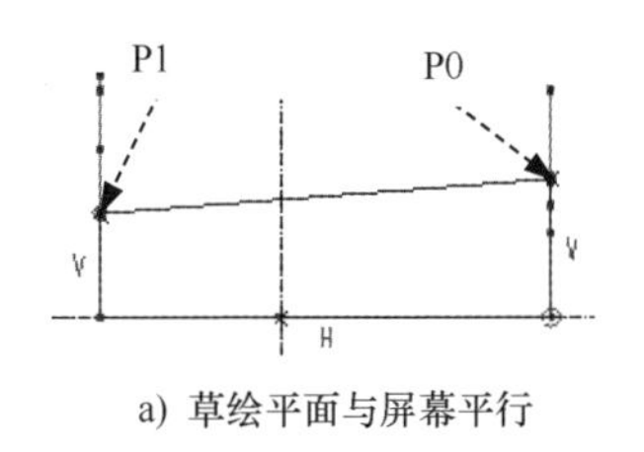

a) 草绘平面与屏幕平行

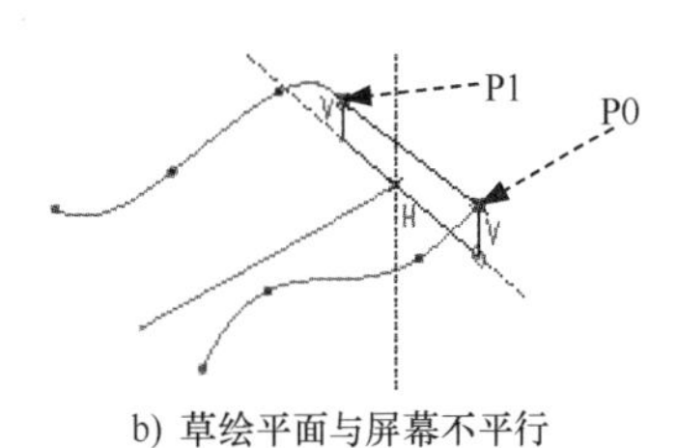

b) 草绘平面与屏幕不平行

图 4.3.27 截面草图

注意：点 P0、P1 是曲线 2 和曲线 3 的端点。为了使曲线 2 和曲线 3 能够控制扫描特征的形状，截面草图必须与点 P0、P1 对齐。绘制完成后，单击“确定”按钮 ✔。

Step6. 单击“扫描”操控板中的 ✔ 按钮，完成扫描特征的创建。

7. 可变剖面扫描特征应用范例 1 ——异形壶的设计

图 4.3.28 所示的模型是用可变剖面扫描特征创建的异形壶，这是一个关于可变剖面扫描特征的综合练习。下面介绍其操作过程。

Step1. 将工作目录设置至 D:\creo8.8\work\ch04.03，打开文件 tank.prt。打开的文件中，基准曲线 0、基准曲线 1、基准曲线 2、基准曲线 3 和基准曲线 4 是一般的平面草绘曲线，基准曲线 5 是用方程创建的螺旋基准曲线。

图 4.3.28　可变剖面扫描特征练习

Step2. 创建可变剖面扫描特征。

（1）单击 模型 功能选项卡 形状 ▾ 区域中的“扫描”按钮 扫描 ▾。

（2）在“扫描”操控板中按下“曲面类型”按钮。

（3）选择轨迹曲线。第一个选择的轨迹必须是原始轨迹，先选择基准曲线 0，然后按住 Ctrl 键，选择基准曲线 1、基准曲线 2、基准曲线 3、基准曲线 4 和基准曲线 5，如图 4.3.29 所示。

（4）定义 X 轨迹。在“扫描”操控板中单击 参考 选项卡，选中“链 5”中的 X 栏。

（5）创建扫描特征的截面。在“扫描”操控板中单击“创建或编辑扫描截面”按钮，进入草绘环境后，绘制图 4.3.30 所示的截面草图，然后单击“确定”按钮 ✔。

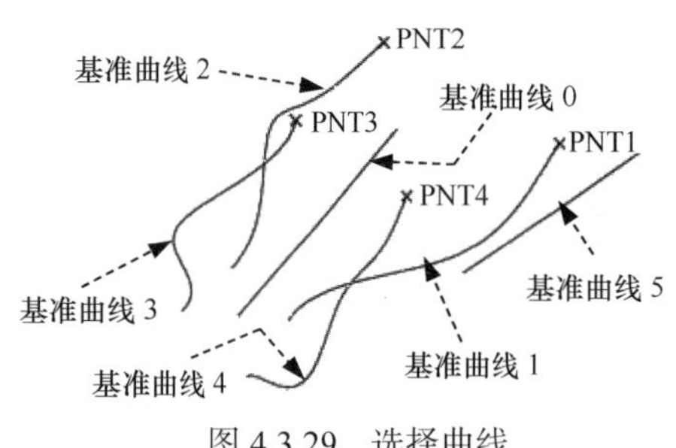

图 4.3.29　选择曲线

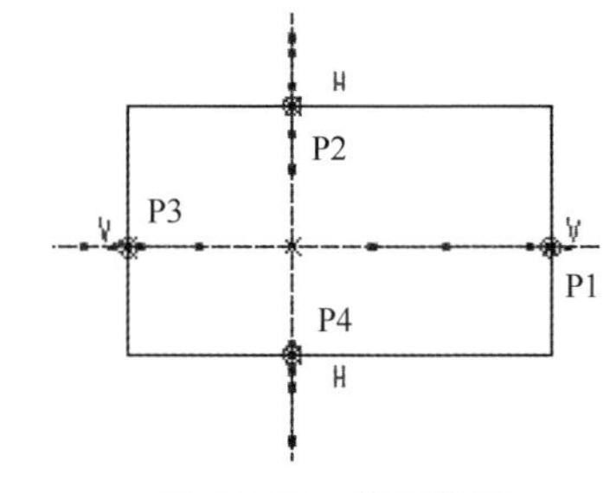

图 4.3.30　截面草图

注意：

- 点 P1、P2、P3 和 P4 是曲线 1、曲线 2、曲线 3 和曲线 4 的端点，为了使这四条曲线能够控制可变扫描特征的形状，截面草图必须与点 P1、P2、P3 和 P4 对齐。
- 曲线 5 是一个具有 15° 旋转角的螺旋曲线。

（6）在“扫描”操控板中单击 按钮，预览所创建的特征，单击“确定”按钮 ✔。

Step3. 对模型边线倒圆角。

（1）单击 模型 功能选项卡 工程 ▾ 区域中的 倒圆角 ▾ 按钮。

（2）选取图 4.3.31a 所示的四条边线，倒圆角半径值为 15.0。

Step4. 创建图 4.3.32b 所示的填充曲面。

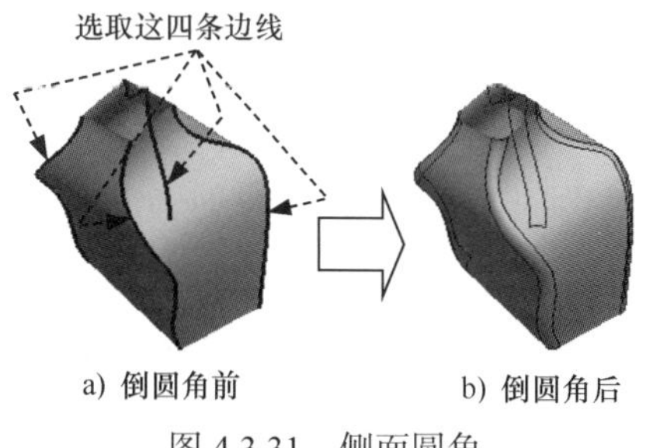

图 4.3.31 侧面圆角

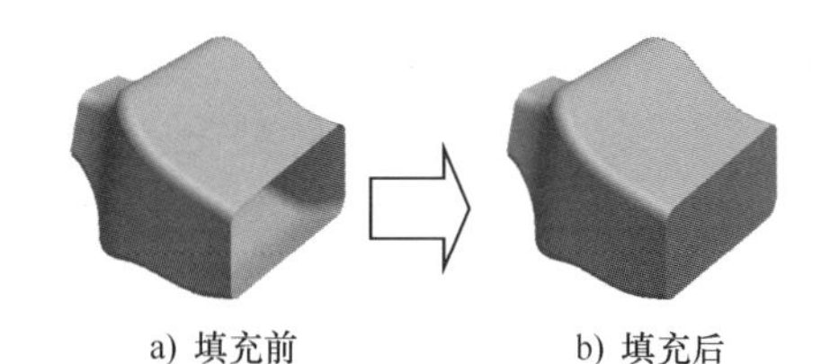

图 4.3.32 创建填充曲面

（1）单击 模型 功能选项卡 曲面 ▾ 区域中的 填充 按钮，系统弹出“填充”操控板。

（2）在“填充”操控板中单击 参考 按钮，在系统弹出的界面中单击 定义... 按钮；选取 TOP 基准平面为草绘平面，选取 RIGHT 基准平面为草绘平面的参考，方向为 左；单击 草绘 按钮，利用“投影”命令，绘制图 4.3.33 所示的截面草图。

（3）在“填充”操控板中单击 ✓ 按钮，完成填充曲面的创建。

Step5. 将扫描特征与填充曲面进行合并，合并后的曲面编号为面组 1。

（1）先按住 Ctrl 键，选取图 4.3.34 所示的扫描特征与填充曲面，再单击 模型 功能选项卡 编辑 ▾ 区域中的 合并 按钮。

（2）单击 按钮更改要保留侧面组，箭头方向如图 4.3.35 所示，然后单击 ✓ 按钮。合并后的结果如图 4.3.36 所示。

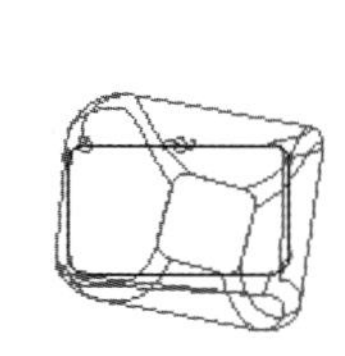

图 4.3.33 截面草图

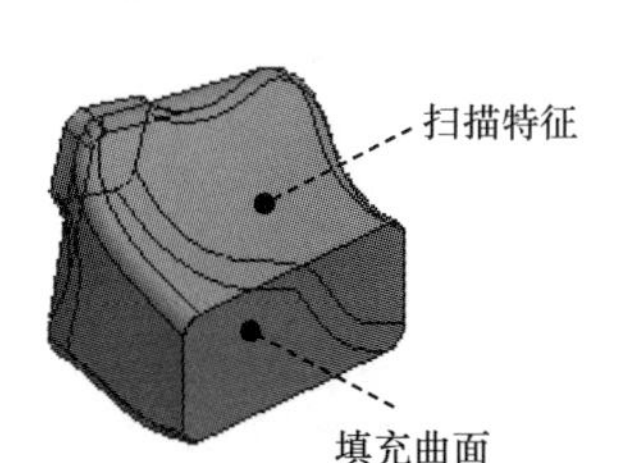

图 4.3.34 创建面组 1

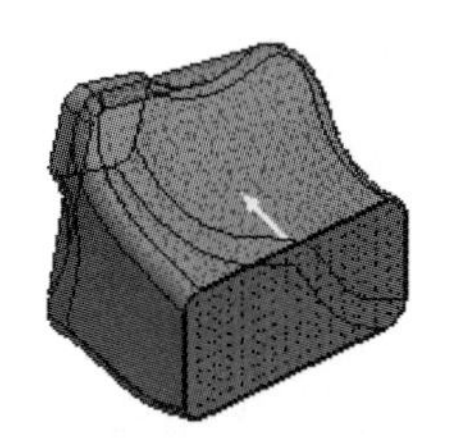

图 4.3.35 箭头方向

图 4.3.36 合并后

Step6. 对图 4.3.37 所示的模型底部倒圆角，倒圆角半径值为 6.0。

Step7. 将曲面加厚，如图 4.3.38 所示。

（1）选取要将其变成实体的面组 1。

（2）单击 模型 功能选项卡 编辑 ▾ 区域中的 加厚 按钮，系统弹出“加厚”操控板。

（3）在 ⟷ 后文本框中输入厚度值 8.0，采用系统默认的加厚方向；单击“确定”按钮 ✓，完成加厚曲面的创建。

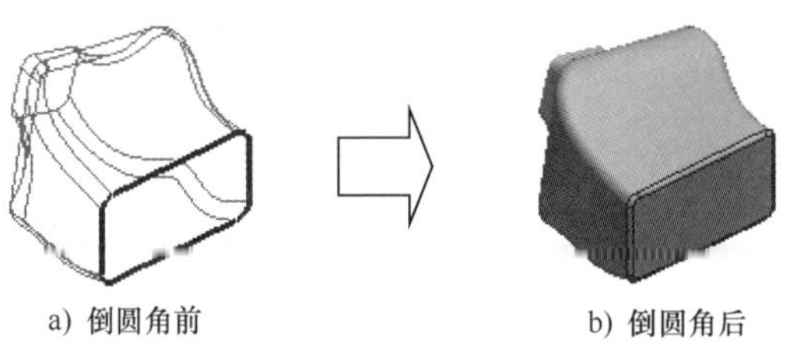

图 4.3.37　底部倒圆角

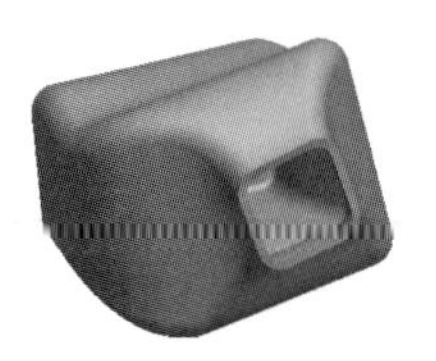

图 4.3.38　曲面加厚

4.3.3　螺旋扫描

如图 4.3.39 所示，将一个截面沿着轨迹线进行螺旋式的扫描，可形成螺旋扫描（Helical Sweep）特征。

这里以图 4.3.39 所示的螺旋扫描特征为例，说明创建这类特征的一般过程。

Step1. 新建一个零件的三维模型，将其命名为 helical_sweep。

Step2. 单击 模型 功能选项卡 形状 ▾ 区域 扫描 ▾ 按钮中的 螺旋扫描 命令，系统弹出图 4.3.40 所示的“螺旋扫描”操控板，在该操控板中按下“曲面”按钮。

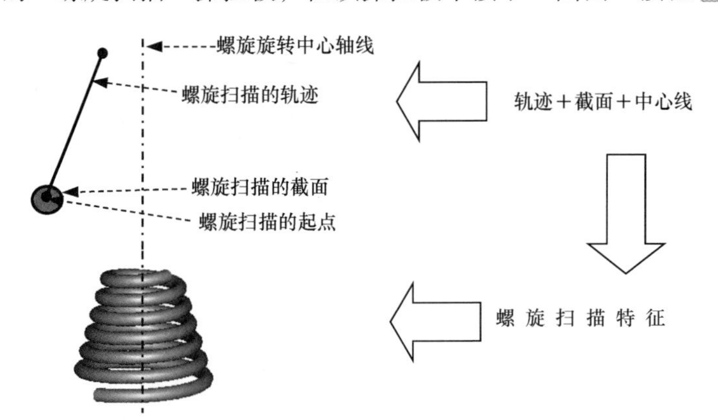

图 4.3.39　螺旋扫描特征

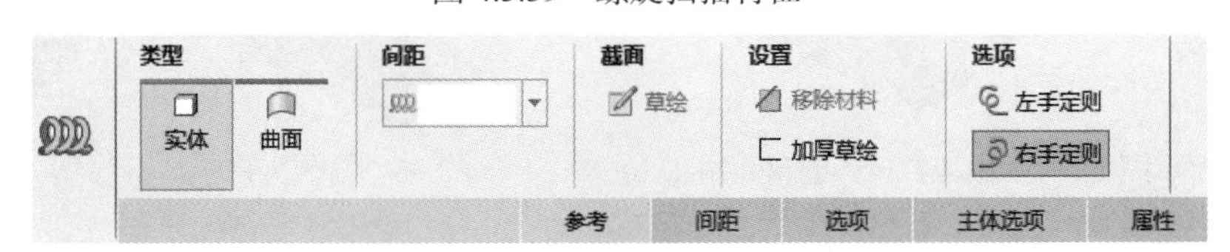

图 4.3.40　“螺旋扫描”操控板

图 4.3.40 所示的“螺旋扫描”操控板中部分功能的说明如下。

- ☑ ：使用右手定则定义轨迹。
- ☑ ：使用左手定则定义轨迹。
- ☑ ：创建或编辑扫描截面。
- ☑ ：创建薄壁特征。

☑ ⌇⌇⌇：输入间距值或从最近使用的值菜单中选择。

Step3. 定义螺旋的扫描线。

（1）在图形区右击，从系统弹出的快捷菜单中选择 定义内部螺旋轮廓... 命令；选取 FRONT 基准平面作为草绘平面，选取 RIHGT 基准平面作为参考平面，方向为 右；单击 草绘 按钮，系统进入草绘环境。

（2）在草绘环境中，绘制和标注图 4.3.41 所示的轨迹线（包括中心线），然后单击“确定”按钮 ✔。

创建扫描轨迹线时应注意下面几点，否则扫描可能失败。

- 必须要有旋转轴，且要用基准区域中的几何中心线绘制。
- 扫描轨迹线必须位于中心线的一侧。
- 扫描轨迹线必须是开放型的，不能是封闭的。
- 扫描轨迹线不能与中心线垂直。

Step4. 创建螺旋扫描特征的截面。在“螺旋扫描”操控板中单击“创建或编辑扫描截面”按钮 ，进入草绘环境，绘制和标注图 4.3.42 所示的截面——圆，然后单击草绘工具栏中的“确定”按钮 ✔。

注意：系统自动选取草绘平面并进行定向。在三维场景中绘制截面比较直观。

Step5. 定义螺旋属性。在 ⌇⌇⌇ 文本框中输入节距值 8.0，单击“使用右手定则”按钮 。

Step6. 完成螺旋扫描特征的创建。单击“螺旋扫描”操控板中的 ✔ 按钮，至此完成螺旋扫描特征的创建。

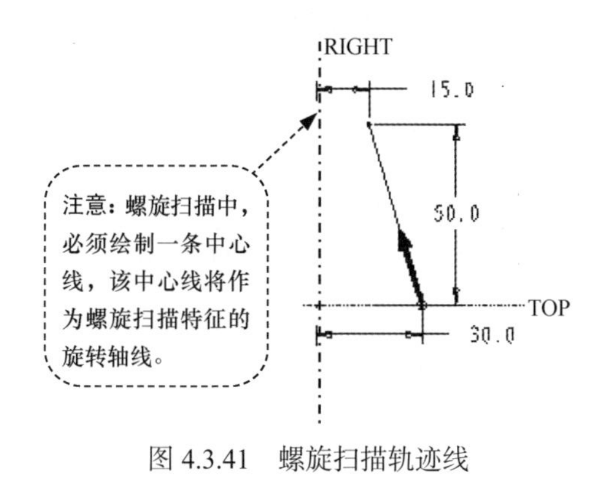

图 4.3.41 螺旋扫描轨迹线

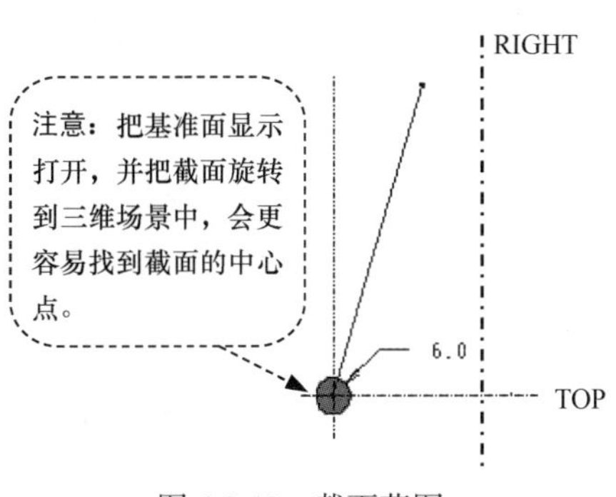

图 4.3.42 截面草图

4.3.4 扫描混合

1. 扫描混合特征简述

将一组截面在其边处用过渡曲面沿某一条轨迹线“扫掠”形成一个连续特征，这就是扫

描混合（Swept Blend）特征。它集合了扫描特征和混合特征的优点，提供了一种更好的特征创建方法。扫描混合特征需要一条扫描轨迹和至少两个截面。图 4.3.43 所示的扫描混合特征是由三个截面和一条轨迹线扫描混合而成的。

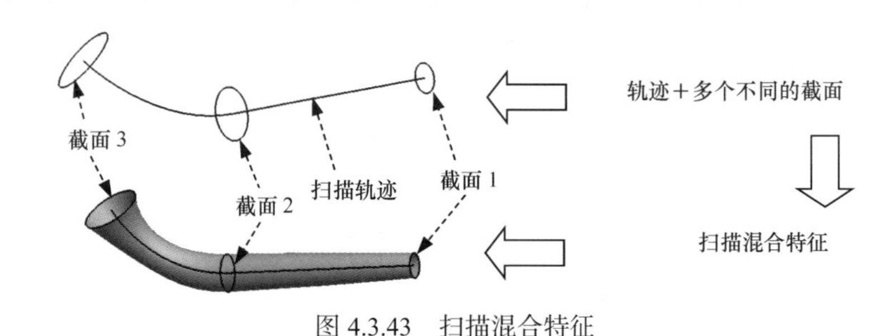

图 4.3.43　扫描混合特征

2. 创建扫描混合特征的一般过程

下面说明创建图 4.3.44b 所示的扫描混合特征的一般过程。

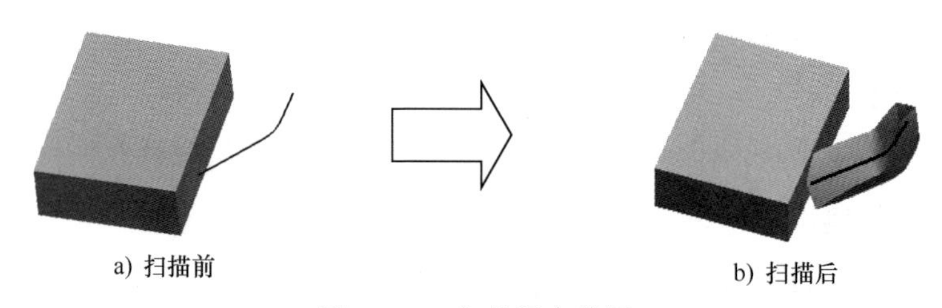

图 4.3.44　扫描混合特征

Step1. 设置工作目录和打开文件。将工作目录设置至 D: \creo8.8\work\ch04.03，然后打开文件 sweepblend_nrmtoorigintraj.prt。

Step2. 单击 模型 功能选项卡 形状 ▾ 区域中的“扫描混合”按钮 扫描混合，系统弹出图 4.3.45 所示的“扫描混合”操控板，在该操控板中按下“曲面类型”按钮 。

Step3. 定义扫描轨迹。选取图 4.3.46 所示的曲线，扫描方向如图 4.3.47 所示。

Step4. 定义混合类型。在“扫描混合”操控板中单击 参考 选项卡，在“参考”界面的 截平面控制 下拉列表中选择 垂直于轨迹 选项。由于 垂直于轨迹 为默认的选项，此步可省略。

Step5. 创建扫描混合特征的第一个截面。

（1）在“扫描混合”操控板中单击 截面 选项卡，在系统弹出的“截面”界面中接受系统默认的设置。

（2）定义第一个截面定向。先在 截面 界面中单击 截面 X 轴方向 文本框中的 默认 字符，然后选取图 4.3.48 所示的边线，接受图 4.3.48 所示的箭头方向。

（3）定义截面的位置点。本步的目的是定义多个截面在轨迹线上的位置点。在 截面

界面中单击 截面位置 文本框中的 开始 字符，选取图 4.3.49 所示的轨迹线的开始端点作为截面在轨迹线上的位置点。

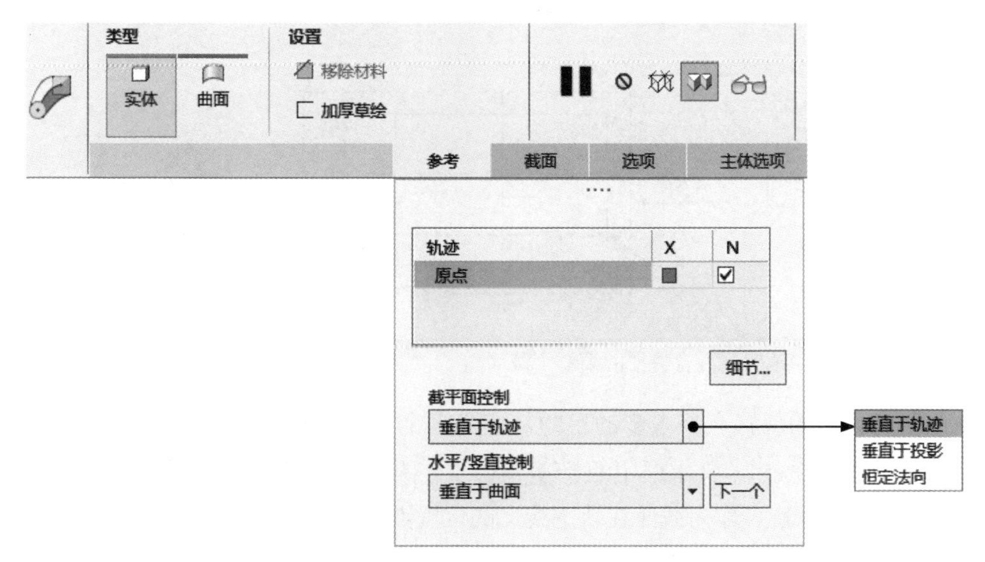

图 4.3.45 “扫描混合”操控板

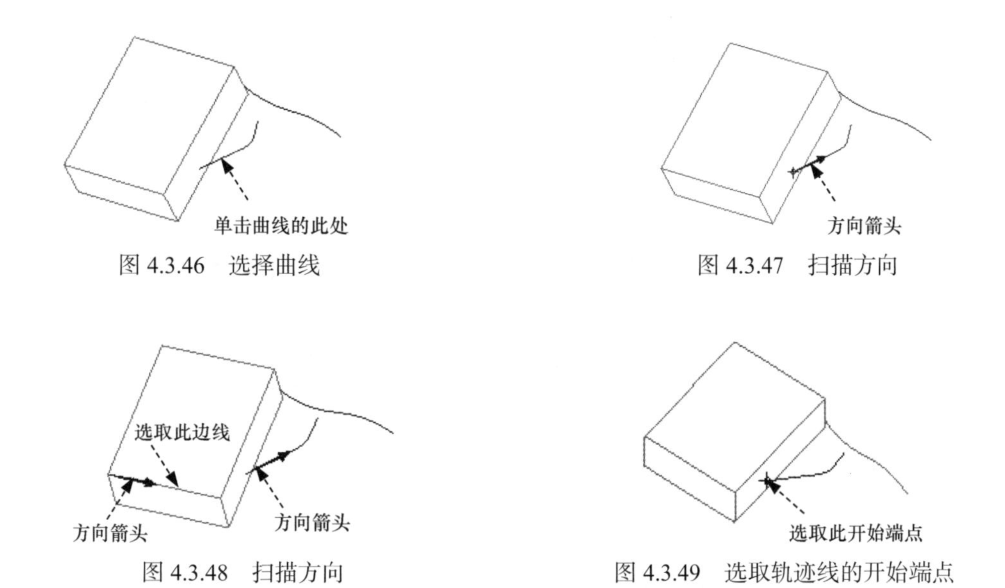

图 4.3.46 选择曲线　　图 4.3.47 扫描方向

图 4.3.48 扫描方向　　图 4.3.49 选取轨迹线的开始端点

（4）在“截面”界面中，将“截面 1”的 旋转 角度值设置为 0.0。

（5）在“截面”界面中单击 草绘 按钮，此时系统进入草绘环境。

（6）进入草绘环境后，绘制和标注图 4.3.50 所示的截面草图，然后单击草绘工具栏中的“确定”按钮 ✔。

Step6. 创建扫描混合特征的第二个截面。

（1）在 截面 界面中单击 插入 按钮。

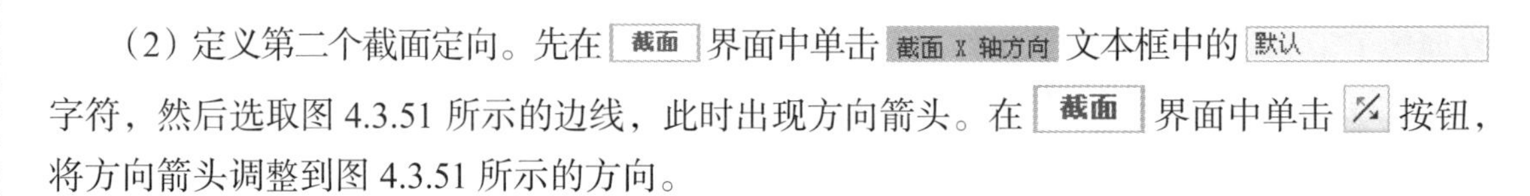

（2）定义第二个截面定向。先在 截面 界面中单击 截面 X 轴方向 文本框中的 默认 字符，然后选取图 4.3.51 所示的边线，此时出现方向箭头。在 截面 界面中单击 按钮，将方向箭头调整到图 4.3.51 所示的方向。

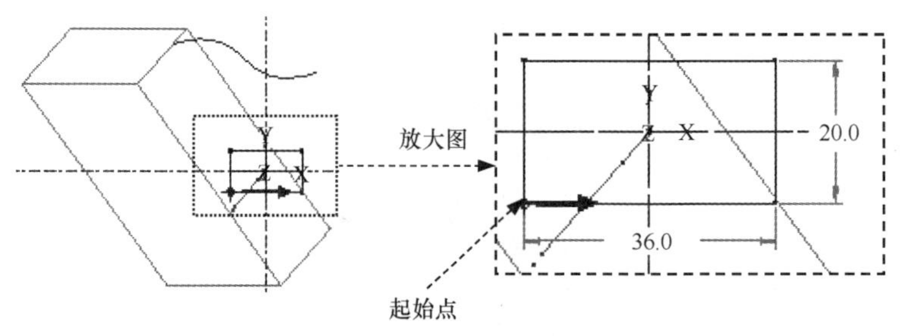

图 4.3.50　混合特征的第一个截面图形

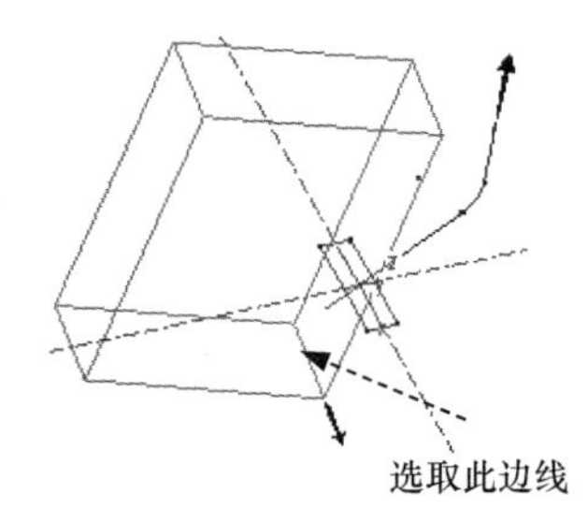

图 4.3.51　切换方向

（3）定义截面的位置点。本步的目的是定义多个截面在轨迹线上的位置点。先在“截面”界面中单击 截面位置 文本框中的 开始 字符，在系统的提示下，选取图 4.3.52 所示的轨迹线的结束端点作为截面在轨迹线上的位置点。

说明： 系统将默认选取终点为第二个截面位置，所以此步操作可以省略。

（4）在 截面 界面中，将“截面 2”的 旋转 角度值设置为 0.0。

（5）在 截面 界面中单击 草绘 按钮，此时系统进入草绘环境。

（6）绘制和标注图 4.3.53 所示的截面草图，然后单击草绘工具栏中的“确定”按钮 。

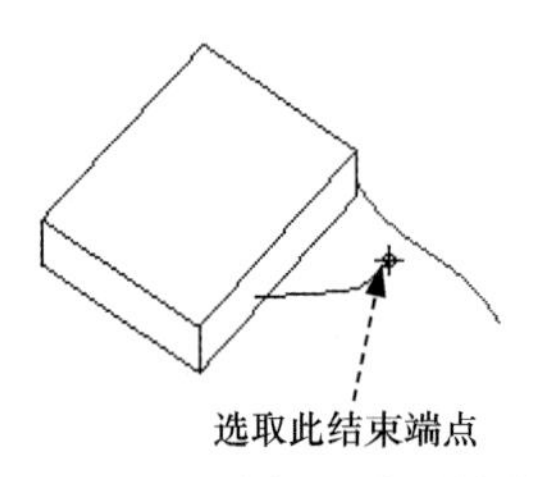

图 4.3.52　选取轨迹线的结束端点

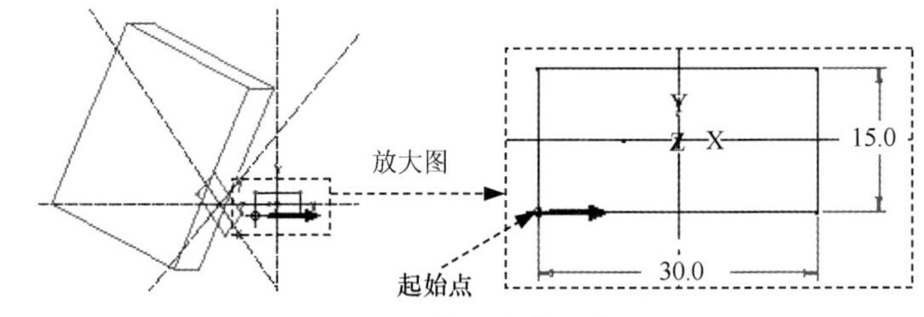

图 4.3.53　第二个截面草图

Step7. 在“扫描混合”操控板的 选项 界面中选中 封闭端点 复选框。

Step8. 在“扫描混合”操控板中单击“确定”按钮 ，完成扫描混合特征的创建。

Step9. 编辑特征。

（1）在模型树中选择 扫描混合 1，右击，在系统弹出的快捷菜单中选择 命令。

（2）在图 4.3.54a 所示的图形中双击 OZ，然后将该值改为 -90.0，如图 4.3.54b 所示。

（3）单击 模型 功能选项卡 操作 ▾ 区域中的“重新生成” 命令，对模型进行再生。

Step10. 验证原始轨迹是否与截面垂直。

（1）单击 分析 功能选项卡 测量▼ 区域中的“角度”命令 角度。

（2）在系统弹出的“测量：角度”对话框中单击“展开对话框”按钮 ▼。

（3）定义参考。单击 参考 文本框下面的“选择项”，然后选取图 4.3.55 所示的曲线部分。

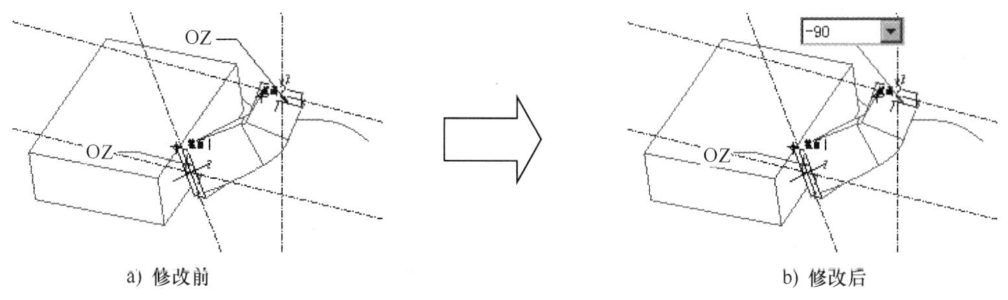

图 4.3.54 编辑特征

（4）选取图 4.3.55 所示的模型表面。

（5）此时在“测量：角度”对话框的结果区域中显示角度值为 90°，这个结果表示原始轨迹与截面垂直，验证成功。

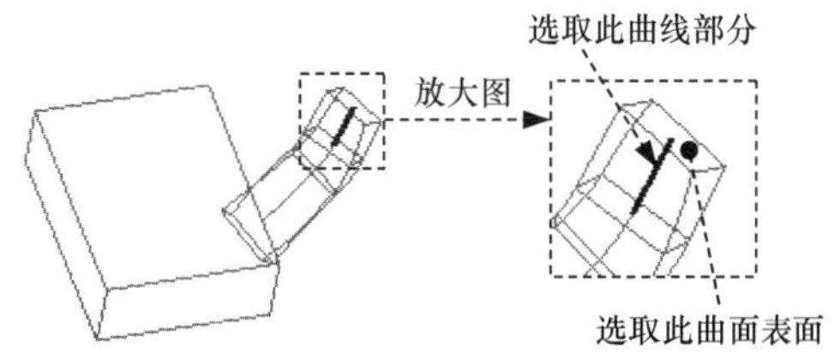

图 4.3.55 曲线操作过程

3. 重定义扫描混合特征的轨迹和截面

下面举例说明如何重新定义扫描混合特征的轨迹和截面。

Step1. 设置工作目录和打开文件。将工作目录设置至 D:\creo8.8\work\ch04.03，然后打开文件 sweepblend_redefine.prt。

Step2. 在模型树中选择 扫描混合 1，右击，从系统弹出的快捷菜单中选择 命令，系统弹出“扫描混合”操控板。

Step3. 重定义轨迹。

（1）在“扫描混合”操控板中单击 参考 选项卡，在系统弹出的“参考”界面中单击 细节... 按钮，此时系统弹出“链”对话框。

（2）在“链”对话框中单击 选项 选项卡，在 排除 文本框中单击 单击此处添加项 字符，在系统 ➪选取一个或多个边或曲线以从链尾排除。 的提示下，选取图 4.3.56 所示的曲线部分为要排除的曲线。

（3）在“链”对话框中单击 确定 按钮。

Step4. 重定义第二个截面。

（1）在“扫描混合”操控板中单击 截面 选项卡，在“截面”界面中单击 截面 列表中的 截面 2。

（2）定义截面的位置点。选取图 4.3.57 所示的轨迹的过渡点作为截面在轨迹线上的位置点。

说明：由于部分曲线被排除，截面的位置点将被自动转移到有效轨迹的终点处，此步操作可以省略。

（3）“截面 2”的 旋转 角度值为 –90.0。

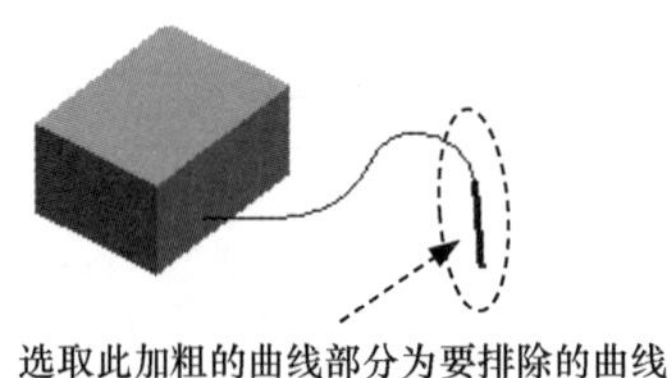

图 4.3.56　选取要排除的曲线

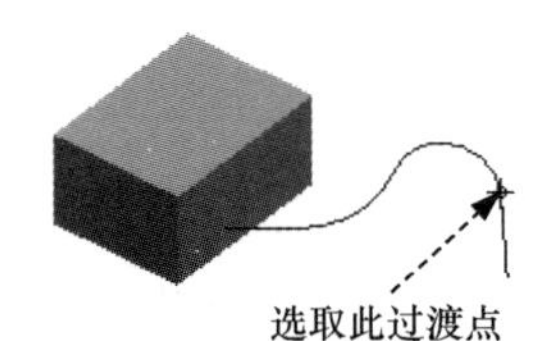

图 4.3.57　选取轨迹线的过渡点

（4）重定截面形状。在“截面”界面中单击 草绘 按钮，进入草绘环境后，将图 4.3.58a 所示的截面四边形改成图 4.3.58b 所示的梯形，单击草绘工具栏中的“确定”按钮 ✓。

Step5. 在“扫描混合”操控板中单击“预览”按钮 ，预览所创建的扫描混合特征。单击“确定”按钮 ✓，完成扫描混合特征的创建。

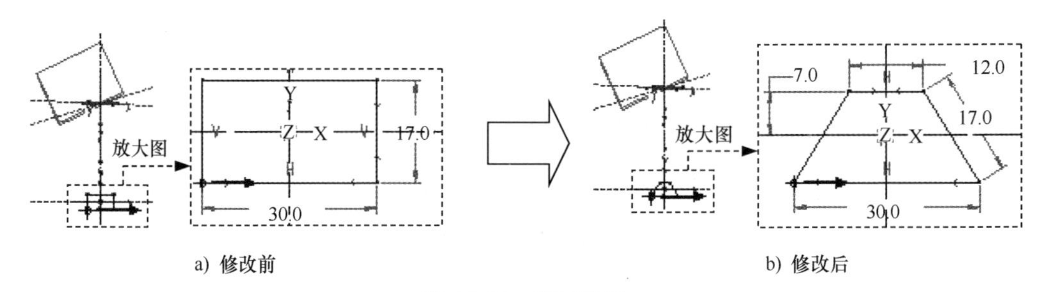

图 4.3.58　截面草图

4. 扫描混合特征选项说明

➢ **截面控制**

三种混合选项的说明如下。

● 垂直于轨迹

截面平面在整个长度上保持与“原点轨迹”垂直。此选项为系统默认的设置。特征的每个横截面均与原始轨迹垂直，如图 4.3.59a 所示。如果用 截面 界面中的 截面 X 轴方向 确定截面的方向，则截面的 X 向量（即截面坐标系的 X 轴方向）与选取的平面的法线方向、边线 / 轴线方向或者与选取的坐标系的某个坐标轴一致，如图 4.3.59b 所示。

查看模型 D：\creo8.8\work\ch04.03\sweepblend_normtotraj_ok.prt。

● 垂直于投影

沿投影方向看去，截面平面保持与“原点轨迹”垂直，Z 轴与指定方向上的“原点轨迹”的投影相切，此时需要先选取一个方向参考，并且截面坐标系的 Y 轴方向与方向参考一致，如图 4.3.60b 所示。

查看模型 D：\creo8.8\work\ch04.03\sweepblend_normtopro_ok.prt。

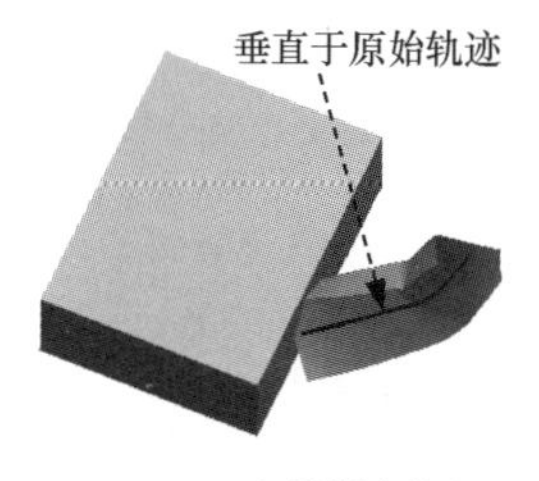

a) 扫描混合特征

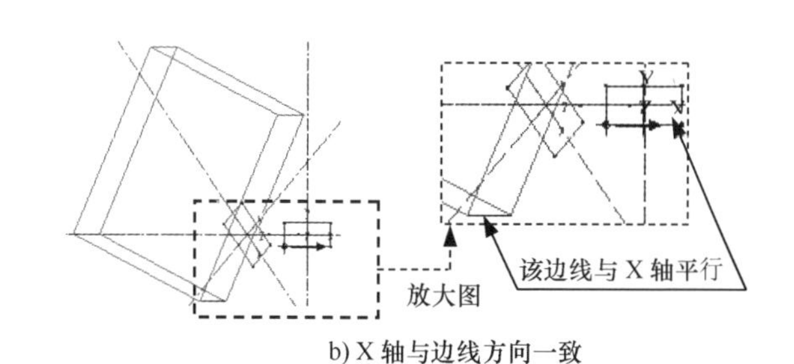

b) X 轴与边线方向一致

图 4.3.59 垂直于轨迹

a) 扫描混合特征

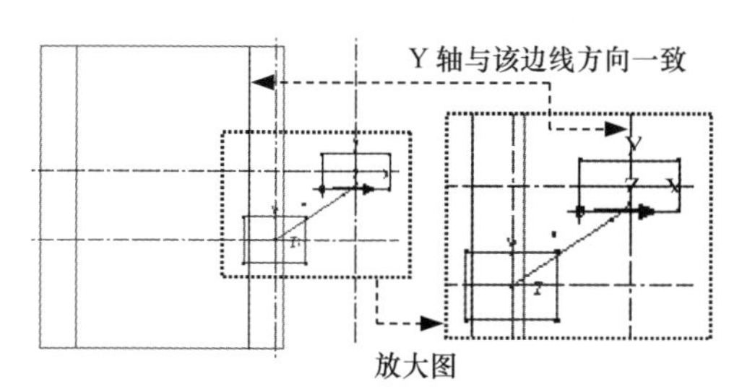

b) Y 轴与边线方向一致

图 4.3.60 垂直于投影

● 恒定法向

Z 轴平行于指定方向向量，此时需要首先选取一个方向参考，如图 4.3.61 所示。

查看模型 D：\creo8.8\work\ch04.03\sweepblend_consnormdire_ok.prt。

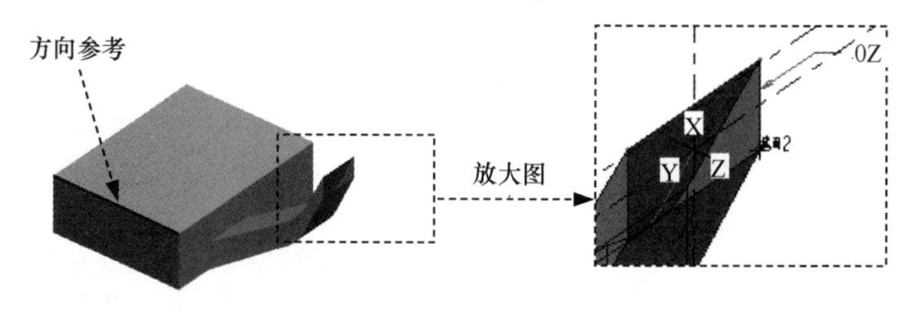

a) 扫描混合特征　　b) Z 轴平行于指定方向向量

图 4.3.61 恒定法向

➢ 混合控制

在“扫描混合”操控板中单击 选项 选项卡，系统弹出“选项”界面。通过在该界面中选中不同的选项，可以控制特征截面的形状。

- ☑ 封闭端：当扫描混合的各个截面均为封闭曲线时，可以将曲面的两端封闭。
- ◉ 无混合控制：将不设置任何混合控制。
- ○ 设置周长控制：混合特征中的各截面的周长将沿轨迹线呈线性变化，这样通过修改某个已定义截面的周长便可以控制特征中各截面的形状。在图 4.3.62 所示的“选项”

界面（一）中选中 ◉ 设置周长控制 单选项。当选中 ☑ 通过混合中心创建曲线 复选框时，可将曲线放置在扫描混合的中心。

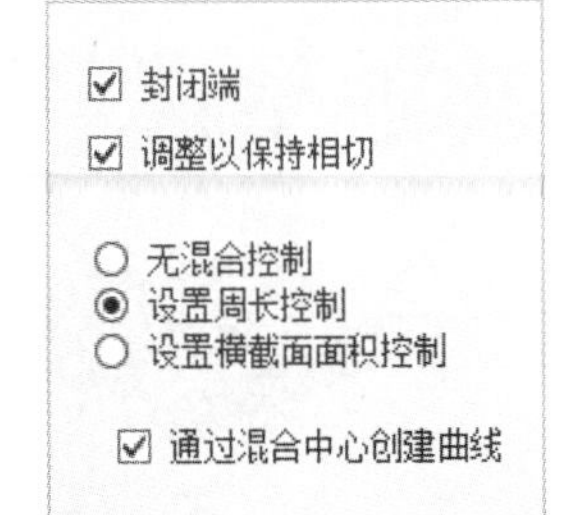

图 4.3.62 “选项”界面（一）

- ○ 设置横截面面积控制：用户可以通过修改截面的面积来控制特征中各截面的形状。在图 4.3.63 所示的例子中，可以通过调整轨迹上基准点 PNT0 处的截面面积来调整特征的形状。

Step1. 设置工作目录和打开文件。将工作目录设置至 D:\creo8.8\work\ch04.03，然后打开文件 sweepblend_area.prt。

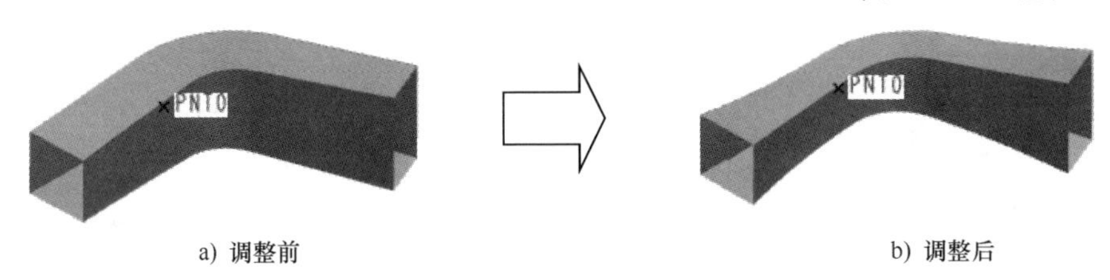

a）调整前　　b）调整后

图 4.3.63 面积控制曲线

Step2. 在模型树中选择 扫描混合 1，右击，从系统弹出的快捷菜单中选择 命令。在“扫描混合”操控板中单击 选项 选项卡，在图 4.3.64 所示的“选项”界面（二）中选中 ◉ 设置横截面面积控制 单选项。

Step3. 定义控制点。

（1）在系统 ◆在原点轨迹上选择一个点或顶点以指定区域。的提示下，选取图 4.3.65 所示的基准点 PNT0。

（2）在图 4.3.66 所示的“选项”界面（三）中，将“PNT0：F6（基准点）”的“面积”改为 300。

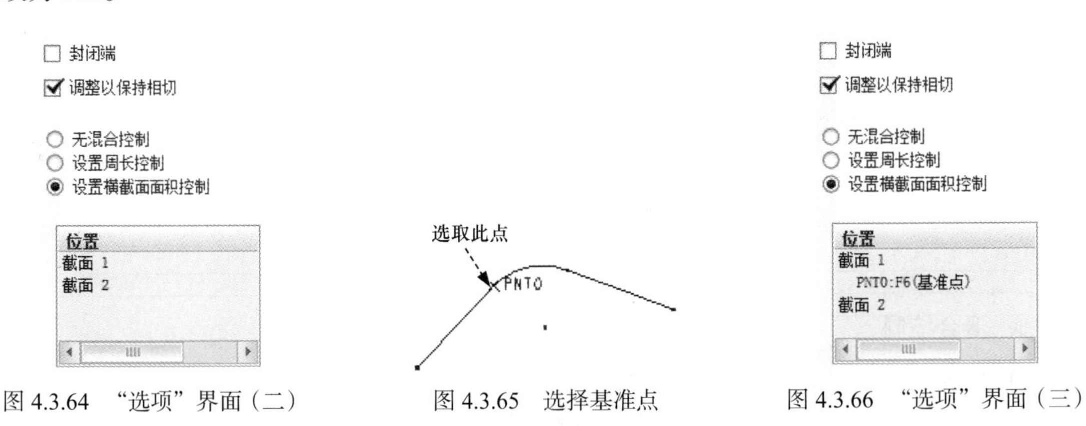

图 4.3.64 “选项”界面（二）　　图 4.3.65 选择基准点　　图 4.3.66 “选项”界面（三）

Step4. 在“扫描混合”操控板中单击“预览”按钮 ，预览所创建的扫描混合特征。单击“确定”按钮 ，完成扫描混合特征的创建。

➢ **相切**

在“扫描混合”操控板中单击 相切 选项卡，系统弹出图 4.3.67 所示的“相切”界面，用于控制扫描混合特征与其他特征的相切过渡，如图 4.3.68 所示。

Step1. 设置工作目录和打开文件。将工作目录设置至 D:\creo8.8\work\ch04.03，然后打开文件 sweepblend_tangent.prt。

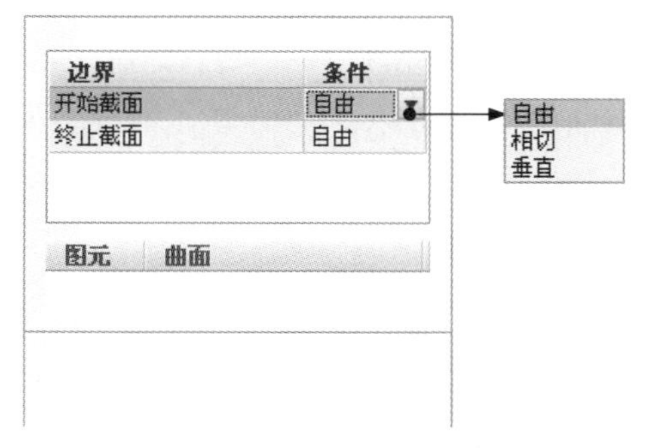

图 4.3.67 “相切”界面

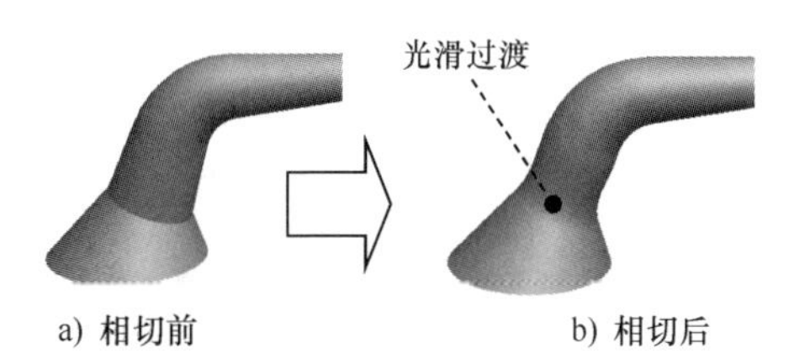

图 4.3.68 相切

Step2. 在模型树中选择 扫描混合 1，右击，从系统弹出的快捷菜单中选择 命令。在“扫描混合”操控板中单击 相切 选项卡，系统弹出“相切”界面。

Step3. 在系统弹出的“相切”界面中选择“终止截面”，将“终止截面”设置为 相切，此时模型如图 4.3.69 所示，边线被加亮显示。

Step4. 在模型上依次选取图 4.3.70 和图 4.3.71 所示的曲面。

Step5. 在“扫描混合”操控板中单击“预览”按钮，预览所创建的扫描混合特征。单击“确定”按钮，完成扫描混合特征的创建。

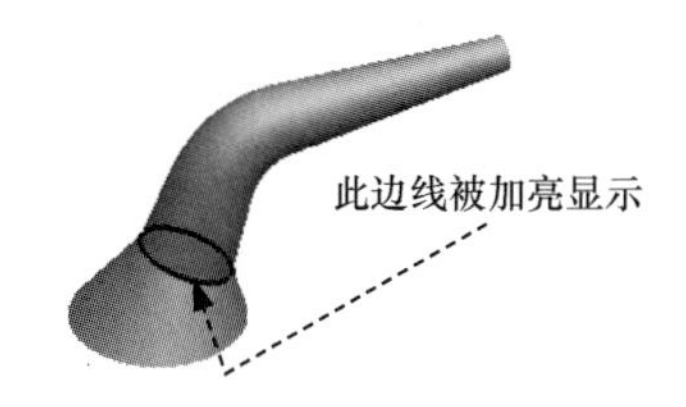

图 4.3.69 边线被加亮显示

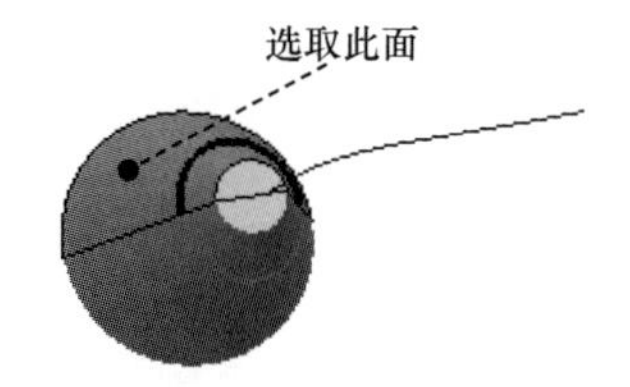

图 4.3.70 选取一相切的面

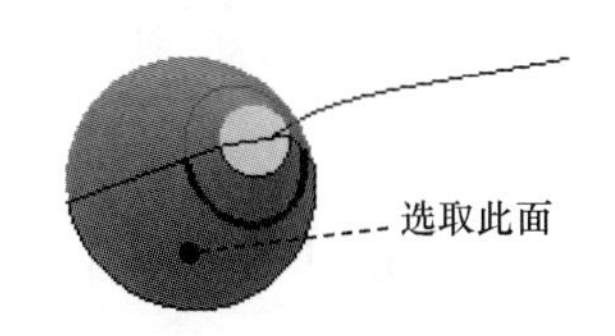

图 4.3.71 选取另一相切的面

说明：注意特征截面必须要在与之相切的曲面上。例如：在本例打开的模型中，先在轨迹的端点处创建一个与轨迹垂直的基准平面 DTM1（图 4.3.72），然后用“相交”命令得到 DTM1 与混合特征的交线（图 4.3.72），用交线作为扫描混合特征的第一个截面（图 4.3.73），这样便保证了扫描混合特征第一个截面的图元在要相切的混合特征的表面上。

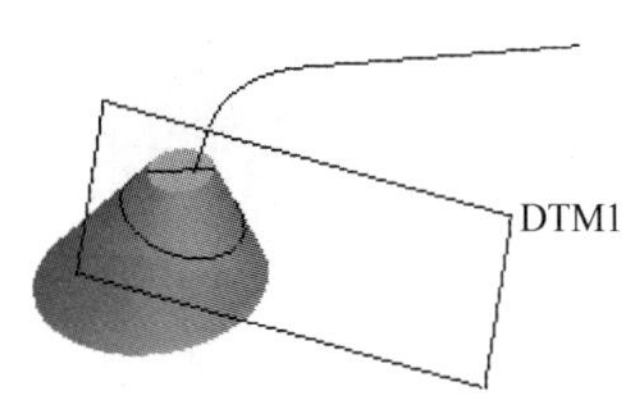

图 4.3.72 创建相交曲线

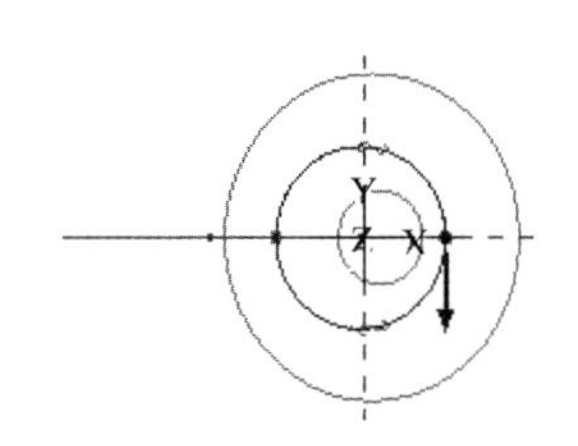

图 4.3.73 扫描混合特征的第一个截面

4.4　将切面混合到曲面

将切面混合到曲面（Blend Tangent to Surfaces）这一功能允许用户以现有的边线或曲线为参考，创建与某个曲面相切的拔模曲面（混合的曲面）。下面以图 4.4.1 所示的模型为例，说明创建将切面混合到曲面的一般过程。

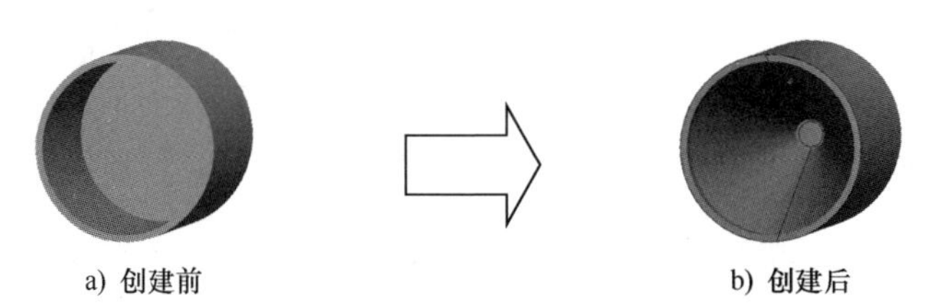

图 4.4.1　将切面混合到曲面

Step1. 将工作目录设置至 D：\creo8.8\work\ch04.04，打开文件 ble_tan_to_sur.prt。

Step2. 在 模型 功能选项卡 曲面▼ 下拉菜单中选择 将切面混合到曲面 命令。

Step3. 在图 4.4.2 所示的“曲面：相切曲面”对话框中先按下 按钮，选中 方向 区域中的 ◉ 单侧 单选项，再选取 FRONT 基准平面，单击 Okay（确定） 命令，接受图 4.4.3 所示的方向。

图 4.4.2　“曲面：相切曲面”对话框

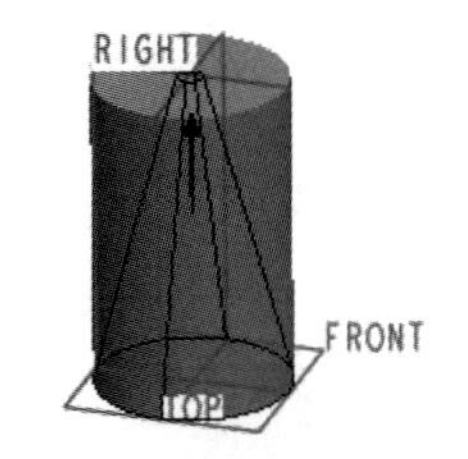

图 4.4.3　选择基准平面

Step4. 在图 4.4.4 所示的 参考 选项卡中单击 **拔模线选择** 区域中的 按钮，按住 Ctrl 键，选取图 4.4.5 所示的两条外边线，在图 4.4.6 所示的菜单管理器中选择 Done (完成) 命令，然后在 角度 文本框中输入数值 15.0。

Step5. 在“曲面：相切曲面”对话框中单击“确定”按钮 ，完成将切面混合到曲面的创建。

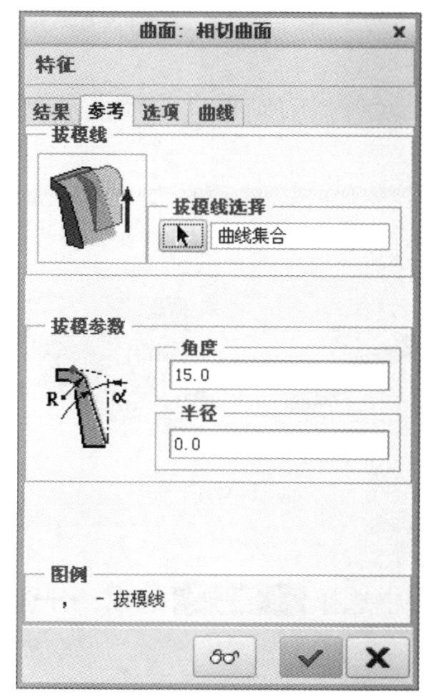

图 4.4.4 “参考”选项卡

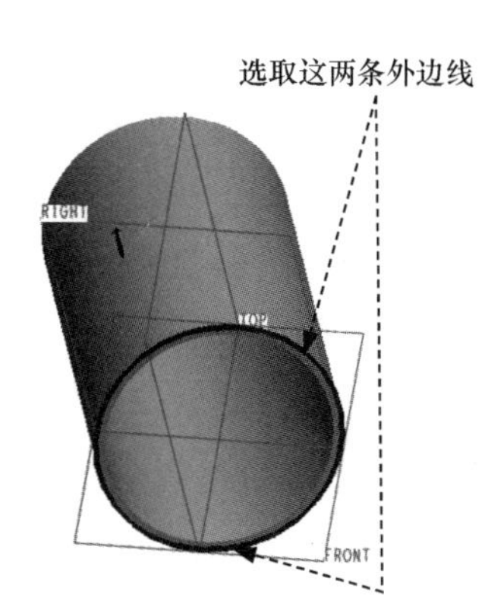

图 4.4.5 选取这两条外边线

图 4.4.6 菜单管理器

4.5 曲面的环形折弯

环形折弯（Toroidal Bend）命令是一种改变模型形状的操作，它可以对实体特征、曲面、基准曲线进行环状的折弯变形。下面以图 4.5.1 所示的汽车轮胎模型为例，说明创建环形折弯的一般操作过程。

Step1. 将工作目录设置至 D:\creo8.8\work\ch04.05，打开文件 toroidal_bend.prt。

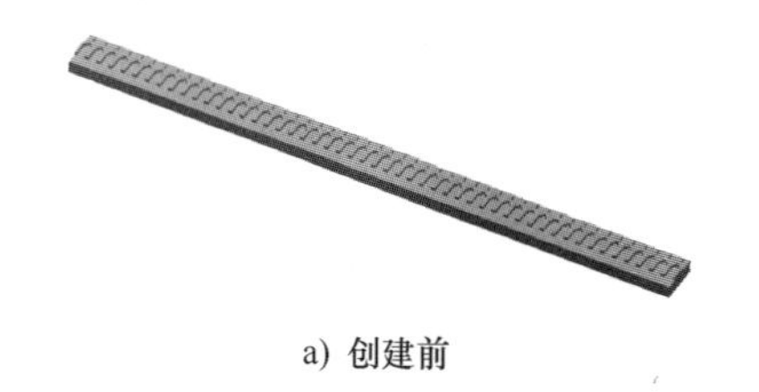

a) 创建前

b) 创建后

图 4.5.1 创建环形折弯特征

Step2. 在 模型 功能选项卡 工程▼ 下拉菜单中选择 环形折弯 命令，系统弹出图 4.5.2 所示的“环形折弯”操控板。

图 4.5.2 “环形折弯”操控板

Step3. 在“环形折弯”操控板中单击 参考 选项卡，在系统弹出的界面的 轮廓截面 区域中单击“定义内部草图”按钮 定...。

Step4. 选取图 4.5.3 所示的端面为草绘平面，接受默认的草绘参考，单击 反向 按钮，方向为 右，然后单击 草绘 按钮。

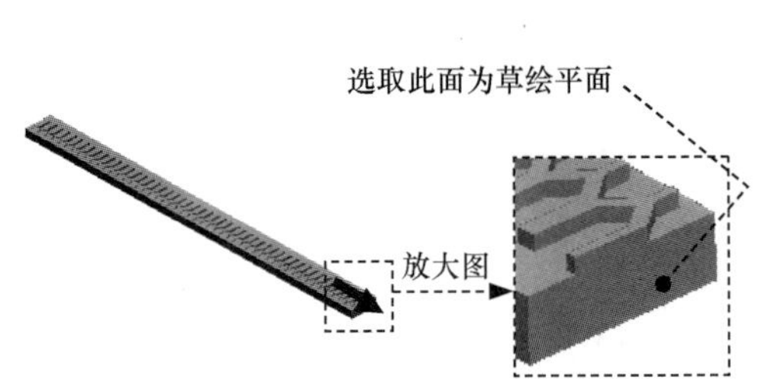

图 4.5.3 选取草绘平面

Step5. 进入草绘环境后，选取图 4.5.4 所示的边线为参考，然后绘制图 4.5.4 所示的截面草图。

Step6. 创建图 4.5.4 所示的草绘坐标系（几何坐标系），单击 ✔ 按钮，退出草绘环境。

Step7. 在“环形折弯”操控板中的“折弯类型”下拉列表中选择 360 度折弯 选项；分别选取图 4.5.5 所示的两个端面。

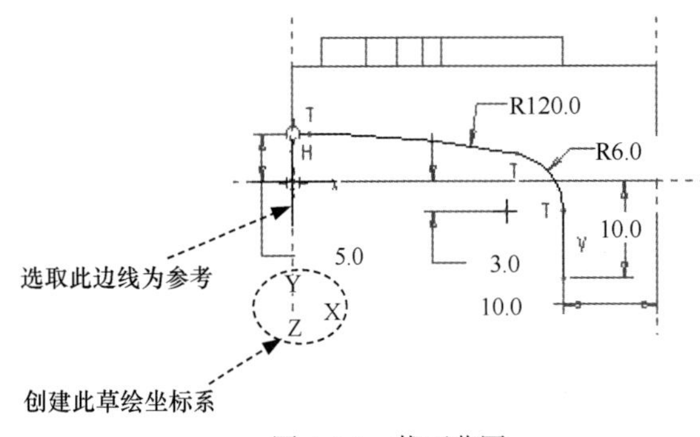

图 4.5.4 截面草图

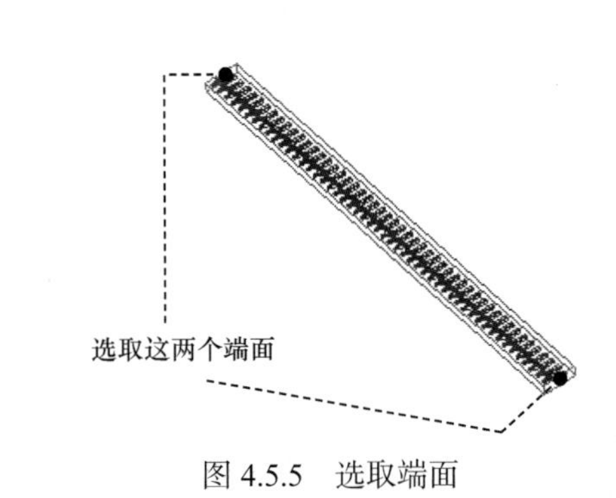

图 4.5.5 选取端面

Step8. 在“环形折弯”操控板中单击 参考 选项卡，然后在系统弹出的界面中单击激活 面组 下的文本框，选取图形区中的面组，单击 ✔ 按钮。

4.6 展 平 面 组

展平面组就是将某个曲面投影到平面上从而得到一个新的平整面。在系统默认情况下，

系统在与原始面组相切于原点的平面上放置展平面组，系统相对于所选定的固定原点展开此面组。下面以图 4.6.1 所示的模型为例，说明创建展平面组的一般过程。

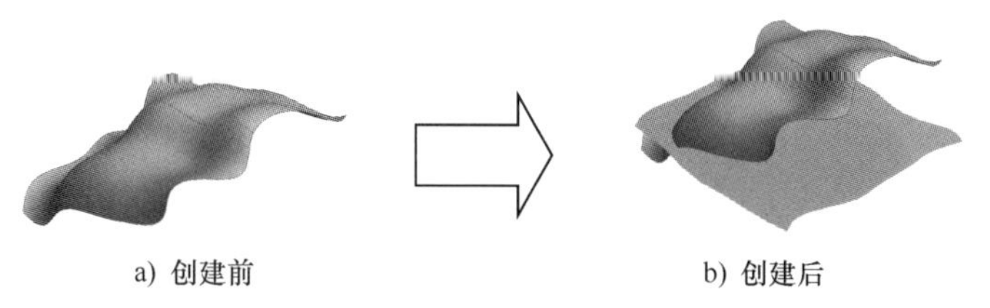

a）创建前　　b）创建后

图 4.6.1　创建展平面组特征

Step1. 将工作目录设置至 D: \creo8.8\work\ch04.06，打开文件 flatten_quilt.prt。

Step2. 在 模型 功能选项卡 曲面 ▾ 下拉菜单中选择 展平面组 命令。

Step3. 系统弹出图 4.6.2 所示的“展平面组”操控板，选取图 4.6.3 所示的曲面作为“源面组”，选取图 4.6.3 所示的基准点 PNT0 作为“原点”，其余的参数接受系统默认的设置值。

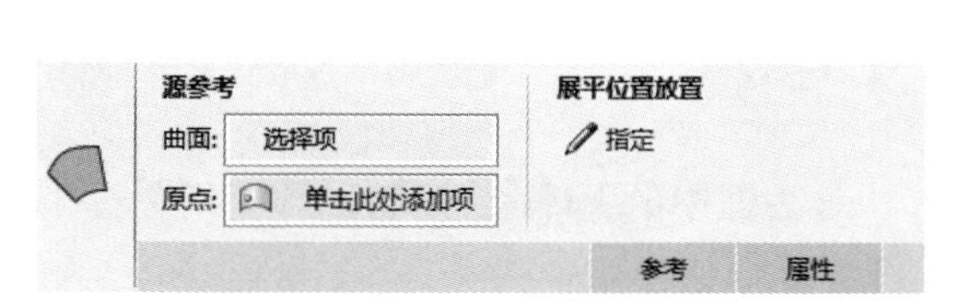

图 4.6.2　“展平面组”操控板

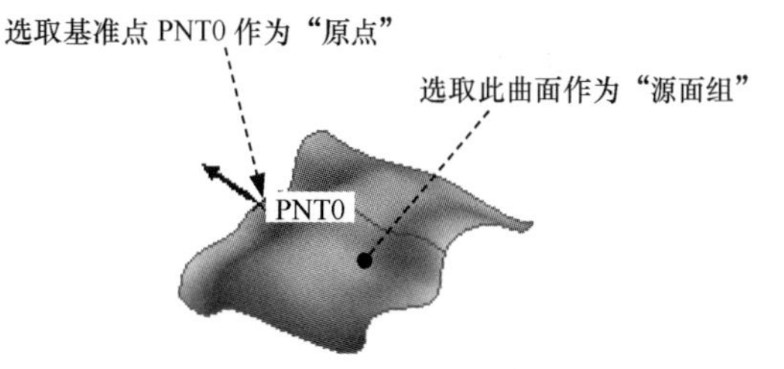

图 4.6.3　选取“源面组”和“原点”

Step4. 在“展平面组”操控板中单击“确定”按钮 ✓，完成特征的创建。

4.7 “带”曲面

“带”曲面在 Creo 中是一个参考基准，它相切于与基础曲线相交的参考曲线，表示一个相切区域的创建是沿基础曲线进行的。下面以图 4.7.1 所示的模型为例，说明创建“带”曲面的一般过程。

Step1. 将工作目录设置至 D: \creo8.8\work\ch04.07，打开文件 ribbon_surf.prt。

Step2. 在 模型 功能选项卡 基准 ▾ 下拉菜单中选择 带 命令，系统弹出图 4.7.2 所示的“基准：带”对话框（一）和图 4.7.3 所示的菜单管理器。

Step3. 在图 4.7.3 所示的菜单管理器中，选择 Add Curve（增加曲线） ➡ Curve（曲线） 命令。

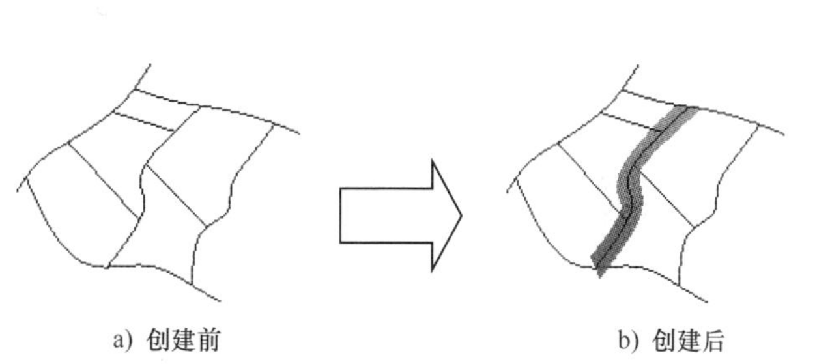

a）创建前　　b）创建后

图 4.7.1　“带”曲面的创建

Step4. 在系统 • 选择带基础曲线. 的提示下，选取图 4.7.4 所示的曲线 1 作为带基础曲线。在 ▼ RIBBON ITEM (带项) 菜单中选择 Done Curves (确认曲线) 命令。

Step5. 在系统 • 选择第一条带参考曲线. 的提示下，选取图 4.7.5 所示的曲线 2 和曲线 3 作为带参考曲线；在 ▼ RIBBON ITEM (带项) 菜单中选择 Done Curves (确认曲线) 命令。

图 4.7.2 “基准：带”对话框（一）

图 4.7.3 菜单管理器

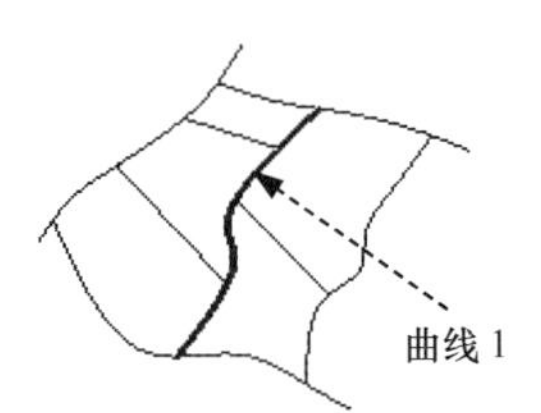

图 4.7.4 选取带基础曲线

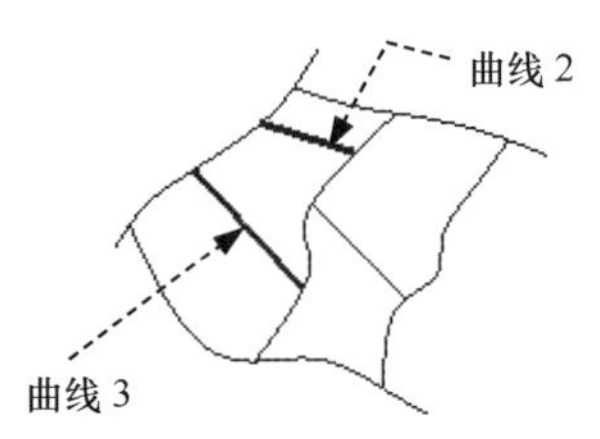

图 4.7.5 选取带参考曲线

Step6. 预览所创建的特征。单击“基准：带”对话框中的 预览 按钮，预览所创建的特征。

Step7. 完成特征的创建。单击“基准：带”对话框中的 确定 按钮，至此完成“带”曲面的创建。

说明：

- 可以对图 4.7.6 所示的“带宽”进行修改，在图 4.7.7 所示的“基准：带”对话框（二）中双击 Width (宽度) 元素，在 输入带宽[6.8049]: 的提示下输入“带宽”值，并按 Enter 键。
- 可以为“带”曲面预定义一个层，在不需要用“带”曲面的时候，可以把它隐藏起来。尽管利用“层”树中的曲面默认层可以把它隐藏起来，但是也可以为“带”曲面建立一个专属的层。通过设置配置文件 config.pro 中的 def_layer（LAYER_RIBBON_FEAT）配置选项为“带”曲面层指定名称。每次创建“带”曲面时，系统会自动将“带”曲面添加到该层中。

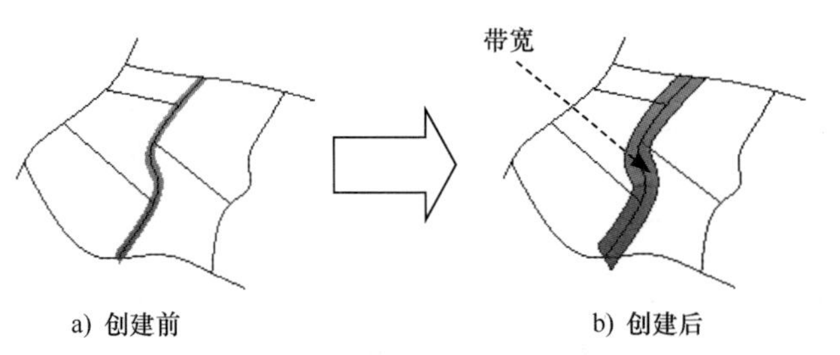

图 4.7.6 修改“带”的宽度

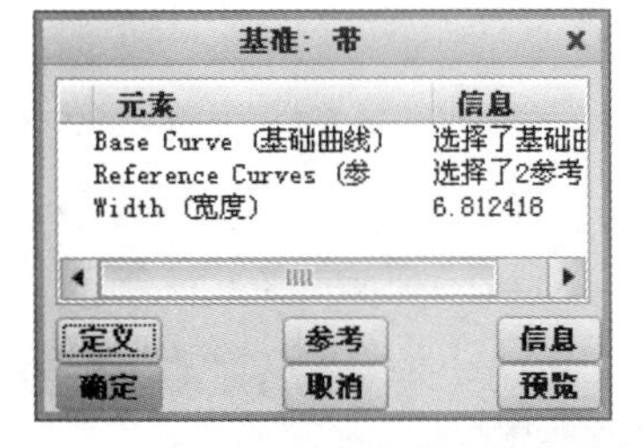

图 4.7.7 “基准：带”对话框（二）

4.8　曲面的扭曲

4.8.1　进入扭曲操控板

使用特征的扭曲（Warp）命令可以对实体、曲面、曲线的结构与外形进行变换。为了便于学习扭曲命令的各项功能，下面先打开图 4.8.1 所示的模型，然后启动“扭曲”命令，进入其操控板。具体操作如下。

Step1. 设置工作目录和打开文件。将工作目录设置至 D：\creo8.8\work\ch04.08，打开文件 instance.prt。

Step2. 在 模型 功能选项卡 编辑 ▾ 下拉菜单中选择 扭曲 命令，此时系统弹出“扭曲”操控板（此时操控板中的各按钮以灰色显示，表示其未被激活）。

Step3. 在系统 ➡选择要扭曲的实体、面组、小平面或曲线. 的提示下，选取图 4.8.1 所示的曲面 1。

Step4. 在该操控板中单击 参考 选项卡，在“参考”界面单击激活 方向 区域下的文本框，选取图 4.8.1 所示的坐标系（建议读者在模型树中选取 PRT_CSYS_DEF）。

Step5. 完成以上操作后，“扭曲”操控板中的各按钮加亮显示（图 4.8.2），然后就可以选择所需工具按钮进行模型的各种扭曲操作了。

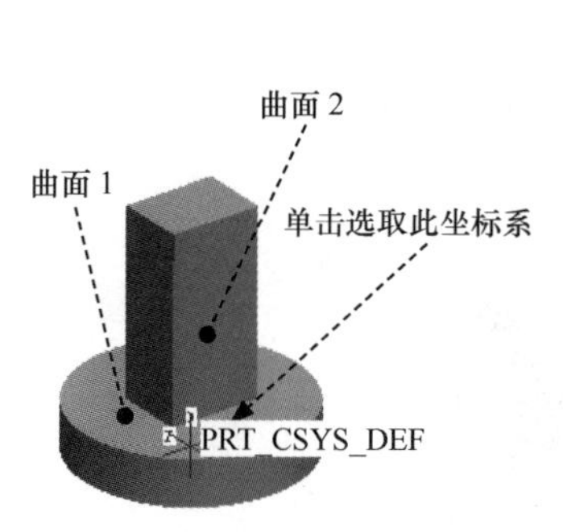

图 4.8.1　模型

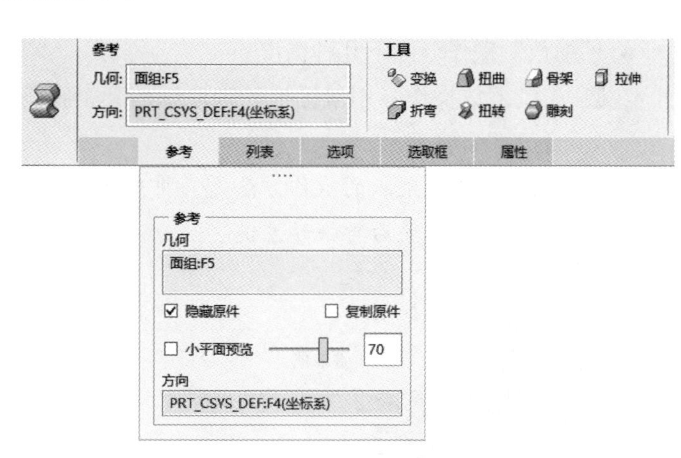

图 4.8.2　“扭曲”操控板（一）

图 4.8.2 所示的“扭曲”操控板（一）中的各按钮的说明如下。

- 参考：单击该选项卡，在打开的界面中可以设定要进行扭曲操作的对象及其操作参考。
  - ☑ 隐藏原件：在扭曲操作过程中，隐藏原始几何体。
  - ☑ 复制原件：在扭曲操作过程中，仍保留原始几何体。
  - ☑ 小平面预览：启用小平面预览。

- 列表：单击该选项卡，在打开的界面中将列出所有的扭曲操作过程，选择其中的一项，图形窗口中的模型将显示在该操作状态时的形态。
- 选项：单击该选项卡，在打开的界面中可以进行一些扭曲操作的设置。选择不同的扭曲工具，面板中显示的内容各不相同。

4.8.2 变换工具

使用变换工具，可对几何体进行平移、旋转或缩放。下面以打开的模型文件 instance.prt 为例，说明其操作过程。

Step1. 在“扭曲”操控板中按下“启动变换工具”按钮，“扭曲”操控板进入图 4.8.3 所示的操作界面，同时图形区中的模型周围出现图 4.8.4 所示的控制杆和选取框。

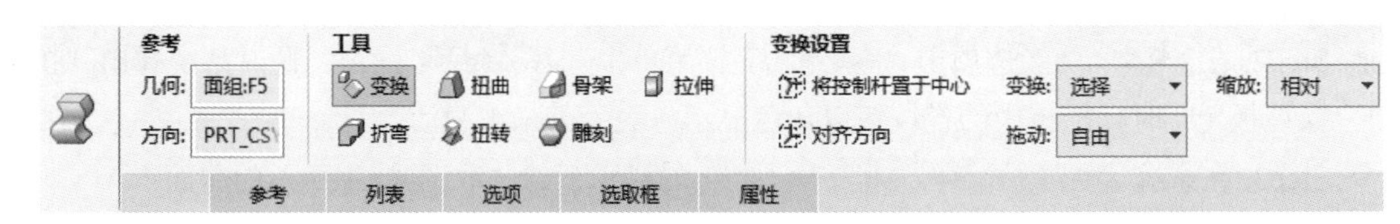

图 4.8.3 “扭曲”操控板（二）

Step2. “变换”操作。利用控制杆和选取框可进行旋转和缩放操作（操作中，可用多级撤销功能），下面分别介绍。

- “旋转”操作：拖动控制杆的某个端点（图 4.8.5），可对模型进行旋转。
- “缩放”操作分以下几种情况。
  - ☑ 三维缩放操作：用鼠标拖动选取框的某个拐角，如图 4.8.6a 所示，可以对模型进行三维缩放。

说明： 用鼠标拖动某点的操作方法是，将光标移至某点处，按下左键不放，同时移动鼠标，将该点移至所需位置后再松开左键。

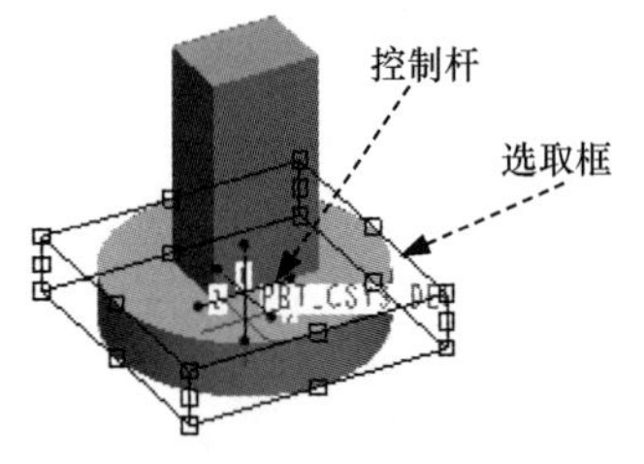

图 4.8.4 进入“变换”环境

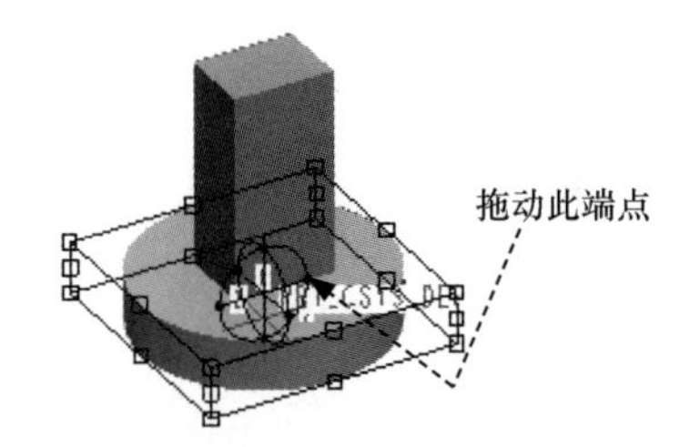

图 4.8.5 “旋转”操作

- ☑ 二维缩放：用鼠标拖动边线上的边控制滑块，可以对模型进行二维缩放。
- ☑ 一维缩放：将鼠标指针移至边线上的边控制滑块时，立即显示图 4.8.6b 所示的操作手柄，若只拖动图 4.8.6b 中的操作手柄的某个箭头，则相对于该边的对边进行一维缩放。

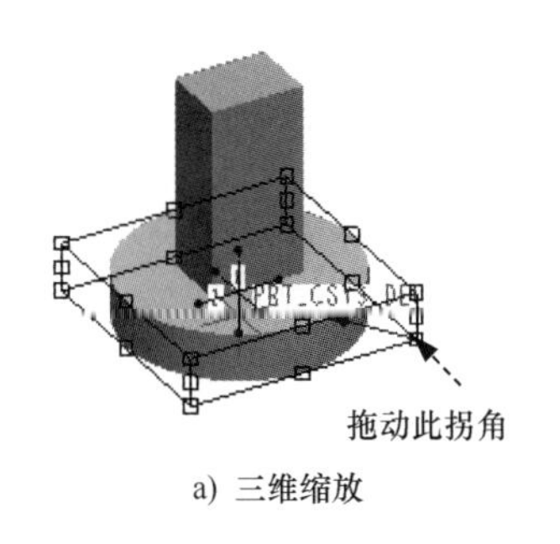

a) 三维缩放

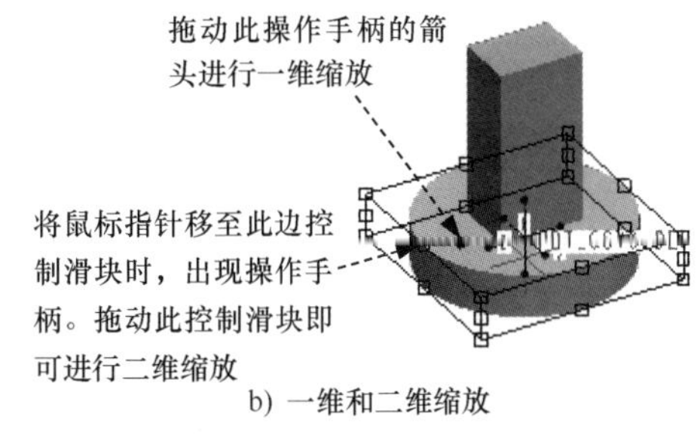

b) 一维和二维缩放

图 4.8.6 “缩放”操作

注意：若在进行缩放操作的同时按住 Alt+Shift 键（或在操控板的 缩放 下拉列表中选择 中心(Alt + 选项)，则将相对于中心进行缩放。

Step3. 在“扭曲”操控板中单击“确定”按钮 ✔。

4.8.3 扭曲工具

使用扭曲（Warp）工具可改变所选对象的形状，如使对象的顶部或底部变尖、偏移对象的重心等。下面以打开的模型文件 instance.prt 为例，说明其操作过程。

Step1. 在“扭曲”操控板中按下“启动扭曲工具”按钮 ，“扭曲”操控板进入图 4.8.7 所示的操作界面，同时图形区中的选取框上出现图 4.8.8 所示的控制滑块。

图 4.8.7 “扭曲”操控板（三）

Step2. “扭曲”操作。利用选取框可进行不同的扭曲，下面分别介绍。

- 沿边拖动控制滑块的边箭头（图 4.8.9），可以调整模型的形状。

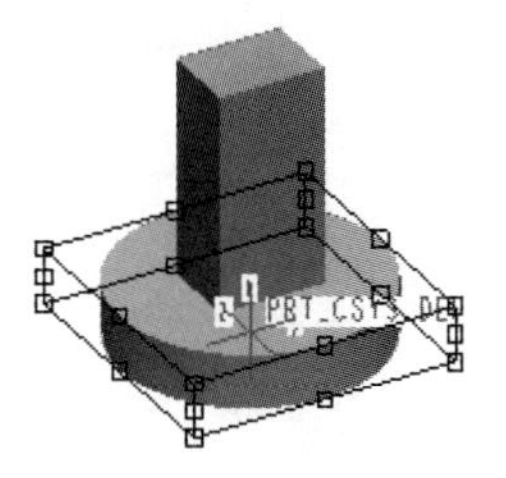

图 4.8.8 进入“扭曲”环境

单击此控制滑块，沿边拖动控制滑块的边箭头，可调整模型的形状

图 4.8.9 拖动控制滑块的边箭头

- 将鼠标指针移至选取框的某个拐角，系统即在该拐角处显示操作手柄（图 4.8.10），在平面中或沿边拖动箭头可调整模型的形状。

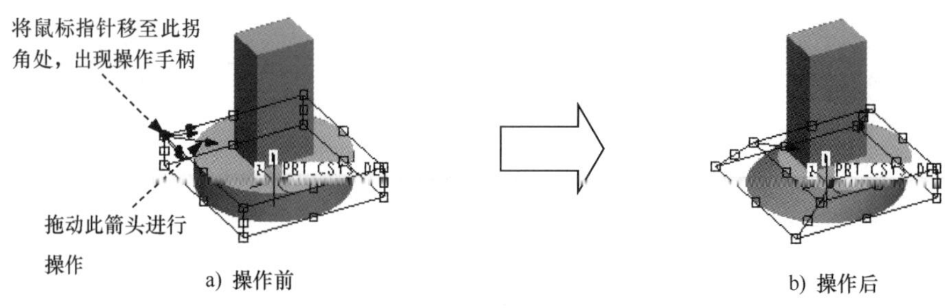

图 4.8.10　在选取框的拐角处操作

- 将鼠标指针移至边线上的边控制滑块时，立即显示图 4.8.11 所示的操作手柄，在平面中或沿边拖动箭头可调整模型的形状。

注意： 若在拖动的同时按住 Alt 键（或在操控板的 扭曲 下拉列表中选择 自由(Alt) 选项），可以进行自由拖动；若按住 Alt+Shift 键（或在操控板的 扭曲 下拉列表中选择 中心(Alt + Shift) 选项），则可以相对于中心进行拖动。

Step3. 在“扭曲”操控板中单击“确定”按钮 ✔。

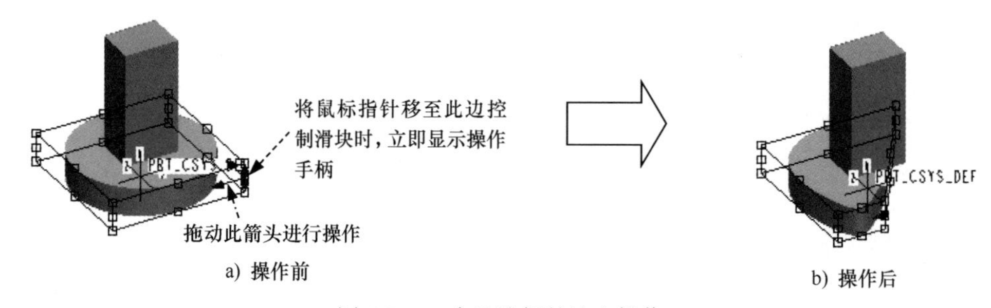

图 4.8.11　在选取框的边上操作

4.8.4　骨架工具

骨架（Spline）操作是通过选取模型上的某边线而对模型进行变形操作。下面以打开的模型文件 instance.prt 为例，说明其操作过程。

Step1. 在“扭曲”操控板中按下“启动骨架工具”按钮 ，“扭曲”操控板进入图 4.8.12 所示的操作界面。

图 4.8.12　“扭曲”操控板（四）

Step2. 定义参考。

（1）在“扭曲”操控板中按下 按钮，然后在系统 ◆选择一条曲线以定义变形。的提示下单击操控板中的 参考 选项卡，在“参考”界面中单击 细节 按钮，此时系统弹出“链”对话框。

（2）选取图 4.8.13a 所示的模型边线，并单击“链”对话框中的 确定 按钮。

Step3. 完成上步操作后，图形区中的选取框上出现图 4.8.13b 所示的若干控制箭头，并且在所选边线上出现若干控制点。

Step4. 骨架操作。拖动控制点可使模型发生变形，拖动箭头起点或终点可限制变形。

Step5. 在该操控板中单击“确定”按钮 ✔。

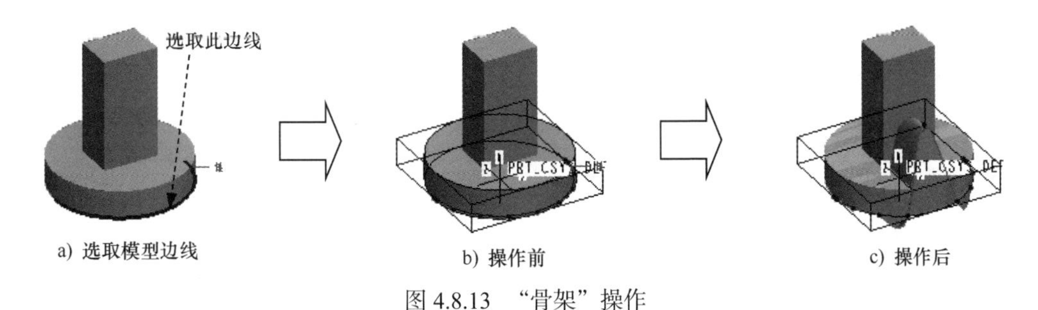

a) 选取模型边线　　b) 操作前　　c) 操作后

图 4.8.13 “骨架”操作

4.8.5 拉伸工具

使用拉伸（Stretch）工具，可在指定的坐标轴方向对选择的对象进行拉长或缩短操作。下面以打开的模型文件 instance.prt 为例，说明其操作过程。

Step1. 在“扭曲”操控板中按下“启动拉伸工具”按钮 ，“扭曲”操控板进入图 4.8.14 所示的操作界面，同时图形区中出现图 4.8.15 所示的选取框和控制柄。

图 4.8.14 “扭曲”操控板（五）

Step2. 在该界面中选中 ☑比例 复选框，然后输入拉伸比例值 2.0，并按 Enter 键，此时模型如图 4.8.16 所示。

Step3. 可进行如下“拉伸”操作。

- 拖动选取框可以进行定位或调整大小操作（按住 Shift 键不放，进行法向拖动）。
- 拖动控制柄可以对模型进行拉伸，如图 4.8.17 所示。
- 拖动加亮面，可以调整拉伸的起点和长度。

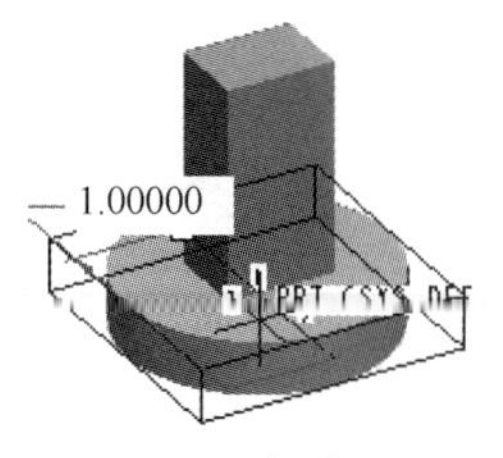

图 4.8.15 “拉伸”环境

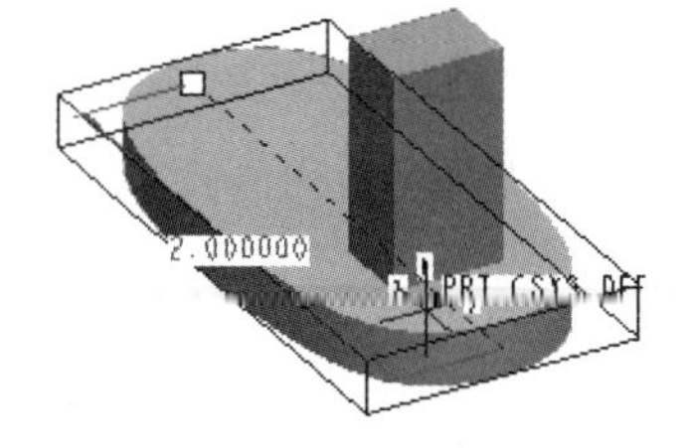

图 4.8.16 设置拉伸比例值后的模型

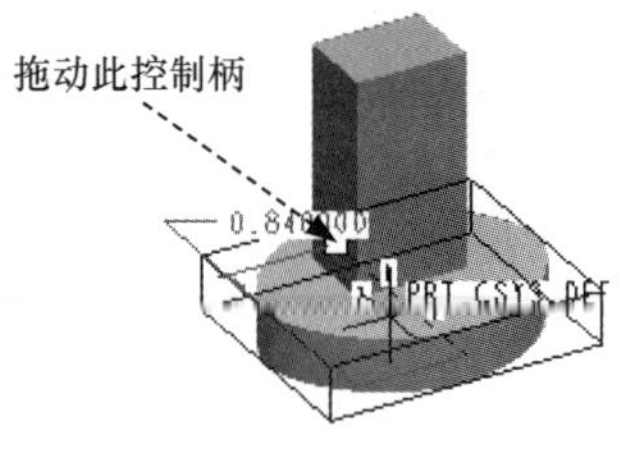

图 4.8.17 操作过程

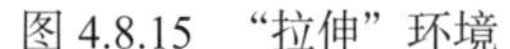

Step4. 在“扭曲”操控板中单击“确定”按钮 ✔。

4.8.6 折弯工具

在图 4.8.18 所示的“扭曲”操控板（六）中，使用折弯（Bend）工具，可以沿指定的坐标轴方向对所选对象进行弯曲，下面说明其操作过程。

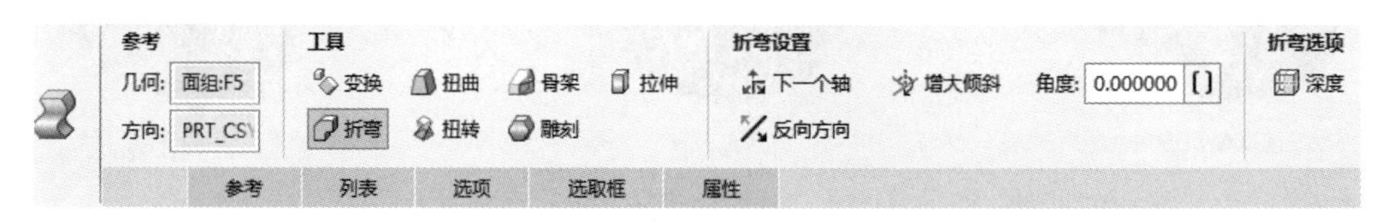

图 4.8.18 “扭曲”操控板（六）

Step1. 将工作目录设置至 D:\creo8.8\work\ch04.08，打开文件 bend.prt。

Step2. 在 模型 功能选项卡 编辑 ▾ 下拉菜单中选择 扭曲 命令。

Step3. 在系统 ◆选择要扭曲的实体、面组、小平面或曲线。 的提示下，选取图 4.8.19a 所示的模型；单击“扭曲”操控板中的 参考 选项卡，在系统弹出的“参考”界面中单击激活 方向 文本框；在模型树中选取 RIGHT 基准平面。

Step4. 在“扭曲”操控板中按下“启动折弯工具”按钮，进入图 4.8.18 所示的操作界面，同时图形区中的模型进入“折弯”环境，如图 4.8.19b 所示。

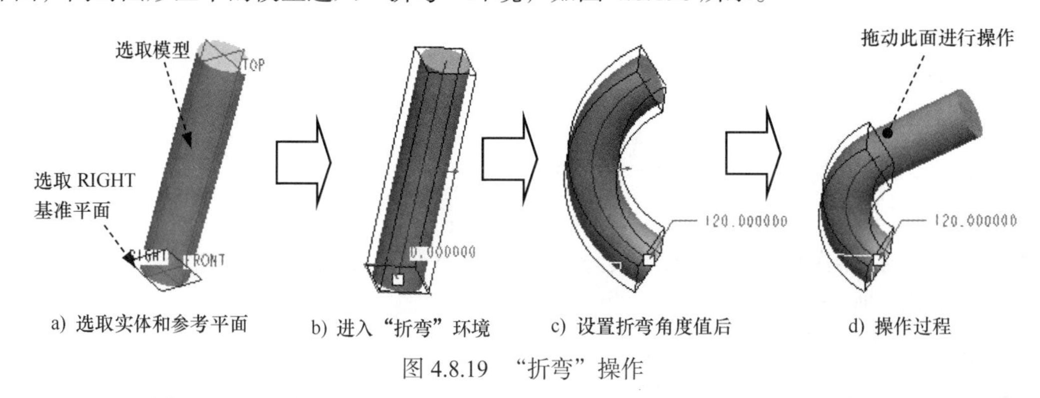

a) 选取实体和参考平面　b) 进入“折弯”环境　c) 设置折弯角度值后　d) 操作过程

图 4.8.19 “折弯”操作

Step5. “折弯”操作。

- 在“扭曲”操控板中选中 ☑角度 复选框，输入折弯角度值 120.0，并按 Enter 键，此时模型按指定的角度折弯，如图 4.8.19c 所示。

- 拖动控制柄（图 4.8.20），可以控制折弯角度的大小。
- 拖动图 4.8.19d 中的面，可以调整拉伸的起点和长度。
- 拖动选取框（按住 Shift 键，进行法向拖动）。
- 拖动轴心点或拖动斜箭头（图 4.8.20），可以旋转选取框。

Step6. 在该操控板中单击“确定”按钮 ✔。

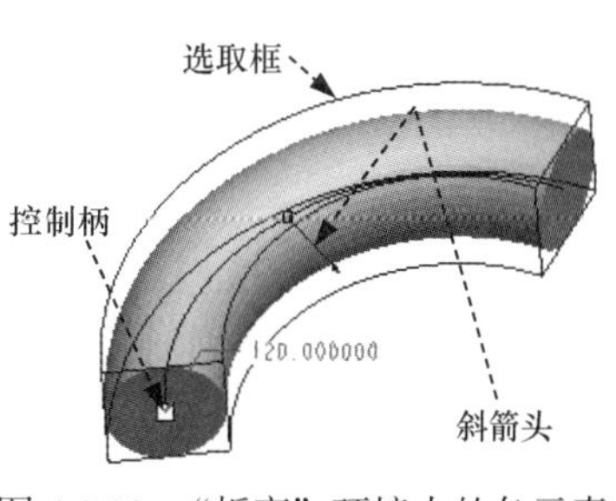

图 4.8.20 “折弯”环境中的各元素

4.8.7 扭转工具

使用扭转（Twist）工具可将所选对象进行扭转。下面以打开的模型文件 instance.prt 为例，说明其操作过程。

Step1. 将工作目录设置至 D：\creo8.8\work\ch04.08，打开文件 instance.prt。

Step2. 在 模型 功能选项卡 编辑 ▾ 下拉菜单中选择 扭曲 命令。

Step3. 在系统 选择要扭曲的实体、面组、小平面或曲线。 的提示下，选取图形区中的曲面 2（图 4.8.1）；单击“扭曲”操控板中的 参考 选项卡，在系统弹出的“参考”界面中激活 方向 文本框；在模型树中选取 RIGHT 基准平面。

Step4. 在该操控板中按下“启动扭转工具”按钮，“扭曲”操控板进入图 4.8.21 所示的操作界面，同时图形区中的模型进入“扭转”环境，如图 4.8.22a 所示。

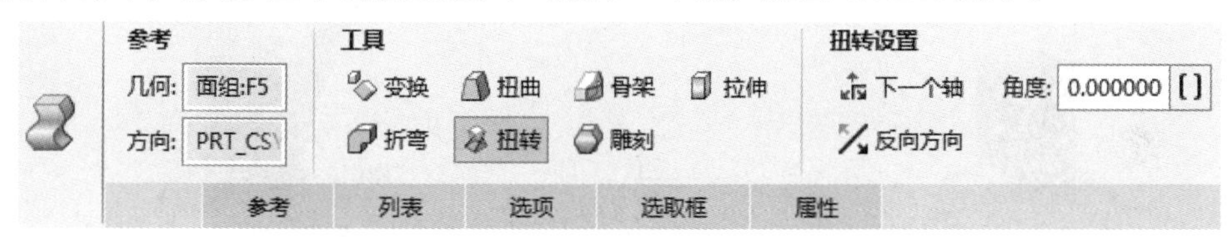

图 4.8.21 “扭曲”操控板（七）

Step5.“扭转”操作。

- 拖动图 4.8.22b 中的控制柄可以进行扭转。
- 拖动面调整拉伸的起点和长度，拖动选取框进行定位（按住 Shift 键不放，进行法向拖动），如图 4.8.22c 所示。

Step6. 在该操控板中单击“确定”按钮 ✔。

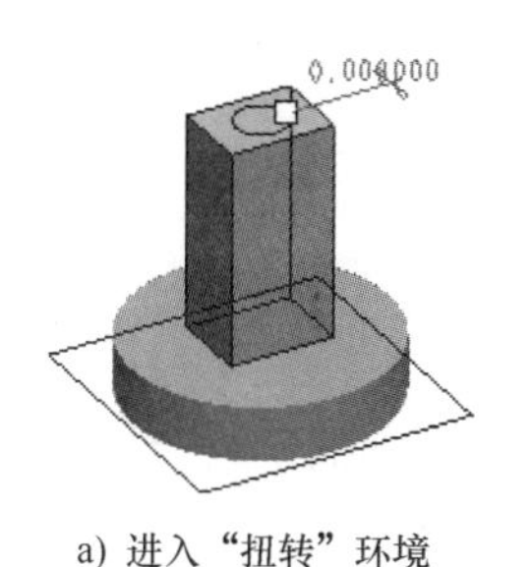

a) 进入“扭转”环境

b) “扭转”操作

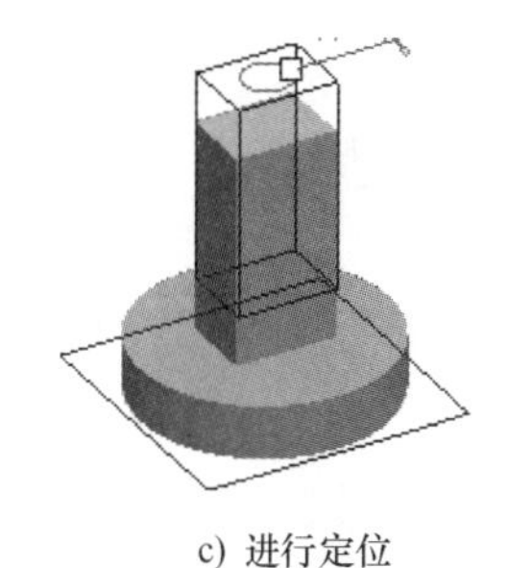

c) 进行定位

图 4.8.22 “扭转”操作

4.8.8 雕刻工具

雕刻（Sculpt）操作是通过拖动网格的点而使模型产生变形。下面以打开的模型文件 instance.prt 为例，说明其操作过程。

Step1. 在“扭曲”操控板中按下“启动雕刻工具”按钮，进入图 4.8.23 所示的操作界面，同时图形区中的模型进入“雕刻”环境，如图 4.8.24a 所示。

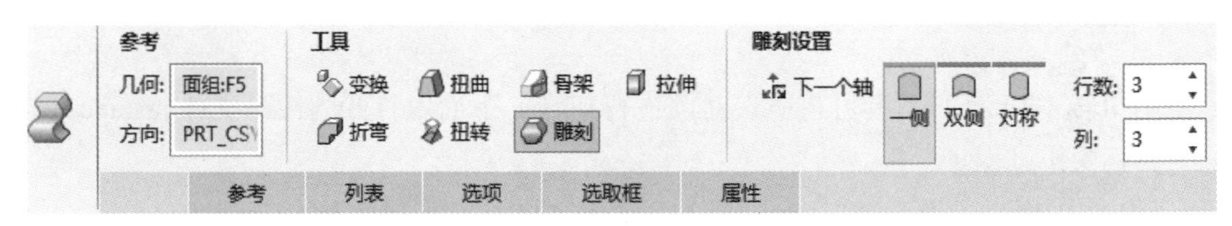

图 4.8.23 “扭曲”操控板（八）

Step2. “雕刻”操作。

（1）在“扭曲”操控板中按下按钮，然后在 行 文本框中输入雕刻网格的行数为 3，在 列 文本框中输入雕刻网格的列数为 3。

（2）拖动网格控制点进行雕刻操作，如图 4.8.24b 所示。

Step3. 在该操控板中单击“确定”按钮。

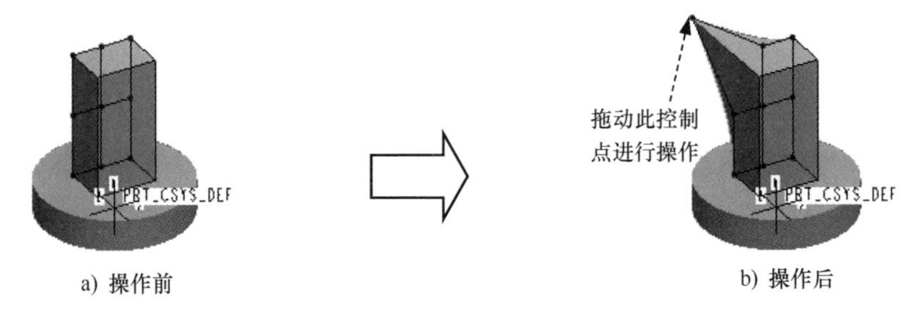

图 4.8.24 “雕刻”操作

4.9 数据共享

4.9.1 数据的传递

设计原则和设计数据的传递在 Creo 中是非常重要的。只有把设计数据贯彻到各个零部件中，使各个零部件都以产品的规划数据为依据进行设计，才能保证最终的产品是正确的。

一般数据传递的方法主要有以下两种。

（1）布局传递：即进行比较宏观的传递，如产品各类参数的传递、空间基准位置的传递。

（2）几何传递：即进行比较具体的传递，如空间点、空间曲线、空间曲面等具体形状特征的传递。

布局是一个产品的设计思路，骨架则是用空间的点、线和面的形式勾画出此思路的轮廓，对此设计思路细化。在总装配中创建零部件，就是确定产品的结构和组成，并根据此结构组成进行设计任务的分配，接下来就该设计各个零部件了。

数据传递的优点如下。

（1）协同设计。数据传递可以把设计任务分解为多个子任务，由不同的人员完成，并且设计所需要的上游条件在分配任务时就已经传递了，因此各子任务的设计人员在进行设计时，不需要了解整个产品的情况，也不用考虑与其他部件的配合，只需要专注于其相应部分的设计。

（2）实现整个产品的自动同步更新。当整个产品改变时，只需要改变最上游的设计数据，一般是布局和骨架，其他的零部件也将自动跟着改变，因为这些零部件都是按照此设计数据生成的，并且保持与它的关联。

（3）避免了不必要的外部参考和父子关系。在进行零部件设计时，不需要去引用其他不必要的参考，因为必要的参考数据已经清楚地标识出来，并且在分配任务时就已经传递给了下级零部件。

4.9.2 几何传递

几何特征是 Creo 的自顶向下设计工具，它包括复制几何、外部复制几何及发布几何特征等，它允许沟通互相之间相关的设计标准。在大型设计环境中进行信息传递时，几何特征体现得尤为重要，这些工具提供了传播大量信息的方法。

数据传递是通过发布几何和复制几何来实现的，并且发布几何和复制几何是成对使用的。发布几何中的数据只有通过“出版几何”操作后，才能完成整个数据传递的过程。此过程的描述如下。

（1）发布几何，即将需要传递的数据用发布几何准备好，对所需要传输的数据进行标识打包。

（2）复制几何，即将发布几何标识打包好的传递数据引用进来，在本地文件夹的设计中可见。

（3）参考几何，即在本地文件中进行设计时，复制参考这些数据，从而使设计能够跟着传递数据的改变而自动更新，实际上就是形成父子关系。

4.9.3 数据共享的几种常用方法

1. 共享 IGES 文件

共享 IGES 文件，就是将一个 igs 文件转换成一个 prt 文件。下面举例简要说明共享

IGES 文件的操作步骤。

Step1. 选择下拉菜单 文件 → 管理会话(M) → 选择工作目录(W) 命令，将工作目录设置至 D:\creo8.8\work\ch04.09。

Step2. 新建一个零件的三维模型，命名为 water_bollte。

Step3. 在 模型 功能选项卡 获取数据 下拉菜单中选择 导入 命令，如图 4.9.1 所示。

Step4. 执行命令后，系统弹出“打开”对话框；选取文件 water_bollte.igs，然后单击 导入 按钮，此时系统弹出图 4.9.2 所示的“文件”对话框；单击该对话框中的 确定 按钮。

Step5. 在“导入”操控板中单击 ✓ 按钮，完成图 4.9.3 所示的图形的导入。

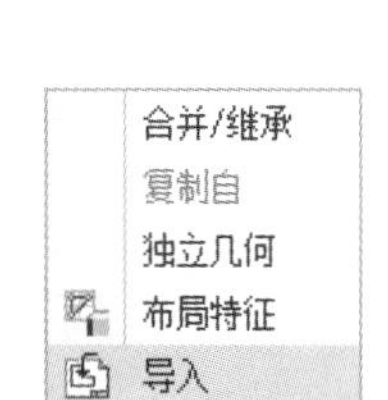

图 4.9.1　下拉菜单

图 4.9.2　“文件”对话框

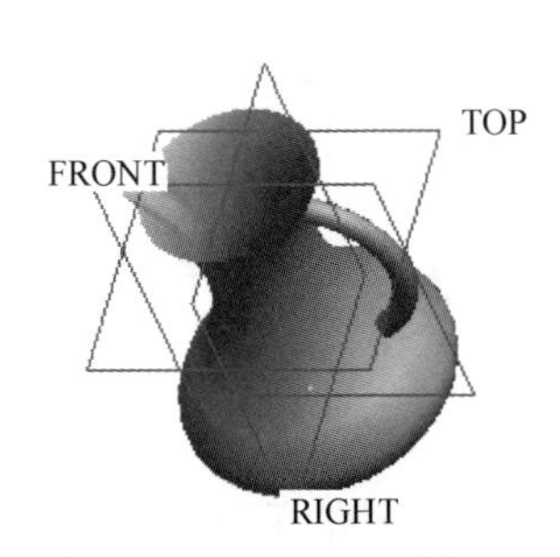

图 4.9.3　导入后的图形

2. 发布几何

发布几何是一种创建特征的方法，其结果是产生一个特征。它只是将设计中需要被参考和引用的数据集中标识出来，以供其他的文件能够一次性地集中复制所有需要的参考，并不产生任何新的几何内容。下面举例简要介绍发布几何的操作步骤。

Step1. 设置工作目录。选择下拉菜单 文件 → 管理会话(M) → 选择工作目录(W) 命令，将工作目录设置至 D:\creo8.8\work\ch04.09。

Step2. 在快速工具栏中单击“打开”按钮 ，系统弹出“打开”对话框；选取文件 water_bollte_01.prt，然后单击 打开 按钮，此时图形区中显示图 4.9.4 所示的零件模型。

Step3. 在 模型 功能选项卡的 模型意图 下拉菜单中选择 发布几何 命令。

Step4. 系统弹出“发布几何”对话框，该对话框有图 4.9.5a 所示的 参考 选项卡和图 4.9.5b 所示的 属性 选项卡。

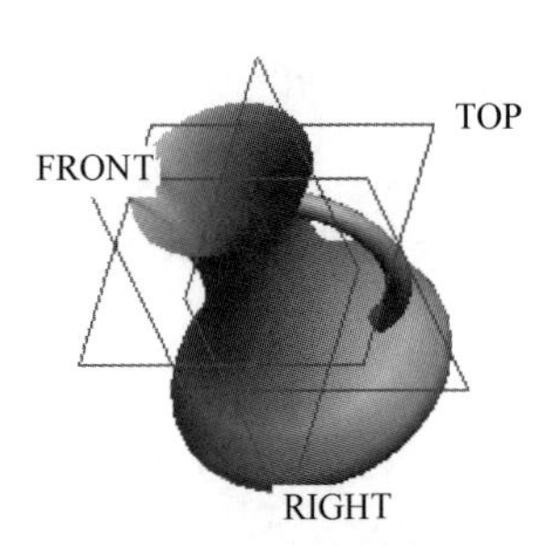

图 4.9.4　打开后的零件模型

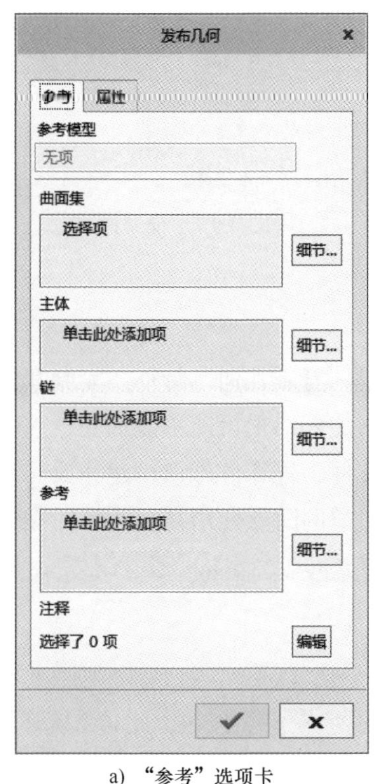

a) “参考”选项卡

b) “属性”选项卡

图 4.9.5 “发布几何”对话框

图 4.9.5 所示的“发布几何”对话框中各选项组的具体含义如下。

- 曲面集：选取图形中的平面和曲面传递数据。
- 链：选取图形中的曲面边或边链传递数据。
- 参考：选取图形中的参考传递数据。参考包括曲线参考、曲面参考等。
- 注释：注释、符号、表面粗糙度、几何公差和参考尺寸等。
- 名称：定义发布几何特征的名称。

注意：单击每个选项后面的 细节... 按钮，可以从参考列表中查看、添加或删除参考。

Step5. 单击 曲面集 选项组后面的 细节... 按钮，系统弹出“曲面集”对话框。按住 Ctrl 键，选取图 4.9.6 所示的所有加亮曲面，然后单击“曲面集”对话框中的 确定 按钮。

Step6. 单击“发布几何”对话框中的 ✔ 按钮，完成发布几何的创建，此时的模型树如图 4.9.7 所示。

Step7. 选择下拉菜单 文件 → 保存(S) 命令。

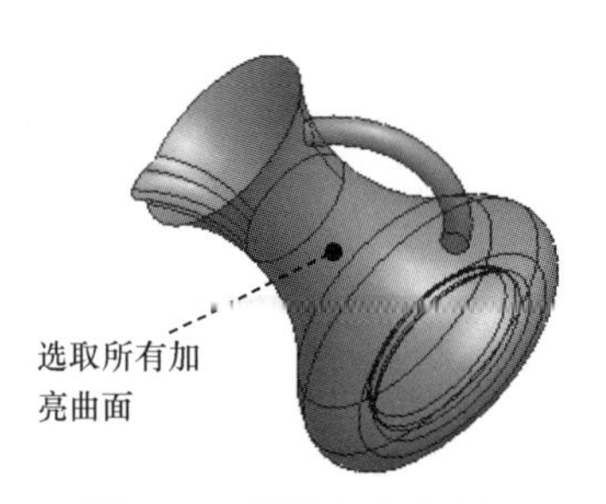

图 4.9.6 选取加亮曲面

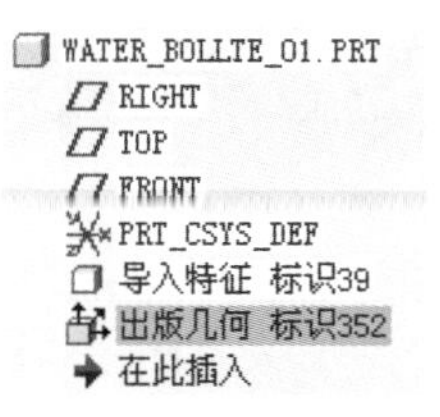

图 4.9.7 模型树

3. 复制几何

发布几何后，用户可以在零件、骨架等模型中创建“复制几何”特征。复制几何在构建复杂的外形时非常有用，比如在构建抽壳特征时，复杂的外形很可能不能抽壳，这时可以在未构建零件外形前先抽壳，将抽壳的曲面保存为一个文件，等零件外形构建完成后用复制几何的命令，将抽壳文件里的曲面复制以进行剪切。下面举例简要介绍复制几何的操作步骤。

Step1. 选择下拉菜单 文件 ➡ 管理会话(M) ➡ 选择工作目录(W) 命令，将工作目录设置至 D:\creo8.8\work\ch04.09。

Step2. 新建一个零件模型，命名为 copy_water_bollte。

Step3. 单击 模型 功能选项卡 获取数据 ▾ 区域中的 复制几何 按钮，此时系统弹出图 4.9.8 所示的“复制几何”操控板。

图 4.9.8 “复制几何”操控板

Step4. 在该操控板中单击“打开”按钮，系统弹出“打开”对话框；选取文件 water_bollte_02.prt，然后单击 打开 按钮。

Step5. 系统弹出图 4.9.9 所示的“放置”对话框，在 放置 选项组中选中 ◉ 默认 单选项，然后单击该对话框中的 确定 按钮。

Step6. 单击“复制几何”操控板中的 参考 选项卡，系统弹出图 4.9.10 所示的“参考”界面（一）。

Step7. 单击 发布几何 下面的文本框，系统弹出图 4.9.11 所示的“选取模型预览”子窗口。

Step8. 在选取模型预览子窗口中选取图中所示的曲面（即前面所创建的发布几何）。

Step9. 单击“复制几何”操控板中的“预览”按钮，可以预览复制几何，然后单

击 ✔ 按钮，完成图 4.9.12 所示的几何复制。此时的模型树如图 4.9.13 所示。

Step10. 选择下拉菜单 文件 → 保存(S) 命令，保存输入的图形。

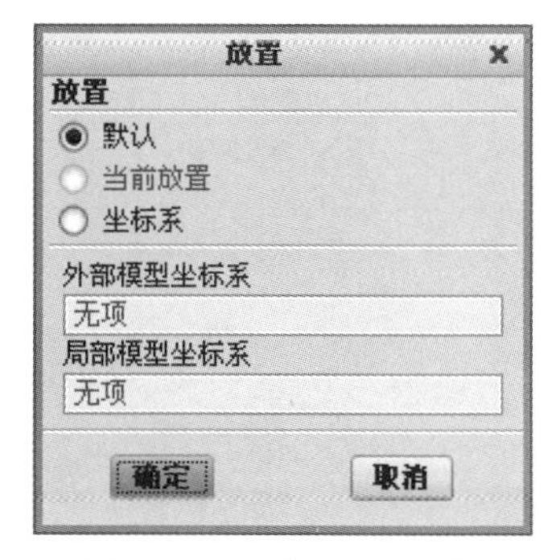

图 4.9.9 “放置”对话框

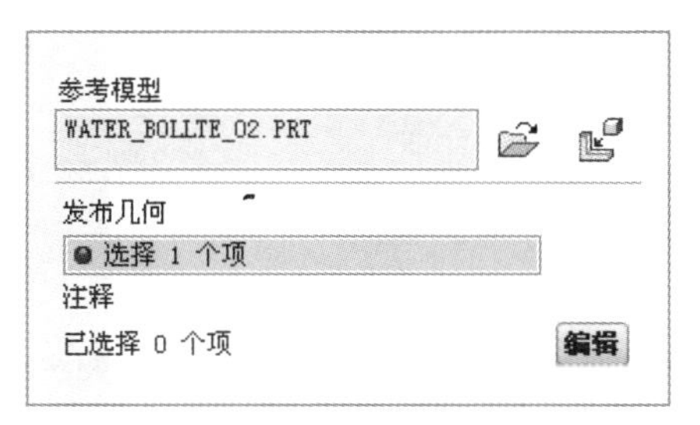

图 4.9.10 “参考”界面（一）

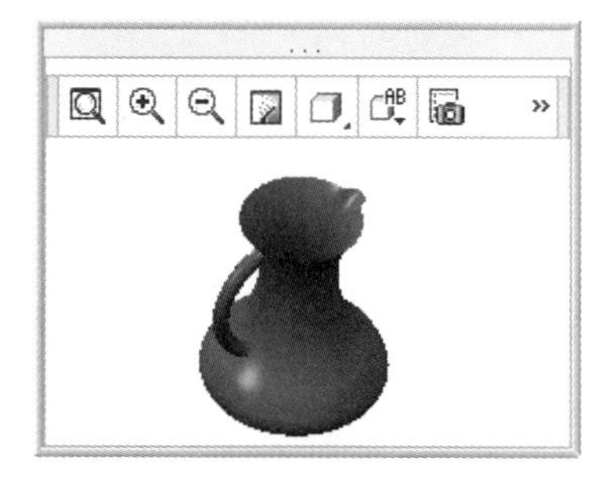

图 4.9.11 “选取模型预览”子窗口

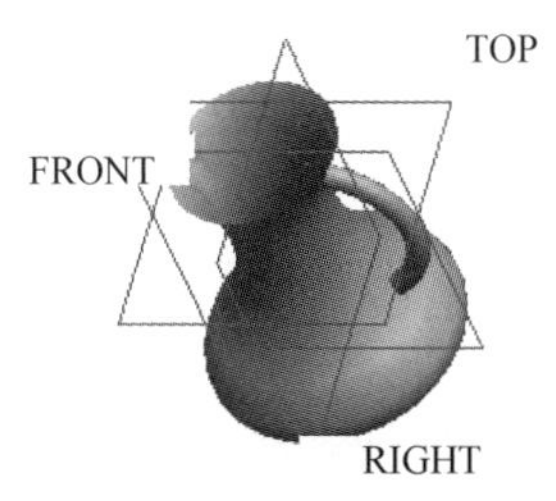

图 4.9.12 几何复制结果

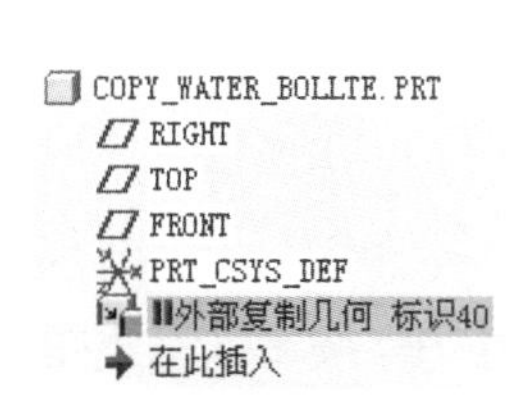

图 4.9.13 模型树

4. 合并 / 继承

合并 / 继承的几何特征和原来的参考文件之间同样存在参数关联性，即原文件发生的任何变化都可以传递到被合并的特征中。下面举例简要说明合并 / 继承的操作步骤。

Step1. 选择下拉菜单 文件 → 管理会话(M) → 选择工作目录(W) 命令，将工作目录设置至 D:\creo8.8\work\ch04.09。

Step2. 新建一个零件模型，命名为 unite_water_bollte。

Step3. 在 模型 功能选项卡 获取数据 ▾ 下拉菜单中选择 合并/继承 命令，此时系统弹出图 4.9.14 所示的“合并 / 继承”操控板。

图 4.9.14 “合并 / 继承”操控板

Step4. 在该操控板上单击“打开”按钮 ，系统弹出“打开”对话框；选取文件

water_bollte_01.prt（该模型中也有“发布几何”特征），然后单击 打开 按钮。

Step5. 系统弹出“选取模型预览”子窗口和图 4.9.15 所示的“元件放置”对话框。

图 4.9.15 “元件放置”对话框

Step6. 在“元件放置”对话框的 约束类型 下拉列表中选择 默认 选项，然后单击该对话框中的 ✓ 按钮。

Step7. 单击“合并 / 继承”操控板中的“预览”按钮 ，可以预览合并 / 继承，然后单击 ✓ 按钮，完成图 4.9.16 所示的外部合并。此时的模型树如图 4.9.17 所示。

图 4.9.16 外部合并结果　　图 4.9.17 模型树

Step8. 选择下拉菜单 文件 → 保存 命令，保存输入的图形。

5. 收缩包络

对于传输含有孔或者小曲面的面和面组的形状或数据时，通过创建收缩包络特征，可以自动填孔、忽略小曲面等。下面举例简要介绍收缩包络的操作步骤。

Step1. 选择下拉菜单 文件 → 管理会话(M) → 选择工作目录(W) 命令，将工作目录设置至 D：\creo8.8\work\ch04.09。

Step2. 新建一个零件模型，命名为 shrink_water_bollte。

Step3. 单击 模型 功能选项卡 获取数据 ▾ 区域中的 收缩包络 按钮，此时系统弹出图 4.9.18 所示的“收缩包络”操控板。

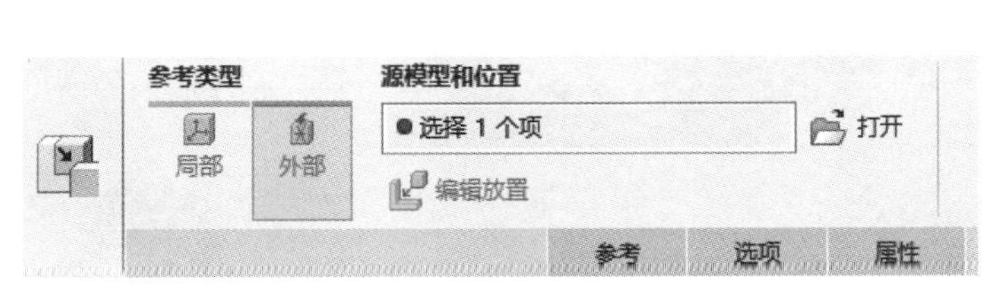

图 4.9.18 “收缩包络”操控板

Step4. 在该操控板上单击“打开”按钮，系统弹出“打开”对话框；选取文件 water_bollte_01.prt（该模型中已有“发布几何”特征），然后单击 打开 按钮。

Step5. 系统弹出“放置”对话框。在该对话框中选中 默认 单选项，然后单击 确定 按钮。

Step6. 单击“收缩包络”操控板中的 参考 选项卡，系统弹出图 4.9.19 所示的“参考”界面（二）。

Step7. 单击该界面中 始终包括曲面 下的文本框，系统弹出图 4.9.20 所示的“选取模型预览”子窗口；单击 始终包括曲面 后面的 细节... 按钮，系统弹出“曲面集”对话框；按住 Ctrl 键，选取图 4.9.20 所示的“选取模型预览”子窗口中的加亮曲面；在“曲面集”对话框中单击 确定 按钮。

图 4.9.19 “参考”界面（二）

图 4.9.20 “选取模型预览”子窗口

Step8. 单击“收缩包络”操控板中的 选项 选项卡，系统弹出图 4.9.21 所示的“选项”界面；将该界面 曲面复制选项 选项组中的 等级: 设置升高时，系统弹出“收缩包络警告”对话框。一般情况下 等级: 的默认设置为 1。

Step9. 单击“收缩包络”操控板中的“确定”按钮，完成图 4.9.22 所示的收缩包络，此时的模型树如图 4.9.23 所示。

Step10. 选择下拉菜单 文件 → 保存(S) 命令，保存输入的图形。

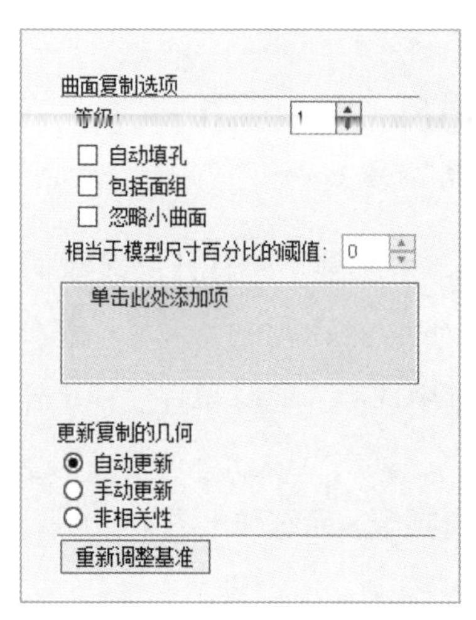

图 4.9.21 “选项”界面

图 4.9.22 收缩包络结果

SHRINK_WATER_BOLLTE.PRT
RIGHT
TOP
FRONT
PRT_CSYS_DEF
外部收缩包络 标识40
在此插入

图 4.9.23 模型树

4.10 参数化设计

参数化设计的功能主要是使用“关联性约束”来定义和修改几何模型。“约束”包括尺寸约束、拓扑约束和工程约束。Creo 就是一个参数化设计的 CAD/CAM/CAE 软件，在用 Creo 进行设计时，除了可以用参数来控制尺寸值外（特征功能特有），还可以在参数之间建立一些关系（这些特征功能没有），通过改变一些尺寸参数可以实现尺寸驱动。在图 4.10.1 所示的 工具 功能区，有用于参数化设计的命令。

图 4.10.1 所示的“工具”功能区中部分参数化设计命令的简要说明如下。

- 族表：创建或者修改零件族表。
- 参数：用于设置参数。
- 切换尺寸：在尺寸值和名称之间进行切换。
- d= 关系：在截面尺寸或模型参数之间建立关系。
- UDF 库：访问创建 UDF 和修改库中现有 UDF 的命令。
- 辅助应用程序：管理辅助的应用程序。

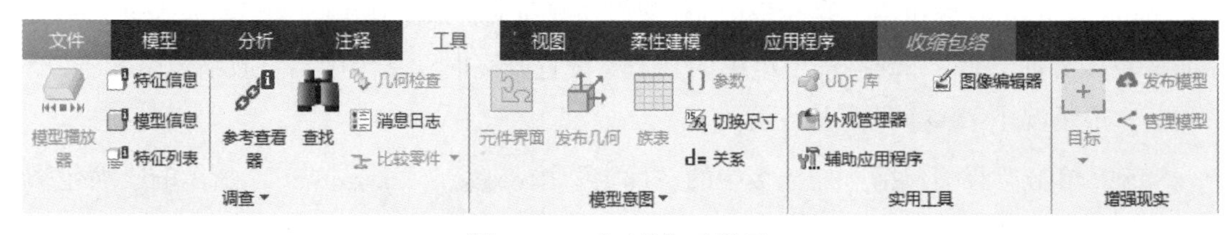

图 4.10.1 “工具”功能区

4.10.1 关于关系

1. 关系的基本概念

关系（也被称为参数关系）是用户定义符号尺寸和参数之间的数学表达式。关系捕捉特征之间、参数之间或装配元件之间的设计联系，是捕捉设计意图的一种方式。用户可用它驱动模型——改变关系也就改变了模型。例如在图 4.10.2 所示的模型中，通过创建关系 d26=2*d23，可以使孔特征 1 的直径总是孔特征 2 的直径的两倍，而且孔特征 1 的直径始终由孔特征 2 的直径所驱动和控制。

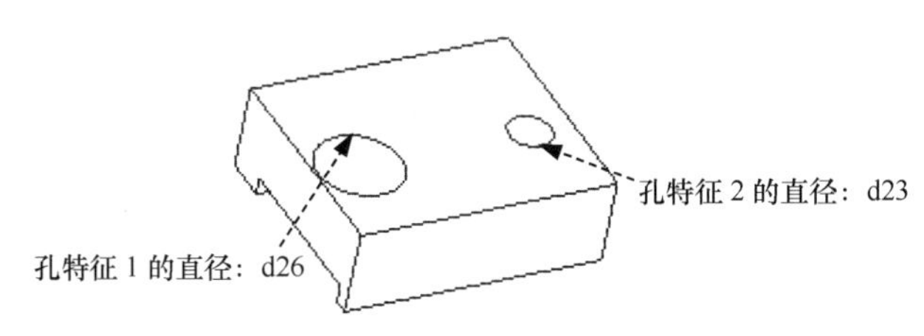

图 4.10.2 关系的基本概念模型

➢ **关系类型**

有两种类型的关系。

- 等式——使等式左边的一个参数等于右边的表达式。这种关系用于给尺寸和参数赋值。例如：简单的赋值 d1=4.75，复杂的赋值 d5=d2*（SQRT（d7/3.0+d4））。
- 比较——比较左边的表达式和右边的表达式。这种关系一般用来作为一个约束或用于逻辑分支的条件语句中。例如：

作为约束（d1+d2）>（d3+2.5）

在条件语句中 IF（d1+2.5）>=d7

➢ **关系层次**

可以把关系增加到：

（1）特征的截面草图（在二维草绘模式下）。

（2）特征（在零件或装配模式下）。

（3）零件（在零件或装配模式下）。

（4）装配（在装配模式下）。

➢ **进入关系操作界面**

在零件和装配模式下，要进入关系操作界面，应单击 工具 功能选项卡 模型意图▼ 区域中的 d=关系 按钮，此时系统弹出图 4.10.3 所示的“关系”对话框。

当第一次进入关系操作界面时，系统默认查看或改变当前模型中的关系，可从“对象类型”列表中选择下列选项之一。

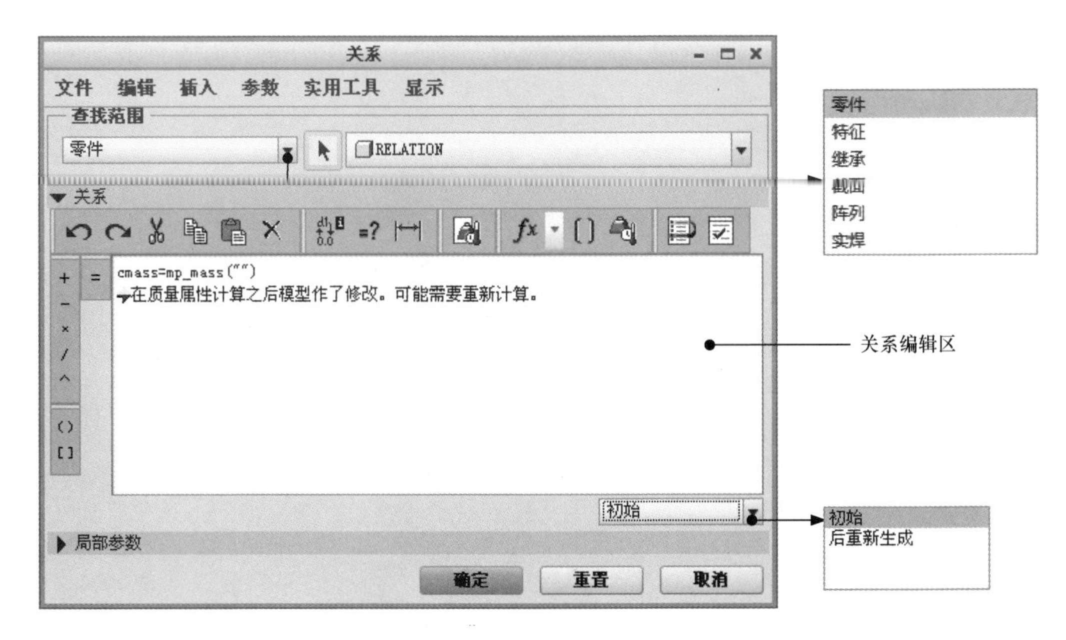

图 4.10.3 “关系”对话框

- 装配：访问装配中的关系。
- 骨架：访问装配中骨架模型的关系（只对装配适用）。
- 零件：访问零件中的关系。
- 元件：访问元件中的关系（只对装配适用）。
- 特征：访问特征特有的关系。
- 继承：访问继承关系，适用于“零件”“装配”。
- 截面：如果特征有一个截面，那么用户就可对截面中的关系或者对作为一个整体的特征中的关系进行访问。
- 阵列：访问阵列所特有的关系。

2. 在关系中使用参数符号

在关系中，Creo 支持四种类型的参数符号。

（1）尺寸符号：支持下列尺寸符号类型。

—d#：零件或装配模式下的尺寸。

—d#：#：装配模式下的尺寸。第二个 # 为装配或元件的进程标识。

—rd#：零件或顶层装配中的参考尺寸。

—rd#：#：装配模式中的参考尺寸。第二个 # 为装配或元件的进程标识。

—rsd#：草绘环境中截面的参考尺寸。

—kd#：在草绘环境下，截面中的已知尺寸（在父零件或装配中）。

（2）公差：与公差格式相关的参数，当尺寸由数字转向参数的时候出现这些符号。

—tpm#：加减对称格式中的公差，# 是尺寸数。

—tp#：加减格式中的正公差，# 是尺寸数。

—tm#：加减格式中的负公差，# 是尺寸数。

（3）实例数：这些是整数参数，比如阵列方向上的实例个数。

—p#. 阵列实例的个数。

注意：如果将实例数改变为一个非整数值，Creo 将截去其小数部分，例如：2.90 将变为 2。

（4）用户参数：这些是用户为了增加参数或关系所定义的参数。

例如：Volume = d0*d1*d2　　　　Vendor = “TWTI Corp.”

注意：

- 用户参数名必须以字母开头（如果它们要用于关系的话）。
- 不能使用 d#、kd#、rd#、tm#、tp# 或 tpm# 作为用户参数名，因为它们是由尺寸保留使用的。
- 用户参数名不能包含非字母数字字符，例如！、@、#、$。
- 下列参数是由系统保留使用的。

PI（几何常数）：3.14159（不能改变该值）。

G（引力常数）：9.8m/s²。

C1、C2、C3 和 C4：默认值，分别等于 1.0、2.0、3.0 和 4.0。

3. 关系中的运算符

下列三类运算符可用于关系中。

（1）算术运算符。

+ 加　　　– 减　　　/ 除

* 乘　　　^ 指数　　　( ) 分组括号

（2）赋值运算符。

= 是一个赋值运算符，它使得两边的式子或关系相等。应用时，等式左边只能有一个参数。

（3）比较运算符：只要能返回 TRUE 或 FALSE 值，就可使用比较运算符。

系统支持下列比较运算符：

==　等于　　　<=　小于或等于

>　大于　　　|　或

>=　大于或等于　　　&　与

<　小于　　　~ 或！　非

~=　不等于

运算符 |、&、！和 ~ 扩展了比较关系的应用，它们使得能在单一的语句中设置若干条件。例如，当 d1 在 2 和 3 之间且不等于 2.5 时，下面关系返回 TRUE：

d1 > 2&d1 < 3&d1 ~= 2.5

4. 关系中使用的函数

（1）数学函数。

cos（ ）余弦　　asin（ ）反正弦　　cosh（ ）双曲线余弦

tan（ ）正切　　acos（ ）反余弦　　tanh（ ）双曲线正切

sin（ ）正弦　　atan（ ）反正切

sqrt（ ）平方根　　sinh（ ）双曲线正弦

log（ ）　以 10 为底的对数　　abs（ ）绝对值

ln（ ）　自然对数　　ceil（ ）不小于其值的最小整数

exp（ ）　e 的幂　　floor（ ）不超过其值的最大整数

注意：

- 所有三角函数都使用单位“度”。
- 可以给函数 ceil 和 floor 加一个可选的自变量，用它指定要保留的小数位数。

  这两个函数的语法如下。

  ceil（参数名或数值，小数位数）

  floor（参数名或数值，小数位数）

  其中，小数位数是可选值。
- 可以被表示为一个数或一个用户自定义参数。如果该参数值是一个实数，则被截成为一个整数。
- 它的最大值是 8。如果超过 8，则不会舍入要舍入的数（第一个自变量），并使用其初值。
- 如果不指定它，则功能同前期版本一样。

  使用不指定小数部分位数的 ceil 和 floor 函数，举例如下。

  ceil（10.2）值为 11　　floor（10.2）值为 10

  使用指定小数部分位数的 ceil 和 floor 函数，其举例如下。

  ceil（10.255，2）等于 10.26　　floor（10.255，1）等于 10.2

  ceil（10.255，0）等于 11　　floor（10.255，2）等于 10.25

（2）曲线表计算：曲线表计算使用户能用曲线表特征通过关系来驱动尺寸。尺寸可以是截面、零件或装配尺寸。格式如下：

evalgraph（"graph_name"，x）

其中，graph_name 是曲线表的名称，x 是沿曲线表 x 轴的值，返回 y 值。

对于混合特征，可以指定轨道参数 trajpar 作为该函数的第二个自变量。

注意： 曲线表特征通常是用于计算 x 轴上所定义范围内 x 值对应的 y 值。当超出范围时，y 值是通过外推的方法来计算的。对于小于初始值的 x 值，系统通过从初始点延长切线的方法计算外推值；同样，对于大于终点值的 x 值，系统通过将切线从终点往外延伸计算外推值。

（3）复合曲线轨道函数：在关系中可以使用复合曲线的轨道参数 trajpar_of_pnt。

下列函数返回一个 0.0 和 1.0 之间的值：

trajpar_of_pnt（"trajname"，"pointname"）

其中，trajname 是复合曲线名，pointname 是基准点名。

5. 关系中的条件语句

- IF 语句

IF 语句可以加到关系中以形成条件语句。例如：

IF d1 > d2

●ength = 24.5

ENDIF

IF d1 <= d2

●ength = 17.0

ENDIF

条件是一个值为 TRUE（或 YES）或 FALSE（或 NO）的表达式，这些值也可以用于条件语句中。例如，下列语句都可以用同样的方式计算：

IF ANSWER == YES

IF ANSWER == TRUE

IF ANSWER

- ELSE 语句

即使再复杂的条件结构，都可以通过在分支中使用 ELSE 语句来实现。用这一语句，前一个关系可以修改成如下的样子：

IF d1 > d2

●ength = 14.5

ELSE

●ength = 7.0

ENDIF

在 IF、ELSE 和 ENDIF 语句之间可以有若干个特征。此外，IF-ELSE-ENDIF 结构可以在特征序列（它们是其他 IF-ELSE-ENDIF 结构的模型）内嵌套。IF 语句的语法如下：

IF < 条件 >

若干个关系的序列或 IF 语句

ELSE < 可选项 >

若干个关系的序列或 IF 语句

ENDIF

注意：

- ENDIF 必须作为一个字来拼写。

● ELSE 本身必须占一行。
● 条件语句中的相等必须使用两个等号（==）；赋值号必须是一个等号（=）。

6. 关系中的联立方程组

联立方程组是指必须联立解出若干变量或尺寸。例如，假设有一个宽为 d1、高为 d2 的长方形，并要指定下列条件：其面积等于 200，且其周长要等于 60。

可以输入下列方程组：

```
SOLVE
d1*d2 = 200
2*（d1+d2）= 60
FOR d1 d2…or…FOR d1，d2
```

所有 SOLVE 和 FOR 语句之间的行成为方程组的一部分。FOR 行列出要求解的变量；所有在联立方程组中出现而在 FOR 列表中不出现的变量被解释为常数。

联立方程组中的变量必须预先初始化。

由联立方程组定义的关系可以同单变量关系自由混合。选择“显示关系”时，两者都显示，并且它们可以用“编辑关系”进行编辑。

注意：即使方程组有多组解，也只返回一组。但用户可以通过增加额外的约束条件来得到他所需要的那一组方程解。比如，上例中有两组解，用户可以增加约束 d1 <= d2，程序为：

```
IF d1 >d2
temp = d1
d1 = d2
d2 = temp
ENDIF
```

7. 为参数设置字符串值

可以给参数赋予字符串值，字符串值放在双引号之间。例如，在工程图注释内可使用参数名，参数关系可以表示如下：

```
IF d1 > d2
MIL_REF ="MIL-STD XXXXA"
ELSE
MIL_REF ="MIL-STD XXXXB"
ENDIF
```

8. 字符串运算符和函数

字符串可以使用下列运算符。

== 比较字符串的相等。

！ =，<>，~= 比较字符串的不等。

+ 合并字符串。

下面是与字符串有关的几个函数。

（1）itos（int）：将整数转换为字符串。其中，int 可以是一个数或表达式，非整数将被舍入。

（2）search（字符串，子串）：搜索子串。结果值是子串在串中的位置（如未找到，返回 0）。

（3）extract（字符串，位置，长度）：提取一个子串。

（4）string_length（）：返回某参数中字符的个数。例如，串参数 material 的值是 steel，则 string_length（material）等于 5，因为 steel 有五个字母。

（5）rel_model_name（）：返回当前模型名。例如，如果当前在零件 A 中工作，则 rel_model_name（）等于 A。要在装配的关系中使用该函数，关系应为：

名称 = rel_model_name：2（） 注意（）内是空的。

（6）rel_model_type（）：返回当前模型的类型。如果正在"装配"模式下工作，则 rel_model_type（）等于装配名。

（7）exists（）：判断某个项目（如参数、尺寸）是否存在。该函数适用于正在计算关系的模型。例如：

if exists（"d5：20"）检查运行时标识为 20 的模型的尺寸是否为 d5。

if exists（"par：fid_25：cid_12"）检查元件标识 12 中特征标识为 25 的特征是否有参数 par。该参数只存在于大型装配的一个零件中。例如，假设在机床等大型装配中有若干系统（诸如液压、气动、电气系统），但大多数对象不属于任何系统，在这种情况下，为了进行基于参数的计算评估，只需给系统中所属的模型指派适当的参数。例如，如果电气系统中的项目需要使用 BOM 报表中的零件号，而不是模型名，则可以创建一个报表参数 bom_name，并写出如下关系：

```
if exists（"asm_mbr_cabling"）
bom_name = part_no
else
bom_name = asm_mbr_name
endif
```

9. 关系错误信息

系统会检查刚刚编辑的文件中关系的有效性，如果发现了关系文件中的错误，则立即返回到编辑模式，并给错误的关系打上标记，然后可以修正有标记的关系。

在关系文件中可能出现三种类型的错误信息。

（1）长行：关系行超过 80 个字符。编辑该行，或把该行分成两行（其方法是输入反斜

杠符号\，以表示关系在下一行继续）。

（2）长符号名：符号名超过 31 个字符。

（3）错误：发生语法错误。例如，出现没有定义的参数。此时可检查关系中的错误并编辑。

注意：这种错误检查捕捉不到约束冲突。如果联立关系不能成立，则在消息区出现警告；如果遇到不确定的联立关系，则在最后一个关系行下的空行上出现错误信息。

4.10.2 关于用户参数

单击 工具 功能选项卡 模型意图▾ 区域中的 ()参数 按钮，可以创建用户参数并给其赋值，我们也可以使用“模型树”将参数增加到项目中。用户参数同模型一起保存，不必在关系中定义。

用户参数的值不会在再生时随模型的改变而更新，即使是使用系统参数（如模型的尺寸参数或质量属性参数）定义的用户参数值也是这样。例如假设系统将 d5 这个参数自动分配给模型中某一尺寸 100，而又用 ()参数 命令创建了一个用户参数 LENGTH，那么可用关系式 LENGTH = d5 将系统参数 d5 的值 100 赋给用户参数 LENGTH，当尺寸 d5 的值从 100 修改为 120 时，LENGTH 的值不会随 d5 的改变而更新，仍然为 100。

但要注意，如果把用户参数的值赋给系统参数，则再生时系统参数的值会随用户参数值的改变而更新。例如，如果用 ()参数 命令创建 LENGTH=150，然后建立关系 d5=LENGTH，那么在模型再生后，d5 将更新为新的值 150。

4.10.3 曲面的参数化设计应用范例

下面举例说明建立几何关系的过程以及改变驱动尺寸的方法，具体步骤如下。

Step1. 新建一个零件的三维模型，将其命名为 relation。

Step2. 创建用户参数：碗口半径 L，碗体半径 R1，碗高 H，碗底倒角半径 R2。

（1）单击 工具 功能选项卡 模型意图▾ 区域中的 ()参数 按钮，系统弹出图 4.10.4 所示的“参数”对话框。

（2）在该对话框的 查找范围 区域中，选择对象类型为 零件，然后单击 + 按钮。

（3）在 名称 栏中输入参数名 L，按 Enter 键；在 类型 栏中，选取参数类型为“实数”；在 值 栏中，输入参数 L 的值为 100，按 Enter 键。

（4）用同样的方法创建用户参数 R1，设置为“实数”，初始值为 160；创建用户参数 H，设置为“实数”，初始值为 165；创建用户参数 R2，设置为“实数”，初始值为 65。

（5）单击该对话框中的 确定 按钮。

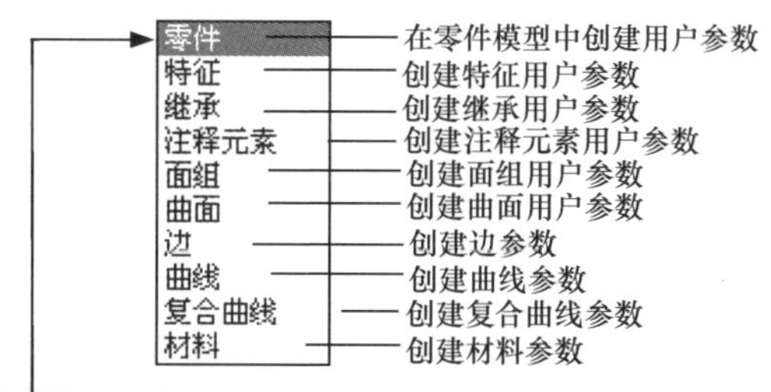

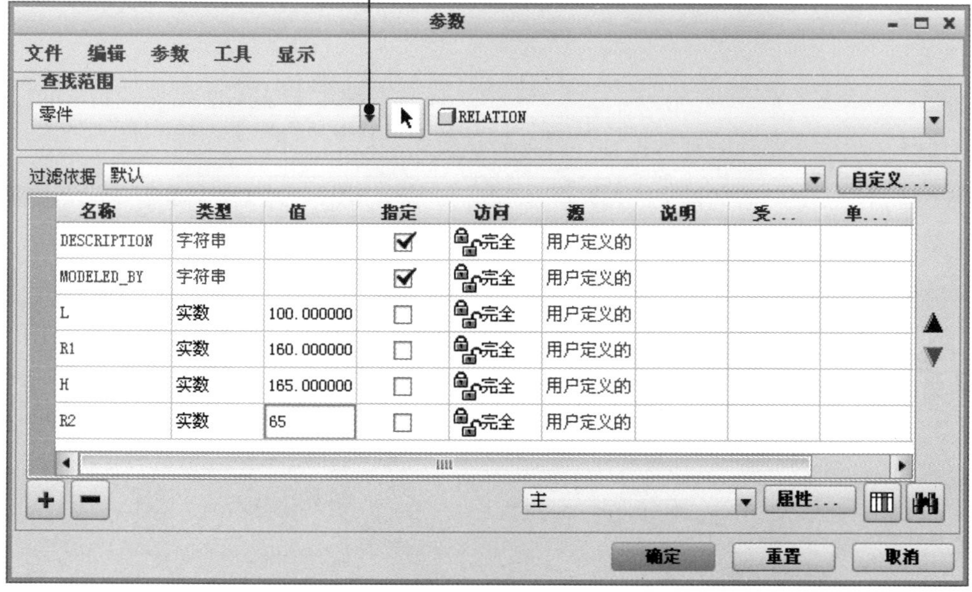

图 4.10. 4 “参数”对话框

Step3. 创建图 4.10.5 所示旋转曲面。步骤如下。

(1) 单击 模型 功能选项卡 形状 ▾ 区域中的“旋转”按钮 旋转。

(2) 按下“曲面类型”按钮 ；选取 FRONT 基准平面为草绘平面，选取 RIGHT 基准平面为参考平面，方向为 右；单击 草绘 按钮，绘制图 4.10.6 所示的截面草图（半径值可以任意给出，将来可由关系确定）；在“旋转”操控板中选择旋转类型为 ，在角度文本框中输入角度值 360.0。

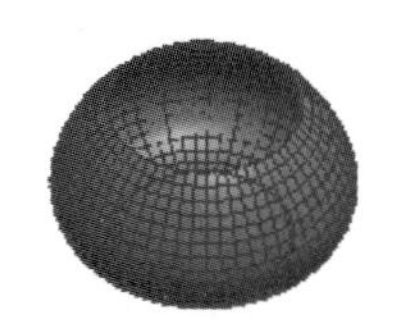

图 4.10.5 旋转曲面

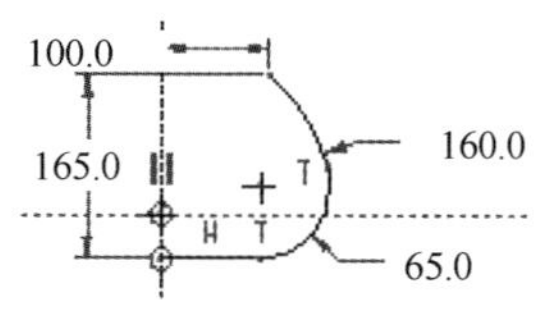

图 4.10.6 截面草图

Step4. 创建关系。

(1) 单击 工具 功能选项卡 模型意图 ▾ 区域中的 d= 关系 按钮。

(2) 系统弹出“关系”对话框，在 零件 ▾ 下拉列表中选择 零件 选项。

（3）选取 Step3 所创建的旋转曲面，这时系统显示出此特征的所有尺寸参数符号，如图 4.10.7 所示（单击 按钮，可以在模型尺寸与名称间进行切换）。

（4）添加关系。在“关系”对话框的关系编辑区，输入如下关系式：

d1=L

d4=R1

d2=H

d3=R2

说明：在以上关系式中，d1 代表碗口半径，d4 代表碗体半径，d2 代表碗高，d3 代表碗底倒角半径。读者在学习时可根据自己创建的模型建立关系。

（5）单击“关系”对话框中的 确定 按钮，完成关系定义；单击“重新生成”按钮，再生模型。

Step5. 应用编程的方法进行参数的输入控制，以达到快速设计新产品的目的。

（1）在 模型 功能选项卡的 模型意图 ▾ 下拉菜单中选择 程序 命令，系统弹出图 4.10.8 所示的菜单管理器。

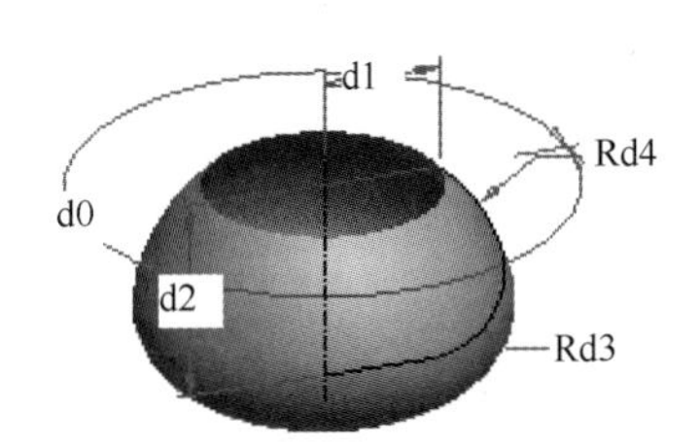

图 4.10.7　尺寸参数符号

图 4.10.8　菜单管理器

（2）在菜单管理器中选择 Edit Design (编辑设计) 命令，系统弹出图 4.10.9 所示的“程序编辑器”界面。

（3）如图 4.10.10 所示，在编辑器的 INPUT 和 END INPUT 语句之间输入以下程序。

L NUMBER

"请输入碗口半径"

R1 NUMBER

"请输入碗体半径"

H NUMBER

"请输入碗高"

R2 NUMBER

"请输入碗底倒角半径"

（4）完成后存盘退出。在系统弹出的“记事本”对话框中单击 保存(S) 按钮。

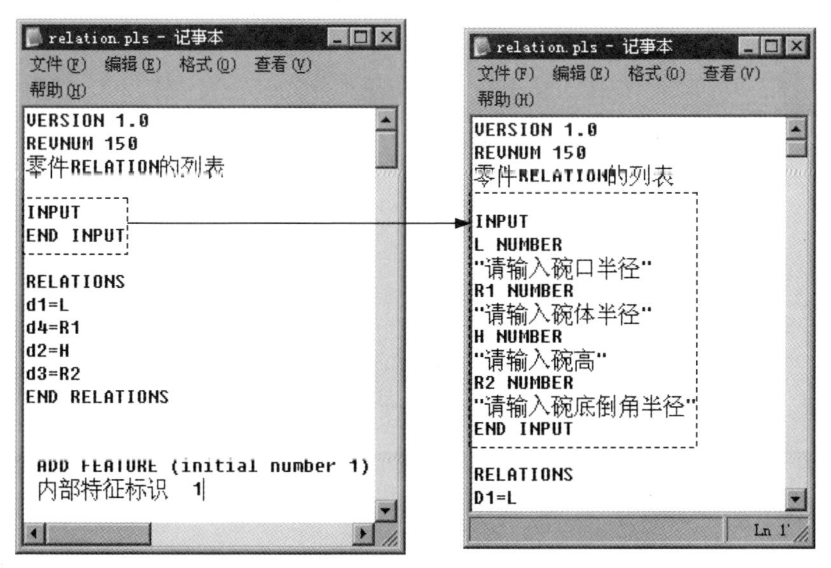

图 4.10.9 “程序编辑器”界面　　　图 4.10.10 输入程序

Step6. 验证程序设计效果。

（1）完成上一步操作后，系统弹出图 4.10.11 所示的“GET INPUT”菜单，选择该菜单中的 **Enter (输入)** 命令。

（2）在系统弹出的图 4.10.12 所示的“INPUT SEL”菜单界面中，选中 L、R1、H、R2 这四个复选框，然后选择 **Done Sel (完成选择)** 命令。

（3）在系统出现 请输入碗口半径 [100.0000] 提示时，输入数值 150。

（4）在系统出现 请输入碗体半径 [160.0000] 提示时，输入数值 200。

（5）在系统出现 请输入碗高 [165.0000] 提示时，输入数值 250。

（6）在系统出现 请输入碗底倒角半径 [65.0000] 提示时，输入数值 60。

此时系统开始生成模型，新模型如图 4.10.13 所示。

Step7. 保存零件模型文件。

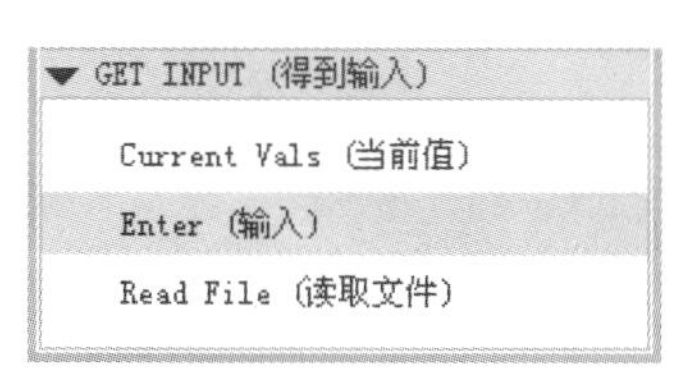

图 4.10.11 “GET INPUT”菜单

图 4.10.12 “INPUT SEL”菜单

图 4.10.13 新模型

第5章　曲面的修改与编辑

本章提要

本章将介绍曲面的修改与编辑，主要内容包括曲面的修剪、用面组或曲线修剪面组、用“顶点倒圆角”命令修剪面组、薄曲面的修剪、曲面的合并与延伸操作、曲面的移动和旋转、曲面的拔模和将曲面面组转化为实体或实体表面。

5.1　曲面的修剪

曲面的修剪（Trim）就是将选定曲面上的某一部分切除掉，它类似于实体的切削（Cut）功能。曲面的修剪有许多方法，下面将分别介绍。

5.1.1　一般的曲面修剪

在 模型 功能选项卡 形状▼ 区域中各命令特征的操控板中按下“曲面类型”按钮 及“移除材料”按钮 ，可产生一个修剪曲面，用这个修剪曲面可将选定曲面上的某一部分剪除掉。注意：产生的修剪曲面只用于修剪，而不会出现在模型中。

下面以对图 5.1.1 中的鼠标盖进行修剪为例，说明基本形式的曲面修剪的一般操作过程。

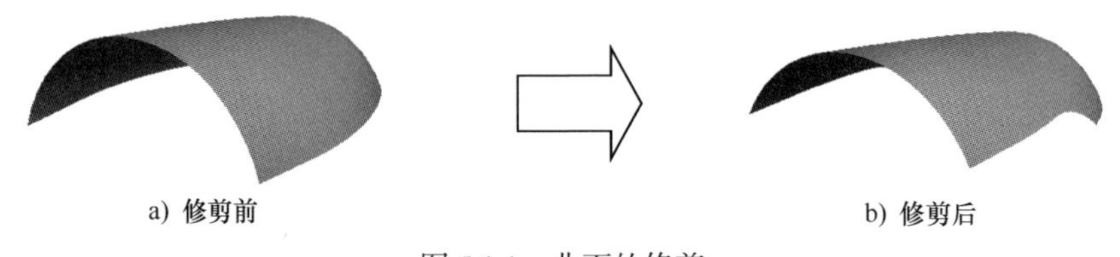

图 5.1.1　曲面的修剪

Step1. 将工作目录设置至 D：\creo8.8\work\ch05.01，打开文件 surface_trim.prt。

Step2. 单击 模型 功能选项卡 形状▼ 区域中的 拉伸 按钮，此时系统弹出“拉伸”操控板。

Step3. 按下该操控板中的“曲面类型”按钮 及“移除材料”按钮 。

Step4. 选取图 5.1.2 所示的曲面 1 为要修剪的曲面。

Step5. 定义修剪曲面特征的截面要素。选取 TOP 基准平面为草绘平面，选取 RIGHT 基准平面为参考平面，方向为 左；绘制图 5.1.3 所示的截面草图。

Step6. 在“拉伸”操控板中单击 选项 选项卡，在系统弹出的“选项”界面中选取两侧深度类型均为 ⫼，切削方向如图 5.1.4 所示。

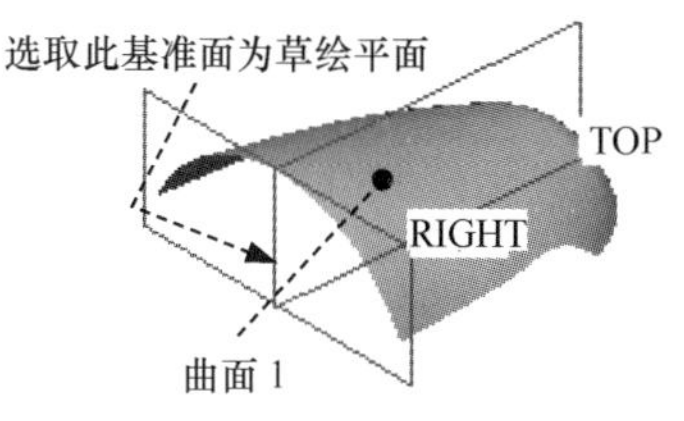

图 5.1.2 选择要修剪的曲面

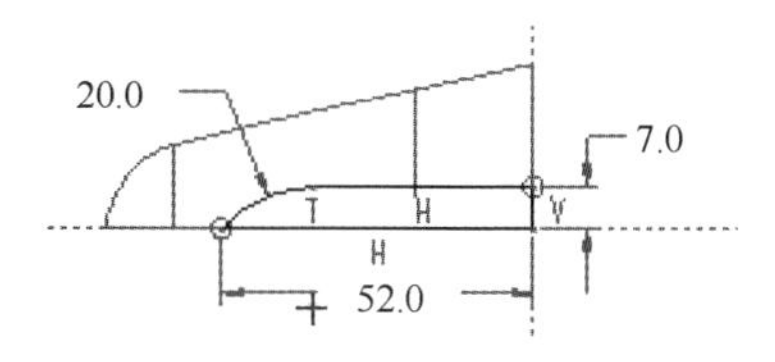

图 5.1.3 截面草图

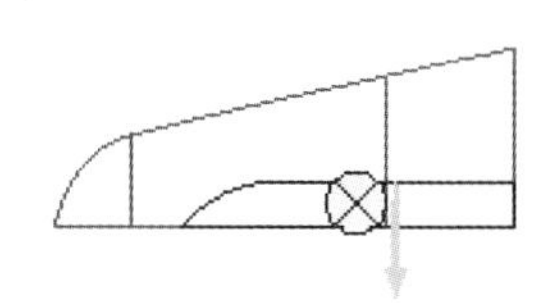
图 5.1.4 切削方向

Step7. 在“拉伸”操控板中单击“预览”按钮 ，查看所创建的特征；单击 ✔ 按钮，完成操作。

5.1.2 用面组或曲线修剪面组

通过 模型 功能选项卡 编辑 ▾ 区域中的 修剪 命令，可以用另一个面组、基准平面或沿一个选定的曲线链来修剪面组。

下面以图 5.1.5 为例，说明其操作过程。

Step1. 将工作目录设置至 D: \creo8.8\work\ch05.01，打开文件 surface_sweep_trim.prt。

Step2. 选取要修剪的曲面，如图 5.1.5 所示。

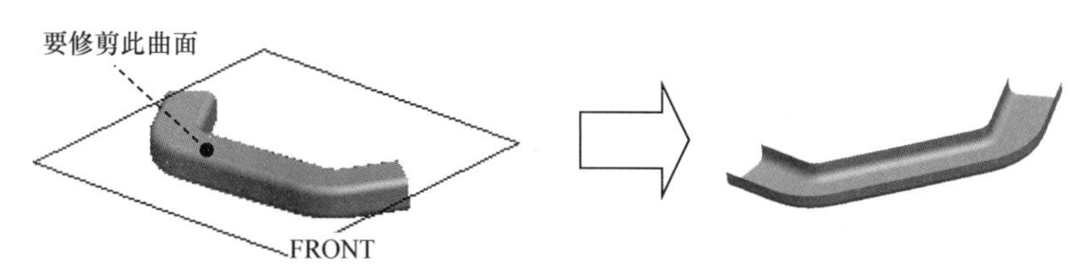

图 5.1.5 修剪面组

Step3. 单击 模型 功能选项卡 编辑 ▾ 区域中的 修剪 按钮，系统弹出“曲面修剪”操控板。

Step4. 在系统 ➪选择任意平面、曲线链或曲面以用作修剪对象。 的提示下，选取 FRONT 基准平面作为修剪对象。

Step5. 确定要保留的部分。可以通过更改箭头的方向确定要保留的部分，箭头所指的方向为要保留的方向。

Step6. 在“曲面修剪”操控板中单击 按钮，预览修剪的结果；单击 ✔ 按钮，则完成修剪。

说明：如果按下“使用轮廓方法修剪面组，视图方向垂直参考平面”按钮，结果如图 5.1.6 所示。利用侧面投影的方法可以很容易地将拔模方向的曲面剪开，因此它在分模时非常有用。

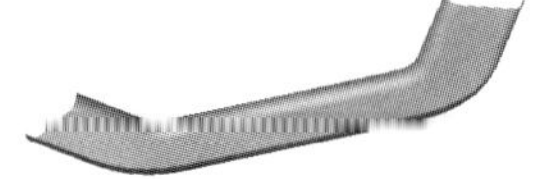

图 5.1.6　用侧面投影的方法修剪面组

如果用曲线进行曲面的修剪，要注意以下几点。

- 修剪面组的曲线可以是基准曲线、模型内部曲面的边线或实体模型边的连续链。
- 用于修剪的基准曲线应该位于要修剪的面组上，并且不应延伸超过该面组的边界。
- 如果曲线未延伸到面组的边界，系统将计算其到面组边界的最短距离，并在该最短距离方向继续修剪。

5.1.3　用“顶点倒圆角”命令修剪面组

当要在曲面上的顶点处进行倒圆角修剪时，可以使用顶点倒圆角命令。

选择 曲面▼ 下拉菜单中的 顶点倒圆角 命令，可以创建一个圆角来修剪面组，如图 5.1.7 所示。

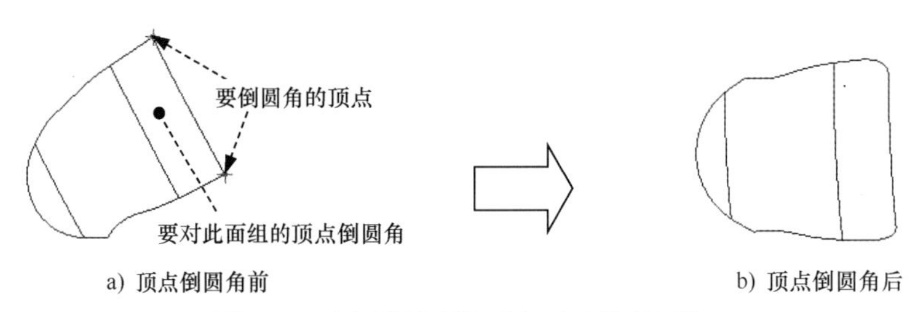

图 5.1.7　用“顶点倒圆角”选项修剪面组

操作步骤如下。

Step1. 先将工作目录设置至 D:\creo8.8\work\ch05.01，然后打开文件 surface_trim_adv.prt。

Step2. 在 模型 功能选项卡的 曲面▼ 下拉菜单中选择 顶点倒圆角 命令，此时系统弹出图 5.1.8 所示的“顶点倒圆角”操控板。

Step3. 在系统 ◆选择顶点以在其上放置圆角。的提示下，按住 Ctrl 键，选取图 5.1.7a 中的两个顶点。

Step4. 输入倒圆角半径值 2.0，并按 Enter 键。

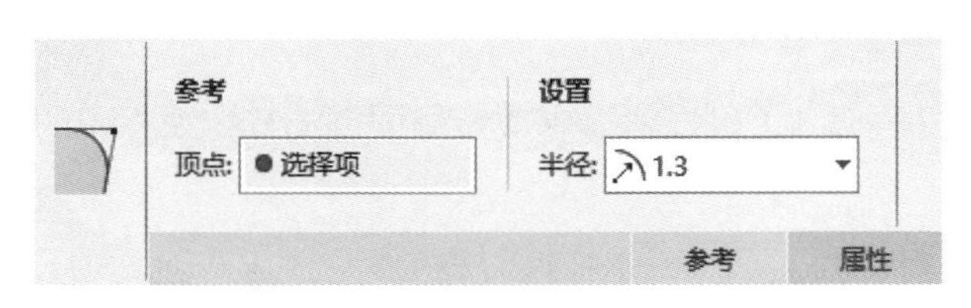

图 5.1.8　“顶点倒圆角”操控板

Step5. 单击“顶点倒圆角”操控板中的 按钮，预览所创建的顶点圆角；单击 按钮完成操作。

5.1.4 薄曲面的修剪

薄曲面的修剪（Thin Trim）也是一种曲面的修剪方式，它类似于实体的薄壁切削功能。

在 模型 功能选项卡 形状 ▾ 区域中各命令特征的操控板中按下“曲面类型”按钮 、“移除材料”按钮 及“薄壁”按钮 ，可产生一个“薄壁”曲面，用这个“薄壁”曲面将选定曲面上的某一部分剪除掉。同样，产生的“薄壁”曲面只用于修剪，而不会出现在模型中，如图 5.1.9 所示。

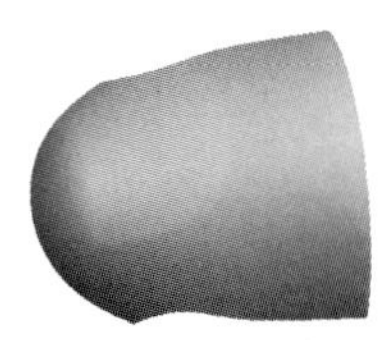

a）薄曲面修剪前

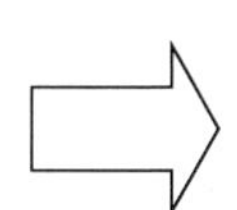

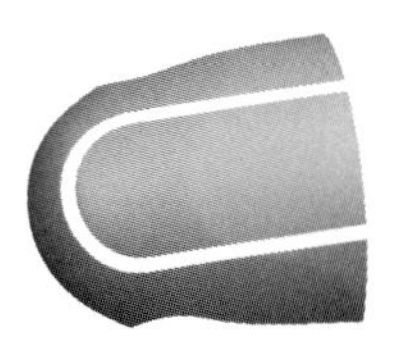

b）薄曲面修剪后

图 5.1.9 薄曲面的修剪

5.2 曲面的合并与延伸操作

5.2.1 曲面的合并

单击 模型 功能选项卡 编辑 ▾ 区域中的 合并 按钮，可以对两个相邻或相交的曲面（或者面组）进行合并（Merge）。

合并后的面组是一个单独的特征，“主面组”将变成“合并”特征的父项。如果删除“合并”特征，原始面组仍将保留。在“组件”模式中，只有属于相同元件的曲面，才可用曲面合并。曲面合并的操作步骤如下。

Step1. 将工作目录设置至 D:\creo8.8\work\ch05.02，打开文件 surface_merge.prt。

Step2. 按住 Ctrl 键，选取要合并的两个面组（曲面）。

Step3. 单击 模型 功能选项卡 编辑 ▾ 区域中的 合并 按钮，系统弹出图 5.2.1 所示的“合并”操控板。

Step4. 选择合适的按钮，定义合并类型。采用系统默认的 相交 合并类型。

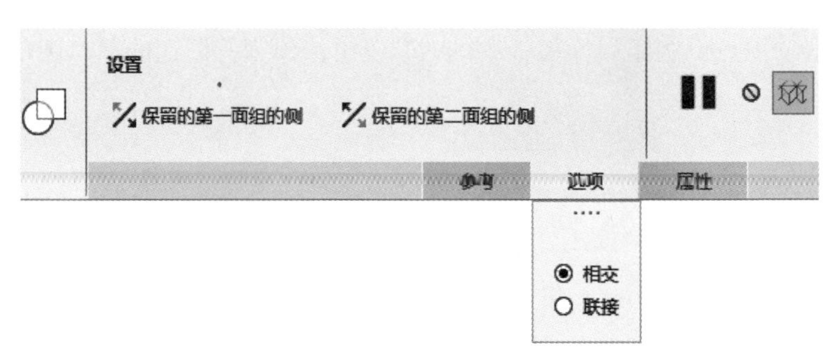

图 5.2.1 “合并”操控板

- ◉ 相交 单选项：即交截类型，合并两个相交的面组。通过单击 ⇅ 按钮，可指定面组的相应部分包括在合并特征中，如图 5.2.2 所示。

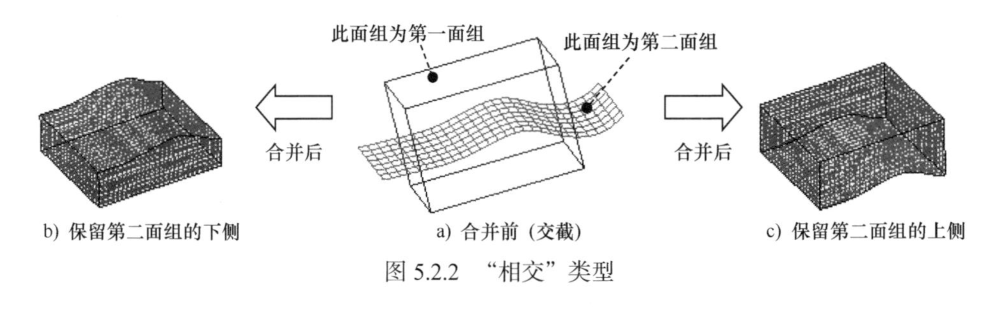

图 5.2.2 “相交”类型

- ◉ 联接 单选项：即连接类型，合并两个相邻面组，其中一个面组的边完全落在另一个面组上。如果一个面组超出另一个，通过单击 ⇅ 按钮，可指定面组的哪一部分包括在合并特征中，如图 5.2.3 所示。

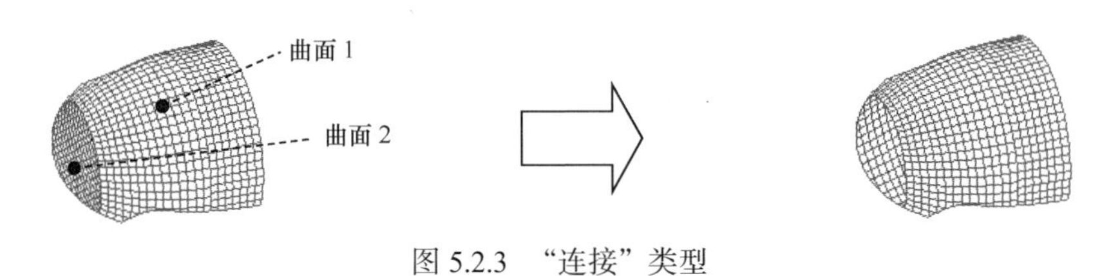

图 5.2.3 “连接”类型

Step5. 单击 按钮，预览合并后的面组；确认无误后，单击“确定”按钮 ✔。

5.2.2 曲面的延伸

曲面的延伸（Extend）就是将曲面延长某一距离或延伸到某一平面。下面以图 5.2.4 所示为例，说明曲面延伸的一般操作过程。

Step1. 将工作目录设置至 D：\creo8.8\work\ch05.02，打开文件 surface_extend.prt。

Step2. 在“智能选取”栏中选取 几何 选项（图 5.2.5），然后选取图 5.2.4a 所示的边作为要延伸的边。

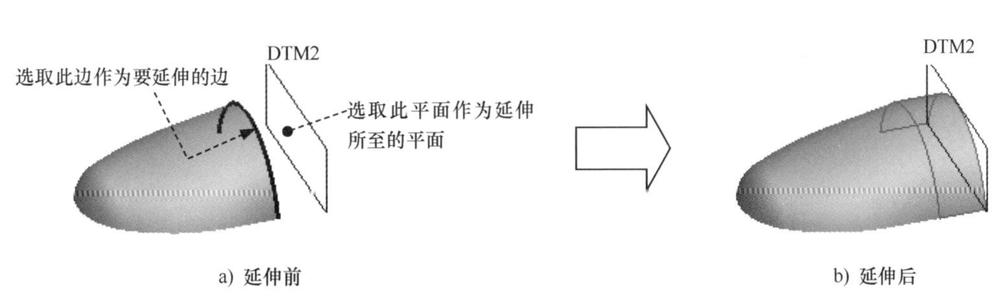

图 5.2.4 曲面延伸

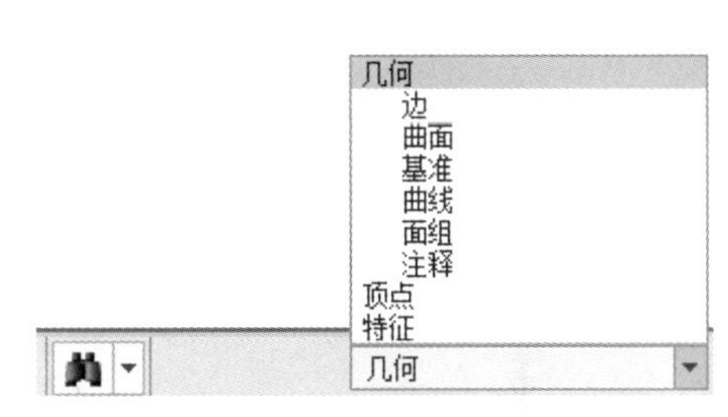

图 5.2.5 “智能选取”栏

Step3. 单击 模型 功能选项卡 编辑 ▼ 区域中的 延伸 按钮，此时系统弹出图 5.2.6 所示的“延伸”操控板。

Step4. 定义延伸类型。在“延伸”操控板中按下“将曲面延伸到参考平面”按钮。

Step5. 选取延伸终止面，如图 5.2.4 所示。

延伸类型说明。

- ：将曲面边延伸到一个指定的终止平面。
- ：沿原始曲面延伸曲面，包括下列三种方式。
  - ☑ 相同：创建与原始曲面相同类型的延伸曲面（例如平面、圆柱、圆锥或样条曲面）。将按指定距离并经过其选定的原始边界延伸原始曲面。
  - ☑ 相切：创建与原始曲面相切的延伸曲面。
  - ☑ 逼近：延伸曲面与原始曲面形状逼近。

Step6. 单击“确定”按钮 ，完成延伸曲面的创建。

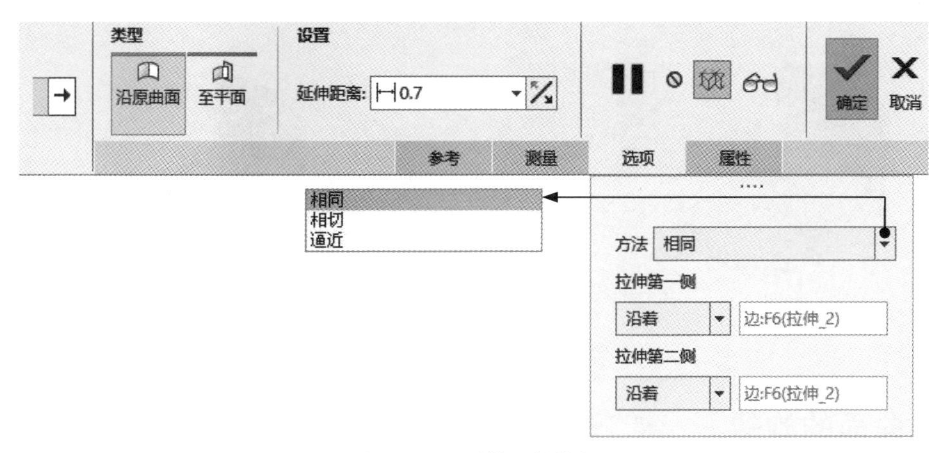

图 5.2.6 “延伸”操控板

5.3 曲面的移动和旋转

使用 模型 功能选项卡 操作▼ 区域中的“复制”按钮 和“粘贴”按钮 ，可以实现“移动”“旋转”的操作。利用此工具，可进行下列操作。

- 应用多个平移及旋转变换可以在单个移动特征中进行。
- 平移特征、曲面、面组、基准曲线和轴时，是沿着参考指定的方向进行的。可沿着垂直于某平面或曲面的方向，或者沿着某条曲线或线性边、轴或坐标系的其中一个轴进行平移。
- 旋转特征、曲面、面组、基准曲线和轴时，是绕某个现有的轴、线性边、曲线，或绕坐标系的某个轴进行的。

说明： 使用“移动”工具是创建和移动现有曲面或曲线的副本，并不是移动原曲面或曲线。

5.3.1 曲面的移动

下面以图 5.3.1 所示的模型为例，说明“曲面移动”的一般过程。

Step1. 将工作目录设置至 D:\creo8.8\work\ch05.03，打开文件 surf_move.prt。

Step2. 在“智能选取”栏中选择 面组 选项，然后选取要复制的曲面。

Step3. 单击 模型 功能选项卡 操作▼ 区域中的“复制”按钮 。

Step4. 单击 模型 功能选项卡 操作▼ 区域中“粘贴” 节点下的 选择性粘贴 命令，系统弹出“移动（复制）”操控板。

Step5. 选取图 5.3.2 所示的边线为参考，输入移动值 200.0，按 Enter 键。

Step6. 在“移动（复制）”操控板中单击“确定”按钮 ✔。

图 5.3.1 曲面的移动

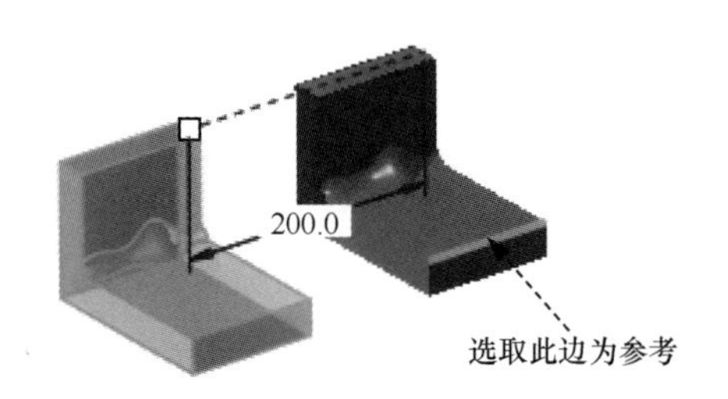

图 5.3.2 选取参考

5.3.2 曲面的旋转

下面以图 5.3.3 所示的模型为例，说明“曲面旋转”的一般过程。

Step1. 将工作目录设置至 D:\creo8.8\work\ch05.03，打开文件 surf_rot.prt。

Step2. 在“智能选取”栏中选择 面组 选项，再选取要复制的曲面。

Step3. 单击 模型 功能选项卡 操作 ▾ 区域中的“复制”按钮。

Step4. 单击 模型 功能选项卡 操作 ▾ 区域中“粘贴”节点下的 选择性粘贴 命令，系统弹出“移动（复制）”操控板。

Step5. 选取图 5.3.4 所示的边线为参考，单击该操控板中的“相对选定参考旋转特征”按钮，并输入旋转值 20，按 Enter 键。

Step6. 在“移动（复制）”操控板中单击“确定”按钮。

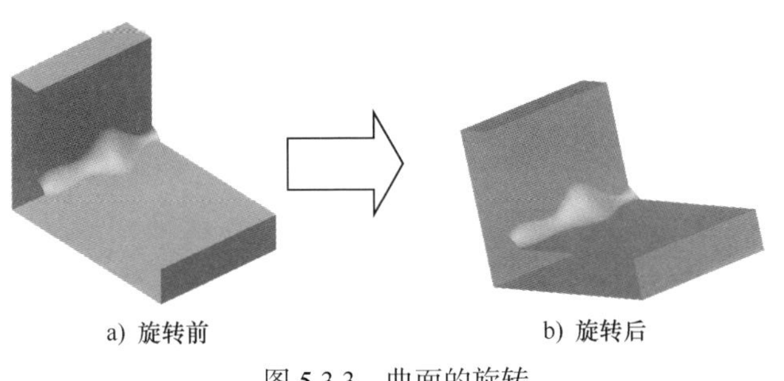

图 5.3.3 曲面的旋转

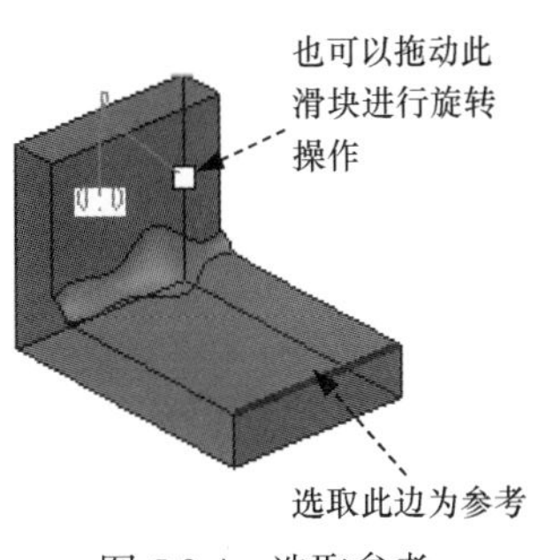

图 5.3.4 选取参考

5.4 曲面的拔模

5.4.1 拔模特征简述

注射件和铸件往往需要一个拔模斜面才能顺利脱模。Creo 的拔摸（斜度）特征就是用来创建模型的拔模斜面。下面先介绍有关拔模的几个关键术语。

- 拔模曲面：要进行拔模的模型曲面（图 5.4.1a）。
- 枢轴平面：拔模曲面可绕着枢轴平面与拔模曲面的交线旋转而形成拔模斜面（图 5.4.1a）。
- 枢轴曲线：拔模曲面可绕着一条曲线旋转而形成拔模斜面。这条曲线就是枢轴曲线，它必须在要拔模的曲面上。
- 拔模参考：用于确定拔模方向的平面、轴、模型的边。
- 拔模方向：拔模方向可用于确定拔模的正负方向，它总是垂直于拔模参考平面或平行于拔模参考轴或参考边。
- 拔模角度：拔模方向与生成的拔模曲面之间的角度。如果拔模曲面被分割，则可为拔模的每个部分定义两个独立的拔模角度（图 5.4.1b）。

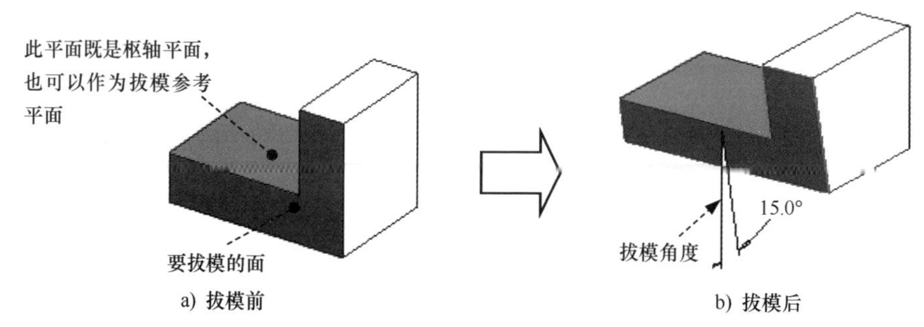

图 5.4.1　拔模（斜度）特征

- 旋转方向：拔模曲面绕枢轴平面或枢轴曲线旋转的方向。
- 分割区域：可对其应用不同拔模角的拔模曲面区域。

5.4.2　使用枢轴平面拔模

1. 使用枢轴平面创建不分离的拔模特征

下面以图 5.4.1 为例，讲述如何使用一个枢轴平面创建不分离的拔模特征。

Step1. 将工作目录设置至 D:\creo8.8\work\ch05.04，打开文件 draft_general.prt。

Step2. 单击 模型 功能选项卡 工程 ▾ 区域中的 拔模 ▾ 按钮，系统弹出图 5.4.2 所示的“拔模”操控板（一）。

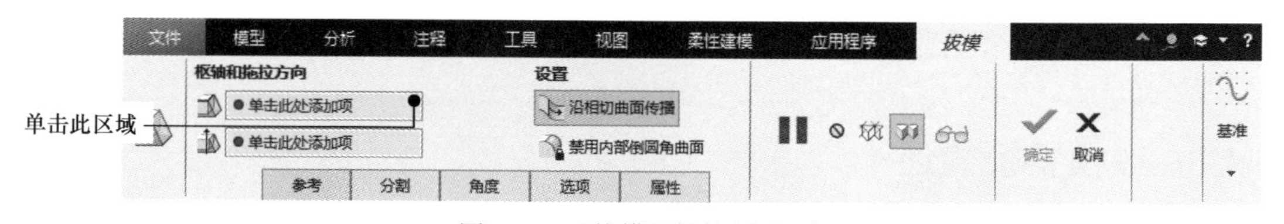

图 5.4.2　“拔模”操控板（一）

Step3. 选取要拔模的曲面。在模型中选取图 5.4.3 所示的表面为要拔模的曲面。

Step4. 选取拔模枢轴平面。

（1）在该操控板中单击 图标后的 ● 单击此处添加项 字符。

（2）选取图 5.4.4 所示的模型表面为拔模枢轴平面。完成此步操作后，模型如图 5.4.5 所示。

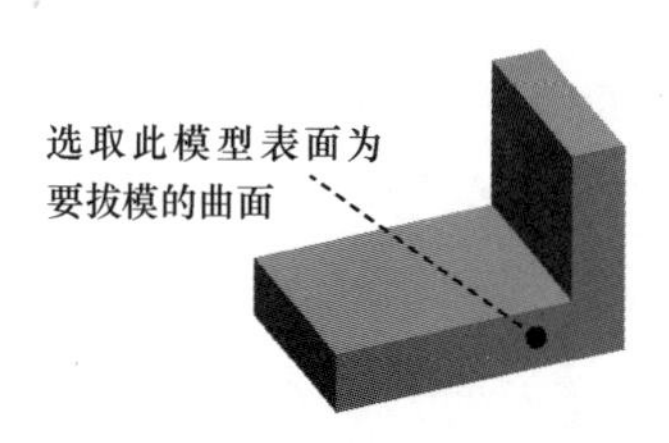

图 5.4.3　选取要拔模的曲面

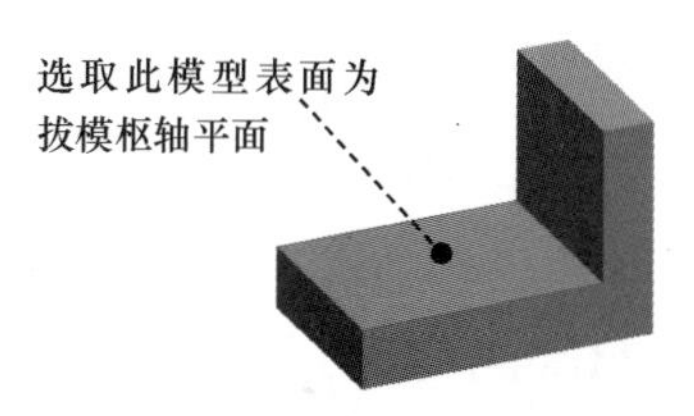

图 5.4.4　选取拔模枢轴平面

说明： 拔模枢轴既可以为一个平面，也可以是一条曲线。当选取一个平面作为拔模枢轴，该平面称为枢轴平面，此时以枢轴平面的方式进行拔模；当选取一条曲线作为拔模枢轴，该曲线称为枢轴曲线，此时以枢轴曲线的方式进行拔模。

Step5. 选取拔模参考平面及改变拔模方向。一般情况下不进行此步操作，因为用户在选取拔模枢轴平面后，系统通常默认以拔模枢轴平面为拔模参考平面（图 5.4.5）；如果要重新选取拔模参考平面，例如选取图 5.4.6 中的模型表面为拔模参考平面，可进行如下操作：

（1）在图 5.4.7 所示的“拔模”操控板（二）中单击 图标后的 1个平面 字符。

（2）选取图 5.4.6 所示的模型表面。如果要改变拔模方向，可单击 按钮。

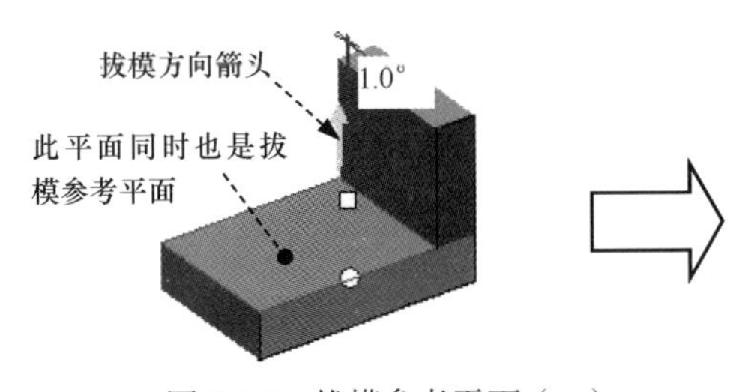

图 5.4.5 拔模参考平面（一）

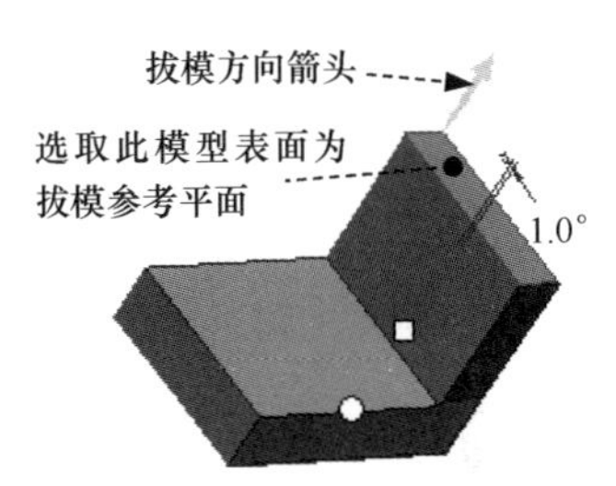

图 5.4.6 拔模参考平面（二）

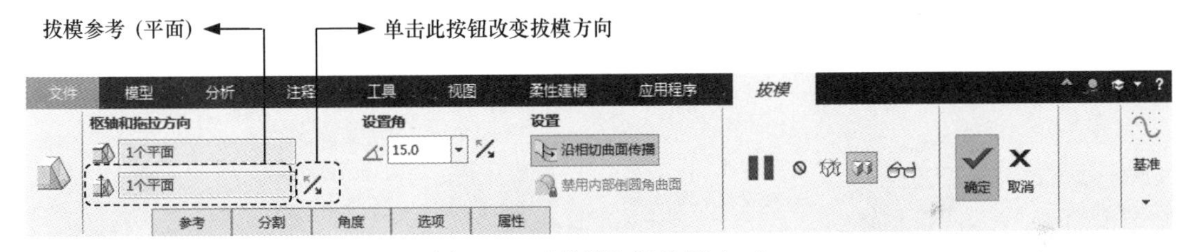

图 5.4.7 “拔模”操控板（二）

Step6. 修改拔模角度及方向。在图 5.4.7 所示的“拔模”操控板中，可输入新的拔模角度值（图 5.4.8）以及改变拔模角度方向（图 5.4.9）。

Step7. 在“拔模”操控板中单击 按钮，完成拔模特征的创建。

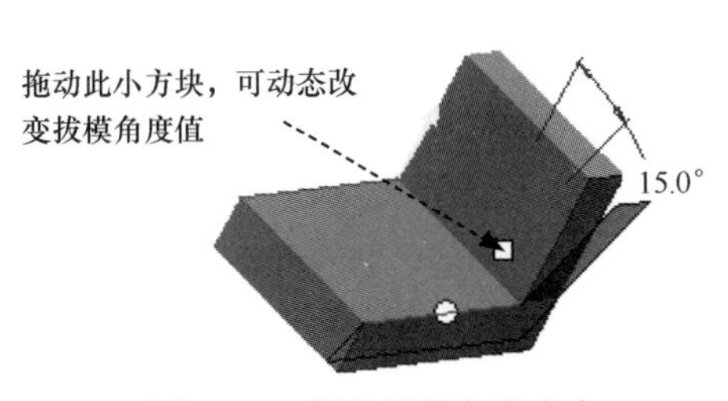

图 5.4.8 调整拔模角度大小

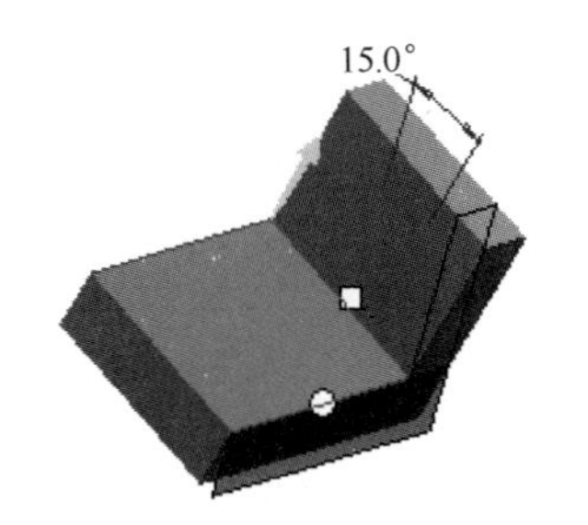

图 5.4.9 改变拔模角度方向

2. 使用枢轴平面创建分离的拔模特征

图 5.4.10a 所示为拔模前的模型，图 5.4.10b 所示为拔模后的模型。由该图可看出，拔模

面被枢轴平面分离成两个拔模侧面（拔模 1 和拔模 2），这两个拔模侧面可以有独立的拔模角度和方向。下面以此模型为例，讲述如何使用枢轴平面创建一个分离的拔模特征。

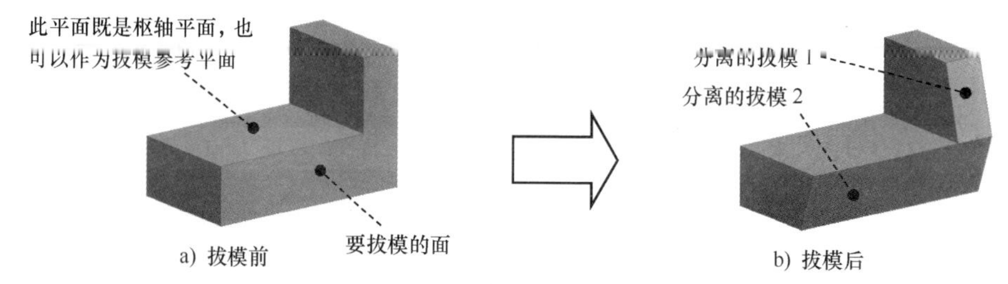

图 5.4.10　创建分离的拔模特征

Step1. 将工作目录设置至 D：\creo8.8\work\ch05.04，打开文件 draft_split.prt。

Step2. 单击 模型 功能选项卡 工程 ▾ 区域中的 拔模 ▾ 按钮，系统弹出“拔模”操控板。

Step3. 选取要拔模的曲面。选取图 5.4.11 中的模型表面为要拔模的曲面。

Step4. 选取拔模枢轴平面。先在“拔模”操控板中单击 图标后的 ● 单击此处添加项 字符，再选取图 5.4.12 所示的模型表面为拔模枢轴平面。

Step5. 采用系统默认的拔模枢轴平面为拔模参考平面，如图 5.4.13 所示。

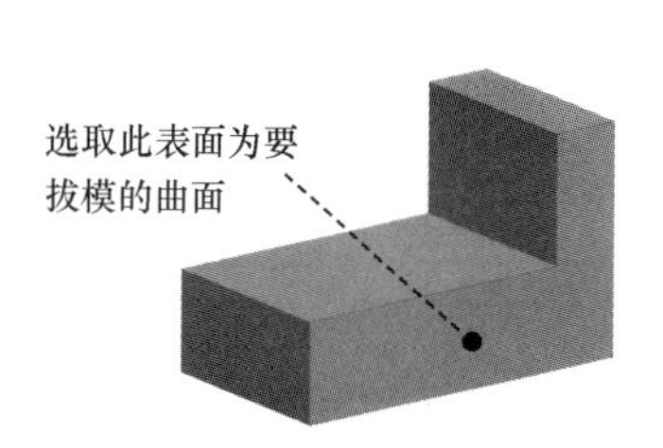

图 5.4.11　要拔模的曲面

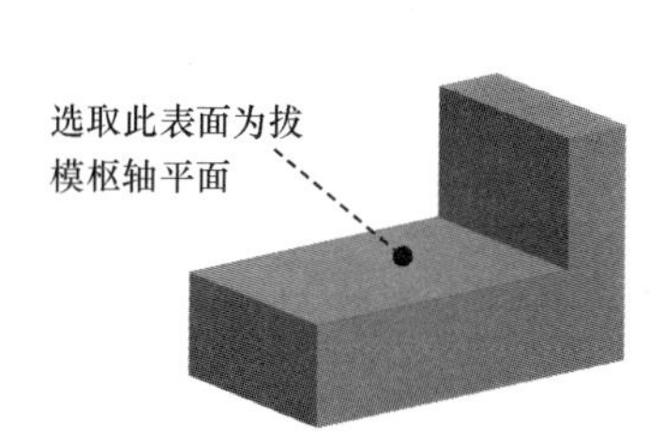

图 5.4.12　拔模枢轴平面

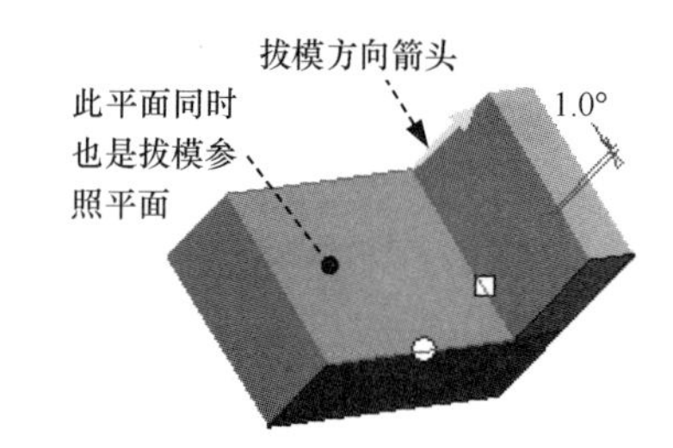

图 5.4.13　拔模参考平面

Step6. 选取分割选项和侧选项。

（1）选取分割选项。在“拔模”操控板中单击 分割 按钮，然后在 分割选项 下拉列表中选择 根据拔模枢轴分割 选项，“分割”界面如图 5.4.14 所示。

（2）选取侧选项。在 侧选项 下拉列表中选择 独立拔模侧面 选项。

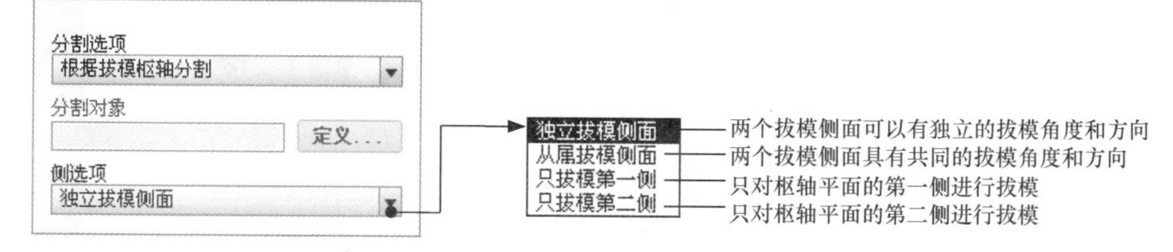

图 5.4.14　“分割”界面

Step7. 在“拔模”操控板的 文本框中输入角度值 15，并单击 按钮；在其后的 文本框中输入角度值 20，如图 5.4.15 所示。

Step8. 单击“拔模”操控板中的 按钮，完成拔模特征的创建。

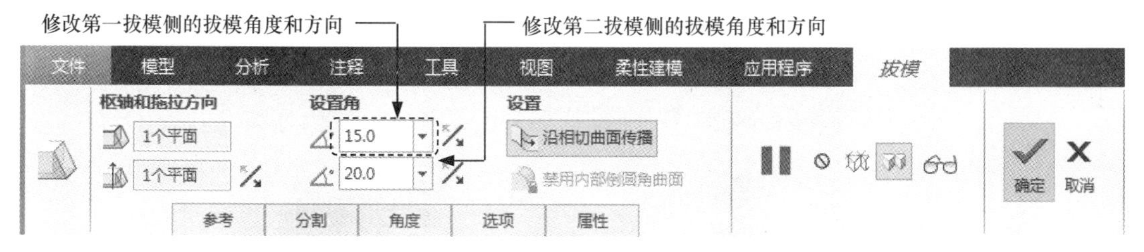

图 5.4.15 “拔模”操控板（三）

5.4.3 草绘分割的拔模特征

图 5.4.16a 所示为拔模前的模型，图 5.4.16b 所示为进行草绘分割拔模后的模型。由此图可看出，拔模面被草绘截面分离成两个拔模面，这两个拔模面可以有独立的拔模角度和方向。下面以此模型为例，讲述如何创建一个草绘分割的拔模特征。

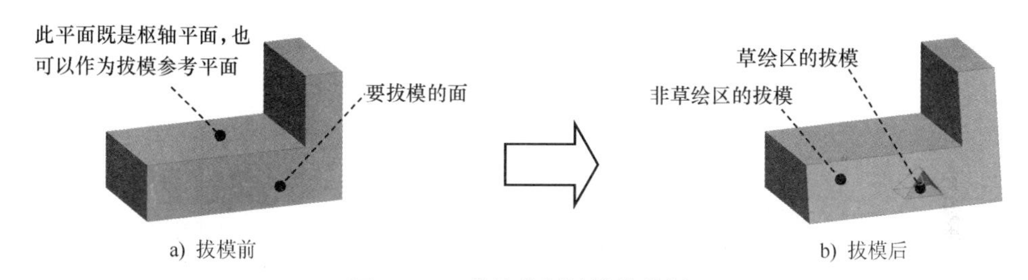

图 5.4.16 草绘分割的拔模特征

Step1. 将工作目录设置至 D:\creo8.8\work\ch05.04，打开文件 draft_sketch.prt。

Step2. 单击 模型 功能选项卡 工程 ▾ 区域中的 拔模 ▾ 按钮。

Step3. 选取图 5.4.17 所示的模型表面为要拔模的曲面。

Step4. 在“拔模”操控板中单击 图标后的 ● 单击此处添加项 字符，再选取图 5.4.18 所示的模型表面为拔模枢轴平面。

Step5. 采用系统默认的拔模枢轴平面为拔模参考平面，如图 5.4.19 所示。

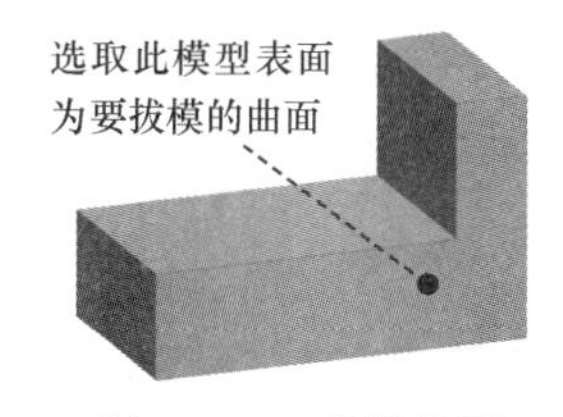

图 5.4.17 拔模曲面

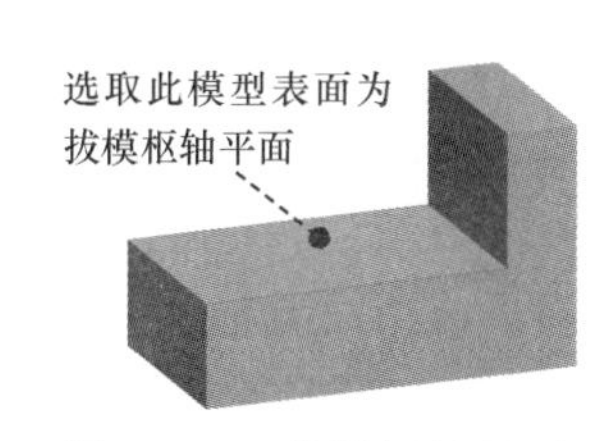

图 5.4.18 拔模枢轴平面

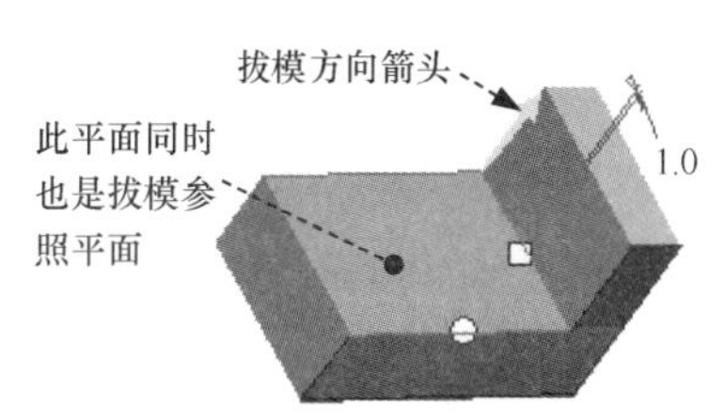

图 5.4.19 拔模方向

Step6. 选取草绘分割选项，绘制分割截面。

（1）在图 5.4.20 所示的“拔模”操控板（四）中单击 分割 按钮，在系统弹出的界面的 分割选项 下拉列表中选择 根据分割对象分割 选项。

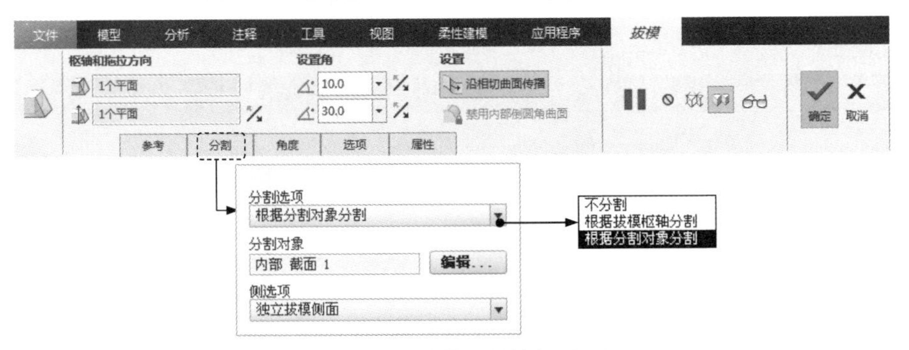

图 5.4.20 “拔模”操控板（四）

（2）在“分割”界面中单击 定义... 按钮，系统弹出“草绘”对话框，选取图 5.4.21 中的拔模面为草绘平面，图中另一表面为参考平面，方向为 左；单击 草绘 按钮，绘制图 5.4.21 所示的截面草图。

Step7. 在“拔模”操控板的相应区域中修改两个拔模区的拔模角度和方向，也可在模型上动态修改拔模角度，如图 5.4.22 所示。

Step8. 单击该操控板中的 ✔ 按钮，完成特征的创建。

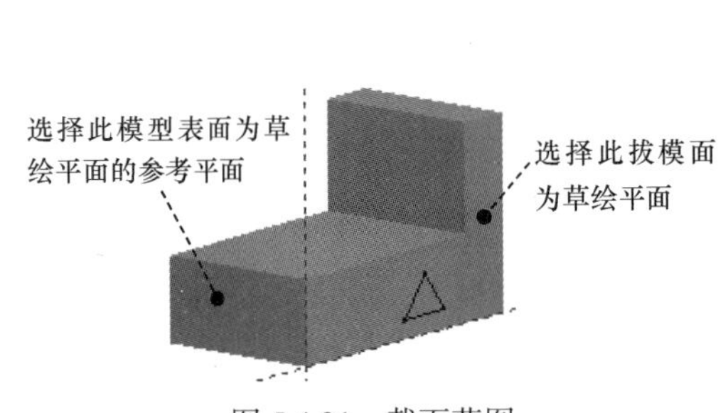

图 5.4.21 截面草图

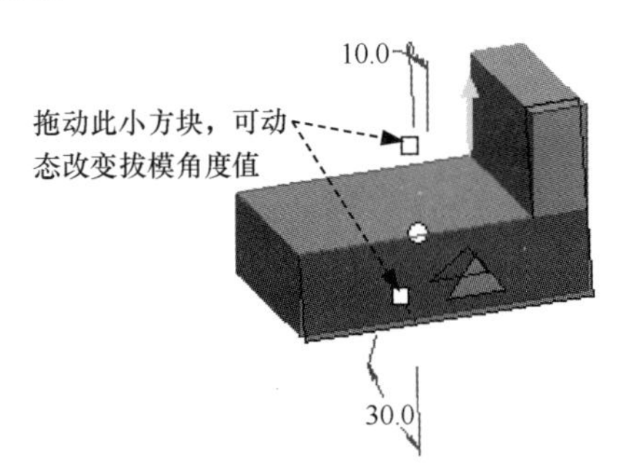

图 5.4.22 修改拔模角度和方向

5.4.4 枢轴曲线的拔模

图 5.4.23a 所示为拔模前的模型，图 5.4.23b 所示为进行枢轴曲线拔模后的模型。下面以此为例，讲述如何创建一个枢轴曲线拔模特征。

先绘制一条基准曲线，方法是单击“草绘”按钮 ，草绘一条由数个线段构成的基准曲线，注意曲线的两端点必须与模型边线重合。

Step1. 将工作目录设置至 D:\creo8.8\work\ch05.04，打开文件 draft_curve.prt。

Step2. 单击 模型 功能选项卡 工程 ▾ 区域中的 拔模 ▾ 按钮。

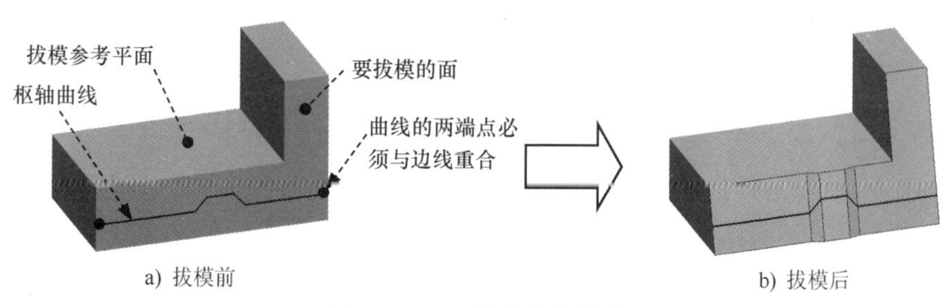

图 5.4.23 枢轴曲线的拔模

Step3. 选取图 5.4.24 中的模型表面为要拔模的曲面。

Step4. 在“拔模”操控板中单击 图标后的 ● 单击此处添加项 字符，再选取图 5.4.25 所示的草绘曲线为拔模枢轴曲线。选中后的模型如图 5.4.26 所示。

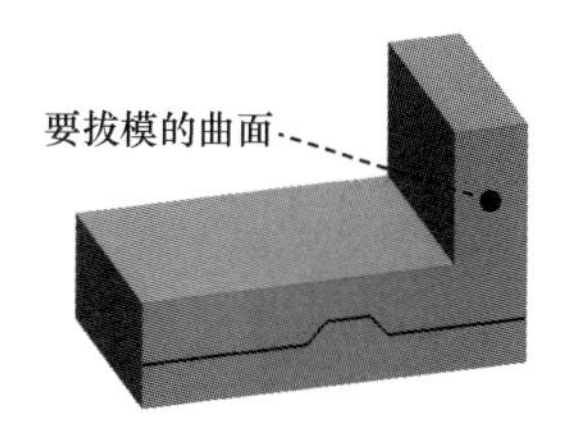

图 5.4.24 选取拔模的曲面

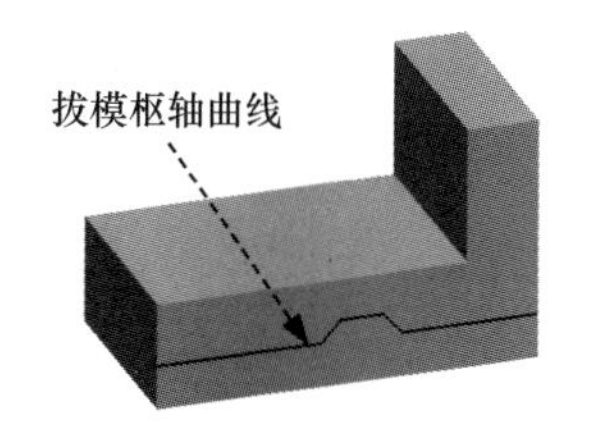

图 5.4.25 选取拔模枢轴曲线前

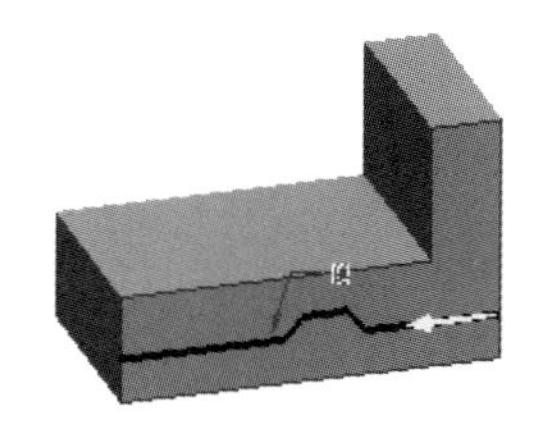

图 5.4.26 选取拔模枢轴曲线后

Step5. 单击 图标后的 ● 单击此处添加项 字符，再选取图 5.4.27 中的模型表面为拔模参考平面。

Step6. 动态修改拔模角度及方向，如图 5.4.28 所示；也可在“拔模”操控板（五）中修改拔模角度和方向，如图 5.4.29 所示。

Step7. 单击“拔模”操控板中的 按钮，完成枢轴曲线拔模的操作。

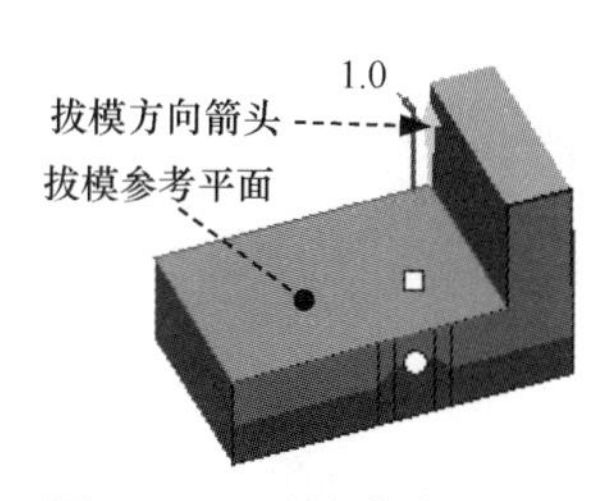

图 5.4.27 选取参考平面

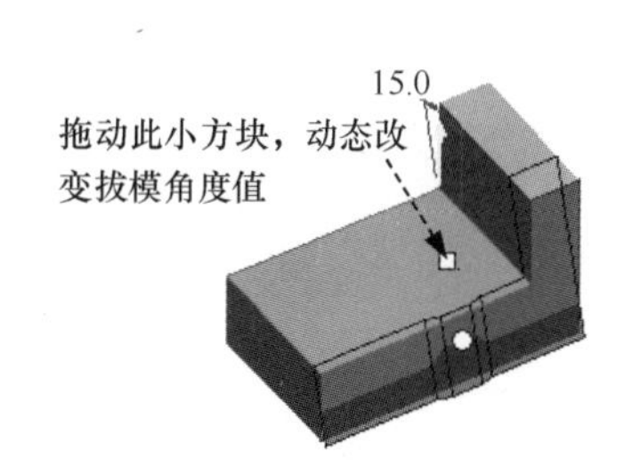

图 5.4.28 修改拔模角度及方向

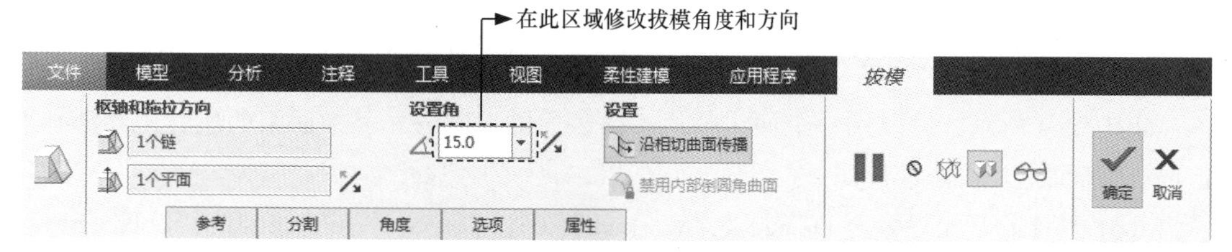

图 5.4.29 “拔模”操控板（五）

5.5 将曲面面组转化为实体或实体表面

5.5.1 使用“实体化”命令创建实体

使用 模型 功能选项卡 编辑▼ 区域中的 实体化 命令，可以将曲面或面组生成为实体。

1. 使用面组创建实体

如图 5.5.1 所示，把一个封闭的面组转化为实体特征，操作过程如下。

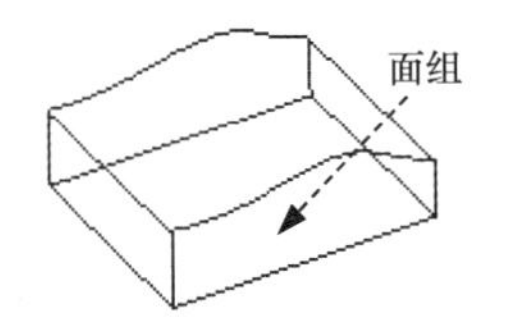

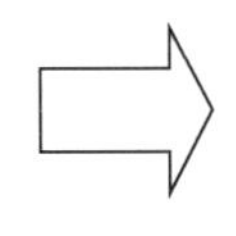
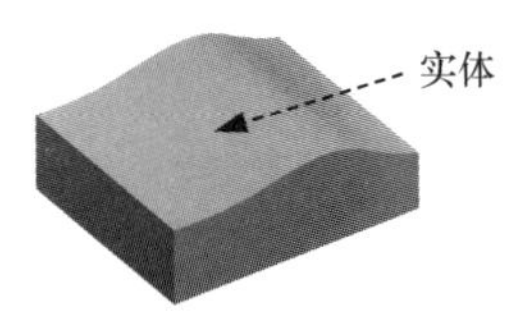

图 5.5.1 实体化面组操作

Step1. 将工作目录设置至 D:\creo8.8\work\ch05.05，打开文件 surface_solid-1.prt。

Step2. 选取要将其变成实体的面组。

Step3. 单击 模型 功能选项卡 编辑▼ 区域中的 实体化 按钮，系统弹出图 5.5.2 所示的“实体化”操控板（一）。

Step4. 单击 ✓ 按钮，完成实体化操作。完成后的模型树如图 5.5.3 所示。

图 5.5.2 “实体化”操控板（一）

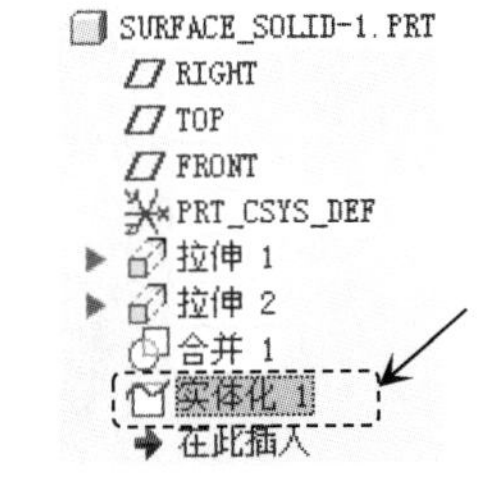

图 5.5.3 模型树

注意：使用该命令前，需将模型中所有分离的曲面“合并”成一个封闭的整体面组。

2. 使用“曲面”创建实体

如图 5.5.4 所示，可以用一个面组替代实体表面的一部分，替换面组的所有边界都必须位于实体表面上。操作过程如下。

Step1. 将工作目录设置至 D:\creo8.8\work\ch05.05，打开文件 surface_solid_replace.prt。

Step2. 选取要将其变成实体的曲面。

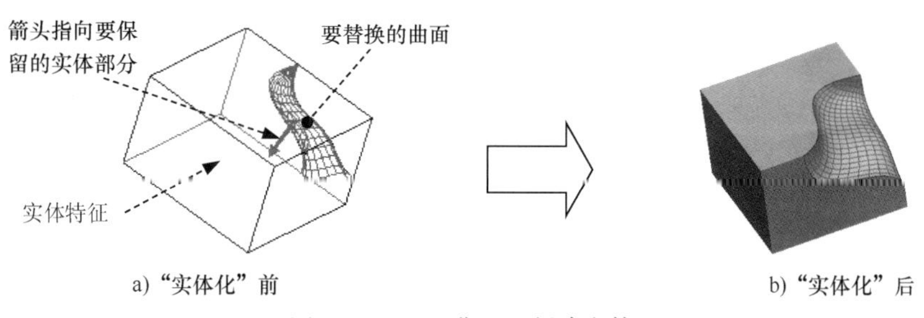

图 5.5.4 用“曲面”创建实体

Step3. 单击 模型 功能选项卡 编辑 ▾ 区域中的 实体化 按钮，此时系统弹出图 5.5.5 所示的“实体化”操控板（二）。

Step4. 确认实体保留部分。箭头指向的方向为实体保留的部分。

Step5. 单击“确定”按钮 ✓，完成实体化操作。

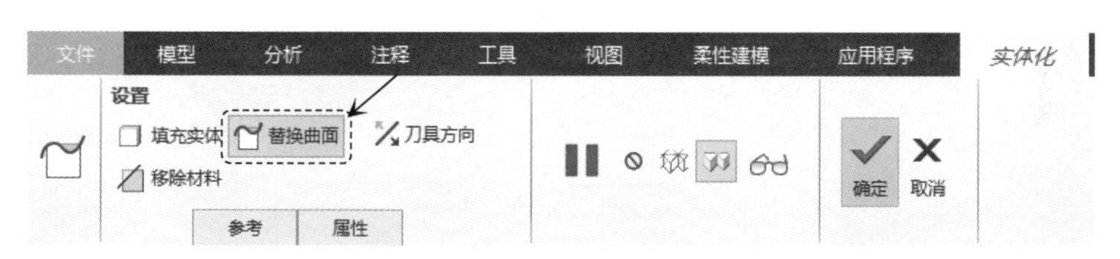

图 5.5.5 “实体化”操控板（二）

5.5.2 使用“偏移”命令创建实体

使用“偏移”命令创建实体，就是用一个面组替换实体零件的某一部分表面来生成新的实体形状，如图 5.5.6 所示。其操作过程如下。

Step1. 将工作目录设置至 D:\creo8.8\work\ch05.05，打开文件 surface_surface_patch.prt。

Step2. 选取要被替换的一个实体表面，如图 5.5.6 所示。

Step3. 单击 模型 功能选项卡 编辑 ▾ 区域中的“偏移”按钮 偏移，此时系统弹出图 5.5.7 所示的“偏移”操控板。

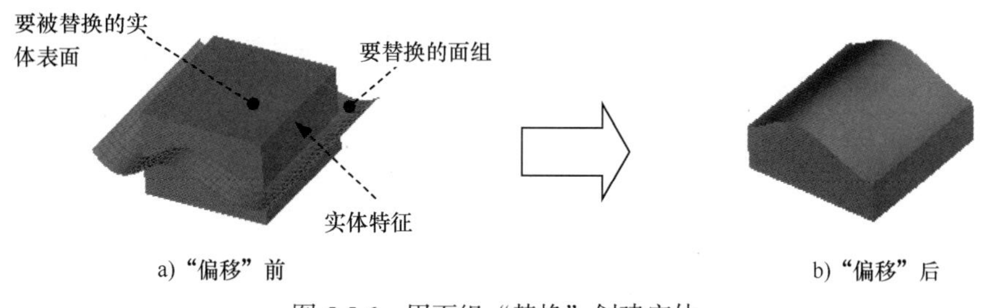

图 5.5.6 用面组“替换”创建实体

Step4. 在该操控板的 下拉列表中选择“替换曲面特征”选项 。

Step5. 在系统 ◆选择要替换的实体曲面。 的提示下，选取图 5.5.6 所示的替换曲面。

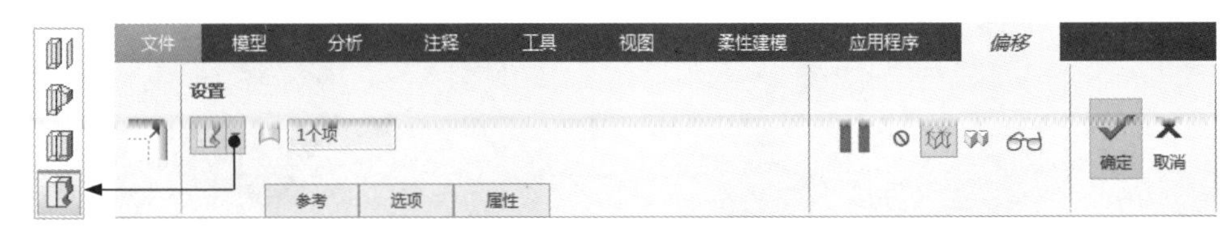

图 5.5.7 “偏移”操控板

Step6. 单击 ✔ 按钮，完成替换操作。

5.5.3 使用“加厚”命令创建实体

用户可以使用“加厚”命令将开放的曲面（或面组）转化为薄板实体特征，图 5.5.8 所示即为一个转化的例子，其操作过程如下。

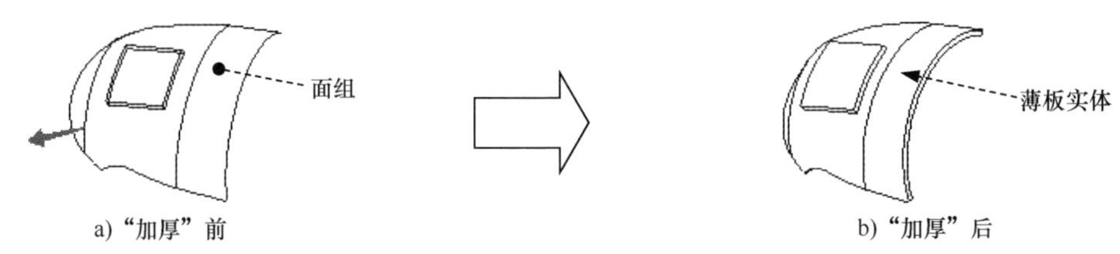

图 5.5.8 用“加厚”命令创建实体

Step1. 将工作目录设置至 D:\creo8.8\work\ch05.05，打开文件 surface_mouse_solid.prt。

Step2. 选取要将其变成实体的面组。

Step3. 单击 模型 功能选项卡 编辑 ▾ 区域中的 加厚 按钮，系统弹出图 5.5.9 所示的“加厚”操控板。

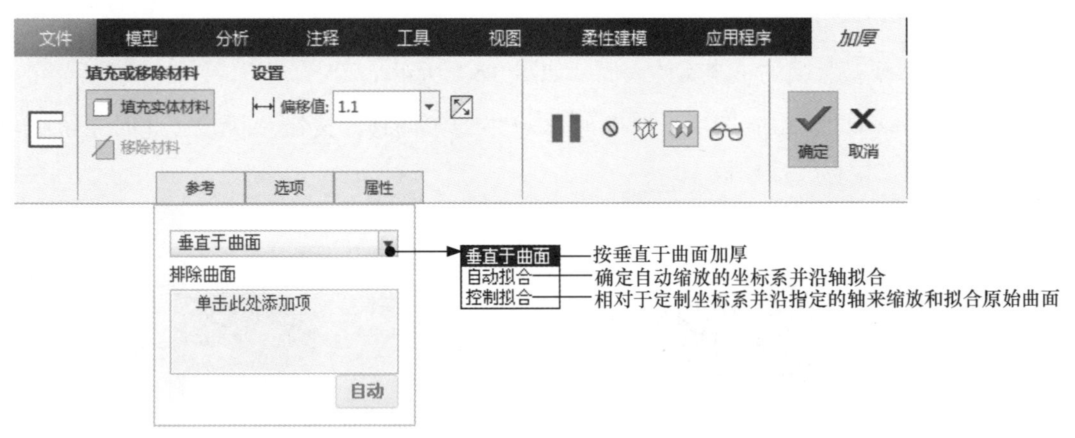

图 5.5.9 “加厚”操控板

Step4. 选取加材料的侧，输入厚度值 1.1。

Step5. 单击 ✔ 按钮，完成加厚操作。

第 6 章　曲面中的倒圆角

本章提要

本章将介绍曲面中的倒圆角，主要内容包括倒圆角的各种类型：恒定倒圆角、可变倒圆角、曲面至曲面可变倒圆角、由曲线驱动的倒圆角、完全倒圆角和圆锥倒圆角。

6.1　倒圆角的特征

在我们进行造型设计时，常常因为加工或美观的需要，必须将尖锐的边角变得圆滑，这时候使用圆角（Round）命令就可以创建曲面间的圆角，或中间曲面位置的圆角，曲面可以是实体模型的曲面，也可以是曲面特征。在 Creo 中，可以创建两种不同类型的圆角：简单圆角和高级圆角。创建简单圆角时，只能指定单个参考组，并且不能修改过渡类型；当创建高级圆角时，可以定义多个“圆角组”，即圆角特征的段。

创建圆角时，应注意下面几点。

- 在设计中尽可能晚些添加圆角特征。
- 可以将所有圆角放置到一个层上，然后隐含该层，以便加快工作进程。
- 为避免创建从属于圆角特征的子项，标注时，不要以圆角创建的边或相切边为参考。

6.2　倒圆角的参考

所选取的参考类型可以决定创建的倒圆角类型，下面将简要说明在创建各种倒圆角类型时所使用的各种不同的参考。

（1）边链或边。通过使用一个边链或者选取一条或多条边作为参考来放置倒圆角，倒圆角的滚动相切连接由以参考边为边界的曲面所形成，如图 6.2.1a 所示。

主要适用的类型：恒定倒圆角、完全倒圆角、可变倒圆角和通过曲线倒圆角。假如是完全倒圆角，可以在倒圆角参考组（集）中转换两个倒圆角段。但要注意：在完全倒圆角时，一个公共曲面必须被这两个边共享。

注意：一般说来，倒圆角的传播方式是沿着相切的邻边进行的，直至遇到切线中的断点。但是在使用“依次”链时例外，倒圆角的传播方式将不会沿着相切的邻边而进行。

（2）曲面到曲面。倒圆角的放置参考为两个曲面，倒圆角的参考曲面与边要保持相切。

主要适用的类型：恒定倒圆角、完全倒圆角、可变倒圆角和通过曲线倒圆角。假如是完全倒圆角，将“驱动曲面”定义为第三个曲面（图 6.2.1b），倒圆角的位置由“驱动曲面”所决定，有时候“驱动曲面”还能决定倒圆角的大小。

（3）边到曲面。倒圆角的放置参考是通过先选取曲面，然后选取边来完成的，此曲面参考必须与倒圆角保持相切，边参考可以不保持相切，如图 6.2.1c 所示。

主要适用的类型：完全倒圆角、恒定倒圆角和可变倒圆角。

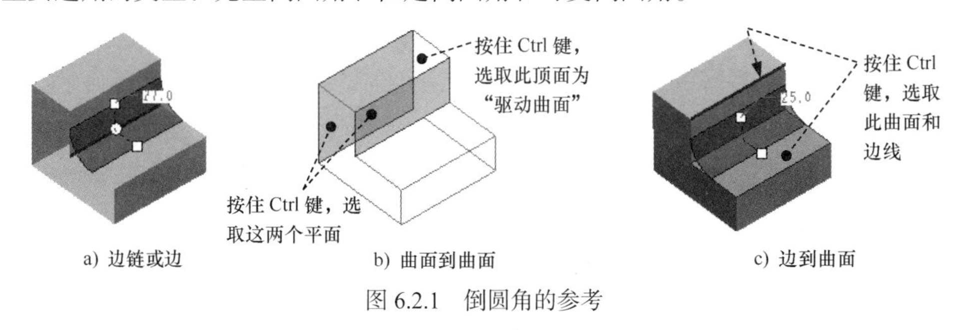

a) 边链或边　　b) 曲面到曲面　　c) 边到曲面

图 6.2.1　倒圆角的参考

6.3 倒圆角的类型

“倒圆角”是通过向一条或多条边、边链或在曲面之间添加半径而形成的，在 Creo 中，它是一种边处理的特征。下面介绍几种常用的倒圆角类型。

6.3.1 恒定倒圆角

恒定倒圆角是指在当前活动的倒圆角集中由一个半径值来驱动而形成的圆角，下面以图 6.3.1 所示的模型为例，说明创建恒定倒圆角的过程。

Step1. 将工作目录设置至 D：\creo8.8\work\ch06.03，打开文件 round_1.prt。

Step2. 单击 模型 功能选项卡 工程 ▾ 区域中的 倒圆角 ▾ 按钮，系统弹出“倒圆角”操控板。

Step3. 选取圆角放置参考。选取图 6.3.2 所示的模型上边线为倒圆角的边线，此时模型的显示状态如图 6.3.3 所示。

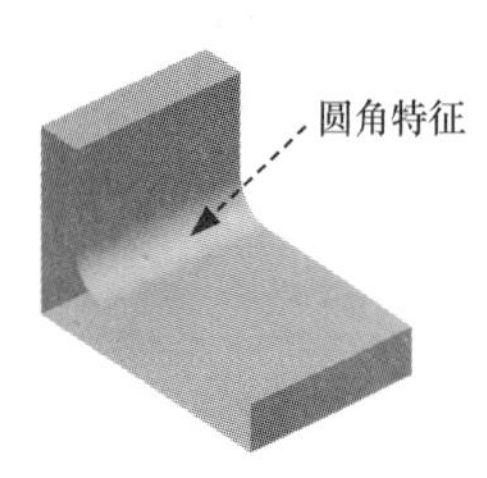

图 6.3.1　恒定倒圆角

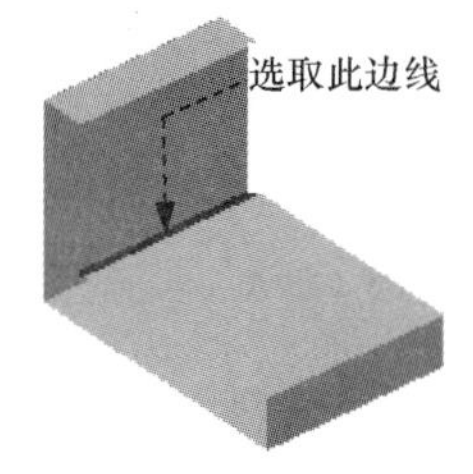

图 6.3.2　选取倒圆角边线

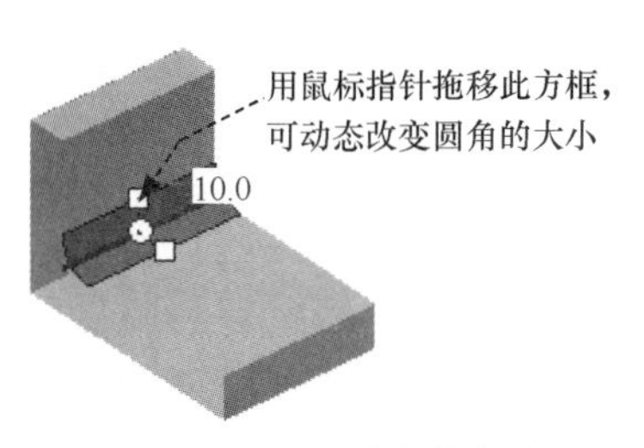

图 6.3.3　调整圆角的大小

Step4. 在“倒圆角”操控板中输入倒圆角半径值 10.0。

Step5. 单击该操控板中的“确定”按钮 ✔，完成倒圆角特征的创建。

6.3.2 可变倒圆角

可变倒圆角是指在当前活动的倒圆角集中添加多个不同的半径值来生成圆角。下面以图 6.3.4 所示的模型为例，说明创建可变倒圆角的过程。

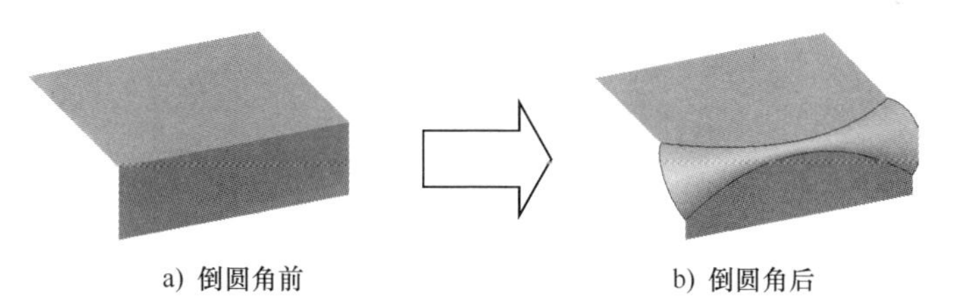

a) 倒圆角前　　b) 倒圆角后

图 6.3.4 创建可变倒圆角

Step1. 将工作目录设置至 D：\creo8.8\work\ch06.03，打开文件 variable_round.prt。

Step2. 单击 模型 功能选项卡 工程 ▾ 区域中的 倒圆角 ▾ 按钮。

Step3. 选取图 6.3.5 所示的边线为倒圆角的边线。

Step4. 在“倒圆角”操控板中单击 集 按钮，在定义半径的栏中右击，选择 添加半径 命令。

Step5. 修改图 6.3.6 所示的边线各处的半径值。完成后，在“集”界面中如图 6.3.7 所示。

Step6. 浏览所创建的圆角特征；单击“确定”按钮 ✔，完成特征的创建。

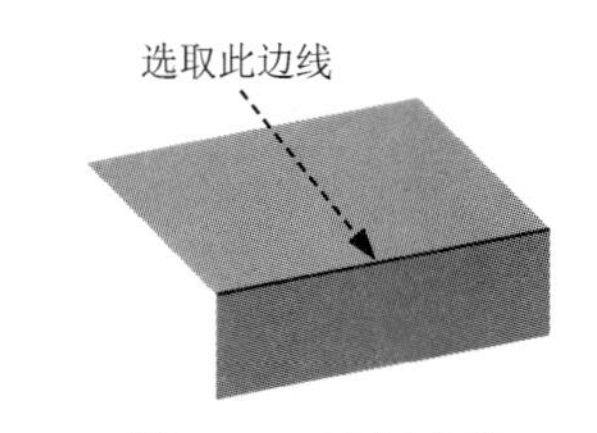

图 6.3.5 选择边线

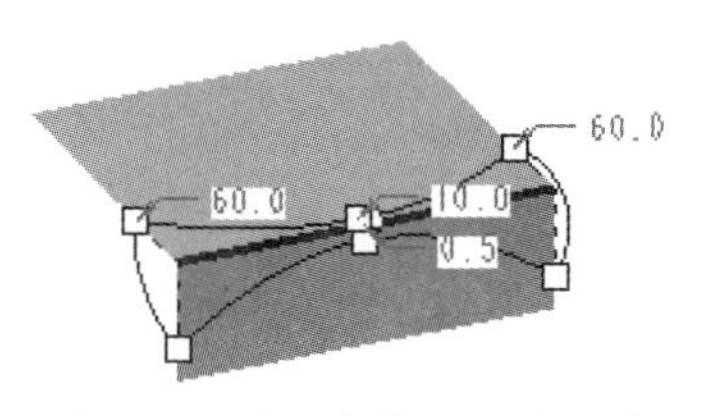

图 6.3.6 设置各位置的半径值

图 6.3.7 “集”界面（一）

6.3.3　曲面至曲面可变倒圆角

下面以图 6.3.8 所示的模型为例，说明创建曲面至曲面可变倒圆角的过程。

Step1. 将工作目录设置至 D:\creo8.8\work\ch06.03，打开文件 suf_to_suf_round.prt。

Step2. 单击 模型 功能选项卡 工程 ▾ 区域中的 倒圆角 ▾ 按钮。

Step3. 按住 Ctrl 键，在模型上选取图 6.3.9 所示的两个曲面。

Step4. 在图 6.3.10 所示的半径控制方框上右击，从系统弹出的快捷菜单中选择 添加半径 命令。

Step5. 选取图 6.3.9 所示的边线。

Step6. 在“倒圆角”操控板中单击 集 按钮，在系统弹出的“集”界面中定义半径的栏中右击，选择 添加半径 命令，并修改各处的半径值，如图 6.3.11 所示。

Step7. 浏览所创建的圆角特征；单击“确定”按钮 ✓，完成特征的创建。

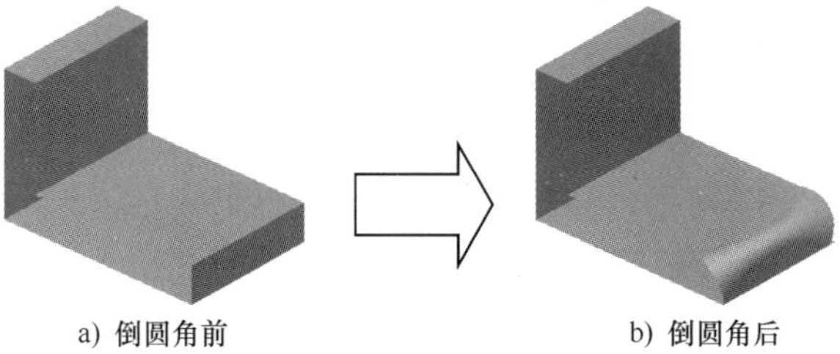

a) 倒圆角前　　b) 倒圆角后

图 6.3.8　创建曲面至曲面可变倒圆角

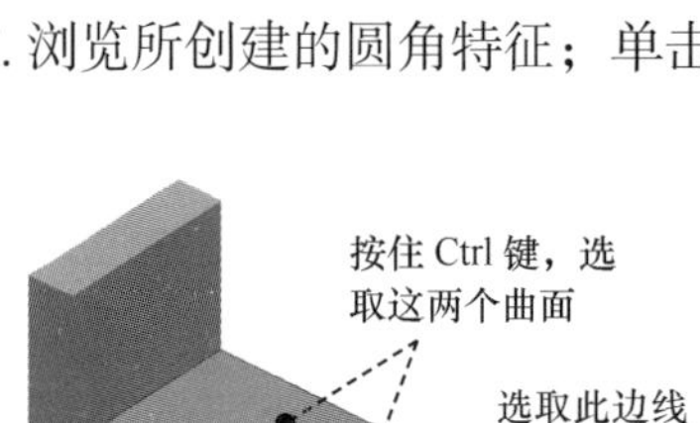

图 6.3.9　选择边线

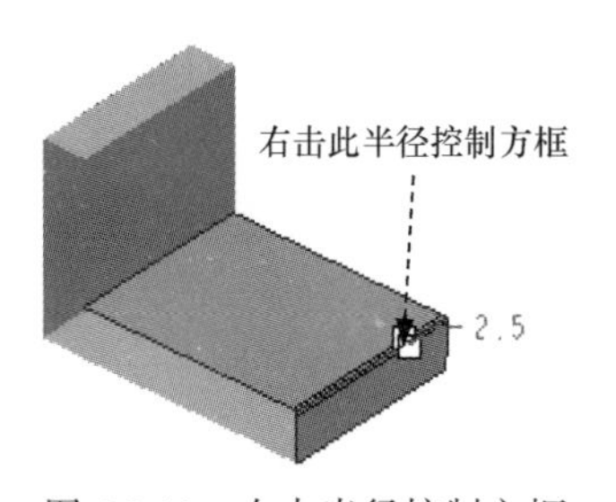

图 6.3.10　右击半径控制方框

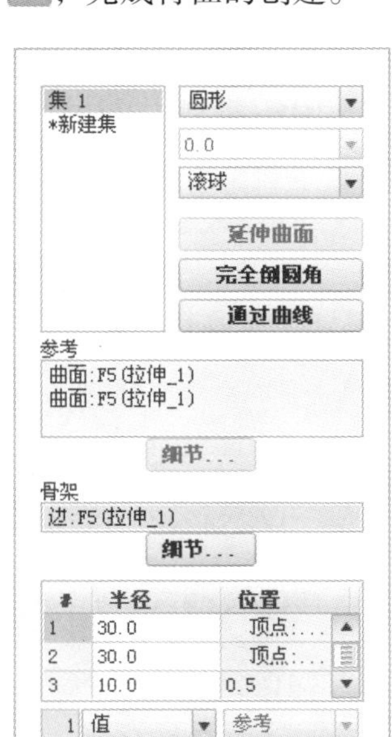

图 6.3.11　“集”界面（二）

6.3.4　由曲线驱动的倒圆角

由曲线驱动的倒圆角是指在创建倒圆角的过程中，以指定的曲线为驱动对象，来驱动活动的倒圆角半径值所形成的圆角。下面以图 6.3.12 所示的模型为例，说明创建由曲线驱动的倒圆角的过程。

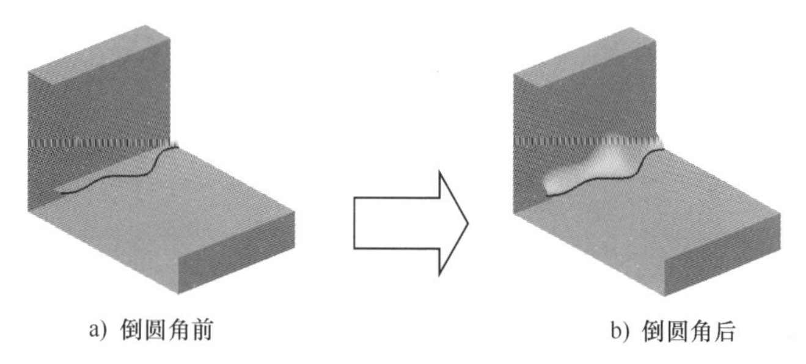

图 6.3.12 创建由曲线驱动的倒圆角

Step1. 将工作目录设置至 D：\creo8.8\work\ch06.03，打开文件 cur_dri_round.prt。

Step2. 单击 模型 功能选项卡 工程 ▾ 区域中的 倒圆角 ▾ 按钮。

Step3. 在模型上选取图 6.3.13 所示的边线为倒圆角的边线。

Step4. 如图 6.3.14 所示，按住 Shift 键，在模型中拖动半径控制方框，并捕捉至曲线链。

Step5. 单击“确定”按钮 ✓，完成特征的创建。

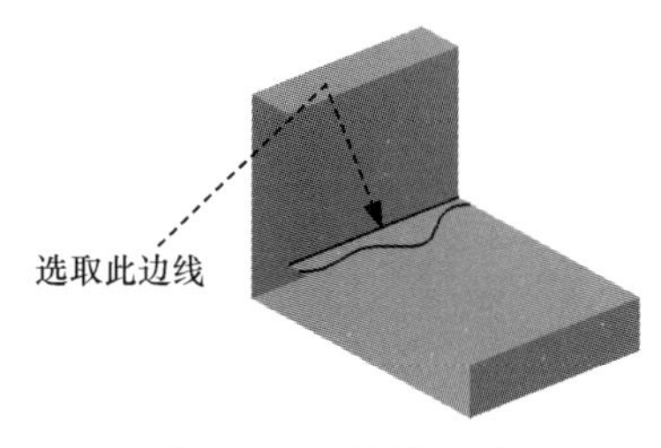

图 6.3.13 选择边线

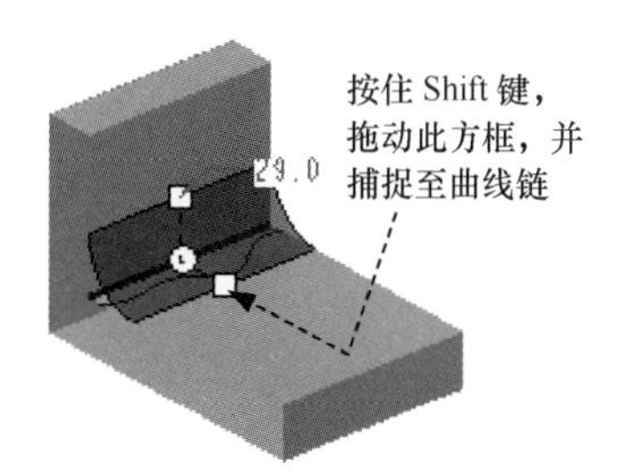

图 6.3.14 操作过程

6.3.5 完全倒圆角

如图 6.3.15 所示，通过指定一对边可创建完全倒圆角，此时这一对边所构成的曲面会被删除，圆角的大小由该曲面的大小所控制。下面说明创建完全倒圆角的过程。

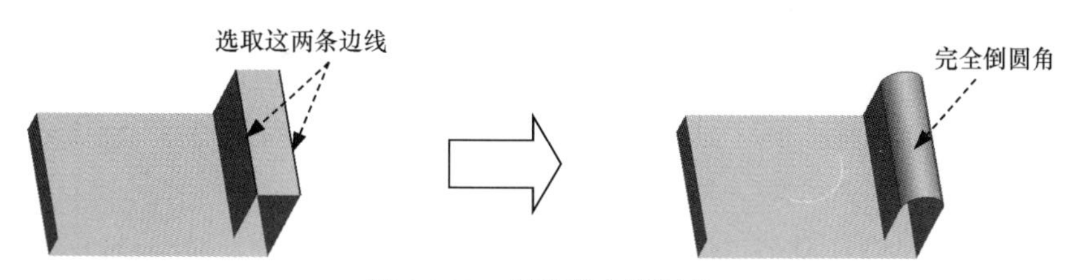

图 6.3.15 创建完全倒圆角

Step1. 将工作目录设置至 D：\creo8.8\work\ch06.03，打开文件 full_round.prt。

Step2. 单击 模型 功能选项卡 工程 ▾ 区域中的 倒圆角 ▾ 按钮。

Step3. 按住 Ctrl 键，选取图 6.3.15 所示的两条边线为倒圆角的边线。

Step4. 在“倒圆角”操控板中单击 集 按钮，系统弹出图 6.3.16 所示的“集”界面

（三），在该界面中单击 完全倒圆角 按钮。

Step5. 在该操控板中单击“确定”按钮 ✓，完成特征的创建。

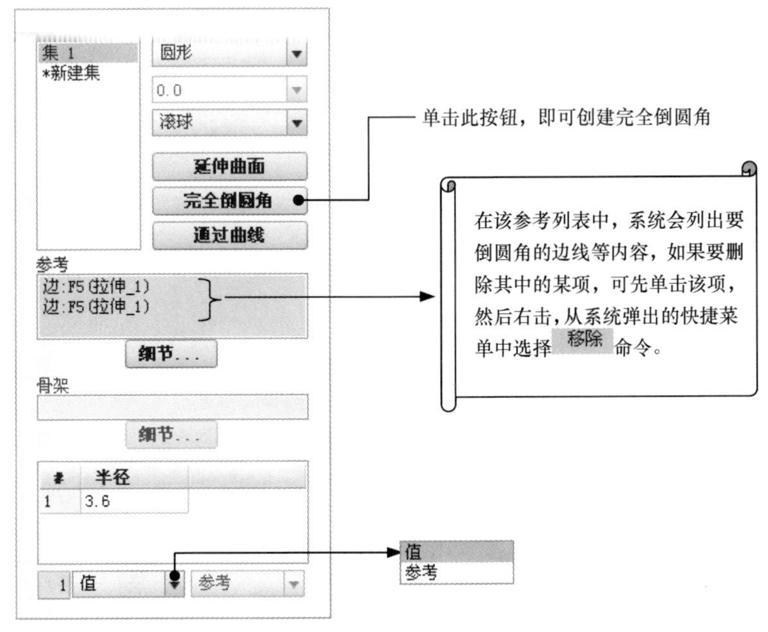

图 6.3.16　“集”界面（三）

6.3.6　圆锥倒圆角

圆锥倒圆角是指从外形来看创建具有圆锥截面形状和独立尺寸（X 轴和 Y 轴）的倒圆角集。下面以图 6.3.17 所示的模型为例，说明创建圆锥倒圆角的过程。

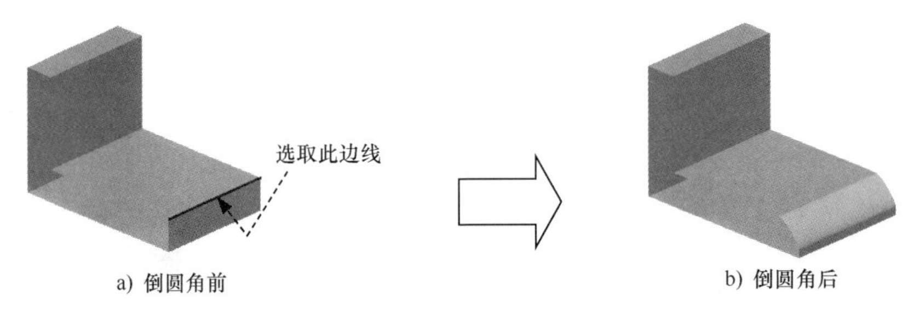

图 6.3.17　创建圆锥倒圆角

Step1. 将工作目录设置至 D:\creo8.8\work\ch06.03，打开文件 taper_round.prt。

Step2. 单击 模型 功能选项卡 工程 ▾ 区域中的 倒圆角 ▾ 按钮。

Step3. 在模型上选取图 6.3.17 所示的边线为倒圆角的边线。

Step4. 在“倒圆角”操控板中单击 集 按钮，在系统弹出的界面的 圆形 ▾ 下拉列表中选择 圆锥 选项，将圆锥参数设置为 0.2，输入圆锥距离值 20。

Step5. 单击“确定”按钮 ✓，完成倒圆角特征的创建。

第7章　曲线和曲面的信息与分析

本章提要

本章将介绍曲线和曲面的信息与分析，主要内容包括点信息分析、半径分析、曲率分析、截面分析、偏移分析、偏差分析、高斯曲率分析、拔模分析、反射分析以及用户定义分析。

7.1　曲线的分析

7.1.1　曲线上某点信息分析

曲线上某点信息分析是指分析并报告曲线或边上所选位置的各种信息，它们包括点、法向、曲率和曲率向量。在进行产品设计的过程中，利用此功能可以清楚地了解指定点位置的确切信息。下面简要说明对曲线上某点信息分析的操作过程。

Step1. 将工作目录设置至 D:\creo8.8\work\ch07.01，打开文件 curve_point.prt。

Step2. 单击 分析 功能选项卡 检查几何 ▾ 区域中 几何报告 ▾ 节点下的 点 命令。

Step3. 系统弹出图 7.1.1 所示的“点分析”对话框，单击该对话框中的 分析 选项卡，在 点 文本框中单击 选择项 字符，然后选取图 7.1.2 所示的基准点 PNT0；在系统弹出的图 7.1.3 所示的“查询范围”对话框中单击 接受 按钮。

Step4. 在图 7.1.4 所示的 分析 选项卡（一）中，显示此点所在曲面的各种信息（包括点、法向、切向、曲率、曲率矢量和半径）。

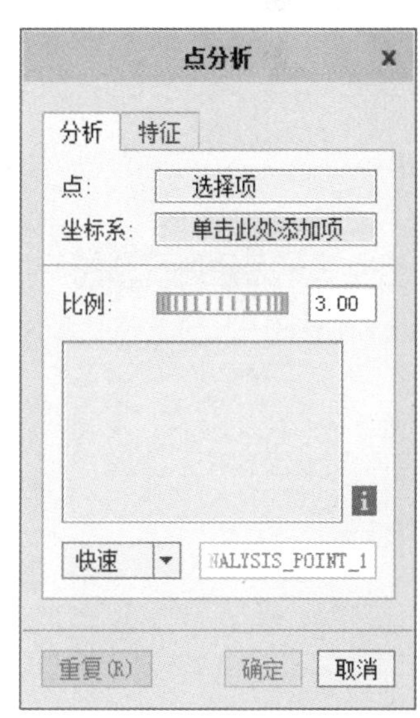

图 7.1.1　“点分析”对话框

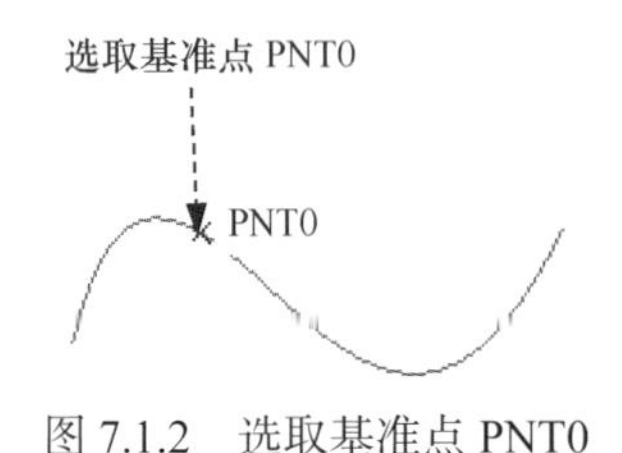

图 7.1.2　选取基准点 PNT0

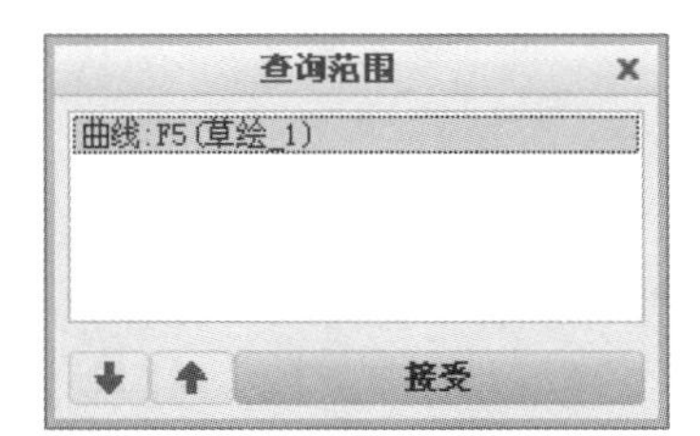

图 7.1.3　“查询范围”对话框

图 7.1.4　“分析”选项卡（一）

7.1.2　曲线的半径分析

曲线的半径分析是指计算并显示曲线或边在所选位置的最小半径值，下面简要说明曲线的半径分析的操作过程。

Step1. 将工作目录设置至 D:\creo8.8\work\ch07.01，打开文件 curve_radius.prt。

Step2. 单击 分析 功能选项卡 检查几何 ▾ 节点下的“半径”命令 。

Step3. 系统弹出图 7.1.5 所示的“半径分析”对话框，单击该对话框中的 分析 选项卡，在 几何 文本框中单击 选择项 字符，然后选取图 7.1.6 所示的曲线，此时在图 7.1.7 所示的 分析 选项卡（二）中显示最小半径值为 27.6450；单击 ✔ 按钮，完成曲线半径分析。

图 7.1.5　“半径分析”对话框

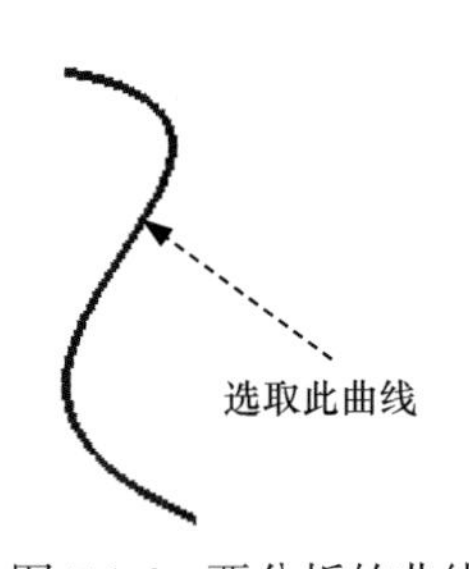

图 7.1.6　要分析的曲线

图 7.1.7　“分析”选项卡（二）

7.1.3 曲线的曲率分析

曲线的曲率分析是指在使用曲线创建曲面之前，先检查曲线的质量，从曲率图中观察是否有不规则的“回折”“尖峰”现象，这对以后创建高质量的曲面有很大的帮助；同时也有助于验证曲线间的连续性。下面简要说明曲线的曲率分析的操作过程。

Step1. 将工作目录设置至 D：\creo8.8\work\ch07.01，打开文件 curve_curvature.prt。

Step2. 选择 分析 功能选项卡 检查几何 ▼ 区域中 曲率 ▼ 节点下的 曲率 命令。

Step3. 在图 7.1.8 所示的“曲率分析”对话框中进行下列操作。

（1）单击 几何 文本框中的 选择项 字符，然后选取要分析的曲线。

（2）在 质量 文本框中输入质量值 9.00。

（3）在 比例 文本框中输入比例值 50.00。

（4）其他参数保持系统默认设置值，此时在绘图区中显示图 7.1.9 所示的曲率图，通过显示的曲率图可以查看该曲线的曲率走向。

Step4. 查看曲线的最大曲率和最小曲率，如图 7.1.8 所示。

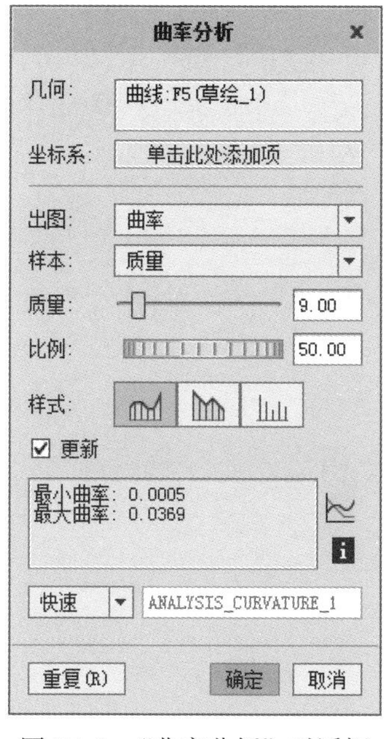

图 7.1.8 “曲率分析”对话框

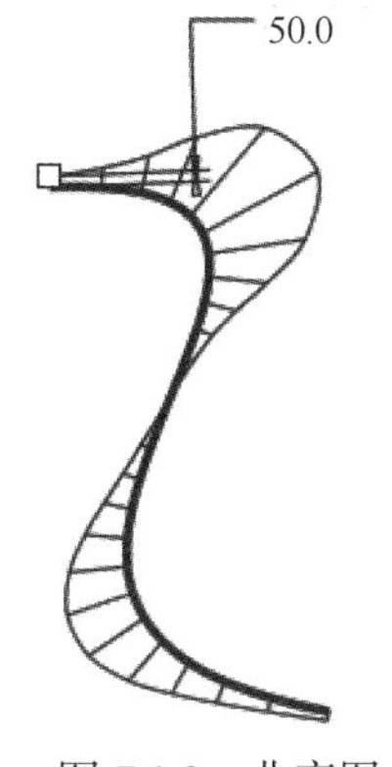

图 7.1.9 曲率图

7.1.4 对曲线进行偏差分析

对曲线进行偏差分析是指计算并显示曲线或者边线到基准点、曲线或基准点阵列的偏差，包括最大偏差值和最小偏差值。下面简要说明对曲线进行偏差分析的操作过程。

Step1. 将工作目录设置至 D：\creo8.8\work\ch07.01，打开文件 curve_deviation.prt。

Step2. 在 分析 功能选项卡 检查几何 ▼ 下拉菜单中选择 偏差 命令。

Step3. 在系统弹出的“偏差分析”对话框中进行如下操作。

（1）打开 分析 选项卡，在“自”文本框中单击 选择项 字符，然后选取图 7.1.10 所示的 TOP 基准平面为起始参考。

（2）打开 分析 选项卡，在“至”文本框中单击 选择项 字符，然后选取图 7.1.10 所示的曲线为至点参考，此时模型的显示结果如图 7.1.11 所示。

（3）此时在图 7.1.12 所示的“偏差分析”对话框中，显示最小偏差值为 36.8263，最大偏差值为 99.4000；单击 确定 按钮，完成操作。

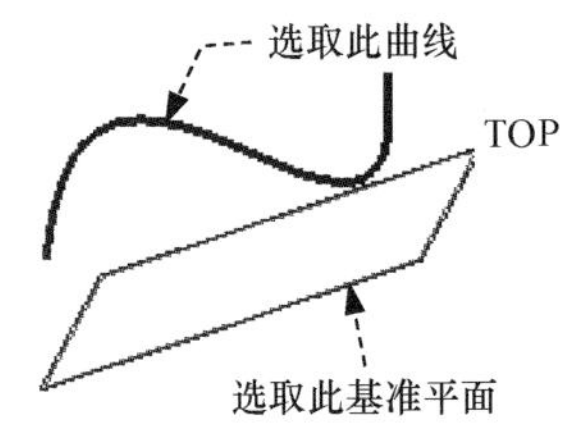

图 7.1.10　选取要分析的曲线

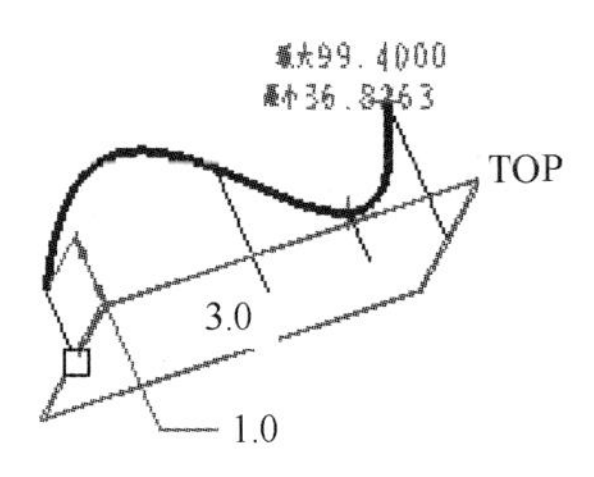

图 7.1.11　模型的显示结果

图 7.1.12　“偏差分析”对话框

7.2　曲面的分析

7.2.1　曲面上某点信息分析

曲面上某点信息分析是指计算在曲面上的基准点或指定点位置的法向曲率矢量，它们包括点、法向、最大曲率和最小曲率。在进行产品设计的过程中，利用此功能可以清楚地了解曲面上指定点位置的确切信息。下面简要说明对曲面上某点信息分析的操作过程。

Step1. 将工作目录设置至 D：\creo8.8\work\ch07.02，打开文件 surf_point.prt。

Step2. 单击 分析 功能选项卡 检查几何 ▼ 区域中 几何报告 ▼ 节点下的 点 命令。

Step3. 在图 7.2.1 所示的“点分析”对话框中打开 分析 选项卡，单击 点 文本框中

的 选择项 字符，然后选取图 7.2.2 所示的基准点 PNT0，在图 7.2.3 所示的“查询范围”对话框中单击 接受 按钮。

Step4. 在图 7.2.4 所示的 分析 选项卡（一）中显示此点所在曲面的各种信息（包括点、法向、曲率、曲率矢量、二面角边点和半径等信息）。

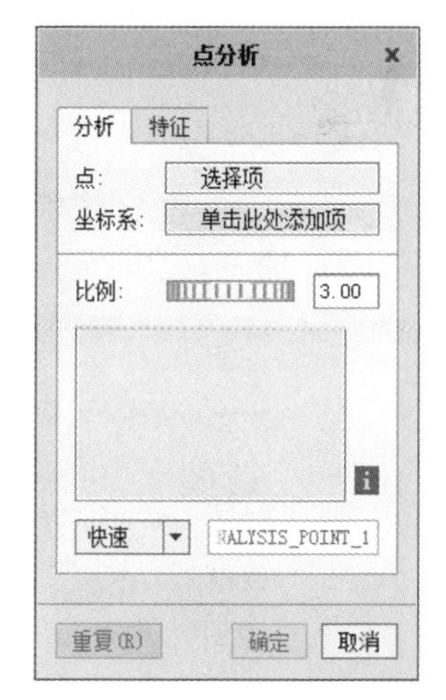

图 7.2.1 “点分析”对话框

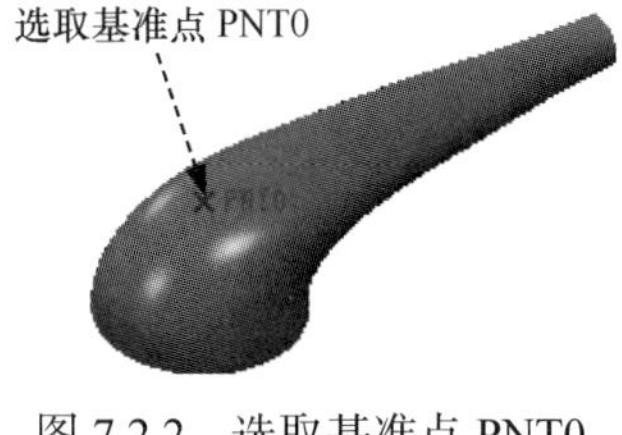

图 7.2.2 选取基准点 PNT0

图 7.2.3 “查询范围”对话框

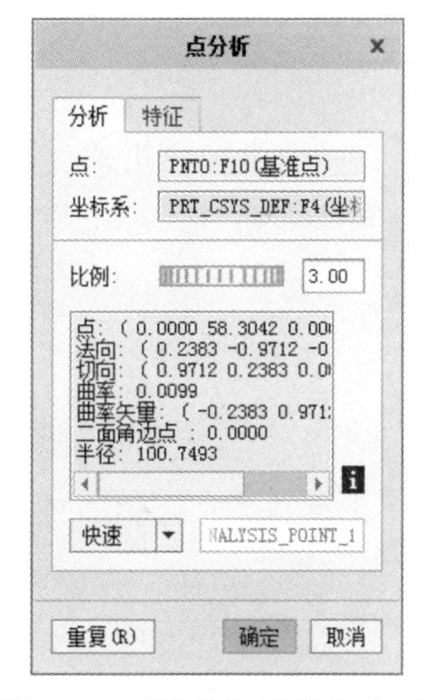

图 7.2.4 “分析”选项卡（一）

7.2.2 曲面的半径分析

曲面的半径分析可以为以后创建曲面的加厚特征提供重要的信息，并且还可以帮助决定在制造过程中所能使用的最大刀具的半径值；从曲面的半径分析结果中可以得到最小内侧半径值和最小外侧半径值。下面简要说明曲面的半径分析的操作过程。

Step1. 将工作目录设置至 D:\creo8.8\work\ch07.02，打开文件 surf_radius.prt。

Step2. 单击 分析 功能选项卡 检查几何 ▾ 区域中的“半径”按钮 。

Step3. 在图 7.2.5 所示的“半径分析”对话框中打开 分析 选项卡，在 几何 文本框中单击 选择项 字符，然后选取图 7.2.6 所示的要分析的曲面（为了方便选取，将“智能选取”栏设置为“面组”）。

Step4. 在图 7.2.7 所示的 分析 选项卡（二）中，显示最小内侧半径值为 –5.0853，最小外侧半径值为 166.9683；单击 确定 按钮，完成曲面半径分析。

图 7.2.5 “半径分析”对话框

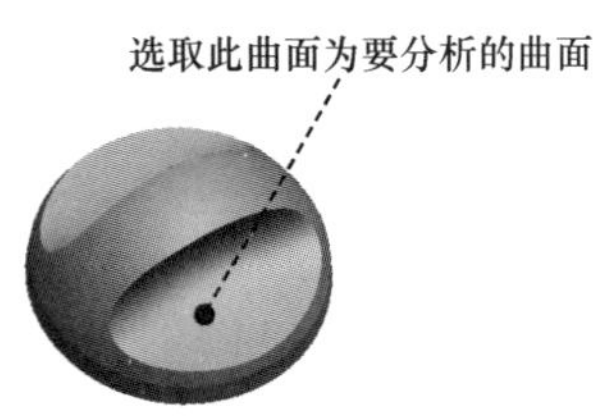

图 7.2.6 要分析的曲面

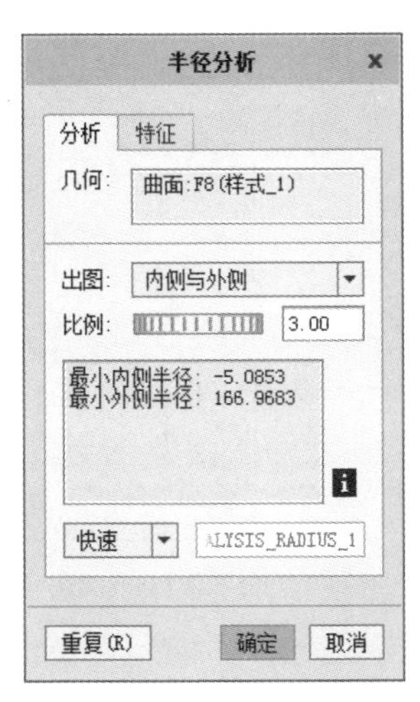

图 7.2.7 “分析”选项卡（二）

Step5. 在曲面半径分析的过程中，分析结果是最小内侧半径值为 –5.0853，也就是说此面组的加厚值不能超过最小内侧半径值。下面将对此分析结果进行验证。

（1）单击 模型 功能选项卡 编辑 ▾ 区域中的“加厚”按钮 加厚。

（2）在系统弹出的“加厚”操控板中，在 文本框中输入厚度值 5.1，单击 按钮，定义图 7.2.8 所示的箭头方向为加厚方向，并按 Enter 键。

（3）单击预览 按钮，预览加厚的面组，系统弹出图 7.2.9 所示的“定义特殊处理”对话框；单击 是 按钮，在预览中可以观察到图 7.2.8 所示的两个曲面没有加厚。

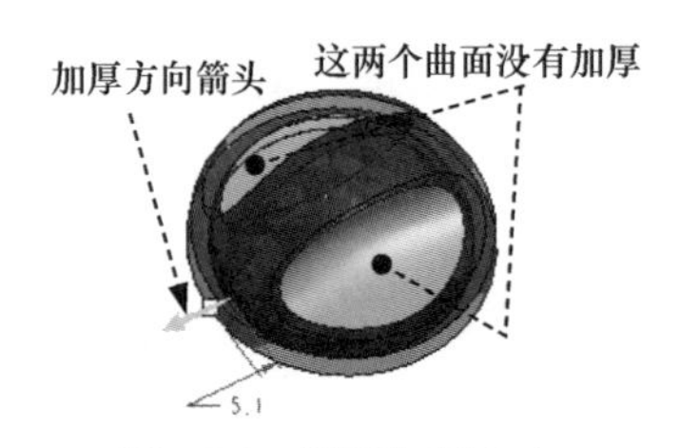

图 7.2.8 定义加厚方向

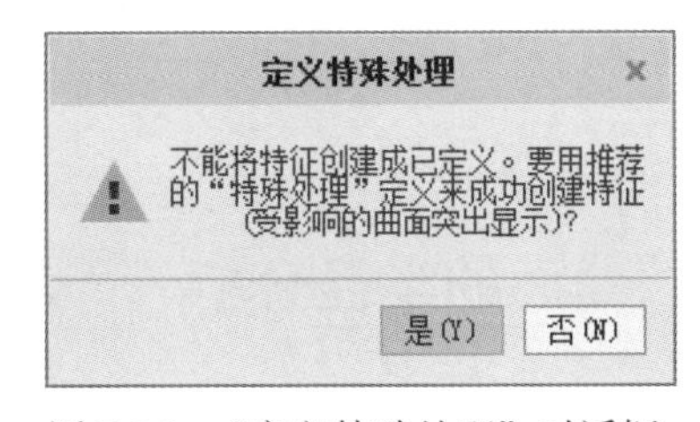

图 7.2.9 “定义特殊处理”对话框

（4）再次单击预览 按钮，退出预览环境。在“加厚”操控板的 选项 界面中显示系统已经自动排除了不符合加厚要求的曲面，如图 7.2.10 所示。

（5）在“加厚”操控板中将薄壁实体的厚度值修改为 5.0（提示：在图 7.2.10 所示的列表中右击，在系统弹出的快捷菜单中选择 全部移除 命令，将列表中的两个曲面移除掉），并按 Enter 键；进行预览，结果显示特征创建成功，如图 7.2.11 所示。

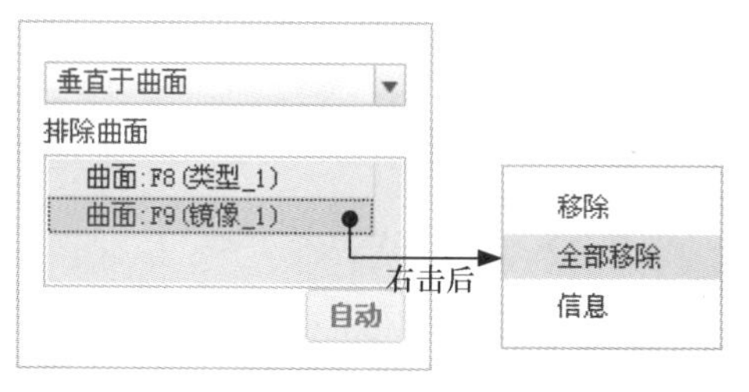

图 7.2.10 “选项”界面

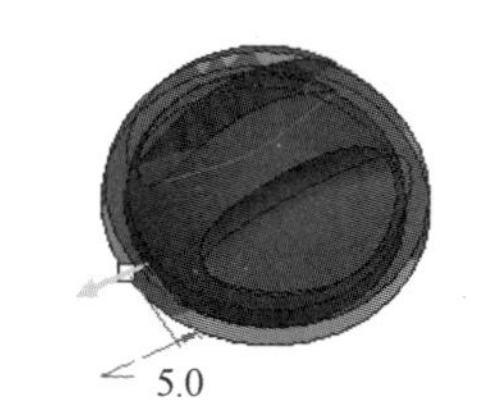

图 7.2.11 特征创建成功

7.2.3 曲面的曲率分析

曲面的曲率分析是指从分析的曲率图中观察曲线是否光滑，有没有不规则的“回折”“尖峰”现象，从而帮助用户得到高质量的曲面，以达到产品的设计意图。下面简要说明曲面的曲率分析的操作过程。

Step1. 将工作目录设置至 D:\creo8.8\work\ch07.02，打开文件 surf_curvature.prt。

Step2. 单击 分析 功能选项卡 检查几何 ▾ 区域中的 曲率 ▾ 按钮。

Step3. 系统弹出图 7.2.12 所示的“曲率分析”对话框（一），在 几何 文本框中单击 选择项 字符，然后选取要分析的曲面，此时曲面上呈现出一个分析曲线的曲率图（图 7.2.13）；从曲率图上可以观察到此分析曲线内部曲率连续情况良好，曲线比较光滑，没有不规则的“回折”“尖峰”现象，符合产品的设计意图，最大曲率值与最小曲率值可以在“曲率分析”对话框（二）中查看（图 7.2.14）。

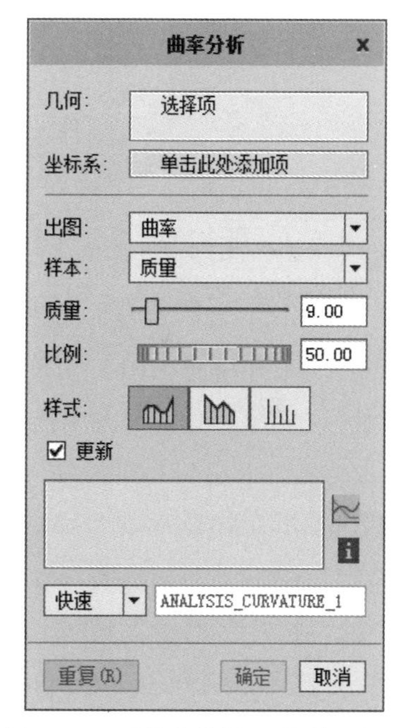

图 7.2.12 “曲率分析”对话框（一）

7.2.4 曲面的截面分析

曲面的截面分析是指计算曲面的连续性，尤其是在共用边界上的连续性。下面简要说明曲面的截面分析的操作过程。

Step1. 将工作目录设置至 D:\creo8.8\work\ch07.02，打开文件 surf_sections.prt。

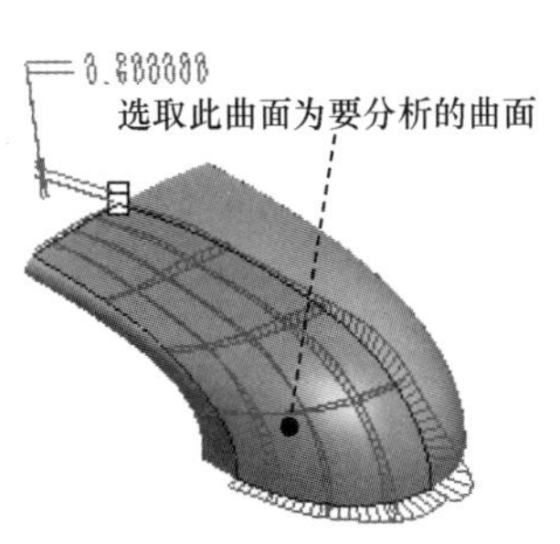

图 7.2.13　要分析的曲面

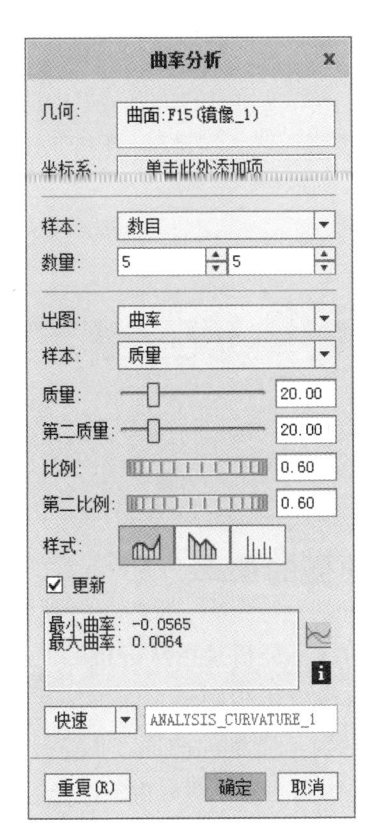

图 7.2.14　“曲率分析”对话框（二）

Step2. 单击 分析 功能选项卡 检查几何 ▾ 区域中 几何报告 ▾ 节点下的 截面 命令。

Step3. 系统弹出图 7.2.15 所示的“截面分析”对话框（一），打开该对话框中的 分析 选项卡，在 曲面 文本框中单击 选择项 字符，选取图 7.2.16 所示的面组（为了方便选取，在“智能选取”栏中选择 面组 选项），单击 方向 文本框中的 单击此处添加项 字符，然后选取图 7.2.16 所示的 DTM3 基准平面。

Step4. 在该对话框的“分析”选项卡 截面 区域的下拉列表中有两种子分析类型，它们分别是 横切 和 突出显示。

方法一： 用 横切 方法进行截面分析，接受系统默认的 截面 为 横切，分析结果如图 7.2.17 所示。

方法二： 用 突出显示 方法进行截面分析，在图 7.2.18 所示的“截面分析”对话框（二）的“分析”选项卡中将 截面 设置为 突出显示，分析结果如图 7.2.19 所示。

Step5. 单击对话框中的 确定 按钮。

7.2.5　曲面的偏移分析

曲面的偏移分析可以为以后对曲面进行加厚提供重要的信息，其过程是从所选的曲面上显示偏距网格，从网格中的变化来检查曲面的质量。下面简要说明曲面偏移分析的操作过程。

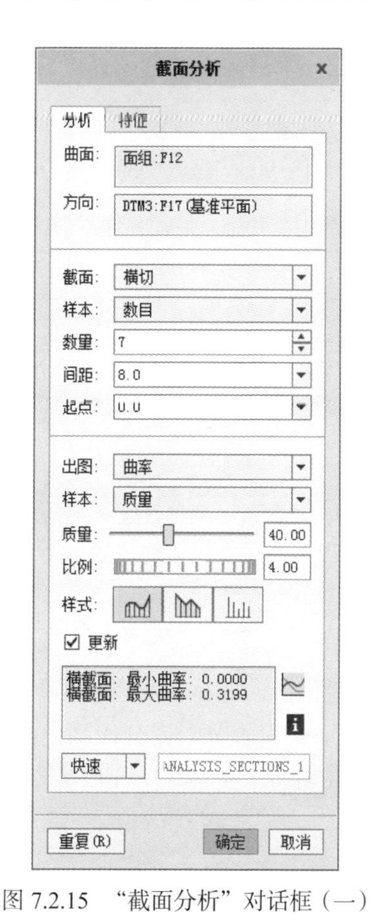

图 7.2.15 “截面分析”对话框（一）

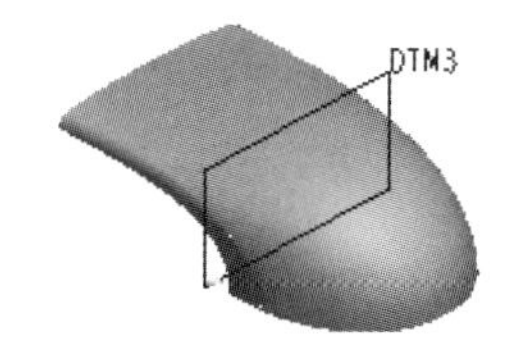

图 7.2.16 选取参考

图 7.2.18 “截面分析”对话框（二）

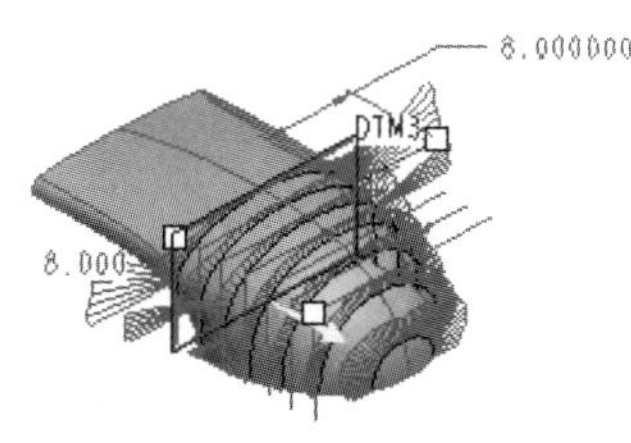

图 7.2.17 “横切”方法

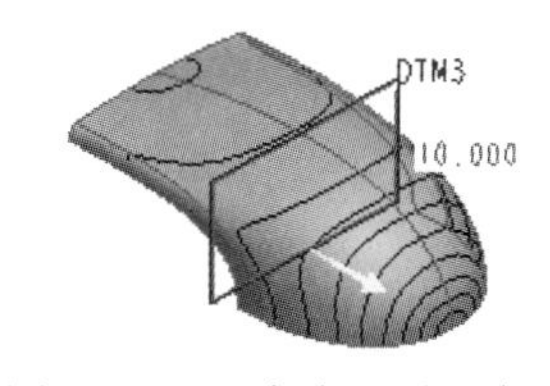

图 7.2.19 “突出显示”方法

Step1. 将工作目录设置至 D:\creo8.8\work\ch07.02，打开文件 surf_offset.prt。

Step2. 在 分析 功能选项卡 检查几何 ▾ 下拉菜单中选择 偏移分析 命令。

Step3. 在系统弹出的“偏移分析”对话框中，在 几何 文本框中单击 选择项，在“智能选取”栏中选取 面组，选取图 7.2.20 所示的面组，在 偏移 文本框中输入偏距值 15，并按 Enter 键。此时系统计算出图 7.2.20 所示的偏距后的曲面组，分析的结果表示当曲面组向外偏距 15mm 时，偏距网格中没有任何相交的地方，因此将曲面的加厚值设置到此数值时不会出现错误。

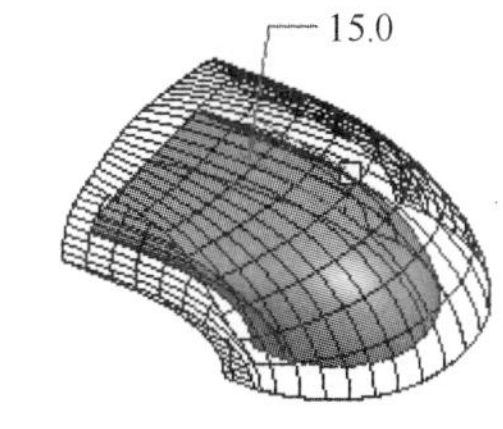

图 7.2.20 偏移分析结果

Step4. 单击该对话框中的 确定 按钮。

7.2.6 对曲面进行偏差分析

对曲面进行偏差分析是计算并显示从基准平面或者曲面到其要测量偏差的基准点、曲线

或者基准点阵列的偏差，包括最大偏差值和最小偏差值。下面简要说明对曲面进行偏差分析的操作过程。

Step1. 将工作目录设置至 D:\creo8.8\work\ch07.02，打开文件 surf_deviation.prt。

Step2. 在 分析 功能选项卡 检查几何 ▾ 下拉菜单中选择 偏差 命令。

Step3. 在系统弹出的“偏差分析”对话框中：

（1）打开 分析 选项卡，在“自”文本框中单击 选择项 字符，然后选取图 7.2.21 所示的曲面为起始参考。

（2）打开 分析 选项卡，在“至”文本框中单击 选择项 字符，然后选取图 7.2.21 所示的曲线为至参考。

（3）此时在 分析 选项卡中，显示最小偏差值为 6.6119，最大偏差值为 49.2589。

Step4. 单击 确定 按钮，完成操作。

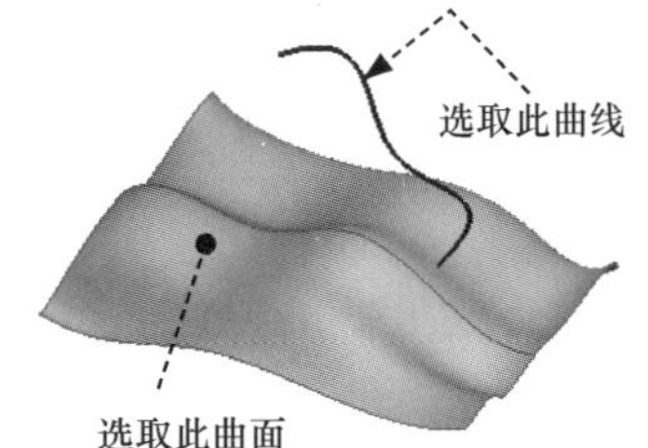

图 7.2.21　选取要分析的曲面

7.2.7　曲面的高斯曲率分析

曲面的高斯曲率分析是计算并显示曲面上每点处的最小和最大法向曲率。可以根据显示在边缘绘图中的非连续性来检测曲面中的非连续性，系统在显示曲率的范围内分配颜色值。在系统的“颜色分布图”中，红色端和蓝色端的值分别表示最大和最小曲率。下面简要说明曲面的高斯曲率分析的操作过程。

Step1. 将工作目录设置至 D:\creo8.8\work\ch07.02，打开文件 surf_gaussian_curvature.prt。

Step2. 选择 分析 功能选项卡 检查几何 ▾ 区域 曲率 ▾ 节点下的 着色曲率 命令。

Step3. 在系统弹出的“着色曲率分析”对话框中打开 分析 选项卡，在 曲面 文本框中单击 选择项 字符，然后选取要分析的曲面，此时曲面上呈现出一个彩色分布图（图 7.2.22），同时系统弹出“颜色比例”对话框。彩色分布图中的不同颜色代表不同的曲率大小，颜色与曲率大小的对应关系可以从“颜色比例”对话框中查阅。

Step4. 在“着色曲率分析”对话框中可查看曲面的最大高斯曲率和最小高斯曲率。

7.2.8　曲面的拔模分析

曲面的拔模分析可以预先分析出在实际的零件生产过程中，从模具拔出时可能产生的问题。下面简要说明曲面的拔模分析的操作过程。

Step1. 将工作目录设置至 D:\creo8.8\work\ch07.02，打开文件 surf_draft.prt。

Step2. 单击 分析 功能选项卡 检查几何 ▾ 区域中的 拔模斜度 按钮。

Step3. 在系统弹出的“拔模斜度分析”对话框的 曲面 文本框中单击 选择项，选取图 7.2.23 所示的面组（在“智能选取”栏中选择 面组 选项）；然后在 方向 文本框中单

击 单击此处添加项 字符，选取图 7.2.23 所示的 FRONT 基准平面作为拔模参考平面，此时系统开始进行分析，然后在参考模型上以色阶分布的方式显示出检测的结果，同时弹出一个“颜色比例”窗口以作说明。

从图中可以看出，零件的外表面显示为蓝色，表明由此方向拔模时没有干涉。但是手柄旋钮部位显示为淡红色，表明由此方向拔模时，此部位有干涉，如图 7.2.24 所示。

Step4. 单击“拔模斜度分析”对话框中的 确定 按钮。

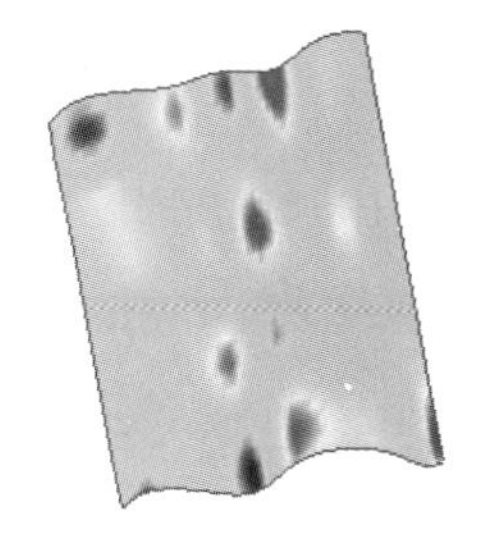

图 7.2.22 要分析的曲面

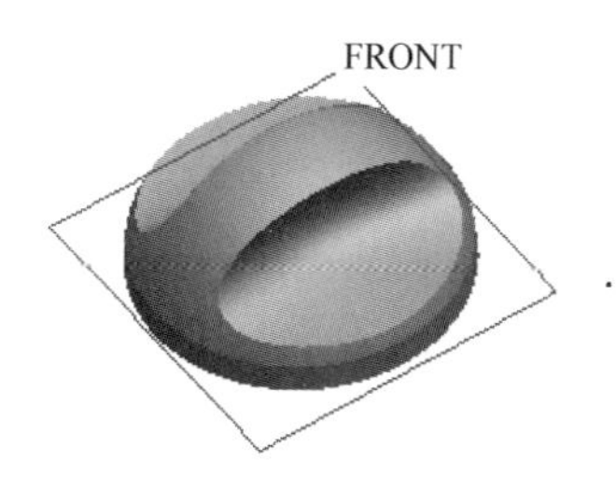

图 7.2.23 选取参考

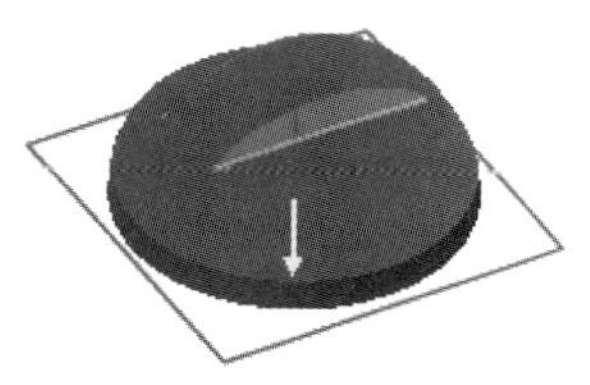

图 7.2.24 拔模检测分析

7.2.9 曲面的反射分析

曲面的反射分析俗称“斑马纹”分析，显示从指定方向观察时，在曲面上来自线性光源反射的曲线。可以在视图中旋转模型并观察显示过程中的动态变化，以查看反射中的变化。下面简要说明曲面的反射分析的操作过程。

Step1. 将工作目录设置至 D:\creo8.8\work\ch07.02，打开文件 surf_reflection.prt。

Step2. 在 分析 功能选项卡 检查几何 ▾ 下拉菜单中选择 反射 命令，系统弹出“反射分析”对话框。

Step3. 在该对话框的 曲面 文本框中单击 选择项 字符，在“智能选取”栏中选择 面组 选项，然后选取要分析的曲面，此时曲面上呈现出曲面的分析结果，如图 7.2.25 所示；从分析结果中可以观察到曲面在对称的地方过渡比较好，符合产品的设计要求。

Step4. 单击该对话框中的 确定 按钮。

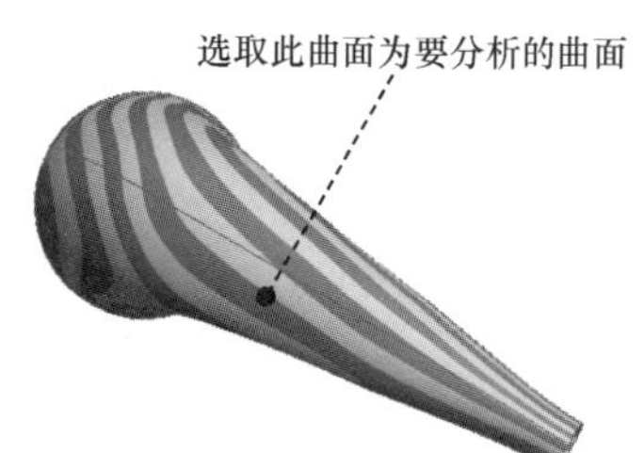

图 7.2.25 要分析的曲面

7.3 用户定义分析（UDA）

7.3.1 关于用户定义分析

使用用户定义分析（UDA）来创建“分析”菜单以外的测量和分析。用户定义分析由一组特征构成，该组特征是为进行所需的测量而创建的。这组特征称为“构造”组，可以把“构造”组认为是进行测量的定义。根据需要可以保存和重新使用该定义。要定义一个“构造”组，就应创建一个以“分析”特征为最后特征的局部组。

如果“构造”组将一个域点作为它的第一个特征，那么在域内的任何选定点处或域点的整个域内都能执行分析。当分析在整个域内执行时，UDA 所起作用相当于曲线或曲面分析。因此，系统在域内的每一个点都临时形成构建，然后显示与标准曲线和曲面分析结果相同的结果。如果 UDA 不基于域点，则它表示一个可用于任何其他标准测量的简单测量。

执行用户定义分析包括两个主要过程：

- 创建“构造”组。创建将用于所需测量的所有必要特征，然后使用“局部组”命令将这些特征分组。创建“构造”组所选定的最后一项必须是“分析”特征。
- 应用“构造”组创建 UDA。单击 分析 功能选项卡 管理 ▾ 区域中的 分析 按钮，并使用“用户定义分析”对话框来执行分析。

7.3.2 使用 UDA 功能的规则和建议

使用 UDA 创建定制测量来研究模型的特征。用这些测量可以查找满足用户定义约束的建模解决方案。

注意下列规则和建议。

- 创建几何的目的仅在于定义 UDA“构造”组（域点、基准平面等）。不要将这些特征用于常规建模活动。
- 在创建了“构造”组之后，必须隐含它，以确保其特征不用于建模的目的。在隐含时，“构造”组仍然可以用于 UDA 的目的。
- 为了避免“构造”组特征用于建模，一些特征可能需要创建两次：一次用于建模的目的，而另一次用于 UDA 的目的。

域点（Field Point）：属于基准点的一种，是专门用来协助 UDA 的。域点的特征如下。

- 为基准点的一种。
- 可位于曲线、边、曲面等参考几何上，仅能在这些参考几何上自由移动。
- 没有尺寸的限制。
- 在参考几何上的每一次移动间距相当小，可视为连续且遍布整个参考几何，协助寻找出某性质的最大值 / 最小值位置。

下面举例说明 UDA 的应用范例，如图 7.3.1 所示。

Step1. 设置工作目录和打开文件。

（1）选择下拉菜单 文件 ➡ 管理会话(M) ▸ ➡ 选择工作目录(W) 更改工作目录。 命令，将工作目录设置至 D:\creo8.8\work\ch07.03。

（2）选择下拉菜单 文件 ➡ 打开(O) 命令，打开文件 pipe_udf.prt。

Step2. 在轨迹曲线上创建一个域点。

（1）单击 模型 功能选项卡 基准▼ 区域中 点▼ 节点下的 域 命令。

（2）在图 7.3.2 所示的轨迹曲线上单击，系统立即在单击处的轨迹曲线上产生一个基准点 FPNT0，这就是域点。

（3）在“基准点”对话框中单击 确定 按钮。

图 7.3.1 UDA 应用范例

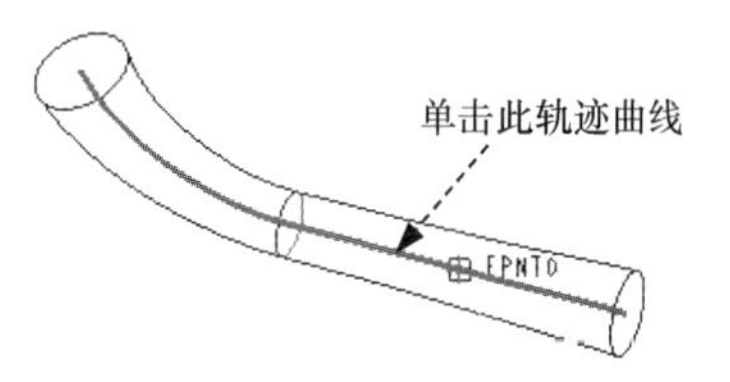

图 7.3.2 创建域点

Step3. 创建一个通过域点的基准平面，如图 7.3.3 所示。

（1）单击 模型 功能选项卡 基准▼ 区域中的“平面”按钮 。

（2）在系统弹出的“基准平面”对话框中单击 参考 文本框，选取图 7.3.4 所示的域点和图 7.3.2 所示的曲线为参考，约束类型依次为 穿过、法向。

（3）单击 确定 按钮，完成基准平面的创建。

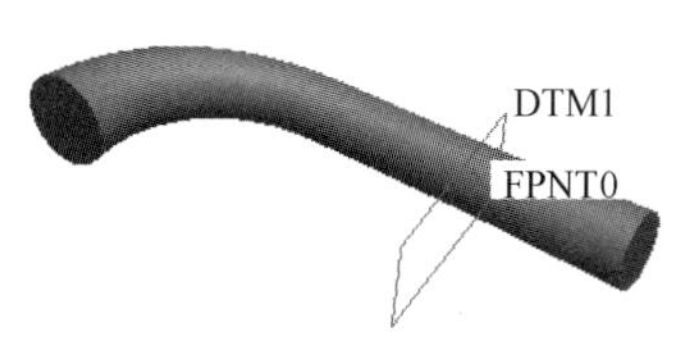

图 7.3.3 创建基准平面

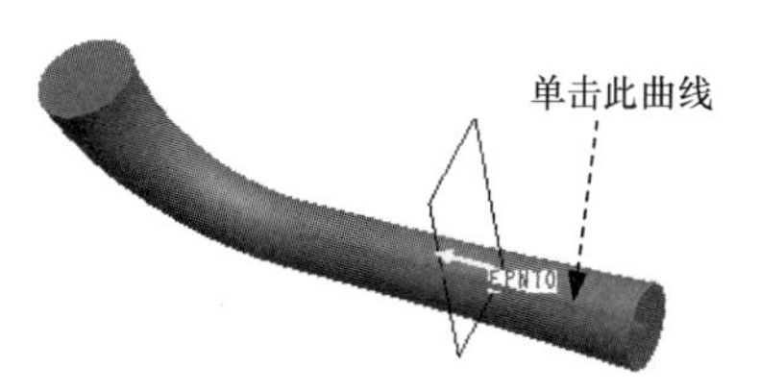

图 7.3.4 操作过程

Step4. 创建一个“分析”特征来测量管道的横截面。

（1）选择 分析 功能选项卡 模型报告 区域的 质量属性▼ 节点下的 横截面质量属性 命令。

（2）在系统弹出的图 7.3.5 所示的“横截面属性”对话框（一）中进行如下操作。

① 输入分析特征的名称。在该对话框的 快速▼ 下拉列表中选择 特征 选项，并在其后的文本框中输入名称 PIPE_AREA。

② 定义分析特征。在图 7.3.6 所示的“横截面属性”对话框（二）中的 平面 区域选取基准平面 DTM1，此时在“分析”界面显示结果。

③ 打开 特征 选项卡，在系统弹出的界面的 重新生成 下拉列表中选取 始终 选项。在 参数 区域中选中 ☑ XSEC_AREA 复选框，在 基准 区域中选中 ☑ CSYS_XSEC_COG 复选框，如图 7.3.7 所示。

（3）完成分析特征的创建。单击“横截面属性”对话框（一）中的 确定 按钮。

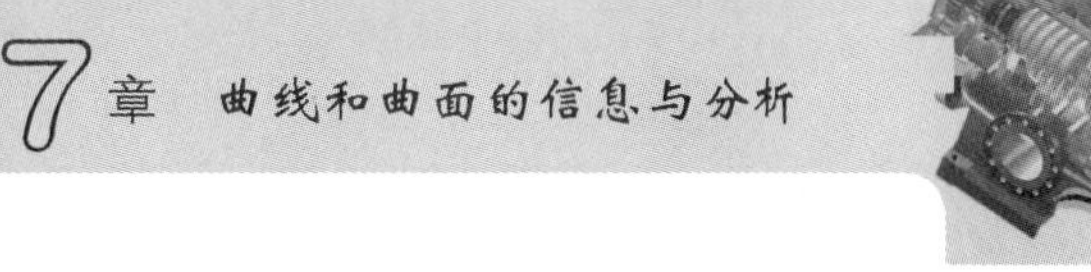

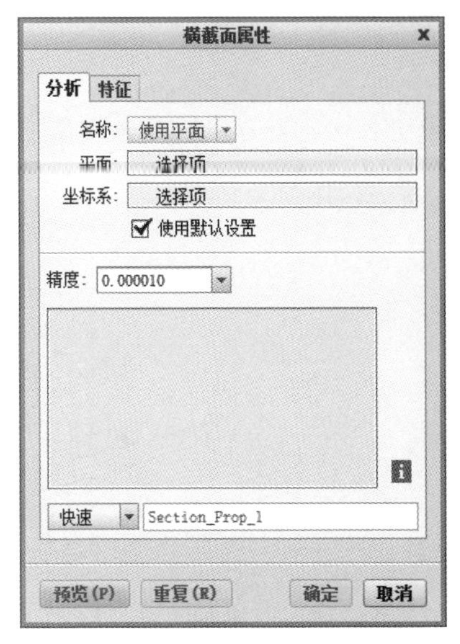

图 7.3.5 “横截面属性”对话框（一）

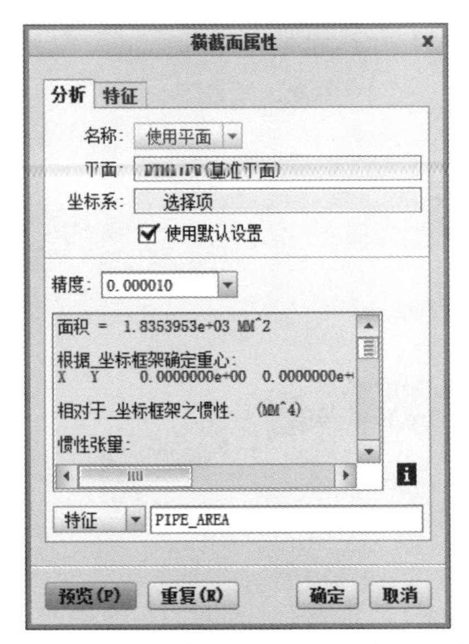

图 7.3.6 “横截面属性”对话框（二）

Step5. 通过归组所有需要的特征和参数来创建 UDA 构造组。

（1）在模型树中按住 Ctrl 键，选择图 7.3.8 所示的三个特征。

（2）右击，在系统弹出的快捷菜单中选择 命令，此时模型树中会生成图 7.3.9 所示的一个局部组。

（3）右击模型树中的 组LOCAL_GROUP，从系统弹出的快捷菜单中选择 重命名 命令，并将组的名称改为 group_1。

图 7.3.7 “横截面属性”对话框（三）

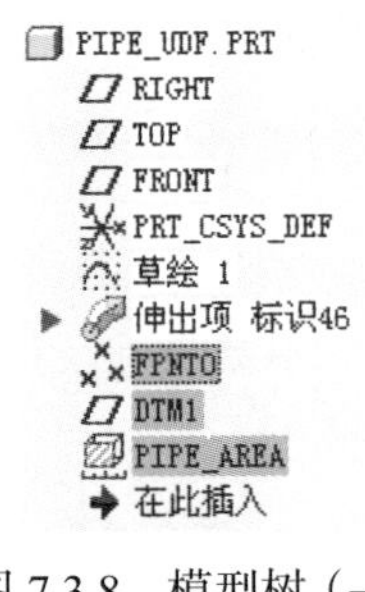

图 7.3.8 模型树（一）

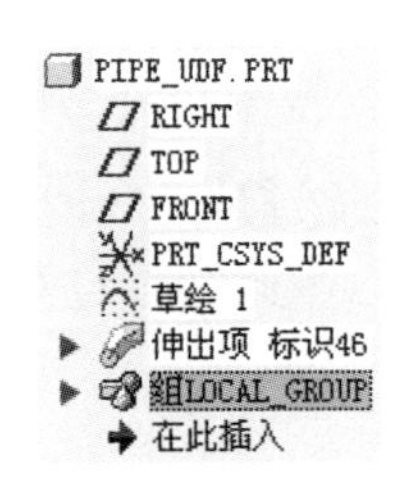

图 7.3.9 模型树（二）

Step6. 用已经定义过的“构造”组创建用户定义分析。

（1）单击 分析 功能选项卡 管理▼ 区域中的 分析 按钮。

（2）在系统弹出的“分析”对话框中，进行如下操作。

① 输入分析特征的名称。在 名称 区域输入分析特征的名称 UDF_AREA，按 Enter 键。

② 选择分析特征类型。在 类型 区域中选中 UDA 单选项。

③ 选择再生请求类型。在 重新生成请求 区域中选中 始终 单选项。

④ 单击 下一页 按钮。

（3）在系统弹出的图 7.3.10 所示的“用户定义分析”对话框中进行如下操作。

① 选择 GROUP_1 作为测量类型。

② 选中 默认 复选框，采用默认参考。

③ 在 计算设置 区域的 参数 下拉列表中选择 XSEC_AREA 选项，在 域 下拉列表中选择 整个场 选项。

④ 单击“用户定义分析”对话框中的 计算 按钮，此时系统显示图 7.3.11 所示的曲线图，并在模型上显示曲线分布图，如图 7.3.12 所示。

图 7.3.10　“用户定义分析”对话框

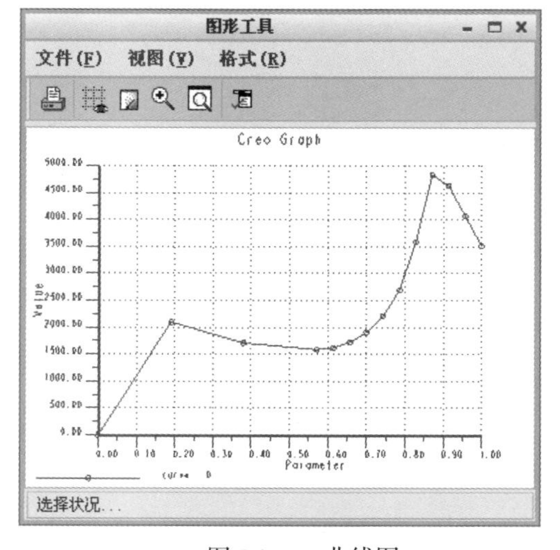

图 7.3.11　曲线图

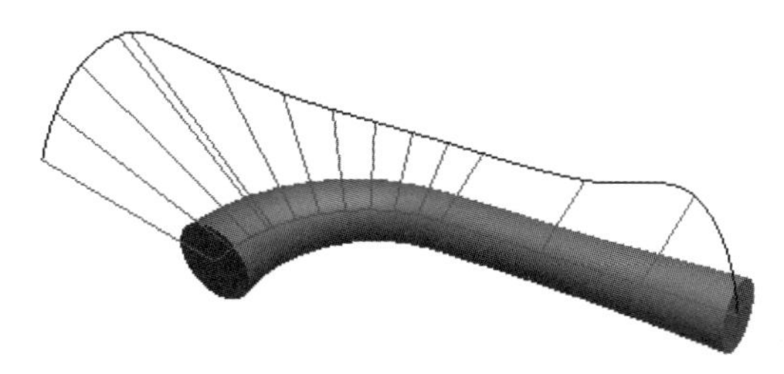

图 7.3.12　曲线分布图

⑤ 关闭曲线图，然后单击“用户定义分析”对话框中的 关闭 按钮。

（4）在图 7.3.13 所示的“分析”对话框（一）中进行如下操作。

① 在 结果参数 区域中选择 是 UDM_MIN_VAL 参数，并选中 创建 区域中的 ◉ 是 单选项来创建这个参数，用同样的方法创建参数 UDM_MAX_VAL。

② 单击 下一页 按钮，转到下一页来创建基准参数。

（5）在图 7.3.14 所示的“分析”对话框（二）中进行如下操作。

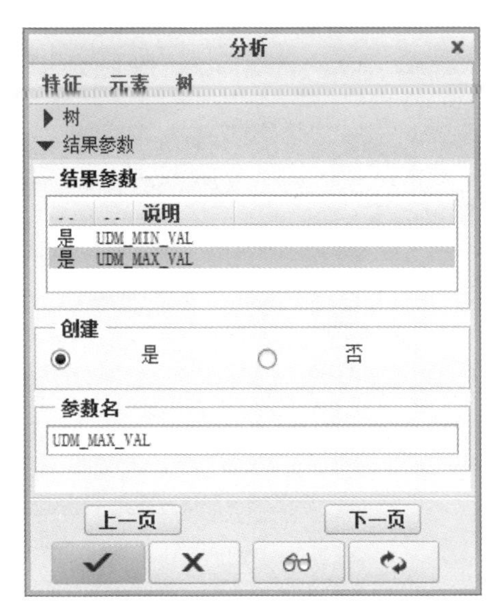

图 7.3.13 “分析”对话框（一）

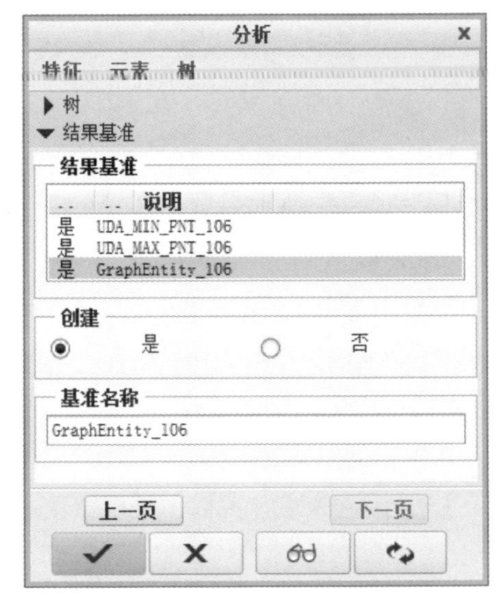

图 7.3.14 “分析”对话框（二）

① 在 结果基准 区域中选择 否 UDA MIN PNT 106 基准名，然后选中 创建 区域中的 ⊙是 单选项来创建此基准参数，用同样的方法创建基准参数 UDA_MAX_PNT_106 及 GraphEntity_106。

② 单击“分析”对话框中的 ✓ 按钮。

第 8 章　普通曲面设计综合范例

本章提要

本章主要对六个典型的普通曲面设计综合范例进行了详细的讲解。其中参数化圆柱齿轮、参数化蜗杆比较复杂，在它们的设计过程中都用到了“参数化”“关系”命令，最后一个手机外壳范例用到了“自顶向下”的建模方法来设计。

8.1　普通曲面综合范例 1——塑料瓶

范例概述

本例是一个综合性的曲面建模的范例，先使用旋转命令创建实体特征，进行倒圆角修饰，然后使用基准点创建基准曲线，再利用基准曲线构建边界混合曲面，然后再实体化切削，最后通过抽壳完成模型的创建。零件模型及模型树如图 8.1.1 所示。

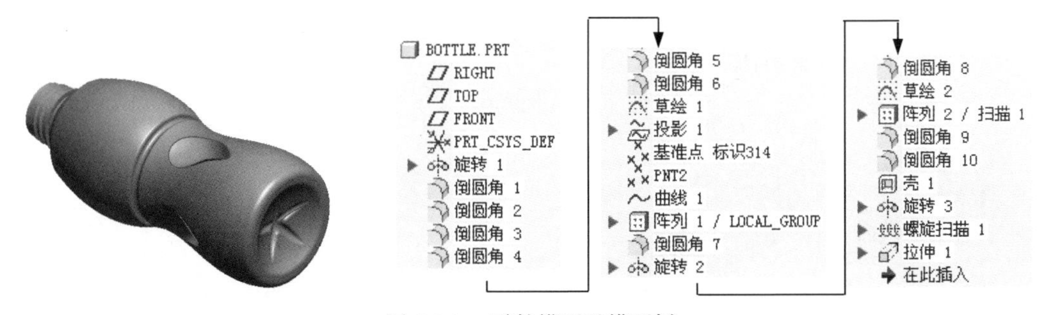

图 8.1.1　零件模型及模型树

Step1. 新建零件模型并命名为 BOTTLE。

Step2. 创建图 8.1.2 所示的实体旋转特征 1。在操控板中单击“旋转”按钮 旋转，选取 FRONT 基准平面为草绘平面，选取 RIGHT 基准平面为参考平面，方向为 右；单击 草绘 按钮，绘制图 8.1.3 所示的旋转中心线和截面草图；在“旋转”操控板中选择旋转类型为 ，在角度文本框中输入角度值 360.0。

Step3. 创建图 8.1.4b 所示的倒圆角特征 1。单击 模型 功能选项卡 工程 ▾ 区域中的 倒圆角 ▾ 按钮，选取图 8.1.4a 所示的边链为倒圆角的参考边线，倒圆角半径值为 5.0。

Step4. 创建图 8.1.5b 所示的完全倒圆角特征 2。单击 模型 功能选项卡 工程 ▾ 区域中的 倒圆角 ▾ 按钮，按住 Ctrl 键，选取图 8.1.5a 所示的两条边线。在“倒圆角”操控板中单击 集 按钮，在系统弹出的界面中单击 完全倒圆角 按钮；单击“倒圆角”操控板中的 ✓ 按钮，完成倒圆角特征 2 的创建。

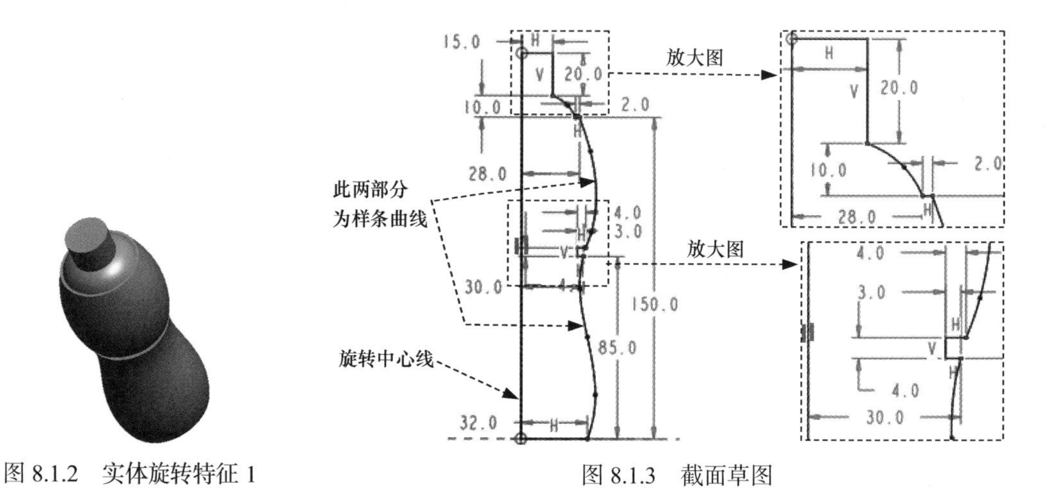

图 8.1.2　实体旋转特征 1　　　　图 8.1.3　截面草图

选取此边为参考

a) 倒圆角前

b) 倒圆角后

图 8.1.4　倒圆角特征 1

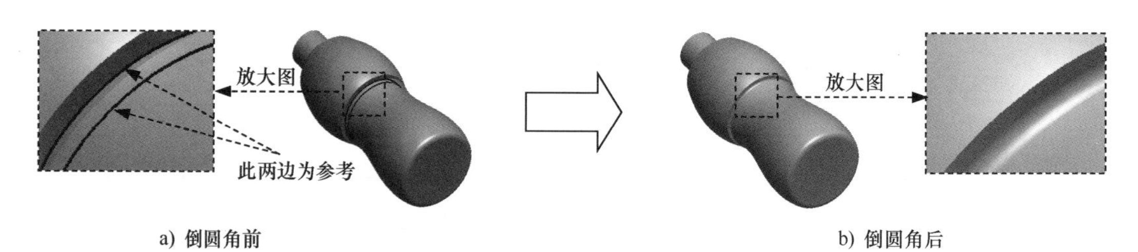

a) 倒圆角前　　　　b) 倒圆角后

图 8.1.5　倒圆角特征 2

Step5. 创建图 8.1.6b 所示的倒圆角特征 3。选取图 8.1.6a 所示的边链为倒圆角的参考边线，倒圆角半径值为 2.0。

Step6. 创建图 8.1.7b 所示的倒圆角特征 4。选取图 8.1.7a 所示的边链为倒圆角的参考边线，倒圆角半径值为 2.0。

Step7. 创建图 8.1.8b 所示的倒圆角特征 5。选取图 8.1.8a 所示的边链为倒圆角的参考边线，倒圆角半径值为 1.5。

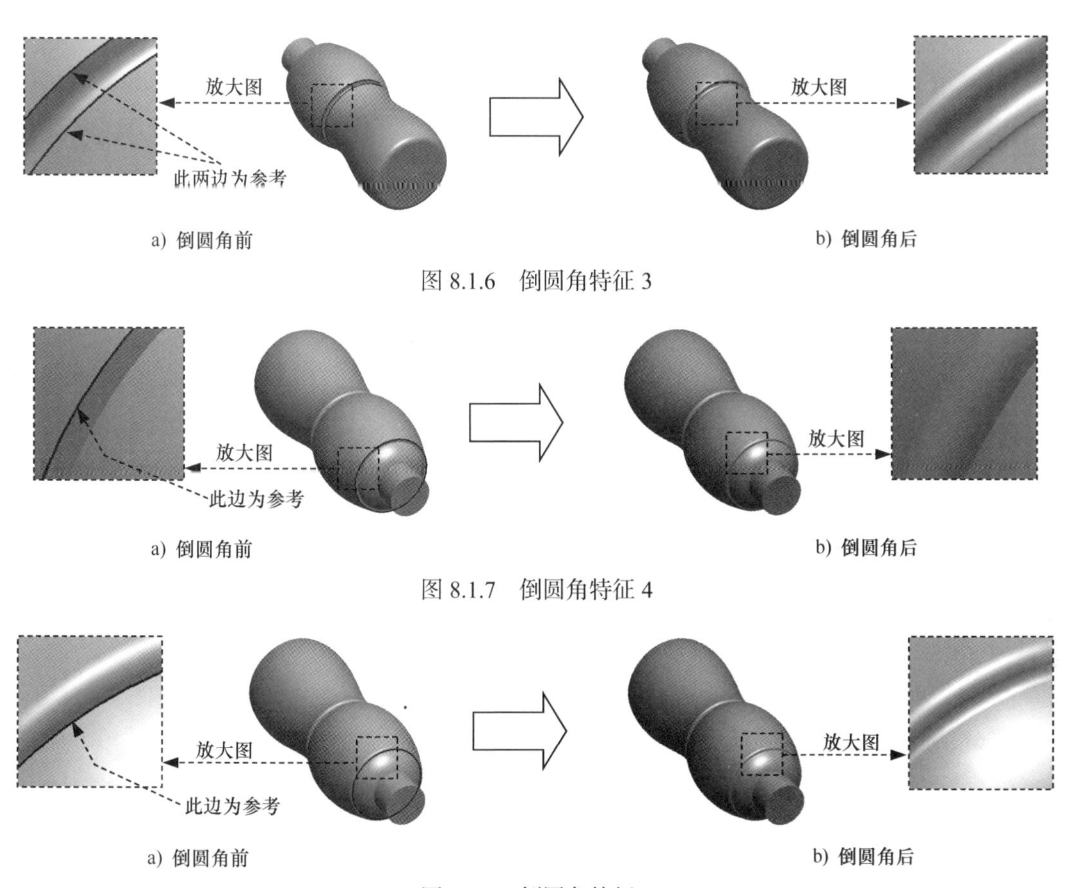

图 8.1.6　倒圆角特征 3

图 8.1.7　倒圆角特征 4

图 8.1.8　倒圆角特征 5

Step8. 创建图 8.1.9b 所示的倒圆角特征 6。选取图 8.1.9a 所示的边链为倒圆角的参考边线，倒圆角半径值为 3.0。

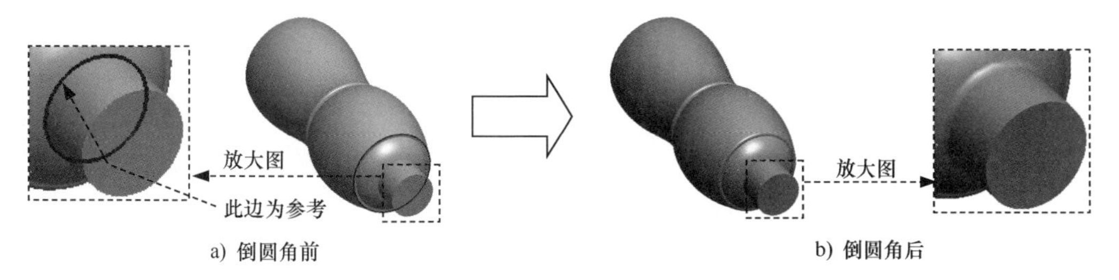

图 8.1.9　倒圆角特征 6

Step9. 创建图 8.1.10 所示的草绘 1。在操控板中单击“草绘”按钮；选取 FRONT 基准平面为草绘平面，选取 RIGHT 基准平面为参考平面，方向为 上；单击 草绘 按钮，绘制图 8.1.11 所示的草绘 1（草绘曲线为样条曲线，形状大致相同即可）。

Step10. 创建图 8.1.12 所示的投影曲线 1。在模型树中选取草图 1 为投影对象，然后单击 模型 功能选项卡 编辑 ▾ 区域中的 投影 按钮，选取图 8.1.12 所示的模型表面为投影面，FRONT 基准平面为方向参考面；单击 ✔ 按钮，完成投影曲线 1 的创建。

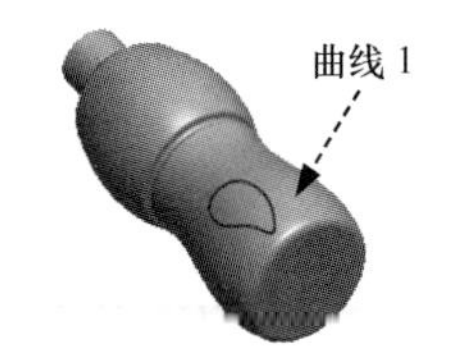

图 8.1.10　草绘 1（建模环境）

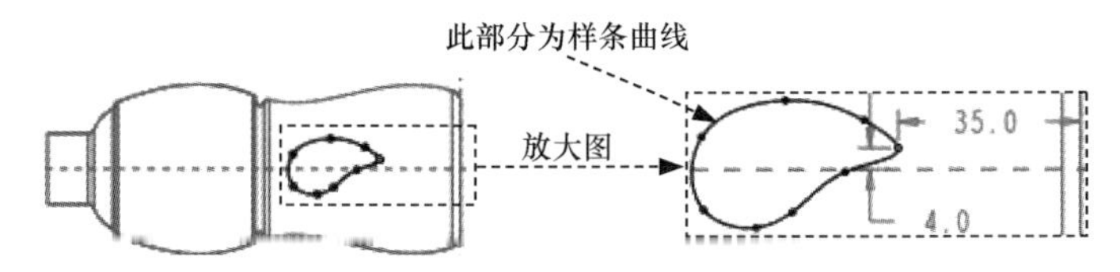

图 8.1.11　草绘 1（草图环境）

Step11. 创建图 8.1.13 所示的基准点 PNT0、PNT1。单击 点 按钮，选取投影曲线 1 的一个端点，创建基准点 PNT0；选取另一个端点创建基准点 PNT1；完成后单击 确定 按钮。

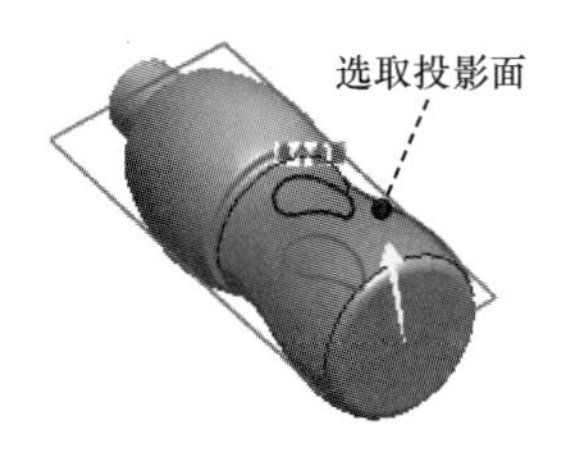

图 8.1.12　投影曲线 1

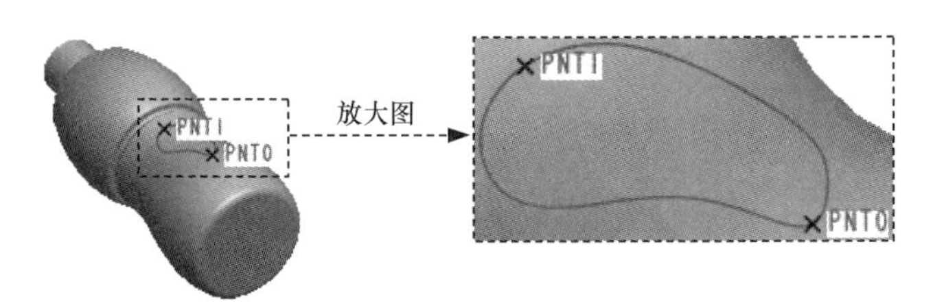

图 8.1.13　创建基准点

Step12. 创建图 8.1.14 所示的基准点 PNT2。单击 点 按钮；选取图 8.1.14 所示的曲面为参考，约束类型为 偏移，偏距值为 –5.0；单击激活 偏移参考 区域下的文本框，按住 Ctrl 键，选取 TOP 和 RIGHT 基准平面为参考，偏移值分别为 58.0 和 0.0；完成后单击 确定 按钮。

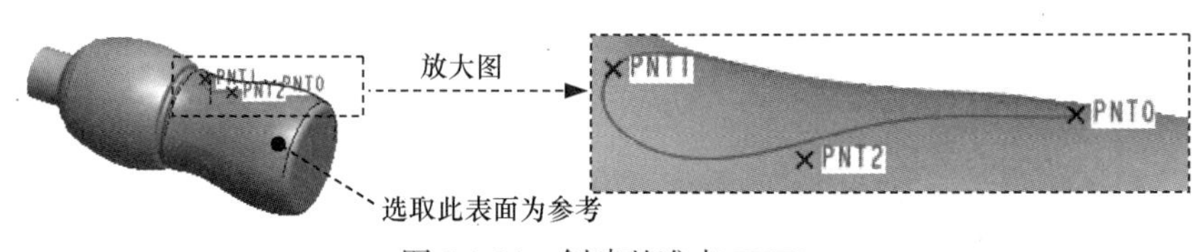

图 8.1.14　创建基准点 PNT2

Step13. 创建图 8.1.15 所示的曲线 1。单击 模型 功能选项卡 基准 ▾ 节点下的 ~ 曲线 ▸ 命令；在系统弹出的“曲线：通过点”操控板中，依次选取 PNT0、PNT2、PNT1 三个点；单击 ✔ 按钮，完成曲线 1 的创建。

Step14. 创建图 8.1.16 所示的边界曲面。

（1）单击 模型 功能选项卡 曲面 ▾ 区域中的“边界混合”按钮 。

（2）选取边界曲线。在“边界混合”操控板中单击 曲线 按钮，系统弹出“曲线”界面，按住 Ctrl 键，依次选取图 8.1.16a 所示的曲线 2、曲线 1 和曲线 3 为边界曲线。

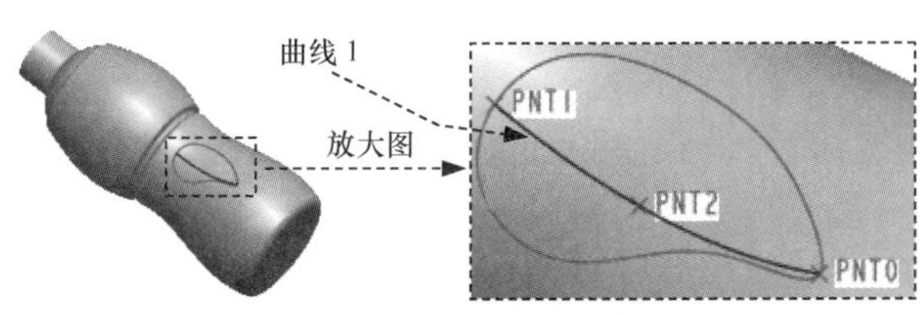

图 8.1.15　创建曲线 1

（3）单击 ✓ 按钮，完成边界曲面的创建，如图 8.1.16b 所示。

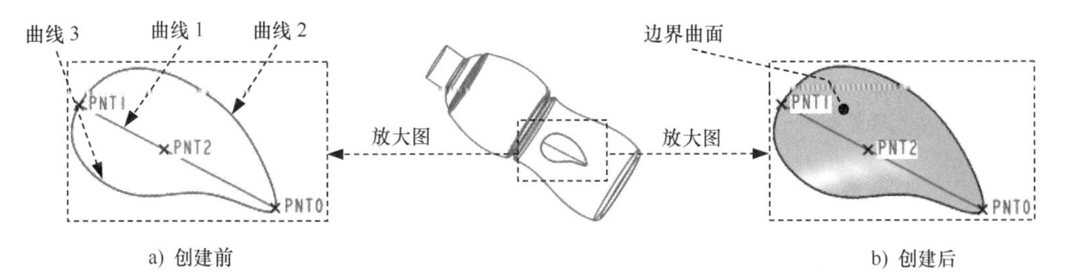

图 8.1.16 创建边界曲面

Step15. 创建图 8.1.17 所示的实体化特征 1。

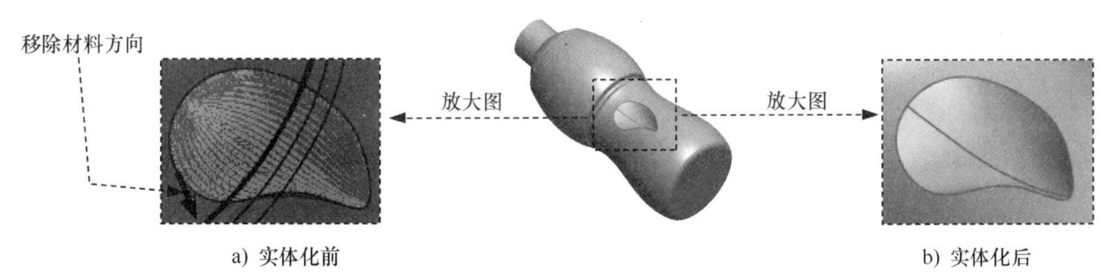

图 8.1.17 实体化特征 1

（1）选取 Step14 创建的边界曲面为要实体化的对象。

（2）单击 模型 功能选项卡 编辑 ▾ 区域中的 实体化 按钮，在系统弹出的“实体化”操控板中按下“用面组替换部分曲面”按钮。

（3）单击 ✓ 按钮，完成实体化特征 1 的创建。

Step16. 创建组 LOCAL_GROUP。按住 Ctrl 键，在模型树中选择 边界混合 1 和 实体化 1，然后右击，在系统弹出的快捷菜单中选择 命令。

Step17. 创建图 8.1.18 所示的阵列特征 1。

（1）在模型树中选择 组LOCAL_GROUP，右击，在系统弹出的快捷菜单中选择 命令。

（2）在“阵列”操控板中选择以 轴 方式控制阵列，选取图 8.1.19 所示的 A-1 轴为旋转轴，第一方向阵列成员数值为 4.0，阵列角度值为 90.0。

（3）单击 ✓ 按钮，完成阵列特征 1 的创建。

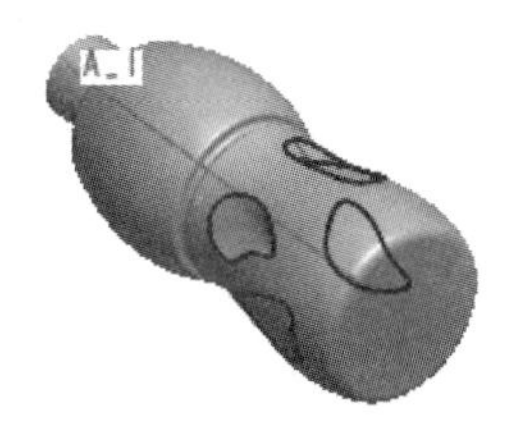

图 8.1.18 阵列特征 1

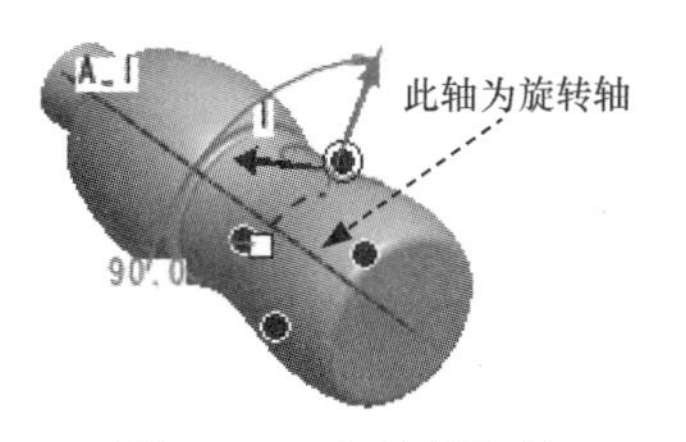

图 8.1.19 选取旋转轴

Step18. 创建图 8.1.20 所示的倒圆角特征 7。选取图 8.1.21 所示的四条阵列特征的边链为倒圆角的参考边线，倒圆角半径值为 3.0。

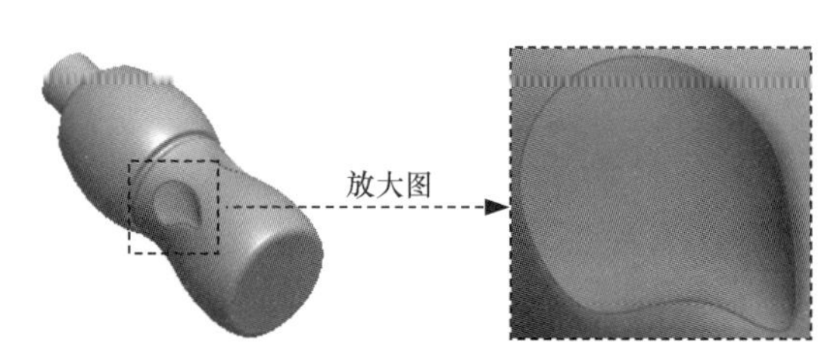

图 8.1.20　倒圆角特征 7

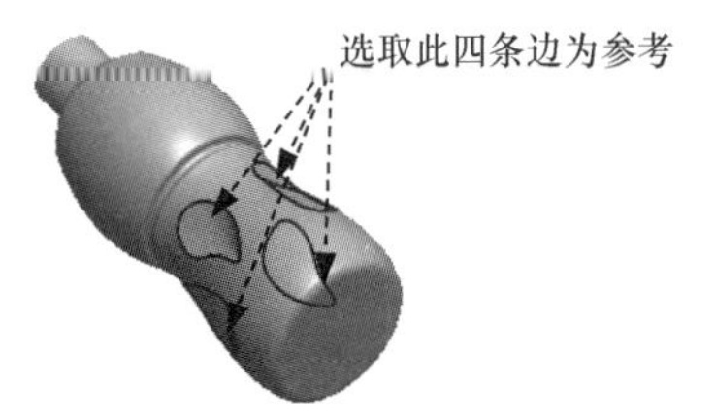

图 8.1.21　选取参考边线

Step19. 创建图 8.1.22 所示的旋转切削特征 2。在操控板中单击“旋转”按钮 旋转，按下“实体”按钮 和“移除材料”按钮 ；选取 FRONT 基准平面为草绘平面，选取 RIGHT 基准平面为参考平面，方向为 右；单击 草绘 按钮，绘制图 8.1.23 所示的旋转中心线和截面草图；在“旋转”操控板中选择旋转类型为 ，在角度文本框中输入角度值 360.0。

图 8.1.22　旋转切削特征 2

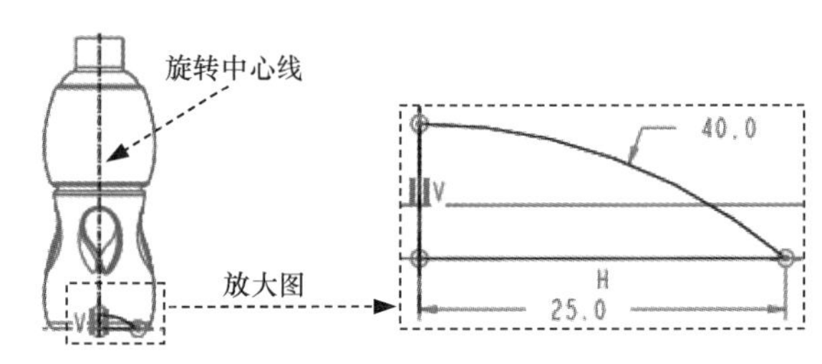

图 8.1.23　截面草图

Step20. 创建图 8.1.24b 所示的倒圆角特征 8。选取图 8.1.24 所示的边链为倒圆角的参考边线，倒圆角半径值为 4.0。

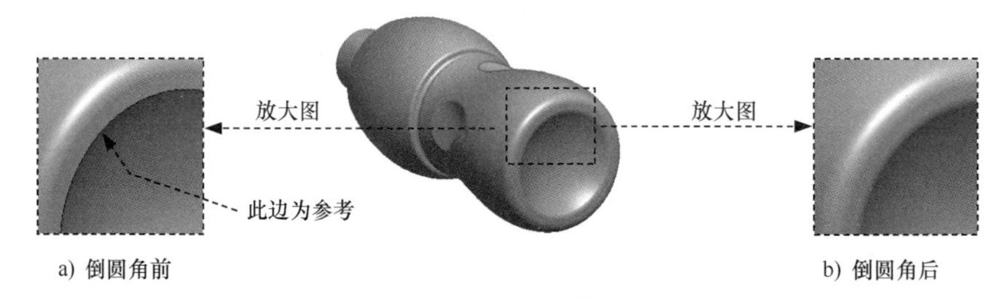

a) 倒圆角前　　b) 倒圆角后

图 8.1.24　倒圆角特征 8

Step21. 创建图 8.1.25 所示的草绘 2。在操控板中单击“草绘”按钮 ；选取 FRONT 基准平面为草绘平面，选取 RIGHT 基准平面为参考平面，方向为 上；单击 草绘 按钮，绘制图 8.1.26 所示的截面草图。

Step22. 创建图 8.1.27 所示的扫描特征 1。

（1）单击 模型 功能选项卡 形状 ▾ 区域中的 扫描 ▾ 按钮。

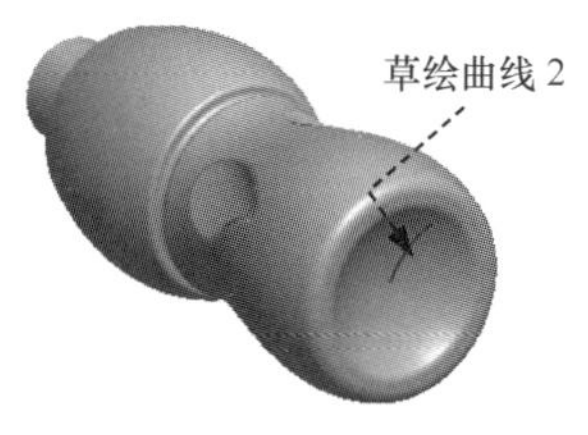

图 8.1.25 草绘 2

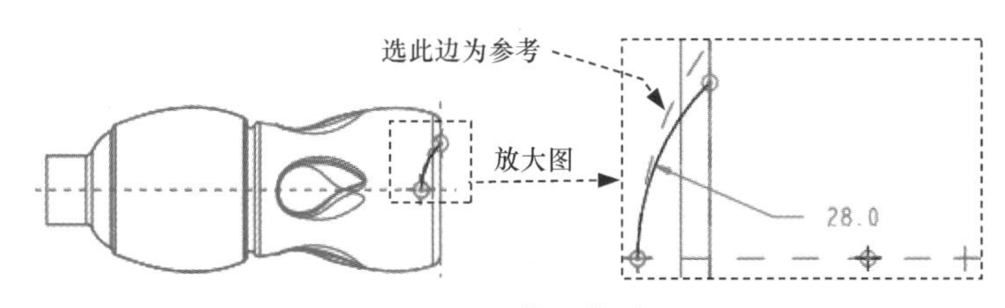

图 8.1.26 截面草图

（2）定义扫描轨迹。

① 在“扫描”操控板中确认“实体”按钮 、“移除材料”按钮 和“恒定轨迹”按钮 被按下。

② 在图形区中选取图 8.1.26 所示的扫描轨迹曲线，接受系统默认的起始点。

（3）创建扫描特征的截面。在“扫描”操控板中单击“创建或编辑扫描截面”按钮 ，绘制图 8.1.28 所示的扫描截面草图，完成后单击 按钮。

（4）单击“扫描”操控板中的 按钮，完成扫描特征 1 的创建。

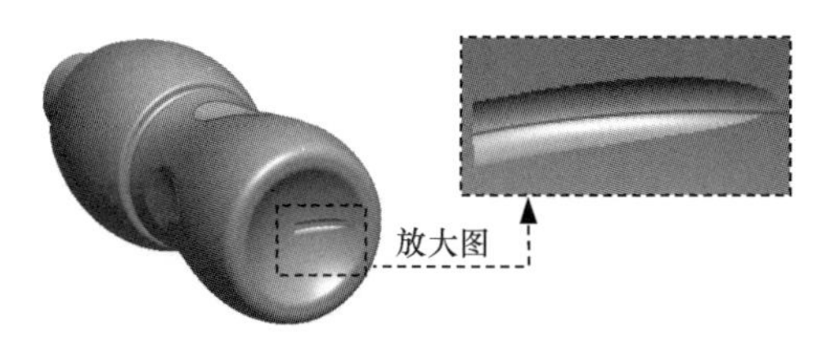

图 8.1.27 扫描特征 1

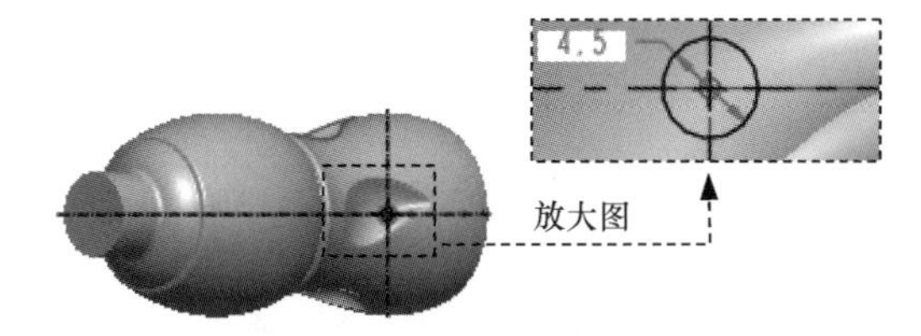

图 8.1.28 截面草图

Step23. 创建图 8.1.29 所示的阵列特征 2。

（1）在模型树中选择 扫描 1，右击，在系统弹出的快捷菜单中选择 命令。

（2）在“扫描”操控板中选择以 轴 方式控制阵列，选取图 8.1.30 所示的 A-1 轴为旋转轴，在该操控板中输入第一方向的阵列成员数为 5.0，阵列角度值为 72.0。

图 8.1.29 阵列特征 2

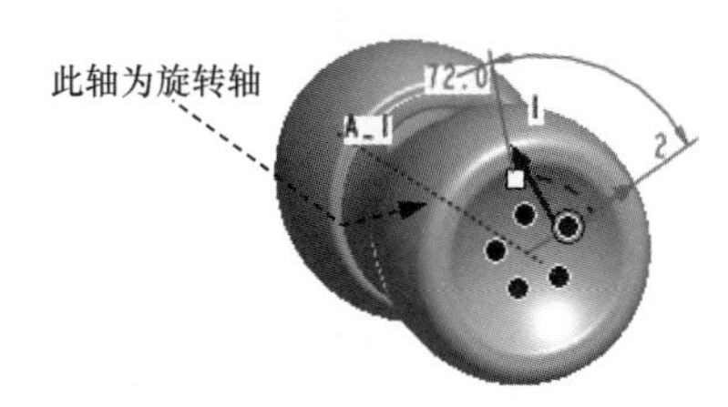

图 8.1.30 选取旋转轴

（3）单击“扫描”操控板中的 按钮，完成阵列特征 2 的创建。

Step24. 创建图 8.1.31b 所示的倒圆角特征 9。选取图 8.1.31a 所示的边线为倒圆角的参考边线，倒圆角半径值为 3.0。

Step25. 创建图 8.1.32 所示的倒圆角特征 10。选取图 8.1.33 所示的边链为倒圆角的参考边线，倒圆角半径值为 2.0。

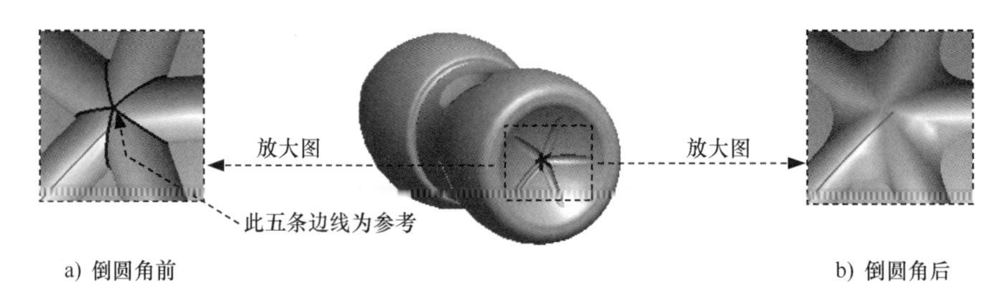

图 8.1.31　倒圆角特征 9

图 8.1.32　倒圆角特征 10

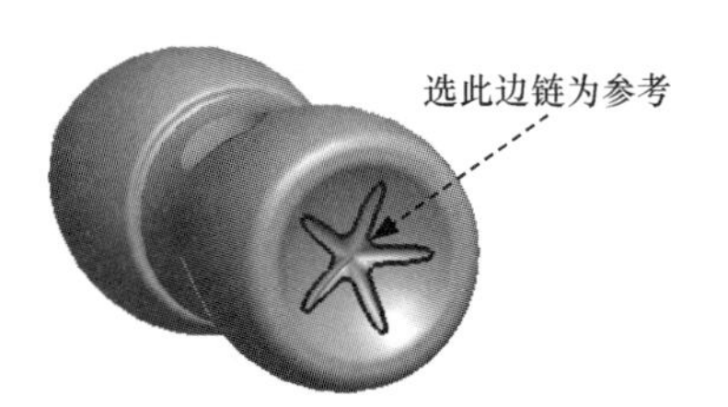

图 8.1.33　倒圆角参考

Step26. 创建图 8.1.34 所示的抽壳特征 1。单击 模型 功能选项卡 工程 ▾ 区域中的 回壳 按钮，选取图 8.1.34 所示的表面为移除面；在 厚度 文本框中输入壁厚值为 0.5，单击 ✓ 按钮，完成抽壳特征 1 的创建。

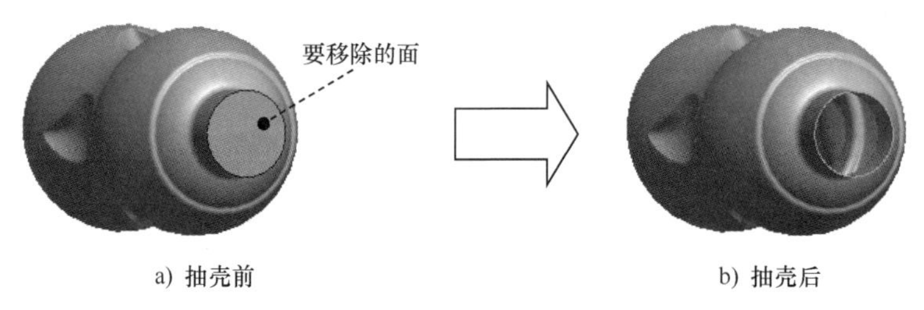

图 8.1.34　抽壳特征 1

Step27. 创建图 8.1.35 所示的实体旋转特征 3。在操控板中单击“旋转”按钮 旋转；选取 FRONT 基准平面为草绘平面，选取 RIGHT 基准平面为参考平面，方向为 下；单击 草绘 按钮，绘制图 8.1.36 所示的旋转中心线和截面草图；在“旋转”操控板中选择旋转类型为 ，在角度文本框中输入角度值 360.0；在 文本框中输入壁厚值 1.0。

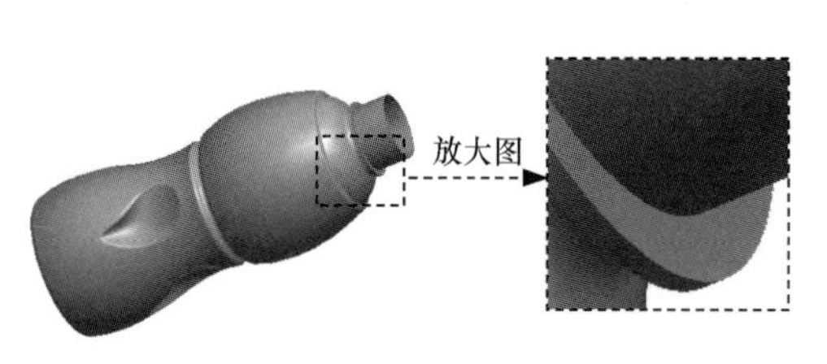

图 8.1.35　实体旋转特征 3

旋转中心线
2.5
17.0
放大图

图 8.1.36　截面草图

Step28. 创建螺旋扫描特征——伸出项。

（1）选择 模型 功能选项卡 形状 ▾ 区域中 扫描 ▾ 节点下的 螺旋扫描 命令。

（2）在绘图区右击，在系统弹出的快捷菜单中选择 定义内部螺旋轮廓... 命令，在系统弹出的对话框中选取 FRONT 基准平面为草绘平面，选取 RIGHT 基准平面为参考平面，方向为 下；单击 草绘 按钮，绘制图 8.1.37 所示的螺旋扫描线和旋转轴（注意：扫描起始方向箭头不能和旋转轴垂直）。

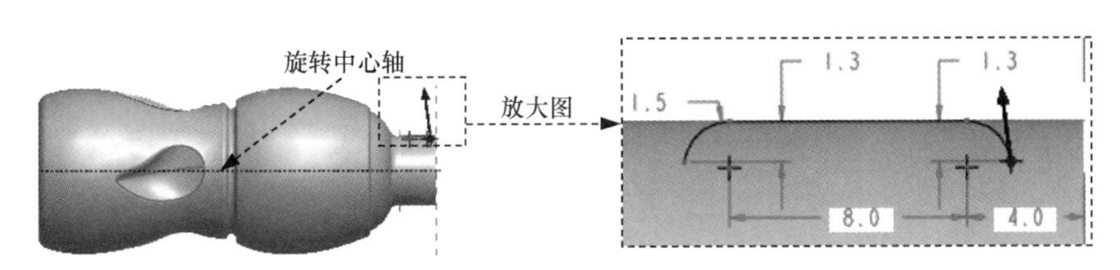

图 8.1.37 螺旋扫描线

（3）创建扫描特征的截面。在“扫描”操控板中单击“创建或编辑扫描截面”按钮，系统自动进入草绘环境，绘制图 8.1.38 所示的扫描截面草图。

（4）在“扫描”操控板中输入螺旋节距值 4.0。

（5）单击该操控板中的 按钮，完成螺旋扫描特征的创建。完成后的特征如图 8.1.39 所示。

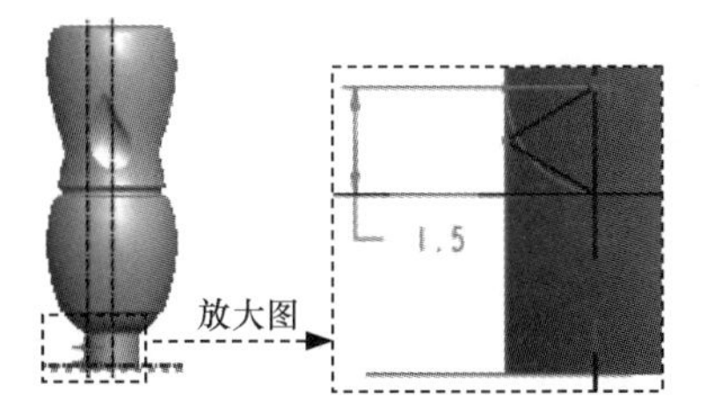

图 8.1.38 截面草图

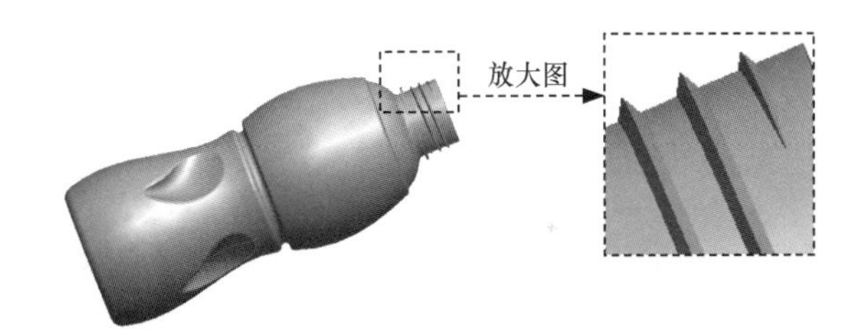

图 8.1.39 螺旋扫描特征

Step29. 创建图 8.1.40 所示的切削拉伸特征 1。在操控板中单击“拉伸”按钮 拉伸，按下“实体”按钮 和“移除材料”按钮 ；选取图 8.1.41 所示的模型表面为草绘平面，接受系统默认的参考平面和参考方向；单击 草绘 按钮，绘制图 8.1.41 所示的截面草图；在“拉伸”操控板中定义拉伸类型为 ，深度值为 20.0。

Step30. 保存零件模型文件。

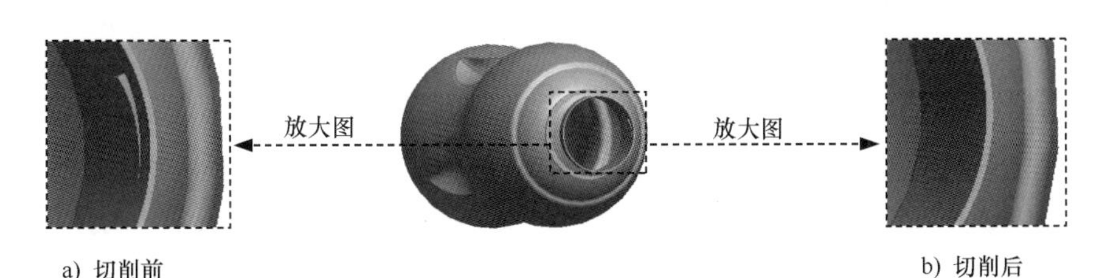

图 8.1.40 切削拉伸特征 1

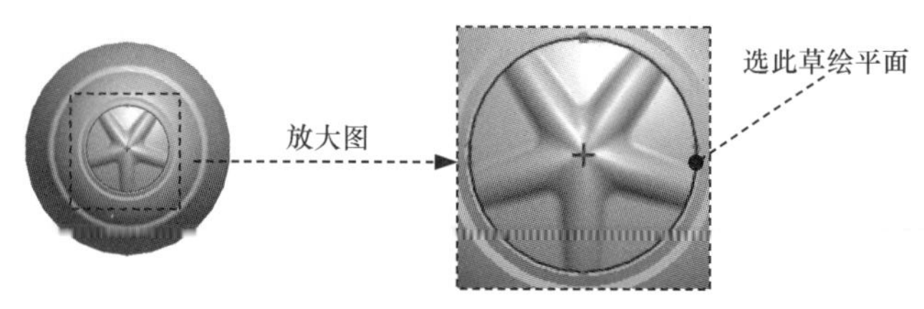

图 8.1.41　截面草图

8.2　普通曲面综合范例 2 ——座椅

范例概述

本例是曲面零件设计的一个综合范例，涉及了较多的曲面命令，例如曲面边界混合、曲面的剪切、曲面的偏距和曲面的合并等。练习时，注意镜像前后的两个曲面平滑过渡的方法。零件模型如图 8.2.1 所示。

Step1. 新建一个零件的三维模型，命名为 CHAIR。接下来，我们首先要创建图 8.2.2 所示的三条基准曲线。

Step2. 创建图 8.2.3 所示的草绘 1。在操控板中单击“草绘”按钮 ；选取 RIGHT 基准平面为草绘平面，选取 FRONT 基准平面为参考平面，方向为 上；单击 草绘 按钮，绘制图 8.2.4 所示的草绘 1（注意：曲线草图的几段圆弧间不能有缝隙）。

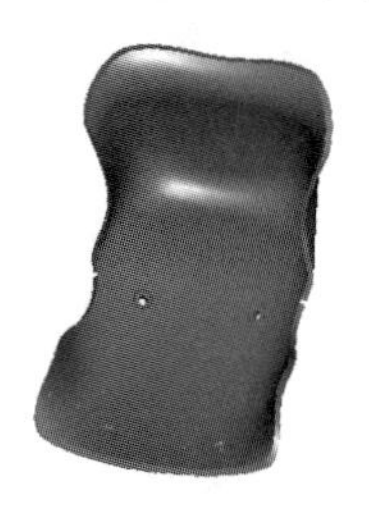

图 8.2.1　范例 2

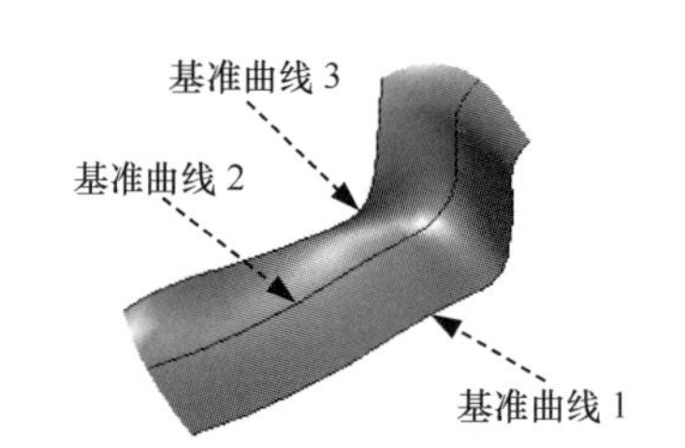

图 8.2.2　创建曲线

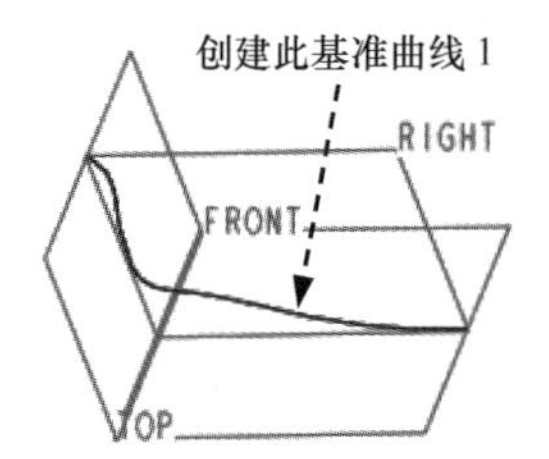

图 8.2.3　草绘 1（建模环境）

Step3. 创建图 8.2.5 所示的草绘 2。

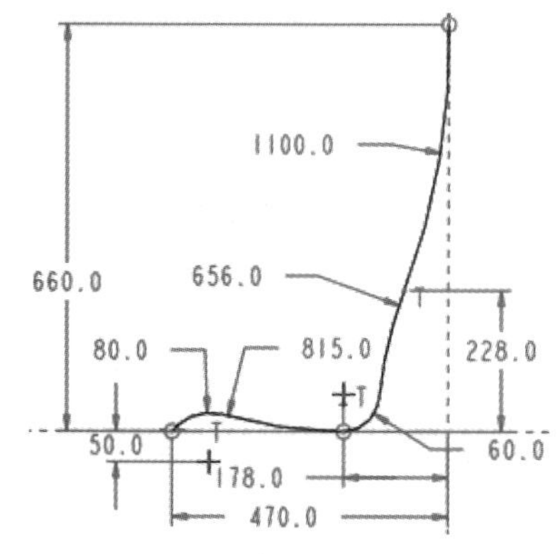

图 8.2.4　草绘 1（草绘环境）

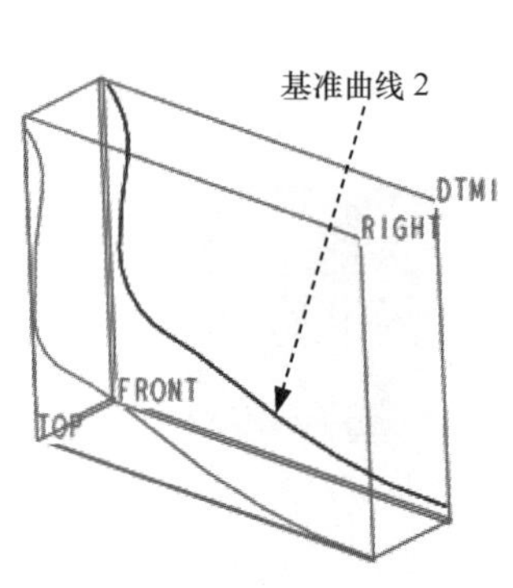

图 8.2.5　草绘 2（建模环境）

（1）创建一个基准平面 DTM1，DTM1 与 RIGHT 基准平面的偏距值为 160。

（2）在操控板中单击“草绘”按钮；选取 DTM1 基准平面为草绘平面，选取 FRONT 基准平面为参考平面，方向为 上；单击 草绘 按钮，绘制图 8.2.6 所示的草绘 2（使用 偏移 命令进行绘制，偏移值为 20）。

Step4. 创建基准平面 DTM2。选取 RIGHT 基准平面为参考平面，偏移值为 270.0。

Step5. 创建图 8.2.7 所示的草绘 3。在操控板中单击“草绘”按钮；选取 DTM2 基准平面为草绘平面，选取 FRONT 基准平面为参考平面，方向为 上；单击 草绘 按钮，绘制图 8.2.8 所示的草绘 3。

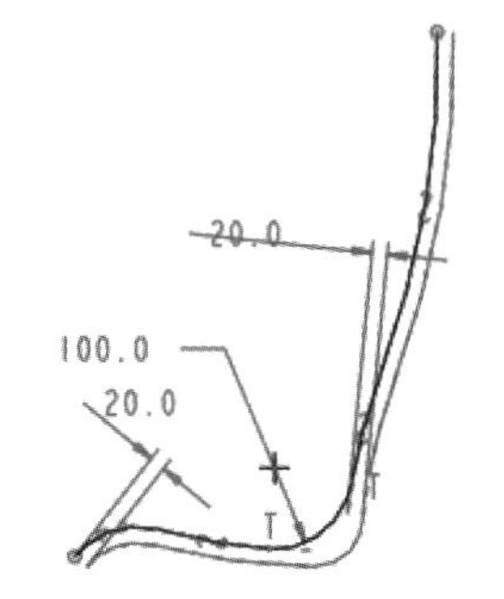

图 8.2.6　草绘 2（草绘环境）

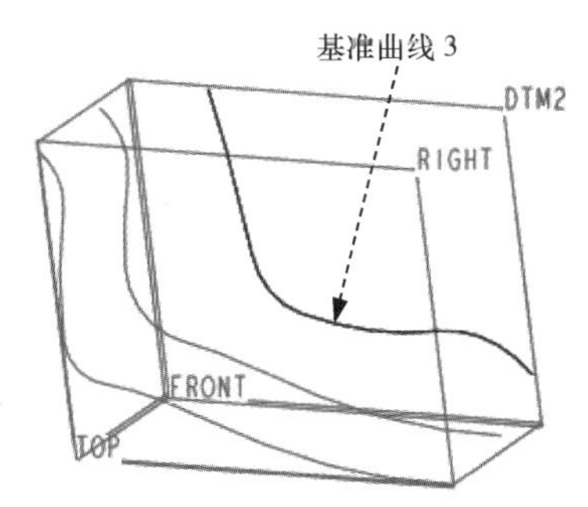

图 8.2.7　草绘 3（建模环境）

Step6. 创建草绘 4。在操控板中单击“草绘”按钮；选取 FRONT 基准平面为草绘平面，选取 TOP 基准平面为参考平面，单击 反向 按钮，方向为 右；单击 草绘 按钮，绘制图 8.2.9 所示的草绘 4。

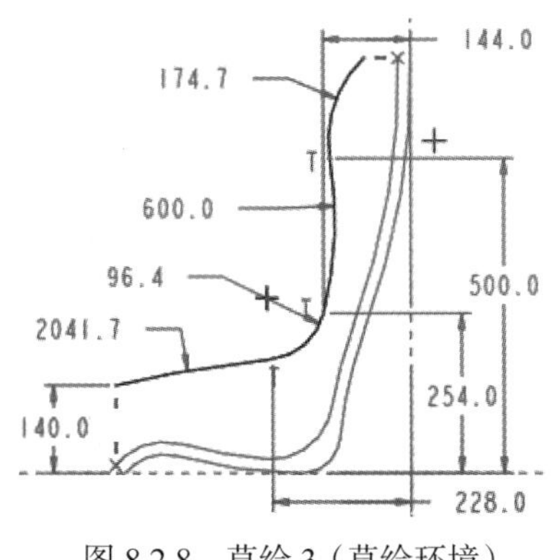

图 8.2.8　草绘 3（草绘环境）

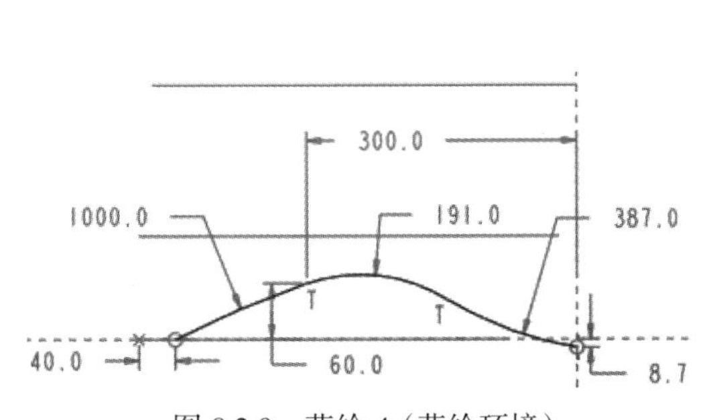

图 8.2.9　草绘 4（草绘环境）

Step7. 创建基准曲线 3（相交曲线）。

（1）按住 Ctrl 键，选取草绘 3 和草绘 4。

（2）单击 模型 功能选项卡 编辑 ▾ 区域中的“相交”按钮 相交，此时系统自动创建基准曲线 3。

Step8. 为了使图形简洁明了，将草绘 3 和草绘 4 隐藏起来。

Step9. 创建边界曲面。

（1）单击 模型 功能选项卡 曲面 ▾ 区域中的“边界混合”按钮。

（2）在“边界混合”操控板中单击 曲线 按钮，按住 Ctrl 键，依次选取前面创建的基准曲线 1、基准曲线 2、基准曲线 3（选取曲线的顺序也可以是基准曲线 3、基准曲线 2、基准曲线 1，但不能是基准曲线 2、基准曲线 3、基准曲线 1 或基准曲线 2、基准曲线 1、基准曲线 3）。

（3）在“边界混合”操控板中单击 约束 按钮，在“约束”界面中将“方向 1”的“第一条链”的“条件”设置为 垂直。

（4）单击 ✓ 按钮，完成边界曲面的创建。

Step10. 创建图 8.2.10 所示的拉伸曲面 1。在操控板中单击“拉伸”按钮 拉伸，按下“拉伸”操控板中的“曲面类型”按钮；选取 FRONT 基准平面为草绘平面，选取 TOP 基准平面为参考平面，方向为 左；单击 草绘 按钮，绘制图 8.2.11 所示的截面草图；在该操控板中定义拉伸类型为，深度值为 300。

Step11. 创建图 8.2.12b 所示的曲面修剪 1。选取图 8.2.12a 所示的曲面为要修剪的曲面；单击 模型 功能选项卡 编辑 ▾ 区域中的 修剪 按钮；选取拉伸曲面 1 为修剪对象，确定图 8.2.12a 所示的箭头方向为要保留的部分；在“修剪”操控板的 选项 界面中取消选中 □ 保留修剪曲面 复选框；单击 ✓ 按钮，完成曲面修剪 1 的创建。

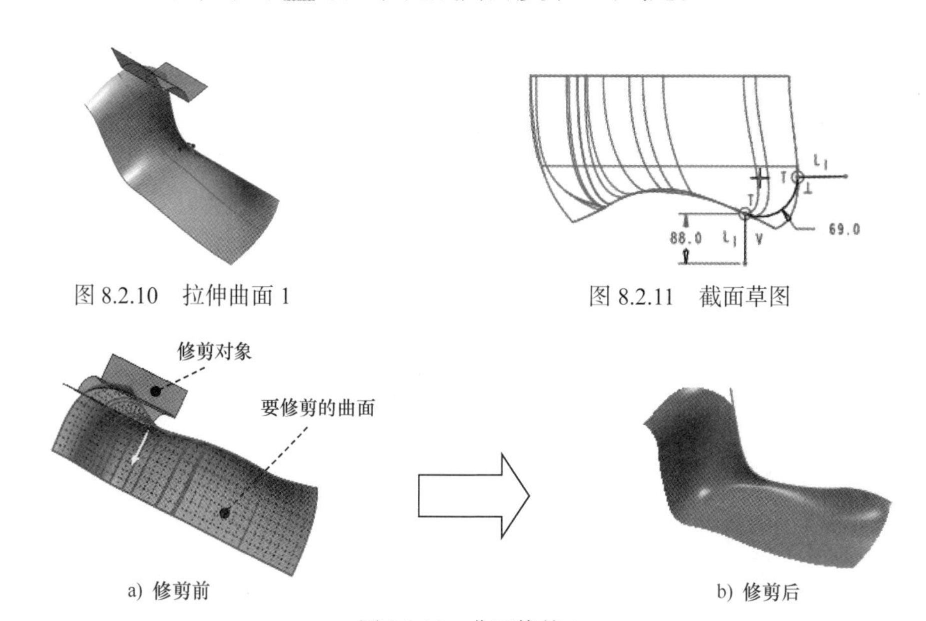

图 8.2.10　拉伸曲面 1

图 8.2.11　截面草图

a）修剪前

b）修剪后

图 8.2.12　曲面修剪 1

Step12. 创建图 8.2.13 所示的拉伸曲面 2。在操控板中单击“拉伸”按钮 拉伸，按下操控板中的“曲面类型”按钮；选取 DTM2 基准平面为草绘平面，选取 FRONT 基准平面为参考平面，方向为 上；单击 草绘 按钮，绘制图 8.2.14 所示的截面草图（如创建相切约束困难，可将截面曲线伸出此两端点）；在“拉伸”操控板中定义拉伸类型为 ⊥⊥，选取 RIGHT 基准平面为拉伸终止面。

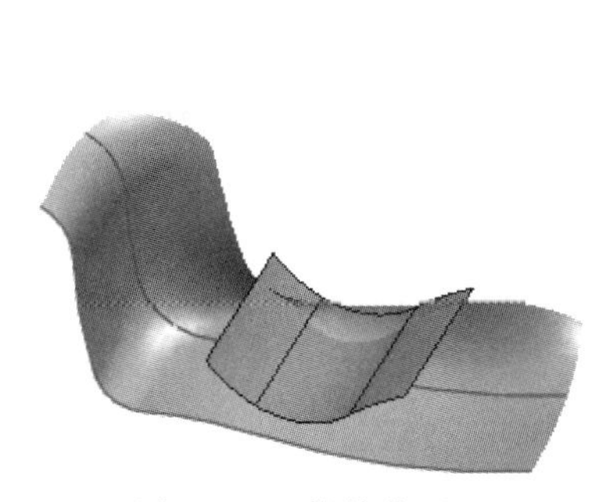
图 8.2.13 拉伸曲面 2

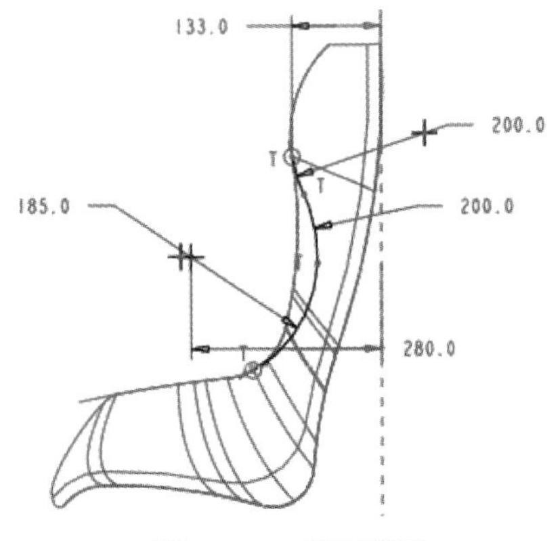

图 8.2.14 截面草图

Step13. 创建图 8.2.15b 所示的曲面修剪 2。选取图 8.2.15a 所示的曲面为要修剪的曲面；单击 模型 功能选项卡 编辑 ▼ 区域中的 修剪 按钮，选取拉伸曲面 2 为修剪对象；在“修剪”操控板的 选项 界面中取消选中 □ 保留修剪曲面 复选框；单击 ✓ 按钮，完成曲面修剪 2 的创建。

Step14. 创建基准轴 A_1。单击 / 轴 按钮，选取 TOP 和 RIGHT 基准平面为参考，单击对话框中的 确定 按钮。

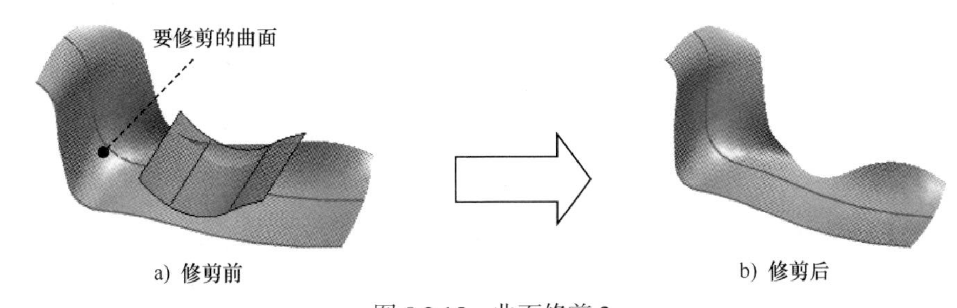

图 8.2.15 曲面修剪 2

Step15. 创建图 8.2.16 所示的基准平面 DTM3。单击“平面”按钮 ▱，选取 TOP 基准平面和 A_1 基准轴为参考，约束类型依次为 偏移 和 穿过；在 旋转 文本框中输入夹角值为 45，并且通过基准轴 A_1，单击对话框中的 确定 按钮。

Step16. 创建图 8.2.17 所示的基准平面 DTM4。单击“平面”按钮 ▱，选取 DTM3 为偏距参考面，在对话框中输入偏移距离值 20，单击对话框中的 确定 按钮。

Step17. 创建图 8.2.18 所示的投影曲线 1。

（1）单击 模型 功能选项卡 编辑 ▼ 区域中的 投影 按钮。

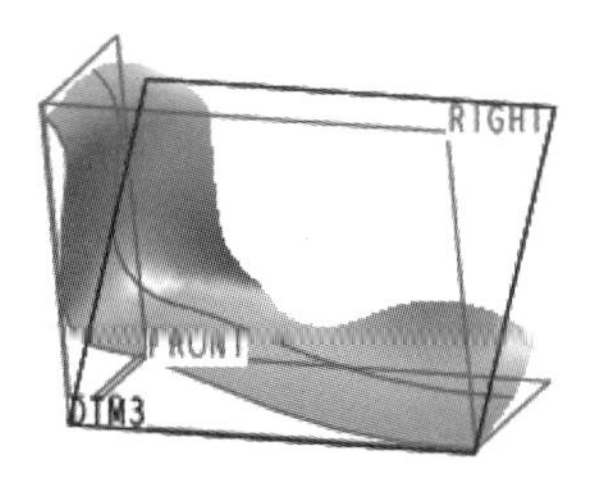

图 8.2.16　基准平面 DTM3

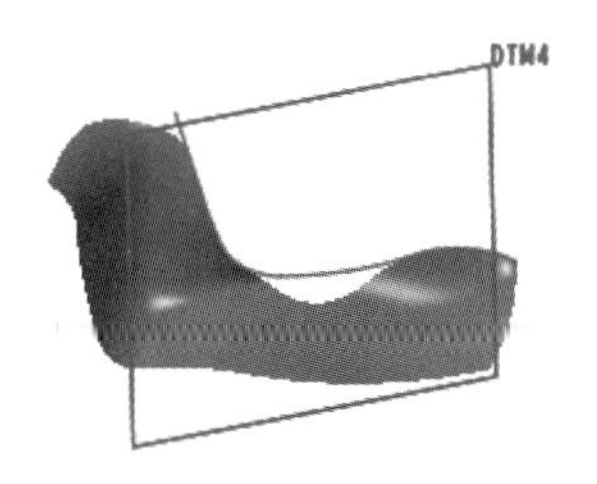

图 8.2.17　基准平面 DTM4

（2）在“投影”操控板中单击 参考 按钮，从系统弹出界面的 投影链 下拉列表中选择 投影草绘 选项；单击该界面中的 定义... 按钮，在系统弹出的“草绘”对话框中选取 DTM4 为草绘平面，选取 FRONT 基准平面为参考平面，方向为 下；在系统弹出的“参考”对话框中单击 剖面(X) 按钮，选择 TOP 基准平面为参考；绘制图 8.2.19 所示的截面草图（创建方法为：先利用“投影”命令，再创建 R82.0 的圆角）。

（3）选取图 8.2.20 所示的模型表面为投影面，然后在“投影”操控板的 方向 下拉列表中选择 沿方向 选项，单击激活 ● 单击此处添加项 文本框，选取 DTM4 基准平面为参考。

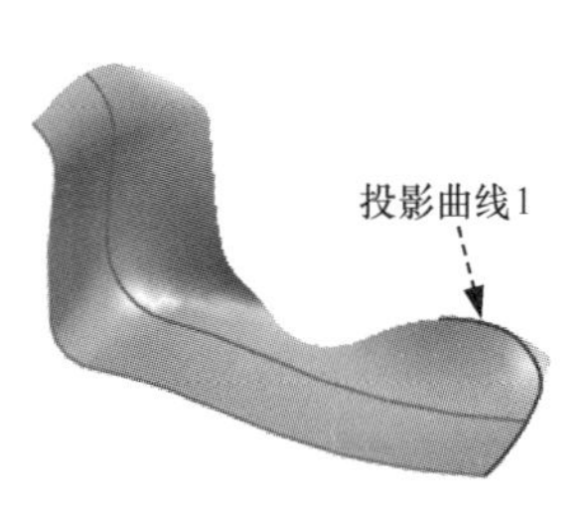

图 8.2.18　投影曲线 1

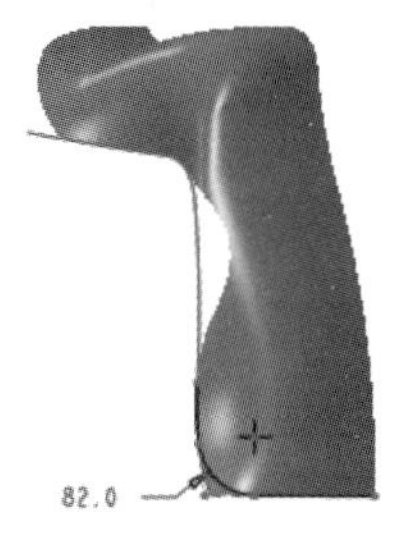

图 8.2.19　截面草图

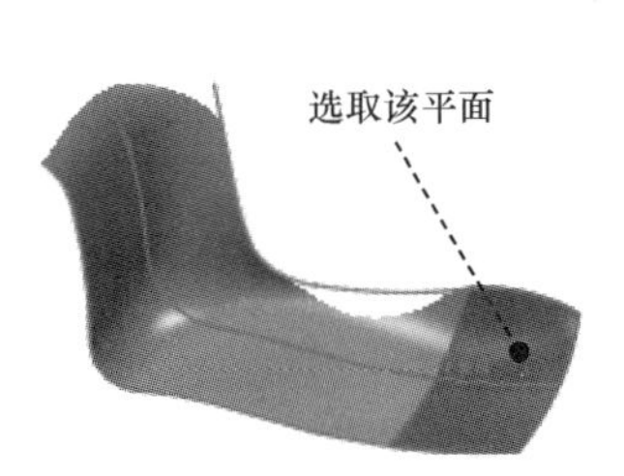

图 8.2.20　选取投影面

（4）在“投影”操控板中单击 ✓ 按钮，完成投影曲线 1 的创建。

Step18. 创建图 8.2.21b 所示的曲面修剪 3。选取图 8.2.21a 所示的曲面为要修剪的曲面；单击 模型 功能选项卡 编辑 ▾ 区域中的 修剪 按钮，选取投影曲线 1 为修剪对象；确定图 8.2.22 所示的箭头所指方向为要保留的部分；单击 ✓ 按钮，完成曲面修剪 3 的创建。

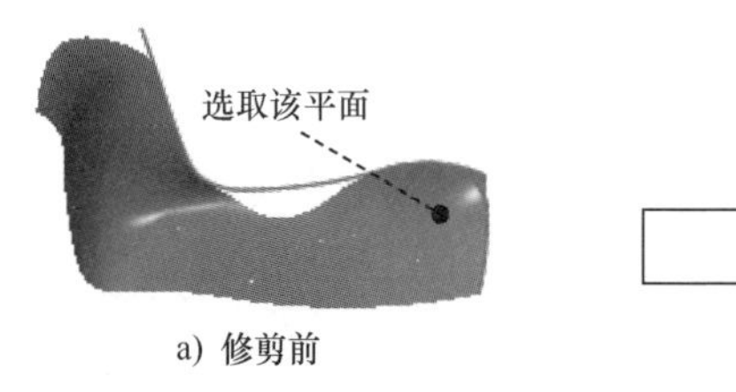

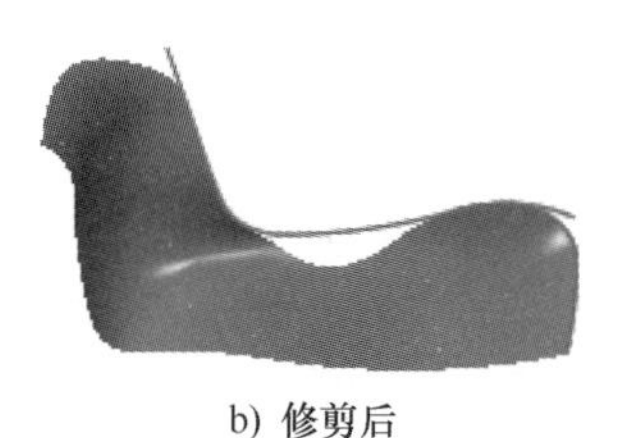

图 8.2.21　曲面修剪 3

Step19. 创建图 8.2.23 所示的曲面偏移 1。

（1）选取图 8.2.24 所示的曲面为要偏移的面，单击 模型 功能选项卡 编辑 ▾ 区域中的“偏移”按钮 偏移。

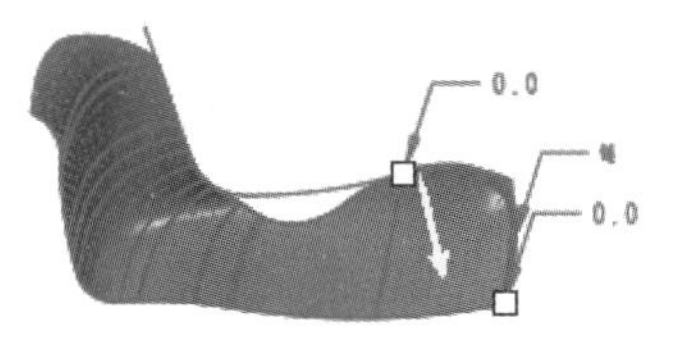

图 8.2.22 确定要保留的部分

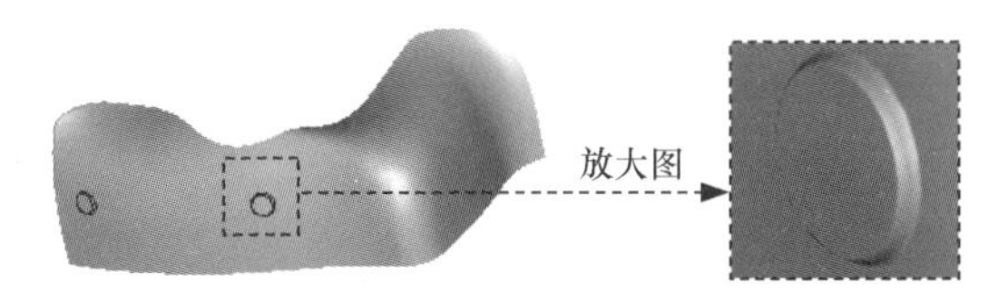

图 8.2.23 曲面偏移 1

（2）定义偏移类型。在“偏移”操控板的偏移类型栏中选择 选项。

（3）定义偏移属性。在“偏移”操控板的 选项 界面中选择 垂直于曲面 选项，然后选中 侧曲面垂直于 区域中的 ◉ 曲面 单选项和 侧面轮廓 区域中的 ◉ 相切 单选项。

（4）草绘拔模区域。在 参考 界面中单击 定义... 按钮；选取 TOP 基准平面为草绘平面，选取 RIGHT 基准平面为参考平面，方向为 上；单击 草绘 按钮，绘制图 8.2.25 所示的偏移区的截面草图。

（5）在 文本框中输入偏距值 4.0，在 后的文本框中输入斜角值 20.0。

（6）单击 按钮，完成曲面偏移 1 的创建。

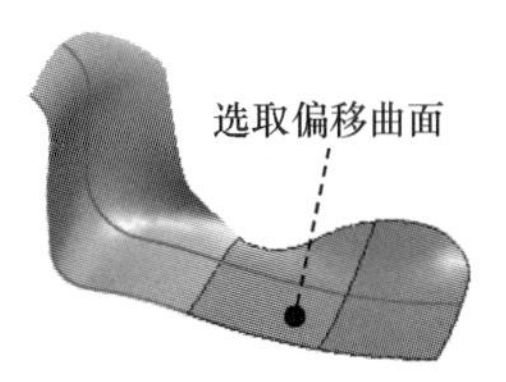

图 8.2.24 选取偏移曲面

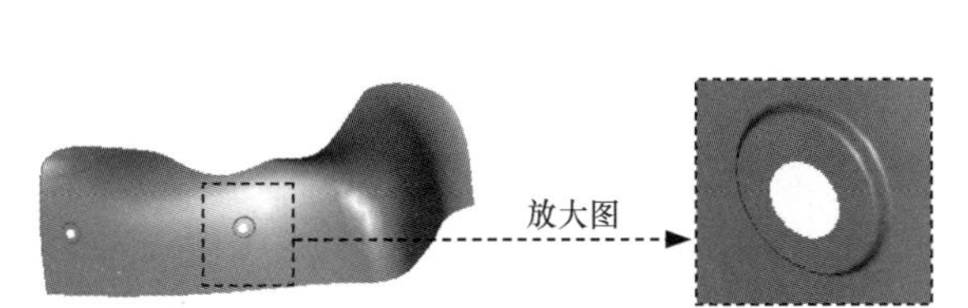

图 8.2.25 截面草图

Step20. 创建图 8.2.26 所示的两个拉伸剪裁孔。在操控板中单击“拉伸”按钮 拉伸，按下操控板中的“曲面类型”按钮 和“移除材料”按钮 ；选取 TOP 基准平面为草绘平面，选取 RIGHT 基准平面为参考平面，方向为 上；单击 草绘 按钮，绘制图 8.2.27 所示的截面草图；确定移除材料的方向如图 8.2.28 所示，双侧深度类型均为 （穿透）。

图 8.2.26 拉伸剪裁孔

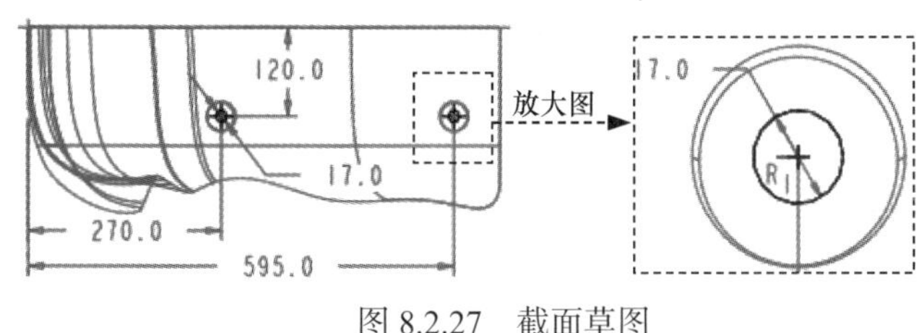

图 8.2.27 截面草图

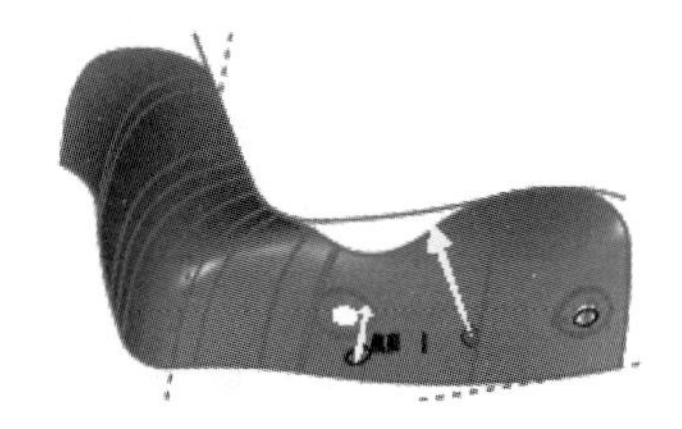

图 8.2.28 移除材料方向

Step21. 创建图 8.2.29b 所示的镜像特征。选取图 8.2.29a 所示的曲面为要镜像的对象，单击 模型 功能选项卡 编辑 ▾ 区域中的 镜像 按钮，选取 RIGHT 基准平面为镜像平面，

单击 ✓ 按钮，完成镜像特征的创建。

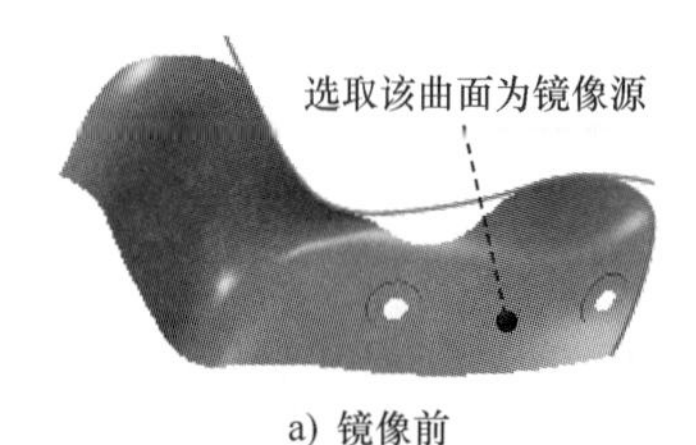

a) 镜像前

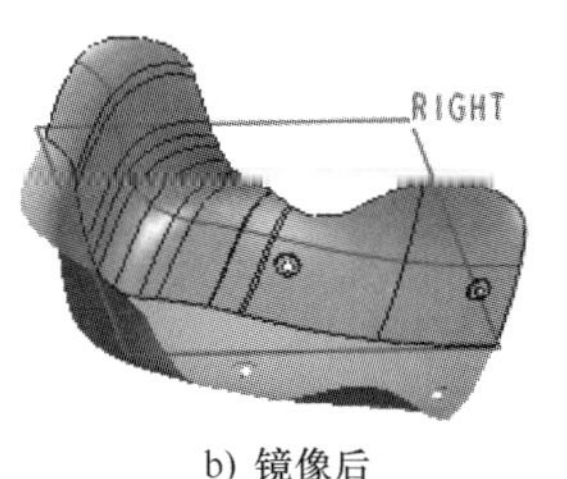

b) 镜像后

图 8.2.29　镜像特征

Step22. 将镜像前后的两个曲面合并。选择镜像前后的两个曲面为合并对象，单击 模型 功能选项卡 编辑 ▼ 区域中的 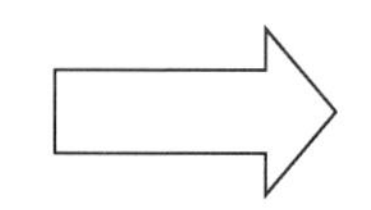 按钮，单击 ✓ 按钮，完成曲面合并 1 的创建。

Step23. 创建图 8.2.30 所示的曲面加厚。选取合并后面组为加厚对象，单击 模型 功能选项卡 编辑 ▼ 区域中的 加厚 按钮，输入厚度值 7.0；单击“加厚”操控板中的 选项 按钮，在弹出的界面中选择 自动拟合 选项；接受系统默认的加厚方向，单击 ✓ 按钮，完成曲面加厚的创建。

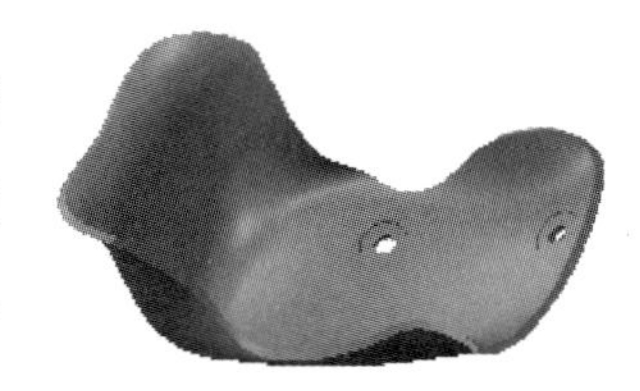

图 8.2.30　曲面加厚

Step24. 保存零件模型文件。

8.3　普通曲面综合范例 3——在曲面上创建文字

范例概述

本范例介绍在曲面上创建文字的一般方法，其操作过程是先在平面上创建草绘文字，然后将其印贴（包络）到曲面上，再利用曲面的偏移工具使曲面上的草绘文字凸起（当然也可以实现凹陷效果），最后利用实体化工具将文字变成实体。零件模型及模型树如图 8.3.1 所示。

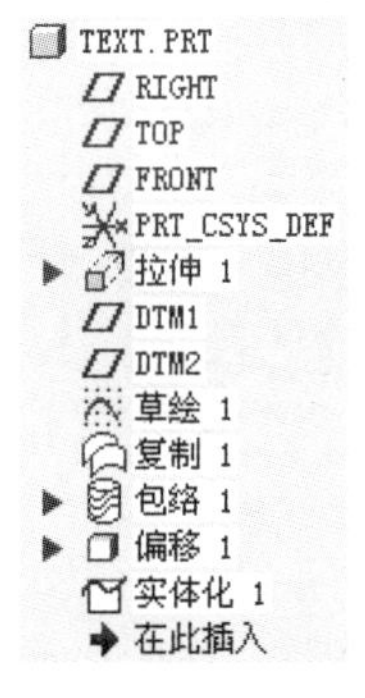

图 8.3.1　零件模型及模型树

Step1. 将工作目录设置至 D:\creo8.8\work\ch08.03，打开文件 TEXT.PRT。

Step2. 创建图 8.3.2 所示的草绘文字。

（1）在操控板中单击“草绘”按钮；选取 DTM2 为草绘平面，选取 TOP 基准平面为参考平面，方向为 右；单击 草绘 按钮，进入草绘环境。

（2）创建文本。单击草绘工具栏中的 文本 命令，在系统 选择行的起点，确定文本高度和方向。的提示下，单击图 8.3.3 所示的点 A 作为起始点；在系统 选择行的第二点，确定文本高度和方向。的提示下，单击图 8.3.3 所示的点 B 作为终止点。在系统弹出的“文本”对话框中输入“CREO”，单击该对话框中的 确定 按钮，然后进行尺寸的标注。

（3）单击“确定”按钮，完成草绘文字的创建。

Step3. 复制模型表面。在“智能选取”栏的下拉列表中选择 几何 选项，按住 Ctrl 键，选取图 8.3.4 所示的模型的外表面，单击 模型 功能选项卡 操作 区域中的“复制”按钮，然后单击该区域中的“粘贴”按钮；单击按钮，完成复制。

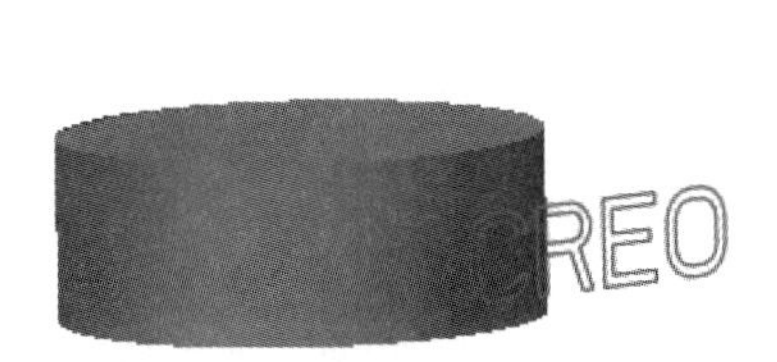

图 8.3.2 草绘文字

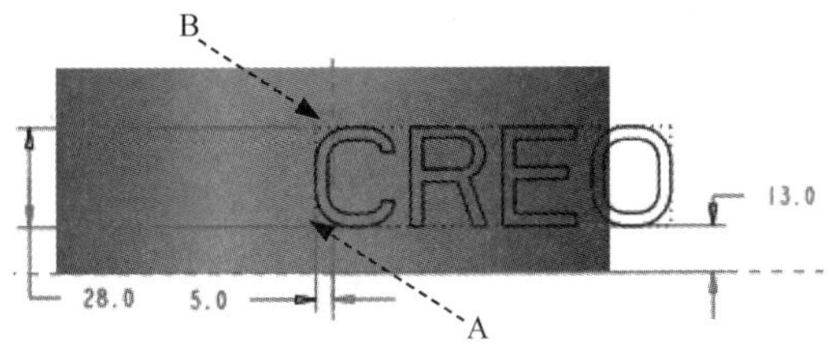

图 8.3.3 截面草图

Step4. 将文字印贴到面组上。选择 模型 功能选项卡 编辑 节点下的 包络 命令，在操控板中单击 参考 按钮，选取图 8.3.5 所示的草绘文字为包络的对象，单击激活 目标 文本框，然后选取 Step3 创建的复制表面；单击按钮，完成操作。

Step5. 创建图 8.3.6 所示的文字偏移。

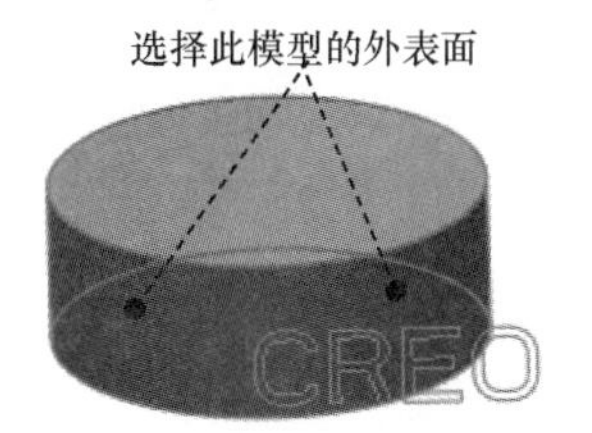

图 8.3.4 选取模型的外表面

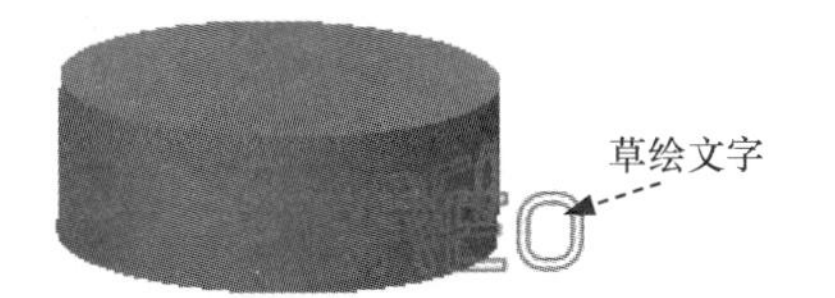

图 8.3.5 文字印贴

图 8.3.6 文字偏移

（1）选取要偏移的曲面。在图 8.3.7 所示的模型侧面右击，在系统弹出的快捷菜单中选择 从列表中拾取 命令，然后在系统弹出的对话框中选择 目的曲面:F9(复制 1) 选项，单击 确定(O) 按钮。

（2）单击 模型 功能选项卡 编辑 区域中的“偏移”按钮 偏移。

（3）定义偏移类型。在“偏移”操控板的偏移类型栏中选取 （即具有拔模特征）。

（4）定义偏移属性。在“偏移”操控板的 选项 界面中选择 垂直于曲面 选项，然后选中 侧曲面垂直于 区域中的 ◉ 曲面 单选项和 侧面轮廓 区域中的 ◉ 直 单选项。

（5）草绘拔模区域。在 参考 界面中单击 定义... 按钮；选取 DTM2 基准平面为草绘平面，选取 TOP 基准平面为参考平面，方向为 右；单击 草绘 按钮，绘制图 8.3.8 所示的截面草图（使用“投影”命令绘制）。

（6）在 文本框中输入偏距值 3.0，在 文本框中输入斜角值 1.0；偏移箭头的方向如图 8.3.9 所示。

（7）单击 按钮，完成偏移的创建。

说明： 如果输入的偏距值为负值，则文字为凹陷。

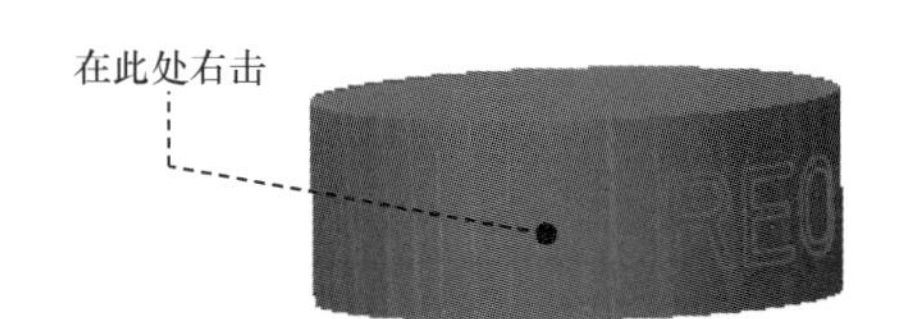

图 8.3.7 选择面组

图 8.3.8 截面草图

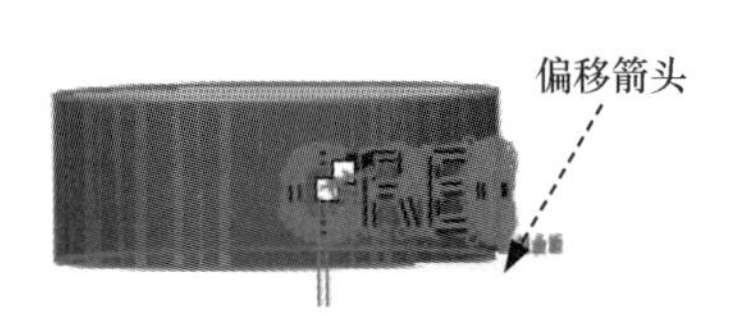

图 8.3.9 偏移箭头的方向

Step6. 创建曲面实体化 1。

（1）选取曲面。在模型的侧面右击，在系统弹出的快捷菜单中选择 从列表中拾取 命令。在系统弹出的对话框中选择 曲面:F9(复制_1) 选项。

（2）单击 模型 功能选项卡 编辑 ▾ 区域中的 实体化 按钮，确认图 8.3.10 所示的箭头所指的方向为要保留的实体。

（3）单击 按钮，完成曲面实体化 1 的创建。

Step7. 隐藏曲线层。

（1）选择导航选项卡中的 → 层树(L) 命令。

（2）在系统弹出的对话框中选取模型曲线层 ▸ CURVE，右击，在系统弹出的快捷菜单中选择 隐藏 命令，然后单击“重画”按钮 ，这样模型的曲线将不显示。

（3）保存层状态。在模型树中选取 ▸ CURVE，右击，选择 保存状态 命令。

（4）返回到模型树显示。选择导航选项卡中的 → 模型树(M) 命令。

Step8. 用面组替代模型的表面后，文字变成实体文字，下面进行验证。

（1）选择 视图 功能选项卡 模型显示 区域中“管理视图”按钮 节点下的 视图管理器 命令。

（2）在系统弹出的“视图管理器”对话框中打开 横截面 选项卡，然后双击 Xsec0001（X 截面 Xsec0001 是由基准平面 DTM1 创建的）。

（3）此时在模型中可以看到，图 8.3.11 所示的文字已完全被实体填充，表明文字已成功变成实体文字。

注意：如果将模型树上的插入标记拖移至 实体化 1 特征上部，此时文字未变成实体文字，显示为空心的，如图 8.3.12 所示。

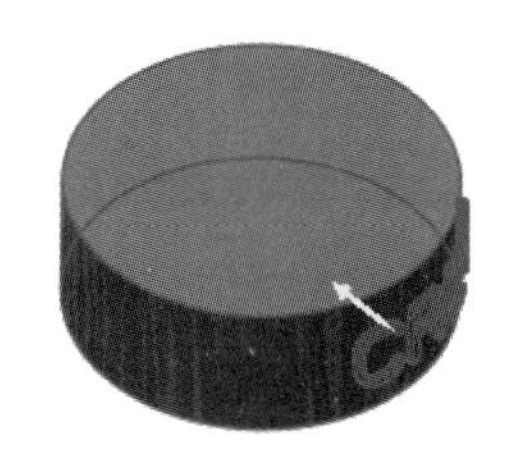

图 8.3.10 替代模型表面方向

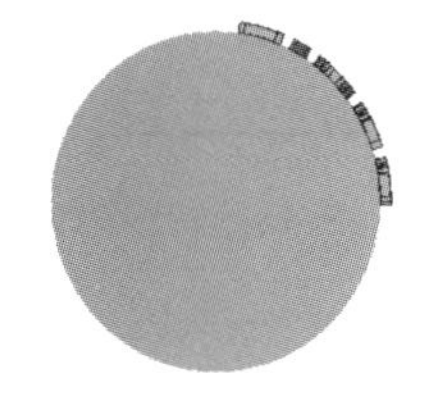

图 8.3.11 已变成实体文字

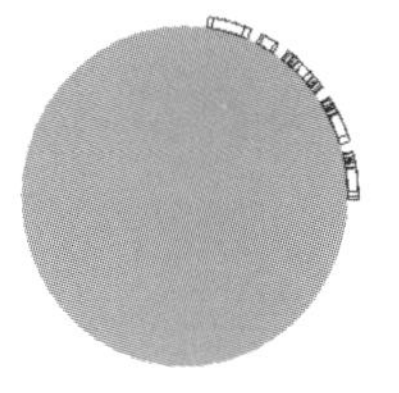

图 8.3.12 未变成实体文字

8.4 普通曲面综合范例 4——参数化圆柱齿轮

范例概述

本范例将创建一个由用户参数通过关系式控制的圆柱齿轮模型。首先创建用户参数，然后利用渐开线方程创建基准曲线，在基准曲线基础上创建拉伸曲面，再由拉伸曲面构建齿形轮廓，最后再阵列、实体化。每一步创建的特征都由用户参数、关系式进行控制，这样最终的模型就是一个完全由用户参数控制的模型。通过编程的方法，将参数转化为输入提示，以达到良好的人机交互效果。本范例使用的是一种典型的系列化产品的设计方法，它使产品的更新换代更加快捷、方便。圆柱齿轮零件模型如图 8.4.1 所示。

Step1. 将零件模型命名为 INSTANCE_CY_GEAR。

Step2. 创建用户参数：齿轮模数为 M，齿轮齿数为 Z，齿轮厚度为 B，齿轮压力角为 ANGLE。

（1）单击 工具 功能选项卡 模型意图 ▾ 区域中的 []参数 按钮。

（2）在“参数”对话框的 查找范围 选项区域中选择对象类型为 零件，然后单击 + 按钮。

（3）在 名称 栏中输入参数名 M，按 Enter 键；在 类型 栏中选取参数类型为 实数；在 值 栏中输入参数 M 的值 4，按 Enter 键。

（4）用同样的方法创建用户参数 Z，设置为 实数，初始值为 20；创建用户参数 B，设置为 实数，初始值为 20；创建用户参数 ANGLE，设置为 实数，初始值为 20。

（5）单击该对话框中的 确定 按钮。

Step3. 创建图 8.4.2 所示的基准曲线。单击“草绘”按钮 ；选取 FRONT 基准平面为草绘平面，选取 RIGHT 基准平面为参考平面，方向为 右；单击 草绘 按钮，绘制图 8.4.3

所示的草图（直径值可任意给出，以后将由关系式控制）。

图 8.4.1　范例 4

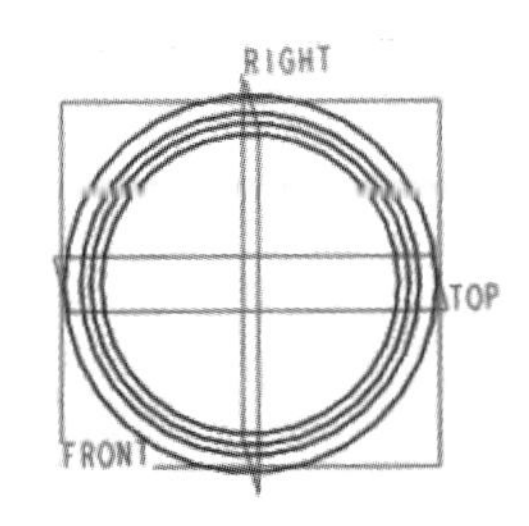

图 8.4.2　基准曲线（建模环境）

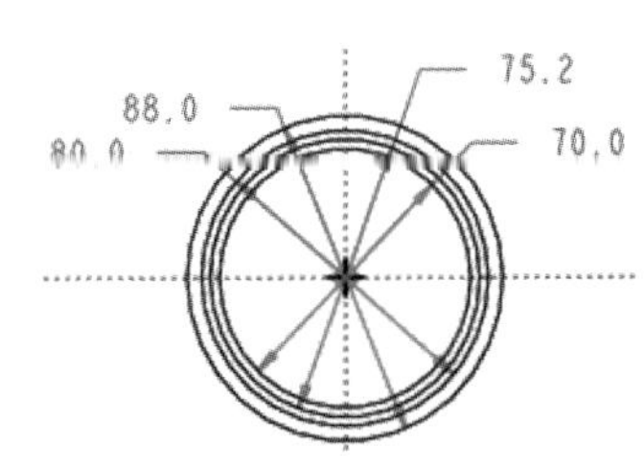

图 8.4.3　草图（草绘环境）

Step4. 在零件模型中创建关系。

（1）单击 工具 功能选项卡 模型意图 ▾ 区域中的 d=关系 按钮。

（2）在“关系”对话框的 查找范围 选项区域中选择对象类型为 零件。

（3）选取 Step3 所绘制的一组基准曲线，此时系统显示出此组基准曲线的所有尺寸参数符号，如图 8.4.4 所示（单击 按钮，可以在模型尺寸值与名称之间进行切换）。

（4）创建关系。在该对话框的关系编辑区，输入如下关系式。

d2=M*Z

d0=M*Z−M*2.5

d3=M*Z+M*2

d1=d2*COS（ANGLE）

说明：在以上关系式中，d2 代表齿轮分度圆直径，d0 代表齿根圆直径，d3 代表齿顶圆直径，d1 代表基圆直径（由于尺寸符号会根据草绘情况不同有所变化，所以请读者在练习时多加注意）。

（5）单击该对话框中的 确定 按钮，完成关系定义，然后单击“重新生成”按钮 ，再生模型。

Step5. 通过渐开线方程创建图 8.4.5 所示的基准曲线。

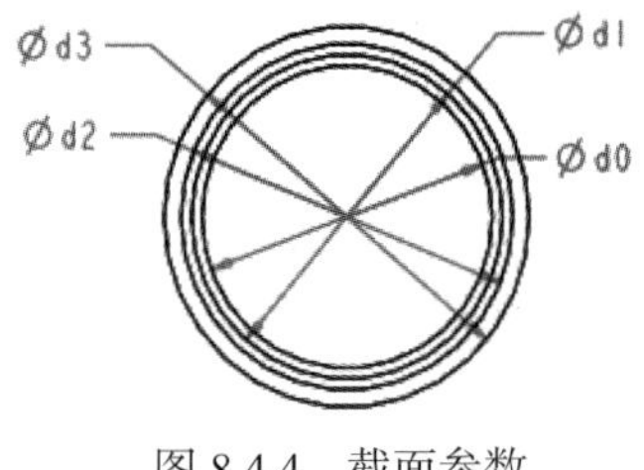

图 8.4.4　截面参数

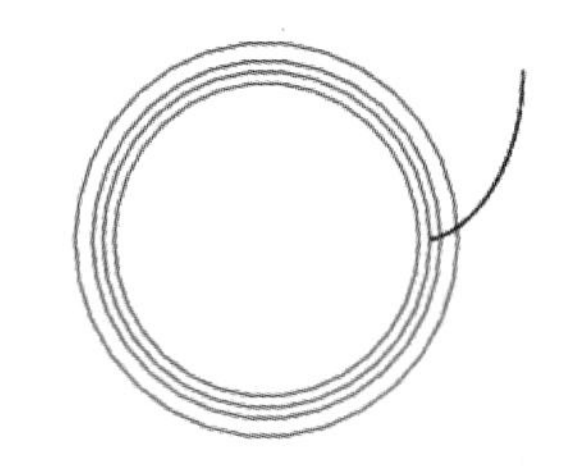

图 8.4.5　创建基准曲线

（1）在 模型 功能选项卡 基准 ▾ 下拉菜单中选择 曲线 ▸ → 来自方程的曲线 命令。

（2）在系统弹出的操控板中选取 PRT_CSYS_DEF 坐标系，并在 笛卡尔 ▾ 下拉列表中选择 笛卡尔 选项。

（3）单击操控板中的 方程... 按钮，在系统弹出的"方程"对话框中输入渐开线方程，结果如图 8.4.6 所示；单击对话框中的 确定 按钮，然后单击 ✓ 按钮，完成基准曲线的创建。

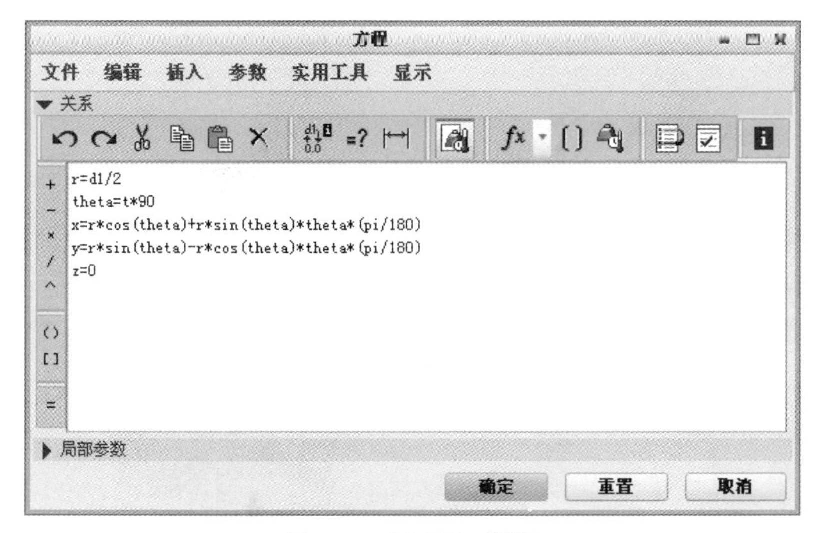

图 8.4.6 "方程"对话框

Step6. 创建图 8.4.7 所示的拉伸曲面。在操控板中单击"拉伸"按钮 拉伸，按下"拉伸"操控板中的"曲面类型"按钮；选取 FRONT 基准平面为草绘平面，选取 RIGHT 基准平面为参考平面，方向为 右；单击 草绘 按钮，绘制图 8.4.8 所示的截面草图；在操控板中定义拉伸类型为，深度值为 10.0（深度值可输入任意值，将来它由关系式定义）。

Step7. 在零件模型中创建关系。参考 Step4 的方法及图 8.4.9，创建上一步拉伸曲面的深度关系式 d4=B。完成关系定义后，单击"重新生成"按钮，再生模型。

Step8. 创建图 8.4.10 所示的延伸曲面。

（1）选取图 8.4.11 所示的边作为要延伸的边，单击 模型 功能选项卡 编辑 ▾ 区域中的 延伸 按钮。

（2）在"延伸"操控板 选项 界面的 方法 下拉列表中选择 相切 选项；在该操控板中输入延伸距离值 10.0（此值可输入任意值，将来它由关系式定义）。

（3）单击"确定"按钮 ✓，完成延伸曲面的创建。

图 8.4.7 拉伸曲面

图 8.4.8 截面草图

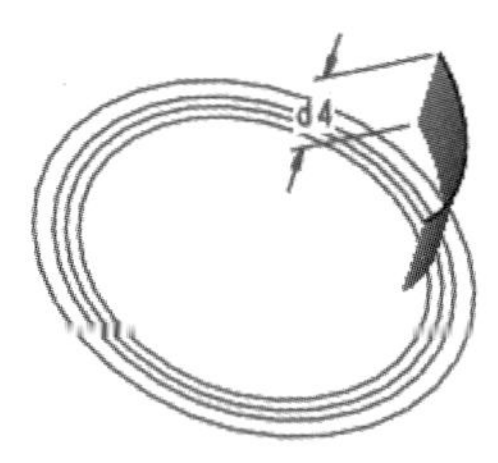

图 8.4.9　选取参数

图 8.4.10　延伸曲面

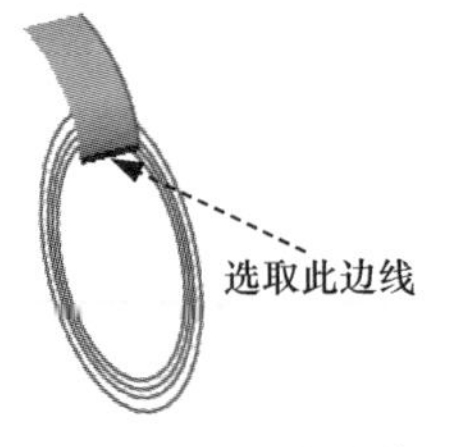

图 8.4.11　选取边线

Step9. 在零件模型中创建关系。参考图 8.4.12，创建上一步延伸曲面的距离关系式 d5=d0/2。完成关系定义后，单击“重新生成”按钮，再生模型。

Step10. 创建图 8.4.13 所示的基准轴 A_1。选取 TOP 和 RIGHT 基准平面为参考，设置均为 穿过；单击 确定 按钮。

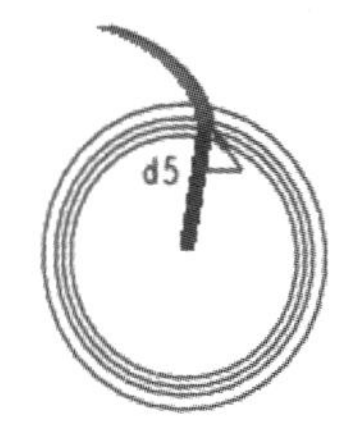

图 8.4.12　选取参数

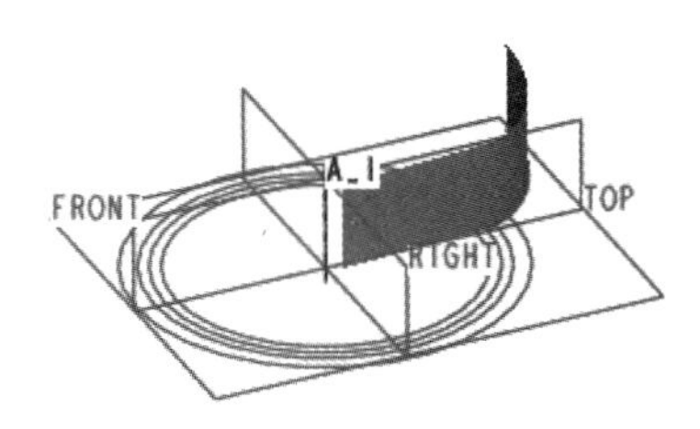

图 8.4.13　基准轴 A_1

Step11. 创建基准点 PNT0。单击 点 按钮，按住 Ctrl 键，选取图 8.4.14 所示的曲面和基准曲线为参考，完成后单击 确定 按钮。

Step12. 创建图 8.4.15 所示的基准平面 DTM1。选取基准轴 A_1 和基准点 PNT0 为参考，均设置为 穿过；单击 确定 按钮。

Step13. 创建图 8.4.16 所示的基准平面 DTM2。选取基准平面 DTM1 为参考，设置为 偏移，再选取基准轴 A_1 为参考，设置为 穿过，旋转角度值为 –4.5（此处可输入负的任意值，将来它由关系式定义），单击 确定 按钮。

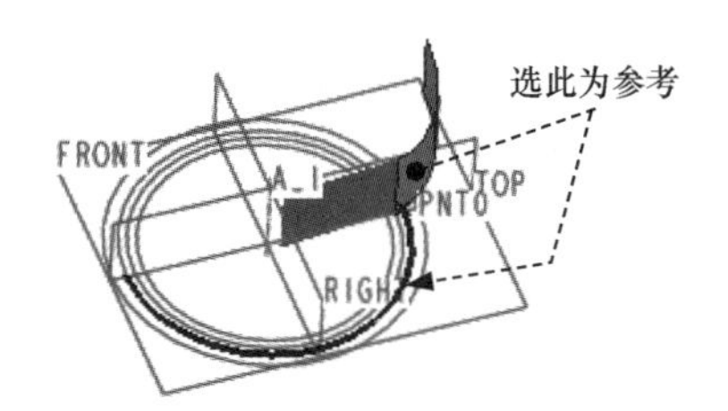

图 8.4.14　创建基准点 PNT0

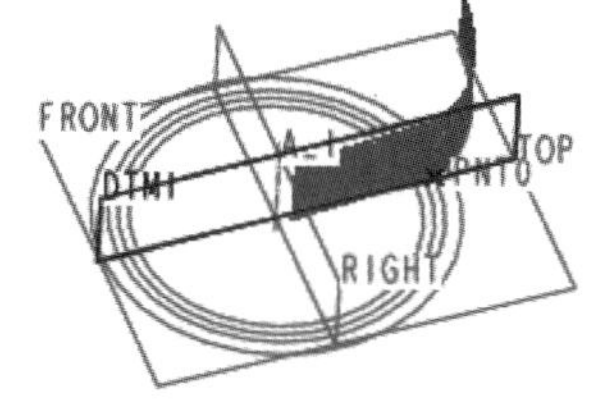

图 8.4.15　创建基准平面 DTM1

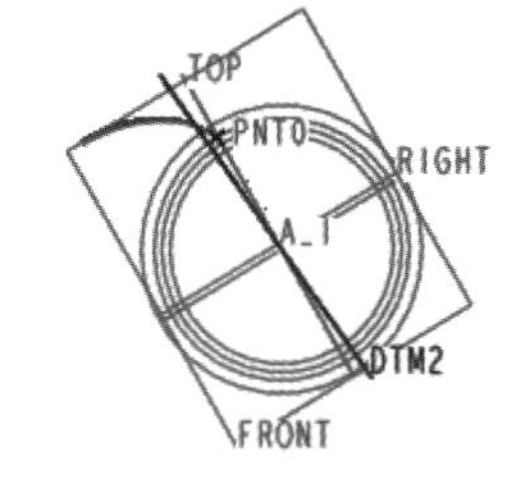

图 8.4.16　创建基准平面 DTM2

Step14. 在零件模型中创建关系。参考图 8.4.17，创建上一步基准平面的旋转角度关系式 d7=90/Z。完成关系定义后，单击“重新生成”按钮，再生模型。

Step15. 创建图 8.4.18 所示的曲面的镜像。按住 Ctrl 键，拉伸曲面和延伸曲面为镜像源，单击 模型 功能选项卡 编辑 ▾ 区域中的 镜像 按钮，选取 DTM2 基准平面为镜像平面；

单击 ✓ 按钮，完成镜像特征的创建。

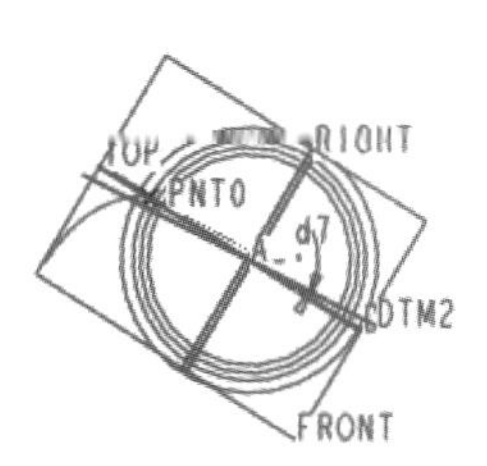

图 8.4.17 选取参数

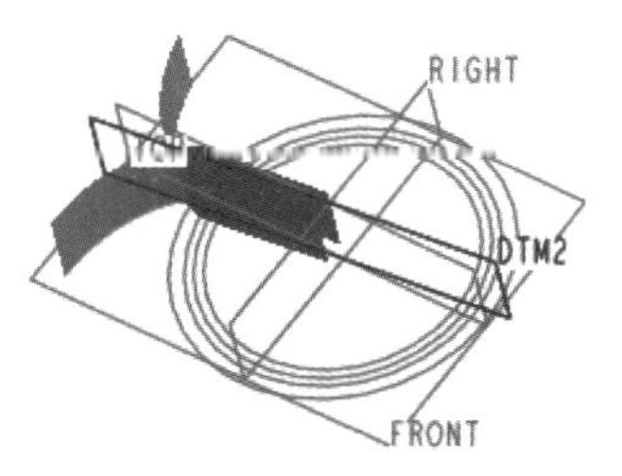

图 8.4.18 镜像曲面

Step16. 创建图 8.4.19b 所示的合并曲面。按住 Ctrl 键，选取要合并的两个曲面，单击 模型 功能选项卡 编辑 ▾ 区域中的 合并 按钮，确认箭头方向为保留部分，如图 8.4.19a 所示。

Step17. 创建图 8.4.20 所示的拉伸曲面。在操控板中单击“拉伸”按钮 拉伸，按下“拉伸”操控板中的“曲面类型”按钮；选取 FRONT 基准平面为草绘平面，选取 RIGHT 基准平面为参考平面，方向为 上；单击 草绘 按钮，绘制图 8.4.21 所示的截面草图；定义拉伸类型为，输入深度值 20.0（此处可输入任意值，将来它由关系式定义）。

Step18. 在零件模型中创建关系。参考图 8.4.22，创建上一步拉伸曲面的深度关系式 d8=B。完成关系定义后，单击“重新生成”按钮，再生模型。

Step19. 创建图 8.4.23 所示的旋转复制曲面。

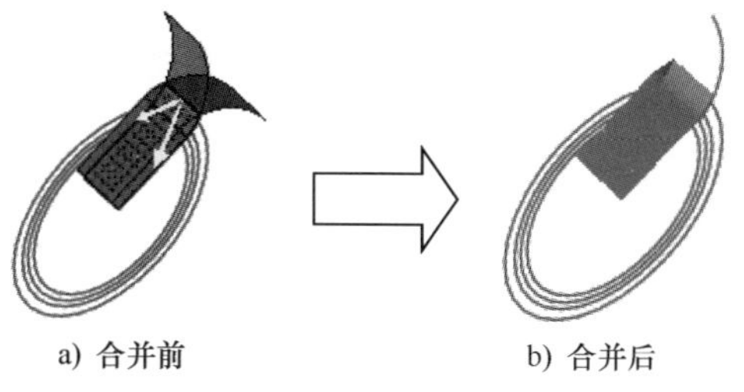

图 8.4.19 合并曲面

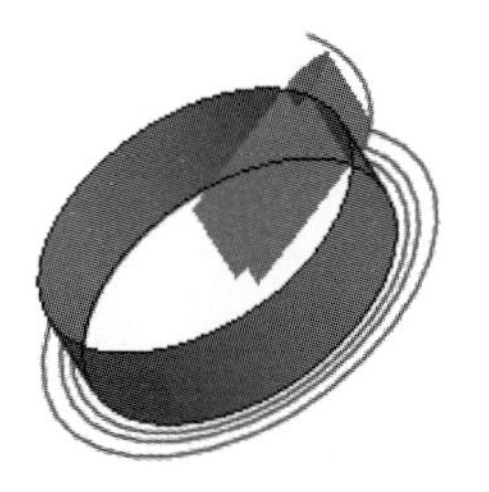
图 8.4.20 拉伸曲面

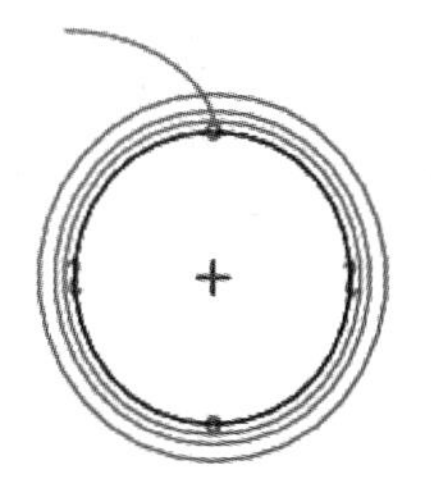
图 8.4.21 截面草图

图 8.4.22 选取参数

图 8.4.23 旋转复制曲面

（1）选取 Step16 生成的合并曲面为复制对象。

（2）单击 模型 功能选项卡 操作 ▾ 区域中的“复制”按钮，然后再单击该区域

“粘贴” 节点下的 选择性粘贴 命令。

（3）在系统弹出的“移动（复制）”操控板中按下“相对选定参考旋转特征”按钮，选取基准轴 A_1 为参考轴。

（4）在该操控板中输入旋转角度值 20.0（此处可输入任意值，将来它由关系式定义）；单击 选项 按钮，在系统弹出的界面中取消选中 □ 隐藏原始几何 复选框。

Step20. 在零件模型中创建关系。参考图 8.4.24，创建上一步旋转复制曲面的角度关系式 d10=360/Z，单击“重新生成”按钮，再生模型。

Step21. 创建图 8.4.25 所示的阵列特征。

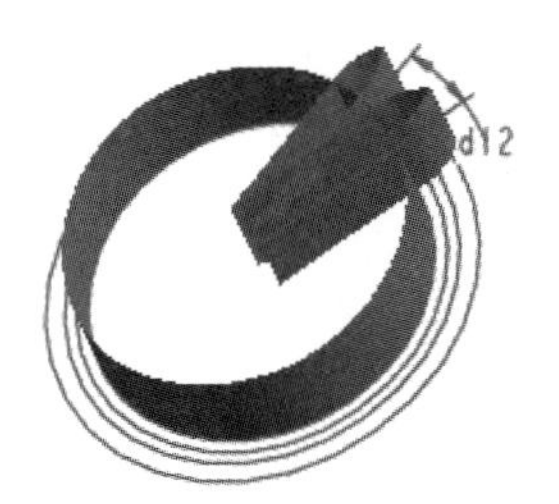

图 8.4.24 选取参数

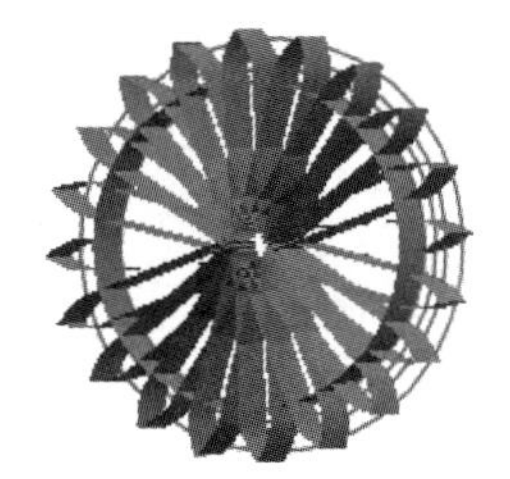
图 8.4.25 阵列特征

（1）在模型树中右击 Step19 创建的旋转复制特征，选择 命令。

（2）选取图 8.4.26 中的引导尺寸 18，在系统弹出的文本框中输入角度增量值 18。

（3）在操控板中输入第一方向的阵列个数 19；单击“确定”按钮。

注意： 此处的角度增量值及阵列个数都可随意输入一值，将来它由关系式定义。

Step22. 在零件模型中创建关系。参考图 8.4.27，创建上一步阵列的角度增量及阵列实例个数关系式。

d11=d10

P12=Z−1

完成关系定义后，单击“重新生成”按钮，再生模型。

图 8.4.26 选取引导尺寸

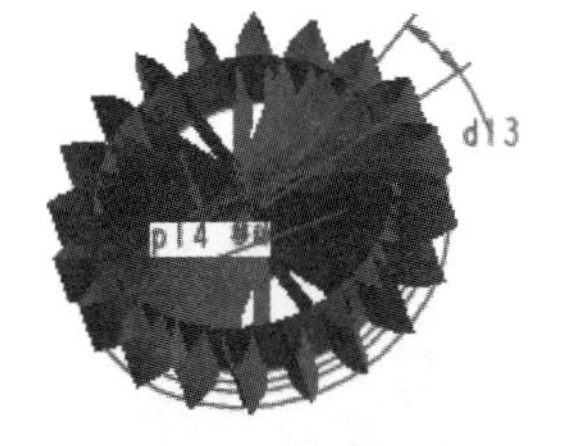

图 8.4.27 选取参数

Step23. 合并曲面，如图 8.4.28 所示。按住 Ctrl 键，选取 Step16、Step17 所创建的两个曲面为合并对象，单击 模型 功能选项卡 编辑 ▾ 区域中的 合并 按钮；单击 按钮。

Step24. 合并曲面，如图 8.4.29 所示。将上一步合并的曲面与 Step19 所创建的旋转复制特征进行合并。

Step25. 创建图 8.4.30 所示的阵列特征。在模型树中右击上一步创建的合并曲面特征，

选择 ⊞ 命令，单击操控板中的“确定”按钮 ✓，系统自动完成阵列特征的创建。

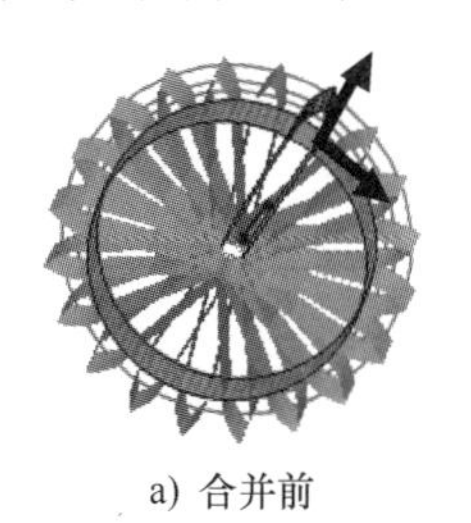
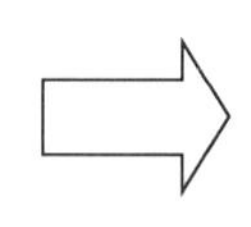

a) 合并前　　b) 合并后

图 8.4.28　合并曲面

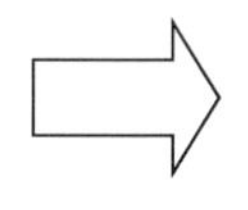

a) 合并前　　b) 合并后

图 8.4.29　合并曲面

Step26. 创建图 8.4.31 所示的拉伸曲面。在操控板中单击“拉伸”按钮 拉伸，按下“拉伸”操控板中的“曲面类型”按钮 ；选取 FRONT 基准平面为草绘平面，选取 RIGHT 基准平面为参考平面，方向为 上；绘制图 8.4.32 所示的截面草图；在该操控板中定义拉伸类型为 ，输入深度值 30.0（深度值可输入任意值，将来它由关系式定义）。

图 8.4.30　阵列特征

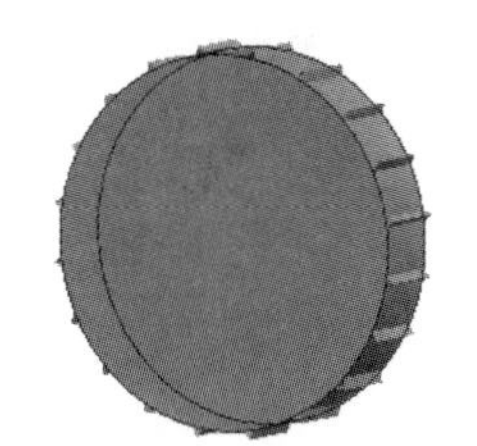

图 8.4.31　创建拉伸曲面

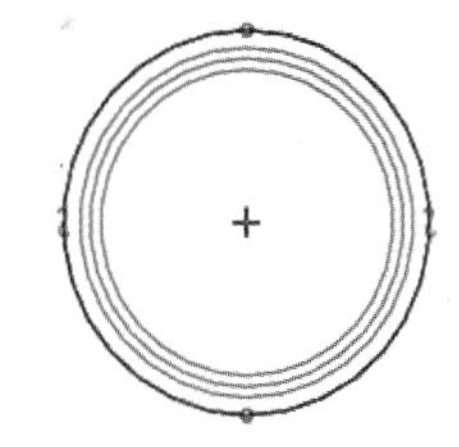

图 8.4.32　截面草图

打开“拉伸”操控板的 选项 界面，在该界面中选中 ✓ 封闭端 复选框。

Step27. 在零件模型中创建关系。参考图 8.4.33，创建上一步拉伸曲面的深度值关系式 d31=B，单击“重新生成”按钮 ，再生模型。

Step28. 合并曲面，如图 8.4.34 所示。将 Step25、Step26 所创建的两个曲面进行合并。

Step29. 实体化曲面。选取上一步创建的合并曲面为实体化对象，单击 模型 功能选项卡 编辑 ▾ 区域中的 实体化 按钮，单击 ✓ 按钮，完成实体化曲面的创建。

Step30. 应用编程的方法进行参数的输入控制，以达到快速设计新产品的目的。单击 工具 功能选项卡 模型意图 ▾ 节点下的 程序 命令，在系统弹出的菜单中选择 Edit Design（编辑设计）命令。如图 8.4.35 所示，在编辑器的 INPUT 和 END INPUT 语句之间输

入以下程序。

M NUMBER

"请输入齿轮的模数："

Z NUMBER

"请输入齿轮的齿数："

B NUMBER

"请输入齿轮的厚度："

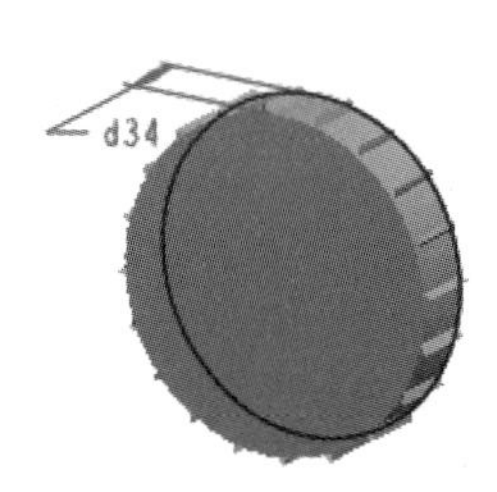

图 8.4.33　选取参数

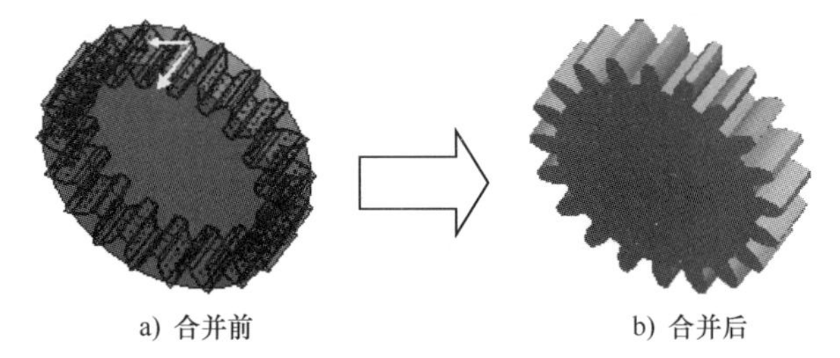

图 8.4.34　合并曲面

完成后存盘退出，在系统弹出的“记事本”对话框中单击 保存(S) 按钮。

Step31. 验证程序设计效果。

（1）完成上一步操作后，系统弹出 ▼ GET INPUT（得到输入）菜单，选择 Enter（输入）命令。在出现的菜单界面中，选中 M、Z、B 这三个复选框，然后选择 Done Sel（完成选取）命令。

（2）在系统提示 请输入齿轮的模数：[1.5000] 时，输入数值 1.5。

（3）在系统提示 请输入齿轮的齿数：[40.0000] 时，输入数值 40。

（4）在系统提示 请输入齿轮的厚度：[10.0000] 时，输入数值 10。

此时系统开始生成模型，新模型如图 8.4.36 所示。

Step32. 保存零件模型文件。

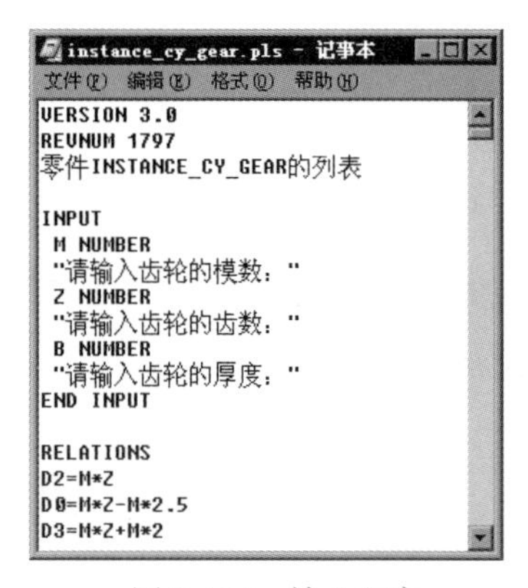

instance_cy_gear.pls - 记事本

文件(F) 编辑(E) 格式(O) 帮助(H)

```
VERSION 3.0
REVNUM 1797
零件INSTANCE_CY_GEAR的列表

INPUT
 M NUMBER
 "请输入齿轮的模数："
 Z NUMBER
 "请输入齿轮的齿数："
 B NUMBER
 "请输入齿轮的厚度："
END INPUT

RELATIONS
D2=M*Z
D0=M*Z-M*2.5
D3=M*Z+M*2
```

图 8.4.35　输入程序

图 8.4.36　新模型

8.5 普通曲面综合范例 5——参数化蜗杆

范例概述

本范例将创建一个由用户参数通过关系式控制的蜗杆模型。首先创建用户参数，然后利用由关系式约束的可变截面扫描曲面得到一条螺旋基准曲线，最后利用扫描切削特征创建蜗杆造型。通过编程的方法，将参数转化为输入提示，以达到良好的人机交互效果。零件模型如图 8.5.1 所示。

图 8.5.1 范例 5

Step1. 新建零件模型并命名为 instance_r_worm。

Step2. 创建用户参数：蜗杆外径为 da，蜗杆模数为 m，压力角为 angle，蜗杆长度为 l，蜗杆直径系数为 q，分度圆直径为 d，齿根圆直径为 df，实数为 n。

（1）单击 工具 功能选项卡 模型意图 ▾ 区域中的 [ ] 参数 按钮。

（2）在系统弹出的对话框的 查找范围 选项区域中选择对象类型为 零件，然后单击 + 按钮。

（3）在 名称 栏中输入参数名 da，按 Enter 键；在 类型 栏中选取参数类型为“实数”；在 值 栏中输入参数值 8，按 Enter 键。

（4）以同样的方法创建用户参数 m，设置为“实数”，初始值为 0.8；创建用户参数 angle，设置为“实数”，初始值为 20；创建用户参数 l，设置为“实数”，初始值为 15；创建用户参数 q，设置为“实数”，初始值为 0；创建用户参数 d，设置为“实数”，初始值为 0；创建用户参数 df，设置为“实数”，初始值为 0；创建用户参数 n，设置为“实数”，初始值为 0。

（5）单击该对话框中的 确定 按钮。

Step3. 在零件模型中创建关系。

（1）在零件模块中，单击 工具 功能选项卡 模型意图 ▾ 区域中的 d= 关系 按钮。

（2）在系统弹出的对话框的关系编辑区键入如下关系式。

q=da/m−2

d=q*m

df=（q−2.4）*m

n=ceil（2*l/（pi*m））

（3）单击该对话框中的 确定 按钮。

Step4. 创建图 8.5.2 所示的实体拉伸特征。在操控板中单击 拉伸 按钮；选取 FRONT 基准平面为草绘平面，选取 RIGHT 基准平面为参考平面，方向为 右；单击 草绘 按钮，

绘制图 8.5.3 所示的截面草图；在“拉伸”操控板中定义拉伸类型为 ，输入深度值 30.0（深度值可输入任意值，将来它由关系式定义）。

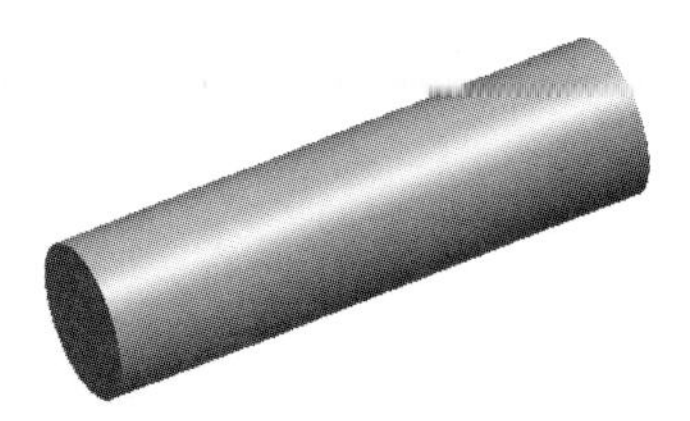

图 8.5.2　实体拉伸特征

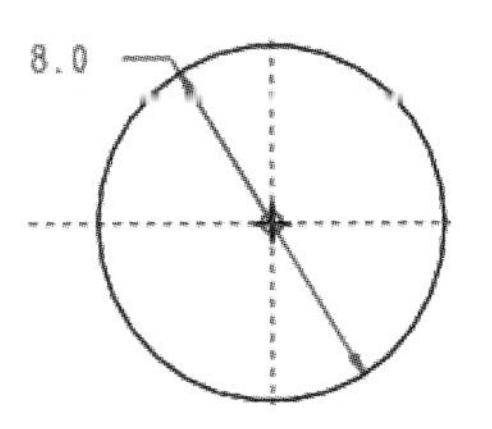

图 8.5.3　截面草图

Step5. 在零件模型中创建关系。

（1）在零件模块中单击 工具 功能选项卡 模型意图 区域中的 d=关系 按钮。

（2）选取上一步创建的实体拉伸特征，此时系统显示出所有尺寸参数符号，如图 8.5.4 所示。

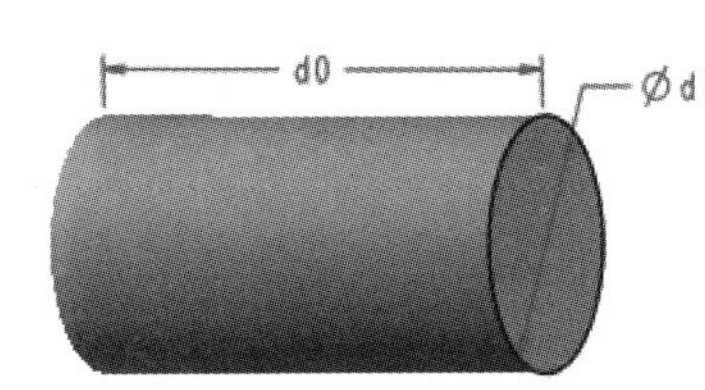

图 8.5.4　选取参数

（3）在“关系”对话框中的关系编辑区键入如下关系式。

d0=2*l

d1=da

（4）单击该对话框中的 确定 按钮，然后单击“重新生成”按钮 ，再生模型。

Step6. 创建图 8.5.5 所示的基准曲线 1。在操控板中单击“草绘”按钮 ；选取 RIGHT 基准平面为草绘平面，选取 TOP 基准平面为参考平面，方向为 上；单击 草绘 按钮，绘制图 8.5.6 所示的草图。

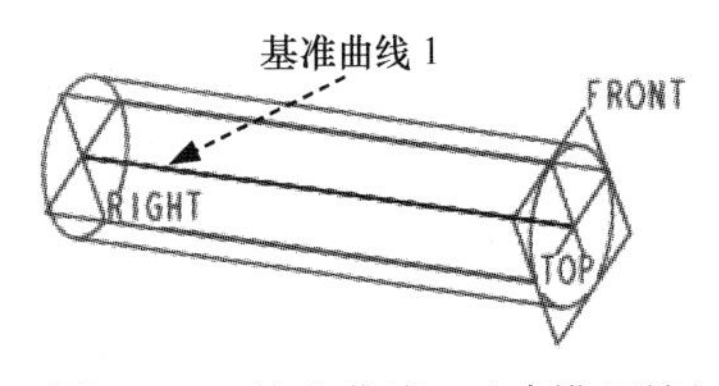

图 8.5.5　基准曲线 1（建模环境）

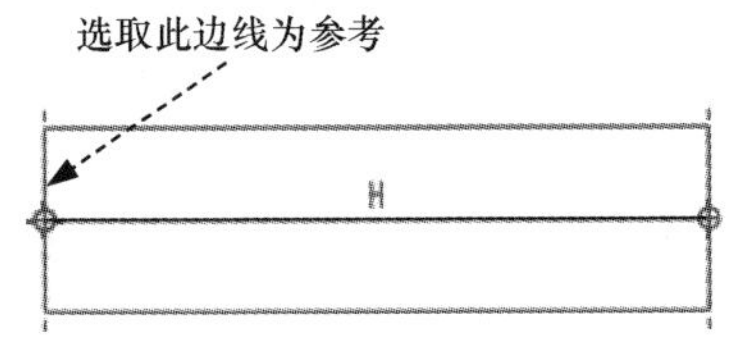

图 8.5.6　基准曲线 1（草绘环境）

Step7. 创建图 8.5.7 所示的基准曲线 2。在操控板中单击“草绘”按钮 ；选取 RIGHT 基准平面为草绘平面，选取 TOP 基准平面为参考平面，方向为 上；单击 草绘 按钮，绘制图 8.5.8 所示的草图。

Step8. 创建图 8.5.9 所示的扫描曲面。

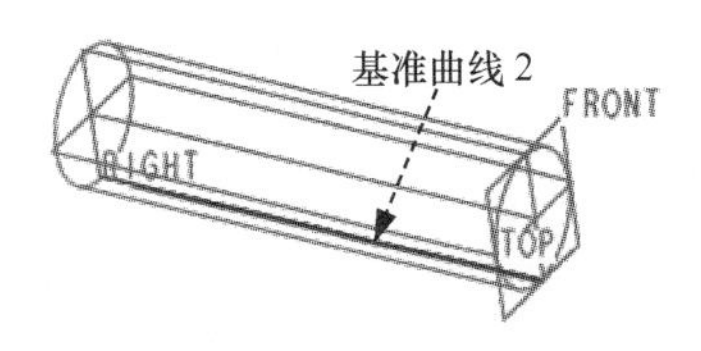

图 8.5.7　基准曲线 2（建模环境）

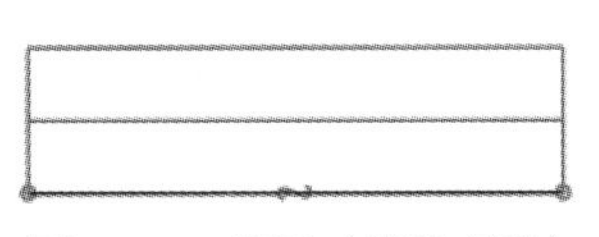

图 8.5.8　草图（草绘环境）

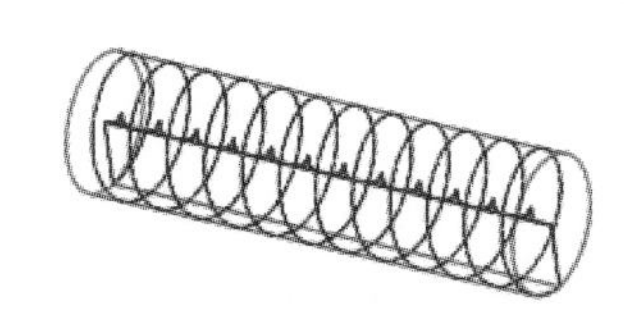

图 8.5.9　扫描曲面

（1）单击 模型 功能选项卡 形状 ▾ 区域中的 扫描 ▾ 按钮。

（2）定义扫描轨迹。

① 在系统弹出的“扫描”操控板中确认“扫描为曲面”按钮 和“允许截面根据参数化参考或沿扫描关系进行变化”按钮 被按下。

② 按住 Ctrl 键，依次选取图 8.5.10 中的基准曲线 1（原点轨迹）和基准曲线 2（轨迹 1）。

（3）创建扫描特征的截面。

① 在该操控板中单击“创建或编辑扫描截面”按钮 ，系统自动进入草绘环境，选取图 8.5.11 所示的边线为参考，创建截面草图——带角度的直线（此角度值可输入任意值，将来它由关系式定义）。

② 定义关系。单击 工具 功能选项卡 模型意图 ▾ 区域中的 d=关系 按钮，在系统弹出的“关系”对话框中的编辑区输入关系 sd5=trajpar*360*n，如图 8.5.12 所示。

③ 完成截面的绘制后，单击“确定”按钮 。

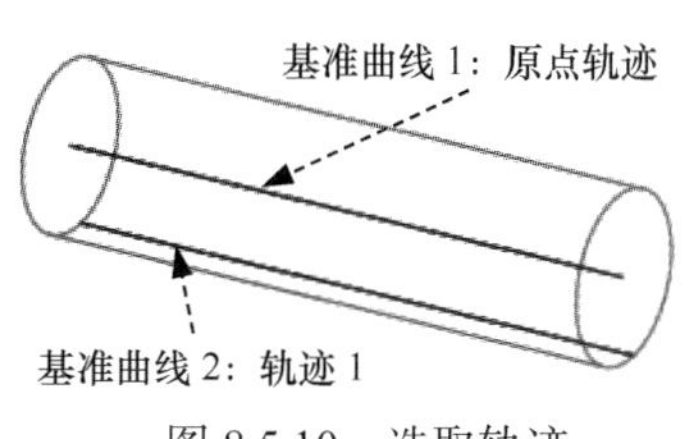

图 8.5.10　选取轨迹

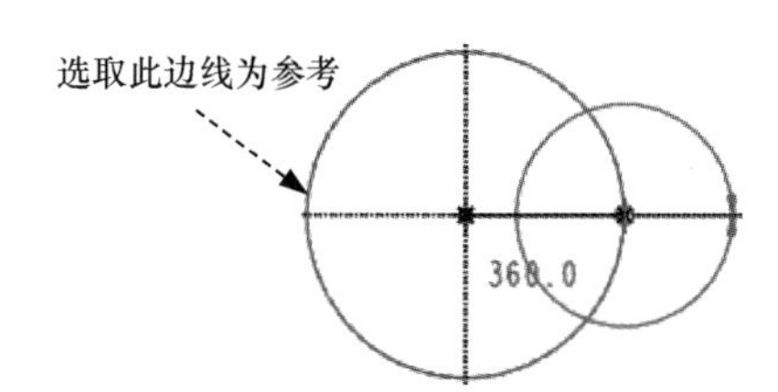

图 8.5.11　截面草图

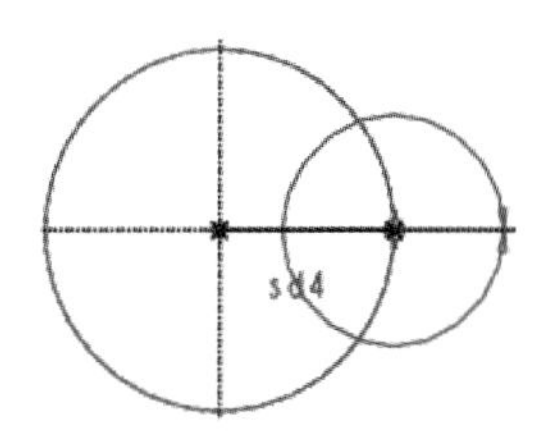

图 8.5.12　选取参数

（4）单击该操控板中的“确定”按钮 ，完成扫描曲面的创建。

Step9. 用复制的方法从图 8.5.13 所示的边线创建曲线。选取图中要复制的边线，单击 模型 功能选项卡 操作 ▾ 区域中的“复制”按钮 ，再单击该区域中的“粘贴”按钮 ▾，在弹出的操控板中选取曲线类型为 **精确**；单击 按钮。

Step10. 创建图 8.5.14 所示的基准曲线 3。在操控板中单击“草绘”按钮 ；选取 RIGHT 基准平面为草绘平面，选取 TOP 基准平面为参考平面，方向为 上；单击 草绘 按钮，绘制图 8.5.15 所示的草图。

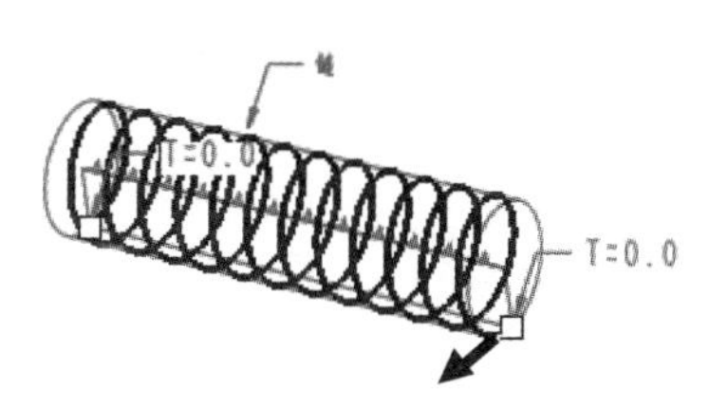

图 8.5.13　创建曲线

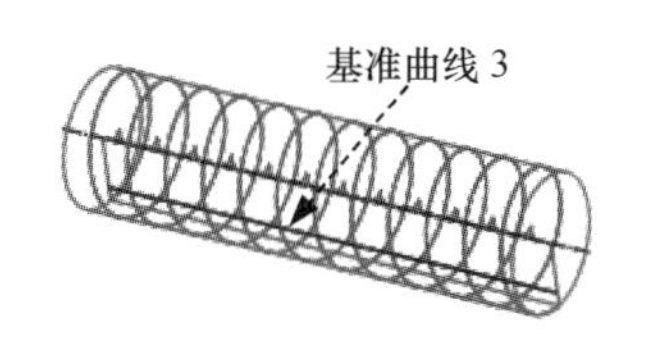

图 8.5.14　基准曲线 3（建模环境）

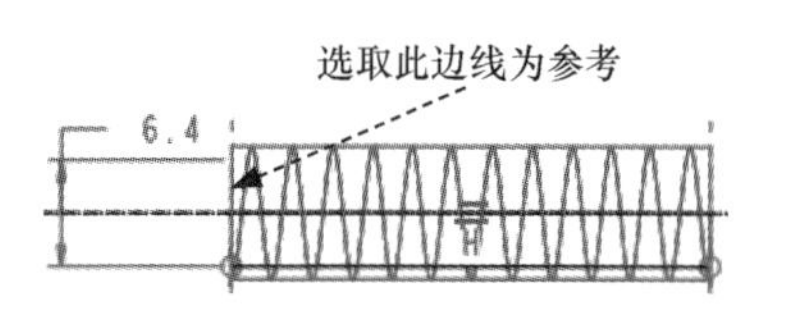

图 8.5.15　草图（草绘环境）

Step11. 在零件模型中创建关系。

（1）在零件模块中，单击 工具 功能选项卡 模型意图 ▾ 区域中的 d= 关系 按钮。

（2）选取上一步创建的基准曲线，此时系统显示出该特征的所有尺寸参数符号，如图 8.5.16 所示。

（3）在“关系”对话框中的关系编辑区键入关系式 dl9=d。

（4）完成关系定义后，单击“重新生成”按钮，再生模型。

Step12. 创建图 8.5.17 所示的扫描切削特征。

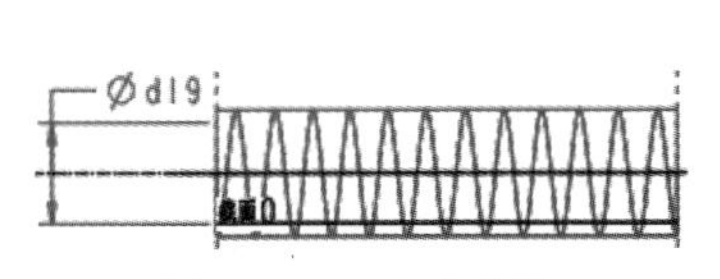

图 8.5.16　选取参数

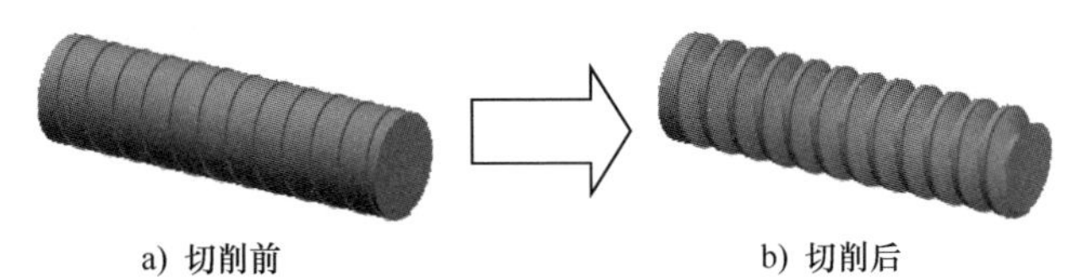

a) 切削前　　b) 切削后

图 8.5.17　扫描切削特征

（1）单击 模型 功能选项卡 形状 ▾ 区域中的 扫描 ▾ 按钮。

（2）定义扫描轨迹。

① 在系统弹出的“扫描”操控板中确认“扫描为实体”按钮、“移除材料”按钮和“沿扫描进行草绘时截面保持不变”按钮被按下。

② 选取 Step9 创建的曲线。确认扫描的起点及正方向，如图 8.5.18 所示。

（3）创建扫描特征的截面。单击“创建或编辑扫描截面”按钮，系统自动进入草绘环境，绘制图 8.5.19 所示的特征截面（要选取 Step10 创建的基准曲线为参考，在它与所绘直线的交点处绘制点进行尺寸的约束）。

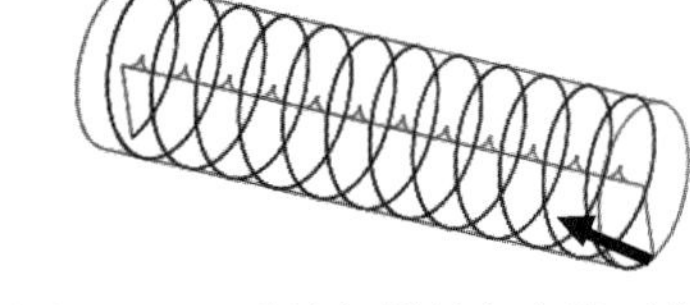

图 8.5.18　确认扫描的起点及正方向

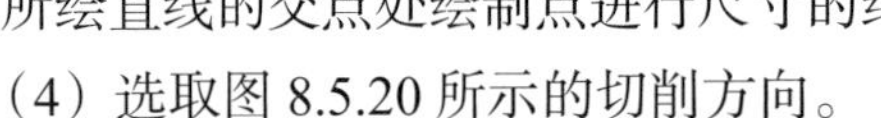

（4）选取图 8.5.20 所示的切削方向。

（5）单击该操控板中的 ✓ 按钮。

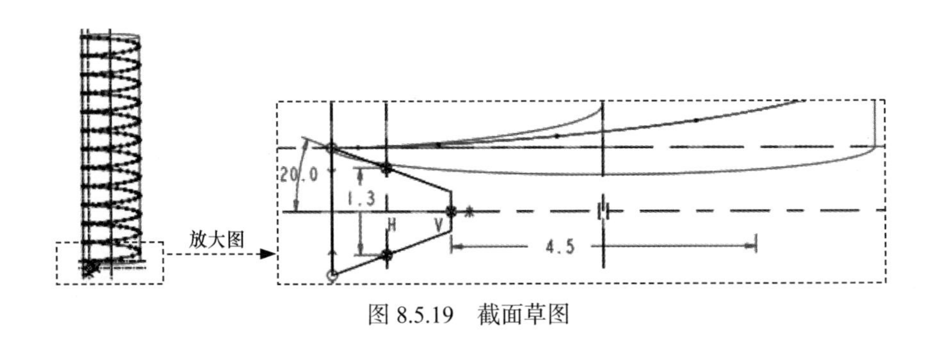

图 8.5.19　截面草图

Step13. 在零件模型中创建关系。

（1）在零件模块中，单击 工具 功能选项卡 模型意图 ▾ 区域中的 d= 关系 按钮。

（2）选取上一步创建的切削扫描特征，在系统弹出的菜单中选中 ☑ 截面 1 复选框，然后选择 Done（完成） 命令。此时系统显示出该特征的所有尺寸参数符号，如图 8.5.21 所示。

图 8.5.20 切削方向

图 8.5.21 选取参数

（3）在“关系”对话框中的关系编辑区键入如下关系式。

d24=df

d22=pi*m/2

d23=angle

（4）完成关系定义后，单击“重新生成”按钮，再生模型。

Step14. 创建图 8.5.22 所示的零件切削特征。在操控板中单击 拉伸 按钮；单击“移除材料”按钮；选取 RIGHT 基准平面为草绘平面，选取 TOP 基准平面为参考平面，方向为 上；单击 草绘 按钮，绘制图 8.5.23 所示的截面草图；在“选项”界面中定义双侧深度类型均为；选取正确的切削方向，完成后单击 按钮。

图 8.5.22 创建切削特征

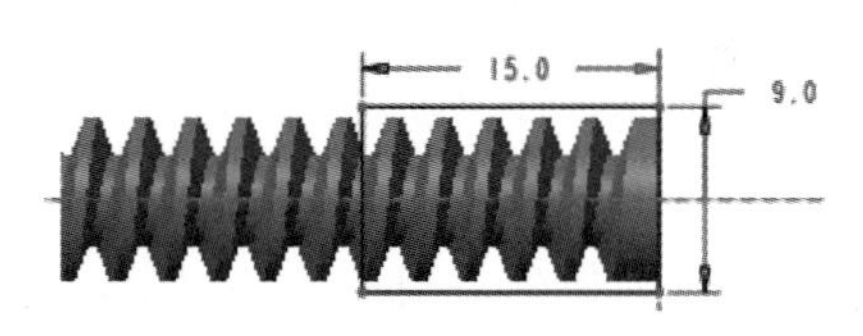

图 8.5.23 截面草图

Step15. 在零件模型中创建关系。在零件模块中，单击 工具 功能选项卡 模型意图 区域中的 d= 关系 按钮。在模型树中选取上一步创建的切削特征，此时系统显示出该特征的所有尺寸参数符号。在“关系”对话框中的关系编辑区键入如下关系式。

d26=da+1

d27=l

完成关系定义后，单击“重新生成”按钮。

Step16. 为了使图面整洁，可将曲线、曲面层遮蔽。

（1）选择导航命令卡中的 → 层树(L) 命令，即可进入“层”的操作界面。

（2）在层树中，按住 Ctrl 键选取曲线、曲面所在的层，然后右击，选择 隐藏 命令。

Step17. 应用编程的方法进行参数的输入控制，以达到快速设计新产品的目的。

（1）单击 工具 功能选项卡 模型意图 ▾ 区域中的 程序 命令。

（2）在系统弹出的菜单中选择 Edit Design (编辑设计) 命令，系统弹出“程序编辑器”界面。

（3）如图 8.5.24 所示，在编辑器的 INPUT 和 END INPUT 语句之间输入以下程序。

```
DA NUMBER
"请输入蜗杆的外径尺寸"
M NUMBER
"请输入蜗杆的模数"
L NUMBER
"请输入蜗杆的长度"
ANGLE NUMBER
"请输入蜗杆的压力角"
```

（4）完成后存盘退出，在系统弹出的“记事本”对话框中单击 保存(S) 按钮。

Step18. 验证程序设计效果。

（1）完成上一步操作后，系统弹出 ▾ GET INPUT (得到输入) 菜单，选择 Enter (输入) 命令。

（2）在出现的菜单界面中，选中 DA、M、L、ANGLE 这四个复选框，然后选择 Done Sel (完成选取) 命令。

（3）在系统提示 请输入蜗杆的外径尺寸 [10.0000] 时，输入数值 10。

（4）在系统提示 请输入蜗杆的模数 [0.8000] 时，输入数值 0.8。

（5）在系统提示 请输入蜗杆的长度 [10.0000] 时，输入数值 10。

（6）在系统提示 请输入蜗杆的压力角 [20.0000] 时，输入数值 20。

此时系统开始生成模型，新模型如图 8.5.25 所示。

Step19. 保存零件模型文件。

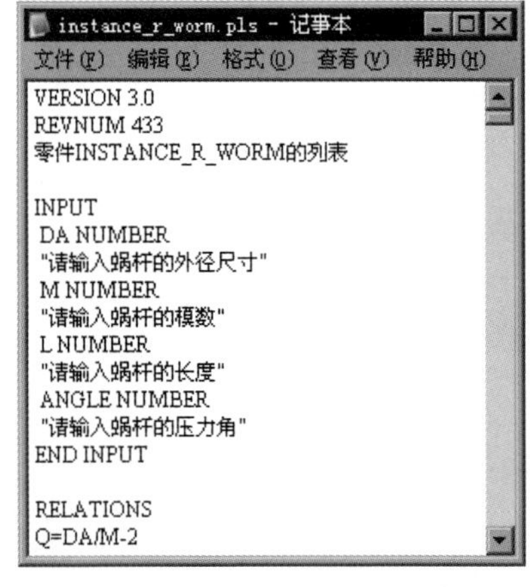
instance_r_worm.pls - 记事本
文件(F) 编辑(E) 格式(O) 查看(V) 帮助(H)

```
VERSION 3.0
REVNUM 433
零件INSTANCE_R_WORM的列表

INPUT
 DA NUMBER
 "请输入蜗杆的外径尺寸"
 M NUMBER
 "请输入蜗杆的模数"
 L NUMBER
 "请输入蜗杆的长度"
 ANGLE NUMBER
 "请输入蜗杆的压力角"
END INPUT

RELATIONS
Q=DA/M-2
```

图 8.5.24　输入程序

图 8.5.25　新模型

8.6　普通曲面综合范例 6——微波炉调温旋钮

范例概述

本范例是日常生活中常见的微波炉调温旋钮。设计时，首先创建实体旋转特征和基准曲线，通过“镜像”命令得到基准曲线，构建出边界混合曲面，再利用边界混合曲面来塑造实体，然后进行倒圆角、抽壳得到最终模型。零件模型及模型树如图 8.6.1 所示。

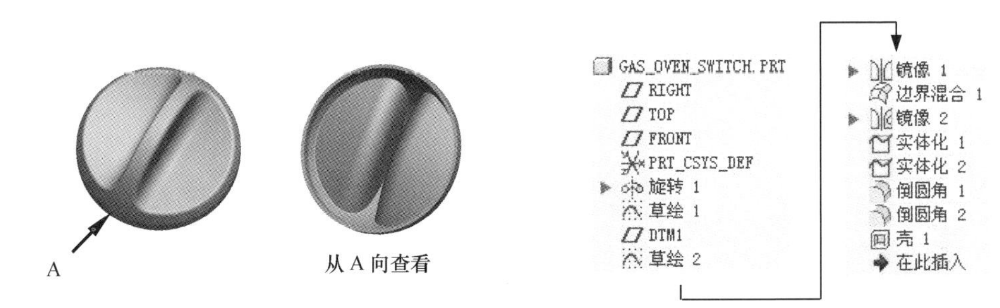

图 8.6.1　零件模型及模型树

Step1. 新建零件模型。模型命名为 GAS_OVEN_SWITCH。

Step2. 创建图 8.6.2 所示的旋转特征 1。

（1）选择命令。单击 模型 功能选项卡 形状▼ 区域中的“旋转”按钮 旋转。

（2）绘制截面草图。在图形区右击，从系统弹出的快捷菜单中选择 定义内部草绘... 命令；选取 FRONT 基准平面为草绘平面，选取 RIGHT 基准平面为参考平面，方向为 右；单击 草绘 按钮，绘制图 8.6.3 所示的截面草图（草图 1，包括中心线）。

说明：图 8.6.3 中 R38.0 的圆弧中心点在竖直的中心线上。

（3）定义旋转属性。在操控板中定义旋转类型为 ，在“角度”文本框中输入角度值 360.0，并按 Enter 键。

（4）在操控板中单击“确定”按钮 ，完成旋转特征 1 的创建。

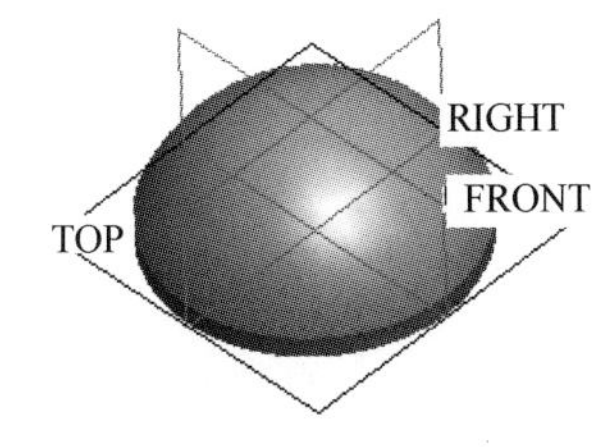

图 8.6.2　旋转特征 1

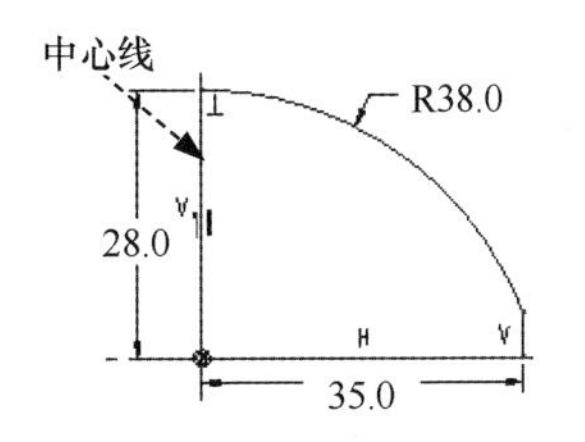

图 8.6.3　截面草图（草图 1）

Step3. 创建图 8.6.4 所示的草绘 1。

（1）选择命令。单击 模型 功能选项卡 基准▼ 区域中的“草绘”按钮 。

（2）定义草绘放置属性。选取 FRONT 基准平面为草绘平面，采用系统默认的草绘视图方向，RIGHT 基准平面为参考平面，方向为 右；单击 草绘 按钮，进入草绘环境。

（3）进入草绘环境后，绘制图 8.6.5 所示的草图，单击 ✓ 按钮。

说明： 图 8.6.5 所示的草图中 R250.0 的圆弧是向下凹陷的，圆心在竖直参考线上。

Step4. 创建图 8.6.6 所示的 DTM1 基准平面。

（1）选择命令。单击 模型 功能选项卡 基准 ▾ 区域中的“平面”按钮 。

（2）定义平面参考。在模型树中选取 FRONT 基准平面为偏距参考面，在“基准平面”对话框中输入偏移距离值 35.0。

（3）单击该对话框中的 确定 按钮。

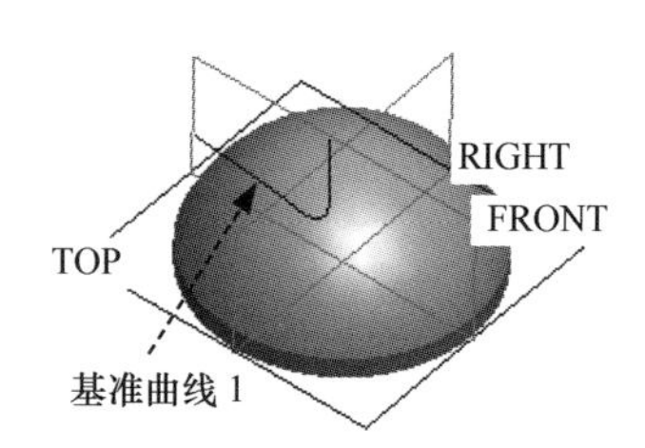

图 8.6.4　草绘 1（建模环境）

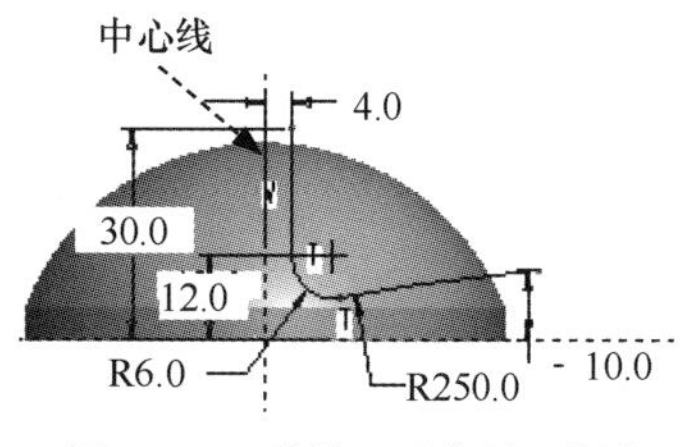

图 8.6.5　草绘 1（草绘环境）

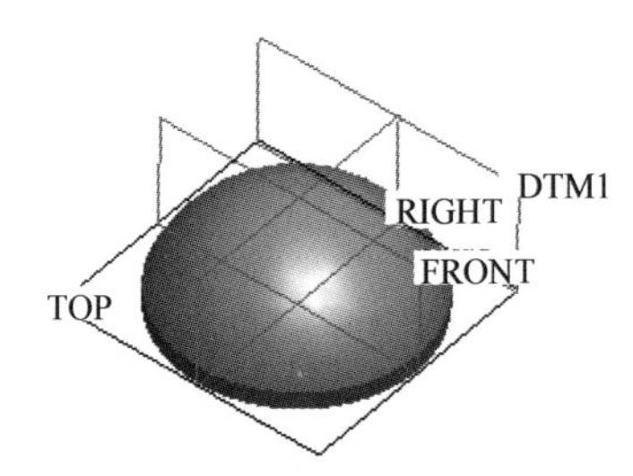

图 8.6.6　DTM1 基准平面

Step5. 创建图 8.6.7 所示的草绘 2。在 模型 功能选项卡的 形状 ▾ 区域中单击“草绘”按钮 ；选取 DTM1 基准平面为草绘平面，选取 RIGHT 基准平面为参考平面，方向为 右；单击 草绘 按钮，选取图 8.6.7 所示的基准曲线 2 为草绘参考，绘制图 8.6.8 所示的草绘 2。

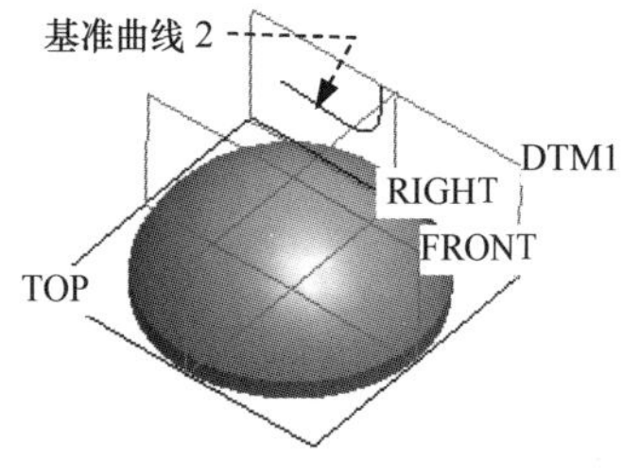

图 8.6.7　草绘 2（建模环境）

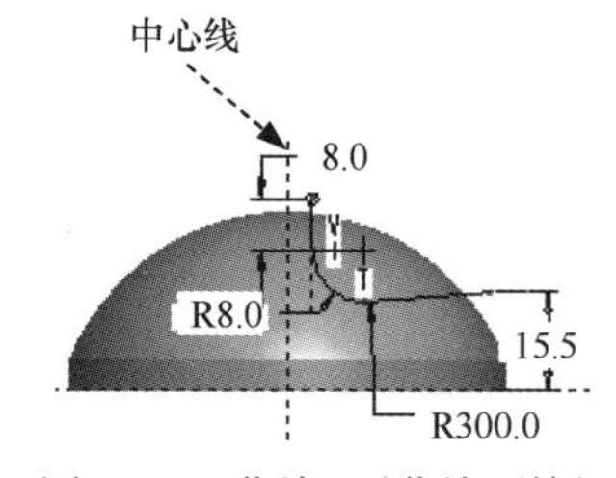

图 8.6.8　草绘 2（草绘环境）

Step6. 创建图 8.6.9b 所示的镜像特征 1。

（1）选取镜像特征。选取图 8.6.9a 所示的曲线为镜像特征。

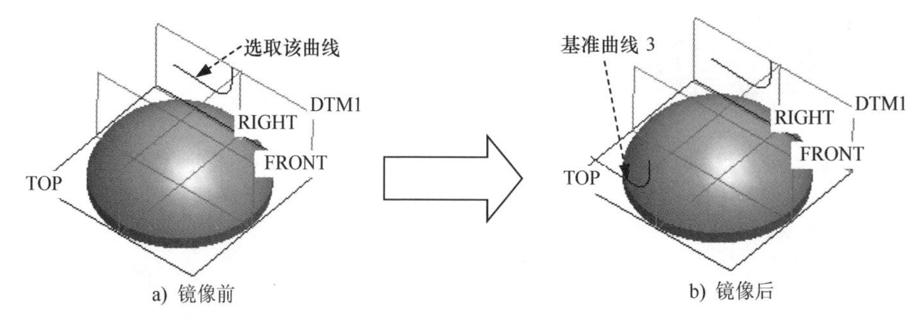

图 8.6.9　镜像特征 1

（2）选择“镜像”命令。单击 模型 功能选项卡 编辑 ▾ 区域中的“镜像”按钮 。

（3）定义镜像平面。在图形区选取 FRONT 基准平面为镜像平面。

（4）在操控板中单击 ✓ 按钮，完成镜像特征 1 的创建。

Step7. 创建图 8.6.10b 所示的边界曲面——边界混合 1。

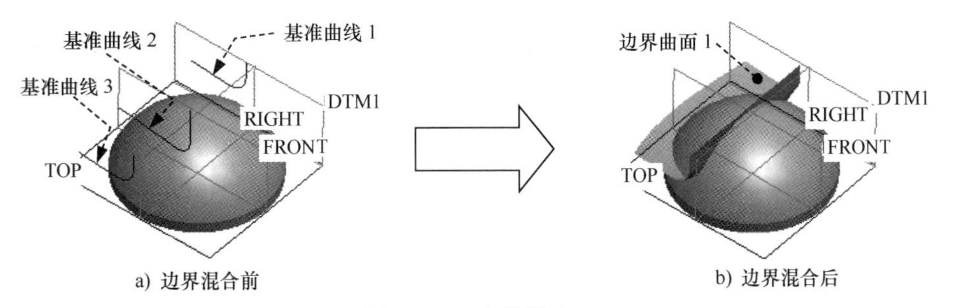

图 8.6.10　边界混合 1

（1）选择命令。单击 模型 功能选项卡 曲面 ▾ 区域中的“边界混合”按钮 。

（2）定义第一方向的边界曲线。按住 Ctrl 键，依次选取基准曲线 1、基准曲线 2 和基准曲线 3（图 8.6.10a）为边界曲线。

（3）单击 控制点 按钮，在 拟合 下拉列表中选择 段至段 选项。

（4）在操控板中单击“确定”按钮 ✓，完成边界混合 1 的创建。

Step8. 创建图 8.6.11b 所示的镜像特征 2。选取图 8.6.11a 所示的边界混合 1 为镜像特征，选取 RIGHT 基准平面为镜像平面，单击 ✓ 按钮，完成镜像特征 2 的创建。

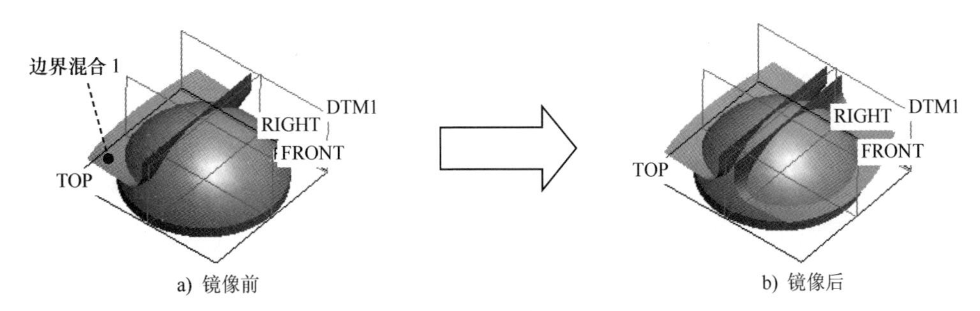

图 8.6.11　镜像特征 2

Step9. 创建图 8.6.12b 所示的曲面实体化特征 1。

（1）选取实体化对象。选取图 8.6.12a 所示的边界混合 1。

（2）选择命令。单击 模型 功能选项卡 编辑 ▾ 区域中的 按钮，并按下“移除材料”按钮 。

（3）确定要保留的实体。单击调整图形区中的箭头使其指向要移除的实体，如图 8.6.13 所示。

（4）单击 ✓ 按钮，完成曲面实体化特征 1 的创建。

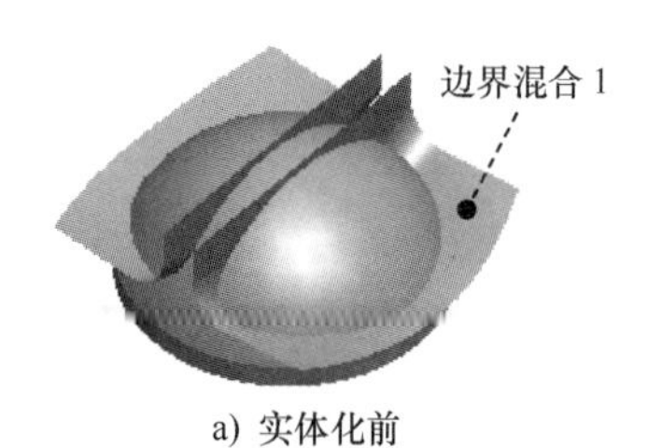

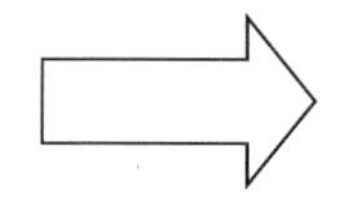

a) 实体化前　　b) 实体化后

图 8.6.12　曲面实体化特征 1

Step10. 创建图 8.6.14b 所示的曲面实体化特征 2。选取图 8.6.14a 所示的边界混合 2 为实体化的对象；单击 按钮，按下“移除材料”按钮 ；调整图形区中的箭头使其指向图 8.6.15 所示的要移除的实体；单击 按钮，完成曲面实体化特征 2 的创建。

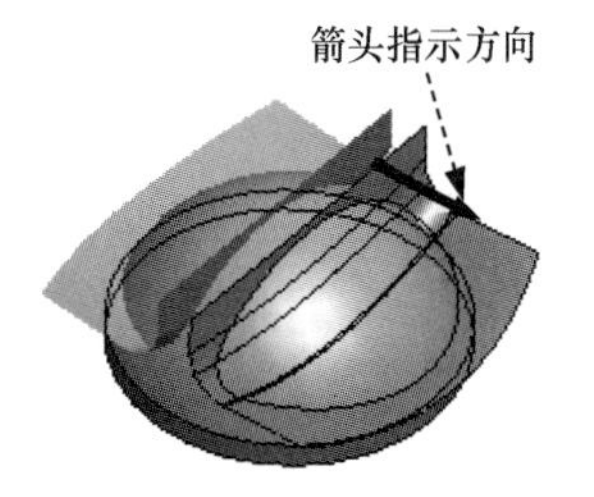

图 8.6.13　定义箭头指示方向

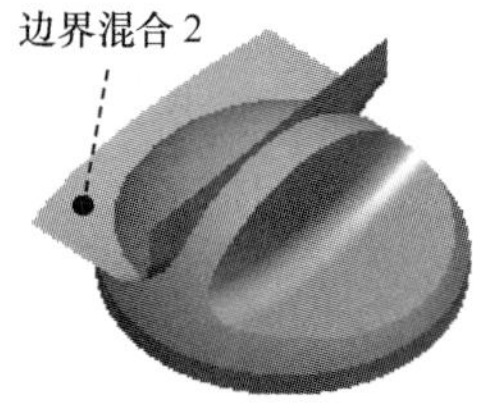

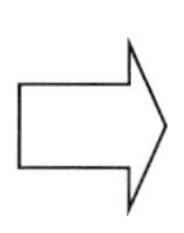

a) 实体化前　　b) 实体化后

图 8.6.14　曲面实体化特征 2

Step11. 创建图 8.6.16b 所示的倒圆角特征 1。单击 模型 功能选项卡 工程 ▾ 区域中的 倒圆角 ▾ 按钮，选取图 8.6.16a 所示的边线为倒圆角的边线；在“倒圆角半径”文本框中输入值 2.0。

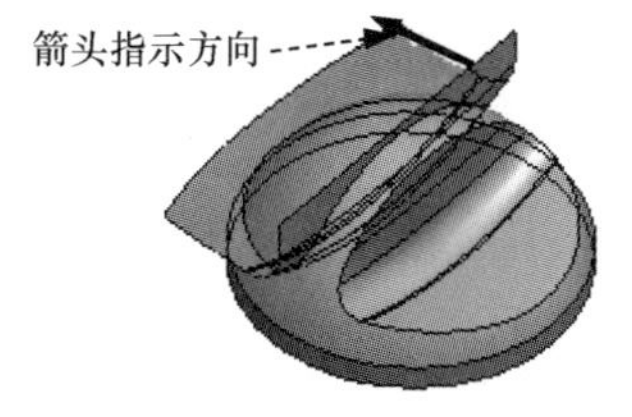

图 8.6.15　定义箭头指示方向

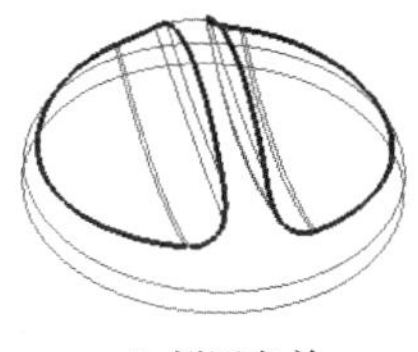
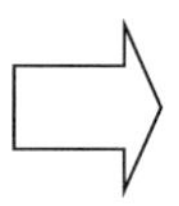
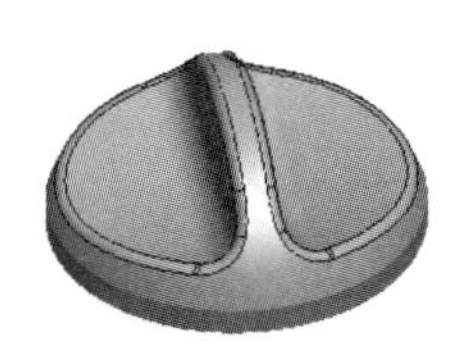

a) 倒圆角前　　b) 倒圆角后

图 8.6.16　倒圆角特征 1

Step12. 创建倒圆角特征 2。选取图 8.6.17 所示的边线为倒圆角的边线；倒圆角半径值为 5.0。

Step13. 创建图 8.6.18b 所示的抽壳特征 1。

（1）选择命令。单击 模型 功能选项卡 工程 ▾ 区域中的“壳”按钮 壳。

（2）定义移除面。选取图 8.6.18a 所示的面为移除面。

（3）定义壁厚。在 厚度 文本框中输入壁厚值 1.5。

（4）在操控板中单击 按钮，完成抽壳特征 1 的创建。

Step14. 隐藏曲线层。选择导航命令卡中的 ▾ ➡ 层树(L) 命令；在层树中选取曲线所在的层 03___PRT_ALL_CURVES，然后右击，从系统弹出的快捷菜单中选择 隐藏 命令；再次右击曲线所在的层 03___PRT_ALL_CURVES，从系统弹出的快捷菜单中选择 保存状况 命令。

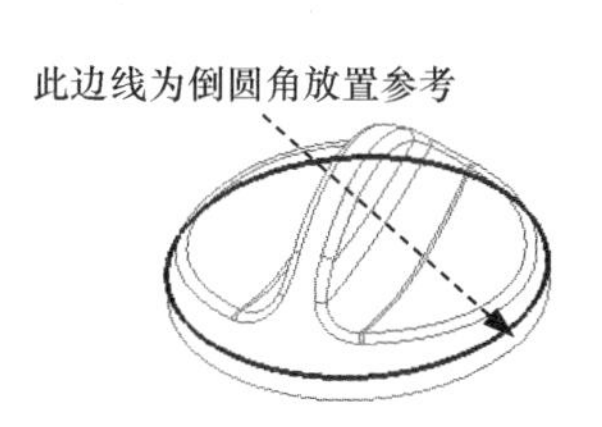

图 8.6.17　定义倒圆角的边

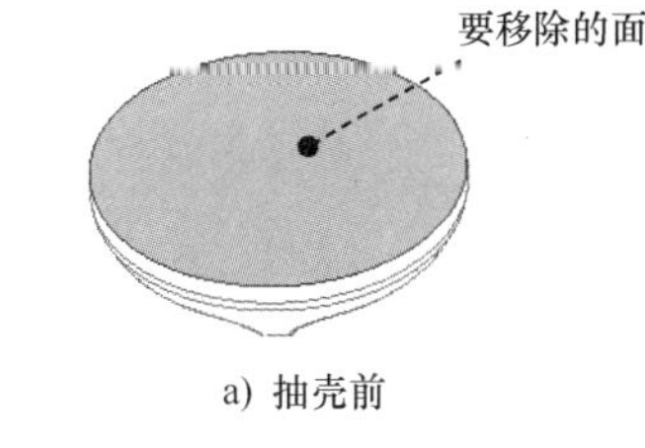

a）抽壳前

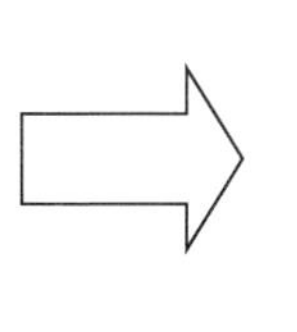

b）抽壳后

图 8.6.18　抽壳特征 1

Step15. 保存零件模型文件。

8.7　普通曲面综合范例 7——咖啡壶

范例概述

本范例是一个典型的运用一般曲面和 ISDX 曲面综合建模的实例。其建模思路：先用一般的曲面创建咖啡壶的壶体，然后用 ISDX 曲面创建咖啡壶的手柄；进入 ISDX 模块后，先创建 ISDX 曲线并对其进行编辑，然后再用这些 ISDX 曲线构建 ISDX 曲面。通过本实例的学习，读者可认识到，ISDX 曲面造型的关键是 ISDX 曲线，只有高质量的 ISDX 曲线才能获得高质量的 ISDX 曲面。零件模型及模型树如图 8.7.1 所示。

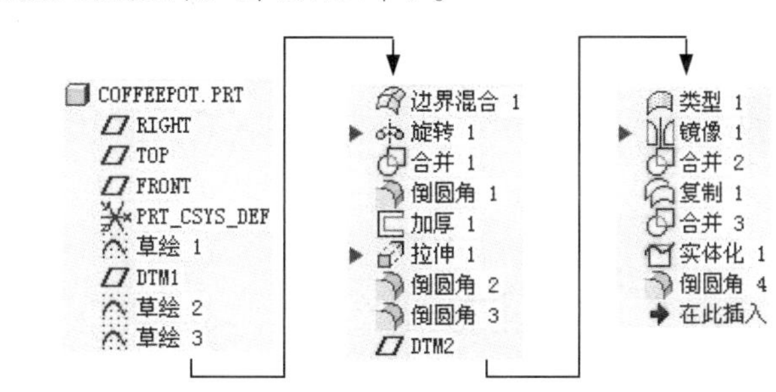

图 8.7.1　零件模型及模型树

Task1. 新建模型文件

新建一个零件模型，命名为 coffeepot。

Task2. 用一般的曲面创建咖啡壶的壶体（图 8.7.2）

Stage1. 创建咖啡壶的壶口（图 8.7.3）

Step1. 创建图 8.7.4 所示的草绘 1。单击工具栏上的“草绘”按钮，系统弹出“草绘”对话框；选取 FRONT 基准平面为草绘平面，选取 RIGHT 基准平面为草绘平面的参考，方

向为 右；单击 草绘 按钮；进入草绘环境后，绘制图 8.7.5 所示的草绘 1；单击“确定”按钮 ✔。

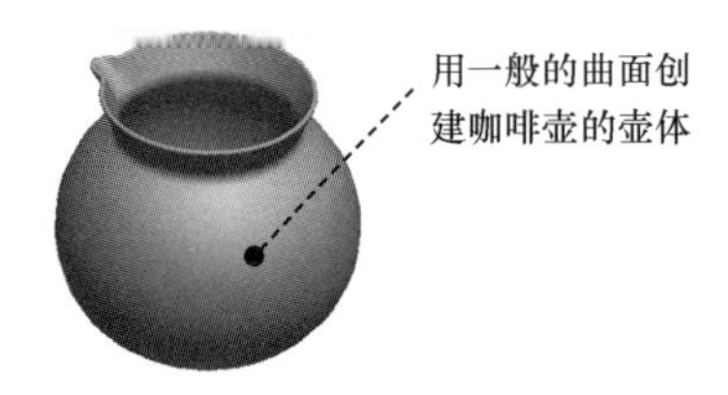

图 8.7.2　创建壶体

图 8.7.3　创建咖啡壶的壶口

Step2. 创建图 8.7.6 所示的 DTM1 基准平面。单击 模型 功能选项卡 基准 ▾ 区域中的“平面”按钮 ▱；在模型树中选取 FRONT 基准平面为偏距参考面，在“基准平面”对话框中输入偏移距离值 45.0；单击该对话框中的 确定 按钮。

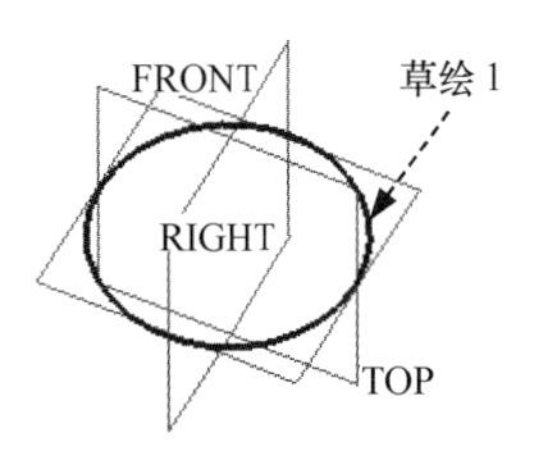

图 8.7.4　草绘 1（建模环境）

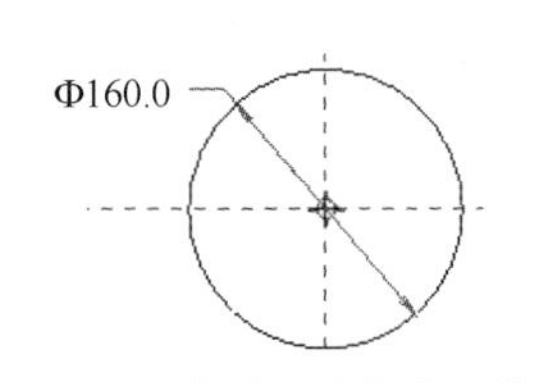

图 8.7.5　草绘 1（草绘环境）

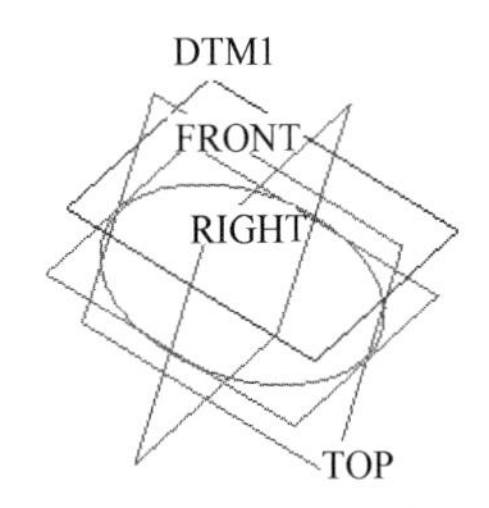

图 8.7.6　DTM1 基准平面

Step3. 创建图 8.7.7 所示的草绘 2。在操控板中单击“草绘”按钮 ∿；选取 DTM1 基准平面为草绘平面，选取 RIGHT 基准平面为参考平面，方向为 右；单击 草绘 按钮，绘制图 8.7.8 所示的草绘 2。

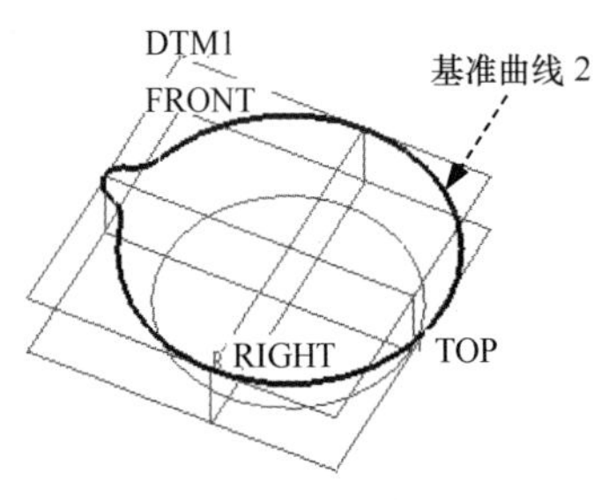

图 8.7.7　草绘 2（建模环境）

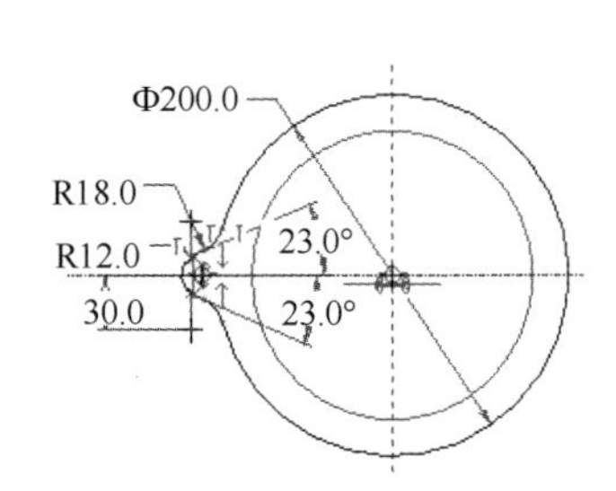

图 8.7.8　草绘 2（草绘环境）

Step4. 创建图 8.7.9 所示的草绘 3。在操控板中单击“草绘”按钮 ∿；选取 TOP 基准平面为草绘平面，选取 RIGHT 基准平面为参考平面，方向为 左；单击 草绘 按钮，选取基准曲线 1 和基准曲线 2 为草绘参考，然后绘制图 8.7.10 所示的草绘 3。

Step5. 创建图 8.7.11 所示的边界混合曲面 1。单击 模型 功能选项卡 曲面 ▾ 区域中的“边界混合”按钮 ⌓；在操控板中单击 曲线 按钮，系统弹出“曲线”界面，按住 Ctrl

键，依次选取基准曲线 2 和基准曲线 1（图 8.7.12）为第一方向边界曲线；单击“第二方向”区域中的“单击此…”字符，然后按住 Ctrl 键，依次选取基准曲线 3_1 和基准曲线 3_2（图 8.7.13）为第二方向边界曲线；在操控板中单击 按钮，预览所创建的曲面，确认无误后，单击 按钮，完成边界混合曲面 1 的创建。

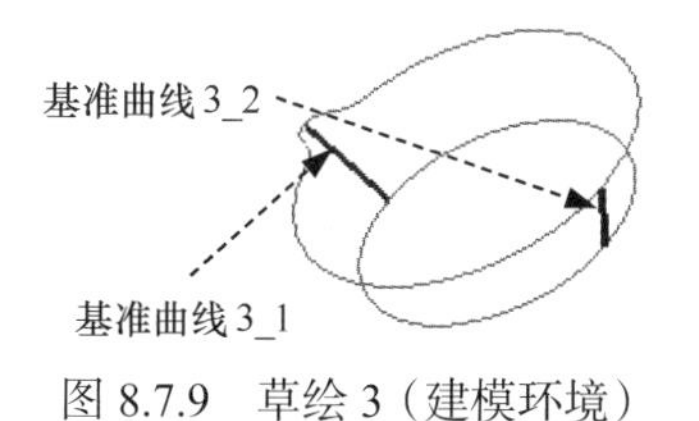

图 8.7.9　草绘 3（建模环境）

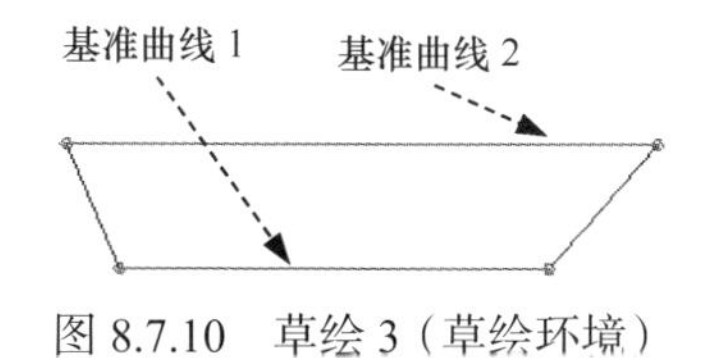

图 8.7.10　草绘 3（草绘环境）

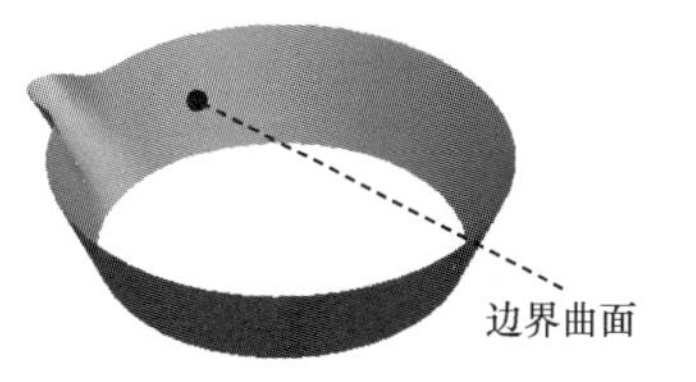

图 8.7.11　边界混合曲面 1

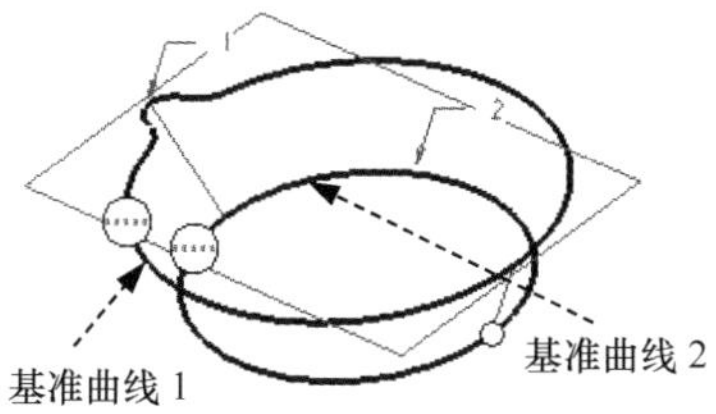

图 8.7.12　定义第一方向曲线

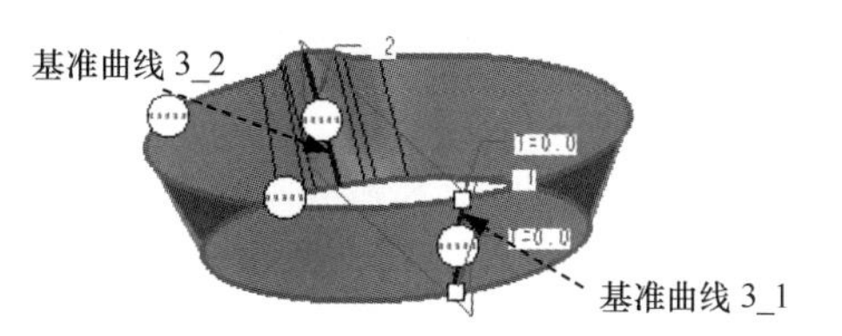

图 8.7.13　定义第二方向曲线

Stage2. 创建咖啡壶的壶身（图 8.7.14）

单击 模型 功能选项卡 形状 ▾ 区域中的“旋转”按钮 旋转，按下操控板中的“曲面”类型按钮 ；在图形区右击，从系统弹出的快捷菜单中选择 定义内部草绘... 命令；选取 TOP 基准平面为草绘平面，选取 RIGHT 基准平面为参考平面，方向为 左；单击 草绘 按钮，先选取图 8.7.15 所示的顶点作为草绘参考，绘制图 8.7.15 所示的截面草图；在操控板中选择旋转类型为 ，在“角度”文本框中输入角度值 360.0，并按 Enter 键；在操控板中单击 按钮，完成旋转特征 1 的创建。

Stage3. 合并、加厚曲面、修剪模型、对模型进行倒圆角

Step1. 创建曲面合并特征 1。按住 Ctrl 键，选取图 8.7.16 所示的面组为合并对象；单击 模型 功能选项卡 编辑 ▾ 区域中的 按钮；单击调整图形区中的箭头使其指向要保留的部分，如图 8.7.16 所示；单击 按钮，完成曲面合并特征 1 的创建。

Step2. 创建图 8.7.17b 所示的倒圆角特征 1。单击 模型 功能选项卡 工程 ▾ 区域中的 倒圆角 ▾ 按钮，选取图 8.7.17a 所示的边线为倒圆角的边线；在“倒圆角半径”文本框中输入值 15.0。

Step3. 创建曲面加厚特征 1。选取合并 1 为要加厚的面组；单击 模型 功能选项

卡 编辑 ▾ 区域中的 按钮；在操控板中输入厚度值 5.0，加厚方向如图 8.7.18 所示；单击 ✓ 按钮，完成曲面加厚特征 1 的操作。

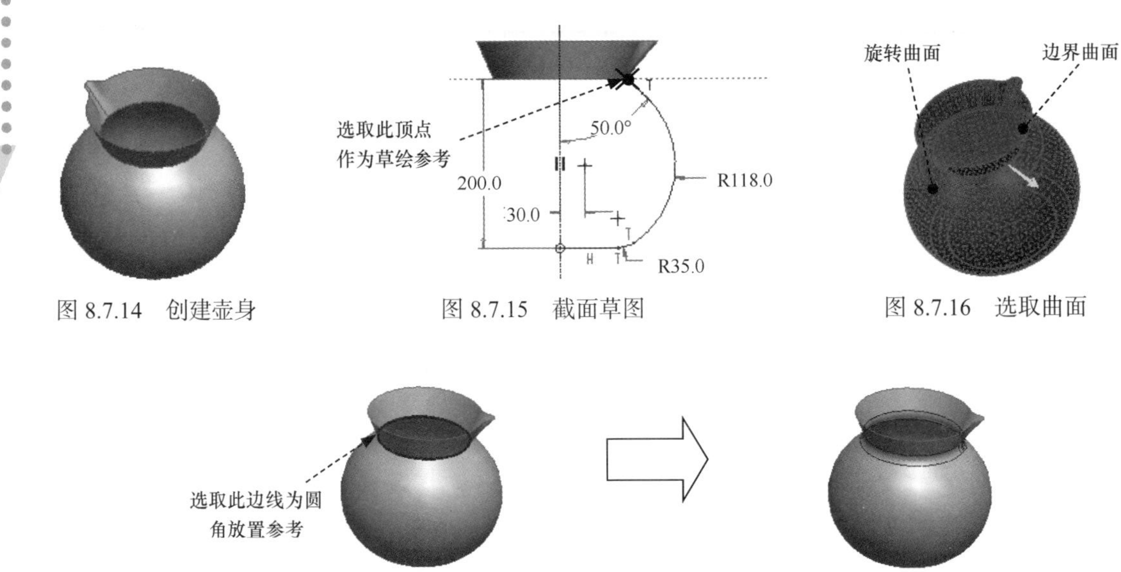

图 8.7.14 创建壶身

图 8.7.15 截面草图

图 8.7.16 选取曲面

图 8.7.17 倒圆角特征 1

Step4. 创建图 8.7.19 所示的拉伸特征 1。单击 模型 功能选项卡 形状 ▾ 区域中的“拉伸”按钮 拉伸；在操控板中确认“移除材料”按钮 被按下；在图形区右击，从系统弹出的快捷菜单中选择 定义内部草绘... 命令；选取 TOP 基准平面为草绘平面，选取 RIGHT 基准平面为参考平面，方向为 下；单击 草绘 按钮，绘制图 8.7.20 所示的截面草图；在操控板中选择拉伸类型为 ，深度值为 300.0；在操控板中单击“确定”按钮 ✓，完成拉伸特征 1 的创建。

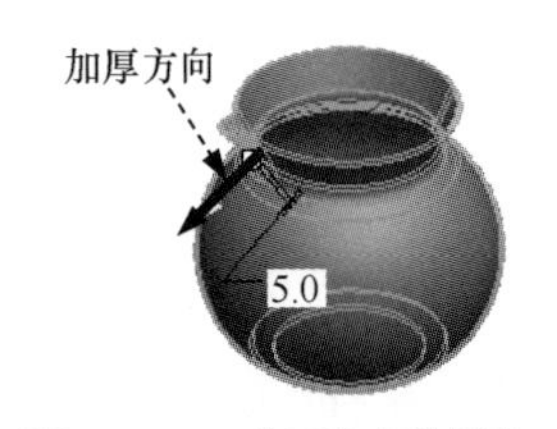

图 8.7.18 曲面加厚特征 1

图 8.7.19 拉伸特征 1

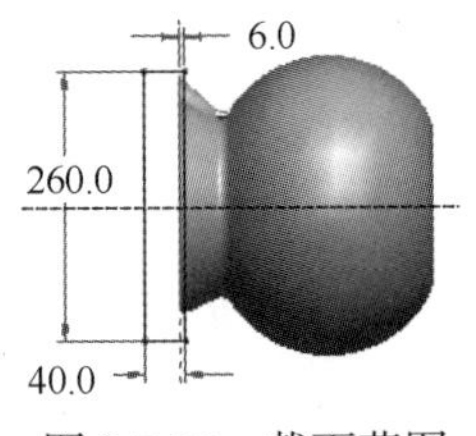

图 8.7.20 截面草图

Step5. 创建图 8.7.21 所示的倒圆角特征 2。选取图 8.7.21 所示的边线为圆角放置参考；倒圆角半径值为 1.5。

Step6. 创建图 8.7.22 所示的倒圆角特征 3。选取图 8.7.22 所示的边线为圆角放置参考；倒圆角半径值为 2.0。

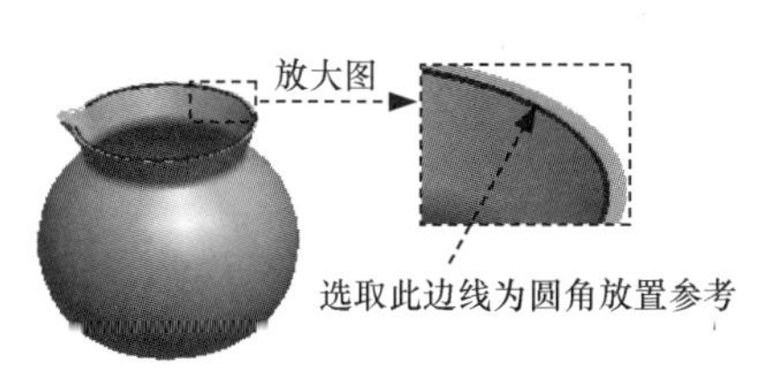

图 8.7.21　倒圆角特征 2

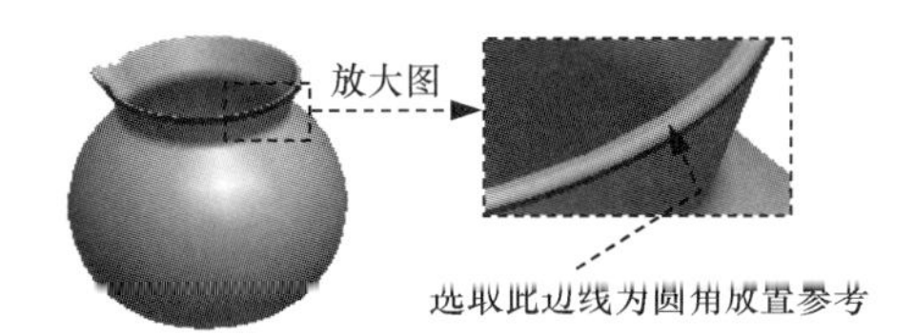

图 8.7.22　倒圆角特征 3

Task3. 用 ISDX 曲面创建咖啡壶的手柄（图 8.7.23）

Stage1. 创建图 8.7.24 所示的基准平面—— DTM2

图 8.7.23　用 ISDX 曲面创建咖啡壶的手柄

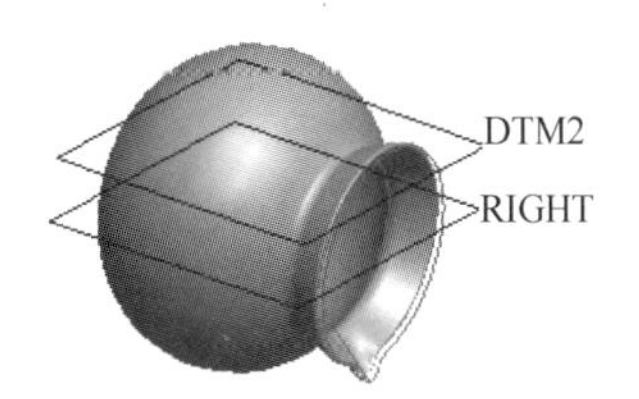

图 8.7.24　DTM2 基准平面

单击 模型 功能选项卡 基准 ▾ 区域中的“平面”按钮 ；在模型树中选取 RIGHT 基准平面为偏距参考面，在“基准平面”对话框中输入偏移距离值 60.0；单击该对话框中的 确定 按钮。

Stage2. 创建图 8.7.25 所示的造型曲面特征——类型 1

Step1. 进入造型环境。单击 模型 功能选项卡 曲面 ▾ 区域中的 造型 按钮，系统弹出 样式 操控板并进入造型环境。

Step2. 创建图 8.7.26 所示的 ISDX 曲线 1。

（1）设置活动平面。单击 样式 操控板中的 按钮（或在图形区空白处右击，在系统弹出的快捷菜单中选择 设置活动平面(P) 命令），选取图 8.7.27 所示的 TOP 基准平面为活动平面。

注意：如果活动平面的栅格太疏或太密，可选择下拉菜单 操作 ▾ → 首选项 命令，在“造型首选项”对话框的 栅格 区域中调整 间距 值；也可以取消选中 显示栅格 复选框使栅格不显示。

图 8.7.25　类型 1

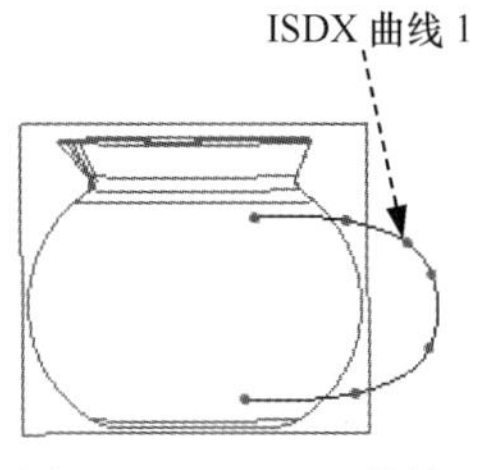

图 8.7.26　ISDX 曲线 1

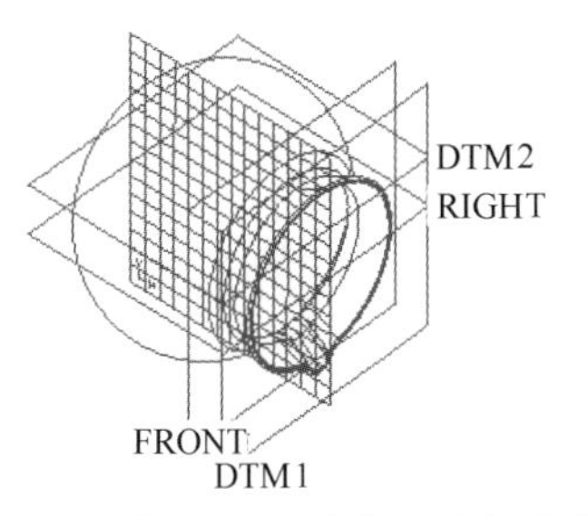

图 8.7.27　设置 TOP 基准平面为活动平面

（2）设置模型显示状态。完成以上操作后，模型如图 8.7.27 所示，显然这样的显示状态很难进行 ISDX 曲线的创建。为了使图面清晰和查看方便，进行如下模型显示状态设置。

① 单击“视图”工具栏中的 按钮，取消选中基准轴和基准点的显示。

② 选择下拉菜单 操作 ▾ ➡ 首选项 命令，在“造型首选项”对话框的 栅格 区域中取消选中 □ 显示栅格 复选框，关闭“造型首选项”对话框。

③ 在模型树中右击 TOP 基准平面，然后从系统弹出的快捷菜单中选择 隐藏 命令。

④ 在图形区右击，从系统弹出的快捷菜单中选择 活动平面方向 命令（或单击“视图”工具栏中的 按钮）；单击“视图”工具栏中的“显示样式”按钮 ，选择 消隐 选项，将模型设置为消隐显示状态，此时模型如图 8.7.28 所示。

（3）创建初步的 ISDX 曲线 1。单击“曲线”按钮 ；在操控板中按下 按钮；绘制图 8.7.29 所示的初步的 ISDX 曲线 1，然后单击操控板中的 ✔ 按钮。

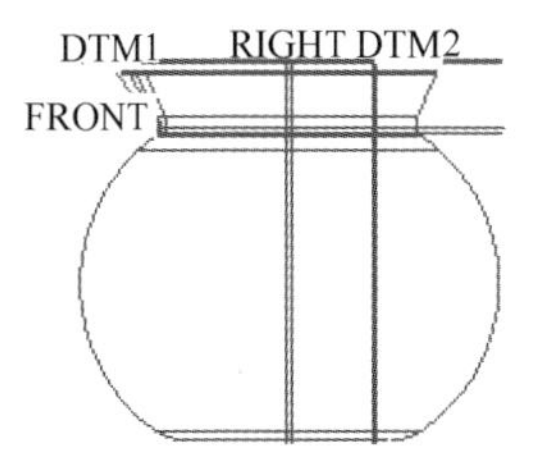

图 8.7.28　活动平面的方向

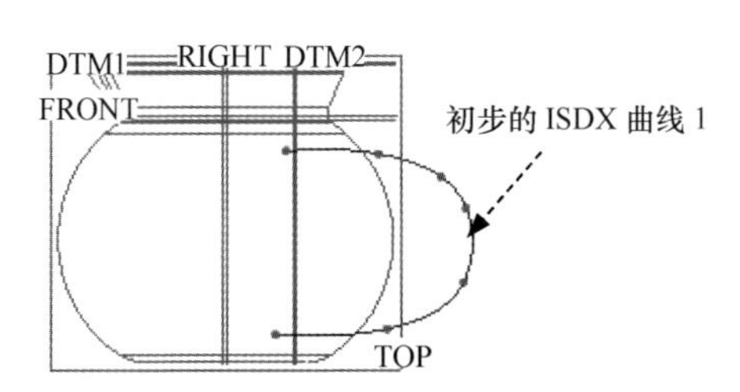

图 8.7.29　初步的 ISDX 曲线 1

（4）对照曲线的曲率图，编辑初步的 ISDX 曲线 1。

① 单击 曲线编辑 按钮，选取图 8.7.29 所示的初步的 ISDX 曲线 1，此时系统显示“造型：曲线编辑”操控板。

② 单击“造型：曲线编辑”操控板中的 ⏸ 按钮，当 ⏸ 按钮变为 ▶ 时，在图形区空白处单击鼠标，确保未选中任何几何，再单击“曲率”按钮 ，系统弹出“曲率”对话框，然后选取图 8.7.29 所示的 ISDX 曲线 1，在对话框 比例 区域的文本框中输入数值 100.0。在 快速 ▾ 下拉列表中选择 已保存 选项，然后单击“曲率”对话框中的 ✔ 按钮，退出“曲率”对话框。

注意：如果曲率图太大或太密，可在“曲率”对话框中调整 质量 滑块和 比例 滚轮。

③ 单击操控板中的 ▶ 按钮，完成曲率选项的设置。

④ 对照图 8.7.30 所示的曲率图，对 ISDX 曲线 1 上的几个点进行拖拉编辑。此时可观察到曲线的曲率图随着点的移动而即时变化。

（5）完成编辑后，单击操控板中的 ✔ 按钮。

（6）单击 分析 ▾ 按钮，然后选择 删除所有曲率，关闭曲线曲率的显示。

Step3. 创建图 8.7.31 所示的 ISDX 曲线 2。

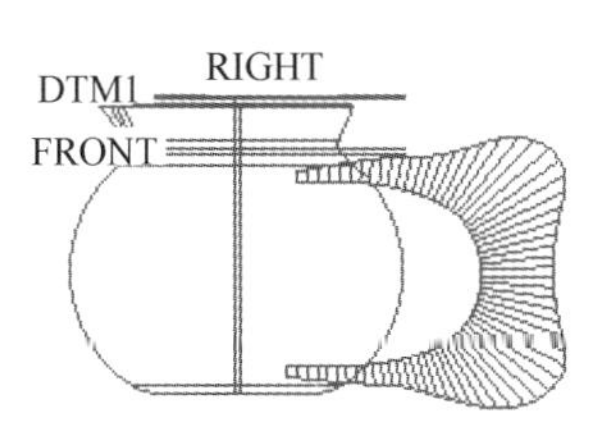

图 8.7.30 ISDX 曲线 1 的曲率图

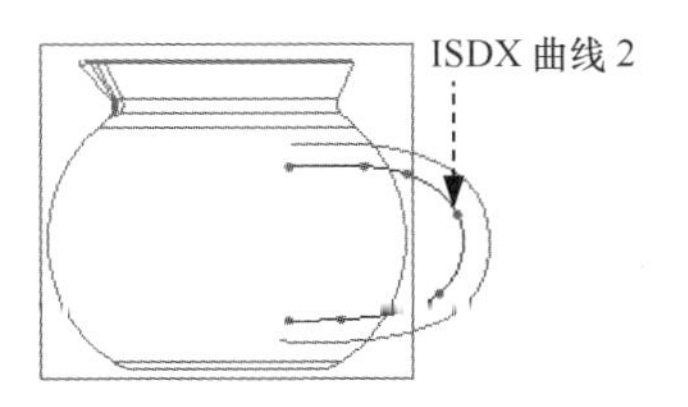

图 8.7.31 创建 ISDX 曲线 2

（1）设置活动平面。活动平面仍然是 TOP 基准平面。

（2）设置模型显示状态。在图形区右击，从系统弹出的快捷菜单中选择 活动平面方向 命令；单击“视图”工具栏中的“显示样式”按钮，选择 消隐 选项，将模型设置为消隐显示状态。

（3）创建初步的 ISDX 曲线 2。单击“曲线”按钮；在操控板中按下按钮；绘制图 8.7.32 所示的初步的 ISDX 曲线 2，然后单击操控板中的 ✔ 按钮。

（4）对照曲线的曲率图，编辑初步的 ISDX 曲线 2。

① 单击 曲线编辑 按钮，选取图 8.7.32 所示的初步的 ISDX 曲线 2。

② 单击操控板中的 Ⅱ 按钮，然后单击“曲率”按钮，对照图 8.7.33 所示的曲率图（在“曲率”对话框的 比例 文本框中输入数值 100.0），对 ISDX 曲线 2 上的点进行拖拉编辑。

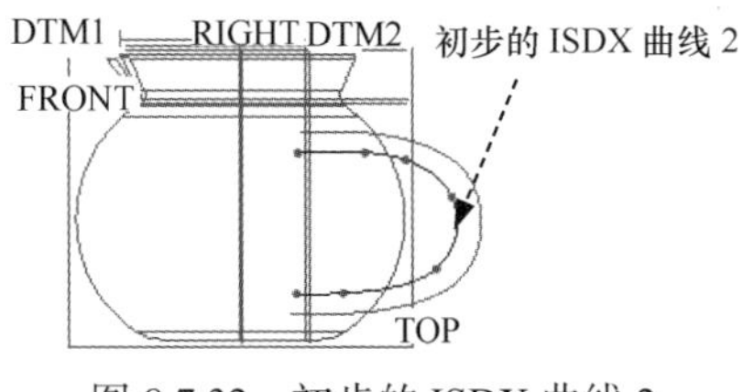

图 8.7.32 初步的 ISDX 曲线 2

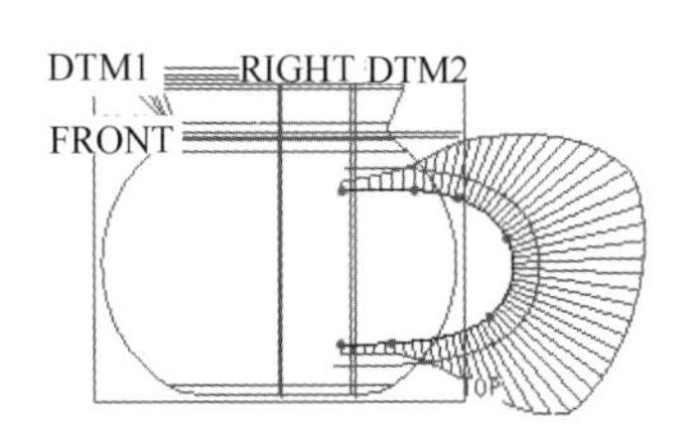

图 8.7.33 ISDX 曲线 2 的曲率图

（5）完成编辑后，单击操控板中的“确定”按钮 ✔。

Step4. 创建图 8.7.34 所示的 ISDX 曲线 3。

（1）设置活动平面。单击按钮，选取 DTM2 基准平面为活动平面，如图 8.7.35 所示。

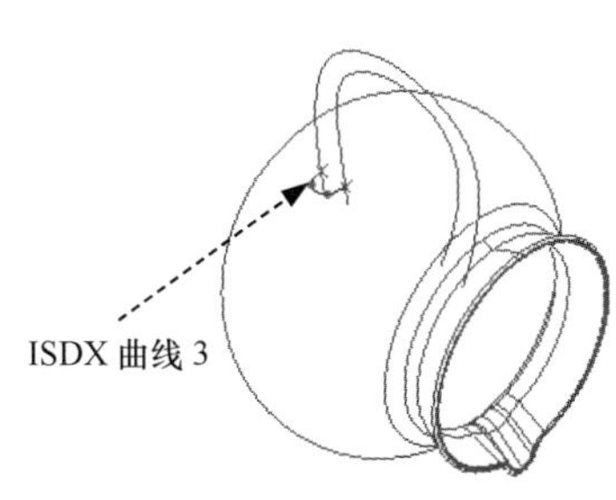

图 8.7.34 创建 ISDX 曲线 3

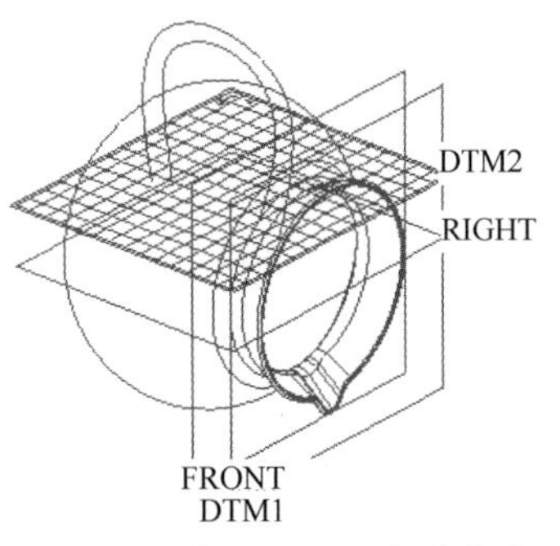

图 8.7.35 设置 DTM2 为活动平面

（2）创建初步的 ISDX 曲线 3。单击“曲线”按钮 ；在操控板中按下 按钮，绘制图 8.7.36 所示的初步的 ISDX 曲线 3，然后单击操控板中的 按钮。

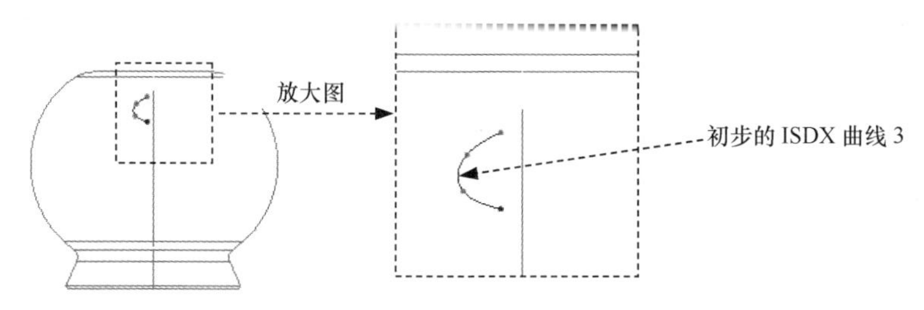

图 8.7.36　初步的 ISDX 曲线 3

（3）编辑初步的 ISDX 曲线 3。单击 曲线编辑 按钮，单击图 8.7.36 中初步的 ISDX 曲线 3；按住 Shift 键，分别将 ISDX 曲线 3 的左、右两个端点拖移到 ISDX 曲线 1 和 ISDX 曲线 2 上，直到这两个端点变成小叉“×”，如图 8.7.37 所示。

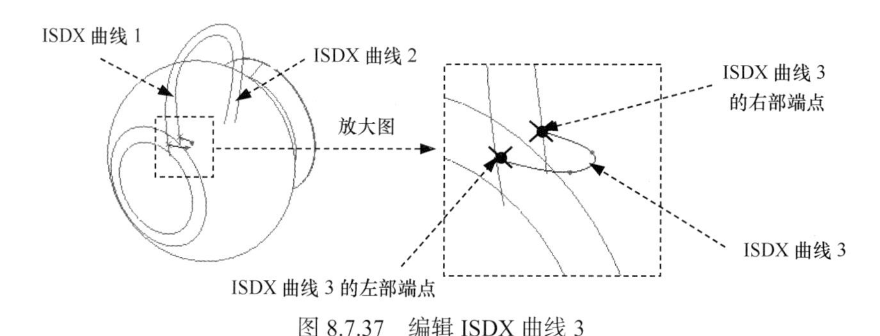

图 8.7.37　编辑 ISDX 曲线 3

（4）设置 ISDX 曲线 3 的两个端点的法向约束。

① 单击 按钮，在模型树中右击 TOP 基准平面，然后从系统弹出的快捷菜单中选择 取消隐藏 命令，再单击 按钮。

② 选取 ISDX 曲线 3 的左端点，单击操控板上的 相切 按钮，在 约束 区域的 第一 下拉列表中选择 法向 选项，选取 TOP 基准平面作为法向平面，在 长度 文本框中输入该端点切线的长度值 18.0，并按 Enter 键。

③ 同样选取 ISDX 曲线 3 的右端点，进行相同的操作。

注意：切线的长度值不是一个确定的值，读者可根据具体情况设定长度值。由于在后面的操作中需对创建的 ISDX 曲面进行镜像，镜像中心平面正是 TOP 基准平面，为了使镜像前后的两个曲面光滑连接（相切），这里必须对 ISDX 曲线 3 的左、右两个端点设置法向约束，否则镜像前后的两个曲面连接处会有一道明显不光滑的“痕迹”。

（5）对照曲线的曲率图，进一步编辑 ISDX 曲线 3。对照图 8.7.38 所示的曲率图（注意：此时在 比例 区域的文本框中输入数值 25.0），对 ISDX 曲线 3 上的点进行拖拉编辑。

（6）完成编辑后，单击操控板中的“确定”按钮 。

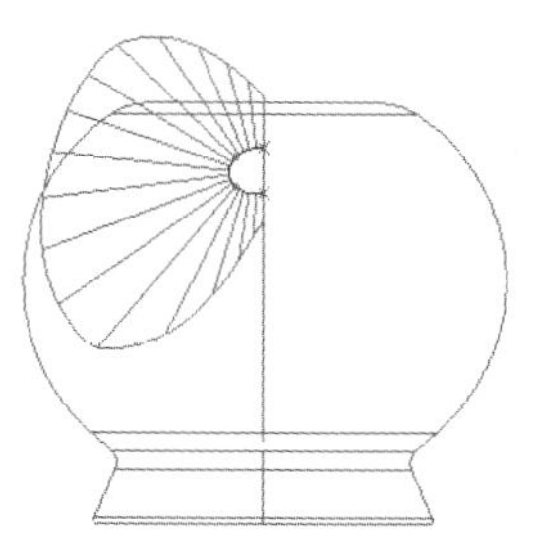

图 8.7.38 ISDX 曲线 3 的曲率图

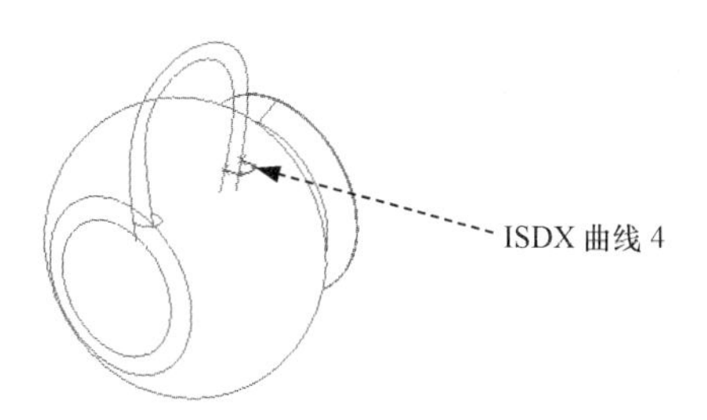

图 8.7.39 创建 ISDX 曲线 4

Step5. 创建图 8.7.39 所示的 ISDX 曲线 4。

（1）设置活动平面。活动平面仍然是 DTM2 基准平面。

（2）创建初步的 ISDX 曲线 4。单击 按钮，在操控板中选中“曲线类型”按钮 ，绘制图 8.7.40 所示的初步的 ISDX 曲线 4，然后单击操控板中的 按钮。

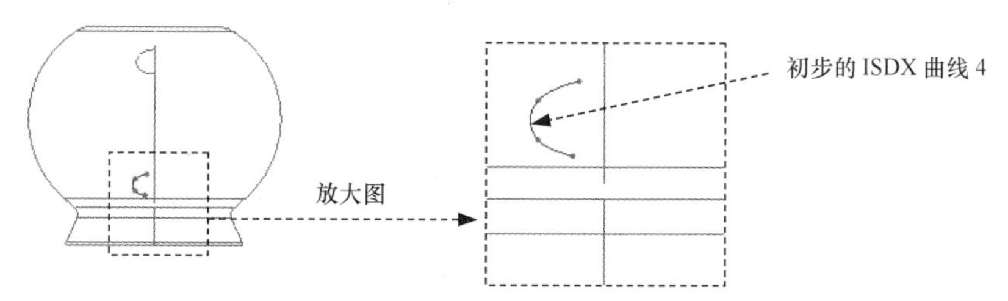

图 8.7.40 初步的 ISDX 曲线 4

（3）编辑初步的 ISDX 曲线 4。

① 单击 曲线编辑 按钮，单击图 8.7.40 所示的初步的 ISDX 曲线 4。

② 按住 Shift 键，分别将 ISDX 曲线 4 的左、右两个端点拖移到 ISDX 曲线 1 和 ISDX 曲线 2 上，直到这两个端点变成小叉“×”，如图 8.7.41 所示。

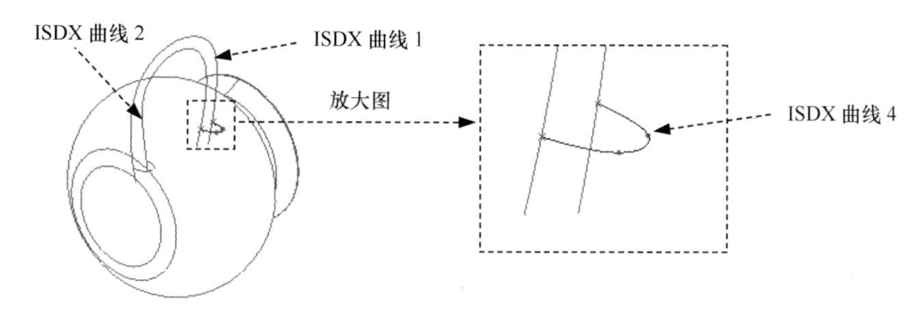

图 8.7.41 编辑 ISDX 曲线 4

（4）设置 ISDX 曲线 4 的两个端点的法向约束。

① 选取 ISDX 曲线 4 的左端点，单击操控板上的 相切 按钮，在 约束 区域的 第一 下拉列表中选择 法向 选项，选取 TOP 基准平面作为法向平面，在 长度 文本框中输入该端点切线的长度值 23.0，并按 Enter 键。

② 选取 ISDX 曲线 4 的右端点，单击操控板上的 相切 按钮，在 约束 区域的 第一 下

拉列表中选择 法向 选项，选取 TOP 基准平面作为法向平面，端点切线的长度值为 23.0。

（5）对照曲线的曲率图，进一步编辑 ISDX 曲线 4。对照图 8.7.42 所示的曲率图（注意：在 比例 区域的文本框中输入数值 25.0），对 ISDX 曲线 4 上的点进行拖拉编辑。

（6）完成编辑后，单击操控板中的“确定”按钮 ✔。

Step6. 创建图 8.7.43b 所示的造型曲面。

（1）单击“样式”操控板中的“曲面”按钮 。

（2）选取边界曲线。在图 8.7.43a 中选取 ISDX 曲线 1，然后按住 Ctrl 键，依次选取 ISDX 曲线 2、ISDX 曲线 3 和 ISDX 曲线 4，此时系统便以这四条 ISDX 曲线为边界形成一个 ISDX 曲面。

（3）在“曲面创建”操控板中单击“确定”按钮 ✔。

Step7. 退出造型环境。单击“样式”操控板中的 ✔ 按钮。

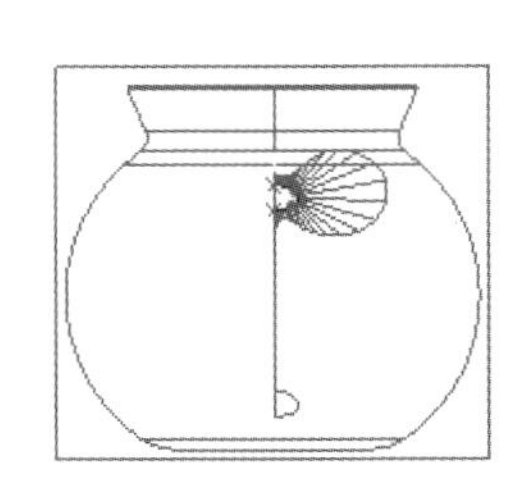

图 8.7.42　ISDX 曲线 4 的曲率图

ISDX 曲线 1
ISDX 曲线 3
ISDX 曲线 2
ISDX 曲线 4

a）创建曲面前

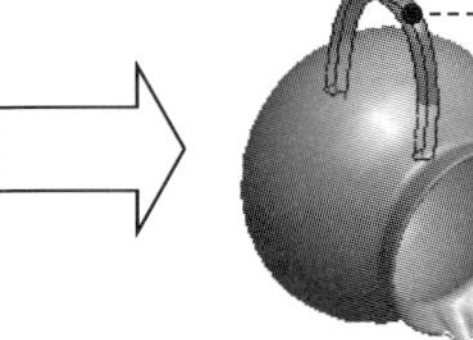

b）创建曲面后

图 8.7.43　创建造型曲面

Stage3. 镜像、合并造型曲面

Step1. 创建图 8.7.44b 所示的造型曲面的镜像——镜像特征 1。选取要镜像的造型曲面，单击 模型 功能选项卡 编辑 ▾ 区域中的“镜像”按钮 ，选取镜像平面为 TOP 基准平面，单击操控板中的 ✔ 按钮。

Step2. 将 Step1 所创建的镜像后的面组与源面组合并，创建合并特征 2。

（1）按住 Ctrl 键，选取图 8.7.45 所示的要合并的两个曲面。

（2）单击 模型 功能选项卡 编辑 ▾ 区域中的 合并 按钮，单击 ✔ 按钮。

a）镜像前

b）镜像后

图 8.7.44　镜像特征 1

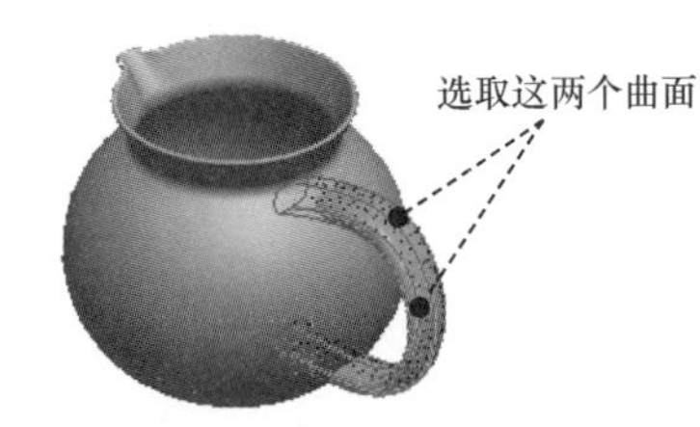

图 8.7.45　合并特征 2

Stage4. 创建复制曲面，将其与面组 1 合并，然后将合并后的面组实体化

将模型旋转到图 8.7.46 所示的视角状态，从咖啡壶的壶口看去，可以看到面组 1 已经探到里面。下面将从模型上创建一个复制曲面，将该复制曲面1与合并特征2进行合并，得到一个封闭的面组（图8.7.47）。

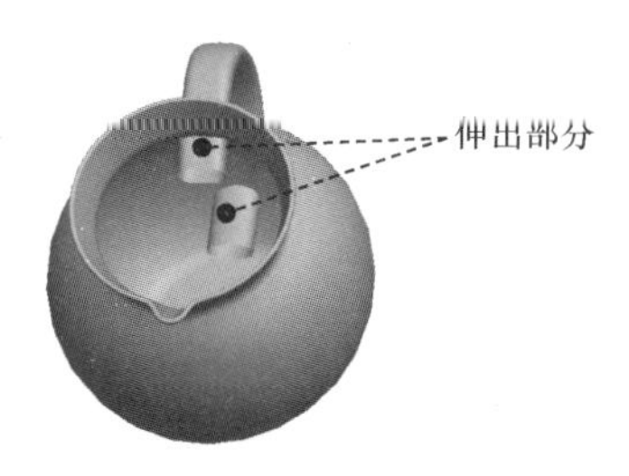

图8.7.46 旋转视角方向后

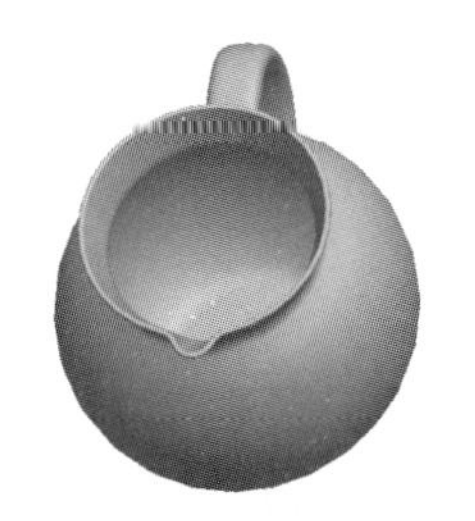
图8.7.47 合并曲面后

Step1. 创建复制曲面——复制曲面1。按住Ctrl键，选取图8.7.48所示的模型的外表面；单击 模型 功能选项卡 操作 ▾ 区域中的“复制”按钮，然后单击“粘贴”按钮；单击操控板中的 ✓ 按钮。

Step2. 创建图8.7.49所示的合并特征3。在屏幕下方的“智能选取”栏中选择“几何”或“面组”选项；按住Ctrl键，选取Step1创建的复制曲面1和面组1；单击 合并 按钮，保留侧的箭头指示方向如图8.7.49所示，单击 ✓ 按钮。

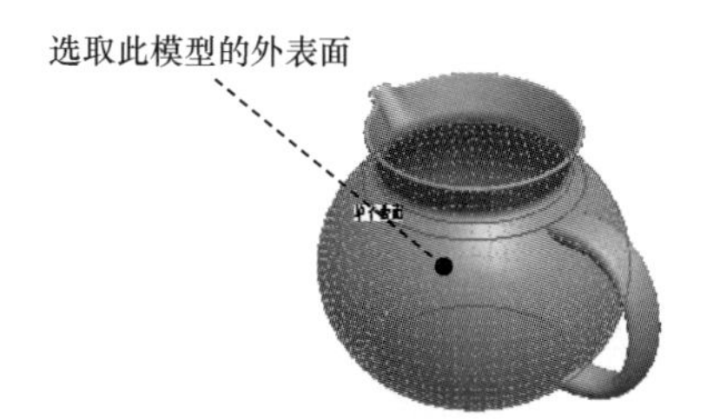

图8.7.48 复制曲面1

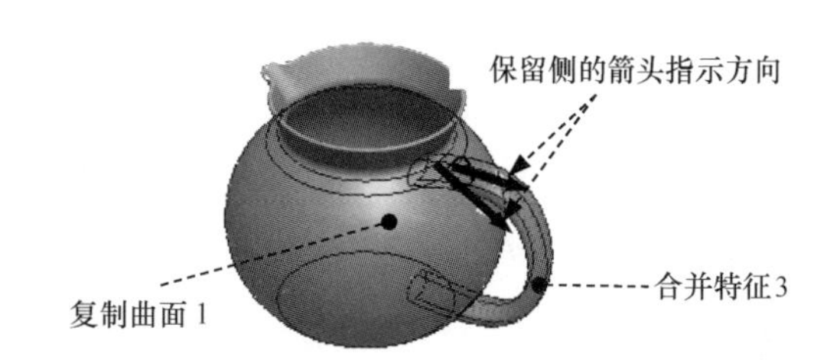

图8.7.49 合并特征3

Step3. 创建图8.7.50所示的曲面实体化特征1。选取要将其变成实体的面组，即选取Step2中合并的面组2，如图8.7.50所示；单击 模型 功能选项卡 编辑 ▾ 区域中的 实体化 按钮；单击 ✓ 按钮。

Stage5. 倒圆角及文件存盘

Step1. 创建图8.7.51b所示的倒圆角特征4。选取图8.7.51a所示的两条边线为圆角放置参考。在“倒圆角半径”文本框中输入值10.0。

图8.7.50 实体化特征1

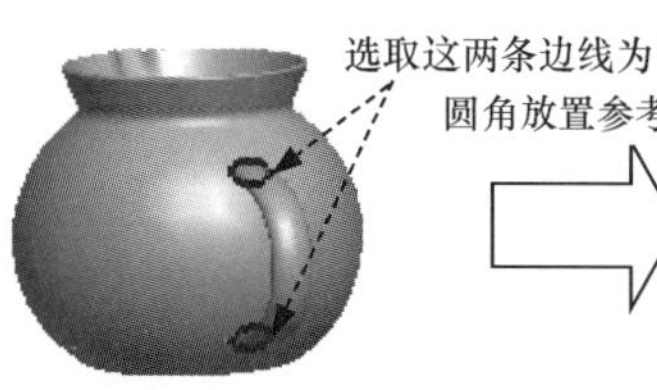

图8.7.51 倒圆角特征4

Step2. 保存零件模型文件。

8.8 普通曲面综合范例 8——电话机面板

范例概述

本范例主要讲述了一款电话机面板的设计过程，本例中没有用到复杂的命令，却创建出了相对比较复杂的曲面形状，其中的创建方法值得读者借鉴。读者在创建模型时，由于绘制的样条曲线会与本例有些差异，导致有些草图的尺寸不能保证与本例中的一致，建议读者自行定义。零件模型及模型树如图 8.8.1 所示。

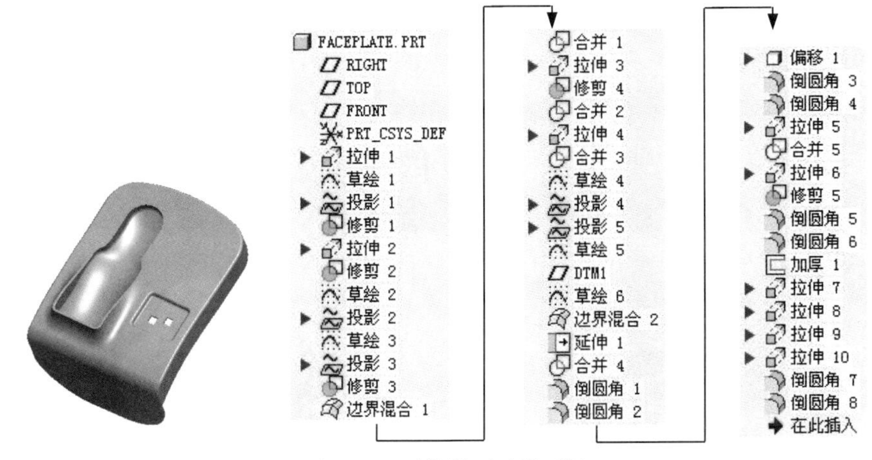

图 8.8.1　零件模型及模型树

Step1. 新建零件模型。新建一个零件模型，命名为 FACEPLATE。

Step2. 创建图 8.8.2 所示的拉伸曲面 1。

（1）选择命令。单击 模型 功能选项卡 形状 ▾ 区域中的“拉伸”按钮 拉伸，按下操控板中的“曲面类型”按钮 。

（2）绘制截面草图。在图形区右击，从弹出的快捷菜单中选择 定义内部草绘... 命令；选取 RIGHT 基准平面为草绘平面，选取 TOP 基准平面为参考平面，方向为 左，单击 草绘 按钮，绘制图 8.8.3 所示的截面草图。

（3）定义拉伸属性。在操控板中选择拉伸类型为 ，输入深度值 120.0，单击 按钮调整拉伸方向。

（4）在操控板中单击 按钮，完成拉伸曲面 1 的创建。

Step3. 创建图 8.8.4 所示的草图 1。在操控板中单击“草绘”按钮 ；选取 FRONT 基准平面为草绘平面，选取 RIGHT 基准平面为参考平面，方向为 上，单击 草绘 按钮，绘制图 8.8.4 所示的草图。

图 8.8.2 拉伸曲面 1

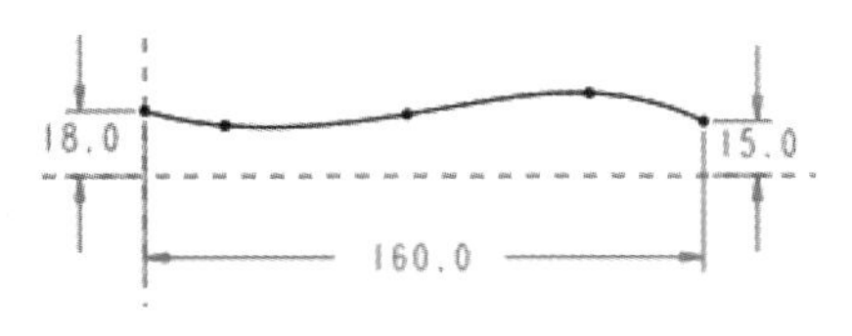

图 8.8.3 截面草图

Step4. 创建图 8.8.5 所示的投影曲线 1。

（1）选取投影对象。在模型树中选取草图 1。

（2）选择命令。单击 模型 功能选项卡 编辑 ▾ 区域中的 投影 按钮。

（3）定义参考。选取图 8.8.5 所示的面为投影面，采用系统默认方向。

（4）单击 ✔ 按钮，完成投影曲线 1 的创建。

说明：创建完此特征后，草图 1 将自动隐藏。

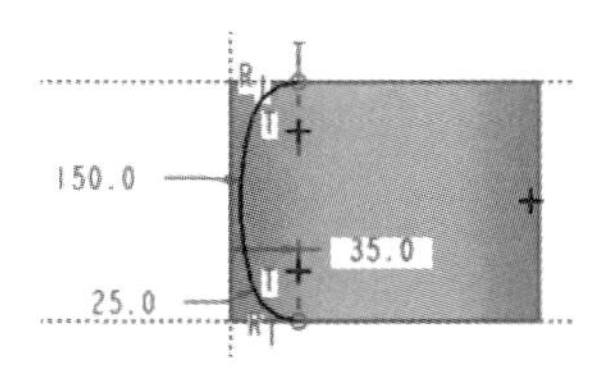

图 8.8.4 草图 1

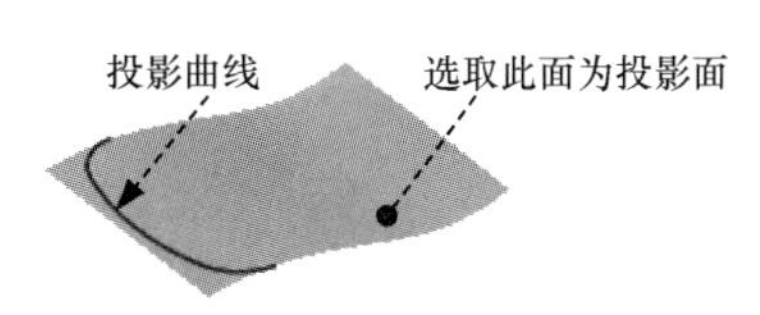

图 8.8.5 投影曲线 1

Step5. 创建图 8.8.6b 所示的曲面修剪 1。

（1）选取修剪曲面。选取图 8.8.6a 所示的曲面为要修剪的曲面。

（2）选择命令。单击 模型 功能选项卡 编辑 ▾ 区域中的 修剪 按钮。

（3）选取修剪对象。选取 Step4 创建的投影曲线作为修剪对象。

（4）确定要保留的部分。单击调整图形区中的箭头使其指向要保留的部分，如图 8.8.6a 所示。

（5）单击 ✔ 按钮，完成曲面修剪 1 的创建。

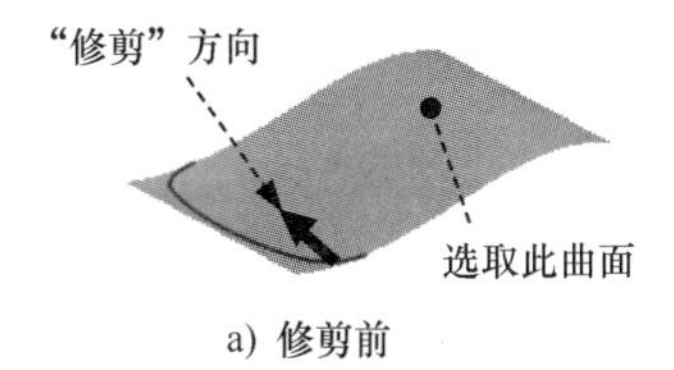

a) 修剪前

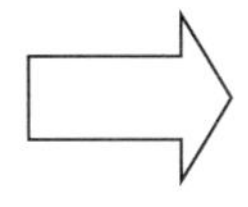

b) 修剪后

图 8.8.6 曲面修剪 1

Step6. 创建图 8.8.7 所示的拉伸曲面 2。在操控板中单击“拉伸”按钮 拉伸，按下操控板中的“曲面类型”按钮；选取 FRONT 基准平面为草绘平面，选取 RIGHT 基准平面为参考平面，方向为 下；单击 反向 按钮调整草绘视图方向；绘制图 8.8.8 所示的截面草图，在操控板中定义拉伸类型为，输入深度值 50.0；单击 ✔ 按钮，完成拉伸曲面 2 的创建。

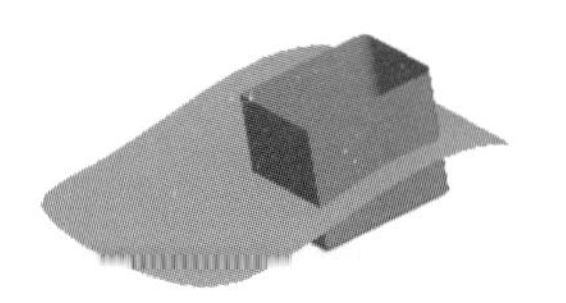

图 8.8.7　拉伸曲面 2

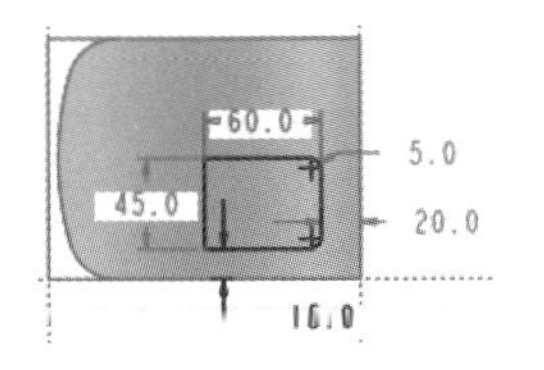

图 8.8.8　截面草图

Step7. 创建图 8.8.9b 所示的曲面修剪 2。选取图 8.8.9a 所示的面为要修剪的曲面；单击 修剪 按钮；选取拉伸曲面 2 作为修剪对象，调整图形区中的箭头使其指向要保留的部分，如图 8.8.9a 所示；单击 ✔ 按钮，完成曲面修剪 2 的创建。

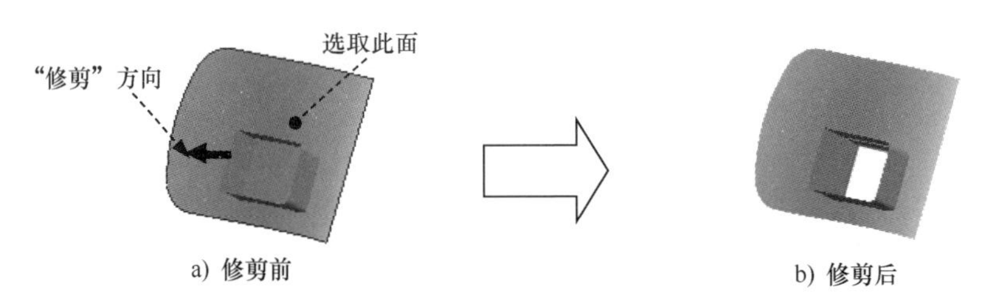

图 8.8.9　曲面修剪 2

Step8. 创建图 8.8.10 所示的草图 2。在操控板中单击“草绘”按钮；选取 RIGHT 基准平面为草绘平面，选取 TOP 基准平面为参考平面，方向为 左，单击 草绘 按钮，绘制图 8.8.10 所示的草图。

Step9. 创建图 8.8.11 所示的投影曲线 2。在模型树中选取草图 2，单击 投影 按钮；选取图 8.8.12 所示的五个面为投影面，采用系统默认方向，单击 ✔ 按钮，完成投影曲线 2 的创建。

说明：创建完此特征后，草图 2 将自动隐藏。

图 8.8.10　草图 2　　　图 8.8.11　投影曲线 2

Step10. 创建图 8.8.13 所示的草图 3。在操控板中单击“草绘”按钮；选取 FRONT 基准平面为草绘平面，选取 RIGHT 基准平面为参考平面，方向为 上，单击 草绘 按钮，绘制图 8.8.13 所示的草图。

Step11. 创建图 8.8.14 所示的投影曲线 3。在模型树中选取草图 3，单击 投影 按钮；选取图 8.8.14 所示的面为投影面，采用系统默认方向，单击 ✔ 按钮，完成投影曲线 3 的创建。

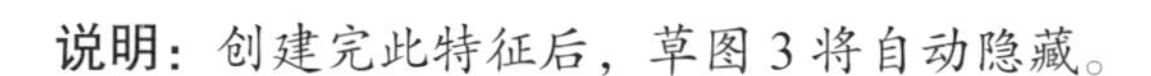

说明：创建完此特征后，草图 3 将自动隐藏。

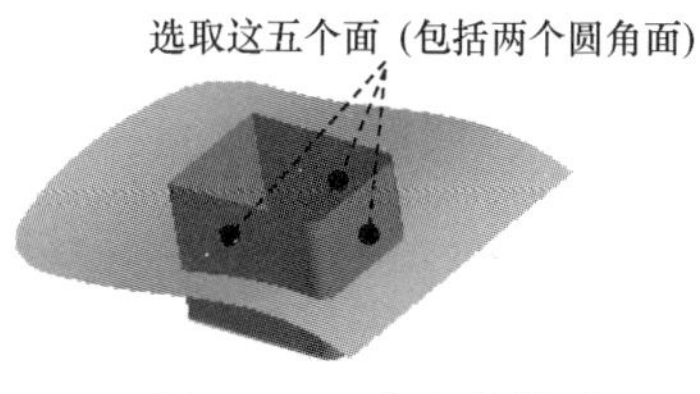

图 8.8.12　定义投影面

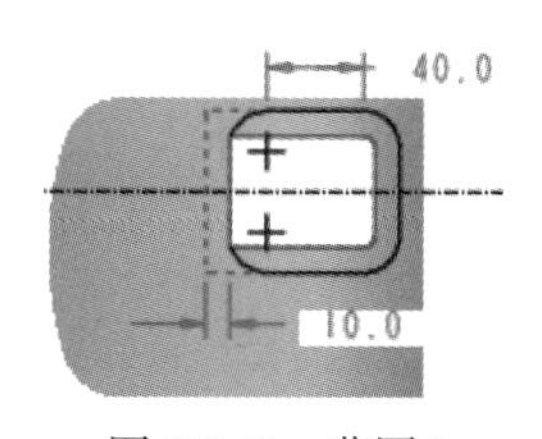

图 8.8.13　草图 3

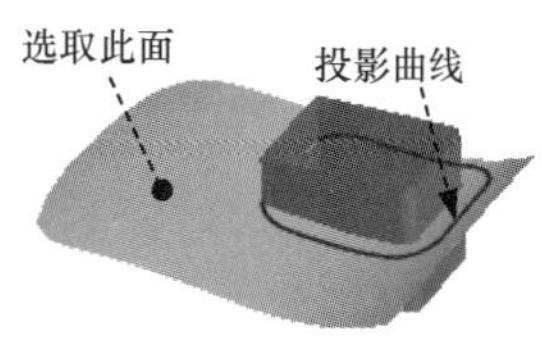

图 8.8.14　投影曲线 3

Step12. 创建图 8.8.15b 所示的曲面修剪 3（拉伸曲面 2 已隐藏）。选取图 8.8.15a 所示的面为要修剪的曲面；单击 修剪 按钮；选取图 8.8.15a 所示的曲线链作为修剪对象，调整图形区中的箭头使其指向要保留的部分，如图 8.8.15a 所示；单击 ✔ 按钮，完成曲面修剪 3 的创建。

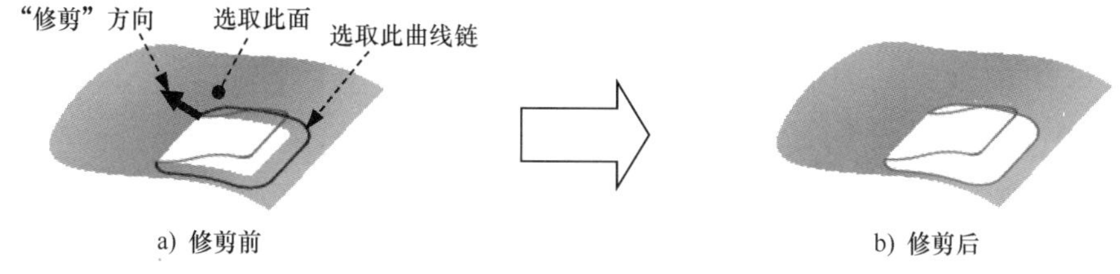

图 8.8.15　曲面修剪 3

Step13. 创建图 8.8.16 所示的边界混合曲面 1。

（1）选择命令。单击 模型 功能选项卡 曲面 ▾ 区域中的“边界混合”按钮 。

（2）选取边界曲线。在操控板中单击 曲线 按钮，系统弹出“曲线”界面，按住 Ctrl 键，依次选取图 8.8.17 所示的曲线 1 和曲线 2 为第一方向曲线。

（3）设置边界条件。在操控板中单击 约束 按钮，在“约束”界面中将“方向 1”的“第一条链”的“条件”设置为 相切。

（4）单击 ✔ 按钮，完成边界混合曲面 1 的创建。

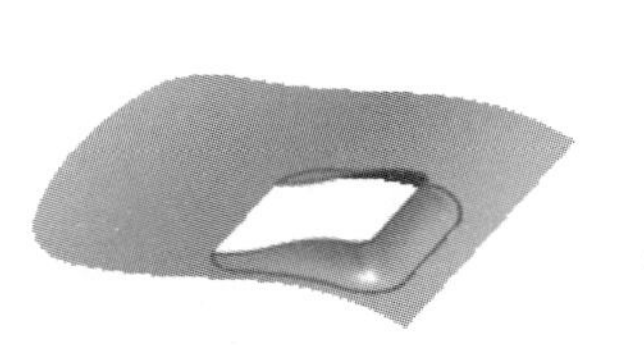

图 8.8.16　边界混合曲面 1

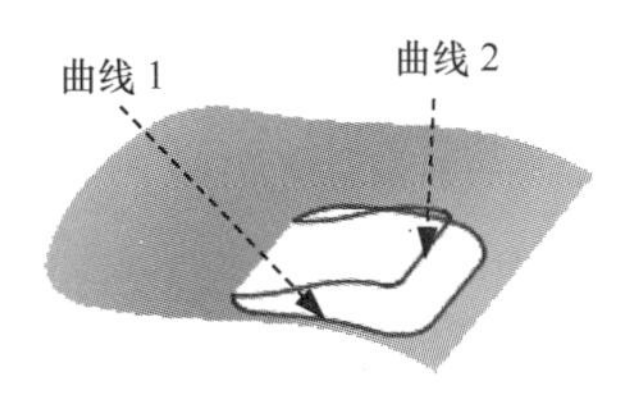

图 8.8.17　定义边界曲线

Step14. 创建曲面合并 1。

（1）选取合并对象。按住 Ctrl 键，选取图 8.8.18 所示的面为合并对象。

（2）选择命令。单击 模型 功能选项卡 编辑 ▾ 区域中的 合并 按钮。

（3）单击 ✔ 按钮，完成曲面合并 1 的创建。

Step15. 创建图 8.8.19 所示的拉伸特征 3。在模型树中选取草图 2，在操控板中单击“拉伸”按钮 拉伸。在操控板中定义拉伸类型为 ，输入深度值 70.0；单击 按钮调整拉伸方向。单击 按钮，完成拉伸特征 3 的创建。

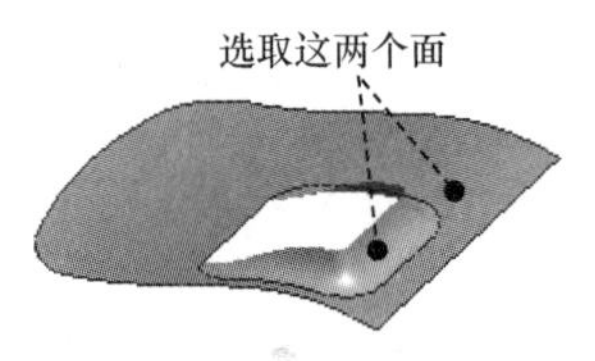

图 8.8.18　定义合并对象

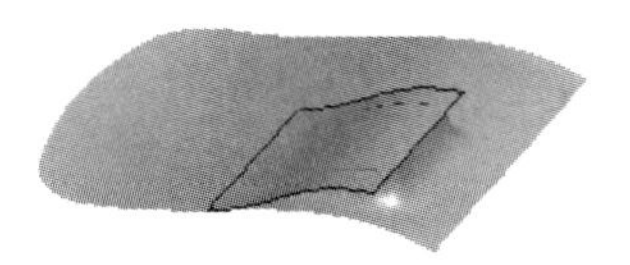

图 8.8.19　拉伸特征 3

Step16. 创建图 8.8.20b 所示的曲面修剪 4。选取图 8.8.20a 所示的面为要修剪的曲面；单击 修剪 按钮；选取图 8.8.20a 所示的曲线链作为修剪对象，调整图形区中的箭头使其指向要保留的部分；单击 按钮，完成曲面修剪 4 的创建。

Step17. 创建曲面合并 2。按住 Ctrl 键，在模型树中选取图 8.8.20b 所示的曲面合并 1 和曲面修剪 4 为合并对象，单击 合并 按钮，在 选项 界面中定义合并类型为 连接；单击 按钮，完成曲面合并 2 的创建。

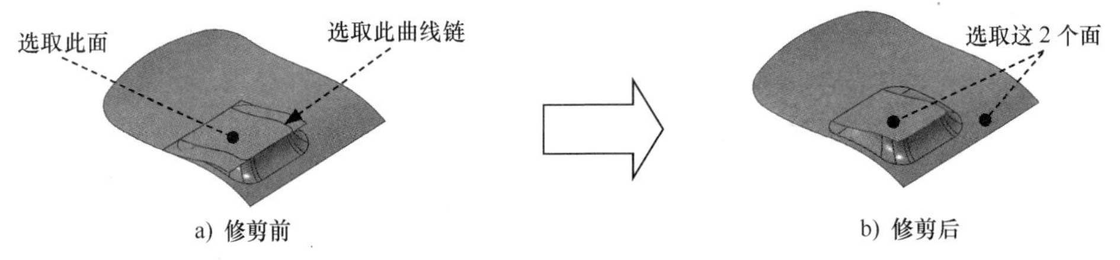

a) 修剪前　　b) 修剪后

图 8.8.20　曲面修剪 4

Step18. 创建图 8.8.21 所示的拉伸曲面 4。在操控板中单击“拉伸”按钮 拉伸，按下操控板中的“曲面类型”按钮 。选取 FRONT 基准平面为草绘平面，选取 RIGHT 基准平面为参考平面，方向为 上；绘制图 8.8.22 所示的截面草图，在操控板中定义拉伸类型为 ，输入深度值 40.0，单击 按钮调整拉伸方向；单击 按钮，完成拉伸曲面 4 的创建。

图 8.8.21　拉伸曲面 4

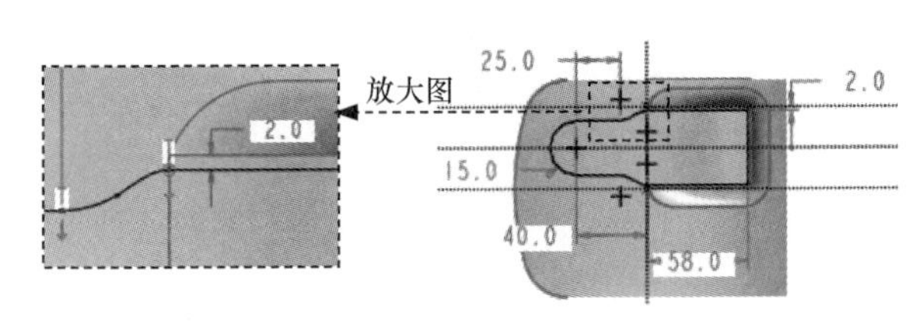

图 8.8.22　截面草图

Step19. 创建图 8.8.23b 所示的曲面合并 3。按住 Ctrl 键，选取图 8.8.23a 所示的面和拉伸曲面 4 为合并对象，单击 合并 按钮，调整箭头方向如图 8.8.23a 所示；单击 按钮，完成曲面合并 3 的创建。

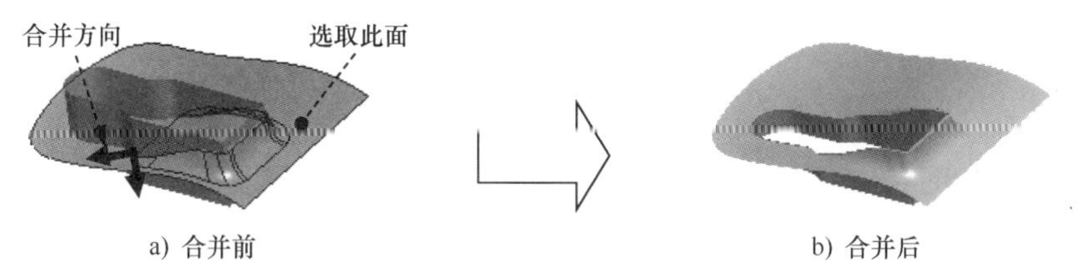

图 8.8.23　曲面合并 3

Step20. 创建图 8.8.24 所示的草图 4。在操控板中单击“草绘”按钮；选取 RIGHT 基准平面为草绘平面，选取 TOP 基准平面为参考平面，方向为 左，单击 草绘 按钮，绘制图 8.8.24 所示的草图。

Step21. 创建图 8.8.25 所示的投影曲线 4。在模型树中选取草图 4，单击 投影 按钮；选取图 8.8.26 所示的面 1 为投影面，采用系统默认方向，单击 ✓ 按钮，完成投影曲线 4 的创建。

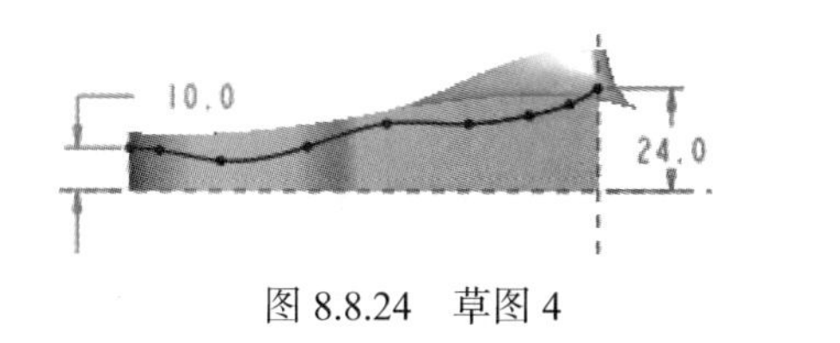

图 8.8.24　草图 4

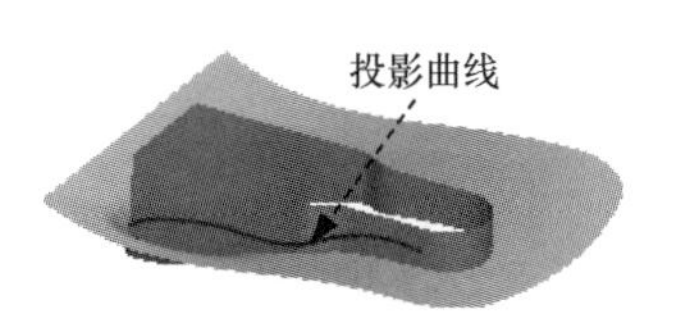

图 8.8.25　投影曲线 4

Step22. 创建图 8.8.27 所示的投影曲线 5。在模型树中选取草图 4，单击 投影 按钮；选取图 8.8.26 所示的面 2 为投影面，采用系统默认方向，单击 ✓ 按钮，完成投影曲线 5 的创建。

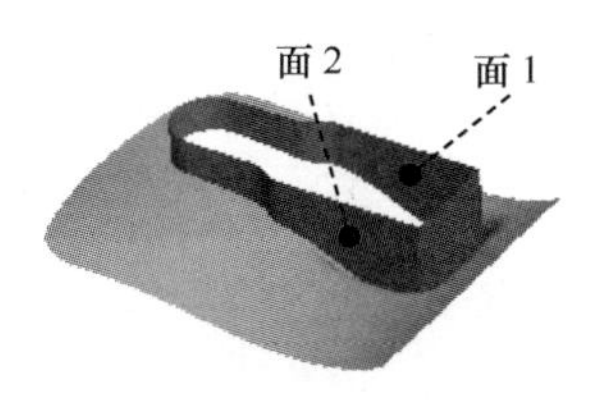

图 8.8.26　定义投影面

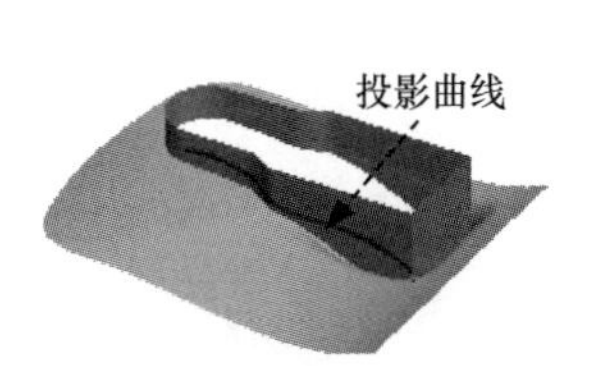

图 8.8.27　投影曲线 5

Step23. 创建图 8.8.28 所示的草图 5。在操控板中单击“草绘”按钮；选取图 8.8.29 所示的面为草绘平面，选取 FRONT 基准平面为参考平面，方向为 下，单击 草绘 按钮，绘制图 8.8.28 所示的草图。

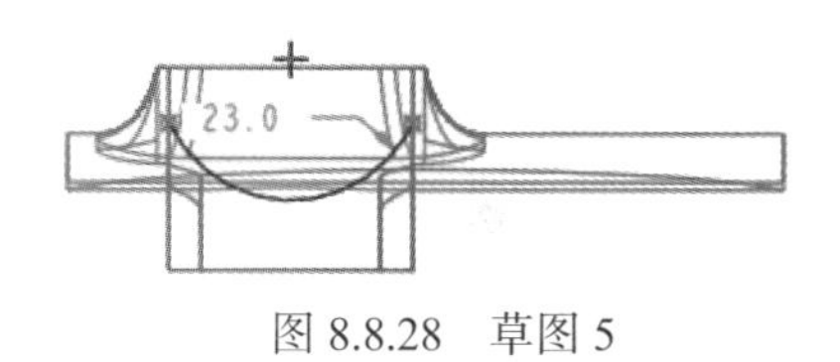

图 8.8.28　草图 5

图 8.8.29　定义草绘平面

说明：草图 5 所绘制的圆弧的两个端点分别与投影曲线 3 和投影曲线 4 的两个端点重合。

Step24. 创建图 8.8.30 所示的基准平面 1。

（1）选择命令。单击 模型 功能选项卡 基准 ▾ 区域中的“平面”按钮 。

（2）定义平面参考。选取 TOP 基准平面为参考平面，将其约束类型设置为 平行，按住 Ctrl 键，选取图 8.8.30 所示的端点，将其约束类型设置为 穿过。

（3）单击对话框中的 确定 按钮。

Step25. 创建图 8.8.31 所示的草图 6。在操控板中单击“草绘”按钮 ；选取 DTM1 基准平面为草绘平面，选取 RIGHT 基准平面为参考平面，方向为 右，单击 草绘 按钮，绘制图 8.8.31 所示的草图。

说明：草图 6 所绘制的两个圆弧的两个端点分别与投影曲线 3 和投影曲线 4 的两个端点重合。

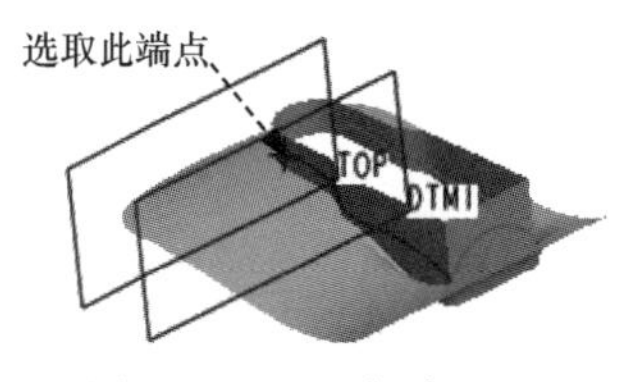

图 8.8.30　基准平面 1

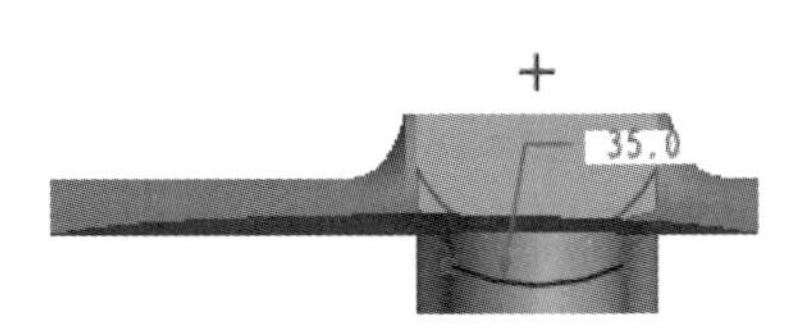

图 8.8.31　草图 6

Step26. 创建图 8.8.32 所示的边界混合曲面 2。单击“边界混合”按钮 ；选取图 8.8.33 所示的曲线 1 和曲线 2 为第一方向曲线；选取图 8.8.33 所示的曲线 3 和曲线 4 为第二方向曲线；单击 ✔ 按钮，完成边界混合曲面 2 的创建。

图 8.8.32　边界混合曲面 2

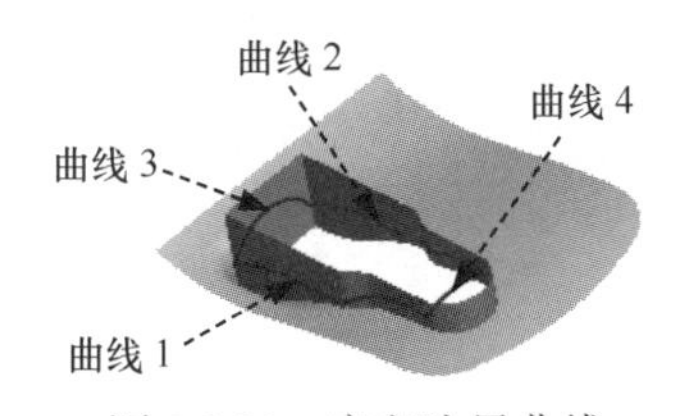

图 8.8.33　定义边界曲线

Step27. 创建图 8.8.34b 所示的曲面延伸 1。

（1）选取延伸参考。选取图 8.8.34a 所示的边线为要延伸的参考。

（2）选择命令。单击 模型 功能选项卡 编辑 ▾ 区域中的 延伸 按钮。

（3）定义延伸长度。在操控板中输入延伸长度值 18.0。

（4）单击 ✔ 按钮，完成曲面延伸 1 的创建。

说明：在选取图 8.8.34a 所示的边线时，将草图 6 隐藏，否则此特征将无法创建。

Step28. 创建图 8.8.35b 所示的曲面合并 4。选取图 8.8.35a 所示的两个面为合并对象，单击 合并 按钮，调整箭头方向如图 8.8.35a 所示；单击 ✔ 按钮，完成曲面合并 3 的创建。

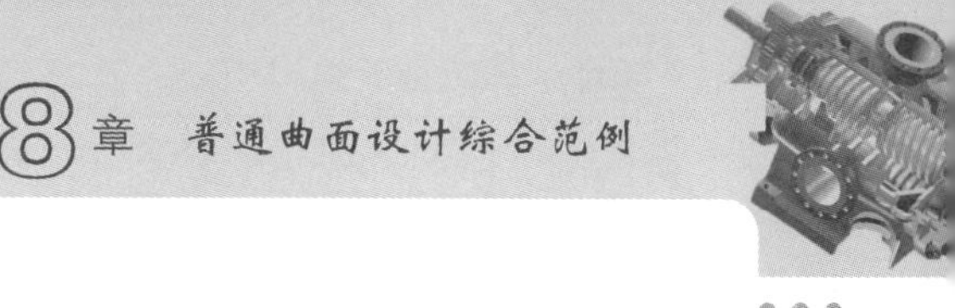

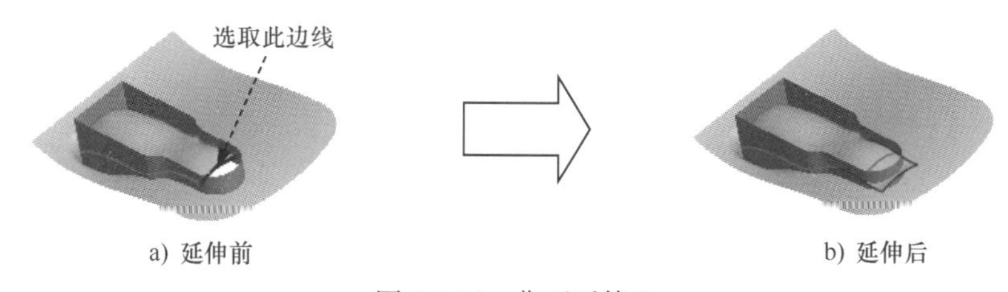

图 8.8.34　曲面延伸 1

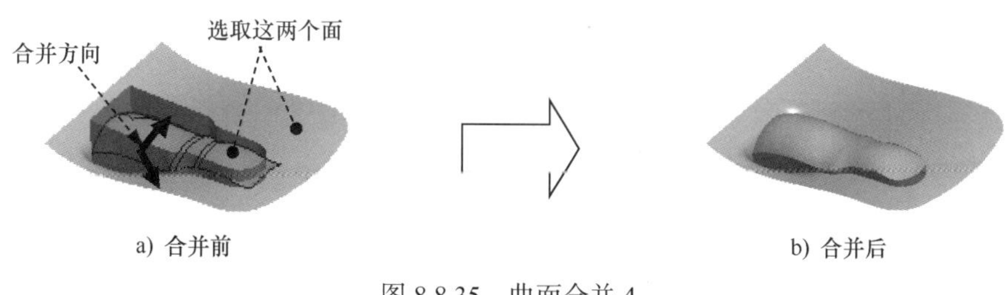

图 8.8.35　曲面合并 4

Step29. 创建图 8.8.36b 所示的倒圆角特征 1。单击 模型 功能选项卡 工程 ▾ 区域中的 倒圆角 ▾ 按钮，选取图 8.8.36a 所示的边线为倒圆角放置参考，在倒圆角半径文本框中输入值 2.5。

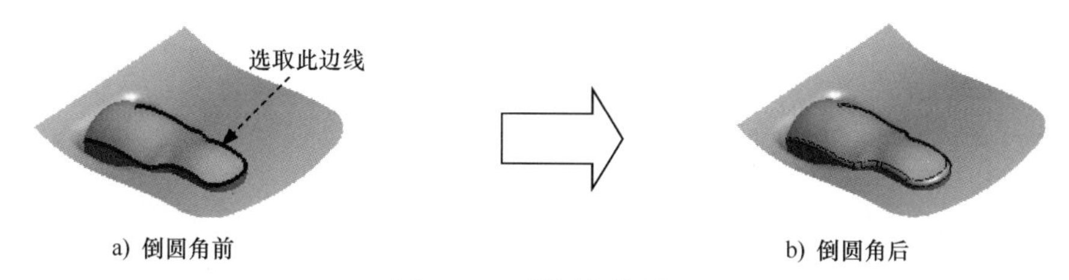

图 8.8.36　倒圆角特征 1

Step30. 创建图 8.8.37b 所示的倒圆角特征 2。选取图 8.8.37a 所示的边线为倒圆角放置参考，输入圆角半径值 3.0。

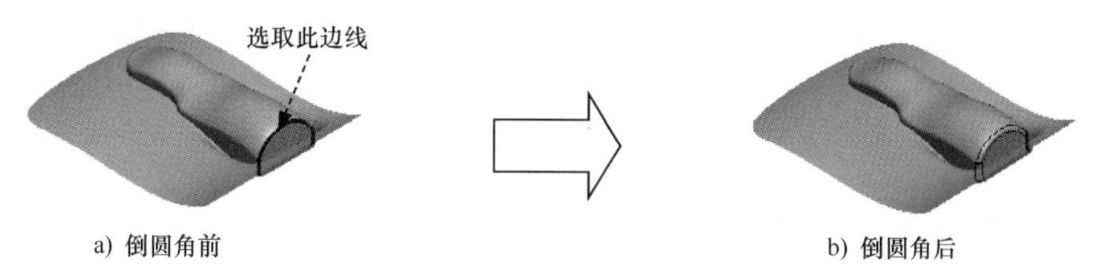

图 8.8.37　倒圆角特征 2

Step31. 创建图 8.8.38 所示的偏移拔模曲面 1。

（1）选取拔模偏移对象。选取图 8.8.38 所示的曲面为要拔模偏移的曲面。

（2）选择命令。单击 模型 功能选项卡 编辑 ▾ 区域中的 偏移 按钮。

（3）定义偏移参数。在操控板的偏移类型栏中选择“拔模偏移”选项 ；单击操

控板中的 选项 按钮，选择 垂直于曲面 选项；选中 侧曲面垂直于 区域中的 ◉ 曲面 选项与 侧面轮廓 区域中的 ◉ 直 选项。

（4）草绘拔模区域。在绘图区右击，选择 定义内部草绘... 命令；选取 FRONT 基准平面为草绘平面，选取 RIGHT 基准平面为参考平面，方向为 上，单击 反向 按钮调整草绘视图方向；绘制图 8.8.39 所示的截面草图。

（5）定义偏移与拔模角度。在操控板中输入偏移值 3.0，输入侧面的拔模角度值 5.0。

（6）单击 ✔ 按钮，完成偏移拔模曲面 1 的创建。

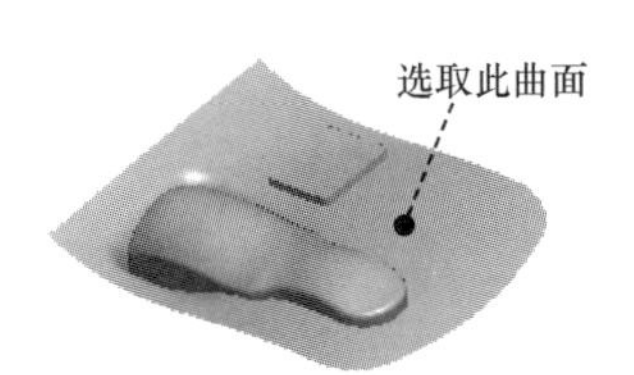

图 8.8.38　偏移拔模曲面 1

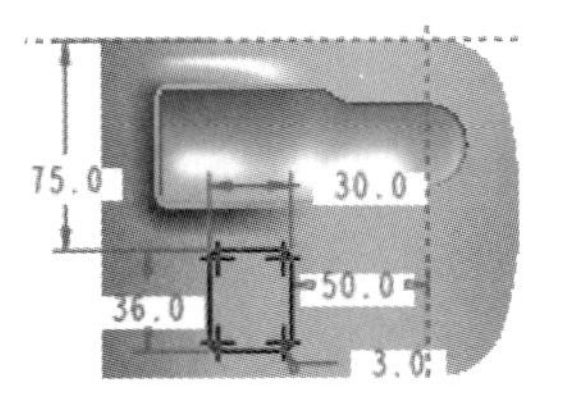

图 8.8.39　截面草图

Step32. 创建图 8.8.40b 所示的倒圆角特征 3。选取图 8.8.40a 所示的边线为倒圆角放置参考，输入倒圆角半径值 2.0。

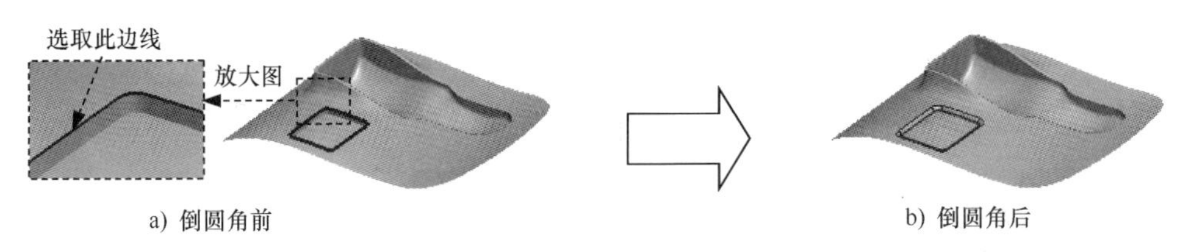

图 8.8.40　倒圆角特征 3

Step33. 创建图 8.8.41b 所示的倒圆角特征 4。选取图 8.8.41a 所示的边线为倒圆角放置参考，输入倒圆角半径值 1.5。

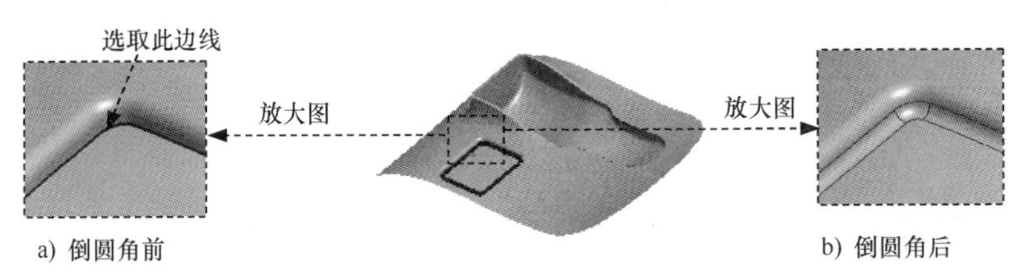

图 8.8.41　倒圆角特征 4

Step34. 创建图 8.8.42 所示的拉伸曲面 5。在操控板中单击“拉伸”按钮 拉伸，按下操控板中的“曲面类型”按钮 。选取 FRONT 基准平面为草绘平面，选取 RIGHT 基准平面为参考平面，方向为 上；绘制图 8.8.43 所示的截面草图，在操控板中定义拉伸类型为 ，输入深度值 60.0，单击 ✔ 按钮，完成拉伸曲面 5 的创建。

图 8.8.42　拉伸曲面 5

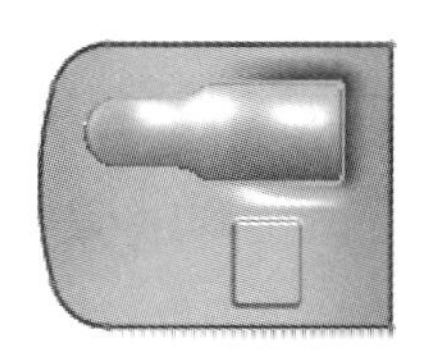

图 8.8.43　截面草图

Step35. 创建图 8.8.44b 所示的曲面合并 5。选取图 8.8.44a 所示的两个面为合并对象，单击 合并 按钮，调整箭头方向如图 8.8.44a 所示；单击 ✓ 按钮，完成曲面合并 5 的创建。

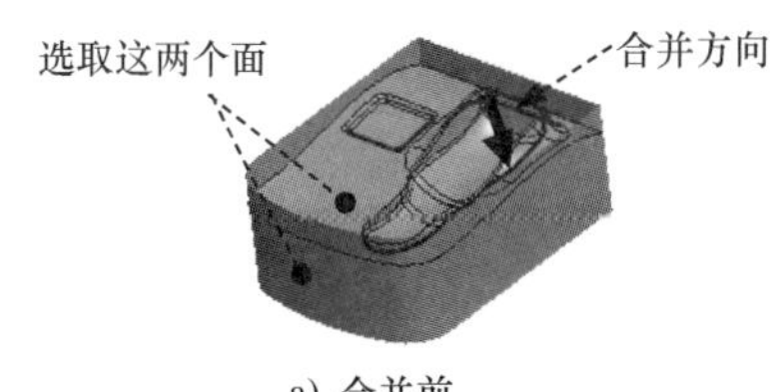

a) 合并前

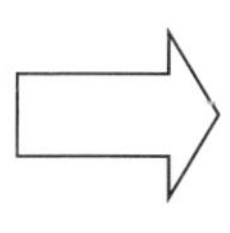

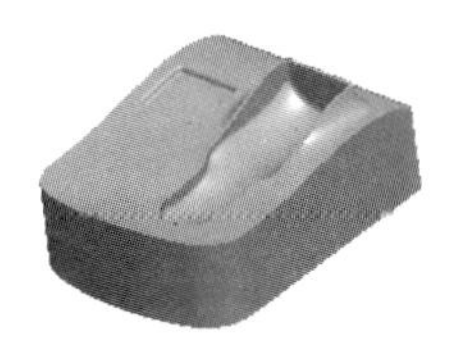

b) 合并后

图 8.8.44　曲面合并 5

Step36. 创建图 8.8.45 所示的拉伸曲面 6。在操控板中单击“拉伸”按钮 拉伸，按下操控板中的“曲面类型”按钮 。选取 RIGHT 基准平面为草绘平面，选取 TOP 基准平面为参考平面，方向为 左；绘制图 8.8.46 所示的截面草图，在操控板中定义拉伸类型为 ，选取图 8.8.45 所示的面为拉伸终止面；单击 ✓ 按钮，完成拉伸曲面 6 的创建。

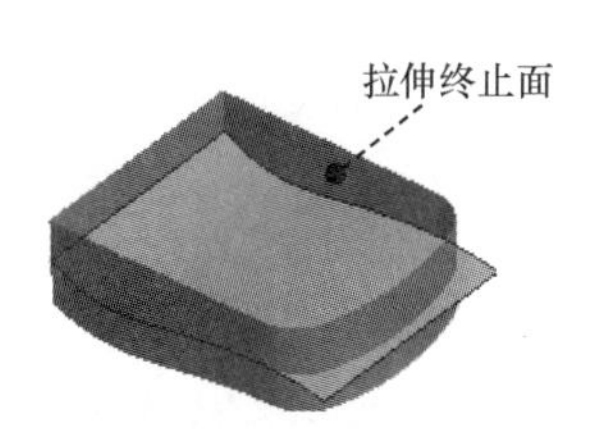

图 8.8.45　拉伸曲面 6

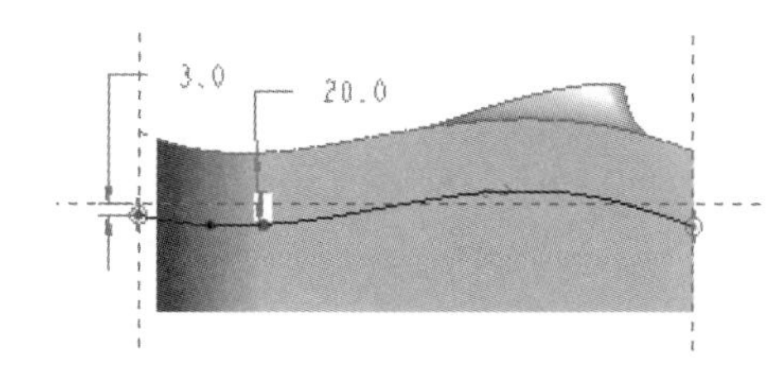

图 8.8.46　截面草图

Step37. 创建图 8.8.47b 所示的曲面修剪 5。选取图 8.8.47a 所示的面 2 为要修剪的曲面；单击 修剪 按钮；选取图 8.8.47a 所示的面 1 作为修剪对象，调整图形区中的箭头使其指向要保留的部分，如图 8.8.47a 所示；单击 ✓ 按钮，完成曲面修剪 5 的创建。

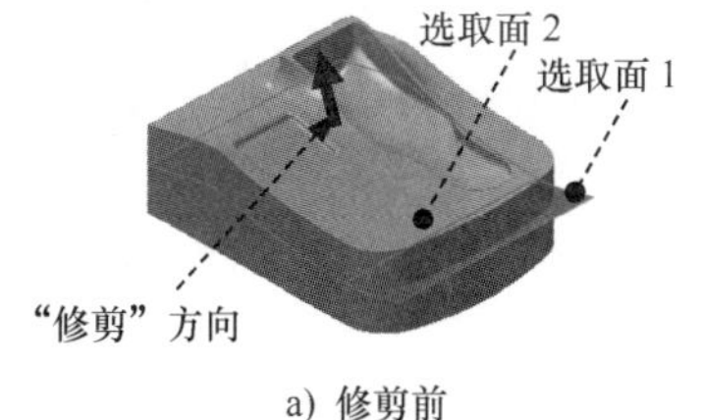

a) 修剪前

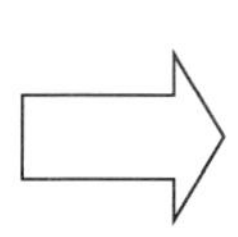

b) 修剪后

图 8.8.47　曲面修剪 5

Step38. 创建图 8.8.48b 所示的倒圆角特征 5（拉伸曲面 6 已隐藏）。选取图 8.8.48a 所示

的边线为倒圆角放置参考，输入倒圆角半径值 12.0。

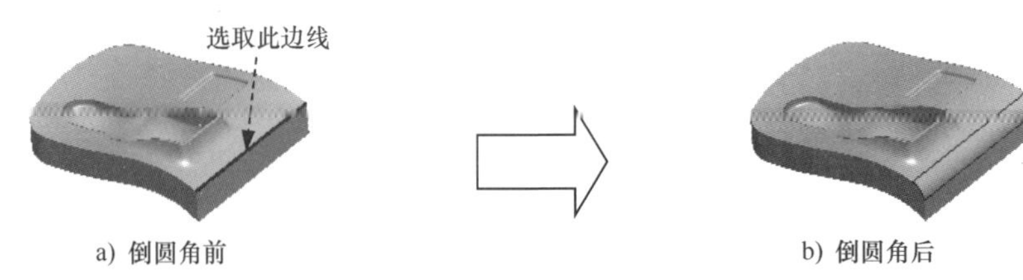

图 8.8.48 倒圆角特征 5

Step39. 创建图 8.8.49b 所示的倒圆角特征 6。选取图 8.8.49a 所示的边线为倒圆角放置参考，输入倒圆角半径值 2.0。

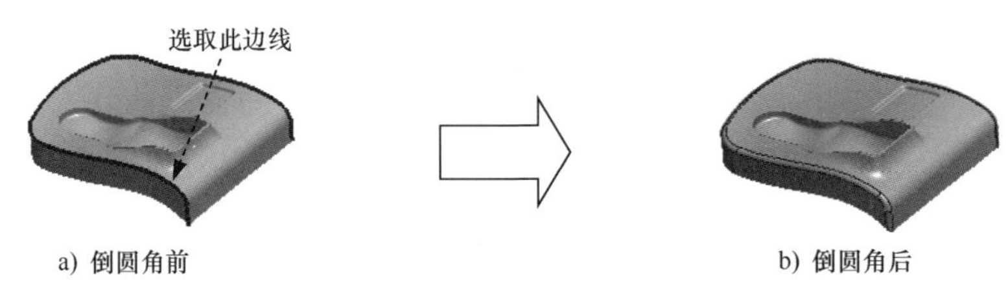

图 8.8.49 倒圆角特征 6

Step40. 创建图 8.8.50 所示的曲面加厚 1。

（1）选取加厚对象。在图形区选取整个模型为要加厚的对象。

（2）选择命令。单击 模型 功能选项卡 编辑 ▾ 区域中的 加厚 按钮。

（3）定义加厚参数。在操控板中输入厚度值 1.0，定义加厚方向为内侧加厚。

（4）单击 ✓ 按钮，完成加厚操作。

Step41. 创建图 8.8.51 所示的拉伸特征 7。在操控板中单击“拉伸”按钮 拉伸，按下操控板中的“移除材料”按钮 。选取 RIGHT 基准平面为草绘平面，选取 TOP 基准平面为参考平面，方向为 左，绘制图 8.8.52 所示的截面草图；在操控板中定义拉伸类型为 ，单击 ✓ 按钮，完成拉伸特征 7 的创建。

说明：此处草图尺寸由读者根据自己创建的模型定义，拉伸曲面 1 中样条曲线的不同会影响到此处切除材料的截面草图。

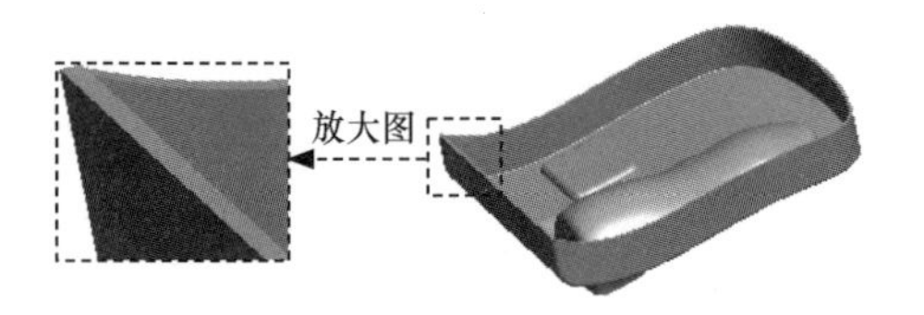

图 8.8.50 曲面加厚 1

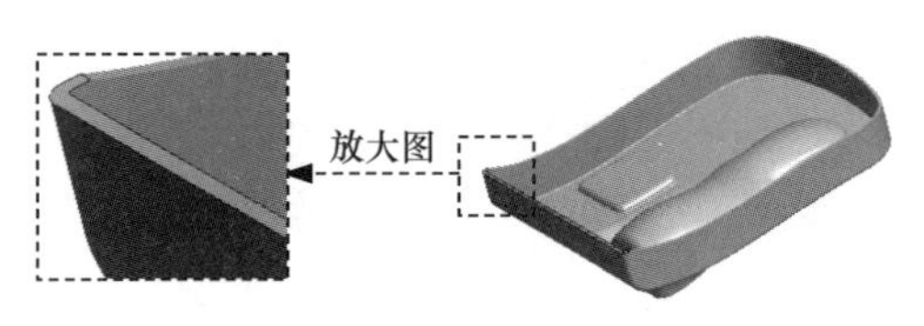

图 8.8.51 拉伸特征 7

Step42. 创建图 8.8.53 所示的拉伸特征 8。在操控板中单击“拉伸”按钮 拉伸。选取图 8.8.54 所示的面为草绘平面，选取 RIGHT 基准平面为参考平面，方向为 下；绘制

图 8.8.55 所示的截面草图，在操控板中定义拉伸类型为 ，输入深度值 50.0；单击 按钮，完成拉伸特征 8 的创建。

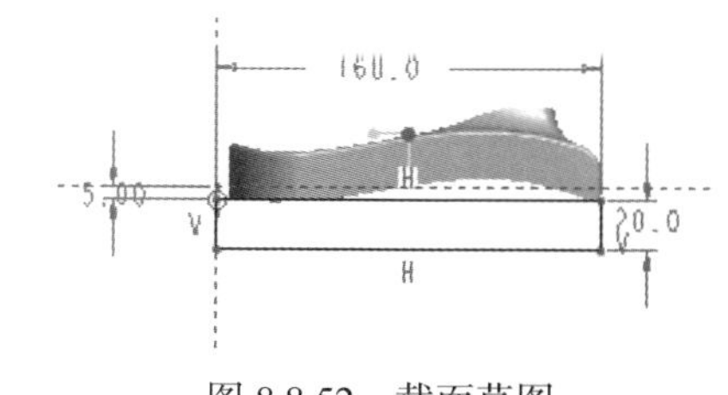

图 8.8.52 截面草图

图 8.8.53 拉伸特征 8

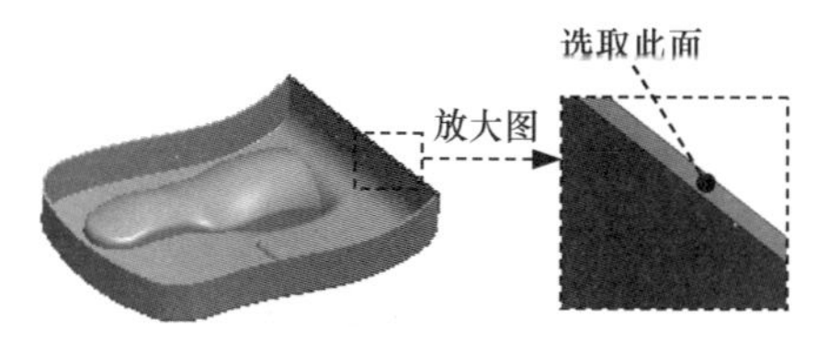

图 8.8.54 定义草绘平面

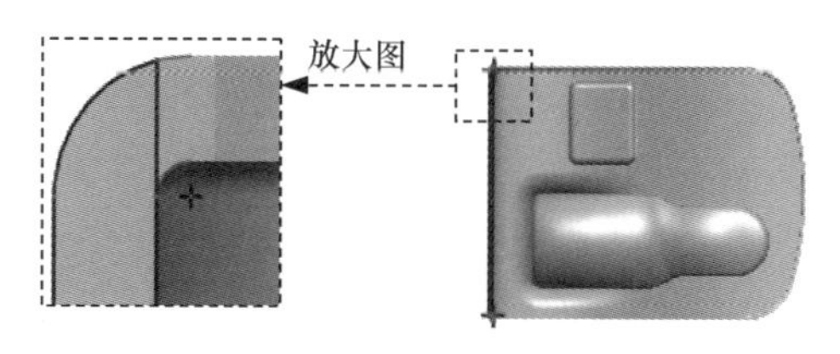

图 8.8.55 截面草图

Step43. 创建图 8.8.56 所示的拉伸特征 9。在操控板中单击“拉伸”按钮 ，按下操控板中的“移除材料”按钮 。选取图 8.8.57 所示的面为草绘平面，选取 RIGHT 基准平面为参考平面，方向为 左；绘制图 8.8.58 所示的截面草图，在操控板中定义拉伸类型为 ，单击 按钮，完成拉伸特征 9 的创建。

图 8.8.56 拉伸特征 9

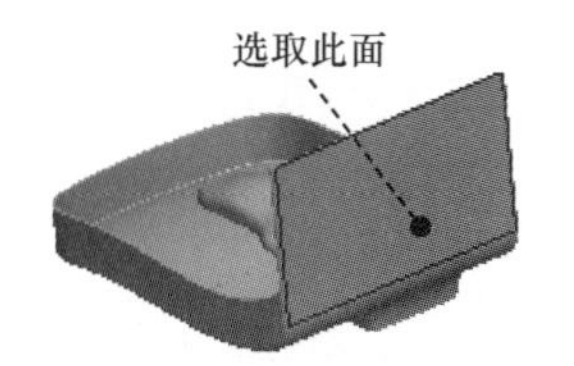

图 8.8.57 定义草绘平面

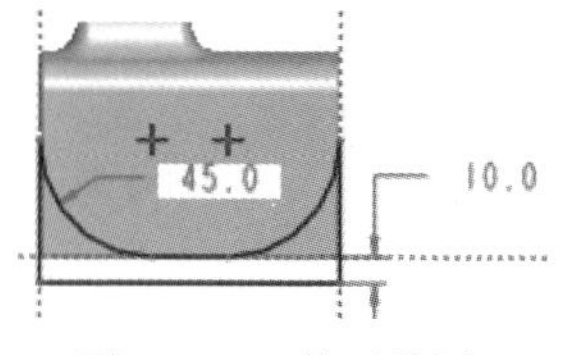

图 8.8.58 截面草图

Step44. 创建图 8.8.59 所示的拉伸特征 10。在操控板中单击“拉伸”按钮 ，按下操控板中的“移除材料”按钮 。选取 FRONT 基准平面为草绘平面，选取 RIGHT 基准平面为参考平面，方向为 上；绘制图 8.8.60 所示的截面草图，在操控板中定义拉伸类型为 ，单击 按钮，完成拉伸特征 10 的创建。

图 8.8.59 拉伸特征 10

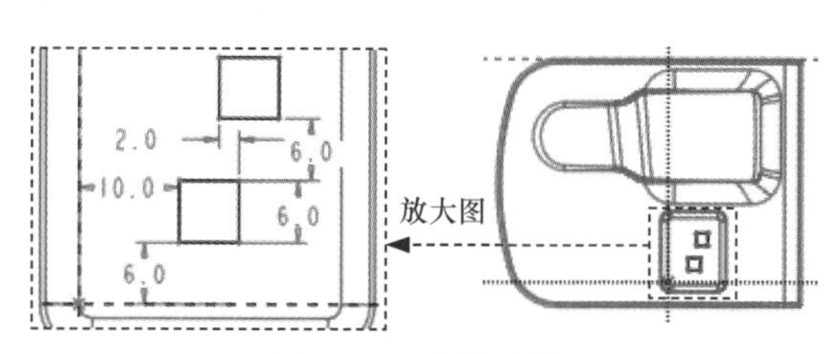

图 8.8.60 截面草图

Step45. 创建图 8.8.61b 所示的倒圆角特征 7。选取图 8.8.61a 所示的边线为倒圆角放置参考，输入倒圆角半径值 0.5。

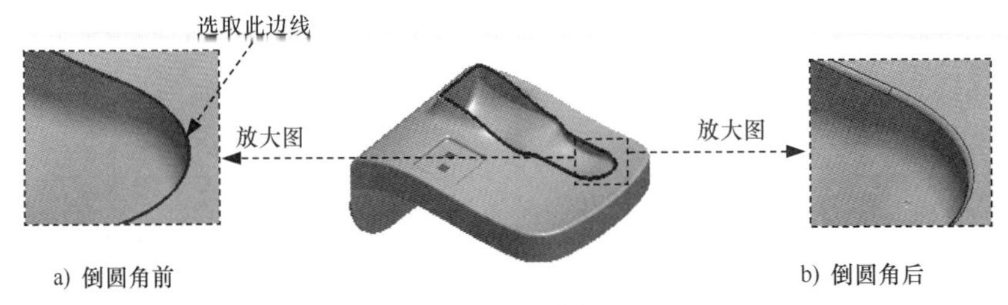

图 8.8.61　倒圆角特征 7

Step46. 创建图 8.8.62b 所示的倒圆角特征 8。选取图 8.8.62a 所示的边线为倒圆角放置参考，输入倒圆角半径值 0.5。

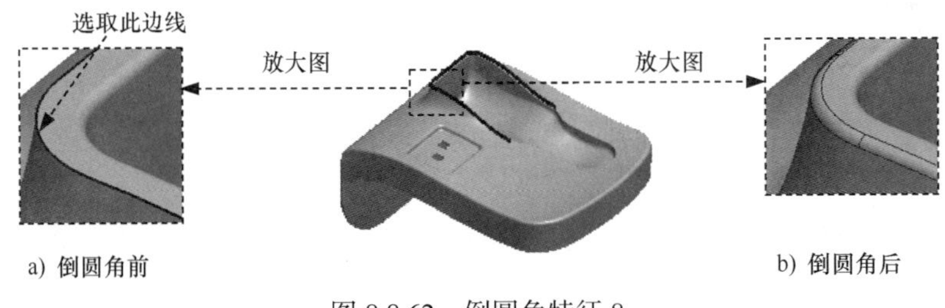

图 8.8.62　倒圆角特征 8

Step47. 保存零件模型文件。

8.9　普通曲面综合范例 9——洗发水瓶

范例概述

本范例主要讲述了一款洗发水瓶的设计过程，是一个使用一般曲面和 ISDX 曲面综合建模的实例。通过本例的学习，读者可认识到，ISDX 曲面造型的关键是 ISDX 曲线，只有高质量的 ISDX 曲线才能获得高质量的 ISDX 曲面。零件模型及模型树如图 8.9.1 所示。

Step1. 新建一个零件模型，命名为 SHAMPOO_BOTTLE。

Step2. 创建图 8.9.2 所示的拉伸曲面 1。

（1）选择命令。单击 模型 功能选项卡 形状 ▾ 区域中的“拉伸”按钮 拉伸，按下操控板中的“曲面类型”按钮 。

（2）绘制截面草图。在图形区右击，从弹出的快捷菜单中选择 定义内部草绘... 命令；选取 TOP 基准平面为草绘平面，选取 RIGHT 基准平面为参考平面，方向为 右；单击 草绘 按钮，绘制图 8.9.3 所示的截面草图。

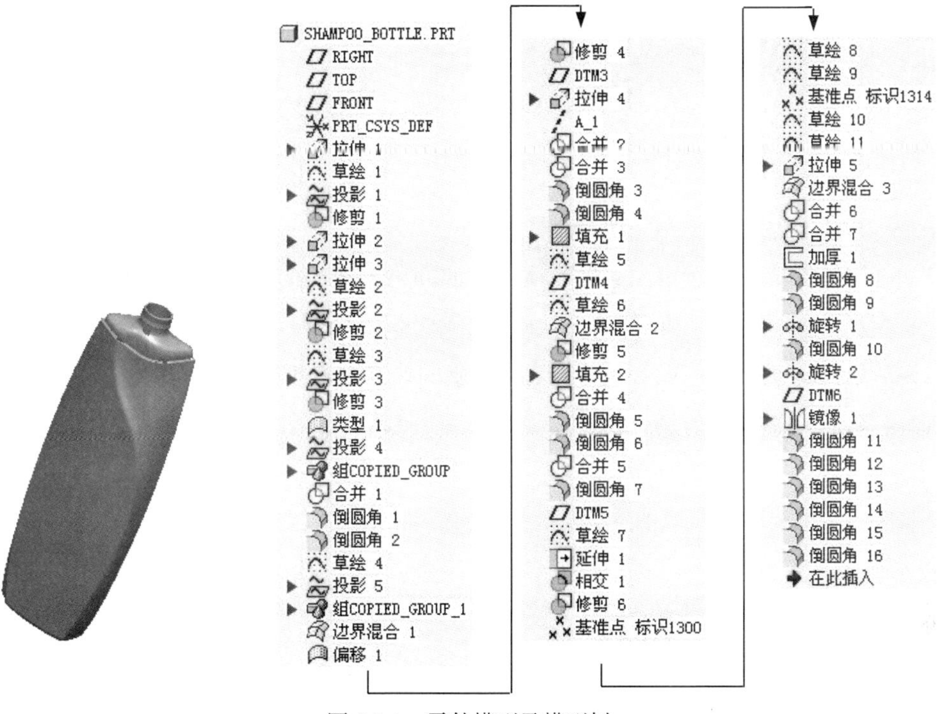

图 8.9.1 零件模型及模型树

图 8.9.2 拉伸曲面 1

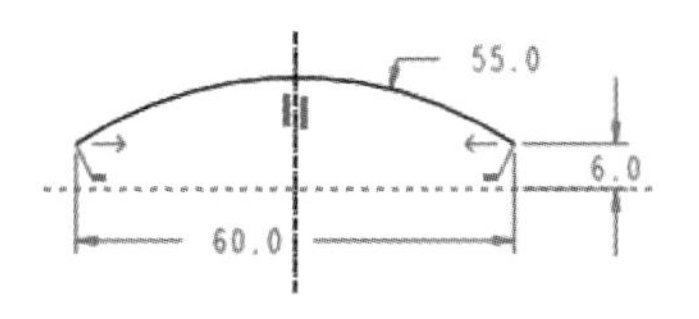

图 8.9.3 截面草图

（3）定义拉伸属性。在操控板中选择拉伸类型为 ，输入深度值 150，单击 按钮调整拉伸方向。

（4）在操控板中单击 按钮，完成拉伸曲面 1 的创建。

Step3. 创建图 8.9.4 所示的草图 1。在操控板中单击“草绘”按钮 ；选取 FRONT 基准平面为草绘平面，选取 RIGHT 基准平面为参考平面，方向为 下，单击 草绘 按钮，绘制图 8.9.4 所示的草图。

Step4. 创建图 8.9.5 所示的投影曲线 1。

（1）选取投影对象。在模型树中选取草图 1。

（2）选择命令。单击 模型 功能选项卡 编辑 ▾ 区域中的 投影 按钮。

（3）定义参考。选取图 8.9.5 所示的面为投影面，采用系统默认方向。

（4）单击 按钮，完成投影曲线 1 的创建。

说明：创建完此特征后，草图 1 将自动隐藏。

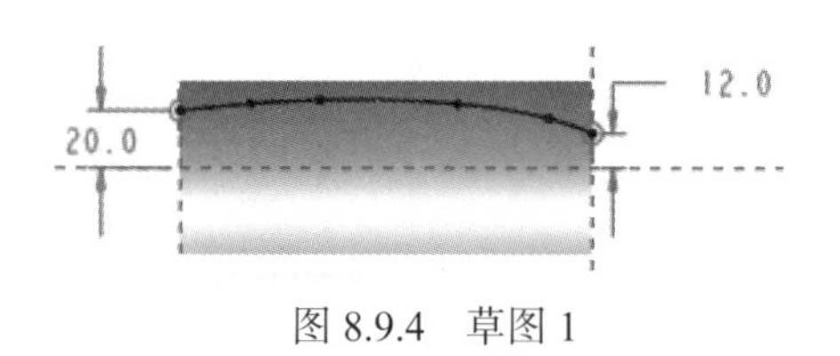

图 8.9.4　草图 1

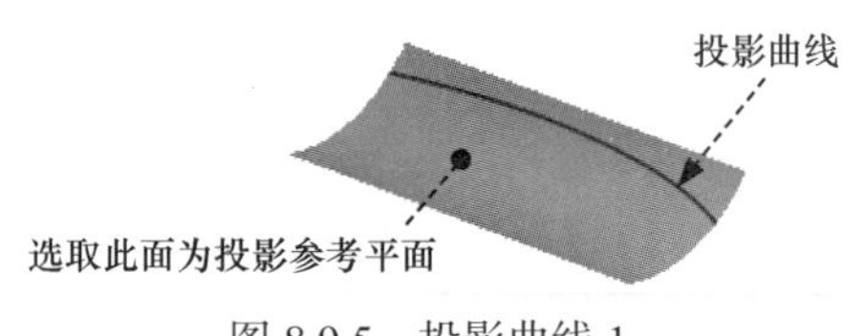

图 8.9.5　投影曲线 1

Step5. 创建图 8.9.6b 所示的曲面修剪 1。

（1）选取修剪曲面。选取图 8.9.6a 所示的曲面为要修剪的曲面。

（2）选择命令。单击 模型 功能选项卡 编辑▼ 区域中的 修剪 按钮。

（3）选取修剪对象。选取 Step4 创建的投影曲线作为修剪对象。

（4）确定要保留的部分。单击调整图形区中的箭头使其指向要保留的部分，如图 8.9.6a 所示。

（5）单击 ✔ 按钮，完成曲面修剪 1 的创建。

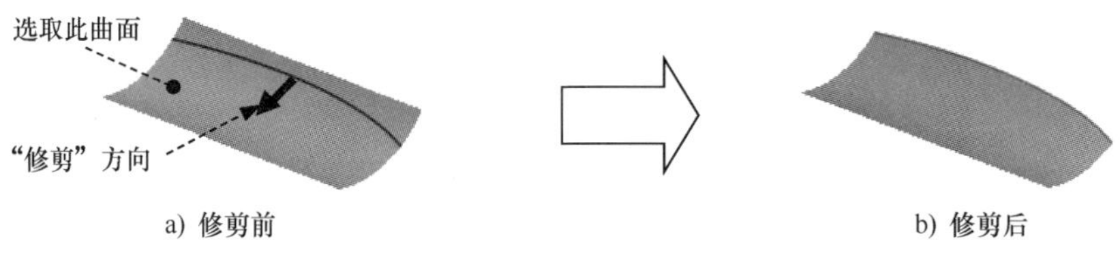

图 8.9.6　曲面修剪 1

Step6. 创建图 8.9.7 所示的拉伸曲面 2。

（1）选择命令。单击 模型 功能选项卡 形状▼ 区域中的 拉伸 按钮，按下操控板中的“曲面类型”按钮 及“移除材料”按钮 。

（2）选取修剪对象。选取已存在的曲面为要修剪的曲面。

（3）绘制截面草图。单击 放置 按钮，在弹出的界面中单击 定义... 按钮；选取 FRONT 基准平面为草绘平面，选取 RIGHT 基准平面为参考平面，方向为 下，单击 草绘 按钮，绘制图 8.9.8 所示的截面草图。

（4）定义切削参数。在操控板中定义拉伸类型为 ，输入深度值 40.0，采用系统默认的修剪方向。

（5）单击 ✔ 按钮，完成拉伸曲面 2 的创建。

图 8.9.7　拉伸曲面 2

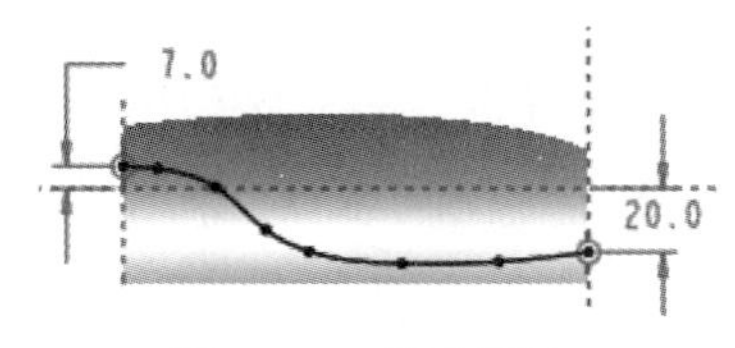

图 8.9.8　截面草图

Step7. 创建图 8.9.9 所示的拉伸曲面 3。在操控板中单击“拉伸”按钮 拉伸，按下操控板中的“曲面类型”按钮。选取TOP基准平面为草绘平面，选取RIGHT基准平面为参考平面，方向为右；绘制图8.9.10所示的截面草图。在操控板中定义拉伸类型为，输入深度值150.0，单击按钮调整拉伸方向，单击按钮，完成拉伸曲面3的创建。

图8.9.9 拉伸曲面3

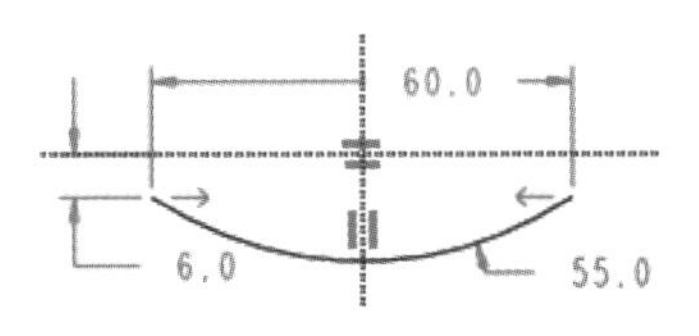

图8.9.10 截面草图

Step8. 创建图8.9.11所示的草图2。在操控板中单击“草绘”按钮；选取FRONT基准平面为草绘平面，选取RIGHT基准平面为参考平面，方向为下，单击草绘按钮，绘制图8.9.11所示的草图。

说明：图8.9.11所示的草图是使用“投影”命令和“镜像”命令绘制而成的。

Step9. 创建图8.9.12所示的投影曲线2。在模型树中选取草图2，单击投影按钮；选取拉伸曲面2为投影面，采用系统默认方向，单击按钮，完成投影曲线2的创建。

说明：创建完此特征后，草图2将自动隐藏。

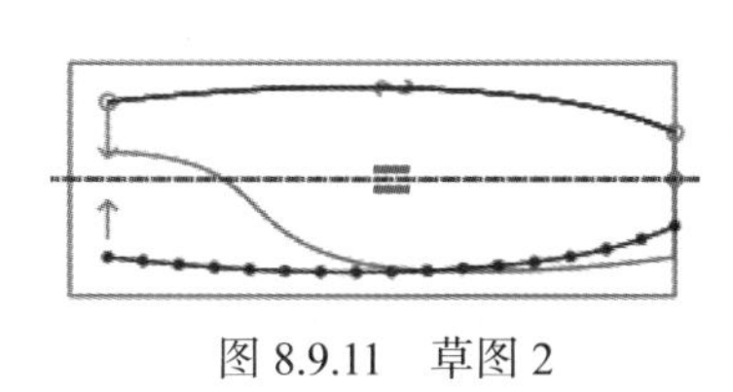

图8.9.11 草图2

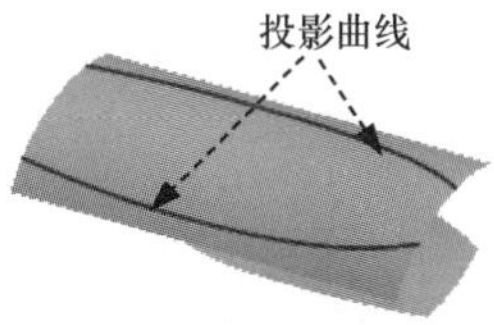

投影曲线

图8.9.12 投影曲线2

Step10. 创建图8.9.13b所示的曲面修剪2。选取图8.9.13a所示的曲面为要修剪的曲面；单击修剪按钮；选取图8.9.13a所示的曲线作为修剪对象，调整图形区中的箭头使其指向要保留的部分，如图8.9.13a所示。单击按钮，完成曲面修剪2的创建。

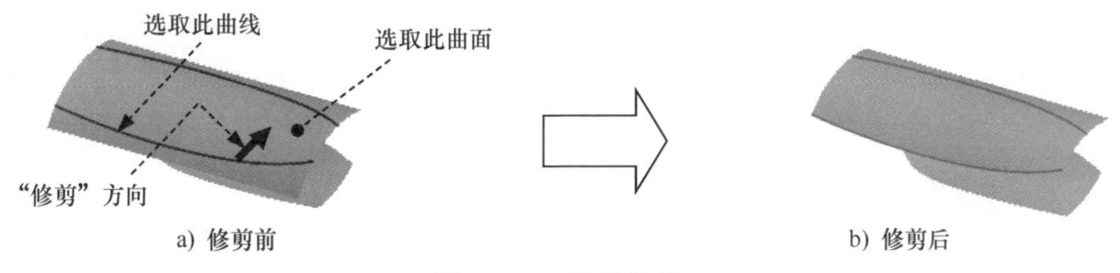

图8.9.13 曲面修剪2

Step11. 创建图8.9.14所示的草图3。在操控板中单击“草绘”按钮；选取FRONT基准平面为草绘平面，选取RIGHT基准平面为参考平面，方向为下，单击草绘按钮，绘制图8.9.14所示的草图。

说明：图 8.9.14 所示的草图是使用“投影”命令和“镜像”命令绘制而成的。

Step12. 创建图 8.9.15 所示的投影曲线 3（投影曲线 2 已隐藏）。在模型树中选取草图 3，单击 投影 按钮；选取图 8.9.15 所示的面为投影面，采用系统默认方向，单击 ✔ 按钮，完成投影曲线 3 的创建。

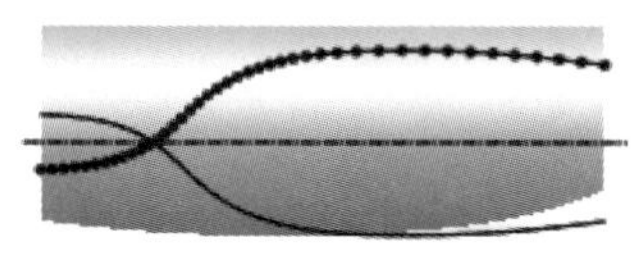

图 8.9.14 草图 3

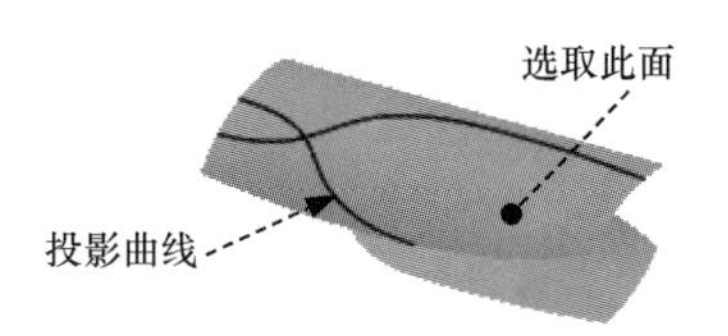

图 8.9.15 投影曲线 3

Step13. 创建图 8.9.16b 所示的曲面修剪 3。选取图 8.9.16a 所示的曲面为要修剪的曲面；单击 修剪 按钮；选取图 8.9.16a 所示的曲线作为修剪对象，调整图形区中的箭头使其指向要保留的部分，如图 8.9.16a 所示；单击 ✔ 按钮，完成曲面修剪 3 的创建。

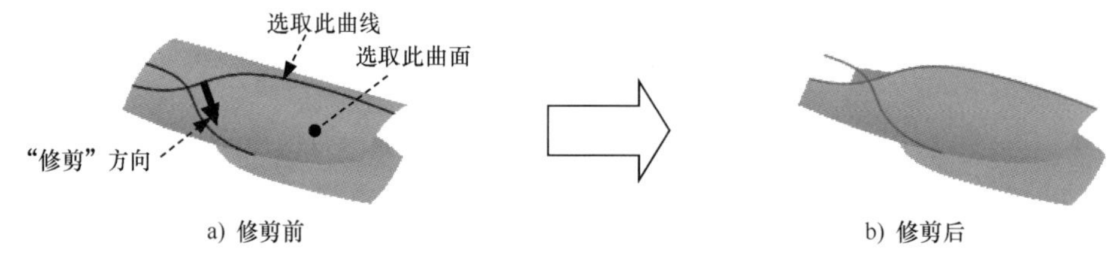

图 8.9.16 曲面修剪 3

Step14. 创建图 8.9.17 所示的造型特征 1。

（1）进入造型环境。单击 模型 功能选项卡 曲面 ▾ 区域中的 样式 按钮。

（2）绘制初步 ISDX 曲线。单击“曲线”按钮 ，系统弹出“造型：曲线”操控板。在操控板中选中 单选项，采用系统默认的 TOP 基准平面为 ISDX 曲线活动平面；绘制图 8.9.18 所示的初步 ISDX 曲线，然后单击操控板中的“确定”按钮 ✔。

（3）编辑 ISDX 曲线。单击 曲线编辑 按钮，系统弹出“造型：曲线编辑”操控板，单击“视图工具栏”中的“活动平面方向”按钮 ，按住 Shift 键，选取图 8.9.19 所示的初步 ISDX 曲线的端点进行拖动，使样条曲线的两个端点分别与图 8.9.18 所示的两条边线的两个端点重合，结果如图 8.9.19 所示，然后单击操控板中的“确定”按钮 ✔。

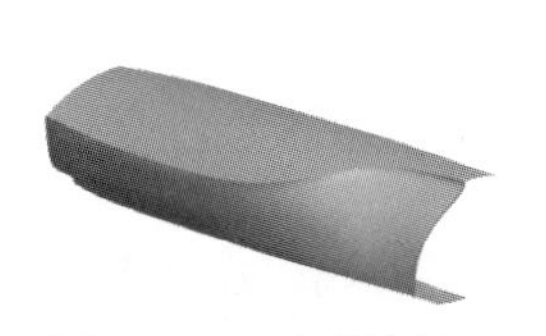

图 8.9.17 造型特征 1

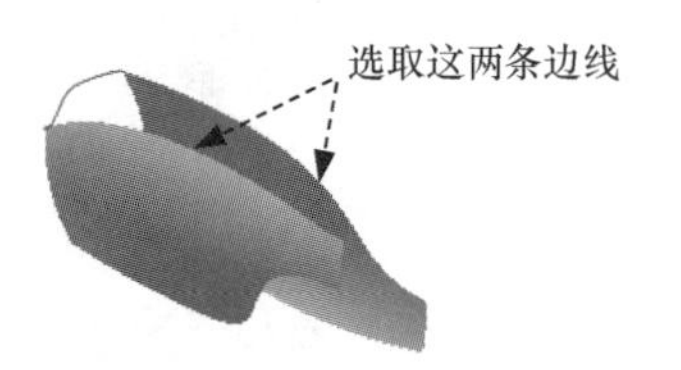

图 8.9.18 绘制 ISDX 曲线

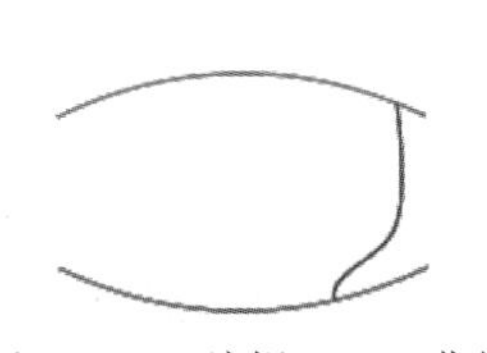

图 8.9.19 编辑 ISDX 曲线

（4）创建图 8.9.20 所示的 DTM1 基准平面。单击 样式 功能选项卡 平面 区域中的 设置活动平面 按钮，在弹出的菜单中选择 内部平面 命令，此时系统弹出“基准平面”对话框。选取 TOP 基准平面为参考平面，将其约束类型设置为 平行，按住 Ctrl 键，选取图 8.9.20 所示的顶点，将其约束类型设置为 穿过，单击对话框中的 确定 按钮。

（5）创建图 8.9.21 所示的 DTM2 基准平面。单击 样式 功能选项卡 平面 区域中的 设置活动平面 按钮，在弹出的菜单中选择 内部平面 命令，此时系统弹出“基准平面”对话框。选取 TOP 基准平面为偏距参考面，调整偏移方向，在对话框中输入偏移距离值 80.0，单击对话框中的 确定 按钮。

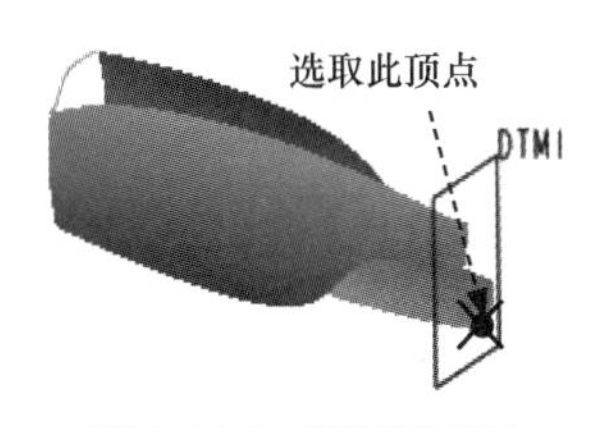

图 8.9.20 基准平面 1

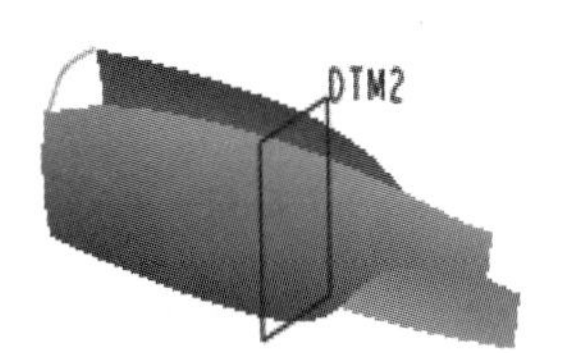

图 8.9.21 基准平面 2

（6）绘制初步 ISDX 曲线。单击“设置活动平面”按钮，选择 DTM1 基准平面为活动平面，单击“视图工具栏”中的按钮，单击“曲线”按钮，在系统弹出的“造型：曲线”操控板中选中单选项，绘制图 8.9.22 所示的初步 ISDX 曲线，然后单击操控板中的“确定”按钮✔。

（7）编辑 ISDX 曲线。单击 曲线编辑 按钮，单击“视图工具栏”中的按钮，参考步骤（3），编辑图 8.9.22 所示的 ISDX 曲线，结果如图 8.9.23 所示。

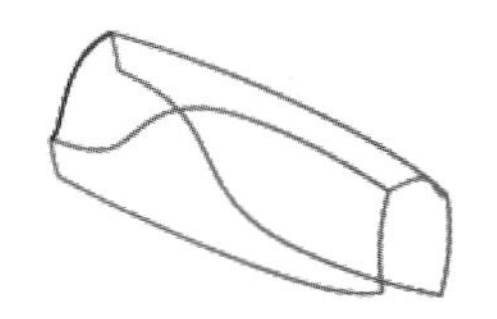
图 8.9.22 绘制 ISDX 曲线

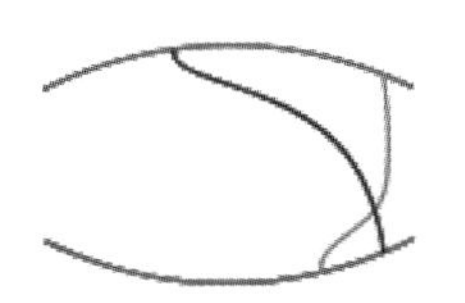
图 8.9.23 编辑 ISDX 曲线

（8）绘制初步 ISDX 曲线。单击“设置活动平面”按钮，选择 DTM2 基准平面为活动平面，单击“视图工具栏”中的按钮，单击“曲线”按钮，在系统弹出的“曲线创建”操控板中选中单选项，绘制图 8.9.24 所示的初步 ISDX 曲线，然后单击操控板中的“确定”按钮✔。

（9）编辑 ISDX 曲线。单击 曲线编辑 按钮，单击“视图工具栏”中的按钮，参考步骤（3），编辑图 8.9.24 所示的 ISDX 曲线，结果如图 8.9.25 所示。

（10）绘制图 8.9.26 所示的曲面。单击“曲面”按钮，在“首要”区域中依次选取图 8.9.27 所示的曲线 1、曲线 2、曲线 3 和曲线 4 为主曲线；在“内部”区域中选取曲线 5 为内部曲线；单击操控板中的“确定”按钮 ，完成类型 1 的创建。单击“确定”按钮 ，退出 ISDX 环境。

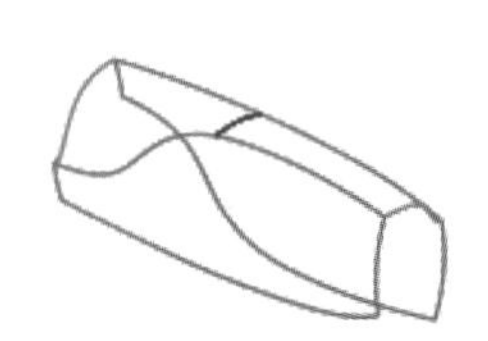

图 8.9.24　绘制 ISDX 曲线

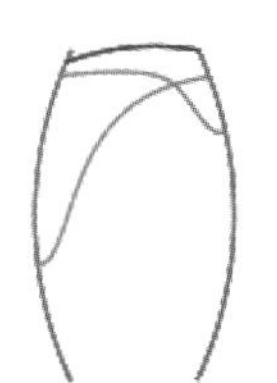

图 8.9.25　编辑 ISDX 曲线

图 8.9.26　绘制 ISDX 曲面

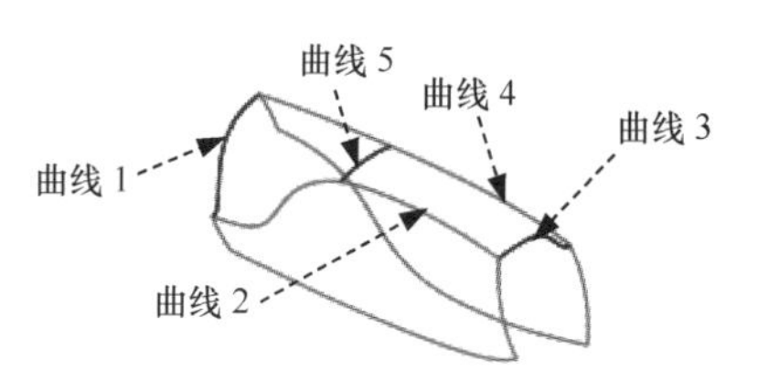

图 8.9.27　编辑 ISDX 曲线

Step15. 创建图 8.9.28 所示的投影曲线 4。在模型树中选取草图 3，单击 投影 按钮；选取图 8.9.28 所示的面为投影面，采用系统默认方向，单击 按钮，完成投影曲线 4 的创建。

Step16. 创建图 8.9.29 所示的复制面组。

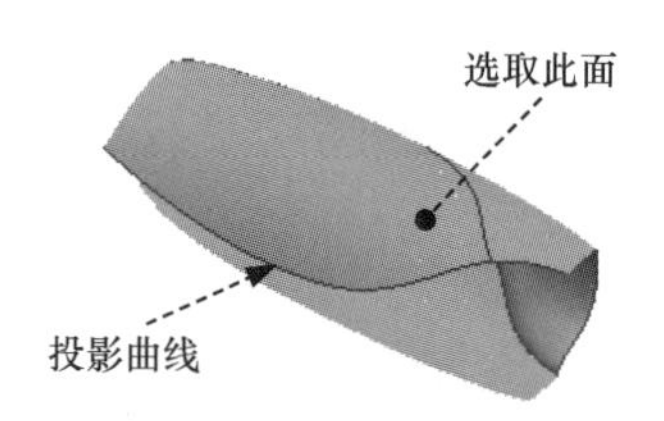

图 8.9.28　投影曲线 4

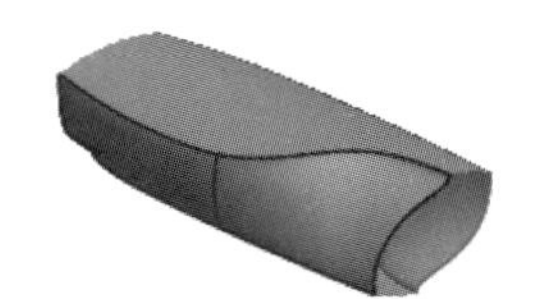

图 8.9.29　创建复制面组

（1）在绘图区选取图 8.9.30 所示的面为要复制的曲面。

（2）单击 模型 功能选项卡 操作 ▾ 区域中的“复制”按钮 。

（3）单击 模型 功能选项卡 操作 ▾ 区域中的“粘贴”按钮 ▾ 下的 选择性粘贴 选项，系统弹出“选择性粘贴”对话框。

（4）在“选择性粘贴”对话框中设置图 8.9.31 所示的参数，然后单击 确定(O) 按钮。系统弹出“高级参考配置”对话框。

（5）设置高级参考配置参数。

① 替换基准平面。保持默认的原始参考。

② 替换顶点。将 原始特征的参考 区域中的五个点分别进行替换，替换点为图 8.9.30 所

示的两条曲线的端点（可参见视频）。

③ 替换曲线。在绘图区依次选取图 8.9.30 所示的曲线 1 和曲线 2。

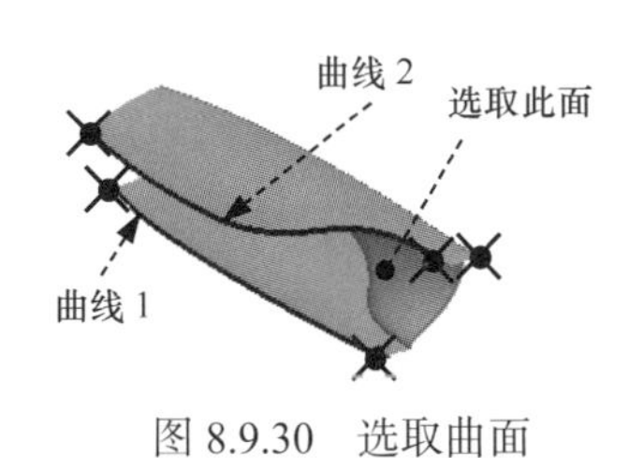

图 8.9.30　选取曲面

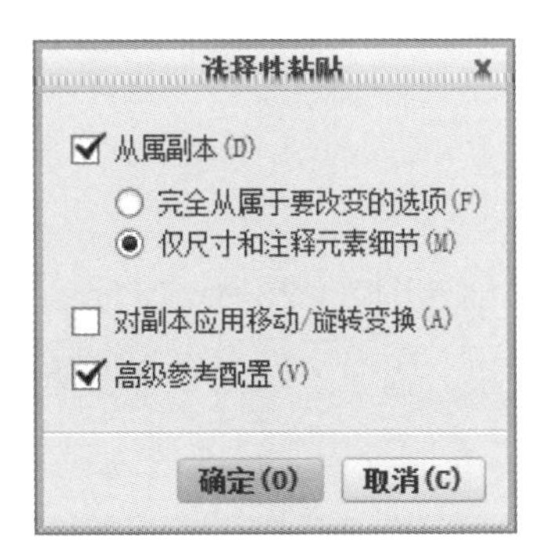

图 8.9.31　“选择性粘贴”对话框

说明：在选取参考时，读者要根据系统自动加亮的对象依次选取对应的参考，或者使用相同参考。

（6）在“高级参考配置”对话框中单击 ✓ 按钮，在弹出的“预览”对话框中再次单击 ✓ 按钮，完成曲面的复制操作。

Step17. 创建曲面合并 1。

（1）选取合并对象。按住 Ctrl 键，选取图 8.9.32 所示的曲面 1、曲面 2、曲面 3 和曲面 4 为合并对象。

（2）选择命令。单击 模型 功能选项卡 编辑 ▾ 区域中的 合并 按钮。

（3）单击 ✓ 按钮，完成曲面合并 1 的创建。

Step18. 创建图 8.9.33b 所示的倒圆角特征 1。单击 模型 功能选项卡 工程 ▾ 区域中的 倒圆角 ▾ 按钮，选取图 8.9.33a 所示的边线为倒圆角放置参考，在倒圆角半径文本框中输入值 2.0。

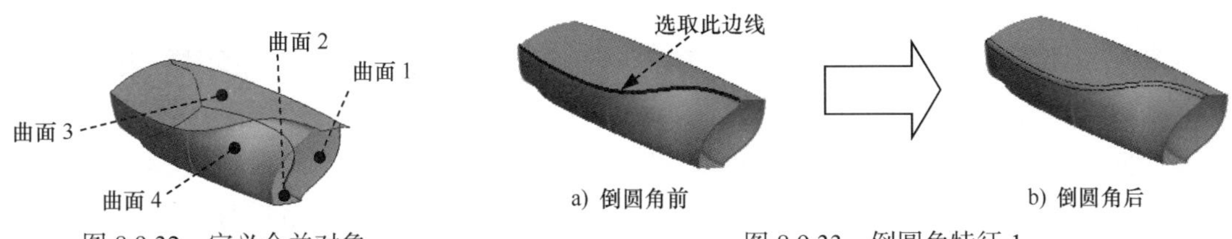

图 8.9.32　定义合并对象

图 8.9.33　倒圆角特征 1

Step19. 创建图 8.9.34b 所示的倒圆角特征 2。选取图 8.9.34a 所示的边线为倒圆角放置参考，输入倒圆角半径值 2.0。

Step20. 创建图 8.9.35 所示的草图 4。在操控板中单击“草绘”按钮，选取 FRONT 基准平面为草绘平面，选取 RIGHT 基准平面为参考平面，单击 反向 按钮，方向为 下，单击 草绘 按钮，绘制图 8.9.35 所示的草图。

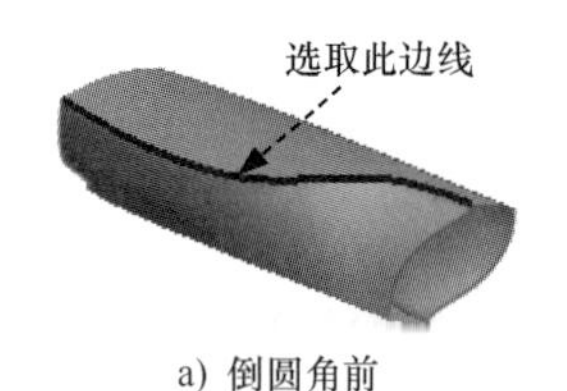

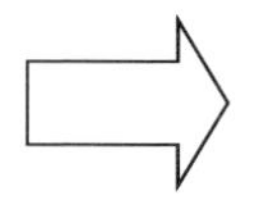

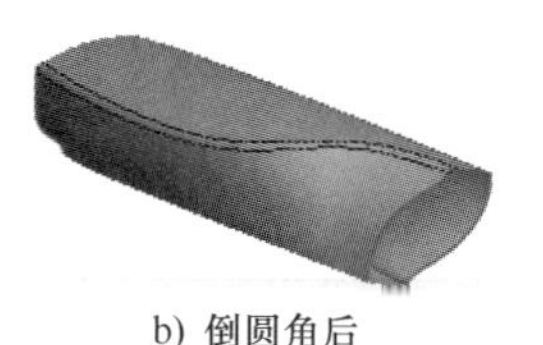

a) 倒圆角前　　　　b) 倒圆角后

图 8.9.34　倒圆角特征 2

Step21. 创建图 8.9.36 所示的投影曲线 5（草图 4 已隐藏）。在模型树中选取草图 4，单击 投影 按钮，选取图 8.9.36 所示的面（包括倒圆角面）为投影面，采用系统默认方向，单击 ✓ 按钮，完成投影曲线 5 的创建。

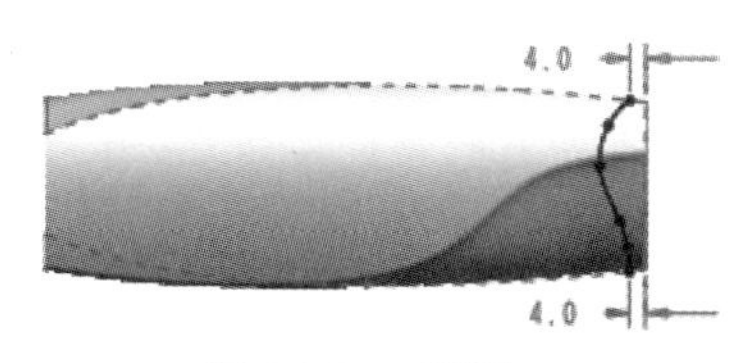

图 8.9.35　草图 4

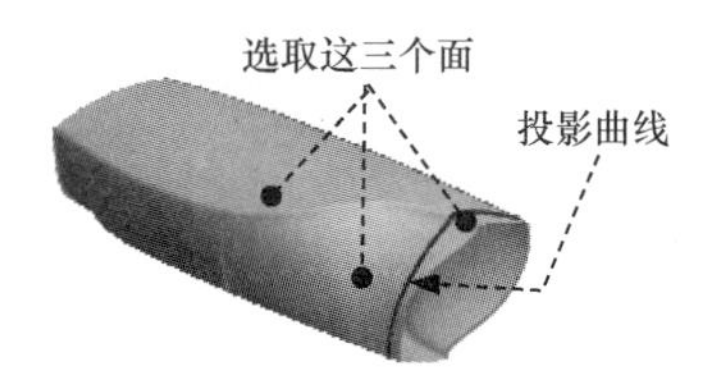

图 8.9.36　投影曲线 5

Step22. 创建图 8.9.37 所示的复制曲线。

（1）在绘图区选取图 8.9.38 所示的曲线为要复制的曲线。

（2）单击 模型 功能选项卡 操作 ▾ 区域中的“复制”按钮 。

（3）单击 模型 功能选项卡 操作 ▾ 区域中的“粘贴”按钮 ▾ 下的 选择性粘贴 选项，系统弹出“选择性粘贴”对话框。

（4）在“选择性粘贴”对话框中选中 ☑ 完全从属于要改变的选项(F) 和 ☑ 高级参考配置(V) 复选框，然后单击 确定(O) 按钮，系统弹出“高级参考配置”对话框。

（5）设置高级参考配置参数。

① 替换草图。保持默认的原始参考。

② 替换曲面。将 **原始特征的参考** 区域中的三个面分别进行替换，替换对象为图 8.9.38 所示的曲面 2、曲面 1 和圆角面。

③ 替换基准平面。保持默认的原始参考。

说明： 在选取参考时，读者可根据系统自动加亮的对象选取与之匹配的参考。

（6）在“高级参考配置”对话框中单击 ✓ 按钮，完成曲线的复制操作。

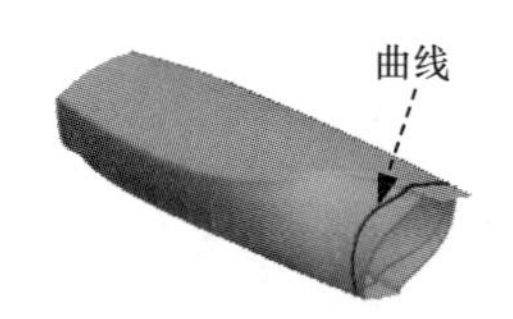

图 8.9.37　复制曲线

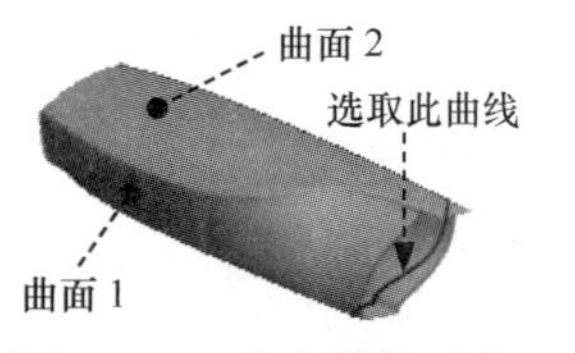

图 8.9.38　定义替换对象

Step23. 创建图 8.9.39 所示的边界混合曲面 1。

（1）选择命令。单击 模型 功能选项卡 曲面 ▾ 区域中的“边界混合”按钮。

（2）选取边界曲线。在操控板中单击 曲线 按钮，系统弹出“曲线”界面，按住 Ctrl 键，依次选取图 8.9.39 所示的两条曲线为第一方向边界曲线。

（3）设置边界条件。在操控板中单击 控制点 按钮，在系统弹出界面的 拟合 下拉列表中选择 弧长 选项。

（4）单击 ✔ 按钮，完成边界混合曲面 1 的创建。

Step24. 创建偏移曲面 1。

（1）选取偏移对象。选取图 8.9.40 所示的面为要偏移的曲面。

（2）选择命令。单击 模型 功能选项卡 编辑 ▾ 区域中的 偏移 按钮。

（3）定义偏移设置。在操控板中单击 选项 按钮，在弹出的界面中选择 控制拟合 选项，采用系统默认的坐标系，并取消选中 ☑X 、☑Y 和 ☑Z 复选框。

（4）定义偏移值。在操控板中输入偏移值 2.0，定义偏移方向如图 8.9.40 所示。

（5）单击 ✔ 按钮，完成偏移曲面 1 的创建。

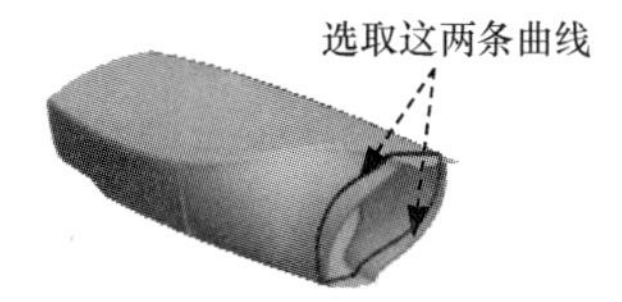

图 8.9.39　边界混合曲面 1

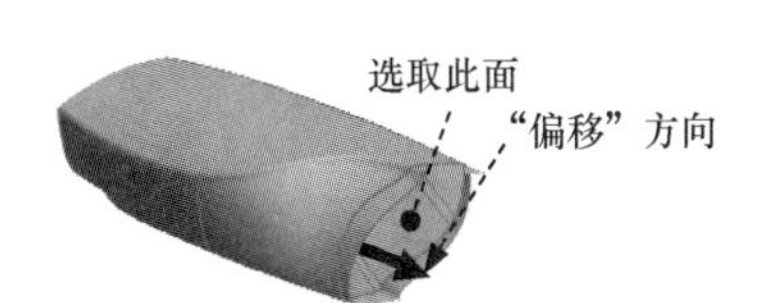

图 8.9.40　定义偏移面

Step25. 创建图 8.9.41b 所示的曲面修剪 4（偏移曲面 1 已隐藏）。选取图 8.9.41a 所示的面 1 为要修剪的曲面，单击 修剪 按钮；选取图 8.9.41a 所示的面 2（面 2 为边界混合曲面 1）作为修剪对象；单击调整图形区中的箭头使其指向要保留的部分，如图 8.9.41a 所示；单击 ✔ 按钮，完成曲面修剪 4 的创建。

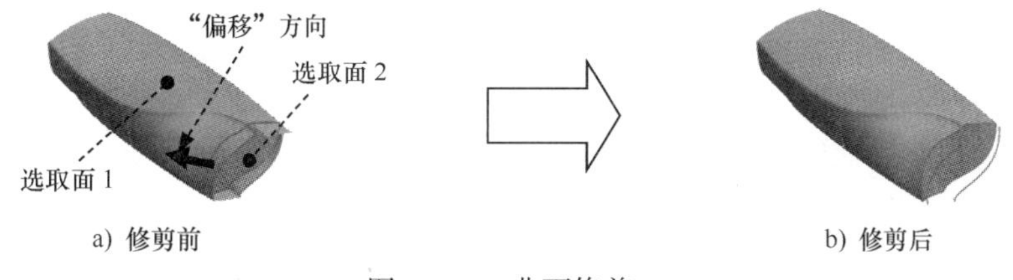

图 8.9.41　曲面修剪 4

Step26. 本案例后面的详细操作过程请参见学习资源 video 文件夹中对应章节的语音视频讲解文件。

8.10 普通曲面综合范例 10——遥控手柄的整体设计

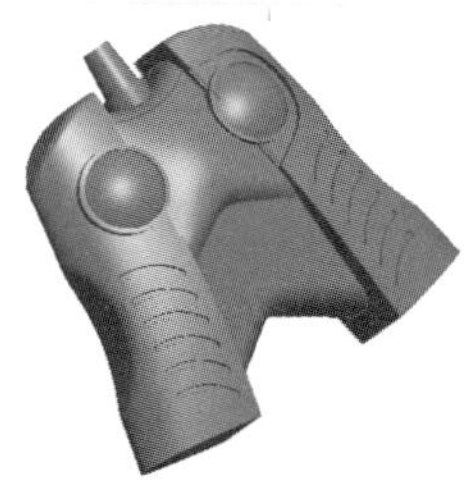
图 8.10.1 零件模型

范例概述

本范例主要讲述了遥控手柄的整体设计过程，是一个使用一般曲面和 ISDX 曲面综合建模的实例。通过本例的学习，读者可认识到，ISDX 曲面造型的关键是 ISDX 曲线，只有高质量的 ISDX 曲线才能获得高质量的 ISDX 曲面。零件模型如图 8.10.1 所示。

本范例的详细操作过程请参见随书学习资源中 video 中的语音视频讲解文件。模型文件为 D：\creo6.8\work\ch08.10\TELECONTROL_HAND.prt。

8.11 普通曲面综合范例 11——自顶向下（Top_Down）设计手机外壳

8.11.1 概述

本范例详细讲解了一款手机外壳的整个设计过程，该设计过程采用了一种比较先进的设计方法——自顶向下（Top_down Design）的设计方法。这种自顶向下的设计方法可以加快产品更新换代的速度，极大地缩短新产品的上市时间，并且可以获得较好的整体造型。许多家用电器（如计算机机箱、吹风机以及计算机鼠标）都可以采用这种方法进行设计。本例设计的产品成品模型及模型树如图 8.11.1 所示。

在使用自顶向下的设计方法进行设计时，我们先引入一个新的概念——控件。控件即控制元件，用于控制模型的外观及尺寸等，在设计过程中起着承上启下的作用。最高级别的控件（通常称之为“一级控件”或“骨架模型”，是在整个设计开始时创建的原始结构模型），所承接的是整体模型与所有零件之间的位置及配合关系；一级控件之外的控件（二级控件或更低级别的控件）从上一级别控件得到外形和尺寸等，再把这种关系传递给下一级控件或零件。在整个设计过程中，一级控件的作用非常重要，创建之初就把整个模型的外观勾勒出来，后续工作都是对一级控件的分割或细化，在整个设计过程中创建的所有控件或零件都与一级控件存在着根本的联系。本例中一级控件是一种特殊的零件模型，或者说它是一个装配体的 3D 布局。

设计流程图如图 8.11.2 所示。

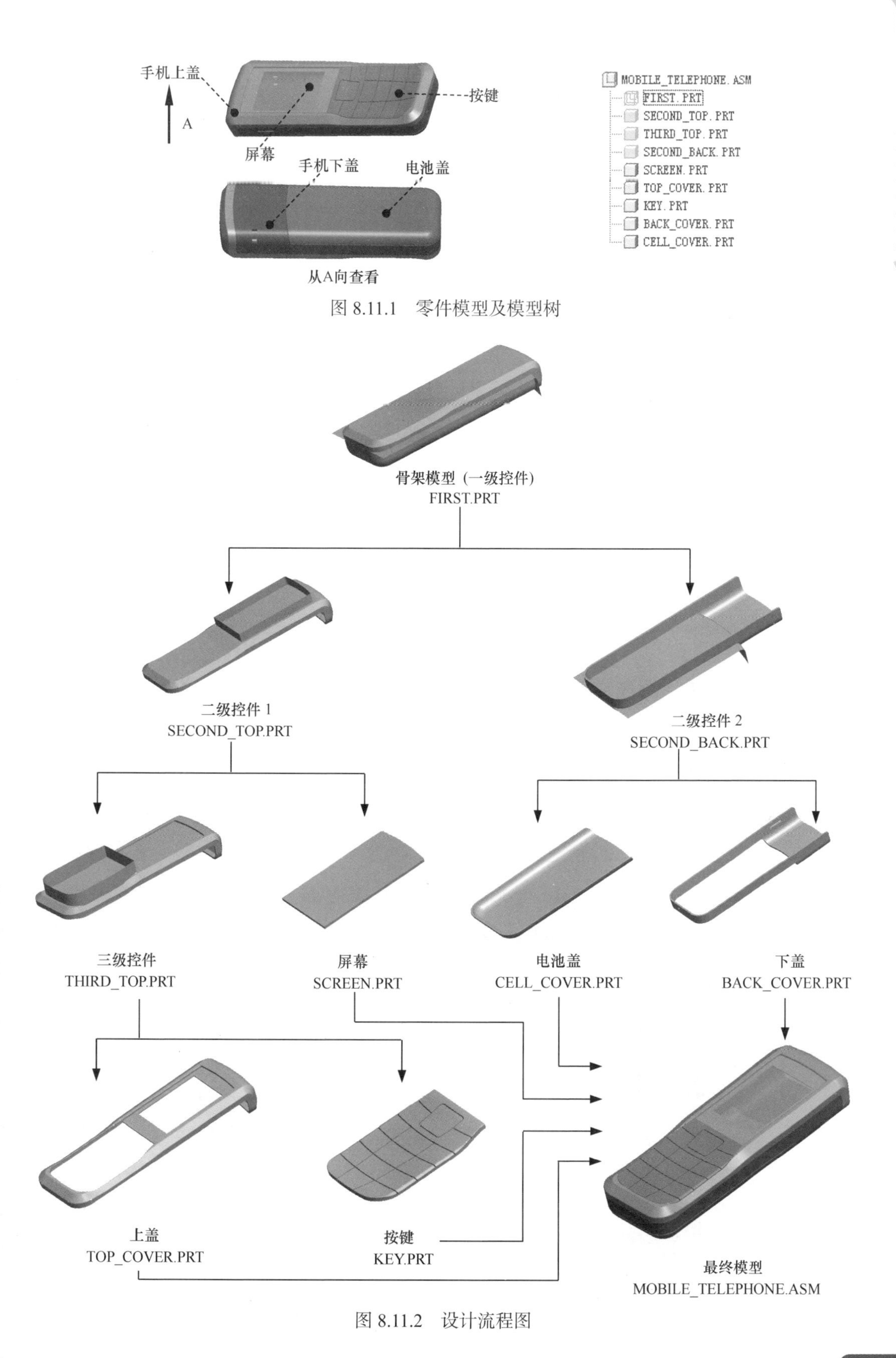

图 8.11.1 零件模型及模型树

图 8.11.2 设计流程图

自顶向下的设计方法有如下两种。

方法一：首先创建产品的整体外形，然后分割产品从而得到各个零部件，再对零部件各结构进行设计。

方法二：首先创建产品中的重要结构，然后将装配几何关系的线与面复制到各零件，再插入新的零件并进行细节的设计。

本实例采用第一种设计方法，即将创建的产品的整体外形分割而得到各个零件。

8.11.2 创建手机的骨架模型

下面讲解骨架模型（一级控件）的创建过程。一级控件在整个设计过程中起着十分重要的作用，它不仅为两个二级控件提供原始模型，并且确定了手机的整体外观形状。

Task1. 设置工作目录

将工作目录设置至 D：\creo8.8\work\ch08.11。

Task2. 新建一个装配体文件

新建一个装配体文件，命名为 MOBILE_TELEPHONE。

Task3. 创建手机的骨架模型

在装配环境下，创建图 8.11.3 所示的手机的骨架模型及模型树。

Step1. 在装配体中建立骨架模型 FIRST。

（1）单击 模型 功能选项卡 元件 ▾ 区域中的“创建”按钮。

（2）此时系统弹出“元件创建”对话框，选中 类型 选项组中的 骨架模型 单选项，在 文件名: 文本框中输入文件名 FIRST，然后单击 确定 按钮。

（3）在“创建选项”对话框中选中 空 单选项，单击 确定 按钮。

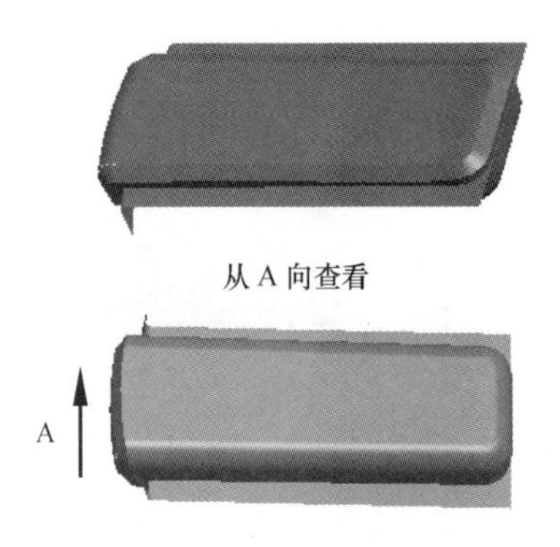

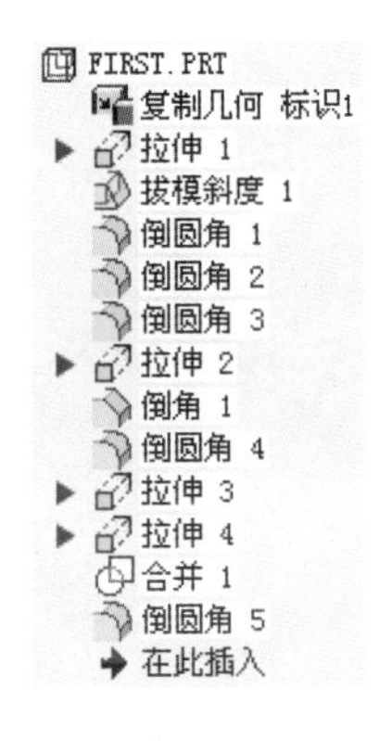

图 8.11.3 骨架模型及模型树

Step2. 激活骨架模型。在模型树中选择 FIRST.PRT，然后右击，在系统弹出的快捷菜单中选择 激活 命令。

（1）单击 模型 功能选项卡 获取数据 ▾ 区域中的“复制几何”按钮，在系统弹出的“复制几何”操控板中进行下面操作。

（2）在“复制几何”操控板中，先确认“将参考类型设置为装配上下文”按钮被按下，然后单击“仅限发布几何”按钮（使此按钮为弹起状态）。

（3）在“复制几何”操控板中单击 参考 选项卡，系统弹出“参考”界面；单击 参考 文本框中的 单击此处添加项 字符，在“智能选取”栏中选择 基准平面 选项，然后选取装配文件中的三个基准平面。

（4）在“复制几何”操控板中单击 选项 选项卡，选中 ⊙ 按原样复制所有曲面 单选项。

（5）在“复制几何”操控板中单击“确定”按钮 ✔。

（6）完成操作后，所选的基准平面就复制到 FIRST.PRT 中。

Step3. 在装配体中打开主控件 FIRST.PRT。在模型树中选择 ▸ FIRST.PRT，然后右击，在系统弹出的快捷菜单中选择 打开 命令。

Step4. 创建图 8.11.4 所示的拉伸特征 1。在操控板中单击“拉伸”按钮 拉伸。选取 ASM_TOP 基准平面为草绘平面，选取 ASM_RIGHT 基准平面为参考平面，方向为 左；单击 草绘 按钮，绘制图 8.11.5 所示的截面草图；在“拉伸”操控板中定义拉伸类型为，输入深度值 16。

图 8.11.4　拉伸特征 1

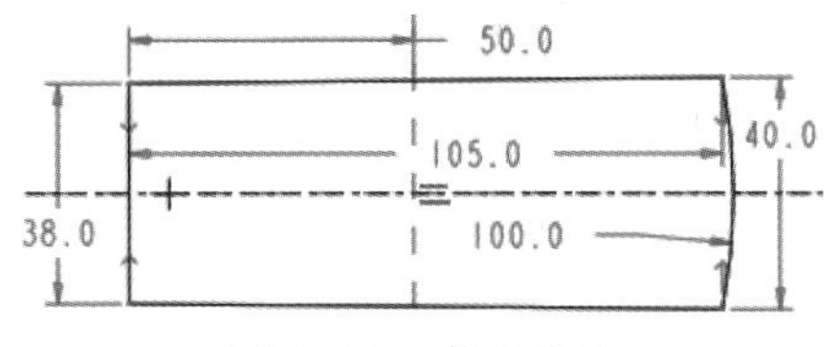

图 8.11.5　截面草图

Step5. 创建图 8.11.6 所示的拔模特征。单击 模型 功能选项卡 工程 ▾ 区域中的 拔模 ▾ 按钮；选取图 8.11.6a 所示的两侧面为拔模面，选取图 8.11.6a 所示的模型表面作为拔模枢轴平面，拔模方向如图 8.11.6a 所示。在拔模角度文本框中输入拔模角度值 5.0；单击 ✔ 按钮，完成拔模特征的创建。

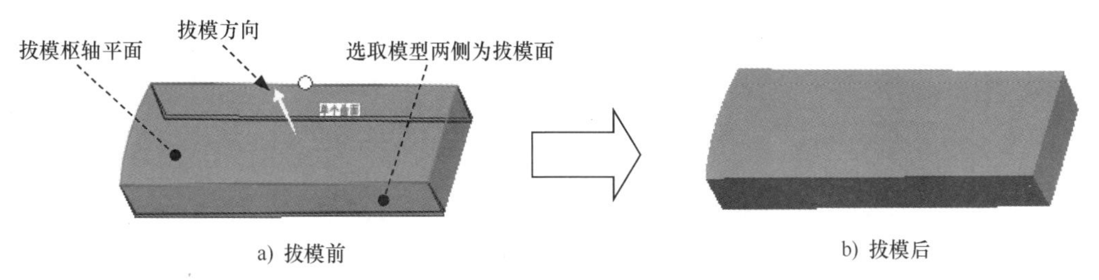

图 8.11.6　拔模特征

Step6. 创建倒圆角特征 1。单击 模型 功能选项卡 工程 ▾ 区域中的 倒圆角 ▾ 按钮，选取图 8.11.7 所示的边链为倒圆角的边线，输入倒圆角半径值 8.0。

Step7. 创建倒圆角特征 2。选取图 8.11.8 所示的边线为倒圆角的边线，半径值为 6.0。

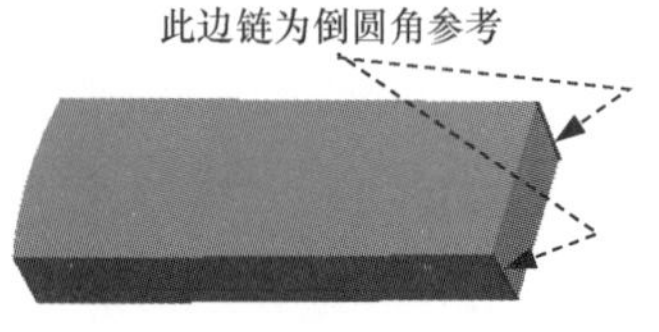

图 8.11.7　倒圆角特征 1

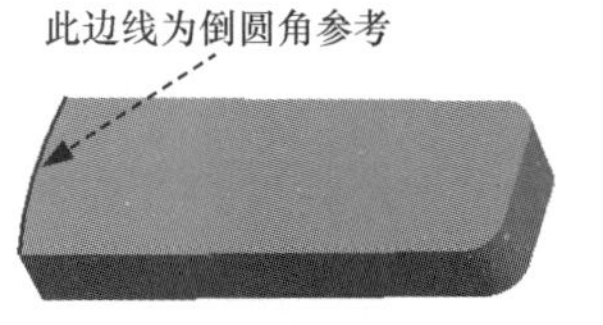

图 8.11.8　倒圆角特征 2

Step8. 创建倒圆角特征 3。选取图 8.11.9 所示的边线为倒圆角的边线，半径值为 6.0。

注意：倒圆角特征 3 与倒圆角特征 2 分别在模型的两侧，完成后的模型如图 8.11.10 所示。

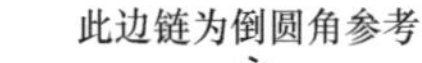

图 8.11.9　倒圆角特征 3

图 8.11.10　倒圆角后

Step9. 创建图 8.11.11 所示的拉伸特征 2。在操控板中单击“拉伸”按钮 拉伸，按下 按钮；选取 ASM_FRONT 基准平面为草绘平面，选取 ASM_RIGHT 基准平面为参考平面，单击 反向 按钮，方向为 左；单击 草绘 按钮，绘制图 8.11.12 所示的截面草图；在 选项 界面中，定义两侧深度类型均为 。

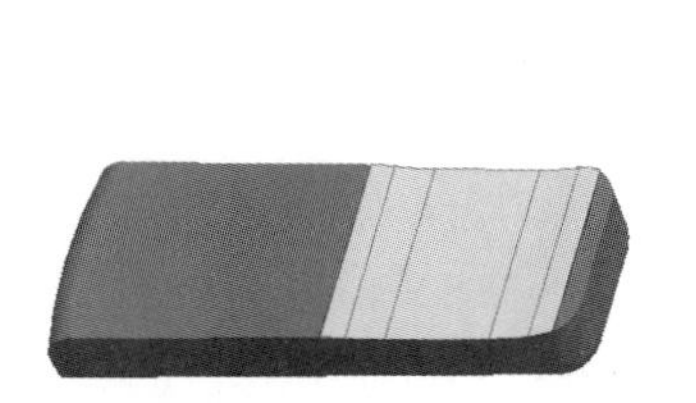
图 8.11.11　拉伸特征 2

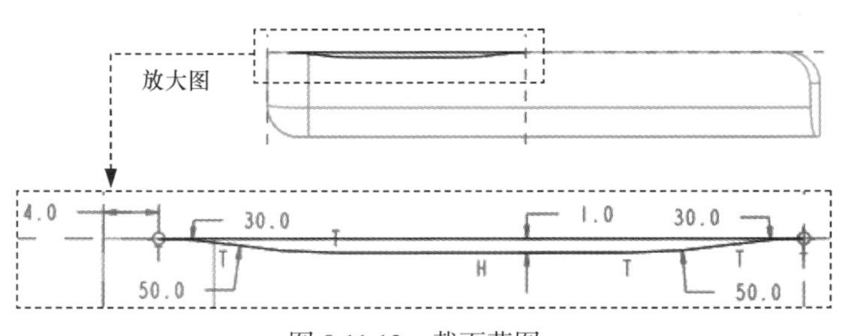

图 8.11.12　截面草图

Step10. 创建图 8.11.13 所示的倒角特征 1。单击 模型 功能选项卡 工程 ▾ 区域中的 倒角 ▾ 按钮，按住 Ctrl 键，选取图 8.11.14 所示的边链为倒角的边线；在 D x D ▾ 下拉列表中选择 角度 x D 选项，输入角度值 30、倒角值 4.0。

Step11. 创建图 8.11.15 所示的倒圆角特征 4。选取图 8.11.16 所示的边链为倒圆角参考边线，倒圆角半径值为 1.0。

Step12. 创建图 8.11.17 所示的拉伸特征 3。在操控板中单击“拉伸”按钮 拉伸，按下“拉伸”操控板中的“曲面类型”按钮 ；选取 ASM_FRONT 基准平面为草绘平面，选取

ASM_RIGHT 基准平面为参考平面，单击 反向 按钮，方向为 左；单击 草绘 按钮，绘制图 8.11.18 所示的截面草图。在该操控板中定义拉伸类型为 ，输入深度值 50.0。

图 8.11.13　倒角特征 1

图 8.11.14　选取倒角的边线

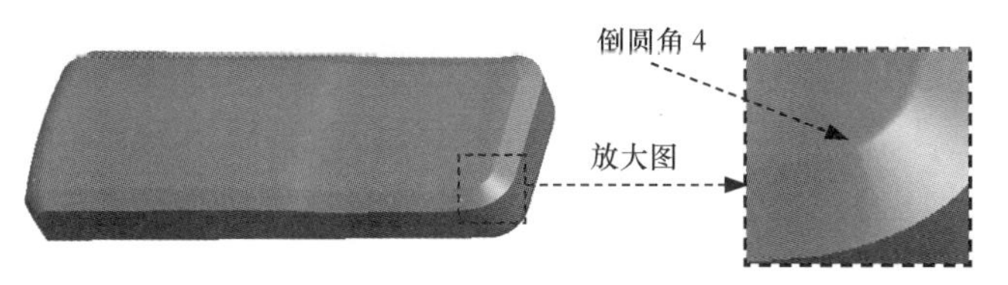

图 8.11.15　倒圆角特征 4

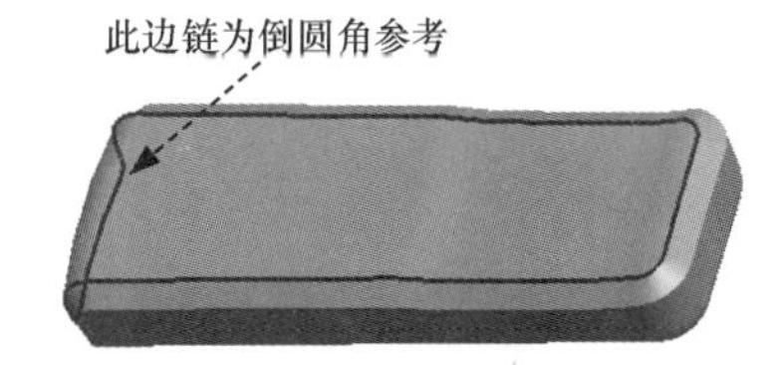

图 8.11.16　选取参考

图 8.11.17　拉伸特征 3

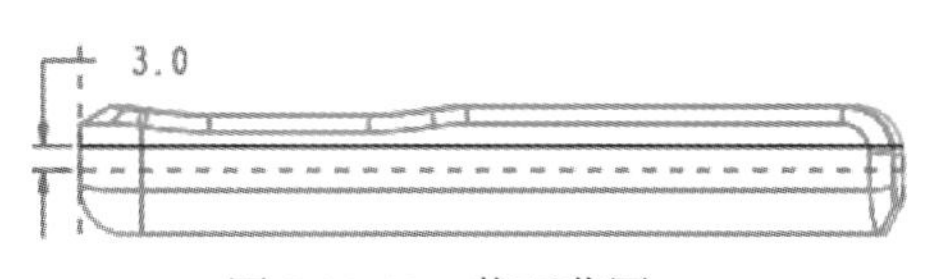

图 8.11.18　截面草图

Step13. 创建图 8.11.19 所示的拉伸特征 4。在操控板中单击“拉伸”按钮 拉伸，按下“拉伸”操控板中的 按钮；选取 Step4 创建的实体拉伸（无切削特征的一侧）为草绘平面，选取 ASM_RIGHT 基准平面为参考平面，方向为 左；单击 草绘 按钮，绘制图 8.11.20 所示的截面草图。在该操控板中定义拉伸类型为 ，输入深度值 20.0。

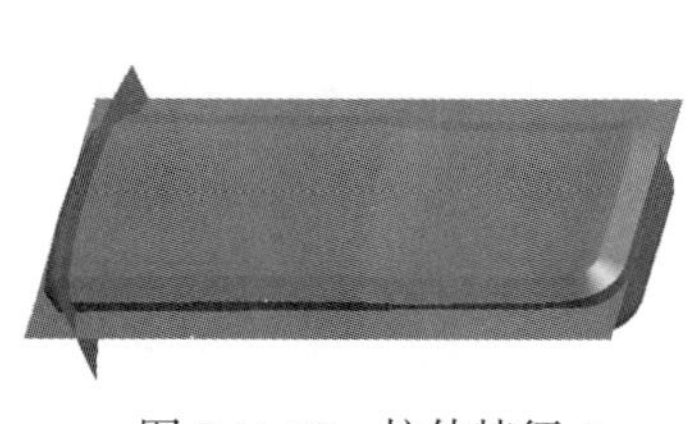

图 8.11.19　拉伸特征 4

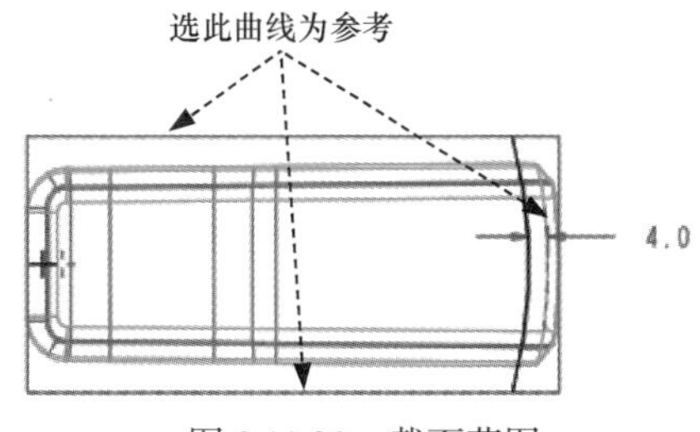

图 8.11.20　截面草图

Step14. 将 Step11 与 Step12 创建的曲面进行合并，创建曲面合并 1。按住 Ctrl 键，选取图 8.11.21 所示的两曲面，单击 模型 功能选项卡 编辑 ▾ 区域中的 合并 按钮，调整箭头方向如图 8.11.21a 所示；单击 ✔ 按钮，完成曲面合并 1 的创建。

Step15. 创建图 8.11.22 所示的倒圆角特征 5。选取图 8.11.23 所示的边线为倒圆角的参考边线，倒圆角半径值为 1.5。

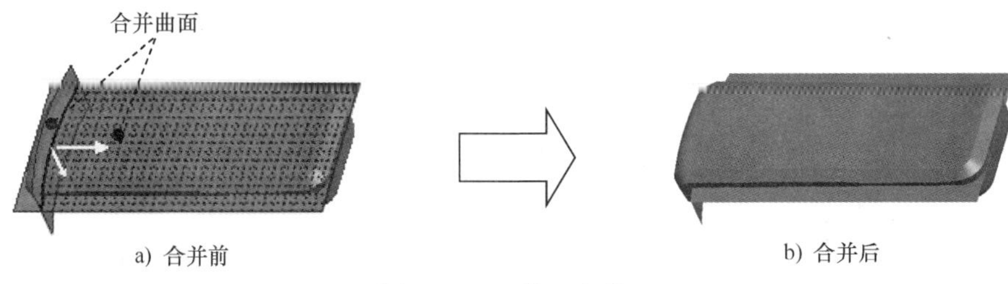

a) 合并前　　b) 合并后

图 8.11.21　曲面合并 1

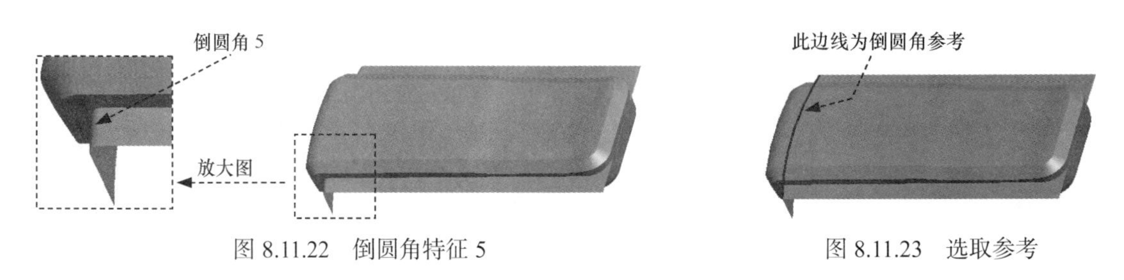

图 8.11.22　倒圆角特征 5　　图 8.11.23　选取参考

Step16. 系统返回到 MOBILE_TELEPHONE.ASM。单击快速工具栏中的 节点下的 1 MOBILE_TELEPHONE.ASM 命令。

8.11.3　创建二级主控件 1

二级主控件 1（SECOND_TOP）是从骨架模型中分割出来的一部分，它继承了骨架模型的相应外观形状，同时它又作为控件模型为三级控件和手机屏幕提供相应外观和对应尺寸，保证了设计零件的可装配性。下面讲解二级主控件 1（SECOND_TOP.PRT）的创建过程，零件模型及模型树如图 8.11.24 所示。

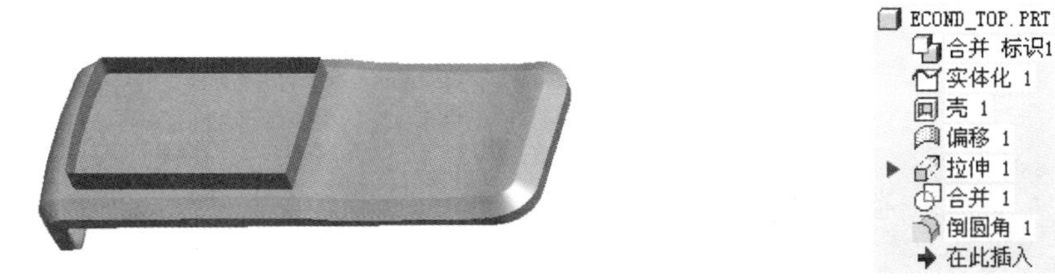

图 8.11.24　零件模型及模型树

Step1. 在装配体中建立二级主控件 SECOND_TOP。

（1）单击 模型 功能选项卡 元件 ▾ 区域中的“创建”按钮 。

（2）此时系统弹出“元件创建”对话框，选中 类型 选项组中的 ◉ 零件 单选项，选中 子类型 选项组中的 ◉ 实体 单选项，然后在 文件名: 文本框中输入文件名 SECOND_TOP，单击 确定 按钮。

（3）在系统弹出的“创建选项”对话框中选中 ◉ 空 单选项，单击 确定 按钮。

Step2. 激活 SECOND_TOP 模型。

（1）激活零件。在模型树中单击 SECOND_TOP.PRT，然后右击，在系统弹出的快捷菜单中选择 激活 命令。

（2）单击 模型 功能选项卡 获取数据 ▾ 区域中的 合并/继承 命令，系统弹出“合并 / 继承”操控板，在该操控板中进行下列操作。

① 在该操控板中，确认“将参考类型设置为装配上下文”按钮 被按下。

② 复制几何。在该操控板中单击 参考 选项卡，系统弹出“参考”界面；选中 ☑复制基准 复选框，然后选取骨架模型；单击“确定”按钮 ✔。

Step3. 在模型树中选择 ECOND_TOP.PRT，然后右击，在系统弹出的快捷菜单中选择 打开 命令。

Step4. 创建图 8.11.25 所示的实体化 1。

（1）在“智能选取”栏中选择 几何 选项，然后选取图 8.11.25a 所示的曲面。

（2）单击 模型 功能选项卡 编辑 ▾ 区域中的 实体化 按钮，并按下“移除材料”按钮 。

（3）确定要保留的实体。单击调整图形区中的箭头使其指向要去除的实体，如图 8.11.25a 所示。

（4）在“实体化”操控板中单击“确定”按钮 ✔，完成实体化 1 的创建。

Step5. 创建图 8.11.26 所示的抽壳特征 1。单击 模型 功能选项卡 工程 ▾ 区域中的“壳”按钮 壳，选取图 8.11.27 所示的模型表面为移除面；在“壳”操控板中输入厚度值 1.5；单击 参考 按钮，在 非默认厚度 栏中创建图 8.11.28 所示的模型表面，输入壁厚值 1.0；单击 ✔ 按钮，完成抽壳特征 1 的创建。

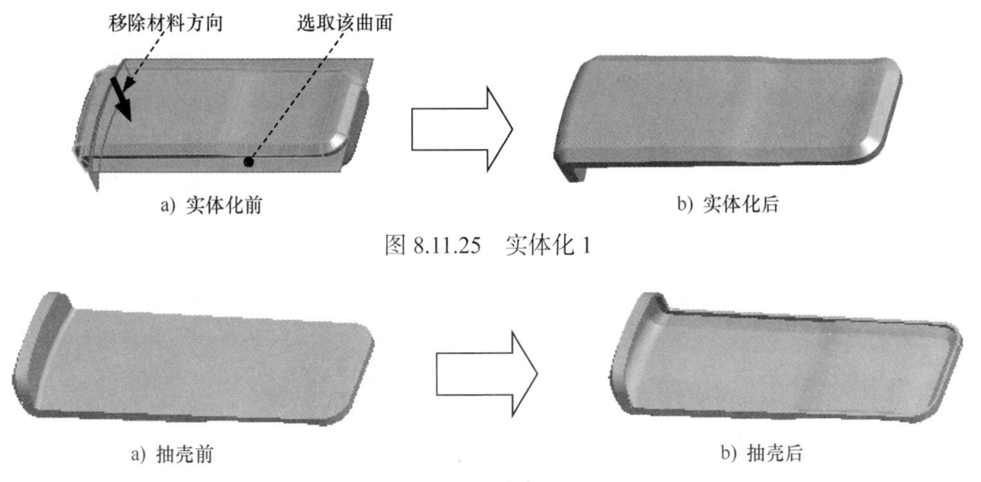

图 8.11.25　实体化 1

图 8.11.26　抽壳特征 1

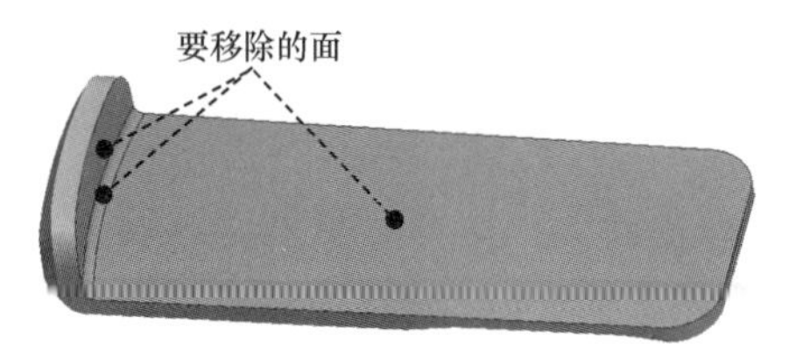

图 8.11.27　要移除的面

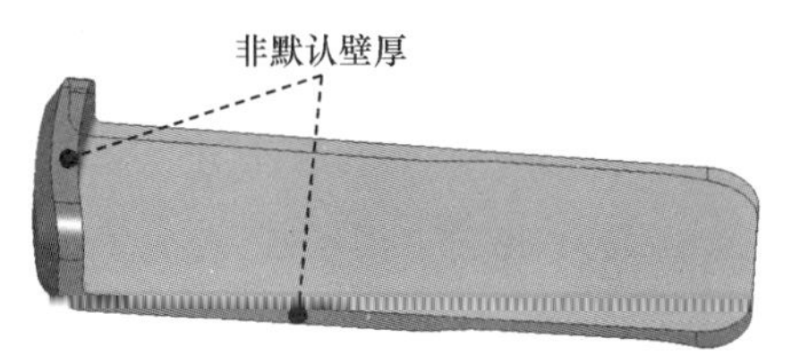

图 8.11.28　非默认壁厚

Step6. 创建图 8.11.29 所示的偏移曲面 1。

（1）在屏幕右下方的“智能选取”栏中选择 几何 选项，然后选取要偏移的曲面。

（2）单击 模型 功能选项卡 编辑 ▾ 区域中的“偏移”按钮 偏移。

（3）定义属性。在“偏移”操控板的偏移类型栏中选取 选项，输入偏移距离值 1.0。

（4）单击 ✓ 按钮，完成偏移曲面 1 的创建。

Step7. 创建图 8.11.30 所示的拉伸曲面 1。在操控板中单击“拉伸”按钮 拉伸，按下“拉伸”操控板中的 按钮；选取图 8.11.31 所示的模型表面为草绘平面，选取 ASM_RIGHT 基准平面为参考平面，方向为 左；绘制图 8.11.32 所示的截面草图；在该操控板中定义拉伸类型为 ，输入深度值 10。

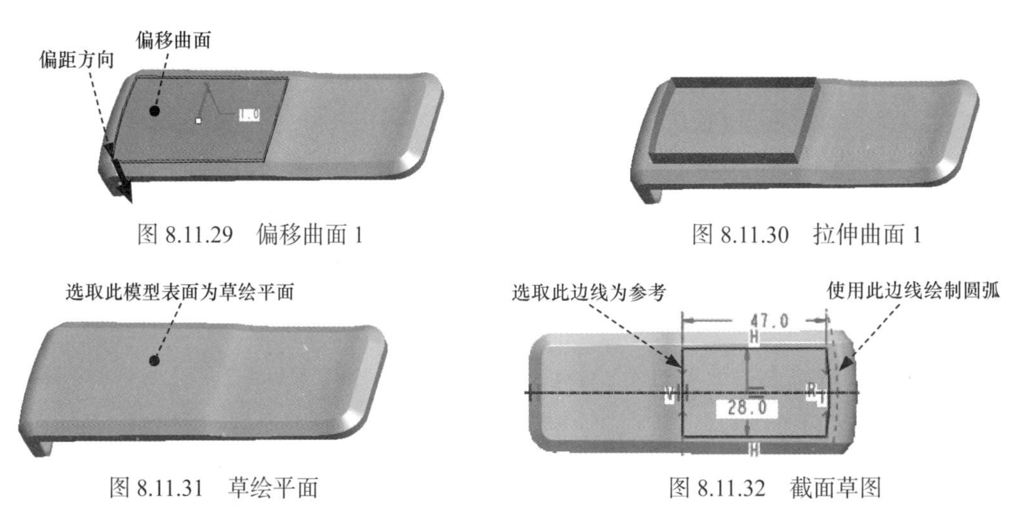

图 8.11.29　偏移曲面 1

图 8.11.30　拉伸曲面 1

图 8.11.31　草绘平面

图 8.11.32　截面草图

Step8. 创建图 8.11.33 所示的曲面合并 1。按住 Ctrl 键，选取图 8.11.33a 所示的两个曲面；单击 合并 按钮，调整箭头方向如图 8.11.33a 所示；单击 ✓ 按钮，完成曲面合并 1 的创建。

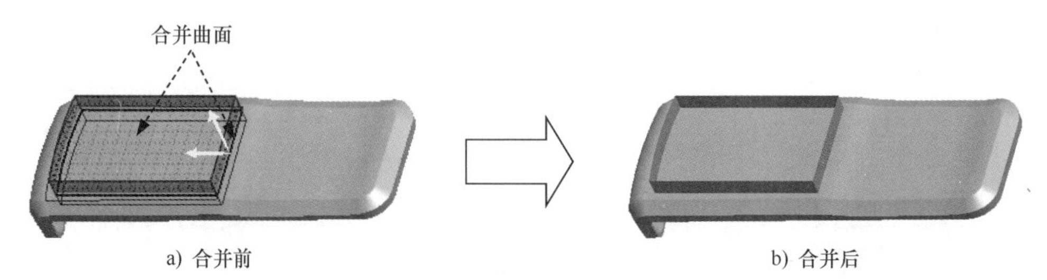

a) 合并前

b) 合并后

图 8.11.33　曲面合并 1

Step9. 创建图 8.11.34 所示的倒圆角特征 1。选取图 8.11.35 所示的边线为倒圆角的参考边线，倒圆角半径值为 1.0。

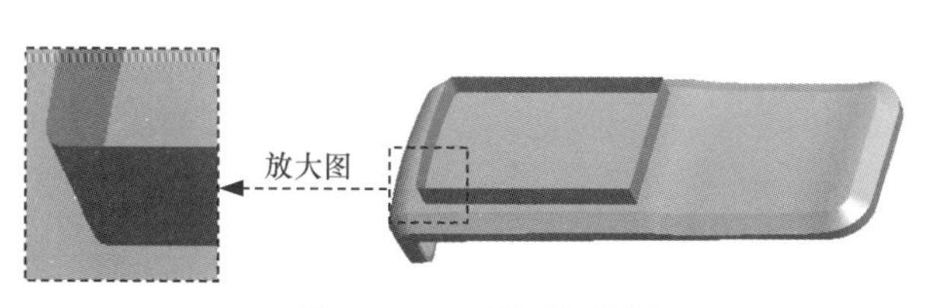

图 8.11.34 倒圆角特征 1

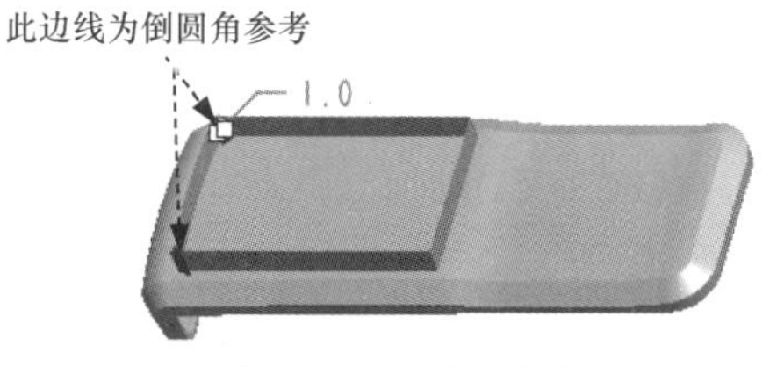

图 8.11.35 选取参考

Step10. 返回到 MOBILE_TELEPHONE.ASM。

8.11.4 创建三级主控件

三级主控件是从上部二级控件上分割出来的一部分（另一部分是后面要创建的“手机屏幕”零件），同时为手机上盖的创建提供了参考外形及尺寸。下面讲解三级主控件（THIRD_TOP.PRT）的创建过程，零件模型及模型树如图 8.11.36 所示。

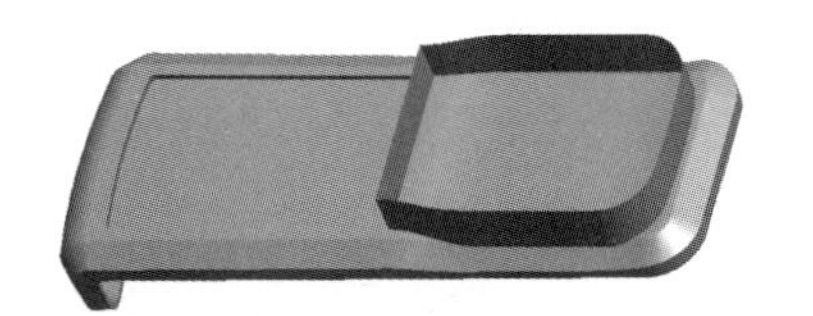

THIRD_TOP.PRT
合并 标识1
实体化 1
拉伸 1
在此插入

图 8.11.36 零件模型及模型树

Step1. 在装配体中建立 THIRD_TOP.PRT。

（1）单击 模型 功能选项卡 元件 ▾ 区域中的“创建”按钮 。

（2）此时系统弹出“元件创建”对话框，选中 类型 选项组中的 ◉ 零件 单选项，选中 子类型 选项组中的 ◉ 实体 单选项，然后在 文件名: 文本框中输入文件名 THIRD_TOP，单击 确定 按钮。

（3）在系统弹出的“创建选项”对话框中选中 ◉ 空 单选项，单击 确定 按钮。

Step2. 激活三级主控件模型。

（1）在模型树中选择 THIRD_TOP.PRT，然后右击，在系统弹出的快捷菜单中选择 激活 命令。

（2）单击 模型 功能选项卡中的 获取数据 ▾ 按钮，在系统弹出的菜单中选择 合并/继承 命令，系统弹出“合并 / 继承”操控板，在该操控板中进行下列操作。

① 在操控板中，先确认“将参考类型设置为组件上下文”按钮 被按下。

② 复制几何。在操控板中单击 参考 选项卡，系统弹出“参考”界面；选中 ☑ 复制基准 复选框，然后选取二级主控件 SECOND_TOP；单击“确定”按钮 ✔。

Step3. 在模型树中选择 THIRD_TOP.PRT，然后右击，在系统弹出的快捷菜单中选择 打开 命令。

Step4. 创建图 8.11.37b 所示的实体化 1。选取图 8.11.37 所示的曲面，单击 模型 功能选项卡 编辑 ▾ 区域中的 实体化 按钮，并按下“移除材料”按钮；移除材料方向如图 8.11.37a 所示。

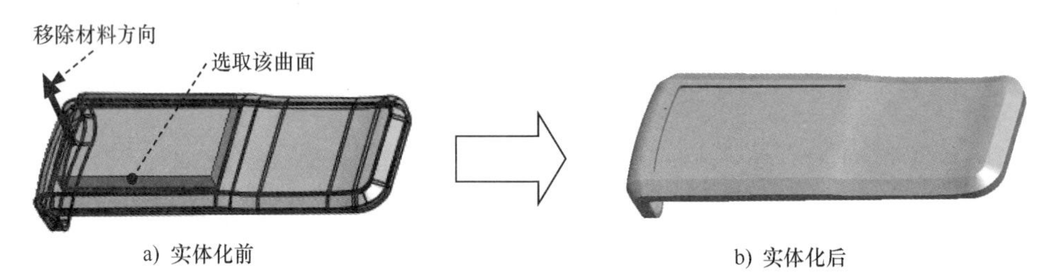

a) 实体化前　　b) 实体化后

图 8.11.37　实体化 1

Step5. 创建拉伸曲面 1。在操控板中单击“拉伸”按钮 拉伸，按下“拉伸”操控板中的“曲面类型”按钮；选取 ASM_TOP 基准平面草绘平面，选取 ASM_RIGHT 基准平面为参考平面，方向为 左；单击 草绘 按钮，绘制图 8.11.38 所示的截面草图；在“拉伸”操控板中选取深度类型，输入深度值 15.0。

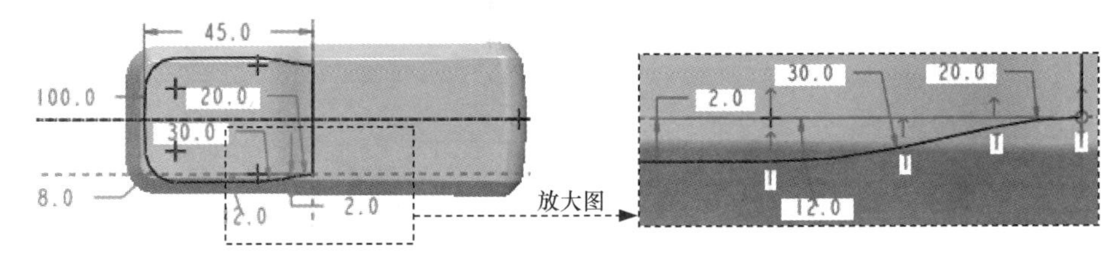

图 8.11.38　截面草图

Step6. 返回到 MOBILE_TELEPHONE.ASM。

8.11.5　创建二级主控件 2

二级主控件是从骨架模型中分割出来的一部分，它继承了一级控件的相应外观形状，同时它又作为控件模型为电池盖和手机下盖提供相应外观和对应尺寸，保证了设计零件的可装配性。下面讲解二级主控件 2（SECOND_BACK.PRT）的创建过程，零件模型及模型树如图 8.11.39 所示。

Step1. 在装配体中建立二级主控件 SECOND_BACK.PRT。

（1）单击 模型 功能选项卡 元件 ▾ 区域中的“创建”按钮。

（2）此时系统弹出“元件创建”对话框，选中 类型 选项组中的 ◉ 零件 单选项，选中 子类型 选项组中的 ◉ 实体 单选项，然后在 文件名: 文本框中输入文件名 SECOND_BACK，

单击 确定 按钮。

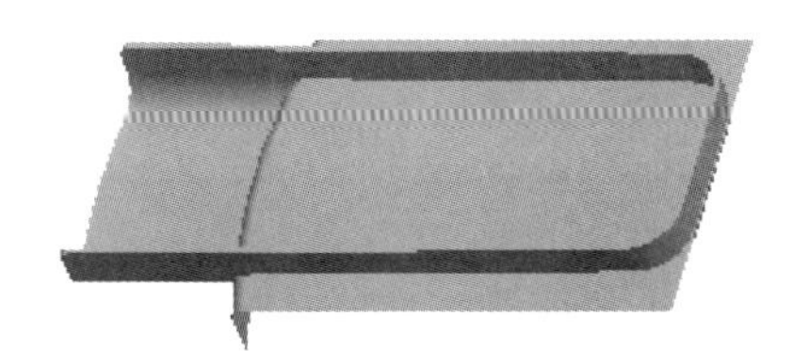

SECOND_BACK.PRT
合并 标识1
实体化 1
壳 1
▶ 拉伸 1
▶ 拉伸 2
合并 1
倒圆角 1
➔ 在此插入

图 8.11.39 零件模型及模型树

（3）在系统弹出的“创建选项”对话框中选中 ◉ 空 单选项，单击 确定 按钮。

Step2. 激活 SECOND_BACK 模型。

（1）激活零件。在模型树中选择 SECOND_BACK.PRT，然后右击，在系统弹出的快捷菜单中选择 激活 命令。

（2）单击 模型 功能选项卡中的 获取数据 ▾ 按钮，在系统弹出的菜单中选择 合并/继承 命令，系统弹出“合并 / 继承”操控板，在该操控板中进行下列操作。

① 在操控板中，确认“将参考类型设置为装配上下文”按钮 被按下。

② 复制几何。在操控板中单击 参考 选项卡，系统弹出“参考”界面；选中 ☑复制基准 复选框，然后选取骨架模型特征；单击“确定”按钮 ✓。

Step3. 在模型树中选择 ▸ SECOND_BACK.PRT，然后右击，在系统弹出的快捷菜单中选择 打开 命令。

Step4. 创建图 8.11.40 所示的实体化 1。

（1）在“智能选取”栏中选择 几何 选项，选取图 8.11.40a 所示的曲面。

（2）单击 模型 功能选项卡 编辑 ▾ 区域中的 实体化 按钮，按下“移除材料”按钮 ；移除材料方向如图 8.11.40a 所示。

（3）在该操控板中单击“确定”按钮 ✓，完成实体化 1 的创建。

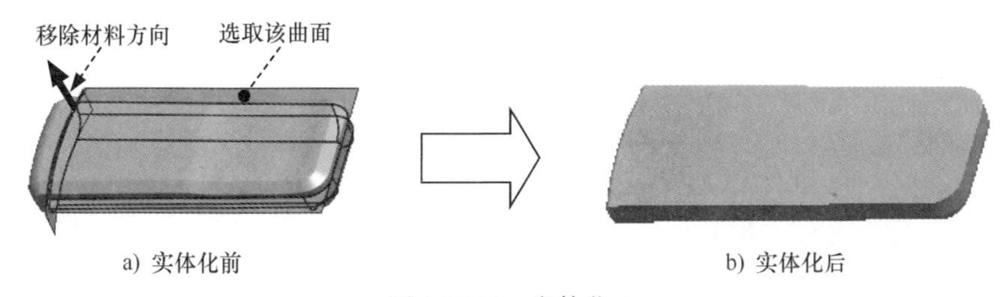

图 8.11.40 实体化 1

Step5. 创建图 8.11.41 所示的抽壳特征 1。单击 模型 功能选项卡 工程 ▾ 区域中的 回壳 按钮；选取图 8.11.41a 所示的面为移除面，输入壁厚值 1.0；单击“确定”按钮 ✓，完成抽壳特征 1 的创建。

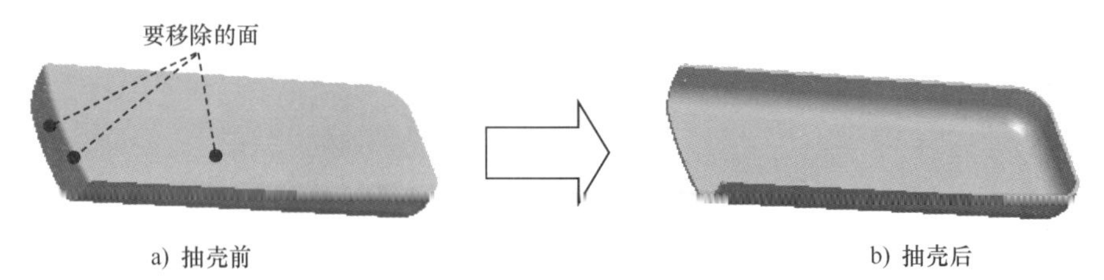

a) 抽壳前　　　　b) 抽壳后

图 8.11.41　抽壳特征 1

Step6. 创建图 8.11.42 所示的拉伸曲面 1。在操控板中单击“拉伸”按钮 拉伸，按下“拉伸”操控板中的“曲面类型”按钮。选取 ASM_FRONT 基准平面为草绘平面，选取 ASM_RIGHT 基准平面为参考平面，方向为 左；绘制图 8.11.43 所示的截面草图，在该操控板中定义拉伸类型为，输入深度值 50.0。

图 8.11.42　拉伸曲面 1

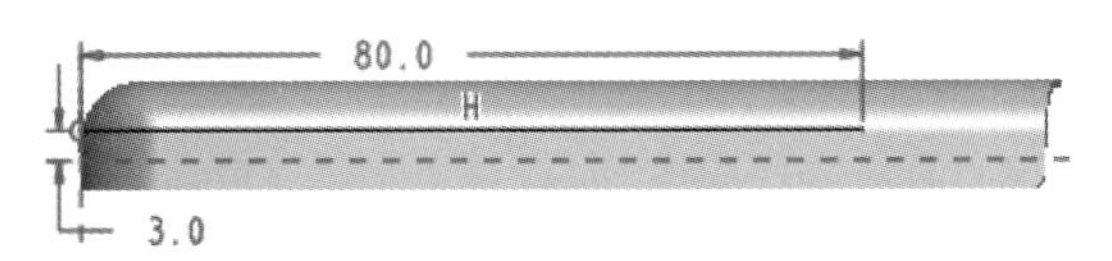

图 8.11.43　截面草图

Step7. 创建图 8.11.44 所示的拉伸曲面 2。在操控板中单击“拉伸”按钮 拉伸，按下“拉伸”操控板中的“曲面类型”按钮。选取图 8.11.44 所示的模型表面为草绘平面，选取 ASM_RIGHT 基准平面为参考平面，方向为 左；绘制图 8.11.45 所示的截面草图，在该操控板中定义拉伸类型为，输入深度值 10.0。

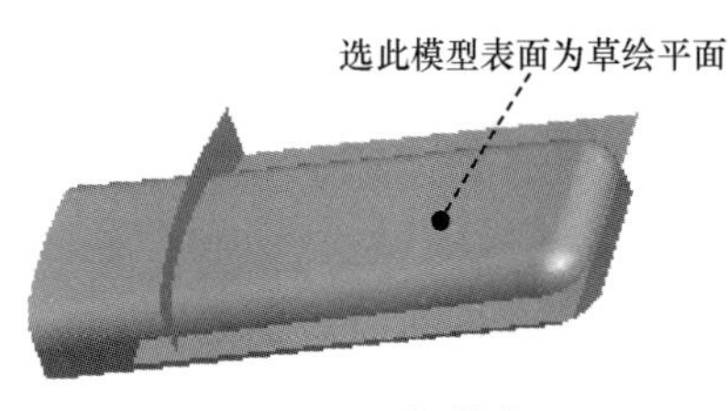

图 8.11.44　拉伸曲面 2

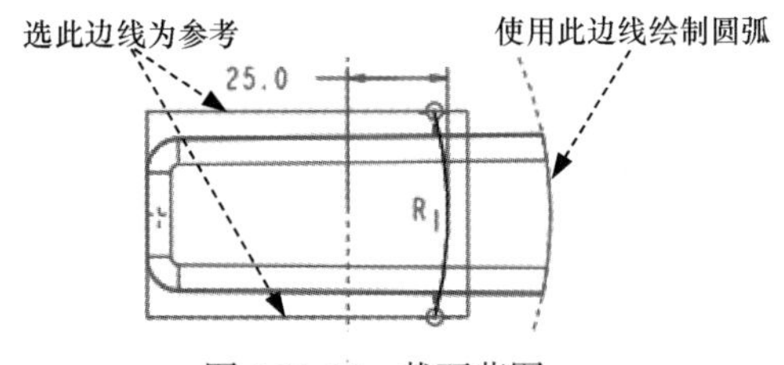

图 8.11.45　截面草图

Step8. 创建图 8.11.46 所示的曲面合并 1。按住 Ctrl 键，选取要合并的拉伸曲面 1 和拉伸曲面 2，单击 模型 功能选项卡 编辑 ▾ 区域中的 合并 按钮，单击“确定”按钮。

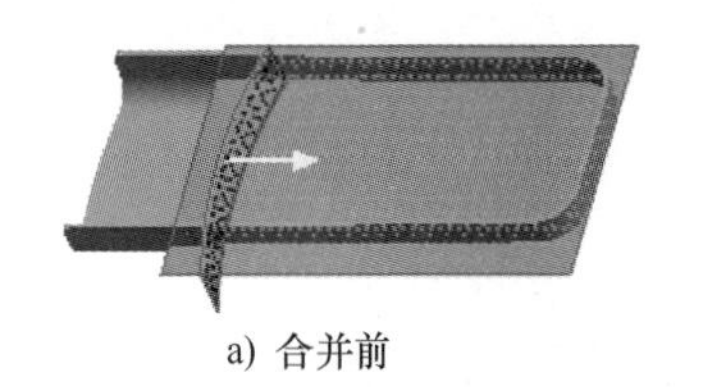

a) 合并前

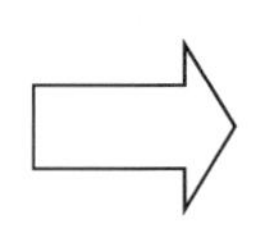

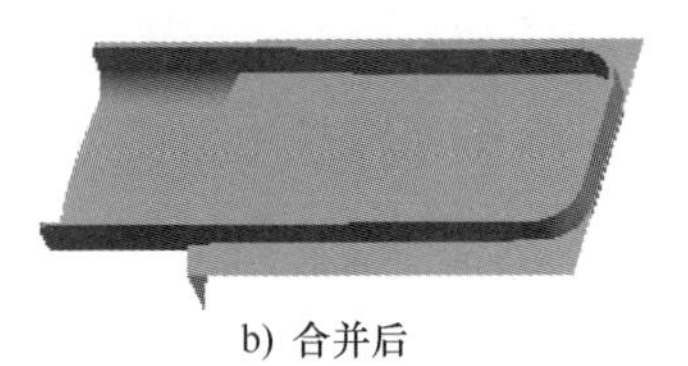

b) 合并后

图 8.11.46　曲面合并 1

Step9. 创建图 8.11.47 所示的倒圆角特征 1。单击 模型 功能选项卡 工程 ▾ 区域中的

倒圆角 按钮，选取图 8.11.48 所示的边线为倒圆角的参考边线，输入倒圆角半径值 2.5。

Step10. 返回到 MOBILE_TELEPHONE.ASM。

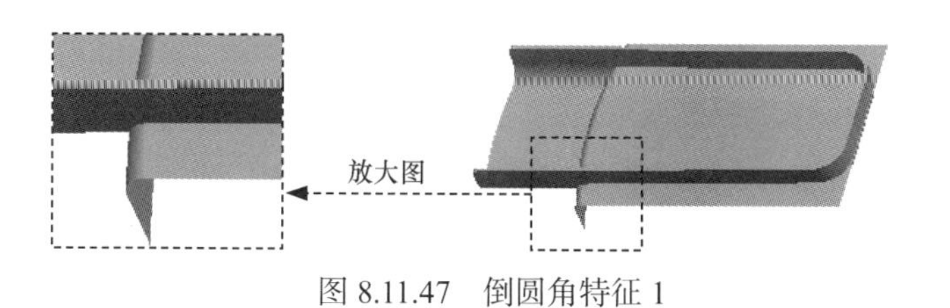

图 8.11.47 倒圆角特征 1

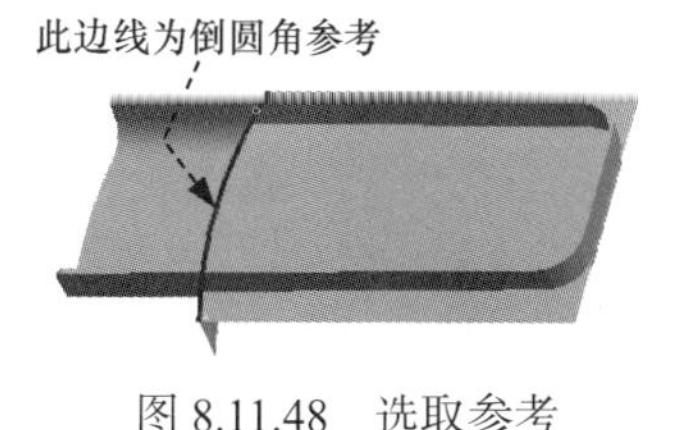

图 8.11.48 选取参考

8.11.6 创建手机屏幕

屏幕从二级控件中分割出来后经过细化就是最终的模型零件。下面讲解手机屏幕（SCREEN.PRT）的创建过程，零件模型及模型树如图 8.11.49 所示。

Step1. 在装配体中建立 SCREEN.PRT。

（1）单击 模型 功能选项卡 元件 ▾ 区域中的“创建”按钮 。

（2）在系统弹出的“元件创建”对话框中选中 类型 选项组中的 ◉ 零件 单选项，选中 子类型 选项组中的 ◉ 实体 单选项，然后在 文件名: 文本框中输入文件名 SCREEN，单击 确定 按钮。

（3）在系统弹出的“创建选项”对话框中选中 ◉ 空 单选项，单击 确定 按钮。

Step2. 激活手机屏幕模型。

（1）激活手机屏幕零件。在模型树中选择 SCREEN.PRT，然后右击，在系统弹出的快捷菜单中选择 激活 命令。

（2）单击 模型 功能选项卡中的 获取数据 ▾ 按钮，在系统弹出的菜单中选择 合并/继承 命令，系统弹出“合并 / 继承”操控板，在该操控板中进行下列操作。

① 在操控板中，确认“将参考类型设置为装配上下文”按钮 被按下。

② 复制几何。在操控板中单击 参考 选项卡，系统弹出“参考”界面；选中 ☑ 复制基准 复选框，然后选取二级主控件 SECOND_TOP；单击“确定”按钮 ✔。

Step3. 在模型树中选择 ▸ SCREEN.PRT，然后右击，在系统弹出的快捷菜单中选择 打开 命令。

Step4. 创建图 8.11.50 所示的实体化 1。

（1）在“智能选取”栏中选择 几何 选项，然后选取图 8.11.50 所示曲面。

（2）单击 模型 功能选项卡 编辑 ▾ 区域中的 实体化 按钮。

（3）在“实体化”操控板中单击“移除材料”按钮 ，移除材料方向如图 8.11.50 所示。

（4）在该操控板中单击“确定”按钮 ✓，完成实体化 1 的创建。

Step5. 系统返回到 MOBILE_TELEPHONE.ASM。

图 8.11.49 零件模型及模型树

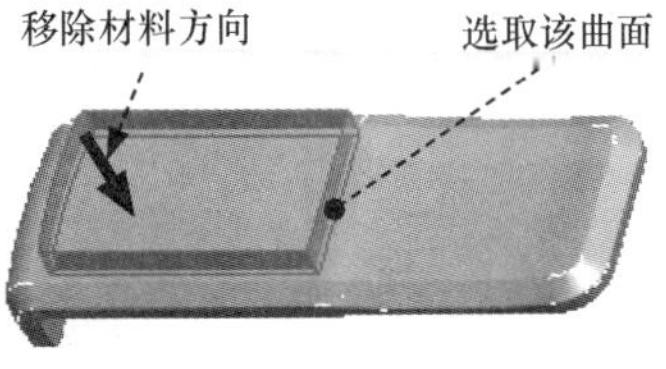

图 8.11.50 实体化 1

8.11.7 创建手机上盖

手机上盖是从三级控件中分割出来的，经过细化后就是最终的模型零件。下面讲解手机上盖（TOP_COVER.PRT）的创建过程，零件模型及模型树如图 8.11.51 所示。

Step1. 在装配体中建立 TOP_COVER.PRT。

（1）单击 模型 功能选项卡 元件 ▾ 区域中的“创建”按钮 。

图 8.11.51 零件模型及模型树

（2）此时系统弹出“元件创建”对话框，选中 类型 选项组中的 ◉ 零件 单选项，选中 子类型 选项组中的 ◉ 实体 单选项，然后在 文件名: 文本框中输入文件名 TOP_COVER，单击 确定 按钮。

（3）在系统弹出的“创建选项”对话框中选中 ◉ 空 单选项，单击 确定 按钮。

Step2. 激活手机上盖模型。

（1）激活手机上盖零件。在模型树中选择 TOP_COVER.PRT，然后右击，在系统弹出的快捷菜单中选择 激活 命令。

（2）单击 模型 功能选项卡中的 获取数据 ▾ 按钮，在系统弹出的菜单中选择 合并/继承 命令，系统弹出“合并 / 继承”操控板，在该操控板中进行下列操作。

① 在操控板中，确认“将参考类型设置为装配上下文”按钮 被按下。

② 复制几何。在操控板中单击 参考 选项卡，系统弹出“参考”界面；选中 ☑ 复制基准 复选框，然后选取三级主控件 THIRD_TOP；单击“确定”按钮 ✓。

Step3. 在模型树中选择 TOP_COVER.PRT，然后右击，在系统弹出的快捷菜单中选择 打开 命令。

Step4. 创建图 8.11.52 所示的实体化 1。

（1）在“智能选取”栏中选择 几何 选项，然后选取图 8.11.52a 所示的曲面。

（2）单击 模型 功能选项卡 编辑 区域中的 实体化 按钮，并按下“移除材料”按钮；移除材料方向如图 8.11.52a 所示。

（3）在“实体化”操控板中单击“确定”按钮，完成实体化 1 的创建。

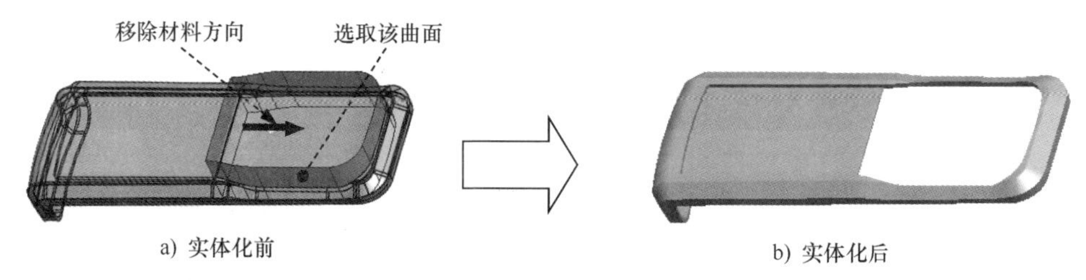

图 8.11.52 实体化 1

Step5. 创建图 8.11.53 所示的实体拉伸特征 1。在操控板中单击“拉伸”按钮 拉伸，单击“移除材料”按钮；选取图 8.11.53 所示的模型表面为草绘平面，选取 ASM_RIGHT 基准面为参考平面，方向为 左；单击 草绘 按钮，绘制图 8.11.54 所示的截面草图，在操控板中选择拉伸类型为。

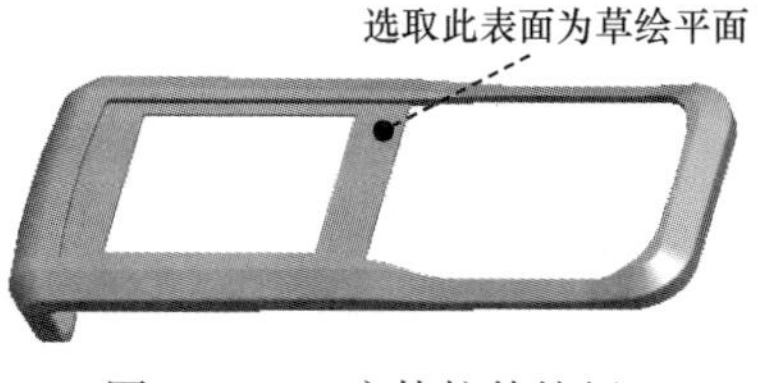

图 8.11.53 实体拉伸特征 1

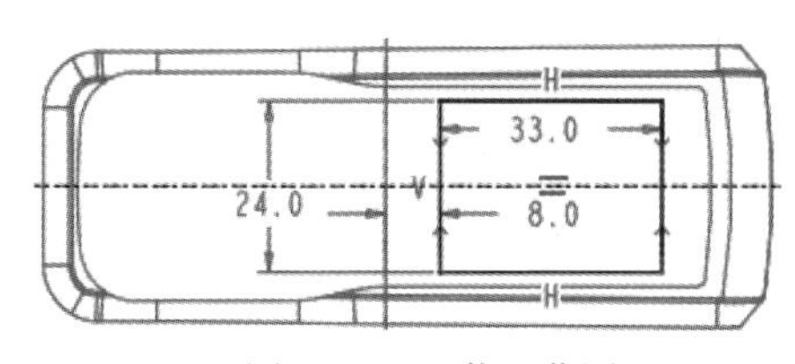

图 8.11.54 截面草图

Step6. 创建图 8.11.55 所示的实体拉伸特征 2。在操控板中单击“拉伸”按钮 拉伸，单击“移除材料”按钮；选取 ASM_RIGHT 基准平面为草绘平面，选取 ASM_FRONT 基准平面为参考平面，方向为 左；单击 草绘 按钮，绘制图 8.11.56 所示的截面草图，在“拉伸”操控板中选择拉伸类型为。

图 8.11.55 实体拉伸特征 2

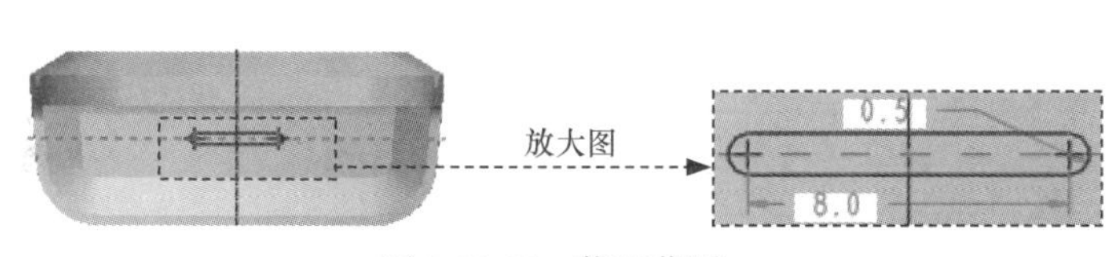

图 8.11.56 截面草图

Step7. 创建倒圆角特征 1。单击 模型 功能选项卡 工程 ▾ 区域中的 倒圆角 ▾ 按钮，选取图 8.11.57 所示的边链为倒圆角的参考边线，倒圆角半径值为 0.2。

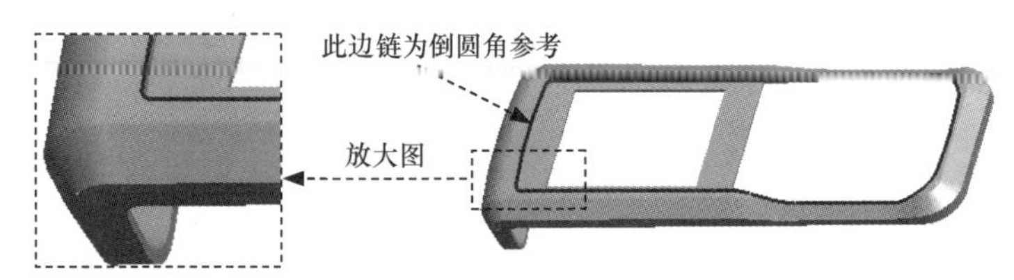

图 8.11.57　倒圆角特征 1

Step8. 创建倒圆角特征 2。单击 模型 功能选项卡 工程 ▾ 区域中的 倒圆角 ▾ 按钮，选取图 8.11.58 所示的边链为倒圆角的参考边线，倒圆角半径值为 0.5。

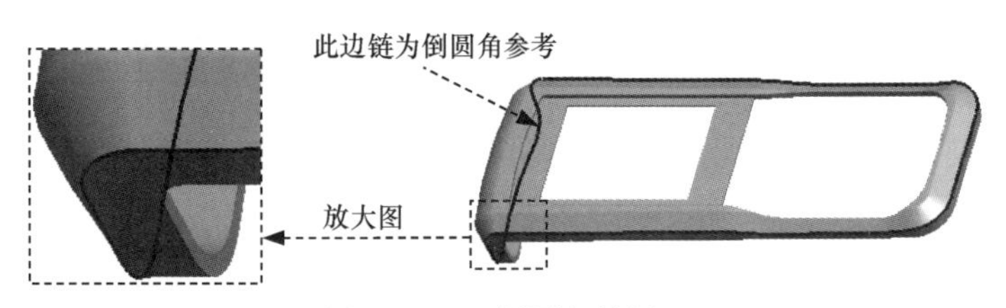

图 8.11.58　倒圆角特征 2

Step9. 系统返回到 MOBILE_TELEPHONE.ASM。

8.11.8　创建手机按键

按键从三级控件中继承外观和必要的尺寸，以此为基础进行细化即得到完整的按键零件。下面讲解手机按键（KEY.PRT）的创建过程，零件模型及模型树如图 8.11.59 所示。

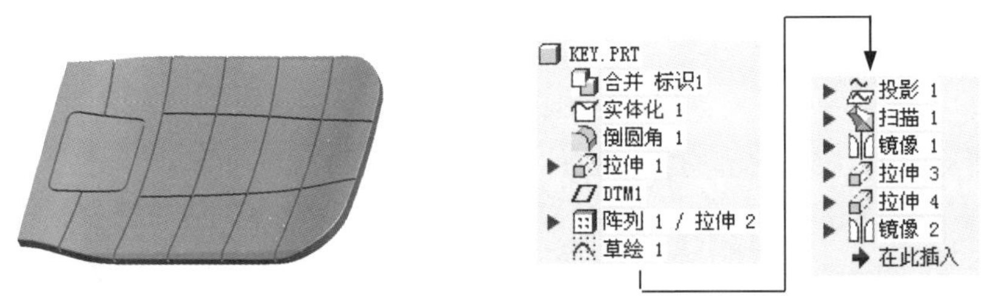

图 8.11.59　零件模型及模型树

Step1. 在装配体中建立 KEY.PRT。

（1）单击 模型 功能选项卡 元件 ▾ 区域中的“创建”按钮 。

（2）此时系统弹出“元件创建”对话框，选中 类型 选项组中的 ◉ 零件 单选项，选中 子类型 选项组中的 ◉ 实体 单选项，然后在 文件名: 文本框中输入文件名 KEY，单击 确定 按钮。

（3）在系统弹出的“创建选项”对话框中选中 ◉ 空 单选项，单击 确定 按钮。

Step2. 激活手机按键模型。

（1）激活手机按键零件。在模型树中选择 KEY.PRT，然后右击，在系统弹出的快捷菜单中选择 激活 命令。

（2）单击 模型 功能选项卡中的 获取数据 ▾ 按钮，在系统弹出的菜单中选择 合并/继承 命令，系统弹出“合并 / 继承”操控板，在该操控板中进行下列操作。

① 在操控板中，确认“将参考类型设置为装配上下文”按钮 被按下。

② 复制几何。在操控板中单击 参考 选项卡，系统弹出“参考”界面；选中 ☑复制基准 复选框，然后选取三级主控件 THIRD_TOP；单击“确定”按钮 ✔。

Step3. 在模型树中选择 KEY.PRT，然后右击，在系统弹出的快捷菜单中选择 打开 命令。

Step4. 创建图 8.11.60b 所示的实体化 1。

（1）在“智能选取”栏中选择 几何 选项，然后选取图 8.11.60a 所示的曲面。

（2）单击 模型 功能选项卡 编辑 ▾ 区域中的 实体化 按钮，并按下“移除材料”按钮，移除材料方向如图 8.11.60a 所示。

（3）在“实体化”操控板中单击“确定”按钮 ✔，完成实体化 1 的创建。

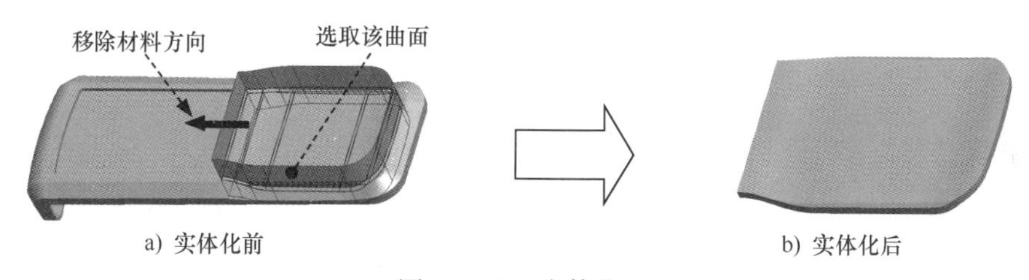

图 8.11.60　实体化 1

Step5. 创建倒圆角特征 1。单击 模型 功能选项卡 工程 ▾ 区域中的 倒圆角 ▾ 按钮，选取图 8.11.61 所示的边链为倒圆角的参考边线，倒圆角半径值为 0.2。

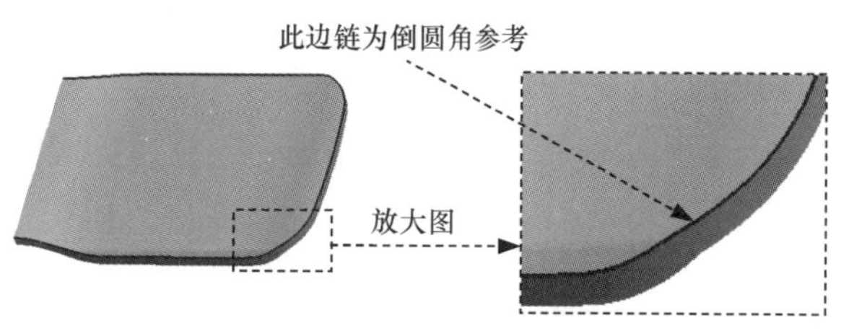

图 8.11.61　倒圆角特征 1

Step6. 创建图 8.11.62 所示的拉伸特征 1。在操控板中单击“拉伸”按钮 拉伸，按下 按钮；选取 ASM_FRONT 基准平面为草绘平面，选取 ASM_RIGHT 基准平面为参考平面，方向为 左；单击 草绘 按钮，绘制图 8.11.64 所示的截面草图（绘制此图时：选取图 8.11.63 所示的边线为投影边线，为了方便选取可以将图形调到线框状态）；在“拉伸”操控板中定义深度类型为 ，深度值为 50。

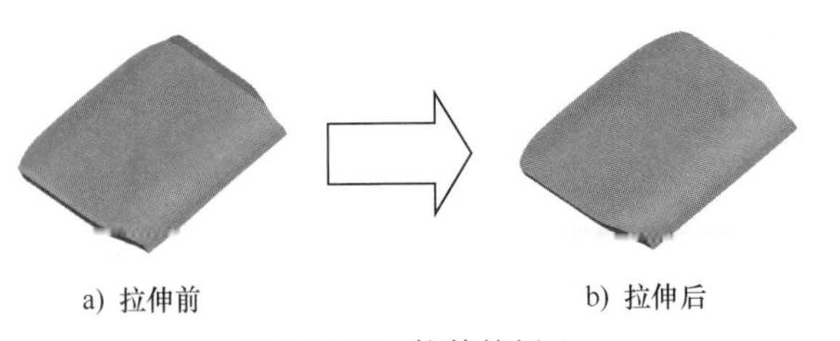

图 8.11.62　拉伸特征 1

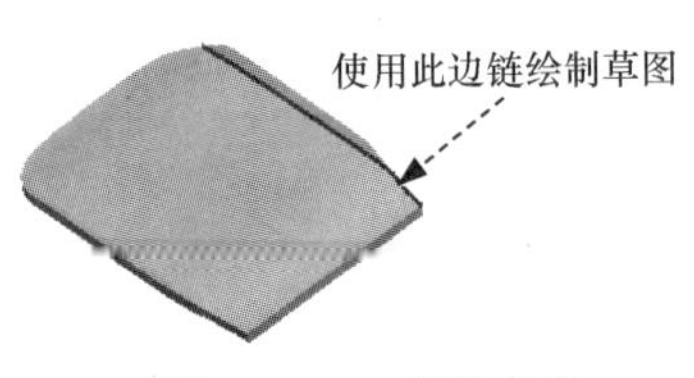

图 8.11.63　草绘参考

Step7. 创建图 8.11.65 所示的基准平面 DTM1。单击 模型 功能选项卡 基准 ▾ 区域中的“平面”按钮 ；选取 ASM_TOP 基准平面为参考，输入偏距值 10.0。单击对话框中的 确定 按钮。

Step8. 创建图 8.11.66 所示的拉伸特征 2。在操控板中单击“拉伸”按钮 拉伸，按下“移除材料”按钮 ；选取 DTM1 基准平面为草绘平面，选取 ASM_FRONT 基准平面为参考平面，方向为 上；单击 草绘 按钮，绘制图 8.11.67 所示的截面草图。在“拉伸”操控板中定义拉伸类型为 ，输入深度值 4.0；单击 按钮，在其后的文本框中输入壁厚值 0.3。

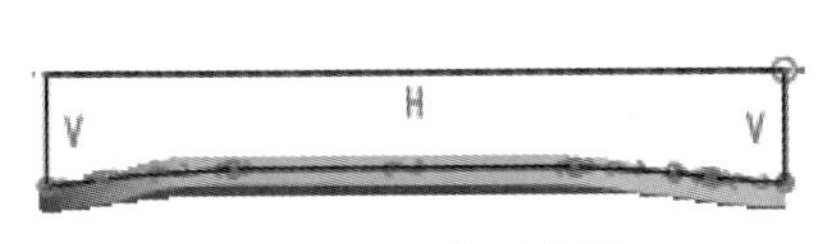

图 8.11.64　截面草图

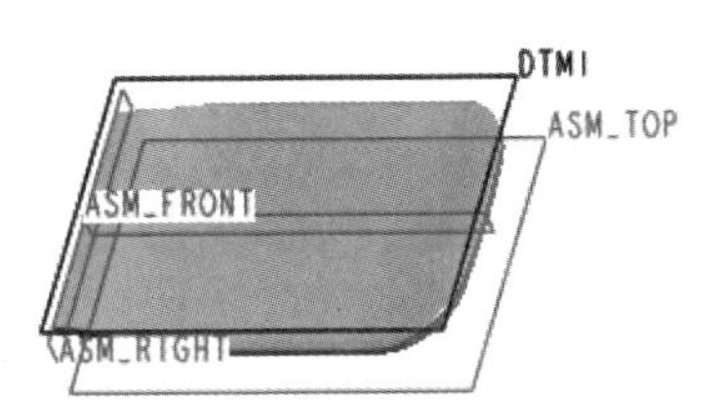

图 8.11.65　基准平面 DTM1

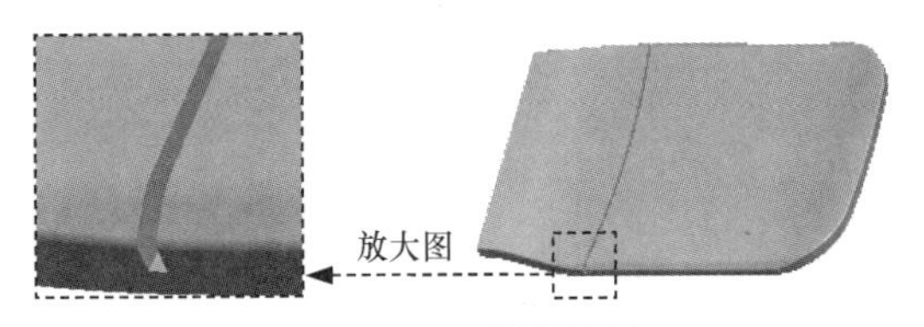

图 8.11.66　拉伸特征 2

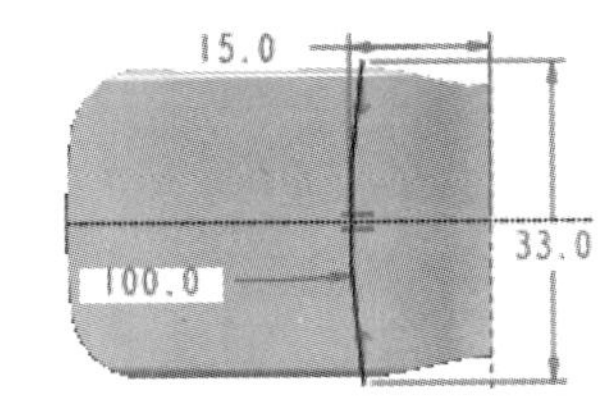

图 8.11.67　截面草图

Step9. 创建图 8.11.68 所示的阵列 1。

（1）在模型树中选择 拉伸 2，右击，在系统弹出的快捷菜单中选择 命令。

（2）在“阵列”操控板中选择以 尺寸 方式控制阵列，然后选取图 8.11.69 所示的第一方向阵列引导尺寸 15.0，输入第一方向 1 的增量 7.5，输入阵列个数为 4。单击“确定”按钮 。

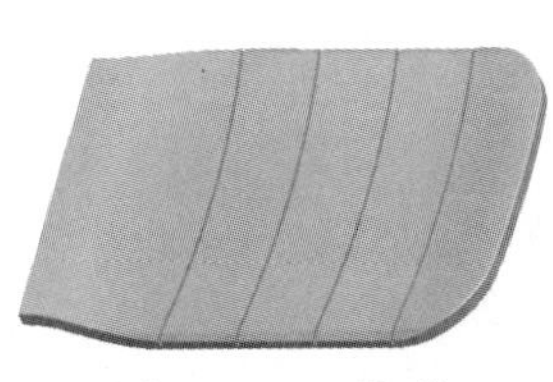

图 8.11.68　阵列 1

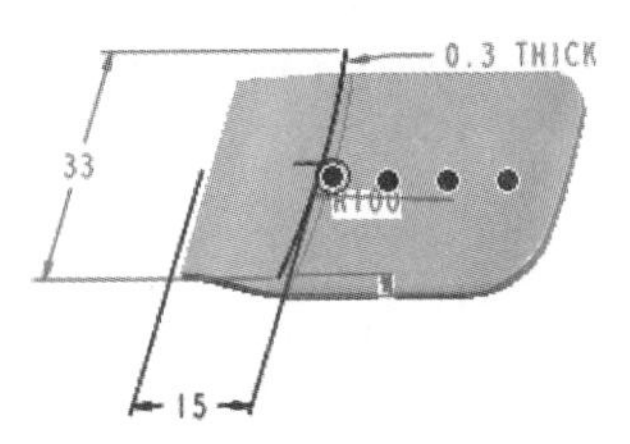

图 8.11.69　选取引导尺寸

Step10. 创建图 8.11.70 所示的草绘 1。在操控板中单击“草绘”按钮；选取 ASM_TOP 基准平面为草绘平面，选取 ASM_RIGHT 基准平面为参考平面，方向为 左；单击 草绘 按钮，绘制图 8.11.71 所示的草图。

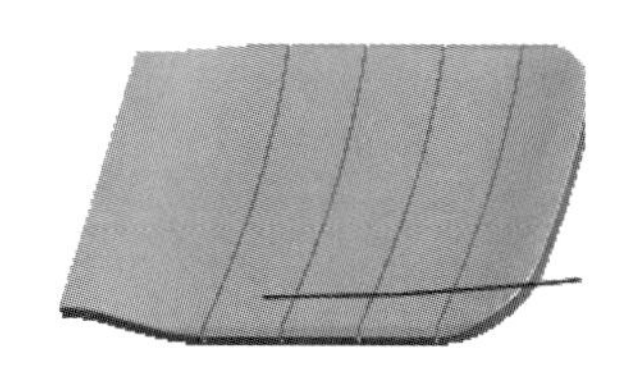

图 8.11.70 草绘 1（建模环境）

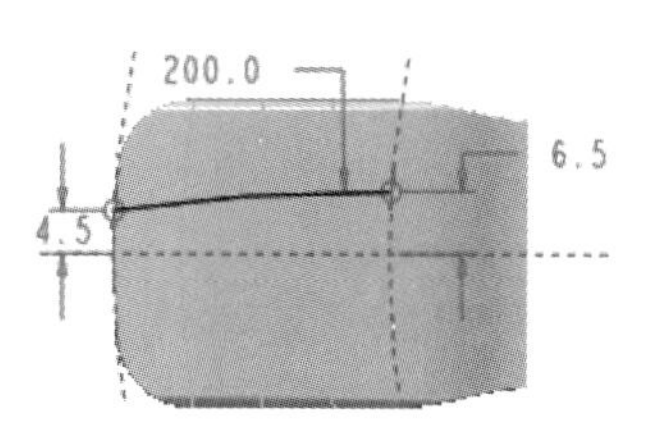

图 8.11.71 草绘 1（草绘环境）

Step11. 创建图 8.11.72 所示的投影曲线 1。

（1）在模型树中单击 Step10 创建的草绘 1。

（2）单击 模型 功能选项卡 编辑 ▾ 区域中的“投影”按钮 投影；选取图 8.11.72 所示的面为投影面，选取 ASM_TOP 基准平面为方向参考面。

（3）在“投影”操控板中单击 ✓ 按钮，完成投影曲线 1 的创建。

Step12. 创建图 8.11.73 所示的扫描切除特征。

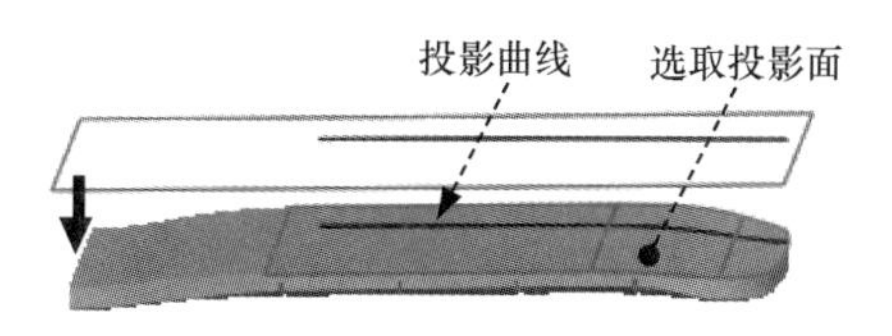

图 8.11.72 投影曲线 1

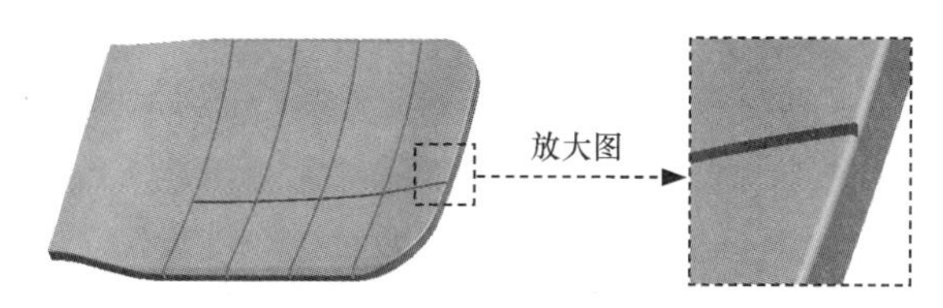

图 8.11.73 扫描切除特征

（1）单击 模型 功能选项卡 形状 ▾ 区域中的 扫描 ▾ 按钮。

（2）在“扫描”操控板中确认“实体”按钮、“移除材料”按钮和“恒定轨迹”按钮被按下；选取 Step11 创建的投影曲线 1 为扫描轨迹。

（3）在该操控板中单击“创建或编辑扫描截面”按钮，绘制图 8.11.74 所示的扫描截面草图。

（4）单击该操控板中的 ✓ 按钮，完成扫描切除特征的创建。

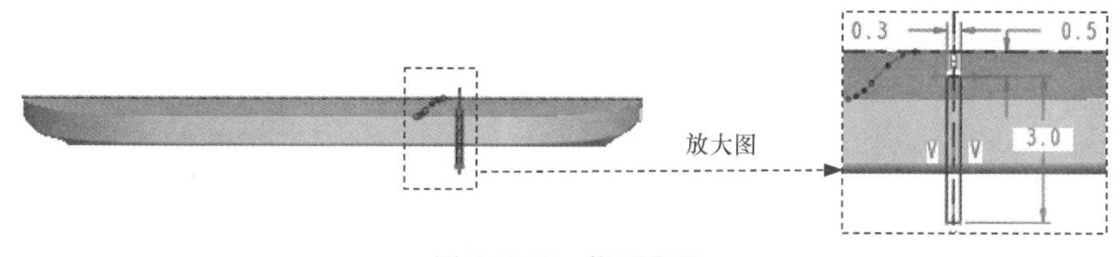

图 8.11.74 截面草图

Step13. 创建图 8.11.75 所示的镜像特征 1。选取 Step12 创建的扫描切除特征为镜像源；

单击 模型 功能选项卡 编辑 ▾ 区域中的 镜像 按钮，选取 ASM_FRONT 基准平面为镜像平面。单击 ✔ 按钮，完成镜像特征 1 的创建。

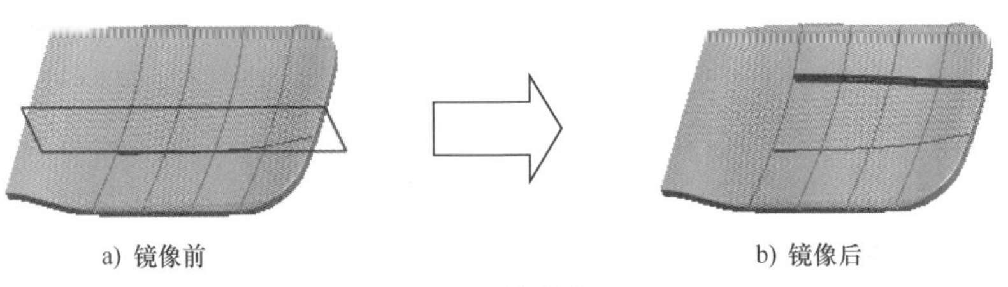

图 8.11.75 镜像特征 1

Step14. 创建图 8.11.76 所示的拉伸特征 3。在操控板中单击“拉伸”按钮 拉伸，按下“移除材料”按钮 ；选取 DTM1 基准平面为草绘平面，选取 ASM_FRONT 基准平面为参考平面，方向为 上；单击 草绘 按钮，绘制图 8.11.77 所示的截面草图。在“拉伸”操控板中定义拉伸类型为 ，输入深度值 3.5；单击 按钮，在其后的文本框中输入壁厚值 0.3。

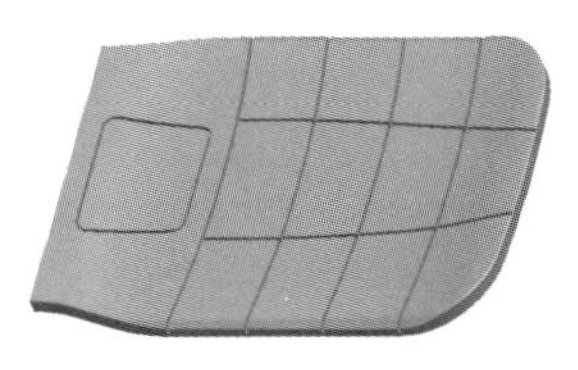

图 8.11.76 拉伸特征 3

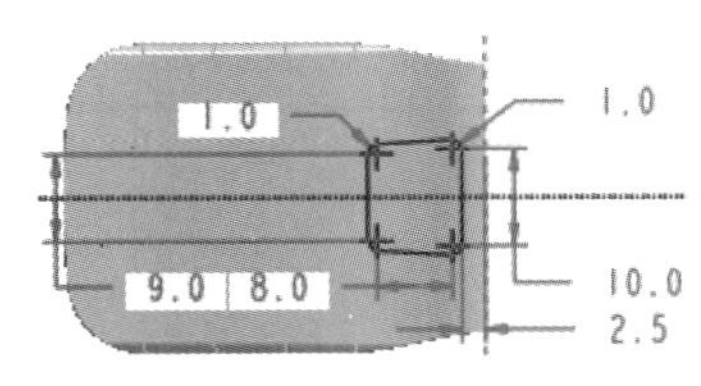

图 8.11.77 截面草图

Step15. 创建图 8.11.78 所示的拉伸特征 4。在操控板中单击“拉伸”按钮 拉伸，按下“移除材料”按钮 ；选取 DTM1 基准平面为草绘平面，选取 ASM_FRONT 基准平面为参考平面，方向为 上；单击 草绘 按钮，绘制图 8.11.79 所示的截面草图。在“拉伸”操控板中定义拉伸类型为 ，输入深度值 3.5；单击 按钮，在其后的文本框中输入壁厚值 0.3。

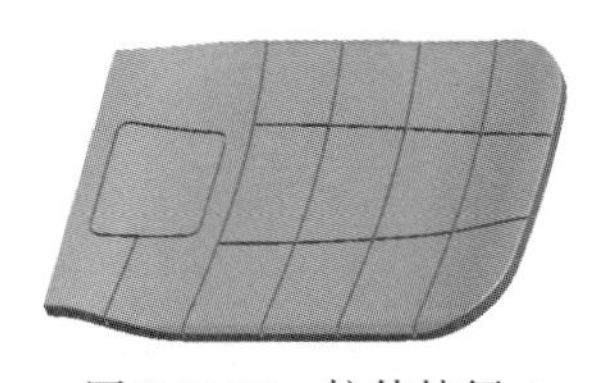

图 8.11.78 拉伸特征 4

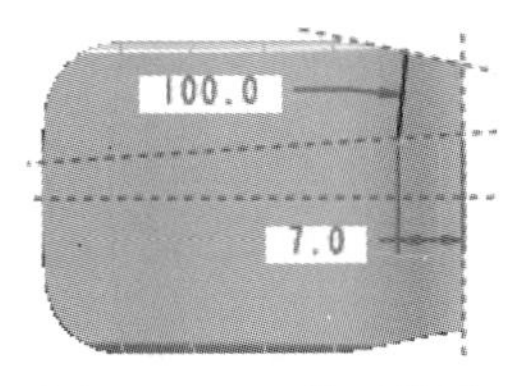

图 8.11.79 截面草图

Step16. 创建图 8.11.80 所示的镜像特征 2。选取 Step15 创建的拉伸特征 4，单击 模型 功能选项卡 编辑 ▾ 区域中的 镜像 按钮，选取 ASM_FRONT 基准平面为镜像平面。单击 ✔ 按钮，完成镜像特征 2 的创建。

Step17. 返回到 MOBILE_TELEPHONE.ASM。

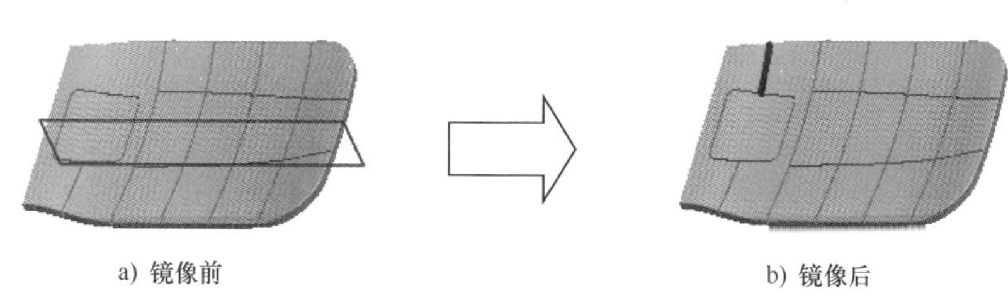

a) 镜像前　　b) 镜像后

图 8.11.80　镜像特征 2

8.11.9　创建手机下盖

手机下盖是从下部二级控件 2 中分割出来的一部分，从而也继承了一级控件的相应外观形状，只要对其进行细化结构设计即可。下面讲解手机下盖（BACK_COVER.PRT）的创建过程，零件模型及模型树如图 8.11.81 所示。

BACK_COVER.PRT
合并 标识1
实体化 1
拉伸 1
DTM1
草绘 1
扫描 1
倒圆角 1
在此插入

图 8.11.81　零件模型及模型树

Step1. 在装配体中建立 BACK_COVER.PRT。

（1）单击 模型 功能选项卡 元件▼ 区域中的“创建”按钮 。

（2）此时系统弹出“元件创建”对话框，选中 类型 选项组中的 ◉零件 单选项，选中 子类型 选项组中的 ◉实体 单选项，然后在 文件名: 文本框中输入文件名 BACK_COVER，单击 确定 按钮。

（3）在系统弹出的“创建选项”对话框中选中 ◉空 单选项，单击 确定 按钮。

Step2. 激活 BACK_COVER 模型。

（1）激活手机下盖零件模型。在模型树中选择 BACK_COVER.PRT，然后右击，在系统弹出的快捷菜单中选择 激活 命令。

（2）单击 模型 功能选项卡中的 获取数据▼ 按钮，在系统弹出的菜单中选择 合并/继承 命令，系统弹出“合并 / 继承”操控板，在该操控板中进行下列操作。

① 在操控板中，确认“将参考类型设置为装配上下文”按钮 被按下。

② 复制几何。在操控板中单击 参考 选项卡，系统弹出“参考”界面；选中 ☑复制基准 复选框，然后选取二级主控件 SECOND_BACK；单击“确定”按钮 ✔。

Step3. 在模型树中选择 BACK_COVER.PRT，然后右击，在系统弹出的快捷菜单中选择 打开 命令。

Step4. 创建图 8.11.82b 所示的实体化 1。

（1）在“智能选取”栏中选择 几何 选项，然后选取图 8.11.82a 所示曲面。

（2）单击 模型 功能选项卡 编辑 ▾ 区域中的 实体化 按钮，单击“移除材料”按钮 ，移除材料方向如图 8.11.82a 所示。

（3）在“实体化”操控板中单击“确定”按钮 ✓，完成实体化 1 的创建。

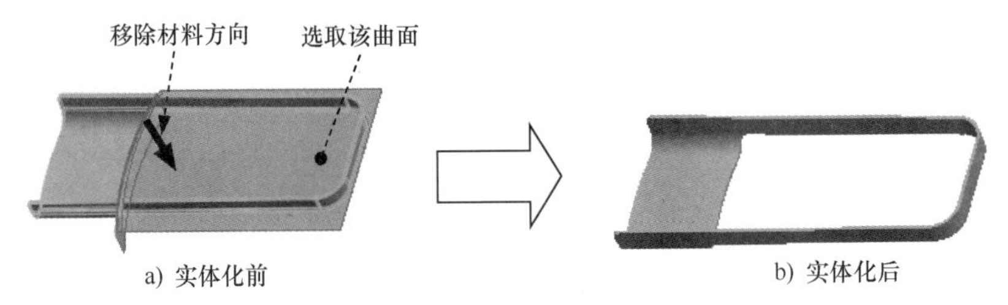

图 8.11.82　实体化 1

Step5. 创建图 8.11.83 所示的拉伸特征 1。在操控板中单击“拉伸”按钮 拉伸，按下“移除材料”按钮 。选取 ASM_FRONT 基准平面为草绘平面，选取 ASM_RIGHT 基准平面为参考平面，方向为 左；绘制图 8.11.84 所示的截面草图；在“拉伸”操控板中定义拉伸类型为 。

Step6. 创建图 8.11.85 所示的基准平面 DTM1。单击 模型 功能选项卡 基准 ▾ 区域中的“平面”按钮 ；选取 ASM_RIGHT 基准平面为参考，输入偏距值 40.0；单击对话框中的 确定 按钮。

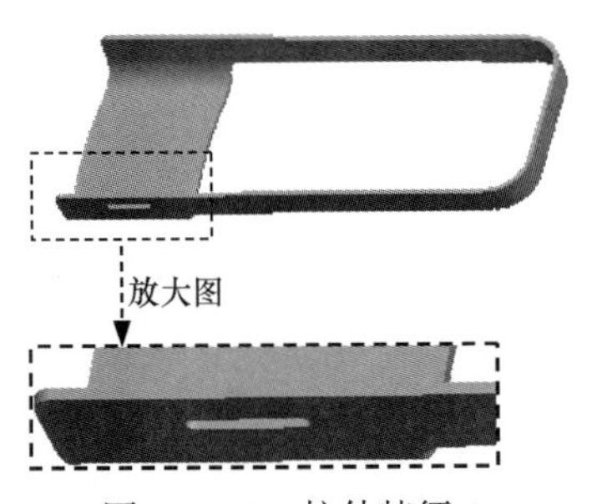

图 8.11.83　拉伸特征 1

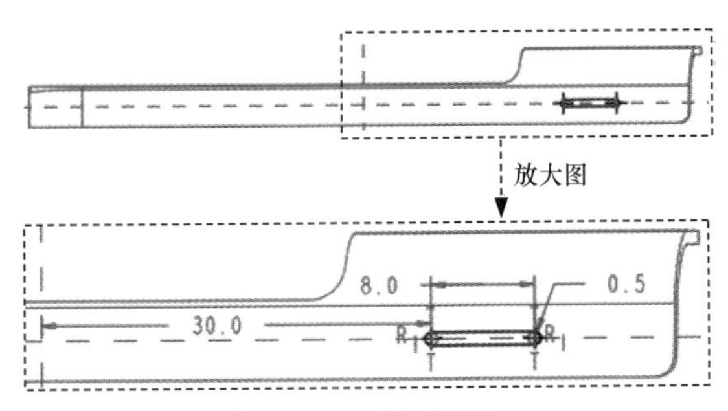

图 8.11.84　截面草图

Step7. 创建图 8.11.86 所示的草绘 1。在操控板中单击“草绘”按钮 ；选取 DTM1 基准平面为草绘平面，选取 ASM_TOP 基准平面为参考平面；方向为 下；单击 草绘 按钮，绘制图 8.11.87 所示的草绘 1。

Step8. 创建图 8.11.88 所示的扫描切除特征 1。单击 模型 功能选项卡 形状 ▾ 区域中的 扫描 ▾ 按钮，单击“移除材料”按钮 ；在图形区选取草绘 1 为扫描轨迹，然后在“扫描”操控板中单击“创建或编辑扫描截面”按钮 ，绘制图 8.11.89 所示的扫描截面草图；单击该操控板中的 ✓ 按钮，完成扫描切除特征 1 的创建。

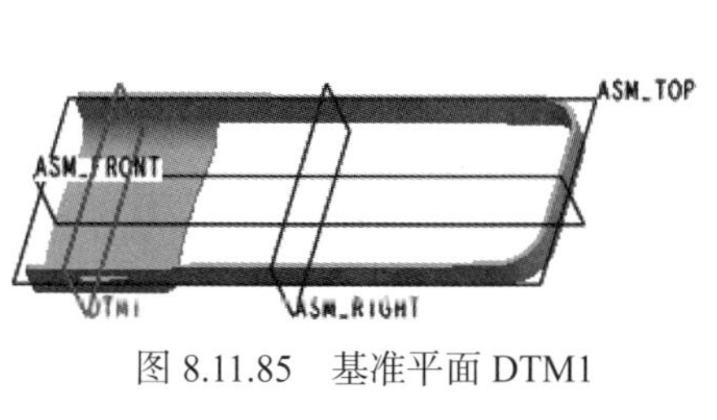

图 8.11.85　基准平面 DTM1

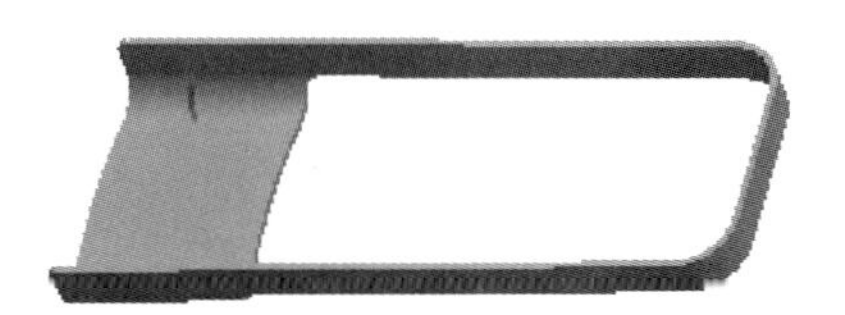

图 8.11.86　草绘 1（建模环境）

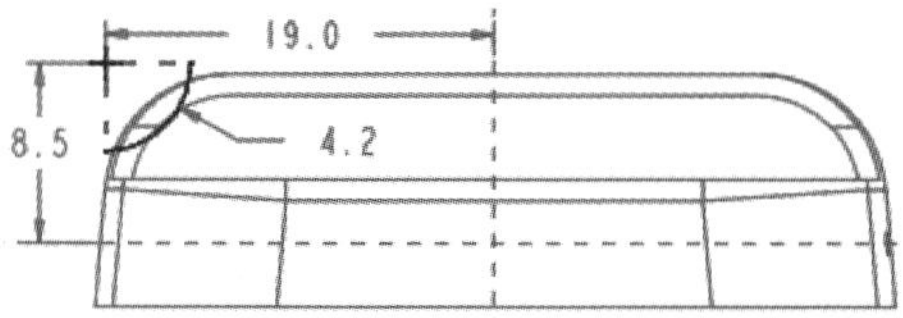

图 8.11.87　草绘 1（草绘环境）

图 8.11.88　扫描切除特征 1

Step9. 创建倒圆角特征 1。单击 模型 功能选项卡 工程 ▾ 区域中的 倒圆角 ▾ 按钮，选取图 8.11.90 所示的边链为倒圆角的参考边线，倒圆角半径值为 0.2。

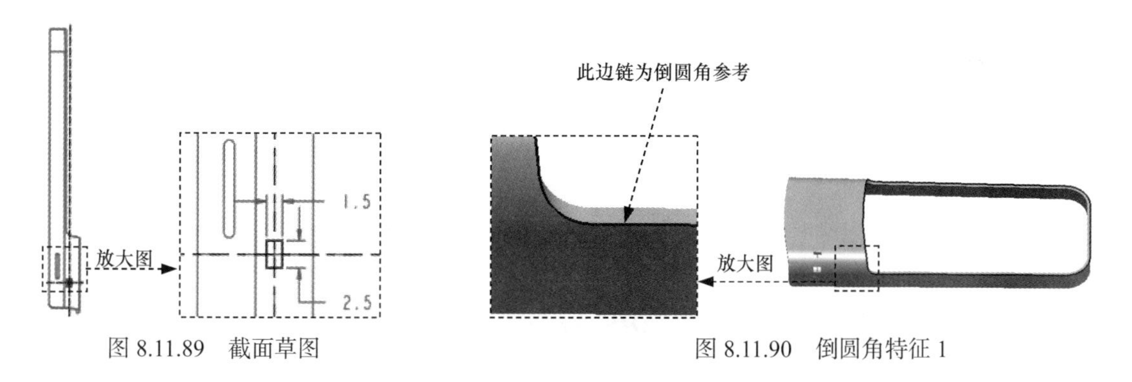

图 8.11.89　截面草图　　　　图 8.11.90　倒圆角特征 1

Step10. 系统返回到 MOBILE_TELEPHONE.ASM。

8.11.10　创建电池盖

电池盖作为下部二级控件 2 的另一部分，也同样继承了相应的外观形状，同时获得本身的外形尺寸，这些都是对此进行设计的依据。下面讲解电池盖（CELL_COVER.PRT）的创建过程，零件模型及模型树如图 8.11.91 所示。

图 8.11.91　零件模型及模型树

Step1. 在装配体中建立 CELL_COVER.PRT。

（1）单击 模型 功能选项卡 元件 ▾ 区域中的“创建”按钮。

（2）此时系统弹出“元件创建”对话框，选中 类型 选项组中的 零件 单选项，选中

子类型 选项组中的 ◉ 实体 单选项，然后在 文件名: 文本框中输入文件名 CELL_COVER，单击 确定 按钮。

（3）在系统弹出的“创建选项”对话框中选中 ◉ 空 单选项，单击 确定 按钮。

Step2. 激活 CELL_COVER 模型。

（1）激活电池盖零件模型。在模型树中选择 CELL_COVER.PRT，然后右击，在系统弹出的快捷菜单中选择 激活 命令。

（2）单击 模型 功能选项卡中的 获取数据 按钮，在系统弹出的菜单中选择 合并/继承 命令，系统弹出“合并 / 继承”操控板，在该操控板中进行下列操作。

① 在操控板中，确认“将参考类型设置为装配上下文”按钮 被按下。

② 复制几何。在操控板中单击 参考 选项卡，系统弹出“参考”界面；选中 ☑ 复制基准 复选框，然后选取二级主控件 SECOND_BACK；单击“确定”按钮 ✔。

Step3. 在模型树中选择 CELL_COVER.PRT，右击，在弹出的快捷菜单中选择 打开 命令。

Step4. 创建图 8.11.92 所示的实体化 1。

（1）在“智能选取”栏中选择 几何 选项，然后选取图 8.11.92a 所示的曲面。

（2）单击 模型 功能选项卡 编辑 区域中的 实体化 按钮，按下“移除材料”按钮 ；移除材料方向如图 8.11.92a 所示。

（3）在“实体化”操控板中单击“确定”按钮 ✔，完成实体化 1 的创建。

Step5. 创建倒圆角特征 1。单击 模型 功能选项卡 工程 区域中的 倒圆角 按钮，选取图 8.11.93 所示的边链为倒圆角的参考边线，倒圆角半径值为 0.2。

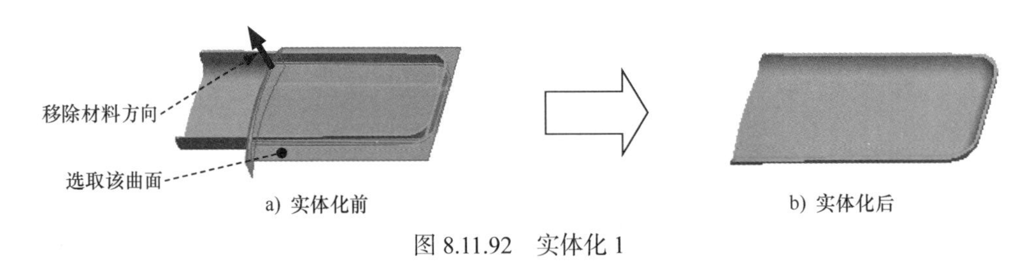

图 8.11.92 实体化 1

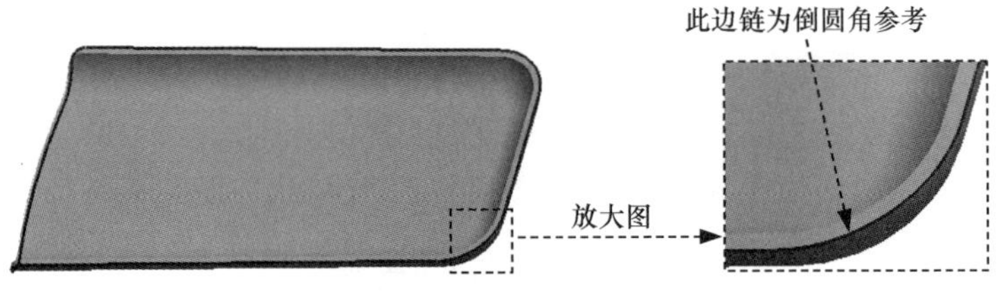

图 8.11.93 倒圆角特征 1

Step6. 返回到 MOBILE_TELEPHONE.ASM。

Step7. 编辑显示状态，保存 MOBILE_TELEPHONE.ASM 文件。

第三篇

ISDX 曲面设计

本篇包含如下内容。

- 第 9 章　ISDX 曲面基础
- 第 10 章　创建 ISDX 曲线
- 第 11 章　编辑 ISDX 曲线
- 第 12 章　创建 ISDX 曲面
- 第 13 章　ISDX 曲面设计综合范例

第9章　ISDX 曲面基础

本章提要

- 认识 ISDX 曲面模块
- 进入 ISDX 曲面模块
- ISDX 曲面模块用户界面及菜单
- ISDX 曲面模块入门

9.1　认识 ISDX 曲面模块

9.1.1　模型构建概念

在 Creo 模块中，使用“尺寸”（Dimensions）、“关系式”（Relations）、“方程式”（Equations）或“数学参数值”（Mathematical Parameter）等控制曲面几何的方式构建的曲面称为“参数化曲面模型构建”（Parametric Surface Modeling）。而在设计外观样式时，在某些情况下，外观的曲线并不需要或不宜通过尺寸表达，通常以主观欣赏、美观与可开模加工为原则来调整曲线曲率，从而构建曲面，这种方式构建的曲面称为“自由曲面模型构建”（Freeform Surface Modeling）。设计者在进行设计时，应以具体的设计要求与设计数据作为依据，决定使用哪一种方式构建曲面。在大部分情况下，可综合使用这两种方式构建产品外观曲面。

9.1.2　ISDX 曲面模块特点及应用

ISDX 是 Interactive Surface Design Extension 的缩写。ISDX 曲面模块又称自由式交互曲面设计，完全兼容于 Creo 界面操作，所定义的特征除了可以参考其他特征，也可以被其他特征参考使用。ISDX 以“自由曲面模型构建”概念作为出发点，主要以具有很高编辑能力的 3D 曲线做骨架，来构建外观曲面。这些曲线之所以没有尺寸参数，为的是设计时能够直接调整曲线外观，从而高效设计样式。

1. ISDX 曲面的特点

ISDX 曲面的特点如下。

（1）ISDX 曲面以 ISDX 曲线为基础。利用曲率分布图，能直观地编辑曲线，从而可快速获得光滑、高质量的 ISDX 曲线，进而产生高质量的“样式”（Style）曲面。该模块通常用于产品的概念设计、外形设计及逆向工程等设计领域。

（2）同以前的高级曲面样式模块相比，ISDX 曲面模块与其他模块（零件模块、曲面模块和装配模块等）紧密集成在一起，为工程师提供了统一的零件设计平台，消除了两个设计系统间的双向切换和交换数据，因而极大地提高了工作质量和效率。

2. ISDX 曲面模块应用

ISDX 曲面模块应用的层面相当广，在工业设计、机构与逆向操作中扮演着重要的角色。以下是 ISDX 应用的领域。

（1）凭借强大的曲线编辑能力与曲面构建功能，设计者可以快速构建模型，进行概念设计。例如：某些设计的外观要求类似蝴蝶形状，其中的样式线必须经过多次调整，除了要搭配模型整体外观外，同时还要顾及几何曲率，才能决定其形状。此时，该形状就不宜使用尺寸参数来界定。因为通过尺寸参数界定的曲线显得呆板、不美观，并且编辑困难。而通过 ISDX 曲面模块，设计者可在编辑曲线下实时观察曲率与曲面变化，完整诠释设计者的设计理念。

（2）设计者可以直接在曲面上绘制曲线（即 Cos 曲线），所成形的曲线将完全贴服在曲面表面，进而利用绘制的曲线切割出所要的零件的形状，再进行分件操作，进而达到分件处理的目的。

（3）设计者可以搭配样式特征定义 Creo 特征。例如，将 2D 或 3D 曲线定义成为扫描轨迹，扫描成实体特征；或参考 Creo 特征，以达到尺寸参数化的设计与改动；或应用阵列。

（4）设计者可加载外部的 2D 或 3D 数据作为参考，配合 3D 曲线或 Cos 曲线为边界，进行逆向样式曲面构建。

9.1.3 认识样式特征属性

ISDX 曲面模块所构建的特征称为“样式特征”（Style Feature），它虽然完全并入 Creo 模块内，但仍具有以下独特的特征属性。

1. 样条架构的曲线

样式曲线为样条架构的曲线，用户可利用其 2D 或 3D 曲线定义 ISDX 曲面。

2. 具有多个对象

在一个样式特征内，可以同时建立多条样式曲线与多个曲面。完成的特征，在模型树中只以一个特征显示。

例如，将工作目录设置至 D:\creo8.8\work\ch09.01，打开模型文件 isdx_info.prt；在

图 9.1.1 所示的模型树中右击 样式 1，从系统弹出的快捷菜单中选择 命令，会发现该样式特征包含四条 ISDX 曲线和一个由这四条曲线生成的曲面，如图 9.1.2 所示。但是在图 9.1.1 所示的模型树里面只以一个样式特征 样式 1 符号记录，其 ID 编号也只有一个。

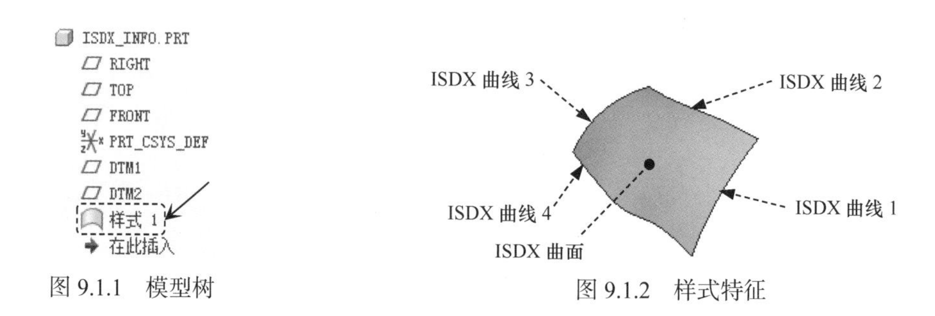

图 9.1.1　模型树　　　　图 9.1.2　样式特征

3. 内部特征编号

进入样式特征内，它具有独立的特征编号。以点选曲线为例，在 ▼ 样式树 中右击 CF-270，从系统弹出的快捷菜单中选择 图元信息(E) 命令，系统会弹出“信息窗口”对话框；在“信息窗口”对话框中会显示曲线名称、类型、几何 ID 及参考特征等信息，其中“几何 ID”表示该对象的样式特征的编号，等同于“特征 ID”。

另外，对 样式 1 执行 信息 ▸ ➡ 特征信息 命令，可以查看整个样式特征的所有信息。

4. 与 Creo 特征的链接

样式特征可以利用曲线的软点功能锁定至 Creo 特征（如基准曲线、曲面、边界或顶点），也可以在合理的边界条件下，通过设置样式曲面与 Creo 曲面或实体表面的连续性建立链接关系。一旦参考这些特征，样式特征便成为子特征，当修改特征后，对应的样式特征自行更新。用户可通过这种方式，使没有尺寸标注的曲线链接至有尺寸属性的 Creo 特征，以间接方式进行尺寸控制的改动。

5. 支持 Creo 曲面编辑功能

样式特征构建的曲面可以支持 Creo 曲面的编辑。例如：可对样式曲面进行“修剪” 修剪、“延伸” 延伸、“合并” 合并、“实体化” 实体化 以及“加厚” 加厚 等操作。

6. 样式特征内部功能

样式特征内部具有“曲面” 、“放置曲线” 放置曲线、“曲面连接” 曲面连接、“曲面修剪” 曲面修剪 等功能，可以直接完成模型的构建。

9.2 进入 ISDX 曲面模块

进入 ISDX 曲面模块，操作方法如下。

单击 模型 功能选项卡 曲面 ▾ 区域中的“样式”按钮 样式，进入 ISDX 曲面模块，如图 9.2.1 所示。

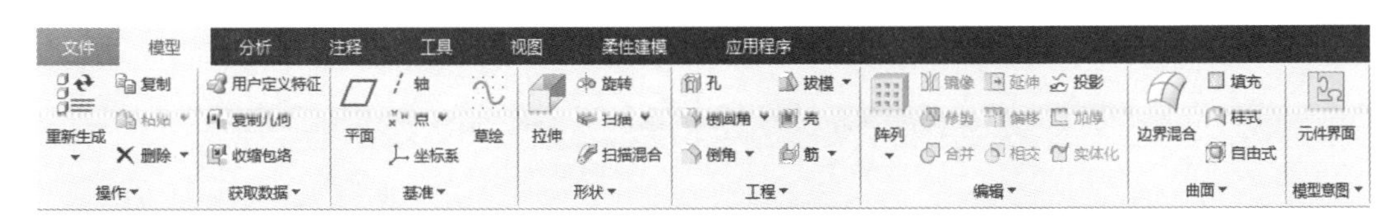

图 9.2.1 进入 ISDX 曲面模块

9.3 ISDX 曲面模块环境

要查看图 9.3.1 所示的 ISDX 曲面模块用户界面，请执行下面的操作：将工作目录设置至 D:\creo8.8\work\ch09.03，打开模型文件 toilet_seat_ok.prt；单击 模型 功能选项卡 曲面 ▾ 区域中的“样式”按钮 样式，进入 ISDX 曲面模块用户界面。

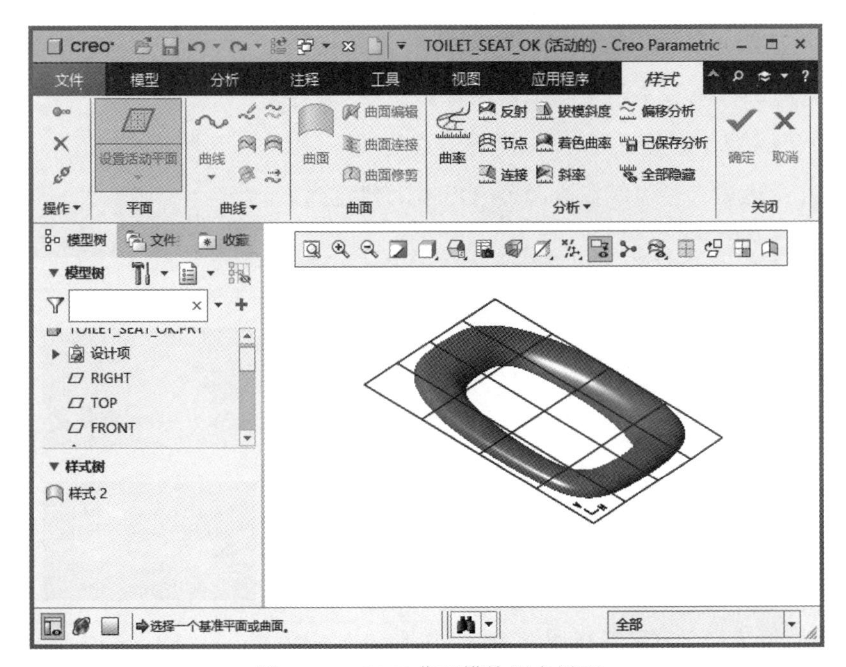

图 9.3.1 ISDX 曲面模块用户界面

9.3.1　ISDX 曲面模块用户界面

ISDX 曲面模块用户界面如图 9.3.1 所示，图中所列部分是 ISDX 曲面模块常用的工具栏命令按钮和 ISDX 模型树区，后面将进一步说明。

9.3.2　ISDX 曲面模块命令按钮

说明：图 9.3.2 所示为 ISDX 曲面模块中经常用到的工具栏命令按钮。

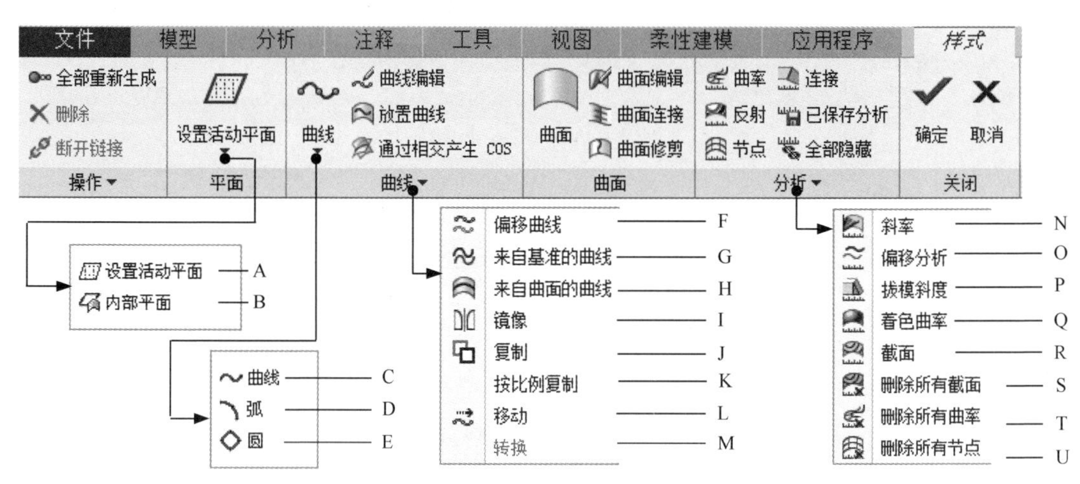

图 9.3.2　ISDX 曲面模块的工具栏命令按钮

图 9.3.2 所示的工具栏中各按钮的说明如下。

全部重新生成：重新生成所有过期的图元。

曲线编辑：编辑 ISDX 曲线。

放置曲线：通过投影曲线在曲面（COS）上创建曲线。

通过相交产生 COS：通过相交曲面在曲面（COS）上创建曲线。

曲面：从边界曲线创建 ISDX 曲面。

曲面编辑：编辑所选定的 ISDX 曲面。

曲面连接：连接两个 ISDX 曲面，一个曲面改变其形状以与另一曲面相交。

曲面修剪：修剪选定的 ISDX 曲面。

曲率：分析曲率参数。

反射：显示曲面反射。

节点：分析节点（曲线或曲面）。

连接：分析选定图元间的连接质量。

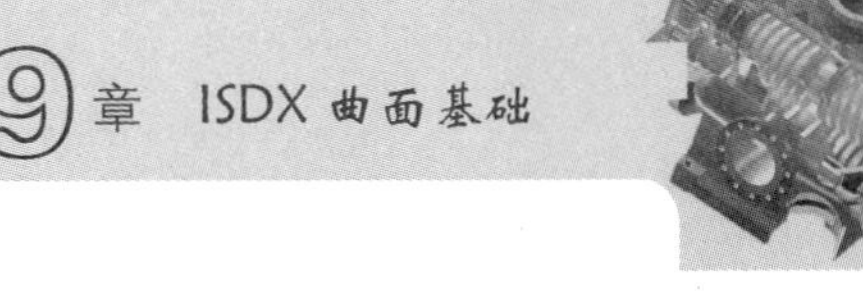

已保存分析：检索已保存的分析。

全部隐藏：隐藏所有已保存的分析。

A：设置活动基准平面。

B：创建内部基准平面。

C：创建 ISDX 曲线。

D：创建圆弧形 ISDX 曲线。

E：创建圆形 ISDX 曲线。

F：自不同类型曲线创建偏移。

G：将选定基准图元转换为曲线。

H：在曲面上创建等参数曲线。

I：镜像选定曲线。

J：复制选定曲线。

K：复制选定的曲线并按比率缩放。

L：移动、选择或缩放选定的曲线。

M：转换为自由曲线或由点定义的 COS。

N：现实曲面斜率。

O：显示曲线或曲面偏移。

P：检查拔模。

Q：评估曲面上各点的最小或最大法向曲率值。

R：现实横截面的曲率、半径、相切和位置选项。

S：删除所有已保存分析的截面。

T：删除所有已保存分析的曲率。

U：删除所有已保存分析的节点。

9.4 ISDX 曲面模块入门

9.4.1 查看 ISDX 曲线及曲率图、ISDX 曲面

下面先打开图 9.4.1 所示的模型，查看 ISDX 曲线、曲率图和 ISDX 曲面。通过查看，建立对 ISDX 曲线和 ISDX 曲面的初步认识。

Step1. 设置工作目录和打开文件。

（1）选择下拉菜单 文件 → 管理会话(M) → 选择工作目录(W) 更改工作目录。 命令，将工作目录设置至 D:\creo8.8\work\ch09.04。

（2）选择下拉菜单 文件 ➡ 打开(O) 命令，打开文件 toilet_seat.prt。

Step2. 设置模型显示状态。

（1）单击视图工具栏中的 按钮，将模型设置为着色显示状态。

（2）单击视图工具栏中的 按钮，在系统弹出的界面中取消选中 轴显示 和 坐标系显示 复选框，使基准轴、坐标系不显示；选中 平面显示 复选框，使基准面显示。

（3）单击 按钮，然后选择图 9.4.2 所示的 VIEW_1 视图。

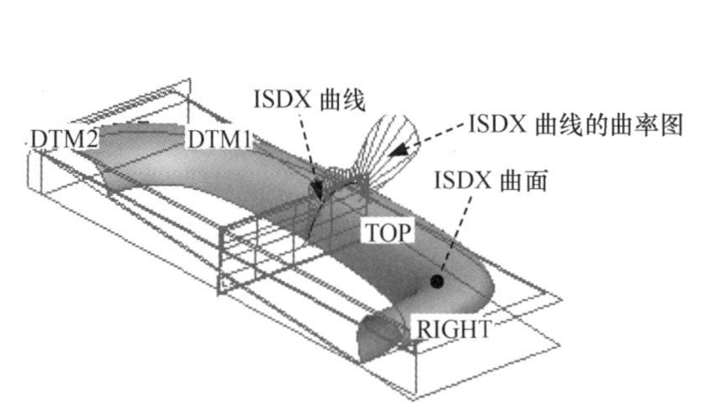

图 9.4.1 查看 ISDX 曲线、曲率图及 ISDX 曲面

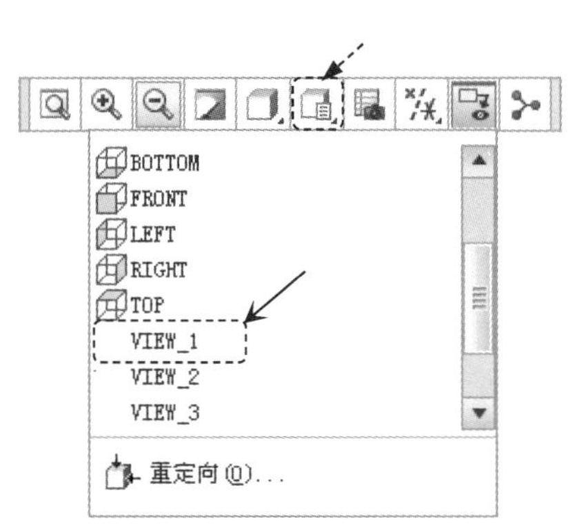

图 9.4.2 选择 VIEW_1 视图

Step3. 设置层的显示状态。

（1）在图 9.4.3 所示的导航选项卡中单击 按钮，在系统弹出的快捷菜单中选择 层树(L) 命令。

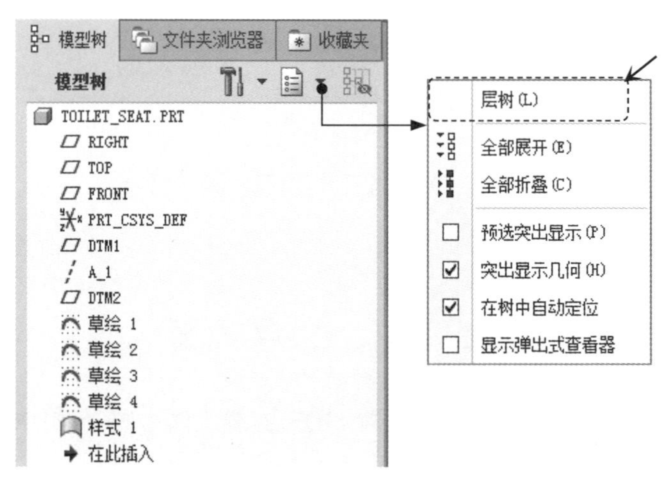

图 9.4.3 导航选项卡

（2）在图 9.4.4 所示的层树中，选取模型曲线层 CURVE，右击，从系统弹出的图 9.4.5 所示的快捷菜单中选择 隐藏 命令，单击“重画”按钮 ，这样模型的基准曲线将不显示。

（3）返回到模型树。单击导航选项卡中的 按钮，在系统弹出的快捷菜单中选择 模型树(M) 命令。

Step4. 进入 ISDX 环境，查看 ISDX 曲面。在模型树中右击 样式 1，在系统弹出的快捷菜单中选择 命令。

注意：一个样式（Style）特征中可以包括多个 ISDX 曲面和多条 ISDX 曲线，也可以只含 ISDX 曲线，不含 ISDX 曲面。

Step5. 查看 ISDX 曲线及曲率图。

（1）在 样式 功能选项卡的 分析 ▾ 区域中单击“曲率”按钮 曲率，系统弹出图 9.4.6 所示的“曲率分析”对话框，然后选取图 9.4.1 所示的 ISDX 曲线。

注意：如果曲率图太大或太密，可在图 9.4.6 所示的“曲率分析”对话框中调整 质量 滑块和 比例 滚轮。

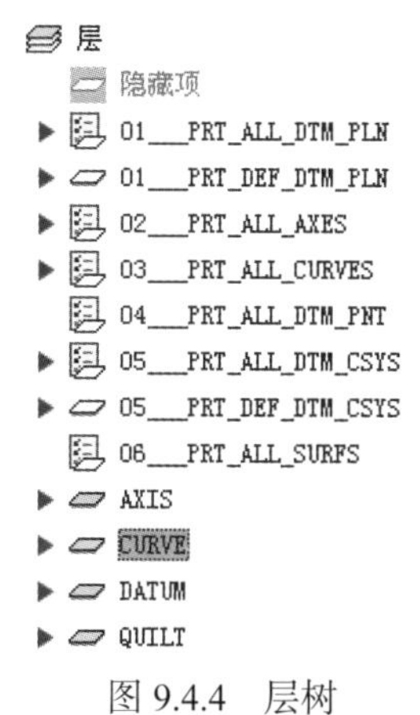

图 9.4.4 层树

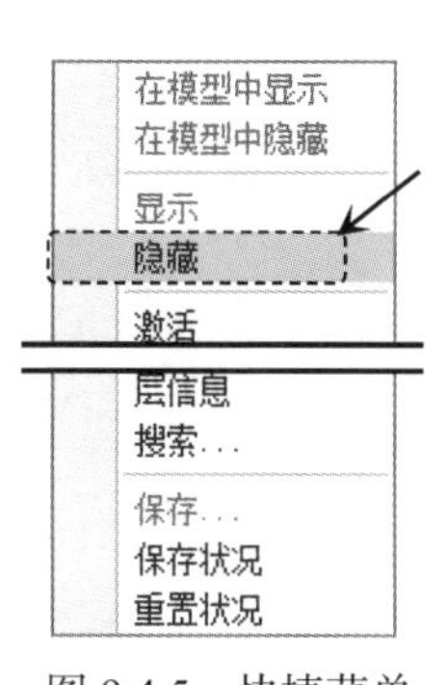

图 9.4.5 快捷菜单

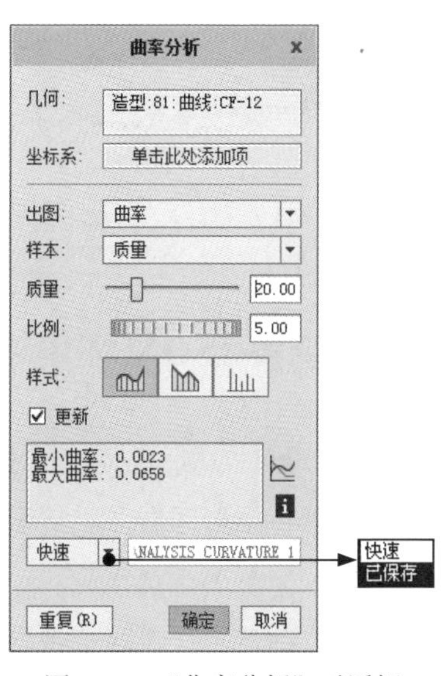

图 9.4.6 “曲率分析”对话框

（2）在“曲率分析”对话框的 快速 ▾ 下拉列表中，选择 已保存 选项，然后单击“曲率”对话框中的 确定 按钮，关闭“曲率”对话框。

（3）此时可看到曲线曲率图仍保留在模型上。要关闭曲率图的显示，可在 样式 功能选项卡中选择 分析 ▾ ➡ 删除所有曲率 命令。

Step6. 旋转及缩放模型，从各个角度查看 ISDX 曲面。

9.4.2 查看及设置活动平面

“活动平面”是 ISDX 中一个非常重要的参考平面，在许多情况下，ISDX 曲线的创建

和编辑必须考虑到当前所设置的“活动平面”。在图 9.4.7 中可看到，TOP 基准平面上布满了“网格”（Grid），这表明 TOP 基准平面为“活动平面”（Active Plane）。如要重新定义活动平面，单击 样式 功能选项卡 平面 区域中的“设置活动平面”按钮，然后选取另一个基准平面（如 FRONT 基准平面）为“活动平面”，如图 9.4.8 所示。在 样式 功能选项卡中选择 操作 ▾ ➡ 首选项 命令，在系统弹出的“造型首选项”对话框中可以设置“活动平面”的网格是否显示以及网格的大小等参数，这一点在后面还将进一步介绍。

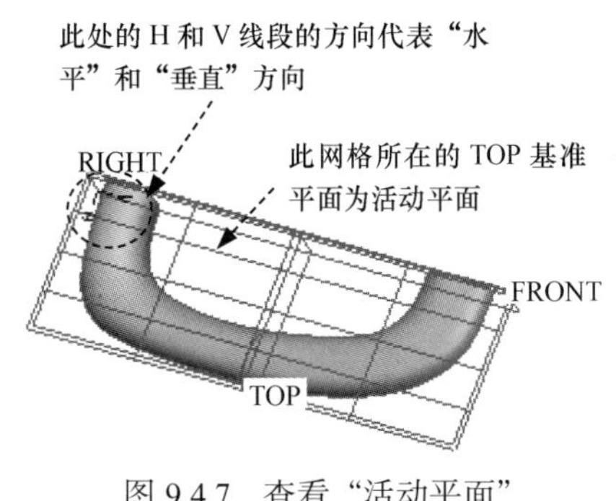

图 9.4.7 查看“活动平面”

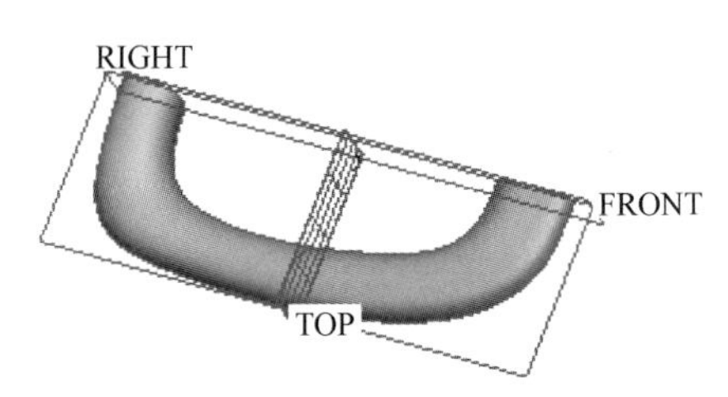

图 9.4.8 重新设置“活动平面”

9.4.3 查看 ISDX 环境中的四个视图及设置视图方向

单击 视图 功能选项卡 方向 ▾ 区域中的“已保存方向”按钮，然后选择“默认方向”视图。在图形区右击，从系统弹出的快捷菜单中选择 显示所有视图 命令（或在 ISDX 环境中的视图工具条中单击 按钮），即可看到图 9.4.9 所示的画面，此时整个图形区被分割成四个独立的部分（即四个视图），其中右上角的视图为三维（3D）视图，其余三个为正投影视图，这样的布局非常有利于复杂曲面的设计，在一些工业设计和动画制作专业软件中，这是相当常见的。注意：四个视图是各自独立的，也就是说，我们可以像往常一样随意缩放、旋转、移动每个视图中的模型。

如果希望返回单一视图状态，只需再次单击 按钮。

1. 将某个视图设置到“活动平面方向”

下面以图 9.4.9 中的右下视图为例来说明将视图设置到“活动平面”方向的操作步骤。先单击右下视图，然后右击，在系统弹出的图 9.4.10 所示的快捷菜单中选择 活动平面方向 命令，此时该视图的定向如图 9.4.11 所示，可看到该视图中的“活动平面”与屏幕平面平行。由此可见，如将某个视图设为活动平面方向，则系统按这样的规则定向该视图：视图中的“活动平面”平行于屏幕平面。

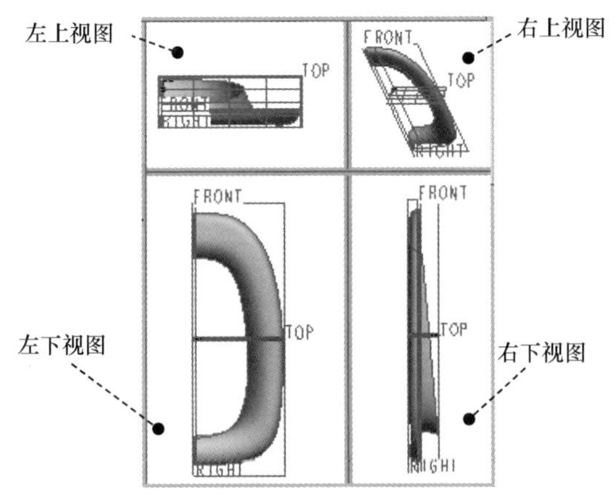

图 9.4.9 ISDX 环境中的四个视图

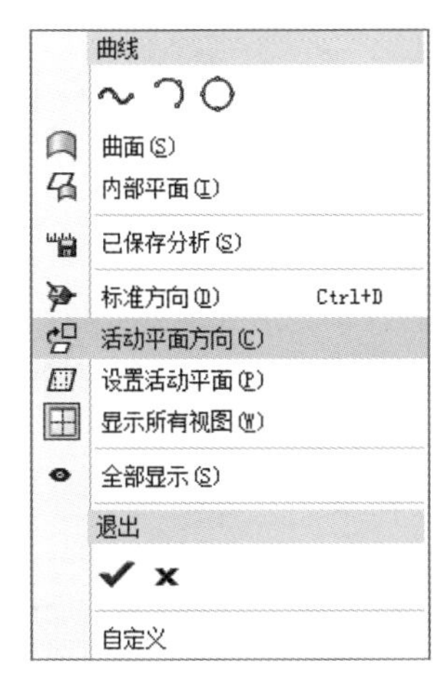

图 9.4.10 快捷菜单

图 9.4.11 视图的定向

2. 设置三个正投影视图的方向

单击视图工具栏中的“活动平面方向”按钮，可以同时设置三个正投影视图的方向，此时左下视图中的 FRONT 基准平面与屏幕平面平行，其余两个正投影视图则按“高平齐、左右对齐”的视图投影规则自动定向。

3. 设置某个视图的标准方向

图 9.4.9 所示的四个视图的方向为系统的“标准方向”，当缩放、旋转、移动某个视图中的模型而导致其方向改变时，如要恢复“标准方向”，可右击该视图，从系统弹出的快捷菜单中选择 标准方向 命令。

9.4.4　ISDX 环境的首选项设置

在 样式 功能选项卡中选择 操作 ▼ ➡ 首选项 命令，系统弹出图 9.4.12 所示的“造型首选项”对话框，在该对话框中可以进行这样一些设置：活动平面的栅格显示以及栅格多少、自动再生和曲面网格显示的开、关等。

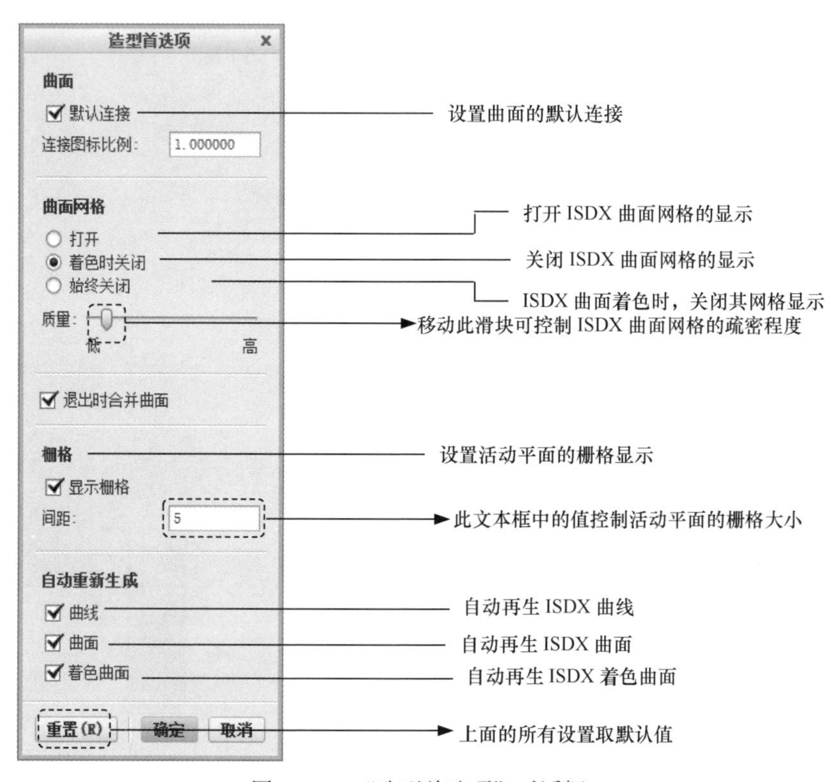

图 9.4.12　“造型首选项”对话框

注意：

此选项只支持样式曲面对象，并不支持 Creo 的曲面或其他特征的曲面。

第 10 章　创建 ISDX 曲线

本章包括

- ISDX 曲线基础
- ISDX 曲线的类型
- ISDX 曲线上点的类型

10.1　ISDX 曲线基础

如图 10.1.1 所示，ISDX 曲线是经过两个端点（Endpoint）及多个内部点（Internal Point）的一条光滑样条（Spline）线。如果只有两个端点、没有内部点，则 ISDX 曲线为一条直线，如图 10.1.2 所示。

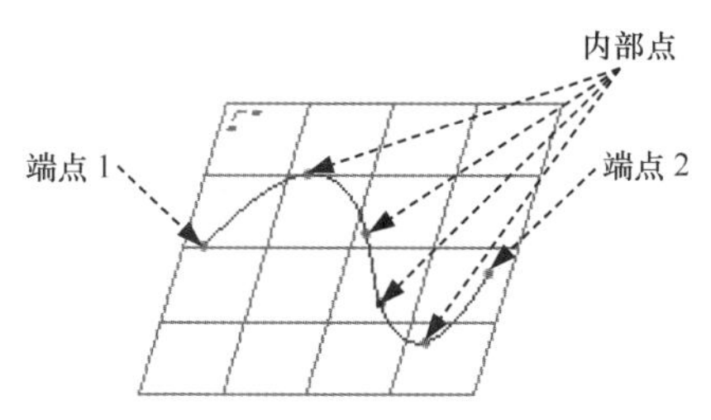

图 10.1.1　有内部点的 ISDX 曲线

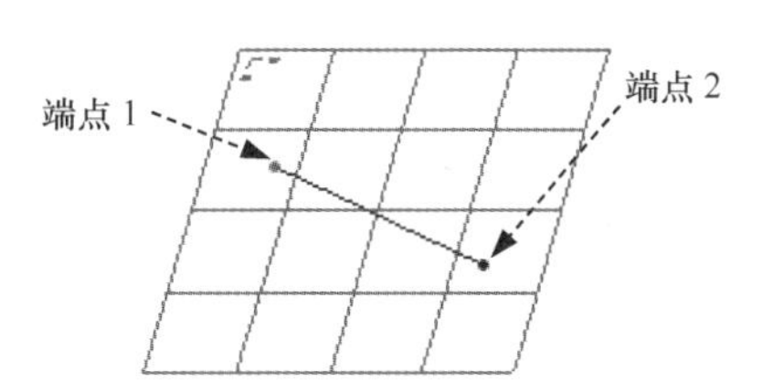

图 10.1.2　无内部点的 ISDX 曲线

ISDX 曲线上点的类型有以下四种。

- 自由点（Free Point）：可以自由拖动。显示样式为小圆点（●）。
- 软点（Soft Point）：可以在其所在的线或者面上自由拖动。当坐落在曲线、模型的边线上时，其显示样式为小圆圈（○）；当坐落在曲面、模型的表面上时，其显示样式为小方框（□）。
- 固定点（Fixed Point）：与某一点固定的点，不能拖动。显示样式为小叉（×）。
- 相交点（Intersection Point）：既坐落在活动平面上，又坐落在某个曲线或模型边上的点，不能拖动，是特殊的固定点。显示样式为小叉（×）。

ISDX 曲线的类型可以分为以下四种。

- 自由（Free）ISDX 曲线：曲线在三维空间自由创建。
- 平面（Planar）ISDX 曲线：曲线在某个平面上创建。平面曲线一定是一个 2D 曲线。
- COS（Curve on Surface）曲线：曲线在某个曲面上创建。

- 下落（Drop）曲线：将曲线“投影”到指定的曲面上，便产生了下落曲线。投影方向是某个选定平面的法线方向。

10.2 ISDX 曲线上点的类型

ISDX 曲线是经过一系列点的光滑样条线。ISDX 曲线上的点可分为四种类型：自由点（Free）、软点（Soft）、固定点（Fixed）和相交点（Intersection）。各种类型的点有不同的显示样式，下面将一一介绍。

10.2.1 自由点

自由点是 ISDX 曲线上没有被约束在空间其他点、线、面元素上的点，因此可以对这种类型的点进行自由拖移。自由点显示样式为小圆点（●）。

下面打开一个带有自由点的模型文件进行查看。

Step1. 设置工作目录和打开文件。先将工作目录设置至 D:\creo8.8\work\ch10.02，然后打开文件 free_point.prt。

Step2. 设置模型显示状态。

（1）单击视图工具栏中的 按钮，将模型设置为着色显示状态。

（2）单击视图工具栏中的 按钮，在系统弹出的界面中取消选中 轴显示、 坐标系显示和 平面显示 复选框，使基准轴、坐标系和基准平面不显示。

（3）单击 按钮，然后选择 Course_v1 视图。

Step3. 编辑定义造型特征。在图 10.2.1 所示的模型树中右击 样式 1，在系统弹出的图 10.2.2 所示的快捷菜单中选择 命令，此时系统进入 ISDX 环境。

Step4. 单击视图工具栏中的“显示所有视图”按钮 ，切换到四个视图状态。

Step5. 单击 样式 功能选项卡 曲线 ▾ 区域中的“曲线”编辑按钮 曲线编辑，然后选择图 10.2.3 所示的 ISDX 曲线。此时我们会看到 ISDX 曲线上四个点的显示样式为小圆点（●），说明这四个点为自由点。

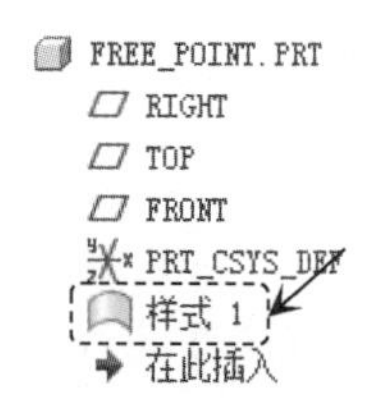

图 10.2.1 模型树

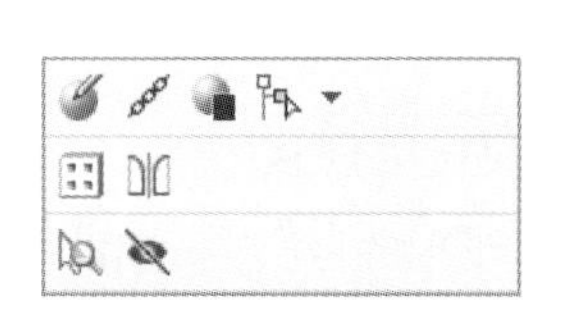

图 10.2.2 快捷菜单

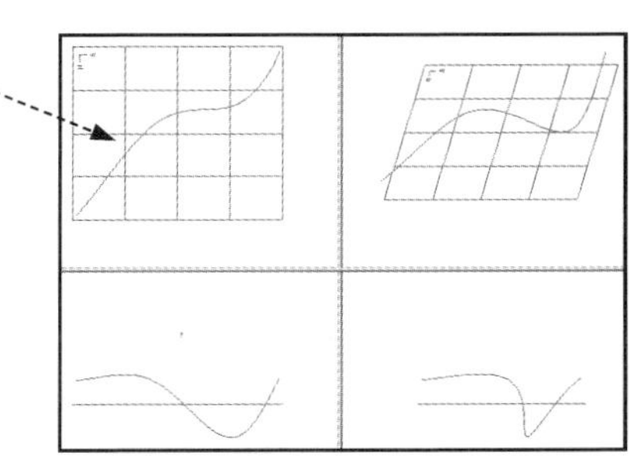

图 10.2.3 选择 ISDX 曲线

Step6. 对 ISDX 曲线上的点进行拖移，将发现其可以在空间任意移动，不受任何约束。

10.2.2 软点

如果 ISDX 曲线的点被约束在空间其他曲线（Curve）、模型边（Edge）、模型表面（Surface）和曲面（Surface）元素上，我们则将这样的点称为“软点”。起约束作用的点、线、面等元素称为软点的“参考”，它们是软点所在的曲线的父特征，而软点所在的曲线则为子特征。可以对软点进行拖移，但不能自由地拖移，软点只能在其所在的点、线、面上移动。

软点的显示样式取决于其“参考”元素的类型：

- 当软点坐落在曲线、模型的边线上时，其显示样式为小圆圈（○）。
- 当软点坐落在曲面、模型的表面上时，其显示样式为小方框（□）。

下面以一个例子来进行说明。

Step1. 设置工作目录和打开文件。先将工作目录设置至 D:\creo8.8\work\ch10.02，然后打开文件 view_soft_point.prt。

Step2. 设置模型显示状态。

（1）单击视图工具栏中的 按钮，将模型设置为着色显示状态。

（2）单击视图工具栏中的 按钮，在系统弹出的界面中取消选中 轴显示、 坐标系显示和 平面显示 复选框，使基准轴、坐标系和基准平面不显示。

（3）单击 按钮，然后选择 Course_v1 视图。

Step3. 编辑定义造型特征。在模型树中右击 样式 1，在系统弹出的快捷菜单中选择 命令，此时系统进入 ISDX 环境。

Step4. 遮蔽活动平面的栅格显示。在 样式 功能选项卡中选择 操作 ▾ ➡ 首选项 命令，系统弹出“造型首选项”对话框；在该对话框的 栅格 区域中取消选中 显示栅格 复选框，单击 确定 按钮，关闭“造型首选项”对话框。

Step5. 单击 样式 功能选项卡 曲线 ▾ 区域中的“曲线编辑”按钮 曲线编辑，选取图 10.2.4 中的 ISDX 曲线。

Step6. 查看 ISDX 曲线上的软点。图 10.2.5 所示的 ISDX 曲线上有四个软点，软点 1、软点 2 和软点 3 的显示样式为小圆圈（○），因为它们在曲线或模型的边线上；而软点 4 的显示样式为小方框（□），因为它在模型的表面上。

Step7. 拖移 ISDX 曲线上的软点。移动四个软点，我们将会发现软点 1 只能在圆柱特征的当前半个圆弧边线上移动，不能移到另一个半圆弧上；软点 2 只能在长方体特征的当前边线上移动，不能移到该特征的其他边线上；软点 3 只能在曲线 1 上移动；软点 4 只能在长方体特征的上表面移动，不能移到该特征的其他表面上。

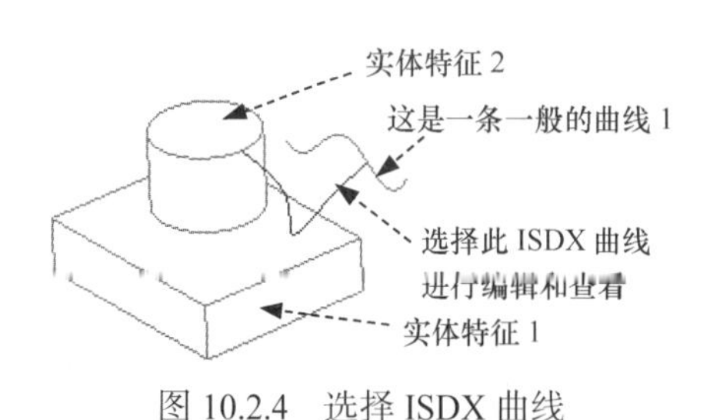

图 10.2.4 选择 ISDX 曲线

图 10.2.5 查看 ISDX 曲线上的四个软点

10.2.3 固定点

如果 ISDX 曲线的点固定在空间的某个基准点（Datum Point）或模型的顶点（Vertex）上，我们则称之为“固定点”，固定点坐落其上的基准点或顶点所属的特征为固定点的“参考”。不能对固定点进行拖移。固定点的显示样式为小叉（×）。

下面将以一个例子来说明。

Step1. 设置工作目录和打开文件。先将工作目录设置至 D:\creo8.8\work\ch10.02，然后打开文件 view_fixed_point.prt。

Step2. 设置模型显示状态。

（1）单击视图工具栏中的 按钮，将模型设置为着色显示状态。

（2）单击视图工具栏中的 按钮，在系统弹出的界面中取消选中 轴显示、 坐标系显示 和 平面显示 复选框，使基准轴、坐标系和基准平面不显示；选中 点显示 复选框，使基准点显示出来。

（3）单击 按钮，然后选择 Course_v1 视图。

Step3. 进入 ISDX 环境。在模型树中右击 样式 1，在系统弹出的快捷菜单中选择 命令，此时系统进入 ISDX 环境。

Step4. 单击 样式 功能选项卡 曲线▼ 区域中的“曲线编辑”按钮 曲线编辑，选取图 10.2.6 中的 ISDX 曲线。

Step5. 查看 ISDX 曲线上的固定点。如图 10.2.7 所示，ISDX 曲线上有两个固定点，它们的显示样式均为小叉（×）。

Step6. 尝试拖移 ISDX 曲线上的两个固定点，但是根本不能被移动。

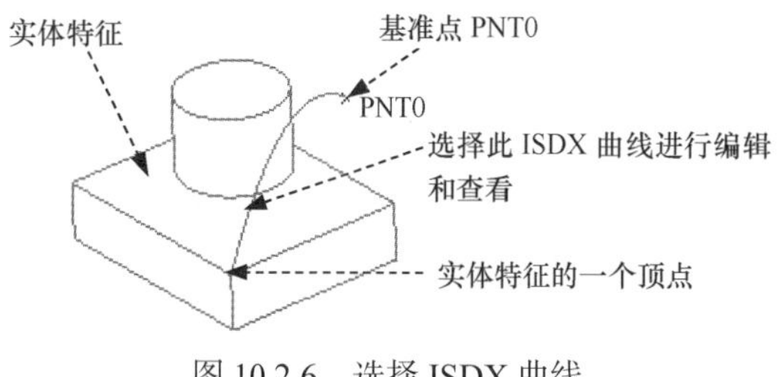

图 10.2.6 选择 ISDX 曲线

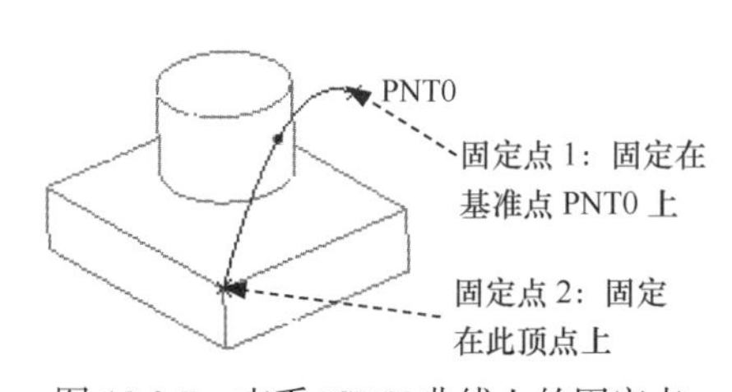

图 10.2.7 查看 ISDX 曲线上的固定点

10.2.4 相交点

在创建平面（Planar）ISDX 曲线时，如果 ISDX 曲线中的某个点正好落在空间的其他曲线（Curve）或模型边（Edge）上，也就是说这个点既在活动平面上，又在某个曲线或模型边上，这样的点称为“相交点”。我们不能拖移相交点。显然，相交点是一种特殊的“固定点”，相交点的显示样式也为小叉（×）。

下面以一个例子来说明。

Step1. 设置工作目录和打开文件。先将工作目录设置至 D:\creo8.8\work\ch10.02，然后打开文件 view_intersection_point.prt。

Step2. 进入 ISDX 环境。在模型树中右击 样式 1，在系统弹出的快捷菜单中选择命令，此时系统进入 ISDX 环境。

Step3. 单击 样式 功能选项卡 曲线 ▾ 区域中的“曲线编辑”按钮 曲线编辑，选取图 10.2.8 所示的 ISDX 曲线。

Step4. 查看 ISDX 曲线上的相交点。在图 10.2.9 所示的 ISDX 曲线上有一个相交点，其显示样式为小叉（×）。

Step5. 尝试拖移 ISDX 曲线上的相交点，可以发现其根本不能被移动。

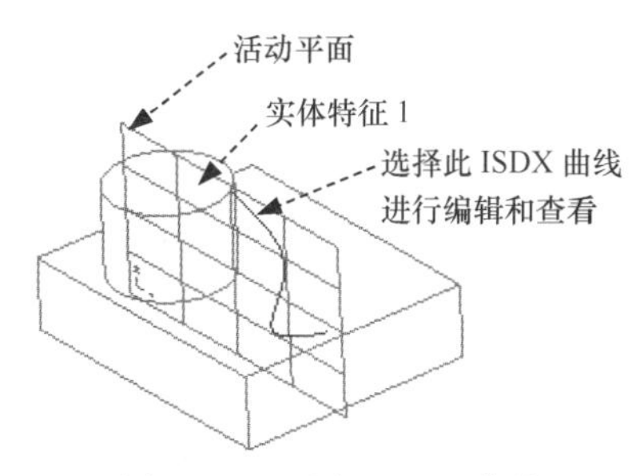

图 10.2.8　选择 ISDX 曲线

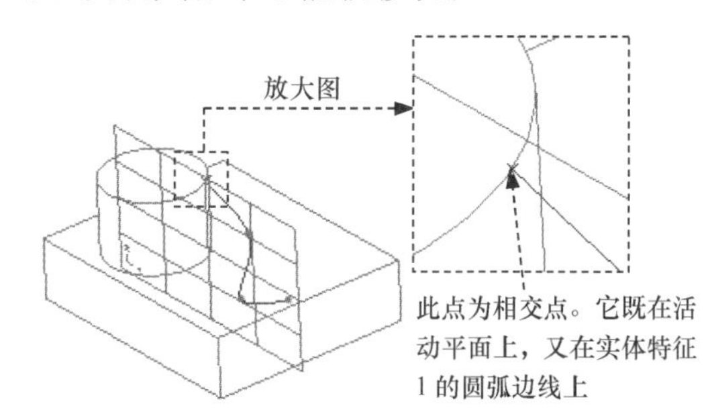

图 10.2.9　ISDX 曲线上的相交点

10.3　ISDX 曲线的类型

在 ISDX 曲面模块中，ISDX 曲线的类型分为四种：自由（Free）类型的 ISDX 曲线、平面（Planar）类型的 ISDX 曲线、COS 类型的 ISDX 曲线以及下落（Drop）类型的 ISDX 曲线。它们的创建方法各不相同，下面将一一介绍。

10.3.1　自由类型的 ISDX 曲线

自由（Free）类型的曲线是 ISDX 模块中很常用的曲线，所构建的曲线先以平面曲线的

形式出现，但因其属性是“自由”的，所以可以用“曲线编辑”命令对曲线上的点进行拖拽后变成 3D 自由曲线。

下面将介绍创建自由（Free）类型的 ISDX 曲线的全过程。

Step1. 设置工作目录和新建文件。

（1）选择下拉菜单 文件 → 管理会话(M) → 选择工作目录(W) 命令，将工作目录设置至 D:\creo8.8\work\ch10.03。

（2）选择下拉菜单 文件 → 新建(N) 命令，系统弹出“新建”对话框，在 类型 选项组中选中 ◉ 零件 单选项，文件名为 creat_free_curve。

Step2. 单击 模型 功能选项卡 曲面 ▾ 区域中的“样式”按钮 样式，系统进入 ISDX 曲面模块。

Step3. 设置活动平面。进入 ISDX 环境后，系统一般会自动地选取 TOP 基准平面为活动平面，如图 10.3.1 所示。如果没有特殊的要求，则常采用默认设置。

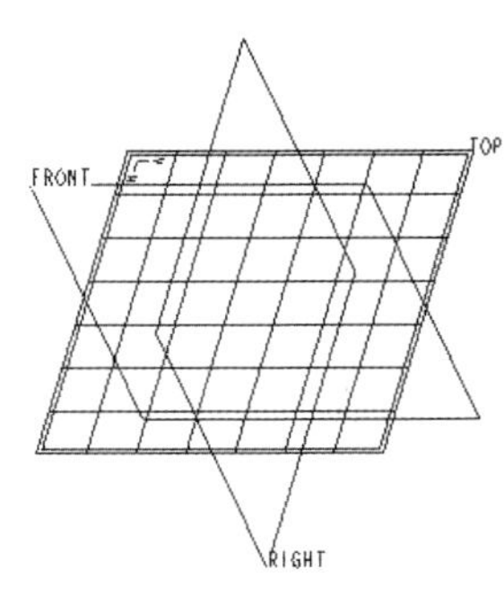

图 10.3.1　设置活动平面

Step4. 创建 ISDX 曲线。

（1）单击 样式 功能选项卡 曲线 ▾ 区域中的“曲线”按钮 ，系统弹出图 10.3.2 所示的“造型：曲线”操控板。

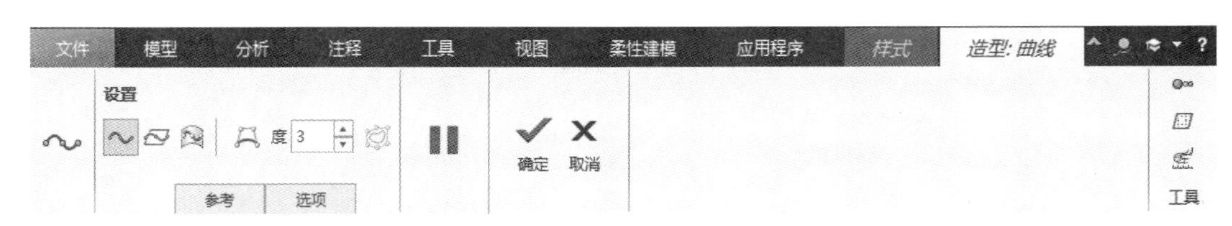

图 10.3.2　“造型：曲线”操控板

（2）选择曲线类型。在该操控板中单击“创建自由曲线”按钮 （使其处于激活状态）。

（3）在空间单击一系列点，即可产生一条自由 ISDX 曲线，如图 10.3.3 所示；该曲线包含两个端点（Endpoint）和若干内部点（Internal Point）。此时，曲线上的四个点以小圆点（●）形式显示，表明这些点是自由点。后面我们还将进一步介绍曲线上点的类型。

注意：在拾取点时，如果要“删除”前一个点（也就是要“撤销上一步操作”），可单击工具栏中的 按钮；如果要恢复撤销的操作，可单击按钮 。

（4）切换到四个视图状态，查看所创建的自由 ISDX 曲线。单击视图工具栏中的 按钮，即可看到图 10.3.4 所示的曲线的四个视图，观察下部的两个视图，可发现曲线上的所有点都在 TOP 基准平面上，但不能就此认为该曲线是平面（Planar）曲线，因为我们可以使用点的拖拉编辑功能，将曲线上的所有点拖离开 TOP 基准平面（请参见后面的操作）。查看完毕后，再次单击 按钮，回到一个视图状态。

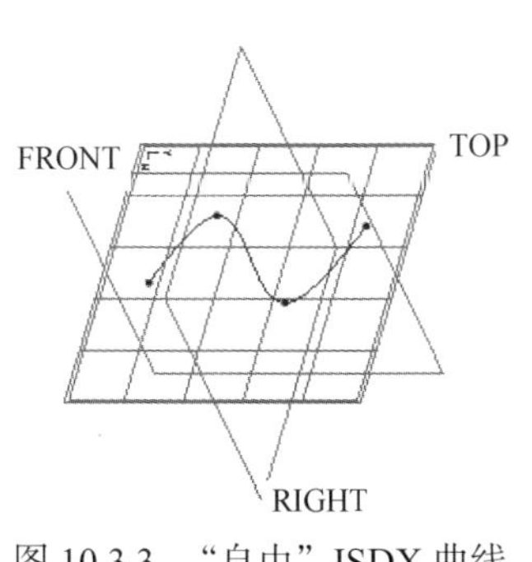

图 10.3.3 “自由”ISDX 曲线

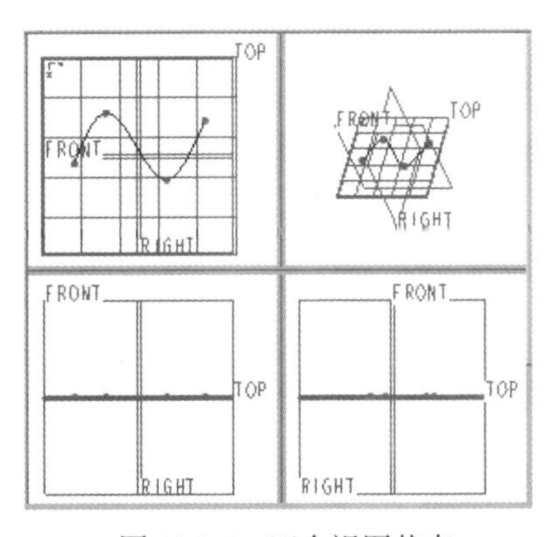

图 10.3.4 四个视图状态

（5）单击“造型：曲线”操控板中的 ✓ 按钮。

Step5. 对自由 ISDX 曲线进行编辑，将曲线上的点拖离 TOP 基准平面。

（1）单击 样式 功能选项卡 曲线 ▾ 区域中的“曲线编辑”按钮 曲线编辑，此时系统显示图 10.3.5 所示的“造型：曲线编辑”操控板。

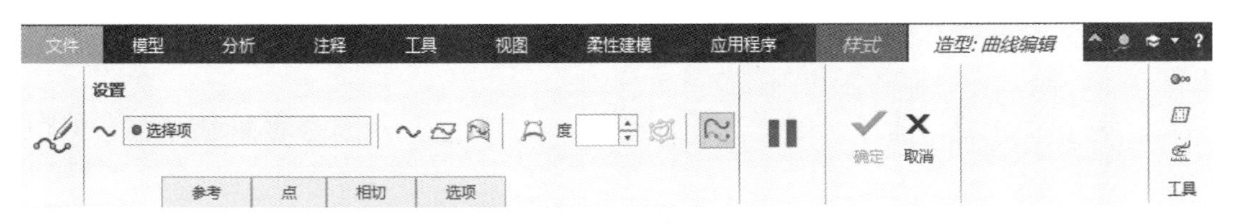

图 10.3.5 “造型：曲线编辑”操控板

（2）单击 按钮；在左下视图中，用鼠标左键选取曲线上的点，并将其拖离 TOP 基准平面，如图 10.3.6 所示。可以认识到：在单个视图状态下，很难观察 ISDX 曲线上点的分布，如果要准确把握 ISDX 曲线上点的分布，应该使用四个视图状态。

（3）单击“造型：曲线编辑”操控板中的 ✓ 按钮。

注意： 关于 ISDX 曲线的编辑功能，目前先初步掌握到这种程度，后面还将进一步介绍。

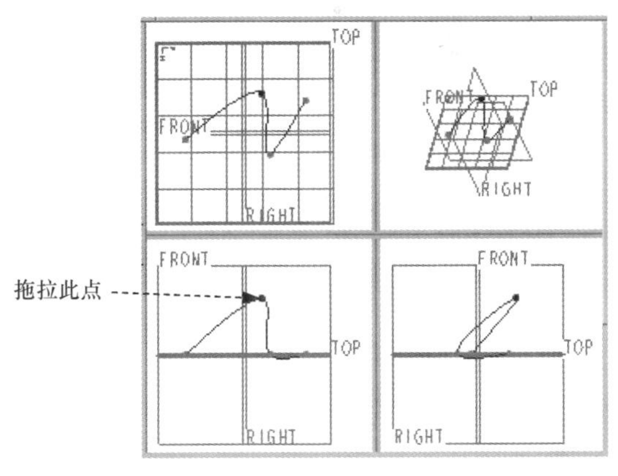

图 10.3.6 四个视图状态

Step6. 退出造型环境。单击 样式 功能选项卡中的 ✓ 按钮。

10.3.2 平面类型的 ISDX 曲线

平面（Planar）类型的 ISDX 曲线就是创建后位于指定平面上的曲线，使用“曲线编辑”

命令后也不会改变其空间位置。

下面介绍创建平面（Planar）类型的 ISDX 曲线的主要过程。

Step1. 设置工作目录和新建文件。

（1）选择下拉菜单 文件 → 管理会话(M) → 选择工作目录 命令，将工作目录设置至 D：\creo8.8\work\ch10.03。

（2）选择下拉菜单 文件 → 新建(N) 命令，系统弹出“新建”对话框，在 类型 选项组中选中 ◉ 零件 单选项，文件名为 creat_planar_curve。

Step2. 进入 ISDX 环境。单击 模型 功能选项卡 曲面 ▾ 区域中的“样式”按钮 样式。

Step3. 设置活动平面。采用系统默认的 TOP 基准平面为活动平面。

Step4. 单击 样式 功能选项卡 曲线 ▾ 区域中的“曲线”按钮 。

Step5. 选择曲线类型。在“造型：曲线”操控板中单击“创建平面曲线”按钮 ，如图 10.3.7 所示。

注意：在创建自由和平面 ISDX 曲线时，操作到这一步时，可在图 10.3.7 所示的“造型：曲线”操控板中单击“参考”按钮，然后改选其他的基准平面为活动平面或输入“偏移”值平移活动平面，如图 10.3.8 和图 10.3.9 所示。

Step6. 跟创建自由曲线一样，在空间单击若干点，即产生一条平面 ISDX 曲线，如图 10.3.10 所示。

Step7. 单击视图工具栏中的 按钮，切换到四个视图状态，如图 10.3.11 所示；查看所创建的“平面”ISDX 曲线。

Step8. 单击“造型：曲线”操控板中的 ✔ 按钮。

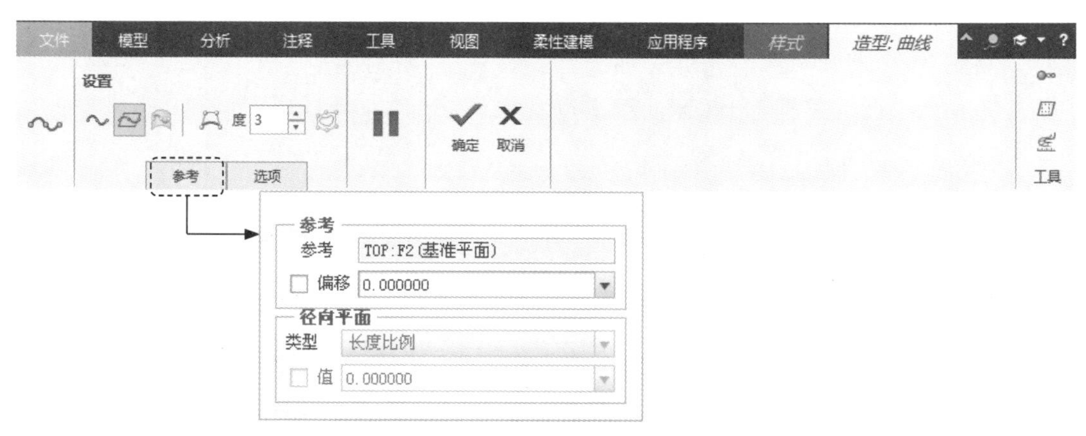

图 10.3.7 “造型：曲线”操控板

Step9. 拖移平面 ISDX 曲线上的点。单击 样式 功能选项卡 曲线 ▾ 区域中的“曲线编辑”按钮 曲线编辑；在图 10.3.11 所示的左下视图中选取曲线上的任一点进行拖移，此时可以发现，无论怎样拖移，点只能左右移动，而不能上下移动（即不能离开活动平面——

TOP 基准平面)，可见创建的 ISDX 曲线是一条位于活动平面（TOP 基准平面）上的平面曲线。

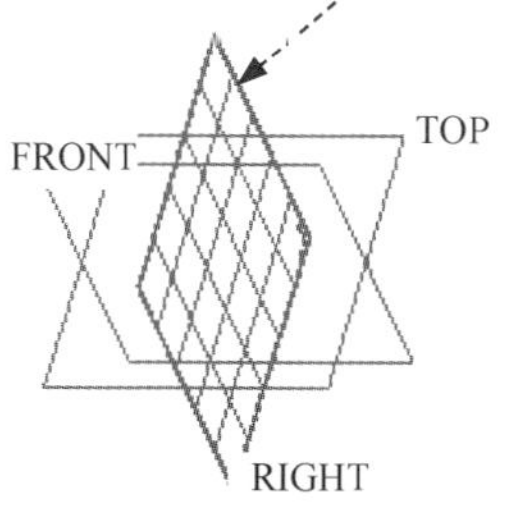

图 10.3.8 改变活动平面

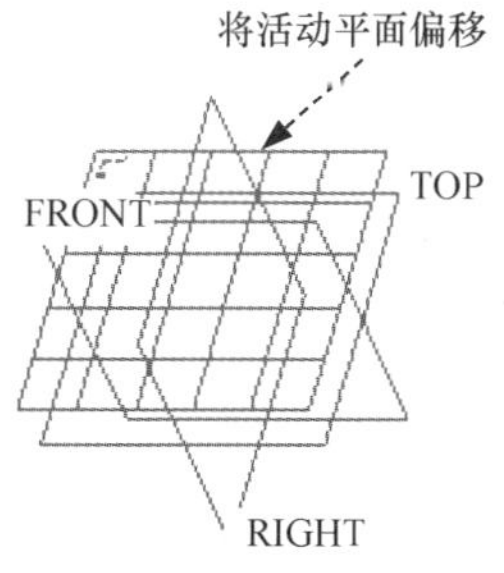

图 10.3.9 将活动平面偏移

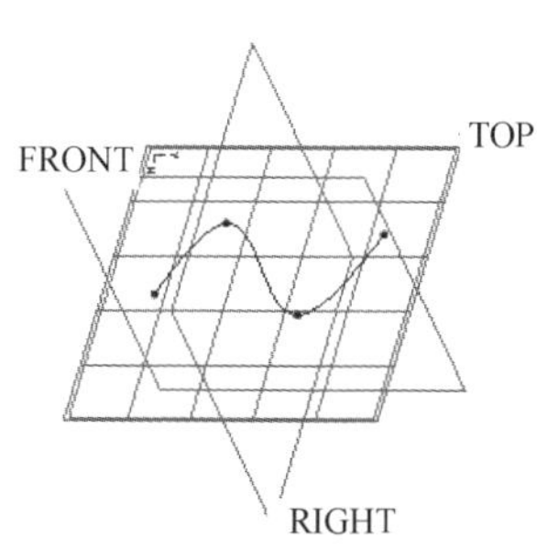

图 10.3.10 平面 ISDX 曲线

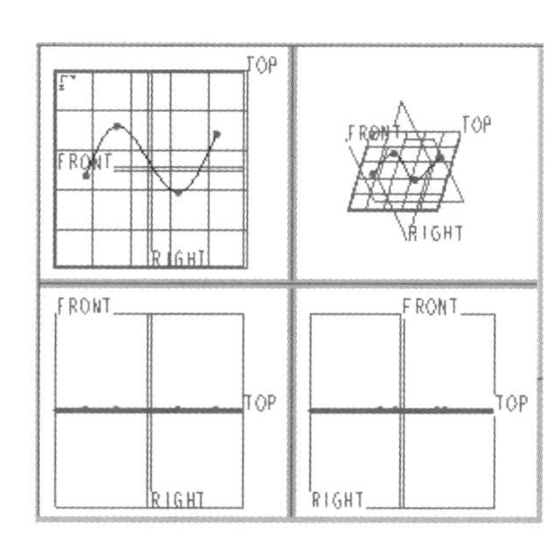

图 10.3.11 四个视图状态

注意：

（1）可以将“平面”曲线转化为“自由”曲线。操作方法为：在“造型：曲线编辑”操控板中单击“更改为自由曲线”按钮，系统弹出“确认”对话框，并提示将平面曲线转换为自由曲线?，单击 是(Y) 按钮。将平面曲线转化成自由曲线后，便可以将曲线上的点拖离活动平面。

（2）也可将自由曲线转化为平面曲线。操作方法为：在“造型：曲线编辑”操控板中单击“更改为平面曲线”按钮，在系统 选择一个基准平面或曲线参考以将自由曲线转换为平面. 的提示下，单击一个基准平面或曲线参考，这样自由曲线便会转化为活动平面上的平面曲线。

10.3.3 COS 类型的 ISDX 曲线

COS（Curve on Surface）类型的 ISDX 曲线就是在选定的曲面上建立曲线。选定的曲面为父特征，此 COS 曲线为子特征，所以修改作为父特征的曲面，会导致 COS 曲线的改变。作为父特征的曲面可以是模型的表面、一般曲面和 ISDX 曲面。

下面将打开一个带有曲面的模型文件，然后在选定的曲面上创建 COS 曲线。

Step1. 设置工作目录和打开文件。先将工作目录设置至 D:\creo8.8 work\ch10\ch10.03，

然后打开文件 creat_cos_curve。

Step2. 单击 模型 功能选项卡 曲面 ▾ 区域中的“样式”按钮 样式，进入 ISDX 环境。

Step3. 设置活动平面。接受系统默认的 TOP 基准平面为活动平面。

Step4 遮蔽活动平面的栅格显示。在 样式 功能选项卡中选择 操作 ▾ ➡ 首选项 命令，在系统弹出“造型首选项”对话框的 栅格 区域中，取消选中 ☐ 显示栅格 复选框；单击 确定 按钮，关闭“造型首选项”对话框。

Step5. 单击 样式 功能选项卡 曲线 ▾ 区域中的“曲线”按钮 。

Step6. 选择曲线类型。在图 10.3.12 所示的“造型：曲线”操控板中单击“创建曲面上的曲线”按钮 。

图 10.3.12 “造型：曲线”操控板

Step7. 选择父曲面。

（1）在该操控板中单击 参考 按钮，在系统弹出的“参考”界面中（图 10.3.12）单击 曲面 区域后的 ● 单击此处添加项 字符，然后选取图 10.3.13 所示的曲面。

（2）在该操控板中再次单击 参考 按钮，退出“参考”界面。

Step8. 在选取的曲面上单击四个点，创建图 10.3.14 所示的 COS 曲线。

注意：此时，曲线上的四个点以小方框（□）形式显示，表明这些点是曲面上的软点。

Step9. 单击视图工具栏中的 按钮，切换到四个视图状态，查看所创建的 COS 曲线，如图 10.3.15 所示。

Step10. 单击“造型：曲线”操控板中的 ✔ 按钮。

Step11. 单击 样式 功能选项卡 曲线 ▾ 区域中的“曲线编辑”按钮 曲线编辑，然后在图 10.3.15 所示的右上视图中任选曲线上一点进行拖移，此时将发现，无论怎样拖移该点，该点在左下视图和右下视图中的对应投影点始终不能离开所选的曲面，尝试其他的点，也都如此。由此可见，COS 曲线上的点将始终贴在所选的曲面上，不仅如此，整条 COS 曲线也始终贴在所选的曲面上。

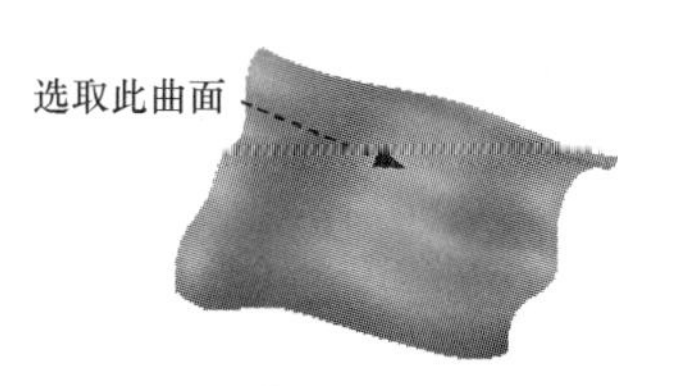

图 10.3.13　选取曲面

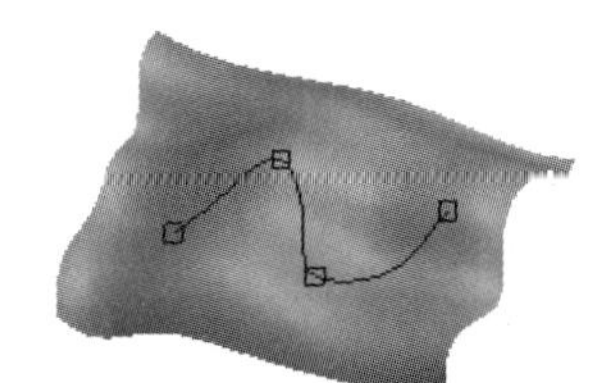

图 10.3.14　创建 COS 曲线

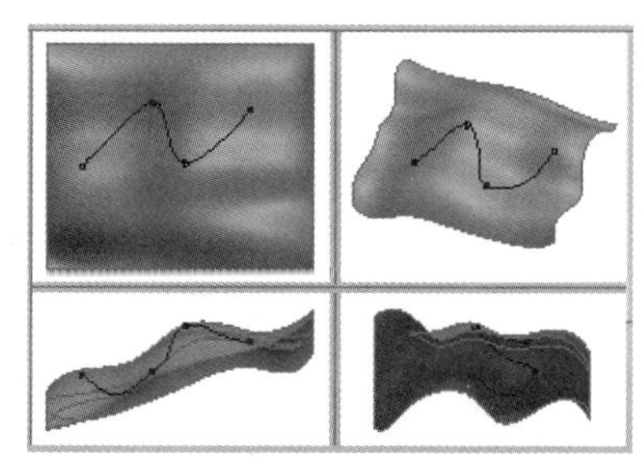

图 10.3.15　在四个视图状态查看 COS 曲线

注意：

（1）可以将 COS 曲线转化为自由曲线。操作方法为：在“造型：曲线编辑”操控板中单击“更改为自由曲线”按钮，系统弹出“确认”对话框，并提示 是否将COS曲线转换为自由曲线?，单击 是(Y) 按钮。COS 曲线转化成自由曲线后，我们会注意到，曲线点的形式从小方框（□）变为小圆点（●）。此时，我们便可以将曲线上的点拖离开所选的曲面。

（2）可以将 COS 曲线转化为平面曲线。操作方法为：在“造型：曲线编辑”操控板中单击“更改为平面曲线”按钮，在系统 选择一个基准平面或曲线参考以将自由曲线转换为平面。 的提示下，单击一个基准平面或曲线参考。

（3）不能将自由曲线和平面曲线转化为 COS 曲线。

10.3.4　下落类型的 ISDX 曲线

下落（Drop）曲线是将选定的曲线“投影”到选定的曲面上所得到的曲线，投影方向为某个选定平面的法向方向。选定的曲线、曲面以及投影方向的平面都是父特征，最后得到的下落曲线为子特征，无论修改哪个父特征，都会导致下落曲线的改变。从本质上说，下落（Drop）曲线是一种特殊的 COS 曲线。

作为父特征的曲线可以是一般的曲线，也可以是前面介绍的 ISDX 曲线（可以选择多条曲线为父特征曲线）；作为父特征的曲面可以是模型的表面、一般曲面和 ISDX 曲面（可以选择多个曲面为父特征曲面）。

下面将打开一个带有曲线、曲面、平面的模型文件，然后创建下落曲线。模型如图 10.3.16 所示。

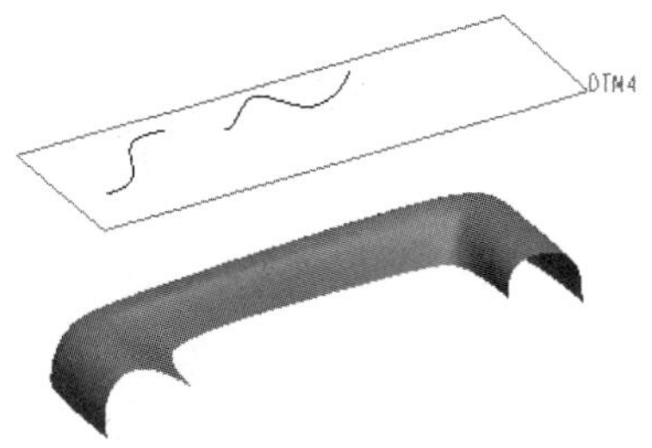

图 10.3.16　模型

Step1. 设置工作目录和打开文件。先将工作目录设置至 D:\creo8.8\work\ch10.03，然后打开文件 creat_drop_curve.prt。

Step2. 单击 模型 功能选项卡 曲面 ▾ 区域中的“样式”按钮 样式，进入 ISDX 环境。

Step3. 设置活动平面。设置 TOP 基准平面为活动平面。

Step4. 遮蔽活动平面的栅格显示。在 样式 功能选项卡中选择 操作 ▾ ➡ 首选项

命令，在系统弹出“造型首选项”对话框的 栅格 区域中取消选中 显示栅格 复选框；单击 确定 按钮，关闭“造型首选项”对话框。

Step5. 单击 样式 功能选项卡 曲线 ▼ 区域中的“放置曲线”按钮 放置曲线，系统弹出图 10.3.17 所示的“造型：放置曲线”操控板。

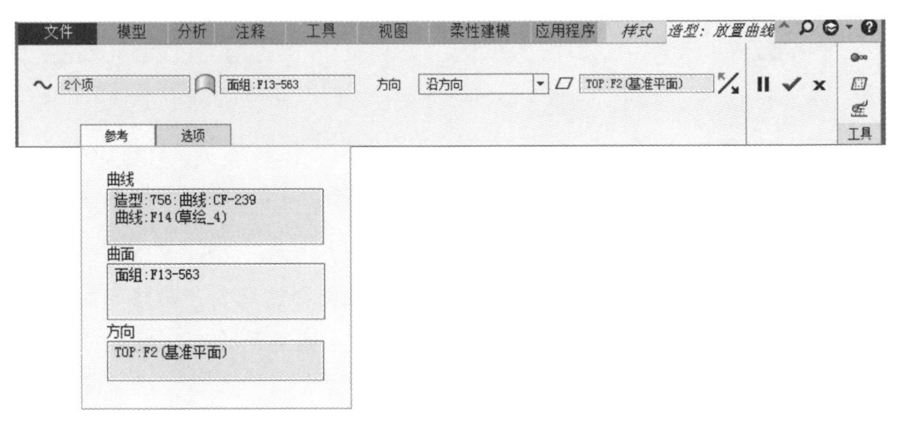

图 10.3.17 “造型：放置曲线”操控板

Step6. 选择父特征曲线。在系统 选择曲线以放置到曲面上。 的提示下，按住 Ctrl 键，选取图 10.3.18 所示的父特征曲线 1 和父特征曲线 2 两条曲线。

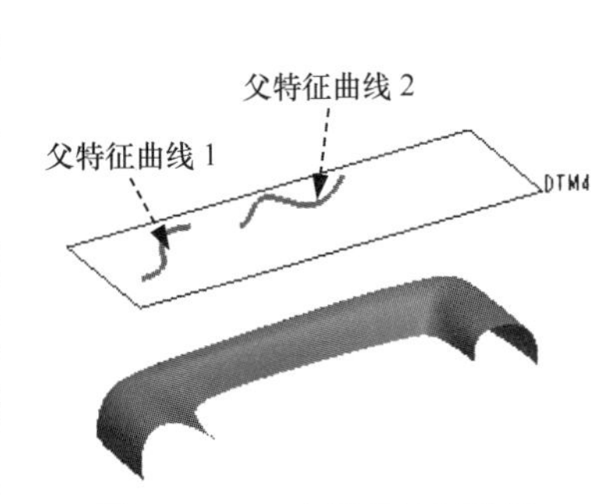

图 10.3.18 选择父特征曲线

Step7. 选择父特征曲面。在“造型：放置曲线”操控板中单击 参考 按钮，在系统弹出的“参考”界面的 曲面 区域中单击 ● 单击此处添加项 字符，然后在系统 选择要进行放置曲线的曲面。 的提示下，选取图 10.3.19 所示的父特征曲面。此时系统以活动平面的法向为投影方向对曲线进行投影，父特征曲面上产生图 10.3.20 所示的下落曲线。

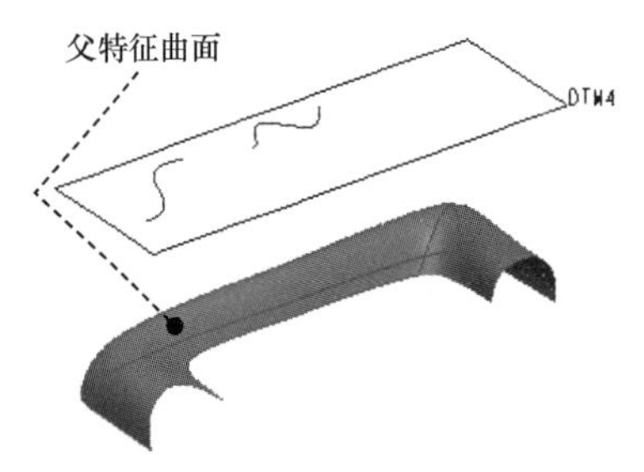

图 10.3.19 选择父特征曲面

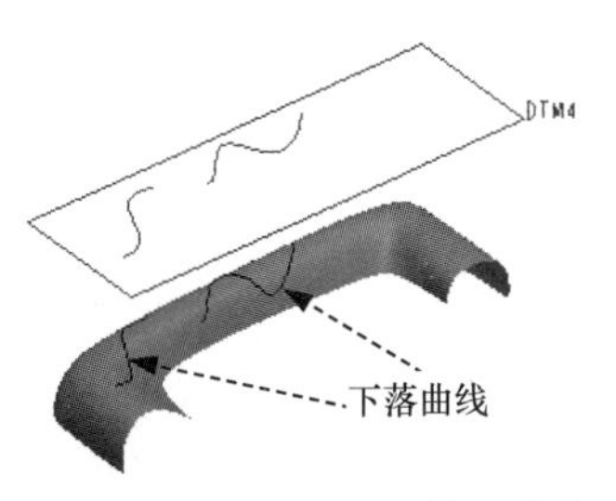

图 10.3.20 得到“下落”曲线

Step8. 单击视图工具栏中的 按钮，切换到四个视图状态，查看所创建的下落曲线。

Step9. 在“造型：放置曲线”操控板中单击 ✔ 按钮，完成操作。

注意： 如果希望重定义某个下落曲线，可先选取该下落曲线，然后右击，在系统弹出的快捷菜单中选择 命令。

第 11 章　编辑 ISDX 曲线

本章提要

- ISDX 曲线的曲率图
- 延伸 ISDX 曲线
- 组合 ISDX 曲线
- 删除 ISDX 曲线
- ISDX 曲线上点的编辑
- 分割 ISDX 曲线
- 复制和移动 ISDX 曲线
- ISDX 多变曲面与修饰造型

11.1　ISDX 曲线的曲率图

要得到高质量的 ISDX 曲线，必须对 ISDX 曲线进行编辑。ISDX 曲线的编辑包括对 ISDX 曲线上点的编辑以及曲线的延伸、分割、组合、复制和移动以及删除等操作。在进行这些编辑操作时，应该使用曲线的“曲率图”（Curvature Plot）来查看其变化，并根据其变化来调整曲线，以获得最佳的曲线形状。

图 11.1.1 所示的曲率图是显示曲线上每个几何点处的曲率或半径的图形。从曲率图上可以看出曲线变化方向和曲线的光滑程度，它是查看曲线质量的最好工具。在 ISDX 环境下，单击 样式 功能选项卡 分析 ▾ 区域中的“曲率”按钮 曲率，然后选取要查看其曲率的曲线，即可显示曲线曲率图。

使用曲率图要注意以下几点。

（1）在图 11.1.2 所示的“曲率”对话框中，可以设置曲率图的“类型”“示例”“质量”“比例”。所以同一条曲线会由于设置的不同而显示不同的疏密程度、大小和类型的曲率图。

（2）在造型设计时，每创建一条 ISDX 曲线，最好都用曲率图查看曲线的质量，不要单凭曲线的视觉表现判断曲线是否光滑。例如，凭视觉表现，图 11.1.3 所示的曲线应该还算光滑，但从它的曲率图（图 11.1.4）可发现有尖点，说明曲线并不光滑。

（3）在 ISDX 环境中，要产生高质量的 ISDX 曲面，应注意构成 ISDX 曲面的 ISDX 曲线上点的个数不要太多，点的数量只要能形成所需要的 ISDX 曲线形状就可以了。在曲率图上我们会发现，曲线上的点越多，其曲率图就越难看，曲线的质量就越难保证，曲面的质量也就越难达到要求。

（4）从曲率图上看，构成曲面的 ISDX 曲线上尽可能不要出现图 11.1.5 所示的反屈点。

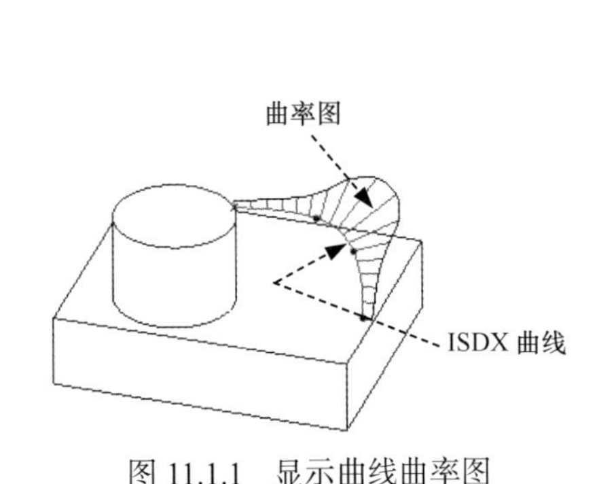

图 11.1.1　显示曲线曲率图

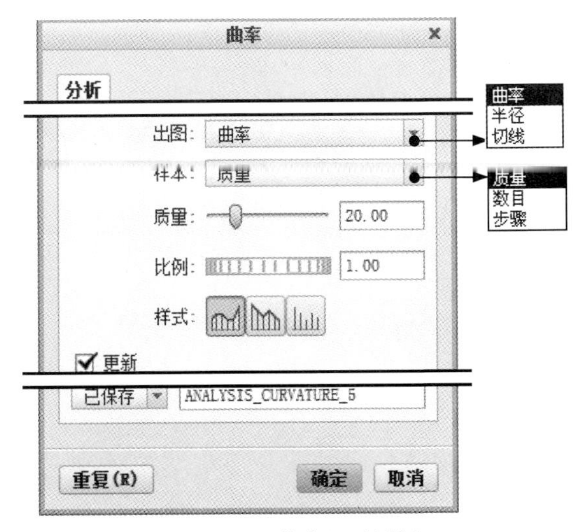

图 11.1.2　“曲率”对话框

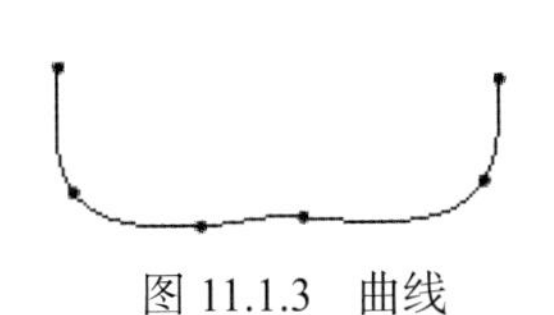
图 11.1.3　曲线

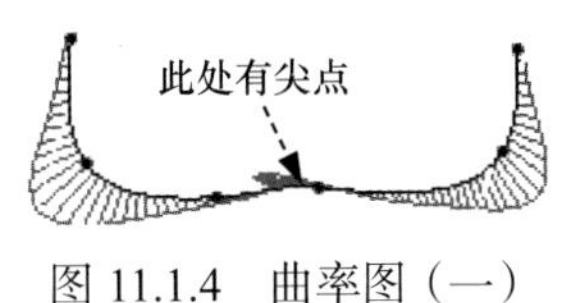

图 11.1.4　曲率图（一）

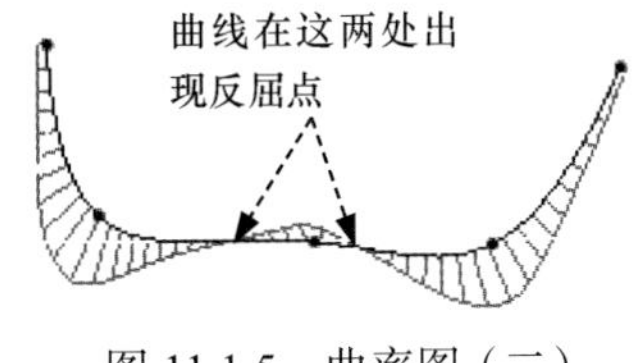

图 11.1.5　曲率图（二）

11.2　ISDX 曲线上点的编辑

创建一条符合要求的 ISDX 曲线，一般分两步：第一步是定义数个点形成初步的曲线；第二步是对形成的初步曲线进行编辑使其符合要求。在曲线的整个创建过程中，编辑往往占用绝大部分工作量，而在曲线的编辑工作中，曲线上点的编辑显得尤为重要。

下面将打开一个含有 ISDX 曲线的模型并进入 ISDX 环境，然后对点的编辑方法逐一进行介绍。

Step1. 设置工作目录和打开文件。

（1）选择下拉菜单 文件 → 管理会话(M) → 选择工作目录(W) 命令，将工作目录设置至 D:\creo8.8\work\ch11.02。

（2）选择下拉菜单 文件 → 打开(O) 命令，打开文件 edit_spot_on_curve.prt。

Step2. 进入 ISDX 环境。在模型树中右击 样式 1，在系统弹出的快捷菜单中选择 命令。

Step3. 在 样式 功能选项卡 曲线 ▾ 区域中单击 曲线编辑 按钮，选取图 11.2.1 所示的 ISDX 曲线。此时系统显示“造型：曲线编辑”操控板，模型如图 11.2.1 所示。

Step4. 针对不同的情况，编辑 ISDX 曲线。

在进行曲线的编辑操作之前，有必要先介绍曲线外形的两种编辑控制方式。

1. 直接的控制方式

如图 11.2.2 所示，拖移 ISDX 曲线的某个端点或者内部点，可直接调整曲线的外形。

2. 控制点方式

在“造型：曲线编辑”操控板中，如果激活 按钮，ISDX 曲线上会出现图 11.2.3 所示的“控制折线”，控制折线由数个首尾相连的线段组成，每个线段的端部都有一个小圆点，它们是曲线的外形控制点。拖移这些小圆点，便可间接地调整曲线的外形。

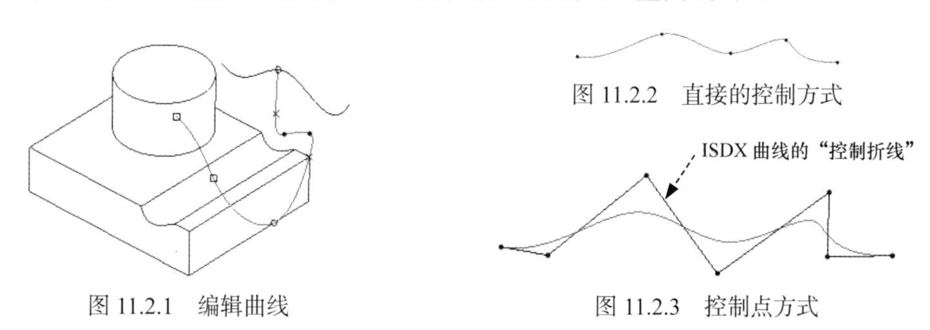

图 11.2.1 编辑曲线

图 11.2.2 直接的控制方式

图 11.2.3 控制点方式

注意：在以上两种调整曲线外形的操作过程中，鼠标各键的功能如下。

- 单击左键拾取曲线上的关键点或控制点，按住左键并移动鼠标可移动、调整点的位置。
- 单击中键完成曲线的编辑。
- 单击右键，系统弹出快捷菜单。

11.2.1 移动 ISDX 曲线上的点

1. 移动 ISDX 曲线上的自由点

如图 11.2.4 所示，选取图中所示的自由点，按住左键并移动鼠标，该自由点即自由移动。也可配合键盘的 Ctrl 和 Alt 键来控制移动的方向；或者单击“造型：曲线编辑”操控板中的 点 按钮，出现图 11.2.5 所示的界面，在“点”界面中控制拖移的方向。

（1）水平/竖直方向移动：按住 Ctrl 和 Alt 键，仅可在水平、竖直方向移动自由点；也可以在图 11.2.5 所示的“点”界面中，在 点移动 区域的 拖动 下拉列表中选择 水平/竖直(Ctrl + Alt) 选项。

注意：在图 11.2.6 所示的左上视图中，“水平”移动方向是指活动平面上图标的 H 方向，“竖直”移动方向是指活动平面上图标的 V 方向。水平/竖直方向移动操作应在左上视图中进行。

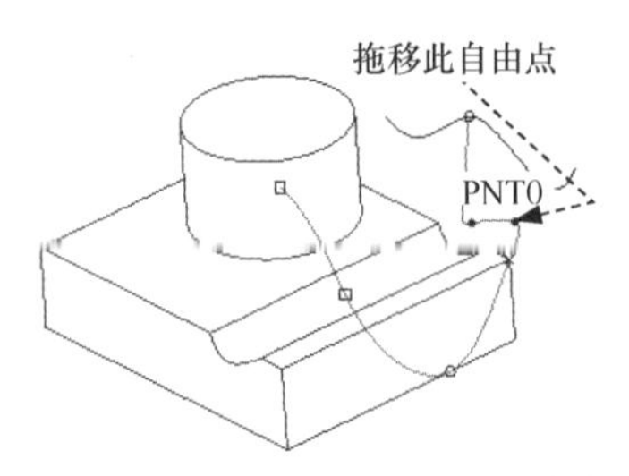

图 11.2.4 拖移 ISDX 曲线上的自由点

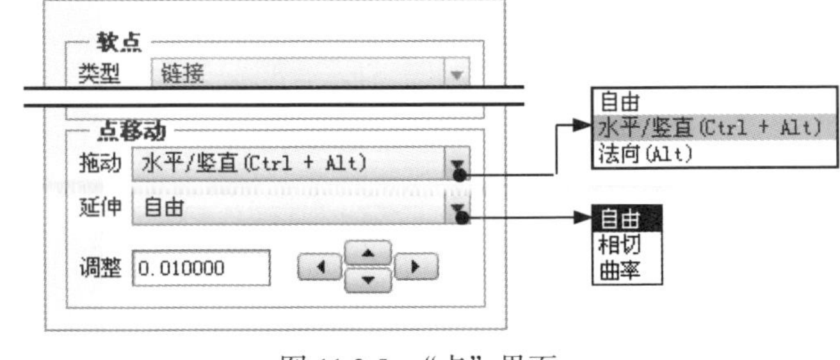

图 11.2.5 “点”界面

（2）法向移动：按住 Alt 键，仅可在垂直于活动平面的方向移动自由点；也可以在图 11.2.5 所示的“点”界面中，选择 法向(Alt) 选项（注意：垂直方向移动操作应在左下视图进行）。

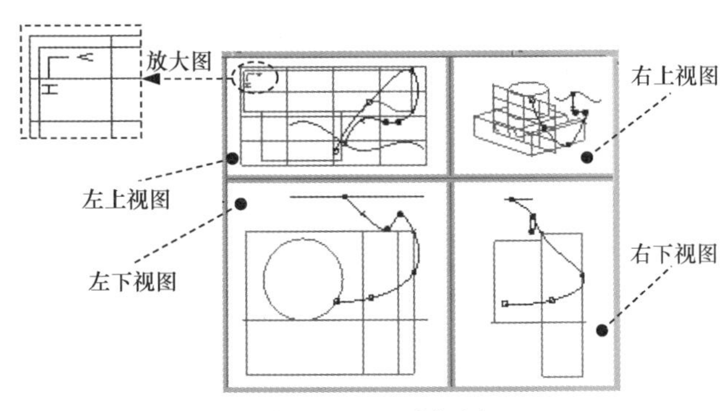

图 11.2.6 四个视图

注意：

- 误操作后，可进行“恢复”操作。方法是：直接单击快速工具栏中的“撤销”按钮 。
- 配合 Shift 键，可改变点的类型。按住 Shift 键，移动 ISDX 曲线上的点，可使点的类型在自由点、软点、固定点和相交点（必须是平面曲线上的点）之间进行任意切换；当然在将非自由点变成自由点时，有时先要进行“断开链接”操作。其操作方法为：右击要编辑的点，然后选择 断开链接 命令。

2. 移动 ISDX 曲线上的软点

如图 11.2.7 所示，将鼠标指针移至某一软点上，按住左键并移动鼠标，即可在其参考边线（曲面）上移动该点；也可右击该软点，系统弹出图 11.2.8 所示的快捷菜单，选择菜单中的长度比例、长度、参数、自平面偏移、锁定到点、链接以及断开链接等选项来定义该点的位置（也可以在图 11.2.9 所示的“造型：曲线编辑”操控板中获得这些选项）。

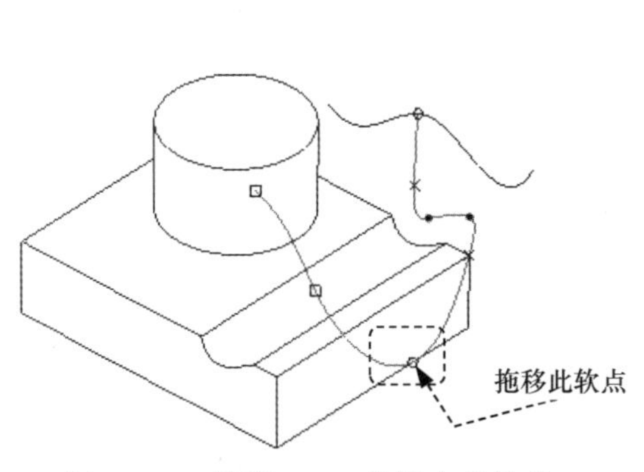

图 11.2.7 拖移 ISDX 曲线上的软点

图 11.2.8 快捷菜单

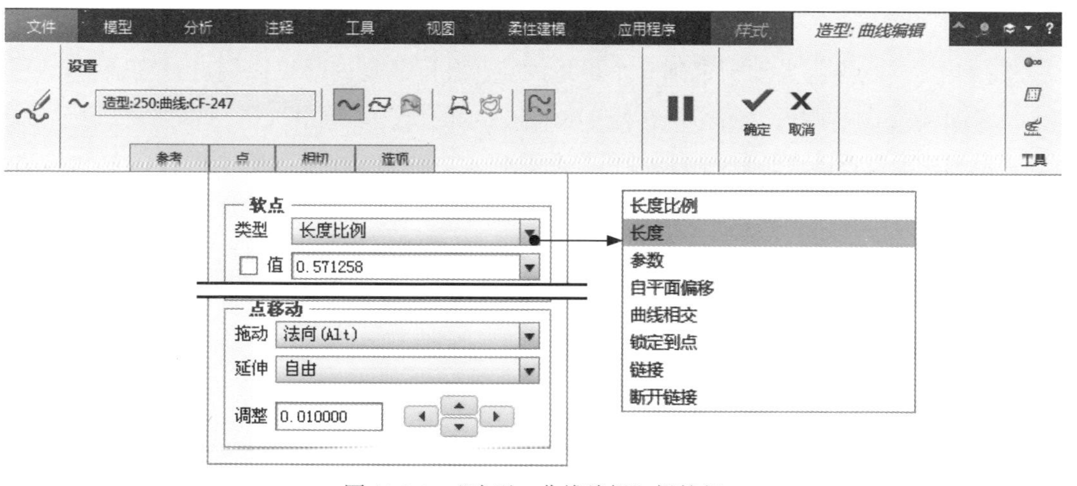

图 11.2.9 “造型：曲线编辑”操控板

（1）长度比例。

将参考曲线（线段）长度视为 1，通过输入长度比例值来控制软点位置。单击“造型：曲线编辑”操控板中的 点 按钮，在系统弹出的操作界面中可输入“长度比例”值，如图 11.2.10 所示。

（2）长度。

系统自动指定从参考曲线某一端算起，通过输入长度值来控制软点位置。单击“造型：曲线编辑”操控板中的 点 按钮，在系统弹出的操作界面中可输入“长度”值，如图 11.2.11 所示。

图 11.2.10 设置“长度比例”值

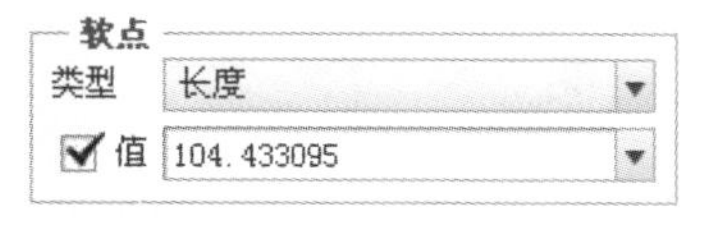

图 11.2.11 设置“长度”值

（3）参数。

预设情况，类似“长度比例”，但参数值稍有不同。单击“造型：曲线编辑”操控板中的 点 按钮，在系统弹出的操作界面中可输入“参数”值，如图 11.2.12 所示。

（4）自平面偏移。

指定一基准面，通过输入与基准面的距离值来控制软点位置。单击“造型：曲线编辑”操控板中的 点 按钮，在系统弹出的操作界面中可输入“自平面偏移”值，如图 11.2.13 所示。

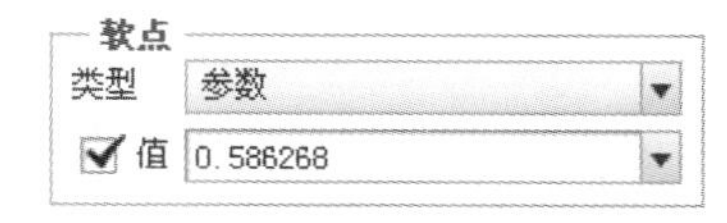

图 11.2.12 设置“参数”值

软点

类型	自平面偏移
值	-85.313492

图 11.2.13 设置“自平面偏移”值

（5）锁定到点。

选择此项，软点将自动锁定到一个最近的点（有可能是内部点或端点）。如图 11.2.14a 所示，在曲线 A 的右端点处右击，在图 11.2.15 所示的快捷菜单中选择 锁定到点 命令，该点即锁定到一个最近的点，如图 11.2.14b 所示。以此方式锁定的点，将不再具有移动的自由度（也就是无法拖曳），在屏幕上显示为“×”。

注意： 练习时，请读者先将工作目录设置至 D:\creo8.8\work\ch11.02，然后打开文件 lock_to_spot.prt。

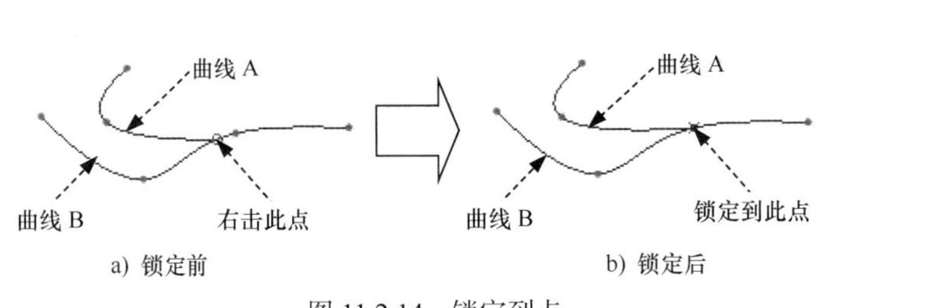

图 11.2.14　锁定到点

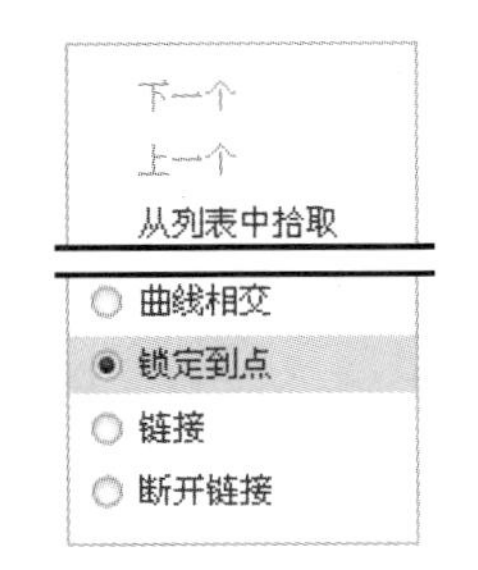

图 11.2.15　快捷菜单

（6）链接与断开链接。

当 ISDX 曲线上的某一点为软点或固定点时，该点表现为一种“链接”（Link）状态，例如，位于曲面、曲线或基准点上的点。“断开链接”（Unlink）则是使软点或固定点“脱离”参考点、参考曲线或者参考曲面等父项特征的约束而成为自由点的一种状态，故显示符号会转变为实心原点（●），如图 11.2.16 所示。

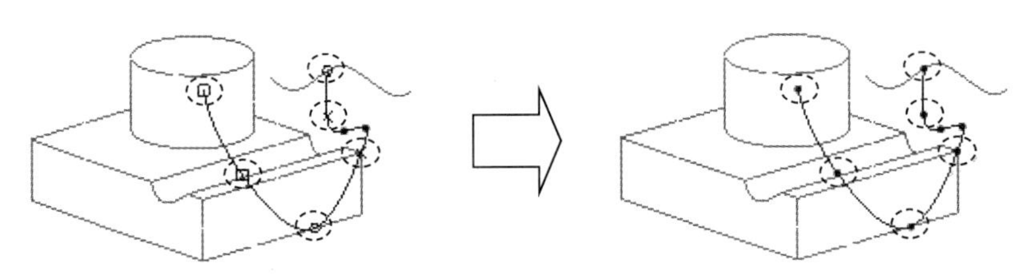

图 11.2.16　链接与断开链接

11.2.2　比例更新

如果 ISDX 曲线含有两个或者两个以上软点，可选中“造型：曲线编辑”操控板上的 ☑按比例更新 复选框；进行这样的设置后，如果拖拉其中一个软点，则两软点间的曲线外形会随拖拉而成比例地调整。如图 11.2.17 所示，该 ISDX 曲线含有两个软点，如果选中 ☑按比例更新 复选框，当拖拉软点 2 时，软点 1 和软点 2 间的曲线外形将成比例地缩放，如图 11.2.18 所示；如果取消选中 ☐按比例更新 复选框，则拖拉软点 2 时，软点 1 和软点 2 间的曲线形状会产生变化，如图 11.2.19 所示。

注意：练习时，请读者先将工作目录设置至 D:\creo8.8\work\ch11.02，然后打开文件 edit_proportional_update.prt。

图 11.2.17　ISDX 曲线含有两个软点

图 11.2.18　选中“按比例更新”

图 11.2.19　取消选中“按比例更新”

11.2.3　ISDX 曲线端点的相切设置

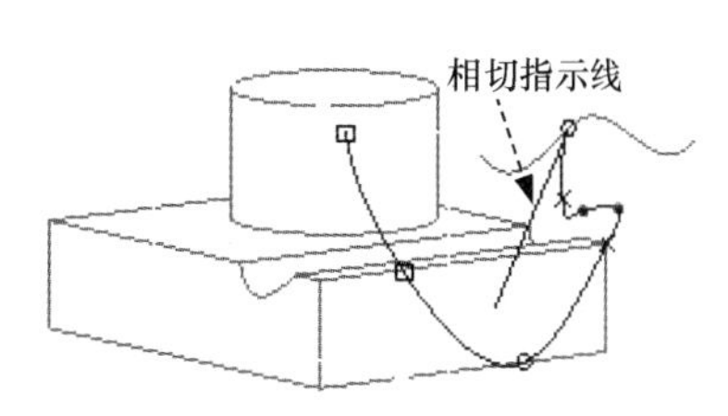

图 11.2.20　ISDX 曲线端点的相切线

如图 11.2.20 所示，编辑 ISDX 曲线的端点时，会出现一条相切指示线，这是该端点的切向量（Tangent Vector）。拖拉相切指示线可控制切线的“长度”“角度”“高度”。

另外，单击“造型：曲线编辑”操控板中的 **相切** 按钮，系统弹出图 11.2.21 所示的“相切”界面。图中各下拉列表用于设置端点处的切线长度、角度及高度，这些选项为自然（Natural）、自由（Free）、固定角度（Fix Angle）、水平（Horizontal）、竖直（Vertical）、法向（Normal）、对齐（Align）、对称（Symmetric）、相切（Tangent）、曲率（Curvature）、曲面相切（Surface Tangent）、曲面曲率（Surface Curvature）以及拔模相切（Draft Tangent），下面将对这些选项分别进行介绍。

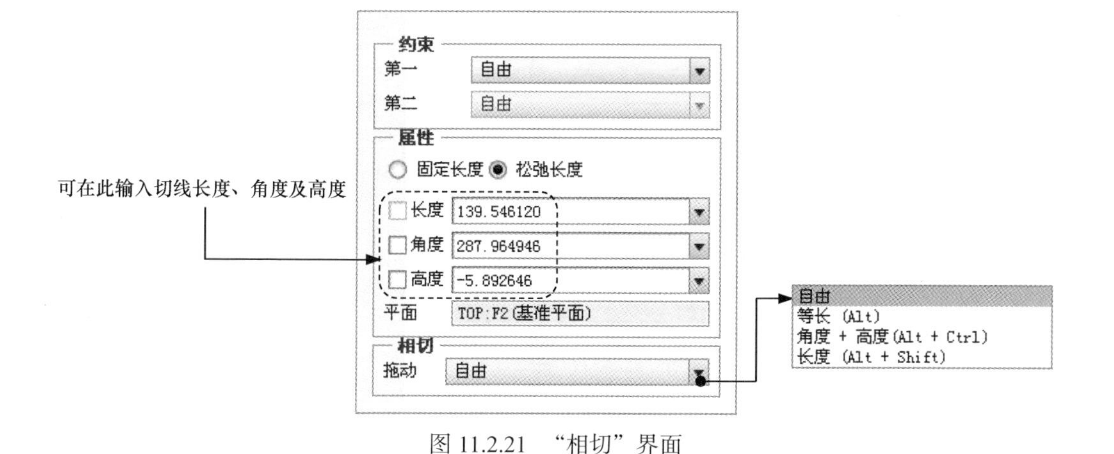

图 11.2.21　“相切”界面

1. 自然（Natural）

由系统自动确定切线长度及方向。如果移动或旋转相切指示线，则该项会自动转换为自由（Free）。

2. 自由（Free）

可自由地改变切线长度及方向。可在图 11.2.21 所示的“相切”界面中输入切线长度、角度及高度值；也可通过在模型中拖拉、旋转相切指示线来改变切线长度、角度及高度。在此过程中可配合如下操作。

（1）改变切线的长度。按住 Alt 键，可将切线的角度和高度固定，任意改变切线的长度；也可在图 11.2.21 所示的 相切 区域中选择 等长 (Alt) 选项。

（2）改变切线的角度和高度。按住 Ctrl 和 Alt 键，可将切线的长度固定，任意改变切线的角度和高度；也可在图 11.2.21 所示的 相切 区域中选择 角度 + 高度(Alt + Ctrl) 选项。

3. 固定角度（Fix Angle）

保持当前相切指示线的角度和高度，只能更改其长度。

4. 水平（Horizontal）

使相切指示线方向与活动平面中的水平方向保持一致，仅能改变切线长度。可单击视图工具栏中的 按钮，显示四个视图；将发现相切指示线在左上视图中的方向与图标的水平（H）方向一致，如图 11.2.22 所示。

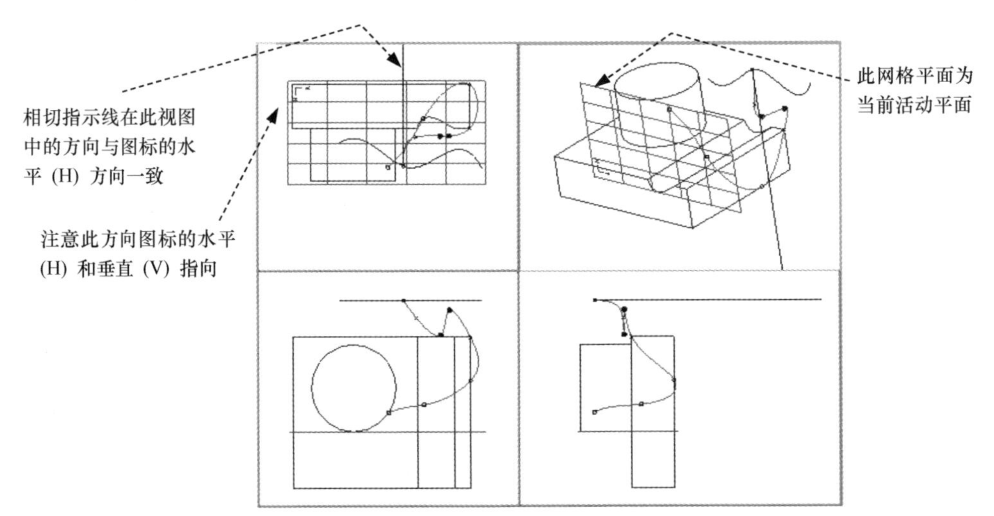

图 11.2.22　相切指示线水平

5. 竖直（Vertical）

使相切指示线方向与活动平面中的竖直方向保持一致，仅能改变切线长度。此时在左上视图中，相切指示线的方向与图标的竖直（V）方向一致，如图 11.2.23 所示。

6. 法向（Normal）

选择该选项后，需选取一参考平面，这样 ISDX 曲线端点的切线方向将与该参考平面垂直。

7. 对齐（Align）

选择该选项后，在另一参考曲线上单击，则端点的切线方向将与参考曲线上单击处的切线方向保持一致，如图 11.2.24 所示。

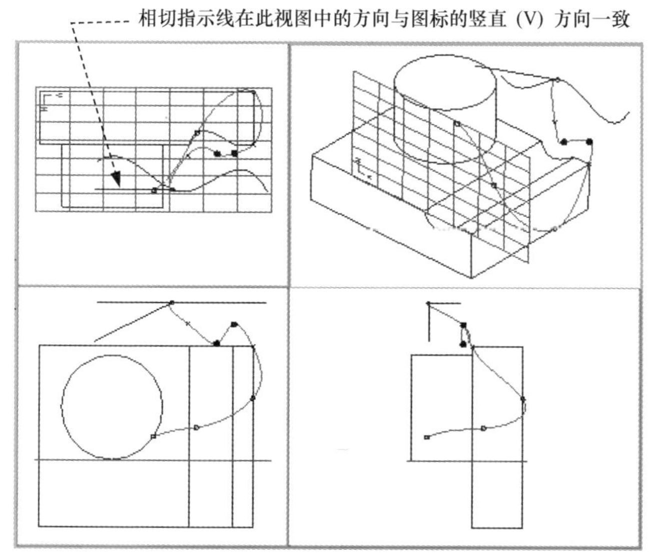

图 11.2.23　相切指示线竖直

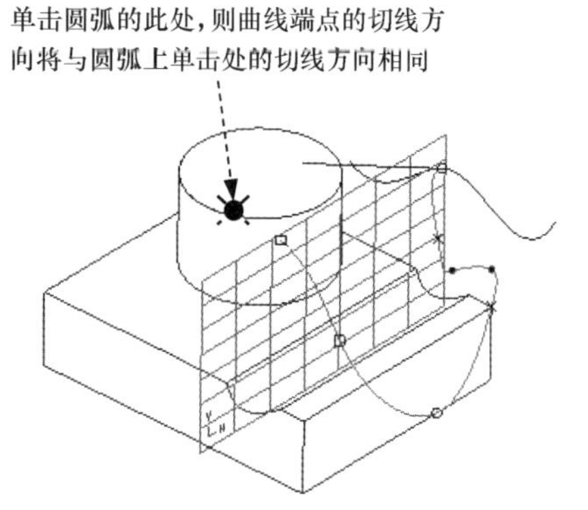

图 11.2.24　相切指示线对齐

8. 对称（Symmetric）

如果ISDX曲线1的端点刚好落在ISDX曲线2的端点上，则对ISDX曲线2进行编辑时，可在该端点设置“对称”。完成操作后，两条ISDX曲线在该端点的切线方向相反，切线长度相同，如图 11.2.25 所示。此时如果拖拉相切指示线调整其长度及角度，则该端点的相切类型会自动变为“相切”（Tangent）。

注意：练习时，请先将工作目录设置至 D:\creo8.8\work\ch11.02，然后打开文件 edit_symmetric.prt。

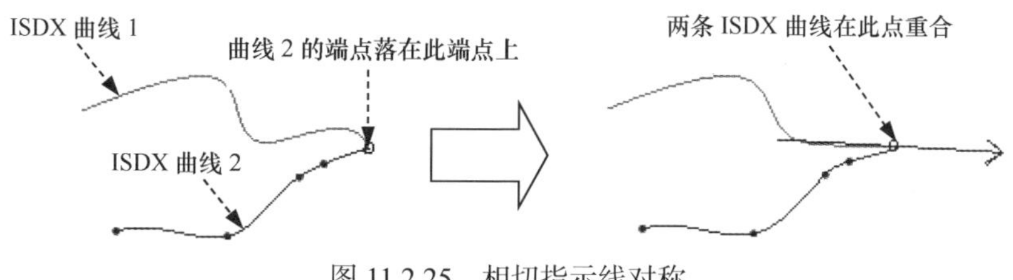

图 11.2.25　相切指示线对称

9. 相切（Tangent）

如果 ISDX 曲线 2 的端点落在 ISDX 曲线 1 上，则对 ISDX 曲线 2 进行编辑时，可将其

端点的相切选项设置为“相切”（Tangent）。完成操作后，曲线 2 的端点与曲线 1 相切，如图 11.2.26 所示。

注意：练习时，请先将工作目录设置至 D:\creo8.8\work\ch11.02，然后打开文件 edit_tangent1.prt。

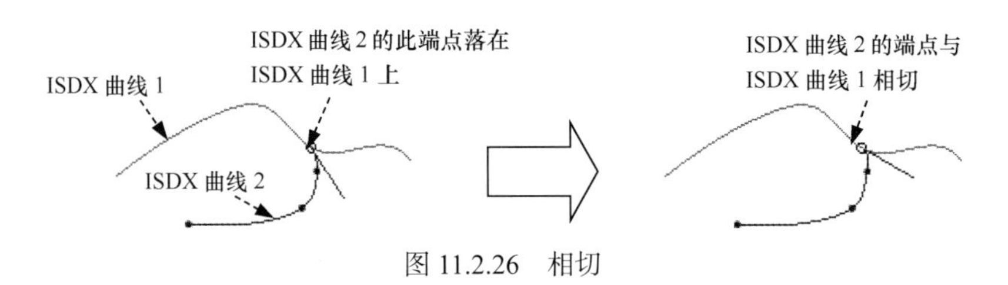

图 11.2.26　相切

如果 ISDX 曲线 2 的端点刚好落在 ISDX 曲线 1 的某一端点上，则对 ISDX 曲线 2 进行编辑时，可将其端点的相切选项设置为“相切”（Tangent），这样两条曲线将在此端点处相切，如图 11.2.27 所示。

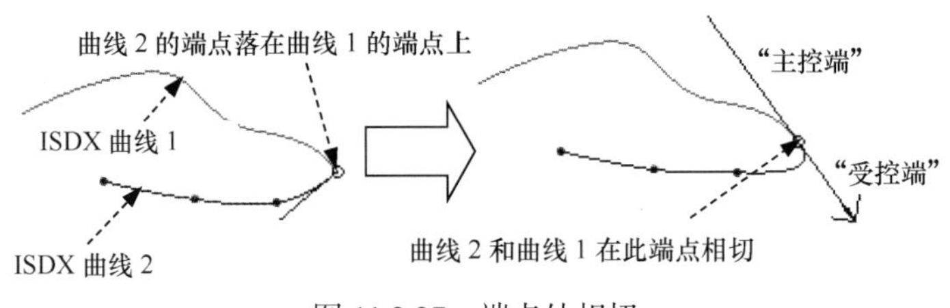

图 11.2.27　端点处相切

说明：此时端点两边的相切指示线呈不同样式（一边为直线，一边为单箭头），无箭头的一段为“主控端”，此端所在的曲线（ISDX 曲线 1）为主控曲线，拖拉此端相切指示线，可调整其长度，也可旋转其角度（同时带动另一边的相切指示线旋转）；有箭头的一段为“受控端”，此端所在的曲线（ISDX 曲线 2）为受控曲线，拖拉此端相切指示线将只能调整其长度，而不能旋转其角度。单击“主控端”的尾部，可将其变为“受控端”，如图 11.2.28 所示。

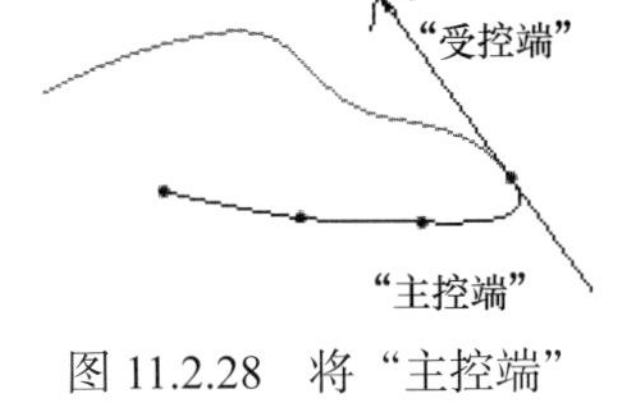

图 11.2.28　将“主控端”变为“受控端”

注意：练习时，请先将工作目录设置至 D:\creo8.8\work\ch11.02，然后打开文件 edit_tangent2.prt。

10. 曲率（Curvature）

如果 ISDX 曲线 2 的端点落在 ISDX 曲线 1 上，则编辑 ISDX 曲线 2 时，可将其端点的相切选项设置为“曲率”（Curvature）。完成操作后，ISDX 曲线 2 在其端点处与 ISDX 曲线 1 的曲率相同，如图 11.2.29 所示。

注意：练习时，请先将工作目录设置至 D:\creo8.8\work\ch11.02，然后打开文件 edit_curvature1.prt。

如果 ISDX 曲线 2 的端点恰好落在 ISDX 曲线 1 的端点上，则编辑 ISDX 曲线 2 时，可将其端点的相切选项设置为“曲率”（Curvature），这样两条ISDX曲线在此端点处曲率相同，如图11.2.30所示。

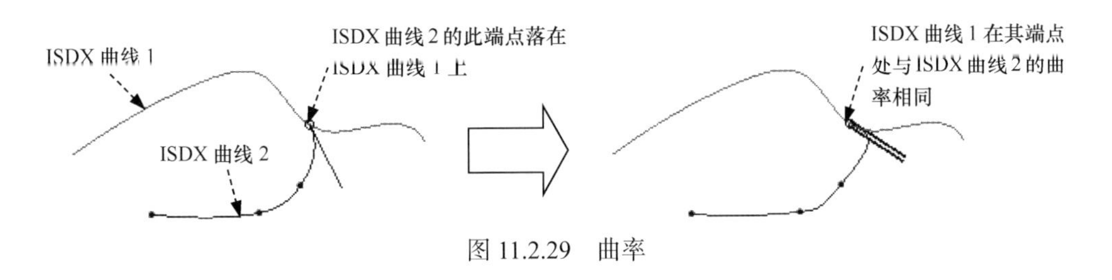

图11.2.29 曲率

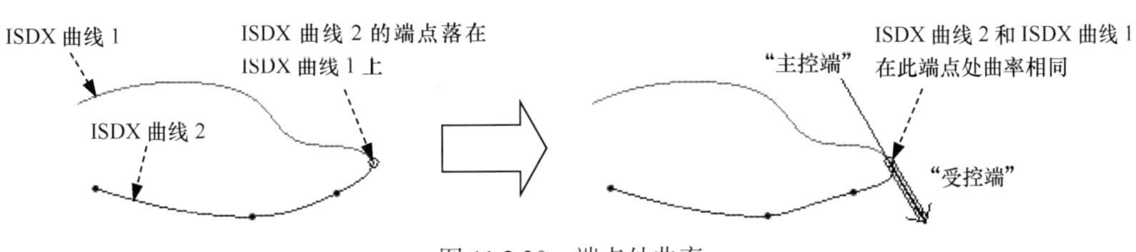

图11.2.30 端点处曲率

说明：与曲线的相切相似，此时相切指示线在端点两边呈不同样式（一边为直线，一边为复合箭头），无箭头的一段为“主控端”，拖拉此段相切指示线可调整其长度，也可旋转其角度（同时带动另一段相切指示线旋转）；有箭头的一段为“受控端”，拖拉此段相切指示线将只能调整其长度，而不能旋转其角度。与曲线的相切一样，单击“主控端”的尾部，可将其变为“受控端”。

注意：练习时，请先将工作目录设置至D:\creo8.8\work\ch11.02，然后打开文件edit_curvature2.prt。

11. 曲面相切（Surface Tangent）

如果ISDX曲线1的端点落在一个曲面上，可将其端点的相切选项设置为“曲面相切”（Surface Tangent）。完成操作后，ISDX曲线1在其端点处与曲面相切，如图11.2.31所示。

注意：练习时，请先将工作目录设置至D:\creo8.8\work\ch11.02，然后打开文件edit_surface_tangent.prt。

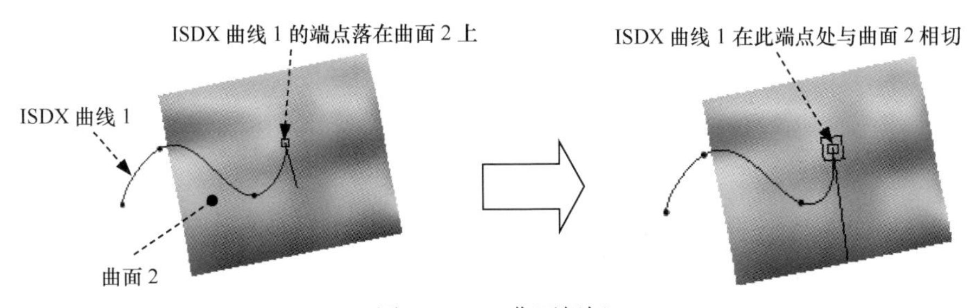

图11.2.31 曲面相切

12. 曲面曲率（Surface Curvature）

如果 ISDX 曲线 1 的端点落在一个曲面上，可将其端点的相切选项设置为“曲面曲率”（Surface Curvature）。完成操作后，ISDX 曲线 1 在其端点处与曲面曲率相同，如图 11.2.32 所示。

注意：练习时，请先将工作目录设置至 D:\creo8.8\work\ch11.02，然后打开文件 edit_surface_curvature.prt。

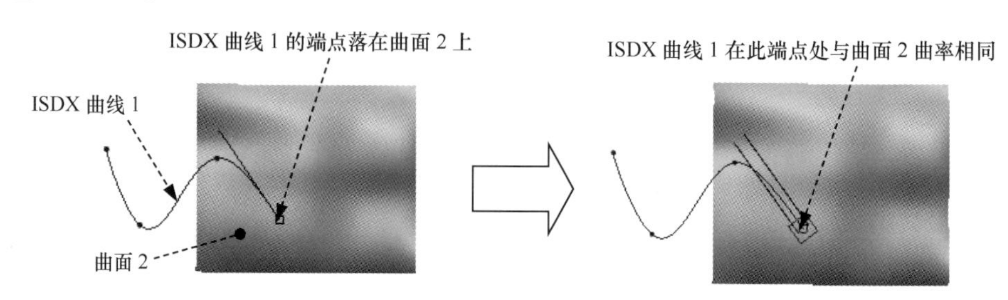

图 11.2.32　曲面曲率

13. 拔模相切（Draft Tangent）

选取这个选项时，是指所要编辑的 ISDX 曲线与选定平面或曲面成某一角度相切。对于平面拔模，曲线端点必须是任何其他曲线的软点；对于曲面拔模，曲线必须是曲面边界或 COS 上的软点。若将端点设置为“拔模相切”（Draft Tangent），在系统提示下，选取曲面。完成操作后，ISDX 曲线在其端点处与曲面相切拔模，如图 11.2.33 所示，图中的数字代表曲线与曲线端点所在处平面的法线的夹角。

注意：练习时，请先将工作目录设置至 D:\creo8.8\work\ch11.02，然后打开文件 edit_draft_tangent.prt。

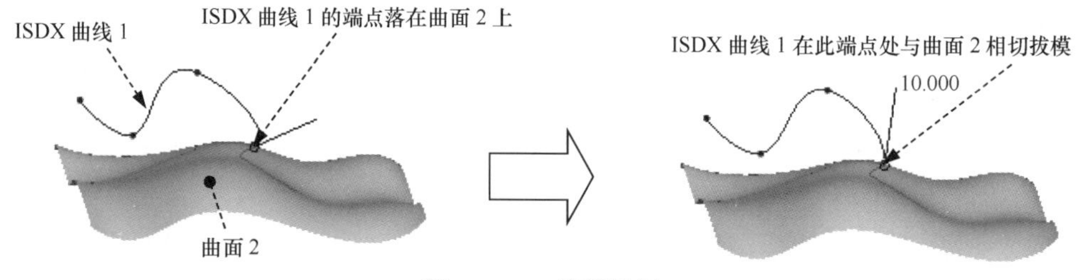

图 11.2.33　拔模相切

说明：切线为“向量”（Vector）值，它具有长度与角度两条件，所以用户可以单独采用某一种或同时采用这两种参数控制曲线。采用不同的条件设置曲线，会有不同的调整结果。例如：当切线角度相同而长度不同时，结果比较如图 11.2.34 所示；当切线长度相同而角度不同时，结果比较如图 11.2.35 所示。

注意：练习时，请先将工作目录设置至 D:\creo8.8\work\ch11.02，然后打开文件 change_tangent.prt。

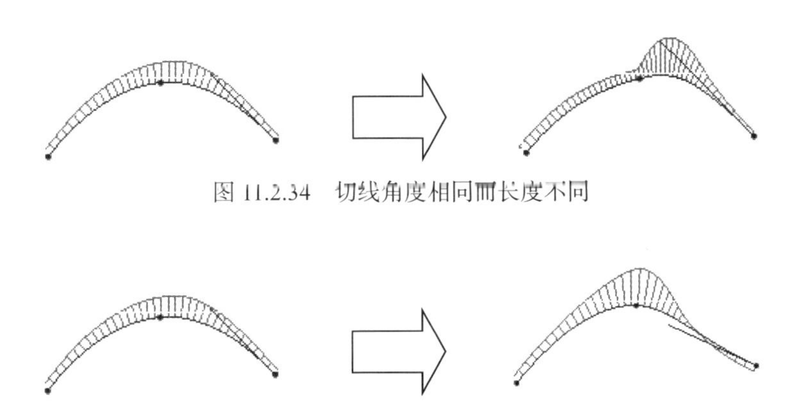

图 11.2.34　切线角度相同而长度不同

图 11.2.35　切线长度相同而角度不同

11.2.4　在 ISDX 曲线上添加 / 删除点

在进行 ISDX 曲线编辑时，用户可以在曲线上添加点或删除点。这种操作除了可以使造型有更多的变化外，也可以更加精确地调整曲率。

如果要在 ISDX 曲线上添加点，操作方法如下。

Step1. 设置工作目录和打开文件。先将工作目录设置至 D:\creo8.8\work\ch11.02，然后打开文件 edit_add_point.prt。

Step2. 在模型树中右击 样式 1，从系统弹出的快捷菜单中选择 命令，进入 ISDX 环境。

Step3. 在 样式 功能选项卡 曲线 ▾ 区域中单击 曲线编辑 按钮，然后选取图 11.2.36 中的 ISDX 曲线。

Step4. 单击图 11.2.37 所示的位置“点”处，然后右击，此时系统弹出图 11.2.38 所示的快捷菜单。

Step5. 在系统弹出的快捷菜单中选择 删除(D) 命令，则所选点即被删除。

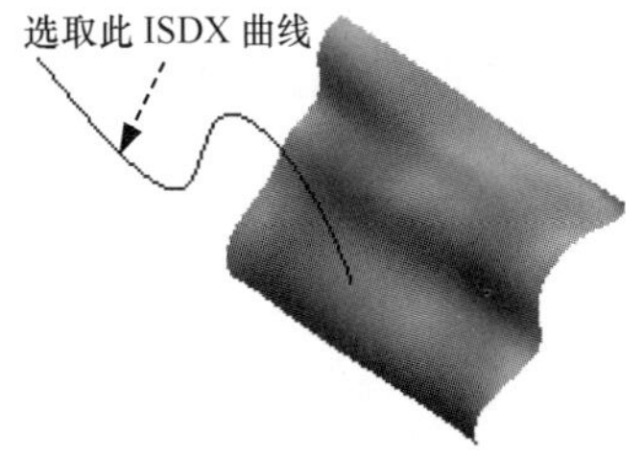

图 11.2.36　选取 ISDX 曲线

说明： 选中图 11.2.37 所示的“点”后，通过右击有时会出现图 11.2.39 所示的快捷菜单，但其结果都是一样的。

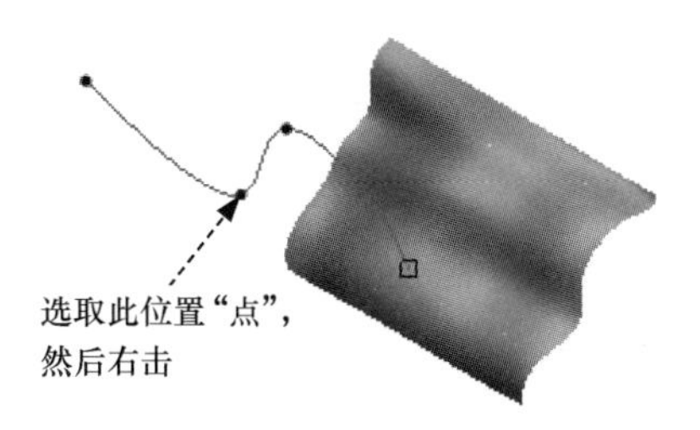

图 11.2.37　选取“点”

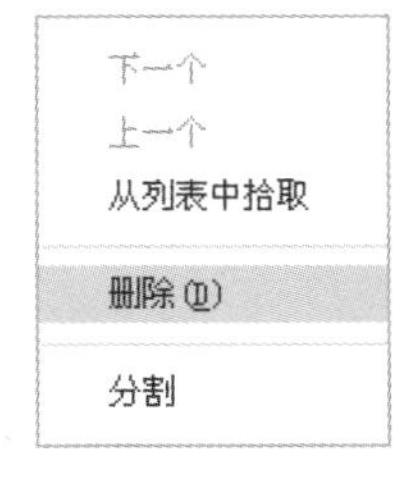

图 11.2.38　快捷菜单（一）

图 11.2.39　快捷菜单（二）

11.3 延伸 ISDX 曲线

如图 11.3.1 所示，可从一条 ISDX 曲线的端点处向外延长该曲线，操作方法如下。

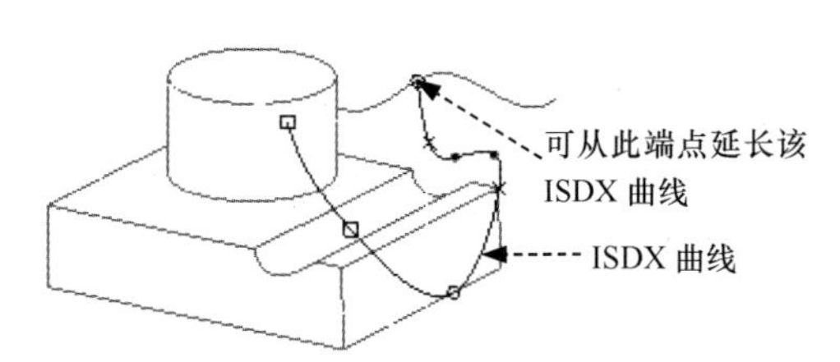

图 11.3.1 选择 ISDX 曲线

Step1. 设置工作目录和打开文件。先将工作目录设置至 D:\creo8.8\work\ch11.03，然后打开文件 curve_extension.prt。

Step2. 在模型树中右击 样式 1，从系统弹出的快捷菜单中选择 命令，进入 ISDX 环境。

Step3. 在 样式 功能选项卡 曲线 区域中单击 曲线编辑 按钮，然后选取图 11.3.1 中的 ISDX 曲线。

Step4. 选择延伸的连接方式。单击“造型：曲线编辑”操控板（图 11.3.2）中的 点 按钮，在系统弹出的界面中，可以看到 ISDX 曲线的延伸选项有如下三种选择。

- 自由：源 ISDX 曲线与其延长的曲线段在端点处自由连接，如图 11.3.3 所示。
- 相切：源 ISDX 曲线与其延长的曲线段在端点处相切连接，如图 11.3.4 所示。
- 曲率：源 ISDX 曲线与其延长的曲线段在端点处曲率相等连接，如图 11.3.5 所示。

Step5. 选择一种延伸方式，然后按住 Shift 和 Alt 键，在 ISDX 曲线端点外的某位置单击，该曲线即被延长。

图 11.3.2 “造型：曲线编辑”操控板

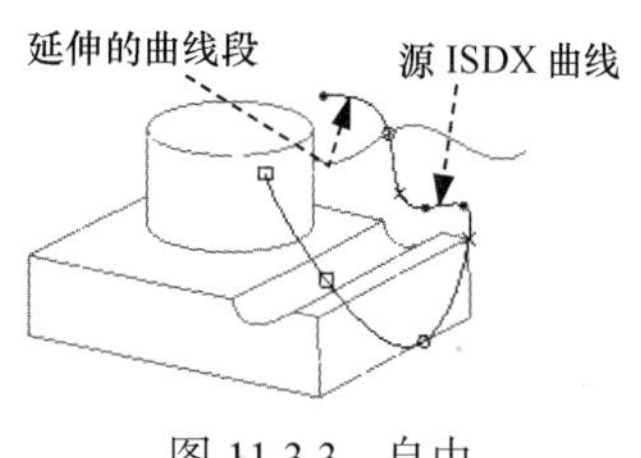

图 11.3.3 自由

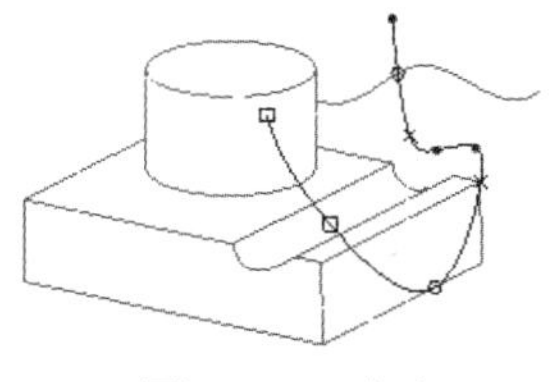

图 11.3.4 相切

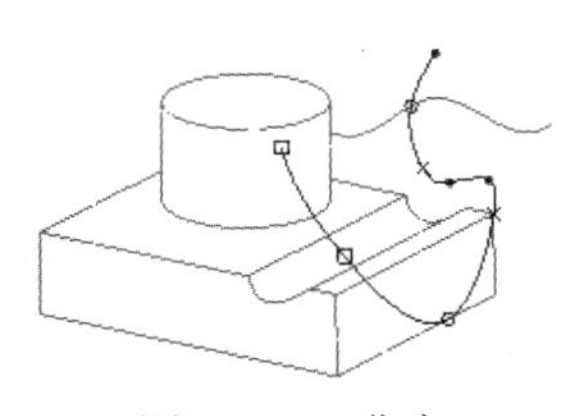

图 11.3.5 曲率

11.4 分割 ISDX 曲线

可对 ISDX 曲线进行分割，也就是将一条 ISDX 曲线分割为两条 ISDX 曲线。具体操作方法如下。

Step1. 设置工作目录和打开文件。先将工作目录设置至 D:\creo8.8\work\ch11.04，然后打开文件 curve_division.prt。

Step2. 在模型树中右击 样式 1，从系统弹出的快捷菜单中选择 命令，进入 ISDX 环境。

Step3. 在 样式 功能选项卡 曲线 ▾ 区域中单击 曲线编辑 按钮；然后选取图 11.4.1 中的 ISDX 曲线。

Step4. 选取图 11.4.1 所示的“点”，然后右击，在系统弹出图 11.4.2 所示的快捷菜单中选择 分割 命令，则曲线将从该点处分割为两条 ISDX 曲线。

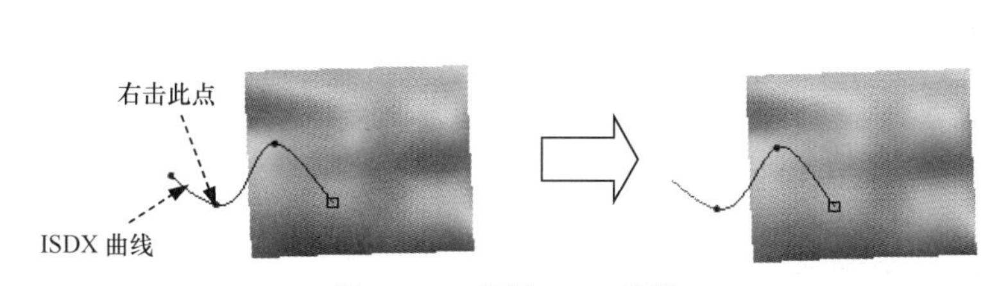

图 11.4.1 分割 ISDX 曲线

图 11.4.2 快捷菜单

11.5 组合 ISDX 曲线

如果两条 ISDX 曲线首尾相连，则可选择其中任一 ISDX 曲线进行编辑，将两条 ISDX 曲线合并为一条 ISDX 曲线。操作方法如下。

Step1. 设置工作目录和打开文件。先将工作目录设置至 D:\creo8.8\work\ch11.05，然后打开文件 curve_combination.prt。

Step2. 在模型树中右击 样式 1，从系统弹出的快捷菜单中选择 命令，进入 ISDX 环境。

Step3. 在 样式 功能选项卡 曲线 ▾ 区域中单击 曲线编辑 按钮；然后选取图 11.5.1a 所示的 ISDX 曲线 2。

Step4. 在图 11.5.1 所示的点上右击，从系统弹出图 11.5.2 所示的快捷菜单中选择 组合 命令，则两条 ISDX 曲线便被合并为一条 ISDX 曲线。

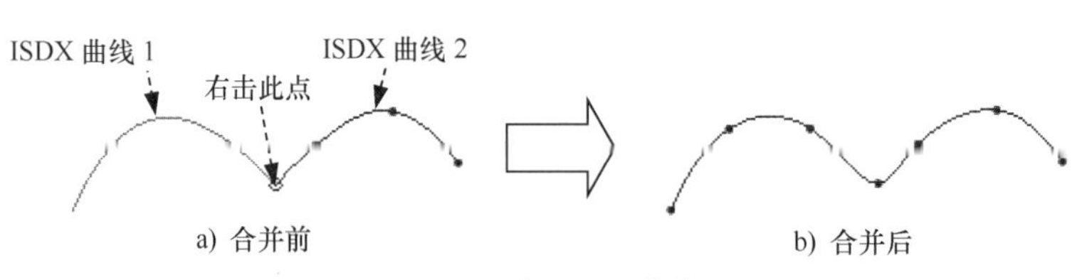

图 11.5.1　组合 ISDX 曲线

图 11.5.2　快捷菜单

11.6　复制和移动 ISDX 曲线

在 ISDX 环境中，选择 样式 功能选项卡中 曲线 ▾ 区域下的 复制、按比例复制 和 移动 命令，可对 ISDX 曲线进行复制和移动。具体说明如下。

- 复制：复制 ISDX 曲线。复制操作时，可在操控板中输入 X、Y、Z 坐标值以便精确定位。
- 按比例复制：复制选定的曲线并按比例缩放它们。
- 移动：移动 ISDX 曲线。如果 ISDX 曲线上有软点，则移动后系统不会断开曲线上的软点链接。操作时，可在操控板中输入 X、Y、Z 坐标值以便精确定位。

注意：

- ISDX 曲线的 复制、移动 功能仅限于自由（Free）曲线与平面（Planar）曲线，并不适用于下落曲线、COS 曲线。
- 在复制、移动过程中，ISDX 曲线在其端点的相切设置会保持不变。

下面举例说明 ISDX 曲线复制和移动的操作过程。

Step1. 设置工作目录和打开文件。先将工作目录设置至 D:\creo8.8\work\ch11.06，然后打开文件 curve_copy.prt。

Step2. 在模型树中右击 样式 1，从系统弹出的快捷菜单中选择 命令，进入 ISDX 环境。

Step3. 对曲线进行复制和移动。

（1）在 样式 功能选项卡 曲线 ▾ 下拉菜单中选择 复制 命令，此时系统弹出图 11.6.1 所示的“造型：复制”操控板。选取图 11.6.2 所示的 ISDX 曲线 1，则模型周围会出现图 11.6.3 所示的控制杆。移动鼠标，即可产生图 11.6.4 所示的 ISDX 曲线 1 的副本。

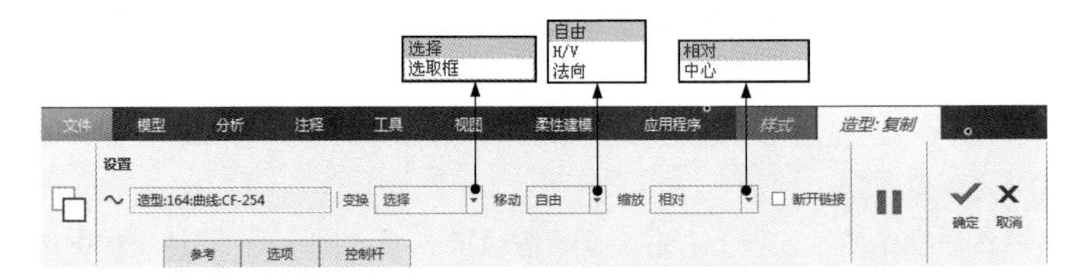

图 11.6.1　“造型：复制”操控板

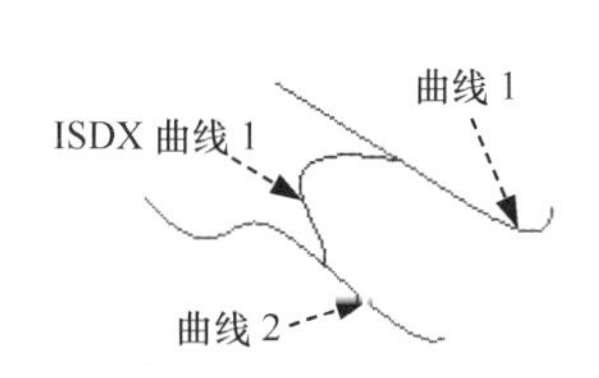

图 11.6.2 选取 ISDX 曲线 1

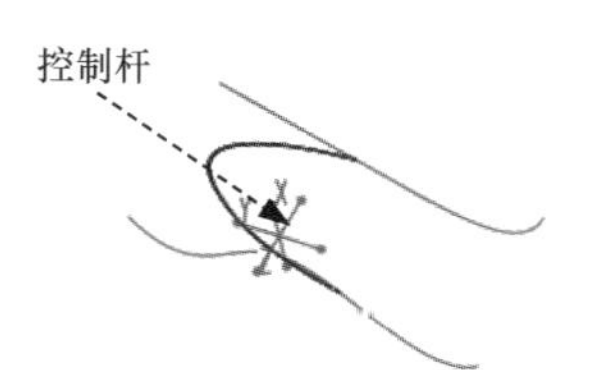

图 11.6.3 控制杆

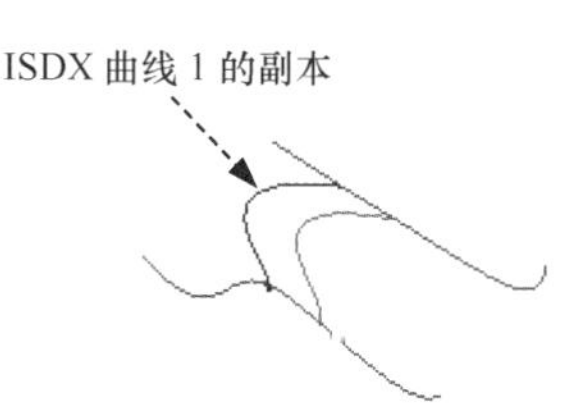

图 11.6.4 复制 ISDX 曲线

（2）在 样式 功能选项卡 曲线▼ 下拉菜单中选择 按比例复制 命令，然后在系统弹出的操控板中选中 ☑断开链接 复选框，则可得到图 11.6.5 所示的 ISDX 曲线 1 的副本。

（3）在 样式 功能选项卡 曲线▼ 下拉菜单中选择 移动 命令，则可以对 ISDX 曲线 1 进行移动。完成移动 ISDX 曲线 1 后，模型如图 11.6.6 所示。

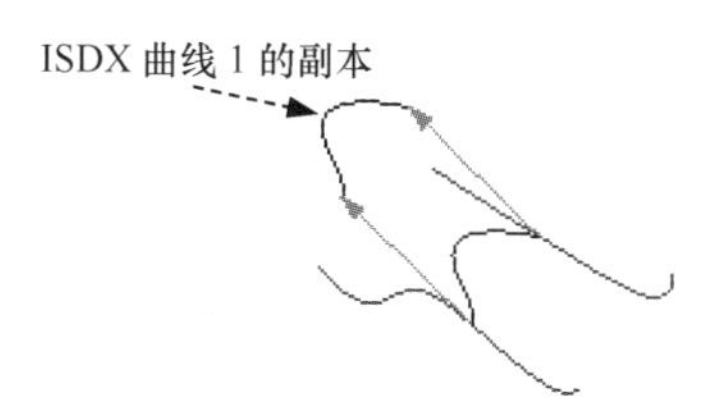

图 11.6.5 按比例复制 ISDX 曲线

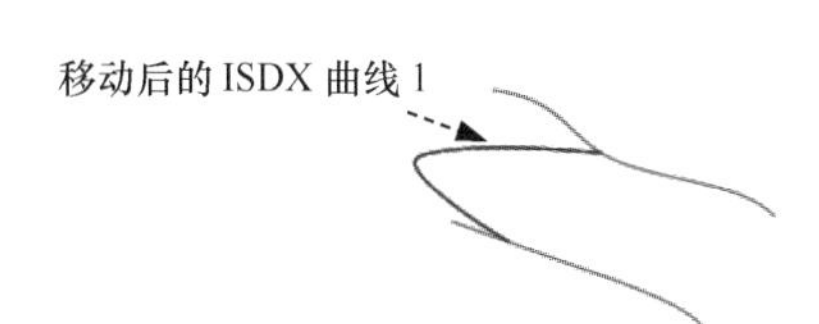

图 11.6.6 移动 ISDX 曲线

11.7 删除 ISDX 曲线

如果要删除 ISDX 曲线，操作方法如下。

Step1. 设置工作目录和打开文件。先将工作目录设置至 D:\creo8.8\work\ch11.07，然后打开文件 curve_deletion.prt。

Step2. 在模型树中右击 样式 1，从系统弹出的快捷菜单中选择 命令，进入 ISDX 环境。

Step3. 在 样式 功能选项卡 曲线▼ 区域中单击 曲线编辑 按钮，然后选取图 11.7.1 中的 ISDX 曲线。

Step4. 在 ISDX 曲线上右击，在系统弹出的图 11.7.2 所示的快捷菜单中选择 删除曲线(D) 命令。

Step5. 此时系统弹出“确认”对话框，单击 是(Y) 按钮，该 ISDX 曲线即被删除。

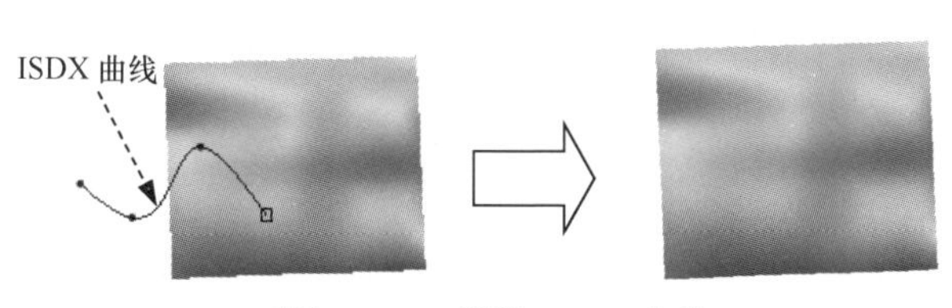

图 11.7.1 删除 ISDX 曲线

图 11.7.2 快捷菜单

11.8 ISDX 多变曲面与修饰造型

用 Creo 软件进行产品的外观设计时，从曲面的外观类型来看，可以把它们分为两种类型，即“凹进曲面”类型和“凸出曲面”类型，如图 11.8.1 所示。设计中的产品经过这些不同类型的曲面加以修饰会更加美观。

创建修饰曲面有多种不同的方法，在实际产品设计中创建自由曲面修饰造型有两种方法最常用，它们分别是边界曲线法和曲面相交法。尤其是使用 ISDX 模块创建的曲面让曲面的造型更加直观和容易，同时在编辑和重定义的过程中，对 ISDX 曲面或者是曲线稍微进行调整，可立即生成完全不同的曲面造型结果。

1. 边界曲线法

首先定义一个父曲面，并在该曲面上创建 COS 曲线，以此 COS 曲线为边界构建曲面。也就是利用 COS 曲线来定义修饰造型边界，如图 11.8.2 所示。

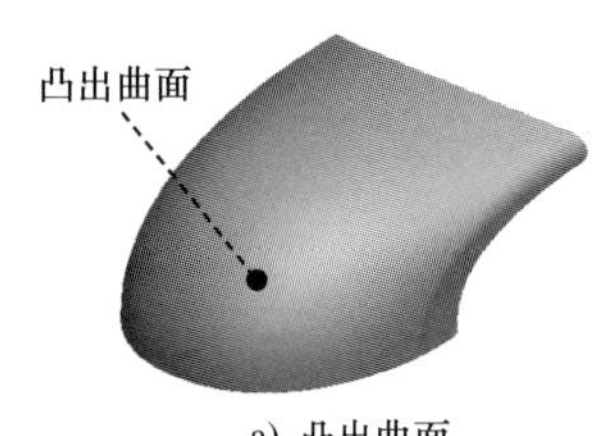

a) 凸出曲面

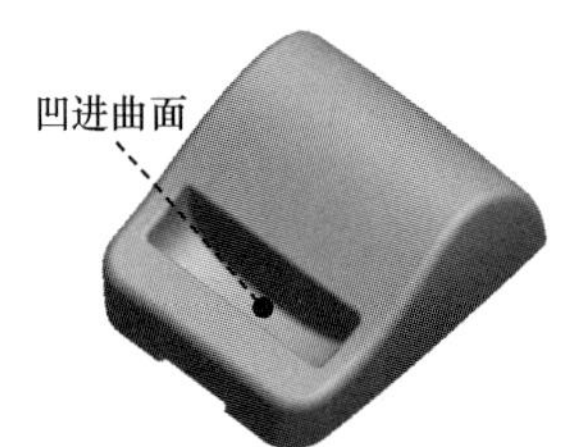

b) 凹进曲面

图 11.8.1 ISDX 多变曲面与修饰造型

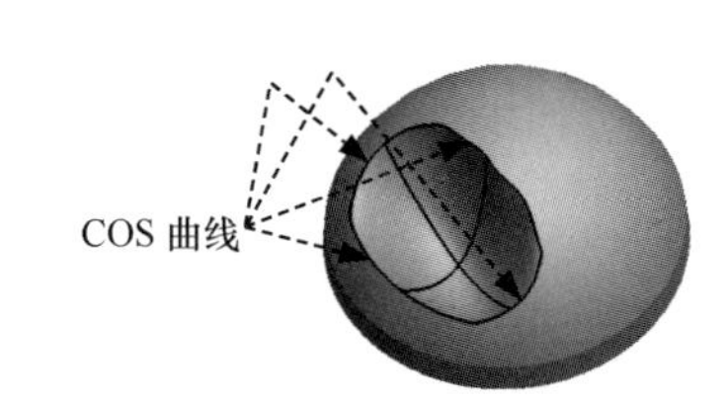

图 11.8.2 用 COS 曲线法修饰造型边界

2. 曲面相交法

单独创建一个父曲面所需的凸出曲面或凹进曲面，并以父曲面为基础；定义造型的过程就是将这两个曲面进行合并。图 11.8.3 所示的修饰曲面的边界是三条自由曲线，修饰曲面的凹进曲面外形和尺寸高度由这三条自由曲线来控制。

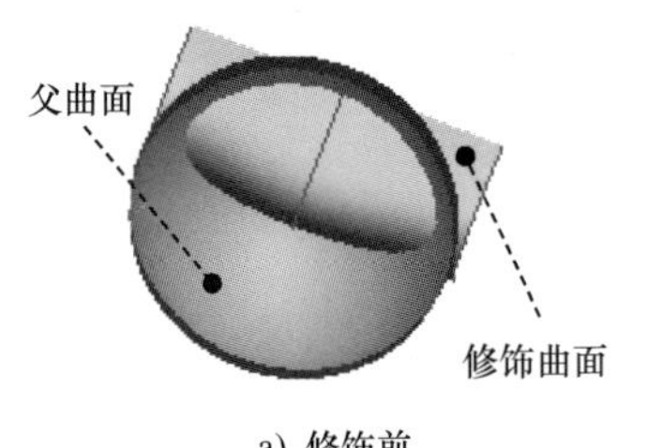

a) 修饰前

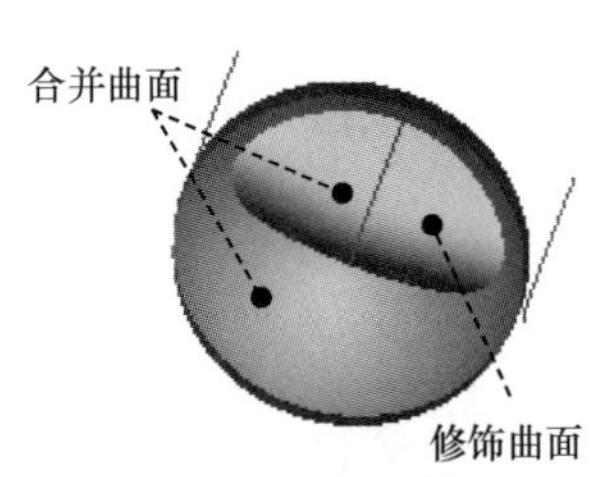

b) 修饰后

图 11.8.3 用曲面相交法修饰造型

用曲面相交的方法创建的修饰造型，它的曲面边界完全是以父曲面和修饰曲面的相交部分所定义的，因此如果要修改外观造型，可以通过重定义来调整边界曲线的形状；如果在创建边界曲线时是以某个基准点为参考，那么此时可以通过修改这个基准点的高低位置来修改外观造型，如图 11.8.4 所示。有时候也可以在边界曲线上增加点或者删除点来重新定义造型，如图 11.8.5 所示。

图 11.8.4 修改基准点的位置来调整外观造型

图 11.8.5 调整边界曲线的形状以调整外观造型

第 12 章　创建 ISDX 曲面

本章提要

- 创建 ISDX 曲面
- 编辑 ISDX 曲面
- 连接 ISDX 曲面
- 修剪 ISDX 曲面
- 特殊 ISDX 曲面

12.1　采用不同的方法创建 ISDX 曲面

前面讲解了如何创建和编辑 ISDX 曲线，下面将介绍如何利用 ISDX 曲线来创建 ISDX 曲面。创建 ISDX 曲面共有以下三种方法。

- 采用边界的方法创建 ISDX 曲面。
- 采用混合的方法创建 ISDX 曲面。
- 采用放样的方法创建 ISDX 曲面。

下面将说明采用这三种方法所创建出来的 ISDX 曲面的区别。

12.1.1　采用边界的方法创建 ISDX 曲面

1. 概述

采用边界的方法创建 ISDX 曲面需要三条或者四条曲线作为边界；这些曲线可以是 ISDX 曲线、基准曲线或模型边界，它们必须形成一个封闭的图形，如图 12.1.1 所示，但不要求首尾相连；在选取边界时，不需要按某个方向或先后顺序进行选取。另外，两条边界曲线不能相切或曲率连续。

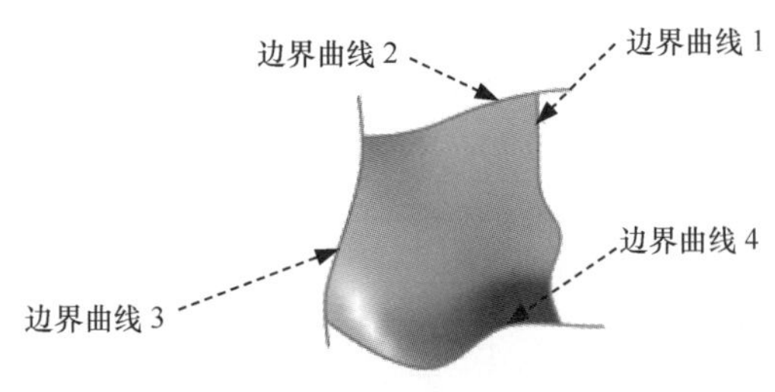

图 12.1.1　创建 ISDX 边界曲面

2. 创建边界曲面的一般过程

下面以创建图 12.1.1 所示的曲面为例，讲解采用边界的方法创建 ISDX 曲面的一般过程。

Step1. 设置工作目录和打开文件。先将工作目录设置至 D: \creo8.8\work\ch12.01.01，然

后打开文件 edg_isdx_surface.prt。

Step2. 在模型树中右击 样式 1，在系统弹出的快捷菜单中选择 命令，此时系统进入 ISDX 环境。

Step3. 在 样式 功能选项卡 曲面 区域中单击“曲面”按钮，此时系统弹出图 12.1.2 所示的“造型：曲面”操控板。

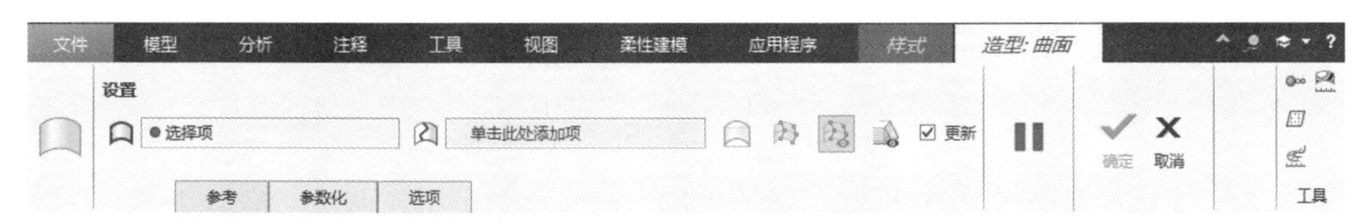

图 12.1.2 “造型：曲面”操控板

Step4. 定义曲面的边界曲线。在系统 选择主曲线以定义曲面 的提示下，按住 Ctrl 键，依次选取图 12.1.3a 所示的 ISDX 曲线 1、ISDX 曲线 2、ISDX 曲线 3 和 ISDX 曲线 4，此时系统便以这四条曲线为边界创建一个 ISDX 曲面，如图 12.1.3b 所示。

Step5. 完成 ISDX 曲面的创建后，单击该操控板中的 按钮。

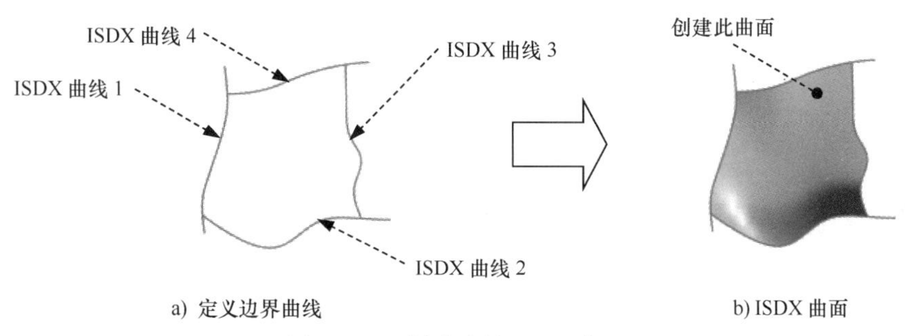

图 12.1.3 创建边界 ISDX 曲面

注意：构建曲面的边界曲线只能是 G0 连续，图 12.1.4 所示的边界为 G1 连续，是无法创建出边界曲面的，读者可打开文件 D：\creo8.8\work\ch12.01.01\borderline_g1.prt 进行尝试。

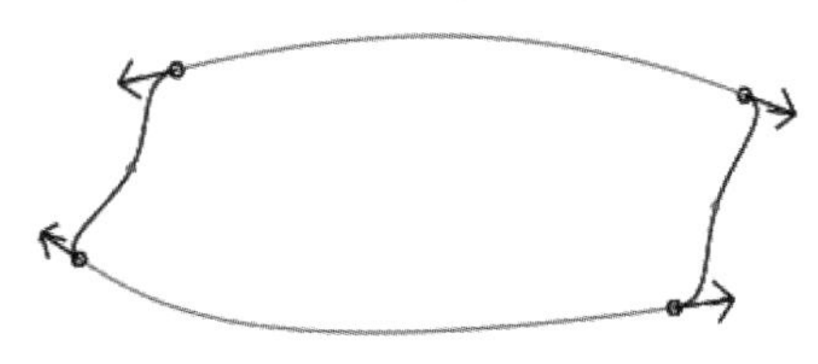

图 12.1.4 边界 G1 连续

3. 创建具有内部曲线的边界曲面

当边界曲线无法满足用户所需要的曲面形状时，可通过使用内部曲线的方法，辅助边界曲线来控制曲面的形状，如图 12.1.5 所示。

下面以图 12.1.5 所示的模型为例，讲解创建含有内部曲线的 ISDX 曲面的一般过程。

Step1. 设置工作目录和打开文件。将工作目录设置至 D：\creo8.8\work\ch12.01.01，打开文件 inside_curves_isdx_surface.prt。

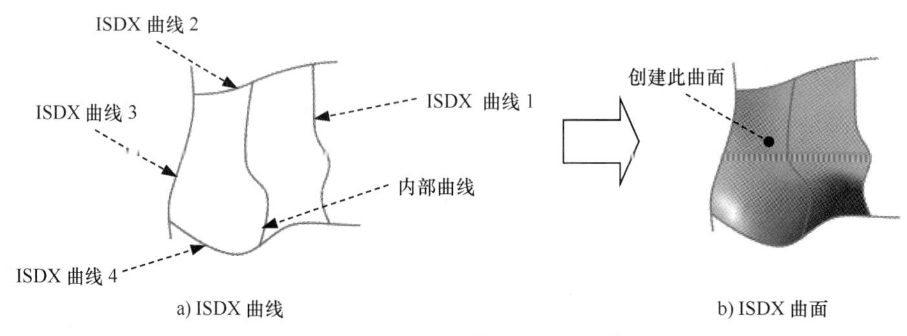

图 12.1.5　含有内部曲线的 ISDX 曲面

Step2. 在模型树中右击 样式 1，在系统弹出的快捷菜单中选择 命令，此时系统进入 ISDX 环境。

Step3. 在 样式 功能选项卡 曲面 区域中单击“曲面”按钮 ，此时系统弹出“造型：曲面”操控板。

Step4. 定义曲面的边界曲线。在系统 选择主曲线以定义曲面 的提示下，按住 Ctrl 键，依次选取图 12.1.5a 所示的 ISDX 曲线 1、ISDX 曲线 2、ISDX 曲线 3 和 ISDX 曲线 4 作为边界曲线创建出一个没有内部曲线的 ISDX 曲面。

Step5. 定义曲面的内部曲线。在“造型：曲面”操控板中单击 按钮后的 单击此处添加项 字符，选取图 12.1.5a 所示的内部曲线。此时系统便创建出一个有内部曲线的 ISDX 曲面。

Step6. 单击“造型：曲面”操控板中的 按钮，完成含有内部曲线的 ISDX 曲面的创建。

关于内部曲线的几点说明：

- 内部曲线和边界曲线一样，可以是造型曲线、基准曲线或模型边界。
- 内部曲线必须与对应的边界曲线相交形成封闭图形，但并不需要首尾相连，如图 12.1.6 所示（模型文件为 D:\creo8.8\work\ch12.01.01\inside_curves_explain_01.prt）。
- 可以根据 U、V 两个方向定义内部曲线，但内部曲线必须相交，且没有交点数目的限制，如图 12.1.7 所示（模型文件为 D:\creo8.8\work\ch12.01.01\inside_curves_explain_01.prt），但同一方向的两条内部曲线不能相交，如图 12.1.8 所示（模型文件为 D:\creo8.8\work\ch12.01.01\inside_curves_explain_02.prt）。

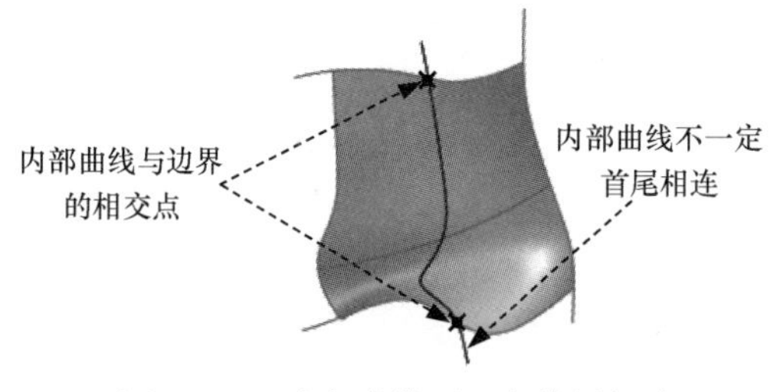

图 12.1.6　内部曲线不一定首尾相连

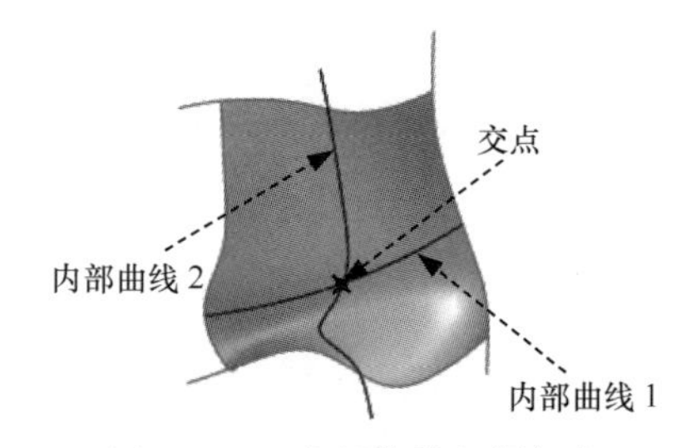

图 12.1.7　内部曲线必须相交

- 内部曲线不能连接相邻的边界曲线，如图 12.1.9 所示（模型文件为 D:\creo8.8\work\ch12.01.01\inside_curves_explain_01.prt）。

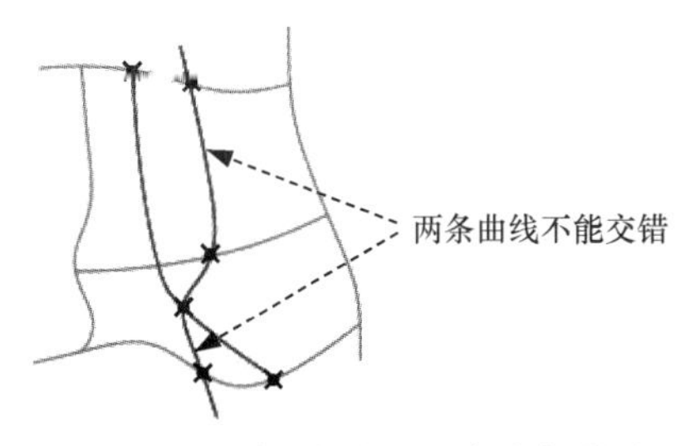

图 12.1.8 同一方向的两条内部曲线

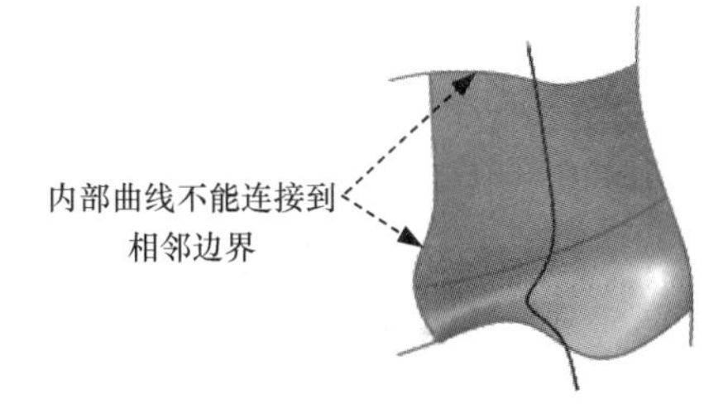

图 12.1.9 内部曲线不能连接相邻的边界曲线

- 内部曲线在同一个边界只能有一个交点。
- 设计者依照具体情况决定是否添加内部曲线。相同的边界曲线，由于不同的内部曲线会创建出不同曲面。如果选取了不良的内部曲线，会造成不良的曲面质量，如图 12.1.10 所示。对于三种内部曲线的不同结果，读者可分别打开 D:\creo8.8\work\ch12.01.01\inside_curves_explain_03.prt、inside_curves_explain_04.prt、inside_curves_explain_05.prt 进行观察。

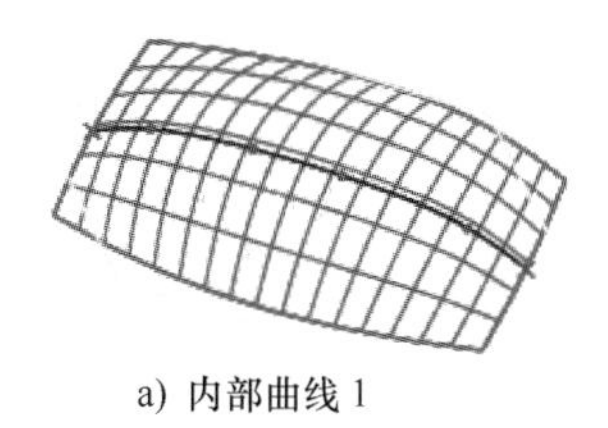

a) 内部曲线 1

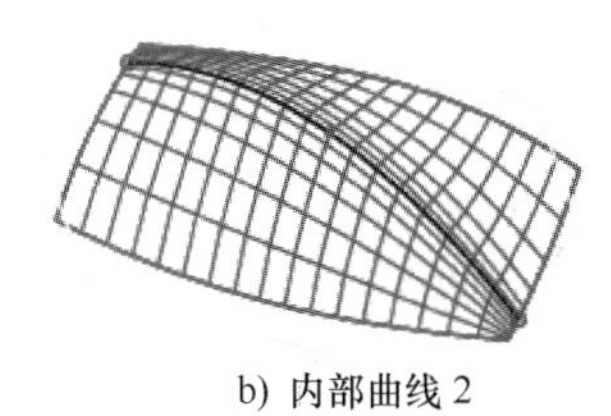

b) 内部曲线 2

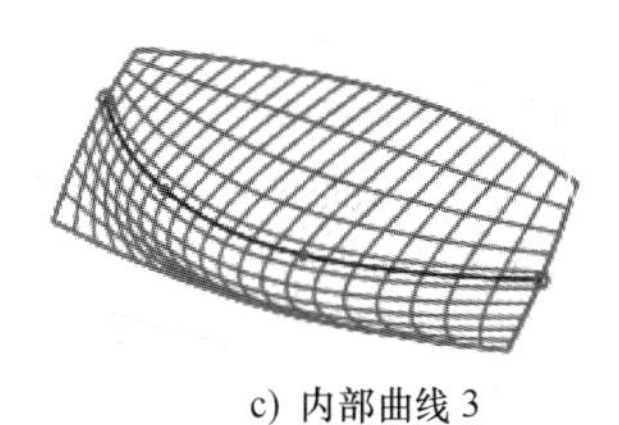

c) 内部曲线 3

图 12.1.10 内部曲线对曲面质量的影响

4. 边界的替换

用户可根据需要随时替换曲面的边界曲线，以新增的曲线为边界重新定义曲面，其中新增的曲线必须要与原有的边界相交。下面采用举例说明的方法来描述由边界替换创建含有内部曲线的 ISDX 曲面的一般过程。

Step1. 设置工作目录和打开文件。将工作目录设置至 D:\creo8.8\work\ch12.01.01，打开文件 swap_edg_isdx_surface.prt。

Step2. 在模型树中右击 样式 1，在系统弹出的快捷菜单中选择 命令，此时系统进入 ISDX 环境。

Step3. 在 ISDX 曲面模型树中右击 SF-328，在系统弹出的快捷菜单中选择 命令，此时系统进入“造型：曲面”操控板。

Step4. 替换边界。在该操控板中单击 后的 4链 字符，按 Ctrl

键，选取图 12.1.11a 所示的边界为要替换的边界；再按住 Ctrl 键，选取图 12.1.11b 所示的边为新边界。

Step5. 完成 ISDX 曲面的边界替换后，单击“造型：曲面”操控板中的 ✔ 按钮。

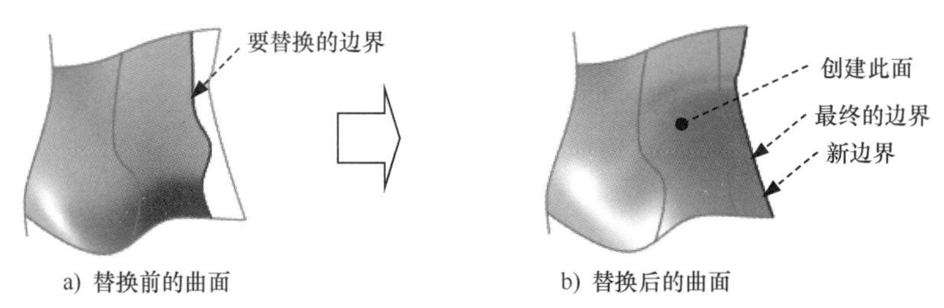

a) 替换前的曲面　　b) 替换后的曲面

图 12.1.11　替换边界曲线

12.1.2　采用放样的方法创建 ISDX 曲面

采用放样的方法创建 ISDX 曲面，是通过两条或两条以上的“非交错”并且处于同一方向的曲线为边界，来创建曲面的一种方法。曲线的类型可以是造型曲线、基准曲线或模型边界，如图 12.1.12 所示。

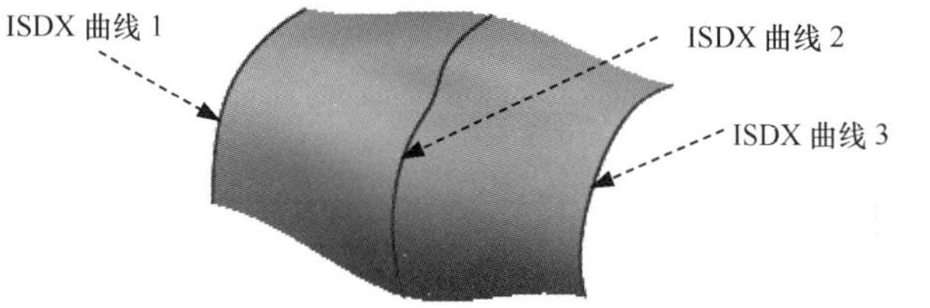

图 12.1.12　放样 ISDX 曲面

下面以图 12.1.12 所示的模型为例，讲解采用放样的方法创建 ISDX 曲面的一般过程。

Step1. 设置工作目录和打开文件。

（1）选择下拉菜单 文件 → 管理会话(M) → 选择工作目录(W) 命令，将工作目录设置至 D:\creo8.8\work\ch12.01.02。

（2）选择下拉菜单 文件 → 打开(O) 命令，打开文件 devolution_isdx_surface.prt。

Step2. 在模型树中右击 样式 1，在系统弹出的快捷菜单中选择 命令，此时系统进入 ISDX 环境。

Step3. 在 样式 功能选项卡 曲面 区域中单击“曲面”按钮。

Step4. 定义曲面的边界曲线。在系统 ◆选择主曲线以定义曲面 的提示下，按住 Ctrl 键，依次选取图 12.1.13a 中的 ISDX 曲线 1、ISDX 曲线 2、ISDX 曲线 3 作为边界曲线，创建出一张放样曲面，如图 12.1.13b 所示。

Step5. 完成 ISDX 曲面的创建后，单击“造型：曲面”操控板中的 ✔ 按钮。

注意： 选取曲线的先后顺序决定放样曲面的形状，如图 12.1.14 所示。

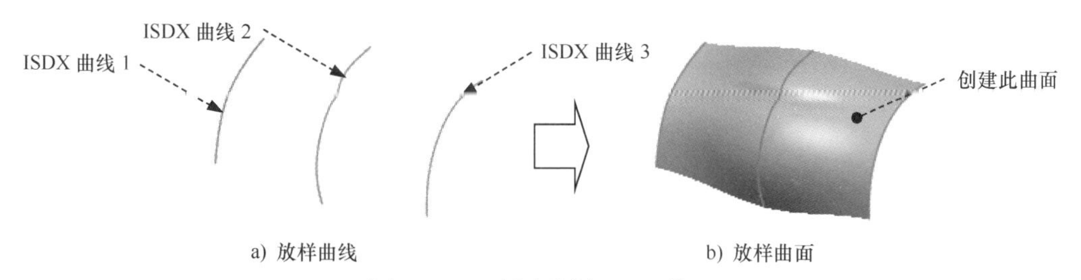

a) 放样曲线　　b) 放样曲面

图 12.1.13　创建放样 ISDX 曲面

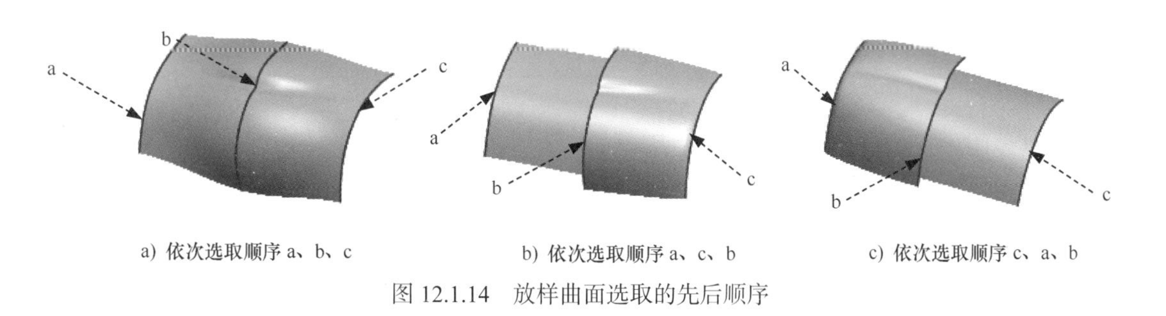

a) 依次选取顺序 a、b、c　　b) 依次选取顺序 a、c、b　　c) 依次选取顺序 c、a、b

图 12.1.14　放样曲面选取的先后顺序

12.1.3　采用混合的方法创建 ISDX 曲面

采用混合的方法创建 ISDX 曲面是通过一条或两条曲线作为边界（轨迹），并以一条或多条曲线作为横切线（剖面）混合形成曲面的一种方法。在创建曲面时可通过“径向”“统一”两个选项改变曲面的几何形状，如图 12.1.15 所示。

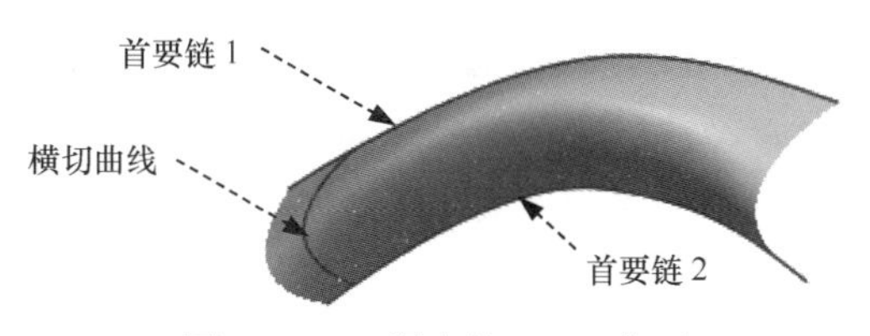

图 12.1.15　混合的 ISDX 曲面

下面以创建图 12.1.15 所示的曲面为例，讲解采用混合的方法创建 ISDX 曲面的一般过程。

Step1. 设置工作目录和打开文件。将工作目录设置至 D:\creo8.8\work\ch12.01.03，打开文件 mix_isdx_surface.prt。

Step2. 在模型树中右击 样式 1，在系统弹出的快捷菜单中选择 命令，此时系统进入 ISDX 环境。

Step3. 在 样式 功能选项卡 曲面 区域中单击“曲面”按钮 。

Step4. 定义曲面的边界曲线。在系统 选择主曲线以定义曲面 的提示下，按住 Ctrl 键，依次选取图 12.1.16a 所示的首要链 1 和首要链 2，此时系统便以这两条曲线为混合边界创建出一个 ISDX 曲面。

Step5. 定义曲面的横切曲线。在“造型：曲面”操控板中单击后的 单击此处添加项 字符，选取图 12.1.16a 所示的横切曲线；单击该操控板中的 选项 按钮，在系统弹出的界面中选中 ☑径向 和 ☑统一 复选框。此时的操控板如图 12.2.17 所示。

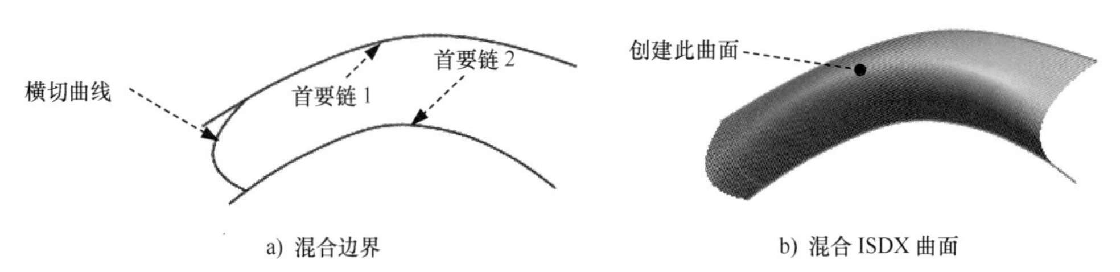

a) 混合边界　　b) 混合 ISDX 曲面

图 12.1.16　创建混合 ISDX 曲面

Step6. 单击“造型：曲面”操控板中的 ✔ 按钮，完成 ISDX 曲面的创建，如图 12.1.16b 所示。

图 12.1.17 所示的“造型：曲面”操控板的部分选项的说明如下。

- ☑径向 复选框：用于控制“横切线”是否以“首要链”的径向方向进行混合，只有一条“首要链”构建曲面时，此选项才起作用。如果选中该复选框，“横切线”将沿着“首要链”径向方向平滑旋转，如图 12.1.18a 所示；如果取消选中该复选框，生成的曲面将保持与“横切面”方向平行，如图 12.1.18b 所示。
- ☑统一 复选框：用于控制“横切线”是否保持原始高度进行混合，只有在两条“主要链”构建曲面时，此选项才起作用。如果选中该复选框，“横切线”将根据两条“主要链”之间的距离，成比例缩放，如图 12.1.19a 所示；如果取消选中该复选框，“横切线”将保持原始高度沿“主要链”进行混合，如图 12.1.19b 所示。

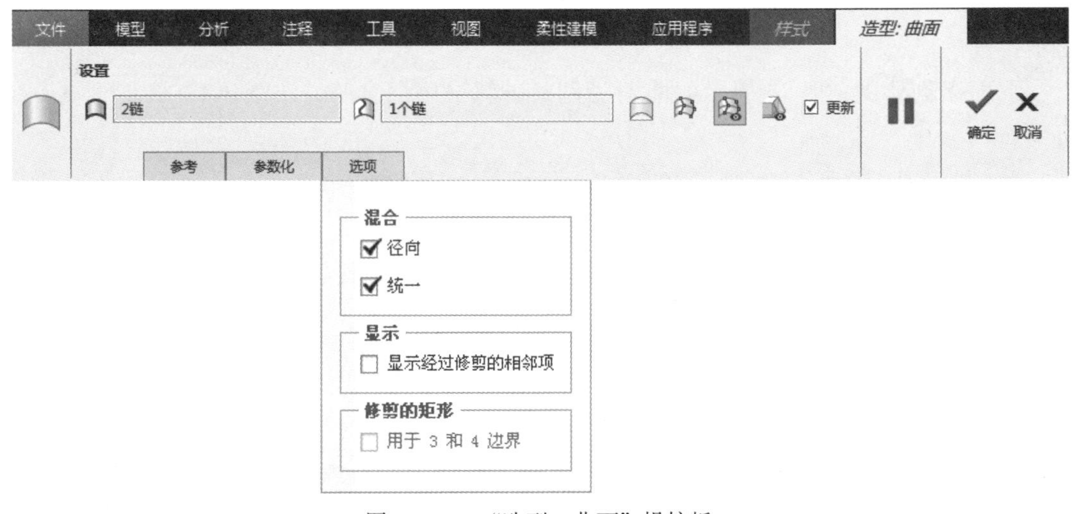

图 12.1.17　“造型：曲面”操控板

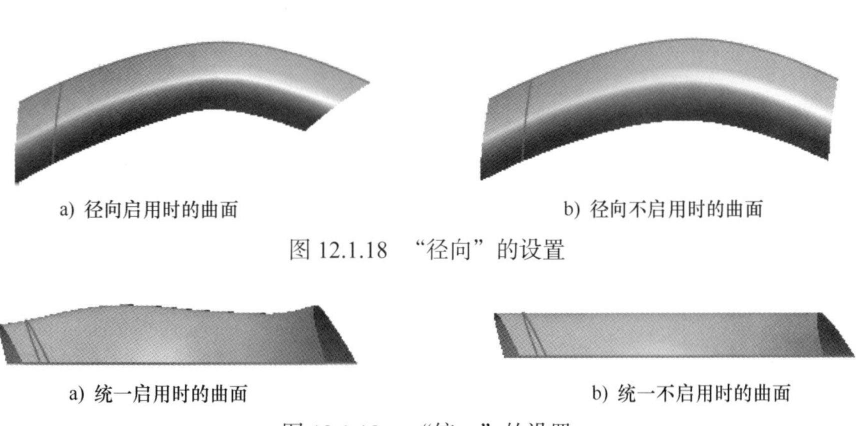

a) 径向启用时的曲面　　b) 径向不启用时的曲面

图 12.1.18 “径向”的设置

a) 统一启用时的曲面　　b) 统一不启用时的曲面

图 12.1.19 “统一”的设置

12.2 编辑 ISDX 曲面

12.2.1 使用 ISDX 曲线编辑 ISDX 曲面

对 ISDX 曲面进行编辑，主要是编辑 ISDX 曲面中的 ISDX 曲线，用曲线的变化来控制曲面的变化。下面将以一个例子来介绍编辑 ISDX 曲面的各种操作方法。

Step1. 设置工作目录和打开文件。将工作目录设置至 D:\creo8.8\work\ch12.02，打开文件 edit_isdx_surface.prt。

Step2. 在模型树中右击 样式 1，从系统弹出的快捷菜单中选择 命令，此时系统进入 ISDX 环境。

Step3. 对曲面进行编辑。

曲面的编辑方式主要有如下几种。

（1）删除 ISDX 曲面。

（2）如图 12.2.1a 所示，选取欲删除的 ISDX 曲面，注意此时该曲面变为绿色。

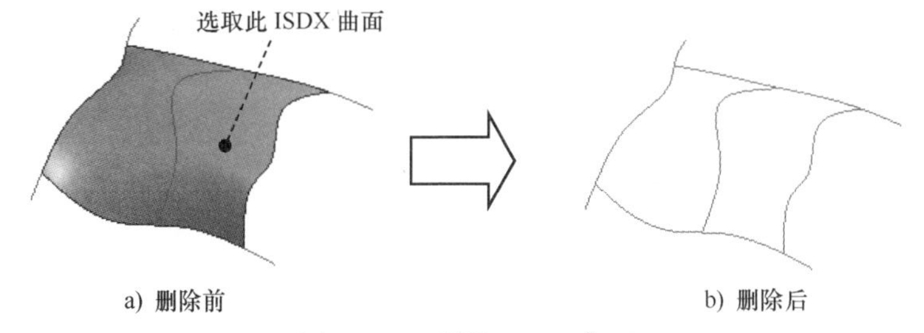

a) 删除前　　b) 删除后

图 12.2.1 删除 ISDX 曲面

（3）在 样式 功能选项卡 操作 ▾ 区域中单击“删除”按钮 ✕删除。

（4）此时系统弹出“确认”对话框，单击 是(Y) 按钮，该 ISDX 曲面即被删除。

● 通过移动 ISDX 曲面中的 ISDX 曲线来改变曲面的形状。

移动图 12.2.2a 所示的 ISDX 曲线，可以发现 ISDX 曲面随着 ISDX 曲线的移动而不断变化。

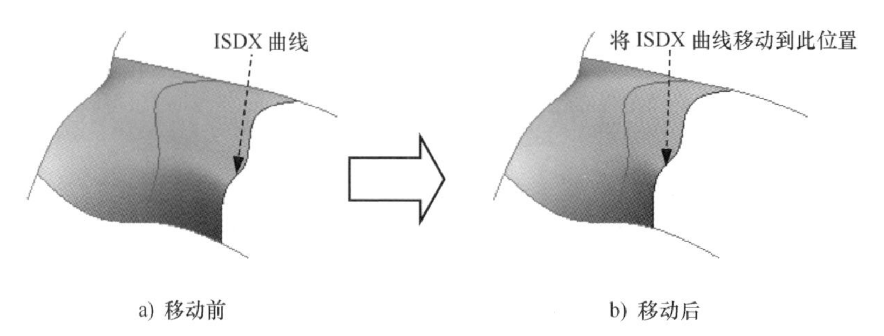

图 12.2.2　移动 ISDX 曲线

● 通过拖动 ISDX 曲线上的“点”来改变曲面的形状，如图 12.2.3 所示。

在 样式 功能选项卡 曲线 ▾ 区域中单击 曲线编辑 按钮，拖动图 12.2.3 所示的点，将观察到 ISDX 曲面的形状随着点的拖动而不断变化。

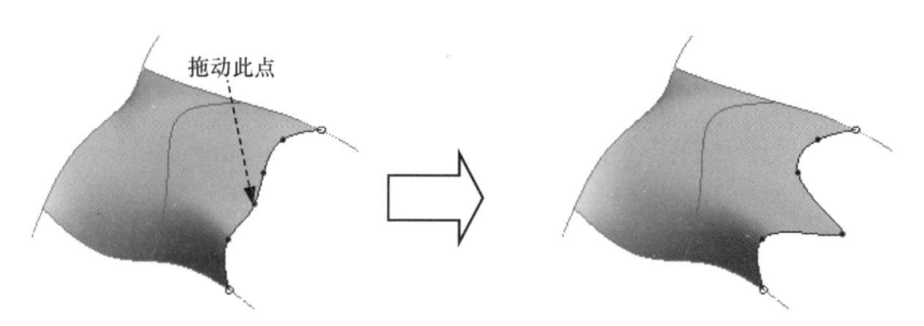

图 12.2.3　拖动点

● 通过添加一条内部控制曲线来改变 ISDX 曲面的形状。

① 创建一条曲线。在 样式 功能选项卡 曲线 ▾ 区域中单击“曲线”按钮，绘制图 12.2.4 所示的 ISDX 曲线（绘制时可按住 Shift 键，以将曲线端点对齐到曲面的边界线上，然后单击“造型：曲线”操控板中的 ✔ 按钮）。

注意： 这条曲线不能是已建好的曲面上的曲线，因为曲面上的曲线作为曲面的子关系是不能作为该曲面的控制曲线的。

② 选取 ISDX 曲面（此时该曲面变为绿色），然后右击，在系统弹出的快捷菜单中选择 编辑定义(N) 命令，此时系统进入编辑定义对话框。

③ 添加内部控制曲线。在“造型：曲线”操控板中单击后的 1个链 字符，然后按住 Ctrl 键，选取图 12.2.4 创建的 ISDX 曲线为另一条内部控制曲线。

④ 单击该操控板中的 ✔ 按钮，完成编辑，此时模型如图 12.2.5 所示。

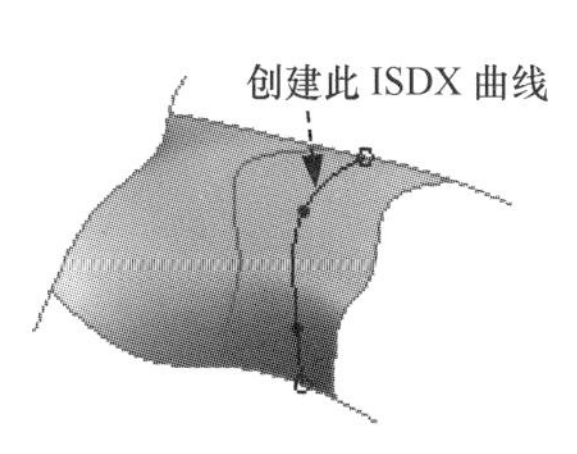

图 12.2.4 绘制 ISDX 曲线

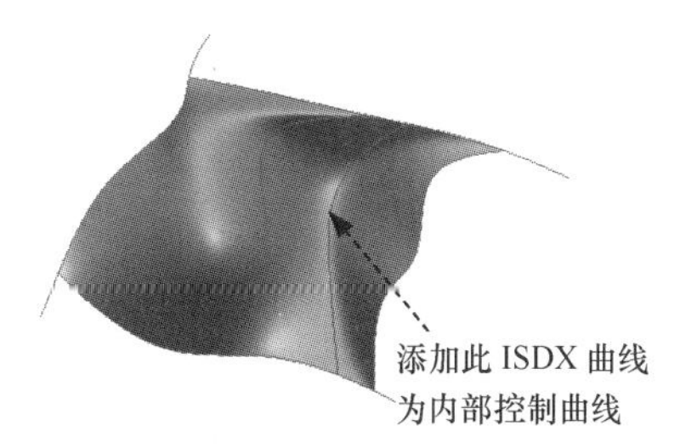

图 12.2.5 添加内部控制曲线

12.2.2 使用曲面编辑命令编辑曲面

“曲面编辑”（Surface Edit）工具是可以对曲面进行直接编辑操作的一种强大而灵活的功能，它可用于编辑建模时所创建的所有曲面。

下面将以图 12.2.6 所示的例子来介绍使用“曲面编辑”命令编辑 ISDX 曲面的操作方法。

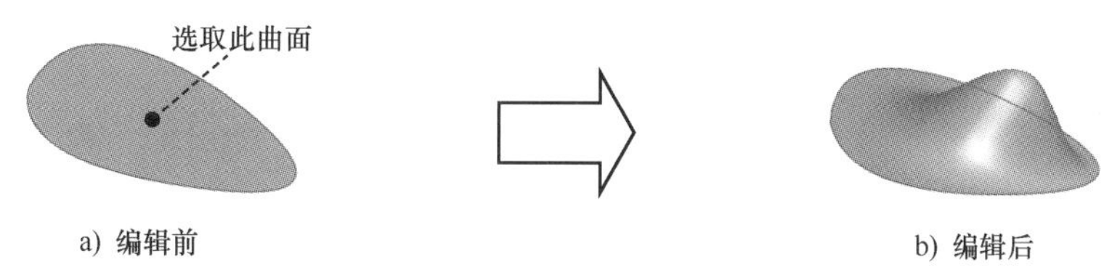

图 12.2.6 编辑 ISDX 曲面

Step1. 设置工作目录和打开文件。将工作目录设置为 D:\creo8.8\work\ch12.02，打开文件 edit_isdx_surface_02.prt。

Step2. 在模型树中右击 样式 1，在系统弹出的快捷菜单中选择 命令。

Step3. 编辑 ISDX 曲面 1。在 样式 功能选项卡 曲面 ▾ 区域中单击 曲面编辑 按钮，系统弹出图 12.2.7 所示的“造型：曲面编辑”操控板。

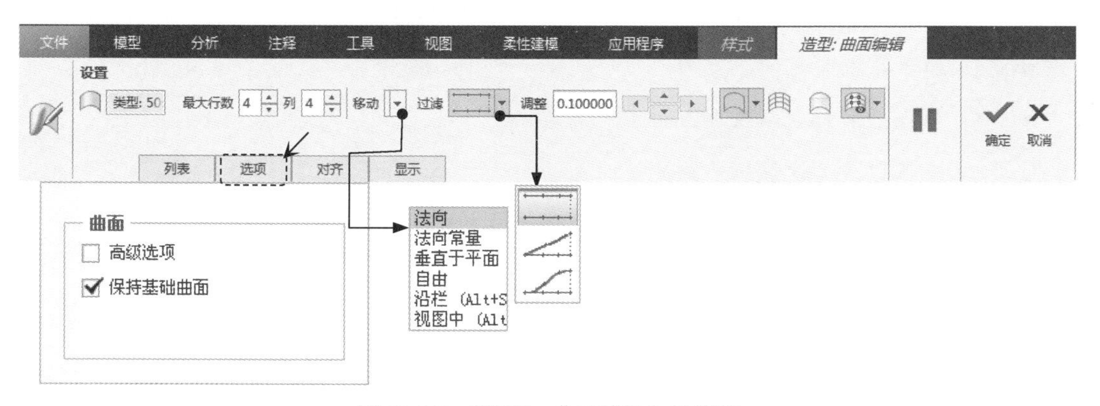

图 12.2.7 “造型：曲面编辑”操控板

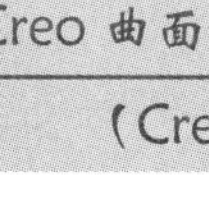

图 12.2.7 所示的“造型：曲面编辑”操控板中各选项的说明如下。

- 最大行数 文本框：设置网格的行数。
- 列 文本框：设置网格的列数。
- 移动 下拉列表。
  - ☑ 法向：此选项为系统默认的设置，选择此选项，被选取的点只能沿着其自身的曲面法向方向进行移动。
  - ☑ 法向常量：被选取的点只能沿着公共的曲面法向方向进行移动。这里的“法向”由用户所拖动的点进行定义。
  - ☑ 垂直于平面：被选取的点只能沿着垂直于活动基准平面的方向进行移动。
  - ☑ 自由：被选取的点只能沿着平行于活动基准平面的方向进行移动。
  - ☑ 沿栏(Alt+Shift)：被选取的点只能沿着邻接的行和列网格移动。
  - ☑ 视图中 (Alt)：被选取的点只能沿着平行于当前视图平面进行移动。
- 过滤 下拉列表。
  - ☑ ：此选项为系统默认的设置，选择此选项，被选取的点与拖动的点移动相同的距离，如图 12.2.8a 所示。
  - ☑ ：被选取的点相对于拖动点的距离线性减少，如图 12.2.8b 所示。
  - ☑ ：被选取的点相对于拖动点的距离平滑减少或二次减少，如图 12.2.8c 所示。
- 调整 文本框：在此文本框中输入值，并配合 、、 和 （上、下、左和右）按钮，可以对网格点向上、向下、向左和向右进行非常小的精确移动。

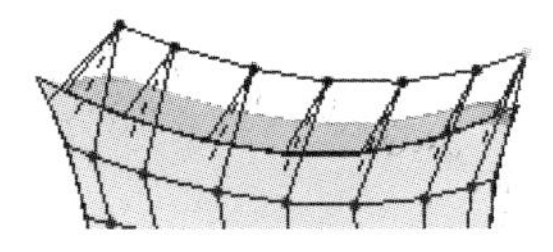
a) 恒定

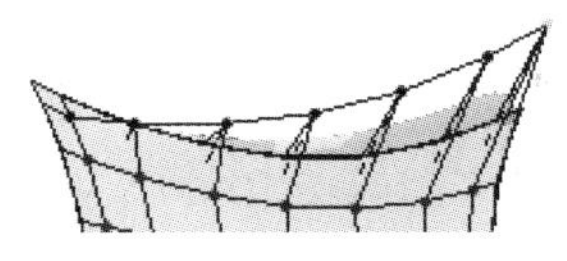
b) 线性

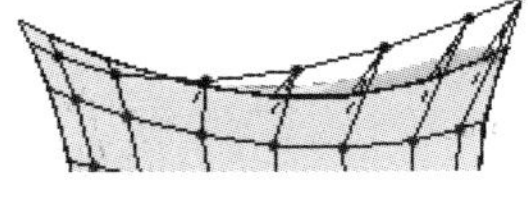
c) 平滑

图 12.2.8　过滤类型

- ：隐藏基础曲面。
- ：以点云形式显示基础曲面。
- ：表示当前操作起始处的控制网络。
- ：将修改的曲面显示为不透明或透明。
- ：表示用于修改控制网络结构的节点线。
- 选项 界面。
  - ☑ ☑高级选项：选中此复选框时，将激活节点线的显示，并且“节点”按钮在操控板中显示。

☑ ☑保持基础曲面：选中此复选框将保留曲面中的原始节点（系统在默认情况下是选中此复选框）。如果不选中此复选框，将丢弃原始节点，而且在计算修改的曲面时不使用它们。

Step4. 在系统 ➪选择要编辑的曲面. 的提示下，选取图 12.2.6a 所示的曲面，此时在曲面上显示图 12.2.9 所示的网格。

Step5. 在该操控板中，将 最大行数 设置为 6，将 列 设置为 8，将 移动 设置为 自由，将 过滤 设置为 ，将 调整 设置为 0.1，其他的各选项接受系统默认的设置。

Step6. 在系统 ➪选择并拖动网格点或行/列以编辑形状. 的提示下，选取图 12.2.10 所示的网格点并拖移到图中所示的位置。

Step7. 单击"造型：曲面编辑"操控板中的 ✔ 按钮，完成 ISDX 曲面的编辑。

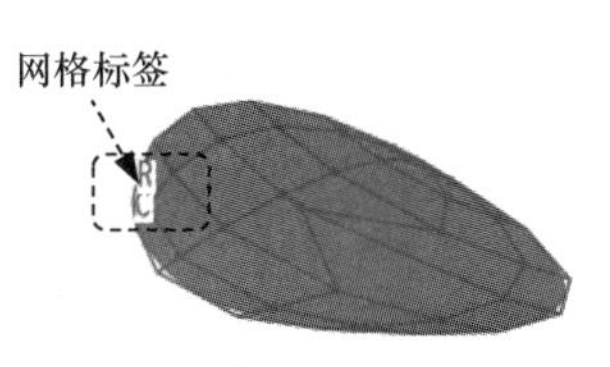

图 12.2.9 显示网格

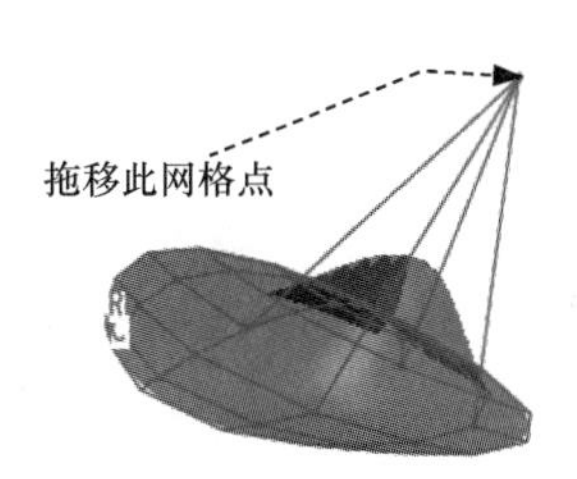

图 12.2.10 拖移网格

12.3 连接 ISDX 曲面

通过前面的学习，我们已了解到 ISDX 曲面的质量主要取决于曲线的质量。除此之外，还有一个重要的因素影响 ISDX 曲面质量，这就是相邻曲面间的连接方式。曲面的连接方式有三种：衔接（Matched）、相切（Tangent）和曲率（Curvature）。如果要使两个相邻曲面间光滑过渡，应该设置相切（Tangent）或曲率（Curvature）连接方式。

下面将以一个例子来介绍 ISDX 曲面的各种连接方式及其设置方法。

Step1. 设置工作目录和打开文件。

（1）选择下拉菜单 文件 ➡ 管理会话(M) ➡ 选择工作目录(W) 更改工作目录。 命令，将工作目录设置至 D:\creo8.8\work\ch12.03。

（2）选择下拉菜单 文件 ➡ 打开(O) 命令，打开文件 connect_surface.prt。

Step2. 在模型树中右击 样式 1，在系统弹出的快捷菜单中选择 命令，此时系统进入 ISDX 环境。

Step3. 创建 ISDX 曲面 1。

（1）在 样式 功能选项卡 曲面 区域中单击"曲面"按钮 。

（2）按住 Ctrl 键，选取图 12.3.1 所示的 ISDX 曲线 1、ISDX 曲线 2、ISDX 曲线 5 和

ISDX 曲线 4，此时系统便以这四条 ISDX 曲线为边界创建一个 ISDX 曲面 1，如图 12.3.2 所示。

（3）单击“造型：曲面”操控板中的 ✔ 按钮，完成 ISDX 曲面 1 的创建。

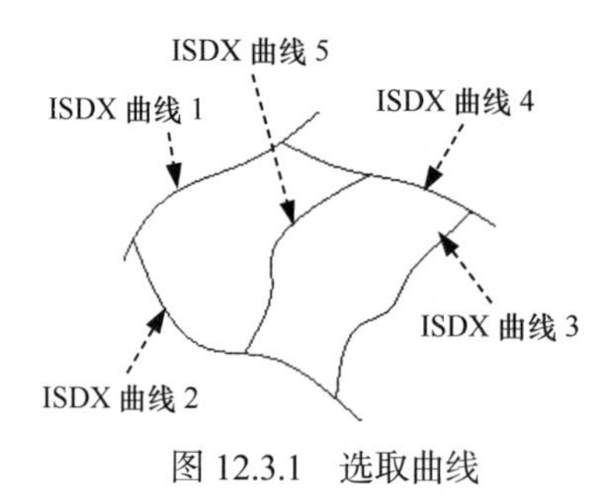

图 12.3.1　选取曲线

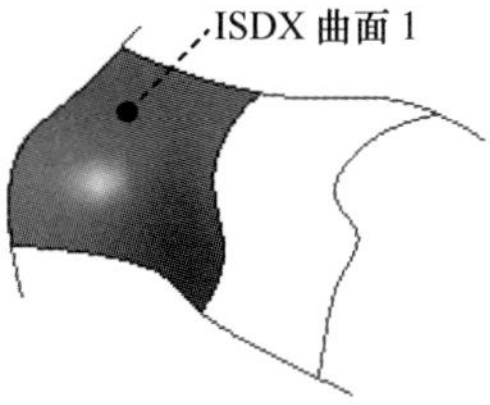

ISDX 曲面 1

图 12.3.2　创建 ISDX 曲面 1

Step4. 创建 ISDX 曲面 2。

（1）在 样式 功能选项卡 曲面 区域中单击“曲面”按钮。

（2）按住 Ctrl 键，选取图 12.3.1 所示的 ISDX 曲线 2、ISDX 曲线 3、ISDX 曲线 4 和 ISDX 曲线 5，此时系统便以这四条 ISDX 曲线为边界创建 ISDX 曲面 2，如图 12.3.3 所示。

注意：此时在 ISDX 曲面 1 与 ISDX 曲面 2 的公共边界线（ISDX 曲线 5）上出现一个小小的图标，如图 12.3.3 所示；这是 ISDX 曲面 2 与 ISDX 曲面 1 间的连接标记。

（3）单击“造型：曲面”操控板中的 ✔ 按钮，完成 ISDX 曲面 2 的创建。

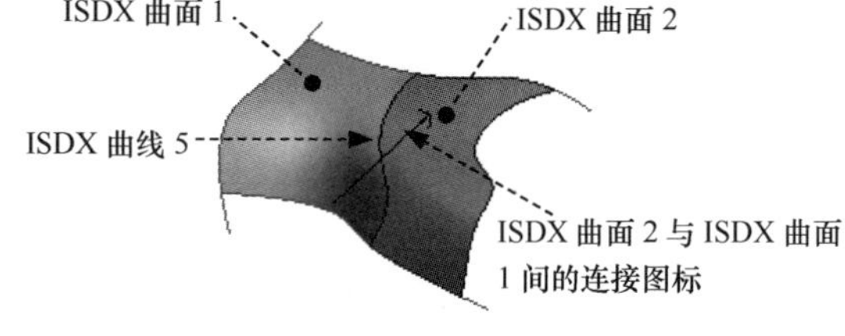

图 12.3.3　创建 ISDX 曲面 2

Step5. 修改 ISDX 曲面 2 与 ISDX 曲面 1 之间的连接方式。

（1）选取 ISDX 曲面 2。

（2）在 样式 功能选项卡 曲面 ▾ 区域中单击 曲面连接 按钮，系统弹出图 12.3.4 所示的“造型：曲面连接”操控板。

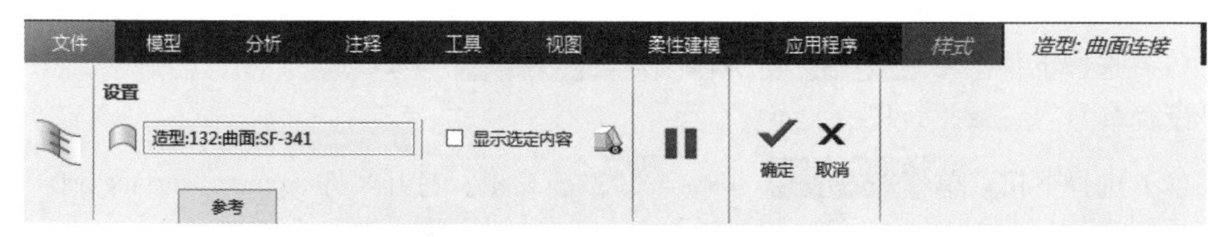

图 12.3.4　“造型：曲面连接”操控板

（3）曲面间的连接方式有以下三种。

● **相切**（Tangent）

两个 ISDX 曲面在连接处相切，如图 12.3.3 所示，此时连接图标显示为单线箭头。

注意：与ISDX曲线的相切相似，无箭头的一端为“主控端”，此端所在的曲面（即ISDX曲面1）为主控曲面；有箭头的一端为“受控端”，此端所在的曲面（即ISDX曲面2）为受控曲面。单击“主控端”的尾部，可将其变为“受控端”，如图12.3.5所示，此时可看到两个曲面均会产生一些变化。

- **曲率**（Curvature）

在图12.3.3中，单击相切连接图标的中部，则连接图标变成多线箭头，如图12.3.6所示；此时两个ISDX曲面在连接处曲率相等，这就是“曲率”（Curvature）连接。

注意：与ISDX曲面的相切连接一样，无箭头的一端为“主控端”，此端所在的曲面（即ISDX曲面1）为主控曲面；有箭头的一端为“受控端”，此端所在的曲面（即ISDX曲面2）为受控曲面。同样，单击“主控端”的尾部，可将其变为“受控端”。

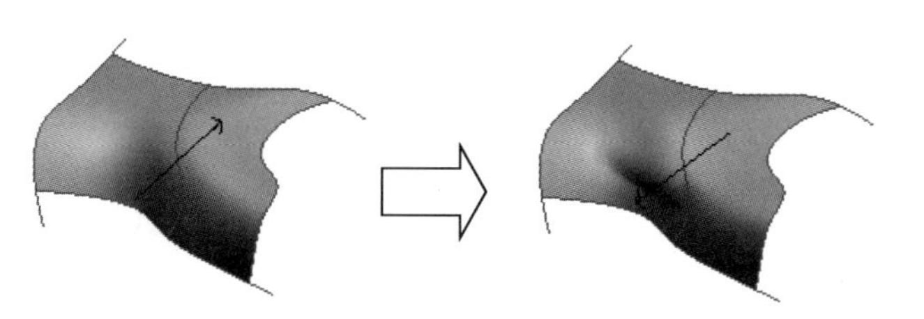

图12.3.5 改变“主控端”为“受控端”

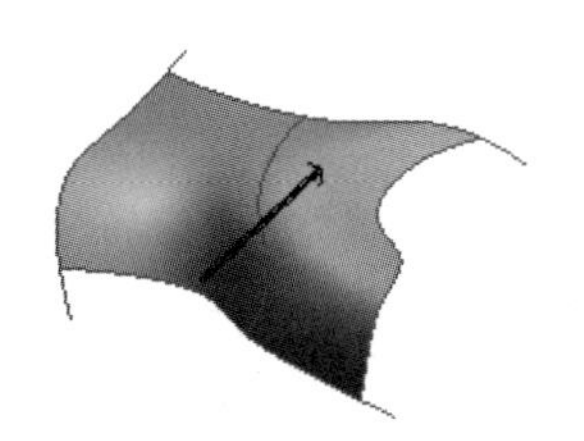

图12.3.6 设置为“曲率”方式

- **衔接**（Matched）

按住Shift键，然后单击相切连接图标或曲率连接图标的中部，则连接图标将变成“虚线”，如图12.3.7所示；此时两个ISDX曲面在连接处既不相切、曲率也不相等，这就是“衔接”（Matched）连接。

两个曲面“衔接”（Matched）时，曲面间不是光滑连接。单击中间的公共曲线，然后右击，从系统弹出的快捷菜单中选择 隐藏(H) 命令，可立即看到曲面的连接处有一道凸出“痕迹”，如图12.3.8所示。

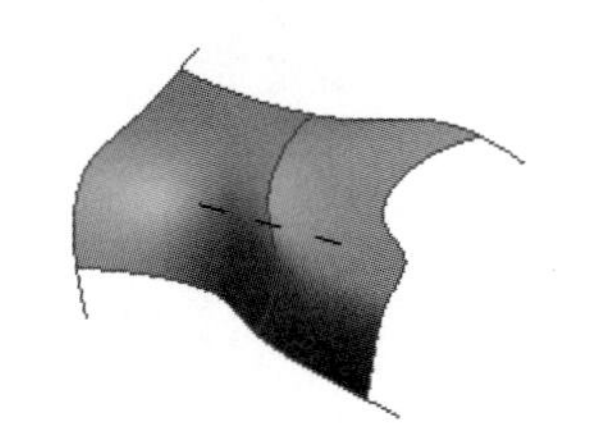

图12.3.7 设置为“衔接”方式

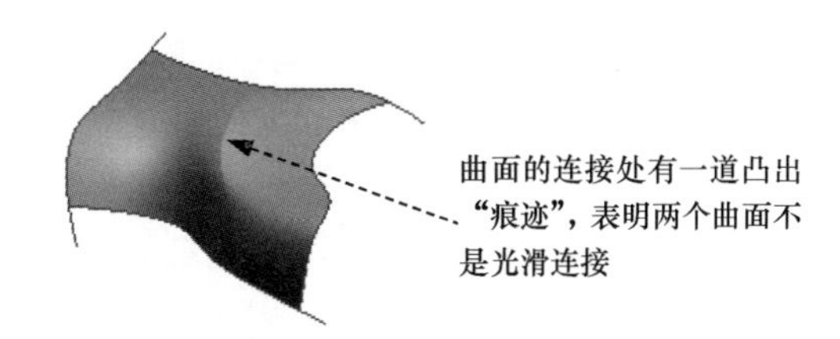

图12.3.8 隐藏连接边线

12.4 修剪ISDX曲面

用户在编辑ISDX曲面时，可以使用ISDX曲面上的一条或多条ISDX曲线来修剪曲面，

通过这样的方法来达到设计要求。如图 12.4.1 所示，中间的一条 ISDX 曲线是 ISDX 曲面上的内部曲线，可用这条内部曲线对整个 ISDX 曲面进行修剪。下面以此为例说明修剪 ISDX 曲面的一般操作过程。

Step1. 设置工作目录和打开文件。

（1）选择下拉菜单 文件 → 管理会话(M) → 选择工作目录(W) 更改工作目录。 命令，将工作目录设置至 D:\creo8.8\work\ch12.04。

（2）选择下拉菜单 文件 → 打开(O) 命令，打开文件 isdx_surface_trim.prt。

Step2. 在模型树中右击 样式 1，在系统弹出的快捷菜单中选择 命令，此时系统进入 ISDX 环境。

Step3. 修剪 ISDX 曲面。

（1）在 样式 功能选项卡 曲面 ▾ 区域中单击 曲面修剪 按钮，系统弹出图 12.4.2 所示的“造型：曲面修剪”操控板。

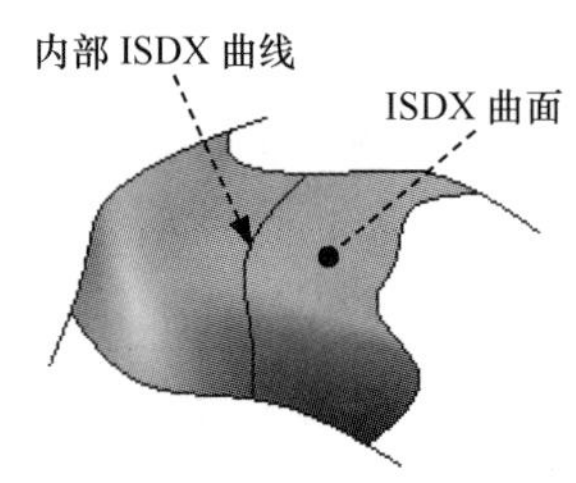

图 12.4.1　选取修剪曲面

（2）在系统 选择要修剪的面组。 的提示下，选取图 12.4.1 中的 ISDX 曲面为要修剪的曲面，并单击中键结束选取。

（3）单击 图标后的 ● 单击此处添加项 字符，选取图 12.4.1 所示的内部 ISDX 曲线为修剪曲线，并单击中键结束选取。

（4）单击 图标后的 单击此处添加项 字符，选取图 12.4.3 中要修剪掉的 ISDX 曲面部分。

（5）单击“造型：曲面修剪”操控板中的 ✓ 按钮，可看到修剪后的 ISDX 曲面如图 12.4.4 所示。

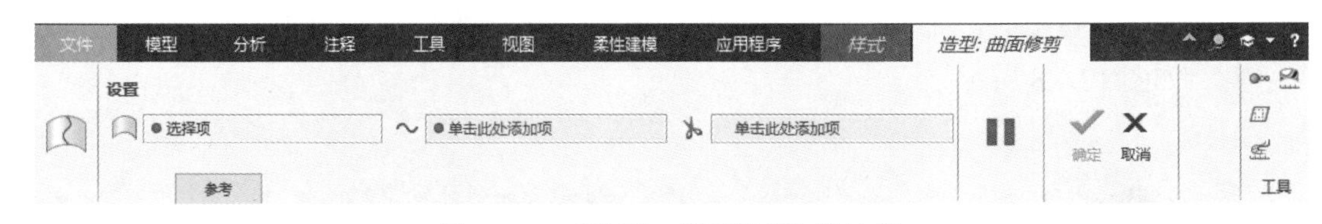

图 12.4.2　“造型：曲面修剪”操控板

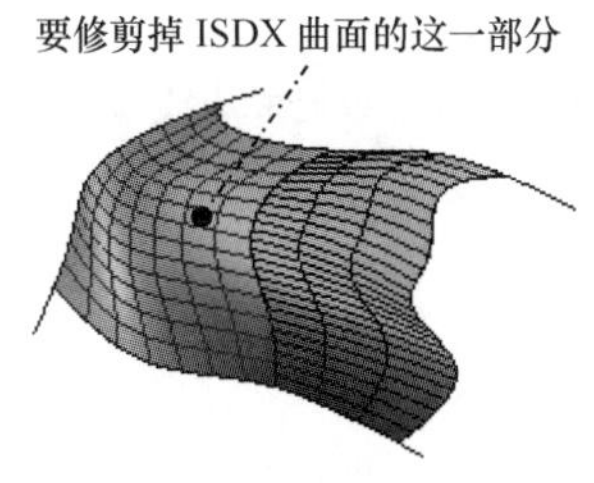

图 12.4.3　选择要修剪掉的 ISDX 曲面部分

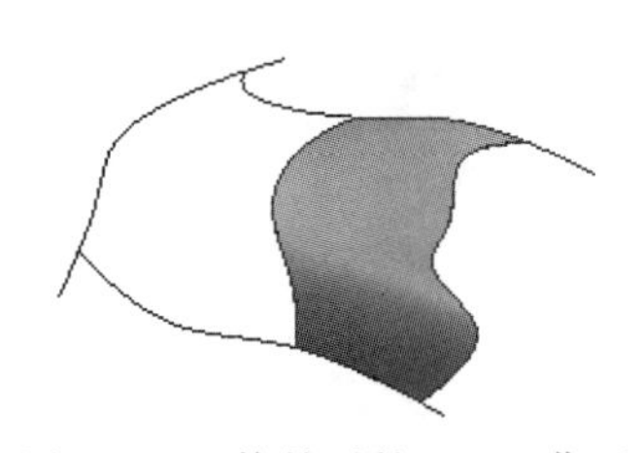
图 12.4.4　修剪后的 ISDX 曲面

12.5 特殊ISDX曲面

12.5.1 三角曲面

以三条外围边界曲线定义的ISDX曲面为三角面。通过造型边界曲面，可以选取三条边界曲线构建三角面，对于某些特殊形状的曲面而又没有高质量要求的情况下，可考虑使用这种面。一般在处理公模时，常会遇到三角面，此时可直接以边界方式构建。如果具有外观造型，会把收敛的角修剪并补加另一新的曲面。

1. 自然边界（Natural Boundary）与收敛角（Degenerate Vertex）

构建四条边界的造型ISDX曲面时，没有限制选取边界的顺序与方向，但在通过三条边界定义的曲面中，第一条选取的边界称为“自然边界”（Natural Boundary），对应的顶角为“收敛角”（Degenerate Vertex）。如图12.5.1所示，配合Ctrl键先选取ISDX曲线1，再选取ISDX曲线2、ISDX曲线3。ISDX曲线1就是“自然边界”（Natural Boundary），而ISDX曲线1的对顶角则称为“收敛角”（DegenerateVertex），此收敛角的质量不好。

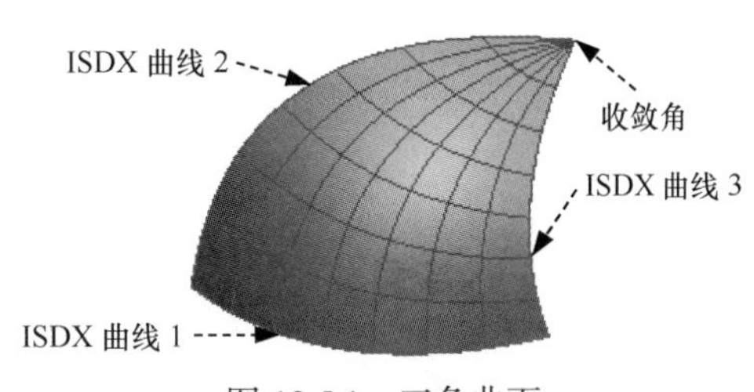

图12.5.1 三角曲面

2. 三角曲面的处理

由于三角曲面含有一个收敛角，有时候会在这个收敛角处出现高曲率，曲面变形量也大，不好加工。特别是在后面加厚成薄壳时，往往会出现加厚不了的现象。通常情况下，使用三角曲面，只在于方便构建模型，完成构建后会把收敛角修剪掉。下面以一个例子来介绍如何将三角面的收敛角修剪掉。

Step1. 设置工作目录和打开文件。

（1）选择下拉菜单 文件 → 管理会话(M) → 选择工作目录(W) 更改工作目录。 命令，将工作目录设置至D: \creo8.8\work\ch12.05。

（2）选择下拉菜单 文件 → 打开(O) 命令，打开文件traingle.prt。

Step2. 在模型树中右击 样式 1，在系统弹出的快捷菜单中选择 命令，此时系统进入ISDX环境。

Step3. 创建图12.5.2所示的COS曲线1。

（1）在 样式 功能选项卡 曲线▾ 区域中单击“曲线”按钮 。

（2）在图 12.5.3 所示的“造型：曲线”操控板中单击 按钮，创建图 12.5.2 所示的 COS 曲线 1。

（3）单击该操控板中的 ✔ 按钮，完成 COS 曲线 1 的创建。

Step4. 编辑 COS 曲线 1。

（1）在 样式 功能选项卡 曲线▾ 区域中单击 曲线编辑 按钮，然后选取 COS 曲线 1。

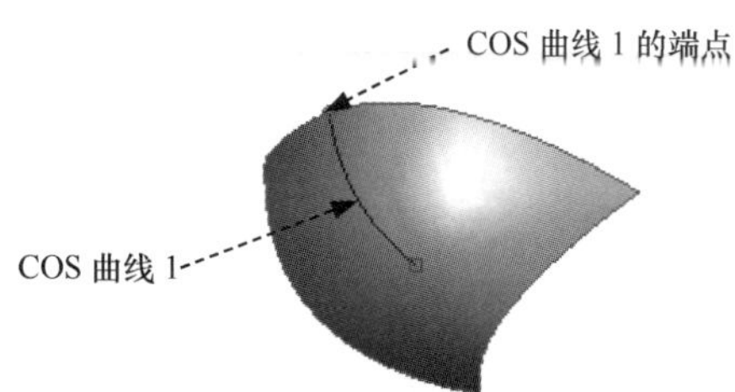

图 12.5.2 创建 COS 曲线 1

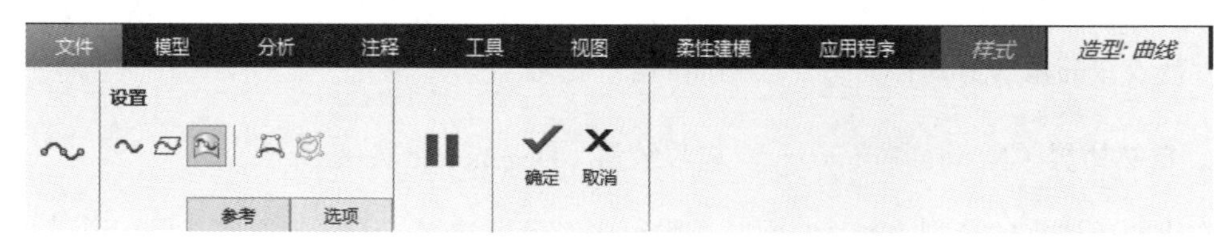

图 12.5.3 “造型：曲线”操控板

（2）按住 Shift 键，拖移图 12.5.4 所示的 COS 曲线 1 的端点，将其锁定至其附近的边界线上。

（3）单击“造型：曲线编辑”操控板中的 ✔ 按钮，完成对 COS 曲线 1 的编辑。

Step5. 创建图 12.5.5 所示的 COS 曲线 2。在 样式 功能选项卡 曲线▾ 区域中单击“曲线”按钮 ，在图 12.5.3 所示的“造型：曲线”操控板中单击 按钮，绘制图 12.5.5 所示的 COS 曲线 2，单击该操控板中的 ✔ 按钮，完成 COS 曲线 2 创建。

Step6. 编辑 COS 曲线 2。在 样式 功能选项卡 曲线▾ 区域中单击 曲线编辑 按钮，然后选取 COS 曲线 2 并按住 Shift 键，拖移 COS 曲线 2 的端点 1，将其锁定至其附近的边界线上；拖移 COS 曲线 2 的端点 2，将其锁定至 COS 曲线 1 的另一端点上，如图 12.5.6 所示。单击“造型：曲线编辑”操控板中的 ✔ 按钮，完成对 COS 曲线 2 的编辑。

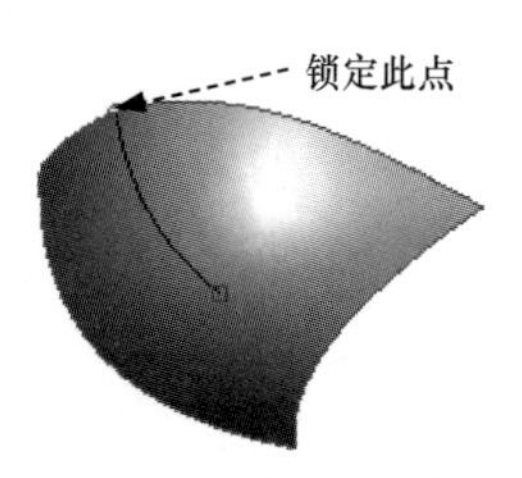

图 12.5.4 编辑 COS 曲线 1

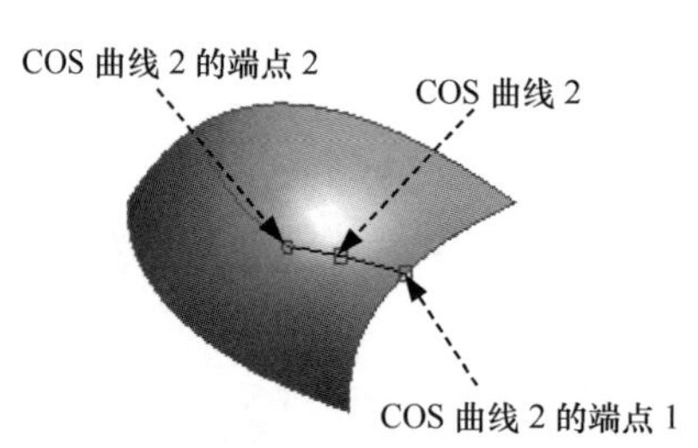

图 12.5.5 创建 COS 曲线 2

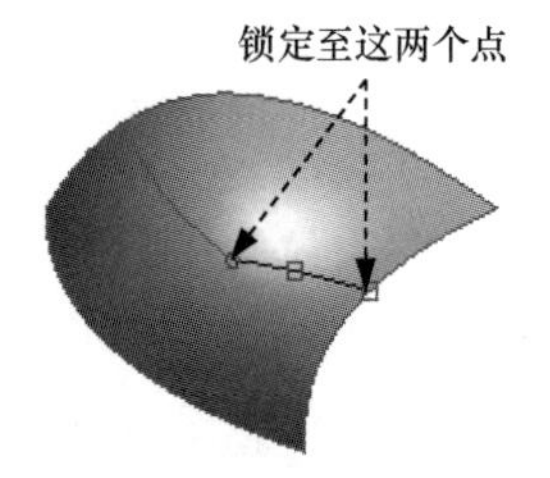

图 12.5.6 编辑 COS 曲线 2

Step7. 修剪掉图 12.5.7 所示的 ISDX 曲面的部分。在 样式 功能选项卡 曲面▾ 区域中单击 曲面修剪 按钮；选取图 12.5.8 所示的 ISDX 曲面为要修剪的曲面；单击 图标

后的 ● 单击此处添加项 字符，然后选取图 12.5.9 所示的曲线为修剪曲线；单击 图标后的 单击此处添加项 字符，选取图 12.5.7 所示的要修剪掉的部分；单击“造型：曲面修剪”操控板中的 ✓ 按钮。修剪后的 ISDX 曲面如图 12.5.10 所示。

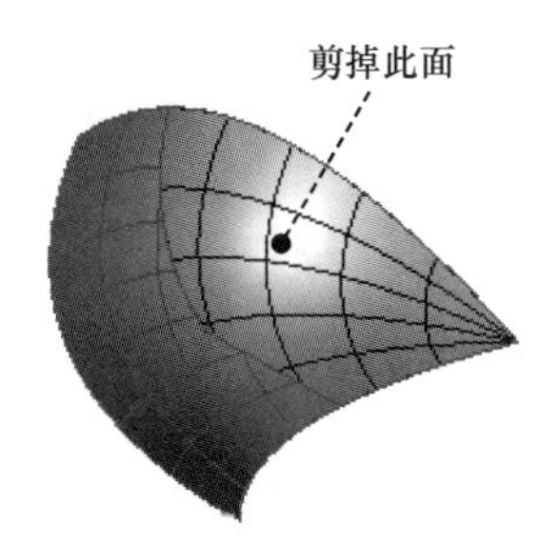

图 12.5.7 将要修剪的 ISDX 曲面

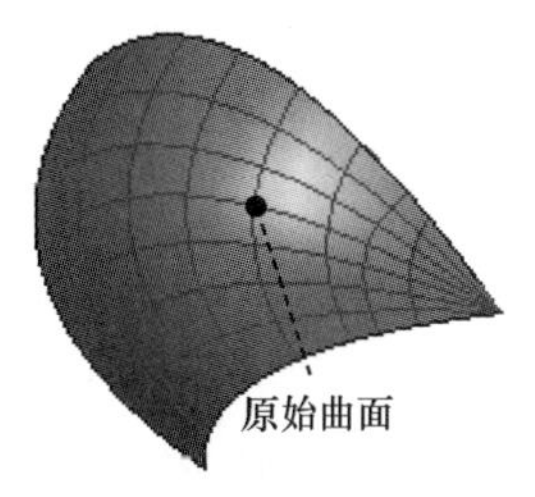

图 12.5.8 选取原始曲面

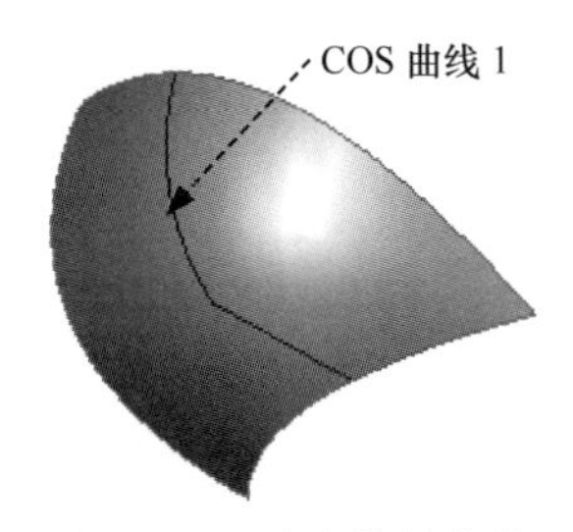

图 12.5.9 选取修剪曲线

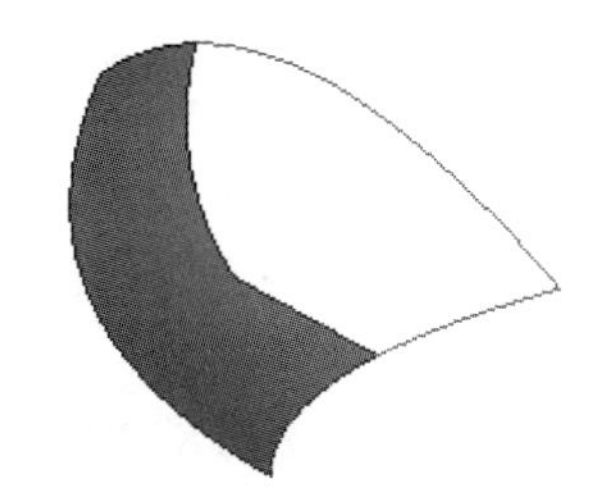

图 12.5.10 修剪后的 ISDX 曲面

Step8. 创建图 12.5.11 所示的 ISDX 曲面。在 样式 功能选项卡 曲面 区域中单击“曲面”按钮 ，按住 Ctrl 键，然后依次选取的边界曲线为图 12.5.12 所示的 COS 曲线 1、COS 曲线 2、边界曲线 1 和边界曲线 2。此时系统便创建出 ISDX 曲面。单击“造型：曲面”操控板中的 ✓ 按钮。

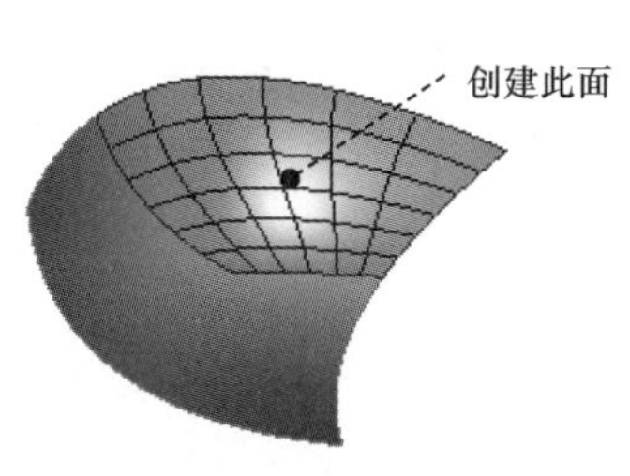

图 12.5.11 创建 ISDX 曲面

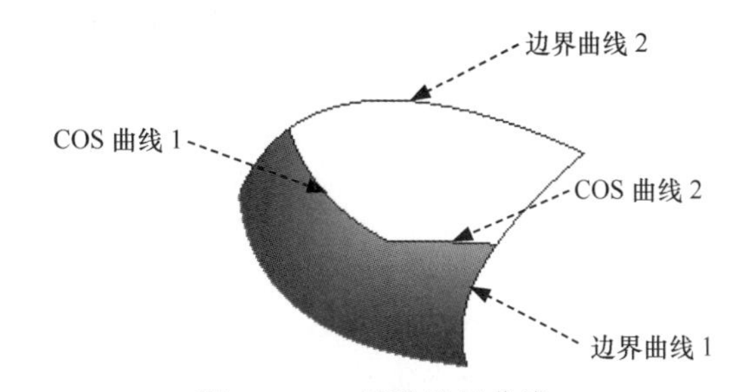

图 12.5.12 选取边界曲线

12.5.2 圆润曲面

利用造型特征构建圆润边界的造型时，所遇到的问题是这些相切或曲率连续的边界无法定义成曲面边界，被定义成造型曲面的边界必须是衔接的连接条件才可以。利用图 12.5.13

所示的骨架边界线无法得到圆润曲面。

对于利用指定的骨架线构建圆润曲面，一般会先构建局部的外观面，然后再把适当的曲线投影到外观面并加以修剪，最后通过四条边界定义曲面。

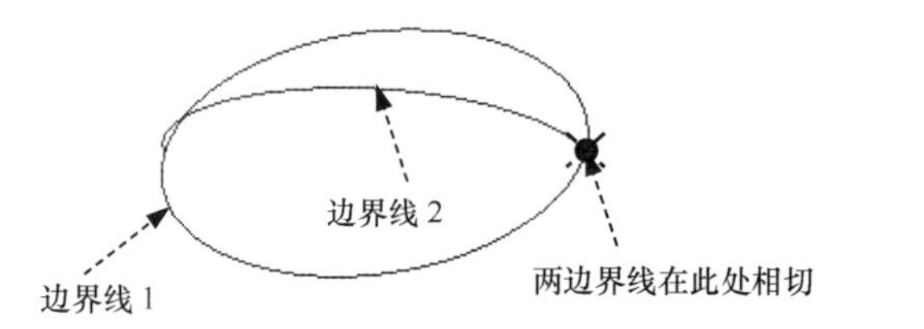

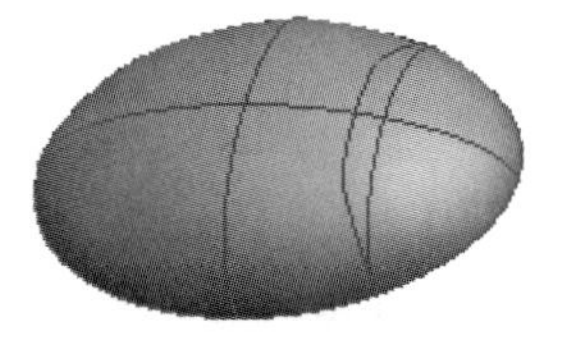

图 12.5.13　利用骨架边界线无法得到圆润曲面

下面通过一个例子来介绍对圆润曲面的处理。

Stage1. 设置工作目录和打开文件

Step1. 选择下拉菜单 文件 ➡ 管理会话(M) ➡ 选择工作目录(W) 更改工作目录。 命令，将工作目录设置至 D:\creo8.8\work\ch12.05。

Step2. 选择下拉菜单 文件 ➡ 打开(O) 命令，打开文件 smooth.prt。

Stage2. 创建第一个 ISDX 曲面特征

Step1. 进入造型环境。单击 模型 功能选项卡 曲面 ▾ 区域中的“样式”按钮 样式。

Step2. 创建图 12.5.14 所示的 ISDX 曲线 1。

（1）选取 RIGHT 基准平面为活动平面。

（2）创建初步的 ISDX 曲线 1。在 样式 功能选项卡 曲线 ▾ 区域中单击“曲线”按钮 ，在“造型：曲线”操控板中单击“创建平面曲线”按钮 ，绘制图 12.5.15 所示的初步的 ISDX 曲线 1，然后单击“造型：曲线”操控板中的 ✔ 按钮，完成初步的 ISDX 曲线 1 的创建。

图 12.5.14　创建 ISDX 曲线 1

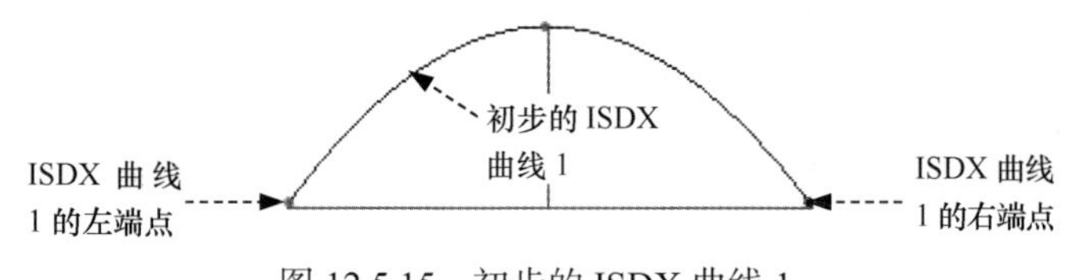

图 12.5.15　初步的 ISDX 曲线 1

（3）对初步的 ISDX 曲线 1 进行编辑。

① 在 样式 功能选项卡 曲线 ▾ 区域中单击 曲线编辑 按钮，然后选取图 12.5.15 所示的初步的 ISDX 曲线 1，此时系统弹出“造型：曲线编辑”操控板。

② 移动曲线 1 的端点。按住 Shift 键，拖移初步的 ISDX 曲线 1 的右端点，使其与基准曲线 1 的右下顶点对齐（当显示“×”符号时，表明两点对齐，如图 12.5.16 所示）；按同样

的方法将 ISDX 曲线 1 的左端点与基准曲线 1 的左下顶点对齐，如图 12.5.17 所示。

③ 按照同样的方法，将图 12.5.18 所示的 ISDX 曲线 1 上中间点对齐到基准曲线的中点。

④ 设置 ISDX 曲线 1 两个端点处的切线方向和长度。

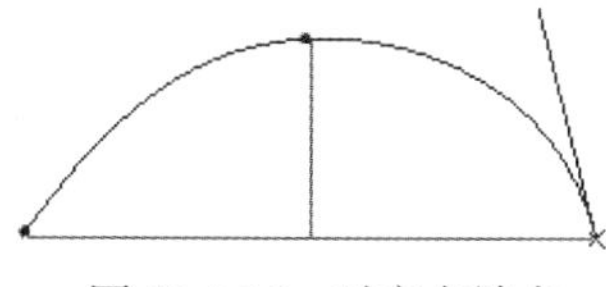

图 12.5.16 对齐右端点

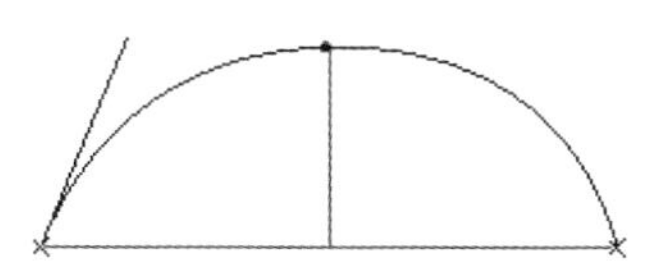

图 12.5.17 对齐左端点

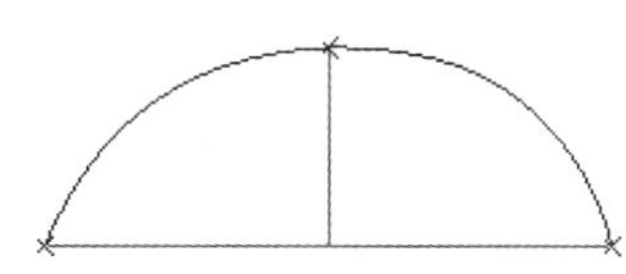

图 12.5.18 对齐中间端点

a）选取 ISDX 曲线 1 的右端点，然后单击“造型：曲线编辑”操控板中的 相切 按钮，在“相切”界面中选择切线方向为 法向，并选取 TOP 基准平面为法向参考平面，这样该端点的切线方向便与 TOP 基准平面垂直，如图 12.5.19 所示；在该界面的 长度 文本框中输入切线的长度值 80.0，并按 Enter 键。

b）按同样的方法，设置 ISDX 曲线 1 左端点的切向与 TOP 基准平面垂直，切线长度值为 80.0。

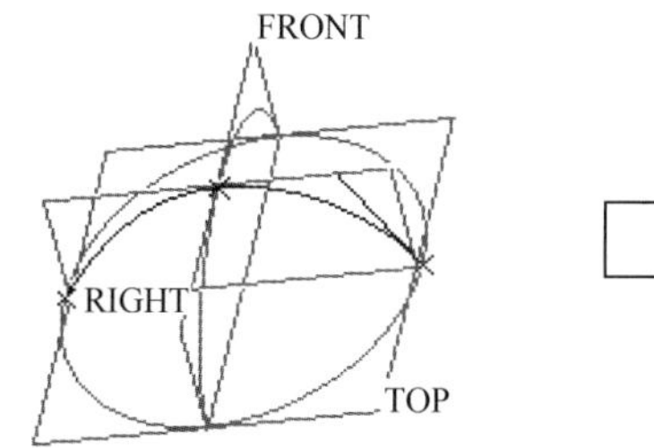

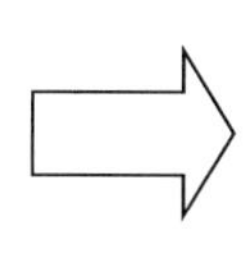

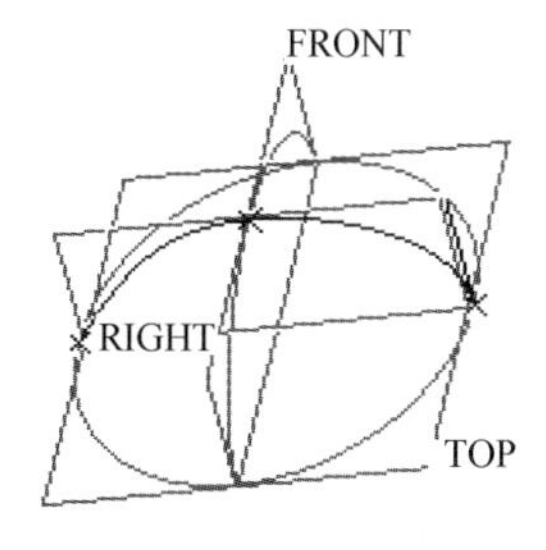

图 12.5.19 右端点切向与 TOP 基准平面垂直

c）单击“造型：曲线编辑”操控板中的 ✔ 按钮，完成对 ISDX 曲线 1 的设置。

说明：在后面的操作中，需对创建的 ISDX 曲面进行镜像，而镜像中心平面正是 RIGHT 基准平面。为了使镜像后的两个曲面间光滑连接，这里必须将 ISDX 曲线 1 的左、右两个端点的切向约束设置为法向，否则镜像后两个曲面的连接处会有一道明显的不光滑“痕迹”。后面还要创建类似的 ISDX 曲线，在其端点处都将进行如上约束设置。

Step3. 创建图 12.5.20 所示的基准平面 DTM1。

（1）单击 模型 功能选项卡 基准 ▾ 区域中的“平面”按钮 ▱。

（2）系统弹出“基准平面”对话框，选取 RIGHT 基准平面为参考平面，约束类型为 偏移，平移距离值为 100.0。

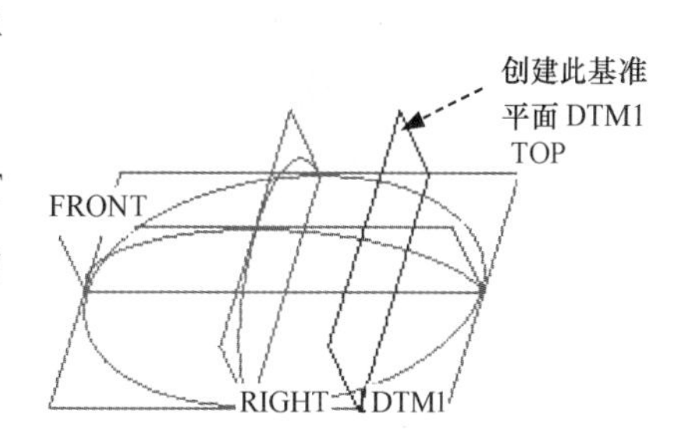

图 12.5.20 创建基准平面 DTM1

Step4. 创建图 12.5.21 所示的 ISDX 曲线 2。

（1）选取 DTM1 基准平面为活动平面。

（2）创建初步的 ISDX 曲线 2。在 样式 功能选项卡 曲线 ▾ 区域中单击“曲线”按钮 ～，在“造型：曲线”操控板中单击 按钮，绘制图 12.5.22 所示的初步的 ISDX 曲线 2，然后单击该操控板中的 ✔ 按钮，完成初步的 ISDX 曲线 2 的创建。

（3）编辑初步的 ISDX 曲线 2。

① 在 样式 功能选项卡 曲线 ▾ 区域中单击 曲线编辑 按钮，选取初步的 ISDX 曲线 2。

② 按住 Shift 键，拖移曲线的左、右端点及中点，分别将其两端点与基准曲线 1 的边线对齐，将中点对齐到基准曲线 1 的中点上，如图 12.5.23 所示。

（4）设置 ISDX 曲线 2 两个端点处切线的方向和长度。设置 ISDX 曲线 2 右端点的切向与 TOP 基准平面垂直，切线长度值为 60.0；设置 ISDX 曲线 2 左端点的切向与 TOP 基准平面垂直，切线长度值为 60.0。

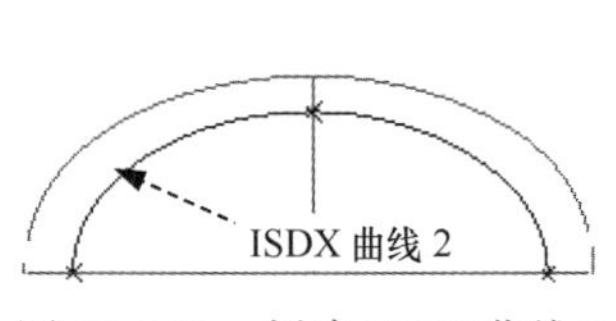

图 12.5.21　创建 ISDX 曲线 2

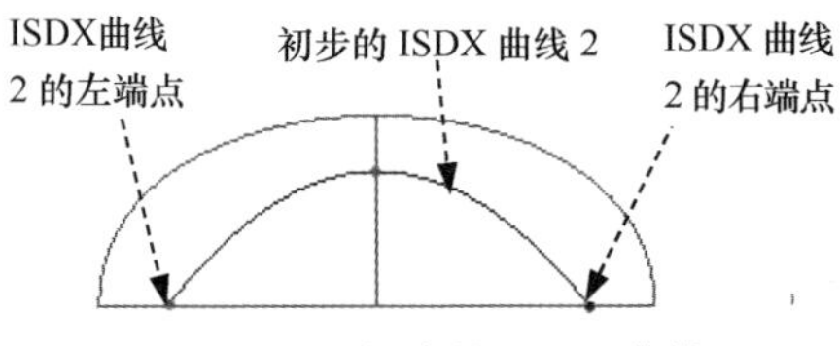

图 12.5.22　初步的 ISDX 曲线 2

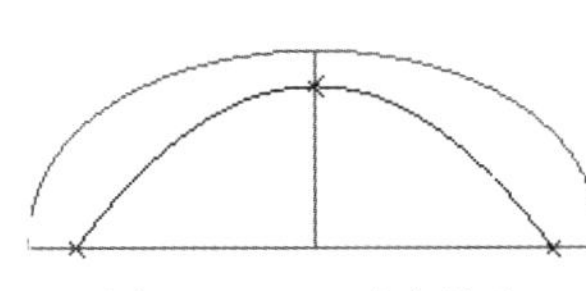

图 12.5.23　对齐端点

Step5. 创建图 12.5.24 所示的 ISDX 曲面。

（1）在 样式 功能选项卡 曲面 区域中单击“曲面”按钮 ，出现“造型：曲面”操控板。

（2）选取边界曲线。按住 Ctrl 键，依次选取图 12.5.25 所示的 ISDX 曲线 1、边界线 1 的上半部分、ISDX 曲线 2、边界线 1 的下半部分；单击“造型：曲面”操控板中的 后的 单击此处添加项 字符，选取边界线 2，然后单击该操控板中的 ✔ 按钮，完成 ISDX 曲面的创建。

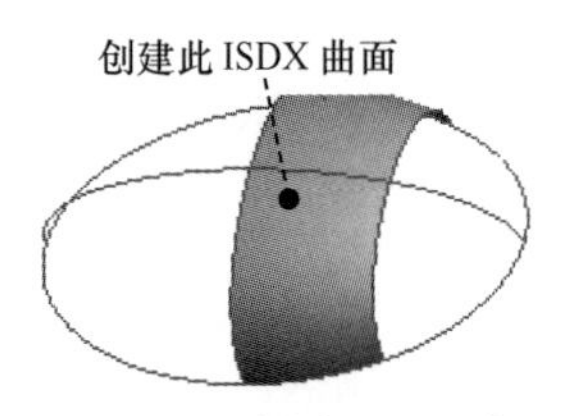

图 12.5.24　创建 ISDX 曲面

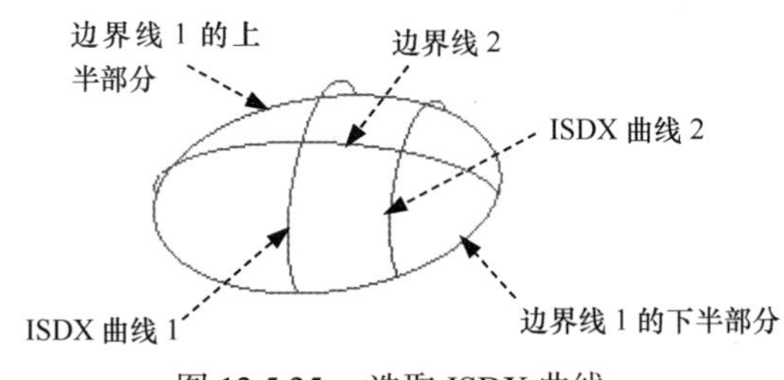

图 12.5.25　选取 ISDX 曲线

Step6. 单击 ✔ 按钮，完成 ISDX 曲面的创建，退出造型环境。

Stage3. 修剪第一个 ISDX 曲面特征

Step1. 进入造型环境。单击 模型 功能选项卡 曲面 ▾ 区域中的“样式”按钮 样式。

Step2. 创建图 12.5.26 所示的 ISDX 曲线 3。

（1）选取 TOP 基准平面为活动平面。

（2）创建初步的 ISDX 曲线 3。在 样式 功能选项卡 曲线 ▾ 区域中单击“曲线”按钮 ，在“造型：曲线”操控板中单击 按钮，绘制图 12.5.27 所示的初步的 ISDX 曲线 3，然后单击该操控板中的 ✔ 按钮，完成初步的 ISDX 曲线 3 的创建。

（3）编辑初步的 ISDX 曲线 3。在 样式 功能选项卡 曲线 ▾ 区域中单击 曲线编辑 按钮；选取图 12.5.27 所示的初步 ISDX 曲线 3 进行编辑。单击“造型：曲线编辑”操控板中的 ✔ 按钮，完成对初步的 ISDX 曲线 3 的编辑。

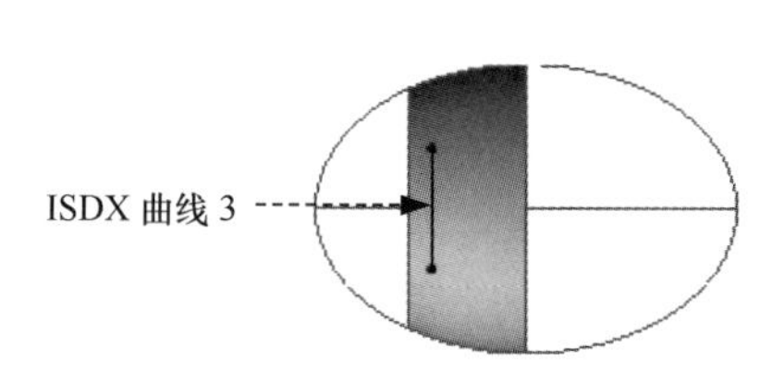

图 12.5.26　创建 ISDX 曲线 3

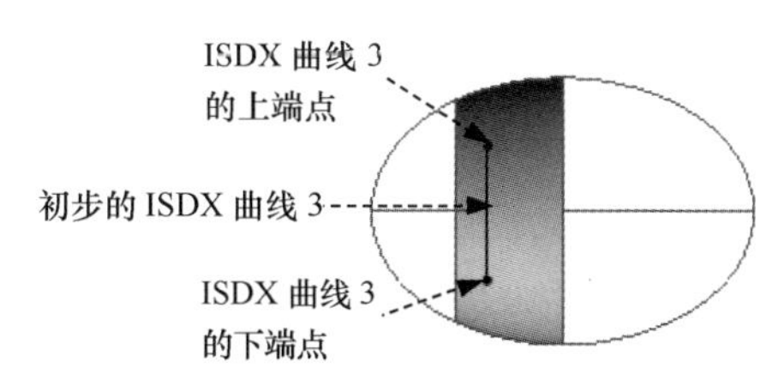

图 12.5.27　初步的 ISDX 曲线 3

注意：编辑 ISDX 曲线 3 时，先选择 ISDX 曲线 3，然后在“造型：曲线”操控板中单击 点 按钮，选择 ISDX 曲线 3 的上端点，在“点”界面中输入其坐标值【X（80.0），Y（0.0），Z（–50.0）】；同样，输入下端点的坐标值【X（80.0），Y（0.0），Z（50.0）】。

Step3. 创建图 12.5.28 所示的 ISDX 曲线 4。

（1）创建初步的 ISDX 曲线 4。在 样式 功能选项卡 曲线 ▾ 区域中单击“曲线”按钮 ；在“造型：曲线”操控板中单击 按钮，绘制图 12.5.29 所示的初步的 ISDX 曲线 4，然后单击该操控板中的 ✔ 按钮，完成初步的 ISDX 曲线 4 的创建。

（2）编辑初步的 ISDX 曲线 4。在 样式 功能选项卡 曲线 ▾ 区域中单击 曲线编辑 按钮，选取图 12.5.29 所示的初步的 ISDX 曲线 4 进行编辑。按住 Shift 键，拖移 ISDX 曲线 4 的上端点，使其与 ISDX 曲线 2 的端点对齐（当显示“O”符号时，表明两点对齐）。按同样的方法，将 ISDX 曲线 4 的下端点与 ISDX 曲线 3 的端点对齐（当显示“O”符号时，表明两点对齐）。单击“造型：曲线编辑”操控板中的 ✔ 按钮，完成对初步的 ISDX 曲线 4 的编辑。

Step4. 创建图 12.5.30 所示的 ISDX 曲线 5。

（1）创建初步的 ISDX 曲线 5。在 样式 功能选项卡 曲线 ▾ 区域中单击“曲线”按钮 ；在“造型：曲线”操控板中单击 按钮，绘制图 12.5.31 所示的初步的 ISDX 曲线 5，然后单击该操控板中的 ✔ 按钮。

（2）编辑初步的 ISDX 曲线 5。在 样式 功能选项卡 曲线 ▾ 区域中单击 曲线编辑 按钮，选取图 12.5.31 所示的初步的 ISDX 曲线 5 进行编辑。按住 Shift 键，拖移 ISDX 曲线

5 的上端点，使其与 ISDX 曲线 3 的端点对齐（当显示“O”符号时，表明两点对齐）。按同样的方法将 ISDX 曲线 5 的下端点与 ISDX 曲线 2 的端点对齐（当显示“O”符号时，表明两点对齐）。单击操控板中的 ✔ 按钮，完成对初步的 ISDX 曲线 5 的编辑。

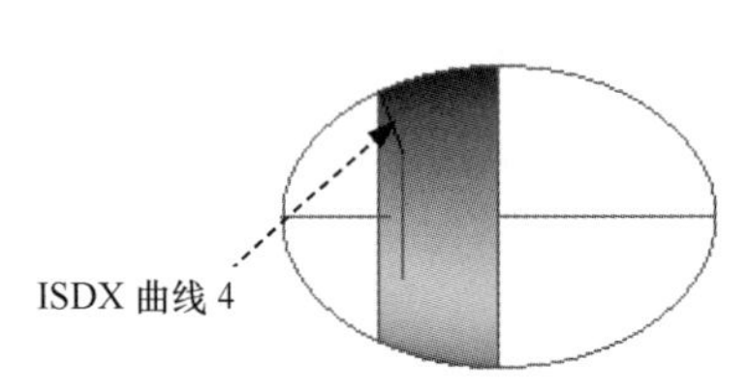

图 12.5.28　创建 ISDX 曲线 4

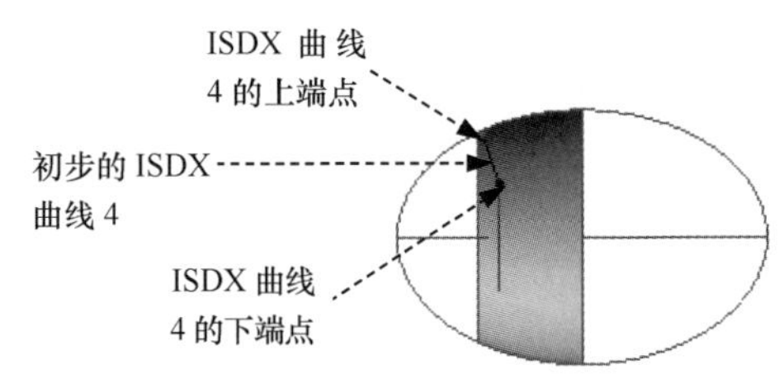

图 12.5.29　初步的 ISDX 曲线 4

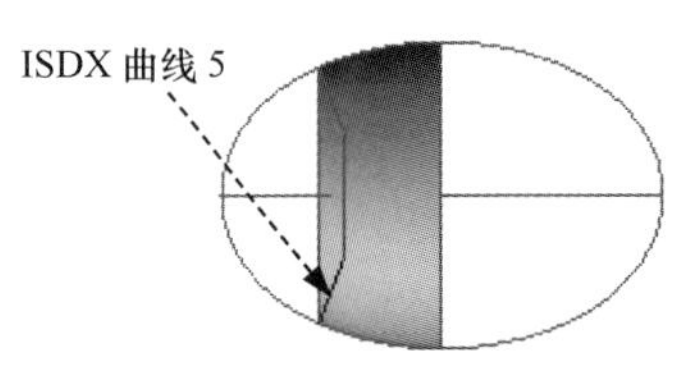

图 12.5.30　创建 ISDX 曲线 5

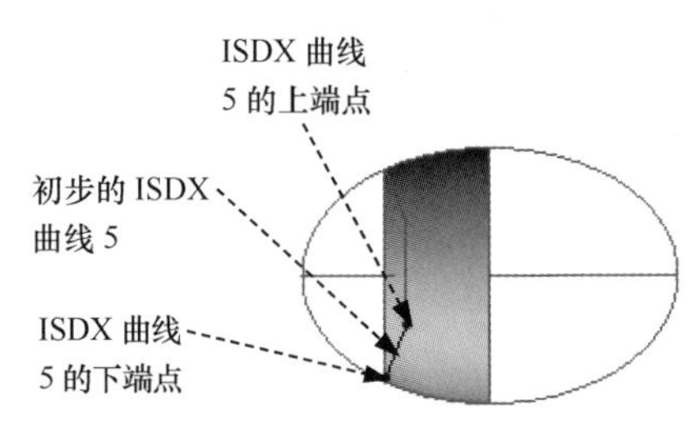

图 12.5.31　初步的 ISDX 曲线 5

Step5. 创建图 12.5.32 所示的下落曲线。在 样式 功能选项卡的 曲线 ▾ 区域中单击 放置曲线 按钮；按住 Ctrl 键，依次选取图 12.5.33 所示的 ISDX 曲线 4、ISDX 曲线 3 和 ISDX 曲线 5，再单击 后的 ● 单击此处添加项 字符，选取图 12.5.33 所示的 ISDX 曲面为父曲面；采用默认的 TOP 基准平面的法向为投影方向；单击“造型：下降曲线”操控板中的 ✔ 按钮，完成下落曲线的创建。

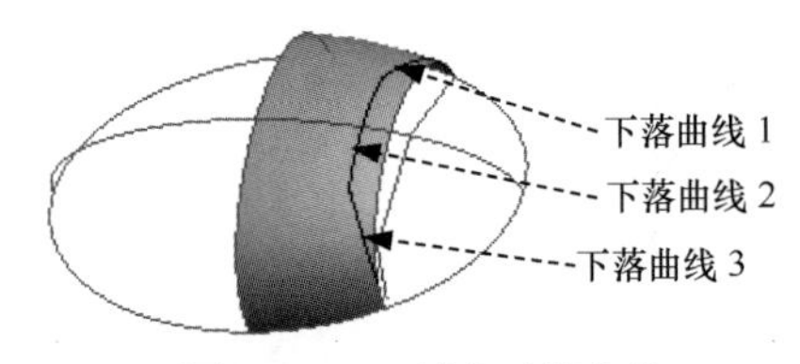

图 12.5.32　创建下落曲线

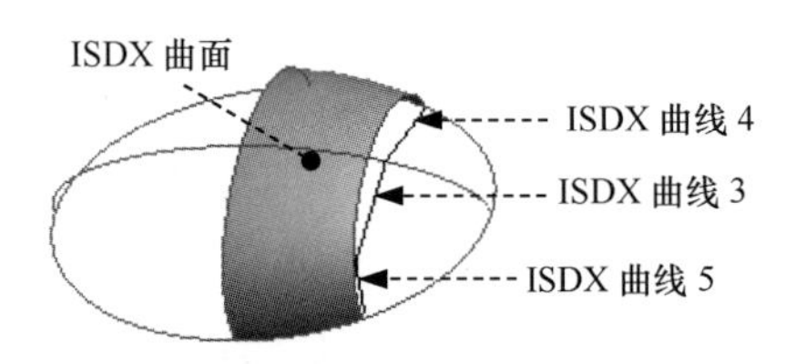

图 12.5.33　选择 ISDX 曲线和 ISDX 曲面

Step6. 修剪掉图 12.5.34 所示的 ISDX 曲面的部分。在 样式 功能选项卡 曲面 ▾ 区域中单击 曲面修剪 按钮；选取图 12.5.33 所示的 ISDX 曲面为要修剪的曲面；单击 后的 ● 单击此处添加项 字符，按住 Ctrl 键，依次选取图 12.5.32 所示的下落曲线为修剪曲线；单击 后的 单击此处添加项 字符，选取图 12.5.34 所示的曲面要修剪掉的部分；单击“造型：曲面修剪”操控板中的 ✔ 按钮，完成曲面的修剪。修剪后的 ISDX 曲面如图 12.5.35 所示。

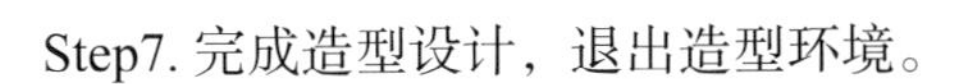

Step7. 完成造型设计，退出造型环境。

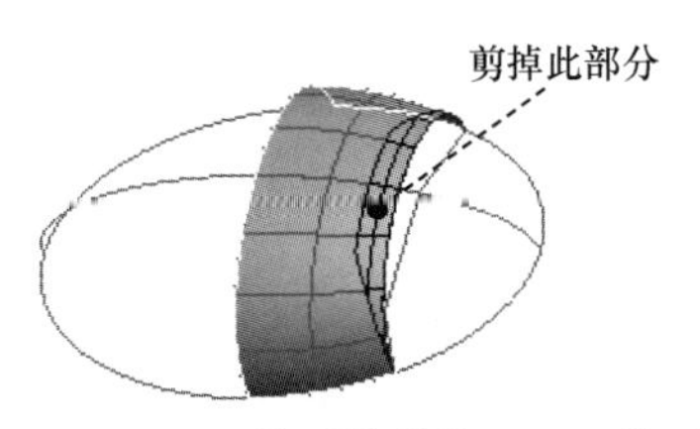

图 12.5.34　将要修剪的 ISDX 曲面

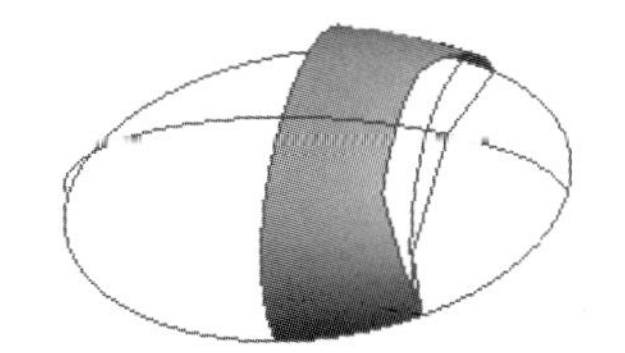

图 12.5.35　修剪后的 ISDX 曲面

Stage4. 创建第二个 ISDX 曲面特征

Step1. 创建图 12.5.36 所示的第二个 ISDX 曲面的下半部分。

（1）进入造型环境。单击 模型 功能选项卡 曲面 ▾ 区域中的“样式”按钮 样式。

（2）在 样式 功能选项卡的 曲面 区域中单击“曲面”按钮 。

（3）选取边界曲线。按住 Ctrl 键，依次选取图 12.5.37 所示的边界线 2、下落曲线 2、下落曲线 3、边界线 1 的下半部分；单击“造型：曲面”操控板中的 ✔ 按钮，完成第二个 ISDX 曲面的下半部分的创建。

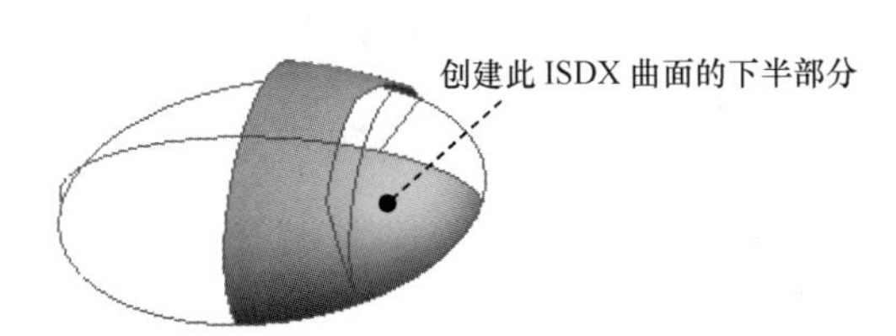

图 12.5.36　创建第二个 ISDX 曲面的下半部分

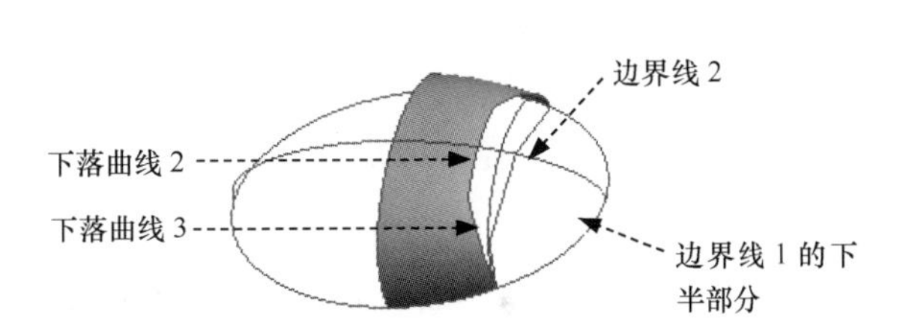

图 12.5.37　选取边界曲线

Step2. 创建图 12.5.38 所示的第二个 ISDX 曲面的上半部分。

（1）在 样式 功能选项卡 曲面 区域中单击“曲面”按钮 。

（2）选取边界曲线。按住 Ctrl 键，依次选取图 12.5.39 所示的边界线 1 的上半部分、下落曲线 1、下落曲线 2、边界线 2。单击“造型：曲面”操控板中的 ✔ 按钮，完成第二个 ISDX 曲面的上半部分的创建。

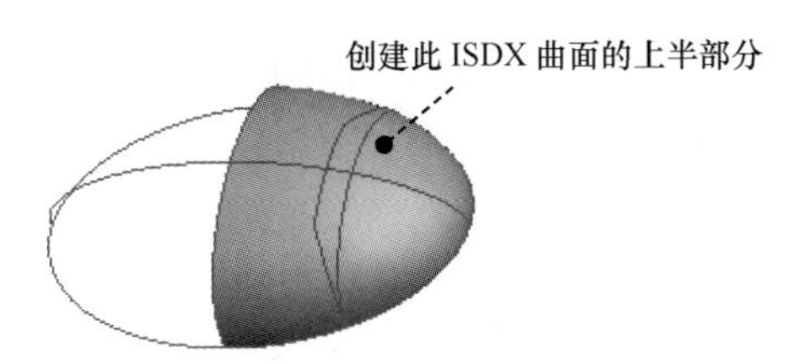

图 12.5.38　创建第二个 ISDX 曲面的上半部分

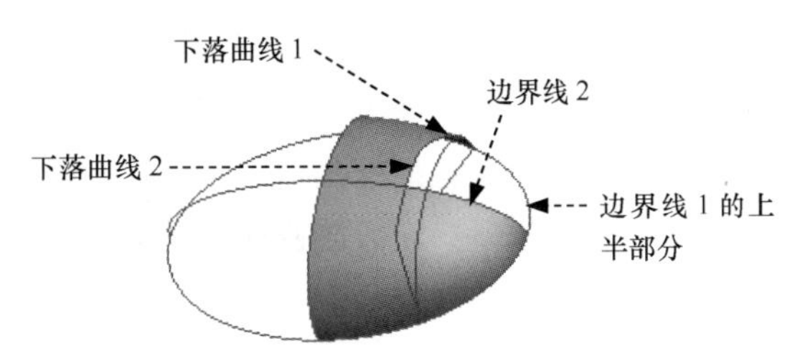

图 12.5.39　选取边界曲线

Step3. 完成造型设计，退出造型环境。

Stage5. 合并、镜像曲面

Step1. 合并曲面。

（1）按住 Ctrl 键，依次选取图 12.5.40 所示的 ISDX 曲面 2 和 ISDX 曲面 1 为合并对象。

（2）单击 模型 功能选项卡 编辑 ▾ 区域中的 合并 按钮。

（3）单击 ✔ 按钮，完成曲面的合并。

Step2. 创建图 12.5.41 所示的镜像面组。

（1）选取图 12.5.41 所示的面组为镜像源。

（2）单击 模型 功能选项卡 编辑 ▾ 区域中的"镜像"按钮 。

（3）在图形区选取 RIGHT 基准平面为镜像平面。

（4）在"镜像"操控板中单击 ✔ 按钮，完成镜像面组的创建。

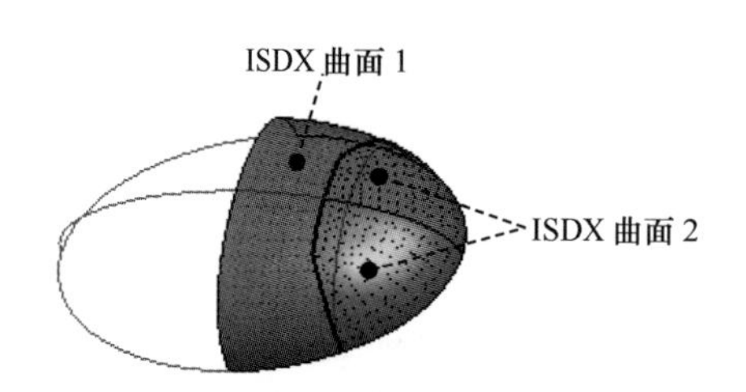

图 12.5.40　合并 ISDX 曲面

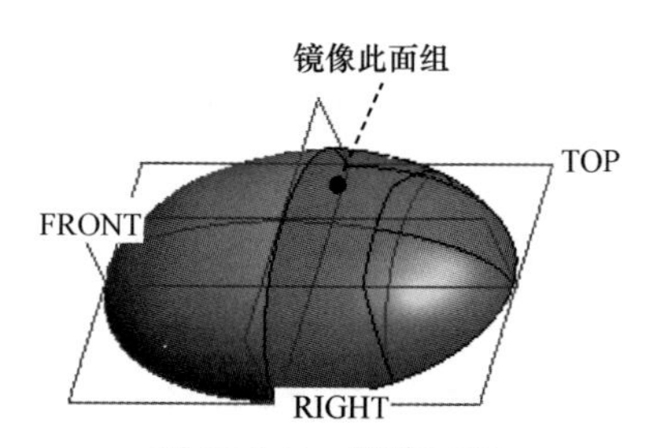

图 12.5.41　镜像面组

Step3. 将镜像面组与源面组合并。

（1）按住 Ctrl 键，选取要合并的两个面组。

（2）单击 模型 功能选项卡 编辑 ▾ 区域中的 合并 按钮。

（3）单击 ✔ 按钮，完成曲面的合并。

12.5.3　渐消曲面

"渐消曲面"（Fading Surface）是指造型曲面的一端逐渐消失于一点。在 3C 或一般家用电器产品的外观中，常出现渐消曲面。在产品外观上加上这样的造型，往往能提升质感，并且能吸引消费者目光，增强其购买意愿。

造型曲面的一端逐渐消失于一"点"，其实是消失于一"边"，当此边非常短时，看起来就像一点。笔者建议：最好是消失于一极短边，切勿真的消失于一点。这样的话，曲面质量会较好，之后构建薄壁时方能避免发生问题。在本书中，将以定义渐消深度的两种典型的构建方式进行讨论。

1. 以渐消曲线定义渐消深度

直接以渐消曲线定义深度的构建方式相当简单，除了可以直接编辑它调整深度外，也可

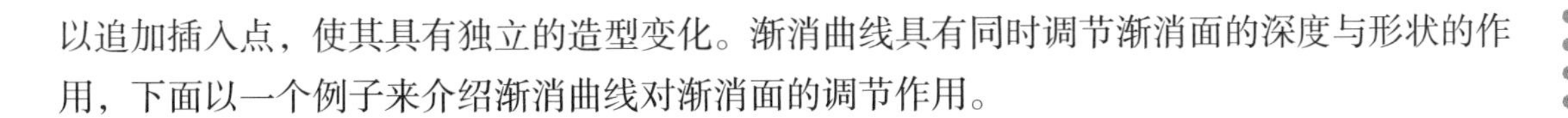

以追加插入点，使其具有独立的造型变化。渐消曲线具有同时调节渐消面的深度与形状的作用，下面以一个例子来介绍渐消曲线对渐消面的调节作用。

Stage1. 设置工作目录和打开文件

Step1. 选择下拉菜单 文件 → 管理会话(M) → 选择工作目录(W) 更改工作目录。命令，将工作目录设置至 D:\creo8.8\work\ch12.05。

Step2. 选择下拉菜单 文件 → 打开(O) 命令，打开文件 disappear_surface1.prt。

Stage2. 创建渐消曲面特征。

Step1. 进入造型环境。单击 模型 功能选项卡 曲面 ▾ 区域中的“样式”按钮 样式。

Step2. 创建图 12.5.42 所示的 COS 曲线 1。在 样式 功能选项卡 曲线 ▾ 区域中单击“曲线”按钮，在“造型：曲线”操控板中单击按钮，绘制图 12.5.42 所示的初步的 COS 曲线 1，然后单击该操控板中的 ✔ 按钮。

Step3. 创建图 12.5.43 所示的 COS 曲线 2。在 样式 功能选项卡 曲线 ▾ 区域中单击“曲线”按钮，在“造型：曲线”操控板中单击按钮，绘制图 12.5.43 所示的初步的 COS 曲线 2，单击该操控板中的 ✔ 按钮。

Step4. 编辑 COS 曲线 2。在 样式 功能选项卡 曲线 ▾ 区域中单击 曲线编辑 按钮，然后选取 COS 曲线 2；按住 Shift 键，拖移图 12.5.43 所示的 COS 曲线 2 的端点，将其锁定至 COS 曲线 1 的边界点上，如图 12.5.44 所示。

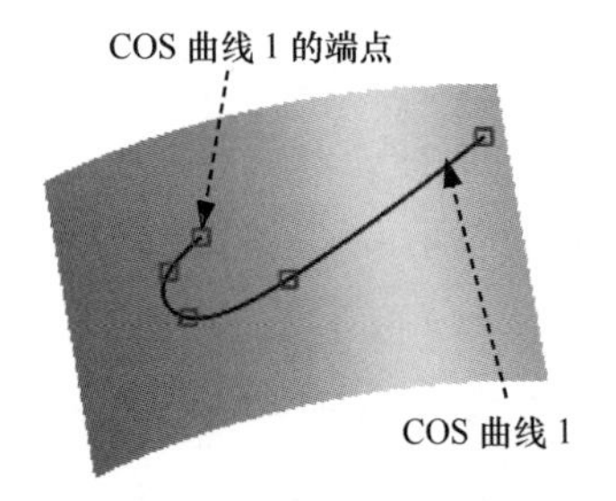

图 12.5.42 创建 COS 曲线 1

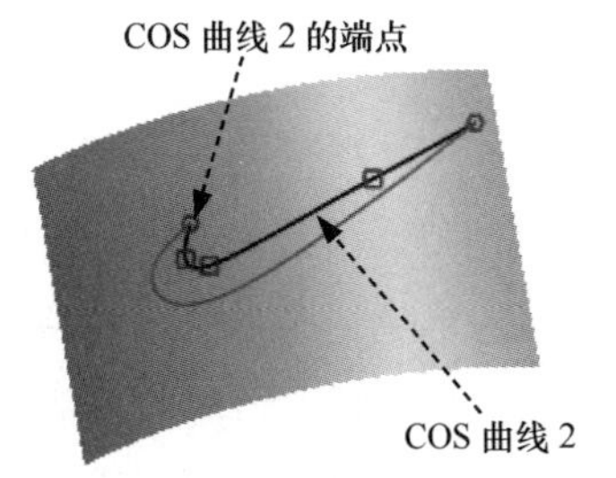

图 12.5.43 创建 COS 曲线 2

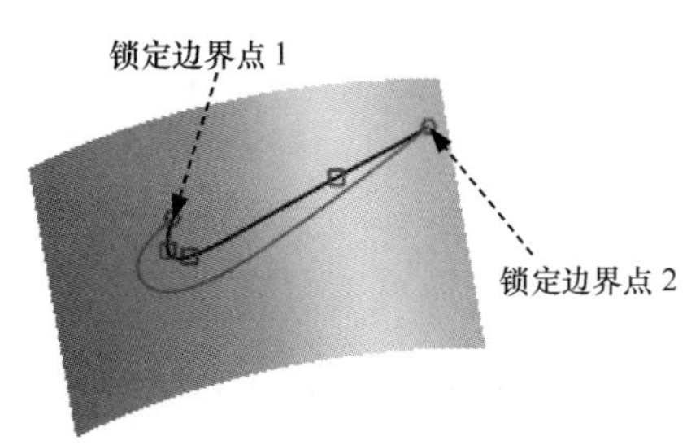

图 12.5.44 编辑 COS 曲线 2

Step5. 修剪掉图 12.5.45 所示的 ISDX 曲面的部分。

（1）在 样式 功能选项卡 曲面 ▾ 区域中单击 曲面修剪 按钮，选取图 12.5.46 所示的 ISDX 曲面为要修剪的曲面。

（2）单击后的 ● 单击此处添加项 字符，按住 Ctrl 键，依次选取图 12.5.47 所示的 COS 曲线 1 和 COS 曲线 2。

（3）单击后的 单击此处添加项 字符，选取图 12.5.45 所示的要修剪掉的部分。

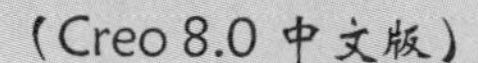

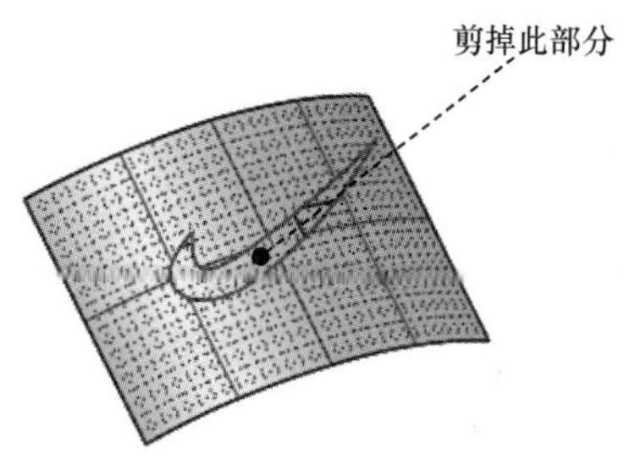

图 12.5.45　将要修剪的 ISDX 曲面

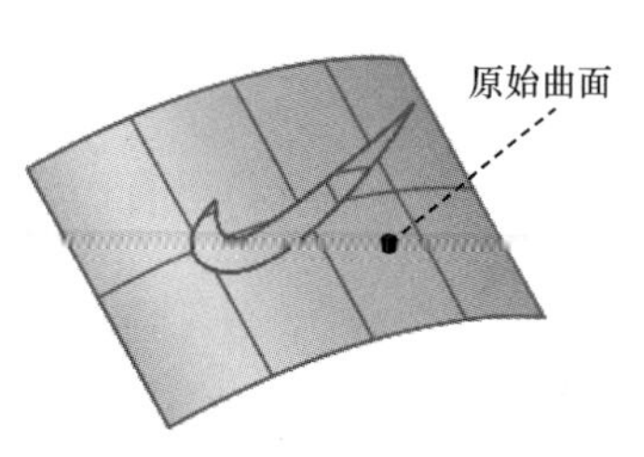

图 12.5.46　选取原始曲面

（4）单击“造型：曲面修剪”操控板中的 ✔ 按钮，完成曲面的修剪。修剪后的 ISDX 曲面如图 12.5.48 所示。

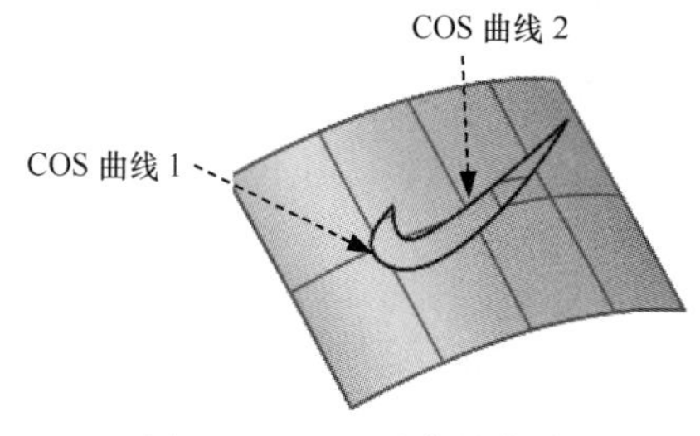

图 12.5.47　选取修剪曲线

图 12.5.48　修剪后的 ISDX 曲面

Step6. 创建图 12.5.49 所示的渐消曲线。在 样式 功能选项卡 曲线 ▾ 区域中单击“曲线”按钮 ，在“造型：曲线”操控板中单击 按钮，绘制图 12.5.49 所示的初步的渐消曲线，单击该操控板中的 ✔ 按钮。

Step7. 编辑渐消曲线。

（1）在 样式 功能选项卡 曲线 ▾ 区域中单击 曲线编辑 按钮，然后选取渐消曲线；按住 Shift 键，拖动渐消曲线的左、右端点，分别将两端点锁定至 COS 曲线 3 和曲线 4 的边界线上（当显示“O”符号时，表明两点对齐）。编辑结果如图 12.5.50 所示。

注意：编辑渐消曲线时，先选择渐消曲线，然后在“造型：曲线编辑”操控板中单击 相切 按钮；选择渐消曲线的左端点，在弹出的“相切”界面中，在 第一 下拉列表中选择 G1 - 曲面相切 选项，同样，编辑渐消曲线的右端点时，在 第一 下拉列表中选择 G1 - 曲面相切 选项。

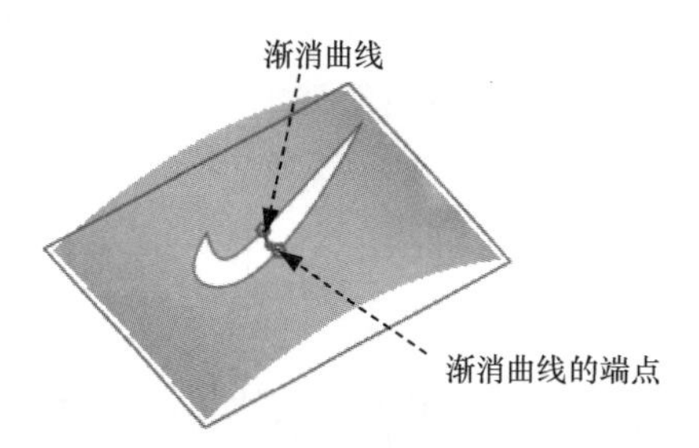

图 12.5.49　创建渐消曲线

图 12.5.50　编辑渐消曲线

（2）编辑渐消曲线的中间点。单击 按钮，使视图切换到四视图状态。在主视图和俯视图中调节渐消曲线的中间点到合适位置，如图 12.5.51 所示；单击 按钮，使视图切换到原视图状态；单击“造型：曲线编辑”操控板中的 按钮，完成对渐消曲线的编辑。

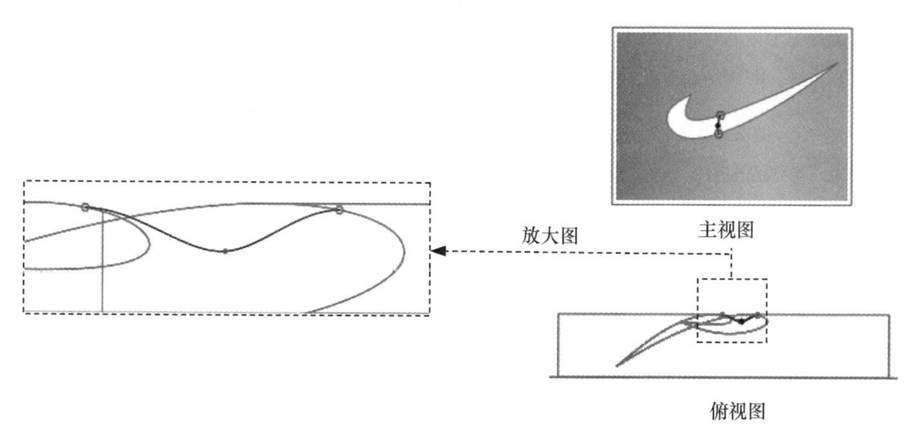

图 12.5.51　编辑渐消曲线的中间点

Step8. 创建图 12.5.52 所示的第一个渐消曲面。

（1）在 样式 功能选项卡 曲面 区域中单击“曲面”按钮 。

（2）按住 Ctrl 键，然后依次选取图 12.5.53 所示的渐消曲线、COS 曲线 1 和 COS 曲线 2；单击“造型：曲面”操控板中的 按钮，完成第一个渐消曲面的创建。

说明：选取 COS 曲线 1 和 COS 曲线 2 的操作细节，具体可参见视频，下同。

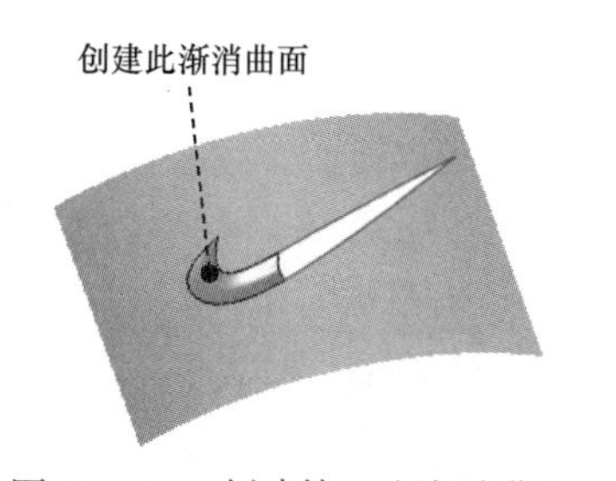

图 12.5.52　创建第一个渐消曲面

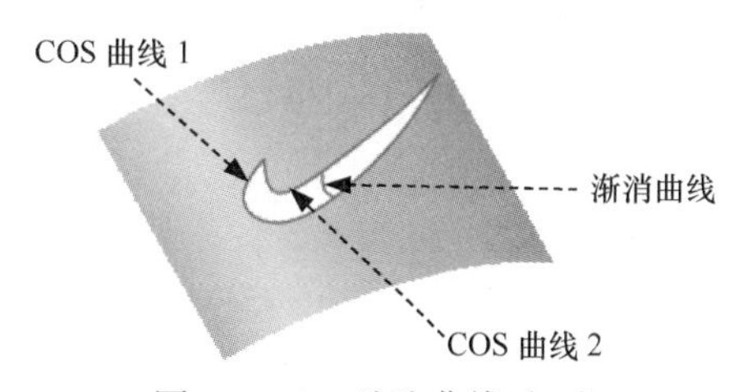

图 12.5.53　选取曲线（一）

Step9. 创建图 12.5.54 所示的第二个渐消曲面。在 样式 功能选项卡 曲面 区域中单击“曲面”按钮 ；按住 Ctrl 键，依次选取图 12.5.55 所示的渐消曲线、COS 曲线 1、COS 曲线 2；选取图 12.5.54 所示的渐消曲面方向；单击“造型：曲面”操控板中的 按钮，完成第二个渐消曲面的创建。

Step10. 完成造型设计，退出造型环境。

2. 以曲面定义渐消深度

以此方式构建渐消面的步骤较为繁琐，其原理是先构建曲面连续至主外观面，将该曲面

视为渐消面，然后以 COS 曲线在渐消面定义轮廓。因为轮廓与渐消面的深度调整是独立的，所以可得到较为细腻的曲率调整与较佳的曲面质量，如图 12.5.56 所示。下面以一个例子来介绍采用这种方法创建渐消曲面的一般过程。

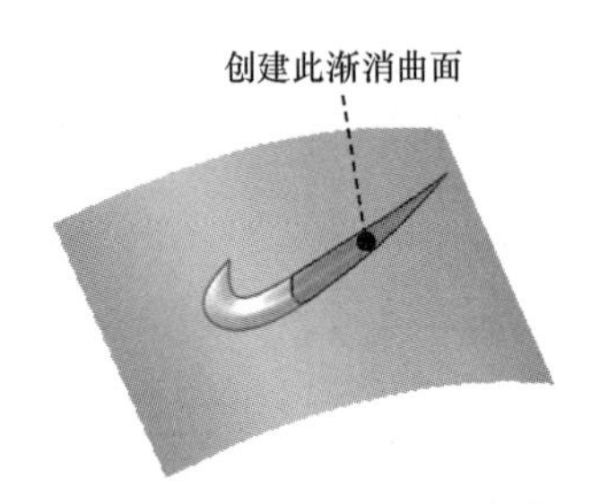

图 12.5.54　创建第二个渐消曲面

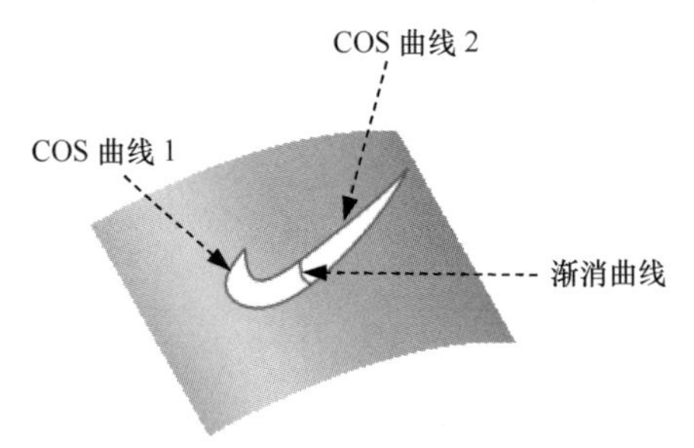

图 12.5.55　选取曲线（二）

Stage1. 设置工作目录和打开文件

Step1. 选择下拉菜单 文件 → 管理会话(M) → 选择工作目录(W) 更改工作目录。命令，将工作目录设置至 D:\creo8.8\work\ch12.05。

Step2. 选择下拉菜单 文件 → 打开(O) 命令，打开文件 disappear_surface2.prt。

Stage2. 创建渐消曲线特征

Step1. 进入造型环境。单击 模型 功能选项卡 曲面 ▾ 区域中的“样式”按钮 样式。

Step2. 创建图 12.5.57 所示的 COS 曲线 1。

（1）在 样式 功能选项卡 曲线 ▾ 区域中单击“曲线”按钮 ～。

（2）在弹出的“造型：曲线”操控板中单击 按钮。

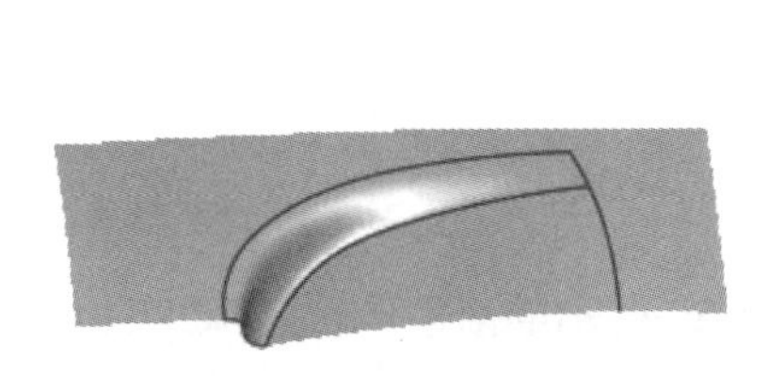

图 12.5.56　曲面渐消

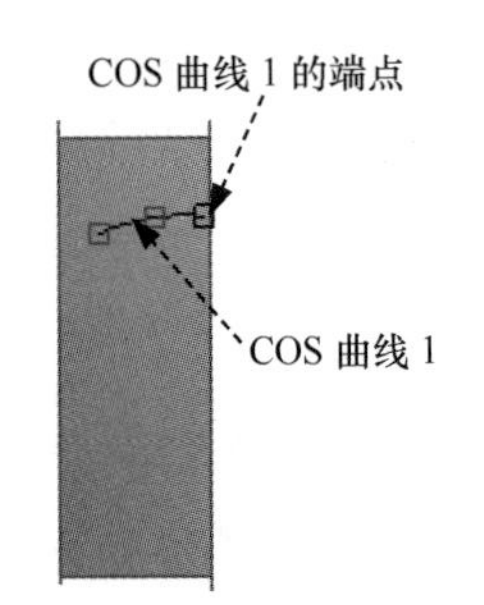

图 12.5.57　创建 COS 曲线 1

（3）单击该操控板中的 ✔ 按钮，完成 COS 曲线 1 的创建。

Step3. 编辑 COS 曲线 1。在 样式 功能选项卡 曲线 ▾ 区域中单击 曲线编辑 按钮，然后选取 COS 曲线 1；按住 Shift 键，拖移图 12.5.58 所示的 COS 曲线 1 的端点，将其锁定至其附近的边界线上；单击“造型：曲线编辑”操控板中的 ✔ 按钮，完成对 COS 曲线 1

的编辑。

Step4. 创建图12.5.59所示的COS曲线2。在 样式 功能选项卡 曲线▾ 区域中单击“曲线”按钮，在弹出的“造型：曲线”操控板中单击按钮，然后单击该操控板中的按钮。

Step5. 编辑COS曲线2。在 样式 功能选项卡 曲线▾ 区域中单击 曲线编辑 按钮，然后选取COS曲线2；按住Shift键，拖移COS曲线2的端点1，将其锁定至其附近的边界线上；拖移COS曲线2的端点2，将其锁定至COS曲线1的端点上。拖动COS曲线2上的其他点到合适位置，如图12.5.60所示。单击“造型：曲线编辑”操控板中的按钮，完成对COS曲线2的编辑。

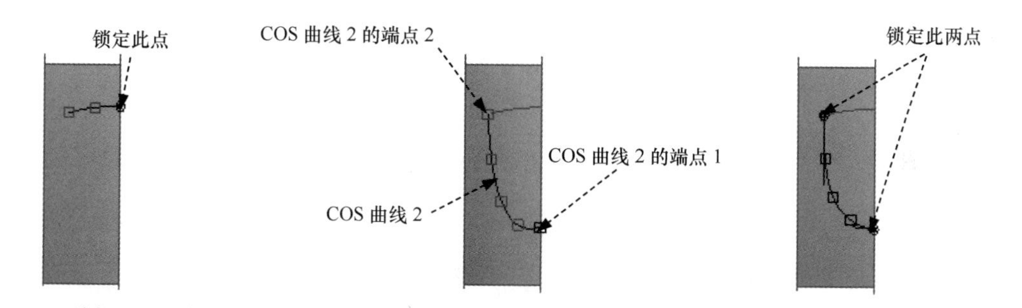

图12.5.58　编辑COS曲线1　　图12.5.59　创建COS曲线2　　图12.5.60　编辑COS曲线2

Step6. 修剪掉图12.5.61所示的ISDX曲面的部分。在 样式 功能选项卡 曲面▾ 区域中单击 曲面修剪 按钮；选取图12.5.62所示的ISDX曲面为要修剪的曲面；单击后的 单击此处添加项 字符，选取图12.5.63所示的曲线为修剪曲线；单击后的 单击此处添加项 字符，选取图12.5.61所示的要修剪掉的部分；单击“造型：曲面修剪”操控板中的按钮，完成曲面的修剪。修剪后的ISDX曲面如图12.5.64所示。

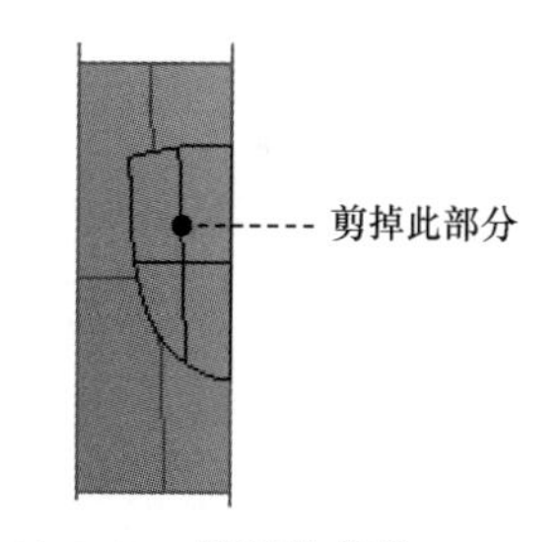

图12.5.61　将要修剪的ISDX曲面

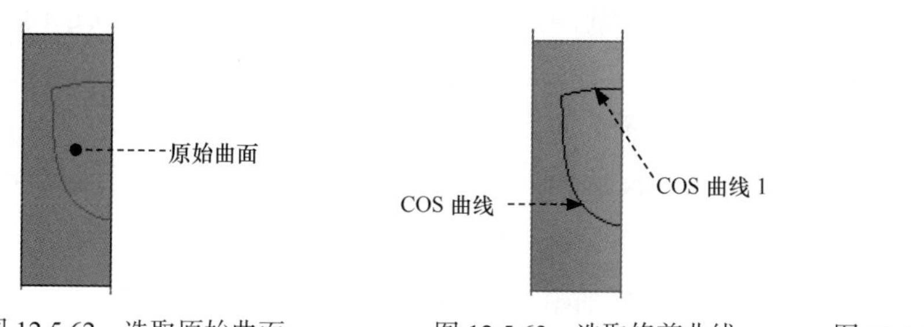

图12.5.62　选取原始曲面　　图12.5.63　选取修剪曲线　　图12.5.64　修剪后的ISDX曲面

Step7. 单击按钮，完成造型设计，退出造型环境。

Stage3. 创建渐消曲面特征

Step1. 进入造型环境。单击 模型 功能选项卡 曲面 ▾ 区域中的“样式”按钮 样式。

Step2. 设置活动平面。在 样式 功能选项卡 平面 区域中单击“设置活动平面”按钮，选择 RIGHT 基准平面为活动平面。

Step3. 创建图 12.5.65 所示的 COS 曲线 3。在 样式 功能选项卡 曲线 ▾ 区域中单击“曲线”按钮，在“造型：曲线”操控板中单击按钮，绘制图 12.5.65 所示的初步的 COS 曲线 3，然后单击操控板中的 ✔ 按钮，完成创建。

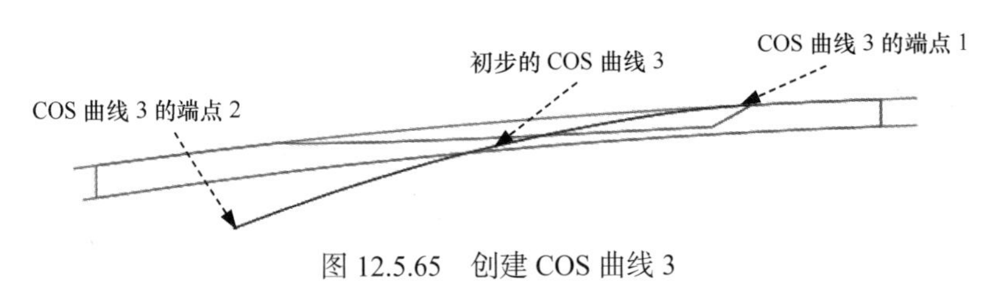

图 12.5.65 创建 COS 曲线 3

Step4. 编辑 COS 曲线 3。在 样式 功能选项卡 曲线 ▾ 区域中单击 曲线编辑 按钮，然后选取初步的 COS 曲线 3。按住 Shift 键，拖移 COS 曲线 3 的端点 1，将其锁定至其附近的边界线上，如图 12.5.66 所示。单击“造型：曲线编辑”操控板中的 ✔ 按钮，完成对 COS 曲线 3 的编辑。

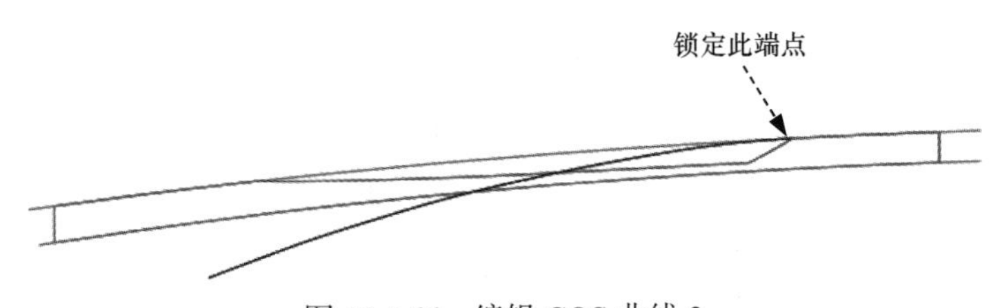

图 12.5.66 编辑 COS 曲线 3

注意： 编辑 COS 曲线 3 时，先选择初步的 COS 曲线 3，然后在“造型：曲线编辑”操控板中单击 相切 按钮，选择 COS 曲线 3 的端点 1；在弹出的“参考”界面中，在约束的第一个栏里设置为 G1 - 曲面相切，然后拖动 COS 曲线 3 上的其他点到合适位置，如图 12.5.65 所示。

Step5. 创建图 12.5.67 所示的第一个渐消曲面。

（1）单击按钮，选择 COURSE_V1 视图。在 样式 功能选项卡 曲面 区域中单击“曲面”按钮。

（2）选取图 12.5.68 所示的 COS 曲线 3，单击鼠标中键，再选取 COS 曲线 1；单击“造型：曲面”操控板中的 ✔ 按钮，完成第一个渐消曲面的创建。

Step6. 单击 ✔ 按钮，完成造型设计，退出造型环境。

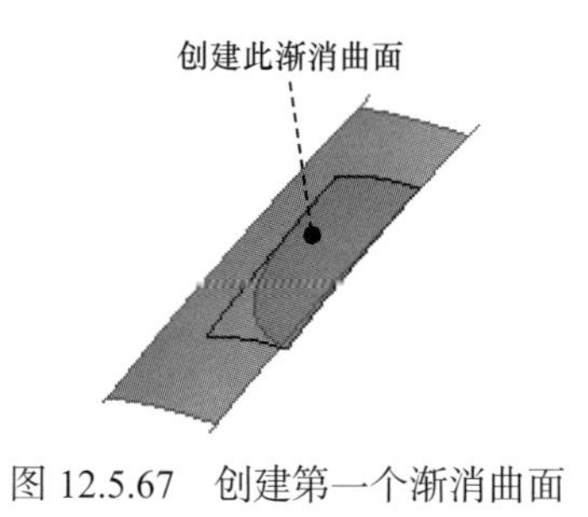

图 12.5.67 创建第一个渐消曲面

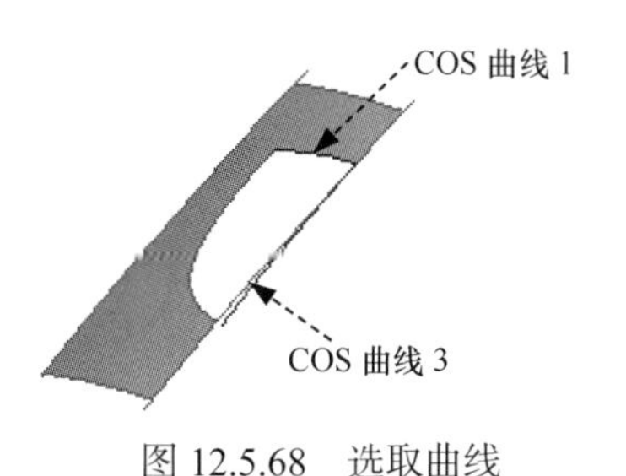

图 12.5.68 选取曲线

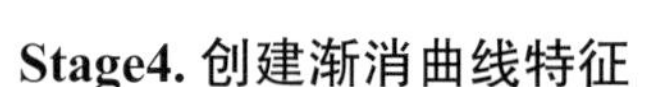

Stage4. 创建渐消曲线特征

Step1. 进入造型环境。单击 模型 功能选项卡 曲面▼ 区域中的“样式”按钮 样式。

Step2. 创建图 12.5.69 所示的 COS 曲线 4。在 样式 功能选项卡 曲线▼ 区域中单击“曲线”按钮，在“造型：曲线”操控板中单击按钮；单击该操控板中的按钮，完成 COS 曲线 4 的创建。

Step3. 编辑 COS 曲线 4。在 样式 功能选项卡 曲线▼ 区域中单击 曲线编辑 按钮，然后选取 COS 曲线 4；按住 Shift 键，拖移 COS 曲线 4 的端点 1，将其锁定至 COS 曲线 1 的边界线上；拖移 COS 曲线 4 的端点 2，将其锁定至其附近的边界线上，然后拖动 COS 曲线 4 上的其他点到合适位置，如图 12.5.70 所示；单击“造型：曲线编辑”操控板中的按钮，完成对 COS 曲线 4 的编辑。

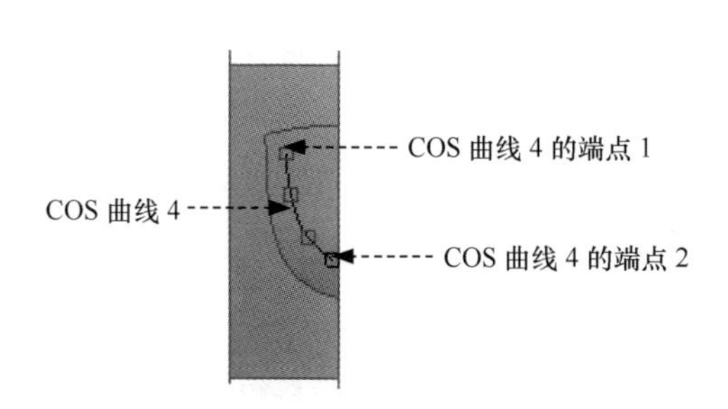

图 12.5.69 创建 COS 曲线 4

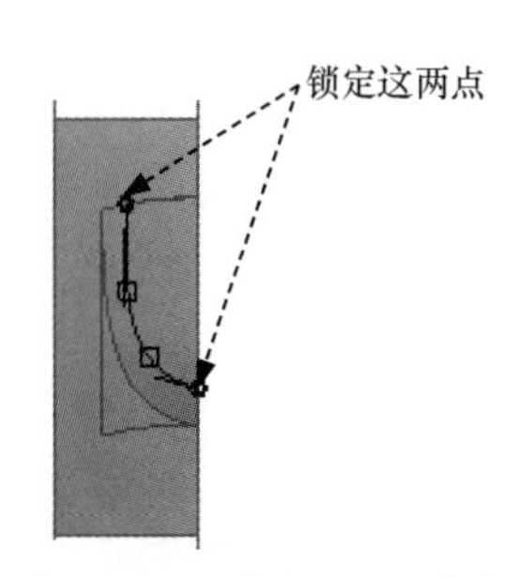

图 12.5.70 编辑 COS 曲线 4

Step4. 修剪掉图 12.5.71 所示的 ISDX 曲面的部分。在 样式 功能选项卡 曲面▼ 区域中单击 曲面修剪 按钮，选取图 12.5.72 所示的 ISDX 曲面为要修剪的曲面；单击后的 ● 单击此处添加项 字符，选取图 12.5.73 所示的曲线为修剪曲线；单击后的 单击此处添加项 字符，选取图 12.5.71 所示的要修剪掉的部分；单击“造型：曲面修剪”操控板中的按钮，完成曲面的修剪。修剪后的 ISDX 曲面如图 12.5.74 所示。

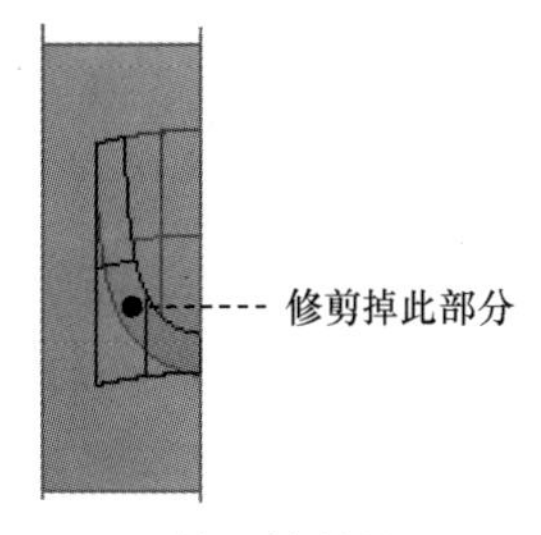

图 12.5.71 将要修剪的 ISDX 曲面

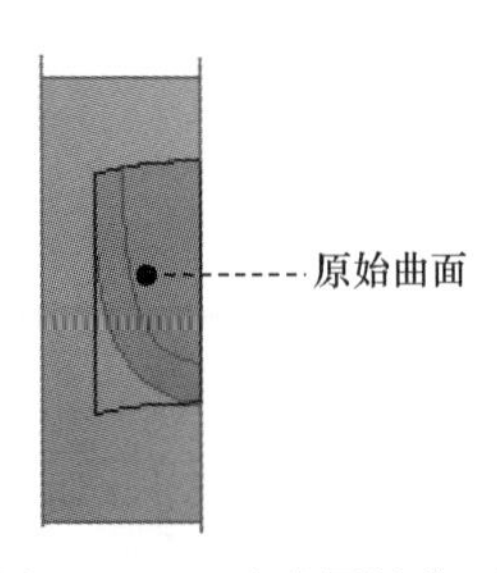

图 12.5.72　选取原始曲面

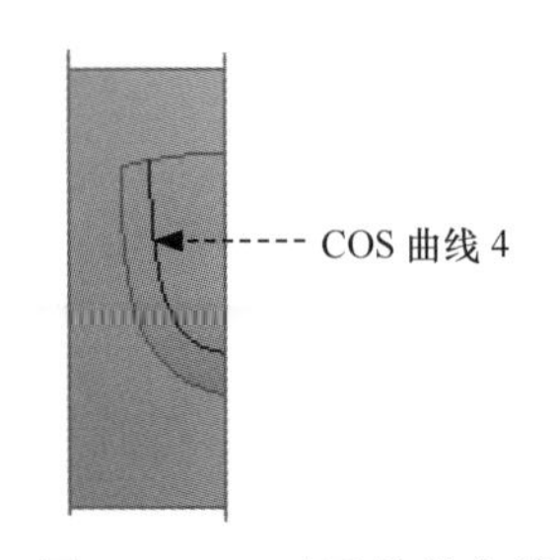

图 12.5.73　选取修剪曲线

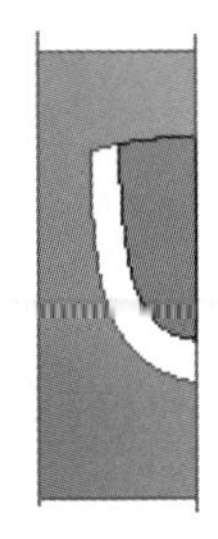

图 12.5.74　修剪后的 ISDX 曲面

Step5. 单击 ✔ 按钮，完成造型设计，退出造型环境。

Stage5. 创建渐消曲面特征

Step1. 进入造型环境。单击 模型 功能选项卡 曲面 ▾ 区域中的“样式”按钮 样式。

Step2. 设置活动平面。在 样式 功能选项卡 平面 区域中单击“设置活动平面”按钮，选取 RIGHT 基准平面为活动平面。

Step3. 创建图 12.5.75 所示的 ISDX 曲线 5。在 样式 功能选项卡 曲线 ▾ 区域中单击“曲线”按钮，在“造型：曲线”操控板中单击 按钮，绘制图 12.5.75 所示的 ISDX 曲线 5，然后单击该操控板中的 ✔ 按钮，完成 ISDX 曲线 5 的创建。

Step4. 编辑 ISDX 曲线 5。在 样式 功能选项卡 曲线 ▾ 区域中单击 曲线编辑 按钮，然后选取 ISDX 曲线 5；按住 Shift 键，拖移 ISDX 曲线 5 的端点 1，将其锁定至 COS 曲线 4 的端点上；拖移 ISDX 曲线 5 的端点 2，将其锁定至 COS 曲线 2 的端点上，如图 12.5.76 所示；单击“造型：曲线编辑”操控板中的 ✔ 按钮，完成对 ISDX 曲线 5 的编辑。

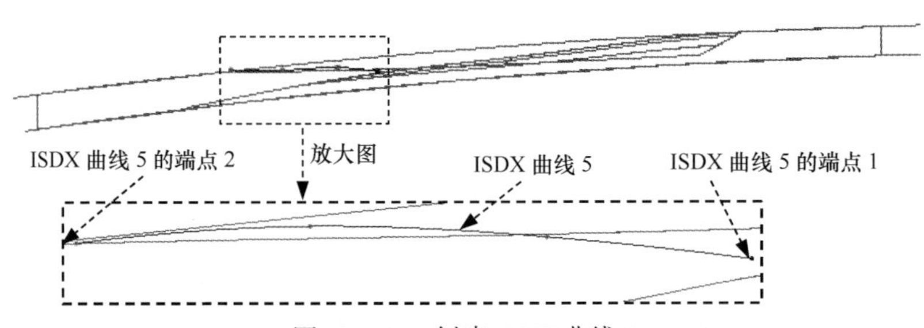

图 12.5.75　创建 ISDX 曲线 5

注意： 编辑 ISDX 曲线 5 时，先选取 ISDX 曲线 5，然后在“造型：曲线编辑”操控板中单击 相切 按钮；选取 ISDX 曲线 5 的端点 1，在弹出的 相切 界面中，在约束的第一个栏里选中 G1 - 曲面相切；选取 ISDX 曲线 5 的端点 2，在弹出的 相切 界面中，在约束的第一个栏里选中 G1 - 曲面相切；拖动 ISDX 曲线 5 上的其他点到合适位置，如图 12.5.76 所示。

Step5. 创建图 12.5.77 所示的第二个渐消曲面。选取图 12.5.78 所示的 ISDX 曲线 5、COS 曲线 4、COS 曲线 1 和 COS 曲线 2；单击“造型：曲面”操控板中的 ✔ 按钮，完成第二个渐消曲面的创建。

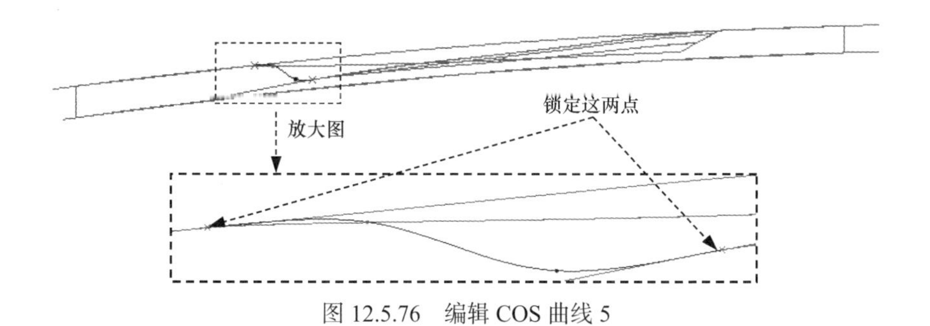

图 12.5.76 编辑 COS 曲线 5

Stcp6. 单击 ✓ 按钮，完成造型设计，退出造型环境。

Stage6. 合并曲面

结果如图 12.5.79 所示。

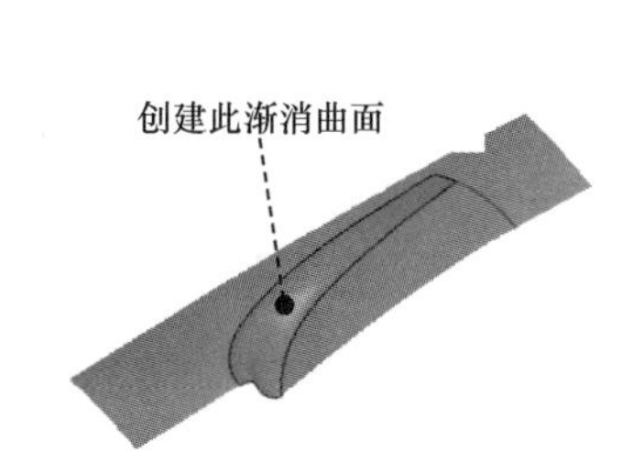

图 12.5.77 创建第二个渐消曲面

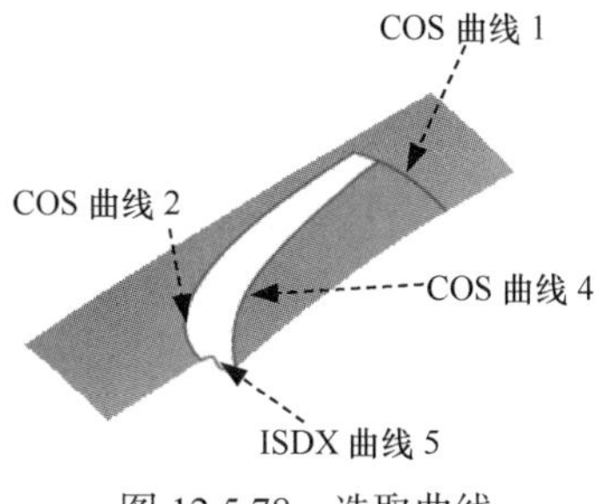

图 12.5.78 选取曲线

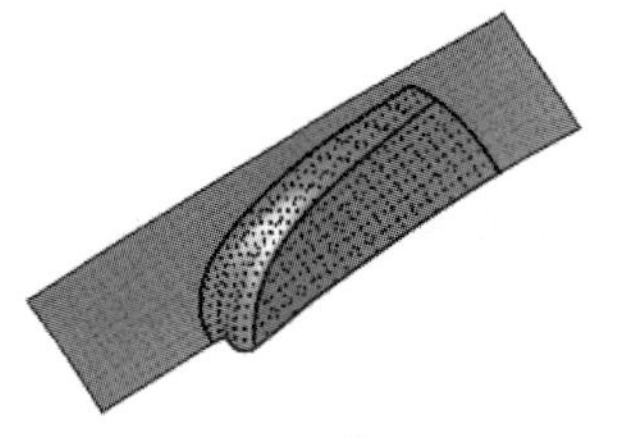

图 12.5.79 合并曲面

第 13 章　ISDX 曲面设计综合范例

本章提要

本章将介绍几个比较经典的 ISDX 曲面设计综合范例，对它们的设计过程和建模思想进行详细介绍。通过学习本章的内容，可以会帮助读者掌握 ISDX 曲面的设计方法。

13.1　ISDX 曲面设计范例 1——钟表表面

范例概述

本范例的建模思路是先创建一个旋转特征，然后创建基准面和基准曲线；再进入 ISDX 曲面模块，创建 ISDX 曲线并对其进行编辑，利用这些 ISDX 曲线构建 ISDX 曲面；最后将 ISDX 曲面进行阵列并与旋转特征合并，再进行倒圆角和曲面加厚。钟壳零件模型及模型树如图 13.1.1 所示。

Stage1. 设置工作目录和打开文件

Step1. 选择下拉菜单 文件 ➡ 管理会话(M) ➡ 选择工作目录(W) 更改工作目录。 命令，将工作目录设置至 D:\creo8.8\work\ch13.01。

Step2. 选择下拉菜单 文件 ➡ 打开(O) 命令，打开文件 clock_surface.prt。

注意： 打开空的 clock_surface.prt 模型，是为了使用该模型中一些已经设置好的层、视图和单位制等。

Stage2. 创建图 13.1.2 所示的曲面旋转特征

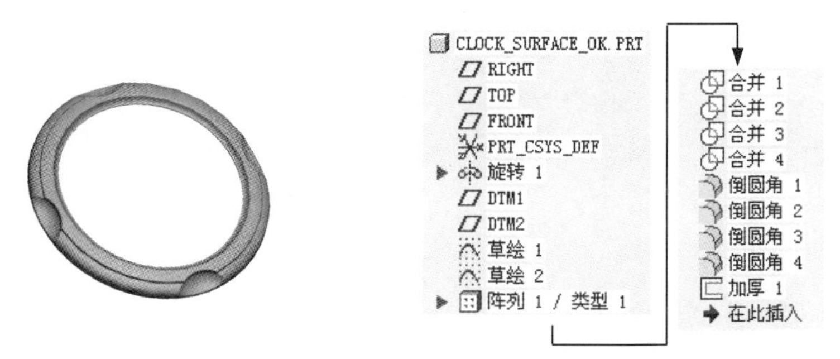

图 13.1.1　零件模型和模型树

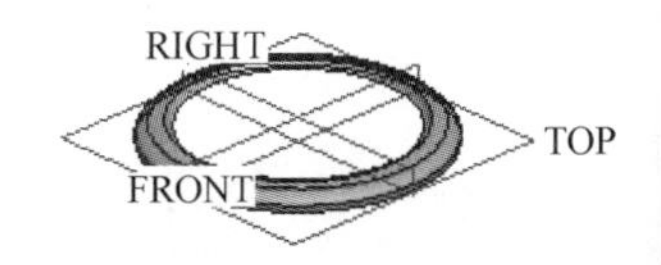

图 13.1.2　曲面旋转特征

Step1. 单击 模型 功能选项卡 形状▼ 区域中的“旋转”按钮 旋转，按下“旋转”操控板中的“曲面类型”按钮。

Step2. 在图形区右击，从系统弹出的快捷菜单中选择 定义内部草绘... 命令；选取 FRONT 基准平面为草绘平面，选取 TOP 基准平面为参考平面，方向为 上；单击 草绘 按钮，绘制图 13.1.3 所示的旋转中心线和截面草图。

Step3. 在操控板中选择旋转类型为，在角度文本框中输入角度值 360.0，并按 Enter 键。

Step4. 在该操控板中单击“确定”按钮，完成曲面旋转特征的创建。

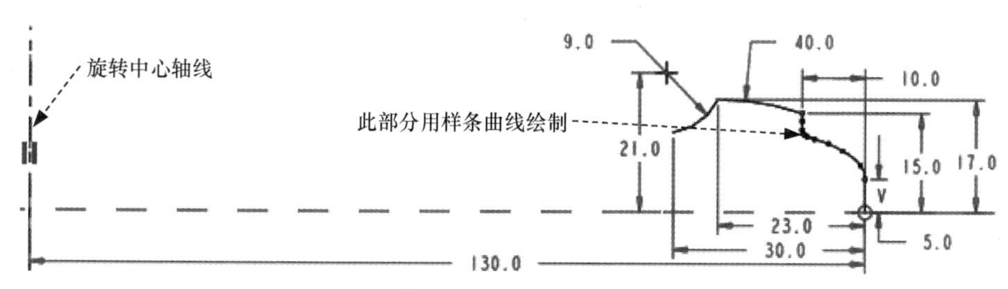

图 13.1.3 截面草图

Stage3. 创建基准平面和草绘曲线

注意：创建基准平面和草绘曲线是为了在后面绘制 ISDX 曲线时，用以确定其位置及控制其轮廓和尺寸。

Step1. 创建图 13.1.4 所示的基准平面 DTM1。单击 模型 功能选项卡 基准▼ 区域的“平面”按钮；选取 TOP 基准平面为参考平面，平移值为 5.0；单击“基准平面”对话框中的 确定 按钮。

Step2. 创建图 13.1.5 所示的基准平面 DTM2。单击 模型 功能选项卡 基准▼ 区域的“平面”按钮；选取 TOP 基准平面为参考平面，平移值为 12.0；单击该对话框中的 确定 按钮。

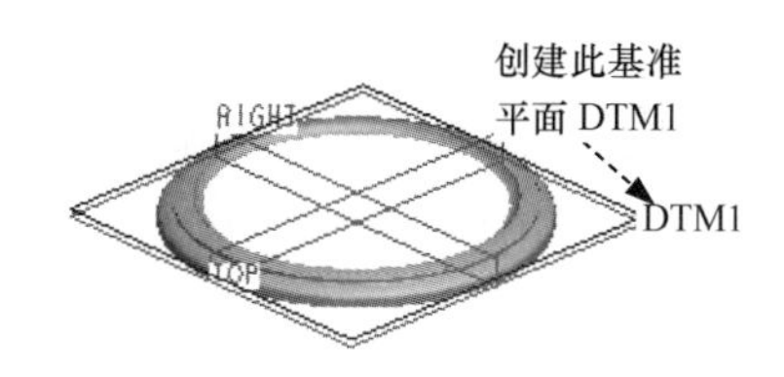

图 13.1.4 创建基准平面 DTM1

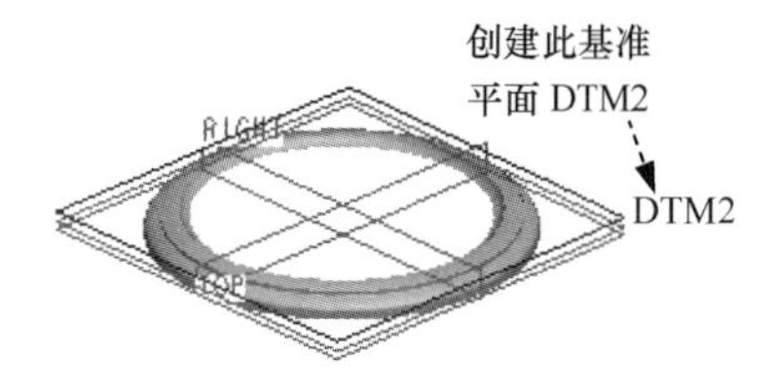

图 13.1.5 创建基准平面 DTM2

Step3. 创建图 13.1.6 所示的草绘曲线 1。在操控板中单击“草绘”按钮；选取 DTM1 基准平面为草绘平面，选取 RIGHT 基准平面为参考平面，方向为 右；单击 草绘 按钮，绘制图 13.1.7 所示的草绘曲线 1。

Step4. 创建图 13.1.8 所示的草绘曲线 2。在操控板中单击“草绘”按钮 ；选取 FRONT 基准平面为草绘平面，选取 RIGHT 基准平面为参考平面，方向为 右；单击 草绘 按钮，绘制图 13.1.9 所示的草绘曲线 2。

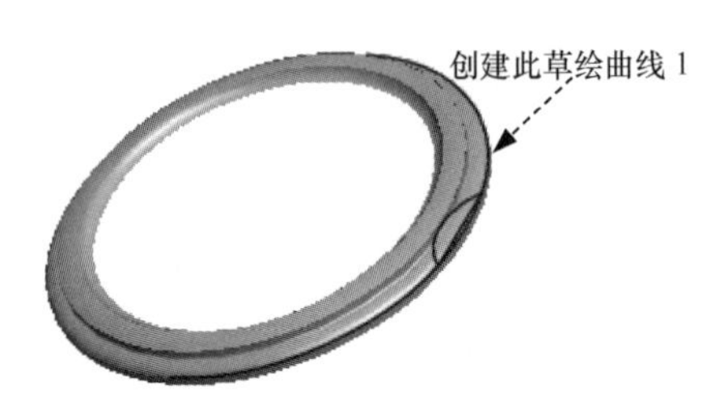

图 13.1.6　草绘曲线 1（建模环境）

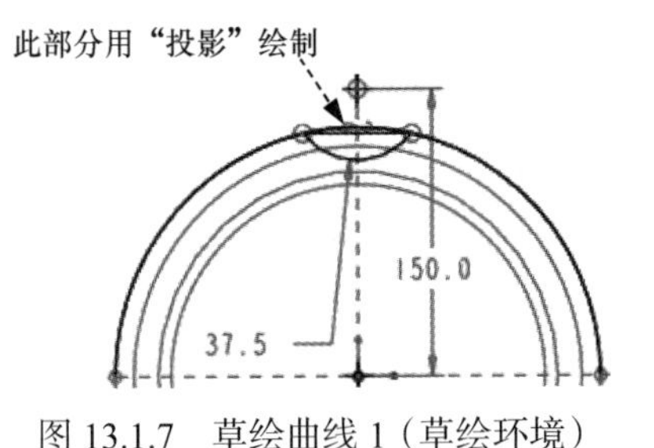

图 13.1.7　草绘曲线 1（草绘环境）

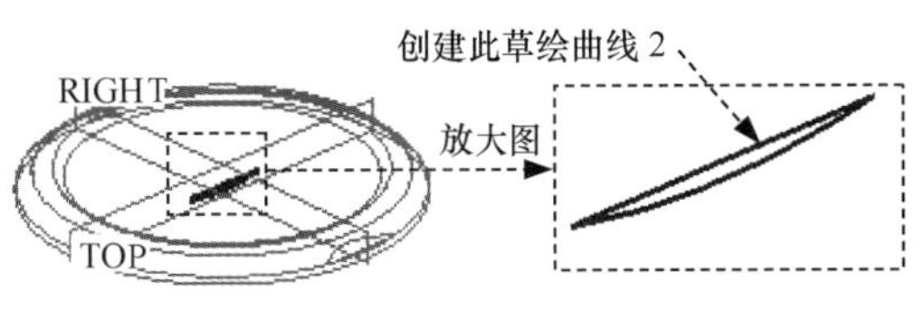

图 13.1.8　草绘曲线 2（建模环境）

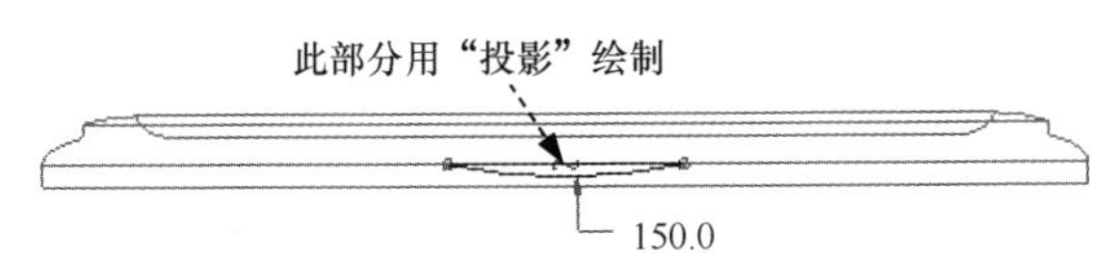

图 13.1.9　草绘曲线 2（草绘环境）

说明： 草绘曲线 2 中的圆弧两端点与草绘曲线 1 中小圆弧两端点重合。

Stage4. 创建图 13.1.10 所示的 ISDX 造型曲面特征

Step1. 进入造型环境。单击 模型 功能选项卡 曲面 ▾ 区域中的“样式”按钮 样式。

Step2. 创建图 13.1.11 所示的下落曲线 1。

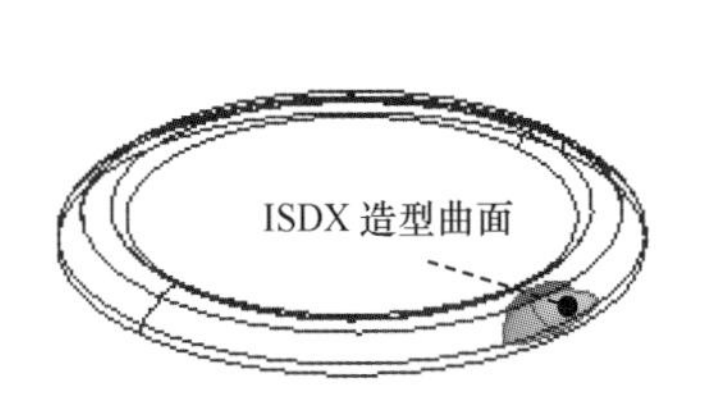

图 13.1.10　创建 ISDX 造型曲面

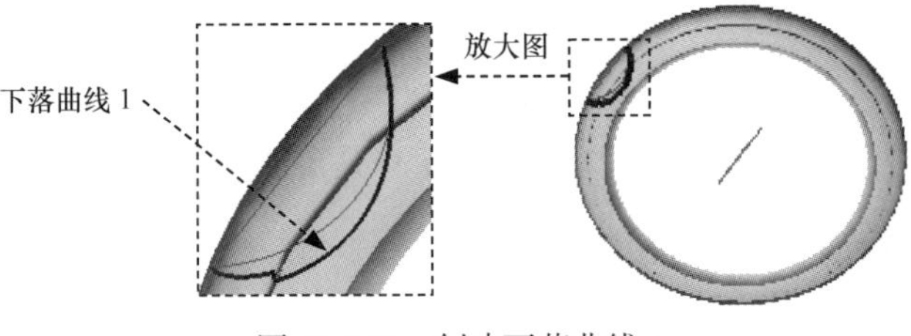

图 13.1.11　创建下落曲线 1

（1）在 样式 功能选项卡 平面 区域中单击“设置活动平面”按钮 ，选取 DTM2 基准平面为活动平面。

（2）选择父特征曲线。在 样式 功能选项卡 曲线 ▾ 区域中单击 放置曲线 按钮，在系统 ◆选择曲线以放置到曲面上。 的提示下，在图 13.1.12 中选取父特征草绘曲线 1。

（3）选择父特征曲面。在“造型：放置曲线”操控板中单击 参考 按钮，在系统弹出的“参考”界面中的 曲面 区域单击 ● 单击此处添加项 字符，同时在系统 ◆选择要进行放置曲线的曲面。

的提示下，按住 Ctrl 键，在图 13.1.12 中选取父特征曲面（此曲面由两个部分组成）。

（4）单击“造型：放置曲线”操控板中的 ✔ 按钮，完成下落曲线 1 的创建。

Step3. 参考 Step2 的操作过程，将活动平面设为 FRONT 基准平面，创建图 13.1.13 所示的下落曲线 2。

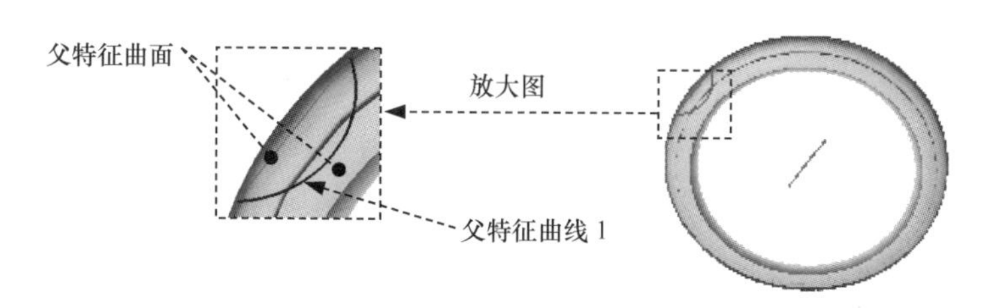

图 13.1.12 选取父特征

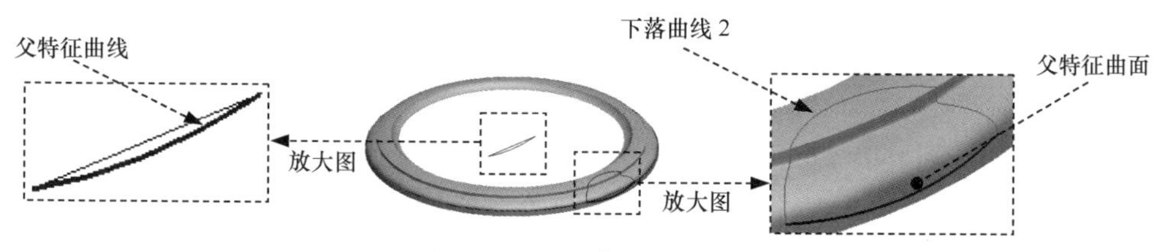

图 13.1.13 创建下落曲线 2

Step4. 创建图 13.1.14 所示的 ISDX 曲线 1。

（1）设置活动平面。在 样式 功能选项卡 平面 区域中单击“设置活动平面”按钮，选取 DTM2 基准平面为活动平面。

（2）创建初步的 ISDX 曲线 1。在 样式 功能选项卡 曲线 ▾ 区域中单击“曲线”按钮；在“造型：曲线”操控板中单击按钮，绘制图 13.1.15 所示的初步的 ISDX 曲线 1，然后单击该操控板中的 ✔ 按钮。

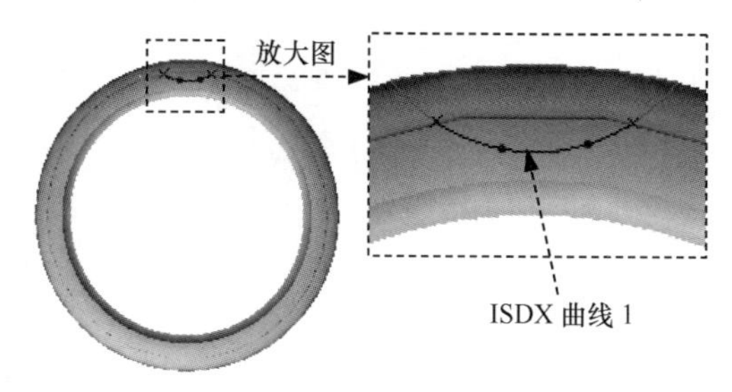

图 13.1.14 创建 ISDX 曲线 1

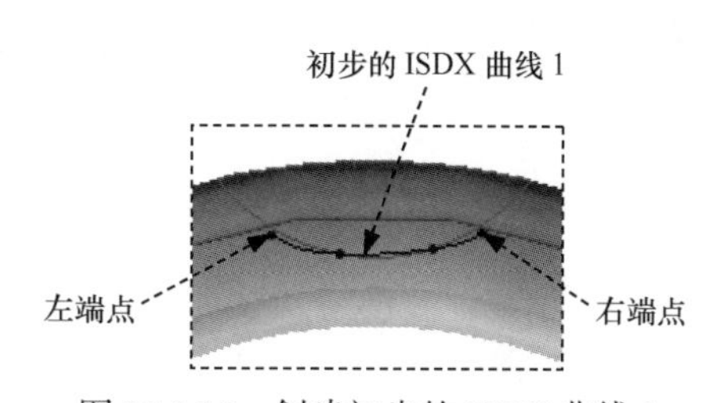

图 13.1.15 创建初步的 ISDX 曲线 1

（3）编辑初步的 ISDX 曲线 1。

① 在 样式 功能选项卡 曲线 ▾ 区域中单击 曲线编辑 按钮，然后选取初步的 ISDX 曲线 1。

② 移动 ISDX 曲线 1 的端点。按住 Shift 键，拖移 ISDX 曲线 1 的右端点，使其与下落曲线 1 对齐（当显示“×”符号时，表明两点对齐）；按同样的方法，将 ISDX 曲线 1 的左

端点与下落曲线 1 对齐。

③ 对照曲线的曲率图，编辑 ISDX 曲线 1。

a）对照曲线的曲率图（可在 比例 文本框中输入比例值 10.00），再次对 ISDX 曲线 1 上的几个自由点进行拖拉编辑。编辑结果如图 13.1.16 所示。

b）完成编辑后，单击“造型：曲线编辑”操控板中的 ✔ 按钮，完成对 ISDX 曲线 1 的编辑。

Step5. 创建图 13.1.17 所示的 ISDX 曲线 2。

（1）设置活动平面。在 样式 功能选项卡 平面 区域中单击“设置活动平面”按钮，选取 RIGHT 基准平面为活动平面。

（2）创建初步的 ISDX 曲线 2。在 样式 功能选项卡 曲线 ▾ 区域中单击“曲线”按钮，在“造型：曲线”操控板中单击按钮；绘制图 13.1.18 所示的初步的 ISDX 曲线 2，然后单击该操控板中的 ✔ 按钮。

（3）编辑初步的 ISDX 曲线 2。

① 在 样式 功能选项卡 曲线 ▾ 区域中单击 曲线编辑 按钮，然后选取初步的 ISDX 曲线 2。

② 移动 ISDX 曲线 2 的端点。按住 Shift 键，拖移 ISDX 曲线 2 的上端点，使其与下落曲线 1 对齐（当显示“×”符号时，表明两点对齐）；按同样的方法将 ISDX 曲线 2 的下端点与下落曲线 1 对齐。

③ 按照同样的方法，将图 13.1.18 所示的 ISDX 曲线 2 上的点 1 对齐到 ISDX 曲线 1 上。

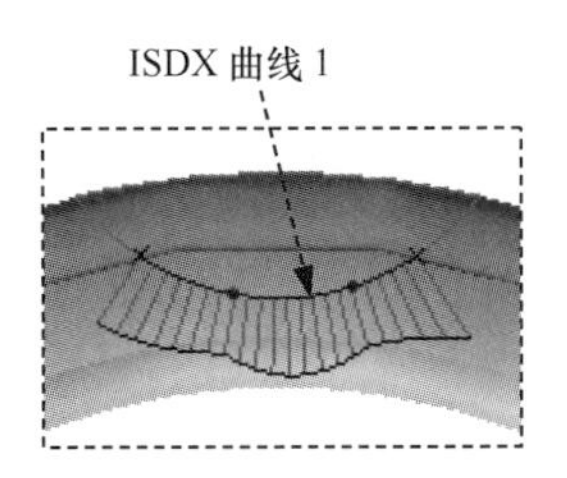

图 13.1.16　曲率图

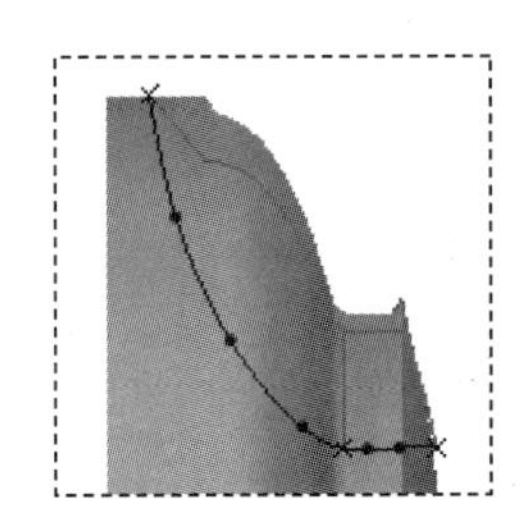

图 13.1.17　创建 ISDX 曲线 2

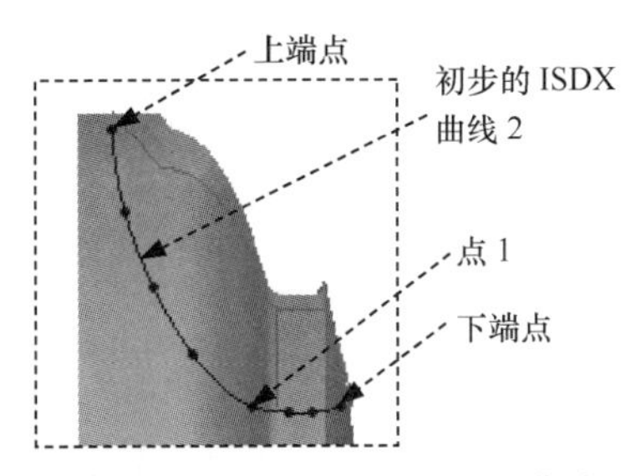

图 13.1.18　创建初步的 ISDX 曲线 2

④ 设置 ISDX 曲线 2 的下端点处的切线方向和长度。

选取 ISDX 曲线 2 的下端点，然后单击“造型：曲线编辑”操控板中的 相切 按钮，选择切线方向为 法向，并选取 DTM1 基准平面为法向参考平面，这样该端点的切线方向便与 DTM1 基准面垂直；在该界面的 长度 文本框中输入切线的长度值 20.0，并按 Enter 键。此时模型如图 13.1.19 所示。

⑤ 对照曲线的曲率图，编辑 ISDX 曲线 2。

a）确认当前的视图为 LEFT。

b）对照曲率图（可在 比例 文本框中输入比例值 1.00），再次对 ISDX 曲线 2 上的几个自由点进行拖拉编辑；编辑结果如图 13.1.20 所示。

c）完成编辑后，单击“造型：曲线编辑”操控板中的 ✔ 按钮，完成对 ISDX 曲线 2 的编辑。

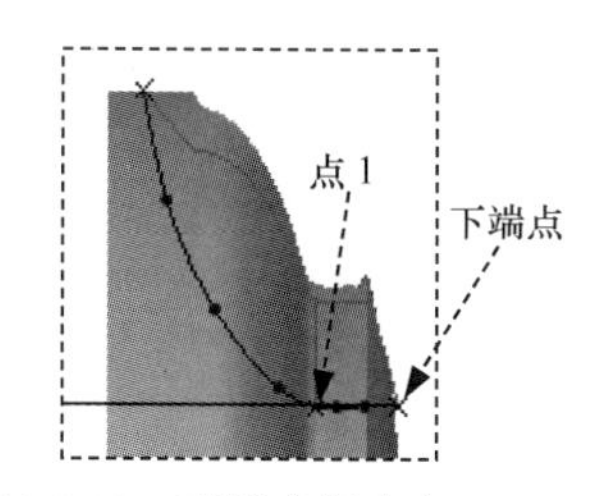

图 13.1.19 下端点切向与 DTM1 垂直

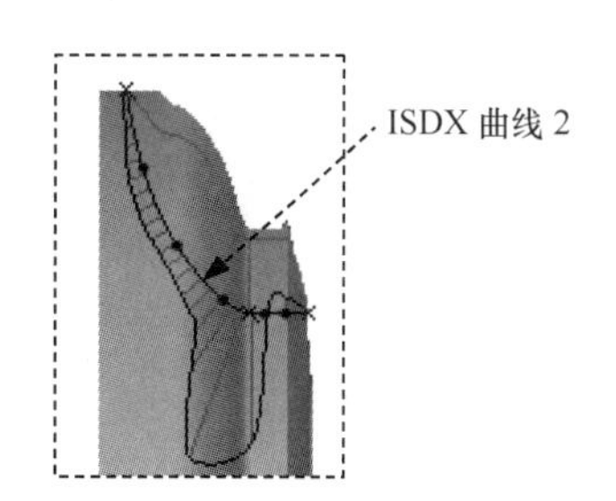

图 13.1.20 ISDX 曲线 2 的曲率图

Step6. 创建图 13.1.21 所示的 ISDX 曲面。

（1）在 样式 功能选项卡 曲面 区域中单击“曲面”按钮 。

（2）选取边界曲线。按住 Ctrl 键，依次选取图 13.1.22 所示的下落曲线 1（A）、下落曲线 1（B）、下落曲线 2 和下落曲线 1（C），系统便以这四条曲线为边界创建一个局部 ISDX 曲面。

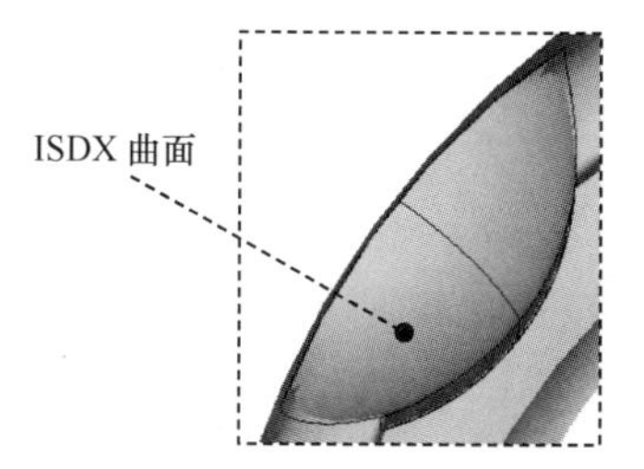

图 13.1.21 创建 ISDX 造型曲面

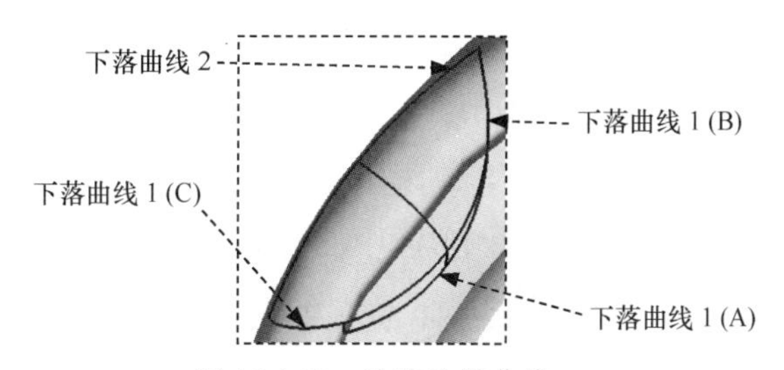

图 13.1.22 选取边界曲线

（3）在操控板中单击 内部 下面的区域，然后按住 Ctrl 键，选取图 13.1.23 所示的 ISDX 曲线 1 和 ISDX 曲线 2，这样 ISDX 曲线 1 和 ISDX 曲线 2 便成为 ISDX 曲面的内部控制曲线。

（4）完成 ISDX 曲面的创建后，单击“造型：曲面”操控板中的 ✔ 按钮。

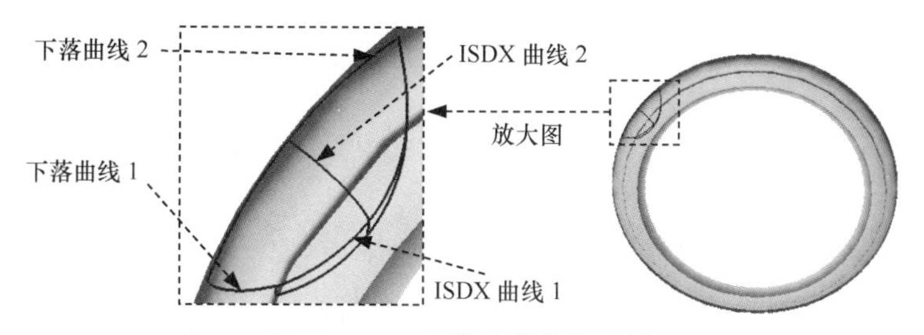

图 13.1.23 选取内部控制曲线

Step7. 完成造型设计，退出造型环境。

Stage5. 创建阵列曲面，并将其与源曲面合并

Step1. 对上一步创建的面组进行阵列，如图 13.1.24 所示。

（1）在模型树中右击 样式 1，从系统弹出的快捷菜单中选择 命令。

（2）在“阵列”操控板中选择以 轴 方式阵列，选取图 13.1.25 所示的基准轴 A_7 为阵列中心轴，在该操控板中输入第一方向的阵列个数 4 和阵列角度值 90.0。

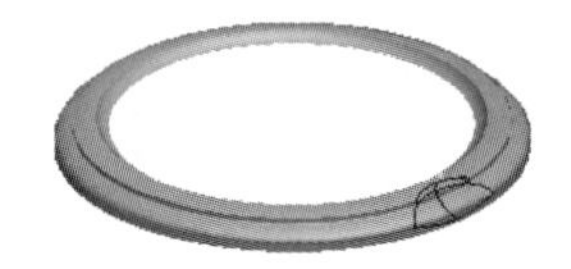

a) 阵列前

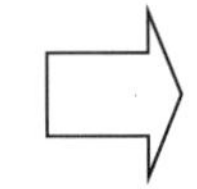

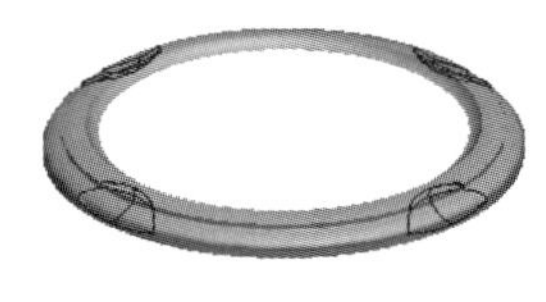

b) 阵列后

图 13.1.24 阵列面组

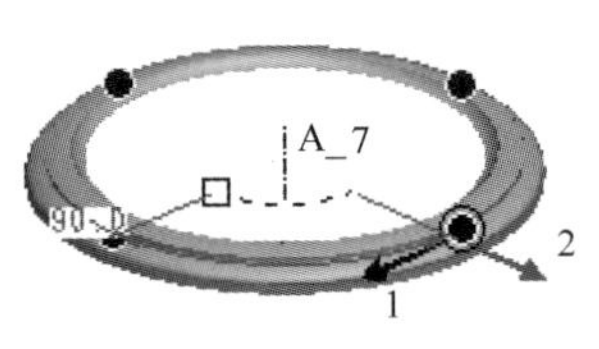

图 13.1.25 选取基准轴 A_7

（3）单击该操控板中的“确定”按钮 ，完成阵列操作。

Step2. 创建图 13.1.26 所示的曲面合并。

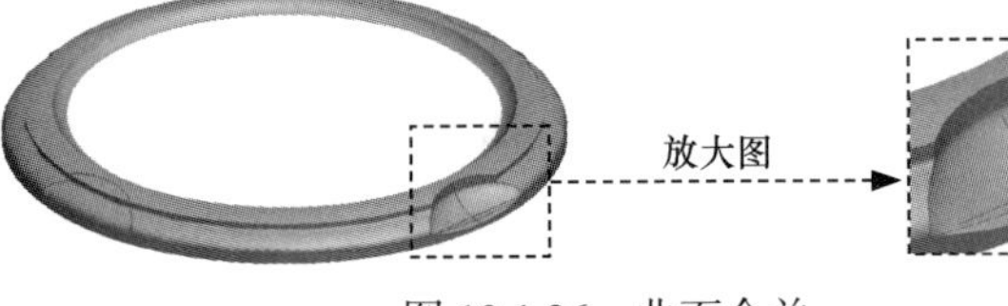

图 13.1.26 曲面合并

（1）按住 Ctrl 键，选取要合并的两个面组——源面组与阵列面组（其中的某一个造型）。

（2）单击 模型 功能选项卡 编辑 ▾ 区域中的 合并 按钮。

（3）单击调整图形区中的箭头使其指向要保留的部分，如图 13.1.27 所示。

（4）单击 按钮，完成曲面合并的创建。

Step3. 用相同的方法，将剩余的三个阵列面组与源面组进行合并，合并后的结果如图 13.1.28 所示。

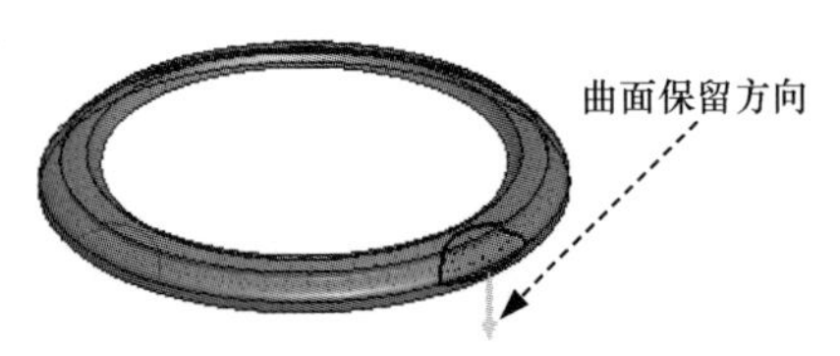

图 13.1.27 定义曲面保留方向

图 13.1.28 合并剩余面组

Stage6. 倒圆角

Step1. 创建图 13.1.29b 所示的倒圆角特征 1。单击 模型 功能选项卡 工程 ▾ 区域中的 倒圆角 ▾ 按钮，选取图 13.1.29a 所示的边线为倒圆角的边线，输入倒圆角半径值 2.0。

Step2. 创建图 13.1.30b 所示的倒圆角特征 2。选取图 13.1.30a 所示的四条边线为倒圆角的边线，倒圆角半径值为 1.0。

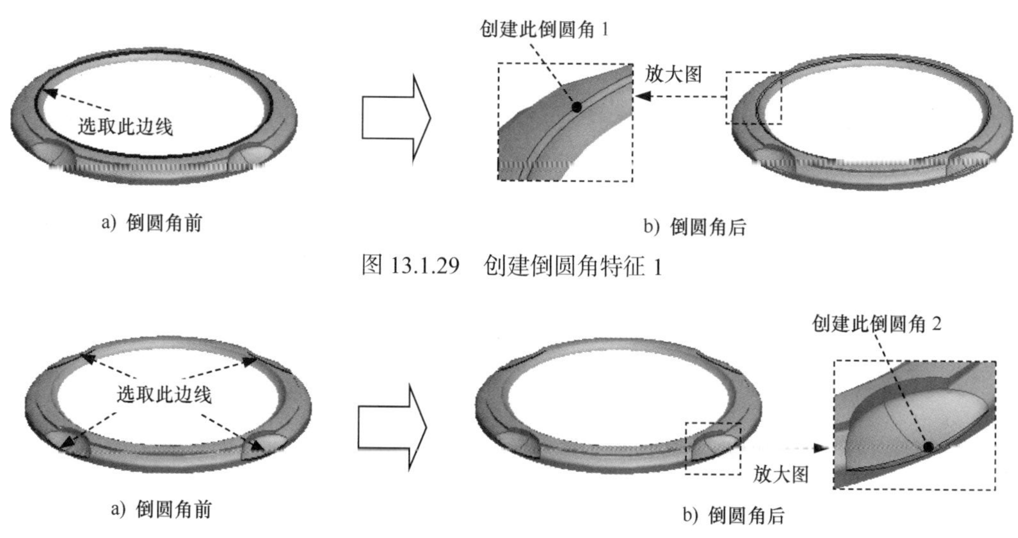

图 13.1.29 创建倒圆角特征 1

图 13.1.30 创建倒圆角特征 2

Step3. 创建图 13.1.31 所示的倒圆角特征 3。选取图 13.1.31a 所示的边线为倒圆角的边线，倒圆角半径值为 1.0。

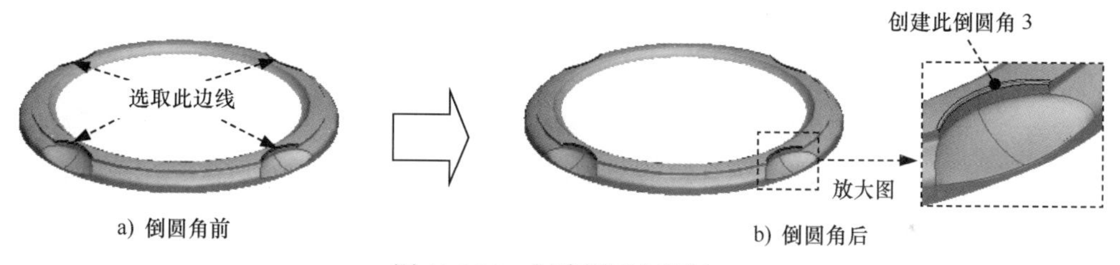

图 13.1.31 创建倒圆角特征 3

Step4. 创建图 13.1.32 所示的倒圆角特征 4。选取图 13.1.32a 所示的边线为倒圆角的边线，倒圆角半径值为 0.3。

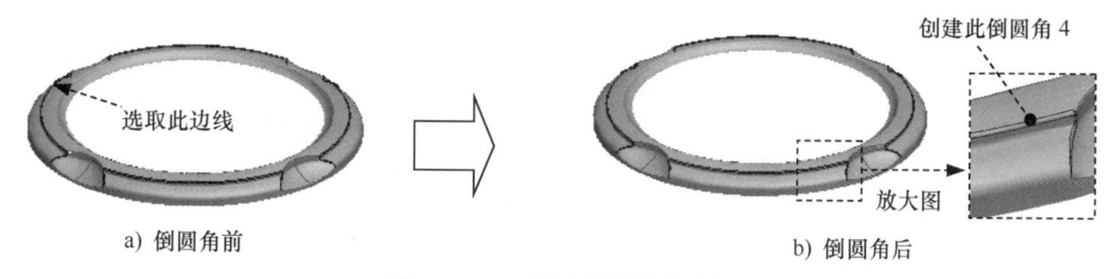

图 13.1.32 创建倒圆角特征 4

Stage7. 加厚图 13.1.33 所示的面组

Step1. 选取图 13.1.33 所示的面组。

Step2. 单击 模型 功能选项卡 编辑 ▾ 区域中的 加厚 按钮，加厚的方向如图 13.1.34 中的箭头所示，输入薄壁实体的厚度值 0.5。

Step3. 单击 ✔ 按钮，完成加厚操作。

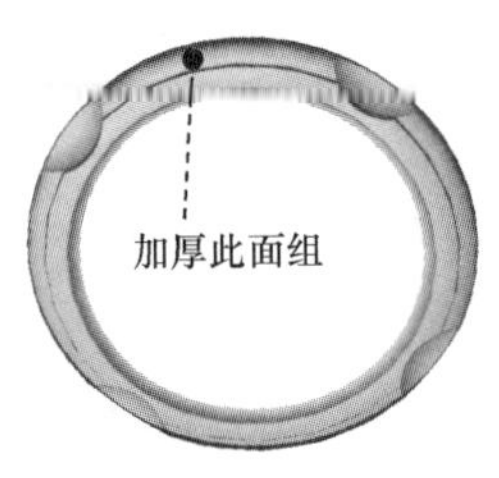

图 13.1.33　加厚面组

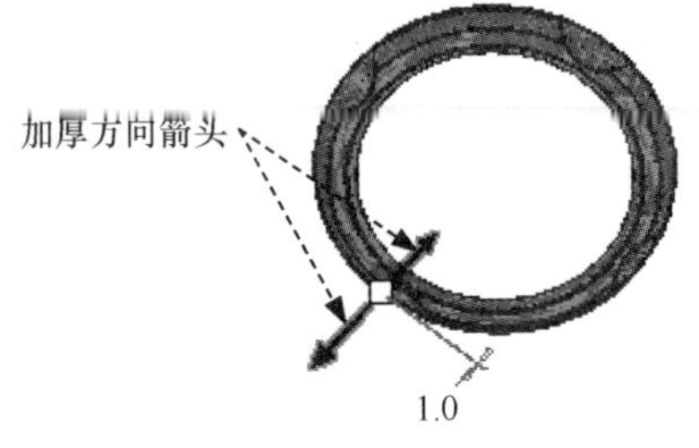

图 13.1.34　定义加厚方向

Stage8. 隐藏 ISDX 曲线和曲面并存盘

Step1. 在层树中隐藏曲线层和曲面层并保存状态。

Step2. 保存零件模型文件。

13.2　ISDX 曲面设计范例 2——勺子

范例概述

本范例是一个典型的 ISDX 曲面建模的例子。其建模思路是先创建几个基准平面和基准曲线（它们主要用于控制 ISDX 曲线的位置和轮廓）；然后进入 ISDX 模块，创建 ISDX 曲线并对其进行编辑；再利用这些 ISDX 曲线构建 ISDX 曲面。通过本例的学习，读者可认识到：ISDX 曲面造型的关键是 ISDX 曲线，只有高质量的 ISDX 曲线才能获得高质量的 ISDX 曲面。勺子零件模型及模型树如图 13.2.1 所示。

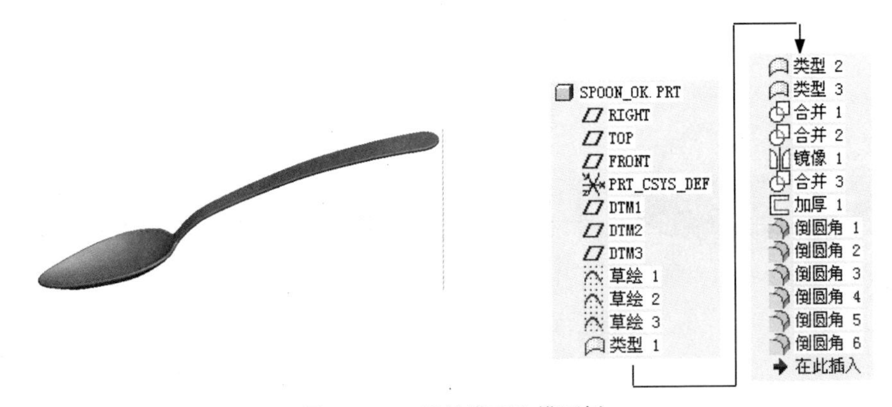

图 13.2.1　零件模型和模型树

Stage1. 设置工作目录和打开文件

Step1. 选择下拉菜单 文件 → 管理会话(M) → 选择工作目录(W) 更改工作目录。 命令，将工作目录设置至 D:\creo8.8\work\ch13.02。

Step2. 选择下拉菜单 文件 ➡ 打开 命令，打开文件 spoon.prt。

注意：打开空的 spoon.prt 模型，是为了使用该模型中的一些层、视图和单位制等设置。

Stage2. 创建基准平面、基准轴以及基准曲线

注意：创建基准平面、基准轴和基准曲线是为了在后面绘制 ISDX 曲线时，用以确定其位置及控制其轮廓和尺寸。

Step1. 创建图 13.2.2 所示的基准平面 DTM1。单击 模型 功能选项卡 基准 区域中的“平面”按钮 ；选取 RIGHT 基准平面为参考，平移值为 90.0，单击“基准平面”对话框中的 确定 按钮。

Step2. 创建图 13.2.3 所示的基准平面 DTM2。单击 模型 功能选项卡 基准 区域中的“平面”按钮 ；选取 RIGHT 基准平面为参考，平移值为 –15.0，单击“基准平面”对话框中的 确定 按钮。

Step3. 创建图 13.2.4 所示的基准平面 DTM3。单击 模型 功能选项卡 基准 区域中的“平面”按钮 ；选取 RIGHT 基准平面为参考，平移值为 –10.0，单击“基准平面”对话框中的 确定 按钮。

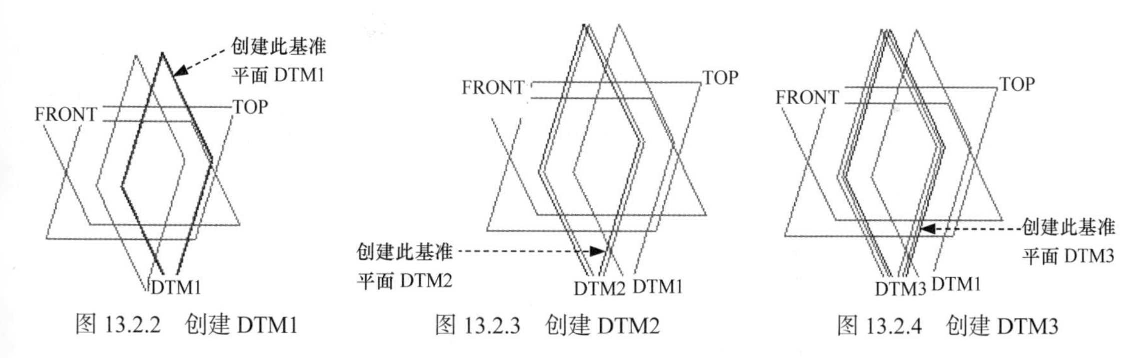

图 13.2.2 创建 DTM1　　图 13.2.3 创建 DTM2　　图 13.2.4 创建 DTM3

Step4. 创建图 13.2.5 所示的基准曲线 1。单击“草绘”按钮 ；选取 TOP 基准平面为草绘平面、RIGHT 基准平面为参考平面，方向为 右；单击 草绘 按钮，绘制图 13.2.6 所示的草图。

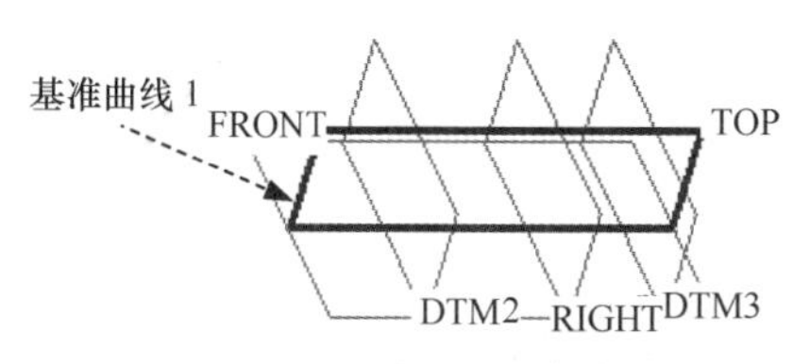

图 13.2.5 基准曲线 1（建模环境）

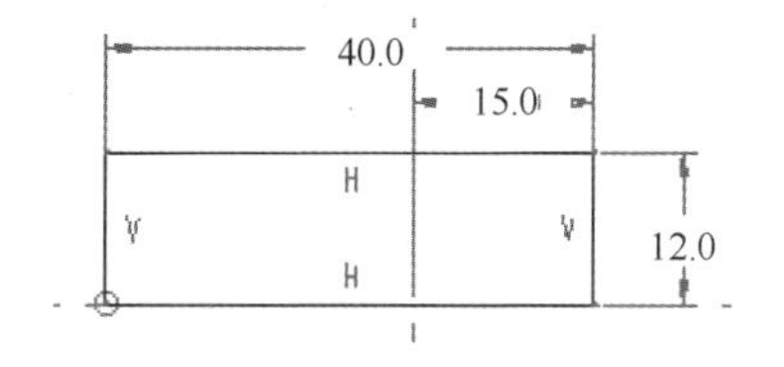

图 13.2.6 草图（草绘环境）

Step5. 创建图 13.2.7 所示的基准曲线 2。单击“草绘”按钮 ；选取 FRONT 基准平

面为草绘平面，选取 RIGHT 基准平面为参考平面，方向为 右；单击 草绘 按钮，绘制图 13.2.8 所示的草图。

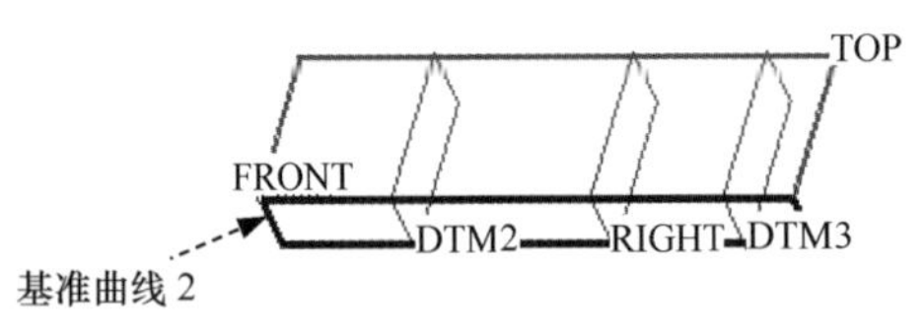

图 13.2.7　基准曲线 2（建模环境）

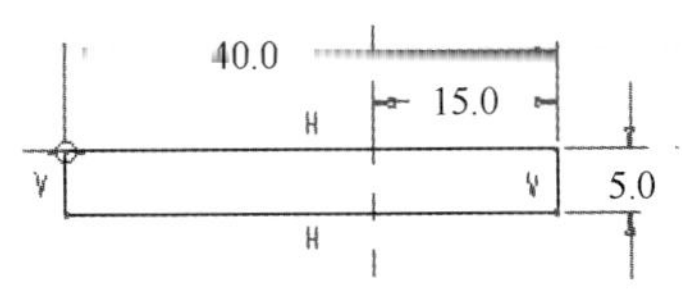

图 13.2.8　草图（草绘环境）

Step6. 创建图 13.2.9 所示的基准曲线 3。单击“草绘”按钮 ；选取 DTM1 基准平面为草绘平面，选取 TOP 基准平面为参考平面，方向为 上；单击 草绘 按钮，绘制图 13.2.10 所示的草图。

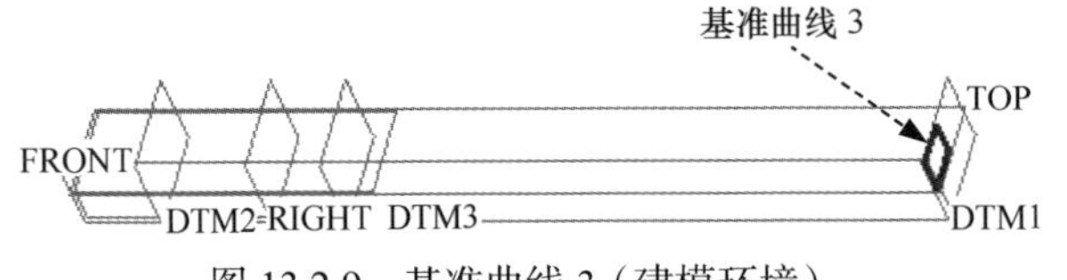

图 13.2.9　基准曲线 3（建模环境）

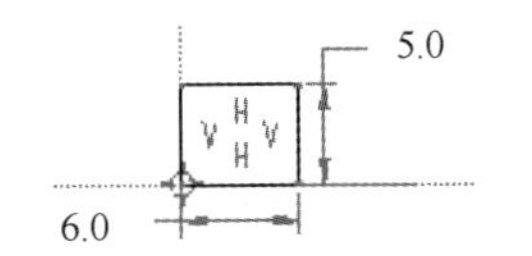

图 13.2.10　草图（草绘环境）

Stage3. 创建第一个 ISDX 造型曲面特征

Step1. 进入造型环境。单击 模型 功能选项卡 曲面 ▾ 区域中的“样式”按钮 样式。

Step2. 创建图 13.2.11 所示的 ISDX 曲线 1。

（1）在 样式 功能选项卡 平面 区域中单击“设置活动平面”按钮 ，选取 TOP 基准平面为活动平面，如图 13.2.12 所示。

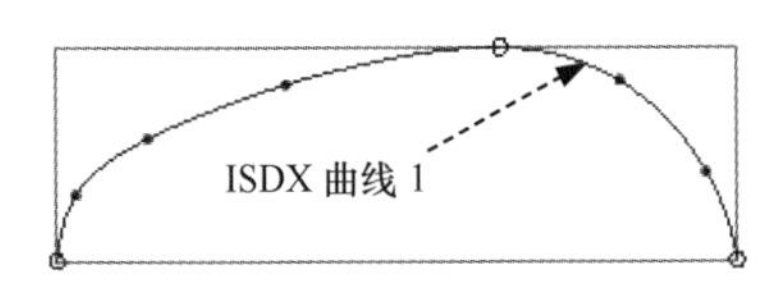

图 13.2.11　创建 ISDX 曲线 1

图 13.2.12　选取活动平面

（2）创建初步的 ISDX 曲线 1。

① 在 样式 功能选项卡 曲线 ▾ 区域中单击“曲线”按钮 。

② 在“造型：曲线”操控板中单击 按钮（在活动平面上创建曲线）。

③ 绘制图 13.2.13 所示的初步的 ISDX 曲线 1，然后单击该操控板中的 ✔ 按钮。

（3）对初步的 ISDX 曲线 1 进行编辑。

① 在 样式 功能选项卡 曲线 ▾ 区域中单击 曲线编辑 按钮，然后选取初步的 ISDX 曲线 1。

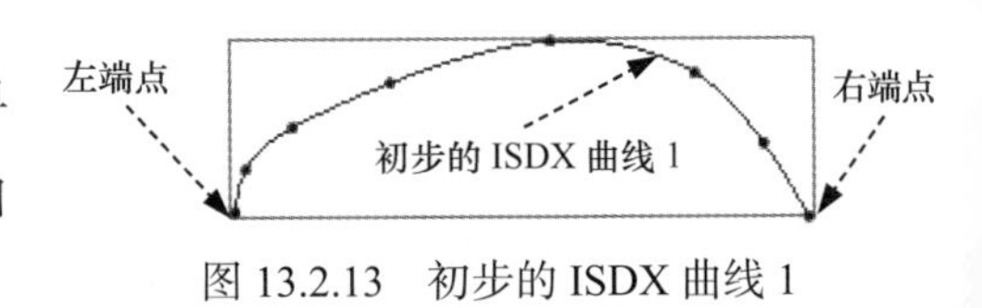

图 13.2.13　初步的 ISDX 曲线 1

② 移动曲线 1 的端点。按住 Shift 键，拖移 ISDX 曲线 1 的右端点，使其与基准曲线 1 的右下顶点对齐（当显示“O”符号时，表明两点对齐，如图 13.2.14 所示）；按同样的方法，将 ISDX 曲线 1 的左端点与基准曲线 1 的左下顶点对齐，如图 13.2.15 所示。

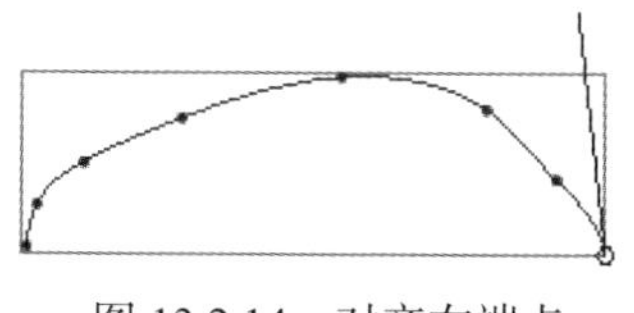

图 13.2.14　对齐右端点

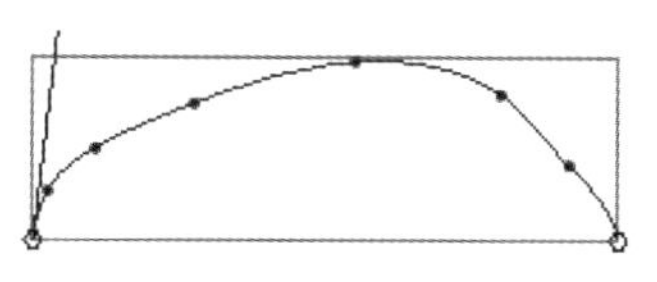

图 13.2.15　对齐左端点

③ 按照同样的方法，将 ISDX 曲线 1 上图 13.2.16 所示的点对齐到基准曲线 1 的边线上。

④ 拖移 ISDX 曲线 1 的其余自由点，如图 13.2.17 所示。

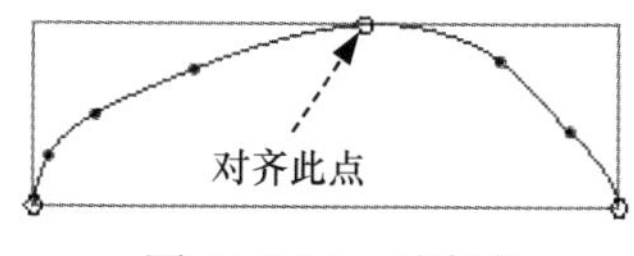

图 13.2.16　对齐点

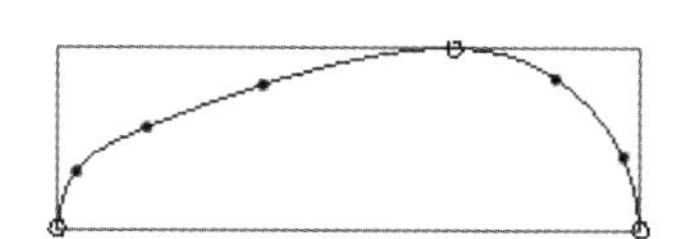

图 13.2.17　拖移其余自由点

⑤ 设置 ISDX 曲线 1 两个端点处的切线方向和长度。

a）选取 ISDX 曲线 1 的左端点，然后单击“造型：曲线编辑”操控板中的 相切 按钮，选择切线方向为 法向 ，并选取 FRONT 基准平面为法向参考平面，这样该端点的切线方向便与 FRONT 基准平面垂直，如图 13.2.18 所示；在该界面的 长度 文本框中输入切线的长度值 13.0，并按 Enter 键。

b）按同样的方法，设置 ISDX 曲线 1 右端点的切向与 FRONT 基准平面垂直，切线长度值为 15.0。

c）拖移 ISDX 曲线 1 的其余自由点，移动到合适的位置，如图 13.2.18 所示。

说明：在后面的操作中，需对创建的 ISDX 曲面进行镜像，而镜像中心平面正是 FRONT 基准平面。为了使镜像后的两个曲面之间光滑连接，这里必须将 ISDX 曲线 1 左、右两个端点的切向约束设置为法向，否则镜像后两个曲面的连接处会有一道明显的不光滑“痕迹”。后面还要创建类似的 ISDX 曲线，在其端点处都将进行如上的约束设置。

⑥ 对照曲线的曲率图（在“曲率”对话框的 比例 文本框中输入比例值 10.0），编辑 ISDX 曲线 1，编辑结果如图 13.2.19 所示。

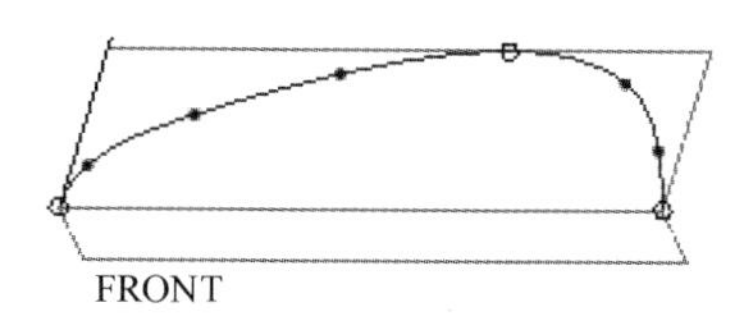

图 13.2.18　左端点切向与 FRONT 垂直

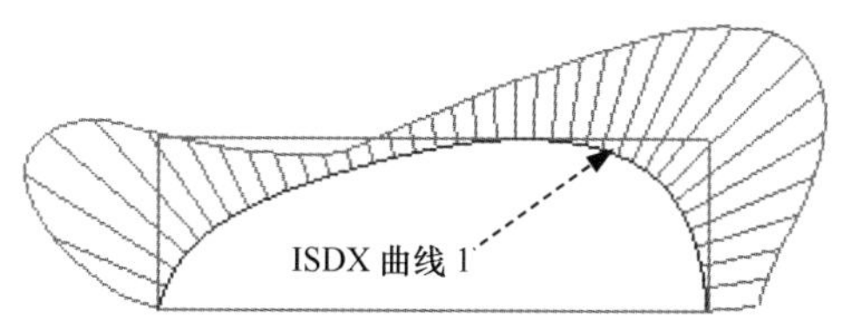

图 13.2.19　ISDX 曲线 1 的曲率图

Step3. 创建图 13.2.20 所示的 ISDX 曲线 2。

（1）在 样式 功能选项卡 平面 区域中单击“设置活动平面”按钮，选取 FRONT 基准平面为活动平面。

（2）创建初步的 ISDX 曲线 2。在 样式 功能选项卡 曲线 ▾ 区域中单击“曲线”按钮，在“造型：曲线”操控板中单击按钮；绘制图 13.2.21 所示的初步的 ISDX 曲线 2，然后单击该操控板中的 ✔ 按钮。

（3）编辑初步的 ISDX 曲线 2。

① 在 样式 功能选项卡的 曲线 ▾ 区域中单击 曲线编辑 按钮，然后选取初步的 ISDX 曲线 2。

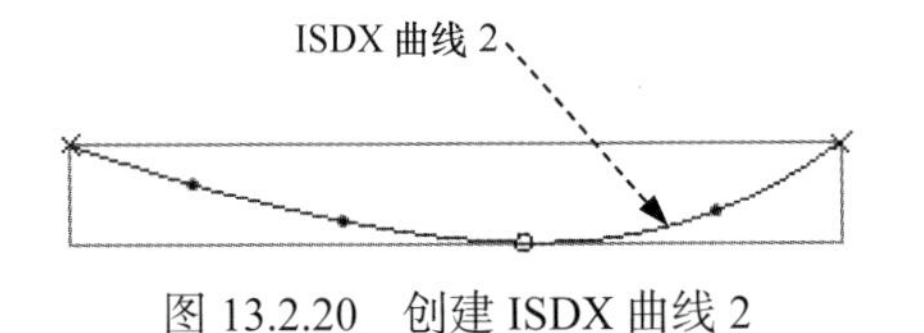

图 13.2.20　创建 ISDX 曲线 2

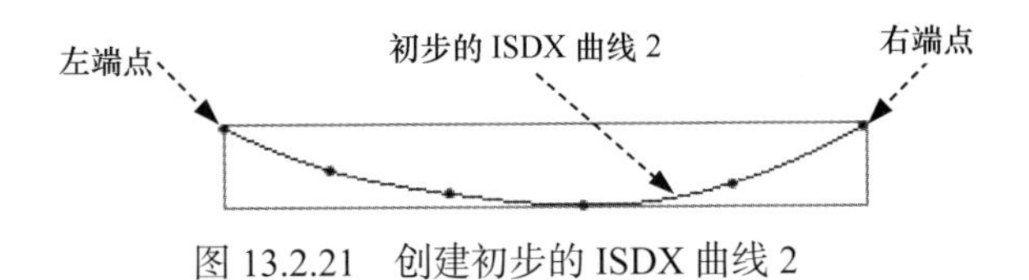

图 13.2.21　创建初步的 ISDX 曲线 2

② 按住 Shift 键，拖动 ISDX 曲线 2 的左、右端点，分别将其与基准曲线的两个顶点对齐，然后将 ISDX 曲线 2 上端点对齐到基准曲线的边线上。

③ 拖移 ISDX 曲线 2 的其余自由点，直至如图 13.2.22 所示。

④ 对照曲线的曲率图，编辑 ISDX 曲线 2。编辑结果如图 13.2.23 所示。

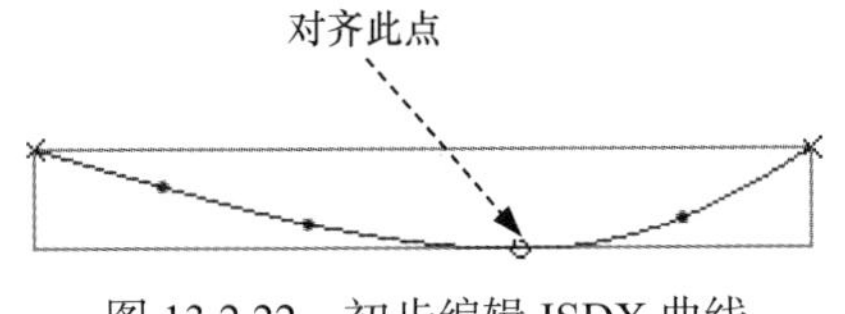

图 13.2.22　初步编辑 ISDX 曲线

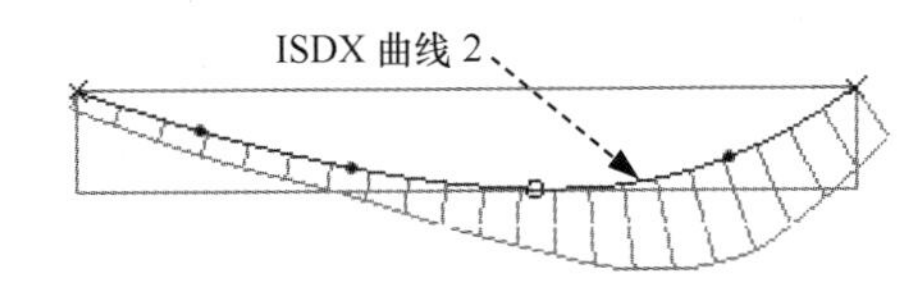

图 13.2.23　ISDX 曲线 2 的曲率图

Step4. 创建图 13.2.24 所示的 ISDX 曲线 3。

（1）设置活动平面。在 样式 功能选项卡 平面 区域中单击“设置活动平面”按钮，选取 RIGHT 基准平面为活动平面。

（2）创建初步的 ISDX 曲线 3。在 样式 功能选项卡 曲线 ▾ 区域中单击“曲线”按钮，在“造型：曲线”操控板中单击按钮；绘制图 13.2.25 所示的初步的 ISDX 曲线 3，然后单击该操控板中的 ✔ 按钮。

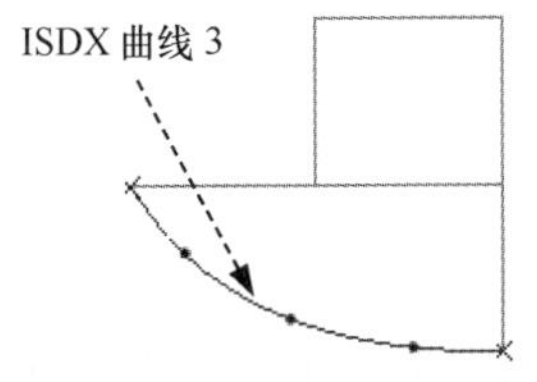

图 13.2.24　创建 ISDX 曲线 3

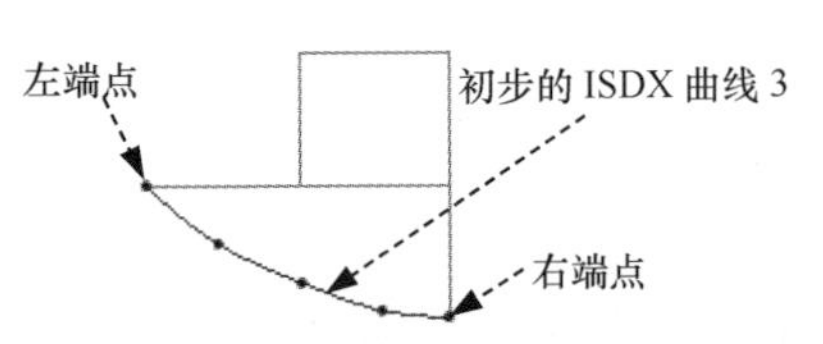

图 13.2.25　创建初步的 ISDX 曲线 3

（3）编辑初步的ISDX曲线3。

① 在 样式 功能选项卡的 曲线▼ 区域中单击 曲线编辑 按钮，然后选取ISDX曲线3。

② 按住Shift键，拖动ISDX曲线3的左、右端点，分别将其与ISDX曲线1和ISDX曲线2的端点对齐（当显示“×”符号时，表明两点对齐）。

③ 拖移ISDX曲线2的其余自由点，直至图13.2.26所示的位置。

④ 设置ISDX曲线3右端点处切线的方向和长度。设置ISDX曲线3右端点的切向与FRONT基准平面垂直，切线长度值为5.0。

⑤ 对照曲线的曲率图（可在 比例 文本框中输入比例值6.0），编辑ISDX曲线3，编辑结果如图13.2.27所示。

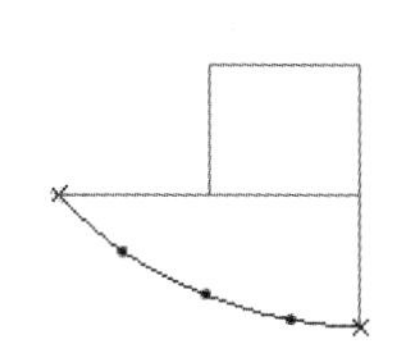

图13.2.26 初步编辑ISDX曲线3

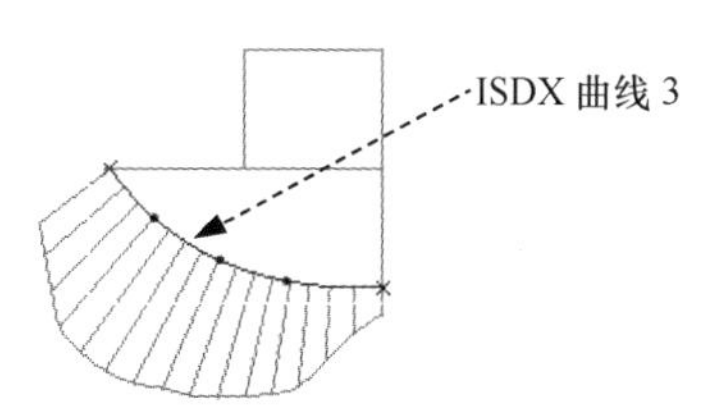

图13.2.27 ISDX曲线3的曲率图

Step5. 创建图13.2.28所示的ISDX曲线4。

（1）设置活动平面。在 样式 功能选项卡 平面 区域中单击“设置活动平面”按钮，选取DTM2基准平面为活动平面。

（2）创建初步的ISDX曲线4。在 样式 功能选项卡 曲线▼ 区域中单击“曲线”按钮，在“造型：曲线”操控板中单击 按钮；绘制图13.2.29所示的初步的ISDX曲线4，然后单击该操控板中的 ✔ 按钮。

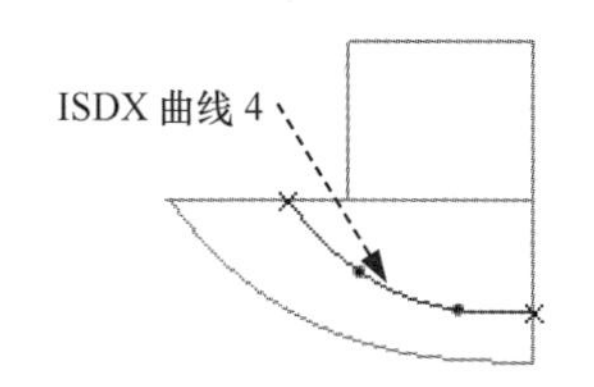

图13.2.28 创建ISDX曲线4

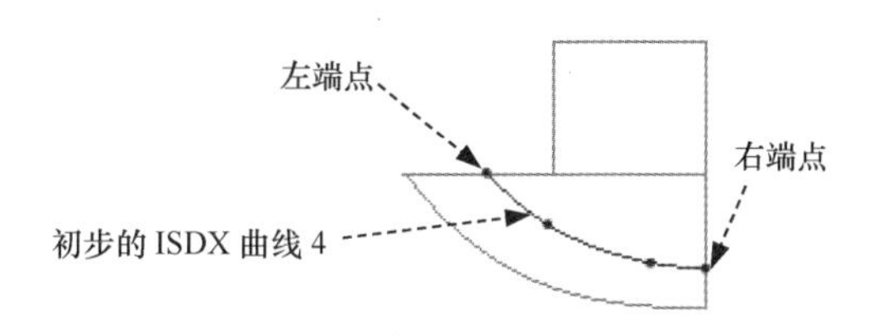

图13.2.29 创建初步的ISDX曲线4

（3）编辑初步的ISDX曲线4。

① 在 样式 功能选项卡 曲线▼ 区域中单击 曲线编辑 按钮，然后选取初步的ISDX曲线4。

② 按住Shift键，拖动ISDX曲线4的左、右端点，分别将其与ISDX曲线2和ISDX曲线1的端点对齐（当显示“×”符号时，表明两点对齐）。

③ 拖移ISDX曲线4的其余自由点，直至图13.2.30所示的位置。

④ 设置ISDX曲线4两个端点处切线的方向和长度。设置ISDX曲线4右端点的切向与

FRONT 基准平面垂直，切线长度值为 3.0。

⑤ 对照曲线的曲率图（可在 比例 文本框中输入比例值 6.0），编辑 ISDX 曲线 4，编辑结果如图 13.2.31 所示。

Step6. 创建图 13.2.32 所示的第一个 ISDX 曲面。

（1）在 样式 功能选项卡 曲面 区域中单击“曲面”按钮，系统弹出“造型：曲面”操控板。

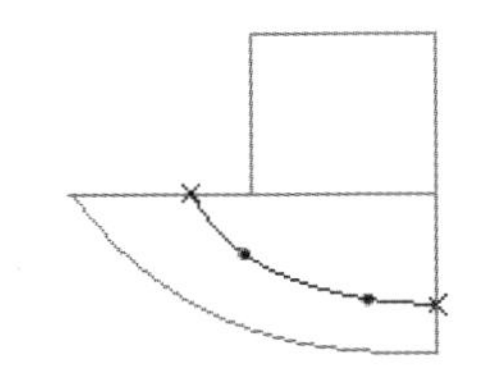

图 13.2.30　初步编辑 ISDX 曲线 4

（2）选取边界曲线。按住 Ctrl 键，依次选取图 13.2.33 所示的 ISDX 曲线 3、ISDX 曲线 1、ISDX 曲线 4 和 ISDX 曲线 2，系统便以这四条 ISDX 曲线为边界创建一个局部 ISDX 曲面。

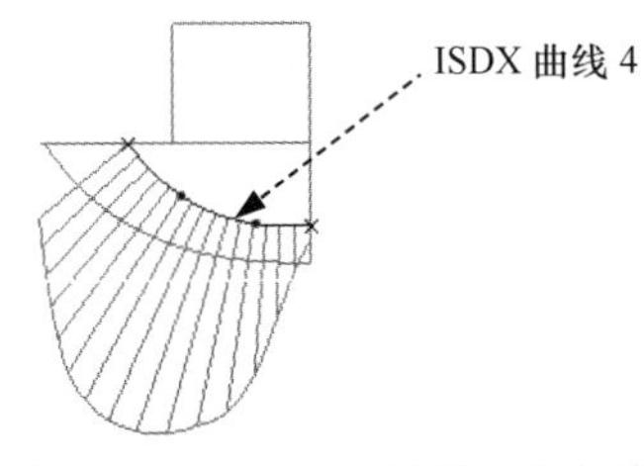

图 13.2.31　ISDX 曲线 4 曲率图

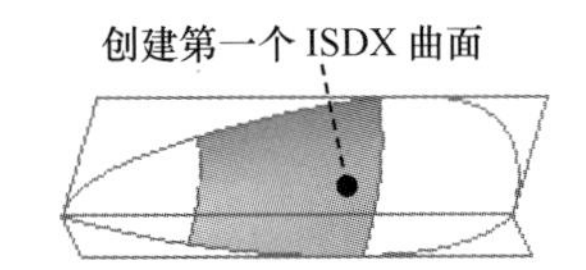

图 13.2.32　创建第一个 ISDX 曲面

（3）完成第一个 ISDX 曲面的创建后，单击该操控板中的 ✔ 按钮。

Step7. 创建图 13.2.34 所示的第二个 ISDX 曲面。

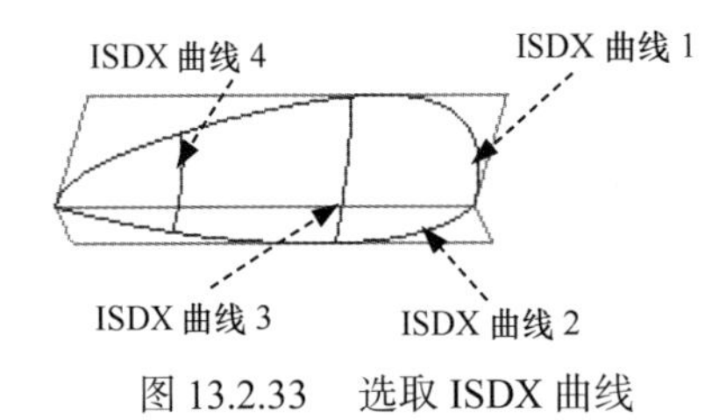

图 13.2.33　选取 ISDX 曲线

创建第二个 ISDX 曲面

图 13.2.34　创建第二个 ISDX 曲面

（1）依次选取边界曲线 ISDX 曲线 3、ISDX 曲线 1 和 ISDX 曲线 2，系统便创建出第二个 ISDX 曲面。

注意：选取边界曲线时需要对曲线进行修剪，否则无法生成该曲面，具体操作请参看视频。

（2）单击“造型：曲面”操控板中的 ✔ 按钮，完成第二个 ISDX 曲面的创建。

Step8. 创建图 13.2.35 所示的下落曲线 1。

（1）在 样式 功能选项卡 平面 区域中单击“设置活动平面”按钮，选取 TOP 基准平面为活动平面。

（2）创建 ISDX 曲线 5。在 样式 功能选项卡 曲线▼ 区域中单击“曲线”按钮，在“造型：曲线”操控板中单击按钮；绘制图 13.2.36 所示的 ISDX 曲线 5，然后单击该

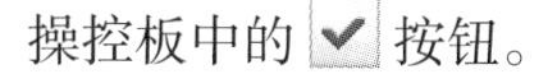

操控板中的 ✓ 按钮。

（3）编辑 ISDX 曲线 5。

① 在 样式 功能选项卡 曲线▼ 区域中单击 曲线编辑 按钮，选取图 13.2.37 所示的 ISDX 曲线 5 进行编辑。

注意：编辑 ISDX 曲线 5 时，可采用坐标值输入法进行编辑。先选择 ISDX 曲线 5，然后在“造型：曲线编辑”操控板中单击 点 按钮，系统弹出“点”界面；选择 ISDX 曲线 5 的上端点，在“点”界面中输入其坐标值【X（12.0），Y（0），Z（-10.0）】；同样，输入 ISDX 曲线 5 下端点的坐标值【X（12.0），Y（0），Z（0）】。

② 编辑结果如图 13.2.37 所示，单击“造型：曲线”操控板中的 ✓ 按钮，完成对 ISDX 曲线 5 的编辑。

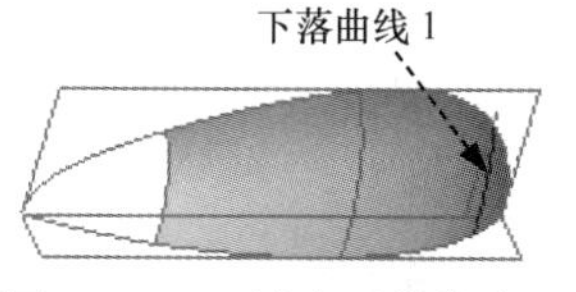

图 13.2.35 创建下落曲线 1

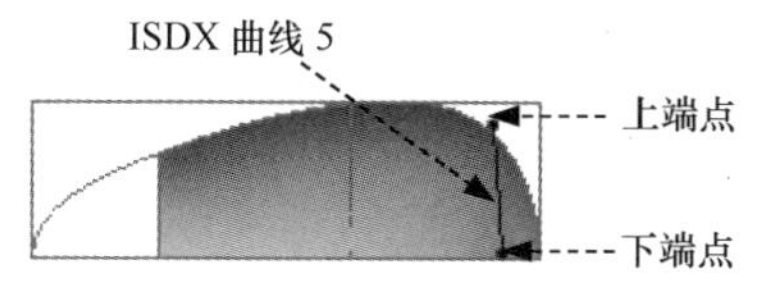

图 13.2.36 创建 ISDX 曲线 5

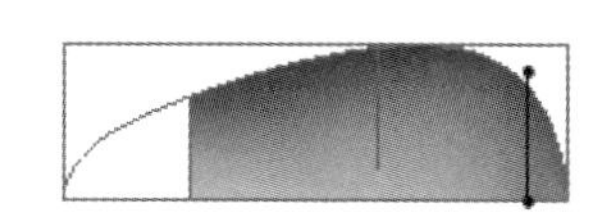

图 13.2.37 编辑 ISDX 曲线 5

（4）创建下落曲线 1。

① 在 样式 功能选项卡 曲线▼ 区域中单击 放置曲线 按钮，在系统 选择曲线以放置到曲面上. 的提示下，选取 ISDX 曲线 5 为父曲线，在系统弹出的“造型：放置曲线”操控板中单击 参考 按钮，在弹出的“参考”界面中的 曲面 区域单击 单击此处添加项 字符，同时在系统 选择要进行放置曲线的曲面. 的提示下，选取图 13.2.38 所示的曲面为父曲面；采用默认的 TOP 基准平面的法向为投影方向。

② 单击操控板中的 ✓ 按钮。

Step9. 创建图 13.2.39 所示的下落曲线 2 和下落曲线 3。

（1）在 样式 功能选项卡 平面 区域中单击“设置活动平面”按钮，选取 TOP 基准平面为活动平面。

（2）创建 ISDX 曲线 6 和 ISDX 曲线 7。在 样式 功能选项卡 曲线▼ 区域中单击“曲线”按钮，在“造型：曲线”操控板中单击 按钮；绘制图 13.2.40 所示的 ISDX 曲线 6 和 ISDX 曲线 7，然后单击该操控板中的 ✓ 按钮。

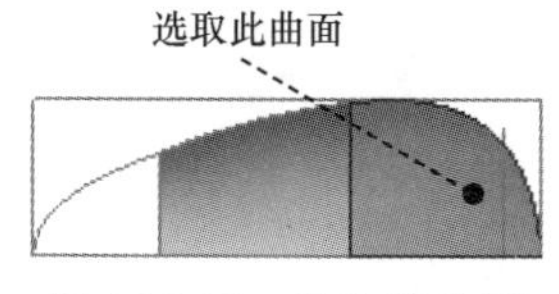

图 13.2.38 选取父曲面

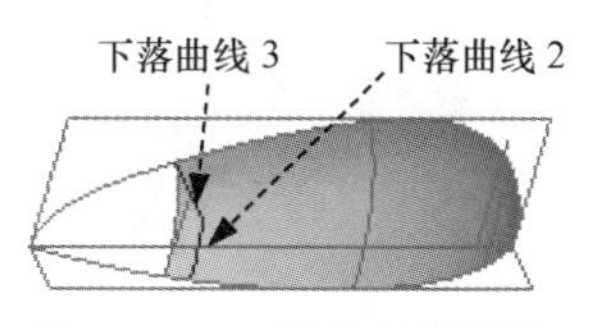

图 13.2.39 创建下落曲线

（3）编辑 ISDX 曲线 6 和 ISDX 曲线 7。在 样式 功能选项卡 曲线▼ 区域中单击

曲线编辑 按钮，选取 ISDX 曲线 6 和 ISDX 曲线 7 进行编辑；单击“造型：曲线编辑”操控板中的 ✓ 按钮。

注意： 编辑 ISDX 曲线 6 时，先选取 ISDX 曲线 6，然后在“造型：曲线编辑”操控板中单击 点 按钮，选取 ISDX 曲线 6 的上端点，在 点 界面中输入其坐标值【X（−13.0），Y（0），Z（−5.0）】；同样，输入下端点的坐标值【X（−13.0），Y（0），Z（0）】。编辑 ISDX 曲线 7 时，先选取 ISDX 曲线 7，然后在该操控板中单击 点 按钮，选取 ISDX 曲线 7 的下端点，在 点 界面中输入其坐标值【X（−13.0），Y（0），Z（−5.0）】；编辑 ISDX 曲线 7 的上端点时，按住 Shift 键，将 ISDX 曲线 7 的上端点拖拉到图 13.2.40 所示的锁定点处。

（4）创建下落曲线 2 和下落曲线 3。选取 ISDX 曲线 6 和 ISDX 曲线 7 为父曲线，选取图 13.2.41 所示的曲面为父曲面；采用默认的 TOP 基准平面的法向为投影方向；单击“造型：放置曲线”操控板中的 ✓ 按钮。

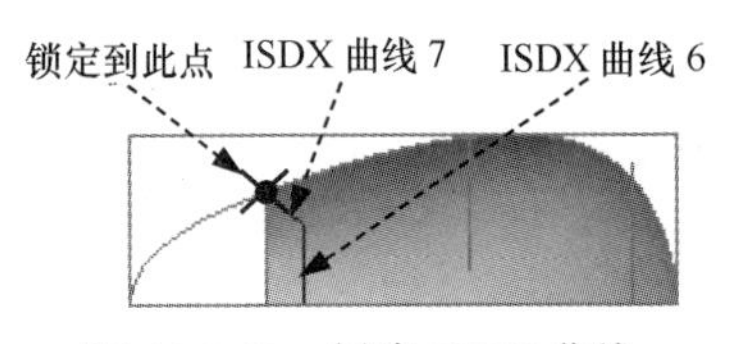

图 13.2.40　创建 ISDX 曲线

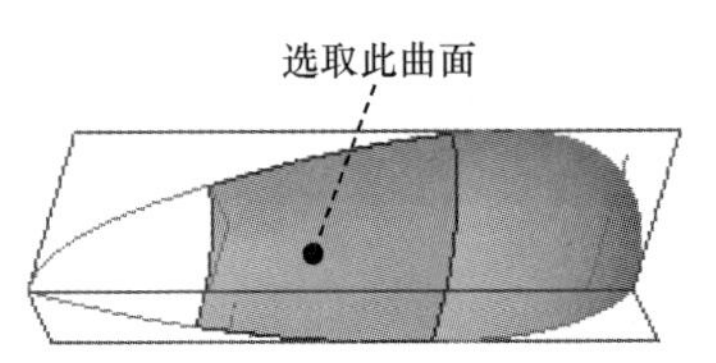

图 13.2.41　选取父曲面

Step10. 修剪 ISDX 曲面。

（1）修剪掉图 13.2.42 所示的 ISDX 曲面的部分。在 样式 功能选项卡 曲面 ▾ 区域中单击 曲面修剪 按钮；选取图 13.2.43 所示的 ISDX 曲面为要修剪的曲面；单击 ～ 图标后的 ● 单击此处添加项 字符，选取图 13.2.44 所示的下落曲线 1 为修剪曲线；单击 ✂ 图标后的 单击此处添加项 字符，选取要修剪掉的部分；单击“造型：曲面修剪”操控板中的 ✓ 按钮，修剪后的 ISDX 曲面如图 13.2.45 所示。

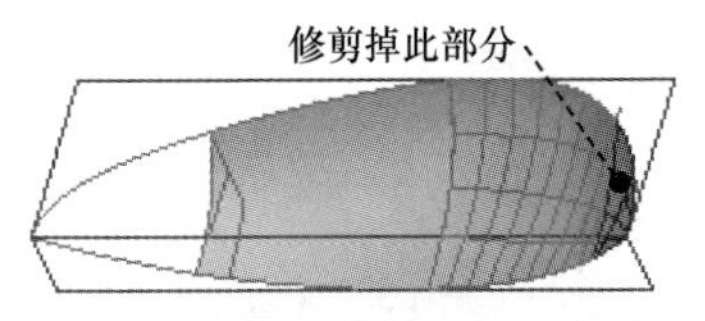

图 13.2.42　将要修剪的 ISDX 曲面

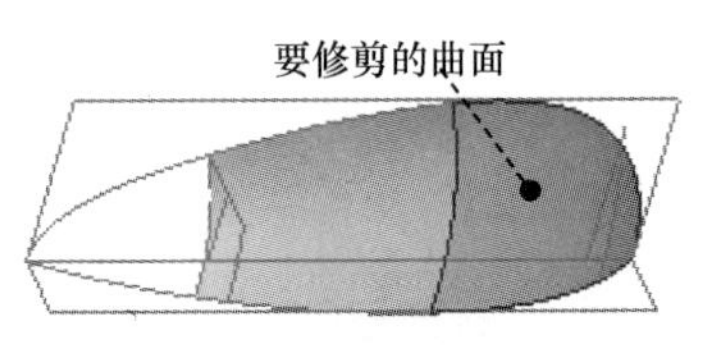

图 13.2.43　选取要修剪的曲面

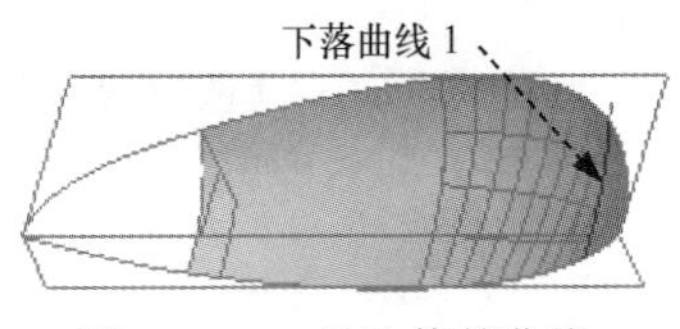

图 13.2.44　选取修剪曲线

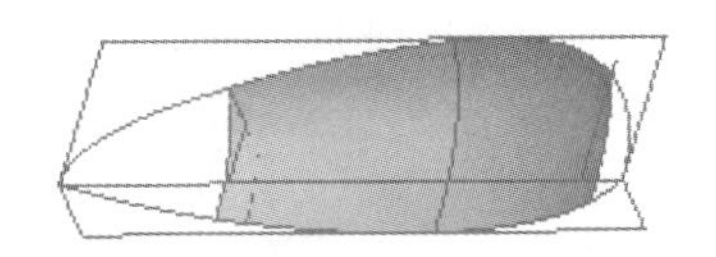
图 13.2.45　修剪后的 ISDX 曲面

（2）在 样式 功能选项卡 曲面 ▾ 区域中单击 曲面修剪 按钮；选取图 13.2.46 所示的曲

面为要修剪的曲面；单击 图标后的 ● 单击此处添加项 字符，按住 Ctrl 键，然后依次选取图 13.2.47 所示的下落曲线 2 和下落曲线 3 为修剪曲线；单击 图标后的 单击此处添加项 字符，选取图 13.2.48 所示的要修剪掉的部位；单击“造型· 曲面修剪”操控板中的 按钮，修剪后的 ISDX 曲面如图 13.2.49 所示。

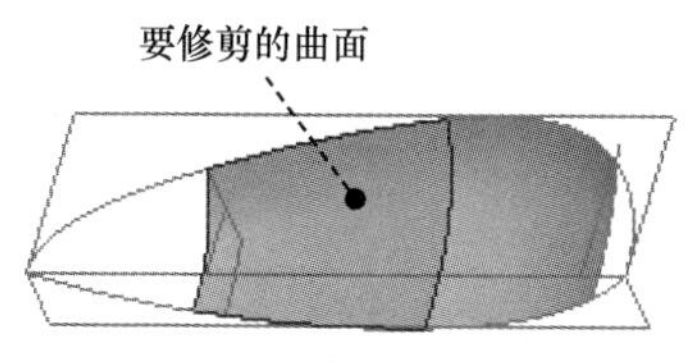

图 13.2.46 选取要修剪的曲面

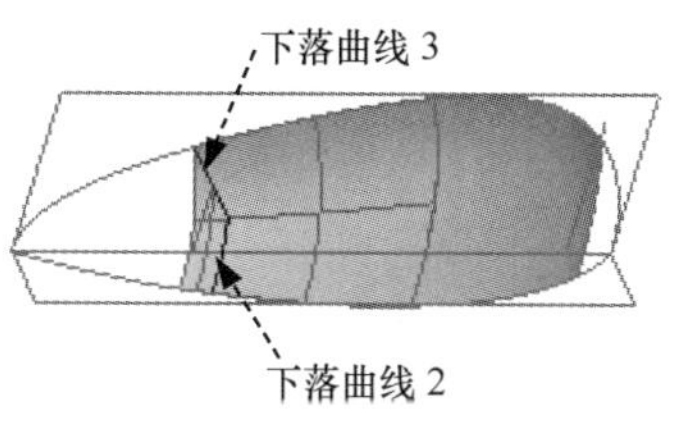

图 13.2.47 选取修剪曲线

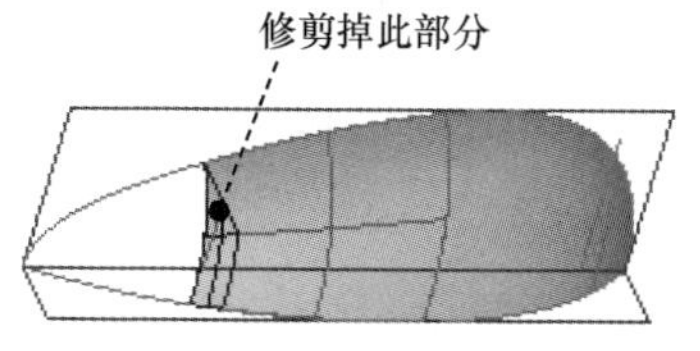

图 13.2.48 将要修剪的 ISDX 曲面

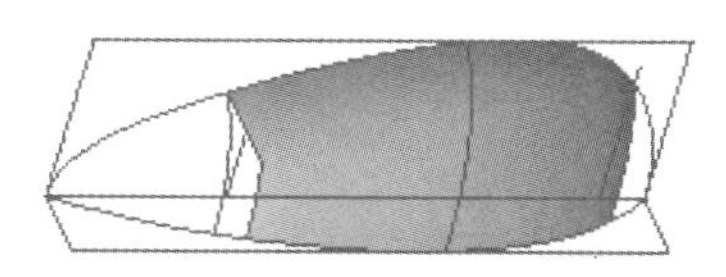
图 13.2.49 修剪后的 ISDX 曲面

Step11. 创建图 13.2.50 所示的第三个 ISDX 曲面。

（1）在 样式 功能选项卡 曲面 区域中单击“曲面”按钮 。

（2）按住 Ctrl 键，然后依次选取的边界曲线为图 13.2.51 所示的下落曲线 2、下落曲线 3、ISDX 曲线 1 和 ISDX 曲线 2。系统便创建出第三个 ISDX 曲面。

注意：选取边界曲线时需要对曲线进行修剪，否则无法生成该曲面，具体操作请参看视频。

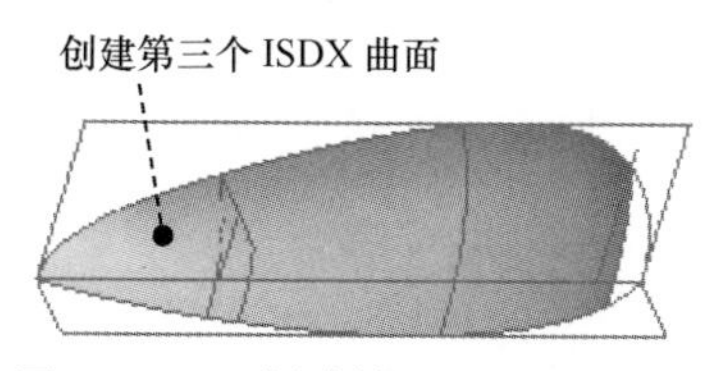

图 13.2.50 创建第三个 ISDX 曲面

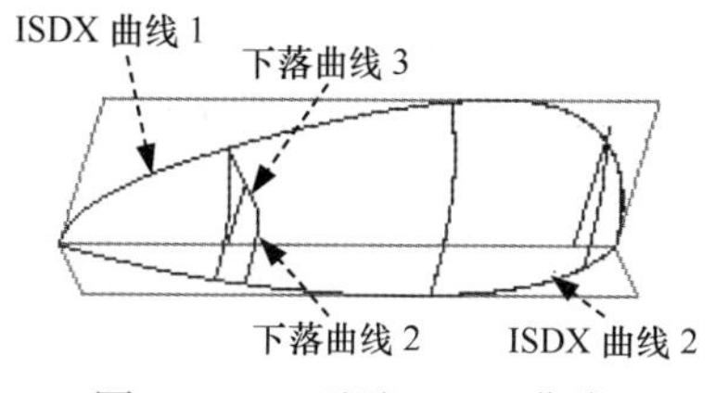

图 13.2.51 选取 ISDX 曲线

（3）单击“造型：曲面”操控板中的 按钮，完成第三个 ISDX 曲面的创建。

Step12. 完成造型设计，退出造型环境。

Stage4. 创建第二个 ISDX 曲面特征

Step1. 进入造型环境。单击 模型 功能选项卡 曲面 ▾ 区域中的“样式”按钮 样式。

Step2. 创建图 13.2.52 所示的 ISDX 曲线 8。

（1）设置活动平面。在 样式 功能选项卡 平面 区域中单击“设置活动平面”按钮，选取 DTM1 基准平面为活动平面。

（2）创建初步的 ISDX 曲线 8。在 样式 功能选项卡 曲线 区域中单击“曲线”按钮，在“造型：曲线”操控板中单击按钮；绘制图 13.2.53 所示的初步的 ISDX 曲线 8，然后单击该操控板中的按钮。

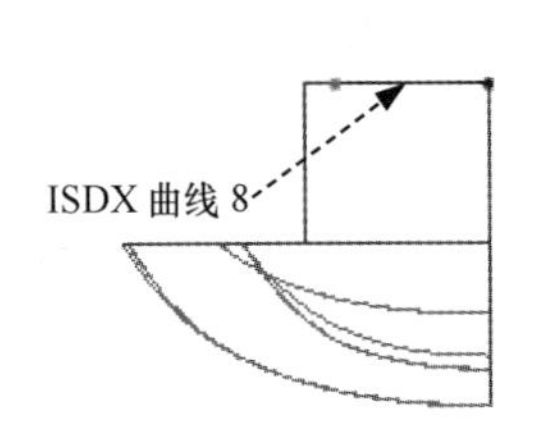

图 13.2.52 创建 ISDX 曲线 8

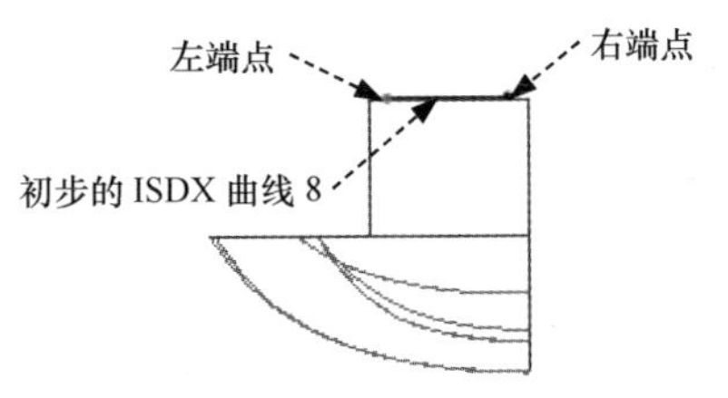

图 13.2.53 创建初步的 ISDX 曲线 8

（3）编辑初步的 ISDX 曲线 8。在 样式 功能选项卡 曲线 区域中单击 曲线编辑 按钮，选取图 13.2.53 中的初步的 ISDX 曲线 8 进行编辑；单击“造型：曲线编辑”操控板中的按钮。

注意：编辑 ISDX 曲线 8 时，先选取初步的 ISDX 曲线 8，然后在操控板中单击 点 按钮，选择 ISDX 曲线 8 的左端点，在“点”界面中输入其坐标值【X（90.0），Y（5.0），Z（−5.0）】；同样，输入右端点的坐标值【X（90.0），Y（5.0），Z（0）】。

Step3. 创建图 13.2.54 所示的 ISDX 曲线 9。

（1）在 样式 功能选项卡 平面 区域中单击“设置活动平面”按钮，选取 TOP 基准平面为活动平面。

（2）创建初步的 ISDX 曲线 9。在 样式 功能选项卡 曲线 区域中单击“曲线”按钮，在“造型：曲线”操控板中单击按钮；绘制图 13.2.55 所示的初步的 ISDX 曲线 9，然后单击该操控板中的按钮。

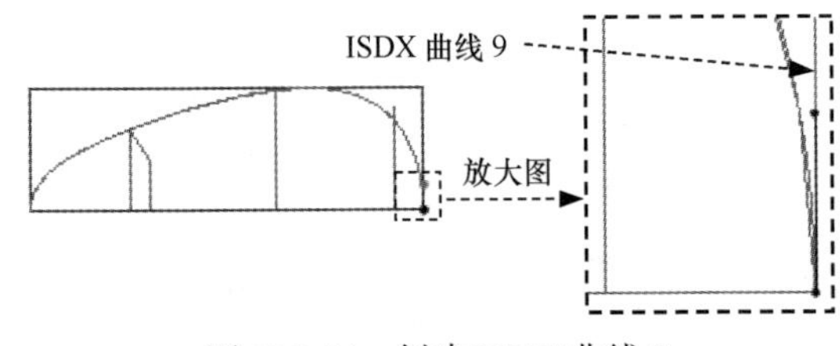

图 13.2.54 创建 ISDX 曲线 9

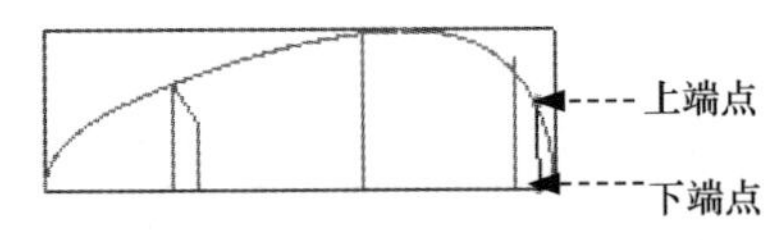

图 13.2.55 创建初步的 ISDX 曲线 9

（3）编辑初步的 ISDX 曲线 9。在 样式 功能选项卡 曲线 区域中单击 曲线编辑 按钮，选取 ISDX 曲线 9 进行编辑。完成后，单击“造型：曲线编辑”操控板中的按钮。

注意： 编辑 ISDX 曲线 9 时，先选择 ISDX 曲线 9，然后在“造型：曲线编辑”操控板中单击 点 按钮，选取 ISDX 曲线 9 的上端点，在“点”界面中输入其坐标值【X（15.0），Y（0），Z（–2.5）】；同样，输入下端点的坐标值【X（15.0），Y（0），Z（0）】。

Step4. 创建图 13.2.56 所示的 ISDX 曲线 10。

（1）在 样式 功能选项卡 平面 区域中单击“设置活动平面”按钮，选取 FRONT 基准平面为活动平面。

（2）创建初步的 ISDX 曲线 10。在 样式 功能选项卡 曲线 ▾ 区域中单击“曲线”按钮，在“造型：曲线”操控板中单击按钮；绘制图 13.2.57 所示的初步的 ISDX 曲线 10，然后单击该操控板中的 ✔ 按钮。

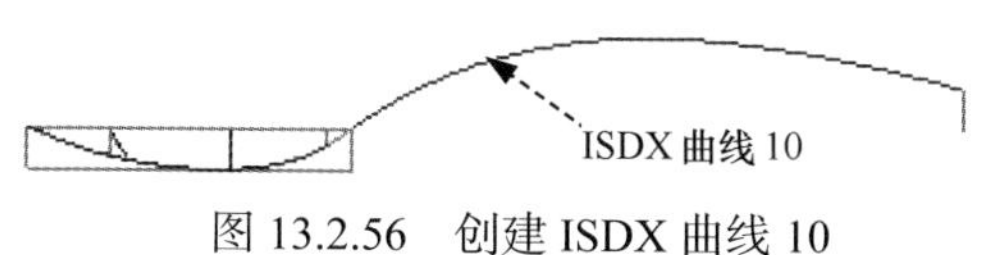

图 13.2.56 创建 ISDX 曲线 10

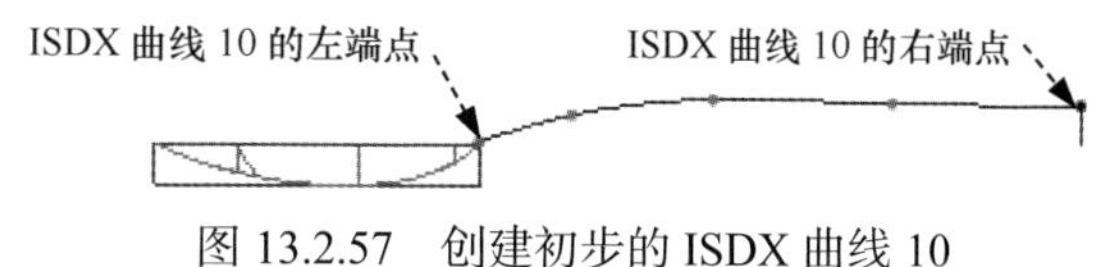

图 13.2.57 创建初步的 ISDX 曲线 10

（3）编辑初步的 ISDX 曲线 10。

① 在 样式 功能选项卡 曲线 ▾ 区域中单击 曲线编辑 按钮，然后选取初步的 ISDX 曲线 10。

② 按住 Shift 键，拖动 ISDX 曲线 10 的左、右端点，分别将其与 ISDX 曲线 8 和 ISDX 曲线 9 的端点对齐（当显示“×”符号时，表明两点对齐）。

③ 拖移 ISDX 曲线 10 的其余自由点，直至图 13.2.58 所示。

④ 对照曲线的曲率图（可在 比例 文本框中输入比例值 15.0），编辑 ISDX 曲线 10，编辑结果如图 13.2.59 所示。

图 13.2.58 编辑初步 ISDX 曲线 10

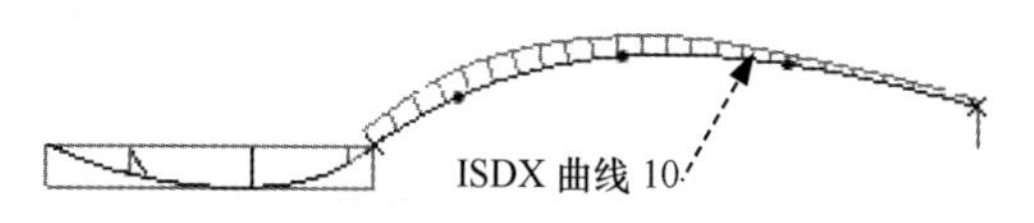

图 13.2.59 ISDX 曲线 10 的曲率图

Step5. 创建图 13.2.60 所示的第四个 ISDX 曲面。在 样式 功能选项卡 曲面 区域中单击“曲面”按钮；按住 Ctrl 键，然后依次选取图 13.2.61 所示的 ISDX 曲线 9 和 ISDX 曲线 8。单击“造型：曲面”操控板中区域的 ● 单击此处添加项 字符，选取 ISDX 曲线 10，单击该操控板中的 ✔ 按钮。

Step6. 完成造型设计，退出造型环境。

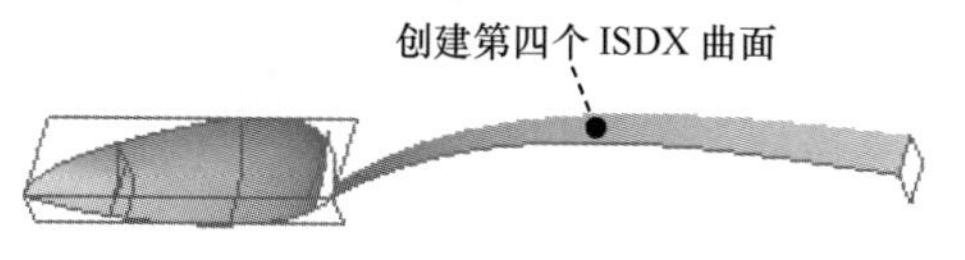

图 13.2.60 创建第四个 ISDX 曲面

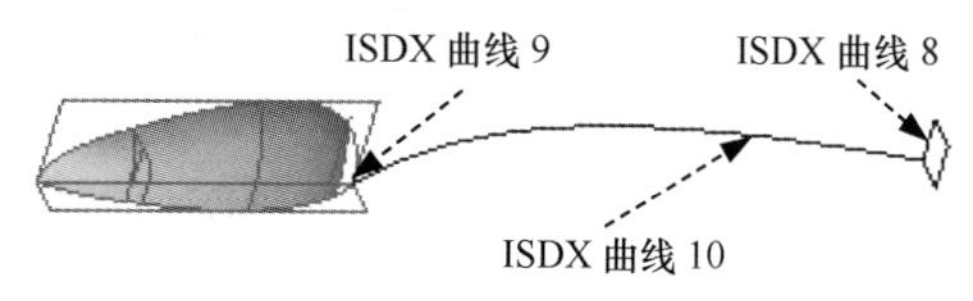

图 13.2.61 选取 ISDX 曲线

Stage5. 创建第三个 ISDX 曲面特征

Step1. 进入造型环境。单击 模型 功能选项卡 曲面 ▾ 区域中的“样式”按钮 样式。

Step2. 创建图 13.2.62 所示的 ISDX 曲线 11。

（1）创建初步的 ISDX 曲线 11。在 样式 功能选项卡 曲线 ▾ 区域中单击“曲线”按钮，单击“造型：曲线”操控板中“创建自由曲线”按钮；绘制图 13.2.63 所示的初步的 ISDX 曲线 11，然后单击该操控板中的 ✔ 按钮。

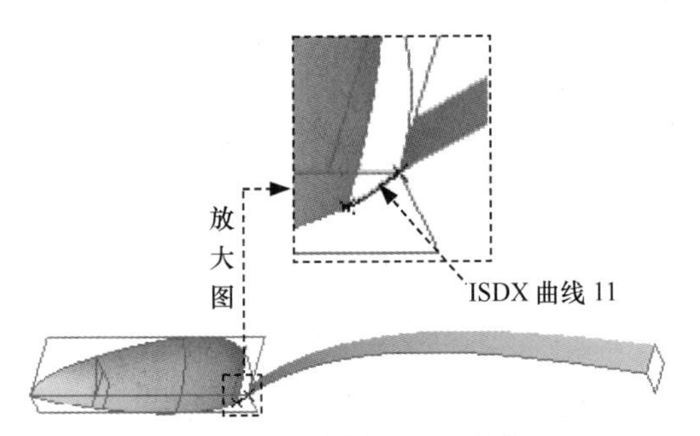

图 13.2.62　创建 ISDX 曲线 11

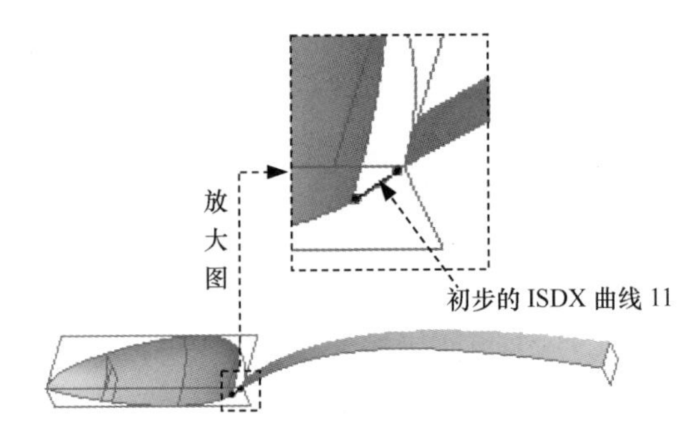

图 13.2.63　创建初步的 ISDX 曲线 11

（2）编辑初步的 ISDX 曲线 11。在 样式 功能选项卡 曲线 ▾ 区域中单击 曲线编辑 按钮，然后选取初步的 ISDX 曲线 11；按住 Shift 键，拖动 ISDX 曲线 11 的左、右端点，分别将其与下落曲线 1 的下端点和 ISDX 曲线 9 的下端点对齐（当显示“×”符号时，表明两点对齐）；单击“造型：曲线编辑”操控板中的 ✔ 按钮。

注意：编辑 ISDX 曲线 11 时，先选取初步的 ISDX 曲线 11，然后在“造型：曲线编辑”操控板中单击 相切 按钮，选取 ISDX 曲线 11 的左端点，在弹出的“相切”界面中，在约束的第一个栏里选中 曲面相切 选项，在第二个栏里选中 自然 选项。同样，编辑 ISDX 曲线 11 的右端点时，在“相切”界面中约束的第一个栏里选中 曲面相切 选项，在第二个栏里选中 自然 选项。

Step3. 创建图 13.2.64 所示的 ISDX 曲线 12。

（1）创建初步的 ISDX 曲线 12。单击 样式 功能选项卡 曲线 ▾ 区域中的“曲线”按钮，单击“造型：曲线”操控板中“创建自由曲线”按钮；绘制图 13.2.65 所示的初步的 ISDX 曲线 12，然后单击该操控板中的 ✔ 按钮。

（2）编辑初步的 ISDX 曲线 12。在 样式 功能选项卡 曲线 ▾ 区域中单击 曲线编辑 按钮，然后选取 ISDX 曲线 12；按住 Shift 键，拖动 ISDX 曲线 12 的上、下端点，分别将其与下落曲线 1 的下端点和 ISDX 曲线 9 的下端点对齐（当显示“×”符号时，表明两点对齐）。

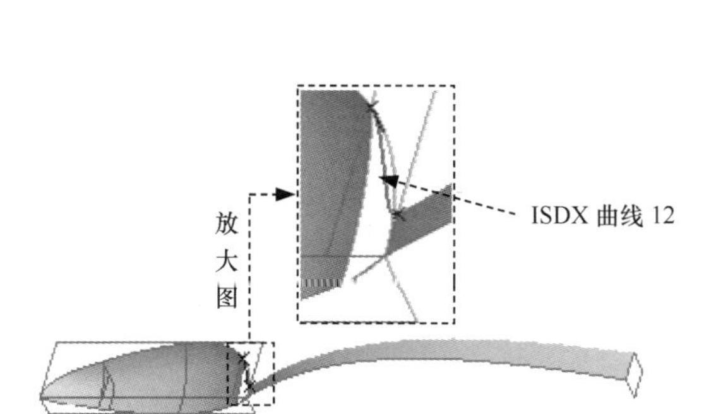

图 13.2.64 创建 ISDX 曲线 12

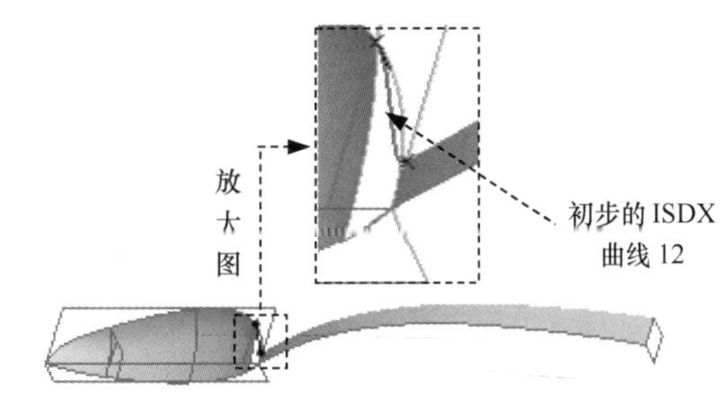

图 13.2.65 创建初步的 ISDX 曲线 12

（3）编辑 ISDX 曲线 12。在 样式 功能选项卡 曲线 ▾ 区域中单击 曲线编辑 按钮，选取初步的 ISDX 曲线 12 进行编辑；单击“造型：曲线编辑”操控板中的 ✔ 按钮。

注意：编辑 ISDX 曲线 12 时，先选取初步的 ISDX 曲线 12，在“造型：曲线编辑”操控板中单击 相切 按钮，选取 ISDX 曲线 12 的下端点；在弹出的“相切”界面中，在约束的第一个栏里选中 G1 - 曲面相切 选项，在第二个栏里选中 自由 选项，并在属性栏里输入长度值 1.0、角度值 270.0；编辑 ISDX 曲线 12 的上端点时，在“相切”界面中约束的第一个栏里选中 G1 - 曲面相切 选项，在第二个栏里选中 自然 选项。

Step4. 创建图 13.2.66 所示的第五个 ISDX 曲面。在 样式 功能选项卡 曲面 区域中单击“曲面”按钮 ；按住 Ctrl 键，依次选取图 13.2.67 所示的 ISDX 曲线 12、下落曲线 1、ISDX 曲线 11 和 ISDX 曲线 9；单击操控板中的 ✔ 按钮。

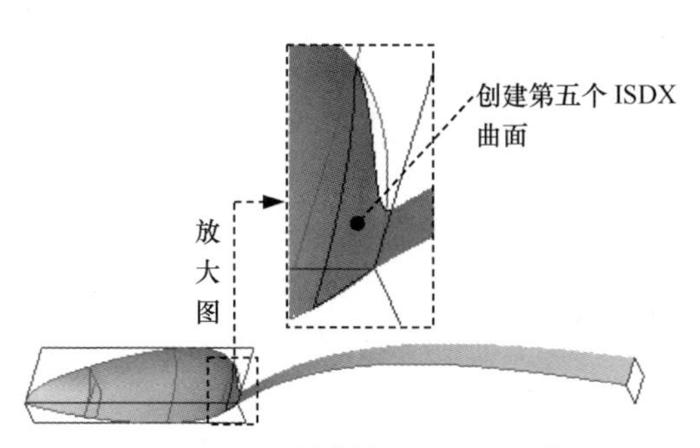

图 13.2.66 创建第五个 ISDX 曲面

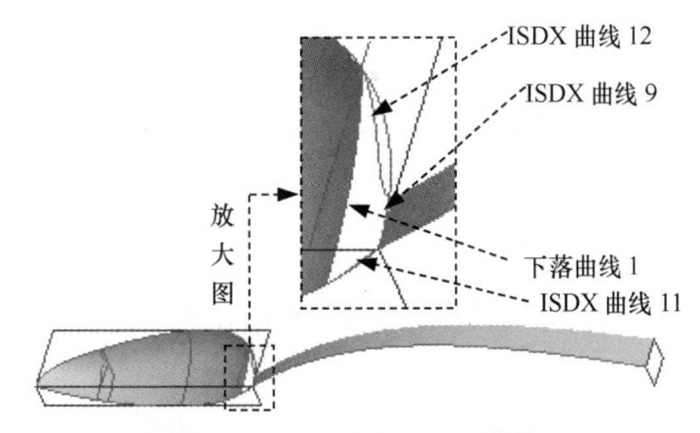

图 13.2.67 选取 ISDX 曲线

Step5. 完成造型设计，退出造型环境。

Stage6. 合并、镜像曲面

Step1. 合并曲面。按住 Ctrl 键，依次选取要合并的曲面（最好两两合并），单击 模型 功能选项卡 编辑 ▾ 区域中的 合并 按钮，单击 ✔ 按钮，完成曲面合并 1、2 的创建。

Step2. 创建图 13.2.68 所示的镜像面组。选取要镜像的曲面，单击 模型 功能选项卡 编辑 ▾ 区域中的 镜像 按钮；选取 FRONT 基准平面为镜像平面；单击 ✔ 按钮，完成镜像特征的创建。

Step3. 将镜像面组与源面组合并。按住 Ctrl 键，选取要合并的两个面组，单击 模型 功能选项卡 编辑▼ 区域中的 合并 按钮；单击 ✓ 按钮，完成曲面合并 3 的创建。

Stage7. 加厚 ISDX 曲面

加厚上面创建的曲面，如图 13.2.69 所示，选取要加厚的合并曲面；单击 模型 功能选项卡 编辑▼ 区域中的 加厚 按钮，在“加厚”操控板中输入厚度值 1.0，加厚的箭头方向如图 13.2.69 所示；单击 ✓ 按钮，完成加厚操作。

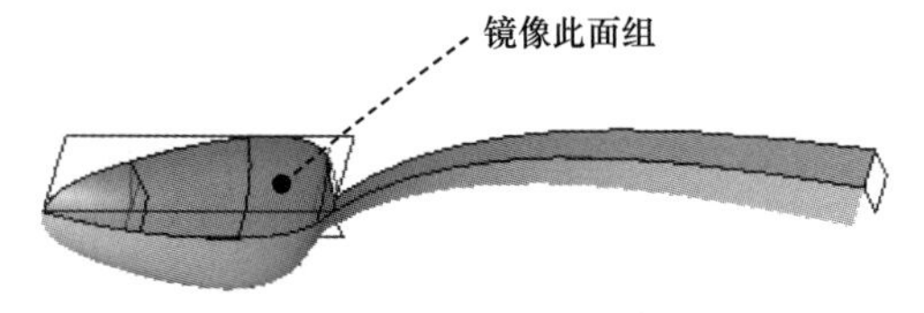

图 13.2.68 镜像面组

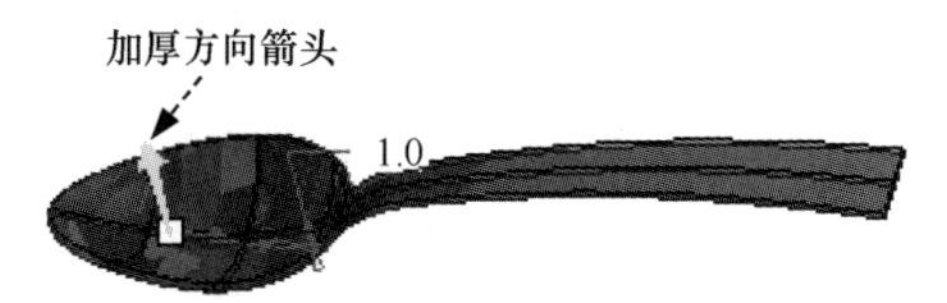

图 13.2.69 加厚 ISDX 曲面

Stage8. 添加倒圆角特征

Step1. 创建图 13.2.70 所示的倒圆角 1。按住 Ctrl 键，选取图 13.2.71 示的两条边为倒圆角的边线，倒圆角半径值为 4.0。

图 13.2.70 倒圆角 1　　图 13.2.71 选取边

Step2. 创建图 13.2.72b 所示的倒圆角 2。选取图 13.2.72a 所示的边为倒圆角的边线，倒圆角半径值为 10.0。

Step3. 创建图 13.2.73 所示的倒圆角 3。选取图 13.2.73a 所示的边为倒圆角的边线，倒圆角半径值为 1.5。

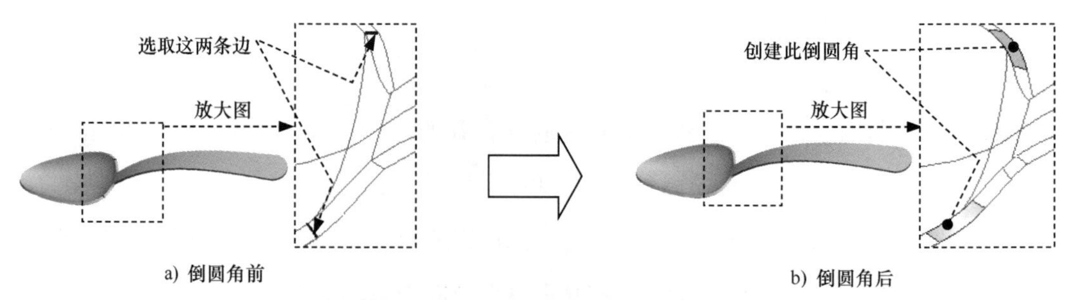

a) 倒圆角前　　b) 倒圆角后

图 13.2.72 倒圆角 2

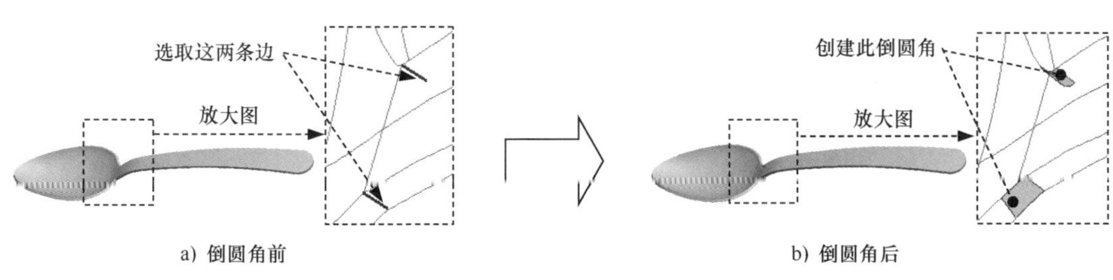

图 13.2.73 倒圆角 3

Step4. 创建图 13.2.74 所示的完全倒圆角。按住 Ctrl 键，选取图 13.2.74a 所示的两条边线为倒圆角的边线；在“倒圆角”操控板中单击 集 按钮，单击该界面中的 完全倒圆角 按钮；单击该操控板中的 ✓ 按钮，完成完全倒圆角的创建。

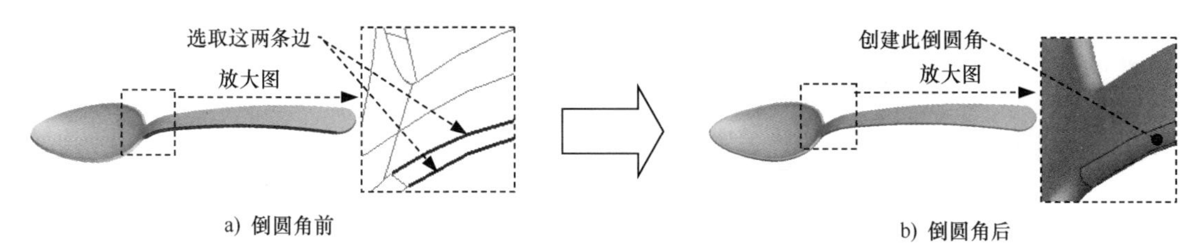

图 13.2.74 完全倒圆角

Stage9. 隐藏曲线和曲面并存盘

Step1. 在模型树中选择 样式 1，右击，从系统弹出的快捷菜单中选择 隐藏 命令。用同样的方法隐藏 样式 2 等。

Step2. 隐藏曲线和曲面。选择导航选项卡中的 ▾ → 层树(L) 命令，在层树中选取 QUILT 层，右击，从系统弹出的快捷菜单中选择 隐藏 命令。

Step3. 保存零件模型文件。

13.3 ISDX 曲面设计范例 3——玩具汽车

范例概述

本范例是一个非常复杂的 ISDX 曲面建模的例子。其建模思路是先进入 ISDX 模块，创建相应的 ISDX 曲线并对其进行编辑；再利用这些 ISDX 曲线构建出 ISDX 曲面，并进行曲面修剪；还使用了曲面偏移、曲线偏移和曲线投影等命令创建表面特征；最后使用曲面镜像、曲面合并和曲面加厚等命令进行最后的造型。零件模型及模型树如图 13.3.1 所示。

Stage1. 设置工作目录

选择下拉菜单 文件 → 管理会话(M) → 选择工作目录(W) 更改工作目录。 命令，将工作目录

设置至 D：\creo8.8\work\ch13.03。新建并命名零件的模型为 CAR。

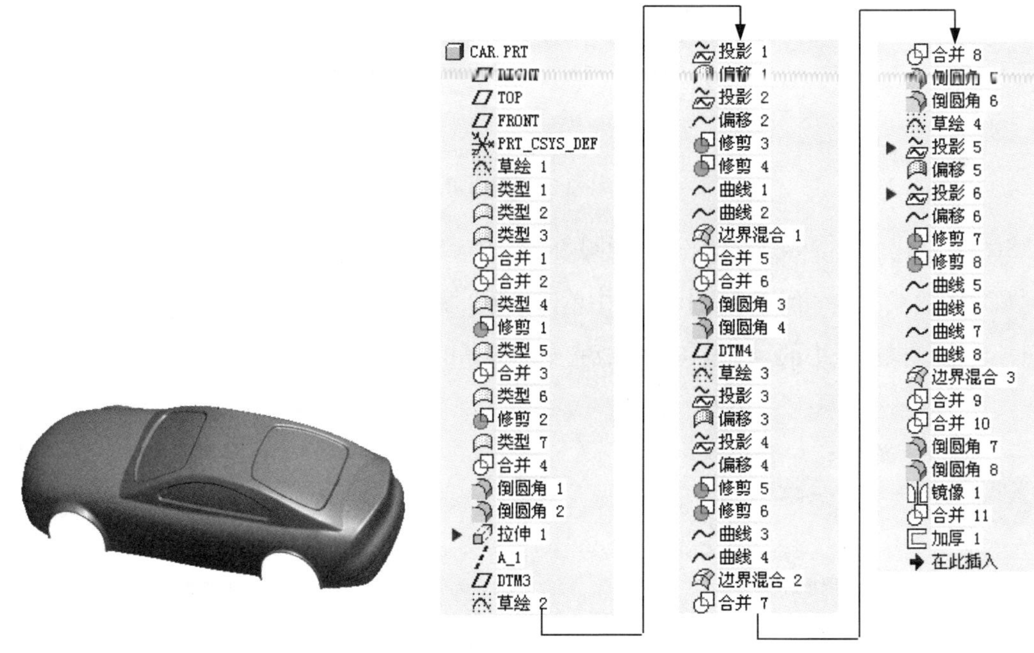

图 13.3.1　零件模型及模型树

Stage2. 创建基准曲线

创建图 13.3.2 所示的基准曲线 1。单击“草绘”按钮，选取 RIGHT 基准平面为草绘平面，选取 TOP 基准平面为参考平面，方向为 上；单击 草绘 按钮，绘制图 13.3.3 所示的草图。

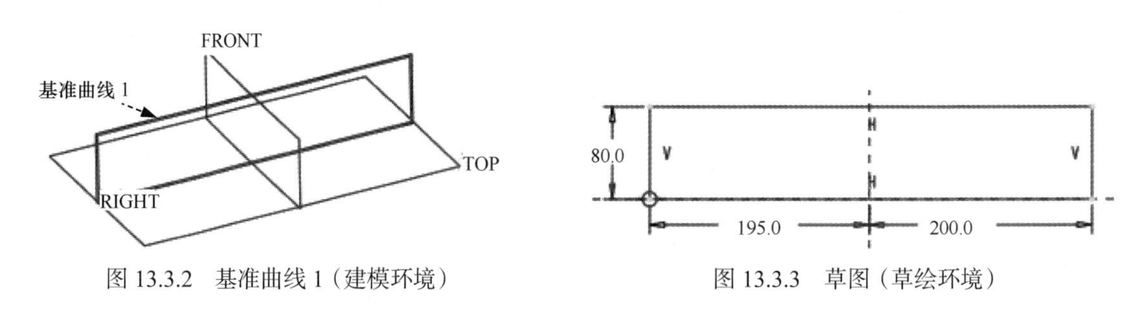

图 13.3.2　基准曲线 1（建模环境）　　图 13.3.3　草图（草绘环境）

Stage3. 创建图 13.3.4 所示的第一个 ISDX 造型曲面特征

Step1. 进入造型环境。单击 模型 功能选项卡 曲面 ▾ 区域中的“样式”按钮 样式。

Step2. 创建图 13.3.5 所示的 ISDX 曲线 1_1。

（1）设置活动平面。在 样式 功能选项卡 平面 区域中单击“设置活动平面”按钮，选取 RIGHT 基准平面为活动平面。

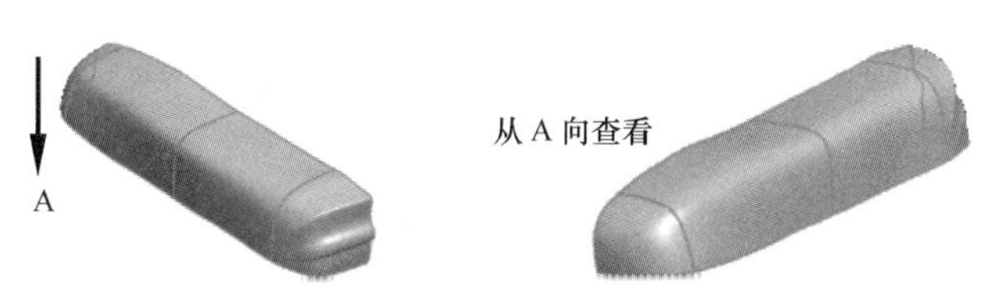

图 13.3.4　创建第一个 ISDX 曲面

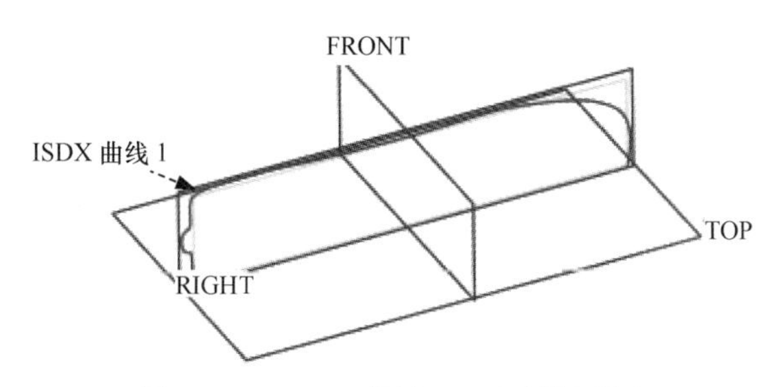

图 13.3.5　ISDX 曲线 1_1（建模环境）

（2）创建初步的 ISDX 曲线 1_1。在 样式 功能选项卡 曲线▼ 区域中单击“曲线”按钮 ，在“造型：曲线”操控板中单击 按钮；绘制初步的 ISDX 曲线 1_1，然后单击该操控板中的 ✔ 按钮。

（3）对 ISDX 曲线 1_1 进行编辑。在 样式 功能选项卡 曲线▼ 区域中单击 曲线编辑 按钮，然后选取 ISDX 曲线 1_1；拖动点 1（ISDX 曲线 1_1 的左端点）到基准曲线 1 的左下交点；拖动点 2 到基准曲线 1 的左上交点；拖动点 3（ISDX 曲线 1_1 的右端点）到基准曲线 1 的右下交点（具体操作请参看随书学习资源视频）；结果如图 13.3.6 所示，完成编辑后，单击“造型：曲线编辑”操控板中的 ✔ 按钮。

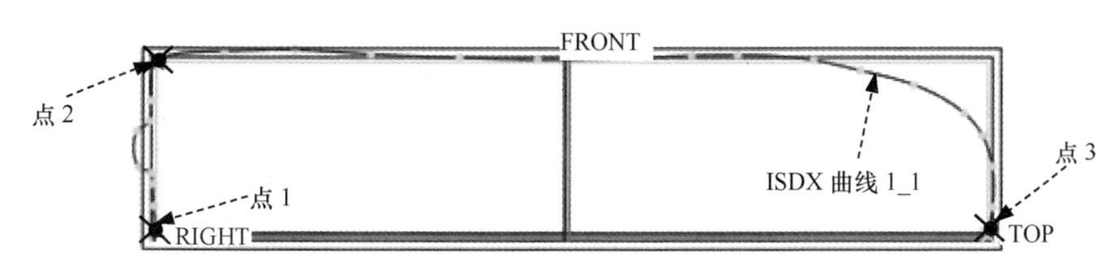

图 13.3.6　创建 ISDX 曲线 1_1

Step3. 创建图 13.3.7 所示的 ISDX 曲线 1_2。

（1）设置活动平面。在 样式 功能选项卡 平面 区域中单击“设置活动平面”按钮 ，选取 FRONT 基准平面为活动平面。

（2）创建初步的 ISDX 曲线 1_2。在 样式 功能选项卡 曲线▼ 区域中单击“曲线”按钮 ，在“造型：曲线”操控板中单击 按钮；绘制初步的 ISDX 曲线 1_2，然后单击该操控板中的 ✔ 按钮。

（3）编辑 ISDX 曲线 1_2。

① 在 样式 功能选项卡 曲线 ▾ 区域中单击 曲线编辑 按钮，然后选取初步的 ISDX 曲线 1_2。

② 按住 Shift 键，拖动 ISDX 曲线 1_2 的左上端点，将其与 ISDX 曲线 1_1 相交，如图 13.3.7 所示；设置 ISDX 曲线 1_2 的左上端点的切向与 RIGHT 基准平面垂直，切线长度值为 40.0。

③ 对照曲率图，拖移 ISDX 曲线 1_2 的其余自由点编辑曲线，其结果如图 13.3.8 所示。

④ 完成编辑后单击 ✔ 按钮。

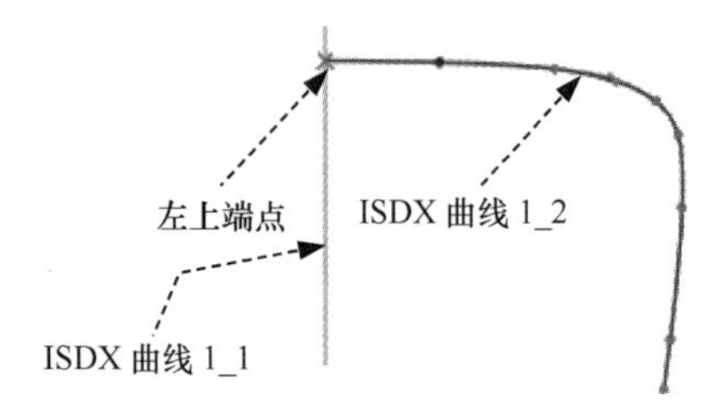

图 13.3.7　编辑初步的 ISDX 曲线

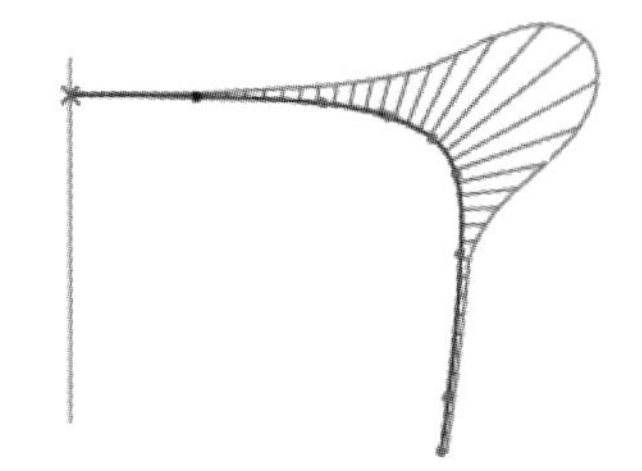

图 13.3.8　曲率图

Step4. 创建图 13.3.9 所示的 ISDX 曲线 1_3。

（1）创建初步的 ISDX 曲线 1_3。在 样式 功能选项卡 曲线 ▾ 区域中单击“曲线”按钮 ～，在“造型：曲线”操控板中单击“创建自由曲线”按钮 ～；绘制初步的 ISDX 曲线 1_3，然后单击该操控板中的 ✔ 按钮。

（2）编辑初步的 ISDX 曲线 1_3。

① 在 样式 功能选项卡 曲线 ▾ 区域中单击 曲线编辑 按钮，然后选取初步的 ISDX 曲线 1_3。

② 按住 Shift 键，拖动 ISDX 曲线 1_3 的左端点，将其与 ISDX 曲线 1_1 相交，如图 13.3.9a 所示；设置 ISDX 曲线 1_3 的左端点切向与 RIGHT 基准平面垂直，切线长度值为 30.0。

③ 拖移 ISDX 曲线 1_3 的其余自由点编辑曲线，其结果如图 13.3.9b 所示；选取 FRONT 视图，编辑曲线如图 13.3.9c 所示；选取 RIGHT 视图，编辑曲线如图 13.3.9d 所示。

④ 完成编辑后单击 ✔ 按钮。

Step5. 创建图 13.3.10 所示的 ISDX 曲线 1_4。

（1）创建初步的 ISDX 曲线 1_4。在 样式 功能选项卡 曲线 ▾ 区域中单击“曲线”按钮 ～，在“造型：曲线”操控板中单击“创建自由曲线”按钮 ～；绘制初步的 ISDX 曲线 1_4，然后单击该操控板中的 ✔ 按钮。

（2）编辑初步的 ISDX 曲线 1_4。

① 在 样式 功能选项卡 曲线 ▾ 区域中单击 曲线编辑 按钮，然后选取 ISDX 曲线 1_4。

② 按住 Shift 键，拖动 ISDX 曲线 1_4 的下端点，将其与 ISDX 曲线 1_3 相交，单击“造型：曲线编辑”操控板中的 相切 按钮，在系统弹出的界面中的 第一 选择约束为 曲率 选

项；拖动图 13.3.10a 所示的点 1，将其与 ISDX 曲线 1_2 的端点重合。

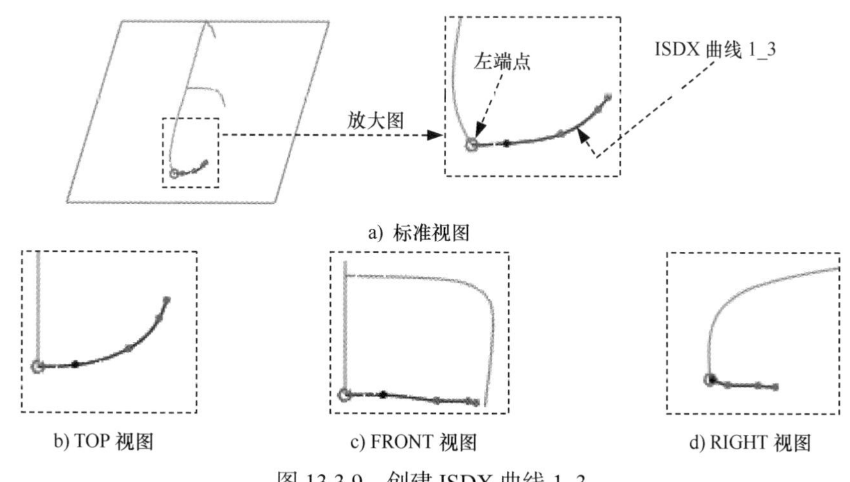

图 13.3.9　创建 ISDX 曲线 1_3

③ 拖移 ISDX 曲线 1_4 的其余自由点编辑曲线，其结果如图 13.3.10 所示。

④ 完成编辑后单击 ✔ 按钮。

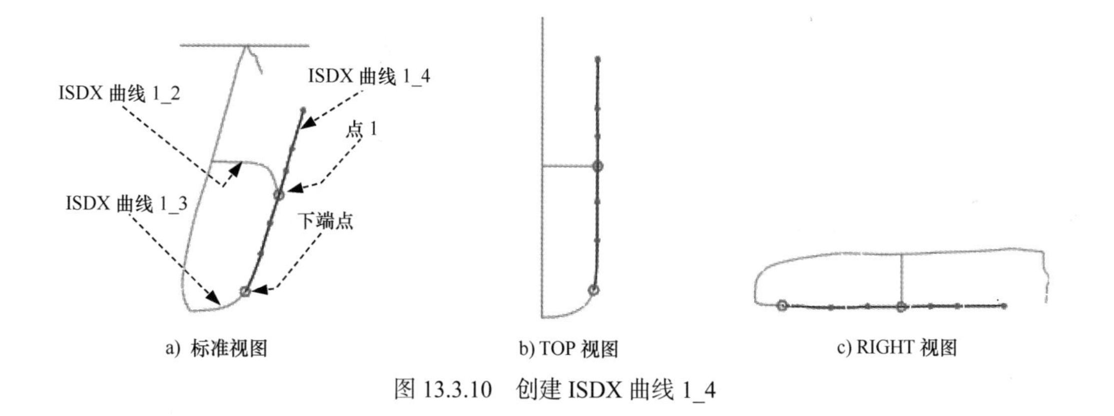

图 13.3.10　创建 ISDX 曲线 1_4

Step6. 创建图 13.3.11 所示的内部基准平面 DTM1。选择 **样式** 功能选项卡 **平面** 区域中“设置活动平面” 节点下的 **内部平面** 命令；选取 ISDX 曲线 1_3 和 ISDX 曲线 1_4 的交点为参考，约束类型为 **穿过**；选取 FRONT 基准平面为参考平面，约束类型为 **平行**；单击“基准平面”对话框中的 **确定** 按钮。

Step7. 创建图 13.3.12 所示的内部基准平面 DTM2。选择 **样式** 功能选项卡 **平面** 区域中“设置活动平面” 节点下的 **内部平面** 命令；选取图 13.3.12 所示的 ISDX 曲线 1_4 的端点为参考，约束类型为 **穿过**；选取 FRONT 基准平面为参考平面，约束类型为 **平行**；单击“基准平面”对话框中的 **确定** 按钮。

Step8. 创建图 13.3.13 所示的 ISDX 曲线 1_5。

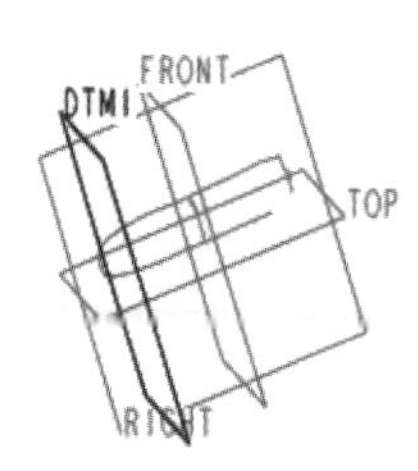

图 13.3.11　创建内部基准平面 DTM1

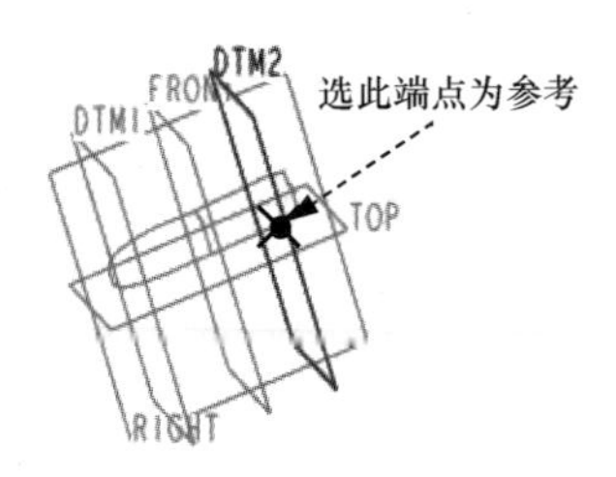

图 13.3.12　创建内部基准平面 DTM2

（1）设置活动平面。在 样式 功能选项卡 平面 区域中单击“设置活动平面”按钮，选取内部基准平面 DTM1 为活动平面。

（2）创建初步的 ISDX 曲线 1_5。在 样式 功能选项卡 曲线 ▾ 区域中单击“曲线”按钮，在“造型：曲线”操控板中单击 按钮；绘制初步的 ISDX 曲线 1_5，然后单击该操控板中的 ✔ 按钮。

（3）编辑初步的 ISDX 曲线 1_5。

① 在 样式 功能选项卡 曲线 ▾ 区域中单击 曲线编辑 按钮，然后选取初步的 ISDX 曲线 1_5。

② 按住 Shift 键，拖动 ISDX 曲线 1_5 的左上端点，将其与 ISDX 曲线 1_1 相交，并设置此点切向与 RIGHT 基准平面垂直，切线长度值为 40.0；拖动 ISDX 曲线 1_5 的右下端点，将其与 ISDX 曲线 1_3 相交，如图 13.3.14 所示。

③ 确认当前的视图为 FRONT，对照曲率图，拖移 ISDX 曲线 1_5 的其余自由点编辑曲线，其结果如图 13.3.15 所示。

④ 完成编辑后单击 ✔ 按钮。

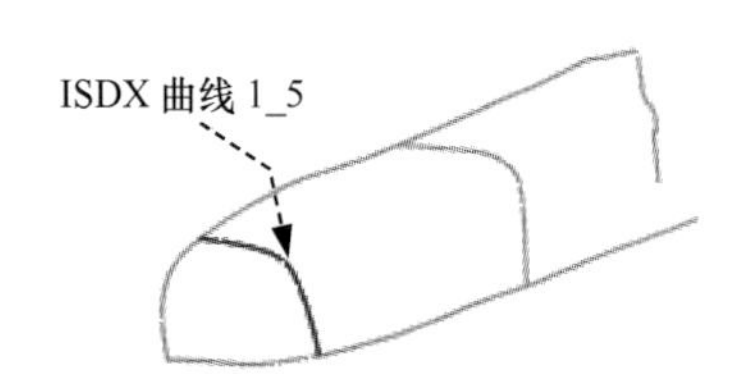

图 13.3.13　ISDX 曲线 1_5

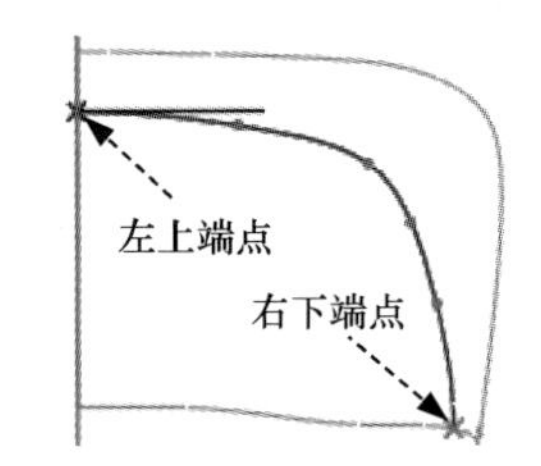

图 13.3.14　创建 ISDX 曲线 1_5

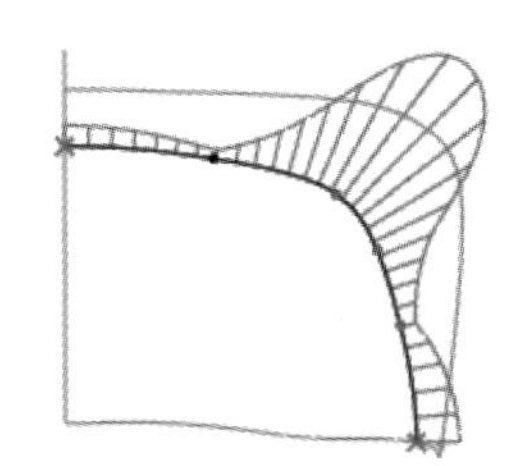
图 13.3.15　曲率图

Step9. 创建图 13.3.16a 所示的 ISDX 曲线 1_6。

（1）创建初步的 ISDX 曲线 1_6。在 样式 功能选项卡 曲线 ▾ 区域中单击“曲线”按钮，在“造型：曲线”操控板中单击 按钮；绘制初步的 ISDX 曲线 1_6，然后单击该操控板中的 ✔ 按钮。

（2）编辑初步的 ISDX 曲线 1_6。

① 在 样式 功能选项卡 曲线 ▾ 区域中单击 曲线编辑 按钮，然后选取 ISDX 曲线 1_6。

② 按住 Shift 键，拖动 ISDX 曲线 1_6 的左上端点与 ISDX 曲线 1_1 相交，设置此点切

向与 RIGHT 基准平面垂直，切线长度值为 40.0；拖动 ISDX 曲线 1_6 的右下端点与 ISDX 曲线 1_4 相交，单击“造型：曲线编辑”操控板中的 相切 按钮，选择约束为 曲率，如图 13.3.16a 所示。

③ 拖移 ISDX 曲线 1_6 的其余自由点，编辑 TOP 视图下的曲线，如图 13.3.16b 所示；FRONT 视图下的曲线如图 13.3.16c 所示；RIGHT 视图下的曲线如图 13.3.16d 所示。

④ 完成编辑后单击 ✔ 按钮。

Step10. 创建图 13.3.17 所示的 ISDX 曲线 1_7。

（1）设置活动平面。在 样式 功能选项卡 平面 区域中单击“设置活动平面”按钮，选取内部基准平面 DTM2 为活动平面。

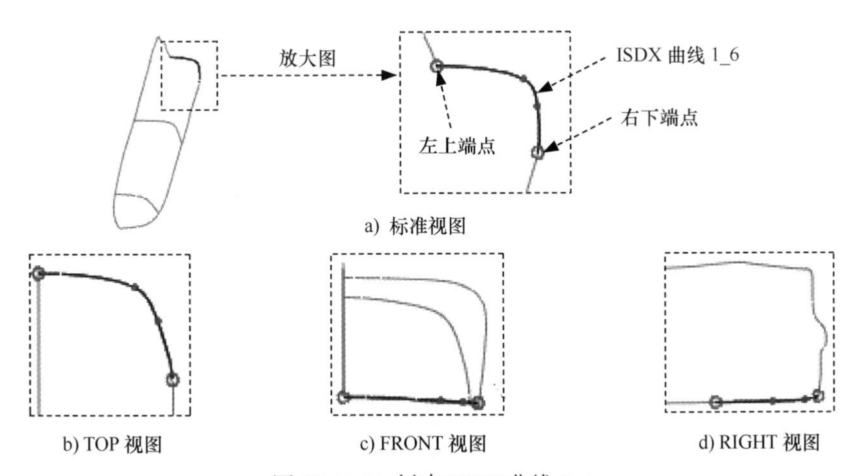

图 13.3.16 创建 ISDX 曲线 1_6

（2）创建初步的 ISDX 曲线 1_7。在 样式 功能选项卡 曲线 ▾ 区域中单击“曲线”按钮，在“造型：曲线”操控板中单击 按钮；绘制初步的 ISDX 曲线 1_7，然后单击该操控板中的 ✔ 按钮。

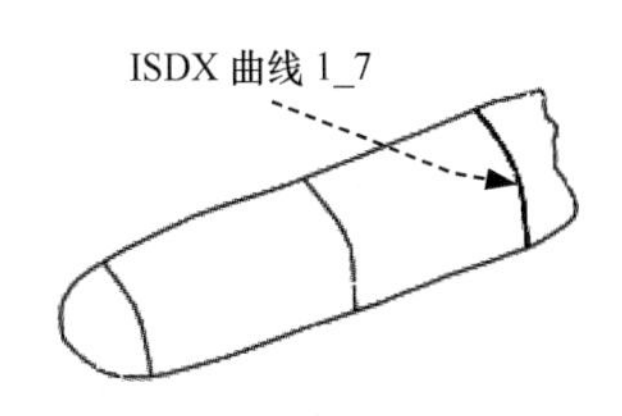

图 13.3.17 创建 ISDX 曲线 1_7

（3）编辑初步的 ISDX 曲线 1_7。

① 在 样式 功能选项卡 曲线 ▾ 区域中单击 曲线编辑 按钮，然后选取 ISDX 曲线 1_7。

② 编辑 ISDX 曲线 1_7 的左上端点与 ISDX 曲线 1_1 相交，并设置此点切向与 RIGHT 基准平面垂直，切线长度值为 45.0；编辑 ISDX 曲线 1_7 的右下端点与 ISDX 曲线 1_4 相交，如图 13.3.18 所示。

③ 对照曲率图，拖移 ISDX 曲线 1_7 的其余自由点编辑曲线，其结果如图 13.3.19 所示。完成编辑后单击 ✔ 按钮。

Step11. 创建图 13.3.20b 所示的 ISDX 曲面 1_1。

（1）在 样式 功能选项卡 曲面 区域中单击“曲面”按钮。

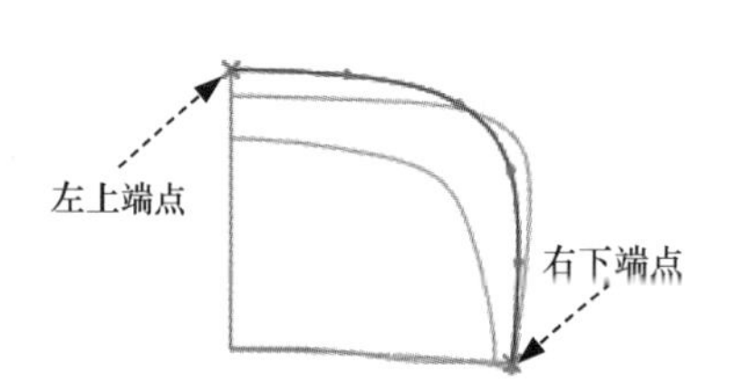

图 13.3.18 编辑初步的 ISDX 曲线 1_7

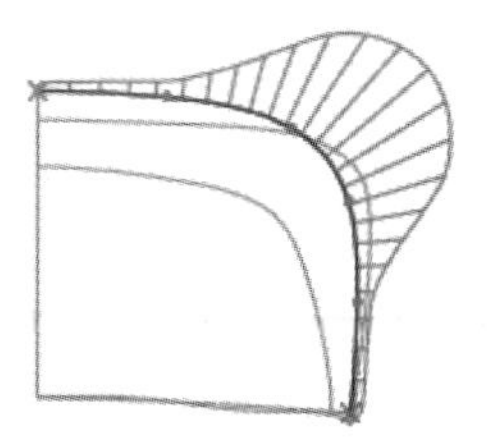
图 13.3.19 曲率图

（2）选取边界曲线。按住 Ctrl 键，依次选取图 13.3.20 所示的 ISDX 曲线 1_1、ISDX 曲线 1_5、ISDX 曲线 1_2 和 ISDX 曲线 1_7，系统便以这四条曲线为边界创建一个局部 ISDX 曲面。

（3）在“造型：曲面”操控板中单击 内部 下面的区域，然后按住 Ctrl 键，选取图 13.3.20a 所示的 ISDX 曲线 1_4 为 ISDX 曲面的内部控制曲线。

（4）完成 ISDX 曲面 1_1 的创建后，单击该操控板中的 ✔ 按钮。

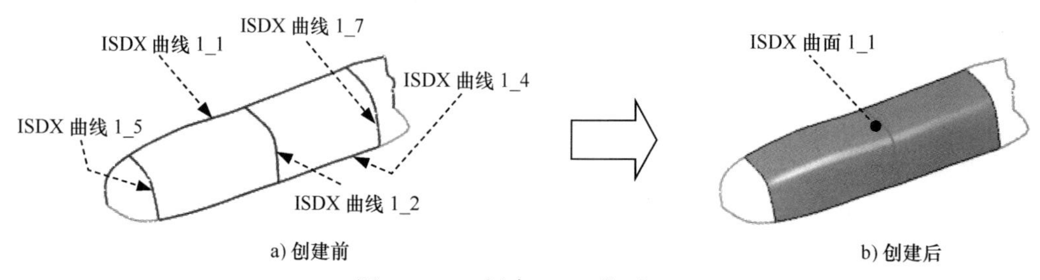

图 13.3.20 创建 ISDX 曲面 1_1

Step12. 创建图 13.3.21b 所示的 ISDX 曲面 1_2。

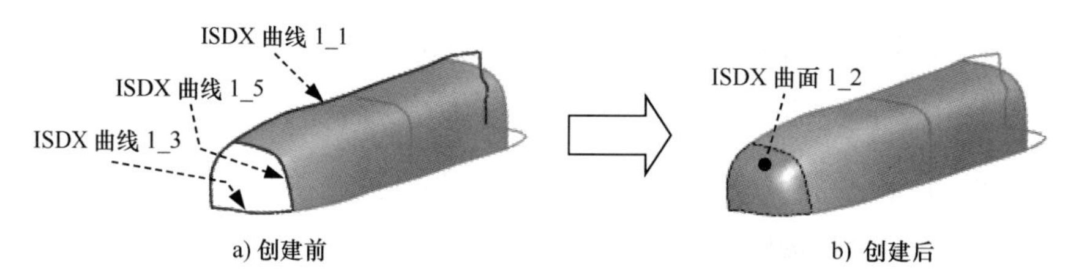

图 13.3.21 创建 ISDX 曲面 1_2

（1）在 样式 功能选项卡 曲面 区域中单击“曲面”按钮。

（2）选取边界曲线。按住 Ctrl 键，依次选取图 13.3.21a 所示的 ISDX 曲线 1_1、ISDX 曲线 1_5 和 ISDX 曲线 1_3，系统便以这三条曲线为边界创建一个局部 ISDX 曲面。

（3）完成 ISDX 曲面 1_2 的创建后，单击“造型：曲面”操控板中的 ✔ 按钮。

Step13. 创建图 13.3.22b 所示的 ISDX 曲面 1_3。

（1）在 样式 功能选项卡 曲面 区域中单击“曲面”按钮。

（2）选取边界曲线。按住 Ctrl 键，依次选取图 13.3.22a 所示的 ISDX 曲线 1_1、ISDX 曲线 1_7 和 ISDX 曲线 1_6，系统便以这三条曲线为边界创建一个局部 ISDX 曲面。

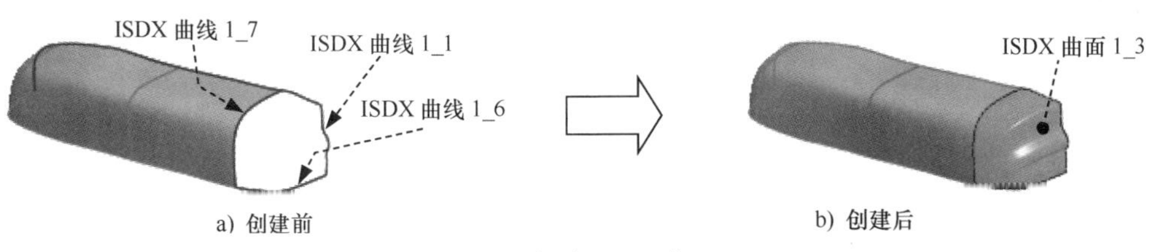

图 13.3.22　创建 ISDX 曲面 1_3

（3）完成 ISDX 曲面 1_3 的创建后，单击“造型：曲面”操控板中的 ✔ 按钮。

Step14. 完成造型设计，退出造型环境。

Stage4. 创建第二个 ISDX 造型曲面特征

Step1. 进入造型环境。单击 模型 功能选项卡 曲面 ▾ 区域中的“样式”按钮 样式。

Step2. 创建图 13.3.23 所示的 ISDX 曲线 2_1。

（1）设置活动平面。在 样式 功能选项卡 平面 区域中单击“设置活动平面”按钮，选取 RIGHT 基准平面为活动平面。

（2）创建初步的 ISDX 曲线 2_1。在 样式 功能选项卡 曲线 ▾ 区域中单击“曲线”按钮，在“造型：曲线”操控板中单击 按钮；绘制初步的 ISDX 曲线 2_1，然后单击该操控板中的 ✔ 按钮。

（3）编辑初步的ISDX曲线2_1。对照曲率图，拖移ISDX曲线2_1的各自由点编辑曲线，其结果如图 13.3.24 所示。完成编辑后单击 ✔ 按钮。

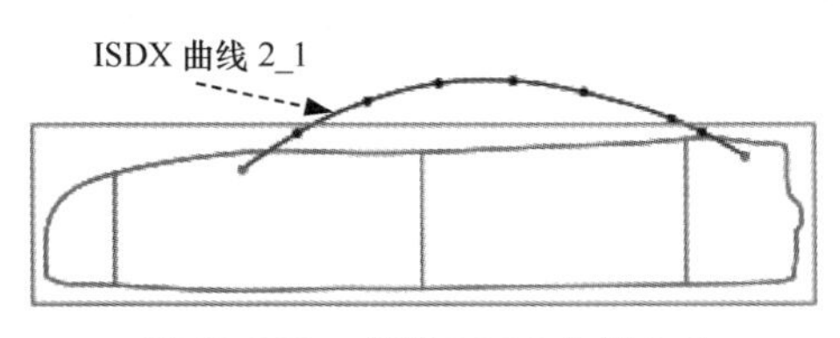

图 13.3.23　创建 ISDX 曲线 2_1

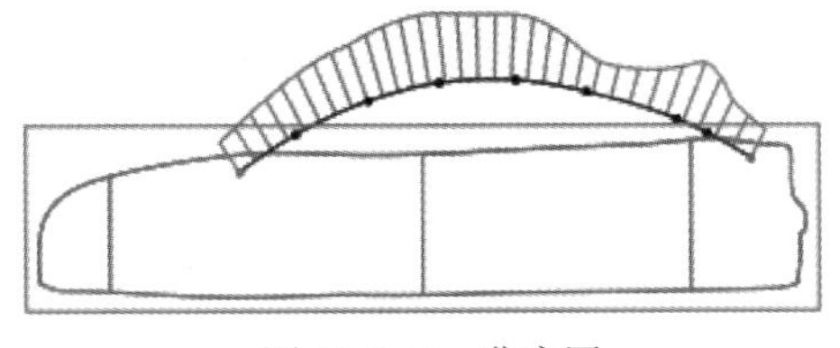

图 13.3.24　曲率图

Step3. 创建图 13.3.25 所示的 ISDX 曲线 2_2。

（1）设置活动平面。在 样式 功能选项卡 平面 区域中单击“设置活动平面”按钮，选取 FRONT 基准平面为活动平面。

（2）创建初步的 ISDX 曲线 2_2。在 样式 功能选项卡 曲线 ▾ 区域中单击“曲线”按钮，在“造型：曲线”操控板中单击 按钮；绘制初步的 ISDX 曲线 2_2，然后单击该操控板中的 ✔ 按钮。

（3）编辑初步的 ISDX 曲线 2_2。编辑 ISDX 曲线 2_2 的左端点与 ISDX 曲线 2_1 相交，并设置此点切向与 RIGHT 基准平面垂直，切线长度值为 18.0，如图 13.3.26 所示；对照曲率图，拖移其余自由点编辑曲线，其结果如图 13.3.27 所示。完成编辑后单击 ✔ 按钮。

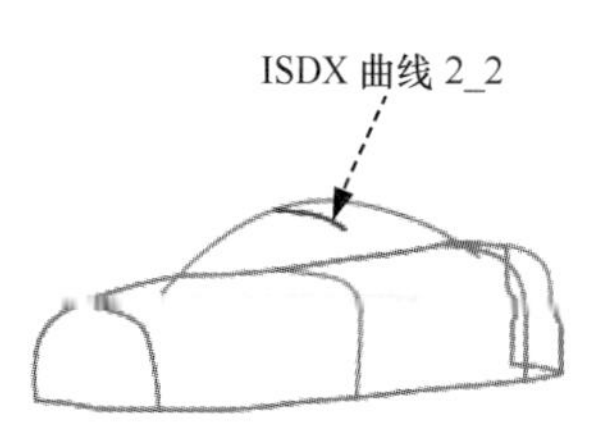

图 13.3.25　创建 ISDX 曲线 2_2

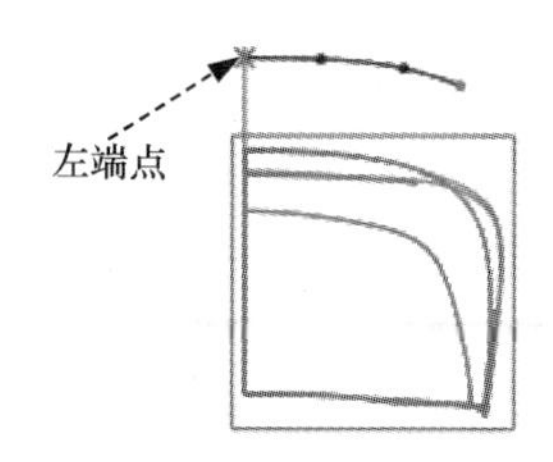

图 13.3.26　编辑初步的 ISDX 曲线 2_2

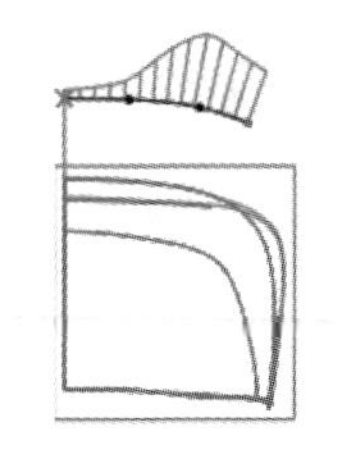

图 13.3.27　曲率图

Step4. 创建图 13.3.28b 所示的 ISDX 曲面 2。

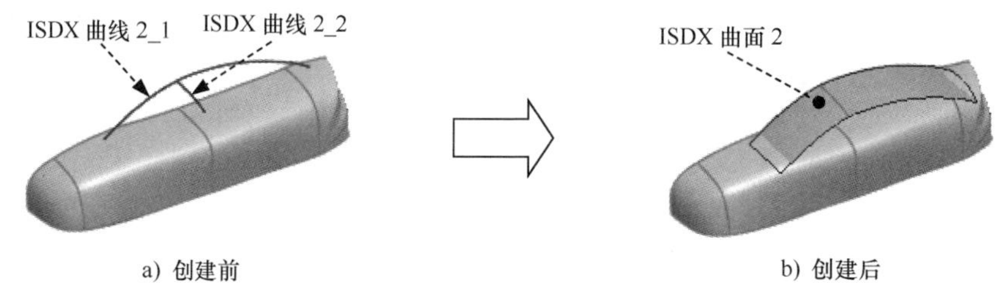

图 13.3.28　创建 ISDX 曲面 2

（1）在 样式 功能选项卡 曲面 区域中单击“曲面”按钮 。

（2）选取边界曲线。选取 ISDX 曲线 2_1，在“造型：曲面”操控板中单击 内部 下面的区域，选取 ISDX 曲线 2_2 为 ISDX 曲面的横切控制曲线。

（3）完成 ISDX 曲面 2 的创建后，单击“造型：曲面”操控板中的 按钮。

Step5. 单击 按钮，完成造型设计。

Stage5. 创建图 13.3.29 所示的第三个 ISDX 曲面特征

Step1. 进入造型环境。单击 模型 功能选项卡 曲面▾ 区域中的“样式”按钮 样式。

Step2. 创建图 13.3.30 所示的 ISDX 曲线 3_1。

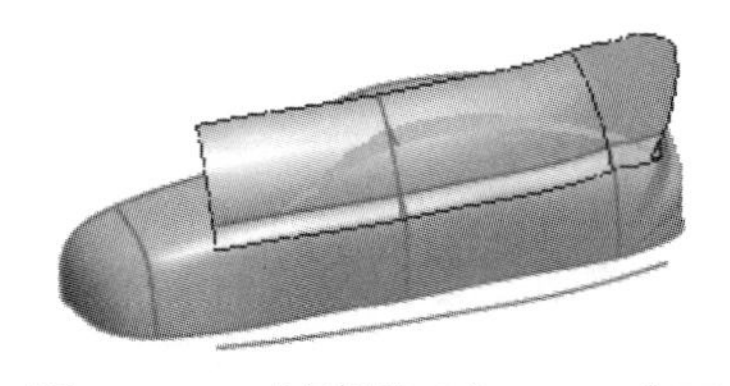

图 13.3.29　创建第三个 ISDX 曲面

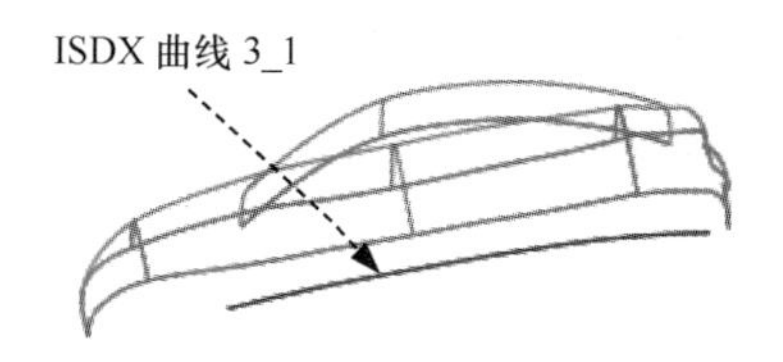

图 13.3.30　ISDX 曲线 3_1

（1）设置活动平面。在 样式 功能选项卡 平面 区域中单击“设置活动平面”按钮 ，选取 TOP 基准平面为活动平面。

（2）创建初步的 ISDX 曲线 3_1。在 样式 功能选项卡 曲线▾ 区域中单击“曲线”按钮 ，在“造型：曲线”操控板中单击 按钮；绘制初步的 ISDX 曲线 3_1，如图 13.3.31 所示。然后单击该操控板中的 按钮。

（3）编辑初步的ISDX曲线3_1。对照曲率图，拖移ISDX曲线3_1的各自由点编辑曲线，其结果如图13.3.32所示。完成编辑后单击 ✔ 按钮。

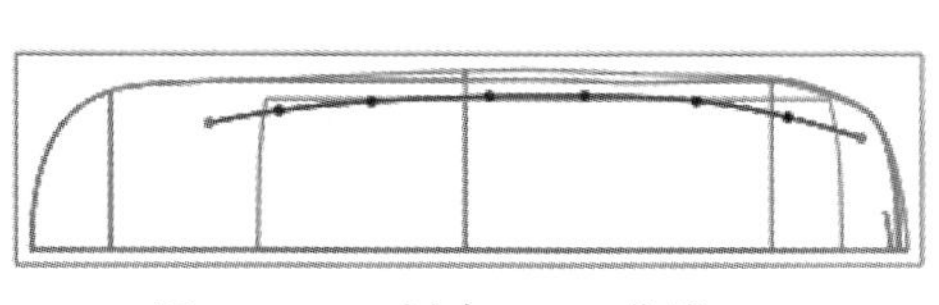

图13.3.31 创建ISDX曲线3_1

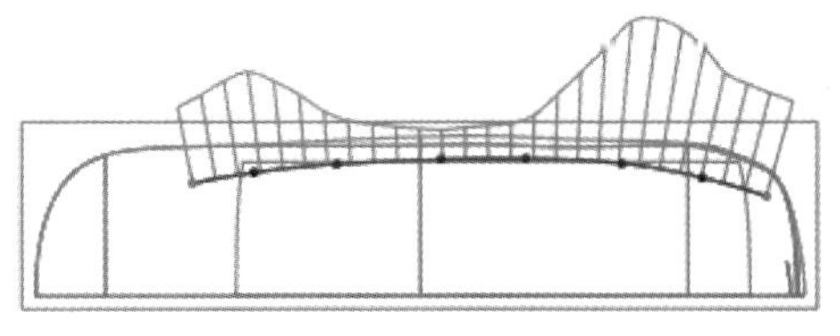

图13.3.32 曲率图

Step3. 创建图13.3.33所示的下落曲线3_2。

（1）在 样式 功能选项卡 曲线 ▾ 区域中单击 放置曲线 按钮；选取父特征曲线ISDX曲线3_1。

（2）选择父特征曲面。在“造型：放置曲线”操控板中单击 参考 按钮，在系统弹出的“参考”界面的 曲面 区域中单击 ● 单击此处添加项 字符，然后在系统 ◆选择要进行放置曲线的曲面. 的提示下，按住Ctrl键，选取父特征曲面，如图13.3.34所示。

（3）单击“造型：放置曲线”操控板中的 ✔ 按钮，完成对下落曲线3_2的创建。

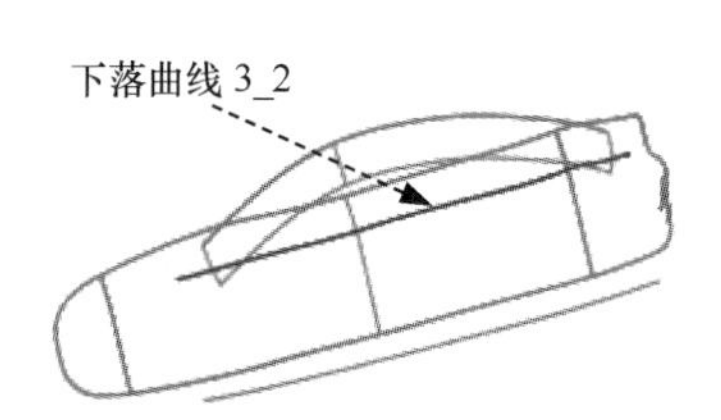

图13.3.33 创建下落曲线3_2

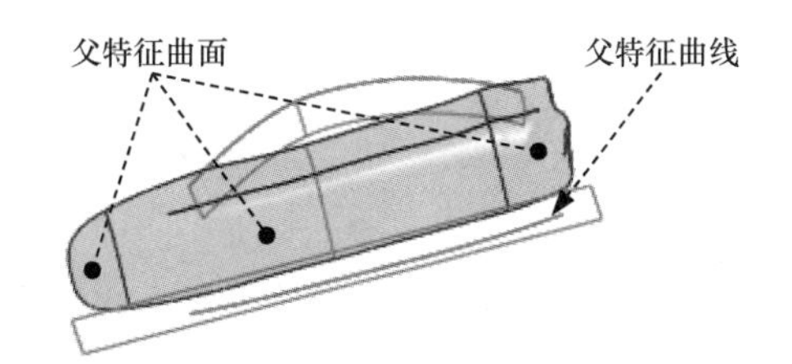

图13.3.34 选取父特征

Step4. 创建图13.3.35所示的ISDX曲线3_3。

（1）设置活动平面。在 样式 功能选项卡 平面 区域中单击“设置活动平面”按钮，选取FRONT基准平面为活动平面。

（2）创建初步的ISDX曲线3_3。在 样式 功能选项卡 曲线 ▾ 区域中单击“曲线”按钮，在“造型：曲线”操控板中单击 按钮；绘制初步的ISDX曲线3_3；然后单击该操控板中的 ✔ 按钮。

（3）编辑初步的ISDX曲线3_3。拖动图13.3.36所示的点1与下落曲线3_2相交；对照曲率图，拖移其余自由点编辑曲线，其结果如图13.3.37所示。完成编辑后单击 ✔ 按钮。

Step5. 创建图13.3.38b所示的ISDX曲面3。

（1）在 样式 功能选项卡 曲面 区域中单击“曲面”按钮。

（2）选取边界曲线。按住Shift键，选取下落曲线3_2。在“造型：曲面”操控板中单击 内部 下面的区域，选取ISDX曲线3_3为ISDX曲面的横切控制曲线。

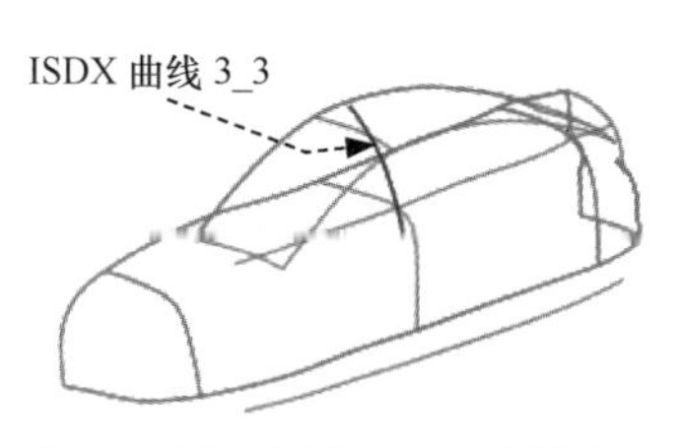

图 13.3.35　创建 ISDX 曲线 3_3

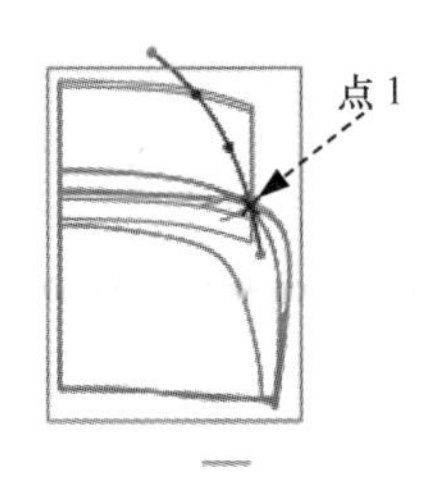

图 13.3.36　编辑初步的 ISDX 曲线 3_3

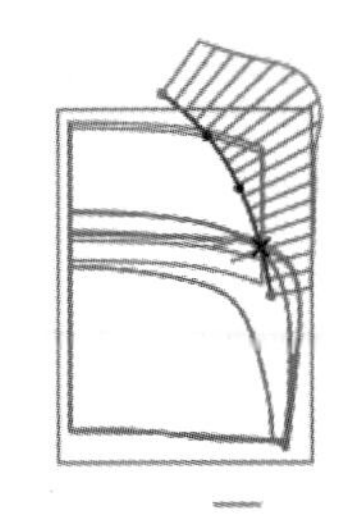
图 13.3.37　曲率图

（3）完成 ISDX 曲面 3 的创建后，单击该操控板中的 ✔ 按钮。

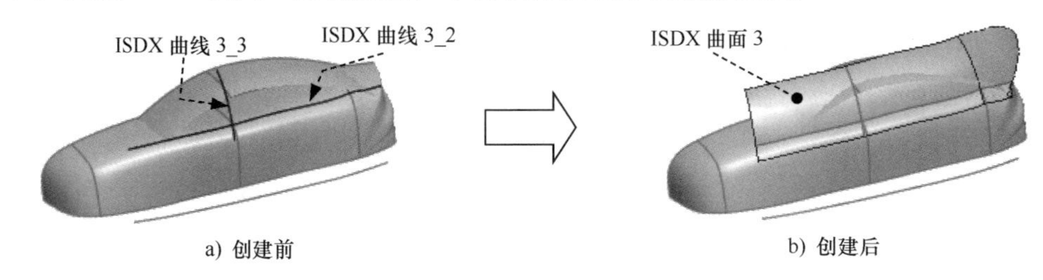

图 13.3.38　创建 ISDX 曲面 3

Step6.　单击 ✔ 按钮，完成造型设计。

Stage6. 合并曲面

Step1. 创建图 13.3.39c 所示的曲面合并 1。按住 Ctrl 键，选取 ISDX 曲面 2 与 ISDX 曲面 3 为合并对象，单击 模型 功能选项卡 编辑 ▾ 区域中的 合并 按钮；保留箭头方向如图 13.3.39 所示；单击 ✔ 按钮，完成曲面合并 1 的创建。

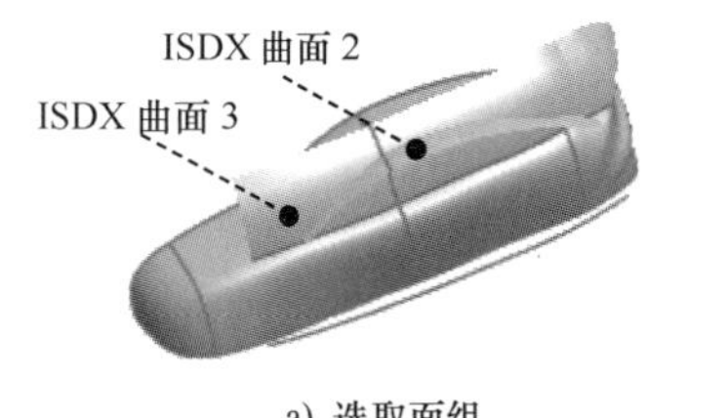

a）选取面组

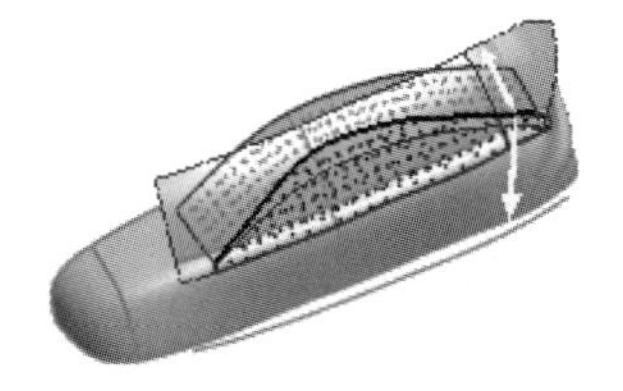
b）箭头方向

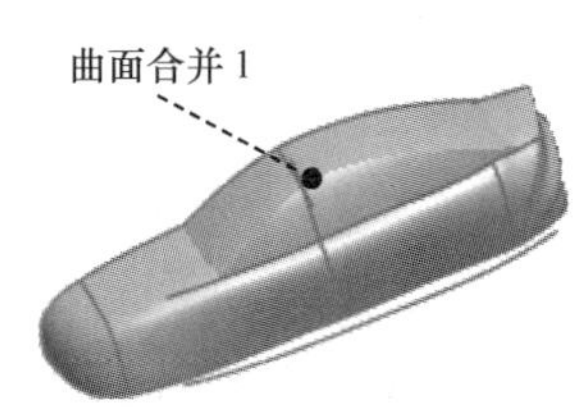

c）合并后

图 13.3.39　创建曲面合并 1

Step2. 创建曲面合并 2。按住 Ctrl 键，选取图 13.3.40 所示的面组 1 与 ISDX 曲面 1 为合并对象，单击 模型 功能选项卡 编辑 ▾ 区域中的 合并 按钮；接受图 13.3.41 所示的箭头方向；单击“确定”按钮 ✔，完成曲面合并 2 的创建。

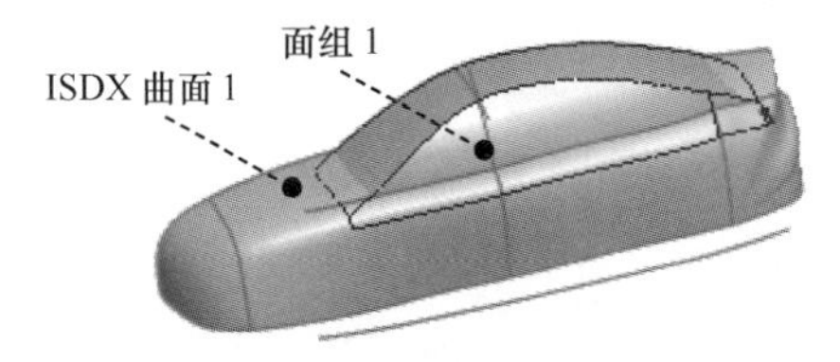

图 13.3.40　选取面组

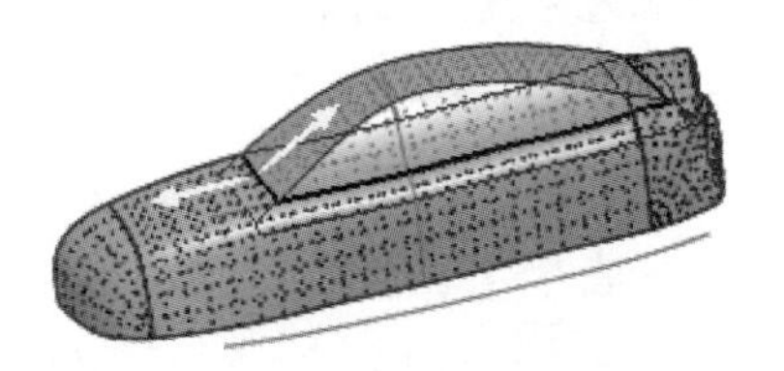
图 13.3.41　箭头方向

Stage7. 创建图 13.3.42 所示的曲面修剪合并特征

Step1. 创建图 13.3.43 所示的 ISDX 曲线 4_1。

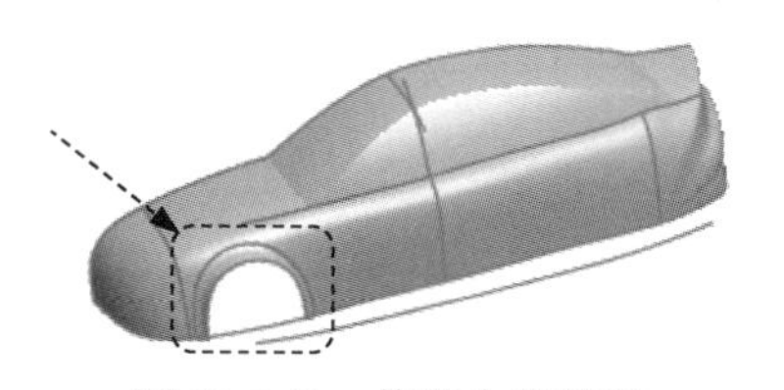

图 13.3.42 修剪合并特征

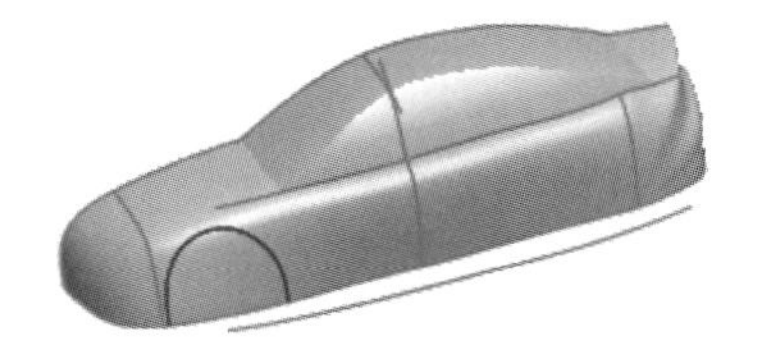

图 13.3.43 ISDX 曲线 4_1

（1）进入造型环境。单击 模型 功能选项卡 曲面 ▾ 区域中的“样式”按钮 样式。

（2）在 样式 功能选项卡 曲线 ▾ 区域中单击“曲线”按钮，在“造型：曲线”操控板中单击按钮，在造型曲面 1 上绘制初步的 ISDX 曲线 4；然后单击该操控板中的 ✔ 按钮。

（3）拖动 ISDX 曲线 4_1 的左端点和右端点，使其与图 13.3.44 所示的边相交；对照曲率图，拖移其余自由点编辑曲线，其结果如图 13.3.45 所示。完成编辑后单击 ✔ 按钮。

（4）单击 ✔ 按钮，完成造型设计。

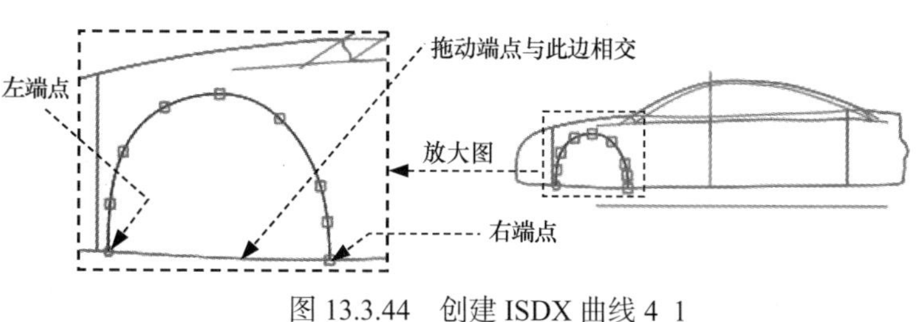

图 13.3.44 创建 ISDX 曲线 4_1

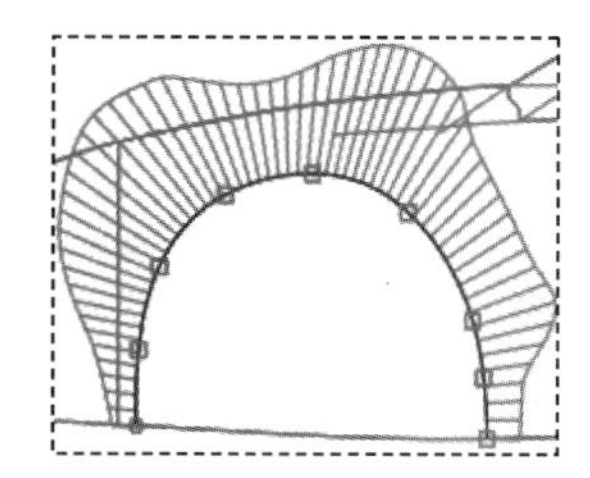

图 13.3.45 曲率图

Step2. 创建图 13.3.46 所示的曲面修剪特征 1。选取面组 2 为要修剪的曲面，单击 模型 功能选项卡 编辑 ▾ 区域中的 修剪 按钮；选取 ISDX 曲线 4_1 为修剪对象；调整图形区中的箭头使其指向要保留的部分，如图 13.3.47 所示；单击 ✔ 按钮，完成曲面的修剪。

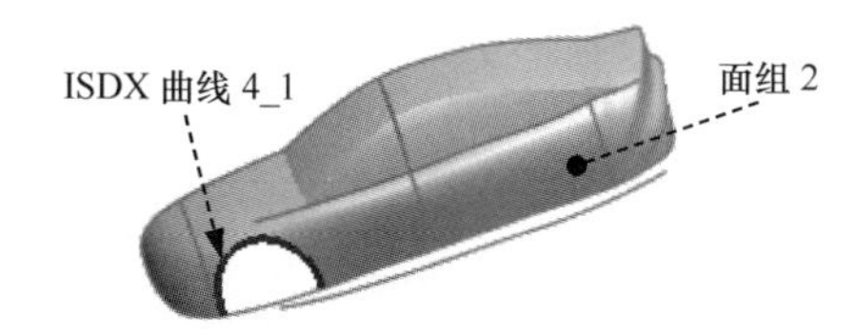

图 13.3.46 曲面修剪特征 1

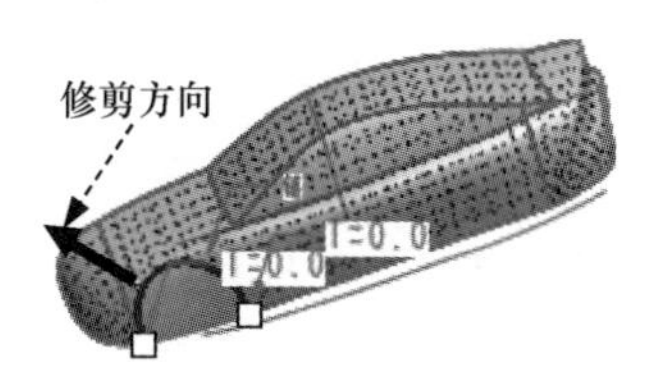

图 13.3.47 修剪方向

Step3. 创建 ISDX 曲面 4。

（1）进入造型环境。单击 模型 功能选项卡 曲面 ▾ 区域中的“样式”按钮 样式。

（2）创建 ISDX 曲线 4_2。在 样式 功能选项卡 曲线▼ 区域中单击“曲线”按钮，在操控板中单击按钮；绘制 ISDX 曲线 4_2，参考 RIGHT 视图、TOP 视图和曲率图编辑曲线，结果如图 13.3.48 所示；完成后单击按钮。

（3）创建 ISDX 曲线 4_3。选取 RIGHT 视图，在 样式 功能选项卡 曲线▼ 区域中单击“曲线”按钮，在“造型：曲线”操控板中单击按钮；绘制 ISDX 曲线 4_3；拖动其左端点与 ISDX 曲线 4_2 的右端点相交，拖动其右端点与 ISDX 曲线 4_1 的右端点相交，单击该操控板中的 相切 按钮，选择约束为 曲面相切，并选择面组 2 为参考；参考各方向视图编辑曲线，结果如图 13.3.49 所示；完成后单击按钮。

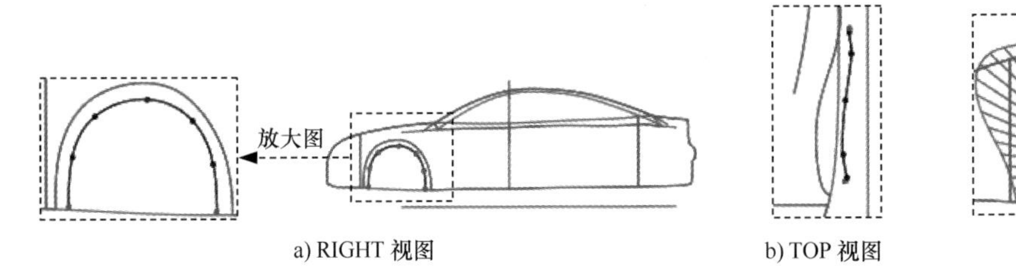

图 13.3.48　创建 ISDX 曲线 4_2

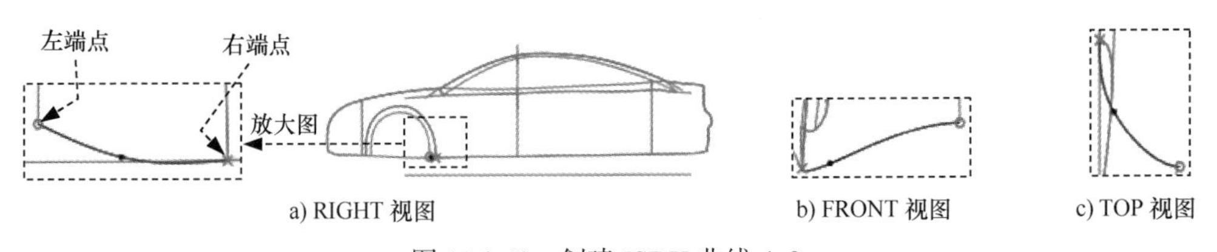

图 13.3.49　创建 ISDX 曲线 4_3

（4）创建 ISDX 曲线 4_4。选取 RIGHT 视图，在 样式 功能选项卡 曲线▼ 区域中单击“曲线”按钮，在“造型：曲线”操控板中单击按钮；绘制 ISDX 曲线 4_4；拖动其右端点与 ISDX 曲线 4_2 的左端点相交，拖动其左端点与 ISDX 曲线 4_1 的左端点相交，单击该操控板中的 相切 按钮，选择约束为 G1 - 曲面相切，并选择面组 2 为参考；对照各方向视图编辑曲线，结果如图 13.3.50 所示；单击该操控板中的按钮。

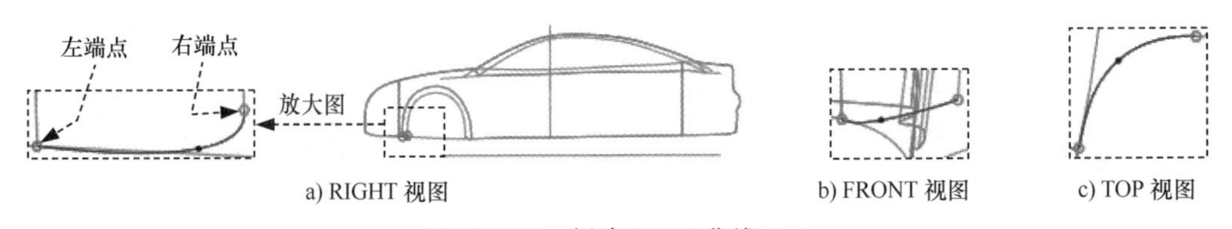

图 13.3.50　创建 ISDX 曲线 4_4

（5）创建 ISDX 曲面 4。在 样式 功能选项卡 曲面 区域中单击“曲面”按钮；按住 Ctrl 键，依次选取图 13.3.51 所示的 ISDX 曲线 4_4、ISDX 曲线 4_2、ISDX 曲线 4_3 和

ISDX 曲线 4_1，系统便以这四条曲线为边界创建一个局部 ISDX 曲面。完成创建后，单击 ✔ 按钮。

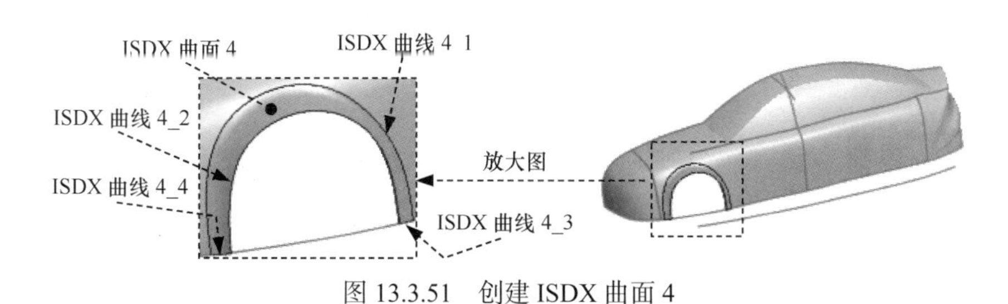

图 13.3.51 创建 ISDX 曲面 4

（6）单击 ✔ 按钮，完成造型设计。

Step4. 创建图 13.3.52 所示的曲面合并 3。按住 Ctrl 键，选取图 13.3.52 所示的 ISDX 曲面 4 与面组 2 为合并对象，单击 模型 功能选项卡 编辑 ▾ 区域中的 合并 按钮；单击"确定"按钮 ✔，完成曲面合并 3 的创建。

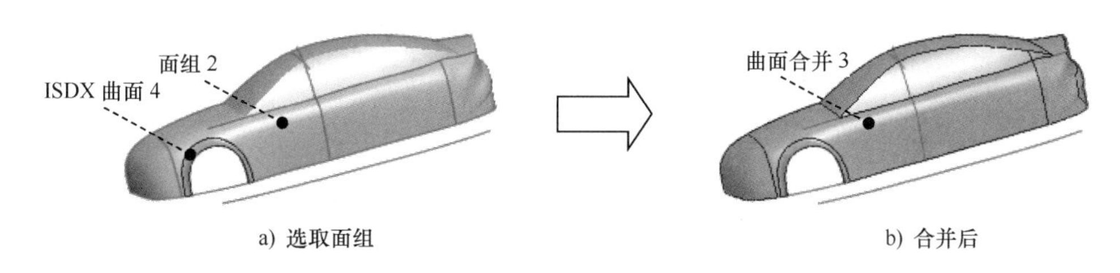

图 13.3.52 创建曲面合并 3

Stage8. 创建图 13.3.53 所示的曲面修剪合并特征

Step1. 创建图 13.3.54 所示的下落曲线。

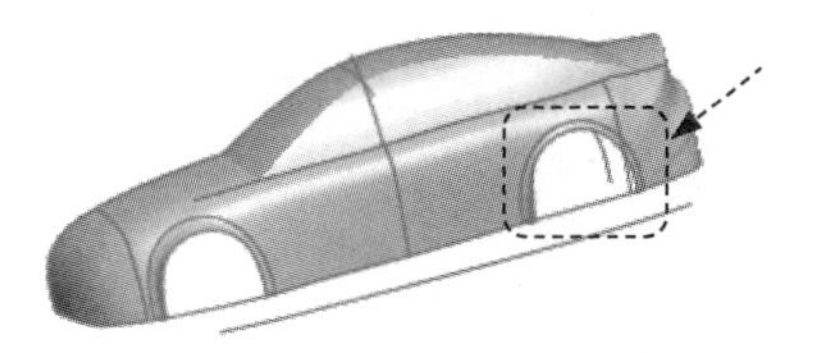

图 13.3.53 修剪合并特征

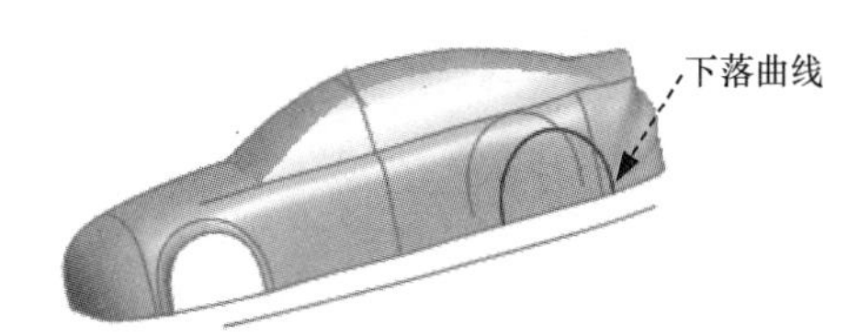

图 13.3.54 创建下落曲线

（1）进入造型环境。单击 模型 功能选项卡 曲面 ▾ 区域中的"样式"按钮 样式。

（2）创建图 13.3.55 所示的 ISDX 曲线 5_1。在 样式 功能选项卡 平面 区域中单击"设置活动平面"按钮，选取 RIGHT 基准平面为活动平面；在 样式 功能选项卡 曲线 ▾ 区域中单击"曲线"按钮，在"造型：曲线"操控板中单击 按钮，绘制 ISDX 曲线 5_1，如图 13.3.55 所示；参考曲率图编辑曲线，结果如图 13.3.56 所示；单击该操控板中的 ✔ 按钮。

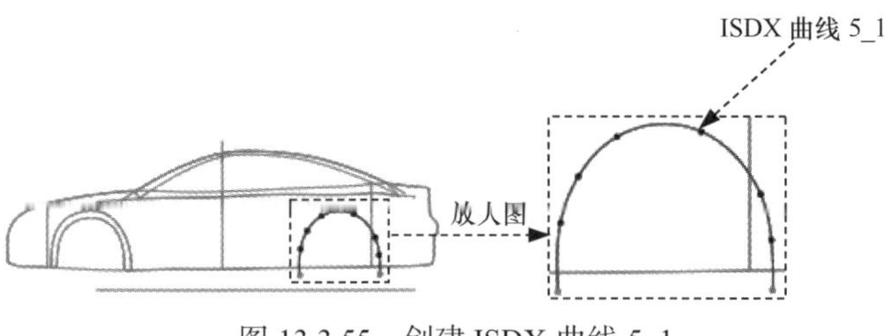

图 13.3.55　创建 ISDX 曲线 5_1　　　　图 13.3.56　曲率图

（3）创建图 13.3.57 所示的下落曲线 5_2。在 样式 功能选项卡 曲线▼ 区域中单击 放置曲线 按钮；选取父特征 ISDX 曲线 5_1，在“造型：放置曲线”操控板中单击 参考 按钮，在 曲面 区域中单击 单击此处添加项 字符，然后选取父特征曲线——ISDX 曲线 1_1 和 ISDX 曲线 1_3，如图 13.3.57 所示；完成后，单击该操控板中的 ✓ 按钮。

（4）单击 ✓ 按钮，完成造型设计。

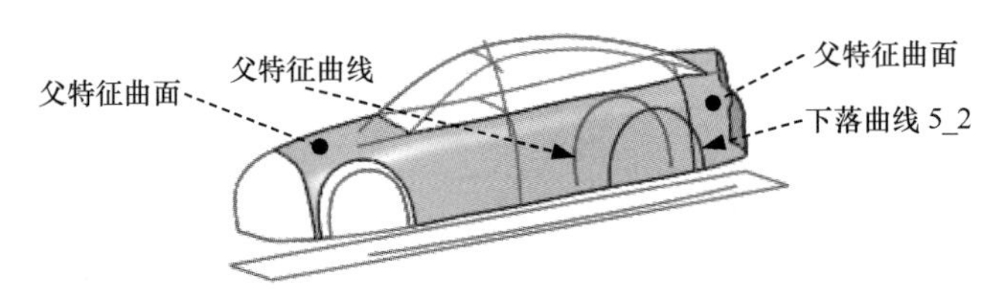

图 13.3.57　创建下落曲线 5_2

Step2. 创建图 13.3.58 所示的曲面修剪特征 2。选取曲面合并 3 为要修剪的面组，单击 模型 功能选项卡 编辑▼ 区域中的 修剪 按钮，选取下落曲线 5_2 为修剪对象；保留部分方向箭头如图 13.3.59 所示，单击“造型：曲面修剪”操控板中的 ✓ 按钮，完成曲面修剪特征 2 的创建。

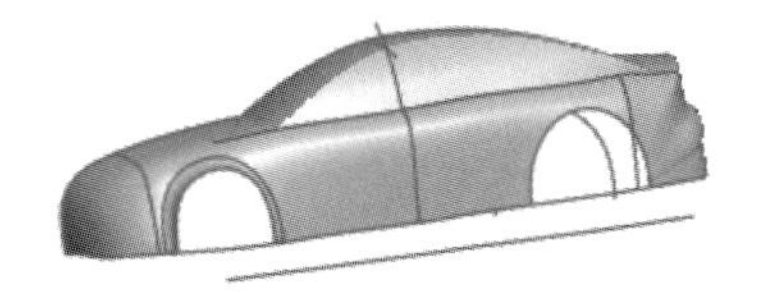

图 13.3.58　曲面修剪特征 2

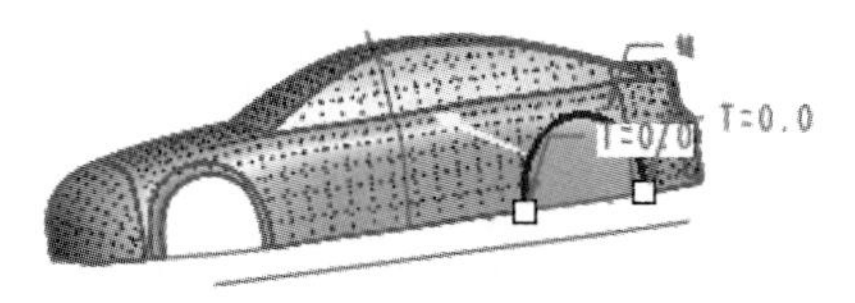

图 13.3.59　修剪方向

Step3. 创建 ISDX 曲面 5。

（1）进入造型环境。单击 模型 功能选项卡 曲面▼ 区域中的“样式”按钮 样式。

（2）创建图 13.3.60 所示的 ISDX 曲线 5_3。选取 RIGHT 视图，在 样式 功能选项卡 曲线▼ 区域中单击“曲线”按钮 ～，在“造型：曲线”操控板中单击 ～ 按钮；绘制 ISDX 曲线 5_3，参考 RIGHT 视图、TOP 视图和曲率图编辑曲线，结果如图 13.3.60c 所示；单击该操控板中的 ✓ 按钮。

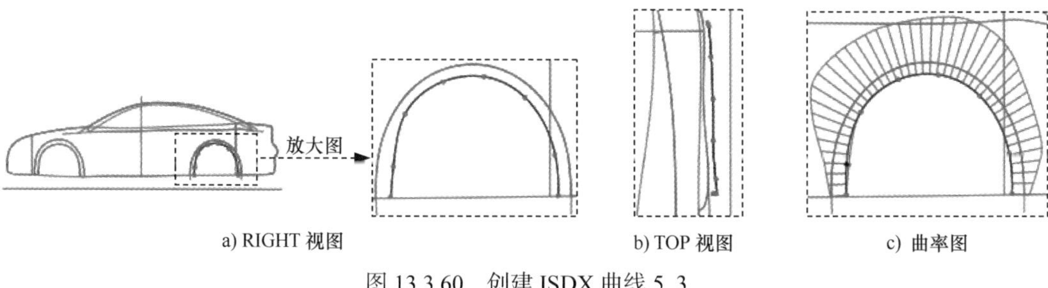

图 13.3.60 创建 ISDX 曲线 5_3

（3）创建图 13.3.61 所示的 ISDX 曲线 5_4。选取 RIGHT 视图，在 样式 功能选项卡 曲线▾ 区域中单击“曲线”按钮，在“造型：曲线”操控板中单击 按钮；绘制 ISDX 曲线 5_4；拖动其左端点与 ISDX 曲线 5_3 的右端点相交，拖动其右端点与下落曲线 5_2 的右端点相交，单击操控板中的 相切 按钮，选择约束为 G1 - 曲面相切，并选择合并面组 3 为参考；对照各方向视图编辑曲线，结果如图 13.3.61 所示；单击该操控板中的 ✔ 按钮。

（4）创建图 13.3.62 所示的 ISDX 曲线 5_5。选择 RIGHT 视图，在 样式 功能选项卡 曲线▾ 区域中单击“曲线”按钮，在“造型：曲线”操控板中单击 按钮；绘制 ISDX 曲线 5_5；拖动其右端点与 ISDX 曲线 5_3 的左端点相交，拖动其左端点与下落曲线 5_2 的左端点相交，单击该操控板中的 相切 按钮，选择约束为 G1 - 曲面相切，并选择合并面组 3 为参考；对照各方向视图编辑曲线，结果如图 13.3.62 所示；单击该操控板中的 ✔ 按钮。

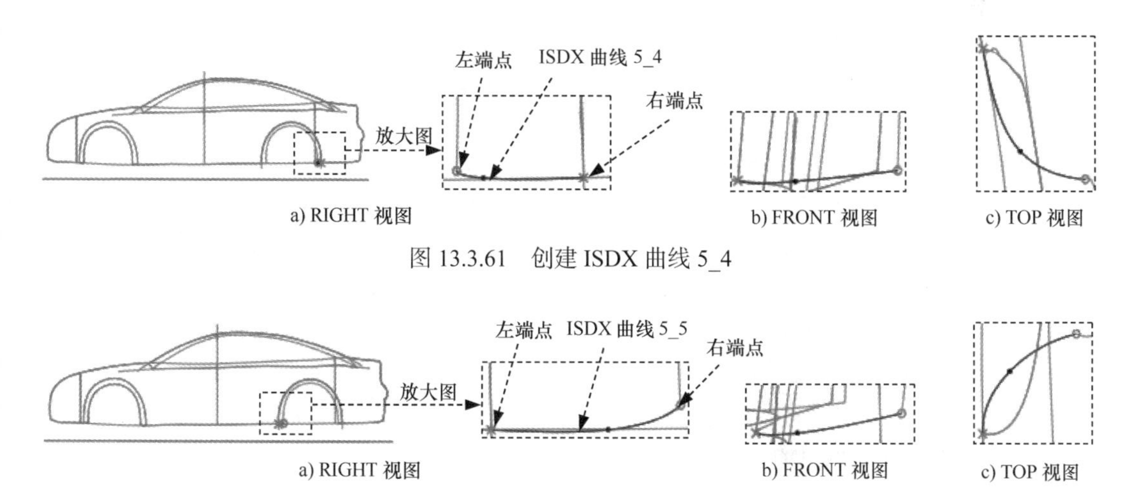

图 13.3.61 创建 ISDX 曲线 5_4

图 13.3.62 创建 ISDX 曲线 5_5

（5）创建 ISDX 曲面 5。在 样式 功能选项卡 曲面 区域中单击“曲面”按钮；按住 Ctrl 键，依次选取图 13.3.63 所示的 ISDX 曲线 5_4、下落曲线 5_2、ISDX 曲线 5_5 和 ISDX 曲线 5_3，系统便以这四条曲线为边界创建一个局部 ISDX 曲面。完成创建后，单击

“造型：曲面”操控板中的 ✓ 按钮。

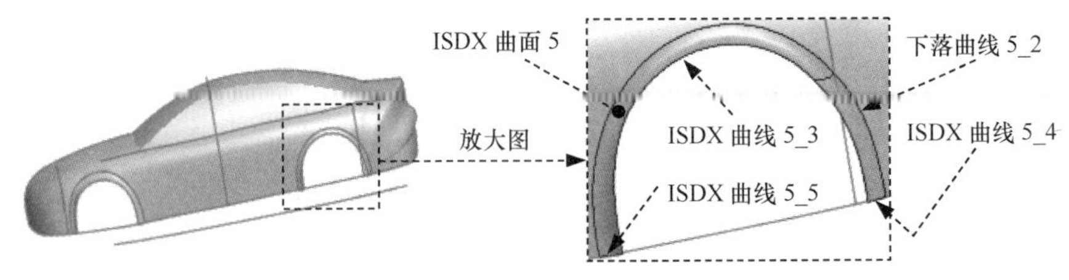

图 13.3.63 创建 ISDX 曲面 5

（6）单击 ✓ 按钮，完成造型设计。

Step4. 创建图 13.3.64b 所示的曲面合并 4。按住 Ctrl 键，选取图 13.3.64a 所示的 ISDX 曲面 5 与合并面组 3 为合并对象，再单击 模型 功能选项卡 编辑 ▼ 区域中的 合并 按钮；单击“确定”按钮 ✓，完成曲面合并 4 的创建。

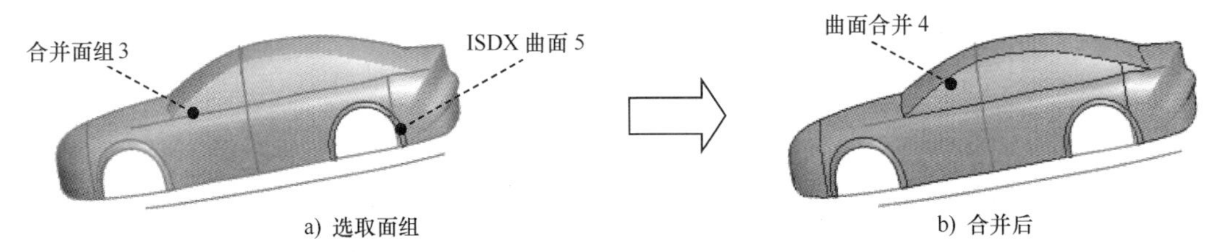

图 13.3.64 创建曲面合并 4

Stage9. 创建倒圆角、切削特征

Step1. 创建倒圆角 1。选取图 13.3.65 所示的边线为要倒圆角的边线，倒圆角半径值为 5.0。

Step2. 创建倒圆角 2。选取图 13.3.66 所示的边线为要倒圆角的边线，倒圆角半径值为 5.0。

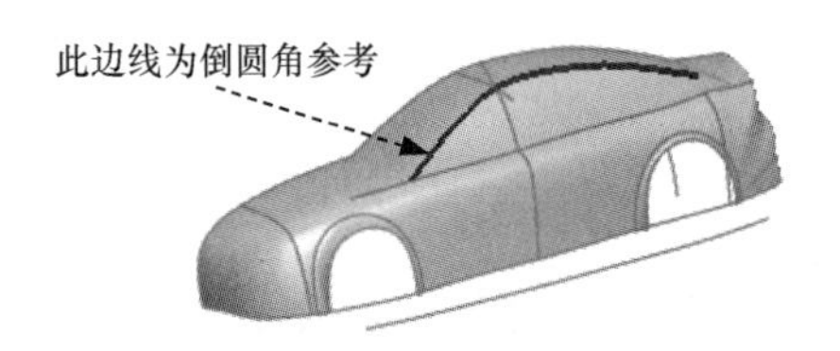

图 13.3.65 倒圆角 1

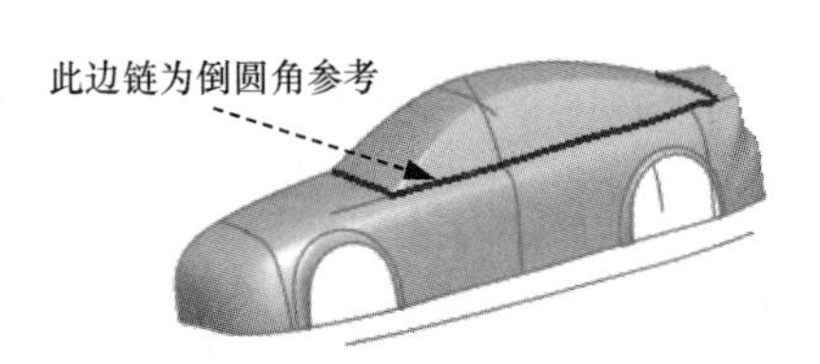

图 13.3.66 倒圆角 2

Step3. 创建图 13.3.67 所示的拉伸切削特征。在操控板中单击 拉伸 按钮，将“曲面类型”按钮 按下；选取 RIGHT 基准平面为草绘平面，选取 TOP 基准平面为参考平面，方向为 上；单击 草绘 按钮，绘制图 13.3.68 所示的截面草图；将“移除材料”按钮 按下，定义拉伸类型为 ；选取曲面为拉伸切削对象，单击 ✓ 按钮，完成拉伸切削特

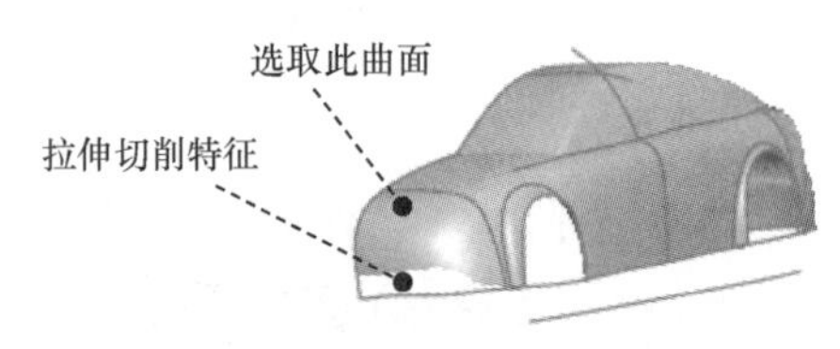

图 13.3.67 拉伸切削特征

征的创建。

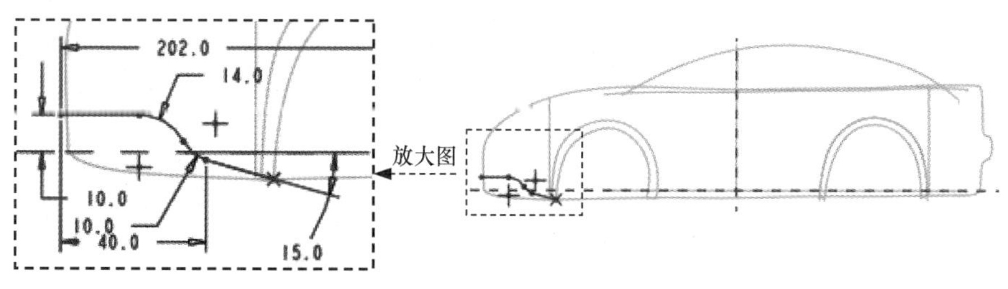

图 13.3.68 截面草图

Stage10. 创建图 13.3.69 所示的曲面特征

Step1. 创建图 13.3.70 所示的基准轴 A_1。单击 轴 按钮，选取图 13.3.71 所示的边线的端点 1 为参考点；按住 Ctrl 键，选取 RIGHT 基准平面为参考，约束为 法向；单击对话框中的 确定 按钮。

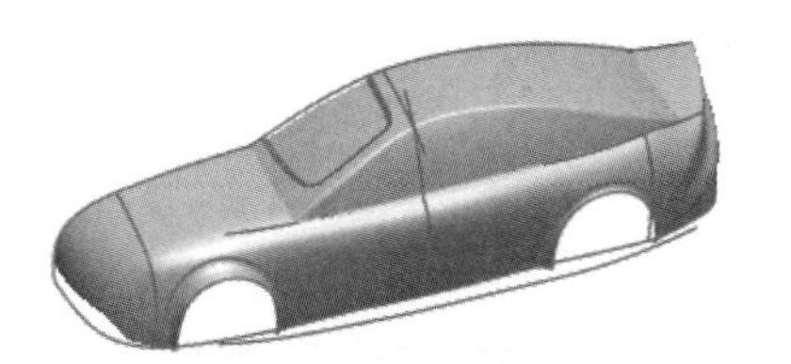

图 13.3.69 曲面特征

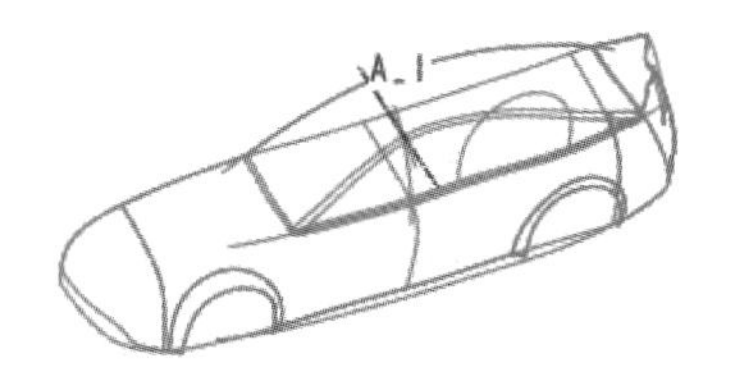

图 13.3.70 创建基准轴 A_1

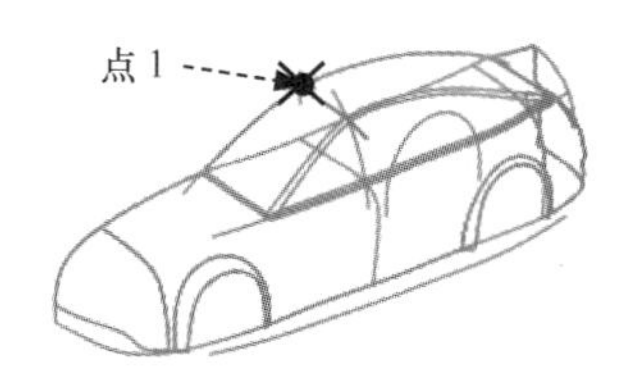

图 13.3.71 定义参考点

Step2. 创建图 13.3.72 所示的基准平面 DTM3。单击“平面”按钮 ，选取基准轴 A_1 为参考；按住 Ctrl 键，选取 FRONT 基准平面为参考平面，约束类型为 偏移，旋转值为 –115.0；单击“基准平面”对话框中的 确定 按钮。

Step3. 创建图 13.3.73 所示的草绘曲线 2。选取 DTM3 基准平面为草绘平面，选取 RIGHT 基准平面为草绘参考平面，方向为 上；单击 草绘 按钮，绘制图 13.3.74 所示的草图。

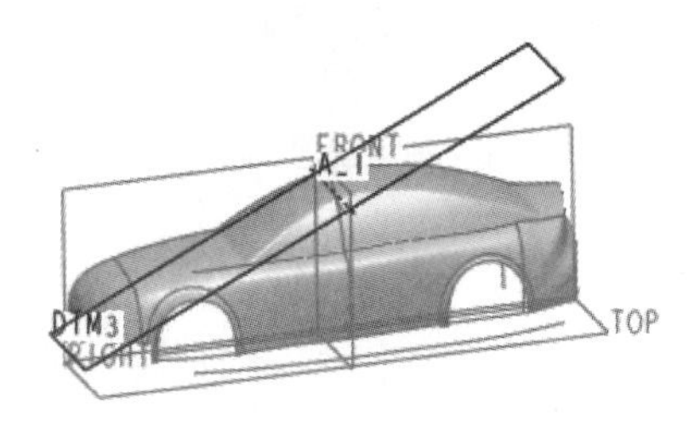

图 13.3.72 创建基准平面 DTM3

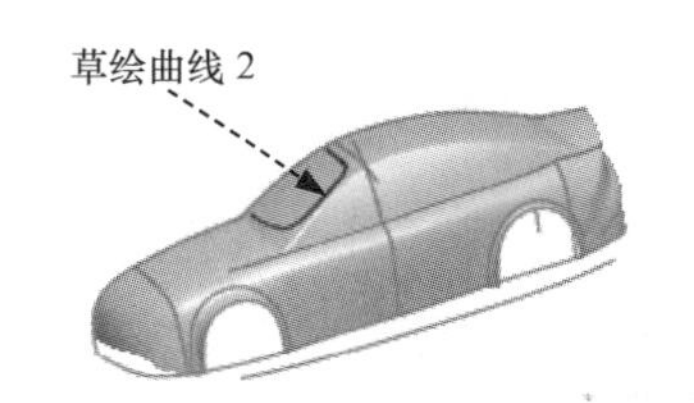

图 13.3.73 草绘曲线 2（建模环境）

说明：

- 图 13.3.73 所示的草绘曲线 2 中包含两条竖直的中心线，其作用是约束与样条曲线相切，以便后面镜像时不出现明显过渡痕迹。

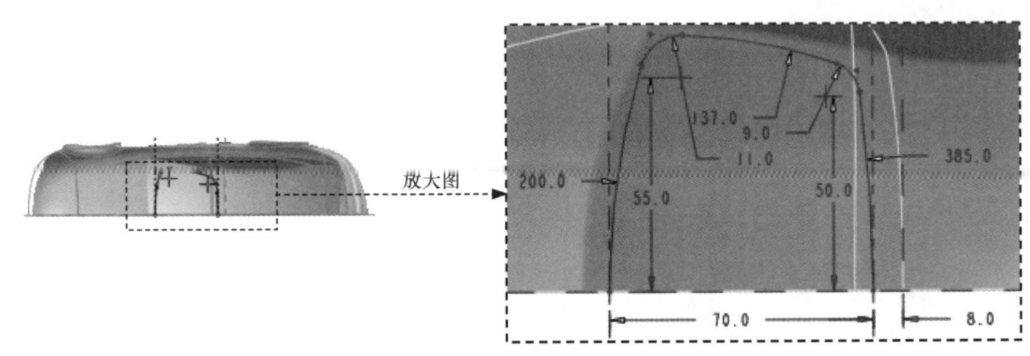

图 13.3.74　草图（草绘环境）

- 由于模型的整体曲面是通过 ISDX 方法创建的，所以此处及后面的几个草图尺寸只作为参考，读者可根据自己创建的模型进行修改。

Step4. 创建投影曲线 1。单击 模型 功能选项卡 编辑▾ 区域中的 投影 按钮，在模型树中选取草绘曲线 1 为投影对象；然后选取图 13.3.75 所示的面为投影面，在操控板中的 沿方向 下拉列表中选择 垂直于曲面 选项；单击 ✔ 按钮，完成投影曲线 1 的创建。

Step5. 创建偏移曲面 1。选取图 13.3.76 所示的曲面为偏移对象，单击 模型 功能选项卡 编辑▾ 区域中的 偏移 按钮；在“偏移”操控板中定义偏移类型为 (标准偏移)，输入偏移距离值 3.0，偏移方向如图 13.3.76 所示；单击 ✔ 按钮，完成偏移曲面 1 的创建。

Step6. 创建图 13.3.77 所示的投影曲线 2。单击 模型 功能选项卡 编辑▾ 区域中的 投影 按钮，选取草绘 1 为投影对象，然后选取偏移曲面 1 为投影面；在“投影”操控板的 沿方向 下拉列表中选择 垂直于曲面 选项；单击 ✔ 按钮，完成投影曲线 2 的创建。

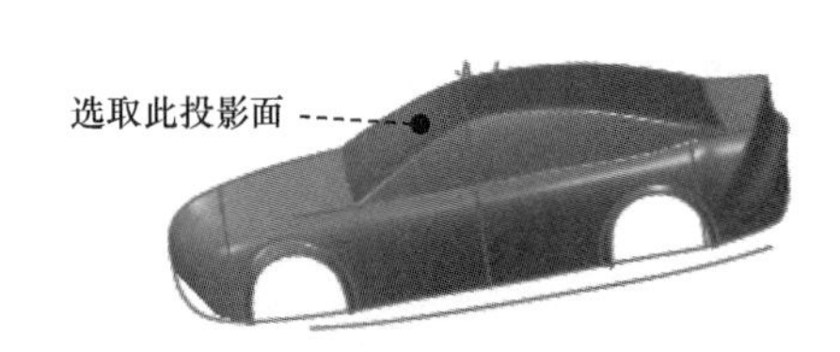

图 13.3.75　创建投影曲线 1

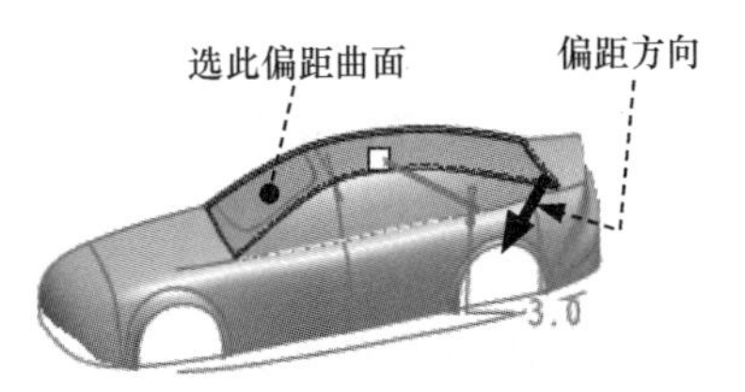

图 13.3.76　创建偏移曲面 1

Step7. 创建偏移曲面 2。选取 Step6 创建的投影曲线 2；单击 模型 功能选项卡 编辑▾ 区域中的“偏移”按钮 偏移，选取偏移曲面 1 为参考，在操控板中输入偏移距离值 2.0，方向如图 13.3.78 所示；完成后单击 ✔ 按钮。

Step8. 创建图 13.3.79 所示的曲面修剪特征 3。选取面组 5 为要修剪的对象，单击 模型 功能选项卡 编辑▾ 区域中的 修剪 按钮；选取投影曲线 1 为修剪对象；保留部分的方向箭头如图 13.3.80 所示；完成后单击“曲面修剪”操控板中的 ✔ 按钮。

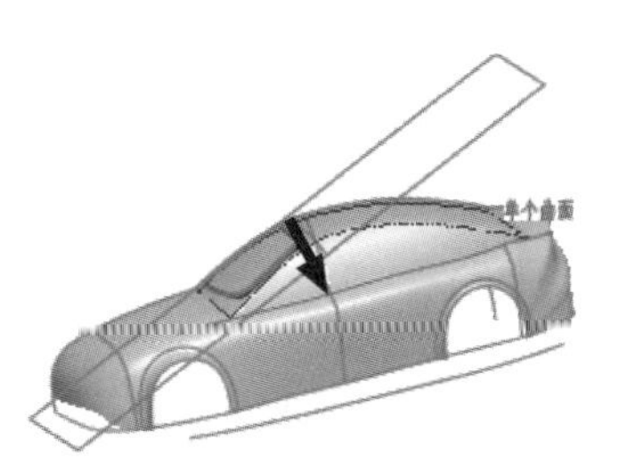

图 13.3.77 创建投影曲线 2

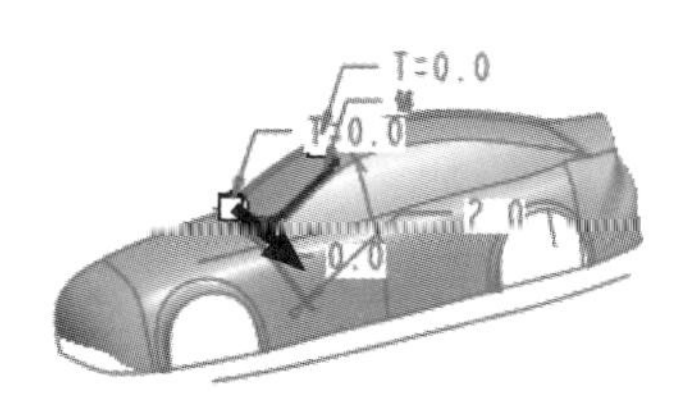

图 13.3.78 创建偏移曲面 2

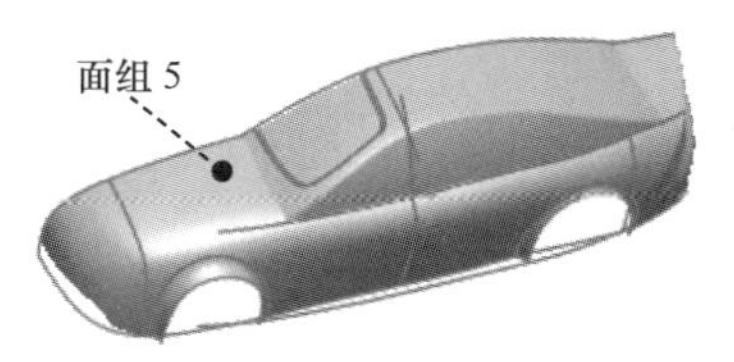

图 13.3.79 曲面修剪特征 3

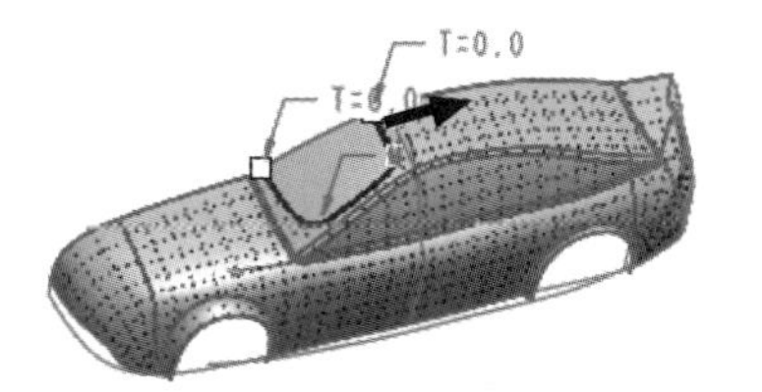

图 13.3.80 修剪方向

Step9. 创建图 13.3.81 所示的曲面修剪特征 4。选取偏移曲面 1 为要修剪的对象，单击 模型 功能选项卡 编辑 ▾ 区域中的 修剪 按钮；选取偏移曲线 2 为修剪对象；保留部分的方向箭头如图 13.3.81 所示；完成后单击“曲面修剪”操控板中的 ✔ 按钮。

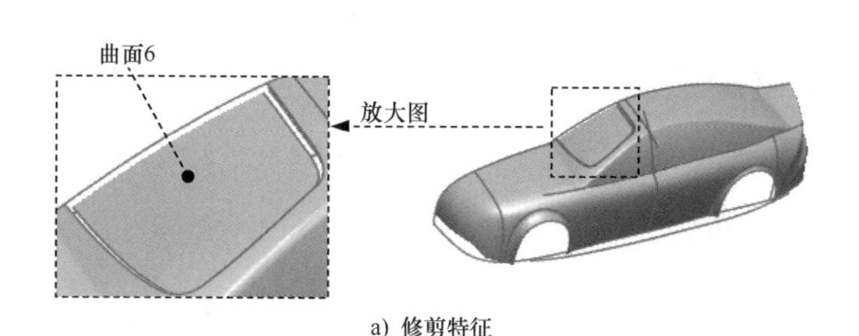

a) 修剪特征

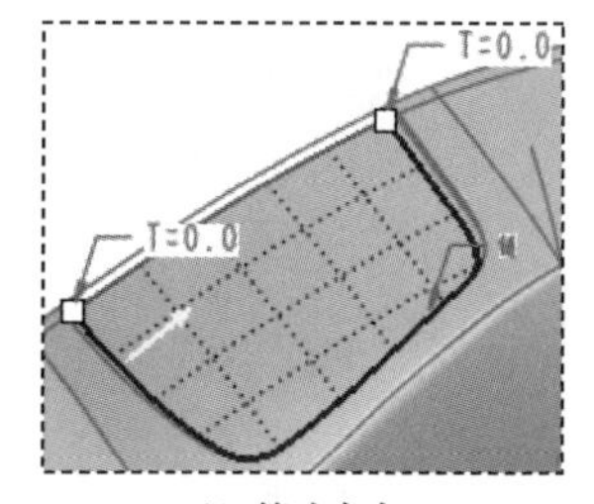

b) 箭头方向

图 13.3.81 曲面修剪特征 4

Step10. 创建曲线 1。选择 模型 功能选项卡 基准 ▾ 下拉菜单中的 ～曲线 ▸ 命令；依次选取图 13.3.82 所示的两个点；单击“基准曲线”操控板中的 ✔ 按钮，完成创建。

Step11. 创建曲线 2。参考上一步的方法，在图 13.3.82 所示的两个点之间创建样条曲线 2。

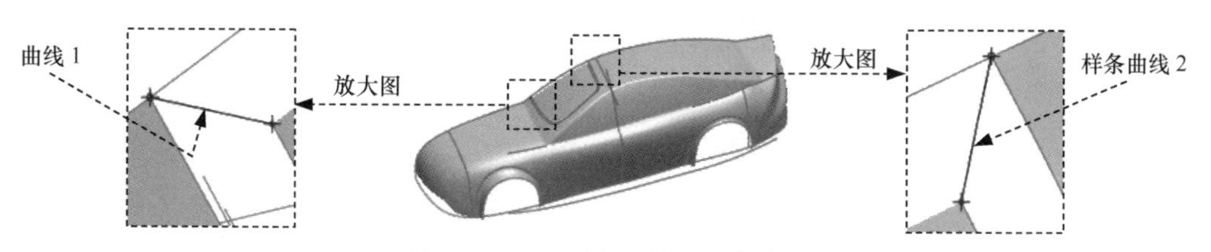

图 13.3.82 创建曲线 1 和曲线 2

Step12. 创建图 13.3.83 所示的边界混合曲面。单击“边界混合”按钮 ；选取投影曲线 1 和偏移曲线 2 为第一方向上的边界曲线，选取曲线 1 和曲线 2 为第二方向上的边界曲线；单击 ✓ 按钮，完成边界混合曲面的创建。

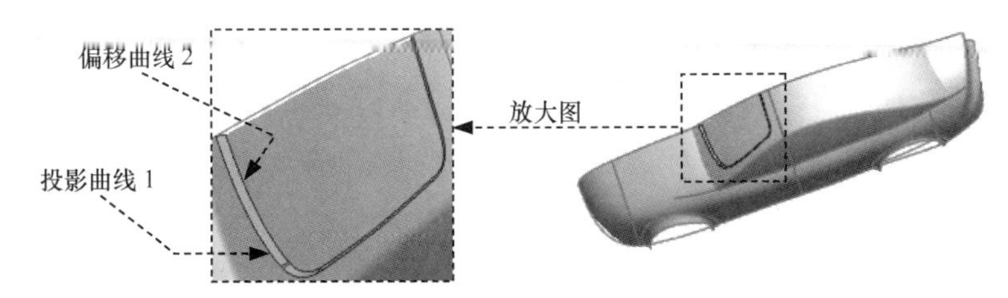

图 13.3.83　创建边界混合曲面

Step13. 创建曲面合并 5。选取图 13.3.84 所示的边界曲面和曲面 6 为合并对象，单击 合并 按钮，单击 ✓ 按钮，完成曲面合并 5 的创建。

Step14. 创建曲面合并 6。选取图 13.3.85 所示的面组 7 和面组 5 为合并对象，单击 合并 按钮，单击 ✓ 按钮，完成曲面合并 6 的创建。

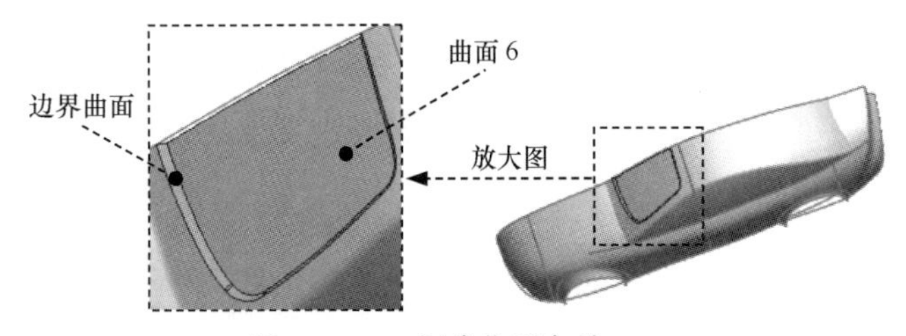

图 13.3.84　创建曲面合并 5

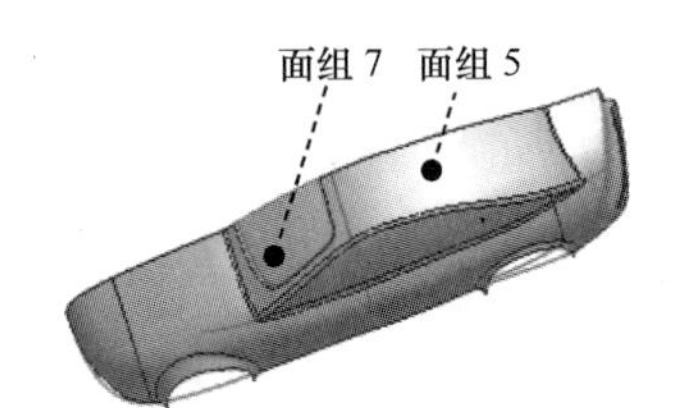

图 13.3.85　创建曲面合并 6

Step15. 创建倒圆角 3。选取图 13.3.86 所示的边线为倒圆角的边线，倒圆角半径值为 3.0。

Step16. 创建倒圆角 4。选取图 13.3.87 所示的边线为倒圆角的边线，倒圆角半径值为 2.0。

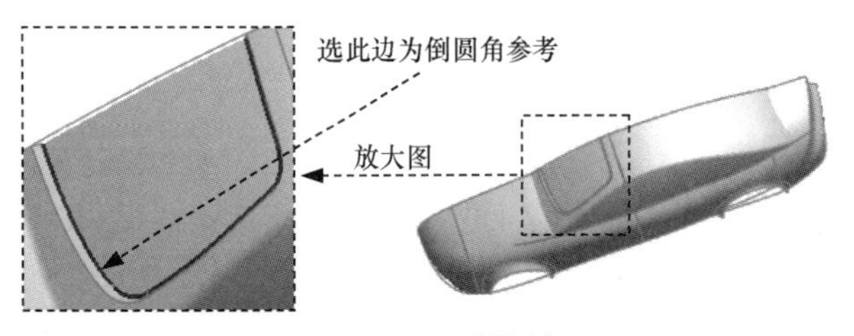

图 13.3.86　倒圆角 3

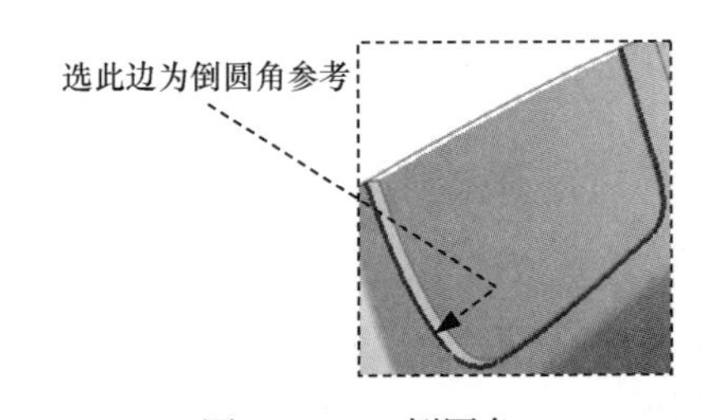

图 13.3.87　倒圆角 4

Stage11. 创建图 13.3.88 所示的曲面特征

Step1. 创建图 13.3.89 所示的基准平面 DTM4。选取基准轴 A_1 为参考，选取 FRONT 基准面为参考平面，输入旋转值为 80.0，单击“基准平面”对话框中的 确定 按钮。

Step2. 创建草绘曲线 3。单击“草绘”按钮 ；选取 DTM4 基准平面为草绘平面，选取 RIGHT 基准平面为参考平面，方向为 上；单击 草绘 按钮，绘制图 13.3.90 所示的草图。

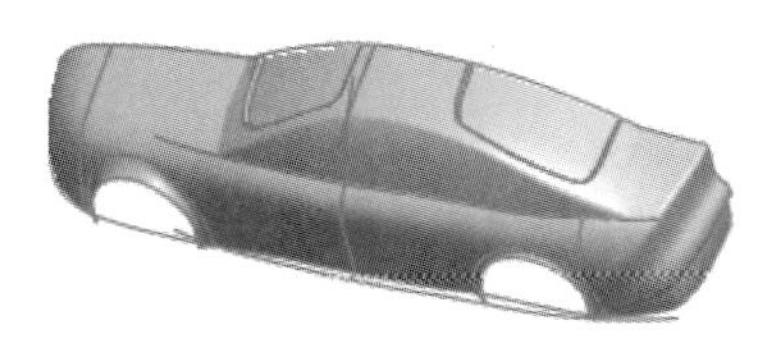

图 13.3.88　曲面特征

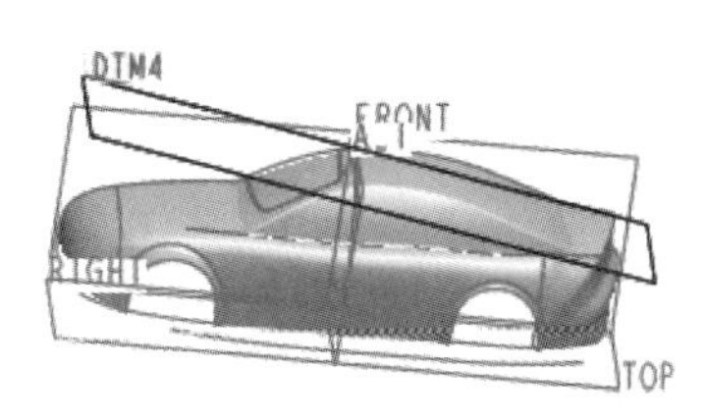

图 13.3.89　创建基准平面 DTM4

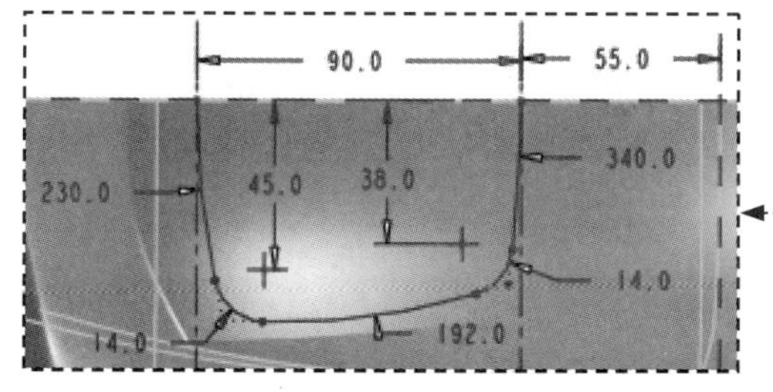

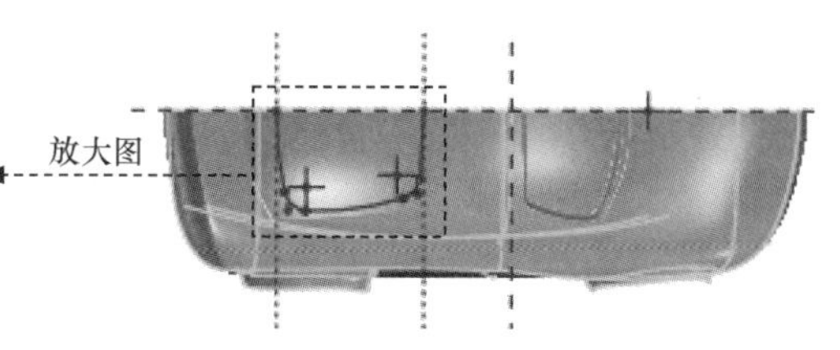

图 13.3.90　草绘曲线 3（草绘环境）

Step3. 创建投影曲线 3。选取 Step2 创建的草绘曲线 3 为投影对象；选取图 13.3.91 所示的曲面为投影面，投影方向如图 13.3.91 所示。

Step4. 创建偏移曲面 3。选取图 13.3.92 所示的曲面为偏移对象，偏移类型为 ，偏移距离值为 3.0。

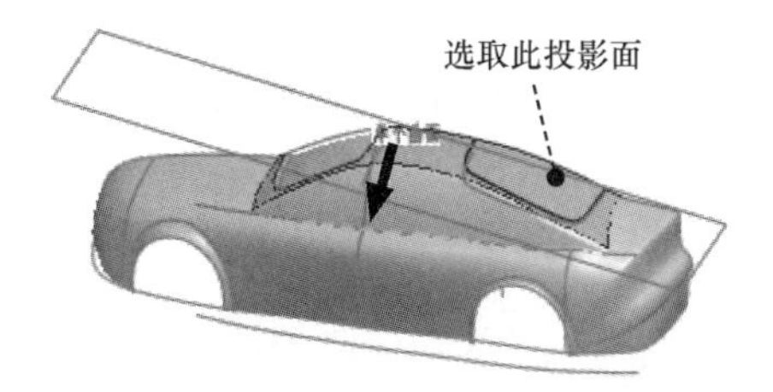

图 13.3.91　创建投影曲线 3

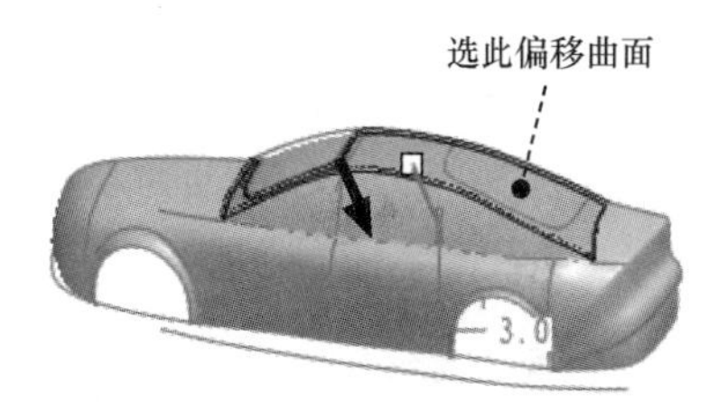

图 13.3.92　创建偏移曲面 3

Step5. 创建投影曲线 4。选取草绘曲线 2 为投影对象，偏移曲面 3 为投影面，如图 13.3.93 所示。

Step6. 创建偏移曲面 4。选取 Step5 创建的投影曲线 4 为偏移对象，偏移曲面 3 为参考曲面，偏移距离值为 2.0，如图 13.3.94 所示。

Step7. 创建图 13.3.95 所示的曲面修剪特征 5。选取图 13.3.95 所示的面组 8 为要修剪的面组，选取投影曲线 3 为修剪工具。

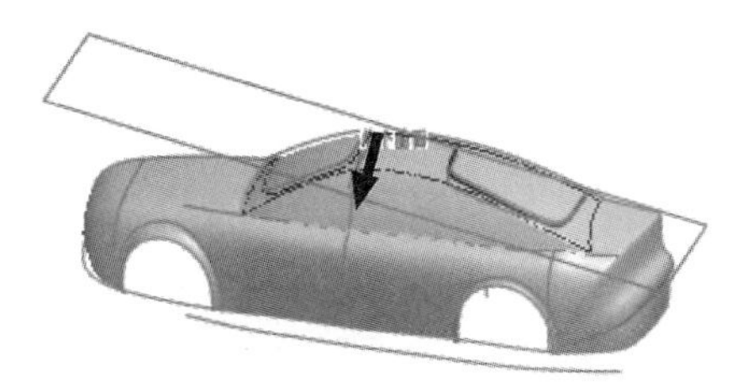

图 13.3.93　创建投影曲线 4

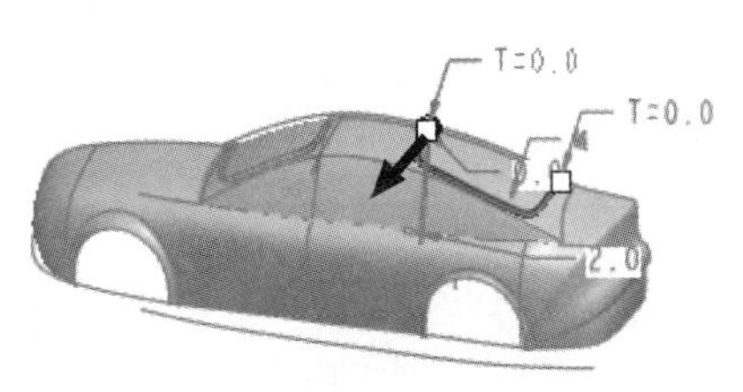

图 13.3.94　创建偏移曲面 4

Step8. 创建图 13.3.96 所示的曲面修剪特征 6。选取偏移曲面 3 为要修剪的曲面，选取偏移曲线 4 为修剪工具。

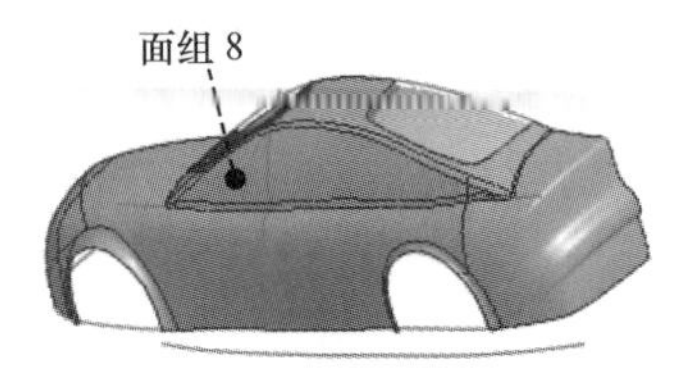

图 13.3.95　曲面修剪特征 5

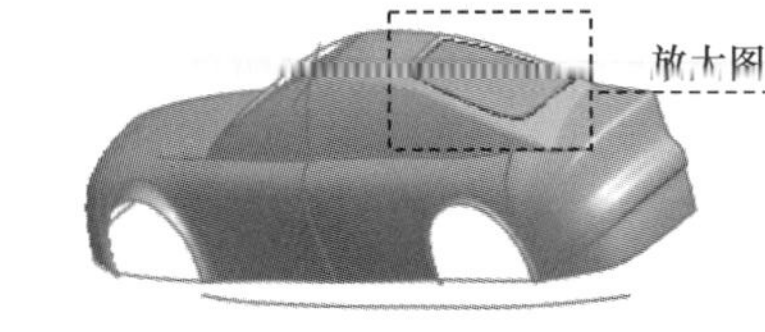

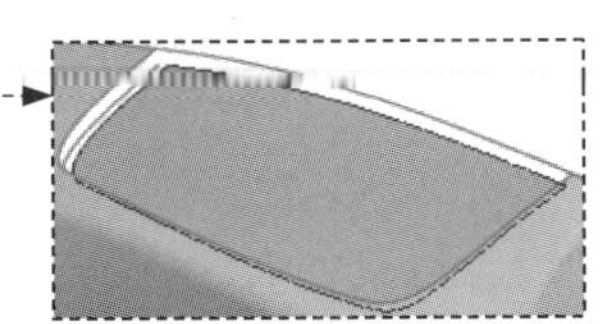

图 13.3.96　曲面修剪特征 6

Step9. 创建图 13.3.97 所示的曲线 3。选择 模型 功能选项卡 基准 ▾ 下拉菜单中的 ～曲线 ▸ 命令；依次选取图 13.3.97 所示的两个点；单击“基准曲线”操控板中的 ✔ 按钮，完成曲线 3 的创建。

Step10. 参考 Step9 的方法，创建曲线 4。

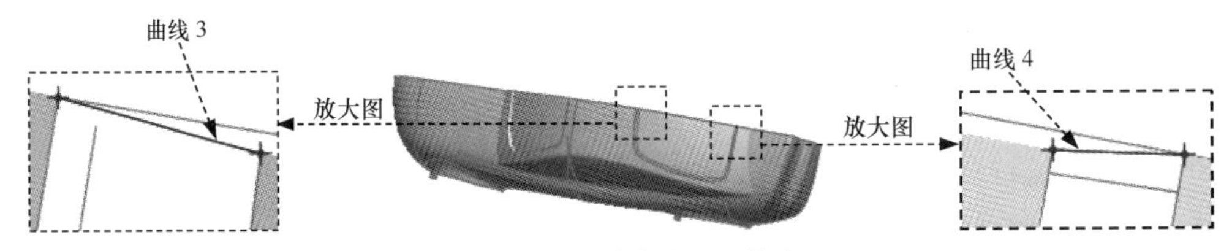

图 13.3.97　创建曲线 3 和曲线 4

Step11. 创建图 13.3.98 所示的边界曲面。选取投影曲线 3 和偏距曲线 4 为第一方向上的边界曲线，选取曲线 3 和曲线 4 为第二方向上的边界曲线。

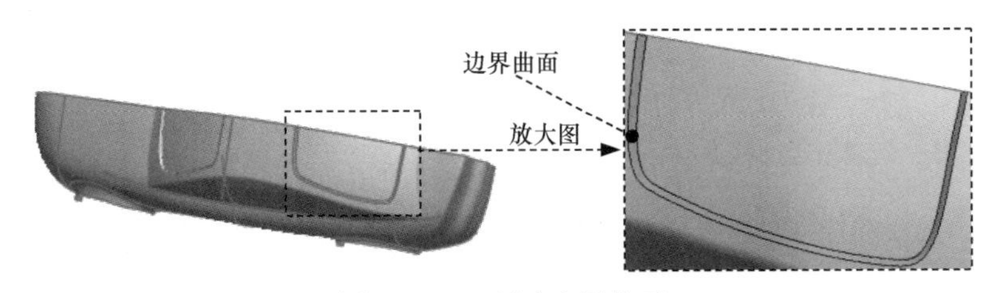

图 13.3.98　创建边界曲面

Step12. 创建曲面合并 7。选取图 13.3.99 所示的边界曲面和曲面 10 为合并对象，单击 合并 按钮；单击 ✔ 按钮，完成曲面合并 7 的创建。

Step13. 创建曲面合并 8。选取图 13.3.100 所示的面组 11 和面组 9 为合并对象，单击 合并 按钮；单击 ✔ 按钮，完成曲面合并 8 的创建。

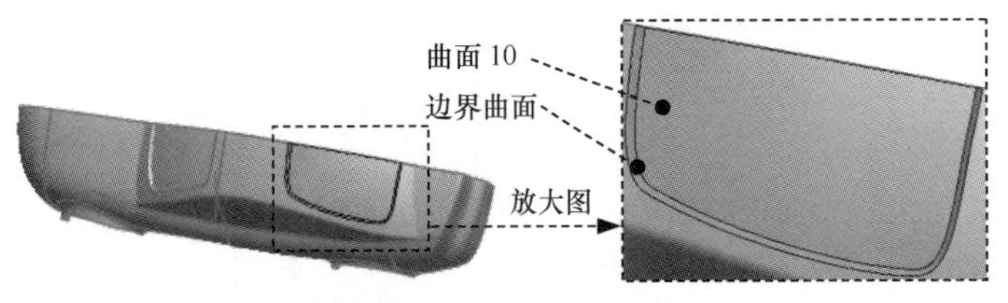

图 13.3.99　创建曲面合并 7

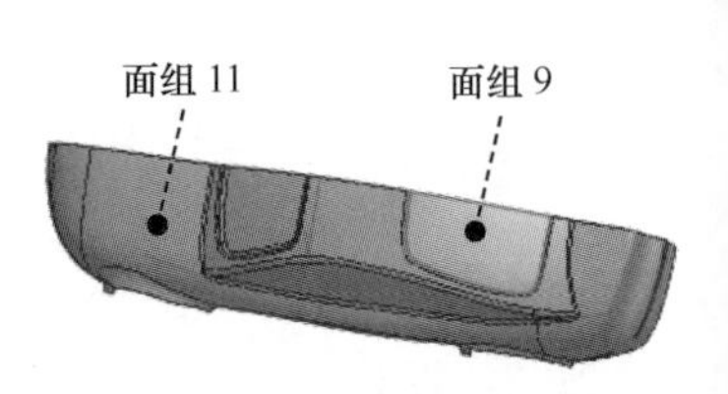

图 13.3.100　创建曲面合并 8

Step14. 创建倒圆角 5。选取图 13.3.101 所示的边线为倒圆角的边线，倒圆角半径值为 3.0。

Step15. 创建倒圆角 6。选取图 13.3.102 所示的边线为倒圆角的边线，倒圆角半径值为 2.0。

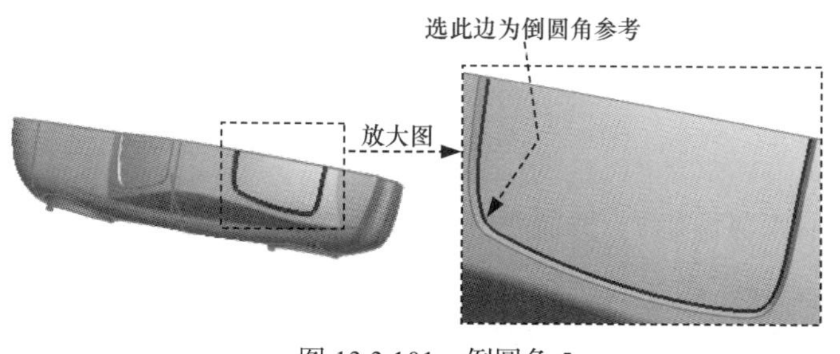

图 13.3.101 倒圆角 5

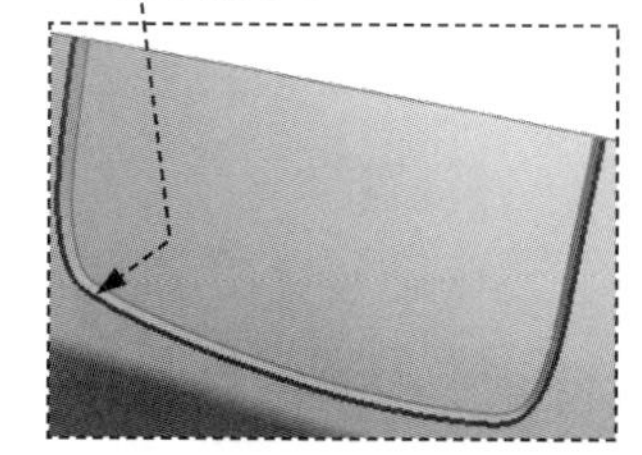

图 13.3.102 倒圆角 6

Stage12. 创建图 13.3.103 所示的曲面特征

Step1. 创建草绘曲线 4。单击“草绘”按钮 ；选取 RIGHT 基准平面为草绘平面，选取 TOP 基准平面为参考平面，方向为 上；单击 草绘 按钮，绘制图 13.3.104 所示的草图。

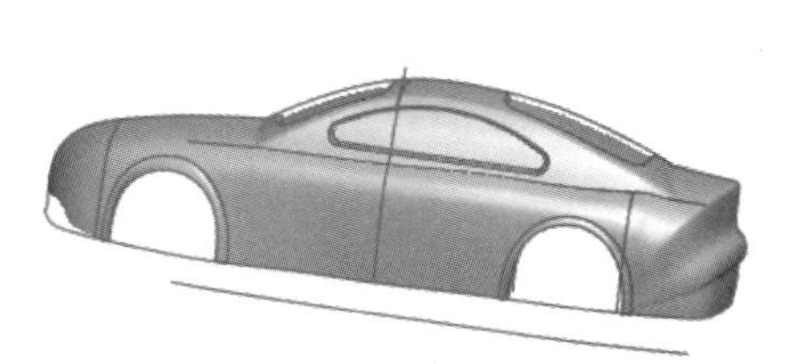

图 13.3.103 草绘曲线 4（建模环境）

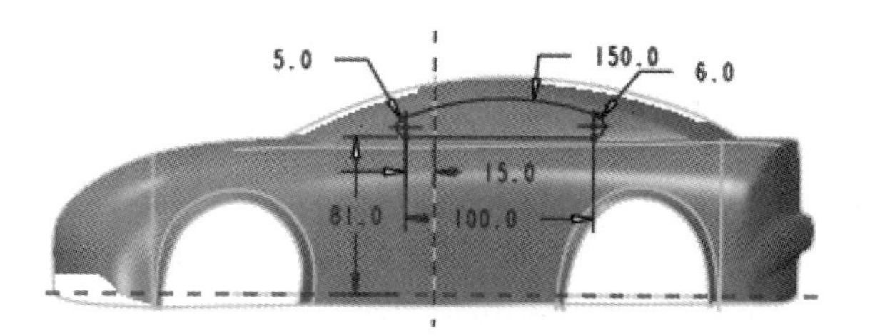

图 13.3.104 草图（草图环境）

Step2. 创建投影曲线 5。选取 Step1 创建的草绘曲线 4 为投影对象，选取图 13.3.105 所示的曲面为投影面。

Step3. 创建偏移曲面 5。选取图 13.3.106 所示的偏移曲面为偏移对象，偏移类型为 ，偏移距离值为 2.0。

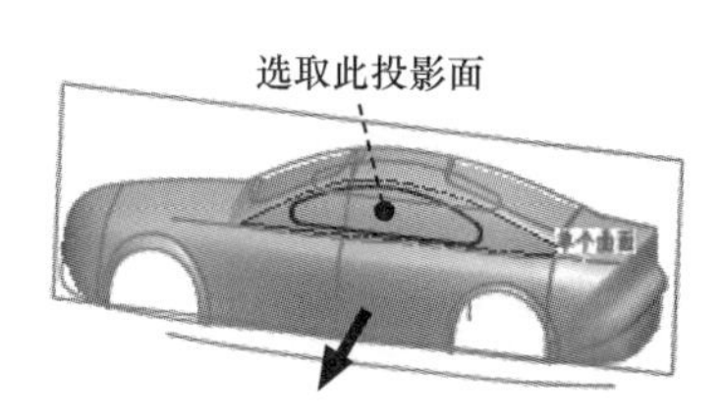

图 13.3.105 创建投影曲线 5

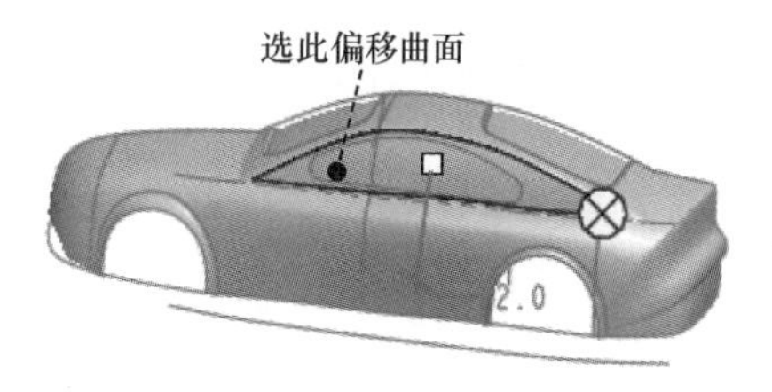

图 13.3.106 创建偏移曲面 5

Step4. 创建投影曲线 6。选取草绘曲线 3 为投影对象，偏移曲面 5 为投影面，如图 13.3.107 所示。

Step5. 创建偏移曲面 6。选取 Step4 创建的投影曲线 6 为偏移对象，偏移曲面 5 为参考曲面，偏移距离值为 2.0，如图 13.3.108 所示。

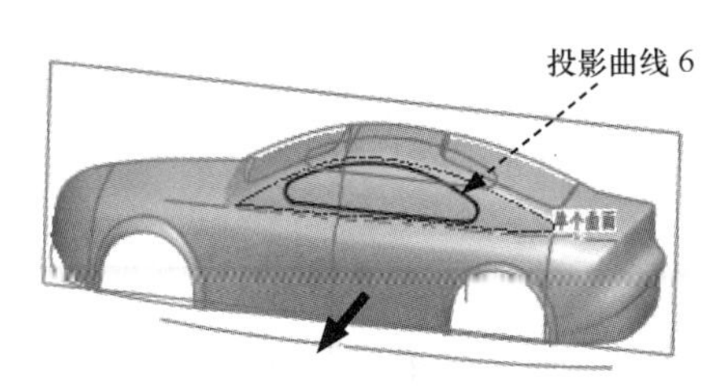

图 13.3.107　创建投影曲线 6

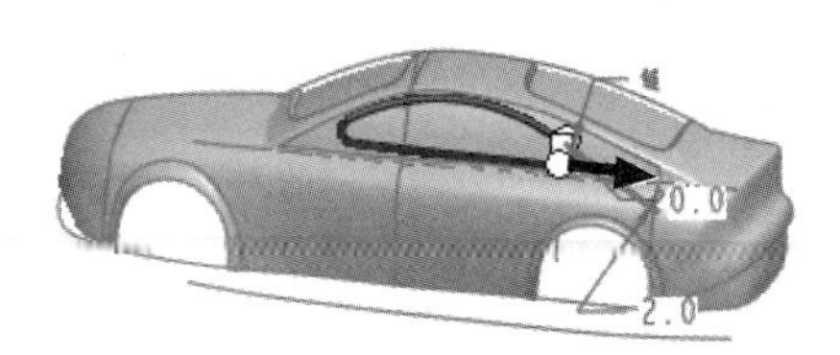

图 13.3.108　创建偏移曲面 6

Step6. 创建图 13.3.109 所示的曲面修剪特征 7。选取面组 13 为要修剪的曲面，选取投影曲线 5 为修剪工具。

Step7. 创建图 13.3.110 所示的曲面修剪特征 8。选取偏移曲面 5 为要修剪的曲面，选取偏移曲线 6 为修剪工具。

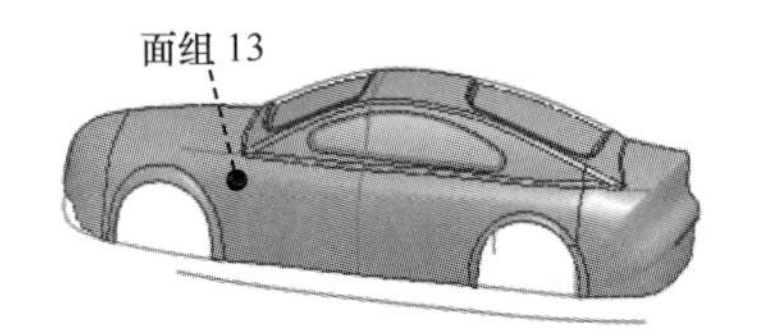

图 13.3.109　曲面修剪特征 7

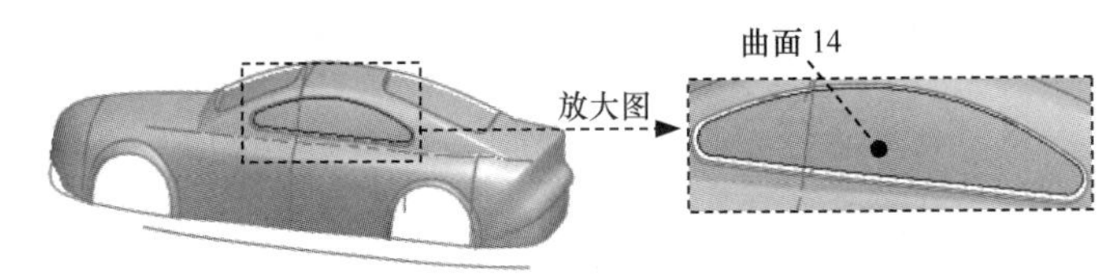

图 13.3.110　曲面修剪特征 8

Step8. 选择 模型 功能选项卡 基准 ▾ 下拉菜单中的 ～曲线 ▸ 命令；选取图 13.3.111 所示的两个端点创建曲线 5。

Step9. 选取图 13.3.111 所示的两个端点创建曲线 6。

Step10. 选取图 13.3.111 所示的两个端点创建曲线 7。

Step11. 选取图 13.3.111 所示的两个端点创建曲线 8。

Step12. 创建图 13.3.112 所示的边界曲面。选择投影曲线 5 和偏移曲线 6 为第一方向上的边界曲线，选取曲线 5、曲线 6、曲线 7 和曲线 8 为第二方向上的边界曲线。

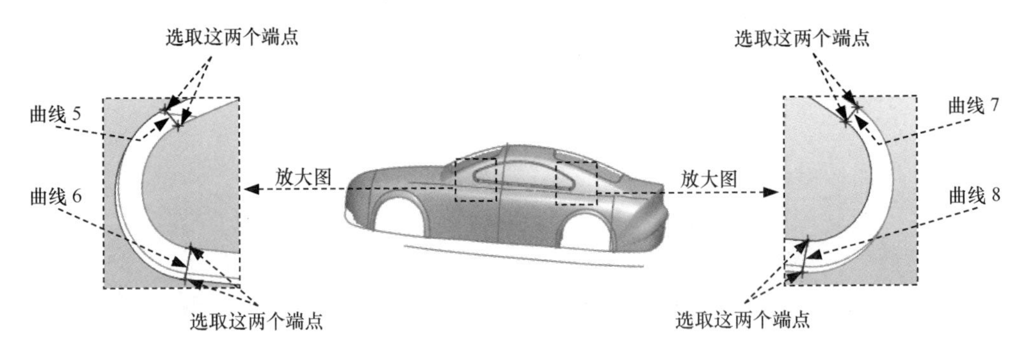

图 13.3.111　创建曲线

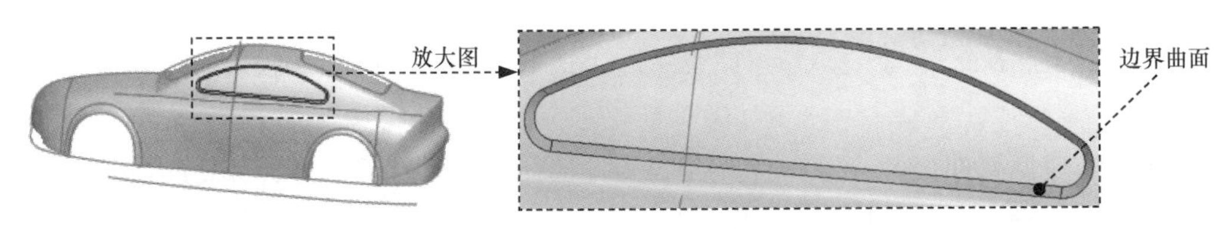

图 13.3.112　创建边界曲面

Step13. 创建图 13.3.113 所示的曲面合并 9。选取曲面合并 8 和边界曲面 3 为合并对象。

Step14. 将面组 15 与面组 13 合并，如图 13.3.114 所示。

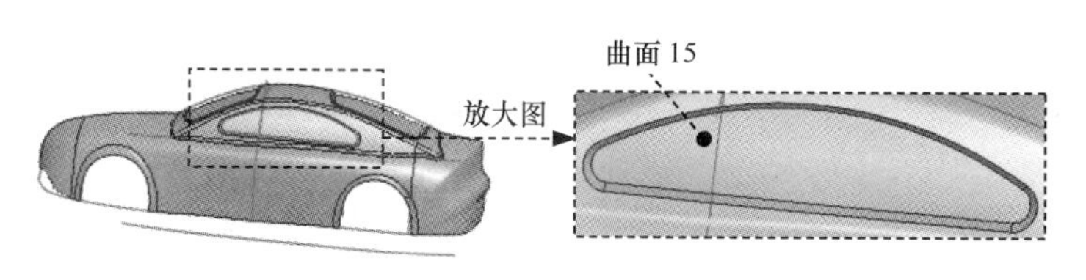

图 13.3.113　创建曲面合并 9

图 13.3.114　创建曲面合并 10

Step15. 创建倒圆角 7。选取图 13.3.115 所示的边链为倒圆角的边线，倒圆角半径值为 2.0。

Step16. 创建倒圆角 8。选取图 13.3.116 所示的边链为倒圆角的边线，倒圆角半径值为 1.0。

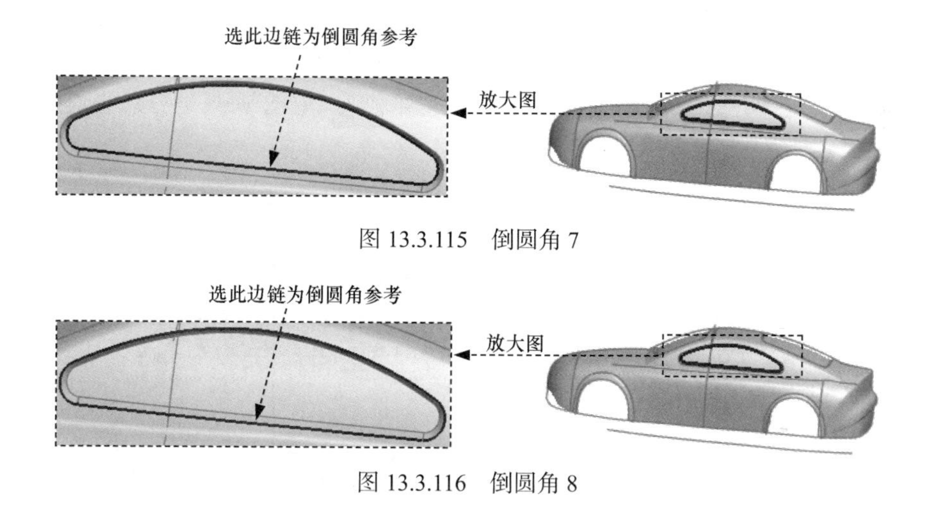

图 13.3.115　倒圆角 7

图 13.3.116　倒圆角 8

Stage13. 添加镜像、合并和加厚特征

Step1. 创建镜像特征。选取图 13.3.117a 所示的面组为镜像源，单击 模型 功能选项卡 编辑 ▾ 区域中的 镜像 按钮，选取 RIGHT 基准平面为镜像平面；单击 ✓ 按钮，完成镜像特征的创建。

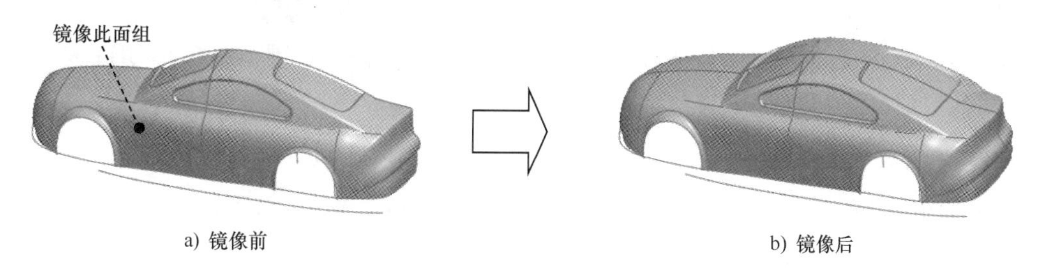

a) 镜像前　　b) 镜像后

图 13.3.117　创建镜像特征组

Step2. 将 Step1 创建的镜像面组与源面组进行合并。

Step3. 加厚面组。选取合并后的面组为要加厚的对象；单击 加厚 按钮，输入厚度值 1.0，调整加厚的箭头方向如图 13.3.118 所示；单击 ✓ 按钮，完成加厚操作。

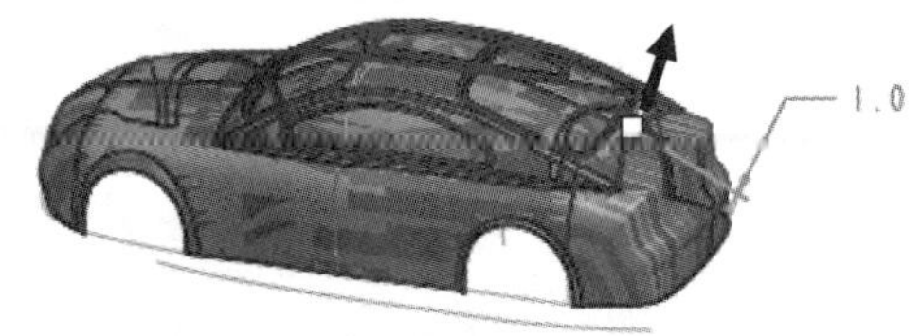

图 13.3.118 加厚面组

Step4. 隐藏曲线层并保存模型文件。

Stage14. 保存零件

13.4 ISDX 曲面设计范例 4——自行车座

范例概述

本范例主要运用了 ISDX 曲线、镜像曲线、边界混合曲面、曲面加厚等特征命令。在创建 ISDX 曲线时，应注意使用创建的基准轴以及基准点对 ISDX 曲线进行约束。零件模型及模型树如图 13.4.1 所示。

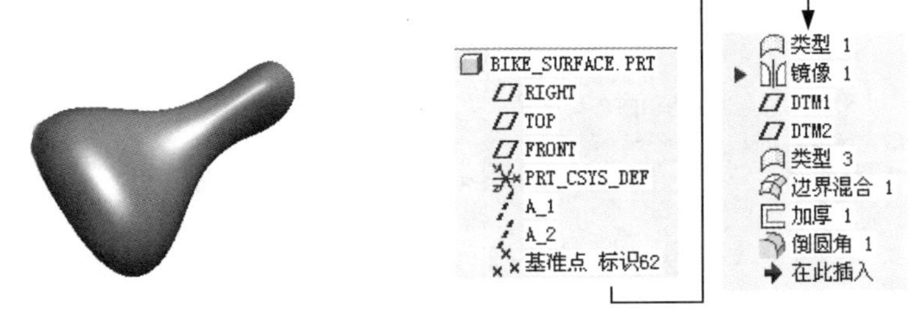

图 13.4.1 零件模型及模型树

Step1. 新建零件模型并命名为 BIKE_SURFACE。

Step2. 创建图 13.4.2 所示的基准轴 A_1。

（1）单击 模型 功能选项卡 基准 ▾ 区域中的 / 轴 按钮，系统弹出“基准轴”对话框。

（2）定义约束。

① 选取 FRONT 基准面为放置参考，将其约束类型设置为 法向。

② 选取 TOP 基准面为偏移参考，偏移值为 200.0；按住 Ctrl 键，选取 RIGHT 基准面为偏移参考，偏移值为 0.0。

（3）单击对话框中的 确定 按钮，完成基准轴 A_1 的创建。

Step3. 创建图 13.4.3 所示的基准轴 A_2。单击 模型 功能选项卡 基准 ▾ 区域中的 / 轴 按钮，选取 FRONT 基准面为放置参考，约束类型为 法向；选取 RIGHT 基准面为偏移参考，偏移值为 60.0；按住 Ctrl 键，选取 TOP 基准面为偏移参考，偏移值为 –150.0。

Step4. 创建图 13.4.4 所示的基准点 PNT0 和基准点 PNT1。单击 模型 功能选项卡

基准 ▾ 区域中的 ×× 点 ▾ 按钮；按住 Ctrl 键，选取图 13.4.4 所示的基准轴 A_2 和基准面 FRONT 为 PNT0 的放置参考；单击 新点 字符，按住 Ctrl 键，选取图 13.4.4 所示的基准轴 A_1 和基准面 FRONT 为 PNT1 的放置参考；单击“基准点”对话框中的 确定 按钮，完成基准点 PNT0、PNT1 的创建。

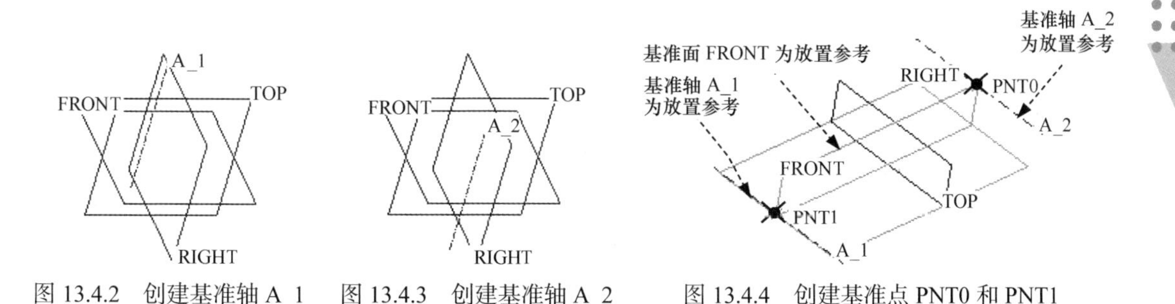

图 13.4.2　创建基准轴 A_1　　图 13.4.3　创建基准轴 A_2　　图 13.4.4　创建基准点 PNT0 和 PNT1

Step5. 创建图 13.4.5 所示的 ISDX 曲线 1。

（1）进入造型环境。单击 模型 功能选项卡 曲面 ▾ 区域中的“造型”按钮 造型。

（2）选择 RIGHT 基准平面为活动平面。

（3）单击 按钮，选择 RIGHT 视图，此时视图显示状态如图 13.4.6 所示。

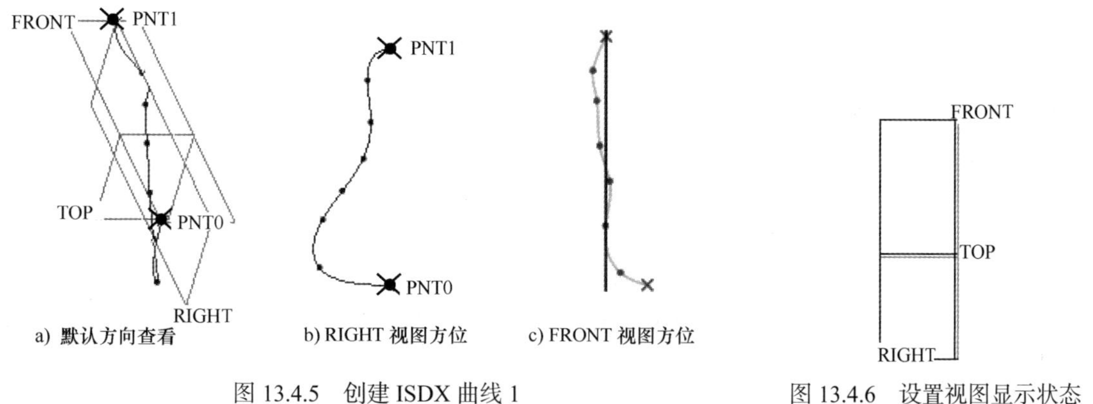

图 13.4.5　创建 ISDX 曲线 1　　图 13.4.6　设置视图显示状态

（4）创建图 13.4.7 所示的初步的 ISDX 曲线 1。单击 样式 功能选项卡 曲线 ▾ 区域中的“曲线”按钮 ，在弹出的操控板中单击 按钮；绘制图 13.4.7 所示的初步的 ISDX 曲线 1，然后单击操控板中的 ✔ 按钮。

（5）编辑初步的 ISDX 曲线 1。

① 取消选中 平面显示 复选框，使基准面不显示。

② 单击 样式 功能选项卡 曲线 ▾ 区域中的 曲线编辑 按钮，此时系统显示“曲线编辑”操控板，选取图 13.4.7 所示的初步的 ISDX 曲线 1。

③ 按住 Shift 键，选取图 13.4.7 所示的初步的 ISDX 曲线 1 的上端点，向基准点 PNT1

方向拖移，直至出现小叉“×”与基准点 PNT1 重合为止；按照同样的操作方法使初步的 ISDX 曲线 1 的下端点与基准点 PNT0 重合，约束后的曲线如图 13.4.8 所示。

④ 设置 ISDX 曲线 1 的两个端点的“垂直”约束。单击该曲线的上端点，单击操控板中的 相切 按钮，系统弹出“约束”界面，在此界面的 约束 选项区域中将 第一个 约束设置为 竖直，与 RIGHT 基准平面垂直；单击该曲线的下端点，将 第二个 约束设置为 竖直，与 RIGHT 基准平面垂直。

⑤ 对照图 13.4.5 所示的 RIGHT 视图方位和 FRONT 视图方位拖动其他自由点。

（6）对照图 13.4.9 所示的曲线的曲率图，编辑 ISDX 曲线 1。

① 单击 按钮，选择 RIGHT 视图。

② 单击操控板中的 按钮，当 按钮变为 时，再在 样式 功能选项卡的 分析 区域中单击 曲率 按钮（注意：此时 质量 为 10.00，比例 为 80.00）。

③ 在“曲率”对话框的下拉列表中选择 已保存，单击 按钮。

④ 单击操控板中的 按钮，对照图 13.4.9 中的曲率图，对图 13.4.8 所示的 ISDX 曲线 1 上的各自由点进行拖移。这时可观察到曲线的曲率图随着点的移动而即时变化。

⑤ 如果要关闭曲线曲率图的显示，在“样式”操控板中选择 分析 ➡ 删除所有曲率 命令。

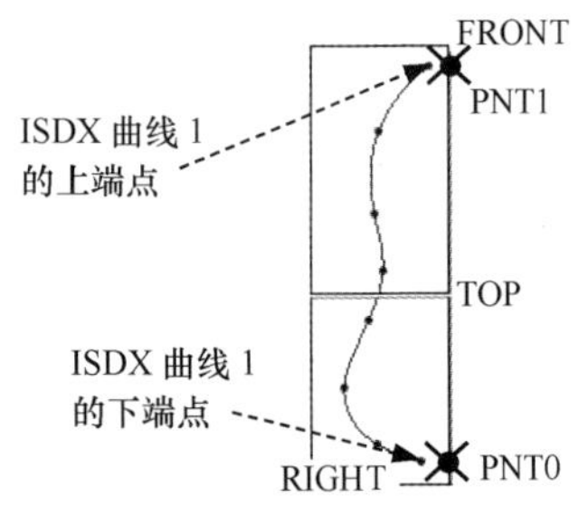

图 13.4.7　初步的 ISDX 曲线 1

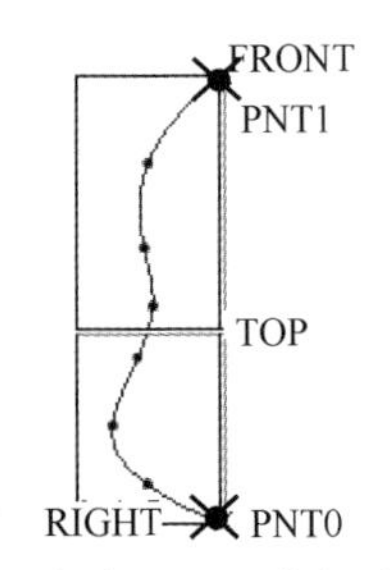

图 13.4.8　拖移上、下端点后的状态

图 13.4.9　ISDX 曲线 1 的曲率图

（7）退出造型环境。

Step6. 创建图 13.4.10 所示的镜像曲线 1。选取图 13.4.10a 所示的类型 1 为镜像对象，单击 模型 功能选项卡 编辑 区域中的 镜像 按钮；选取 FRONT 基准面为镜像平面，单击操控板中的 按钮。

Step7. 创建图 13.4.11 所示的基准平面 DTM1。单击“平面”按钮 ，选取 TOP 基准面为放置参考，偏移值为 130.0。

Step8. 创建图 13.4.12 所示的基准平面 DTM2。选取 TOP 基准面为放置参考，偏移值为 -80.0。

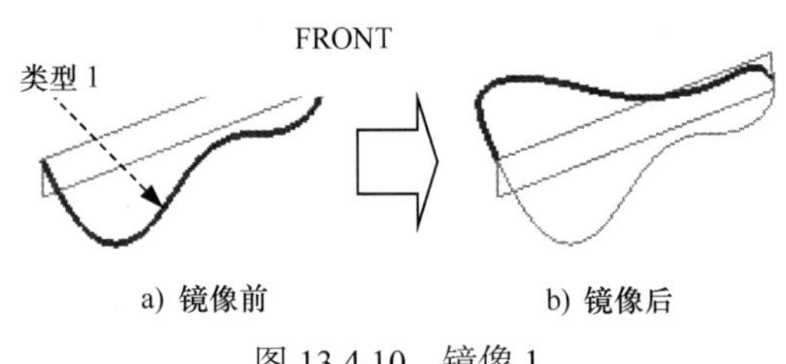

图 13.4.10　镜像 1

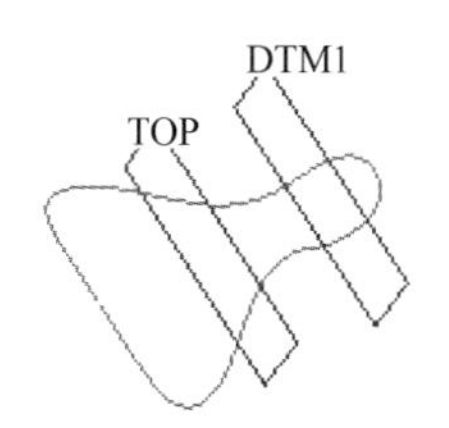

图 13.4.11 创建基准面 DTM1

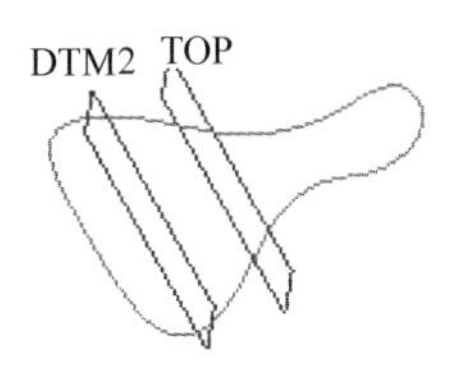

图 13.4.12 创建基准面 DTM2

Step9. 创建图 13.4.13 所示的 ISDX 曲线 2、ISDX 曲线 3 和 ISDX 曲线 4。

（1）进入造型环境。单击 模型 功能选项卡 曲面▼ 区域中的“造型”按钮 造型。

（2）创建图 13.4.14 所示的 ISDX 曲线 2。

① 选取 DTM1 基准平面为活动平面。

② 在绘图区右击，从弹出的快捷菜单中选择 活动平面方向 命令。

③ 单击 样式 功能选项卡 曲线▼ 区域中的“曲线”按钮，绘制图 13.4.15 所示的初步的 ISDX 曲线 2，然后单击操控板中的 ✔ 按钮。

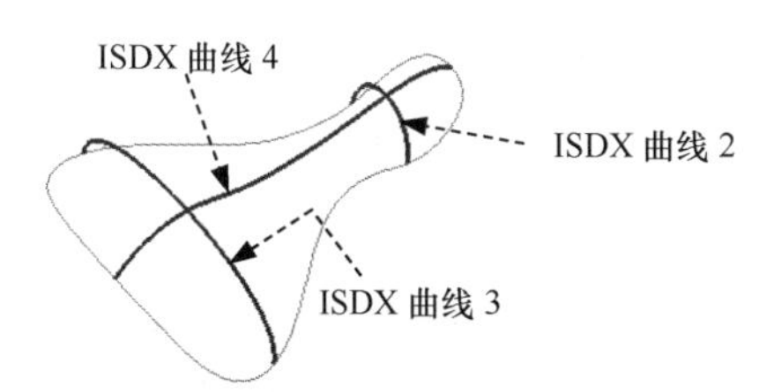

图 13.4.13 ISDX 曲线 2、ISDX 曲线 3 和 ISDX 曲线 4

图 13.4.14 创建 ISDX 曲线 2

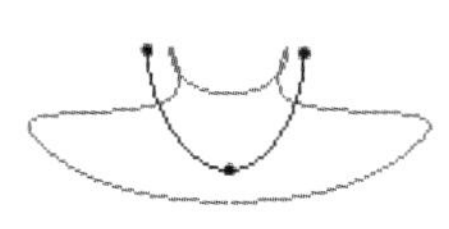

图 13.4.15 初步的 ISDX 曲线 2

（3）编辑初步的 ISDX 曲线 2。

① 隐藏不需要的基准面，将视图调整至图 13.4.16 所示的方位；单击 样式 功能选项卡 曲线▼ 区域中的 曲线编辑 按钮，选取图 13.4.16 所示的初步的 ISDX 曲线 2。

② 设置自由点 1 和自由点 2。按住 Shift 键，将图 13.4.16 所示的初步的 ISDX 曲线 2 的自由点 1 拖移至图 13.4.16 所示的曲线 1 上，直至出现小叉“×”为止；单击操控板中的 相切 按钮，系统弹出“约束”界面，在此界面的 约束 选项组中将 第一个 约束设置为 竖直，在 属性 区域的“长度”文本框中输入值 50.0；按照同样的操作方法将初步的 ISDX 曲线 2 的自由点 2 拖移至图 13.4.16 所示的曲线 1 上；将 第一个 约束设置为 竖直，设置 属性 的长度值为 50.0。

③ 拖移自由点 3。将初步的 ISDX 曲线 2 的自由点 3 拖移至 FRONT 基准面上，单击操控板中的 点 按钮，接受 软点 区域中 类型 的默认设置为 自平面偏移，在“值”文本框中输入 33.5。

④ 单击操控板中的 ✔ 按钮。

（4）对照图 13.4.17 所示的曲线的曲率图，编辑 ISDX 曲线 2。

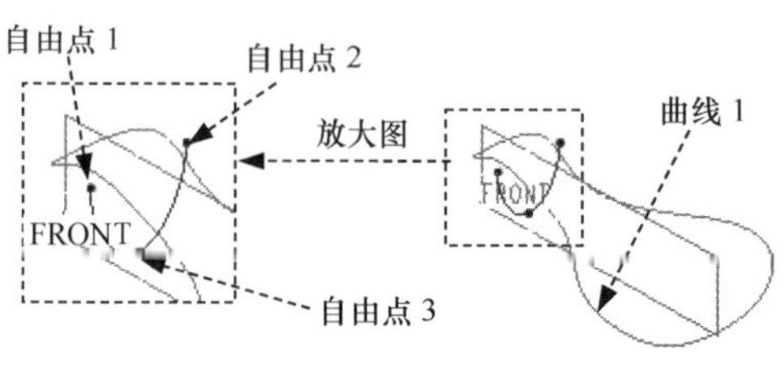

图 13.4.16 约束 ISDX 曲线 2

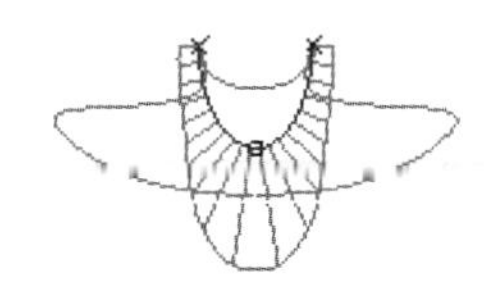

图 13.4.17 ISDX 曲线 2 的曲率图

（5）创建图 13.4.18 所示的 ISDX 曲线 3。

① 设置基准面 DTM2 为活动平面。

② 在绘图区右击，从弹出的快捷菜单中选择 活动平面方向 命令。

③ 单击 样式 功能选项卡 曲线 ▾ 区域中的“曲线”按钮，绘制图 13.4.19 所示的初步的 ISDX 曲线 3，然后单击操控板中的 ✔ 按钮。

（6）编辑初步的 ISDX 曲线 3。

① 隐藏不需要的基准面，将视图调整至图 13.4.20 所示的方位；单击 样式 功能选项卡 曲线 ▾ 区域中的 曲线编辑 按钮，选取图 13.4.20 所示的初步的 ISDX 曲线 3。

② 拖移自由点 1 和自由点 2。按住 Shift 键，将图 13.4.20 所示的初步的 ISDX 曲线 3 的自由点 1 拖移至图 13.4.20 所示的曲线 1 上，直至出现小叉“×”为止；单击操控板中的 相切 按钮，系统弹出“约束”界面，在此界面的 约束 选项组中将 第一个 约束设置为 竖直，在 属性 区域的“长度”文本框中输入值 80.0；按照同样的操作方法将初步的 ISDX 曲线 3 的自由点 2 拖移至图 13.4.20 所示的曲线 1 上；将 第一个 约束设置为 竖直，设置 属性 的长度值为 80.0。

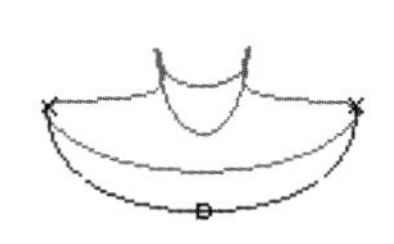

图 13.4.18 创建 ISDX 曲线 3

图 13.4.19 初步的 ISDX 曲线 3

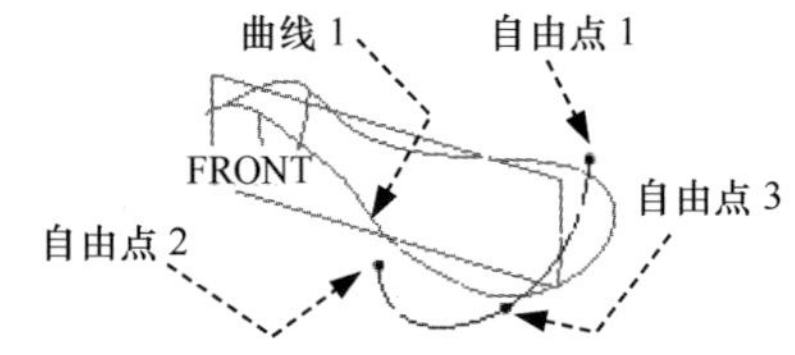

图 13.4.20 约束 ISDX 曲线 3

③ 拖移自由点 3。将初步的 ISDX 曲线 3 的自由点 3 拖移至 FRONT 基准面上，单击操控板中的 点 按钮，接受 软点 区域中 类型 的默认设置为 自平面偏移，在“值”文本框中输入 –88.0。

④ 单击操控板中的 ✔ 按钮。

（7）对照图 13.4.21 所示的曲线的曲率图，编辑 ISDX 曲线 3。

（8）创建图 13.4.22 所示的 ISDX 曲线 4。

① 设置基准面 FRONT 为活动平面。

② 在绘图区右击，从弹出的快捷菜单中选择 活动平面方向 命令。

③ 单击 样式 功能选项卡 曲线▼ 区域中的“曲线”按钮，绘制图 13.4.23 所示的初步的 ISDX 曲线 4，然后单击操控板中的 ✔ 按钮。

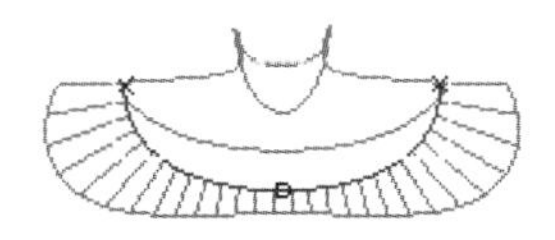

图 13.4.21　ISDX 曲线 3 的曲率图

图 13.4.22　创建 ISDX 曲线 4

图 13.4.23　初步的 ISDX 曲线 4

（9）编辑初步的 ISDX 曲线 4。

① 隐藏不需要的基准面，将视图调整至图 13.4.24 所示的方位；单击 样式 功能选项卡 曲线▼ 区域中的 曲线编辑 按钮，选取图 13.4.24 所示的初步的 ISDX 曲线 4。

② 按住 Shift 键，将图 13.4.24 所示的初步的 ISDX 曲线 4 的自由点 1 拖移至与基准点 PNT1 重合；将自由点 2 拖移至与基准点 PNT0 重合；将自由点 3 拖移至曲线 2 上；将自由点 4 拖移至曲线 3 上。

③ 单击操控板中的 ✔ 按钮。

（10）对照图 13.4.25 所示的曲线的曲率图，编辑 ISDX 曲线 4。

（11）退出造型环境。

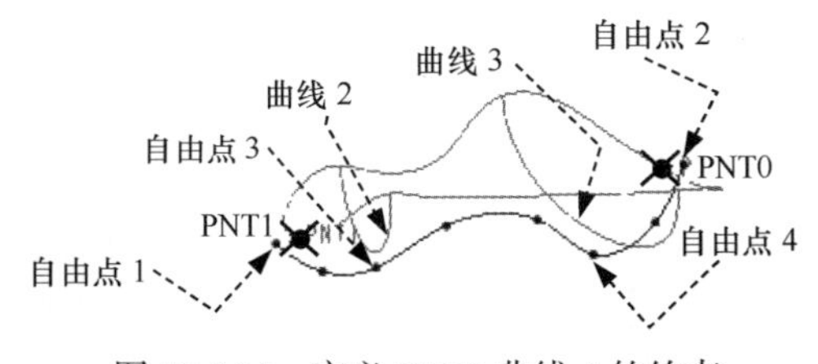

图 13.4.24　定义 ISDX 曲线 4 的约束

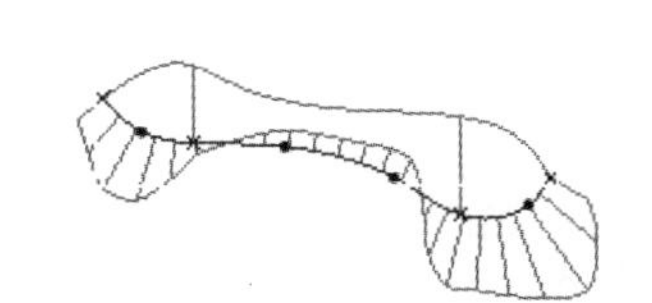

图 13.4.25　ISDX 曲线 4 的曲率图

Step10. 创建图 13.4.26b 所示的边界曲面 1。

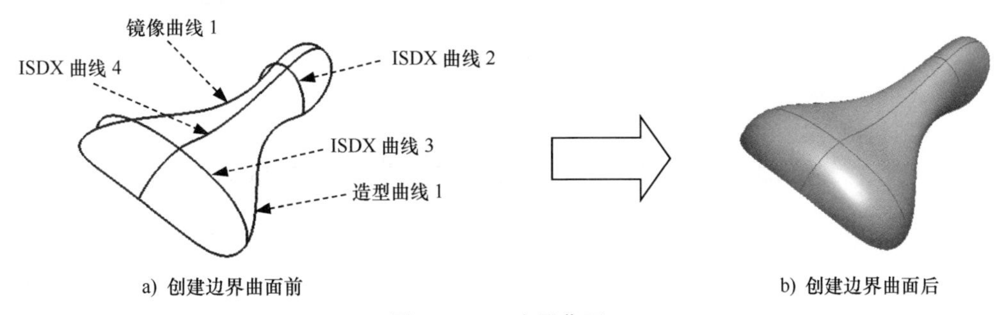

a) 创建边界曲面前　　b) 创建边界曲面后

图 13.4.26　边界曲面 1

（1）单击 模型 功能选项卡 曲面▼ 区域中的“边界混合”按钮。

（2）定义边界曲线。

① 定义第一方向边界曲线。在操控板中单击 曲线 按钮，系统弹出“曲线”界面，按

住 Ctrl 键，依次选取图 13.4.26a 所示的 ISDX 曲线 2、ISDX 曲线 3 为第一方向边界曲线。

② 定义第二方向边界曲线。单击“第二方向”区域中的“单击此…”字符，按住 Ctrl 键，依次选取图 13.4.26a 所示的镜像曲线 1、ISDX 曲线 4 和造型曲线 1 为第二方向边界曲线。

（3）定义边界约束类型。将方向一和方向二的链的边界约束类型均设置为 自由。

（4）单击操控板中的“确定”按钮 ✔。

Step11. 创建图 13.4.27b 所示的加厚曲面特征——加厚 1。选取 Step10 创建的边界曲面 1 为要加厚的面组，单击 模型 功能选项卡 编辑 ▾ 区域中的 加厚 按钮，加厚的方向为曲面外部，输入加厚值 3.0。

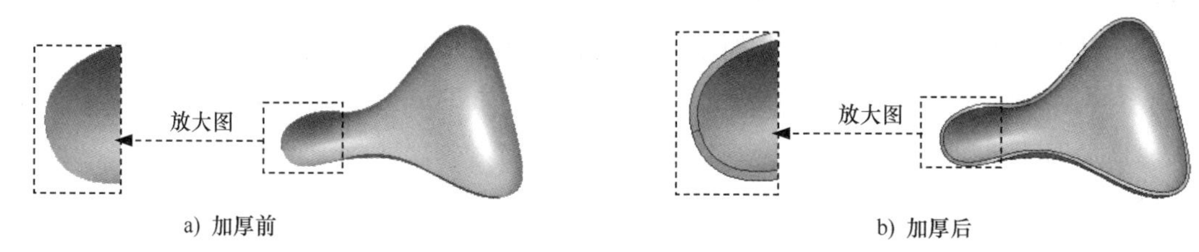

a）加厚前　　b）加厚后

图 13.4.27　加厚 1

Step12. 创建图 13.4.28b 所示的倒圆角 1。选取图 13.4.28a 所示的两条边链为倒圆角的边线，圆角半径值为 2.0。

Step13. 保存零件模型。

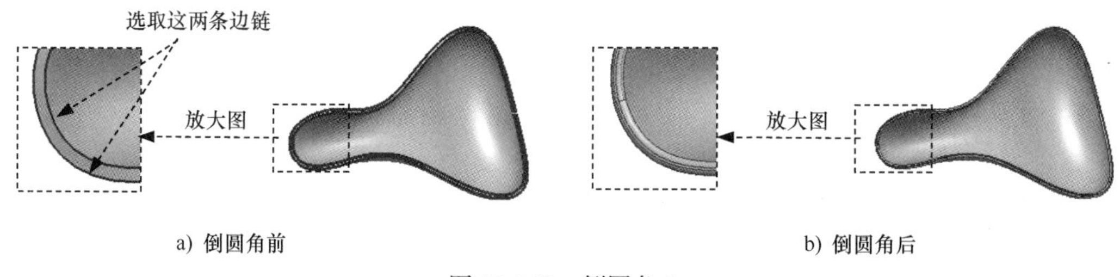

a）倒圆角前　　b）倒圆角后

图 13.4.28　倒圆角 1

13.5　ISDX 曲面设计范例 5——面板

范例概述

本范例是一个典型的 ISDX 曲面建模的例子，其建模思路是先创建几个基准平面和基准曲线，它们主要用于控制模型的大小和结构。进入 ISDX 模块后，先创建 ISDX 曲线并对其进行编辑，然后再用这些 ISDX 曲线构建 ISDX 曲面。通过本例的学习，读者可认识到，ISDX 曲面样式的关键是 ISDX 曲线，只有高质量的 ISDX 曲线才能获得高质量的 ISDX 曲面。面板零件模型如图 13.5.1 所示。

Stage1. 设置工作目录和打开文件

Step1. 将工作目录设置至 D:\creo5.3\work\ch13.05。

Step2. 打开文件 INSTANCE_FACE_COVER.PRT。

注意：打开空的 INSTANCE_FACE_COVER.PRT 模型，是为了使用该模型中的一些层、视图和单位制等设置。

图 13.5.1 面板零件模型

Stage2. 创建基准曲线及基准平面

Step1. 创建图 13.5.2 所示的基准曲线 1。在操控板中单击“草绘”按钮，选取基准平面 TOP 为草绘平面，选取基准平面 RIGHT 为参考平面，方向为 右，绘制图 13.5.3 所示的截面草图。

Step2. 创建图 13.5.4 所示的基准平面 DTM1。单击 模型 功能选项卡 基准 ▾ 区域中的“平面”按钮，选取基准平面 TOP 为参考平面，偏移值为 12.0，单击对话框中的 确定 按钮。

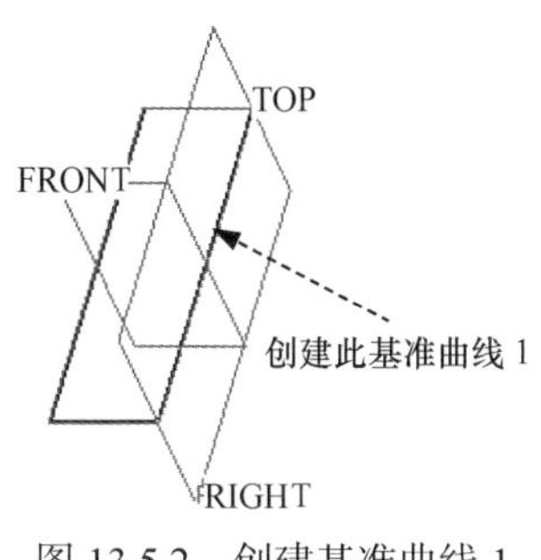

图 13.5.2 创建基准曲线 1

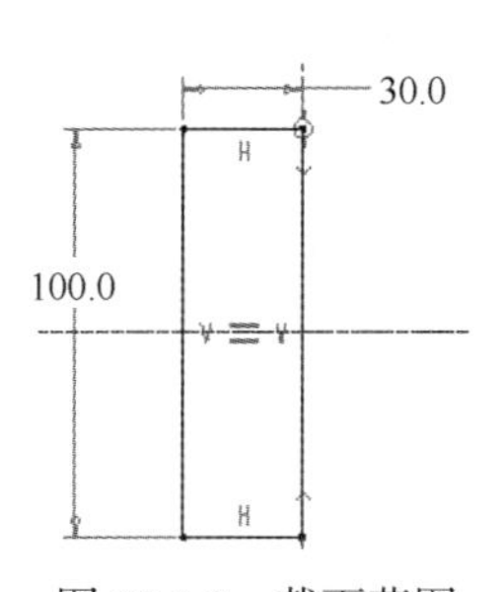

图 13.5.3 截面草图

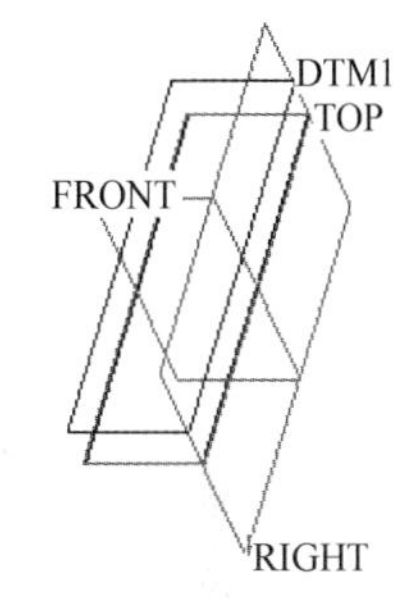

图 13.5.4 创建 DTM1

Step3. 创建图 13.5.5 所示的基准曲线 2。在操控板中单击“草绘”按钮，选取基准平面 DTM1 为草绘平面，选取基准平面 RIGHT 为参考平面，方向为 右，绘制图 13.5.6 所示的截面草图。

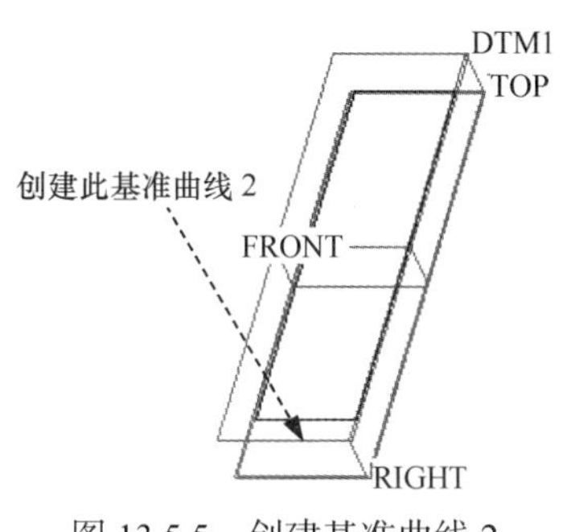

图 13.5.5 创建基准曲线 2

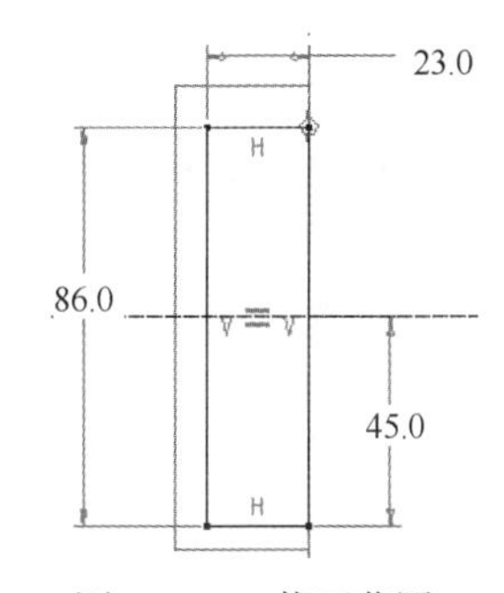

图 13.5.6 截面草图

Step4. 创建图 13.5.7 所示的基准平面 DTM2。单击 模型 功能选项卡 基准 ▾ 区域

中的“平面”按钮 ，选取基准平面 TOP 为参考平面，偏移值为 5.0，单击对话框中的 确定 按钮。

Step5. 创建图 13.5.8 所示的基准曲线 3。在操控板中单击“草绘”按钮 ，选取 DTM2 基准平面为草绘平面，选取基准平面 RIGHT 为参考平面，方向为 右，绘制图 13.5.9 所示的截面草图。

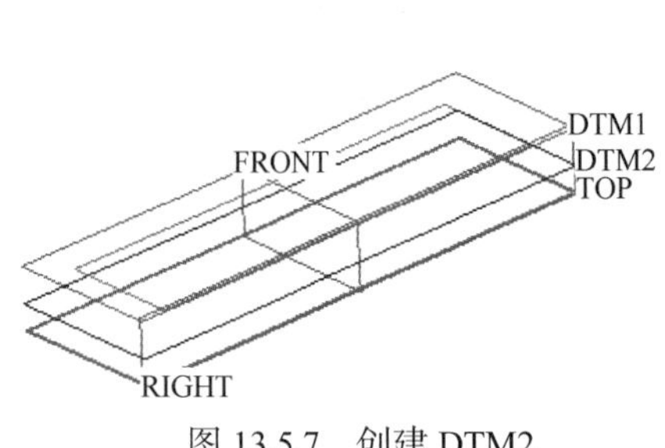

图 13.5.7　创建 DTM2

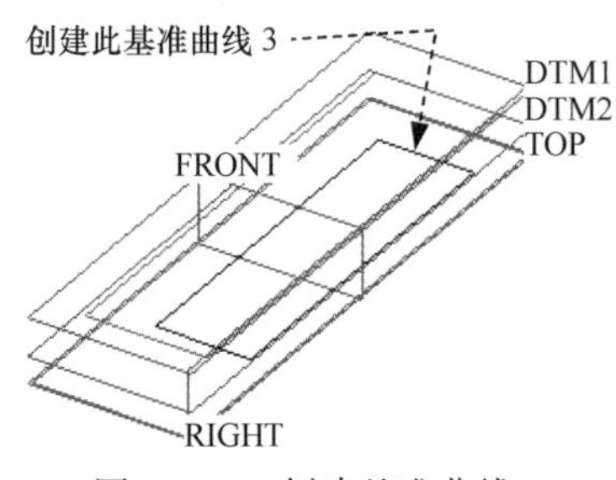

图 13.5.8　创建基准曲线 3

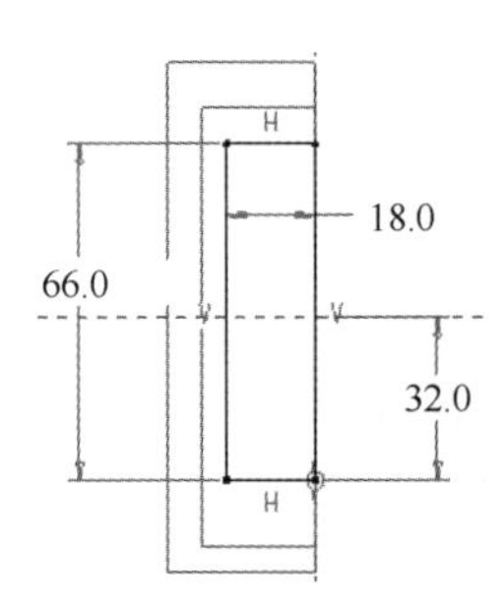

图 13.5.9　截面草图

Step6. 创建图 13.5.10 所示的基准轴 A_1。单击 模型 功能选项卡 基准 ▾ 区域中的“轴”按钮 轴，选取基准平面 FRONT 和基准平面 RIGHT 为参考平面，单击对话框中的 确定 按钮。

Step7. 创建图 13.5.11 所示的基准平面 DTM3。单击 模型 功能选项卡 基准 ▾ 区域中的“平面”按钮 ，选取基准轴 A_1 和 RIGHT 基准平面为参考平面，角度偏移值为 30，单击对话框中的 确定 按钮。

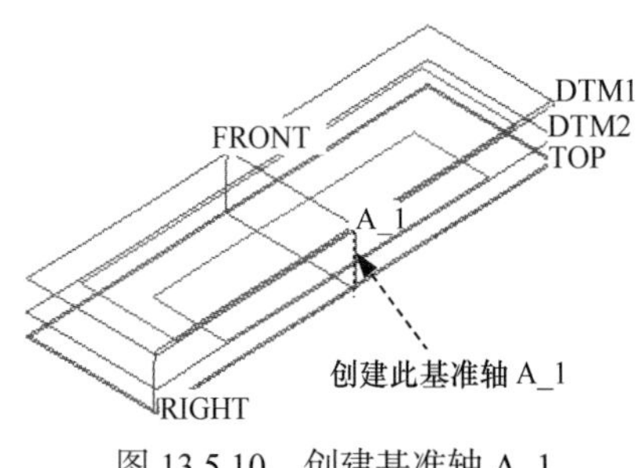

图 13.5.10　创建基准轴 A_1

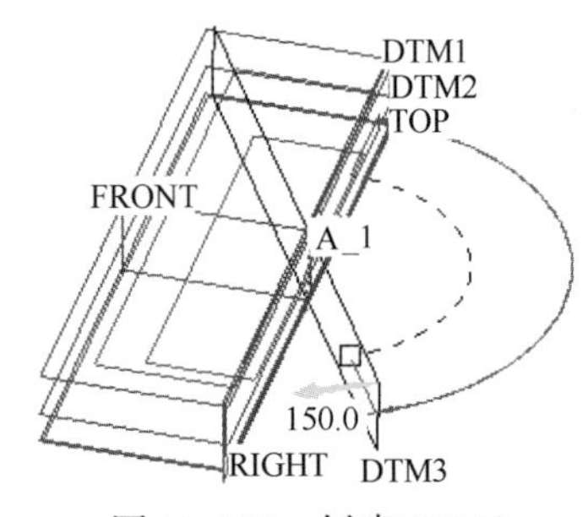

图 13.5.11　创建 DTM3

Stage3. 创建第一个样式曲面特征

Step1. 单击 模型 功能选项卡 曲面 ▾ 区域中的“样式”按钮 样式，进入样式环境。

Step2. 创建图 13.5.12 所示的 ISDX 曲线 1。

（1）设置活动平面。接受系统默认的 TOP 基准平面为活动平面。

（2）单击 按钮，选择 Course_v1 视图。

（3）创建初步的 ISDX 曲线 1。

① 单击 样式 功能选项卡 曲线 ▾ 区域中的“曲线”按钮 ～。

② 选择曲线类型。在“造型：曲线”操控板中单击“创建平面曲线”按钮 ▱。

③ 绘制图 13.5.13 所示的初步的 ISDX 曲线 1，然后单击操控板中的 ✔ 按钮。

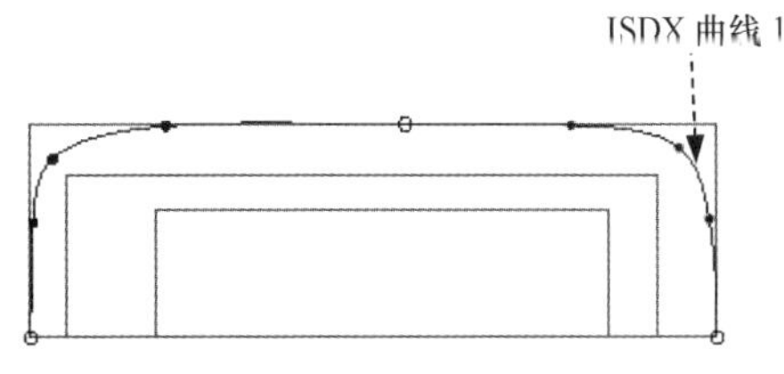

图 13.5.12　创建 ISDX 曲线 1

（4）编辑初步的 ISDX 曲线 1。

① 单击 样式 功能选项卡 曲线 ▾ 区域中的“曲线编辑”按钮 曲线编辑，选取图 13.5.13 中初步的 ISDX 曲线 1 为编辑对象。

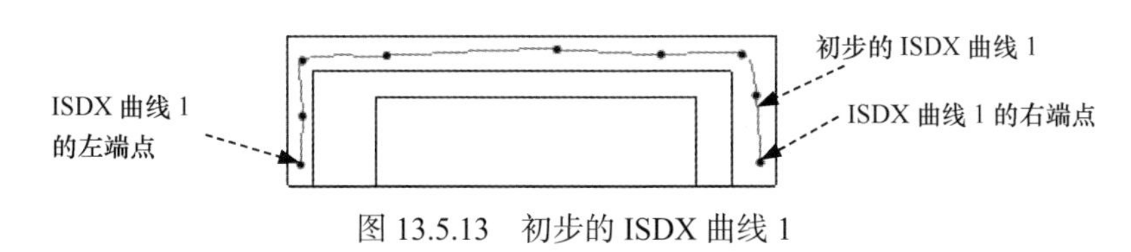

图 13.5.13　初步的 ISDX 曲线 1

② 按住 Shift 键，选取 ISDX 曲线 1 的右端点，如图 13.5.13 所示；向基准曲线 1 的右下角的交点方向拖拉，直至出现“×”为止，如图 13.5.14 所示，此时 ISDX 曲线 1 的右端点与基准曲线 1 的右下交点对齐。按照同样的操作方法对齐 ISDX 曲线 1 的左端点，如图 13.5.15 所示。

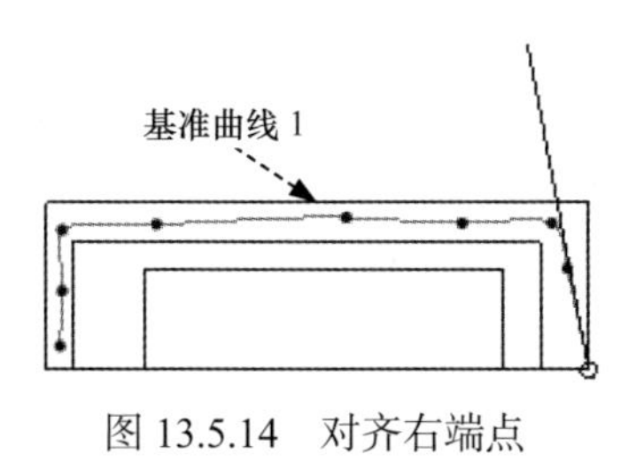

图 13.5.14　对齐右端点

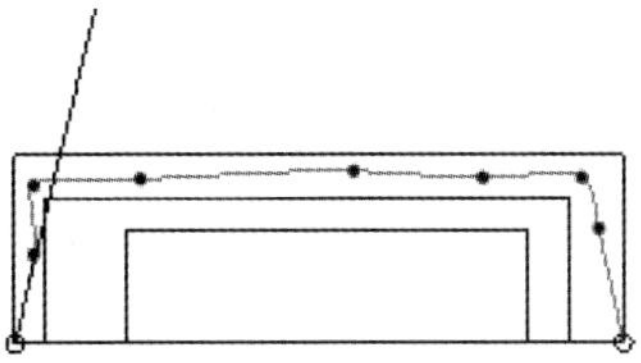

图 13.5.15　对齐左端点

③ 按照上步的方法，将 ISDX 曲线 1 的中间点对齐到基准曲线 1 上边线的中部，如图 13.5.16 所示。

④ 拖移 ISDX 曲线 1 的其余自由点，直至如图 13.5.17 所示。

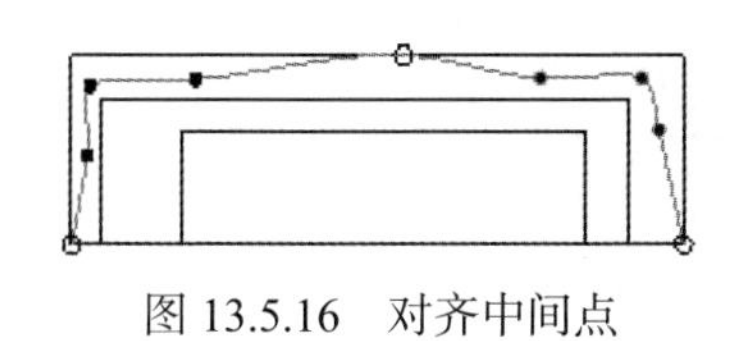

图 13.5.16　对齐中间点

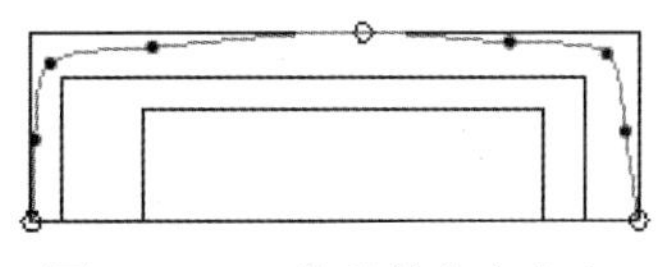

图 13.5.17　拖移其余自由点

（5）设置 ISDX 曲线 1 两个端点的切线方向和长度。

① 单击 按钮，选择 Course_v2 视图。

② 选取 ISDX 曲线 1 的右端点，单击操控板上的 相切 选项卡，在系统弹出的界面

的 约束 区域下的 第一 下拉列表中选择 法向 选项（图 13.5.18），并选取 RIGHT 基准平面为法向参考平面（可以从模型树中选取），这样 ISDX 曲线 1 右端点处的切线方向便与 RIGHT 基准平面垂直（图 13.5.19）；在图 13.5.18 所示界面的 长度 文本框中输入切线的长度值 50.0，并按 Enter 键。

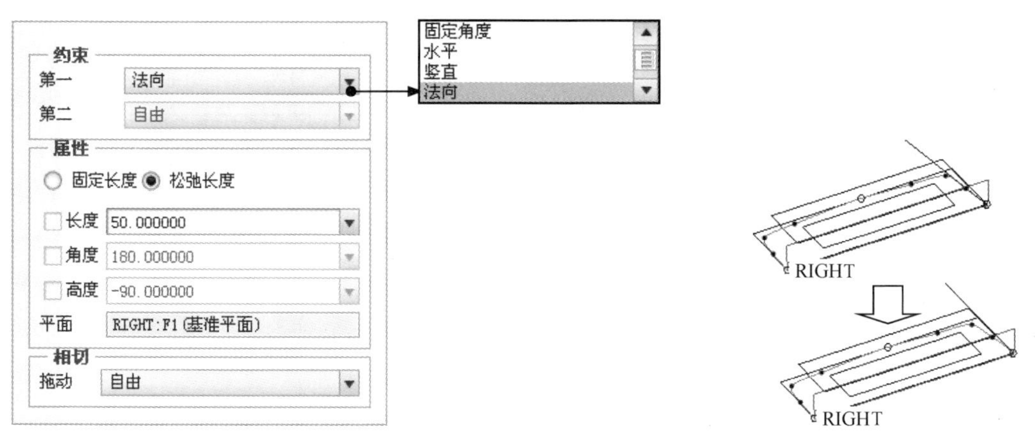

图 13.5.18 “相切”界面　　图 13.5.19 右端点与 RIGHT 基准平面垂直

③ 按照上步的方法，设置 ISDX 曲线 1 左端点的切向与 RIGHT 基准平面垂直，切线长度为 40.0。

注意：由于在后面操作中，需对创建的 ISDX 曲面进行镜像，而镜像中心平面正是 RIGHT 基准平面，为了使镜像前后的两个曲面光滑连接，这里必须设置 ISDX 曲线 1 左、右两个端点的切向与 RIGHT 基准面垂直，否则镜像后两个曲面连接处会有一道明显不光滑的“痕迹”。后面还要创建许多 ISDX 曲线，我们都将如此进行设置。

（6）对照曲线的曲率图，编辑 ISDX 曲线 1（可以将活动平面隐藏）。

① 单击 按钮，选择 Course_v1 视图。

② 在 样式 功能选项卡的 分析 ▾ 区域中单击“曲率”按钮 曲率，系统弹出“曲率”对话框，然后单击图 13.5.20 所示的 ISDX 曲线 1，在对话框的 比例 文本框中输入数值 40.0。

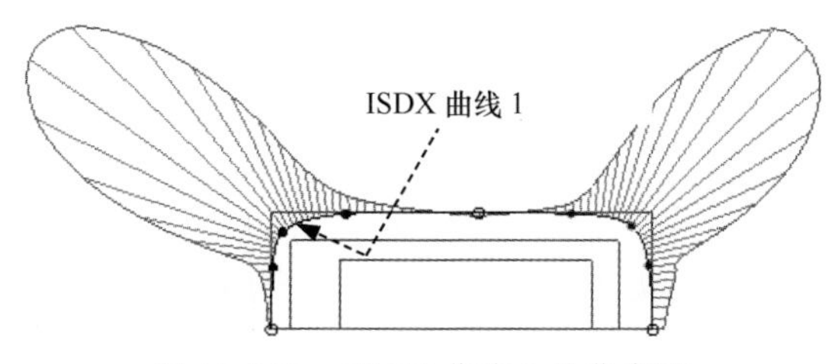

图 13.5.20 ISDX 曲线 1 的曲率图

③ 在“曲率”对话框的下拉列表中，选择 已保存，然后单击“曲率”对话框中的 ✔ 按钮，退出“曲率”对话框。

④ 对照图13.5.20中的曲率图，对ISDX曲线1上的其他几个点进行拖拉编辑。此时可观察到曲线的曲率图随着点的移动而即时变化。

⑤ 如果要关闭曲线曲率图的显示，在“样式”操控板中选择 分析 ▾ ➡ 删除所有曲率 命令。

（7）完成编辑后，单击操控板中的 ✔ 按钮。

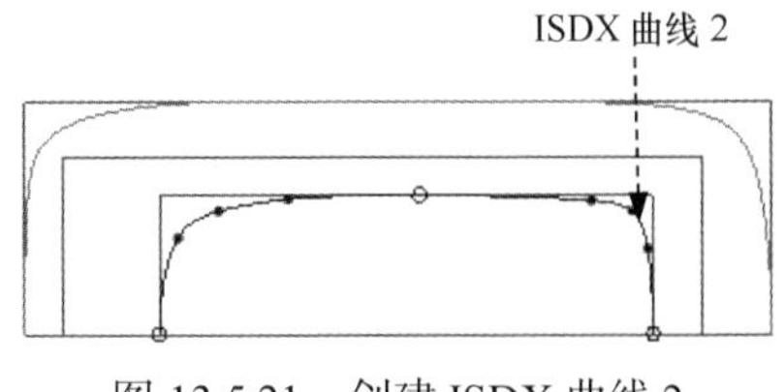

图13.5.21 创建ISDX曲线2

Step3. 创建图13.5.21所示的ISDX曲线2。

（1）单击 按钮，选择Course_v2视图。

（2）设置活动平面。单击 样式 功能选项卡 平面 区域中的“设置活动平面”按钮 ，选择DTM2基准平面为活动平面，此时模型如图13.5.22所示。Course_v1视图状态如图13.5.23所示。

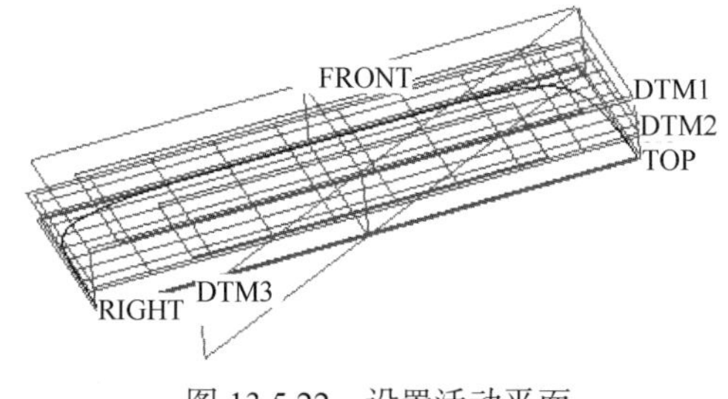

图13.5.22 设置活动平面

图13.5.23 Course_v1视图状态

（3）创建初步的ISDX曲线2。单击 样式 功能选项卡 曲线 ▾ 区域中的“曲线”按钮 。在操控板中单击 按钮，绘制图13.5.24所示的初步的ISDX曲线2，然后单击操控板中的 ✔ 按钮。

（4）编辑初步的ISDX曲线2。

① 单击 样式 功能选项卡 曲线 ▾ 区域中的“曲线编辑”按钮 曲线编辑。选取图13.5.24中初步的ISDX曲线2。

② 按住键盘Shift键，分别将ISDX曲线2的左、右端点与基准曲线3下面的两个交点对齐，如图13.5.25所示。

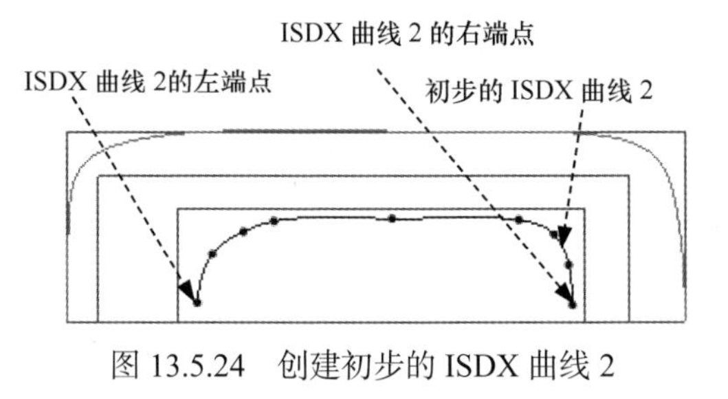

图13.5.24 创建初步的ISDX曲线2

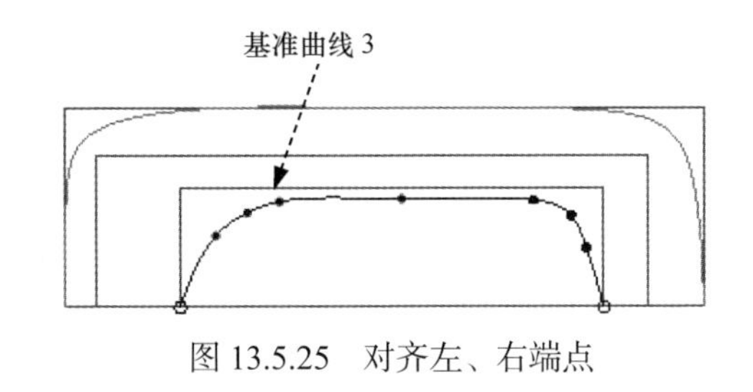

图13.5.25 对齐左、右端点

③ 按照上步同样的方法，将ISDX曲线2的中间点与基准曲线3的上边线的中部某个位置对齐，如图13.5.26所示。

④ 拖移 ISDX 曲线 2 的其余自由点，直至如图 13.5.27 所示。

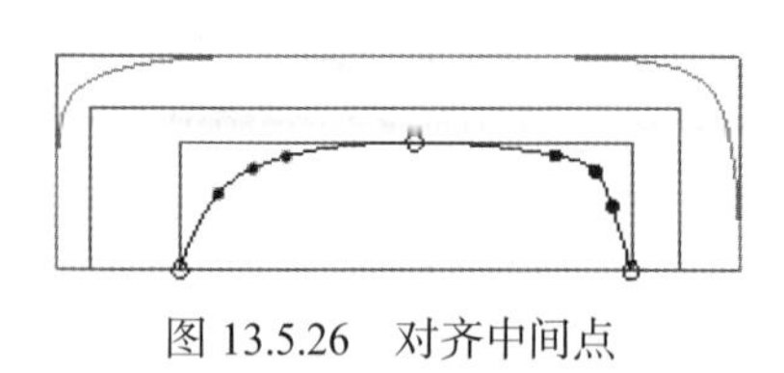

图 13.5.26　对齐中间点

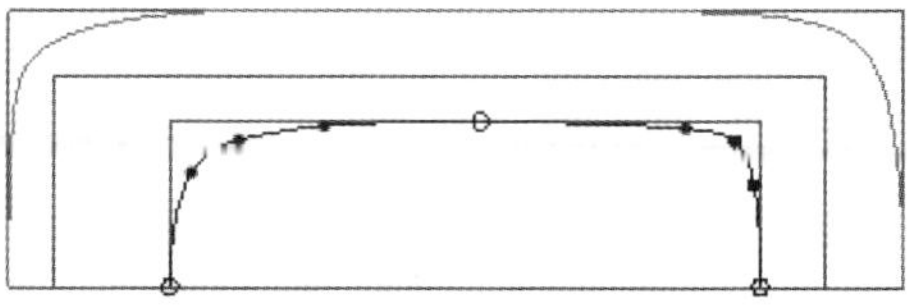

图 13.5.27　拖移其余自由点

（5）设置 ISDX 曲线 2 的两个端点的法向约束，如图 13.5.28 所示。

① 选取 ISDX 曲线 2 的右端点，单击操控板上的 相切 选项卡，在弹出的界面的 约束 区域下的 第一 下拉列表中选择 法向 选项，选取 RIGHT 基准平面作为法向平面（可以从模型树中选取），这样 ISDX 曲线 2 在其右端点处的切线方向便与 RIGHT 基准平面垂直。在 长度 文本框中输入该端点切线的长度数值 29.0，并按 Enter 键。

② 按照上步同样的方法，设置 ISDX 曲线 2 的左端点与 RIGHT 基准平面垂直。该端点切线的长度为 28.0。

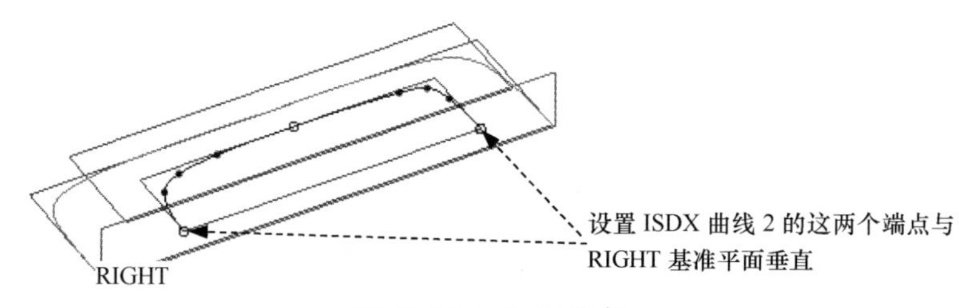

图 13.5.28　法向约束

（6）对照曲线的曲率图，编辑 ISDX 曲线 2。

① 单击 按钮，选择 Course_v1 视图。

② 在 样式 功能选项卡的 分析 ▾ 区域中单击“曲率”按钮 曲率，然后选取图 13.5.29 中的 ISDX 曲线 2，对照图 13.5.29 所示的曲率图（**注意：**此时在 比例 文本框中输入数值 30.00），再次对 ISDX 曲线 2 上的其他几个点进行拖拉编辑。

（7）完成编辑后，单击操控板中的 ✔ 按钮。

Step4. 创建图 13.5.30 所示的 ISDX 曲线 3。

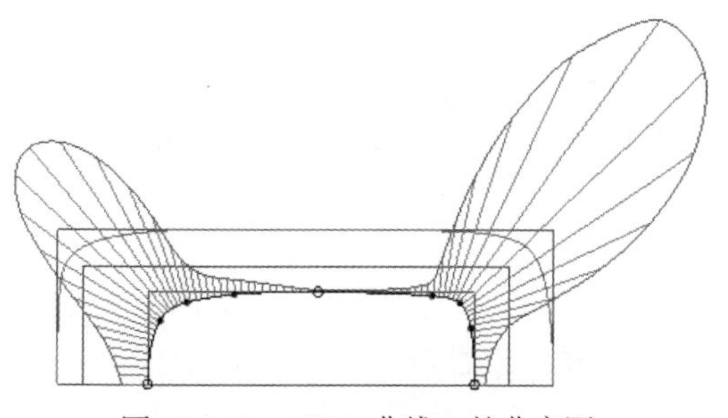

图 13.5.29　ISDX 曲线 2 的曲率图

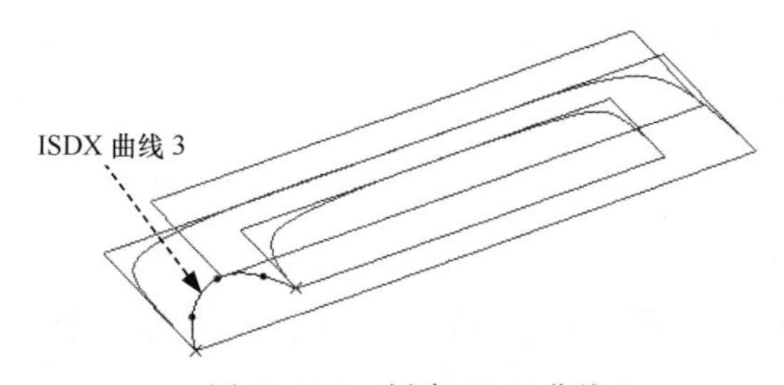

图 13.5.30　创建 ISDX 曲线 3

（1）设置活动平面。单击 样式 功能选项卡 平面 区域中的“设置活动平面”按钮，选择 RIGHT 基准平面为活动平面，此时模型如图 13.5.31 所示。

（2）单击按钮，选择 Course_v3 视图，此时模型如图 13.5.32 所示。

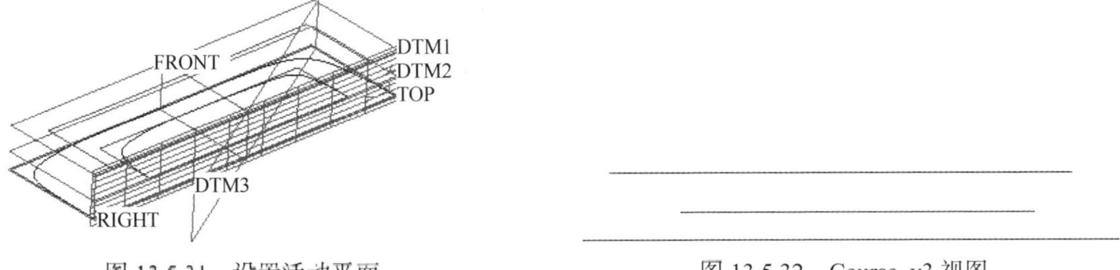

图 13.5.31　设置活动平面

图 13.5.32　Course_v3 视图

（3）创建初步的 ISDX 曲线 3。单击 样式 功能选项卡 曲线▾ 区域中的“曲线”按钮，在操控板中单击按钮，绘制图 13.5.33 所示的初步的 ISDX 曲线 3，然后单击操控板中的按钮。

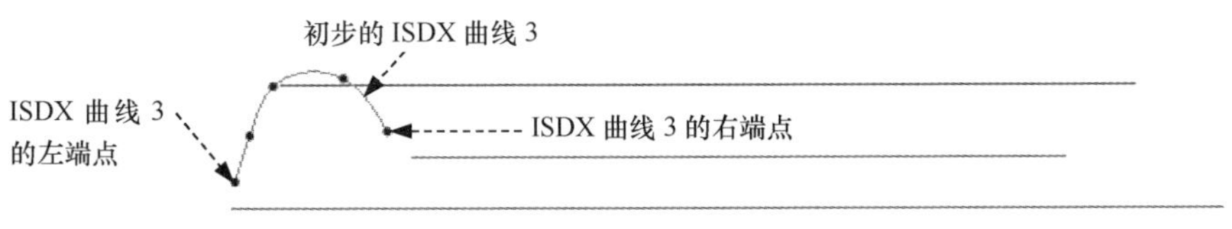

图 13.5.33　创建初步的 ISDX 曲线 3

（4）编辑初步的 ISDX 曲线 3。

① 单击 样式 功能选项卡 曲线▾ 区域中的“曲线编辑”按钮 曲线编辑。选取图 13.5.33 中初步的 ISDX 曲线 3。

② 按住 Shift 键，分别将 ISDX 曲线 3 的左、右端点与图 13.5.34 所示的交点对齐，这两个端点将变成小叉“×”；将第三个点（左起）放置在图 13.5.35 所示的直线上。

③ 拖移 ISDX 曲线 3 的其余自由点，直至如图 13.5.35 所示。

图 13.5.34　对齐左、右端点

图 13.5.35　拖移其余自由点

（5）对照曲线的曲率图，编辑 ISDX 曲线 3。

① 单击按钮，选择 Course_v3 视图。

② 在 样式 功能选项卡的 分析▾ 区域中单击“曲率”按钮 曲率，然后选取图 13.5.36 中的 ISDX 曲线 3；对照图 13.5.36 中的曲率图（**注意：**此时在 比例 文本框中输入数值 15.00），再次对 ISDX 曲线 3 上的其他几个点进行拖拉编辑。

（6）完成编辑后，单击操控板中的按钮。

Step5. 创建图 13.5.37 所示的 ISDX 曲线 4。

图 13.5.36 ISDX 曲线 3 的曲率图

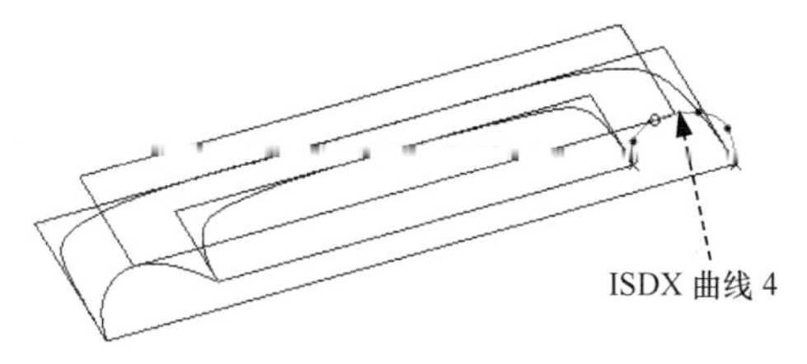

图 13.5.37 创建 ISDX 曲线 4

（1）设置活动平面。ISDX 曲线 4 的活动平面仍然是基准平面 RIGHT。

（2）单击 按钮，选择 Course_v3 视图。

（3）创建初步的 ISDX 曲线 4。单击 样式 功能选项卡 曲线 ▾ 区域中的“曲线”按钮 。在操控板中单击 按钮。绘制图 13.5.38 所示的初步的 ISDX 曲线 4，然后单击操控板中的 ✔ 按钮。

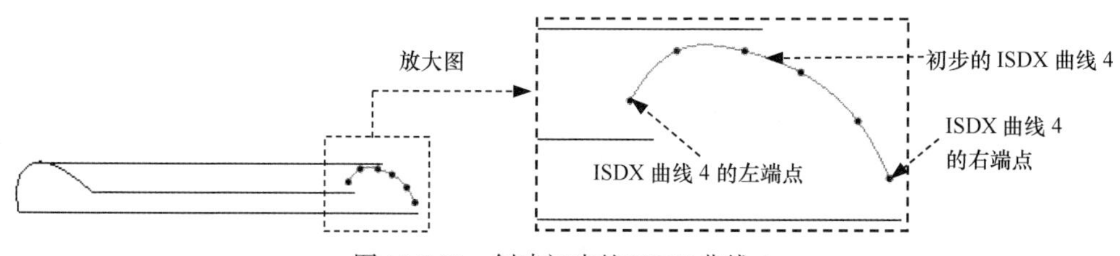

图 13.5.38 创建初步的 ISDX 曲线 4

（4）编辑初步的 ISDX 曲线 4。

① 单击 样式 功能选项卡 曲线 ▾ 区域中的“曲线编辑”按钮 曲线编辑。选取图 13.5.38 所示的初步的 ISDX 曲线 4。

② 按住 Shift 键，将 ISDX 曲线 4 的左、右端点与图 13.5.39 所示的交点对齐，将第三个点（左起）放置在图 13.5.39 所示的直线上。

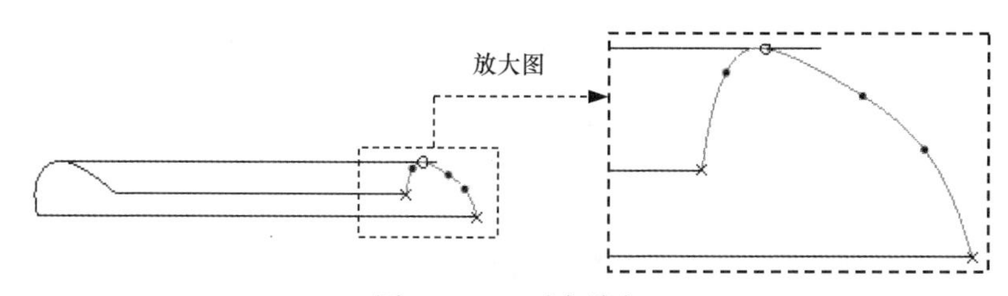

图 13.5.39 对齐端点

（5）在 样式 功能选项卡的 分析 ▾ 区域中单击“曲率”按钮 曲率，然后选取图 13.5.40 中的 ISDX 曲线 4；对照图 13.5.40 所示的曲率图（**注意：**此时在 比例 文本框中输入数值 15.00），对 ISDX 曲线 4 上的其他几个点进行拖拉编辑。

（6）完成编辑后，单击操控板中的 ✔ 按钮。

Step6. 创建图 13.5.41 所示的 ISDX 曲线 5。

（1）单击 样式 功能选项卡 平面 区域中的“设置活动平面”按钮，选择 DTM1 基准平面为活动平面，此时模型如图 13.5.42 所示。

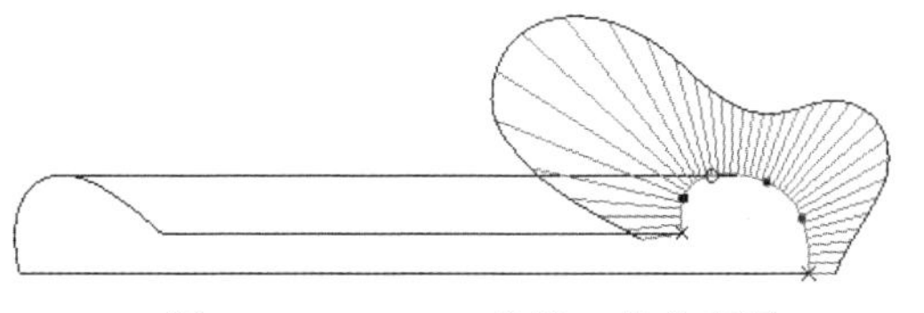

图 13.5.40 ISDX 曲线 4 的曲率图

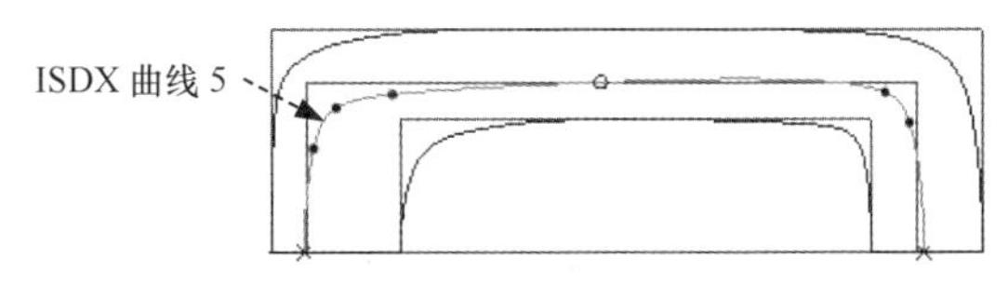

图 13.5.41 创建 ISDX 曲线 5

（2）单击 按钮，选择 Course_v1 视图。

（3）创建初步的 ISDX 曲线 5。单击 样式 功能选项卡 曲线▾ 区域中的“曲线”按钮。在操控板中单击 按钮。绘制图 13.5.43 所示的初步的 ISDX 曲线 5，然后单击操控板中的 按钮。

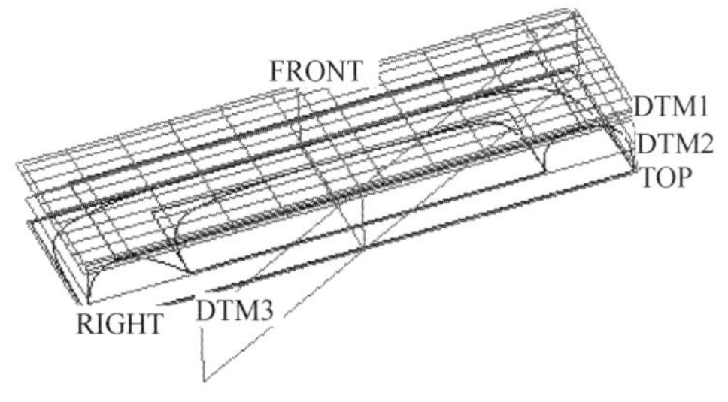

图 13.5.42 选择 DTM1 为活动平面

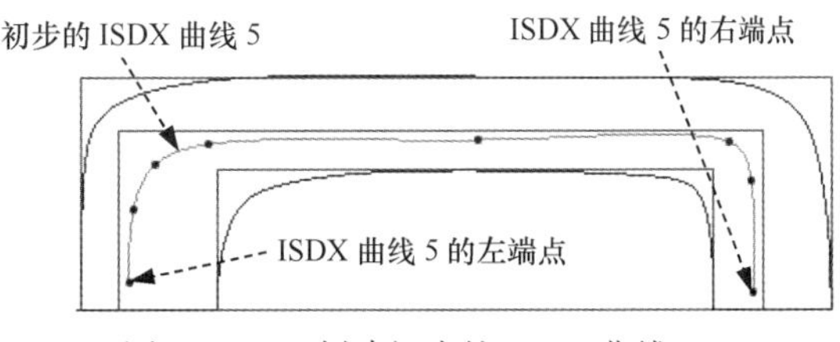

图 13.5.43 创建初步的 ISDX 曲线 5

（4）编辑初步的 ISDX 曲线 5。

① 单击 样式 功能选项卡 曲线▾ 区域中的“曲线编辑”按钮 曲线编辑。选取图 13.5.43 中初步的 ISDX 曲线 5。

② 单击 按钮，选择 Course_v2 视图。

③ 按住 Shift 键，将 ISDX 曲线 5 的左端点放置在 ISDX 曲线 3 上，该端点将变成小叉“×”；将 ISDX 曲线 5 的右端点放置在 ISDX 曲线 4 上，该端点将变成小叉“×”；将左起第五个点放置在图 13.5.44 所示的直线上，该点将变成小圆圈“○”。

（5）设置 ISDX 曲线 5 的左、右端点与 RIGHT 基准平面垂直，如图 13.5.45 所示。

① 选取 ISDX 曲线 5 的右端点，单击操控板上的 相切 选项卡，在弹出的界面的 约束 区域下的 第一 下拉列表中选择 法向 选项，选择 RIGHT 基准平面作为法向平面，这样 ISDX 曲线 5 在其右端点处的切线方向便与 RIGHT 基准平面垂直。在 长度 文本框中输入该端点切线的长度值 38.0，并按 Enter 键。

② 按照上步同样的方法，设置 ISDX 曲线 5 的左端点与 RIGHT 基准平面垂直。该端点切线的长度值为 40.0。

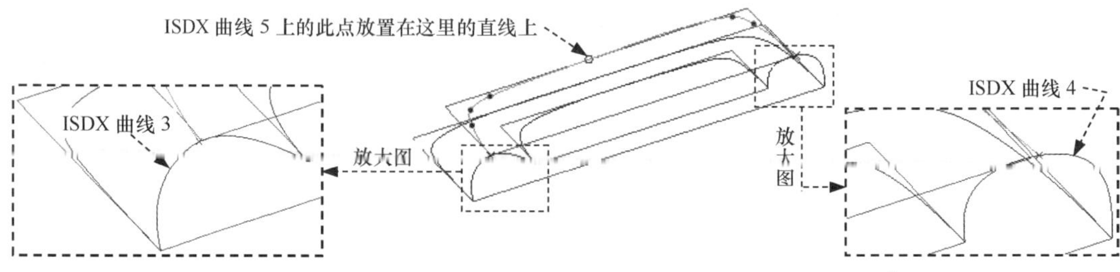

图 13.5.44　对齐各端点

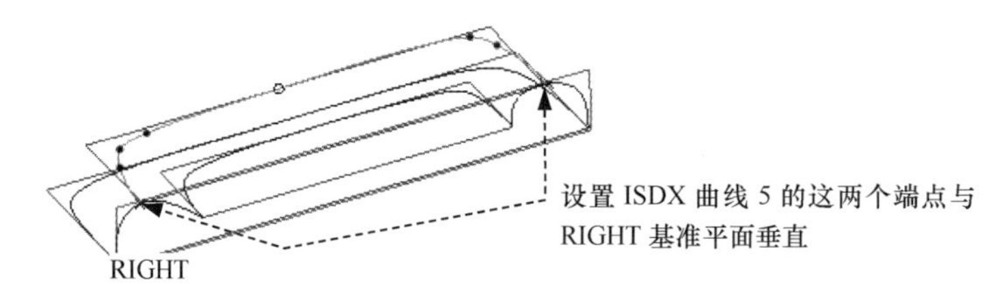

图 13.5.45　左、右端点与 RIGHT 基准平面垂直

（6）对照曲线的曲率图，编辑 ISDX 曲线 5。

① 单击 按钮，选择 Course_v1 视图。

② 在 样式 功能选项卡的 分析 ▾ 区域中单击“曲率”按钮 曲率，然后选取图 13.5.46 中的 ISDX 曲线 5；对照图 13.5.46 所示的曲率图（**注意：**此时在 比例 文本框中输入数值 15.00），再次对 ISDX 曲线 5 上的其他几个点进行拖拉编辑。

（7）完成编辑后，单击操控板中的 ✔ 按钮。

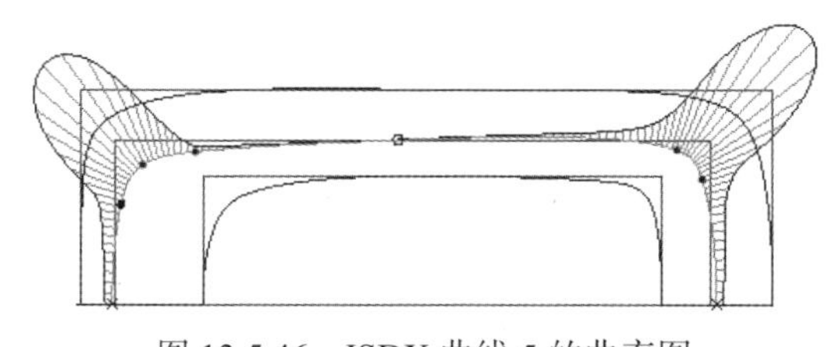

图 13.5.46　ISDX 曲线 5 的曲率图

Step7. 本案例后面的详细操作过程请参见学习资源 video 文件夹中对应章节的语音视频讲解文件。

第四篇
自由式曲面设计
及产品的逆向设计

本篇包含如下内容：

- 第 14 章　自由式曲面设计
- 第 15 章　产品的逆向设计

第 14 章　自由式曲面设计

本章提要

自由式曲面是 Creo 中增加的一项新功能。可以将其理解为“数字化橡皮泥”，即在 Creo 环境中，使用各种变形手段（拉、压、弯、扭等）对“数字化橡皮泥”进行揉捏，最终得到需要的外观造型。自由式曲面主要用于产品的概念设计阶段。

14.1　自由式曲面基础

14.1.1　自由式曲面模块概述

Creo 自由式曲面是基于细分曲面，并由四边形网格控制曲面的艺术造型工具。自由式曲面彻底解放了设计工业造型设计的拘束，通过鼠标或电子图板进行直观化的线条与曲面设计，并可以使用控制点来拖拉造型；同时结合设计草稿或图片进行实时对比，可保留尺寸的参数架构用于制造流程，让设计师能尽情发挥创意与想象，随心所欲地进行造型设计。

自由式曲面造型的过程一般是先创建一个基本的曲面（封闭或片体），然后将基本曲面细分以得到控制网格，通过对控制网格的编辑以达到所需的形状。Creo 自由式曲面的拓扑结构十分自由，局部连续性控制以及局部细化实现简易，十分适合于大型复杂曲面的造型，特别适用于电子产品行业和消费品行业的产品设计。

14.1.2　进入自由式曲面模块

进入自由式曲面模块的操作方法如下：

单击 模型 功能选项卡 曲面▼ 区域中的“自由式”按钮 自由式，进入自由式曲面模块环境，如图 14.1.1 所示。

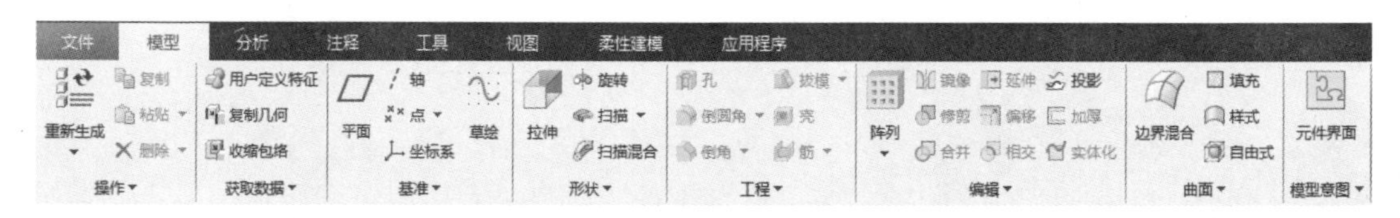

图 14.1.1　进入自由式曲面模块

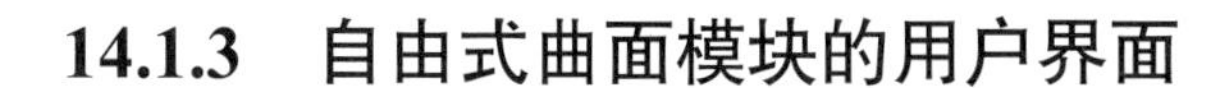

14.1.3 自由式曲面模块的用户界面

将工作目录设置至 D:\creo8.8\work\ch14.01，打开模型文件 blower.prt，单击 模型 功能选项卡 曲面 ▾ 区域中的“自由式”按钮 自由式，进入自由式曲面环境。

自由式曲面模块的用户界面如图 14.1.2 所示，图中所示是自由式曲面模块要用到的主要命令按钮，后面将进一步说明。

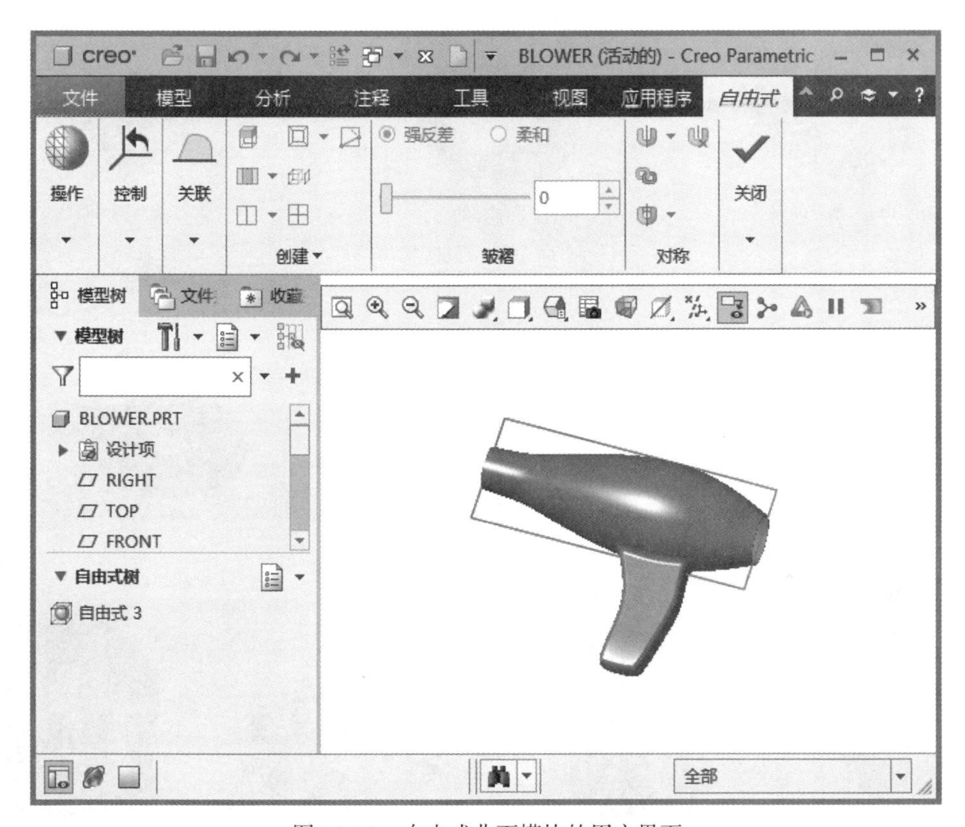

图 14.1.2　自由式曲面模块的用户界面

14.1.4 自由式曲面模块入门

1. 基元及其类型

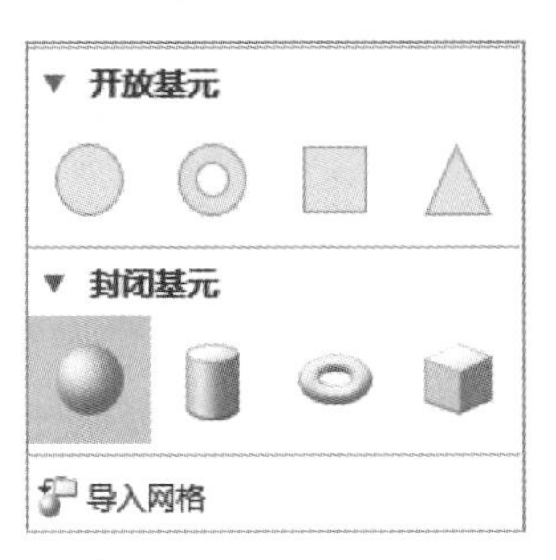

图 14.1.3　“基元”界面

Creo 自由式曲面的操作对象是一个“基元”，可以将其理解为一原始的“橡皮泥”。在“自由式”操控板中单击 操作 ▾ 区域的“形状”按钮 形状，系统弹出图 14.1.3 所示的“基元”界面。

Creo 中的基元包括 6 种开放基元和 7 种封闭基元，使用

开放基元得到的是一个二维曲面，它们分别被一个或多个矩形网格或三角形网格所包围（图 14.1.4）；使用封闭基元得到的是一个三维曲面，它们分别被一个或多个六面体网格所包围（图 14.1.5）。

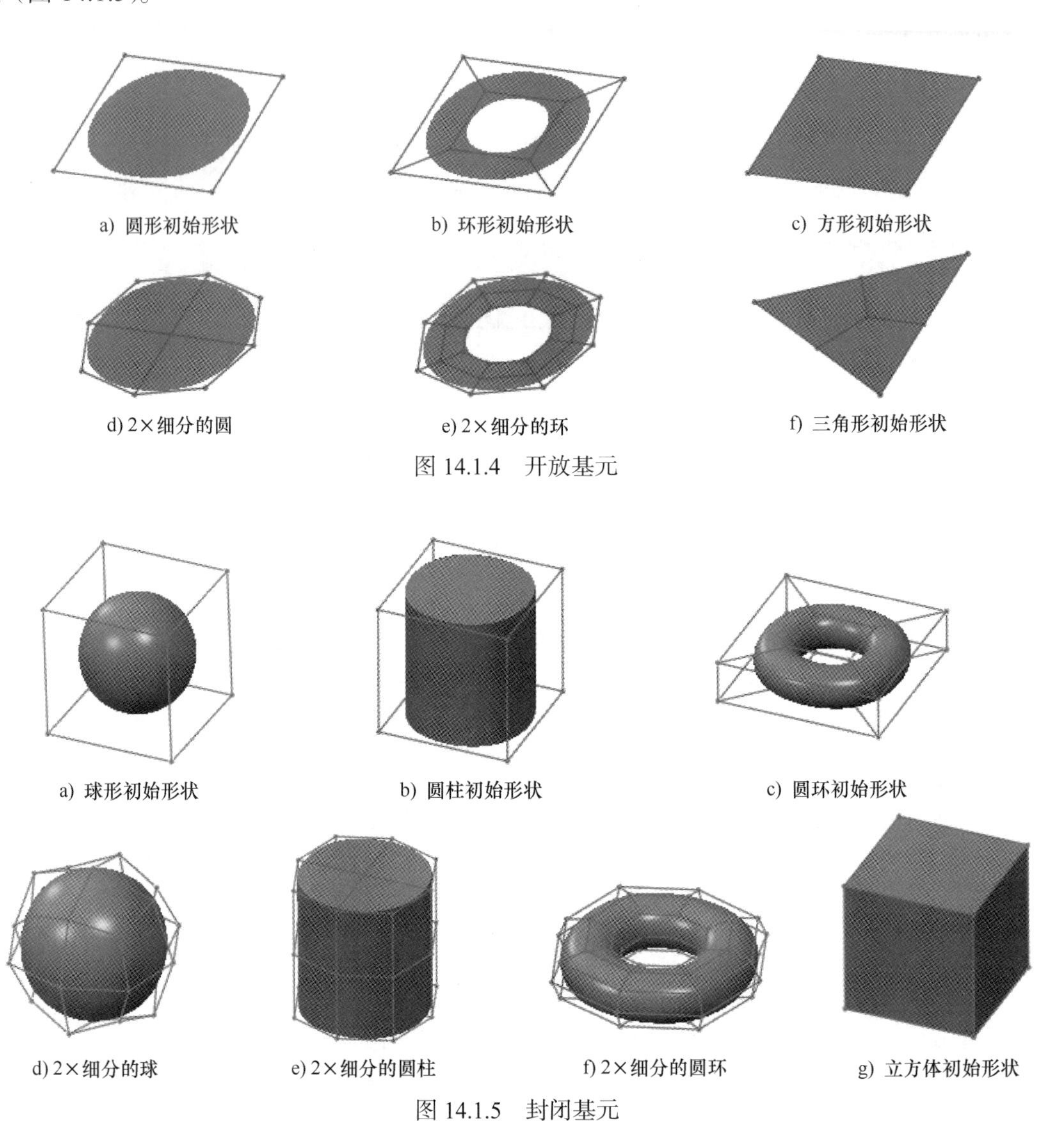

a) 圆形初始形状　b) 环形初始形状　c) 方形初始形状
d) 2×细分的圆　e) 2×细分的环　f) 三角形初始形状

图 14.1.4　开放基元

a) 球形初始形状　b) 圆柱初始形状　c) 圆环初始形状
d) 2×细分的球　e) 2×细分的圆柱　f) 2×细分的圆环　g) 立方体初始形状

图 14.1.5　封闭基元

说明：此处的“2× 细分”是两倍细分的意思，使用这类基元可以创建更为细致的基元曲面特征。

2. 控制网格

开放基元的矩形网格和封闭基元的六面体网格就是基元的控制网格，选择控制网格上的顶点、边线或面可以对控制网格进行编辑，从而起到编辑基元的目的。

将光标移动至控制网格的顶点、边线或面上，相应的对象会高亮显示（图 14.1.6），单击鼠标左键，在相应的对象上就会出现图 14.1.7 所示的三重轴，使用这个三重轴可以随意改变基元的形状。使用三重轴对基元进行编辑也是自由式曲面设计中非常重要的操作。

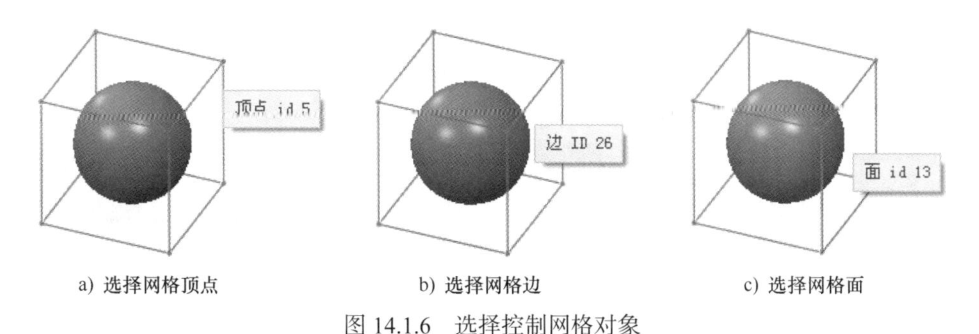

a) 选择网格顶点　　b) 选择网格边　　c) 选择网格面

图 14.1.6　选择控制网格对象

3. 操作圆盘

选择控制网格上的顶点、边线或面，然后右击，系统会弹出图 14.1.8 所示的快捷菜单。快捷菜单上的各项功能与自由式操控板上的各类按钮功能相对应，用户可以快速地在快捷菜单上选择相应的命令并完成相关操作，从而提高操作效率。

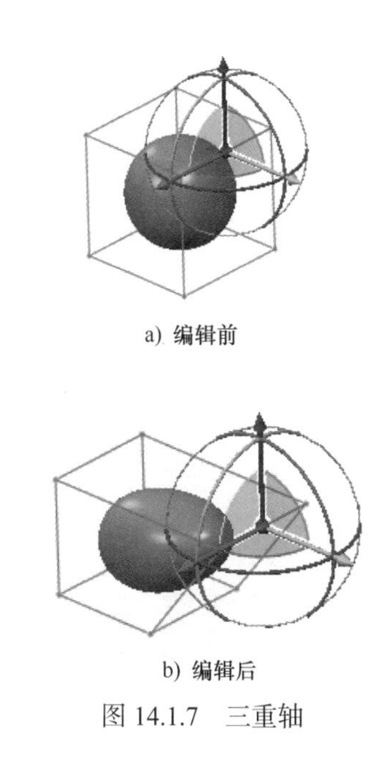

a) 编辑前

b) 编辑后

图 14.1.7　三重轴

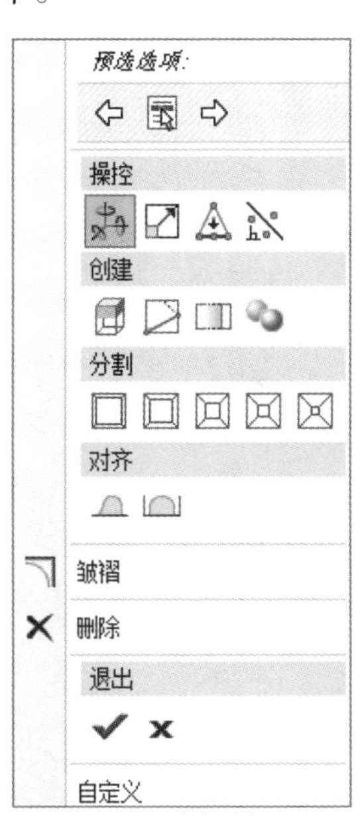

图 14.1.8　快捷菜单

14.2　自由式曲面操作

14.2.1　变换

变换就是移动或旋转选定的控制网格。选择控制网格上的网格点、网格边或网格面，可以分别对控制网格的顶点、边或面进行变换。

1. 平移变换

平移变换就是对选定的顶点、边或者面进行平移。下面以图 14.2.1 所示的例子介绍平移变换的操作方法。

Step1. 将工作目录设置至 D:\creo8.8\work\ch14.02。

Step2. 新建一个零件模型文件，文件名为 vary。

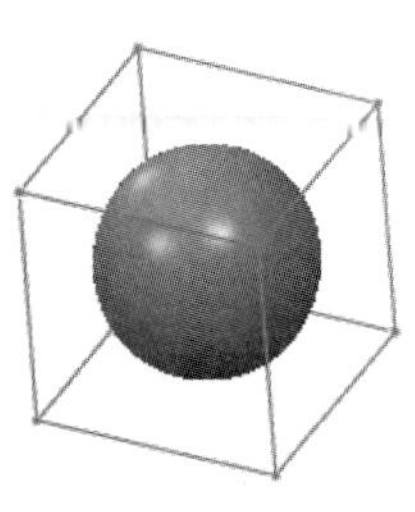
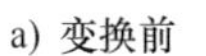
a) 变换前

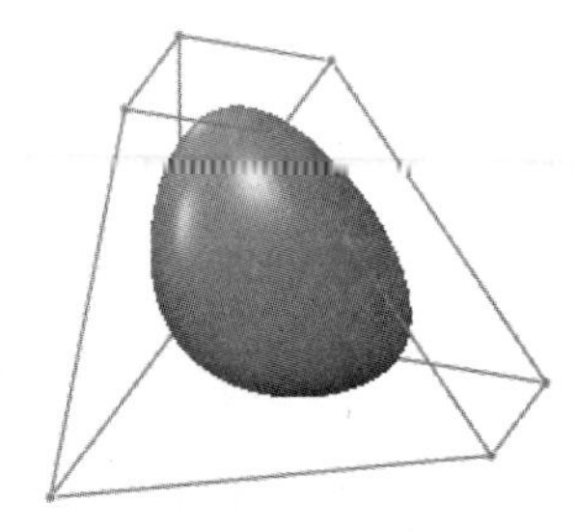
b) 变换后

图 14.2.1　平移变换

Step3. 单击 模型 功能选项卡 曲面 ▾ 区域中的“自由式”按钮 自由式，系统进入自由式曲面环境。

Step4. 在“自由式”操控板中单击“形状”按钮，创建一个球形基元（图 14.2.1a）。

Step5. 第一次变换。单击图 14.2.2 所示的网格面，此时在该面上出现三重轴；单击“自由式”操控板中 控制 ▾ 区域的“变换”按钮和 0.1 增量 按钮，选中图 14.2.3 所示的轴并沿轴向方向移动 200，结果如图 14.2.3 所示。

注意：此处单击 0.1 增量 按钮能够在移动网格过程中读取移动的距离，移动增量值可以选择“自由式”操控板中 操作 ▾ 区域下的 选项 命令，在弹出的图 14.2.4 所示的“自由式选项”对话框中进行设置。

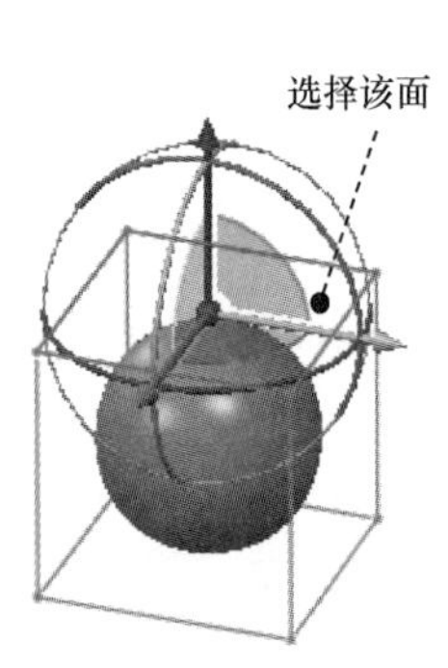

图 14.2.2　选择网格面

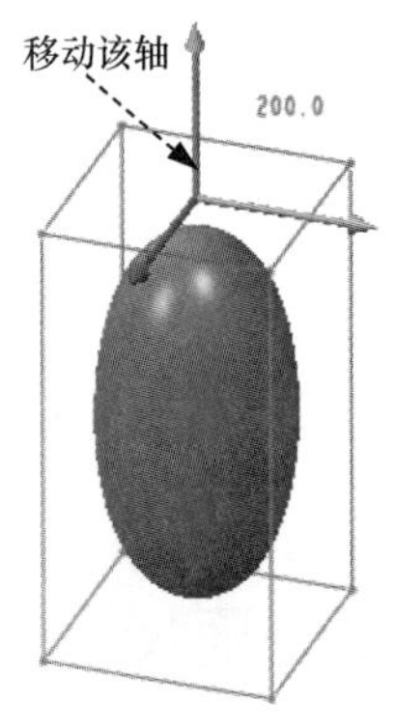

图 14.2.3　移动网格面

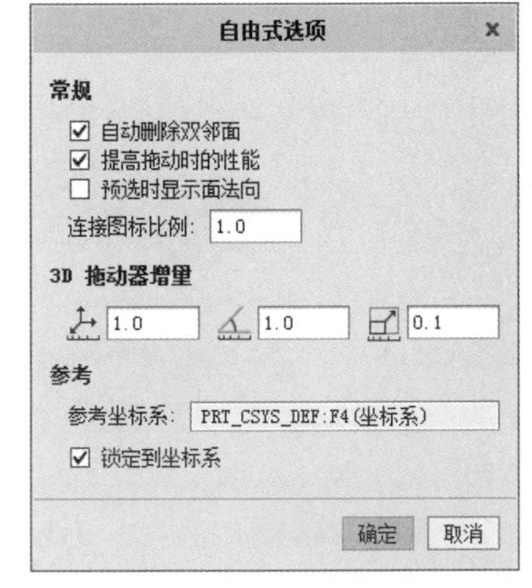

图 14.2.4　“自由式选项”对话框

Step6. 第二次变换。单击图 14.2.5 所示的网格边，此时在该边上出现三重轴；然后选中图 14.2.6 所示的轴并沿轴向方向移动 300，结果如图 14.2.6 所示。

Step7. 第三次变换。单击图 14.2.7 所示的顶点，此时在该顶点上出现三重轴；选中

图 14.2.8 所示的轴并沿轴向方向移动 300，结果如图 14.2.8 所示。

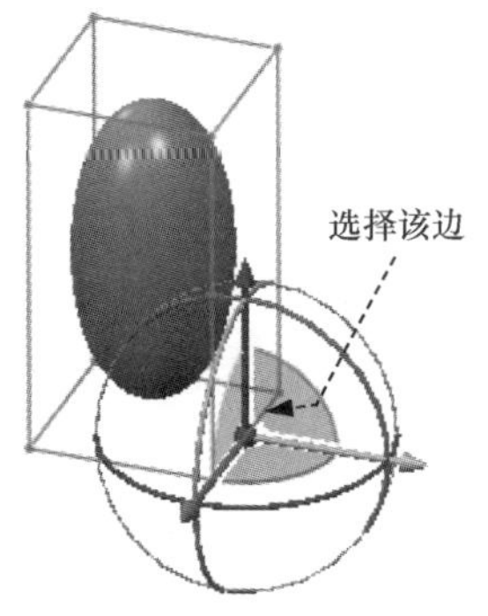

图 14.2.5 选择网格边

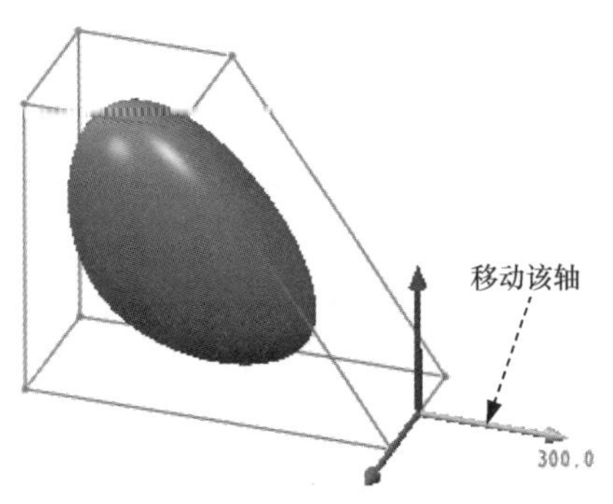

图 14.2.6 移动网格边

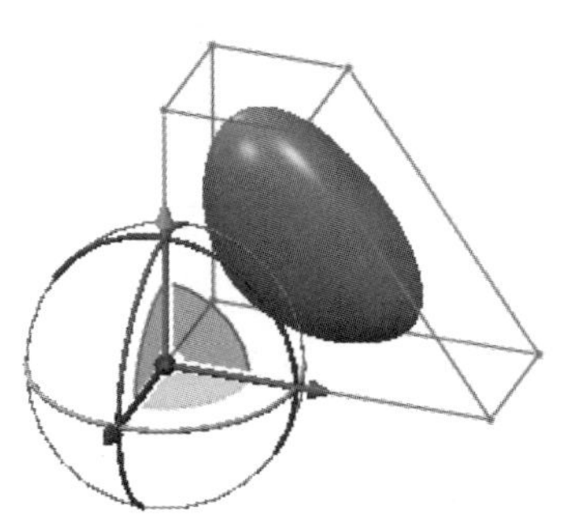

图 14.2.7 选择网格点

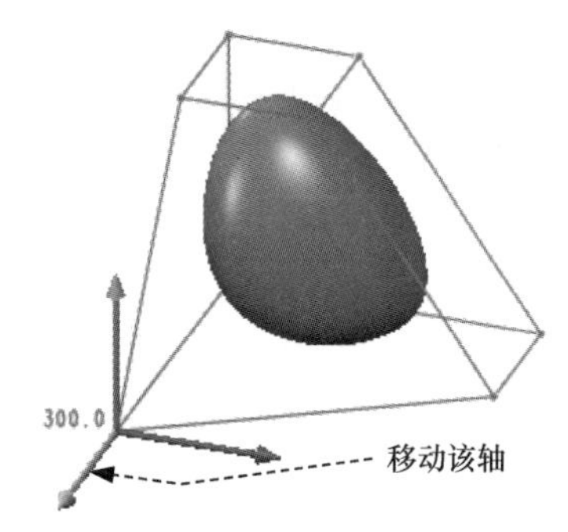

图 14.2.8 移动网格点

Step8. 在空白处单击鼠标，结束平移变换操作。

2. 旋转变换

旋转变换就是对选定的顶点、边或者面进行旋转。下面以图 14.2.9 所示的例子介绍旋转变换的操作方法。

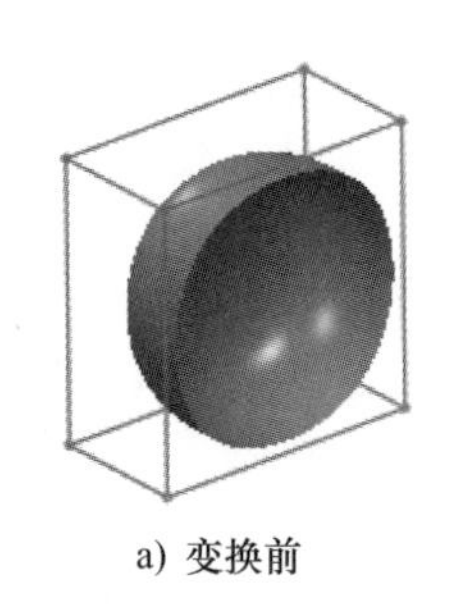

a) 变换前

b) 变换后

图 14.2.9 旋转变换

Step1. 将工作目录设置至 D:\creo8.8\work\ch14.02，打开文件 rotate_ex。

Step2. 在模型树中右击 自由式，在系统弹出的快捷菜单中选择 命令，系统进入自由式曲面环境。

Step3. 单击图 14.2.10 所示的网格面，此时在该面上出现三重轴；单击“自由式”操控板中 操作 区域的“增量”按钮 0.1 增量，选中图 14.2.11 所示的旋转轴将其旋转到 112° 位置，结果如图 14.2.11 所示。

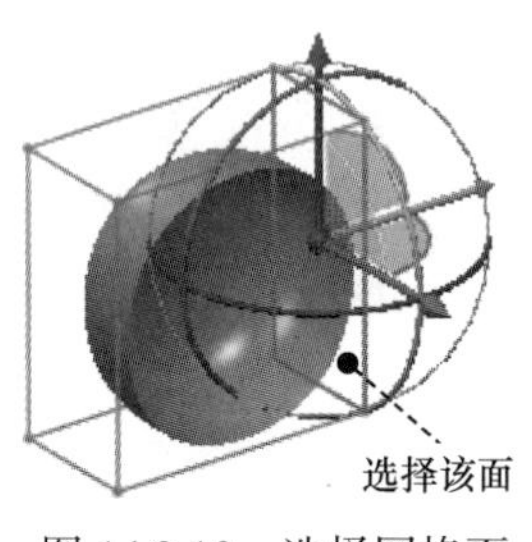

图 14.2.10　选择网格面

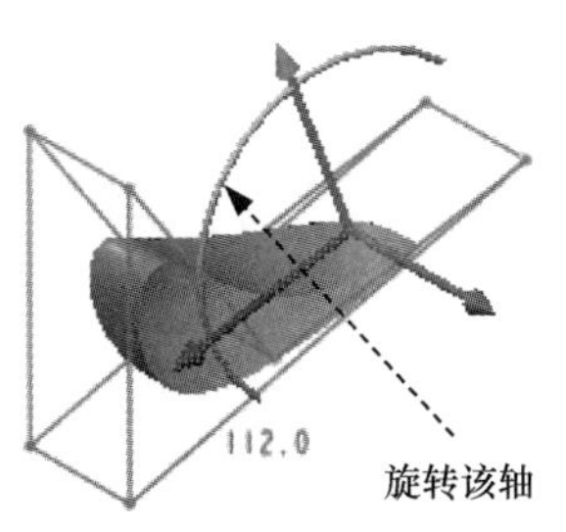

图 14.2.11　旋转网格面

14.2.2　比例缩放和重定位

比例缩放就是缩放选定的控制网格，选择控制网格上的网格点、网格边或网格面，可以分别对控制网格的顶点、边或面进行比例缩放。下面通过图 14.2.12 所示的例子介绍比例缩放的操作方法。

Step1. 将工作目录设置至 D:\creo8.8\work\ch14.02。

Step2. 新建一个零件模型文件，文件名为 ratio。

Step3. 单击 模型 功能选项卡 曲面 ▾ 区域中的“自由式”按钮 自由式，系统进入自由式曲面环境。

Step4. 在“自由式”操控板中单击“形状”按钮，创建一个球形基元（图 14.2.12a）。

Step5. 第一次比例缩放。单击图 14.2.13 所示的网格面，此时在该面上出现三重轴；单击“自由式”操控板中 操作 区域的“缩放”按钮 和 0.1 增量 按钮，然后选中图 14.2.14 所示的轴并沿该轴反向移动到比例为 0.6 的位置，结果如图 14.2.14 所示。

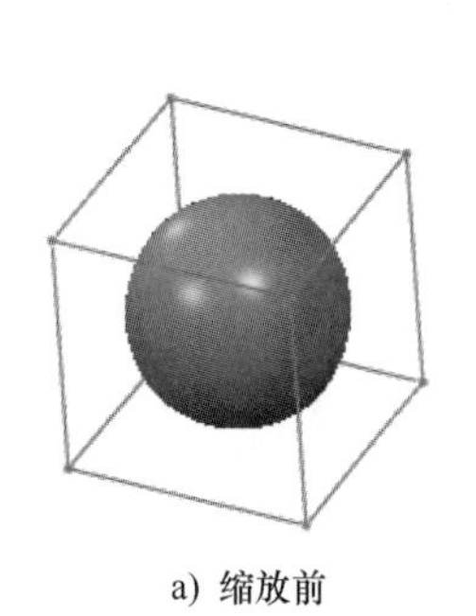

a) 缩放前

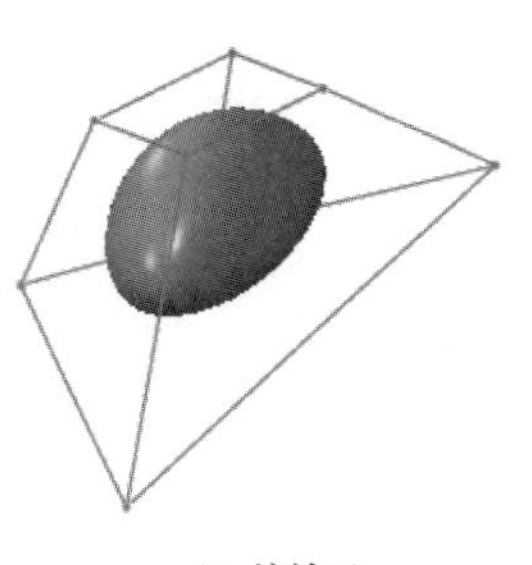

b) 缩放后

图 14.2.12　比例缩放

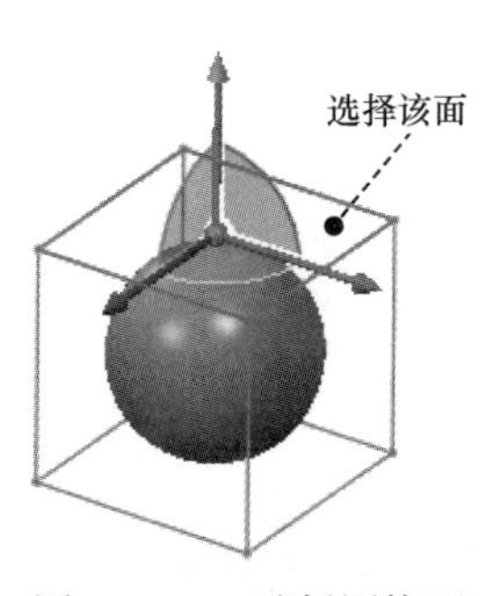

图 14.2.13　选择网格面

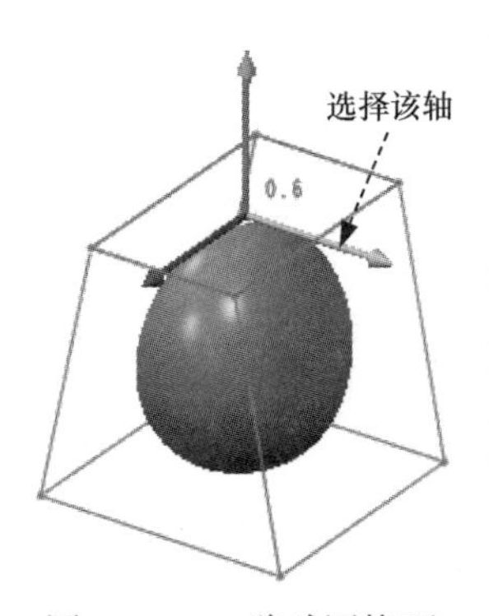

图 14.2.14　移动网格面

Step6. 第二次比例缩放。单击图 14.2.15 所示的网格边，此时在该边上出现三重轴；选中图 14.2.16 所示的网格边并沿轴向方向移动到比例为 1.6 的位置，结果如图 14.2.16 所示。

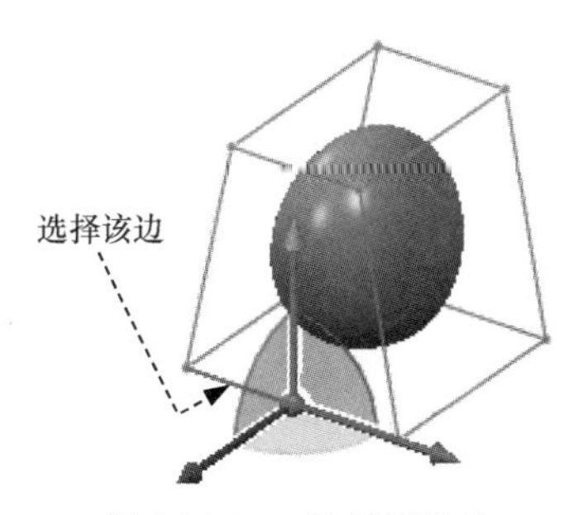

图 14.2.15 选择网格边

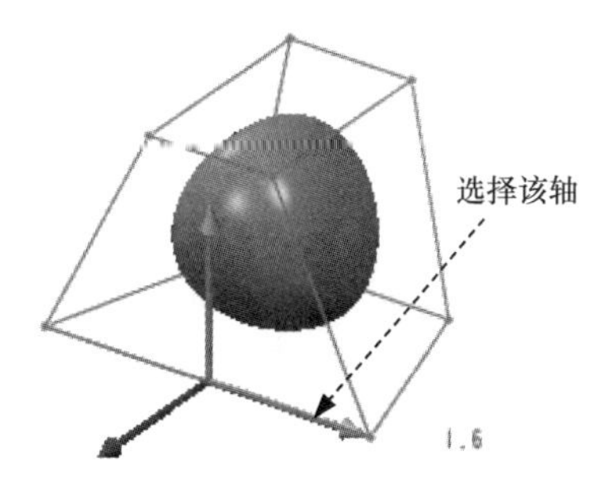

图 14.2.16 移动网格边

Step7. 第三次比例缩放。单击图 14.2.17 所示的网格边，此时在该边上出现三重轴；此处需要沿着该边方向进行比例缩放，但是此时没有任何一根轴与该边重合，因此需要先将三重轴进行重定向，将其中一根轴重定向到与该边重合的位置，然后进行比例缩放。

（1）单击“自由式”操控板中 操作 区域的“重定位”按钮 重定位，此时三重轴如图 14.2.18 所示。

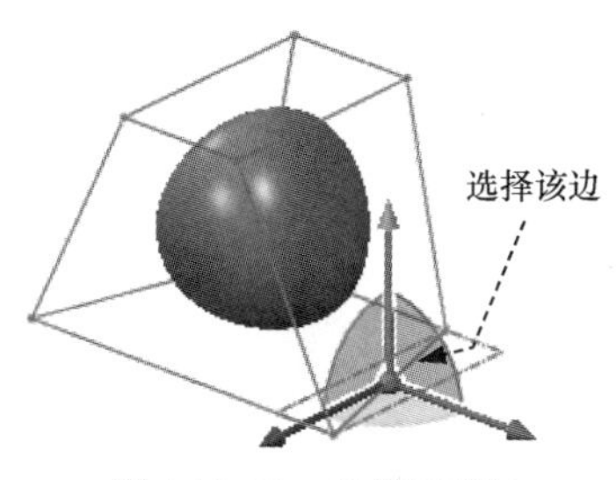

图 14.2.17 选择网格边

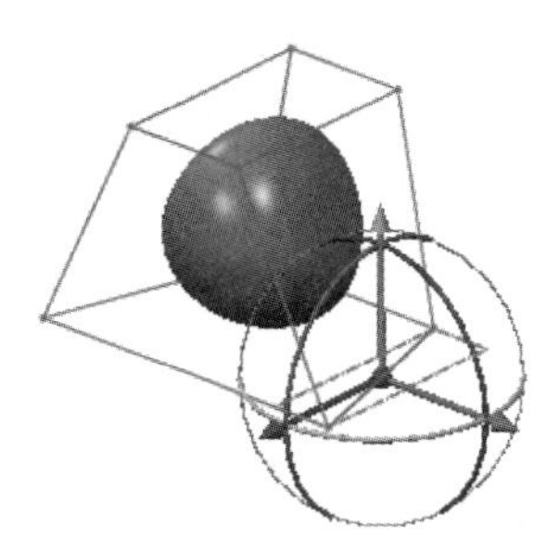

图 14.2.18 三重轴

（2）选中三重轴并右击，系统弹出图 14.2.19 所示的快捷菜单。在快捷菜单中选择 重定向... 命令，在系统 ➪选择参考，以重新定向拖动器 的提示下，选择图 14.2.20 所示的线框边线，结果如图 14.2.20 所示。

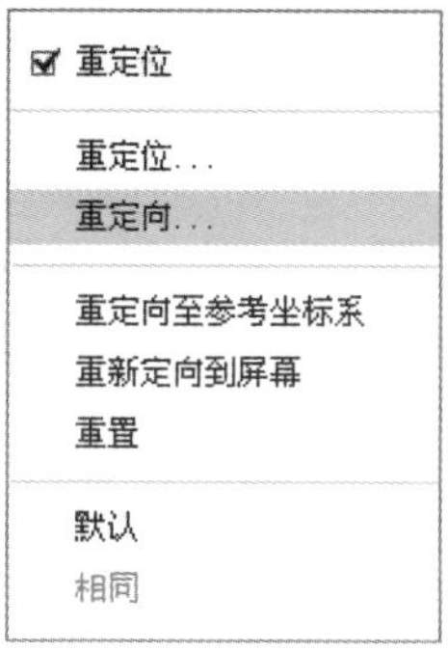

☑ 重定位
重定位...
重定向...
重定向至参考坐标系
重新定向到屏幕
重置
默认
相同

图 14.2.19 快捷菜单

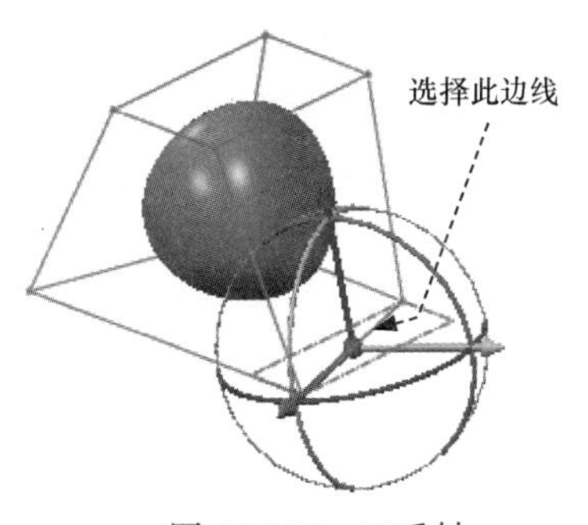

图 14.2.20 三重轴

（3）再次单击“自由式”操控板中 操作 区域的“重定位”按钮 重定位，退出重定位

操作；选中图 14.2.21 所示的轴并沿轴向方向移动到比例为 4.0 的位置，结果如图 14.2.21 所示。

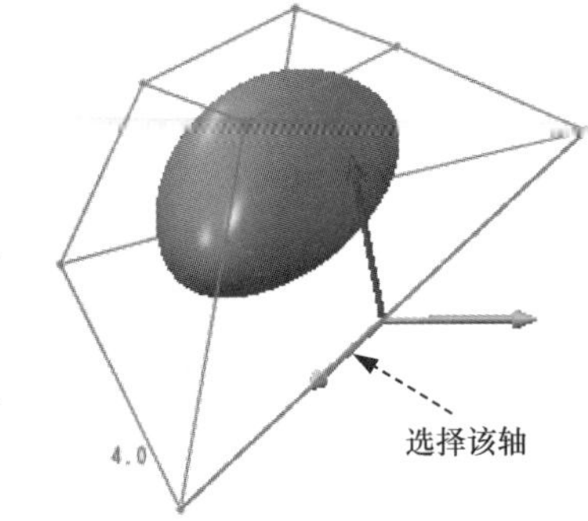

图 14.2.21 比例缩放

14.2.3 对齐

对齐就是将选定的元素与外部平面或平面曲面对齐。下面通过图 14.2.22 所示的例子介绍对齐的操作方法。

Step1. 将工作目录设置至 D:\creo8.8\work\ch14.02，打开文件 alignment_ex。

Step2. 在模型树中右击 自由式，在系统弹出的快捷菜单中选择 命令，系统进入自由式曲面环境。

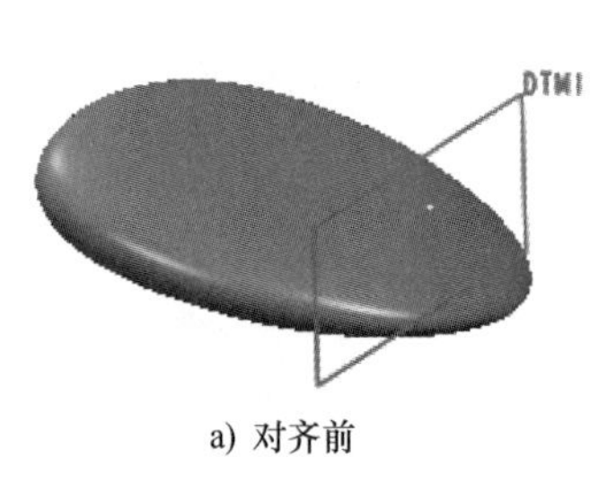

a) 对齐前

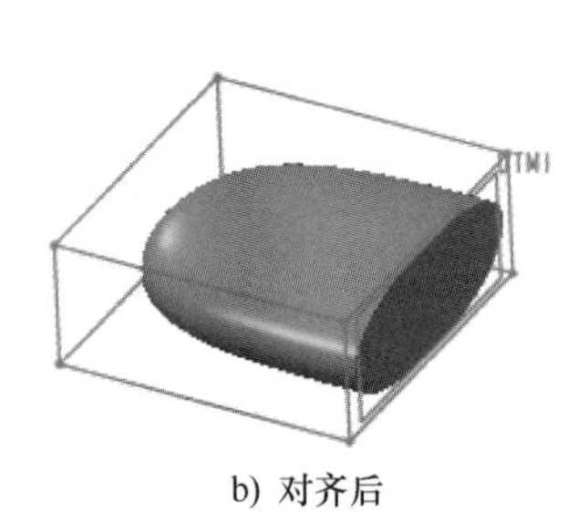
b) 对齐后

图 14.2.22 对齐

Step3. 单击图 14.2.23 所示的网格面，此时在该面上出现三重轴；单击“自由式”操控板中 关联 区域的“对齐”按钮 对齐，在系统 选择基准平面或平面曲面，以使选定的图元与其对齐 的提示下选择基准面 DTM1 为参考面，结果如图 14.2.24 所示。

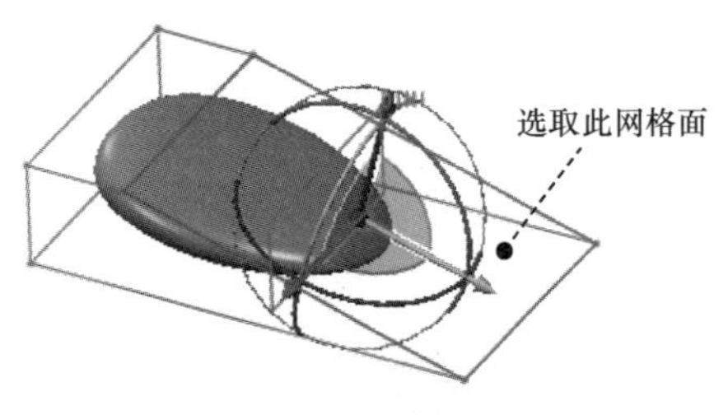

图 14.2.23 选择网格面

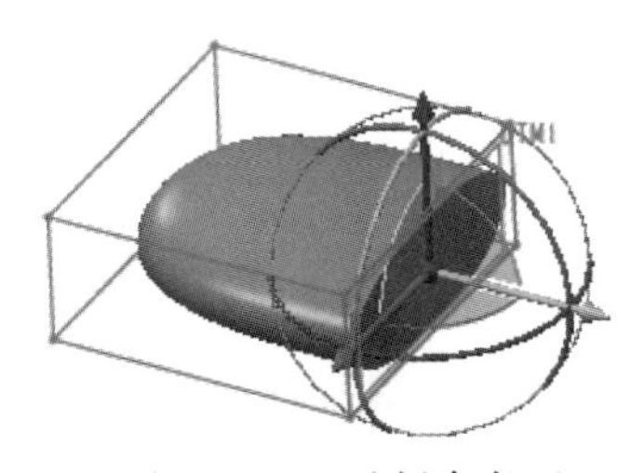
图 14.2.24 选择参考面

14.2.4 拉伸

使用拉伸命令可以拉伸选定的面。下面通过图 14.2.25 所示的例子介绍拉伸操作方法。

Step1. 将工作目录设置至 D:\creo8.8\work\ch14.02。

Step2. 新建一个零件模型文件，文件名为 EXTRUDE。

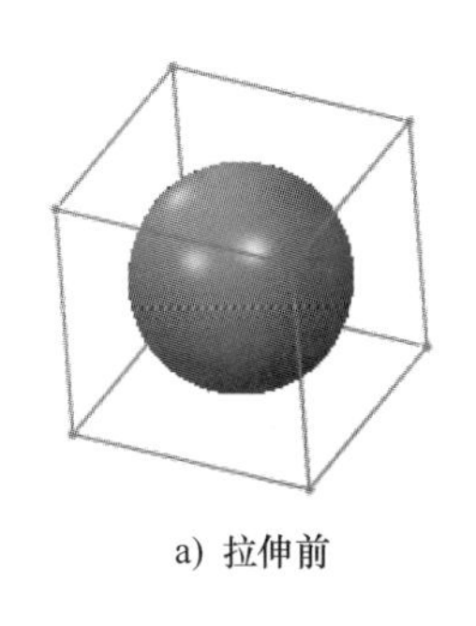

a) 拉伸前

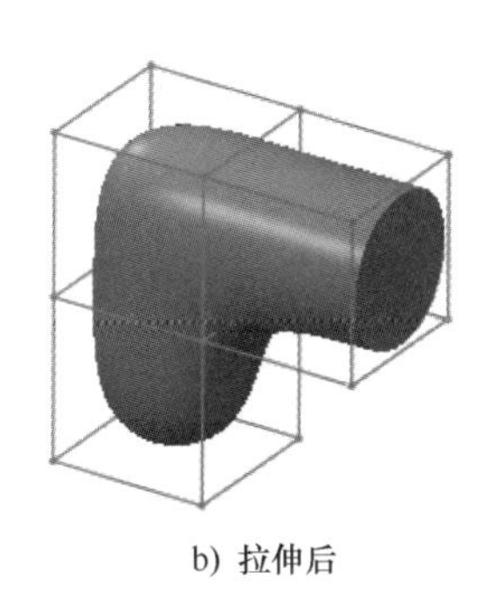

b) 拉伸后

图 14.2.25 拉伸

Step3. 单击 模型 功能选项卡 曲面 ▾ 区域中的“自由式”按钮 自由式，系统进入自由式曲面环境。

Step4. 在“自由式”操控板中单击形状”按钮 ，创建一个球形基元（图 14.2.25a）。

Step5. 创建图 14.2.26 所示的拉伸 1。单击图 14.2.27 所示的网格面，此时在该面上出现三重轴；单击“自由式”操控板中 创建 区域的“拉伸”按钮 ，结果如图 14.2.26 所示。

Step6. 创建图 14.2.28 所示的拉伸 2。单击图 14.2.28 所示的网格面，此时在该面上出现三重轴；单击“自由式”操控板中 创建 区域的“拉伸”按钮 ，结果如图 14.2.29 所示。

图 14.2.26 拉伸 1

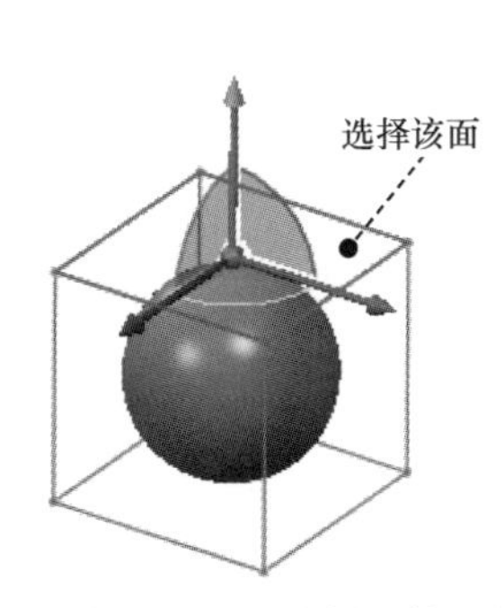

图 14.2.27 选择网格面

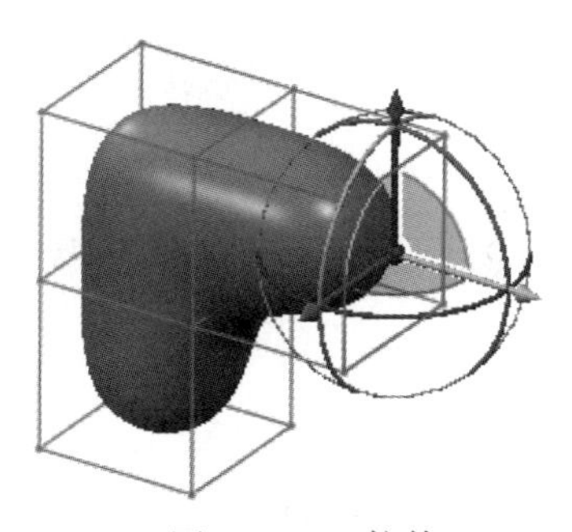

图 14.2.28 拉伸 2

Step7. 设置皱褶参数。在“自由式”操控板中的 皱褶 区域选中 ◉ 强反差 单选项，然后在其下的文本框中输入值 100，结果如图 14.2.30 所示。

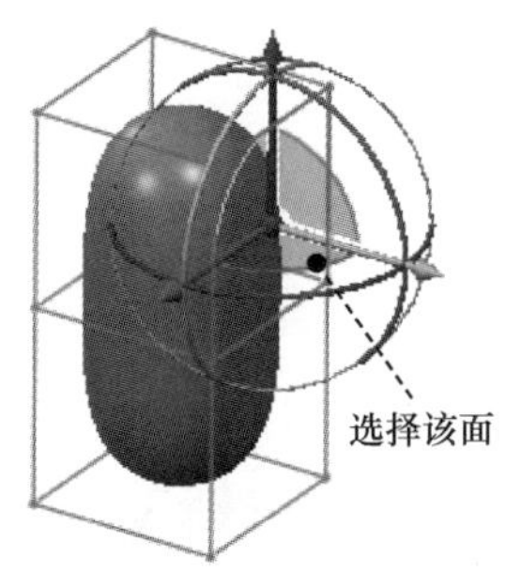

图 14.2.29 选择网格面

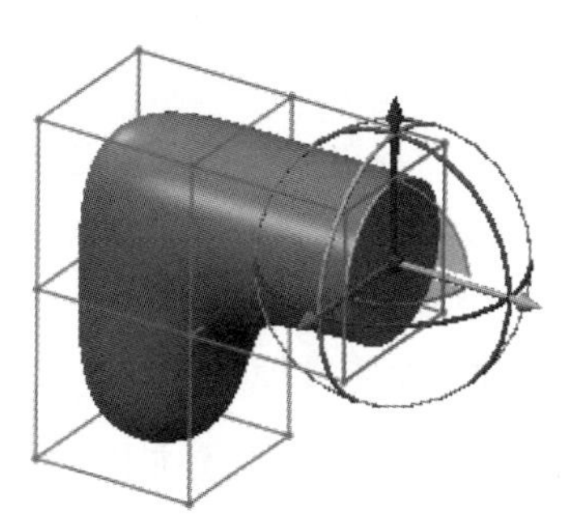

图 14.2.30 设置皱褶参数

说明：“自由式”操控板中的 皱褶 区域（图 14.2.31）主要用来设置选定面的边界状态，包括 ◉ 强反差 和 ◉ 柔和 两个选项。如图 14.2.32 所示，欲设置选定网格面的边界状态，选中该网格面后，若选中 ◉ 强反差 单选项，并设置皱褶参数值为 100，则其结果如图 14.2.33a 所示；若选中 ◉ 柔和 单选项，并设置皱褶参数值为 100，则其结果如图 14.2.33b 所示。

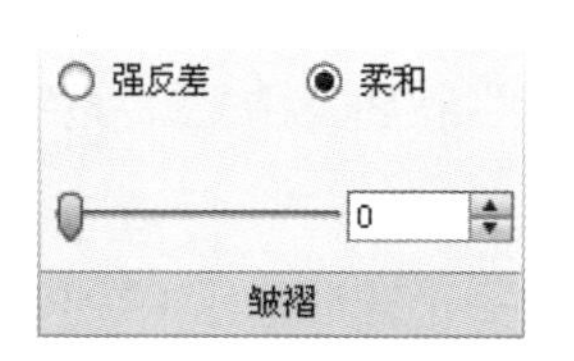

图 14.2.31 “皱褶”区域

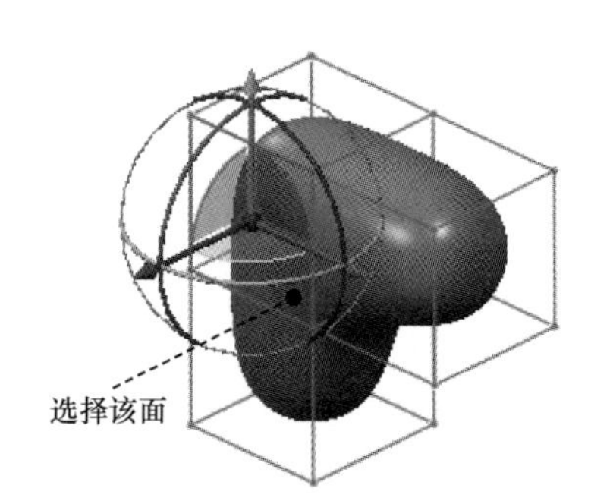

图 14.2.32 选择网格面

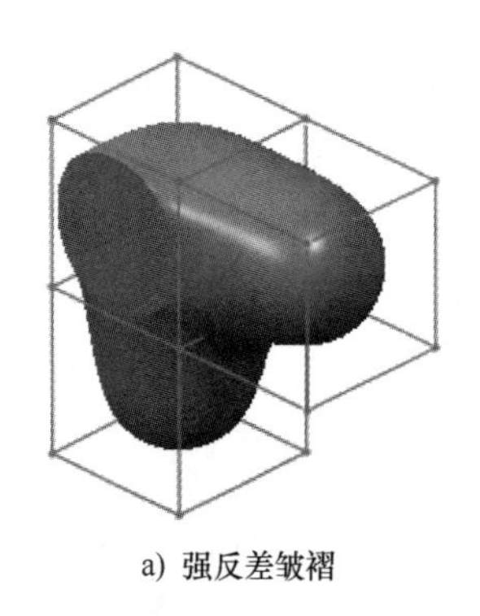

a) 强反差皱褶

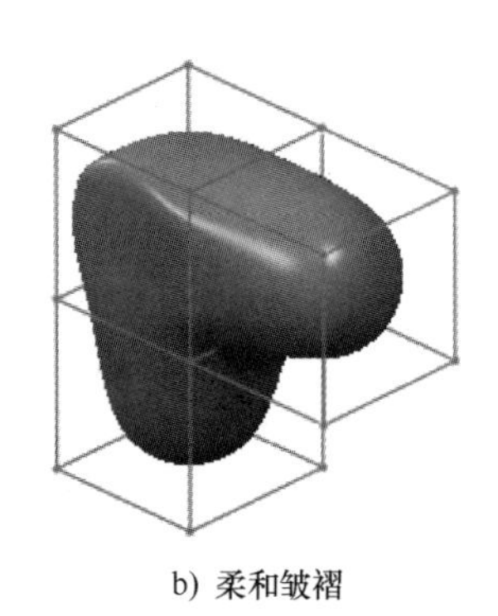

b) 柔和皱褶

图 14.2.33 皱褶类型

14.2.5 分割

分割就是将选定的边或者面分割成若干段，分割完成后还可以对各部分进行单独的编辑，分割常用来对控制网格进行细化处理。分割包括边分割和面分割两种方式。

1. 边分割

使用边分割命令可以将选定的边分割成若干段。下面通过图 14.2.34 所示的例子介绍边分割的操作方法。

Step1. 将工作目录设置至 D：\creo8.8\work\ch14.02。

Step2. 新建一个零件模型文件，文件名为 split01。

Step3. 单击 模型 功能选项卡 曲面 ▾ 区域中的“自由式”按钮 自由式，系统进入自由式曲面环境。

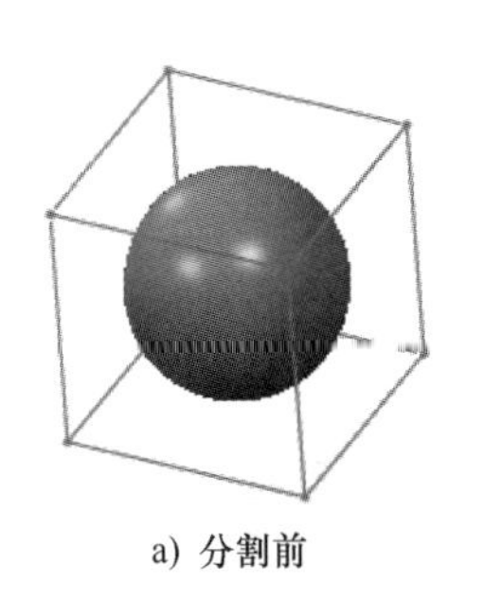

a) 分割前

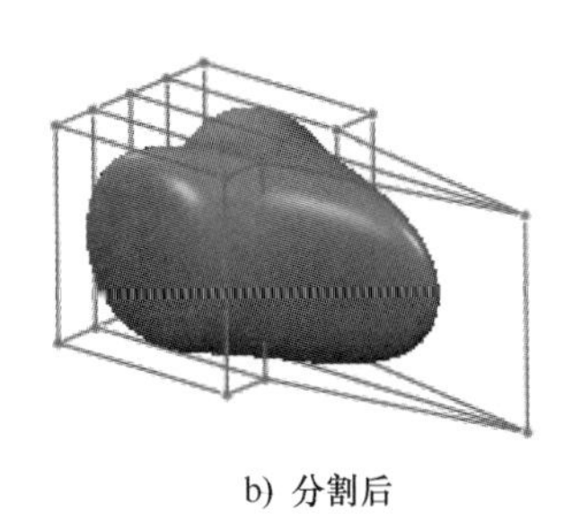

b) 分割后

图 14.2.34 边分割

Step4. 在“自由式”操控板中单击形状”按钮 ，创建一个球形基元（图 14.2.34a）。

Step5. 单击图 14.2.35 所示的网格边，此时在该边上出现三重轴；选择“自由式”操控板中的 创建 区域 边分割 下的 3 次分割 命令，系统在该边上添加三条分割线，将其分割成四个部分，结果如图 14.2.36 所示。

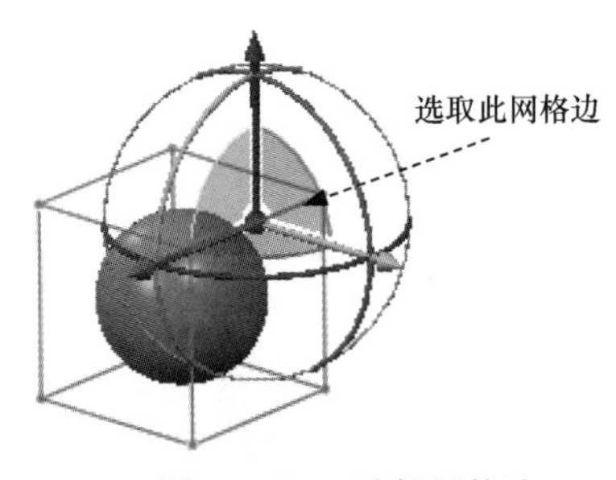

图 14.2.35 选择网格边

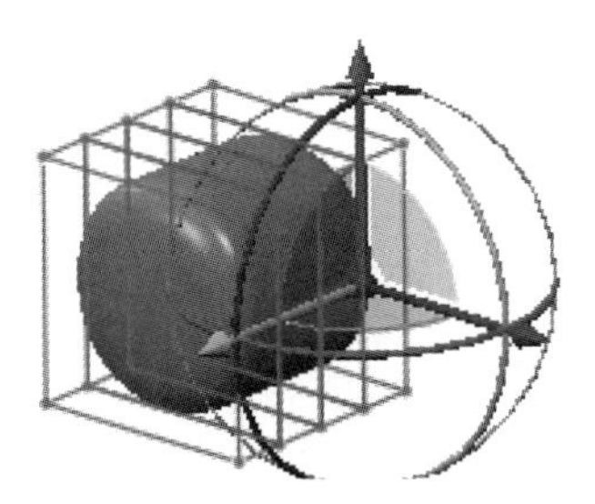

图 14.2.36 边分割

Step6. 变换。单击图 14.2.37 所示的网格边，此时在该边上出现三重轴；选中图 14.2.38 所示的轴并沿轴向方向移动 291，结果如图 14.2.38 所示。

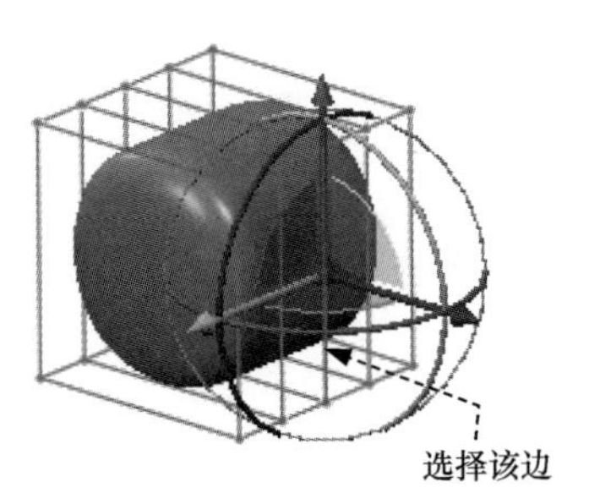

图 14.2.37 选择网格边

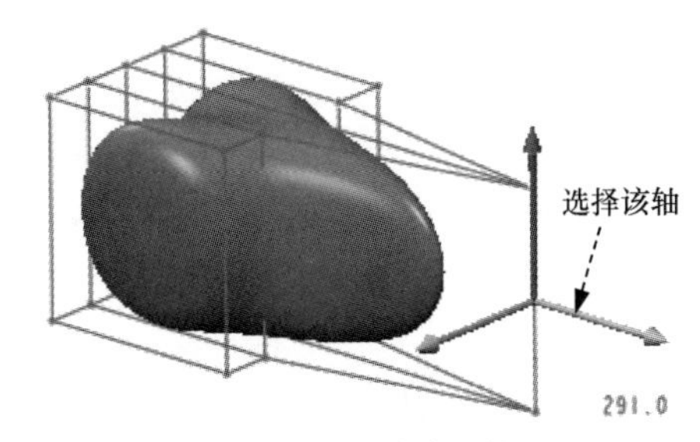

图 14.2.38 移动网格边

2. 面分割

使用面分割命令可以将选定的面分割成若干部分。下面通过图 14.2.39 所示的例子介绍面分割的操作方法。

Step1. 将工作目录设置至 D:\creo8.8\work\ch14.02。

Step2. 新建一个零件模型文件，文件名为 split02。

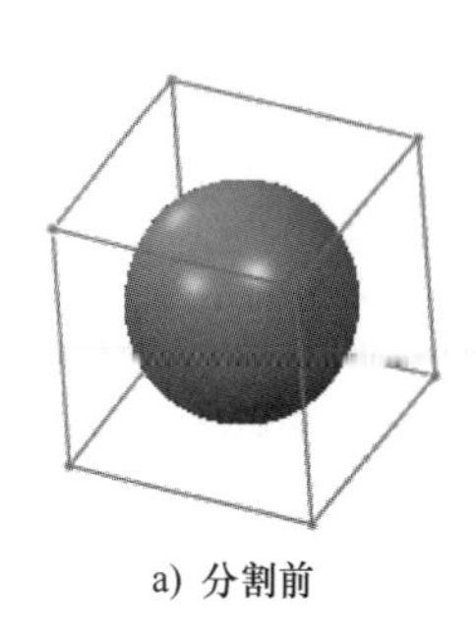

a）分割前

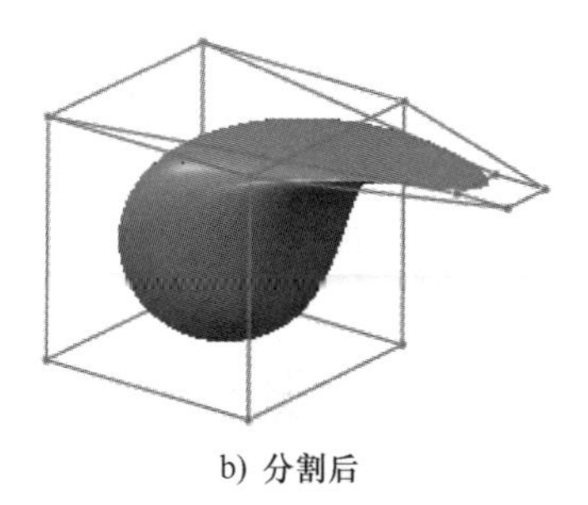

b）分割后

图 14.2.39　面分割

Step3. 单击 模型 功能选项卡 曲面 ▾ 区域中的“自由式”按钮 自由式，系统进入自由式曲面环境。

Step4. 在“自由式”操控板中单击形状”按钮 ，创建一个球形基元（图 14.2.39a）。

Step5. 单击图 14.2.40 所示的网格面，此时在该面上出现三重轴；选择“自由式”操控板中的 创建 区域 面分割 ▾ 下的 75% 命令，面分割结果如图 14.2.41 所示。

Step6. 变换。选中图 14.2.42 所示的轴并沿轴向方向移动 296，结果如图 14.2.42 所示。

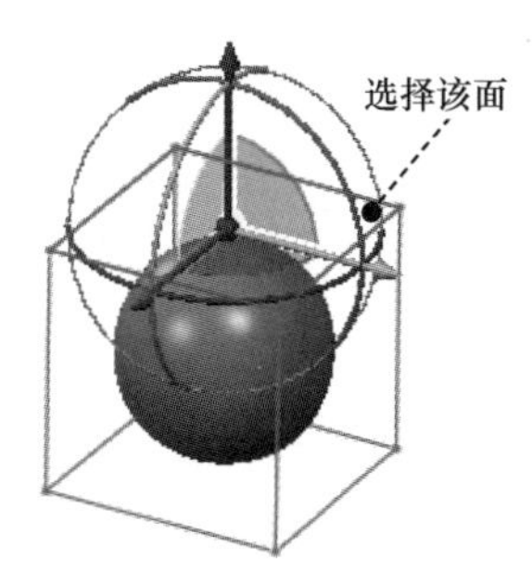

图 14.2.40　选择网格面

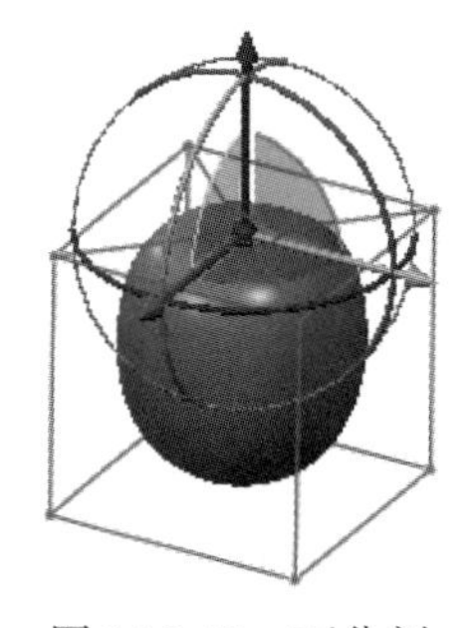

图 14.2.41　面分割

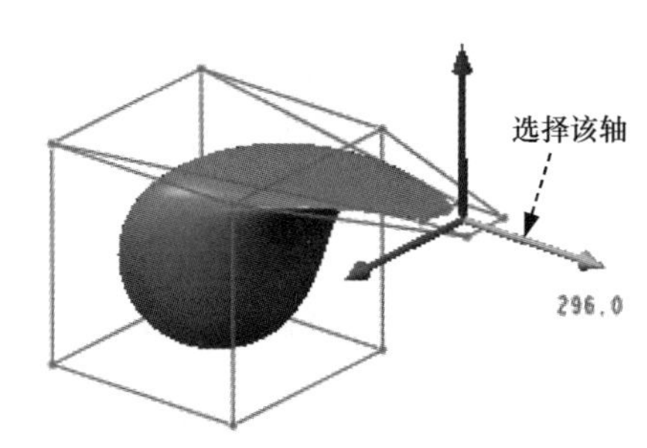

图 14.2.42　移动网格面

14.2.6　镜像

镜像就是相对镜像平面镜像控制网格。下面通过图 14.2.43 所示的例子介绍镜像的操作方法。

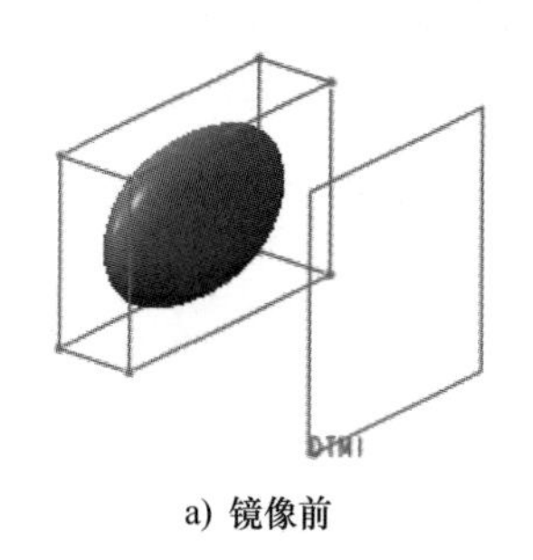

a）镜像前

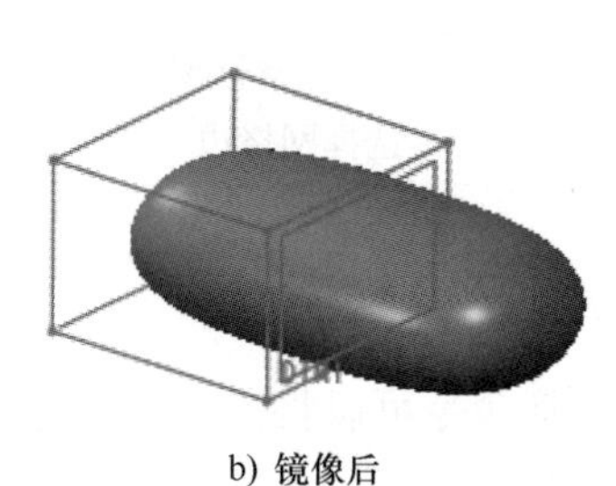

b）镜像后

图 14.2.43　镜像

Step1. 将工作目录设置至 D：\creo8.8\work\ch14.02，打开文件 mirror_ex。

Step2. 在模型树中右击 自由式，在系统弹出的快捷菜单中选择 命令，系统进入自由式曲面环境。

Step3. 单击图 14.2.44 所示的网格面，此时在该面上出现三重轴；单击“自由式”操控板中 对称 区域的“镜像”按钮 ，在系统 选择一个基准平面或平面曲面用作镜像平面 的提示下，选择基准面 DTM1 为参考面，镜像结果如图 14.2.45 所示。

说明：在“自由式”操控板的 对称 区域单击 命令，即可将创建出的镜像曲面部分删除，结果如图 14.2.46 所示。

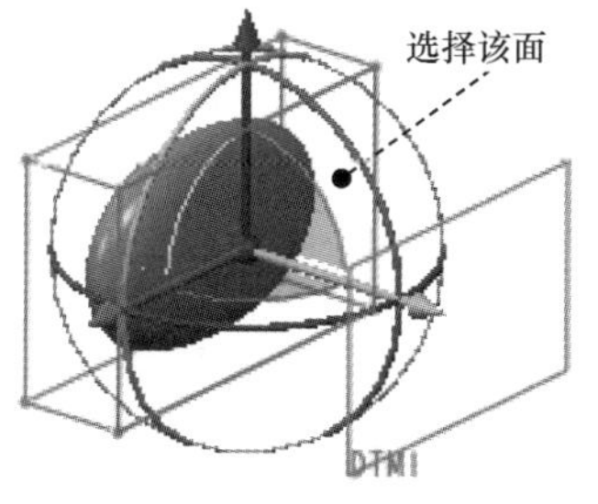

图 14.2.44 选择网格面

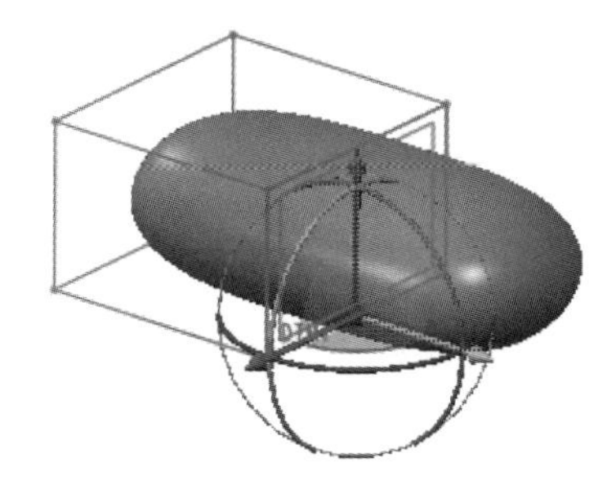
图 14.2.45 镜像结果

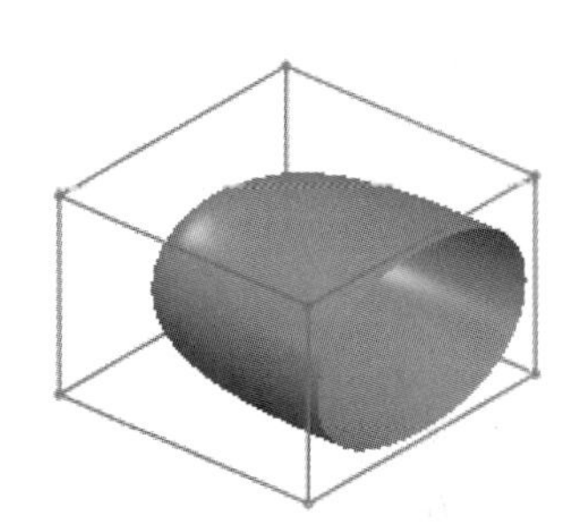
图 14.2.46 删除镜像

14.3 自由式曲面设计范例

范例概述

本范例是一个典型的自由式曲面建模的例子。其建模思路是先在自由式曲面环境中创建吹风机主体部分的曲面和吹风机手柄部分的曲面，然后在基础建模环境中进行曲面合并及曲面的实体化，最终完成吹风机外壳零件的设计。吹风机零件模型及模型树如图 14.3.1 所示。

Stage1. 设置工作目录与新建文件

Step1. 将工作目录设置至 D: \creo8.8\work\ch14.03。

Step2. 新建一个零件模型文件，命名为 BLOWER。

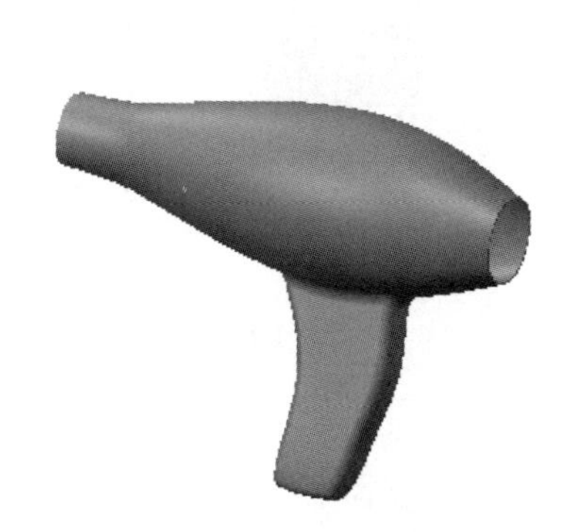

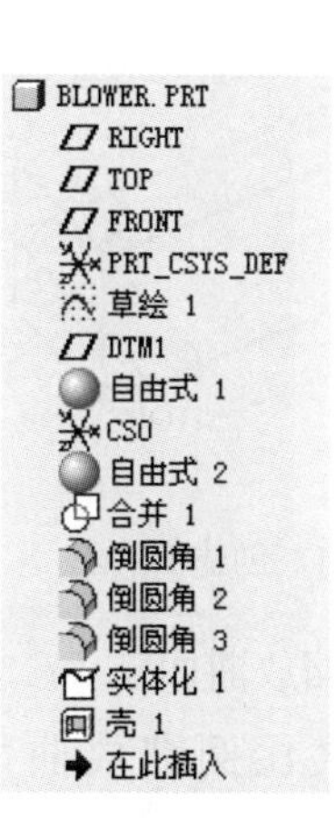

图 14.3.1 零件模型及模型树

Stage2. 创建吹风机主体部分曲面

Step1. 创建图 14.3.2 所示的基准曲线 1。在操控板中单击“草绘”按钮，选取 RIGHT 基准平面为草绘平面，选取 TOP 基准平面为参考平面，方向为 上；绘制图 14.3.3 所示的截面草图。

Step2. 创建图 14.3.4 所示的基准平面 DTM1。单击 模型 功能选项卡 基准 区域中的“平面”按钮，按住 Ctrl 键，选取 FRONT 基准平面和图 14.3.4 所示的顶点为参考，单击“基准平面”对话框中的 确定 按钮。

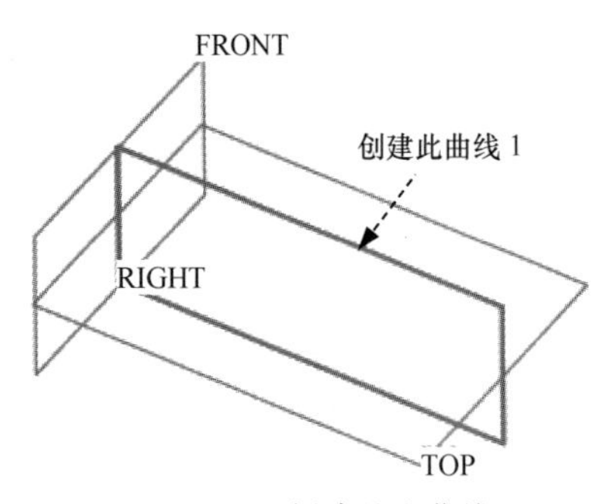

图 14.3.2　创建基准曲线 1

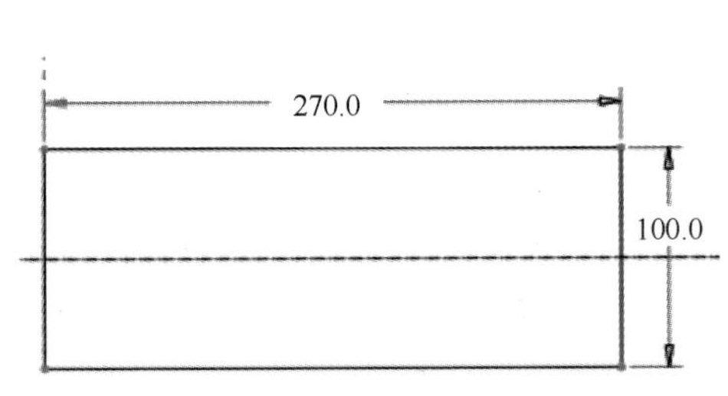

图 14.3.3　截面草图

Step3. 单击 模型 功能选项卡 曲面 区域中的“自由式”按钮 自由式，系统进入自由式曲面环境。

Step4. 创建图 14.3.5 所示的圆柱形基元。在“自由式”操控板中选择 形状 下的 命令，创建一个圆柱形基元。

Step5. 对齐曲面。单击图 14.3.6 所示的网格面，此时在该面上出现三重轴；单击“自由式”操控板中 关联 区域的“对齐”按钮 对齐，在 选择基准平面或平面曲面，以使选定的图元与其对齐 的提示下，选取 FRONT 基准面为参考面，结果如图 14.3.7 所示。

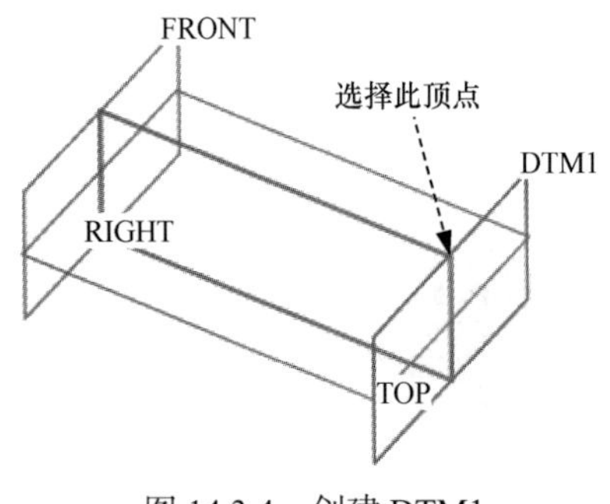

图 14.3.4　创建 DTM1

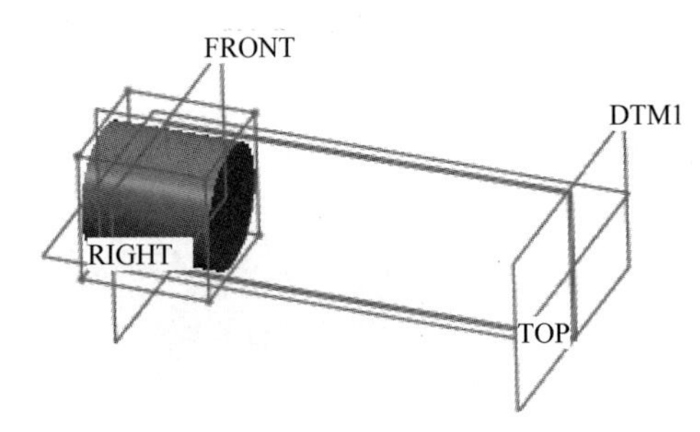

图 14.3.5　创建圆柱形基元

Step6. 比例缩放曲面。

（1）第一次比例缩放曲面。单击“自由式”操控板中 操作 区域的“缩放”按

钮 和 0.1. 增量 按钮，首先选中图 14.3.8 所示的轴 1 并沿该轴反向移动到比例为 0.5 的位置，结果如图 14.3.9 所示；然后选中图 14.3.8 所示的轴 2 并沿该轴反向移动到比例为 0.5 的位置，结果如图 14.3.10 所示。

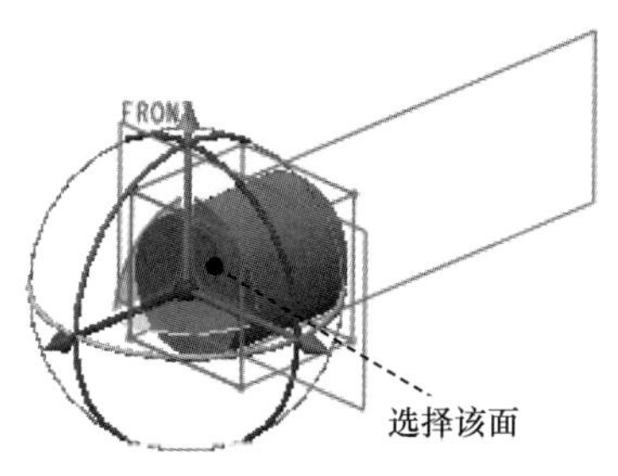

图 14.3.6 选择网格面

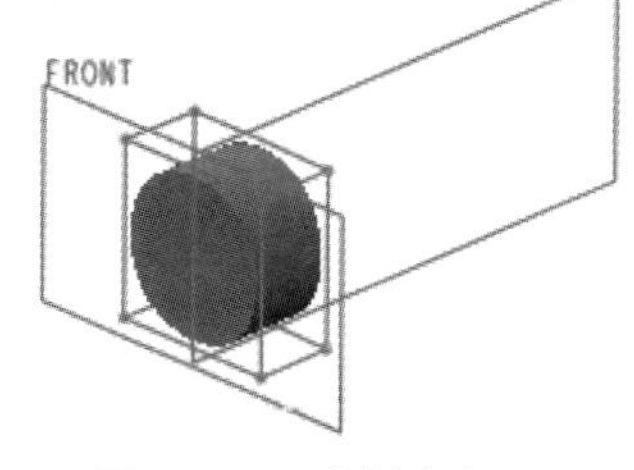

图 14.3.7 选择参考面

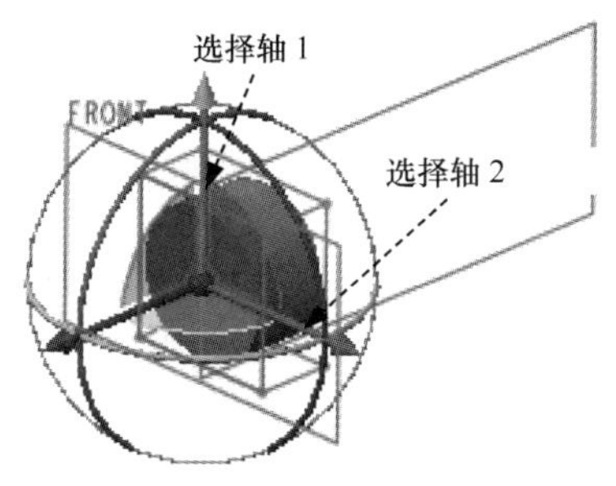

图 14.3.8 选择缩放轴

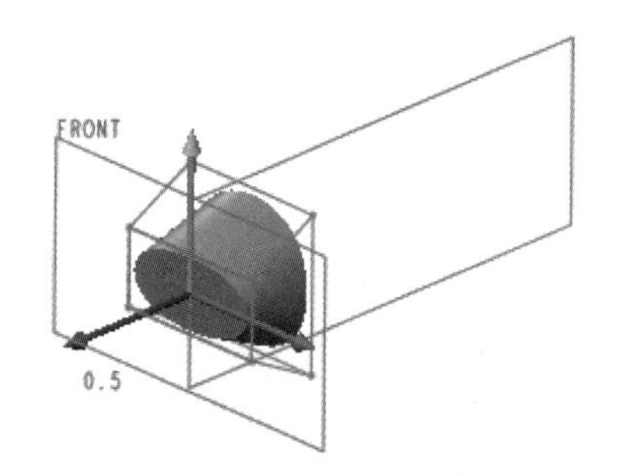

图 14.3.9 比例缩放 1

（2）第二次比例缩放曲面。单击图 14.3.6 所示的面 1，首先选中图 14.3.11 所示的轴 1 并沿该轴反向移动到比例为 0.6 的位置，结果如图 14.3.12 所示；然后选中图 14.3.11 所示的轴 2 并沿该轴反向移动到比例为 0.6 的位置，结果如图 14.3.13 所示。

Step7. 创建拉伸 1。单击“自由式”操控板中 创建 区域的“拉伸”按钮 ，结果如图 14.3.14 所示。

Step8. 创建曲面变换。单击“自由式”操控板中 操作 区域的“变换”按钮 ，选中图 14.3.14 所示的轴并沿该轴反向移动 28，结果如图 14.3.15 所示。

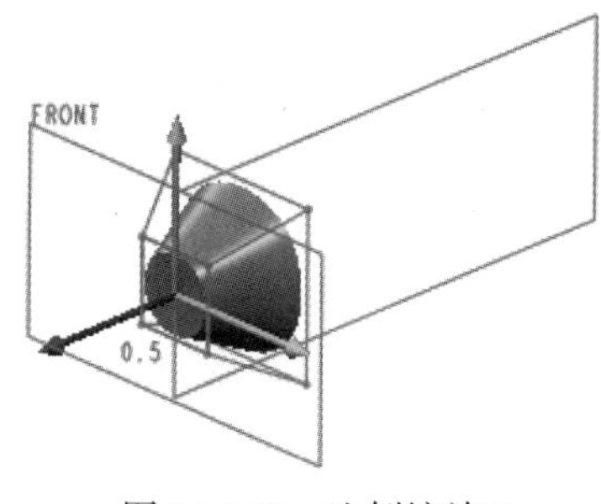

图 14.3.10 比例缩放 2

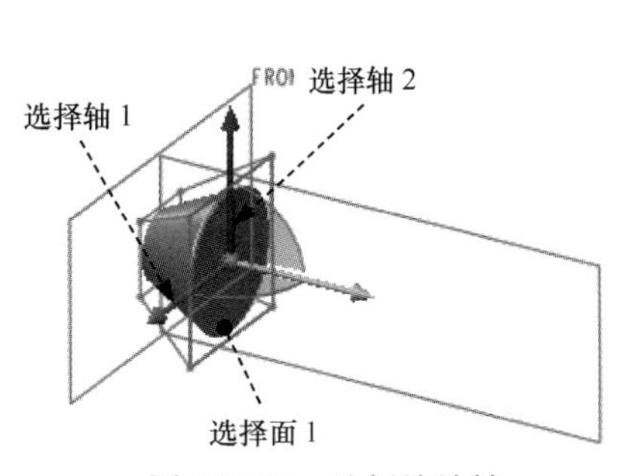

图 14.3.11 选择缩放轴

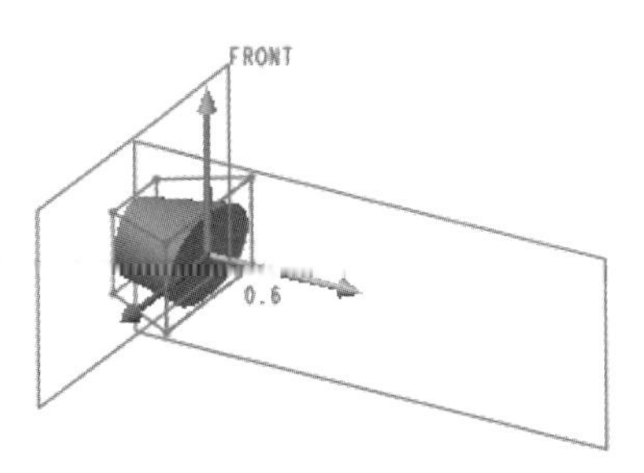

图 14.3.12　比例缩放 3

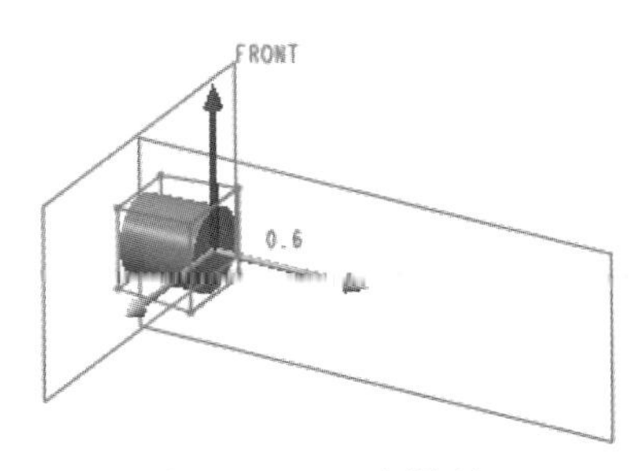

图 14.3.13　比例缩放 4

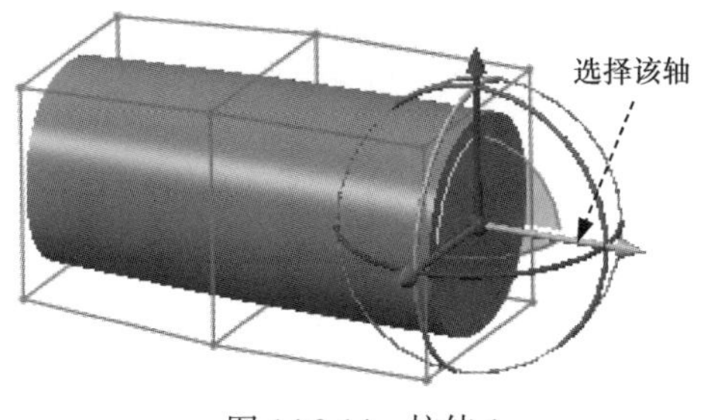

图 14.3.14　拉伸 1

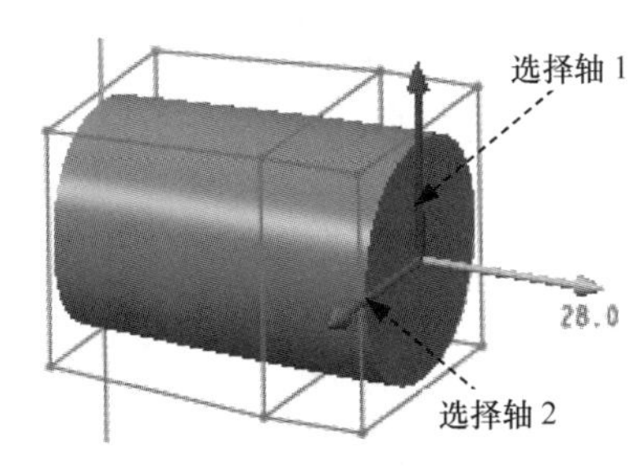

图 14.3.15　曲面变换

Step9. 比例缩放曲面。单击“自由式”操控板中 操作 区域的“缩放”按钮，首先选中图 14.3.15 所示的轴 1 并沿该轴正向移动到比例为 1.4 的位置，结果如图 14.3.16 所示；然后选中图 14.3.15 所示的轴 2 并沿该轴正向移动到比例为 1.4 的位置，结果如图 14.3.17 所示。

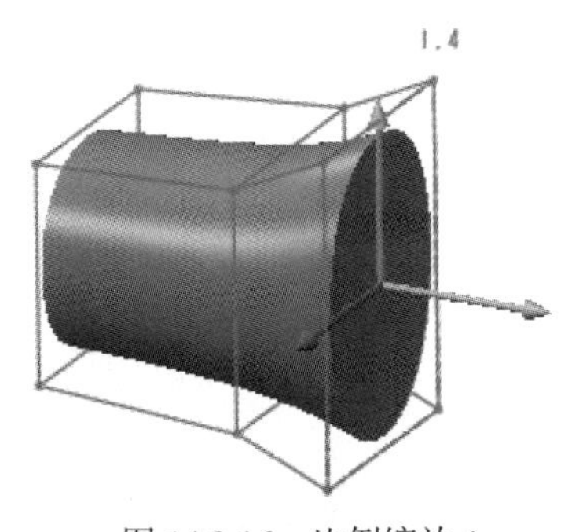

图 14.3.16　比例缩放 1

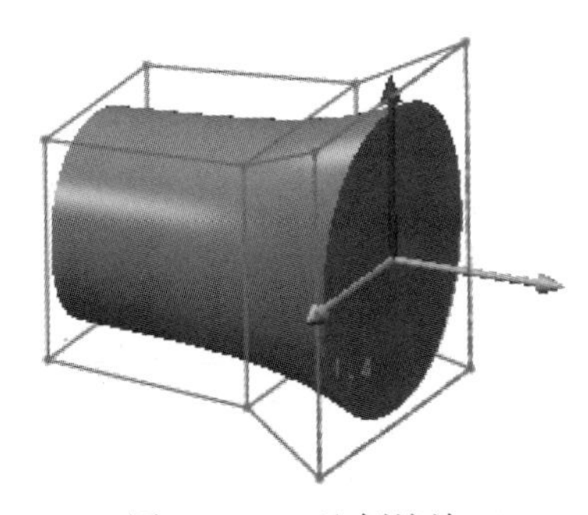
图 14.3.17　比例缩放 2

Step10. 创建拉伸 2。单击“自由式”操控板中 创建 区域的“拉伸”按钮，结果如图 14.3.18 所示。

Step11. 创建曲面变换。单击“自由式”操控板中 操作 区域的“变换”按钮，选中图 14.3.18 所示的轴并沿该轴正向方向移动 60，结果如图 14.3.19 所示。

Step12. 比例缩放曲面。单击“自由式”操控板中 操作 区域的“缩放”按钮，首先选中图 14.3.19 所示的轴 1 并沿该轴正向移动到比例为 2.0 的位置，结果如图 14.3.20 所示；然后选中图 14.3.19 所示的轴 2 并沿该轴正向移动到比例为 2.0 的位置，结果如图 14.3.21 所示。

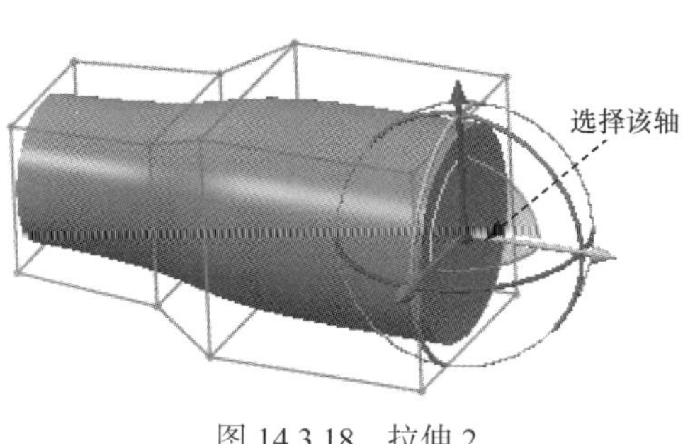

图 14.3.18 拉伸 2

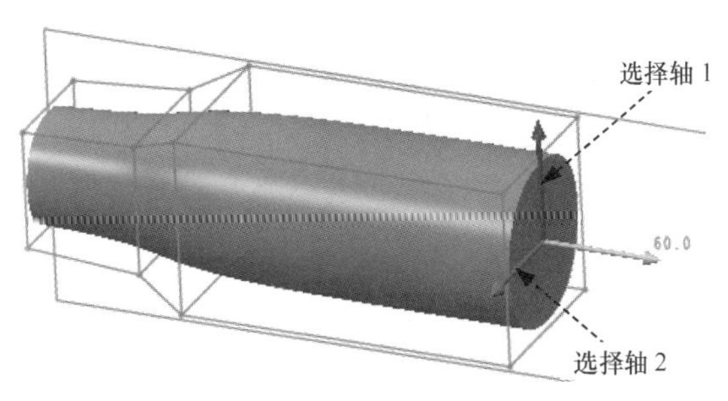

图 14.3.19 曲面变换

Step13. 创建拉伸 3。单击“自由式”操控板中 创建 区域的“拉伸”按钮 ，结果如图 14.3.22 所示。

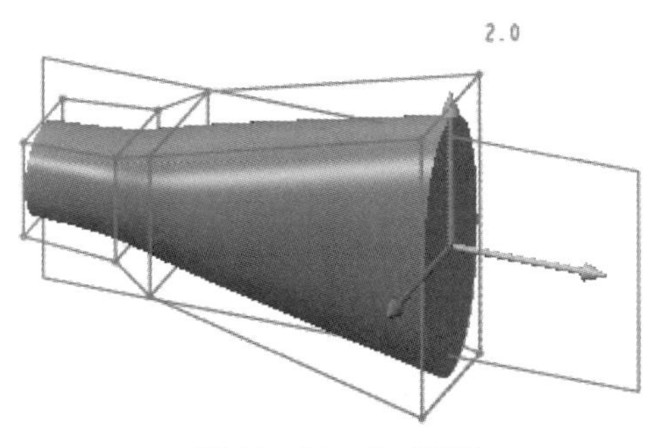

图 14.3.20 比例缩放 1

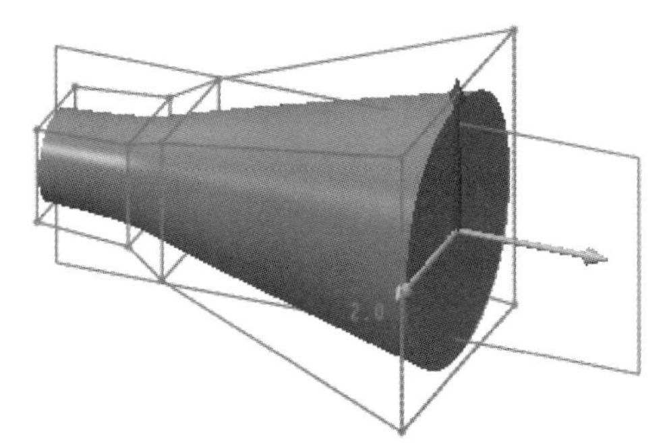

图 14.3.21 比例缩放 2

Step14. 对齐曲面。单击“自由式”操控板中 关联 区域的“对齐”按钮 对齐，在系统 选择基准平面或平面曲面，以使选定的图元与其对齐 的提示下，选取基准面 DTM1 为参考面，结果如图 14.3.23 所示。

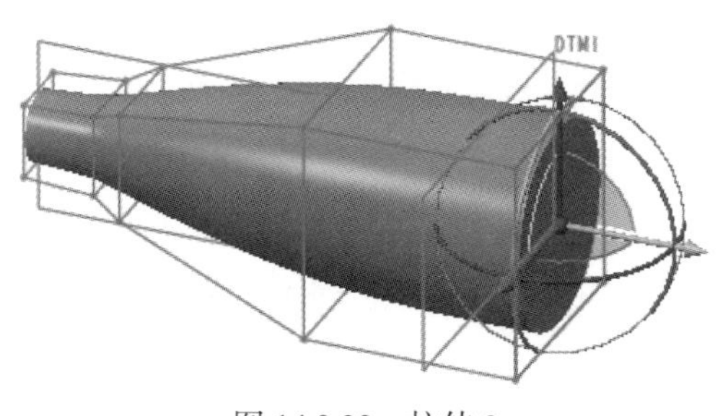

图 14.3.22 拉伸 3

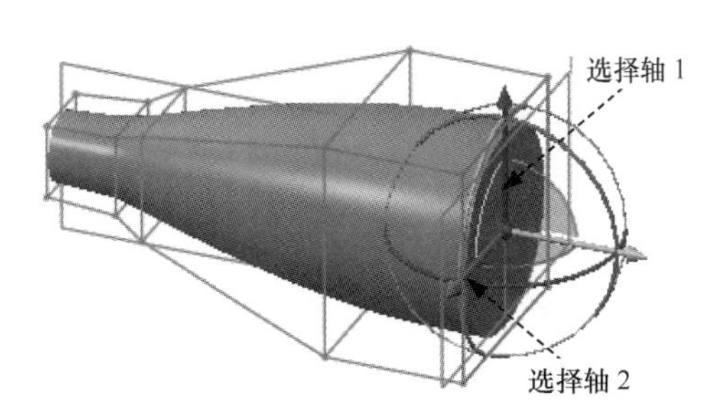

图 14.3.23 对齐曲面

Step15. 比例缩放曲面。单击“自由式”操控板中 操作 区域的“缩放”按钮 ，首先选中图 14.3.23 所示的轴 1 并沿该轴正向移动到比例为 0.4 的位置，结果如图 14.3.24 所示；然后选中图 14.3.23 所示的轴 2 并沿该轴正向移动到比例为 0.4 的位置，结果如图 14.3.25 所示。

Step16. 至此，吹风机主体部分曲面创建完成，单击“自由式”操控板中的“确定”按钮 ，退出自由式曲面环境。

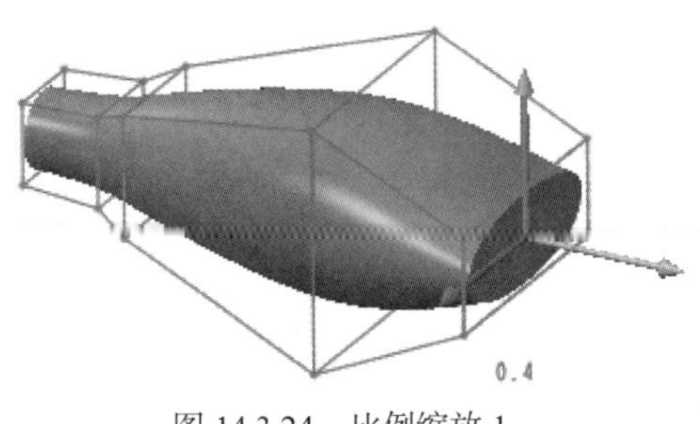

图 14.3.24　比例缩放 1

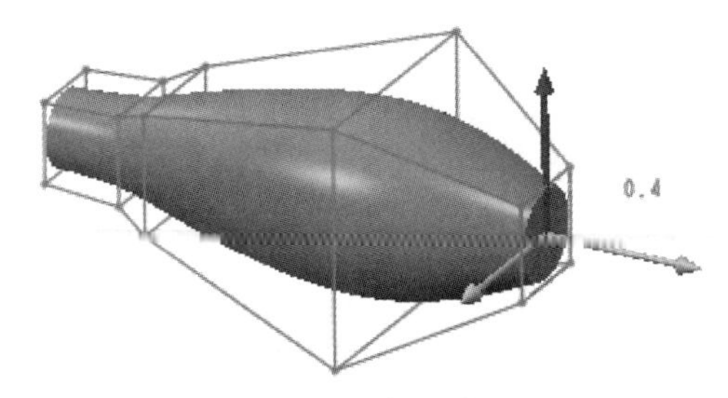

图 14.3.25　比例缩放 2

Stage3. 创建吹风机手柄部分的曲面

Step1. 创建图 14.3.26 所示的基准坐标系。单击 模型 功能选项卡 基准 ▾ 区域中的 坐标系 按钮，系统弹出“坐标系”对话框；选取基准坐标系 PRT_CSYS_DEF 为参考，在该对话框的 Z 文本框中输入 Z 向偏移距离值为 –180.0（图 14.3.27），单击该对话框中的 确定 按钮。

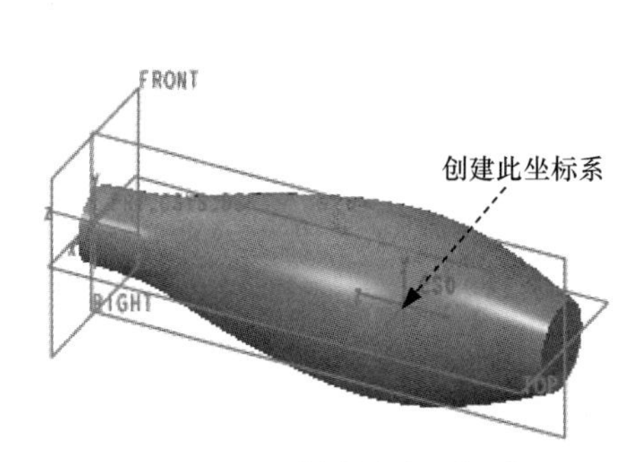

图 14.3.26　创建基准坐标系

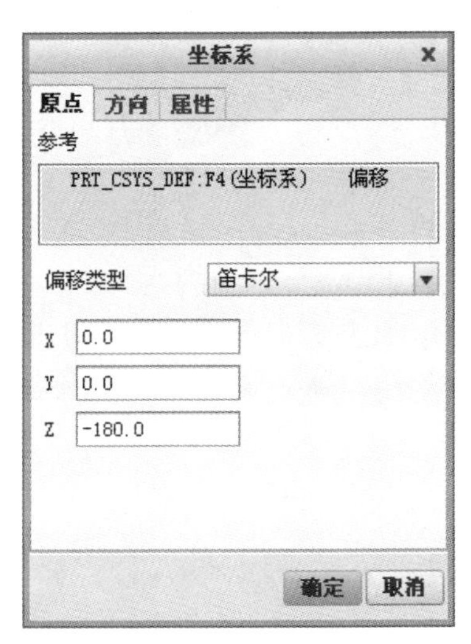

图 14.3.27　“坐标系”对话框

Step2. 单击 模型 功能选项卡 曲面 ▾ 区域中的“自由式”按钮 自由式，系统进入自由式曲面环境。

Step3. 定义参考坐标系。选择“自由式”操控板中 操作 ▾ 区域的 选项 命令，系统弹出图 14.3.28 所示的“自由式选项”对话框；选择 Step1 中创建的坐标系为参考坐标系，其他参数设置如图 14.3.28 所示。

Step4. 创建图 14.3.29 所示的立方体基元。在“自由式”操控板中选择 形状 下的 命令，创建一个立方体基元。

Step5. 对齐曲面。单击图 14.3.30 所示的网格面，然后单击“自由式”操控板中 关联 区域的“对齐”按钮 对齐 ▾，在系统 选择基准平面或平面曲面，以使选定的图元与其对齐 的提示下，选取 TOP 基准面为参考面，结果如图 14.3.31 所示。

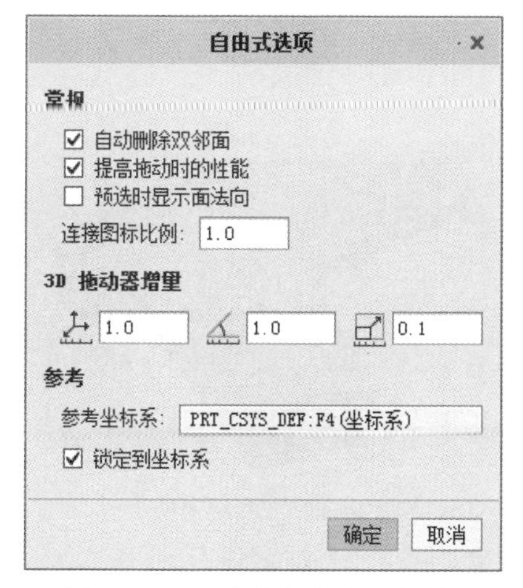

图 14.3.28 “自由式选项”对话框

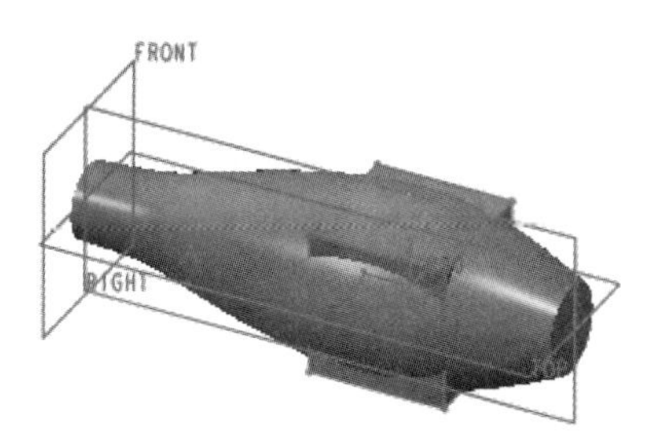

图 14.3.29 创建立方体基元

说明：为了便于观察，此处将吹风机主体部分曲面隐藏。

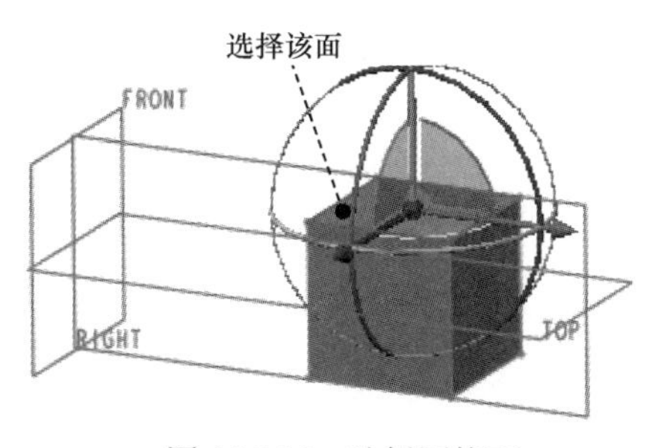

图 14.3.30 选择网格面

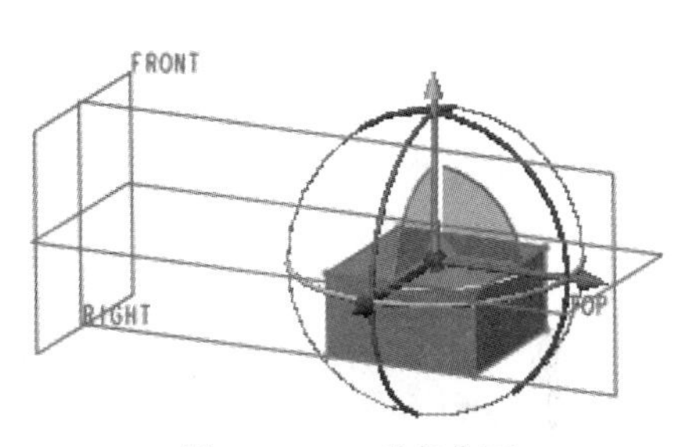

图 14.3.31 对齐曲面

Step6. 创建曲面变换 1。单击图 14.3.32 所示的网格面，然后单击“自由式”操控板中 操作 区域的“变换”按钮 和 0.1. 增量 按钮，选中图 14.3.32 所示的轴并沿该轴正向移动 120.0，结果如图 14.3.33 所示。

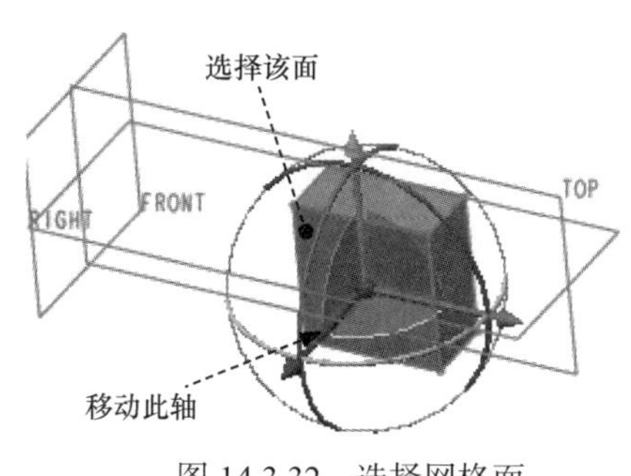

图 14.3.32 选择网格面

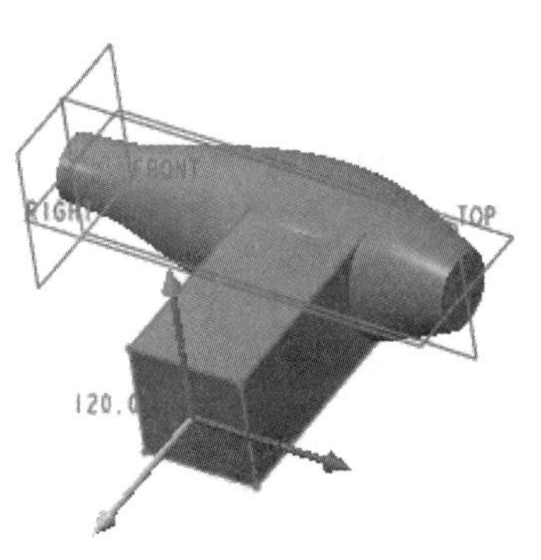

图 14.3.33 曲面变换 1

Step7. 创建曲面变换 2。单击图 14.3.34 所示的网格面，然后单击“自由式”操控板中 操作 区域的“变换”按钮 ，选中图 14.3.34 所示的轴并沿该轴反向移动 25.0，结果如图 14.3.35 所示。

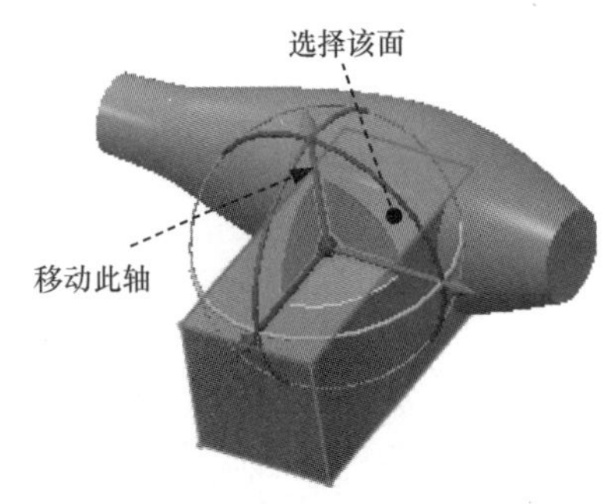

图 14.3.34　选择网格面

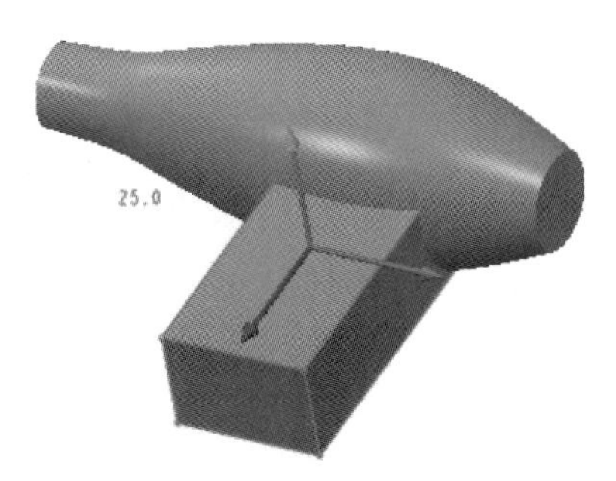

图 14.3.35　曲面变换 2

Step8. 创建曲面变换 3。参照 Step7，选择 Step7 中所选择的网格面相对的网格面进行相同方式的变换，结果如图 14.3.36 所示。

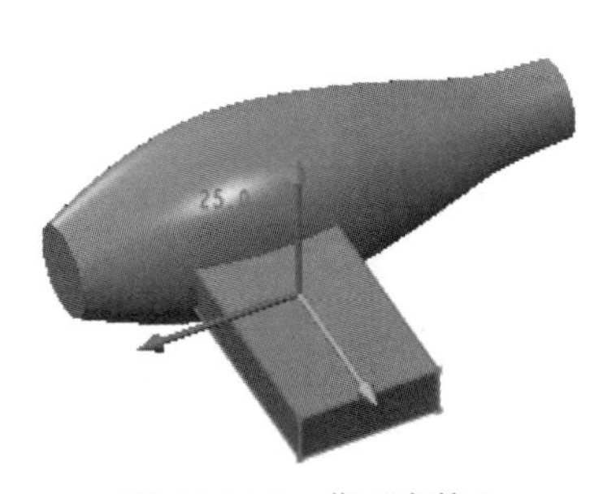

图 14.3.36　曲面变换 3

Step9. 创建曲面变换 4。单击图 14.3.37 所示的网格面，然后单击“自由式”操控板中 操作 区域的“变换”按钮 ，选中图 14.3.37 所示的轴并沿该轴正向移动 23.0，结果如图 14.3.38 所示。

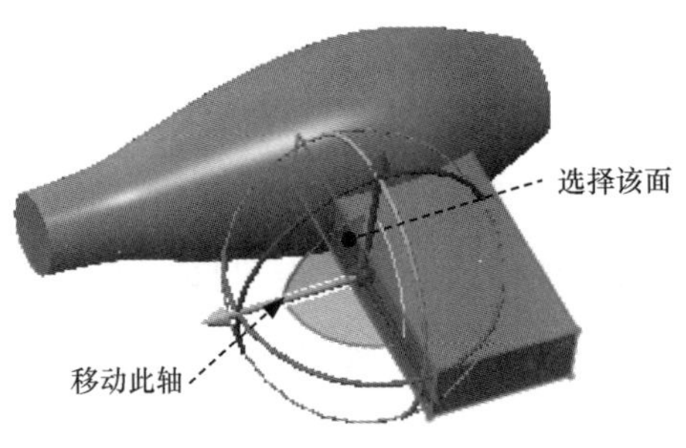

图 14.3.37　选择网格面

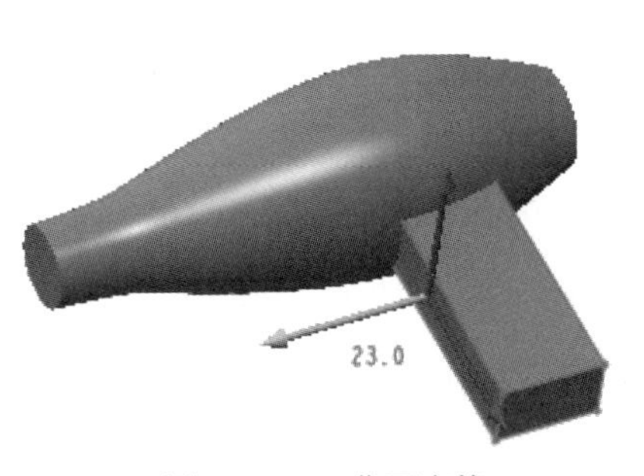

图 14.3.38　曲面变换 4

Step10. 创建曲面变换 5。参照 Step9，选择 Step9 中所选择的网格面相对的网格面进行相同方式的变换，移动距离值为 10.0，结果如图 14.3.39 所示。

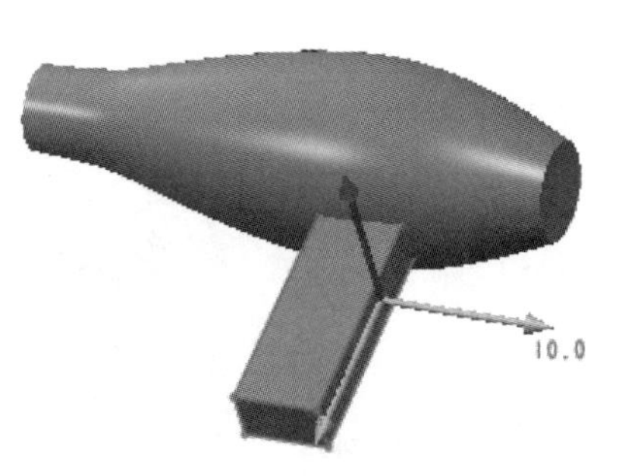

图 14.3.39　曲面变换 5

Step11. 创建边分割。单击图 14.3.40 所示的网格边，此时在该边上出现三重轴；选择“自由式”操控板中 创建 区域 边分割 下的 3 次分割 命令，系统在该边上添加三条分割线，将其分割成四个部分，结果如图 14.3.41 所示。

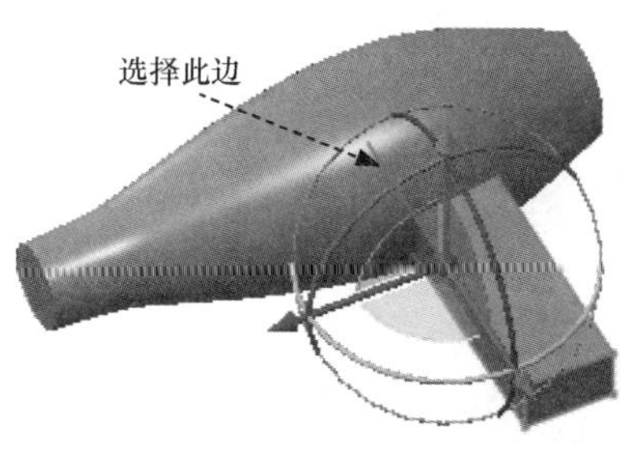

图 14.3.40 选择网格边

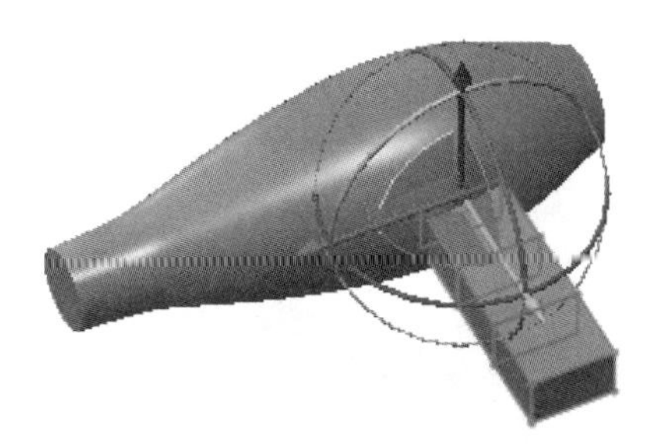
图 14.3.41 边分割

Step12. 创建曲面变换 6。单击图 14.3.42 所示的网格边，然后单击“自由式”操控板中 操作 区域的“变换”按钮 和 0.1.增量 按钮，选中图 14.3.42 所示的轴并沿该轴正向移动 35.0，结果如图 14.3.43 所示。

说明：为了便于观察，此处将吹风机主体部分曲面隐藏。

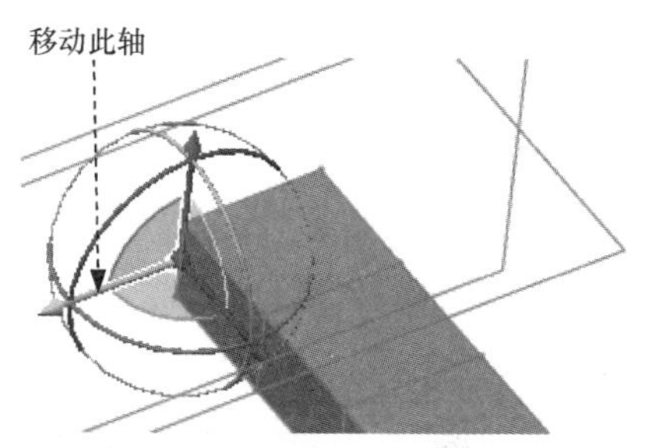

图 14.3.42 选择网格边

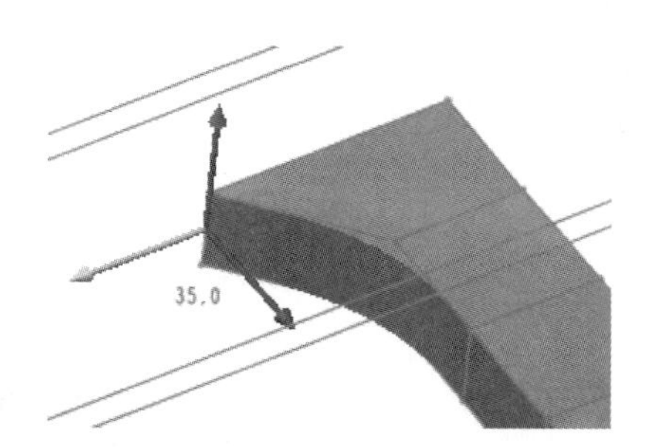

图 14.3.43 曲面变换 6

Step13. 创建曲面变换 7。单击图 14.3.44 所示的网格边，选中图 14.3.44 所示的轴并沿该轴正向移动 25.0，结果如图 14.3.45 所示。

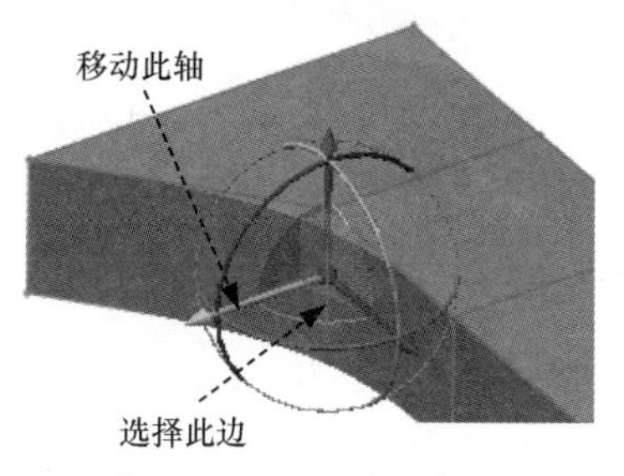

图 14.3.44 选择网格边

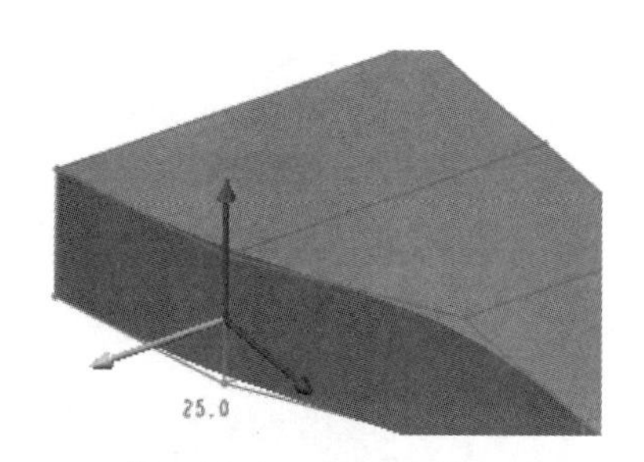

图 14.3.45 曲面变换 7

Step14. 创建曲面变换 8。单击图 14.3.46 所示的网格边，选中图 14.3.46 所示的轴并沿该轴正向移动 26.0，结果如图 14.3.7 所示。

Step15. 创建曲面变换 9。单击图 14.3.48 所示的网格边，选中图 14.3.48 所示的轴并沿该轴正向移动 12.0，结果如图 14.3.49 所示。

Step16. 创建曲面变换 10。单击图 14.3.50 所示的网格边，选中图 14.3.50 所示的轴并沿该轴反向移动 7.0，结果如图 14.3.51 所示。

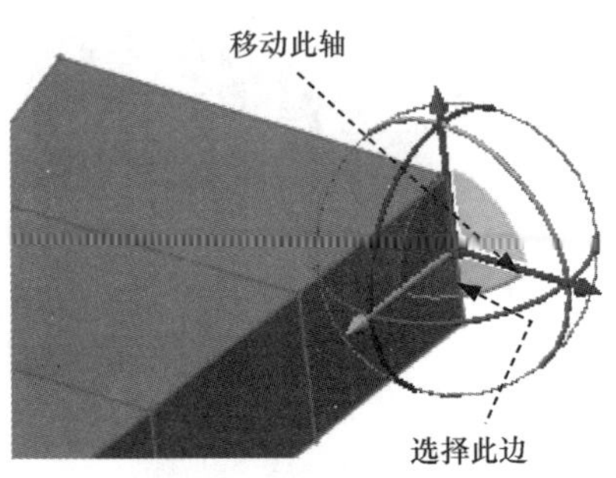

图 14.3.46　选择网格边

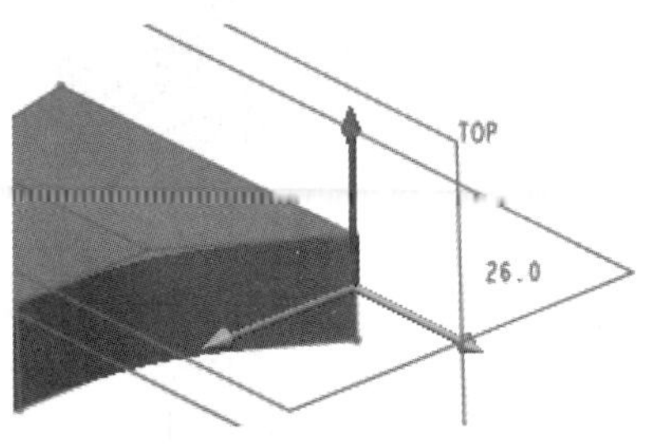

图 14.3.47　曲面变换 8

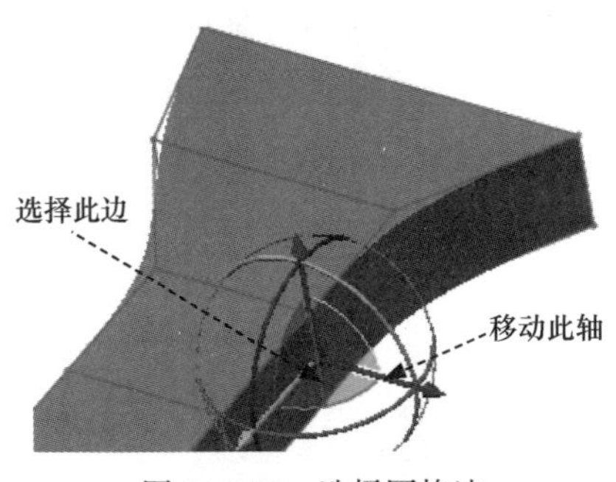

图 14.3.48　选择网格边

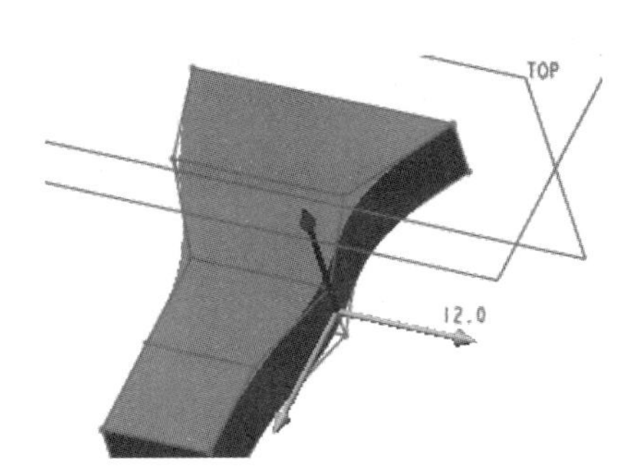

图 14.3.49　曲面变换 9

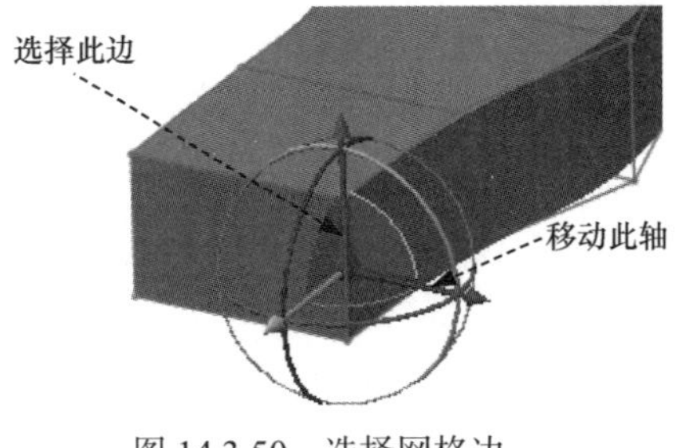

图 14.3.50　选择网格边

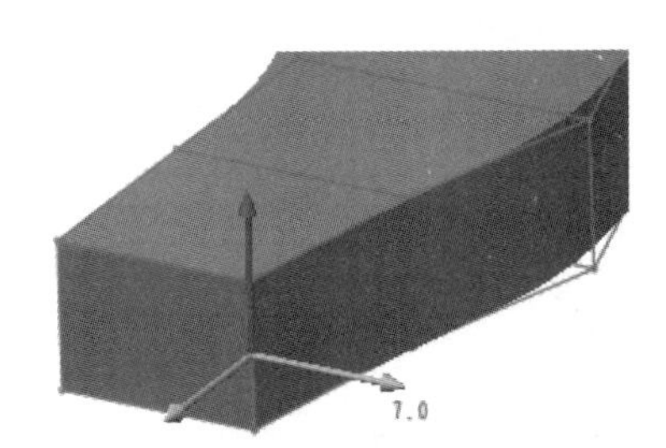

图 14.3.51　曲面变换 10

Step17. 创建曲面变换 11。单击图 14.3.52 所示的网格边，选中图 14.3.52 所示的轴并沿该轴正向移动 7.0，结果如图 14.3.53 所示。

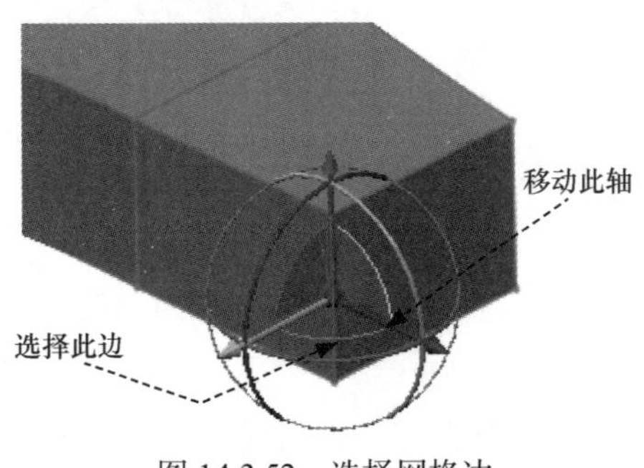

图 14.3.52　选择网格边

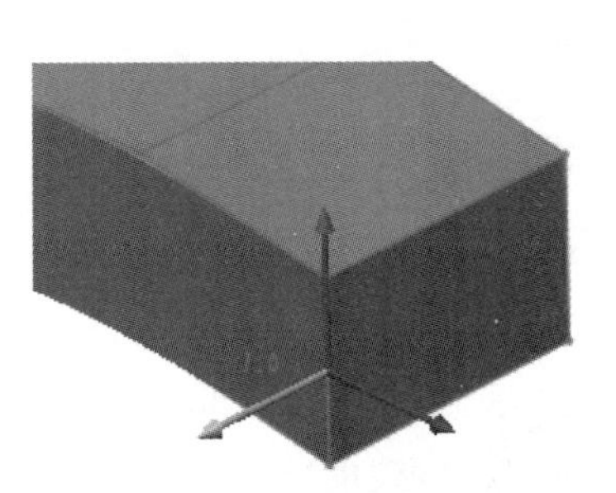
图 14.3.53　曲面变换 11

Step18. 设置皱褶参数。单击图 14.3.54 所示的网格面，在“自由式”操控板的 皱褶 区域选中 ◉ 强反差 单选项，然后在其下的文本框中输入值 67，结果如图 14.3.55 所示。

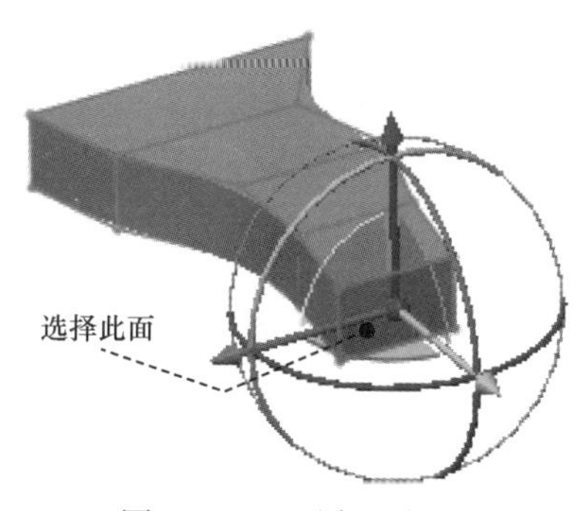

图 14.3.54 选择网格面

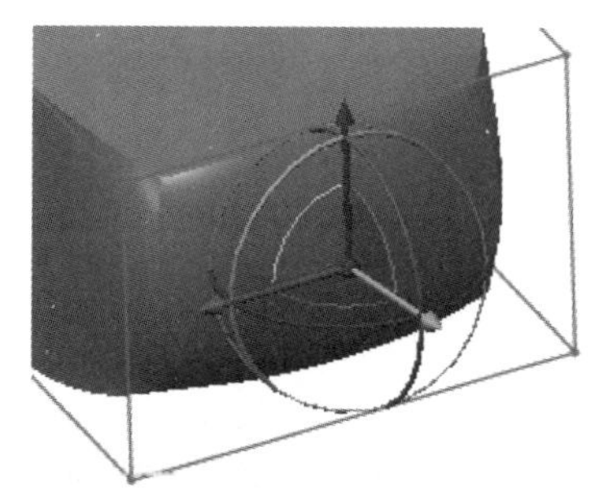

图 14.3.55 设置皱褶

Step19. 至此，吹风机手柄部分曲面创建完成，单击“自由式”操控板中的“确定”按钮 ✔，退出自由式曲面环境。

Stage4. 吹风机细节部分设计

Step1. 合并曲面。按住 Ctrl 键，选取吹风机主体部分的曲面和手柄部分的曲面作为合并对象，单击 合并 按钮，然后单击“确定”按钮 ✔，结果如图 14.3.56 所示。

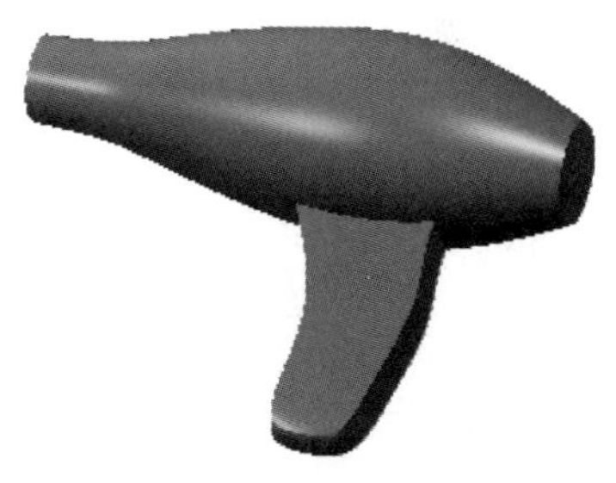

图 14.3.56 合并曲面

Step2. 创建图 14.3.57 所示的倒圆角特征 1。单击 模型 功能选项卡 工程 ▾ 区域中的 倒圆角 ▾ 按钮，选取图 14.3.57a 所示的边线，在“倒圆角”操控板的圆角半径文本框中输入数值 5.0。

选取这四条边线

a) 倒圆角前

b) 倒圆角后

图 14.3.57 倒圆角特征 1

Step3. 创建图 14.3.58 所示的倒圆角特征 2。选取图 14.3.58a 所示的边线，在“倒圆角”操控板的圆角半径文本框中输入数值 5.0。

Step4. 创建图 14.3.59 所示的倒圆角特征 3。选取图 14.3.59a 所示的边线，在“倒圆角”操控板的圆角半径文本框中输入数值 8.0。

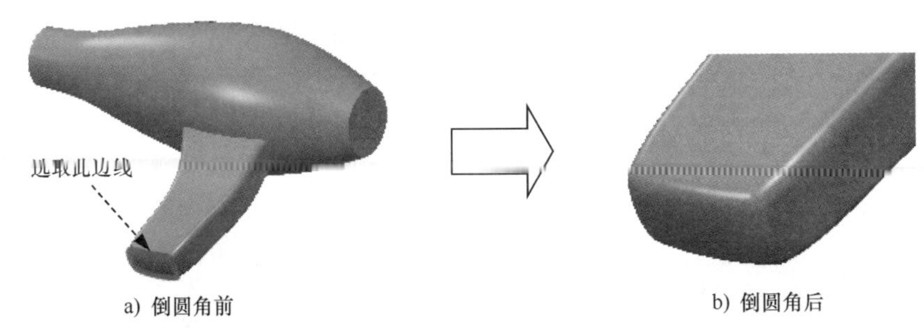

图 14.3.58　倒圆角特征 2

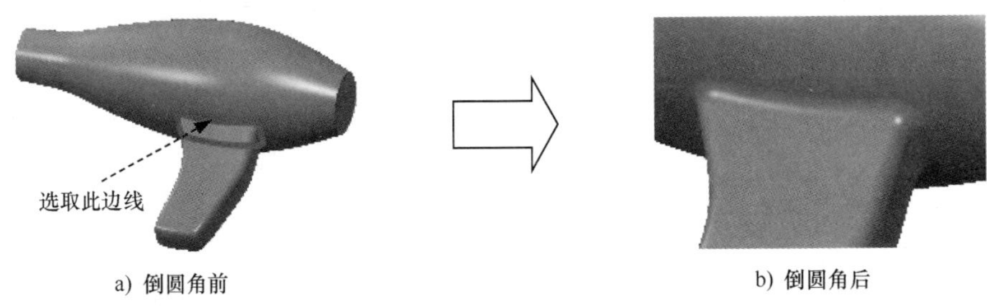

图 14.3.59　倒圆角特征 3

Step5. 创建曲面实体化。选取整个面组，单击 模型 功能选项卡 编辑 ▾ 区域中的“实体化”按钮 实体化，单击 ✔ 按钮，完成实体化操作。

Step6. 创建图 14.3.60 所示的抽壳特征。单击 模型 功能选项卡 工程 ▾ 区域中的“壳”按钮 壳，选取图 14.3.61 所示的模型表面为要移除的面，输入抽壳厚度值为 1.2，单击 ✔ 按钮，完成抽壳特征的创建。

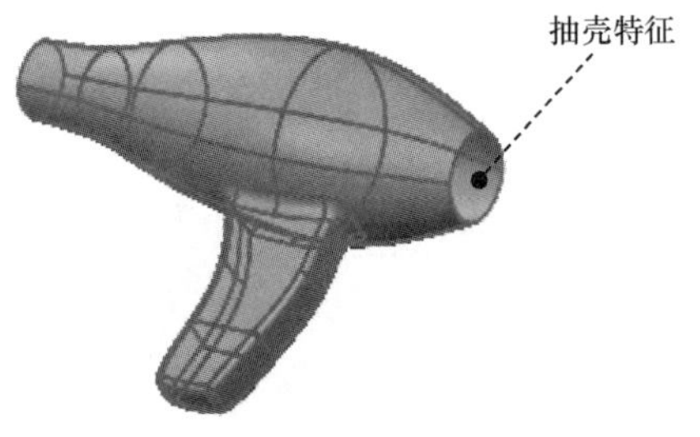

图 14.3.60　创建抽壳特征

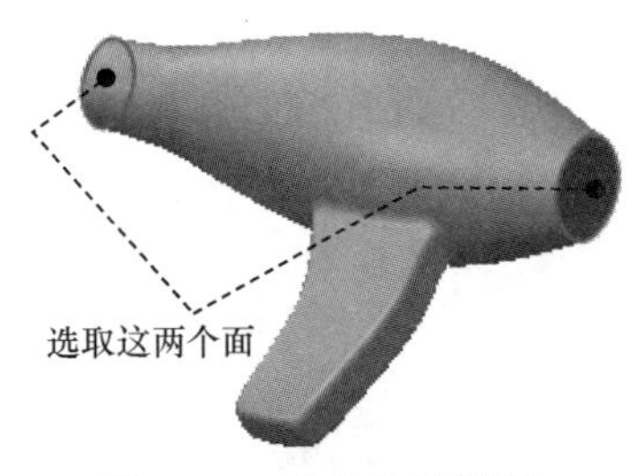

图 14.3.61　选取移除面

第 15 章 产品的逆向设计

本章提要

逆向工程主要是针对现有的产品进行研究，从而发现其规律，以复制、改进并超越现有产品的过程。逆向工程不仅是对现有产品的模仿，更是对现有产品的改造，是一种超越。通过本节的内容，读者能掌握在 Creo 中进行逆向设计的一般过程。

15.1 逆向工程概述

15.1.1 概念

逆向工程是对产品设计过程的一种描述。在实际的产品研发过程中，设计人员所能得到的技术资料往往只是其他厂家产品的实物，因此设计人员就需要通过一定的途径，将这些实物信息转化为 CAD 模型，这就需要应用逆向工程技术（Reverse Engineering）。

所谓逆向工程技术，俗称“抄数”，是指利用三维激光扫描技术（又称“实景复制技术”）或使用三坐标测量仪对实物模型进行测量，以获得物体的点云数据（三维点数据）；再利用专用的工程软件对获得的点云数据进行整理、编辑，并获取所需的三维特征曲线；最终通过三维曲面表达出物体的外形，重构实物的 CAD 模型。

一般来说，产品逆向工程包括实物反求、软件反求和影像反求等几个方面，在工业领域的实际应用中，主要包括以下几个方面内容。

- 新零件的设计，主要用于产品的改型或仿型设计。
- 损坏或磨损零件的还原。
- 已有零件的复制，再现原产品的设计意图。
- 数字化模型的检测，借助于工业 CT 技术，可以快速发现、定位物体的内部缺陷。还可以检验产品的变形分析和焊接质量等，以及进行模型的比较。

逆向工程技术为快速设计和制造产品提供了很好的技术支持，它已经成为制造业信息传递重要而简洁的途径之一。

15.1.2 逆向工程设计前的准备工作

在设计一个产品之前，首先必须尽量理解原有模型的设计思想，在此基础上还要修复或克服原有模型上存在的缺陷。从某种意义上看，逆向设计也是一个重新设计的过程。在开始进行一个逆向设计前，应该对零件进行仔细分析，主要考虑以下一些要点。

（1）确定设计的整体思路，对自己手中的设计模型进行系统的分析。面对大批量、无序的点云数据，初次接触的设计人员会感觉到无从下手。这时应首先周全地考虑好先做什么，后做什么，用什么方法做，可以将模型划分为几个特征区，得出设计的整体思路，并找到设计的难点，基本做到心中有数。

（2）确定模型基本构成形状的曲面类型，这关系到相应设计软件的选择和软件模块的确定。对于自由曲面，例如汽车的外覆盖件和内饰件等，一般需要采用方便调整曲线和曲面的模块；对于初等解析曲面件，如平面、圆柱面和圆锥面等，则没必要因有测量数据而用自由曲面去拟合一张显然是平面或圆柱面的曲面。

15.1.3 逆向工程设计的一般过程

逆向工程设计主要包括以下几个步骤。

（1）点云处理阶段。对得到的粗略点云数据进行必要的整理和编辑，得到符合设计要求的点云数据。

（2）曲线创建阶段。根据得到的点云数据创建主要的特征曲线。

（3）曲面重建阶段。根据特征曲线或直接根据点云创建特征曲面。

15.2 独 立 几 何

15.2.1 概述

独立几何模块是逆向工程的模块之一。它是一种非参数化设计环境，利用该模块可专注于模型特定区域的创建和修改，并使用各种工具获得所需形状的曲面属性。为了使当前的设计活动孤立在单个特征中，该模块使用了造型特征这一概念。造型特征是一个复合特征，它包含了所有创建和输入到造型特征的几何以及参照数据。造型特征的内部对象，如单独的曲线、曲面等，在造型特征外部彼此之间没有任何父子从属关系，这样便可以自由地进行各种操作，而不需要考虑特征对象之间的参照和父子关系。

独立几何提供了一组工具，利用这些工具可将输入曲面、三角测量数据（点云）或其他

原始数据转换到可制造模型中。利用“独立几何”，可执行以下任务：

- 输入、生成和过滤原始数据。
- 输入几何，包括曲线、曲面和多面数据。
- 创建和修改曲线。
- 手工或自动修复几何（仅限具有使用 DataDoctor 的许可）。
- 将几何从后续特征收缩到造型特征（具有使用 DataDoctor 许可）。

15.2.2 扫描曲线的创建

把高密度原始数据（点云）输入到“独立几何”并使用某种方法过滤不需要的点，然后依次通过过滤后的点光滑连接形成扫描曲线，所以扫描曲线不会偏离原始数据（点云）。扫描曲线的创建方法有“扫描曲线（Scan Curves）”“自动定向曲线（Auto Direction Curves）”“截面（Sections）”三种方法。下面对这三种方法分别进行说明。

方法一：扫描曲线

下面以图 15.2.1 所示的模型为例，说明扫描曲线（Scan Curves）的应用。

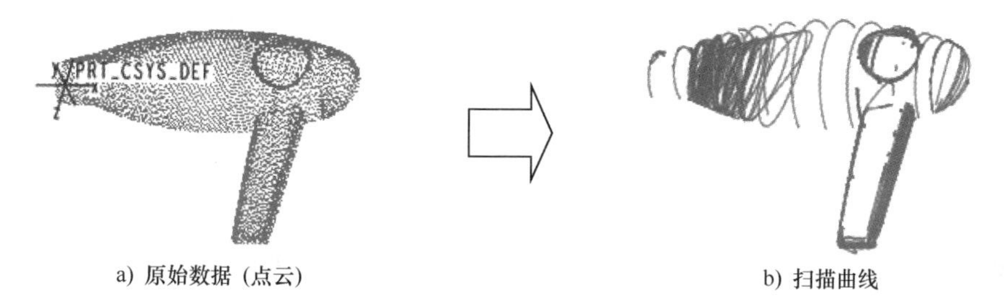

a) 原始数据（点云）　　b) 扫描曲线

图 15.2.1　扫描曲线的应用

Step1. 将工作目录设置至 D:\creo8.8\work\ch15.02.02.01。

Step2. 新建一个零件三维模型，命名为 scan_curves。

Step3. 选择 模型 功能选项卡 获取数据 ▾ 下的 独立几何 命令，则系统进入独立几何模块，同时弹出图 15.2.2 所示的“扫描工具”操控板。

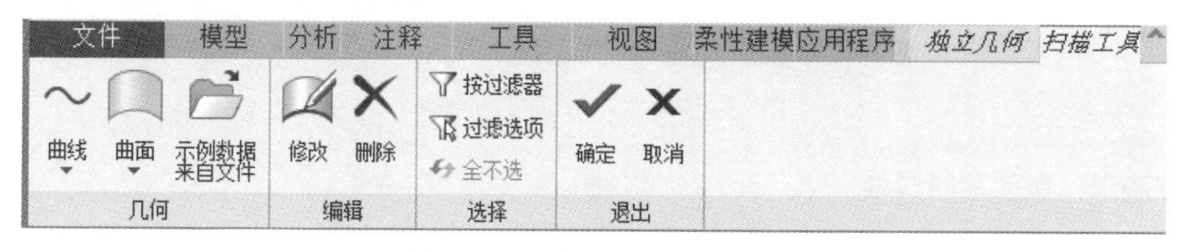

图 15.2.2　“扫描工具”操控板

Step4. 单击“扫描工具”操控板 几何 区域中的“示例数据来自文件”按钮 ，在系统弹出的“导入原始数据”对话框中选中 ◉ 高密度 单选项，如图 15.2.3 所示。在系统 ◆选择坐标系. 的提示下，选取“PRT_CSYS_DEF”坐标系，系统弹出“打开”对话框。

Step5. 在“打开”对话框中选择 blower.pts 文件，单击 导入 按钮，系统弹出图 15.2.4 所示的“原始数据”对话框。

图 15.2.3 “导入原始数据”对话框

Step6. 创建扫描曲线。在“原始数据”对话框的 可见点百分比 文本框中输入数值 15，选中 扫描曲线 单选项；在 曲线距离 文本框中输入数值25，在 点公差 文本框中输入数值 0.28；单击 预览(P) 按钮后，单击 确定 按钮完成操作，此时生成的扫描曲线如图 15.2.1b 所示。

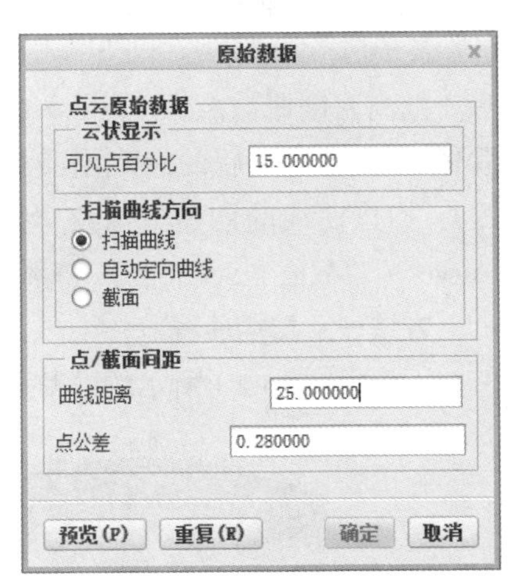

图 15.2.4 “原始数据”对话框

图 15.2.3 所示的“导入原始数据”对话框中各选项的说明如下。

- 高密度 单选项：选中该选项可以获取产品的详细信息，并增加输入数据中的点云密度。
- 低密度 单选项：选中该选项则不能获取产品的详细信息，并减小输入数据中的点云密度。

图 15.2.4 所示的“原始数据”对话框中各选项的功能说明如下。

- 可见点百分比 文本框：该文本框用于设置显示点云的百分比。输入的值越大，显示的点云就越密；反之，显示的点云就越疏。
- 曲线距离 文本框：该文本框用于定义扫描曲线之间的距离。
- 点公差 文本框：该文本框用于定义扫描点之间的距离。

Step7. 单击“扫描工具”操控板中的“确定”按钮 确定，系统弹出图 15.2.5 所示的“独立几何”操控板，单击 ✔ 按钮，退出独立几何模块。

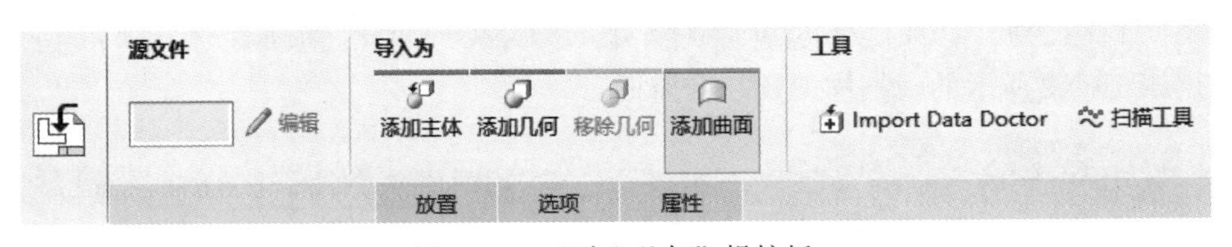

图 15.2.5 “独立几何”操控板

方法二：自动定向曲线

自动定向曲线（Auto Direction Curves）是系统自动确定最佳的扫描方向，并按若干个假想平面与原始数据（点云）相交生成的一组曲线。下面以图 15.2.6 所示的模型为例，说明自动定向曲线（Auto Direction Curves）的应用。

Step1. 将工作目录设置至 D:\creo8.8\work\ch15.02.02.02。

Step2. 新建一个零件三维模型，命名为 auto_direction_carves。

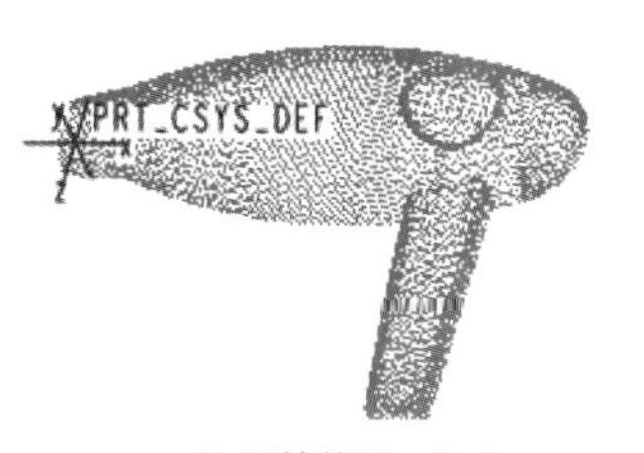

a) 原始数据（点云）

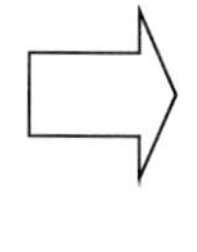

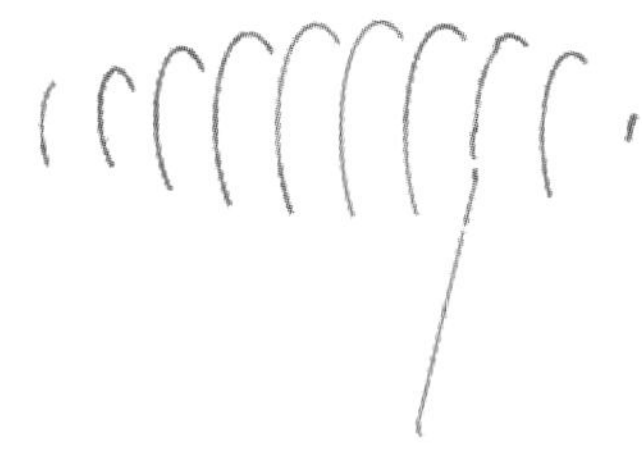

b) 扫描曲线

图 15.2.6 自动定向曲线的应用

Step3. 选择 模型 功能选项卡 获取数据 ▾ 下的 独立几何 命令，则系统进入独立几何模块，同时弹出“扫描工具”操控板。

Step4. 单击“扫描工具”操控板 几何 区域中的“示例数据来自文件”按钮 ，在系统弹出的“导入原始数据”对话框中选中 ◉ 高密度 单选项。在系统 ➪选择坐标系。的提示下，选取“PRT_CSYS_DEF”坐标系，系统弹出“打开”对话框。

Step5. 在“打开”对话框中选择 blower.pts 文件，然后单击 导入 按钮，系统弹出图 15.2.7 所示的“原始数据”对话框。

Step6. 创建扫描曲线。在“原始数据”对话框的 可见点百分比 文本框中输入数值 15，选中 ◉ 自动定向曲线 单选项；在 截面数量 文本框中输入数值 10，在 接近区域 文本框中输入数值 1.85，在 点公差 文本框里输入数值 0.28；单击 预览(P) 按钮后，单击 确定 按钮完成操作，此时生成的扫描曲线如图 15.2.6b 所示。

Step7. 单击“扫描工具”操控板中的“确定”按钮 ✔确定，在系统弹出的“独立几何”操控板中单击 ✔ 按钮，退出独立几何模块。

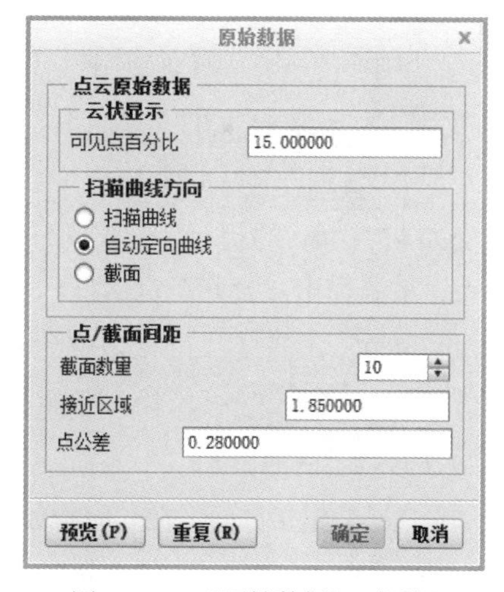

图 15.2.7 “原始数据”对话框

图 15.2.7 所示的“原始数据”对话框中的部分选项的说明如下。

- 截面数量 文本框：该文本框用于定义与点云相交的截面数量。
- 接近区域 文本框：该文本框用于定义沿截面长度的区域宽度值。系统将处理该区域中的数据点以创建扫描曲线，但接近区域不得超过两条相邻曲线之间距离的一半。

方法三：截面

截面（sections）就是用假想的平面与点云相交创建一组曲线。其类型分为“平行截面”“根据基准平面确定一组截面”“垂直选定曲线的截面”。

- 平行截面：表示用一组平行于参照平面的假想面与“原始数据”（点云）相交创建的曲线，此参考平面可以是基准平面，也可以是通过曲线/边/轴或坐标系的某一个方向新建的平面。

- 根据基准平面确定一组截面：用一组平行于选定基准平面的假想面与“原始数据”（点云）相交创建的曲线。此截面必须是基准平面。
- 垂直选定曲线的截面：用一组平行于选定曲线的假想平面与“原始数据”（点云）相交创建的曲线。

下面以图 15.2.8 所示的模型为例，说明通过截面方法创建扫描曲线的一般过程。

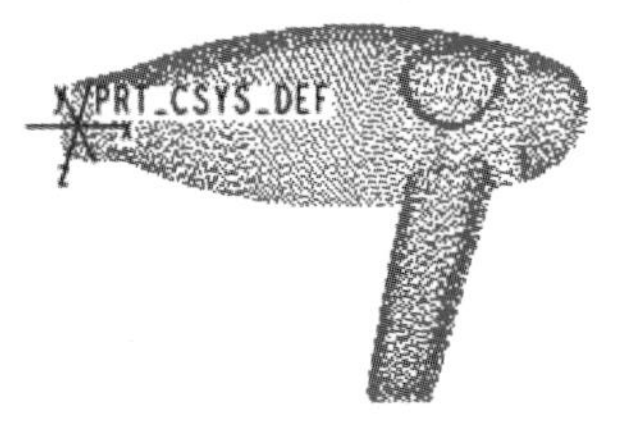

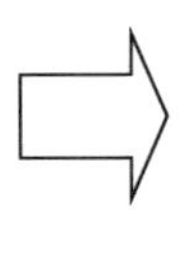
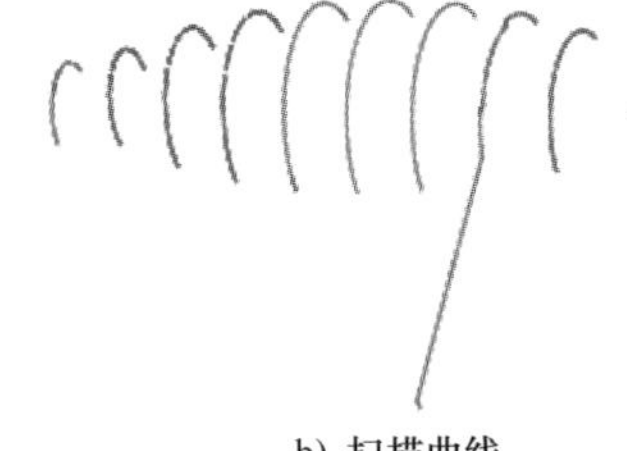
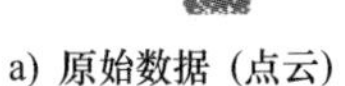

a) 原始数据（点云）　　b) 扫描曲线

图 15.2.8 截面的应用

Step1. 将工作目录设置至 D:\creo8.8\work\ch15.02.02.03。

Step2. 新建一个零件三维模型，命名为 sections_curves。

Step3. 选择 模型 功能选项卡 获取数据 ▾ 下的 独立几何 命令，系统进入独立几何模块，同时弹出“扫描工具”操控板。

Step4. 单击“扫描工具”操控板 几何 区域中的“示例数据来自文件”按钮，在系统弹出的“导入原始数据”对话框中选中 ◉ 高密度 单选项。在系统 ➪选择坐标系. 的提示下，选取“PRT_CSYS_DEF”坐标系，系统弹出“打开”对话框。

Step5. 在“打开”对话框中选择 blower.pts 文件，然后单击 导入 按钮，系统弹出图 15.2.9 所示的“原始数据”对话框。

图 15.2.9 “原始数据”对话框

Step6. 定义截面。在“原始数据”对话框的 可见点百分比 文本框中输入数值 15，选择 ◉ 截面 单选项；单击 截面类型 区域中的“平行截面”按钮，单击 截平面 后的 按钮，在系统 ➪选择将垂直于此方向的平面. 的提示下，选取 RIGHT 基准平面为平行截面；在 截面数量 文本框中输入数值 10，在 接近区域 文本框中输入数值 1.85，在 点公差 文本框中输入数值 0.28；单击 预览(P) 按钮后，单击 确定 按钮完成操作。

Step7. 单击“扫描工具”操控板中的“确定”按钮 ✔确定，在系统弹出的“独立几何”操控板中单击 ✔ 按钮，退出独立几何模块。

15.2.3 扫描曲线的修改

如果扫描曲线的质量或其他方面不能满足设计需要，则此时还可以通过独立几何模块所提供的修改工具对其进行修改。扫描曲线的修改可分为“删除（Delete）”“重组点（Regroup Pts）”“扫描点（Scan Points）三种。

下面就以一组扫描曲线为例，详细说明扫描曲线的修改方法。

Step1. 将工作目录设置至 D:\creo8.8\work\ch15.02.03，打开文件 modify_scan_curve.prt。

Step2. 在模型树中右击 独立几何 标识39，从系统弹出的快捷菜单中选择 命令，系统弹出“独立几何”操控板。

Step3. 删除扫描曲线。单击该操控板中的 按钮，系统弹出“扫描工具”操控板；单击“扫描工具”操控板中 编辑 区域的“修改”按钮，选取图 15.2.10 所示的扫描曲线；在 ▼ MODIFY SCAN（修改扫描）菜单中选择 Delete（删除） ➡ All Except（所有除了）命令，按住 Ctrl 键，选取图 15.2.11 所示的曲线为要保留的曲线，在“选择”对话框中单击 确定 按钮，完成删除曲线的操作，此时模型如图 15.2.12 所示。

说明：在 ▼ DELETE CRVS（删除曲线）菜单中有 Selected（选定）和 All Except（所有除了）两个命令，其中 Selected（选定）命令需要用户指定删除的曲线，而 All Except（所有除了）命令需要用户指定不删除的曲线。

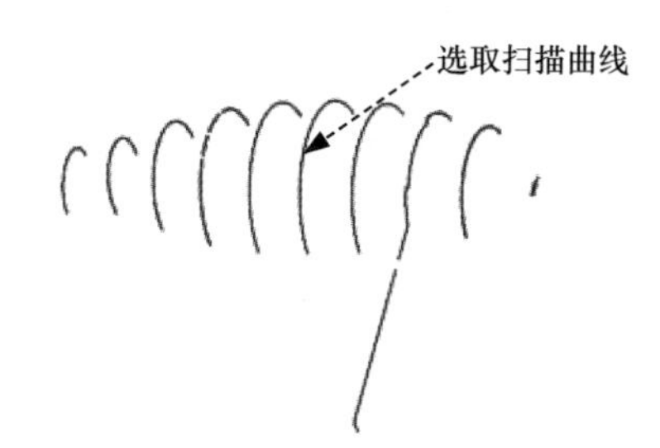

图 15.2.10 扫描曲线

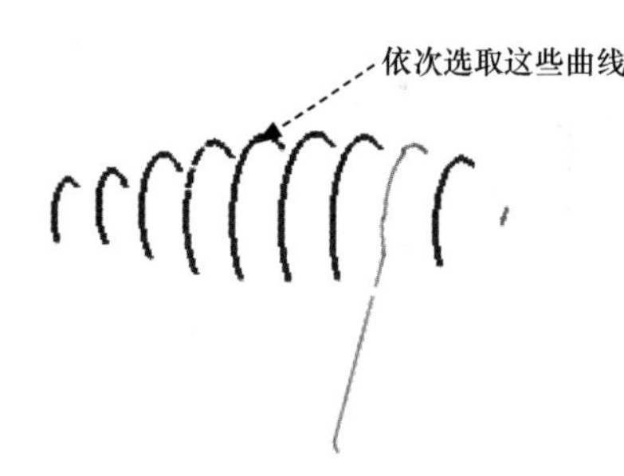

图 15.2.11 要保留的曲线

Step4. 连接曲线。

（1）选择命令。在 ▼ MODIFY SCAN（修改扫描）菜单中选择 Regroup Pts（对点重新分组） ➡ Join（联接） ➡ Two Curves（两条曲线）命令。

（2）定义连接曲线 1。在系统 选择两条曲线. 的提示下，按住 Ctrl 键，选取图 15.2.13 所示的曲线和图 15.2.14 所示的曲线为连接曲线，在 ▼ MOD ACTION（修改运动）菜单中选择 Accept（接受）命令，完成连接曲线 1 的创建。

（3）定义连接曲线 2。选取图 15.2.15 所示的曲线为连接曲线，在 ▼ MOD ACTION（修改运动）菜单中选择 Accept（接受）命令。

Step5. 在 ▼ MODIFY SCAN（修改扫描）菜单中选择 **Done（完成）**命令，完成扫描曲线的修改。

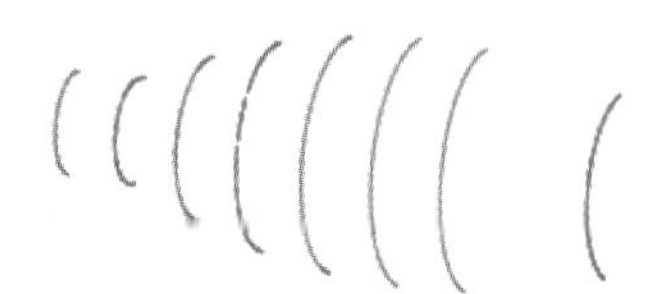

图 15.2.12 删除后的曲线

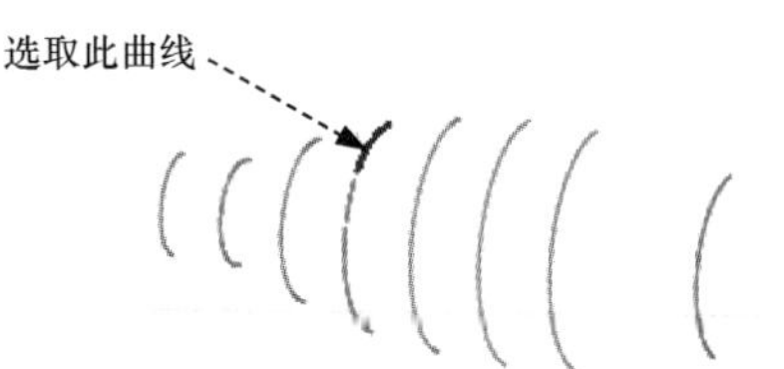

图 15.2.13 连接曲线

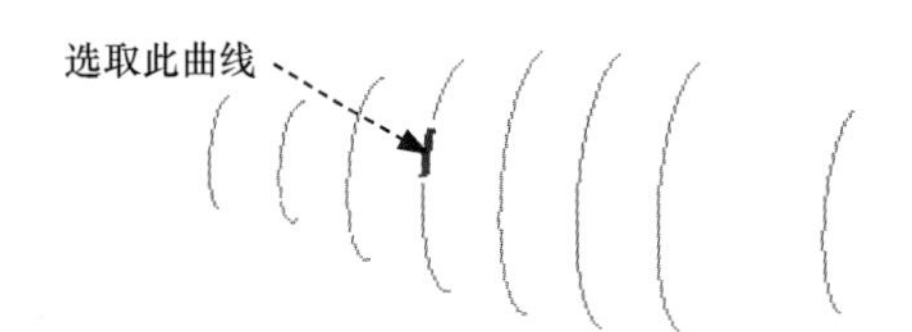

图 15.2.14 连接曲线

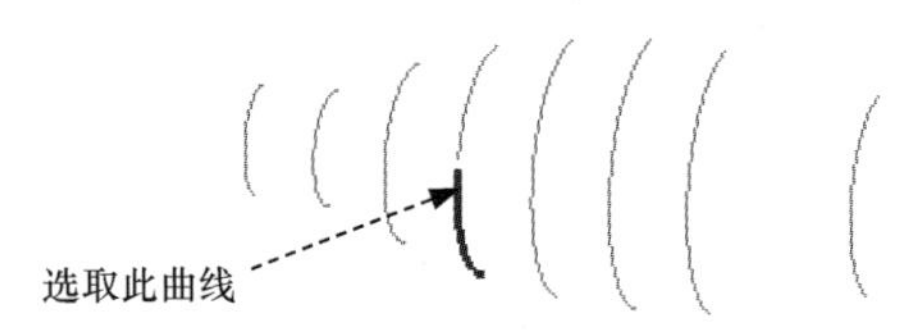

图 15.2.15 连接曲线

说明：

- 在 Regroup Pts（对点重新分组）菜单中有 Join（联接）、Separate（分开）和 Create（创建）三个命令，下面将对这三个命令进行说明。
  - ☑ Join（联接）：该命令可以连接两条曲线最近的两个端点，将其合成为一条曲线。
  - ☑ Separate（分开）：该命令可以将一条曲线按某种需要分成两条。系统又为该命令提供了 At Scan Pnt（扫描点）、Between Pnts（点间）和 By Surface（按照曲面）三种方法。At Scan Pnt（扫描点）是指在构成曲线的扫描点处将曲线分成两段；Between Pnts（点间）是指通过删除扫描曲线上两扫描点之间的线段，将曲线分开；By Surface（按照曲面）是指通过删除所选参照两侧最近的两扫描点之间的线段，将曲线分开。
  - ☑ Create（创建）：该命令可以通过选取两扫描点来创建一条曲线。
- Scan Points（扫描点）是指对构成曲线的扫描点进行修改，包括 Remove（移除）、Show（显示）和 Blank（遮蔽）。
  - ☑ Remove（移除）：是指移除扫描曲线上的扫描点，使一些影响曲线质量的坏点移除，让曲线更加光顺。
  - ☑ Show（显示）：是指显示所选曲线上的所有扫描点。
  - ☑ Blank（遮蔽）：是指遮蔽已经显示扫描曲线上的扫描点，便于观察。

15.2.4 型曲线的创建

在独立几何中，通过输入原始数据所得到的扫描曲线是无法用来直接构建曲面的，因此要通过某些方法把原始数据得到的扫描曲线转化成能在独立几何中构建曲面的曲线，我们把这种新的曲线称为“型曲线”。型曲线的创建方法有自示例数据创建曲线、通过点创建曲线和自曲线创建曲线三种。

首先进行下列操作。

Step1. 将工作目录设置至 D:\creo8.8\work\ch15.02.04，打开文件 style_curve.prt。

Step2. 在模型树中右击 独立几何 标识39，从系统弹出的快捷菜单中选择 命令，系统弹出“独立几何”操控板。

Step3. 单击该操控板中的 按钮，系统弹出“扫描工具”操控板。

方法一：自示例数据创建曲线

在“扫描工具”操控板中的 几何 区域选择 曲线 下的 自示例数据 命令，在 选择想要复制的扫描曲线。的提示下，选取图 15.2.16 所示的曲线为要复制的曲线，然后在“选择”对话框中单击 确定 按钮，完成自示例数据创建型曲线的操作。

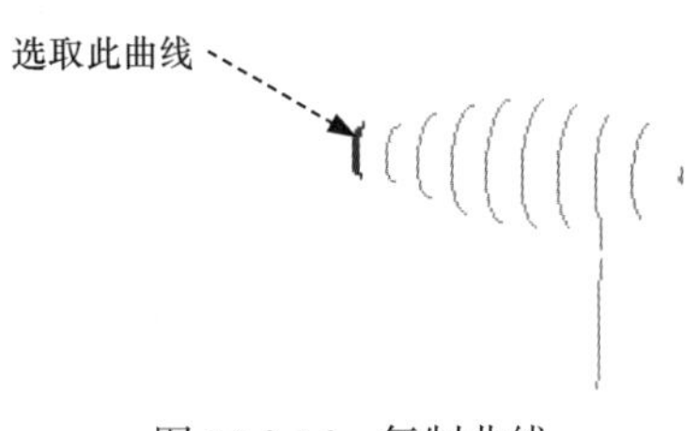

图 15.2.16 复制曲线

方法二：自曲线创建曲线

在“扫描工具”操控板的 几何 区域中选择 曲线 下的 自曲线 命令，在系统弹出的 ▼ AUTOMATIC（自动）菜单中选择 NumberOfPnts（点数）命令，在系统的 输入每条曲线必须有的点数目 提示下，输入点数目 8，并按 Enter 键，按住 Ctrl 键，依次选取图 15.2.17 所示的 7 条曲线，然后在“选择”对话框中单击 确定 按钮，完成自曲线创建曲线的操作。

图 15.2.17 自曲线创建曲线

▼ AUTOMATIC（自动）菜单中包括 NumberOfPnts（点数）和 Within Tol（在公差内）两个命令，下面分别对其进行说明。

- NumberOfPnts（点数）：用指定的点数创建曲线。指定的点数越多，得到的曲线越逼近原始曲线。
- Within Tol（在公差内）：在指定的公差内创建曲线。指定的公差值越小，得到的曲线越逼近原始曲线。

方法三：通过点创建曲线

在“扫描工具”操控板中的 几何 区域选择 曲线 下的 通过点 命令，按住 Ctrl 键，依次选取图 15.2.18 所示的 8 个端点，然后在“选择”对话框中单击 确定 按钮，此时创建的曲线 1 如图 15.2.19 所示，读者可用同样的方法创建图 15.2.20 所示的曲线 2。

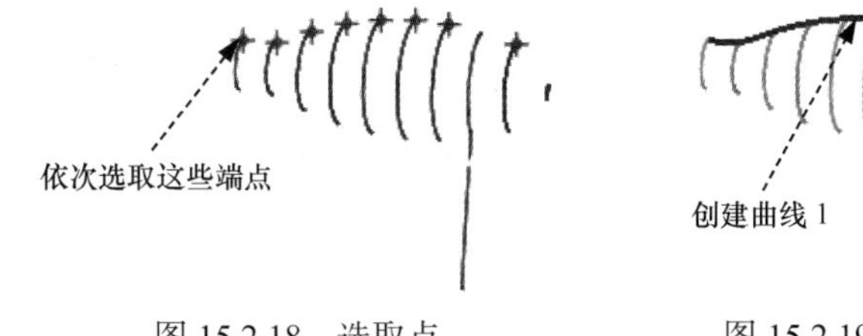

图 15.2.18 选取点

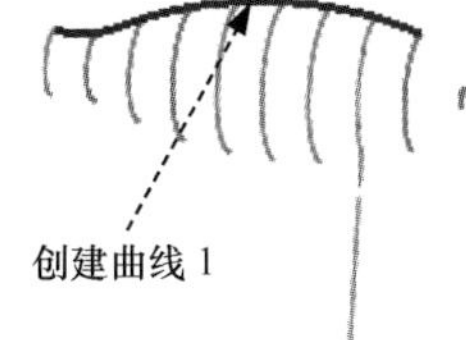

图 15.2.19 曲线 1

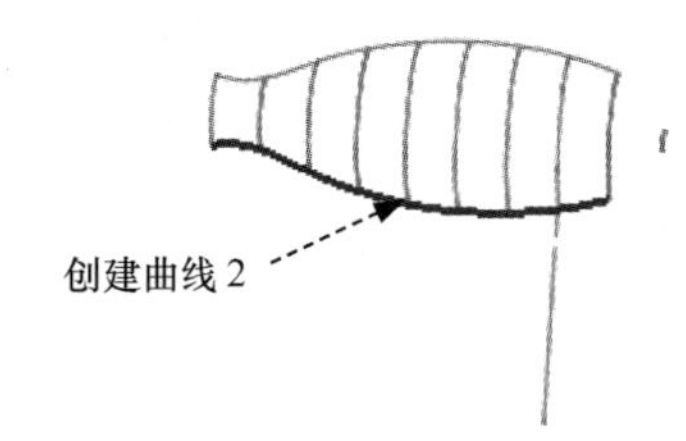

图 15.2.20 曲线 2

15.2.5 型曲线的修改

在独立几何环境中，单击“扫描工具”操控板中 编辑 区域的“修改”按钮 ，然后

选择需要修改的型曲线，系统弹出图 15.2.21 所示的“修改曲线”对话框；该对话框提供了三种修改型曲线的方法，分别为使用曲线的控制多边形修改曲线、使用曲线的型点修改曲线、将曲线拟合到指定的参考点。下面对这三种方法进行说明。

方法一：使用曲线的控制多边形修改曲线

在“修改曲线”对话框中单击 按钮，即表示选用了“使用曲线的控制多边形修改曲线”的方法修改型曲线。该方法是指改变控制曲线多边形顶点的位置来控制曲线的形状。

图 15.2.21 所示的“修改曲线”对话框中部分选项的功能说明如下。

- 移动平面 下拉列表：定义曲线控制多边形运动的参照平面。
  - ☑ 曲线平面 选项：表示移动平面是通过点的切线和曲率向量所构成的平面。
  - ☑ 定义的平面 选项：选取某个基准平面作为移动平面。
  - ☑ 视图平面 选项：表示移动的平面是通过点且平行于屏幕的平面。
- 区域 中的下拉列表（图 15.2.22）：用于定义曲线控制多边形的运动区域。
  - ☑ 局部 选项：只移动选定的点。
  - ☑ 平滑区域 选项：将点的移动应用到符合立方体规则的指定区域内的所有点。
  - ☑ 线性区域 选项：将点的移动应用到符合线性规则的指定区域内的所有点。
  - ☑ 恒定区域 选项：以相同的距离移动指定区域中的所有点。
- 滑块 中的下拉列表（图 15.2.23）：可以在文本框中输入确切的数值以便更精准地移动选取的点。
  - ☑ 第一方向 选项：在第一方向上移动点。
  - ☑ 第二方向 选项：在第二方向上移动点。
  - ☑ 法向 选项：在垂直面的方向上移动点。
  - ☑ 敏感度 选项：调整滑块和鼠标移动的灵敏度。

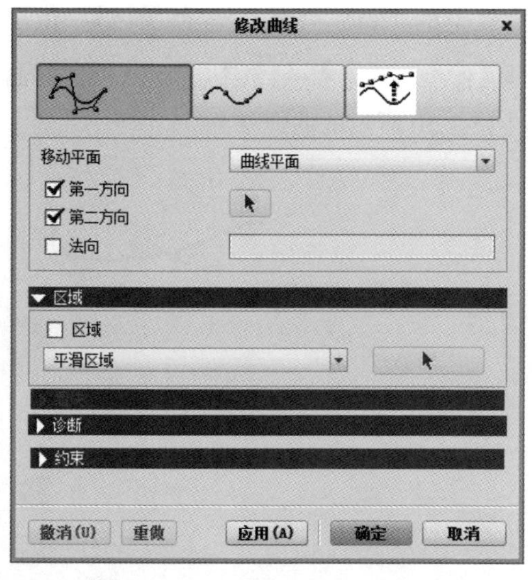

图 15.2.21 “修改曲线”对话框

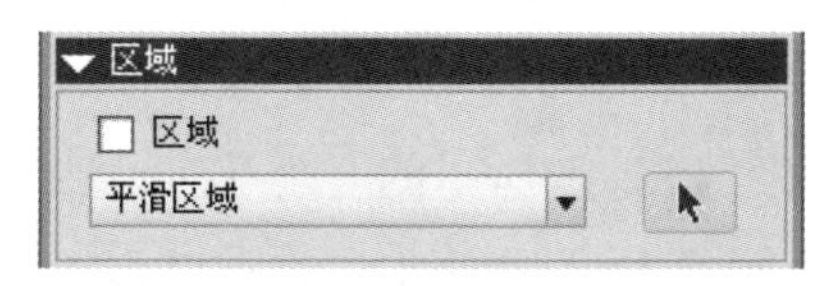

图 15.2.22 “区域”中的下拉列表

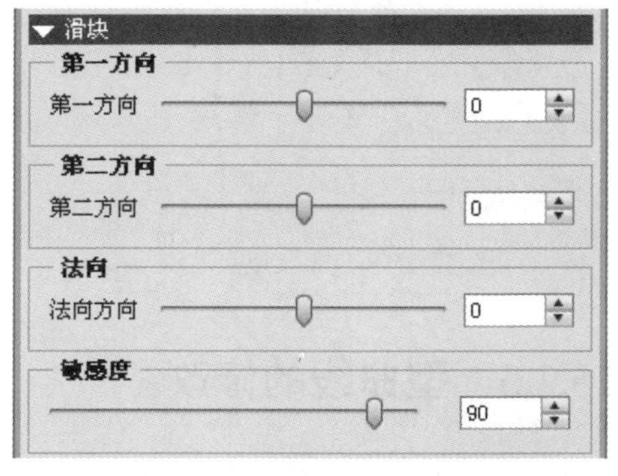

图 15.2.23 “滑块”中的下拉列表

● 诊断 中的列表（图 15.2.24）：在对曲线进行修改时，可以通过该区域的选项，动态显示曲线的曲率或半径等相关分析信息。单击 （显示 / 取消显示）按钮，可在显示或取消显示之间切换。如果要修改特定的分析设置，可从列表框中选取需要修改的分析选项后，单击 设置 按钮，系统即弹出图 15.2.25 所示的“显示设置”对话框；如果要修改特定的分析计算设置，则可从列表框中选取需要分析的选项后单击 计算 按钮，在系统弹出的“计算”对话框（图 15.2.26）中，可对需要计算的分析选项进行计算。

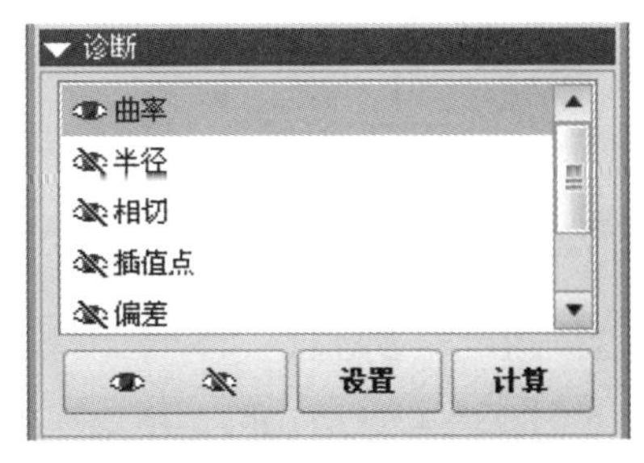

图 15.2.24 “诊断”中的列表

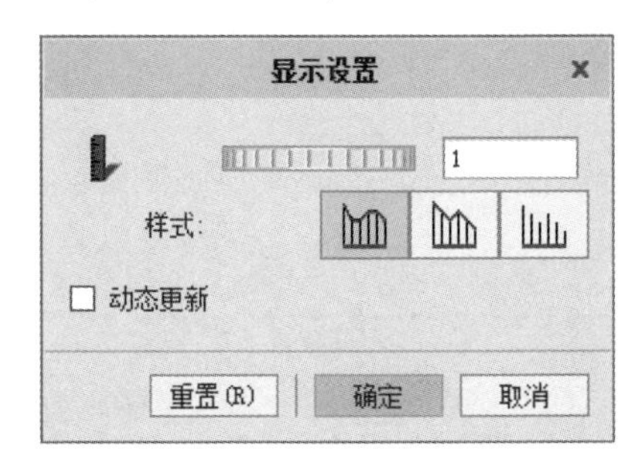

图 15.2.25 “显示设置”对话框

图 15.2.26 “计算”对话框

● 约束 中的列表（图 15.2.27）：该区域用于在修改曲线的过程中定义曲线某一端点的约束。

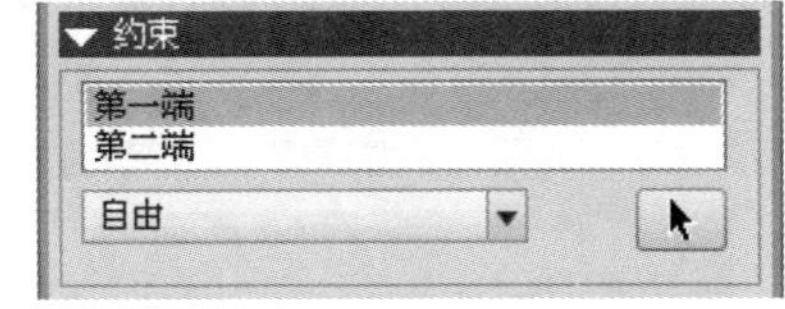

图 15.2.27 “约束”中的列表

☑ 自由 选项：不指定任何约束条件。

☑ 位置 选项：端点将固定在当前的位置。

☑ 相切 选项：使端点相切于某参照，但只能选取单侧边作为参照。

☑ 曲率 选项：在曲线和参照间设置 G2 连续和 G1 连续相切，只能选取单侧边作为参照边界。

☑ 零曲率 选项：设置端点的曲率为 0。

☑ 法向 选项：将边界与所选平面对齐，这样沿该边界的法线会平行于该平面。

方法二：使用曲线的型点修改曲线

在图 15.2.28 所示的“修改曲线”对话框中单击 按钮，即表示选用了“使用曲线的型点来修改曲线”的方法修改型曲线，该方法是指改变曲线型点的位置来控制曲线的形状。

图 15.2.28 所示的“修改曲线”对话框中部分选项的功能说明如下。

● 造型点 区域：可在修改曲线之前重定义曲线上的型点。它包含了下面四个单选项。

☑ ◉ 移动 单选项：通过移动曲线上的插值点移动曲线。

☑ ◉ 添加 单选项：通过选取曲线上的点为曲线添加型点。

☑ ◉ 删除 单选项：删除曲线上选取的型点。

☑ ◉ 重新分布 单选项：根据曲线的曲率重新分配型点，曲率较高的区域，点分配的密度较大。

方法二：将曲线拟合到指定的参考点

在图 15.2.29 所示的“修改曲线”对话框中，单击 按钮，即表示选用了“将曲线拟合到指定的参考点”的方法修改型曲线。该方法可以将曲线拟合到指定的参考点上。

图 15.2.29 所示的“修改曲线”对话框中各选项的功能说明如下。

- 精度 文本框：用来定义拟合的曲线的精度。在该文本框中输入的值越小，拟合的精度越高；反之，拟合的精度越低。
- 参考点设置 区域：用来定义添加和删除参考点。用户可通过 添加参考点 和 移除参考点 两个按钮，对参考点进行添加和删除。

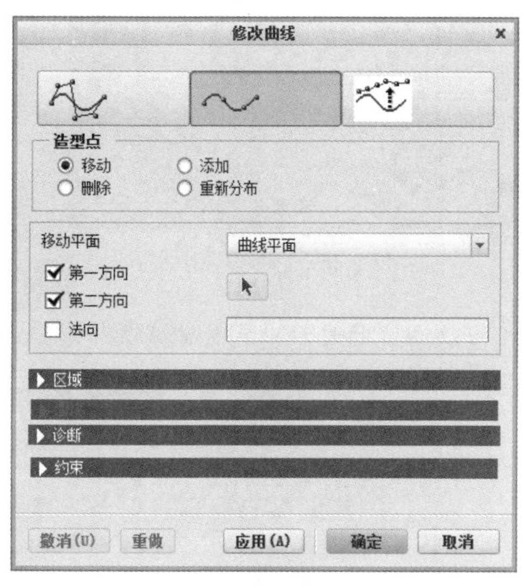

图 15.2.28 “修改曲线”对话框

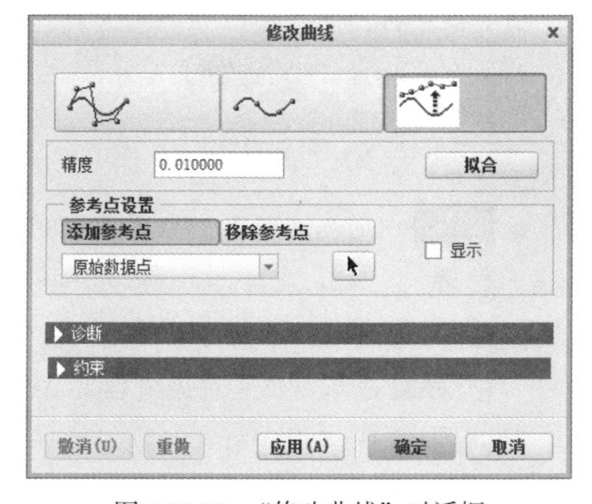

图 15.2.29 “修改曲线”对话框

15.2.6 型曲面的创建

在独立几何环境中创建型曲面的方法有“自曲线”“自曲面”两种方法。下面对这两种方法进行详细说明。

方法一：自曲线

自曲线是指利用独立几何环境中的型曲线和模型的边界创建曲面。下面举例说明通过“自曲线”的方法创建曲面的一般过程。

Step1. 将工作目录设置至 D:\creo8.8\work\ch15.02.06.01，打开文件 style_surface.prt。

Step2. 在模型树中右击 独立几何 标识83，从系统弹出的快捷菜单中选择 命令，系统进入独立几何环境。

Step3. 单击“独立几何”操控板中的 按钮，系统弹出“扫描工具”操控板。

Step4. 创建曲面。

（1）选择命令。在“扫描工具”操控板中的 几何 区域选择 曲面 下的 自曲线 命令。

（2）定义第一方向曲线。在系统 ⇨选择格式曲线形成骨架的第一方向。 的提示下，按住 Ctrl 键，依次选取图 15.2.30 所示的曲线为第一方向曲线；选取完成后，在“选择”对话框中单击 确定 按钮。

（3）定义第二方向曲线。在系统 ⇨选择格式曲线形成骨架的第二方向。 的提示下，选取图 15.2.31 所示的曲线为第二方向曲线，在“选择”对话框中单击 确定 按钮。

（4）定义插入点数量。在系统 为突出显示方向输入内插点数 下的文本框中输入内插点的点数为 18，并按 Enter 键确认，结果如图 15.2.32 所示。

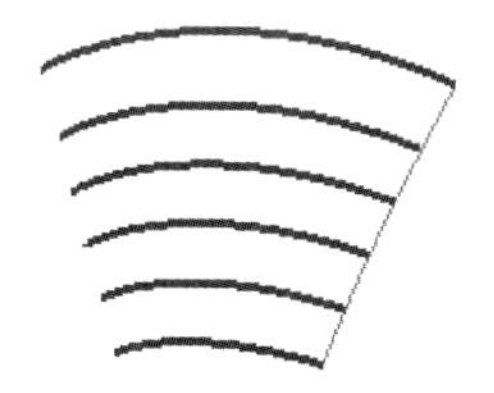

图 15.2.30　选取第一方向曲线

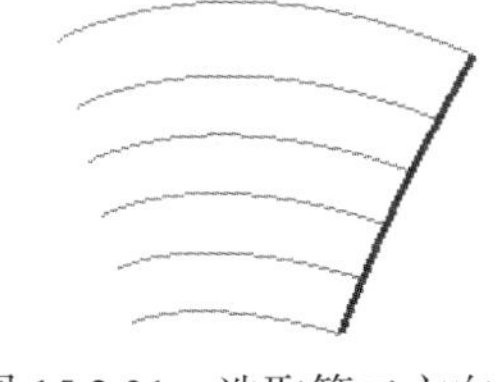

图 15.2.31　选取第二方向曲线

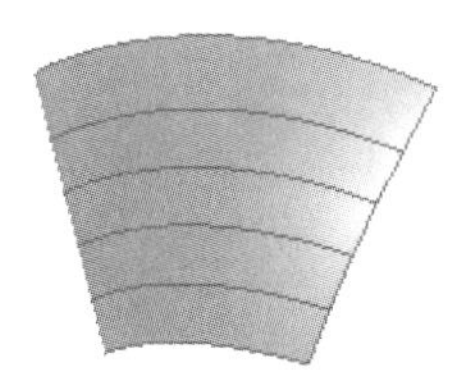

图 15.2.32　创建曲面

Step5. 单击“扫描工具”操控板中的“确定”按钮 ✔确定，在“独立几何”操控板中单击 ✔ 按钮，退出独立几何模块。

方法二：自曲面

自曲面就是将原有的曲面进行复制，原曲面可以是任何一种曲面。下面举例说明通过“自曲面”方法创建曲面的一般过程。

Step1. 将工作目录设置至 D:\creo8.8\work\ch15.02.06.02，打开文件 copy_surface.prt。

Step2. 选择 模型 功能选项卡 获取数据 ▾ 下的 独立几何 命令，系统进入独立几何模块。

Step3. 在“扫描工具”操控板中的 几何 区域选择 曲面 下的 自曲面 命令。在系统 ⇨选择要创建快照式曲面的曲面。 的提示下，选择图 15.2.33 所示的曲面为原曲面。

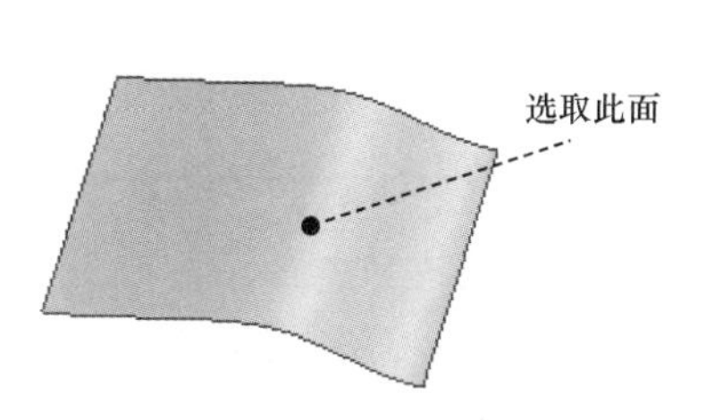

图 15.2.33　复制曲面

Step4. 单击“扫描工具”操控板中的“确定”按钮 ✔确定，在“独立几何”操控板中单击 ✔ 按钮，退出独立几何模块。

Step5. 在模型树中右击 拉伸 1，然后从系统弹出的快捷菜单中选择 隐藏 选项。

说明： 复制后的新曲面可以进行非参数编辑。

15.2.7　型曲面的修改

独立几何环境提供了“控制多面体”“栅格线”“按参考点拟合”三种对型曲面的修改

方法。下面分别对这三种方法进行说明。

方法一：控制多面体

控制多面体就是通过改变曲面的控制多面体的形状来控制曲面的形状。下面以图 15.2.34 所示的模型为例，说明通过“控制多面体”方法修改型曲面的一般过程。

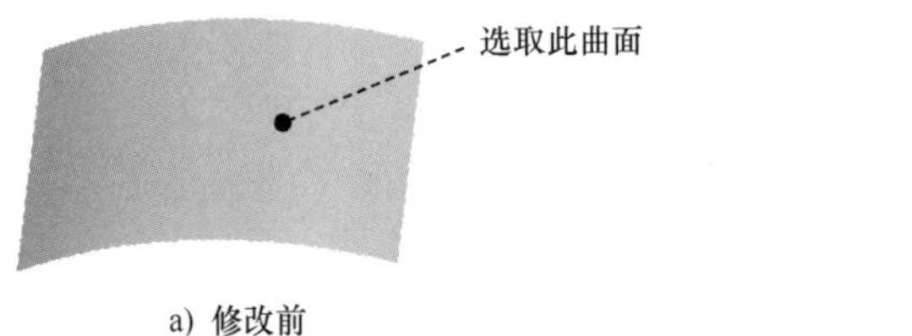

a）修改前　　b）修改后

图 15.2.34　使用控制多面体修改曲面

Step1. 将工作目录设置至 D:\creo8.8\work\ch15.02.07.01，然后打开文件 modify_surface.prt。

Step2. 在模型树中右击 独立几何 标识65，然后从系统弹出的快捷菜单中选择 命令，此时系统进入独立几何环境。单击“独立几何”操控板中的 按钮，系统弹出“扫描工具”操控板。

Step3. 定义要修改曲面。单击“扫描工具”操控板中的 按钮，选取图 15.2.34a 所示的曲面为要修改的曲面，系统弹出图 15.2.35 所示的“修改曲面”对话框。

Step4. 选择控制点。在“修改曲面”对话框中单击 按钮，在系统 ➪选择要移动的点。的提示下，选取图 15.2.36 所示的控制点，并对它拖拽，控制点会跟随鼠标指针的移动进行移动；修改后的曲面栅格形状如图 15.2.37 所示。

Step5. 单击“修改曲面”对话框中的 **确定** 按钮，完成曲面的修改，曲面的最终结果如图 15.2.34b 所示。

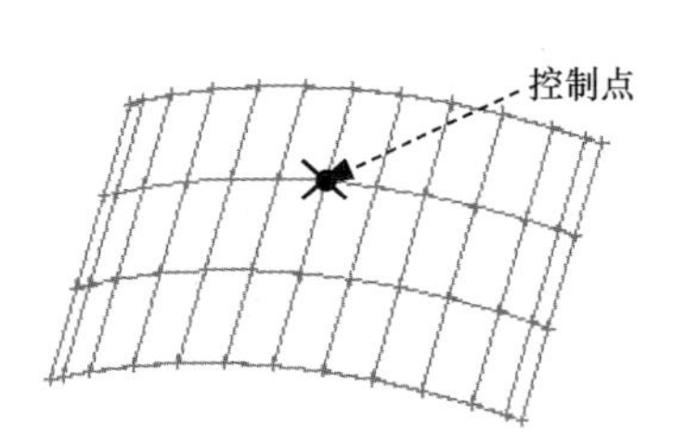

图 15.2.36　选择控制点

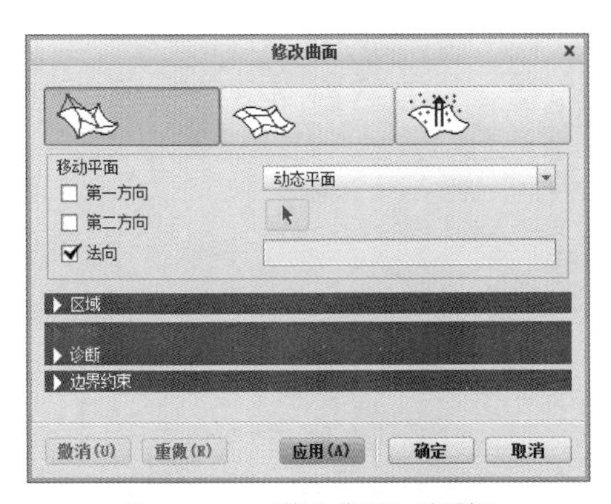

图 15.2.35　“修改曲面”对话框

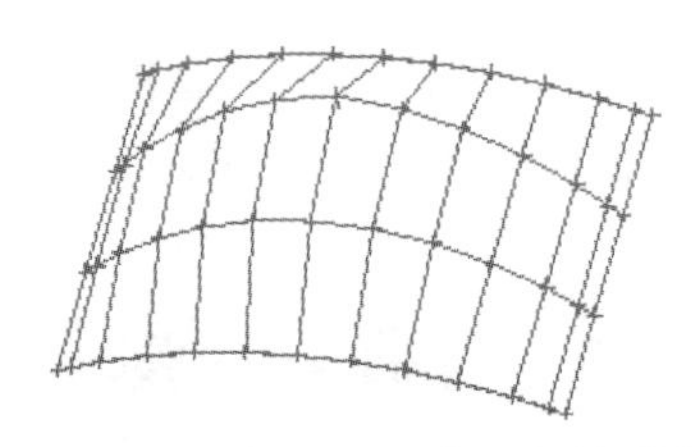

图 15.2.37　修改后的曲面栅格形状

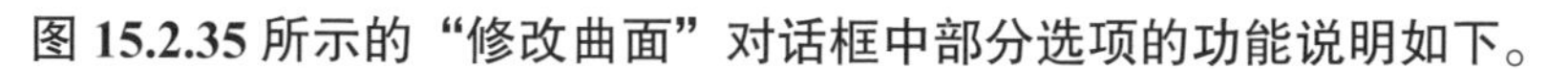

图 15.2.35 所示的“修改曲面”对话框中部分选项的功能说明如下。

- 移动平面 下拉列表（图 15.2.38）：用于定义曲线控制多边形的运动平面。
  - ☑ 动态平面：运动平面是通过选取点的相切平面，并且运动平面将跟随所选点。
  - ☑ 定义的平面：选取基准平面作为运动平面。
  - ☑ 原始平面：运动平面是通过选取点的原始位置的相切平面。
- 区域 下拉列表（图 15.2.39）：用于指定修改曲面形状的规则和曲面运动区域的范围。可以在两个方向上设置相同的多边形运动区域，也可为每一方向设置不同的多边形运动区域。

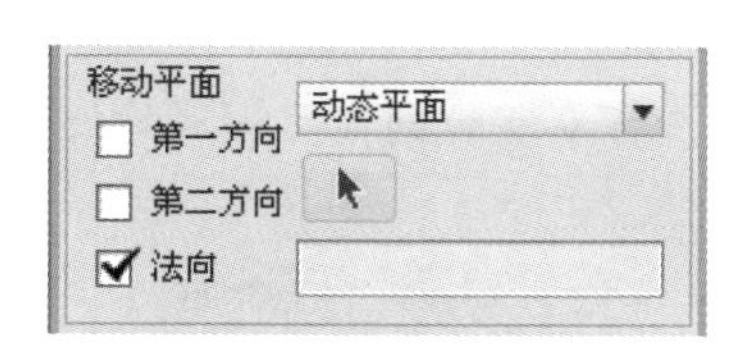

图 15.2.38 “移动平面”下拉列表

图 15.2.39 “区域”下拉列表

- 诊断 列表：在对曲线进行修改时，可通过该列表框中的选项动态地进行分析显示。单击 按钮，可以在显示与取消分析显示之间切换。
- 边界约束 下拉列表（图 15.2.40）：可以对型曲面边界进行约束。
  - ☑ 自由 选项：不指定任何条件。
  - ☑ 位置 选项：端点固定在当前的位置。
  - ☑ 相切 选项：使端点相切于某参照。只能选取单侧边作为参照。
  - ☑ 曲率 选项：在曲线和参照间设置 G1 或 G2 连续。
  - ☑ 垂直 选项：将边界与所选的平面对齐，这样沿该边界的法线会平行于该平面。

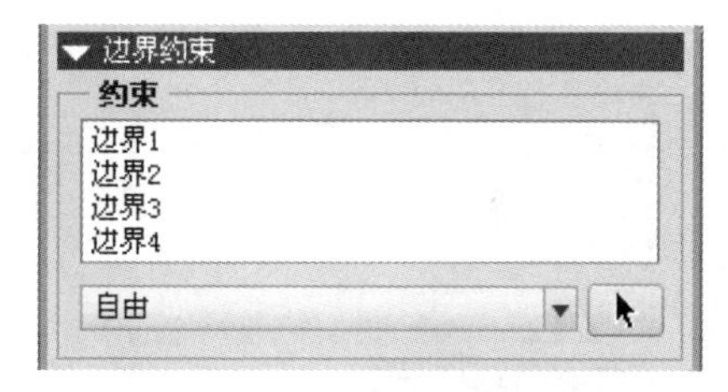

图 15.2.40 “边界约束”下拉列表

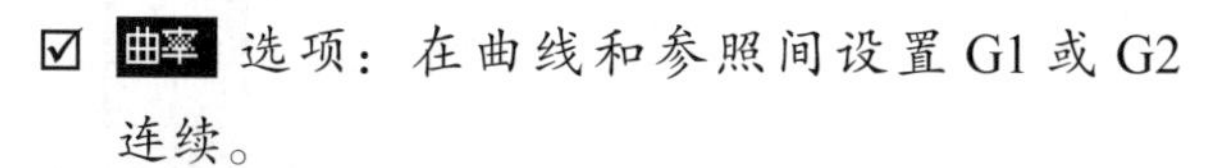

方法二：栅格线

栅格线就是通过改变曲面栅格的形状来控制曲面的形状。下面以图 15.2.41 所示的模型为例，说明通过“栅格线”方法修改型曲面的一般过程。

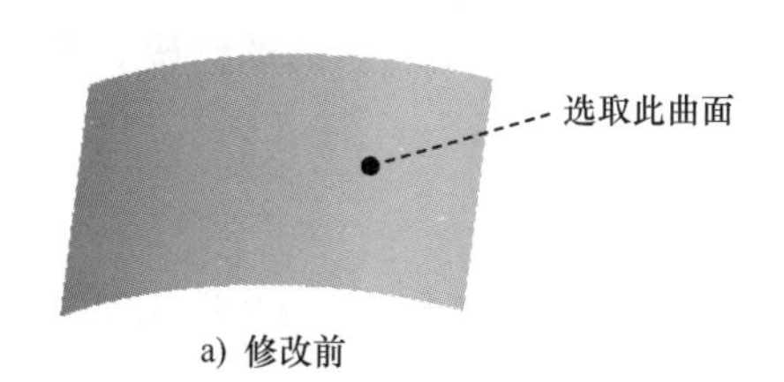

a) 修改前

b) 修改后

图 15.2.41 使用栅格线修改曲面

Step1. 将工作目录设置至 D：\creo8.8\work\ch15.02.07.02，打开文件 moldify_surface.prt。

Step2. 在模型树中右击 独立几何 标识65，然后从系统弹出的快捷菜单中选择 命令，此时系统进入独立几何环境。单击“独立几何”操控板中的 按钮，系统弹出“扫描工具”操控板。

Step3. 定义要修改的曲面。单击“扫描工具”操控板中的 按钮，选取图 15.2.41a 所示的曲面为要修改的曲面，系统弹出图 15.2.42 所示的“修改曲面”对话框。

Step4. 添加栅格线。在“修改曲面”对话框中单击 按钮，然后在“修改曲面”对话框中单击 添加/移除栅格线 按钮，系统弹出图 15.2.43 所示的“添加 / 移除栅格线”对话框；在该对话框中单击 在曲面上拾取 按钮，然后在图 15.2.44 所示的位置处单击；完成后，在“添加 / 删除栅格线”对话框中单击 完成 按钮，此时模型如图 15.2.45 所示。

说明：通过增加和去除栅格线，可以控制曲面的光滑程度及控制某些区域的细节。

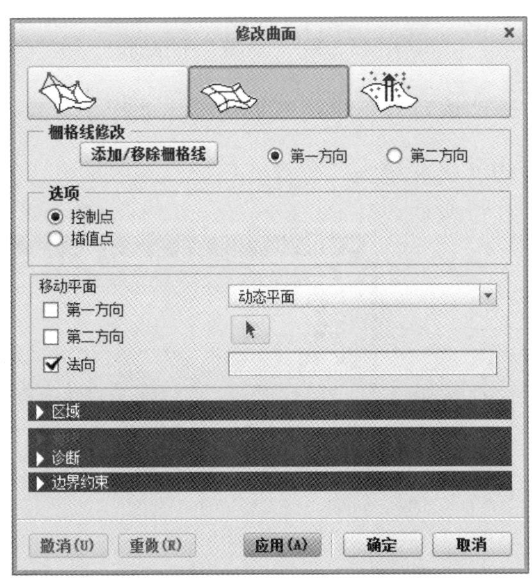

图 15.2.42 “修改曲面”对话框

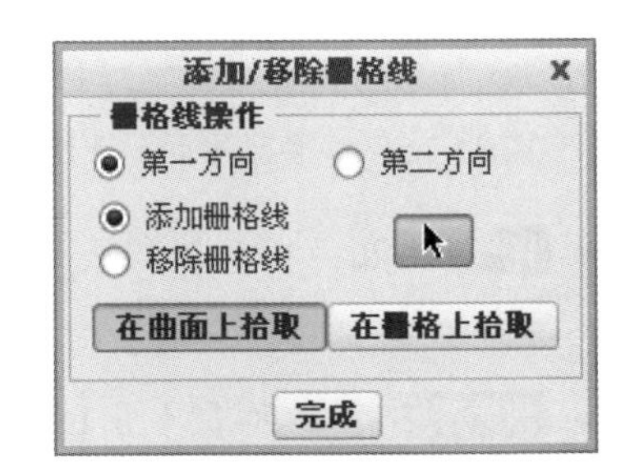

图 15.2.43 “添加 / 移除栅格线”对话框

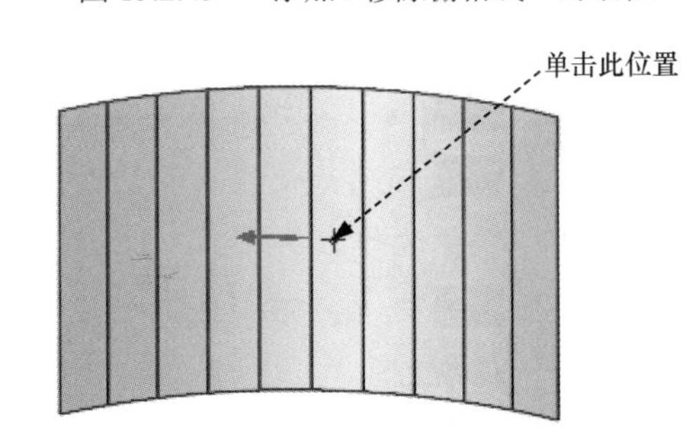

图 15.2.44 确定添加网格位置

Step5. 移动控制点。在系统 选择要移动的点。 的提示下，选取控制点并拖拽，控制点会跟随鼠标指针的移动而移动，移动后的曲面栅格如图 15.2.46 所示。

Step6. 单击“修改曲面”对话框中的 确定 按钮，完成曲面的修改。曲面的最终结果如图 15.2.41b 所示。

方法三：按参考点拟合

在图 15.2.47 所示的“修改曲面”对话框中单击 按钮，即表示选用了“按参考点拟合”的方法修改型曲面。该方法就是将曲面拟合到指定的参考点上。

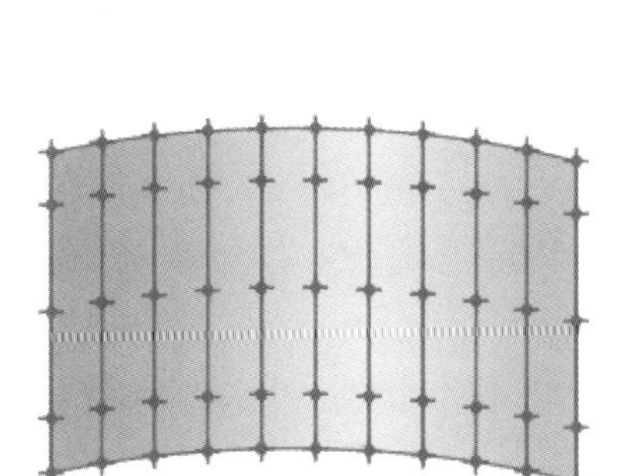
图 15.2.45 添加栅格后的曲面

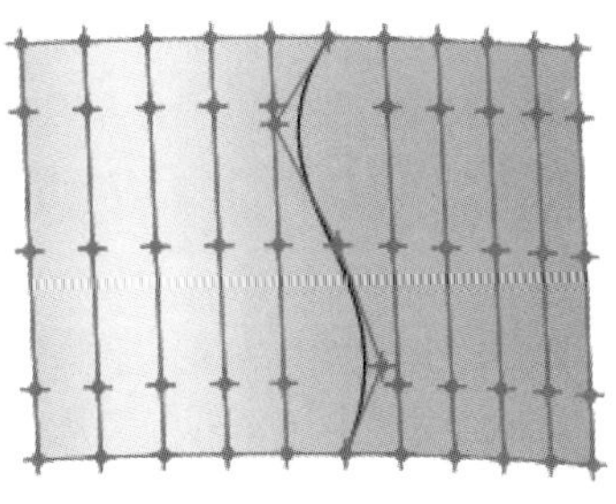
图 15.2.46 移动后的曲面栅格

图 15.2.47 所示的“修改曲面”对话框中的部分选项的功能说明如下。

- 选项 区域：该区域中包括 精度 与 偏移 两个文本框，用于设置拟合的精度及偏移值。
  - ☑ 精度 文本框：用来定义曲面拟合的精度。文本框中输入的值越小，拟合的精度越高；反之，拟合的精度越低。
  - ☑ 偏移 文本框：用来定义曲面拟合的偏移距离。
- 参考点设置 选项组：用来定义添加和删除参考点。用户可通过 添加参考点 和 移除参考点 两个按钮，对参考点进行添加和删除。添加和删除参考点的类型分别如图 15.2.48 和图 15.2.49 所示。

图 15.2.47 “修改曲面”对话框

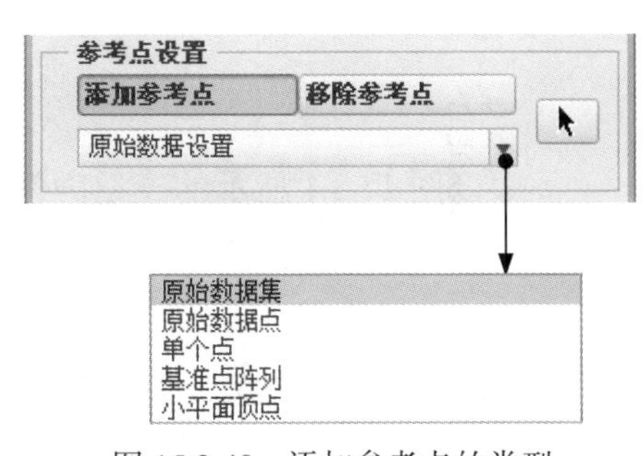

图 15.2.48 添加参考点的类型

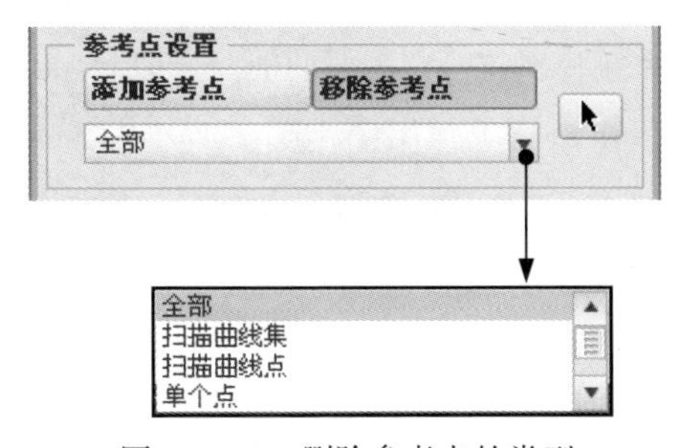

图 15.2.49 删除参考点的类型

15.3 小平面特征

15.3.1 概述

通过小平面特征可以完成通过扫描对象获得点集、纠正点云几何中的错误及创建包络并纠正错误，如删除不需要的三角面、生成锐边及填充凹陷区域、创建多面几何并用多种命令编辑该几何，以精细地调整完善多面曲面。小曲面特征建模的主要工作流程如下。

（1）点处理：去除几何外部的点；将其余点集添加到同一特征；可删除部分点、将噪声减到最少；对点进行取样以整理数据并减少计算时间；填充模型中的间隙孔。

（2）包络处理：点处理阶段完成后，创建包络并纠正错误。例如移除三角形；移除由点集创建包络时在模型的间隙生成的连接面；填充选定几何的凹陷等。

（3）小平面处理：对生成的小平面特征进行编辑和优化。例如删除不需要的小平面、减少三角形的数量而不损坏曲面的连续性或细节、填充小平面的间隙等。

15.3.2 点处理

1. 导入点云数据

下面以图 15.3.1 所示的模型为例，介绍导入点云数据并进入点处理环境的操作方法。

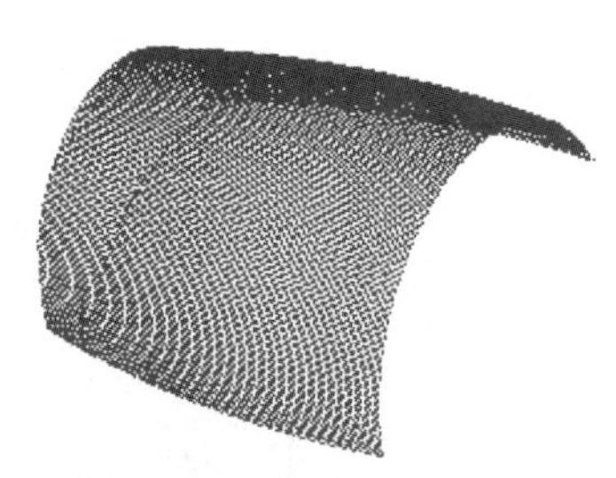

图 15.3.1 导入点云数据

Step1. 将工作目录设置至 D:\creo8.8\work\ch15.03.02。

Step2. 新建一个零件三维模型，命名为 import_cloud。

Step3. 导入点云数据文件，进入小平面模块。

（1）选择 模型 功能选项卡 获取数据 ▾ 下的 导入 命令，系统弹出“打开”对话框。选取 cloud.pts 并单击 导入 按钮；系统弹出图 15.3.2 所示的“文件”对话框，在该对话框中选中 ◉ 小平面 单选项，然后单击 确定 按钮。

图 15.3.2 “文件”对话框

说明： 点云文件 cloud.pts 是一个可修改的文本文件，它是由测量实际模型所获得的众多的点坐标所组成的。

（2）系统弹出图 15.3.3 所示的“点”操控板，进入点处理模块。使用该操控板可以对点云数据进行整理、编辑。

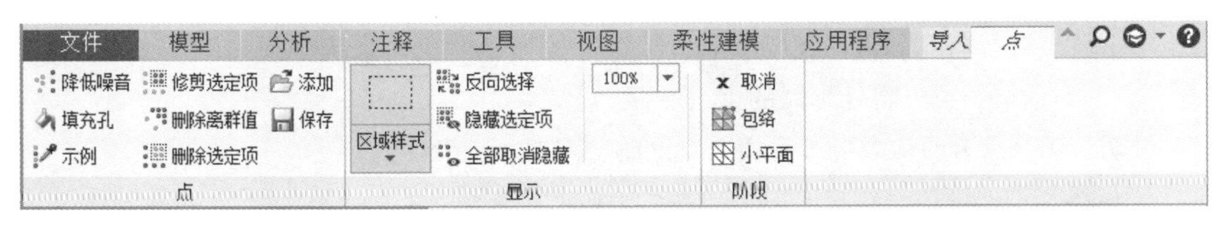

图 15.3.3 “点”操控板

2. 调整点云显示比例

在“点”操控板 显示 区域的 100% 下拉列表中选择一种显示比例，可以控制点云数据的显示。图 15.3.4 是显示比例分别为 100%、50% 和 20% 时的显示效果。

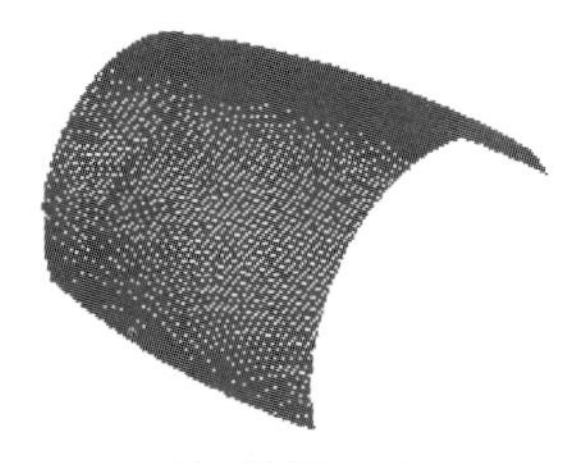

a) 显示比例为 100%

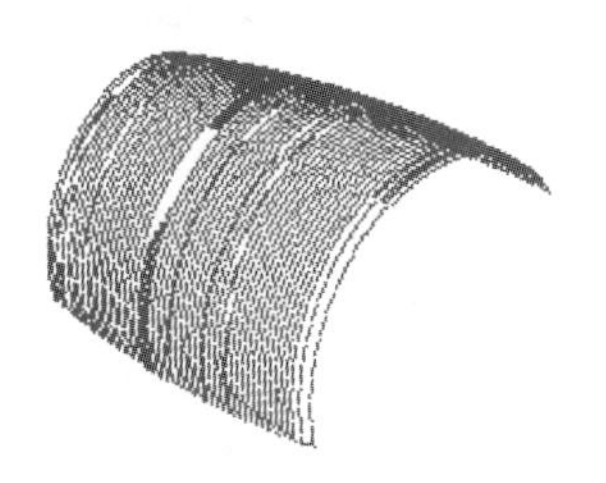

b) 显示比例为 50%

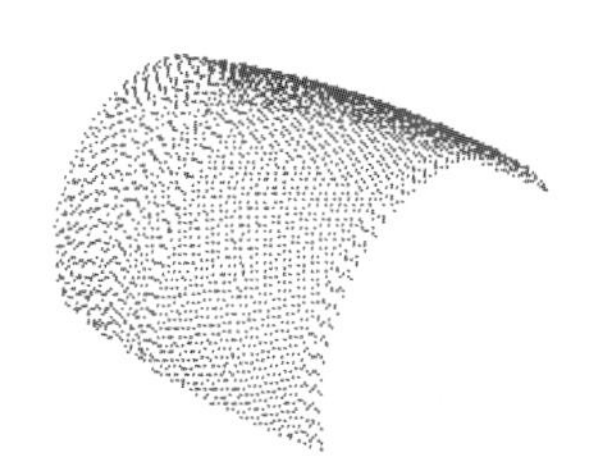

c) 显示比例为 20%

图 15.3.4 显示比例

3. 选取点云数据

在点处理阶段，经常需要对点云进行选取，Creo 中提供了四种点云选取方法，分别为矩形选取、多边形选取、画笔选取和椭圆选取。“点”操控板 显示 区域 区域样式 的命令中，可以选择其中一种方法来选取点云。

选择“点”操控板中 显示 区域 区域样式 下的 在框内/穿过框 命令，可以绘制一个矩形框对点云进行选取，如图 15.3.5a 所示。

选择“点”操控板中 显示 区域 区域样式 下的 多边形内部 命令，可以绘制一个多边形区域对点云进行选取，如图 15.3.5b 所示。

选择“点”操控板中 显示 区域 区域样式 下的 画笔 命令，可以绘制一个画笔路径对点云进行选取，如图 15.3.5c 所示。

选择“点”操控板中 显示 区域 区域样式 下的 椭圆内部 命令，可以绘制一个椭圆形区域对点云进行选取，如图 15.3.5d 所示。

4. 添加和保存点云

在点处理阶段，可以同时对多个点云数据进行处理，还可以将处理好的点云数据导出。

单击“点”操控板 点 区域中的“添加”按钮 添加，系统会弹出“打开”对话框，选择需要添加的点云，可以将另外的点云添加到当前点云中。

单击“点”操控板 点 区域中的“保存”按钮 保存，系统会弹出图 15.3.6 所示的“保存点”对话框，可以将处理后的点云保存。

说明：保存点云的格式有三种类型：.PTS、.VTX 和 .PNTS。

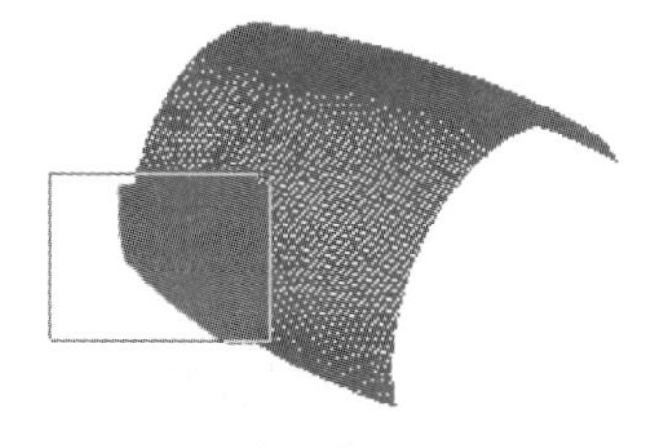

a) 矩形框选取

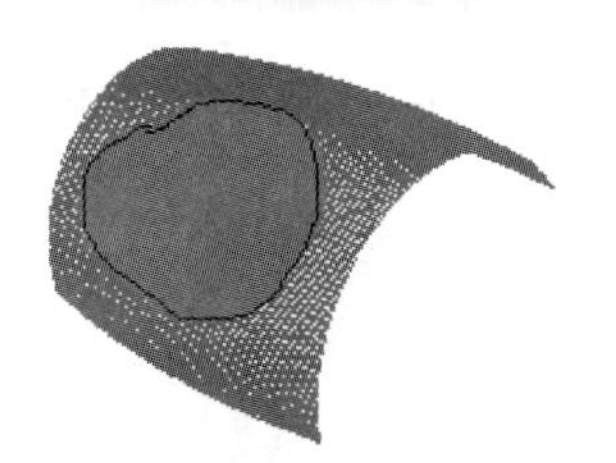

b) 多边形选取

c) 画笔选取

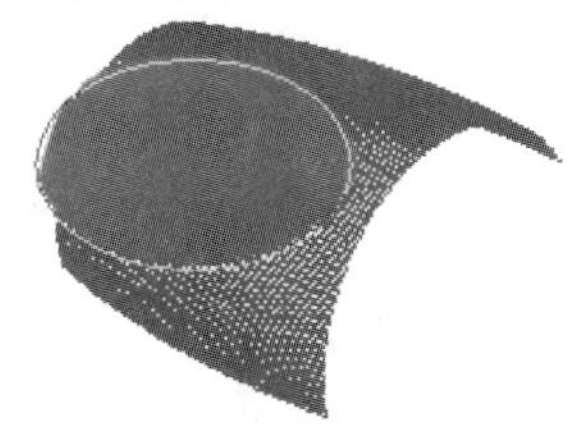

d) 椭圆选取

图 15.3.5 选取点云数据

图 15.3.6 “保存点”对话框

15.3.3 包络处理

1. 进入包络处理环境

点处理阶段完成后，可以对点云进行包络处理（图 15.3.7），方便对点云数据的查看。

Step1. 将工作目录设置至 D:\creo8.8\work\ch15.03.03。

Step2. 新建一个零件三维模型，命名为 select_by。

a) 包络处理前

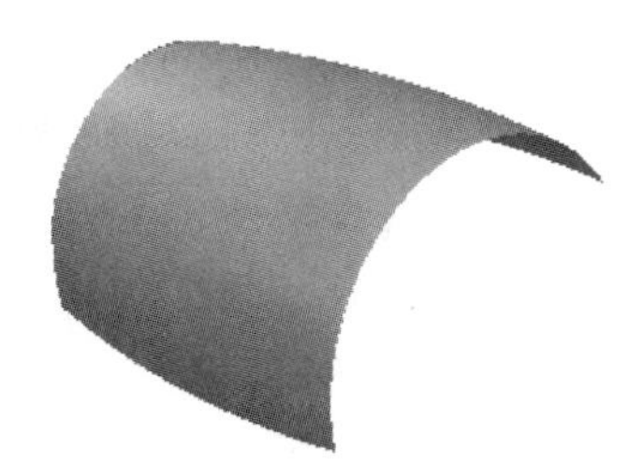

b) 包络处理后

图 15.3.7 包络处理

Step3. 选择 模型 功能选项卡 获取数据 下的 导入 命令，系统弹出“打开”对话框，选取 cloud.pts 并单击 导入 按钮，系统弹出“文件”对话框；在对话框中选中 ◉ 小平面 单选项，单击 确定 按钮。

Step4. 单击“点”操控板 阶段 区域中的“包络”按钮 包络，系统弹出图 15.3.8 所示的“封装”操控板，进入到包络处理环境。

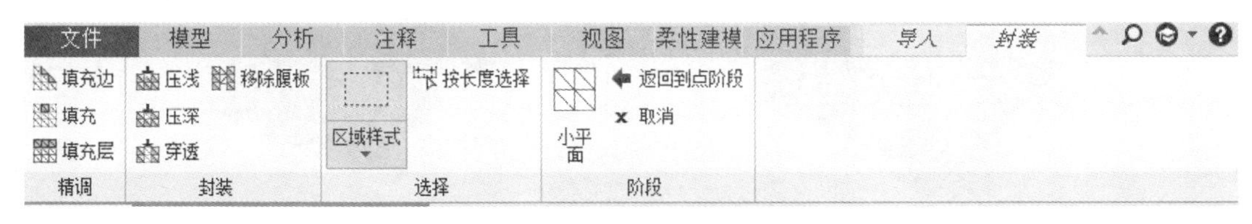

图 15.3.8 “封装”操控板

Step5. 单击“封装”操控板 阶段 区域中的 返回到点阶段 按钮，系统弹出图 15.3.9 所示的“确认”对话框，单击 是(Y) 按钮，系统返回至点处理阶段。

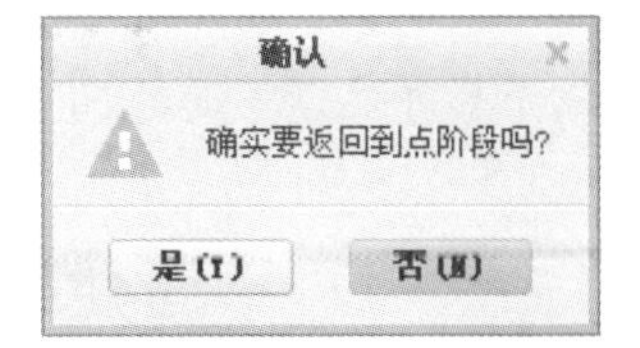

图 15.3.9 “确认”对话框

2. 按长度选取

使用按长度选取命令可以选取边长等于或大于指定值的小平面。下面介绍使用按长度选择命令的操作过程。

Step1. 将工作目录设置至 D:\creo8.8\work\ch15.03.03。

Step2. 新建一个零件三维模型，命名为 select_by_length。

Step3. 导入点云数据文件。选择 模型 功能选项卡 获取数据 下的 导入 命令，系统弹出“打开”对话框，选取 cloud.pts 并单击 导入 按钮；在系统弹出的“文件”对话框中选中 ◉ 小平面 单选项，单击 确定 按钮。

Step4. 进入包络处理环境。单击“点”操控板 阶段 区域中的“包络”按钮 包络，系统进入到包络处理阶段，生成的包络小平面如图 15.3.10 所示。

Step5. 进入包络处理环境。单击“封装”操控板 选择 区域中的 按长度选择 按钮，系统弹出图 15.3.11 所示的“按长度选择”对话框；单击该对话框中的 按钮，在包络面上选择图 15.3.12 所示的两点（大致位置选择）；单击该对话框中的 确定 按钮，选择结果如图 15.3.13 所示。

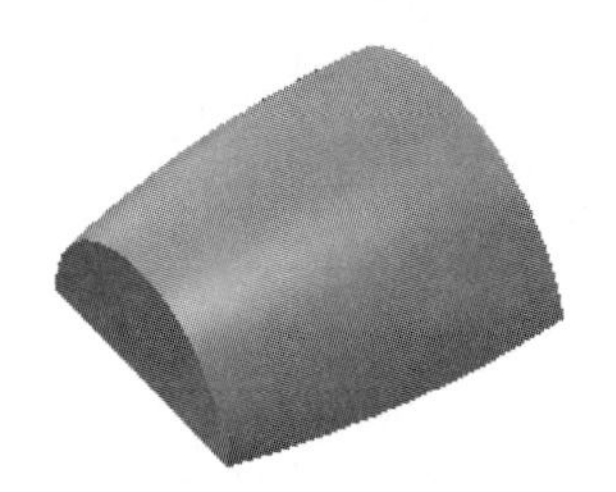

图 15.3.10 包络小平面

图 15.3.11 “按长度选择”对话框

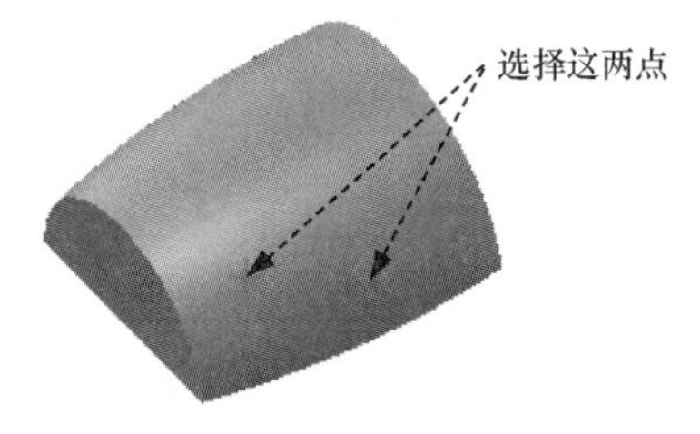

图 15.3.12 选择参考点

Step6. 压浅处理。单击“封装”操控板 封装 区域中的“压浅”按钮 压浅，系统将选中的包络面删除，结果如图 15.3.14 所示。

图 15.3.13　选择结果

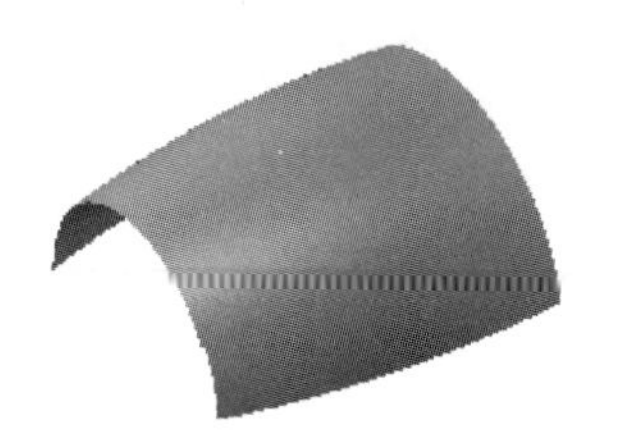

图 15.3.14　压浅

说明：使用压浅命令，可以通过穿过选定区域扩展来移除三角形。该命令可移除选中的三角形并显示下面的三角形。

15.3.4　小平面处理

包络处理阶段完成后，单击“封装”操控板 阶段 区域中的“小平面”按钮，系统弹出图 15.3.15 所示的“小平面”操控板，进入小平面处理环境。

下面介绍在小平面处理阶段常用的命令。

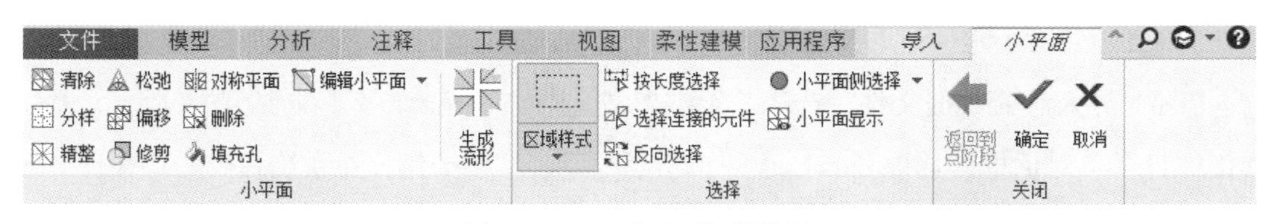

图 15.3.15　“小平面”操控板

1. 清除

使用清除命令就是通过创建锐边或平滑表面来整理小平面几何。有两种清除模式：一种是自由生成，另一种是机械模式。

单击“小平面”操控板 小平面 区域中的“清除”按钮 清除，系统会弹出图 15.3.16 所示的“清除”对话框。在该对话框中选中一种清除模式，单击该对话框中的 确定 按钮，即可以对小平面进行清除处理。

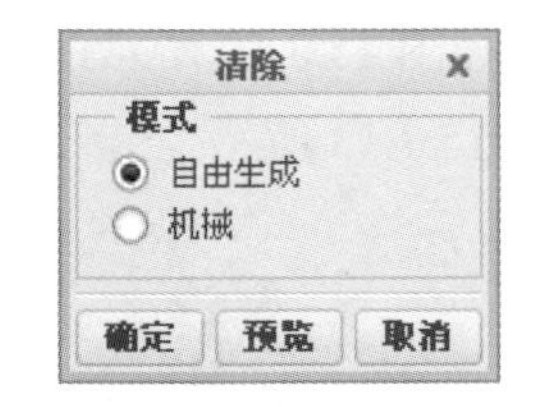

图 15.3.16　“清除”对话框

2. 分样

使用分样命令可以按照一定的比例来减少小平面的数量。

单击“小平面”操控板 小平面 区域中的“分样”按钮 分样，系统会弹出图 15.3.17 所示的“分样”对话框。在该对话框中输入保持百分比值，单击该对话框中的 确定 按钮，系统只保留原来小平面数量的百分比数。

在“分样”对话框中选中 ☑ 固定边界 复选框，可以保证在分样过程中不会影响到边界的

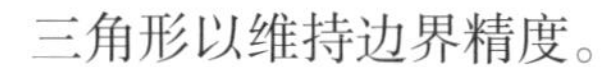

三角形以维持边界精度。

3. 精整

使用精整命令可以对小平面中尺寸比较大的三角面进行细化。

单击“小平面”操控板 小平面 区域中的“精整”按钮 精整，系统会弹出图 15.3.18 所示的“精整”对话框。在该对话框中选中一种算法，单击该对话框中的 确定 按钮，可以对三角面进行细化操作。

图 15.3.17 “分样”对话框

图 15.3.18 “精整”对话框

图 15.3.18 所示的“精整”对话框中各选项的说明如下。

- 3X分舱：对现有选定区域中的每个三角形用三个三角形替换。
- 4X分舱：对现有选定区域中的每个三角形用四个三角形替换。
- 移动点：选中该复选框，在精整过程中会自动调整顶点的位置以便容纳增加的三角形并生成更加平滑的曲面。
- 固定边界：选中该复选框，可以确保自动精整过程中不移动边界和锐边，在边界包含拐角或要保留的特征线，这是非常有用的。

15.4 重新造型

重新造型是一个逆向工程环境，它是指在多面数据和“小平面特征”基础之上创建曲面的 CAD 模型。重新造型模块提供一整套的自动、半自动和手动工具，可用来执行以下任务：

- 创建和修改曲线，包括在多面数据上的曲线。
- 对多面数据进行曲面分析以创建等值线和极值曲线。等值线代表在多面数据上选取的点，这些点对应于等值线分析的值，极值曲线代表在多面数据上选取的点，这些点与极值分析的极值相对应。
- 通过多面数据进行创建并编辑解析曲面、拉伸曲面和旋转曲面。
- 对多面数据进行拟合，形成自由形式的曲面。
- 创建并管理连接约束，包括曲面和曲线之间的位置、相切和曲率约束。
- 管理曲面之间的连接及相切约束。

- 进行基本的曲面建模操作，包括曲面延伸与合并。
- 可以在多面数据上自动创建出样条曲面。
- 允许用户构建和镜像几何单独两部分的对称平面。

下面以图 15.4.1 所示的吹风机外壳零件的逆向设计为例，介绍逆向设计方法以及重新造型在逆向设计中的操作方法。

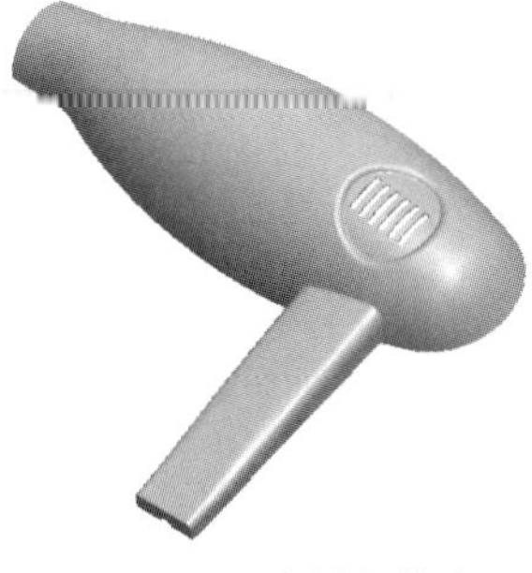

图 15.4.1 吹风机外壳

Step1. 将工作目录设置至 D：\creo8.8\work\ch15.04，打开文件 facet_feature_blower_ex.prt。

Step2. 进入重新造型模块。选择 模型 功能选项卡 曲面▼ 下的 重新造型 命令，系统弹出图 15.4.2 所示的“重新造型”操控板，系统进入重新造型模块。

图 15.4.2 “重新造型”操控板

Step3. 创建图 15.4.3 所示的 8 个基准平面。单击 模型 功能选项卡 基准▼ 区域的“平面”按钮，以 RIGHT 基准平面为参照平面，创建 8 个基准面，偏移距离值分别为 20、40、80、100、120、150、180、260，结果如图 15.4.3 所示。

Step4. 创建图 15.4.4 所示的 9 条截面曲线。选择“重新造型”操控板 曲线 区域中 曲线 下的 截面 命令，在系统 选择要参考的基准平面。的提示下，依次选取刚才创建的 8 个基准平面以及 RIGHT 基准平面，单击中键，完成 9 条截面曲线的创建。

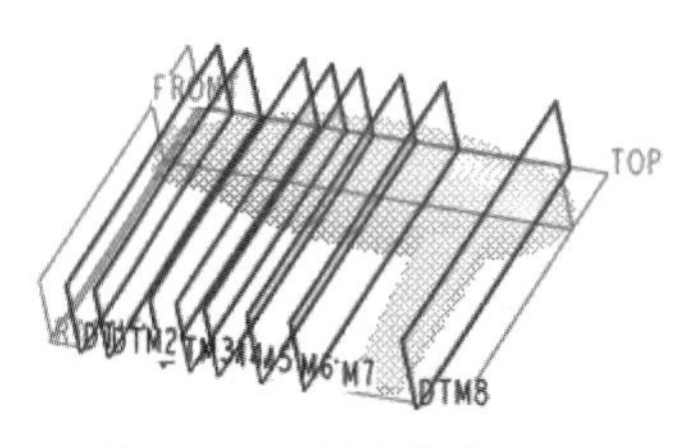

图 15.4.3 创建基准面

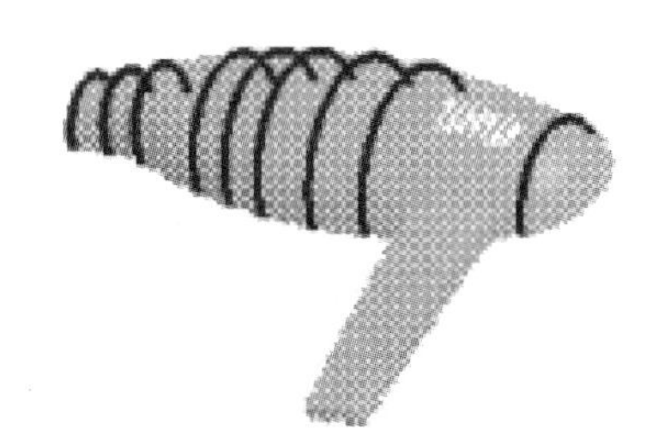

图 15.4.4 创建截面曲线

Step5. 通过点创建图 15.4.5 所示的曲线。选择“重新造型”操控板 曲线 区域中 曲线 下的 通过捕捉点 命令，在系统 选择新曲线通过的点。的提示下，选取图 15.4.6 所示的小平面边界上的点和 Step4 创建的曲线的端点，单击鼠标中键，完成曲线的创建。使用同样的方法创建图 15.4.7 所示的曲线。

Step6. 创建图 15.4.8 所示的网格曲面。选择“重新造型”操控板 曲面 区域中 多项式曲面 下的 曲面来自网络 命令，在系统 选择曲面第一方向的曲线。的提示下，按住 Ctrl 键，依次选取图 15.4.9

所示的两条曲线，单击鼠标中键。在系统 选择曲面第二方向的曲线. 的提示下，按住 Ctrl 键，依次选取图 15.4.10 所示的 9 条曲线，然后单击 确定 按钮，完成网格曲面的创建。

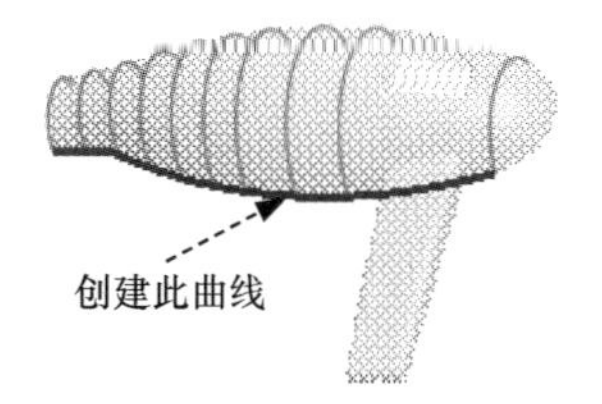

图 15.4.5 创建曲线（一）

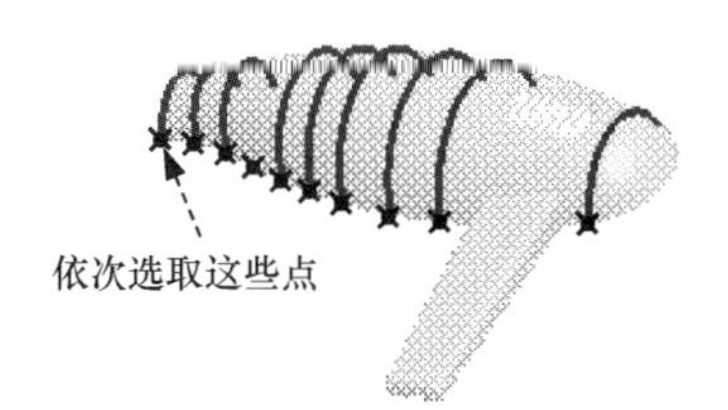

图 15.4.6 选取点（一）

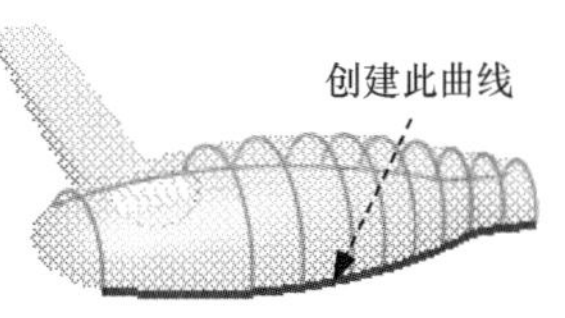

图 15.4.7 创建曲线（二）

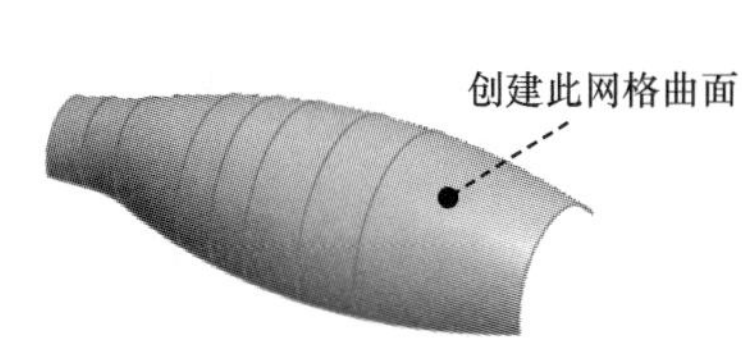

图 15.4.8 创建网格曲面

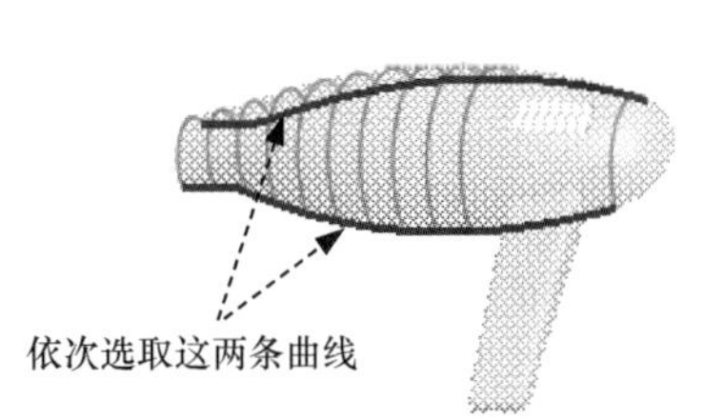

图 15.4.9 选取曲线（一）

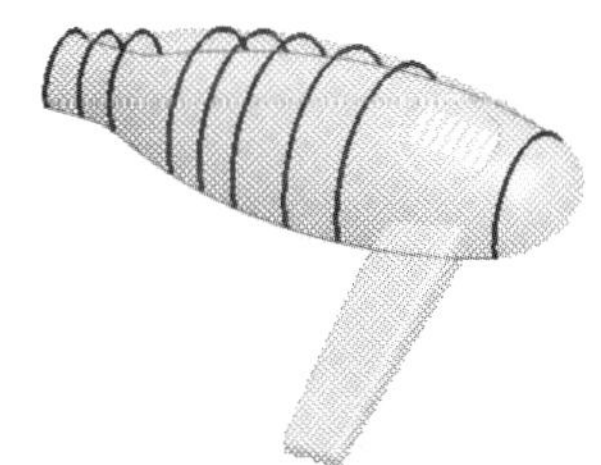
图 15.4.10 依次选取这些曲线

Step7. 创建图 15.4.11 所示的曲线。选择“重新造型”操控板 曲线 区域中 曲线 下的 通过捕捉点 命令，在系统 选择新曲线通过的点. 的提示下，依次选取图 15.4.12 所示的曲面的端点和小平面的边界点，然后单击鼠标中键，完成曲线的创建。

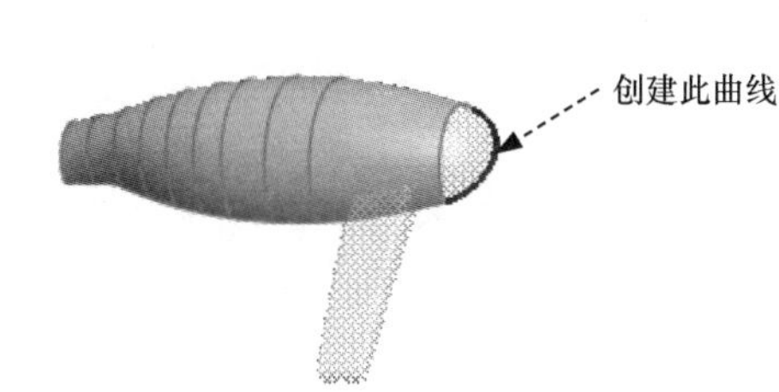

图 15.4.11 创建曲线（三）

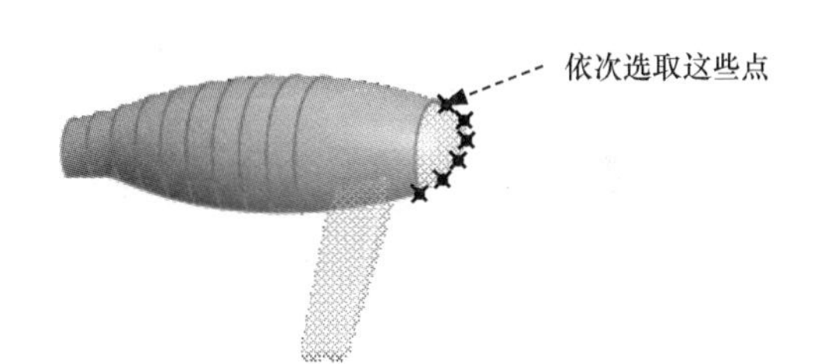

图 15.4.12 选取点（二）

Step8. 创建图 15.4.13 所示的放样曲面。选择“重新造型”操控板 曲面 区域中 多项式曲面 下的 放样 命令，在系统 为曲面选择曲线. 的提示下，按住 Ctrl 键，依次选取图 15.4.14 所示的曲线，然后单击鼠标中键，完成放样曲面的创建。

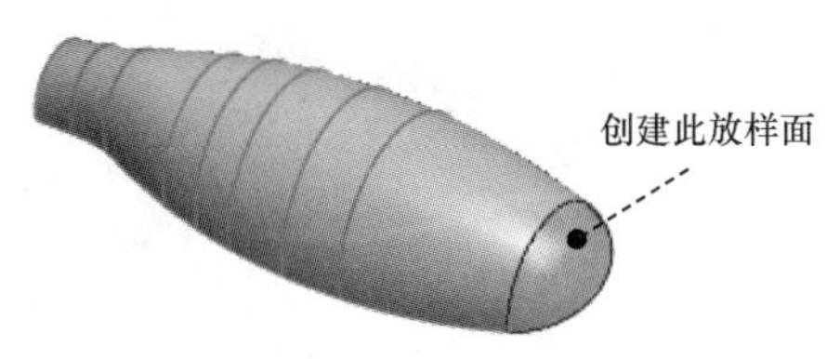

图 15.4.13 创建放样曲面

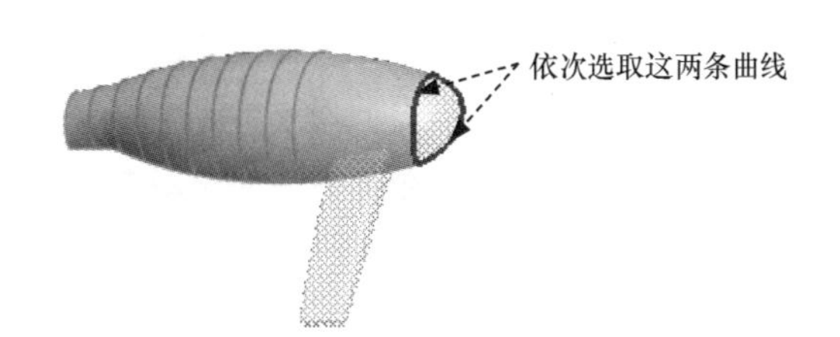

图 15.4.14 依次选取这两条曲线

Step9. 创建图 15.4.15 所示的基准平面。单击 模型 功能选项卡 基准 ▾ 区域的“平面”

按钮 ，选取 FRONT 基准平面为参考面，创建两个基准面，偏移距离值分别为 55 和 170。

Step10. 创建图 15.4.16 所示的两条截面曲线。选择“重新造型”操控板 曲线 区域中 曲线 下的 截面 命令，在系统 选择要参考的基准平面。的提示下，依次选取 Step9 创建的两个基准平面，然后单击鼠标中键，完成两条截面曲线的创建。

Step11. 创建图 15.4.17 所示的曲线。选择“重新造型”操控板 曲线 区域中 曲线 下的 通过捕捉点 命令，在系统 选择新曲线通过的点。的提示下，依次选取图 15.4.18 所示的曲线的端点和小平面的边界点，然后单击鼠标中键，完成曲线的创建。

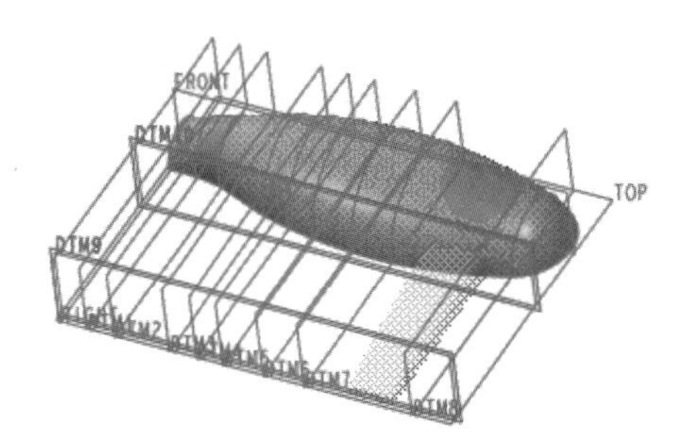

图 15.4.15　创建基准平面

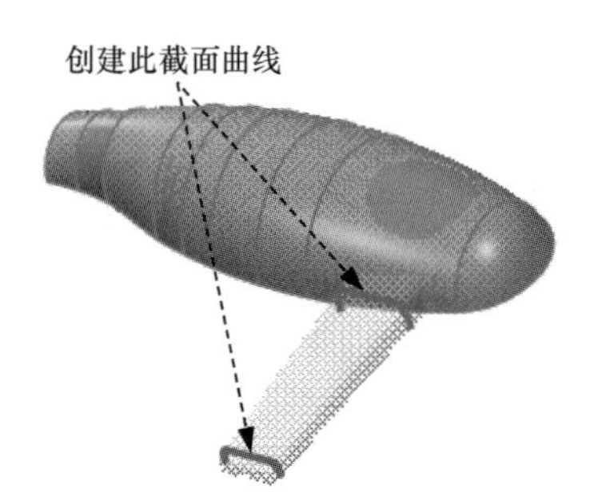

图 15.4.16　基准曲线（建模环境）

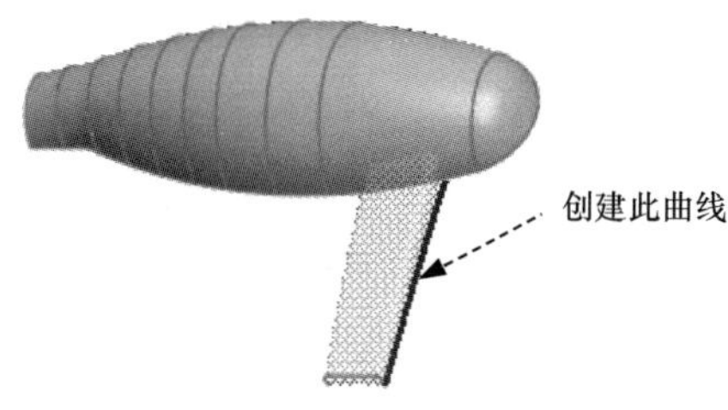

图 15.4.17　创建曲线（四）

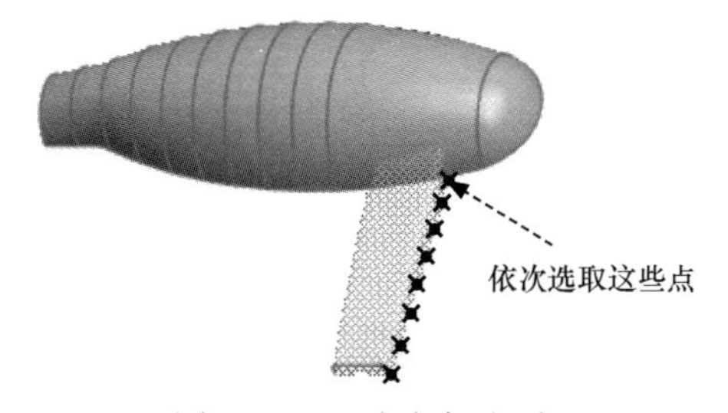

图 15.4.18　选取点（三）

Step12. 参照 Step11 的方法创建图 15.4.19 所示的曲线。

Step13. 创建图 15.4.20 所示的连接曲线。单击“重新造型”操控板 曲线 区域中的 组合 按钮，在系统 为组合工具选择第一条曲线。的提示下，选取图 15.4.21 所示的曲线；在系统 为组合工具选择第二条曲线。第一条和第二条曲线将被组合。的提示下，选取图 15.4.22 所示的曲线，此时系统将两条曲线连接成一条曲线，用同样的方法将 Step10 中得到的曲线依次连接。

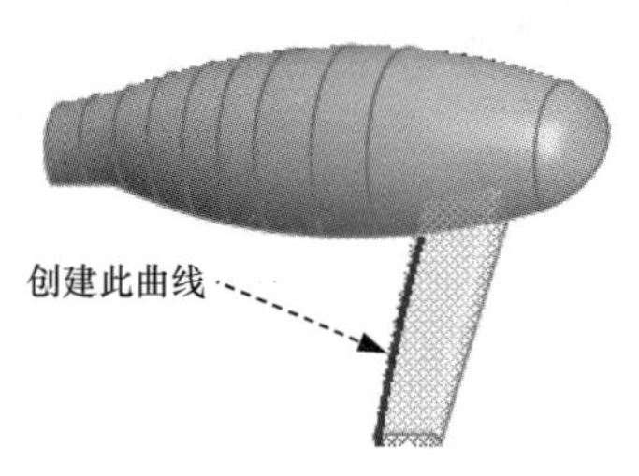

图 15.4.19　创建曲线（五）

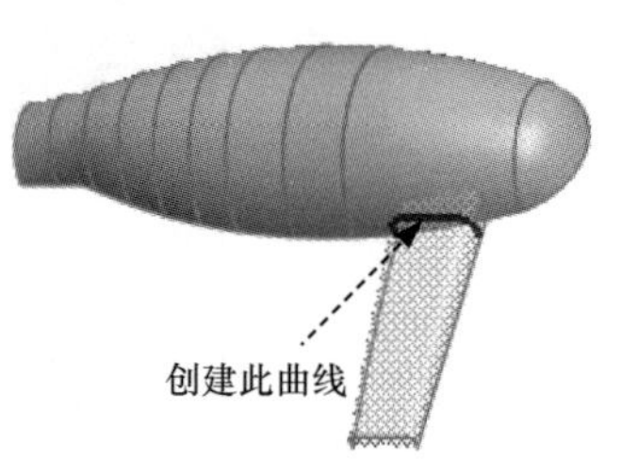

图 15.4.20　创建连接曲线

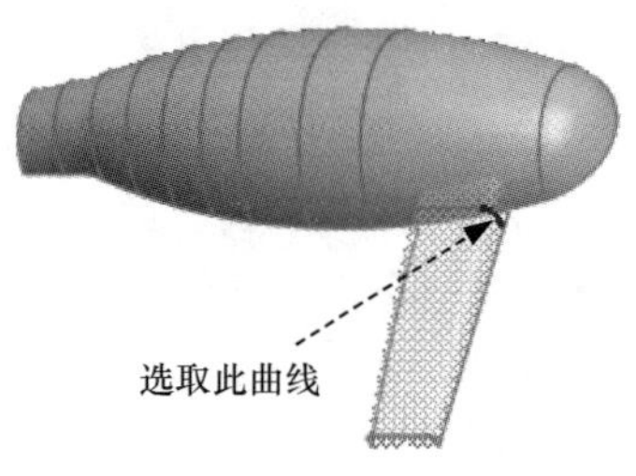

图 15.4.21　选取曲线（二）

Step14. 创建图 15.4.23 所示的曲面。选择“重新造型”操控板 曲面 区域中 多项式曲面 下的 4 条曲线 命令，在系统 选择曲面第一方向的曲线。的提示下，按住 Ctrl 键，依次选取图 15.4.24 所示的两条曲线；在系统 选择曲面第二方向的曲线。的提示下，按住 Ctrl 键，依次选取图 15.4.25 所示的两条曲线，然后单击鼠标中键，完成曲面的创建。

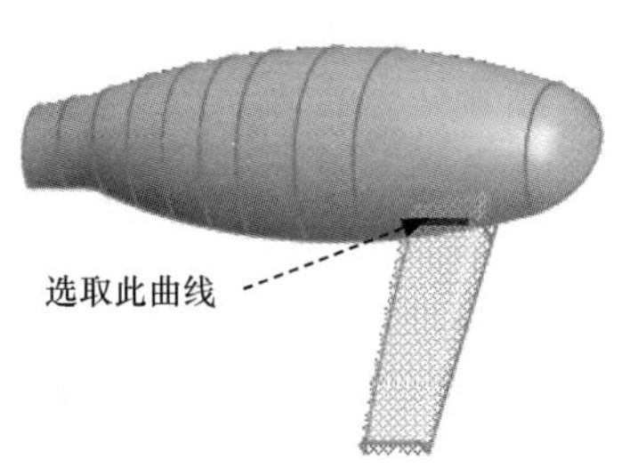

图 15.4.22 选取曲线（三）

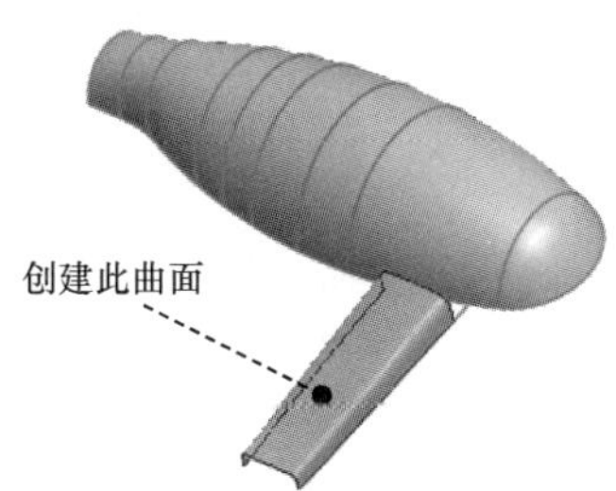

图 15.4.23 创建曲面

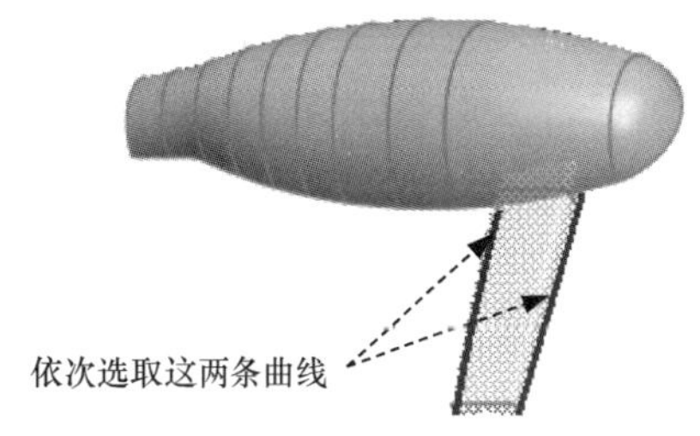

图 15.4.24 选取第一方向曲线

Step15. 单击“重新造型”操控板中的“确定”按钮 ✔，退出重新造型环境。

至此，模型中重要的曲面都已经按照点云数据文件构建完毕，后面的设计步骤按照正常的设计即可创建出最终模型，如图 15.4.26 所示。

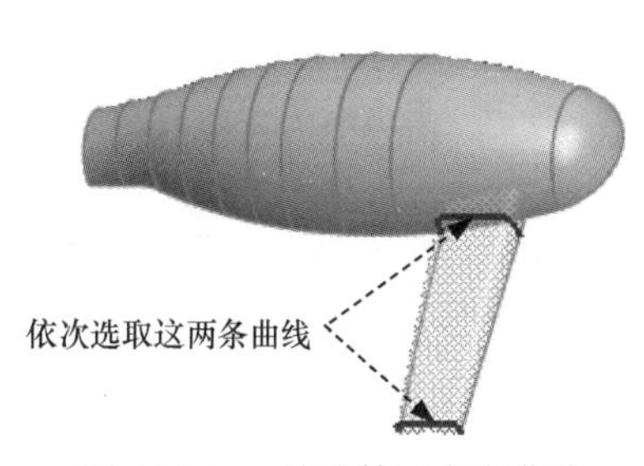

图 15.4.25 选取第二方向曲线

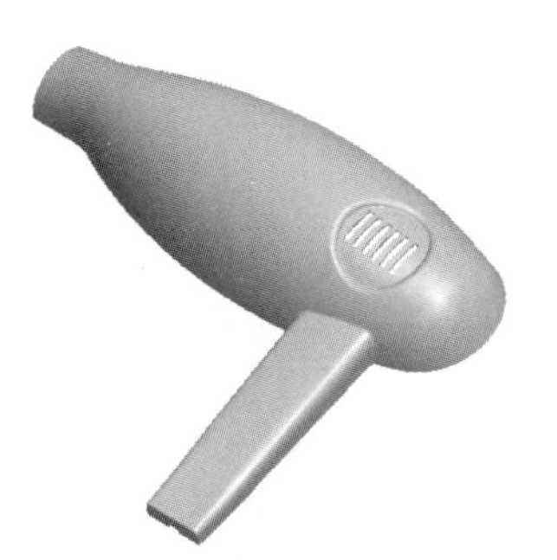
图 15.4.26 最终模型

读者意见反馈卡

尊敬的读者：

感谢您购买机械工业出版社出版的图书！

我们一直致力于CAD、CAPP、PDM、CAM和CAE等相关技术的跟踪，希望能将更多优秀作者的宝贵经验与技巧介绍给您。当然，我们的工作离不开您的支持。如果您在看完本书之后，有什么好的意见和建议，或是有一些感兴趣的技术话题，都可以直接与我联系。

策划编辑：丁锋

为了感谢广大读者对兆迪科技图书的信任与支持，兆迪科技面向读者推出“免费送课”活动，即日起，读者凭有效购书证明，可领取价值100元的在线课程代金券1张，此券可在兆迪科技网校（http：//www.zalldy.com/）免费换购在线课程1门。活动详情可以登录兆迪网校或者关注兆迪公众号查看。

兆迪网校

兆迪公众号

书名：《Creo曲面设计教程（Creo 8.0中文版）》

1. 读者个人资料：

姓名：__________性别：___年龄：___职业：________职务：________学历：_______

专业：__________单位名称：________________办公电话：___________手机：_______

QQ：________________________微信：____________E-mail：____________________

2. 影响您购买本书的因素（可以选择多项）：

□内容 □作者 □价格

□朋友推荐 □出版社品牌 □书评广告

□工作单位（就读学校）指定 □内容提要、前言或目录 □封面封底

□购买了本书所属丛书中的其他图书 □其他____________

3. 您对本书的总体感觉：

□很好 □一般 □不好

4. 您认为本书的语言文字水平：

□很好 □一般 □不好

5. 您认为本书的版式编排：

□很好 □一般 □不好

6. 您认为关于Creo还有哪些方面的内容是您所迫切需要的？

____

7. 其他哪些CAD/CAM/CAE方面的图书是您所需要的？

____

8. 您认为我们的图书在叙述方式、内容选择等方面还有哪些需要改进的？

____